Beck/Böhmer/Brettschneider

Kommunales Finanzmanagement in Baden-Württemberg

Kommunales Finanzmanagement in Baden-Württemberg

Neues Kommunales Haushalts- und Rechnungswesen (NKHR)

von

Uwe Beck
Roland Böhmer
Dieter Brettschneider

Bibliografische Information der Deutschen Nationalbibliothek
Die Deutsche Nationalbibliothek verzeichnet diese Publikation in der Deutschen Nationalbibliografie; detaillierte bibliografische Daten sind im Internet über http://dnb.dnb.de abrufbar.

4., vollständig überarbeitete Auflage 2023

Satz: SEUME Publishing Services GmbH, Erfurt
Druck: CPI books

ISBN 978-3-8293-1860-0

Inhalt

Vorwort

Eine Haushaltsführung nach den Vorschriften der Kameralistik ist gemeindewirtschaftsrechtlich ab dem 1.1.2020 in Baden-Württemberg nicht mehr zulässig.[1] Das kamerale Finanzmanagementsystem, welches Ende der 1960iger Jahre konzipiert wurde und sich bereits seit Anfang 2010 in einem Übergangszeitraum befand, darf in der kommunalen Finanzwirtschaft maximal noch bis einschließlich 2019 zur Anwendung kommen. Insofern war mit Beginn des Haushaltsjahres 2020 ausschließlich ein Finanzmanagement für die Kommunen Baden-Württembergs in Kraft, das auf der Basis eines kaufmännischen Rechnungswesens die Anforderungen einer effektiven Finanzsteuerung erfüllt. Es wird regelmäßig **„Neues Kommunales Haushalts- und Rechnungswesen (NKHR)"** mit dem Zusatz „kommunale Doppik" bezeichnet. Eine Kommune, die ihre Haushaltssatzung nach den Vorschriften des NKHR nicht bis zum 1.1.2020 erlassen hat, befindet sich in der vorläufigen Haushaltsführung nach § 83 GemO.[2] Darüber hinaus ist der erste kommunale Gesamtabschluss gem. § 64 Abs. 2 Satz 3 GemHVO spätestens für das Jahr 2025 aufzustellen.

Das NKHR bietet den Entscheidungsträgern eine umfassende Informationsgrundlage, da es zugleich über die bestehende Vermögens-, Finanzierungs-, Erfolgs- und Liquiditätssicht informiert und damit aus der Finanzperspektive für mehr Transparenz sorgt. Mit Hilfe dieser Informationsgrundlage lässt sich die stetige Aufgabenerfüllung im Sinne von § 77 Abs. 1 Satz 1 GemO sowie die Einhaltung der Nachhaltigkeit und der intergenerativen Gerechtigkeit überwachen, u. a. mit Hilfe von Kennzahlen wie z. B. der Eigenkapitalquote. Eine bessere Entscheidungsgrundlage bedingt allerdings nicht zwingend dementsprechende Entscheidungen.

Wie dem „Leitfaden zur kommunalen Steuerung"[3] zu entnehmen ist, geht die kommunale Doppik inhaltlich weit über die isolierte Betrachtung der Finanzperspektive hinaus. Aussagen zur Wirksamkeit bzw. Effektivität des Verwaltungshandelns zu treffen erlauben rein finanzwirtschaftlich ausgerichtete Steuerungsinstrumente nicht. Dies visualisiert vorgenannter Leitfaden sehr anschaulich mit Hilfe des sog. „Steuerungskreislaufs". Ausgangspunkt einer wirkungsorientierten bzw. am „Outcome" orientierten Steuerung sollten vielmehr die von den Entscheidungsträgern verfolgten Ziele und deren Operationalisierung sein, welches letztendlich in den dafür benötigten finanziellen Mitteln (= Haushaltsansätze) mündet. Aufgrund aktueller arbeitsintensiver Herausforderungen der kommunalen Praxis (u. a. Onlinezugangsgesetz (OZG), § 2b Umsatzsteuergesetz (UStG), Grundsteuerreform, COVID-19, Krieg in der Ukraine) gerät der Auf- und Ausbau vorgenannter Steuerung derzeit noch ins Hintertreffen.

Darüber hinaus gibt es noch weitere Erfolgsfaktoren einer gem. § 1 Abs. 2 GemO am Gemeinwohl ausgerichteten Steuerung, wie z. B. eine vertrauensvolle Zusammenarbeit zwischen Politik und Verwaltung, eine offene und vertrauensvolle Kultur in der

1 Siehe Drucksache 16/3586, S. 4, vom Ministerium für Inneres, Digitalisierung und Migration, 2.3.2018; § 64 Abs. 2 Satz 1 GemHVO.

2 Vgl. ebenda.

3 Leitfaden zur kommunalen Steuerung – Handlungsempfehlung auf der Grundlage des Neuen Kommunalen Haushalts- und Rechnungswesens (NKHR) in Baden-Württemberg, Stand: 29.4.2016.

Verwaltung, ein nachhaltiges Personalmanagement sowie eine lernende Organisation (Change Management), welche das Kehler Management-System® (ein Forschungsprojekt der Hochschule Kehl) näher beschreibt.[4]

Infolge der Schuldenkrise in Europa strebt die Europäische Kommission eine Harmonisierung des Rechnungswesens im öffentlichen Sektor der EU-Mitgliedstaaten an. Vor diesem Hintergrund werden die sog. „European Public Sector Accounting Standards" (EPSAS) auf der Basis der International Public Sector Accounting Standards (IPSAS) erarbeitet. Mit dem NKHR wird eine absehbare spätere Weiterführung der Rechnungslegung mit EPSAS erleichtert.

Ein Zurück vom doppischen Haushalts- und Rechnungswesen ist ausgeschlossen. Nicht nur das Land Baden-Württemberg hat diesen Weg für seine Kommunen vorgegeben. Auch Bund und Länder haben sich mit den „Standards für die staatliche doppelte Buchführung" nach § 7a HGrG i. V. m. § 49a HGrG Richtlinien für ein doppisches Haushalts- und Rechnungswesen gegeben. Die Entwicklungen im europäischen Kontext bestätigen mit EPSAS ebenfalls diese Richtung. Bleibt zu hoffen, dass in naher Zukunft auch das Land Baden-Württemberg seinen Umstieg auf die „Standards staatlicher Doppik" im Sinne einer Vereinheitlichung des Haushalts- und Rechnungswesens auf Landes- und Kommunalebene bewältigt. Neben seiner Vorbildfunktion bezogen auf eine zeitgemäße Steuerung wäre dies nicht zuletzt im Sinne der Erreichung wesentlicher Ziele des NKHR: Nachhaltigkeit, intergenerative Gerechtigkeit und eine bessere Transparenz.[5]

Das Fachbuch berücksichtigt die neuen Rechtsvorschriften und stellt nach dem bewährten Konzept des Buches „Kommunales Finanzmanagement NRW", das mittlerweile in der 9. Auflage und zugleich für weitere Bundesländer erschienen ist, das gesamte neue Haushaltsrecht vor. Dabei beschränken sich die Darstellungen nicht auf die Buchungssystematik, sondern dokumentieren ausgehend von der Eröffnungsbilanz die komplette Haushaltsplanung, Haushaltsausführung und Rechnungslegung. Der besondere Praxisbezug wird durch die Vielzahl von Schaubildern und Beispielen sowie zu jedem Kapitel enthaltenen praktischen Übungen mit Musterlösungen erreicht. Insofern ist das Fachbuch vor allem für Studierende an den Fachhochschulen und Studieninstituten geeignet.

Gleichwohl richtet sich das Buch auch an die Praktiker in den Kommunalverwaltungen, die sich in das „Neue Kommunale Haushalts- und Rechnungswesen" einarbeiten und dieses vor Ort konkret umsetzen müssen. Durch die kritischen Würdigungen der haushaltsrechtlichen Regelungen, insbesondere in Bezug auf ihre praktische Anwendung, wird eine Weiterentwicklung der Materie unterstützt, was konkrete Verbesserungsvorschläge belegen. Nicht nur aus diesem Grunde kann das Buch auch für

4 https://www.hs-kehl.de/forschung/forschungsschwerpunkte/verwaltung-im-wandel/kehler-management-system/; siehe u. a. *Böhmer/Belz*, Anwendung des Kehler Management-Systems am Beispiel der Gemeinde Ottersweier, in: Haufe Finanz Office für die öffentliche Verwaltung, HI13581933, Stand: 1.5.2020.

5 Vgl. *Fischer* u. a., Stand der Umsetzung und Nutzen des NKHR in Baden-Württemberg: Ergebnisse einer Studie, in: Haufe Rechnungswesen & Controlling (Hrsg. *Böhmer/Kegelmann/Kientz*), Heft 7, Gruppe 4, S. 438, September 2015.

das Fachpersonal als Unterstützung seiner täglichen Arbeit in Form eines kommentarähnlichen Nachschlagewerkes dienen.

Die vierte Auflage berücksichtigt den aktuellen Rechts- und Praxisstand Juli 2023.

Rheinau, Warburg und Herbolzheim, im September 2023
Die Verfasser

Hinweise:
Am 22.4.2009 hat der Landtag von Baden-Württemberg das Gesetz zur Reform des Gemeindehaushaltsrechts beschlossen. Mit diesem Gesetz wurden die rechtlichen Grundlagen für das Neue Kommunale Haushalts- und Rechnungswesen (NKHR) nach langer Vorlaufzeit rückwirkend zum 1.1.2009 geschaffen. Aufgrund der Evaluierungsergebnisse zum NKHR hat der Landtag am 16.12.2015 die Änderung der Gemeindeordnung beschlossen, der am 29.4.2016 die Verordnung des Innenministeriums zur Änderung der Gemeindehaushaltsverordnung folgte. Die neue Gemeindeordnung ist zum 15.1.2016, die neue Gemeindehaushaltsverordnung ist zum 21.5.2016 in Kraft getreten. Nicht zuletzt erfolgte am 23.1.2023 die Veröffentlichung der aktualisierten Verwaltungsvorschrift des Innenministeriums über den Produktrahmen für die Gliederung der Haushalte, den Kontenrahmen und weitere Muster für die Haushaltswirtschaft der Gemeinden (VwV Produkt- und Kontenrahmen) vom 16.1.2023.

Die Darstellungen in diesem Buch beziehen sich entsprechend auf die jeweils aktuelle GemO, GemHVO und GemKVO von Baden-Württemberg. Weitere Informationen und Regelungen zur Reform des Kommunalen Haushalts- und Rechnungswesens einschließlich Muster, Leitfäden usw. finden Sie unter https://im.baden-wuerttemberg.de/de/land-kommunen/starke-kommunen/nkhr/.

Bei den Funktionsbezeichnungen wird im Buchtext vorwiegend die männliche Form (z. B. „Bürgermeister“) verwendet. Dies soll keine Diskriminierung der weiblichen Funktionsträger bedeuten, sondern lediglich der einfacheren Lesbarkeit dienen.

Zu den Verfassern

Uwe Beck, Jahrgang 1966, hat nach dem Studium der Verwaltungswissenschaften an der Hochschule Kehl und einem Abschluss als Diplom-Verwaltungswirt (FH) von 1989 bis 1996 beim Regierungspräsidium in Karlsruhe, dort zuletzt bei der Rechtsaufsichtsbehörde, gearbeitet. Seit 1997 ist er Stadtkämmerer der Stadt Rheinau (11.250 Einwohner) im Ortenaukreis, Baden-Württemberg. Nebenamtlich ist er Geschäftsführer einer kommunalen Wohnungsbaugesellschaft sowie Vorsitzender des Berufsverbandes Kommunaler Finanzverwaltungen (BKF) im Ortenaukreis. Seit 1990 ist er in der Aus- und Fortbildung von Beamten und Angestellten im mittleren und gehobenen Dienst in den Fachbereichen Kommunales Wirtschaftsrecht und Kommunales Abgabenrecht tätig. Seit 2006 ist er Lehrbeauftragter an der Hochschule Kehl und unterrichtet dort in den Modulen „Finanzwirtschaft der Kommunen“ sowie „Unternehmen und Beteiligungen“.

Roland Böhmer, Jahrgang 1966, hat nach dem Studium der Wirtschaftswissenschaften mit dem Schwerpunkt Rechnungswesen und Finanzwirtschaft/Controlling und Promotion zum Dr. rer. pol. in Kassel von 1993 bis 2007 bei der Kreisverwaltung Soest gearbeitet. Dort war er zunächst als zentraler Controller verantwortlich für den Auf- und Ausbau von Controlling, bevor er 2002 die Leitung der Kämmerei sowie die Projektleitung zur Umstellung auf ein neues Haushalts- und Rechnungswesen (NKF) übernommen hat. Seit 2007 ist er Professor für Kommunales Finanzmanagement und öffentliche Betriebswirtschaftslehre an der Hochschule Kehl. Zahlreiche Veröffentlichungen sowie Vortrags- und Seminartätigkeiten zu den Themenfeldern *Controlling, Rechnungswesen* und *strategische Planung* für Kommunalverwaltungen sowie dementsprechende Beratungstätigkeit für Kommunen sowie ein privatwirtschaftliches Unternehmen in Nordrhein-Westfalen. Im Rahmen der angewandten Forschung an der Hochschule Kehl Mitentwickler des Kehler Management-Systems®.

Dieter Brettschneider, Jahrgang 1963, **ist** seit dem 1.9.2006 Professor für Kommunales Finanzmanagement, Abgaberecht sowie kommunale Unternehmen und Beteiligung an der Hochschule für öffentliche Verwaltung in Kehl. Durch seine langjährige Erfahrung als Bürgermeister, Kreisrat und Rechnungsamtsleiter verschiedener Kommunen verfügt er über ein umfassendes praktisches Wissen in der kommunalen Verwaltung. In vielen Vorträge und Seminaren in kommunalen Gremien und bei Führungskräften hat er das neue Haushaltsrecht umfassend geschult und die Notwendigkeit der Umstellung überzeugend dargestellt. Vielen Gemeinden hat er durch seine Fachprojektarbeiten mit Studierenden der Hochschule Kehl den Weg in das neue Recht geebnet. Nicht zuletzt schreibt er Veröffentlichungen und wirkt als Dozent bei der Kehler Akademie mit.

Abkürzungsverzeichnis

a. a. O.	am angegebenen Ort
AbF	Abzinsungsfaktor
Abs.	Absatz
a. F.	alte Fassung
AG	Aktiengesellschaft
Anm.	Anmerkung
AO	Abgabenordnung
ao.	außerordentlich(e)
Art.	Artikel
BauGB	Baugesetzbuch
BBesG	Bundesbesoldungsgesetz
BekanntmVO	Bekanntmachungsverordnung
BFH	Bundesfinanzhof
BGA	Betriebs- und Geschäftsausstattung
BGB	Bürgerliches Gesetzbuch
BGBl.	Bundesgesetzblatt
BHO	Bundeshaushaltsordnung
BStBl.	Bundessteuerblatt
Buchst.	Buchstabe
BW	Baden-Württemberg
BVerwG	Bundesverwaltungsgericht
DGO	Deutsche Gemeindeordnung
DIN	Deutsche Industrienorm bzw. „Das ist Norm"
d. J.	des Jahres
DV	Datenverarbeitung
DVO	Durchführungsverordnung
EFoG	Entlastungsfondsgesetz
EigBG	Eigenbetriebsgesetz
EigBVO	Eigenbetriebsverordnung
Entsch.	Entscheidung
Erl.	Erläuterung
EStR	Einkommensteuerrichtlinien
FAG	Finanzausgleichsgesetz
ff.	folgende
GmbH	Gesellschaft mit beschränkter Haftung
GFRG	Gemeindefinanzreformgesetz

GemO	Gemeindeordnung
GemHVO	Gemeindehaushaltsverordnung
GemKVO	Gemeindekassenverordnung
GewStG	Gewerbesteuergesetz
GFG	Gemeindefinanzierungsgesetz
GG	Grundgesetz
GKZ	Gesetz über kommunale Zusammenarbeit
GrStG	Grundsteuergesetz
GR	Gemeinderat
GV	Gemeindeverband/Gemeindeverbände
GWG	geringwertiges Wirtschaftsgut
HGB	Handelsgesetzbuch
HGrG	Haushaltsgrundsätzegesetz
i. d. F.	in der Fassung
i. d. R.	in der Regel
i. H. v.	in Höhe von
IM	Innenminister/Innenministerium
IMK	Konferenz der Innenminister und Innensenatoren
i. S. v.	im Sinne von
i. V. m.	in Verbindung mit
KAG	Kommunalabgabengesetz
KGSt	Kommunale Gemeinschaftsstelle für Verwaltungsvereinfachung
KrO	Kreisordnung
KWahlG	Kommunalwahlgesetz
LHO	Landeshaushaltsordnung
MeldeG	Meldegesetz
MinBl.	Ministerialblatt
NKF	Neues Kommunales Finanzmanagement
NKFG	Gesetz über ein Neues Kommunales Finanzmanagement für Gemeinden im Land Nordwestfalen
NKHR	Neues Kommunales Haushalts- und Rechnungswesen
NRW	Nordrhein-Westfalen
NSM	Neues Steuerungsmodell
NV	Nds. Verfassung
öffentl.	öffentlich
OVG	Oberverwaltungsgericht

RdErl.	Runderlass
RGBl.	Reichsgesetzblatt
RVO	Reichsversicherungsordnung
S.	Seite
SGV	Sammlung der Gesetz- und Verordnungsblätter
SMBl.	Sammlung der Ministerialblätter
Sp.	Spalte
StAnpG	Steueranpassungsgesetz
StOV-Gem.	Stellenobergrenzenverordnung
StWG	Gesetz zur Förderung der Stabilität und des Wachstums der Wirtschaft
UARG	Unterausschusses zur Reform des Gemeindehaushaltsrechts
Urt.	Urteil
USt.	Umsatzsteuer
VG	Verwaltungsgericht
VO	Verordnung
Vorl. VV	vorläufige Verwaltungsvorschriften
VwV	Verwaltungsvorschriften
VwGO	Verwaltungsgerichtsordnung
Ziff.	Ziffer

Literaturverzeichnis/Arbeitsmittel

Adler/Düring/Schmaltz, Rechnungslegung und Prüfung der Unternehmen, 6. Aufl., Stuttgart 1998

Aker/Hafner/Notheis, Gemeindeordnung/Gemeindehaushaltsverordnung Baden-Württem-berg, Kommentar, 2. Aufl., Stuttgart 2019

Baetge, Bilanzen, 13. Aufl., Düsseldorf 2014

Baßeler/Heinrich/Koch, Grundlagen und Probleme der Volkswirtschaft, 18. Aufl., Köln 2010

Bauer/Maier, Die Leistungsfähigkeit von Budgetierungskonzepten in Kommunen, in: der gemeindehaushalt 2006, S. 53

Bäumer, ePayment: Möglichkeiten und Herausforderungen in der Praxis, in: Rechnungswesen und Controlling – Das Steuerungshandbuch für Kommunen, Böhmer/Kiesel (Hrsg.), Gruppe 6, S. 617–636, Heft 9/2021, Haufe-Verlag; Beitrag ebenfalls erschienen in: Haufe Finanz Office für die öffentliche Verwaltung, HI14047944, Stand: 20.7.2021

Bernhardt, Halten die Regelungen des NKF in Nordrhein-Westfalen den Anforderungen eines modernen kommunalen Finanzmanagements Stand? In: der gemeindehaushalt 2005, S. 97 ff.

Bernhardt, Die Eröffnungsbilanz – Ihre Stellung im Reformprozess des kommunalen Haushalts- und Rechnungswesens, der Bedeutung ihrer Prüfung und Bestätigung, in: Zeitschrift für Kommunalfinanzen 2005, S. 26

Bernhardt/Golombiewski/Mutschler/Stockel-Veltmann, Kommunales Finanzmanagement NRW, 7. Aufl., Witten 2013

Mutschler/Schlösser, Praktische Fälle aus dem Externen Rechnungswesen und Kommunalen Finanzmanagement NRW, 5. Aufl., Witten 2019

Bernhardt/Schünemann/Schwingeler, Kommunales Anordnungs-, Kassen-, Rechnungslegungs- und Prüfungsrecht NRW, 7. Aufl., Witten 1999

Bernhardt/Schünemann/Schwingeler, Kommunales Haushaltsrecht NRW, 15. Aufl., Witten 2002

Bernhardt/Schünemann/Schwingeler/Theisen, Effektivität und Akzeptanz der neuen Steuerungsmodelle in der kommunalen Haushaltswirtschaft, Gelsenkirchen 2001

Bittig/Fudalla/Mühlen, Doppisches kommunales Rechnungswesen: Finanzrechnung und Finanzplan, in: der gemeindehaushalt 2002, S. 29 ff.

Böhmer/Kientz, Steuerung von Kommunen durch die Implementierung der strategischen Planung, in: Haufe Finanz Office für die öffentliche Verwaltung, HI8831539, Stand: 20.8.2018

Böhmer/Belz, Anwendung des Kehler Management-Systems am Beispiel der Gemeinde Ottersweier, in: Haufe Finanz Office für die öffentliche Verwaltung, HI13581933, Stand: 1.5.2020

Brixner/Harms/Noe, Verwaltungs-Kontenrahmen, München 2003

Budde u. a., Beck'scher Bilanzkommentar, 11. Aufl., München 2018

Buschor, Internationale Entwicklungen der Verwaltungsrechnungssysteme, in: Budäus/Küpper/Streitferdt (Hrsg.), Neues Öffentliches Rechnungswesen, Wiesbaden 2000

Corsten/Gössinger, Lexikon der Betriebswirtschaftslehre, 5. Aufl., München 2008

Ellerich/Lickfelt, Die Abbildung von beamtenrechtlichen Versorgungsverpflichtungen im Jahresabschluss einer Gebietskörperschaft, in: der gemeindehaushalt 2005, S. 121

Fischer/Gnädinger, Kommunales Frühwarnsystem auf Basis doppischer Kennzahlen, in: Haufe Finanz Office für die öffentliche Verwaltung, HI2260469, Stand: 2.12.2009

Fischer u. a., Stand der Umsetzung und Nutzen des NKHR in Baden-Württemberg: Ergebnisse einer Studie, in: Böhmer/Kegelmann/Kientz (Hrsg.), Haufe Rechnungswesen & Controlling – Das Steuerungshandbuch für Kommunen (Loseblattsammlung), Gruppe 4, S. 421–438, Freiburg 2015

Fischer/Lehmann, Haushaltsmanagement in Kommunen – Erfolgreich steuern und budgetieren, Haufe Group, Freiburg 2022

Hafner, Produktplan statt Aufgabengliederungsplan: Fortschritte? In: Haufe Finanz Office für die öffentliche Verwaltung, HI10888916, Stand: 12.3.2019

Hafner, Bewertung der kommunalen Leistungsfähigkeit anhand von Kennzahlen, in: Kommunale Nachhaltigkeit, Jubiläumsband zum 40-jährigen Bestehen der Hochschule Kehl und des Ortenaukreises, S. 175–204, Kegelmann/Martens (Hrsg.), Baden-Baden 2013

Häfner, Doppelte Buchführung für Kommunen nach dem NKF, 4. Aufl., Freiburg 2009

Hofmann/Theisen/Bätge, Kommunalrecht in Nordrhein-Westfalen, 18. Aufl., Witten 2019

IM-Konferenz, Eckpunkte für die Reform des kameralistischen Haushalts- und Rechnungssystems der Kommunen, in: der gemeindehaushalt 2001, S. 112

IM-Konferenz, Eckpunkte für ein kommunales Haushaltsrecht zu einem doppischen Haushalts- und Rechnungssystem, in: der gemeindehaushalt 2001, S. 55

IM BW (Hrsg.), Leitfaden zur kommunalen Steuerung – Handlungsempfehlung auf der Grundlage des Neuen Kommunalen Haushalts- und Rechnungswesens (NKHR) in Baden-Württemberg, Stand: 29.4.2016

IM NRW (Hrsg.), Neues Kommunales Finanzmanagement: Abschlussbericht des Modell-projekts „Doppischer Kommunalhaushalt in Nordrhein-Westfalen“ 1999–2003, Freiburg 2003

IM NRW (Hrsg.), Neues Kommunales Finanzmanagement in Nordrhein-Westfalen, Handreichung für Kommunen, 2. Aufl., Düsseldorf 2007

Jung, Allgemeine Betriebswirtschaftslehre, 10. Aufl., München 2006

Jugfer, Die Stadt in der Krise – Ein Manifest für starke Kommunen, Bonn 2005

Kanton Aargau, Bericht der Staatskanzlei, Abteilung Strategie und Außenbeziehungen, zur Wirkungsorientierten Verwaltungsführung im Kanton Aargau, Textbeitrag für wissenschaftliche Publikationen vom 20.1.2016

Kiesel/Böhmer, Haushalt der Zukunft: Voraussetzungen und Entwicklungsperspektiven, in: Rechnungswesen & Controlling – Das Steuerungshandbuch für Kommunen, Böhmer/Kiesel (Hrsg.), Gruppe 4, S. 1073–1086, Heft 1/2022, Haufe-Verlag;

Beitrag ebenfalls erschienen in: Haufe Finanz Office für die öffentliche Verwaltung, HI14396793, Stand: 3.11.2021

Klümper/Möllers/Zimmermann, Kommunale Kosten- und Wirtschaftlichkeitsrechnung, 20. Aufl., Witten 2019

Klümper/Zimmermann, Die produktorientierte Kosten- und Leistungsrechnung, Berlin/München 2002

Körner, Erleichterungen für die Erstinventur: Hohe Wertaufgriffgrenzen für bewegliches Sachvermögen, in: der gemeindehaushalt 2005, S. 193

Körner/Portis, Direkte versus indirekte Finanzrechnung – Vor- und Nachteile in der Praxis, in: der gemeindehaushalt 2006, S. 9

Kreil-Sauer, EPSAS: Harmonisierung der öffentlichen Rechnungslegung in der Europäischen Union, in: Böhmer/Kegelmann/Kientz (Hrsg.), Haufe Rechnungswesen & Controlling – Das Steuerungshandbuch für Kommunen (Loseblattsammlung), Gruppe 6, S. 1–24, Freiburg 2015

Lüder, Internationale Standards für das öffentliche Rechnungswesen – Entwicklungsstand u. Anwendungsperspektiven, in: Eibelshäuser (Hrsg.), Finanzpolitik und Finanzkontrolle – Partner für Veränderung, Baden-Baden 2002

Modellprojekt „Doppischer Kommunalhaushalt in NRW" (Hrsg.), Neues Kommunales Finanzmanagement: Betriebswirtschaftliche Grundlagen für das doppische Haushaltsrecht, 2., vollst. überarb. Aufl. auf der Basis der Endergebnisse des Modellprojektes, Freiburg 2003

Mülhaupt, Probleme der staatlichen und kommunalen Rechnungslegung und ihre Lösung, in: Die Betriebswirtschaft 1990, S. 731 ff.

Mutschler, Kommunales Finanz- und Abgabenrecht NRW, 14. Aufl., Witten 2018

Mutschler/Stockel-Veltmann, Externes Rechnungswesen, 5. Aufl., Witten 2019

Nieland/Semelka/Meier, Zur Zulässigkeit von „sale-and-lease-back"-Verträgen im kommunalen Bereich, in: der gemeindehaushalt 2005, S. 227

Nieland/Meier/Semelka/Dörschell, Sparkasse als ansatzpflichtige Vermögensgegenstände in der kommunalen Eröffnungsbilanz? In: der gemeindehaushalt 2006, S. 6

Rhode/Lustig/Wöhler, Allgemeines Verwaltungsrecht, 15. Aufl., Witten 2018

Schaller, VOB- und VOL-Verträge: Ausschreibungs- und Vergabearten im nationalen Bereich, in: Zeitschrift für Kommunalfinanzen 2005, S. 8

Schmolke/Deitermann, Industrielles Rechnungswesen IKR, 50. Aufl., Braunschweig 2021

Schrader, Die Kapitalflussrechnung als Abbildung der Finanzlage, Frankfurt 1999

Schwarting, Der kommunale Haushalt, 5. Aufl., Berlin 2009

Seidel, Die Balanced Scorecard als Instrument kommunaler strategischer Steuerung, Diplomarbeit an der Fakultät für Raumplanung der Universität Dortmund, 2002

Sprenger-Menzel, Volkswirtschaftslehre und Wirtschaftspolitik, 7. Aufl., Witten 2018

Sprenger-Menzel/Hartmann, Einführung in die Volkswirtschaftslehre, 5. Aufl., Witten 2019

Statistisches Bundesamt, Eckpunkte der Finanzstatistik für die Reform des kommunalen Haushaltsrechts, Wiesbaden 2000

Stein/Franke, Die Bewertung von Kunstgegenständen und Kulturgütern in kommunalen Bilanzen, in: der gemeindehaushalt 2005, S. 270

Wöhe/Döring/Brösel, Einführung in die Allgemeine Betriebswirtschaftslehre, 28. Aufl., München 2023

Zimmermann/Jöhnk, Die Balanced Scorecard – ein Instrument zur Steuerung öffentlich-rechtlicher Kreditinstitute, in: Budäus/Küpper/Streitferdt (Hrsg.), Neues Öffentliches Rechnungswesen, Wiesbaden, 2000, S. 631 ff.

Das vorliegende Fachbuch für das Land Baden-Württemberg basiert auf dem für das Land Nordrhein-Westfalen herausgegebenen Fachbuch „Kommunales Finanzmanagement NRW" der Autoren *Fritze/Mutschler/Stockel-Veltmann*, das im selben Verlag in 2020 bereits in der 9. Auflage erschienen ist.

1. Einführung

1.1 Öffentliche Finanzwirtschaft

1.1.1 Begriff

„Öffentliche Finanzwirtschaft" ist die Tätigkeit der gesamten „Öffentlichen Hand", durch welche diese die erforderlichen finanzwirtschaftlichen Maßnahmen trifft bzw. notwendigen Mittel aufbringt, verwaltet und verwendet, die zur Erfüllung ihrer Aufgaben notwendig sind.

Die öffentliche Finanzwirtschaft hat demnach zunächst die Aufgabe, die zur Erfüllung der öffentlichen Aufgaben erforderlichen Ressourcen bereit zu stellen und diese entsprechend zu finanzieren (Bedarfsdeckungsprinzip). Der Begriff der „öffentlichen Aufgaben" hat aber insbesondere in den letzten Jahren eine erhebliche Wandlung bzw. Ausweitung erfahren. Die Übertragung neuer und die Erweiterung bestehender Aufgaben erfordern zwangsläufig einen höheren Finanzbedarf. Da dieser Finanzbedarf dem Volkseinkommen entnommen werden muss, ergeben sich hierdurch enge Verflechtungen der öffentlichen Finanzwirtschaft mit der Privatwirtschaft. Dieses wiederum führt dazu, dass der öffentlichen Finanzwirtschaft im verstärktem Maße Aufgaben der Steuerung und Beeinflussung der Gesamtwirtschaft zufallen. Art. 109 Abs. 2 GG bestimmt, dass Bund und Länder (auch die Gemeinden und Gemeindeverbände als Bestandteile der Länder) bei ihrer Haushaltswirtschaft den Erfordernissen des gesamtwirtschaftlichen Gleichgewichts Rechnung zu tragen haben. Die öffentliche Finanzwirtschaft hat sich somit in das Gesamtsystem der Volkswirtschaft einzuordnen.[1]

1.1.2 Innere Abgrenzung der öffentlichen Finanzwirtschaft

„Die öffentliche Finanzwirtschaft" als Teil der Volkswirtschaft gliedert sich in die Bereiche

- Einnahmebeschaffung[2],
- Finanzmanagement (Haushaltswirtschaft),
- wirtschaftliche Betätigung und
- Prüfungswesen.

1 *Mutschler*, Kommunales Finanz- und Abgabenrecht NRW, 14. Aufl., Witten 2018, S. 3 f.

2 Vereinfacht wird in der Einführungsphase dieses Buches der Begriff „Einnahmen" verwendet. Die im kommunalen Finanzmanagement notwendige Konkretisierung nach Erträgen und Einzahlungen bleibt den weiteren Kapiteln vorbehalten. Zur Begriffsdefinition siehe Kap. 3.

Die **Einnahmebeschaffung** umfasst die Bereiche

- Abgaben (Steuern, Gebühren, Beiträge),
- übrige öffentliche Einnahmen (Buß- und Zwangsgelder, Zuwendungen, Umlagen usw.) und
- privatrechtliche Einnahmen.

Das **Finanzmanagement**[3] (die Haushaltswirtschaft) umfasst die Bereiche

- Planung des Jahreshaushalts,
- mittelfristige Planung (Ergebnis- und Finanzplanung),
- Steuerung des kommunalen Wirtschaftsablaufs,
- Ausführung des Haushaltes mit Buchführung und Zahlbarmachung,
- Rechnungslegung.

Die **wirtschaftliche Betätigung** der öffentlichen Hand umfasst die Bereiche

- öffentlich-rechtliche Betriebsführung (Eigenbetriebe, rechtlich selbständige Anstalten des öffentlichen Rechts, Zweckverbände),
- privatrechtliche Betriebsführung (AG, GmbH usw.).

Dem **Prüfungswesen** obliegt es, die öffentliche Verwaltung bei ihrer Aufgabenerfüllung in rechtlicher und zweckmäßiger Hinsicht zu überwachen. Es greift also in alle Bereiche der öffentlichen Finanzwirtschaft ein. Eine Kurzübersicht ergibt bezüglich der Bereiche der öffentlichen Finanzwirtschaft folgendes Bild:

---

3 Zum Finanzmanagement im öffentlichen Sektor im Kontext der Neuen Steuerung vgl. *Fischer/ Lehmann*, Haushaltsmanagement in Kommunen – Erfolgreich steuern und budgetieren, 1. Aufl., Freiburg 2022.

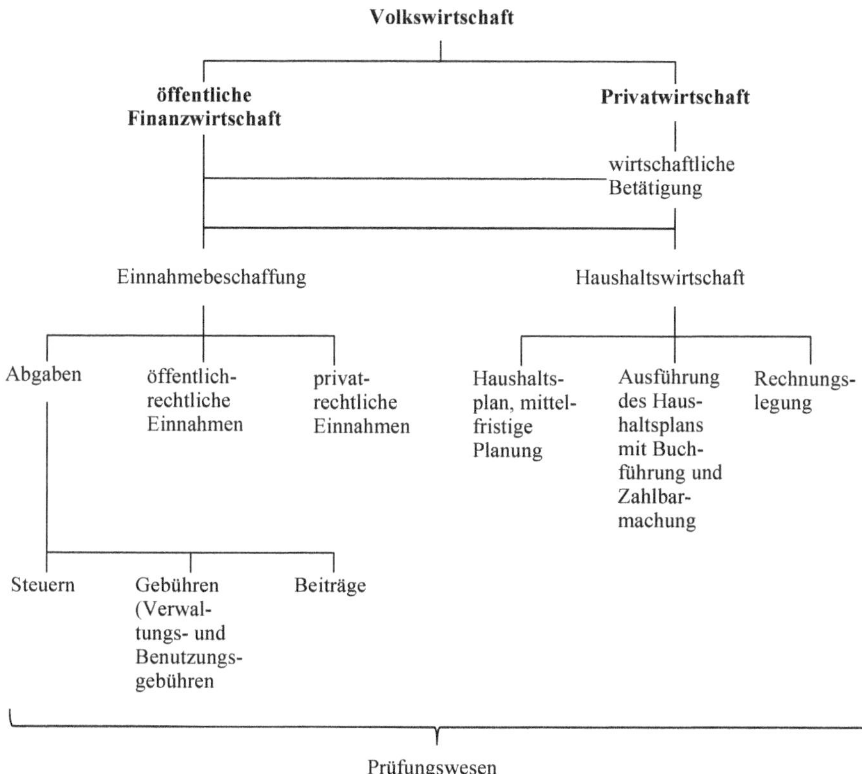

1.2 Träger der öffentlichen Finanzwirtschaft

Die öffentliche Hand benötigt zur Erfüllung ihrer Aufgaben die Bereitstellung der dafür notwendigen Ressourcen. Dies bedeutet, dass zwangsläufig alle juristischen Personen des öffentlichen Rechts, die mit der Erledigung öffentlicher Aufgaben betraut sind, Ausgaben[4] tätigen und diese gleichzeitig finanzieren (Einnahmebeschaffung).

Im Ergebnis sind also Träger der öffentlichen Finanzwirtschaft alle juristischen Personen des öffentlichen Rechts.

In Anlehnung an das „Allgemeine Verwaltungsrecht“[5] sind die Träger der öffentlichen Finanzwirtschaft im Einzelnen:

4 Vereinfacht wird in der Einführungsphase dieses Buches der Begriff „Ausgaben“ verwendet. Die im kommunalen Finanzmanagement notwendige Konkretisierung in Aufwendungen und Auszahlungen bleibt den weiteren Kapiteln vorbehalten. Zur Begriffsdefinition siehe Kap. 3.

5 Für alle: *Rohde/Lustig/Wöhler*, Allgemeines Verwaltungsrecht, 15. Aufl., Witten 2018, S. 10 ff.

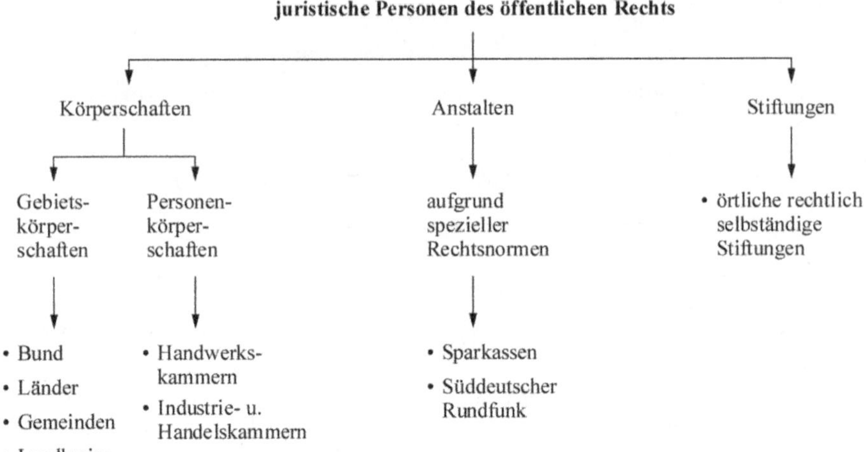

Von ihrer politischen und finanzwirtschaftlichen Bedeutung her sind die Träger – unabhängig vom Haushaltsvolumen – in folgender Reihenfolge zu nennen:

- der Bund,
- die Länder,
- die Gemeinden/Gemeindeverbände und
- die sonstigen Körperschaften, Anstalten und Stiftungen des öffentlichen Rechts.

Letztlich kann man zu den Trägern der öffentlichen Finanzwirtschaft im weiteren Sinne auch die Unternehmungen und Institutionen des privaten Rechts hinzurechnen, die von der öffentlichen Hand betrieben und „kontrolliert“ werden, insbesondere dann, wenn sie (auch) öffentliche Aufgaben wahrnehmen.

1.3 Finanzhoheit

1.3.1 Begriff und Bedeutung

Finanzhoheit ist das Recht, die Finanzwirtschaft eigenverantwortlich und unbeeinflusst von Dritten zu regeln. Finanzhoheit ist somit die selbstständige Mittelverwaltung, also die eigenverantwortliche Einnahmen- und Ausgabenverwaltung.

Der Bund und die Länder haben dieses Recht originär. Grundgesetz und die Länderverfassungen sichern dieses ausdrücklich zu. So bestimmt z. B. Art. 109 Abs. 1 GG, dass Bund und Länder in ihrer Haushaltswirtschaft – als Teilgebiet der öffentlichen Finanzwirtschaft – selbstständig und voneinander unabhängig sind. Aber bereits die Vorschriften des Art. 109 Abs. 3 GG[6] sowie beispielsweise auch die natio-

6 Siehe dazu die Regelungen des Haushaltsgrundsätzegesetz vom 19.8.1969 (BGBl. I S. 1273), zuletzt geändert durch Art. 1 des Gesetzes vom 27.5.2010 (BGBl. S. 671).

nalen[7] und multinationalen Regelungen auf dem Sektor der Einnahmebeschaffung (Steuern, Zölle usw.) lassen erkennen, dass die Finanzhoheit des Bundes und der Länder sowie verstärkt die der dann folgenden Ebenen (Gemeinden usw.) eingeschränkt ist.

1.3.2 Finanzhoheit der Gemeinden

Die Finanzhoheit der Gemeinden ist nicht originär, sondern abgeleitet. Der Staat (Bund und Land Baden-Württemberg) gewährt den Kommunen die Finanzhoheit.

In Art. 28 Abs. 2 GG ist den Gemeinden die sog. „Selbstverwaltungsgarantie" verfassungsrechtlich zugesichert. Ein unverzichtbarer Bestandteil der Selbstverwaltung ist die Finanzhoheit. Des Weiteren gibt Art. 71 Abs. 1 LV BW eine Bestandsgarantie der Institution „Gemeinde" und die Selbstverwaltungsgarantie. In Verbindung mit Art. 73 Abs. 2 LV BW wird die Finanzhoheit der Gemeinden und Landkreise garantiert.

Eine nähere Ausgestaltung bezüglich des Inhalts und Umfanges der Finanzhoheit gibt die Gemeindeordnung BW (§§ 2, 11, 78). Die Finanzhoheit beschränkt sich aber nicht nur auf die Haushaltswirtschaft, sondern umfasst zwangsnotwendig auch die Einnahmebeschaffung. So gibt z. B. Art. 106 Abs. 6 GG den Gemeinden die Garantie zur Erhebung von Grund- und Gewerbesteuern (Realsteuergarantie). Im Zusammenhang mit dem Steuerrecht, Finanz- und sonstigen Abgabenrecht wird auf diesen Teil der Finanzhoheit noch näher einzugehen sein.[8]

Insgesamt ist festzustellen, dass die Gemeinden grundsätzlich Finanzhoheit besitzen, dass diese aber in den einzelnen Teilbereichen unterschiedlich stark ausgeprägt ist.

1.4 Abgrenzung der öffentlichen Finanzwirtschaft zur Privatwirtschaft

Einleitend muss klargestellt werden, dass diese Darstellung keine detaillierte und umfassende Abgrenzung im Sinne der Volkswirtschaftslehre sein kann. Dies soll jener wissenschaftlichen Disziplin vorbehalten bleiben. An dieser Stelle sollen jedoch die wesentlichen Abgrenzungsmerkmale aufgezeigt werden. Dabei wird das Verständnis für die hier vorgenommene Abgrenzung deutlicher, wenn man die Zielsetzungen und Ergebnisse der öffentlichen Verwaltung allgemein herausstellt:

---

7 Art. 104a ff. GG enthalten die Bestimmungen über die Finanzausstattung von Bund, Ländern und Gemeinden (GV) sowie die Gesetzgebungs- und Ertragskompetenzen im Bereich der Steuern, siehe dazu die ausführliche Darstellung bei *Mutschler*, Kommunales Finanz- und Abgabenrecht NRW, 14. Aufl., Witten 2018, S. 32 ff.

8 Eine ausführliche Darstellung der Gesamtmaterie enthält *Mutschler*, Kommunales Finanz- und Abgabenrecht NRW, 14. Aufl., Witten 2018.

- **Die öffentliche Verwaltung liefert vor allem immaterielle Güter (Dienstleistungen) für die Bedürfnisse ihrer Bürger** (z. B. Rechtsschutz, Bildung, innere und äußere Sicherheit).
  Hier ist aber nicht zu verkennen, dass im Dienstleistungsbereich auch materielle Güter produziert werden (z. B. Ver- und Entsorgung der Gemeinden in den Bereichen Strom, Gas, Wasser, Abwasserbeseitigung, Abfallbeseitigung, Straßenreinigung usw.).

Und:

- **Ihre Leistungen sind im Wesentlichen nicht (bzw. kaum) messbar.**
  Der Nutzen für erhöhte Aufwendungen (z. B. für die innere Sicherheit) kann kaum nach betriebswirtschaftlichen Gesichtspunkten gemessen werden. Das bedeutet jedoch nicht, dass nicht auch im öffentlichen Bereich nach ökonomischen Gesichtspunkten gehandelt werden muss.

Doch nun zu den wesentlichen Unterscheidungen:

Öffentliche Finanzwirtschaft	**Privatwirtschaft**
Bedarfsdeckung Dem öffentlichen Finanzwesen ist eine gewisse Aufgabenstellung vorgegeben, für die eine entsprechende Bereitstellung von Ressourcen erforderlich ist. Der Ressourcenbedarf soll gedeckt werden, wobei kein Gewinnstreben vorliegt. Nur die Mittel werden bestimmt, das Ziel liegt fest.	**Gewinnmaximierung** Der Kaufmann beabsichtigt, einen größtmöglichen Gewinn zu erzielen. Er beginnt mit seiner Tätigkeit nur, wenn er sich daraus einen Gewinn erhofft. Ziel und Mittel werden in seinen Überlegungen gegenübergestellt.
Bindung an den Plan Die Haushaltswirtschaft des öffentlichen Gemeinwesens wird durch den Haushaltsplan bzw. das Budget bestimmt, welches durch die/das vom „Parlament" beschlossene Haushaltssatzung/-gesetz normiert ist.	**Anpassung an die Marktlage** Der Kaufmann stellt zwar Pläne auf, jedoch kann er jederzeit von ihnen abweichen. Dies ist schon dadurch bedingt, dass eine ständige Anpassung an die Marktlage erfolgen muss.
Zwangseinnahmen Die wesentlichen Einnahmen beruhen auf Zwang, wobei die Steuern den größten Teil ausmachen. Die Erhebung von Zwangseinnahmen ist Ausfluss der Finanzhoheit.	**Eigenmittel** Der Kaufmann kann nur auf Eigenmittel zurückgreifen, die zu erwirtschaften sind. Fremdmittel (z. B. Kredite) sind letzten Endes auch Eigenmittel, weil sie zurückgezahlt werden müssen.
Gesamtwirtschaftliches Gleichgewicht Die öffentliche Hand hat im Rahmen ihrer Finanzwirtschaft dem gesamtwirtschaftlichen Gleichgewicht Rechnung zu tragen. Sie hat sich konjunkturgerecht zu verhalten. Die öffentliche Finanzwirtschaft verfügt über rd. 50 % des Sozialproduktes (siehe auch Nr. 1.5.4).	**Egoistische Ziele** Stabilitätsbewusstes Handeln wird der Privatwirtschaft von den Politikern zwar immer nahe gelegt, jedoch fehlt jeglicher Zwang. Da der Kaufmann auf Gewinn bedacht ist, führt seine konsequente Marktausnutzung zu wirtschaftlichem Egoismus.
Minimalprinzip Mit dem geringsten Mitteleinsatz den gewünschten Erfolg erzielen.	**Maximalprinzip** Mit gegebenen Mitteln den größten Erfolg erzielen.

Bei aller „Abgrenzung“ darf nicht übersehen werden, dass natürlich vielfältige Verbindungen zwischen beiden Bereichen bestehen und auch notwendig sind. Insofern sind die vorstehenden „Abgrenzungen“ nur grundsätzlicher Natur.

1.5 Aufgaben und Ziele der öffentlichen Finanzwirtschaft

1.5.1 Allgemein

Die öffentliche Finanzwirtschaft hat – wie in Kap. 1.1.1 dargelegt – die Aufgabenerfüllung zu sichern. Hieraus ergeben sich die nachfolgend dargestellten Aufgaben und Ziele (Funktionen), die von der öffentlichen Finanzwirtschaft erfüllt werden müssen. An dieser Stelle kann und soll jedoch nur Grundsätzliches angesprochen werden. Erschöpfend wird dieses Thema in der Volkswirtschaft[9] und Betriebswirtschaft zu behandeln sein.

1.5.2 Finanzpolitische Funktion

Das öffentliche Gemeinwesen (Staat/Gemeinden) kann die ihm übertragenen Aufgaben und Verpflichtungen nur erfüllen, wenn es in die Lage versetzt wird, die öffentlichen Bedürfnisse auch zu befriedigen. Der Haushaltsplan konkretisiert nun die zu erfüllenden Aufgaben in finanzieller Hinsicht, während gleichzeitig die zur Deckung des Finanzbedarfs erforderlichen Mittel aufgeführt werden. Gleichzeitig werden Ziele und Kennziffern zu den einzelnen kommunalen Tätigkeitsfeldern ausgewiesen.

Die beiden Seiten des Haushaltes müssen aber miteinander in Einklang gebracht werden, d. h. der Haushaltsausgleich für die jeweilige Periode muss herbeigeführt werden. Der Haushaltsplan erfüllt insofern eine finanzpolitische Funktion, die auch als finanzwirtschaftliche Ordnungsfunktion gekennzeichnet werden kann. Hierzu gehört insbesondere das Prinzip des Haushaltsausgleichs, dass die Solidität der öffentlichen Finanzwirtschaft sichern hilft. Gleichzeitig wird eine intergenerative Gerechtigkeit erzeugt, da bei einem ausgeglichenen Haushalt jede Nutzerperiode den von ihr verursachten Aufwand erwirtschaftet.

1.5.3 Politische Funktion

Der Etat kann als der „ziffernmäßige Ausdruck des politischen Programms“ gelten. Die überwiegende Mehrzahl der öffentlichen Aufgaben ist nämlich mit dem Verbrauch von Haushaltsmitteln verbunden. Der Haushaltsplan ist auch das Ergebnis politischer Auseinandersetzungen, letztlich ein Kompromiss der verschiedenen politischen Kräfte.

9 Z. B. *Sprenger-Menzel*, Volkswirtschaftslehre und Wirtschaftspolitik, 7. Aufl., Witten 2018.

Durch den parlamentarischen Beschluss wird dem Parlament/Gemeinderat die Möglichkeit geboten, regelmäßig lenkend, begrenzend und kontrollierend die Tätigkeit der Verwaltung zu beeinflussen. Die Möglichkeiten der Einflussnahme sind dennoch begrenzt, weil der überwiegende Teil der Haushaltsmittel durch gesetzliche und andere rechtliche sowie durch politische Verpflichtungen festgelegt ist (z. B. Personalaufwand, Sachaufwand, Investitionsfolgekosten). Die Beeinflussung durch das Parlament/Gemeinderat richtet sich daher insbesondere auf die freie Manövriermasse des Haushalts, die oft nur einen geringen Teil des Gesamtvolumens beträgt, und auf die Gestaltung der Einnahmeseite.

Wie sehr die „öffentliche Finanzwirtschaft" in den Blickpunkt des politischen Interesses rückt, wird immer dann deutlich, wenn der „Etat" des Bundes, Landes oder einer Gemeinde im „Parlament" behandelt wird oder wenn z. B. steuerpolitische Maßnahmen diskutiert werden.

1.5.4 Wirtschaftspolitische Funktion

Die wirtschaftspolitische Aufgabenstellung ist eine weitere Funktion der öffentlichen Finanzwirtschaft.

Der Faktor „öffentliche Finanzwirtschaft" hat einen entscheidenden Einfluss auf die Aktivitäten in der Volkswirtschaft. 2014 betrug die Staatsquote (das Verhältnis der Summe der Haushaltsausgaben von Bund, Ländern und Kommunen sowie der gesetzlichen Sozialsysteme zum Bruttoinlandsprodukt bzw. Bruttonationaleinkommen) in der Bundesrepublik Deutschland nach Angaben des Bundesfinanzministeriums 44,3 % (Entwicklung der Staatsquote von 1965 bis 2015 siehe Schaubild), in 2020 sogar 50,8 %.[10] Somit kommt der öffentlichen Finanzwirtschaft zunehmend eine volkswirtschaftliche Ordnungsfunktion zu.

10 https://www.sozialpolitik-aktuell.de/files/sozialpolitik-aktuell/_Politikfelder/Finanzierung/Datensammlung/PDF-Dateien/abbII39.pdf, Stand 12.7.2022.

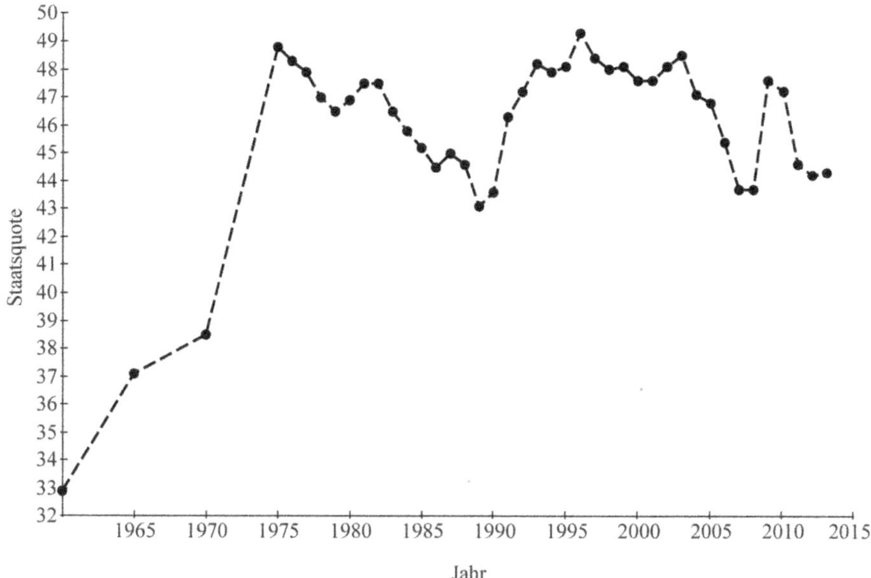

1.5.5 Betriebswirtschaftliche Funktion

Insbesondere im kommunalen Bereich wird der betriebswirtschaftlichen Funktion der öffentlichen Finanzwirtschaft besondere Beachtung geschenkt.

Die Betriebswirtschaftslehre befasst sich mit den wirtschaftlichen Problemen der Betriebe, wobei ihre Erkenntnisse die praktische Konsequenz haben sollen, die Betriebe wirtschaftlicher zu gestalten. Wenn nun in § 77 Abs. 2 GemO BW die Forderung aufgestellt wird, dass nicht nur sparsam, sondern auch wirtschaftlich und effizient zu verwalten ist, so ergab sich früher unter dem Aspekt der reinen Hoheitsverwaltung die Frage, ob überall in der öffentlichen Verwaltung die betriebswirtschaftlichen Erkenntnisse zu Grunde zu legen sind oder ob diese einer öffentlichen Verwaltung wesensfremd sind.

Unstreitig ist dieses in solchen öffentlichen Bereichen möglich, in denen Entgelte für die von diesen Bereichen erbrachten Leistungen erhoben werden. Diese müssen nach betriebswirtschaftlichen Gesichtspunkten arbeiten. Neben den Eigenbetrieben gehören hierzu auch die öffentlichen Einrichtungen der Daseinsvorsorge Beispiele hierfür sind: Abfallbeseitigung, Abwasserbeseitigung, Straßenreinigung, Märkte, Schwimmbäder, Sportanlagen, Volkshochschulen, Musikschulen und Bibliotheken.

Auch für die restlichen Bereiche der „öffentlichen Finanzwirtschaft" sind betriebswirtschaftliche Grundsätze verstärkt zu berücksichtigen. So müssen Finanzmanagemententscheidungen nicht nur unter haushaltsrechtlichen, sondern auch unter betriebswirtschaftlichen Überlegungen (z. B. Kostenermittlungen) getroffen werden. Insofern ist es selbstverständlich, dass auch in kommunalen Sozial- oder Ordnungsämtern betriebswirtschaftliches Denken verstärkt Eingang findet.

2. Kommunales Haushaltsrecht

2.1 Haushaltswirtschaft

Unter dem Begriff „Haushaltswirtschaft“ wird die Bewirtschaftung der Haushaltsmittel öffentlicher Körperschaften verstanden. Wenn das Haushaltsrecht in einigen Bundesländern noch auf der Verwaltungsbuchführung (Kameralistik) beruht, handelt es sich bei den „Haushaltsmitteln“ um veranschlagte Einnahmen und Ausgaben. Das neue Haushaltsrecht der Gemeinden in Baden-Württemberg, auf das sich dieses Lehrbuch bezieht, basiert dagegen auf dem Rechnungsstoff einer für die Zwecke der Gemeinden modifizierten doppelten kaufmännischen Buchführung (kommunale Doppik). Die veranschlagten Haushaltsmittel orientieren sich daher an den Rechengrößen der Doppik, also an Aufwendungen und Erträgen und den daraus resultierenden Einzahlungen und Auszahlungen aus laufender Verwaltungstätigkeit. Darüber hinaus werden Mittel für den Bereich der Investitionen im neuen Haushaltsrecht auf der Grundlage von veranschlagten Einzahlungen und Auszahlungsermächtigungen bereitgestellt. Die Haushaltswirtschaft beginnt – unabhängig vom zugrunde liegenden Rechenstoff – mit der Planung und formalen Aufstellung des Etats, setzt sich mit der Ausführung des Haushalts und der damit verbundenen buchhalterischen Erfassung der Finanzvorfälle (Buchführung) fort und endet mit der Erstellung des Jahresabschlusses, der Kontrolle der Haushaltswirtschaft und mit der politischen Entlastung (Haushaltskreislauf). Im Rahmen der Budgetplanung sollen gem. § 80 Abs. 1 GemO und § 4 Abs. 2 GemHVO Schlüsselpositionen, Leistungsziele und Kennzahlen dargestellt und demzufolge auch bei der Planung berücksichtigt werden.

Die nachfolgende Darstellung soll die einzelnen Stationen der Haushaltswirtschaft und ihre Beziehungen zueinander verdeutlichen. Dabei wird das Verfahren der Haushaltsplanung auch in die sonstige gemeindliche Planung eingeordnet. Die Systematik gilt für den Bund, die Länder und Gemeinden gleichermaßen und ist unabhängig vom Rechnungsstoff.

Stationen der Haushaltswirtschaft

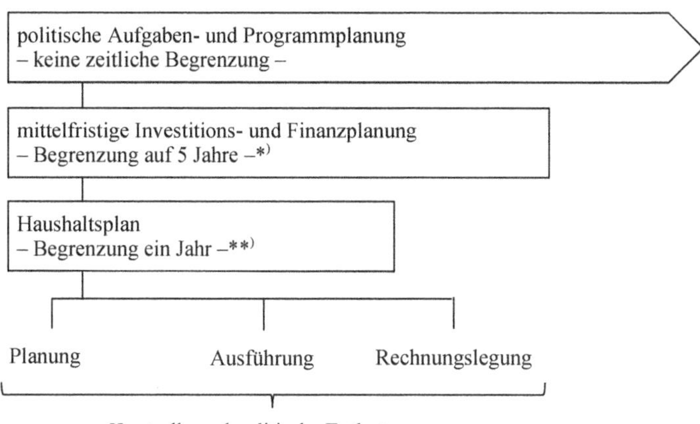

*) Der Finanzplan mit dem ihm zugrunde liegenden Investitionsprogramm ist dem Haushaltsplan beizufügen.
**) Auch im Zweijahreshaushalt erfolgt die Planung nach Haushaltsjahren getrennt.

2.2 Verfassungsrechtliche Grundlagen und Haushaltsautonomie

Die Grundsätze der gemeindlichen Haushaltswirtschaft ergeben sich nicht unmittelbar (originär) aus der Verfassung (Grundgesetz/Verfassung des Landes Baden-Württemberg). Art. 28 Abs. 2 GG garantiert den Gemeinden das Recht zur Selbstverwaltung und als dessen wesentlichen Bestandteil auch die Haushaltsautonomie. So bestimmt Art. 28 Abs. 2 Satz 2 GG ausdrücklich, dass die Gewährleistung der Selbstverwaltung auch die Grundlagen der finanziellen Eigenverantwortung der Gemeinden umfasst. Auch die Verfassung des Landes Baden-Württemberg garantiert in Art. 71 Abs. 1 die Existenz und Selbstverwaltung den Gemeinden und Gemeindeverbänden sowie den Zweckverbänden. Im Gegensatz zum Bund und den Ländern haben die Gemeinden also eine abgeleitete Haushaltsautonomie. Das eigentliche formale Haushaltsrecht für die Gemeinden regeln die Länder.

Die Gemeindeordnung für Baden-Württemberg (GemO) konkretisiert im Einzelnen Umfang und Inhalt der kommunalen Haushaltsautonomie. Die tatsächliche Ausgestaltung der Haushaltsautonomie hat sich in dem von der Landesverfassung vorgegebenen Rahmen zu bewegen. Das Land ist allerdings bei der Abfassung der kommunalhaushaltsrechtlichen Vorschriften im Wesentlichen durch Art. 109 GG festgelegt.

In Art. 109 GG ist das Haushaltsverfassungsrecht für den Bund und die Länder mit den folgenden Grundsätzen geregelt:

- die Haushaltsautonomie von Bund und Ländern (Absatz 1),
- die den Bund- und die Länder verpflichtende gesamtwirtschaftliche Budgetfunktion (Absatz 2),

- die Gesetzgebungskompetenz des Bundes für das Haushaltsrecht, eine konjunkturgerechte Haushaltswirtschaft und eine mehrjährige Finanzplanung von Bund und Ländern (Absatz 3) sowie
- die Gesetzgebungskompetenz des Bundes für die Regelung von Kreditbegrenzungen und Konjunkturausgleichsrücklagen (Absatz 4).

Die Haushaltswirtschaft der öffentlichen Hand sollte bei den vorgegebenen Aufgaben in gesamtwirtschaftlicher Hinsicht möglichst nach einheitlichen Kriterien und Regelungen geführt werden. Bei der aktuellen Reform des Haushaltsrechts ist den Gemeinden eine Vorreiterrolle zugefallen und es wird zunehmend die Frage gestellt, warum nicht auch die Länder die Doppik für das jeweilige Landeshaushaltsrecht übernehmen. Vor diesem Hintergrund haben sich Bund und Länder mit den „Standards für die staatliche doppelte Buchführung" nach § 7a HGrG i. V. m. § 49a HGrG Richtlinien für ein doppisches Haushalts- und Rechnungswesen gegeben. Diese „Standards staatlicher Doppik" legen für die öffentlichen Haushalte einheitliche Ansatz-, Bewertungs- und Darstellungsregeln fest und regeln die Abschlüsse auf staatlicher Ebene. Die zögerliche Vorgehensweise im Rahmen der Umstellung der Haushaltswirtschaft des Bundes und der Länder auf eine staatliche doppelte Buchführung (staatliche Doppik) mag auch darin begründet liegen, dass insbesondere auf Länderebene die Ergebnisse einer Eröffnungsbilanz verheerend sein könnten.[1] Im Hinblick auf die Verfassungsmäßigkeit der Haushalte könnte eine erhebliche Überschuldung zutage treten und diese die Handlungsfähigkeit weiter einschränken. Vor diesem Hintergrund jedoch von der Einführung der Doppik abzusehen würde die kommunalen Finanzprobleme erst recht verstärken. Erst eine transparentere Entscheidungsgrundlage kann zu einem veränderten Entscheidungsverhalten bei den politischen Entscheidungsträgern und damit zu einer soliden und nachhaltigen Haushaltswirtschaft führen. Die Einheitlichkeit des Haushaltsrechts ist also auch weiterhin in Zukunft nicht garantiert, was in vielen Bereichen (Verwendungsnachweise, Statistiken, Ausbildung etc.) sicherlich zu Reibungsverlusten führen dürfte.

Art. 109 GG beschreibt den Status, den Bund und Länder jeder für sich und zueinander haben. Sie sind selbstständig und unabhängig voneinander, aber dem Gemeinwohl verpflichtet. Die einzelnen Haushaltswirtschaften dürfen sich nur innerhalb der in Art. 109 GG gesetzten Grenzen entfalten.

Ferner ist zu berücksichtigen, dass auf Grund des Art. 109 GG der Bund mit Zustimmung der Länder zwei für die Haushaltswirtschaft bedeutsame Gesetze erlassen hat, nämlich

- das Gesetz zur Förderung der Stabilität und des Wachstums der Wirtschaft und
- das Gesetz über die Grundsätze des Haushaltsrechts des Bundes und der Länder, jeweils in der zurzeit geltenden Fassung (nach den Grundsätzen dieses Gesetzes haben die Länder das jeweilige Gemeindehaushaltsrecht zu gestalten).

1 Vgl. hierzu z. B.: *Lüder*, Vom Ende der Kameralistik, hrsg. v. der Deutschen Hochschule für Verwaltungswissenschaften Speyer, Speyerer Vorträge H. 74, Speyer 2003.

Diese Rechtsnormen stecken im Interesse des Gesamtstaates detailliert den eigentlichen Rahmen für die Haushaltswirtschaft der öffentlichen Hand (Bund, Länder, Gemeinden usw.) ab. Die Haushaltsautonomie von Bund, Ländern und Gemeinden stellt sich in der Verfassungswirklichkeit bei der gegebenen Aufgabenstellung wie folgt dar.

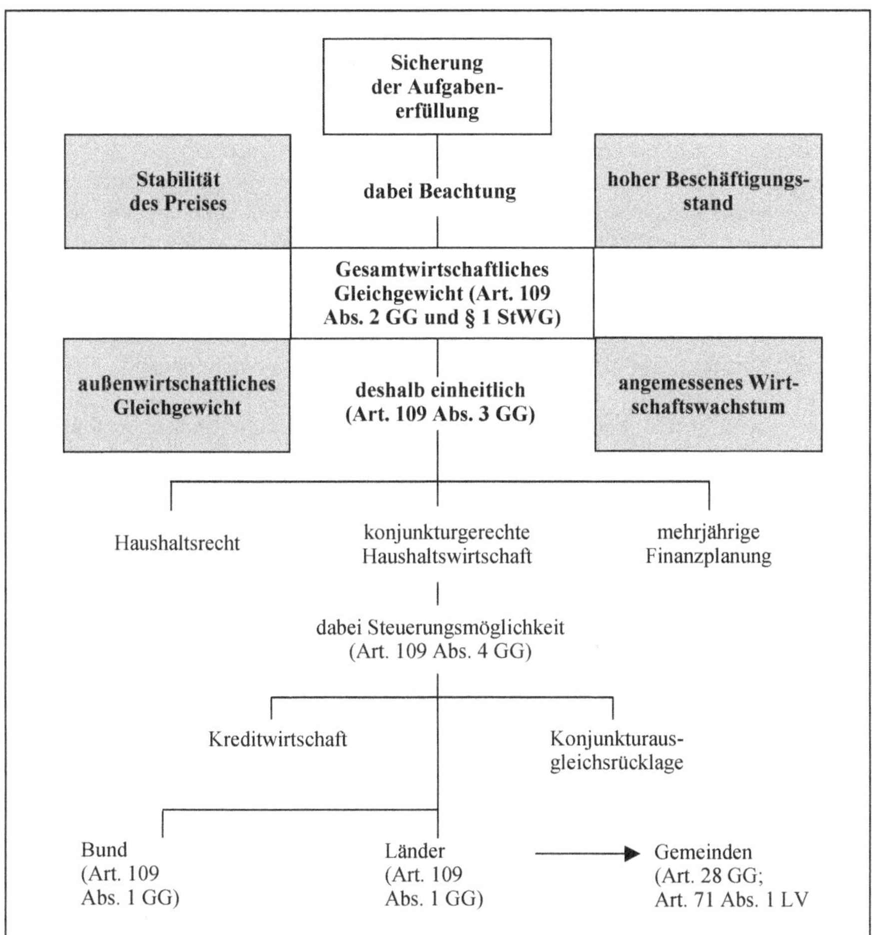

2.3 Geschichtlicher Überblick

2.3.1 Bisherige Entwicklung

Die Entwicklung des Haushaltsrechts hat im Wesentlichen in den Gemeinden begonnen. Bedingt durch die demokratische Struktur der Städte war hier zuerst ein Bedürfnis nach allgemein gültigen Normen gegeben. Im staatlichen Bereich herrschte zunächst der Wille des jeweiligen Monarchen allein vor.

Konkrete Formen nahm das Haushaltsrecht im 16. Jahrhundert an. Der erste kommunale Haushalt wird 1516 erwähnt, ein staatlicher Haushalt erst rd. 100 Jahre später (1618 bis 1619). In der Folgezeit wurde die Entwicklung im Wesentlichen von staatlicher Seite beeinflusst, wobei die Gemeinden mit einbezogen wurden. Daher soll nachfolgend auch die Entwicklung des Haushaltsrechts in seiner Gesamtheit dargestellt werden.

Die ersten Versuche – allerdings auf Teilbereiche beschränkt – eine Haushaltsplanung nach „Normen“ zu erstellen, wurden 1689 in Preußen unternommen. Mit der Erstellung eines „Generaletats“ aller Domäneneinkünfte und -ausgaben wurde hier so etwas wie ein Haushaltsplan aufgestellt. Im gleichen Jahr bestimmte eine kurfürstliche Instruktion, dass alle Provinzen *„einen Domänenetat formieren, darin eine Balance der Einnahmen und Ausgaben machen und Sr.K.D. gnädigster Vollanziehung gehörigen Orts überliefern“* sollten.

Etats wurden in den preußischen Gebieten auch für weitere Bereiche eingeführt und dabei die Normen verbessert. Im süddeutschen Raum stellte man dagegen erst 1803 Etats auf.

Auch zuerst in den preußischen Gebietsteilen wurde zaghaft versucht, Formvorschriften über das Haushalts-, Kassen- und Rechnungswesen für den kommunalen Bereich zu erstellen. Die Städteordnung für die östlichen Provinzen von 1853, für die Provinz Westfalen von 1856 und die Rheinische Städteordnung von 1856 bestimmten die Aufstellung eines Haushaltsplans mit allen voraussehbaren Ausgaben, Einnahmen und Naturaldiensten.

Das Kommunalabgabengesetz von 1893 legte das Haushaltsjahr auf die Zeit vom 1. April bis zum 31. März des folgenden Jahres fest. Unter bestimmten Voraussetzungen konnte die Haushaltsperiode bis zu drei Jahre umfassen. Nach Ablauf der Haushaltsperiode war gegenüber der Stadtverordnetenversammlung Rechnung zu legen, der auch die Prüfung und Feststellung der Jahresrechnung und die Entlastung des Gemeindevorstandes oblag. Für den Fall, dass eine preußische Gemeinde ihrer Verpflichtung zur Aufstellung eines Haushaltsplans nicht nachkam, räumte das preußische Zuständigkeitsgesetz von 1883 den Aufsichtsbehörden das Recht auf Zwangsetatisierung ein.

Ein Haushaltsrecht im heutigen Sinne kam erstmals mit Etablierung der Demokratie (1918/19) in Deutschland auf. Die folgende Darstellung der wesentlichen gesetzlichen Entwicklung verdeutlicht dieses sehr anschaulich, wobei bewusst keine Trennung in staatliches und kommunales Haushaltsrecht vorgenommen wird.

1922	Reichshaushaltsordnung
1927	Reichskassenordnung
1929	Wirtschaftsbestimmungen für die Reichsbehörden
1931	Preußische Gemeindefinanzverordnung
1933	preußisches Gesetz über die Staatshaushaltsordnung
1933	preußisches Gemeindefinanzgesetz
1935	Deutsche Gemeindeordnung

1936 Gesetz über die Haushaltsführung, Rechnungslegung und Rechnungsführung des Deutschen Reiches und die IV. Änderung der Reichshaushaltsordnung
1936 Rücklagenverordnung der Gemeinden
1936/38 Eigenbetriebsverordnung der Gemeinden
1937 Gemeindehaushaltsverordnung
1938 Gemeindekassen- und Rechnungsverordnung

– Nach dem 2. Weltkrieg –
1945 Finanztechnische Anweisung Nr. 33 der britischen Kontrollkommission für die ehemaligen preußischen Provinzen
1945/46 Revidierte Deutsche Gemeindeordnung der britischen Kontrollkommission
1946 Verordnung Nr. 46 der Militärregierung vom 23. August über die „Auflösung der Provinzen des ehemaligen Landes Preußen in der britischen Zone und ihre Neubildung als selbstständige Länder"; am 25.4.1952, 12.30 Uhr, wurden die Länder Baden, Württemberg-Baden und Württemberg-Hohenzollern zu einem Bundesland vereint.
1955 Gemeindeordnung Baden-Württemberg
1955 Landkreisordnung Baden-Württemberg

Der erste Schritt zur umfassenden Reform des Haushaltsrechts der öffentlichen Hand wurde 1960 mit der Anpassung des Rechnungsjahres an das Kalenderjahr unternommen. Ab 1967 folgten weitere wichtige Schritte:
8.6.1967 15. Gesetz zur Änderung des Grundgesetzes
8.6.1967 Gesetz zur Förderung der Stabilität und des Wachstums der Wirtschaft
12.5.1969 20. Gesetz zur Änderung des Grundgesetzes
19.8.1969 Gesetz über die Grundsätze des Haushaltsrechts des Bundes und der Länder (Haushaltsgrundsätzegesetz)
19.8.1969 Bundeshaushaltsordnung
1955 Gemeindehaushaltsverordnung (Baden-Württemberg)
1977 Gemeindekassenverordnung (Baden-Württemberg)
1992 Eigenbetriebsverordnung (Baden-Württemberg)

2.3.2 Fortentwicklung des kommunalen Haushaltsrechts im Rahmen des Neuen Steuerungsmodells durch Einführung des Neuen Kommunalen Haushalts- und Rechnungswesens (NKHR)

Erst rund 30 Jahre nach der ersten umfassenden Haushaltsrechtsreform wurde der Anstoß für eine tief greifende Reform des kommunalen Haushaltsrechts gegeben, die – nach den Vorstellungen des damaligen Bundeswirtschaftsministers Prof. Schiller über die sog. „Globalsteuerung" zur Beeinflussung der Konjunktur durch „konzertierte" Maßnahmen aller staatlichen Ebenen und der am Wirtschaftsleben Beteiligten – in erster Linie die Einführung des Gesamtdeckungsprinzips und des Vermögenshaushalts zum Inhalt hatte. Die Einführung des Vermögenshaushalts im kommunalen Bereich sollte die Einflussmöglichkeiten auf die Investitionstätigkeit der Gemeinden verstärken und so ein Mittel zur Konjunkturbeeinflussung werden.

Am 15.4.1994 (GBl. BW 1994 S. 238) wurden Neufassungen der Gemeindehaushaltsverordnung und der Gemeindekassenverordnung für Baden-Württemberg erlassen. Voraussetzung für die Möglichkeit der Erprobung in der Praxis war die Einfügung von Experimentierklauseln zur Flexibilisierung des Haushaltsrechts im Sinne des Neuen Steuerungsmodells. Ihr wichtigster Inhalt war die Anpassung des Gemeindehaushalts- und Kassenrechts an die Erfordernisse der Flexibilisierung des Haushaltsrechts. Im Rahmen des „Neuen Steuerungsmodells" sollte die Budgetierung und die damit verbundenen Verbesserungen der sachlichen und zeitlichen Übertragbarkeit von Haushaltsermächtigungen ermöglicht werden. Dennoch verdichteten sich weitere Forderungen aus der kommunalen Praxis zur Reform des Gemeindehaushaltsrechts, die mit folgenden Schlagzeilen am Beispiel NRW's verdeutlicht werden können:[2]

- Ressourcenverbrauchskonzept,
- Organische Haushaltsgliederung,
- Steuerung durch Leistungsvorgaben,
- Zuordnung von Kosten und Erlösen im Haushalt,
- Kommunale Bilanz,
- Doppik (kaufmännische Buchführung),
- Berichtswesen und Controlling,
- Steuerung der Beteiligungen.

Gleichzeitig starteten in mehreren Bundesländern Modellprojekte auf der Basis des sog. Speyerer Konzeptes, dessen Hauptprotagonist Prof. Dr. Dr. Lüder von der Hochschule für Verwaltungswissenschaften in Speyer war. In den Modellprojekten sollten die Grundlagen für ein neues kommunales Haushaltsrecht erarbeitet und praktisch überprüft werden.

Die Ergebnisse des NRW-Modellprojekts liegen seit langem als betriebswirtschaftliches Konzept[3] vor. Auf dieser konzeptionellen Grundlage basieren das „Gesetz über ein Neues Kommunales Finanzmanagement für Gemeinden in NRW" vom 16.11.2004 sowie eine Berichtigung vom 6.1.2005, die im Gesetz- und Verordnungsblatt des Landes Nordrhein-Westfalen 2004 auf S. 644 und in 2005 auf S. 15 veröffentlicht wurden. Damit sind diese Ergebnisse nun schon seit einiger Zeit rechtliche Grundlagen für das kommunale Haushaltsrecht in NRW.

---

2 Die 1999 in einer Broschüre des NRW-Innenministeriums aufgeführten Eckpunkte bildeten den Ausgangspunkt für die Reform des Haushaltsrechts in NRW. Im Laufe der weiteren Projektarbeit (s. u.) wurden diese Eckpunkte allerdings überprüft und weiterentwickelt. Sie haben daher nicht mehr in vollem Umfang Gültigkeit.

3 Modellprojekt „Doppischer Kommunalhaushalt in NRW" (Hrsg.), Neues Kommunales Finanzmanagement: Betriebswirtschaftliche Grundlagen für das doppische Haushaltsrecht, 2., vollst. überarb. Aufl. auf der Basis der Endergebnisse des Modellprojektes, Freiburg 2003.

Es gab kommunale Projekte mit ähnlicher Zielrichtung u. a. auch in Hessen, Sachsen-Anhalt und Niedersachsen.

Das erste Doppik-Projekt in Baden-Württemberg und zugleich der erste Pilot bundesweit war die Stadt Wiesloch, die bereits 1999 ihr Haushalts- und Rechnungswesen auf doppischer Grundlage umstellte. Danach folgten u. a. Stetten am kalten Markt, Rauenberg, Tettnang, Bruchsal, Karlsruhe, Heidelberg, Östringen und Bad Krozingen.

Die Ständige Konferenz der Innenminister und -senatoren (IMK) hatte bereits 1999 die Orientierung des Haushalts- und Rechnungswesens an den Grundlagen des Neuen Steuerungsmodells und die Umsetzung des Ressourcenverbrauchskonzeptes im zukünftigen kommunalen Haushaltsrecht beschlossen. Im November 2003 hat die Innenministerkonferenz die Standards für den Übergang vom zahlungsorientierten zum ressourcenorientierten Haushalts- und Rechnungswesen als Leittexte veröffentlicht.

Die Musterentwürfe der IMK und die Regelungsvorschläge der nordrhein-westfälischen Modellkommunen bildeten die Grundlage für das NKF-Gesetz, das am 1.1.2005 in Kraft getreten ist. Bis Ende 2008 können sich die NRW-Gemeinden nach den Übergangsvorschriften des NKFG aber auch noch nach den alten haushaltsrechtlichen Vorschriften richten.

Im Juni 2005 hat das NRW-Innenministerium zusätzlich „Handreichungen für Kommunen" zum neuen Haushaltsrecht veröffentlicht, die die vorliegenden haushaltsrechtlichen Regelungen z. T. erläutern und ergänzende Hinweise zu verschiedenen Themen geben.[4]

Am 22.4.2009 hat der Landtag von Baden-Württemberg das Gesetz zur Reform des Gemeindehaushaltsrechts beschlossen. Mit diesem Gesetz wurden die rechtlichen Grundlagen für das Neue Kommunale Haushalts- und Rechnungswesen (NKHR) nach (zu) langer Vorlaufzeit geschaffen. Die damalige Gemeindeordnung ist rückwirkend zum 1.1.2009 in Kraft getreten, die Gemeindehaushalts- und Gemeindekassenverordnung sind zum 1.1.2010 in Kraft getreten. Dieser Gesetzesbeschluss sah die Einführung des NKHR bei allen baden-württembergischen Kommunen spätestens bis zum Jahr 2016 vor. Zudem sollten die Kommunen ursprünglich spätestens für das Jahr 2018 ihren ersten kommunalen Gesamtabschluss nach neuem Recht erstellen. Mit Art. 5 des Gesetzes zur Änderung kommunalwahlrechtlicher und gemeindehaushaltsrechtlicher Vorschriften hat der Landtag von Baden-Württemberg am 11.4.2013 die Verlängerung der Umstellungsfrist für die Kommunen auf das NKHR bis zum Jahr 2020 beschlossen. Der erste kommunale Gesamtabschluss ist demnach spätestens für das Jahr 2025 aufzustellen.

Nicht zuletzt hat der Ministerrat auf seiner Sitzung am 10.7.2012 das Innenministerium im Sinne der Weiterentwicklung des Gemeindehaushaltsrechts u. a. damit beauftragt, im Jahr 2013 mit der Evaluation der Umstellung auf das NKHR zu beginnen. Auf der Grundlage der bis dahin in der Verwaltungspraxis mit der kommunalen Doppik gesammelten Erfahrungen sollten die Regelungen zum Gemeindehaushaltsrecht

4 Innenministerium NRW (Hrsg.), Neues Kommunales Finanzmanagement in NRW – Handreichung für Kommunen, 6. Aufl., Düsseldorf 2014. Im Internet zu beziehen unter www.im.nrw.de.

verbessert werden. Der Evaluierungsprozess dauerte in Baden-Württemberg bis Mitte 2016 an und mündete in überarbeiteten Rechtsvorschriften zum NKHR.

Eine Haushaltsführung nach den Vorschriften der Kameralistik ist gemeindewirtschaftsrechtlich ab dem 1.1.2020 in Baden-Württemberg nicht mehr zulässig. Eine Kommune, die ihre Haushaltssatzung nach den Vorschriften des NKHR nicht bis zum 1.1.2020 erlassen hat, befindet sich in der vorläufigen Haushaltsführung nach § 83 GemO.[5]

Weitere Informationen und Regelungen zur Reform des Kommunalen Haushalts- und Rechnungswesens einschließlich Muster, Leitfäden, Beispiele aus der Verwaltungspraxis usw. werden unter https://im.baden-wuerttemberg.de/de/land-kommunen/starke-kommunen/nkhr/ bereitgestellt.

2.4 Öffentliches Haushaltsrecht im System und im Vergleich

2.4.1 Vergleich der einzelnen Ebenen

Trotz der Umstellung des kommunalen Haushaltsrechts auf den Rechnungsstil „Doppik" bleibt das kommunale Haushaltsrecht in verschiedenen Vorschriften mit dem staatlichen Haushaltsrecht vergleichbar. Dies gilt – mit einigen Ausnahmen/Abweichungen – auch für einige tragende Grundsätze des Haushaltsrechts. Dazu gehören z. B. der Grundsatz der Gesamtdeckung (§ 7 HGrG), die Möglichkeit der Aufstellung eines Haushaltsplans für zwei Haushaltsjahre (§ 9 HGrG), die Brutto- und Einzelveranschlagung (§ 12 HGrG), die Verpflichtungsermächtigungen (§§ 5 und 22 HGrG) und die haushaltswirtschaftliche Sperre (§ 25 HGrG).

Abweichungen vom staatlichen Haushaltsrecht ergeben sich im Wesentlichen aus der Struktur des Drei-Komponenten-Systems, das die Aufstellung eines Ergebnishaushalts und eines Finanzhaushalts sowie die Erstellung einer Bilanz erfordert und aus den Vorschriften zur Einbeziehung von Zielen und Kennzahlen (Outcomeorientierung) in den Haushaltsplan. Die sich hieraus ergebenden Unterschiede sind von erheblicher praktischer Bedeutung, da sie ein grundlegend anderes Verständnis des Haushalts- und Rechnungswesens erfordern. Die Reform des kommunalen Haushaltswesens steht dabei aber in Übereinstimmung mit der internationalen Entwicklung des öffentlichen Rechnungswesens[6], während der staatliche Bereich in Deutschland der internationalen Entwicklung des öffentlichen Rechnungswesens bislang noch „hinterherhinkt".

---

5 Siehe Drucksache 16/3586, S. 4, vom Ministeriums für Inneres, Digitalisierung und Migration, 2.3.2018; § 64 Abs. 2 Satz 1 GemHVO.

6 Vgl. hierzu die zahlreichen Beiträge von *Lüder*, z. B: Internationale Standards für das öffentliche Rechnungswesen – Entwicklungsstand und Anwendungsperspektiven, in: Eibelshäuser (Hrsg.), Finanzpolitik und Finanzkontrolle – Partner für Veränderung, Baden-Baden, 2002. Vgl. *Kreil-Sauer*, „EPSAS: Harmonisierung der öffentlichen Rechnungslegung in der Europäischen Union", in: Haufe Rechnungswesen & Controlling (Hrsg. Böhmer/Kegelmann/Kientz), Heft 7, Gruppe 6, S. 1–24, September 2015.

2.4.2 Stellung im System der Volkswirtschaft

Über lange Zeit war der Grundsatz des Haushaltsausgleichs, also die Bedarfsdeckung, beherrschendes Thema des Haushaltsrechts. Wirtschaftswissenschaftler (zuerst Keynes) haben sich gegen diese Fiskalpolitik gewandt und sich dafür ausgesprochen, dass die Haushaltswirtschaft als ein bewusstes Instrument zur Steuerung des volkswirtschaftlichen Ablaufs (Konjunktur) angewandt wird. Ihnen schwebte als Ziel vor, die öffentlichen Haushalte als Instrument der Gegensteuerung gegen Konjunkturausschläge (antizyklische Haushaltspolitik) zu benutzen. Das Gesetz zur Förderung der Stabilität und des Wachstums der Wirtschaft hat diese Vorstellungen übernommen. Bund und Länder werden verpflichtet, bei ihren wirtschafts- und finanzpolitischen Maßnahmen die Erfordernisse des gesamtwirtschaftlichen Gleichgewichts zu beachten. Dabei sind die Maßnahmen so zu treffen, dass sie im Rahmen der marktwirtschaftlichen Ordnung gleichzeitig die Ziele anstreben:

- Stabilität des Preisniveaus,
- hoher Beschäftigungsstand und
- außenwirtschaftliches Gleichgewicht bei
- stetigem angemessenen Wirtschaftswachstum (§ 1 StWG).

Die Gemeinden werden in § 16 StWG aufgefordert, bei ihrer Haushaltswirtschaft den Zielen des § 1 StWG Rechnung zu tragen. Mit der ersten Reform des kommunalen Haushaltsrechtes in den 1970er Jahren wurde auch kommunalrechtlich die Aufgabe „Beachtung des gesamtwirtschaftlichen Gleichgewichts" zwingende Verpflichtung. Seit dem Sichtbarwerden drastischer Finanzprobleme, die gerade den misslungenen Versuchen der „Globalsteuerung" zugeschrieben werden, stehen die meisten Wissenschaftler, aber auch die politischen Parteien der Konjunkturpolitik keynesianischer Prägung skeptisch gegenüber.[7] Zunehmend wird der Kontinuität und Verlässlichkeit öffentlichen Handelns eine wichtigere Bedeutung eingeräumt als dem bloßen Reagieren auf konjunkturelle Entwicklungen.

Problematisch wird besonders die Einbeziehung der Gemeinden in die staatliche Konjunkturpolitik beurteilt.[8] Insbesondere im kommunalen Bereich kann es aus der Konkurrenz zwischen der Aufgabenerfüllung auf der einen Seite und dem konjunkturgerechten Verhalten auf der anderen Seite zu Zielkonflikten kommen. Da jedoch die Sicherung der stetigen Aufgabenerfüllung oberster Grundsatz im kommunalen Haushaltsrecht ist, muss letztlich diese Vorschrift den Vorrang haben, so dass zumindest eine abgestimmte Konjunkturpolitik aller Gemeinden und Gemeindeverbände wohl illusorisch ist.

7 Vgl. z. B. die Argumente bei *Sprenger-Menzel*, Volkswirtschaftslehre und Wirtschaftspolitik, 7. Aufl., Witten 2018, S. 303 ff.

8 Hierzu mit weiteren Argumenten auch *Stockel-Veltmann*, Das Gemeindehaushaltsrecht – Funktionsbedingte Anforderungen und Reformansätze, in: der gemeindehaushalt, 2/1994, S. 33.

2.4.3 Verhältnis zur Betriebswirtschaft

Das neue kommunale Haushaltsrecht basiert auf einer Reihe von betriebswirtschaftlichen Elementen. Insbesondere fußt es erstmals auf den Grundlagen des betriebswirtschaftlichen externen Rechnungswesens („doppelte Buchführung" oder „Doppik"). Durch die Einbeziehung von internen Leistungsverrechnungen (§ 4 Abs. 3 GemHVO) und die Ermittlung von Teilergebnissen (§ 4 Abs. 2 GemHVO) auf Produkt-, Produktgruppen- oder Produktbereichsebene ist das kommunale Haushaltsrecht auch eng mit den betriebswirtschaftlichen Elementen der Kosten- und Leistungsrechnung verknüpft, deren Einführung darüber hinaus als eigenständiger und unreglementierter Bereich des Rechnungswesens von den Gemeinden erwartet wird (§ 14 GemHVO). Die betriebswirtschaftliche Ausrichtung wird auch deutlich durch die Outputorientierung im Haushaltsplan und im Jahresabschluss. Die Feststellung von Wirtschaftlichkeit im Sinne der Betriebswirtschaftslehre stellt im kommunalen Finanzmanagement das wesentliche Abbildungsziel dar.

Der Einsatz moderner betriebswirtschaftlicher Elemente durch die Gemeinden wird ebenso in den Bereichen Liquiditätssteuerung und Investitionsrechnung erwartet.[9]

Insgesamt wird durch die Verwendung der modifizierten kaufmännischen Buchführung als Rechnungsstil in der Kommunalverwaltung der Einsatz betriebswirtschaftlicher Verfahren und Instrumente in den Gemeinden gefördert und vereinfacht. Zwar ist eine ungeprüfte Übernahme betriebswirtschaftlicher Elemente für öffentliche Körperschaften nicht immer ohne weiteres möglich. In vielen Bereichen ist jedoch der Einsatz erprobter Verfahren schon mit kleinen Anpassungen sinnvoll. Die Übernahme betriebswirtschaftlicher Instrumente fördert dabei die Wirtschaftlichkeit und erhöht die Akzeptanz des NKHR in den politischen Gremien und bei den Bürgern, die im eigenen beruflichen Umfeld häufig mit den selben Instrumenten in Berührung kommen.

2.5 Staatliche Aufsicht über die gemeindliche Haushaltswirtschaft

Die staatliche Aufsicht hat ihre verfassungsmäßige Grundlage im Art. 75 Abs. 1 der Verfassung des Landes Baden-Württemberg, wonach das Land durch seine Aufsicht sicherstellt, dass die Gesetze beachtet und die Auftragsangelegenheiten weisungsgemäß erfüllt werden. Die GemO umschreibt die Grenzen der Aufsicht in einer Doppelfunktion, nach der sie einerseits die Gemeinden in ihren Rechten schützt und andererseits die Erfüllung ihrer Pflichten sichert; so stellt die Aufsicht nach § 118 GemO sicher, dass die Gemeinden die geltenden Gesetze beachten (Rechtsaufsicht) und die Aufgaben des übertragenen Wirkungskreises rechtmäßig und zweckmäßig ausführen (Fachaufsicht).

9 Vgl. z. B. § 12 Abs. 1 GemHVO.

Die gemeindliche Haushaltswirtschaft gehört zu den gesetzlich zugewiesenen Selbstverwaltungsaufgaben. Sie unterliegt der Kommunalaufsicht des Landes. Nach den verschiedenen Wirkungsmöglichkeiten der Aufsicht wird sie nach einer schützenden, kontrollierenden und vorbeugenden Aufsicht unterschieden. Die Grenzen zwischen diesen einzelnen Aufsichtsarten fließen in der Praxis häufig ineinander. Als einige typische Beispiele sind anzuführen:

- Vorlage der vom Gemeinderat beschlossenen Haushaltssatzung mit ihren Anlagen (§ 81 Abs. 2 GemO),
- Genehmigung der Kreditaufnahme in der vorläufigen Haushaltsführung (§ 83 Abs. 2 GemO),
- Genehmigung des Gesamtbetrages der Verpflichtungsermächtigungen (§ 86 Abs. 4 GemO),
- Genehmigung des Gesamtbetrages der Kreditaufnahmen für Investitionen und Investitionsförderungsmaßnahmen (§ 87 Abs. 2 GemO),
- Genehmigung des Höchstbetrages der Liquiditätskredite (§ 89 Abs. 3 GemO),
- Mitteilung der Beschlüsse des Gemeinderates über den Jahresabschluss, den konsolidierten Gesamtabschluss und die Entlastung (§ 95b Abs. 2 GemO).

Darüber hinaus kann sich das Land auf Grund seines Informationsrechts (§ 120 GemO), aus dem eine Unterrichtungspflicht der Gemeinde folgt, über einzelne Angelegenheiten der Gemeinde in geeigneter Weise unterrichten lassen. Die Rechtsaufsichtsbehörde kann Beschlüsse und Anordnungen einer Gemeinde beanstanden, wenn sie das Gesetz verletzen (§ 121 GemO). Beanstandete Maßnahmen dürfen nicht vollzogen werden. Die Rechtsaufsichtsbehörde kann verlangen, dass bereits getroffene Maßnahmen rückgängig gemacht werden. Gem. § 123 GemO ist Ersatzvornahme möglich. Gem. § 124 GemO kann sogar ein Beauftragter bestellt werden, wenn die Verwaltung der Gemeinde in erheblichem Umfang nicht den Erfordernissen einer gesetzmäßigen Verwaltung entspricht. Die Beauftragte oder der Beauftragte hat im Rahmen des Auftrages die Stellung eines Organs der Gemeinde, könnte also auch die haushaltswirtschaftlichen Befugnisse des Gemeinderates wahrnehmen. Die Rechtsaufsicht folgt dem Opportunitätsprinzip; nach § 118 Abs. 3 GemO soll sie so gehandhabt werden, dass die Entschlusskraft und die Verantwortungsfreude nicht beeinträchtigt werden.

In einer Kurzübersicht ergibt sich folgendes Bild:

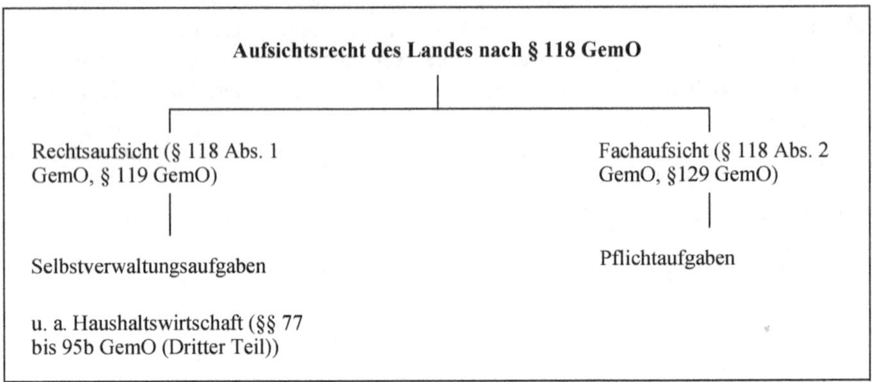

Die Aufsicht ist in den §§ 118 bis 129 GemO geregelt. Nach § 119 GemO sind Rechtsaufsichtsbehörden:

Rechtsaufsicht	**kreisangehörige Städte und Gemeinden**	**Stadtkreis und Große Kreisstädte**	**Landkreise**
Rechtsaufsichtsbehörde	Landratsamt	Regierungspräsidium	Regierungspräsidium
obere Rechtsaufsichtsbehörde	Regierungspräsidium	Regierungspräsidium	Regierungspräsidium
Oberste Rechtsaufsichtsbehörde	Innenministerium	Innenministerium	Innenministerium

Nach § 48 LKrO finden die für die Stadtkreise und Große Kreisstädte geltenden Vorschriften über die Gemeindewirtschaft entsprechende Anwendung.

3. Grundzüge der doppelten (kaufmännischen) Buchführung für Gemeinden

3.1 Inhalt und Abgrenzung zu anderen Rechnungssystemen

Das Neue Kommunale Haushalts- und Rechnungswesen (NKHR) bedient sich der doppelten Buchführung für Gemeinden (auch „Doppik"[1] genannt). Grundlage dafür ist der Rechnungsstil der kaufmännischen doppelten Buchführung. Insofern ist es zum Verständnis des neuen Rechnungswesens dringend erforderlich, Grundkenntnisse des neuen Buchführungssystems zu besitzen. Die nachfolgenden Ausführungen in diesem Kapitel dienen deshalb dazu, diese Buchführungs**technik** darzustellen und zu erläutern. Die Besonderheiten einzelner Bilanz- und Ergebnisrechnungspositionen, Bewertungsfragen und Problemstellungen haushaltsrechtlicher Art sind den späteren Spezialkapiteln vorbehalten. Eine vertiefte Darstellung, die zur Bilanzsicherheit führt, würde den Inhalt dieses Buches sprengen. Insofern erfolgen an dieser Stelle auch keine Darstellungen zu den Nebenbuchhaltungen (Anlage-, Debitoren- und Kreditorenbuchhaltungen usw.). Alle in diesem Kapitel dargestellten Buchungen erfolgen deshalb unmittelbar auf den Sachkonten (Hauptbuch gem. § 36 Abs. 1 GemHVO). Die folgenden Kapitel vertiefen dann die Materie.[2]

Die Darstellungen in diesem Kapitel enthalten das Grundsystem der in den Kommunen eingesetzten Doppik. Die Besonderheiten der Buchführung im kommunalen Rechnungswesen (u. a. Drei-Komponenten-System) wird in den nachfolgenden speziellen Kapiteln abgehandelt. Dieser Darstellungsaufbau bietet sich an, weil die spezielle Buchführungstechnik der Kommunalverwaltung auf das bereits vor Jahrhunderten entwickelte[3] und weltweit millionenfach angewendete Grundsystem der doppelten Buchführung für Unternehmen aufbaut, ja in vielen Bereichen weitgehend übereinstimmt.

Zunächst ist es erforderlich, eine grundsätzliche Einordnung der kaufmännischen Buchführung in die Rechnungssysteme vorzunehmen. Zudem ist die Verbindung zur Kosten- und Leistungsrechnung zu dokumentieren.

---

1 Kunstwort für „doppelte Buchführung" (Knauer Universallexikon, München, Ausgabe 2002) oder „Doppelte Buchführung in Kommunen".

2 Diese Thematik ist der Spezialliteratur vorbehalten. Siehe dazu für alle: *Schmolke/Deitermann*, Industrielles Rechnungswesen IKR, 50. Aufl., Braunschweig 2021. Eine umfassende Einführung mit Verbindungen zum Kommunalen Finanzmanagement ist auch enthalten in *Klümper/Möllers/Zimmermann*, Kommunale Kosten- und Wirtschaftlichkeitsrechnung, 20. Aufl., Witten 2019, S. 65 ff.

3 Die doppelte Buchführung entstand in den mittelalterlichen italienischen Stadtstaaten, wobei die frühesten noch erhaltenen Bücher aus Genua (1340) stammen. Allgemein wird das jetzt vorhandene kompakte in sich geschlossene Buchführungssystem auf den venezianischen Franziskanermönch Luca Pacioli zurück geführt, der im Jahre 1494 die erste veröffentlichte theoretische und praktische Abhandlung zur Buchführungsarbeit verfasste. Siehe dazu Gablers Wirtschaftslexikon, 15. Aufl., Wiesbaden 2000.

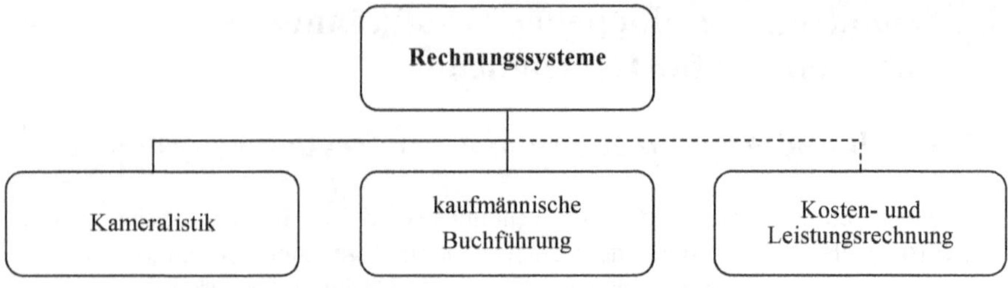

Die **Kameralistik**[4] ist eine reine Einnahme- und Ausgaberechnung und stellt somit lediglich die Geldmittelzuflüsse (Einnahmen) und Geldmittelabflüsse (Ausgaben) einer Kommune in einer Periode dar (Geldverbrauchsrechnung). Dabei orientiert sie sich im Wesentlichen an den Grundsätzen der Kassenwirksamkeit und der Fälligkeit einer Zahlung, was auch bei den weiter unten dargestellten Beispielen deutlich wird.[5] Weiter gehende Finanzvorfälle, vor allem der Ressourcenverbrauch werden nicht erfasst. Zuweilen geäußerte Meinungen, dass die Kameralistik nichts „taugen" würde, sind allerdings als unqualifiziert anzusehen. Die Kameralistik ist hervorragend geeignet, Einnahmen und Ausgaben zu dokumentieren. Mehr kann und will sie ja auch nicht.[6] Große Dienstleister, wie sie nun einmal die Gemeinden und Gemeindeverbände sind,[7] benötigen für ihre Betriebssteuerung (Controlling) Finanzinformationen, die über Einnahmen und Ausgaben hinausgehen. Insofern ergibt sich für die Kameralistik eine Vielzahl von Schwachstellen, wobei einige nachstehend schlagwortartig aufgelistet sind:[8]

Nachteile der Kameralistik[9]

- keine Abbildung des Ressourcenverbrauchs und Ressourcenaufkommens (nur Einnahmen und Ausgaben)
- ausschließlich inputorientiert, keine Produkt- und Leistungsinformationen
- keine periodengerechte Zuordnung des Werteverzehrs

4 Der Begriff stammt aus dem Lateinischen, wobei „camera" die fürstliche Schatzkammer umschrieb (Knauer Universallexikon, München, Ausgabe 2002).

5 Eine umfangreiche Darstellung des Gesamtssystems der Kameralistik enthalten *Bernhardt/ Schünemann/Schwingeler*, Kommunales Haushaltsrecht NRW, 15. Aufl., Witten 2002 sowie *Bernhardt/Schünemann/Schwingeler*, Kommunales Anordnungs-, Kassen-, Rechnungslegungs- und Prüfungsrecht NRW, 7. Aufl., Witten 1999.

6 So kommen private Haushalte durchaus mit der Aufzeichnung ihrer Einnahmen und Ausgaben aus. Ebenfalls bedienen sich kleinere Untenehmen und Selbständige, die Einkünfte aus freiberuflicher Tätigkeit erzielen, einer solchen Rechnungslegung, indem Sie eine Einnahmeüberschussrechnung führen.

7 In der Regel sind die Gemeinden und Kreise die größten Dienstleistungsunternehmen vor Ort.

8 Eine ausführliche Darstellung von Schwachstellen der Kameralistik mit einer konkreten Untersuchung der gesetzlichen Bestimmungen enthält *Bernhardt/Schünemann/Schwingeler/Theisen*, Effektivität und Akzeptanz der neuen Steuerungsmodelle in der kommunalen Haushaltswirtschaft, Ergebnis eines Forschungsprojekts an der Fachhochschule für öffentliche Verwaltung NRW, Gelsenkirchen 2001.

9 Abgestellt wird hierbei auf das von den Kommunen teilweise noch bis 2020 angewendete kamerale Haushaltssystem nach der GemO und GemHVO.

- kein integrierter Vermögensnachweis[10]
- keine Abbildung der kommunalen Aktivitäten
- keine Kennzahlen und Messgrößen für die einzelnen Bereiche
- keine Aussagen zur Zielsetzung und Aufgabenerfüllung
- keine einheitliche Darstellung aller kommunaler Aktivitäten („Konzern Stadt“)
- kein international anerkanntes Rechnungssystem

Die **erweiterte Kameralistik** versucht, diese Schwachstellen dadurch zu beseitigen, dass Rechengrößen aus der kaufmännischen Buchführung durch Nebenrechnungen eingefügt und teilweise sogar in die kommunalen Haushalte aufgenommen werden (z. B. Abschreibungen). Die Vielzahl der notwendigen Neben- und Ergänzungsrechnungen „vergewaltigen“ dann aber das Rechnungssystem der Kameralistik derart, dass die Übersichtlichkeit verloren geht. Ein geschlossenes logisch aufgebautes Rechnungssystem entsteht dadurch nicht. Dabei verkennen die Verfasser nicht, dass es die erweiterte Kameralistik weitgehend vermag, gewisse Basisdaten für die Kosten- und Leistungsrechnung auszuweisen.

Die **kaufmännische doppelte Buchführung** und die kommunale doppelte Buchführung dagegen dokumentiert selbstverständlich auch die Einnahmen und Ausgaben[11], indem sie die liquiden Mittel einschließlich ihrer Veränderungen in der Bilanz nachweist. Im Mittelpunkt steht aber die Dokumentation der Aufwendungen und der Erträge. Bei den Aufwendungen handelt es sich um den bewerteten Verbrauch von Gütern und Dienstleistungen einer Kommune (eines Betriebs) in einer Periode (Ressourcenverbrauch, Werteverzehr). Der Ertrag entspricht dagegen den bewerteten Gütern und Dienstleistungen einer Kommune, die in einer Periode erbracht werden (Zuwachs an Ressourcen, Wertezuwachs). Der Kaufmann bedient sich dazu einer Gewinn- und Verlustrechnung (im kommunalen Haushaltsrechtsrecht „Ergebnisrechnung“ genannt), in der Aufwendungen und Erträge gegenüber gestellt werden.

10 Das kamerale Haushaltsrecht sah in § 39 GemHVO nur einen Vermögensnachweis mit Werterfassung für die kostenrechnenden Einrichtungen vor. Für das sonstige Vermögen waren nur Bestandsnachweise (§ 38 GemHVO) ohne einen Wertnachweis vorgesehen. Zudem wurden beide Bereiche außerhalb des kommunalen Haushaltes in Nebenrechnungen geführt.

11 In diesem Einführungskapitel wird noch nicht zwischen Erträgen, Einnahmen und Einzahlungen sowie Aufwendungen, Ausgaben und Auszahlungen unterscheiden. Dies erfolgt erst weiter unten mit der Einführung der speziellen Begrifflichkeiten des kommunalen Finanzmanagements.

Die nachfolgenden Beispiele verdeutlichen die Unterschiede zwischen Kameralistik und doppelter Buchführung und belegen die sachlich korrekte periodengerechte Zuordnung durch die Doppik:[12]

Finanzvorfall	**Kameralistik Ausgabe 2019**	**Doppik**		**Kameralistik Ausgabe 2020**	**Doppik**	
		Aufwand 2019	**Auszahlung 2019**		**Aufwand 2020**	**Auszahlung 2020**
Zahlung der Pacht von 12.000 € im Juli 2019 für die Zeit vom 1.8.2019 bis 31.7.2020[13]	12.000 €	5.000 €	12.000 €	0 €	7.000 €	0 €
Kauf des LKW am 1.7.2019 (100.000 €) Nutzungsdauer 10 Jahre, linearer Werteverzehr[14]	100.000 €	5.000 €	100.000 €	0 €	10.000 €	0 €
Gehaltsnachzahlung im Januar 2020 für Dezember 2019 in Höhe von 14.000 €[15]	0 €	14.000 €	0 €	14.000 €	0 €	14.000 €
Festsetzung eines Schadensersatzes im Januar 2020 für Mai 2019 in Höhe von 1.000 €[16]	0 €	1.000 €	0 €	1.000 €	0 €	1.000 €

12 Eine ausführliche Darstellung dieser betriebswirtschaftlichen Begriffe mit einer Reihe von praktischen Übungen und Beispielen (auch weitergehend hinsichtlich der Abgrenzung zu den Kosten und Leistungen) enthält *Klümper/Möllers/Zimmermann*, Kommunale Kosten- und Wirtschaftlichkeitsrechnung, 20. Aufl., Witten 2019, S. 9 ff.

13 Der Pachtanteil für das Jahr 2020 von 7.000 € wird im Jahre 2019 dem Konto „Aktive Rechnungsabgrenzung" (ARA) zugeordnet. Die Auflösung dieses Kontos (ARA) erfolgt in 2019 zu Lasten des Kontos „Pachtaufwendungen".

14 Der LKW wird in zehn Jahren gleichmäßig verbraucht. Insofern wird der Werteverzehr als lineare Abschreibung auf dem entsprechenden Aufwandskonto nachgewiesen (in 2019 für sechs Monate).

15 Die Gehaltsnachzahlung kann trotz Fälligkeit und Zahlung im Januar 2020 in der Doppik noch den Aufwendungen des Jahres 2019 zugeordnet werden. Die Gegenbuchung erfolgt als Verbindlichkeit gegenüber Mitarbeitern.

16 Der Schadensersatz kann trotz Fälligkeit und Zahlung im Januar 2020 in der Doppik noch dem Ertrag des Jahres 2019 zugeordnet werden. Die Gegenbuchung erfolgt als Forderung gegenüber dem Schadensersatzverpflichtenden.

Finanzvorfall	Kameralistik Ausgabe 2019	Doppik		Kameralistik Ausgabe 2020	Doppik	
		Aufwand 2019	Auszahlung 2019		Aufwand 2020	Auszahlung 2020
Zinseinnahme für Festgelder 2019 zum Fälligkeitstermin am 5.1.2020 (5.000 €)[17]	0 €	5.000 €	0 €	5.000 €	0 €	5.000 €
Mieteinnahme am 28.12.2019 für Januar 2020 (1.300 €), Betrag ist am 3. Januar fällig[18]	0 €	0 €	1.300 €	1.300 €	1.300 €	0 €

Neben dem periodengerechten Nachweis von Aufwendungen und Erträgen weist die Doppik die Vermögenssituation der Kommune in einer Bilanz nach. Dem kommunalen Vermögen wird die Vermögensfinanzierung aus Eigen- und Fremdmittel gegenüber gestellt.

Die Inhalte und Vorteile der kaufmännischen Buchführung bzw. kommunalen Doppik lassen sich stichwortartig wie folgt zusammenfassen:

- Sachlich geordnete und lückenlose Aufzeichnung **aller** finanzwirtschaftlichen Finanzvorfälle bzw. Finanzvorfälle eines Unternehmens bzw. einer Kommune
- Feststellung des **Stands des Vermögens und der Schulden** und lückenloses **Nachhalten aller Veränderungen der Vermögens- und Schuldenwerte**
- Ermittlung des **Erfolgs des Unternehmens bzw. der Kommune**, also des **Gewinns (Jahresüberschuss)** oder des **Verlusts (Jahresfehlbetrag)**, indem alle Aufwendungen und Erträge erfasst werden
- Bereitstellung von Daten für das **innerbetriebliche Controlling** zur Steigerung der Wirtschaftlichkeit und Effektivität
- Grundlage für die **Berechnung der Steuern**
- Wichtiges **Beweismittel** bei Rechtsstreitigkeiten mit Bürgern, Kunden, Lieferern, Banken, Behörden (Finanzamt, Gerichte) u. a.

Bei der **Kosten- und Leistungsrechnung** (KLR) handelt es sich im Wesentlichen um ein internes Rechnungswesen, das die benötigten Finanzinformationen aus einem Grundrechnungssystem (Doppik, Kameralistik oder erweiterte Kameralistik) entnimmt

17 Trotz des Überweisungstermins im Januar 2020 erfolgt die Zuordnung in der Doppik periodengerecht als Ertrag des Jahres 2019 (Gegenbuchung als Forderung gegenüber Kreditinstituten).

18 Entscheidend ist, dass es sich unabhängig von der Zahlung um einen Ertrag des Monates Januar 2020 handelt. Die kaufmännische Buchung im Jahr 2019 erfolgt als „Passive Rechnungsabgrenzung".

und weiter verarbeitet. Insofern ist die Kosten- und Leistungsrechnung kein eigenständiges Rechnungssystem. Die Kosten und Leistungen werden den kommunalen Produkten zugeordnet, sodass die Wirtschaftlichkeit kommunalen Handelns Output orientiert nachgewiesen wird. Das Ziel, Produkte und Leistungen für den Bürger wirtschaftlich anzubieten und damit der Daseinsvorsorge zu dienen, soll mithilfe der Kosten- und Leistungsrechnung nachgewiesen werden. Hier finden auch die konkreten Kalkulationen von Produktkosten und Entgelten statt.

Dabei handelt es sich bei den Kosten um die **betriebstypischen** Aufwendungen einer Periode, bei den Leistungen um den **betriebstypischen** Ertrag einer Periode. Insofern ist es für die Kosten- und Leistungsrechnung wesentlich effektiver, auf die Daten der kaufmännischen Buchführung zurück greifen zu können. Hier werden nämlich bereits Erträge und Aufwendungen dokumentiert, die nur noch auf ihre „Betriebstypischkeit abgeklopft“ werden müssen, um Eingang in die Kosten- und Leistungsrechnung zu finden. Allerdings ist dabei nicht zu übersehen, dass in der Kosten- und Leistungsrechnung abweichend zur kaufmännischen Buchführung zum Teil jedoch Kosten nach besonderen Verfahren angesetzt werden.[19]

Allein an diesen Definitionen wird deutlich, dass es für die Ermittlung der Kosten und Leistungen effektiver ist, die Daten aus einer kaufmännischen Buchführung bzw. der kommunalen Doppik zu entwickeln, da die Kameralistik nur Einnahmen und Ausgaben kennt.

Allerdings ist deutlich festzustellen, dass die doppelte Buchführung keine Kosten- und Leistungsrechnung ersetzt, sondern lediglich die Kosten- und Leistungsarten als betriebstypische Aufwendungen und betriebstypische Erträge bereitstellt. Die Verteilung der Kosten und Leistungen auf Betriebsteile (Kostenstellen) und Produkte (Kostenträger) sowie darauf aufbauenden Auswertungen (z. B. unter Einsatz von Kennziffern) oder Kalkulationen (z. B. Entgeltermittlungen) bleiben weiterhin der Kosten- und Leistungsrechnung vorbehalten.

Insgesamt ist somit deutlich belegt, dass die kaufmännische Buchführung auch für Kommunalverwaltungen ein Rechnungssystem darstellt, das gegenüber der Kameralistik wesentlich leistungsfähiger ist und die Kosten- und Leistungsrechnung optimal bedient.

19 So werden die bilanziellen Abschreibungen durch die kalkulatorischen Abschreibungen (z. B. mögliche Berücksichtigung von Wiederbeschaffungszeitwerten) und die Fremdkapitalzinsen durch kalkulatorische Zinsen (z. B. Verzinsung des Gesamtkapitals) ersetzt. In der Praxis werden solche geänderten Daten als Anderskosten bezeichnet. Zudem werden weitere Kosten – auch „Zusatzkosten“ genannt – in die Kosten- und Leistungsrechnung einbezogen (z. B. kalkulatorische Wagnisse). Siehe dazu im Einzelnen *Klümper/Möllers/Zimmermann*, Kommunale Kosten- und Wirtschaftlichkeitsrechnung, 20. Aufl., Witten 2019, S. 158 ff.

3.2 Die kommunale Bilanz

3.2.1 Inventur als Datenermittlung für die Bilanz

Da die kaufmännische Buchführung bzw. die kommunale Doppik sämtliche Finanzdaten dokumentiert, werden zunächst das Vermögen und die Finanzierung des Vermögens erfasst und aufgelistet. Dies erfolgt in einem Inventar bzw. in einer Bilanz. Die Ermittlung und Feststellung des Vermögens und der Schulden geschieht durch eine **Inventur**, wobei die Auflistung des bewerteten Vermögens und der Schulden das **„Inventar"** genannt wird. Als Beispiel für eine mengen- und wertmäßige Erfassung dient das nachstehend abgedruckte Inventurprotokoll:

Inventurtermin:		**31.12.2019**	**Standort:**	**FB I, Hauptstr. 15 Raum 27**		**Produkt:**	**122 02 02**
Lfd. Nr.	**Bezeichnung des Gegenstandes**	**Menge**	**Jahr der Anschaffung**	**Anschaffungsausgaben in €**	**Ausschreibungsdauer**	**bereits abgeschrieben**	**Wert zum Inventurtag in €**
1	Schreibtisch	2	2003	1.500	15 Jahre	8 Jahre	700
2	Schreibtischstuhl	2	2003	525	15 Jahre	8 Jahre	245
3	Besucherstuhl	4	2006	720	10 Jahre	5 Jahre	360
4	Aktenschrank	1	2009	2.300	20 Jahre	2 Jahre	2.070
5	Handy Siemens 205	2	2008	520	4 Jahre	3 Jahre	130

Unterschrift des/ der Erfassenden:		**Unterschrift der Inventurleitung:**	

Eine Gesamtinventarliste einer Gemeinde könnte zum 31.12.2019 folgendes Aussehen haben, wobei die Angaben rein willkürlich und nicht vollständig sind:

I.	**Vermögenswerte**	
	Software-Lizenzen	100.000 €
	Grünflächen	1.200.000 €
	Wälder	4.000.000 €
	Schulen (Grundstücke und Gebäude)	10.000.000 €
	Kindertagesstätten (Grundstücke und Gebäude)	3.000.000 €
	Straßengrundstücke	14.000.000 €
	Kunstgegenstände	300.000 €
	Fahrzeuge	400.000 €
	Büroausstattungen	600.000 €
	Aktien aus Firmenbeteiligungen	500.000 €
	Materialbestände (Vorräte)	100.000 €
	Abgabenforderungen	400.000 €
	Bankguthaben	1.800.000 €

II.	**Schulden (Verbindlichkeiten)**	
	Rückstellungen	1.000.000 €
	Bankkredite	18.000.000 €
	Verbindlichkeiten gegenüber Lieferanten	1.700.000 €
III.	**Reinvermögen (Eigenkapital)**	
	Summe der Vermögenswerte	36.400.000 €
	Summe der Verbindlichkeiten	20.700.000 €
	Reinvermögen	**15.700.000 €**

Die Bewertung des Vermögens und der Finanzierung sowie die besonderen Problemstellungen der einzelnen Finanzpositionen sind der Darstellung in Kap. 10 vorbehalten.

3.2.2 Inhalt und Aufbau der kommunalen Bilanz

Aus den Ergebnissen der Inventur, der Inventarliste, wird nun die Bilanz entwickelt, wobei diese nach folgenden Strukturreglungen zu gestalten ist:

- Auf der Aktivseite wird das Vermögen mit den zum Bilanzstichtag ermittelten Werten aufgeführt. Es handelt sich somit um die Dokumentation der Kapitalverwendung (Mittelverwendung). Beantwortet wird die Frage: Wo ist das Kapital der Gemeinde angelegt?
- Auf der Passivseite werden die Schulden (Verbindlichkeiten) und das Eigenkapital der Gemeinde (entspricht dem Eigenkapital) dargestellt. Es handelt sich somit um die Dokumentation der Finanzierung (Mittelherkunft). Beantwortet wird die Frage: Wie ist das Vermögen der Gemeinde finanziert?
- Die Gliederung der beiden Bilanzseiten erfolgt u. a. nach der Fristigkeit.
  - Auf der Aktivseite wird nach HGB zwischen langfristig gebundenem Vermögen (Anlagevermögen) und kurzfristigen Vermögen (Umlaufvermögen) unterschieden. In der „NKHR – Bilanz“ wird die Aktivseite eingeteilt in:
    - Immaterielle Vermögensgegenstände,
    - Sachvermögen,
    - Finanzvermögen (einschließlich liquide Mittel),
    - Abgrenzungsposten,
    - Nettoposition (nicht gedeckter Fehlbetrag).

    Innerhalb dieser Vermögensklassen wird wiederum nach der Fristigkeit sortiert. So werden z. B. Gebäude länger als Fahrzeuge genutzt, sodass diese Werte höherrangig in die Bilanz einzustellen sind.
  - Die Passivseite wird wie folgt eingeteilt:
    - Eigenkapital,
    - Sonderposten,
    - Rückstellungen,
    - Verbindlichkeiten,
    - Passive Rechnungsabgrenzungsposten.

Auch hier gilt wiederum das Sortiermerkmal der Fristigkeit. Deshalb werden z. B. Investitionskredite vor Liquiditätskrediten eingeordnet.

Die genaue Gliederung der kommunalen Bilanz schreibt der Gesetzgeber in § 52 GemHVO vor. Sie ist in Kap. 10 dargestellt und ausführlich erläutert.

Aus der Inventarliste zu Kap. 3.2.1 ergibt sich folgende Eröffnungsbilanz zum 1.1.2020:[20]

Aktiva	**Bilanz zum 1.1.2020**		**Passiva**
Immaterielles Vermögen	100.000 €	Eigenkapital	15.700.000 €
Unbebaute Grundstücke	5.200.000 €	Rückstellungen	1.000.000 €
Bebaute Grundstücke	13.000.000 €	Bankverbindlichkeiten	18.000.000 €
Straßengrundstücke	14.000.000 €	Lieferantenverbindlichkeiten	1.700.000 €
Kunstgegenstände	300.000 €		
Fahrzeuge	400.000 €		
BGA[21]	600.000 €		
Beteiligungen	500.000 €		
Vorräte	100.000 €		
Abgabenforderungen	400.000 €		
Liquide Mittel	1.800.000 €		
Insgesamt	**36.400.000 €**	**Insgesamt**	**36.400.000 €**

3.2.3 Bilanzveränderungen (Bestandsbuchungen)

Das Vermögen einer Gemeinde kann sich im Laufe des Jahres durch Zugänge (z. B. Neukauf eines Fahrzeuges) oder Abgänge (z. B. Verkauf eines Grundstückes) verändern. Dieses gilt auch für die Positionen der Passivseite, wenn z. B. Investitionskredite getilgt oder neue Lieferantenverbindlichkeiten entstehen. Insofern werden zu jeder Bilanzposition Konten geführt, auf denen zunächst die Anfangsbestände zu Beginn des Haushaltsjahres dokumentiert (= Eröffnungsbuchungen) und dann sämtliche Veränderungen im Laufe der Rechnungsperiode (= Haushaltsjahr) nachgehalten werden. Am Ende der Rechnungsperiode wird der aktuelle Kontostand ermittelt. Sämtliche Konten werden dann zum Schlussbilanzkonto abgeschlossen, das dann wiederum übereinstimmende Summen auf der Aktiv- und Passivseite ausweist.

20 Die Darstellung der Bilanz erfolgt vereinfacht und nicht in der Detaillierungsform der echten kommunalen Bilanz. Insofern werden einige Positionen des Inventars zusammen gefasst und eine Reihe von Bilanzpositionen nicht ausgewiesen. So sind u. a. noch keine Rechnungsabgrenzungsposten enthalten.

21 Betriebs- und Geschäftsausstattung.

Die Kontenstruktur stellt sich wie folgt dar:

S(oll)	Aktivkonto H(aben)
Anfangsbestand	Abgänge
Zugänge	Saldo = Endbestand
Summe	Summe

S(oll)	Passivkonto H(aben)
Abgänge	Anfangsbestand
Saldo = Endbestand	Zugänge
Summe	Summe

Ausgehend von einer stark vereinfachten Bilanz soll das Buchungssystem der Bestandsbuchungen[22] erläutert werden:

Aktiva	Bilanz zum 1.1.2020		Passiva
Bebaute Grundstücke	1.000.000 €	Eigenkapital	1.150.000 €
Fahrzeuge	200.000 €	Bankverbindlichkeiten	600.000 €
BGA[23]	100.000 €	Lieferantenverbindlichkeiten	50.000 €
Liquide Mittel	500.000 €		
Insgesamt	**1.800.000 €**	**Insgesamt**	**1.800.000 €**

Die Aufgliederung auf die Konten stellt sich wie folgt dar (Angaben in €):

S	bebaute Grundstücke		H
AB[24]	1.000.000		

S	Eigenkapital		H
		AB	1.150.000

S	Fahrzeuge		H
AB	200.000		

S	Bankverbindlichkeiten		H
		AB	600.000

S	BGA		H
AB	100.000		

S	Lieferverbindlichkeiten		H
		AB	50.000

S	liquide Mittel		H
AB	500.000		

22 Finanzvorfälle, die ausschließlich Konten der Bilanz berühren, werden durch Bestandsbuchungen erfasst.

23 BGA = Betriebs- und Geschäftsausstattung.

24 Anfangsbestand.

Die Doppik bzw. die kaufmännische Buchführung ist dadurch gekennzeichnet, dass jeder Finanzvorfall auf zwei Konten gebucht wird (doppelte Buchführung). Dies entspricht dem Grundgedanken der Bilanz, die Mittelherkunft und die Mittelverwendung jeweils zu dokumentieren. Je nach Wirkung auf das Bilanzvolumen wird zwischen vier Typen von Bestandsbuchungen unterschieden:

- Aktivtausch,
- Passivtausch,
- Aktiv-Passiv-Mehrung (Bilanzverlängerung),
- Aktiv-Passiv-Minderung (Bilanzverkürzung).

a) Aktivtausch

Erfasst werden Finanzvorfälle, die ausschließlich Konten der Aktivseite der Bilanz berühren und damit das Gesamtvolumen der Bilanz nicht verändern. Ein Konto erhält eine Bestandsmehrung, das andere Konto erfährt eine Bestandsminderung in übereinstimmender Höhe. Die nachstehenden Beispiele verdeutlichen dies:

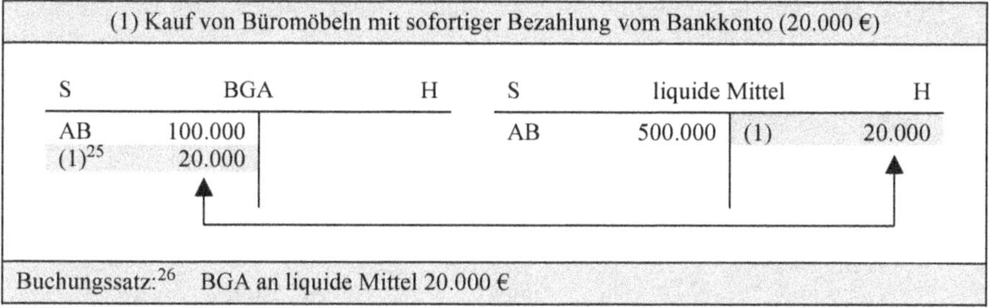

(2) Verkauf eines Fahrzeugs zum Bilanzwert von 5.000 € (Eingang bei der Bank)

S	Fahrzeuge		H
AB	200.000	(2)	5.000

S	liquide Mittel		H
AB	500.000	(1)	20.000
(2)	5.000		

Buchungssatz: liquide Mittel an Fahrzeuge 5.000 €

b) Passivtausch

Erfasst werden Finanzvorfälle, die ausschließlich Konten der Passivseite der Bilanz berühren und damit das Gesamtvolumen der Bilanz nicht verändern. Ein Konto erhält

25 Nummer des Finanzvorfalls.

26 Üblich ist es, beim Buchungssatz immer zuerst das Konto mit der Soll- und dann das Konto mit der Haben-Buchung zu nennen, wobei die Verbindung durch das Wort „an“ erfolgt, also „Soll an Haben“.

eine Bestandsmehrung, das andere Konto erfährt eine Bestandsminderung in übereinstimmender Höhe. Das nachstehende Beispiel verdeutlicht dies:

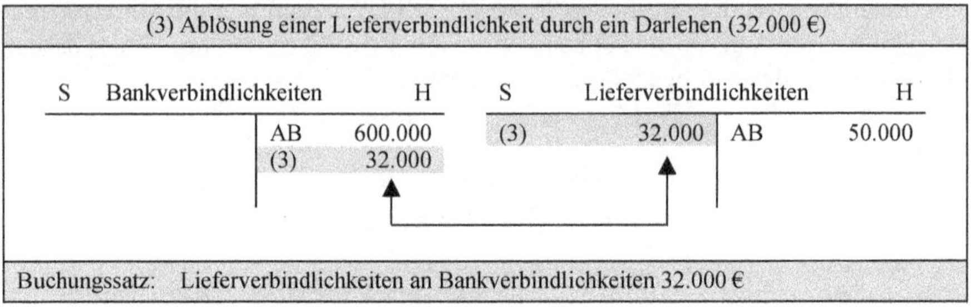

c) Aktiv-Passiv-Mehrung (Bilanzverlängerung)

Erfasst werden Finanzvorfälle, die sowohl ein Konto der Aktivseite als auch ein Konto der Passivseite der Bilanz im Bestand vermehren und damit das Gesamtvolumen der Bilanz vergrößern, somit die Bilanz verlängern. Die nachstehenden Beispiele verdeutlichen dies:

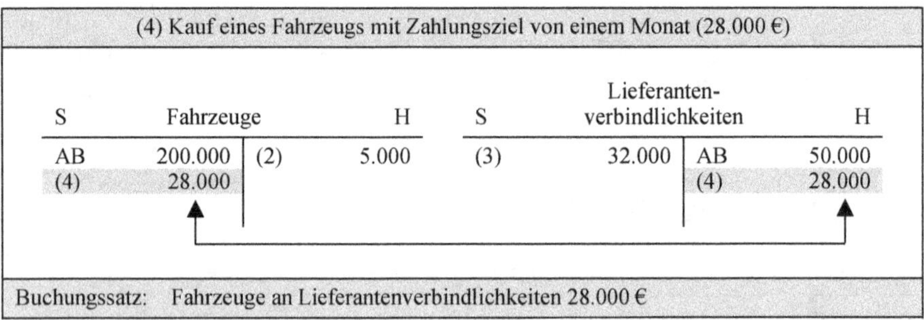

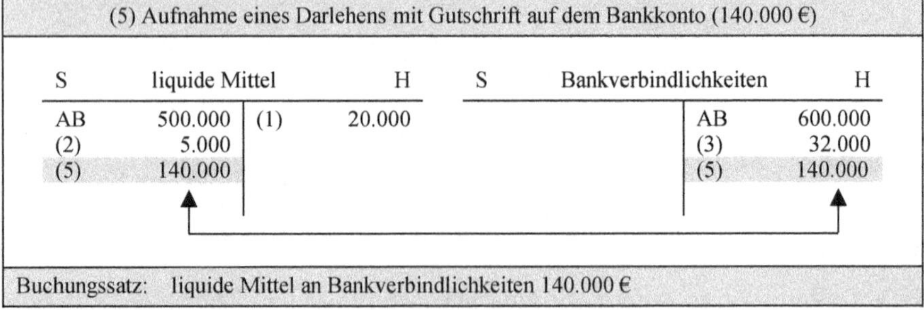

d) Aktiv-Passiv-Minderung (Bilanzverkürzung)

Erfasst werden Finanzvorfälle, die sowohl ein Konto der Aktivseite als auch ein Konto der Passivseite der Bilanz im Bestand vermindern und damit das Gesamtvolumen der Bilanz verkleinern, somit die Bilanz verkürzen. Das nachstehende Beispiel verdeutlicht dies:

(6) Bezahlung von Lieferantenverbindlichkeiten durch Überweisung (4.000 €)

S	liquide Mittel		H
AB	500.000	(1)	20.000
(2)	5.000	(6)	4.000
(5)	140.000		

S	Lieferanten-verbindlichkeiten		H
(3)	32.000	AB	50.000
(6)	4.000	(4)	28.000

Buchungssatz: Lieferantenverbindlichkeiten an liquide Mittel 4.000 €

Zum Bilanzstichtag (Abschlusstag) am Jahresende werden die Konten dadurch abgeschlossen, dass zunächst die Seite des Kontos mit dem größeren Volumen addiert wird. Das ist bei Aktivkonten die Soll-Seite, bei Passivkonten die Haben-Seite. Die so ermittelten Summen werden jeweils auf die andere Seite übertragen, sodass dort Differenzen (Salden) entstehen. Diese Salden stellen den neusten Stand des Kontos zum Bilanzstichtag (Abschlusstag) dar und werden als Gegenbuchung in dem Schlussbilanzkonto dokumentiert. Die Summen der Schlussbilanz stimmen dann überein.

Die Schlussbuchungen lauten:

Schlussbilanz an bebaute Grundstücke	1.000.000 €
Schlussbilanz an Fahrzeuge	223.000 €
Schlussbilanz an BGA	120.000 €
Schlussbilanz an liquide Mittel	621.000 €
Eigenkapital an Schlussbilanzkonto	1.150.000 €
Bankverbindlichkeiten an Schlussbilanzkonto	772.000 €
Lieferantenverbindlichkeiten an Schlussbilanzkonto	42.000 €

Danach ergibt sich der nachfolgend abgedruckte Bilanzabschluss:[27]

S	Bebaute Grundstücke		H
AB	1.000.000	SBK[28]	1.000.000
	1.000.000		1.000.000

S	Eigenkapital		H
SBK	1.150.000	AB	1.150.000
	1.150.000		1.150.000

S	Fahrzeuge		H
AB	200.000	(2)	5.000
(4)	28.000	SBK	223.000
	228.000		228.000

S	Bankverbindlichkeiten		H
SBK	772.000	AB	600.000
		(3)	32.000
		(5)	140.000
	772.000		772.000

S	BGA		H
AB	100.000	SBK	120.000
(1)	20.000		
	120.000		120.000

S	Lieferanten-verbindlichkeiten		H
(3)	32.000	AB	50.000
(6)	4.000	(4)	28.000
SBK	42.000		
	78.000		78.000

S	liquide Mittel		H
AB	500.000	(1)	20.000
(2)	5.000	(6)	4.000
(3)	140.000	SBK	621.000
	645.000		645.000

Aktiva	**Bilanz zum 31.12.2020**		**Passiva**
Bebaute Grundstücke	1.000.000 €	Eigenkapital	1.150.000 €
Fahrzeuge	223.000 €	Bankverbindlichkeiten	772.000 €
BGA	120.000 €	Lieferantenverbindlichkeiten	42.000 €
Liquide Mittel	621.000 €		
Insgesamt	**1.964.000 €**	**Insgesamt**	**1.964.000 €**

27 An dieser Stelle sei darauf verwiesen, dass der Abschluss in der Praxis dv-mäßig technisch anders erstellt wird. Die Darstellung im nachfolgenden Beispiel soll die Verbindungen zwischen den einzelnen Finanzdaten aufzeigen. Die Abschlusszahlen sind selbstverständlich auch bei einer elektronischen Verarbeitung identisch mit den Werten im Beispiel.

28 Schlussbilanzkonto.

3.3 Die Ergebnisrechnung (Unternehmen: Erfolgsrechnung, Gewinn- und Verlustrechnung)

Neben der Darstellung in der Bilanz (Mittelverwendung und Mittelherkunft) ist es Aufgabe der Buchführung, das Ergebnis des finanziellen Verwaltungshandelns der Gemeinde (den Erfolg eines Unternehmens) in einer Rechnungsperiode zu ermitteln. Dieses wird durch das Gegenüberstellen von Erträgen und Aufwendungen in einer Gewinn- und Verlustrechnung erreicht. Die Gewinn- und Verlustrechnung wird auf kommunaler Ebene als Ergebnisrechnung bezeichnet. Übersteigen die Erträge die Aufwendungen entsteht ein Gewinn, sind die Aufwendungen einer Periode größer als die Erträge, liegt ein Verlust vor. Auf kommunaler Ebene werden die Gewinne als Jahresüberschuss und die Verluste als Jahresfehlbetrag bezeichnet.

Eine Ergebnisrechnung (Erfolgsrechnung) gliedert sich im Wesentlichen wie folgt[29]:

Soll **Aufwendungen**	**Ertrag** **Haben**
ordentliche Aufwendungen:	*ordentliche Erträge:*
Personalaufwendungen	Steuern und ähnliche Abgaben
Versorgungsaufwendungen	Zuweisungen und Zuwendungen, Umlagen
Aufwendungen für Sach- u. Dienstleistungen	sonstige Transfererträge
planmäßige Abschreibungen	öffentlich-rechtliche Entgelte
Zinsen und ähnliche Aufwendungen	privatrechtliche Leistungsentgelte
Transferaufwendungen	Kostenerstattungen und Kostenumlagen
sonstige ordentliche Aufwendungen	Zinsen und ähnliche Erträge
Aufwendungen aus internen Leistungsbeziehungen[30]	aktivierte Eigenleistungen und Bestandsveränderungen
	sonstige ordentlichen Erträge
	Erträge aus internen Leistungsbeziehungen[31]
außerordentliche Aufwendungen[32]	außerordentliche Erträge[33]

29 Die Besonderheiten der einzelnen Positionen sind in Kap. 12 erläutert.

30 Ausweis ausschließlich in Teilergebnisrechnungen (siehe Kap. 12).

31 Siehe vorangehende Fußnote.

32 Außerordentliche Erträge und Aufwendungen (§§ 2 Abs. 2, 49 Abs. 4 GemHVO): Zum einen gehören dazu Erträge und Aufwendungen, die aus unvorhergesehenen und damit nicht planbaren Ereignissen und Geschäftsvorfällen entstehen, welche sich klar von den gewöhnlichen Tätigkeit der Kommune unterscheiden wie z. B. Empfangene Schadensersatzleistungen, Aufwendungen im Zusammenhang mit Katastrophen u. ä. sowie außerplanmäßige Abschreibungen. Zum anderen gehören dazu grundsätzlich planbare Erträge und Aufwendungen aus der Veräußerung von Vermögensgegenständen. Zu außerordentlichen Erträgen und Aufwendungen zählen nicht periodenfremde Erträge und Aufwendungen. Der Gesetzgeber überlässt diese Abgrenzung offensichtlich der Kostenrechnung.
Im HGB sind Änderungen durch das BilRUG ab 2016 erfolgt: u. a. auch Wegfall der außerordentlichen Positionen in der GuV-Rechnung. Diese Änderung wurde nicht in die neue GemHVO BW übernommen. Das Bilanzrichtlinie-Umsetzungsgesetz (*BilRUG*) ist am 23.7.2015 in Kraft getreten.

33 Siehe vorangehende Fußnote.

Bei der Erläuterung der Buchungssystematik wird wiederum auf die in Kap. 3.2.3 dargestellte Bilanz mit dem Auseinanderziehen auf die Einzelkonten zurückgegriffen, wobei die dort dargestellten Buchungen übernommen und durch die nachstehenden Ergebnisbuchungen ergänzt werden. Damit wird erreicht, dass die Verbindungen zwischen Ergebnisbuchungen und der Bilanz deutlich werden.

An den folgenden Finanzvorfällen können die Wirkungsweise und das Verfahren für Ergebnisbuchungen erkannt werden. Auch hier greift die doppelte Buchführung, sodass jeder Finanzvorfall auf zwei Konten mit Soll- und Haben-Buchungen im selben Volumen angesprochen werden.

Die Ergebniskonten haben keine Anfangsbestände, da es sich bei der Ergebnisrechnung (Gewinn- und Verlustrechnung) anders als bei der Bilanz (Darstellung zu einem bestimmten Stichtag) um eine Periodenrechnung (Zeitraumrechnung) handelt. Jeder Periode wird eine eigenständige Ergebnismessung zugeordnet, sodass zu Beginn des Haushaltsjahres die Konten ohne Vortragungen (Anfangsbestände) aus der abgelaufenen Periode eröffnet werden.

a) Aufwandsbuchungen (Buchung von Aufwendungen)

Die Aufwendungen werden im Soll gebucht. Aufwendungsberichtigungen erfolgen auf der Habenseite. Erinnert sei noch einmal an die Definition der Aufwendungen: bewerteter Verbrauch (Ressourcenverbrauch/Werteverzehr) von Gütern und Dienstleistungen in einer Periode. Die nachstehenden Buchungsbeispiele verdeutlichen die Systematik.

(7) Zahlung von Löhnen durch Überweisung vom Bankkonto (320.000 €)[34]

S	Personal-aufwendungen	H	S	liquide Mittel		H
(7)	320.000		AB	500.000	(1)	20.000
			(2)	5.000	(6)	4.000
			(3)	140.000	(7)	320.000

Buchungssatz: Gehälter an liquide Mittel 320.000 €

(8) Abschreibung der Fahrzeuge (46.000 €)[35]

S	Abschreibungen	H	S	Fahrzeuge		H
(8)	46.000		AB	200.000	(1)	20.000
			(4)	28.000	(8)	46.000

Buchungssatz: Abschreibung an Fahrzeuge 46.000 €

34 Bewerteter Verbrauch von Personalressourcen.

35 Bewerteter Verbrauch von Fahrzeugen.

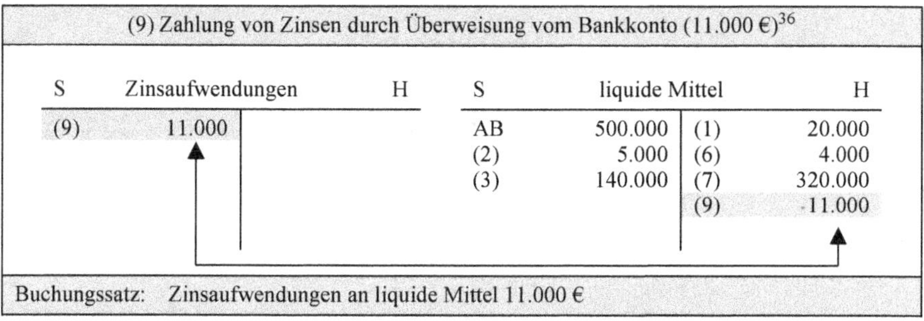

(9) Zahlung von Zinsen durch Überweisung vom Bankkonto (11.000 €)[36]

S	Zinsaufwendungen		H
(9)	11.000		

S	liquide Mittel		H
AB	500.000	(1)	20.000
(2)	5.000	(6)	4.000
(3)	140.000	(7)	320.000
		(9)	11.000

Buchungssatz: Zinsaufwendungen an liquide Mittel 11.000 €

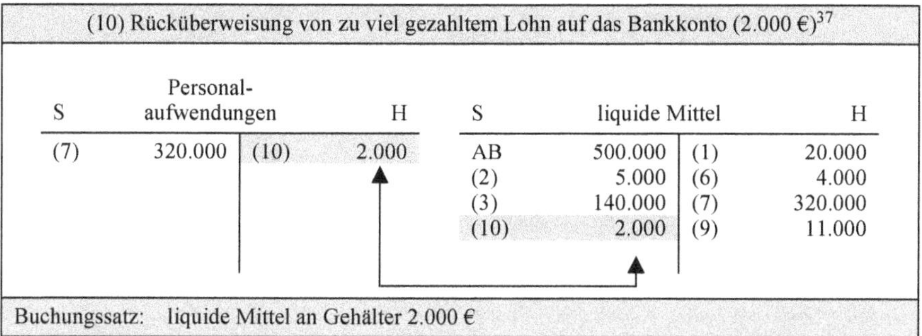

(10) Rücküberweisung von zu viel gezahltem Lohn auf das Bankkonto (2.000 €)[37]

S	Personal-aufwendungen		H
(7)	320.000	(10)	2.000

S	liquide Mittel		H
AB	500.000	(1)	20.000
(2)	5.000	(6)	4.000
(3)	140.000	(7)	320.000
(10)	2.000	(9)	11.000

Buchungssatz: liquide Mittel an Gehälter 2.000 €

b) Ertragsbuchungen (Buchung von Erträgen)

Der Zugang beim Ertrag wird im Haben gebucht. Ertragsberichtigungen (Abgang bei Erträgen) erfolgen auf der Sollseite. Erinnert sei noch einmal an die Definition des Ertrages: bewertete Güter und Dienstleistungen einer Kommune (eines Betriebes), die in einer Periode erbracht werden (Zuwachs an Ressourcen, Wertezuwachs). Die nachstehenden Buchungsbeispiele verdeutlichen die Systematik.

(11) Eingang von Mieten auf dem Bankkonto (484.000 €)[38]

S	liquide MIttel		H
AB	500.000	(1)	20.000
(2)	5.000	(6)	4.000
(3)	140.000	(7)	320.000
(10)	2.000	(9)	11.000
(11)	484.000		

S	Mieterträge		H
		(11)	484.000

Buchungssatz: liquide Mittel an Mieterträge 484.000 €

36 Bewerteter Verbrauch einer Dienstleistung des Kreditinstitutes (Bereitstellung von Kapital).

37 Berichtigungsbuchung zu Nr. 9.

38 Bewerteter Zuwachs an produzierten Dienstleistungen (Bereitstellung von Mietobjekten).

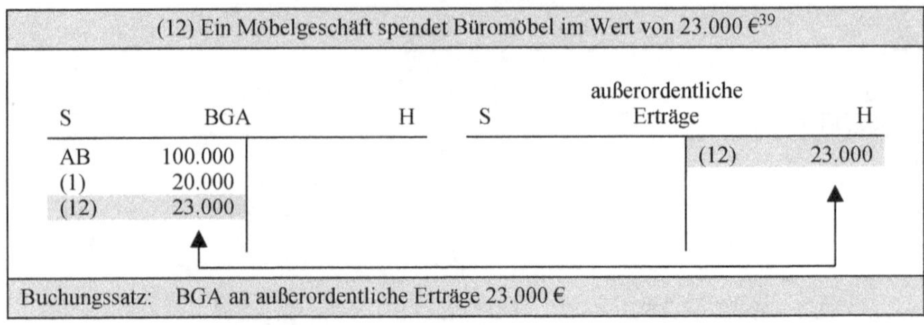

(12) Ein Möbelgeschäft spendet Büromöbel im Wert von 23.000 €[39]

S	BGA		H
AB	100.000		
(1)	20.000		
(12)	23.000		

S	außerordentliche Erträge		H
		(12)	23.000

Buchungssatz: BGA an außerordentliche Erträge 23.000 €

(13) Rücküberweisung einer zu viel berechneten Miete (3.000 €)[40]

S	liquide Mittel		H
AB	500.000	(1)	20.000
(2)	5.000	(6)	4.000
(3)	140.000	(7)	320.000
(10)	2.000	(9)	11.000
(11)	484.000	(13)	3.000

S	Mieterträge		H
(13)	3.000	(11)	484.000

Buchungssatz: Mieterträge an liquide Mittel 3.000 €

Am Ende des Haushaltsjahres (Wirtschaftsjahres) werden die Konten dadurch abgeschlossen, dass zunächst die Seite des Kontos mit dem größeren Volumen addiert wird. Das ist bei Aufwandskonten die Soll-Seite, bei Ertragskonten die Haben-Seite. Die so ermittelten Summen werden jeweils auf die andere Seite übertragen, sodass dort Differenzen (Salden) entstehen. Diese Salden stellen den neusten Stand des Kontos zum Periodenende dar und werden als Gegenbuchung in der Ergebnisrechnung (Gewinn- und Verlustrechnung) dokumentiert. Die Differenz zwischen Erträgen und Aufwendungen ist das Jahresergebnis. Dabei wird ein Jahresüberschuss (Gewinn) auf der Soll-Seite und ein Jahresfehlbetrag (Verlust) auf der Habenseite dargestellt.

Die Schlussbuchungen lauten:

Ergebnisrechnung an Personalaufwendungen	318.000 €
Ergebnisrechnung an Abschreibungen	46.000 €
Ergebnisrechnung an Zinsaufwendungen	11.000 €

39 Bewerteter Zuwachs an Ressourcen, wenn auch nicht selbst produziert (deshalb außerordentliche Erträge). Die Darstellung ist vereinfacht. In der Kommune wird dieser Vorgang auf dem Bestandskonto „Sonderposten für Sonstiges" gebucht. Da die gespendeten Büromöbel abgeschrieben werden müssen (= Aufwand) und damit die Ergebnisrechnung belasten, wird der Sonderposten über den gleichen Zeitraum aufgelöst (= Ertrag). Aufwand und Ertrag haben das gleiche Volumen. Dadurch wird erreicht, dass die Ergebnisrechnung nicht belastet wird. In diesem Beispiel wird dieser Vorgang aber als außerordentlicher Ertrag gebucht. Einzelheiten dazu sind Kap. 10.3.6. zu entnehmen.

40 Berichtigungsbuchung zu Nr. 11.

Mieterträge an Ergebnisrechnung	481.000 €
außerordentliche Erträge an Ergebnisrechnung	23.000 €
Jahresüberschuss an Eigenkapital	772.000 €

Danach ergibt sich nachstehende Ergebnisrechnung:

S	Personalaufwendungen		H
(7)	320.000	(10)	2.000
		ER[41]	318.000
	320.000		320.000

S	Mietertrag		H
(13)	3.000	(11)	484.000
ER	481.000		
	484.000		484.000

S	Abschreibungen		H
(8)	46.000	ER	46.000
	46.000		46.000

S	außerordentliche Erträge		H
ER	23.000	(12)	23.000
	23.000		23.000

S	Zinsaufwendungen		H
(9)	11.000	ER	11.000
	11.000		11.000

Aktiva	**Ergebnisrechnung 2020**		**Passiva**
Löhne	318.000 €	Mieterträge	481.000 €
Abschreibungen	46.000 €	Erträge aus Spenden	23.000 €
Zinsaufwendungen	11.000 €		
Jahresüberschuss	129.000 €		
Insgesamt	**504.000 €**	**Insgesamt**	**504.000 €**

S	Eigenkapital		H
		AB	1.150.000
		ER	129.000
			1.279.000

Das Jahresergebnis, hier der als Soll-Buchung nachgewiesene Jahresüberschuss in Höhe von 129.000 € wird beim Eigenkapital „Jahresüberschuss" als Haben-Buchung erfasst. Somit erhöht ein Jahresüberschuss das Eigenkapital. Bei einem Jahresfehlbetrag, der ja in der Ergebnisrechnung im Haben ausgewiesen würde, erfolgt auf dem Eigenkapitalkonto eine Gegenbuchung im Soll, sodass ein Fehlbetrag das Eigenkapital schmälert.[42]

41 Ergebnisrechnung.

42 Das Verfahren ist vereinfacht dargestellt. Zur speziellen Buchung im kommunalen Haushaltsrecht siehe Kap. 22.

Die Schlussbilanz wird wiederum nach dem in Kap. 3.2.3 geschilderten Verfahren wie folgt erstellt:

S	Bebaute Grundstücke		H
AB	1.000.000	SBK	1.000.000
	1.000.000		1.000.000

S	Eigenkapital		H
SBK	1.279.000	AB	1.150.000
		ER	129.000
	1.279.000		1.279.000

S	Fahrzeuge		H
AB	200.000	(2)	5.000
(4)	28.000	(8)	46.000
		SBK	177.000
	228.000		228.000

S	Bankverbindlichkeiten		H
SBK	772.000	AB	600.000
		(3)	32.000
		(5)	140.000
	772.000		772.000

S	BGA		H
AB	100.000	SBK	143.000
(1)	20.000		
(12)	23.000		
	143.000		143.000

S	Lieferanten-verbindlichkeiten		H
(3)	32.000	AB	50.000
(6)	4.000	(4)	28.000
SBK	42.000		
	78.000		78.000

S	liquide Mittel		H
AB	500.000	(1)	20.000
(2)	5.000	(6)	4.000
(3)	140.000	(7)	320.000
(10)	2.000	(9)	11.000
(11)	484.000	(13)	3.000
		SBK	773.000
	1.131.000		1.131.000

Aktiva	**Schlussbilanzkonto zum 31.12.2020**		**Passiva**
Bebaute Grundstücke	1.000.000 €	Eigenkapital	1.279.000 €
Fahrzeuge	177.000 €	Bankverbindlichkeiten	772.000 €
BGA	143.000 €	Lieferantenverbindlichkeiten	42.000 €
liquide Mittel	773.000 €		
Insgesamt	**2.093.000 €**	**Insgesamt**	**2.093.000 €**

Die Gesamtzusammenhänge des Buchungssystems der Doppik (kaufmännischen Buchführung) werden noch einmal an dem nachstehenden Schaubild deutlich:

1. Eröffnung der Aktiv- und Passivkonten

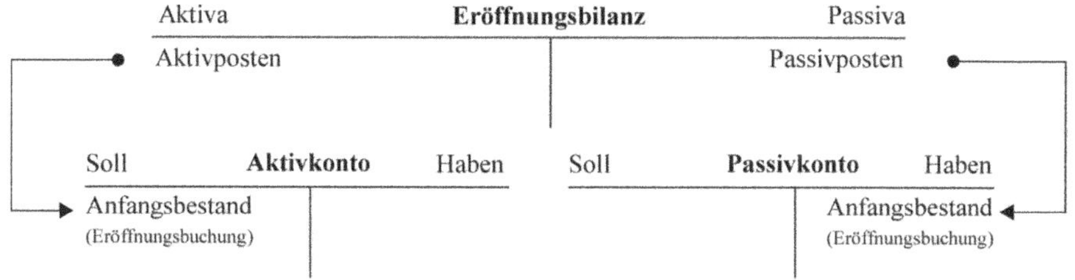

2. Schlussbuchungen der Ergebniskonten

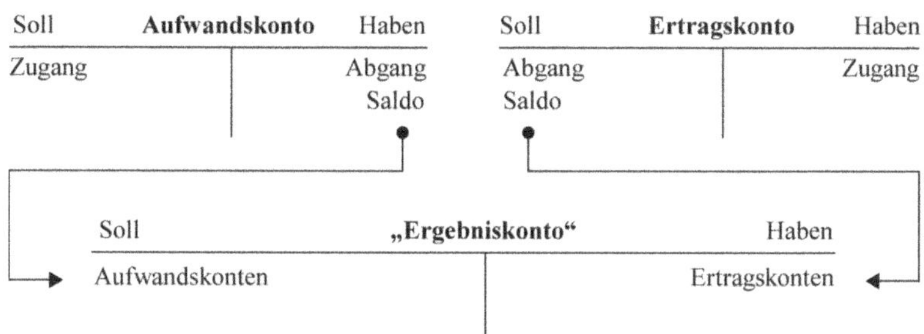

3a Buchung des Überschusses in die Schlussbilanz

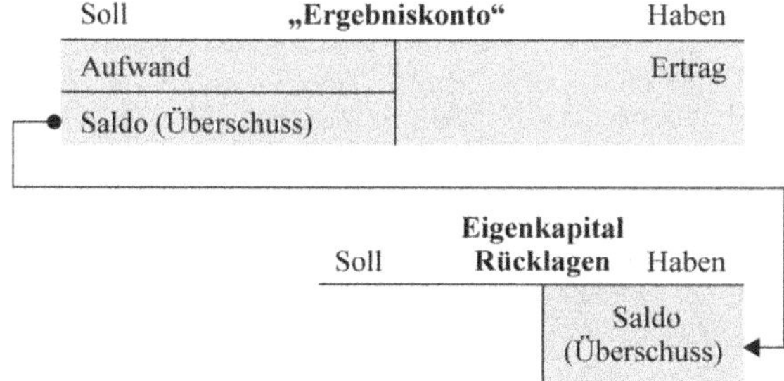

3b Buchung des Fehlbetrages in die Schlussbilanz

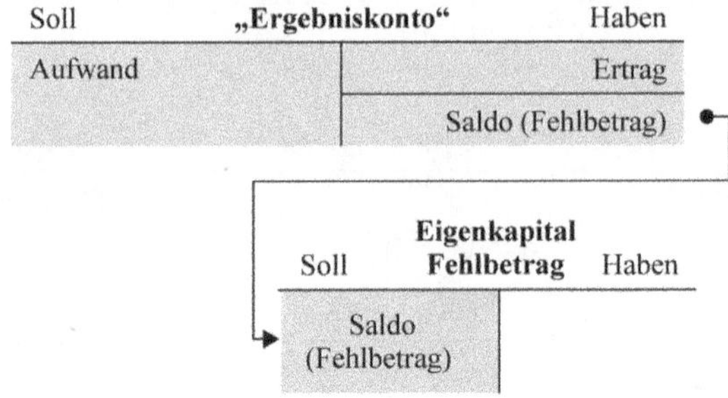

4. Schlussbuchungen der Bestandskonten in die Schlussbilanz

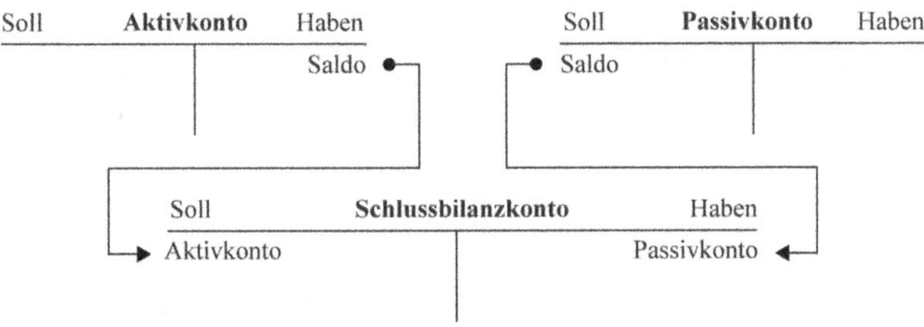

Als weitere Hilfestellung mögen auch die nachstehenden schlagwortartigen Merksätze zur Doppik (kaufmännischen Buchführung) dienen:

Arbeitsschritte und Merksätze

1. Eröffnung der Konten

- Aktivkonto: Bestand aus der Eröffnungsbilanz bzw. der Abschlussbilanz des Vorjahres auf der Soll-Seite vortragen
- Passivkonto: Bestand aus der Eröffnungsbilanz bzw. der Abschlussbilanz des Vorjahres auf der Haben-Seite vortragen
- Aufwendungs- und Ertragskonten werden bei Bedarf eingerichtet. Hier liegen keine Bestände vor, weil Aufwendungen und Erträge jeweils neu, auf das Jahr bezogen, ermittelt werden.

2. Buchung auf den Konten im laufenden Jahr

- Aktivkonto:
  Zugänge werden im Soll gebucht.
  Abgänge werden im Haben gebucht.

- Passivkonto:
  Zugänge werden im Haben gebucht.
  Abgänge werden im Soll gebucht.
- Aufwendungskonto:
  Aufwendungen (Zugänge) werden im Soll gebucht.
  Abgänge auf die Aufwendungen (Berichtigungen) werden im Haben gebucht.
- Ertragskonto:
  Erträge (Zugänge) werden im Haben gebucht.
  Abgänge auf die Erträge (Berichtigungen) werden im Soll gebucht.

3. Abschluss der Konten

- Aufwendungs- und Ertragskonten werden zur Ergebnisrechnung (Gewinn- und Verlust-rechnung) abgeschlossen.
- Die Differenz in der Ergebnisrechnung (Jahresüberschuss bzw. Gewinn oder Jahresfehlbetrag bzw. Verlust) wird über das Eigenkapitalkonto abgeschlossen. Der Jahresüberschuss bzw. Gewinn erhöht das Eigenkapital (Haben-Buchung auf dem Eigenkapitalkonto), der Jahresfehlbetrag bzw. Verlust verringert das Eigenkapital (Soll-Buchung auf dem Eigenkapital-Konto).
- Die Aktiv- und Passivkonten werden zum Schlussbilanzkonto abgeschlossen.
- Die Aktiv- und Passivseite der Bilanz müssen übereinstimmende Summen aufweisen.

3.4 Übungen

Sachverhalt Nr. 1 (Abgrenzung der Rechnungssysteme)

Die Bücherei der Stadt S wird derzeit als Regiebetrieb im kameralen Haushalt bewirtschaftet. Es werden Überlegungen angestellt, die Bücherei mit Beginn des Jahres 2021 als Eigenbetrieb nach § 1 Eigenbetriebsgesetz (EigBG) zu führen, sodass dann die Vorschriften für die Eigenbetriebe Anwendung finden würden und damit die doppelte (kaufmännische) Buchführung. Insofern überlegt die Leitung der Bücherei, welche Ergebnisse die unterschiedlichen Buchführungsverfahren erbringen würden. Für die Entscheidungsfindung kann sie dabei auf folgende Finanzinformationen[43] aus 2020 zurückgreifen, wobei im Finanzierungsbereich zum 31.12.2020 lediglich Bankverbindlichkeiten von 60.000 € bestehen:

43 Es handelt sich um einen Einstiegsfall zur Verdeutlichung der Grundstrukturen der Rechnungssysteme. Insofern sind die Ergebnisse nicht mit einer echten Abrechnung zu vergleichen, zumal vor allem für die kaufmännische Buchführung wichtige Finanzdaten wie z. B. Bestände an liquiden Mitteln fehlen.

• Kaufpreis des Büchereigebäudes zum 2.1.2016: (Nutzungsdauer 90 Jahre, linearer Werteverzehr)	1.800.000 €
• Kaufpreis des Mobiliars zum 2.1.2016: (Nutzungsdauer zehn Jahre, linearer Werteverzehr)	180.000 €
• Kaufpreise der Bücher ab 2015 jährlich je:	30.000 €
• Personalausgaben/-aufwendungen in 2020	200.000 €
• Energieausgaben/-aufwendungen in 2020	5.000 €
• Geschäftsausgaben/-aufwendungen 2020	3.000 €
• Spende an die Bibliothek der Partnergemeinde zur Beseitigung von Hochwasserschäden in 2020	10.000 €
• Ausleihgebühren/-ertrag 2020	40.000 €
• Mieteinnahmen/-ertrag 2020	1.000 €

Aufgabe:
Ermitteln Sie die Jahresergebnisse 2020 (31.12.2020) nach den Buchungsverfahren der Kameralistik, der kaufmännischen Buchführung und der Kosten- und Leistungsrechnung (Ermittlung der Kosten- und Leistungen). Unterstellen Sie dabei, dass die im Sachverhalt genannten Finanzdaten unverändert in den Jahresabschluss 2020 einfließen, soweit Sie nicht aufgrund des Sachverhaltes zu bearbeiten sind.

Lösung:
Das Rechnungssystem der Kameralistik stellt die Einnahmen und Ausgaben des Jahres 2020 gegenüber, sodass folgendes Ergebnis zum 31.12.2020 zu erwarten ist:[44]

Ausgaben		**Einnahmen**	
Kauf von Büchern	30.000 €	Ausleihgebühren	40.000 €
Personalausgaben	200.000 €	Mieteinnahmen	1.000 €
Energieausgaben	5.000 €	**Summe**	**41.000 €**
Geschäftsausgaben	3.000 €		
Spenden	10.000 €		
Summe	**248.000 €**	**Zuschussbedarf**	**207.000 €**

In der kaufmännischen Buchführung wird eine Ergebnisrechnung (Gewinn- und Verlustrechnung) 2020 mit der Gegenüberstellung von Aufwendungen und Erträgen sowie eine Bilanz zum Stichtag 31.12.2020 erstellt.

44 Auf die Trennung in vermögenswirksame und vermögensunwirksame Finanzvorfälle wurde verzichtet.

Soll		Ergebnisrechung Gewinn- und Verlustrechnung 2020	Haben
Personalaufwendungen	200.000 €	Gebührenertrag	40.000 €
Energieaufwendungen	5.000 €	Mietertrag	1.000 €
Geschäftsaufwendungen	3.000 €	**Fehlbetrag 2020**	**245. 000 €**
Spende	10.000 €		
Abschreibungen für			
Gebäude	20.000 €		
Mobiliar	18.000 €		
Bücher[45]	30.000 €		
Insgesamt	**286.000 €**	**Insgesamt**	**286.000 €**

Aktiva		Bilanz zum 31.12.2020[46]	Passiva
Büchereigebäude[47]	1.700.000 €	Eigenkapital[48]	1.790.000 €
Mobiliar	90.000 €	Bankverbindlichkeiten	60.000 €
Buchbestand	60.000 €		
Insgesamt	**1.850.000 €**	**Insgesamt**	**1.850.000 €**

In die Kosten- und Leistungsrechnung fließen die betriebstypischen (betriebserforderlichen) Aufwendungen und Erträge ein. Die Aufwendungen und Erträge sind der Ergebnisrechnung (Gewinn- und Verlustrechnung) zu entnehmen. Dabei ist lediglich die Spende an die Partnergemeinde nicht für den Betrieb der Stadtbücherei in S notwendig, sodass es sich hierbei nicht um Kosten handelt. Insofern ergibt sich folgende Darstellung in der Kosten- und Leistungsrechnung:

Aufwendungen	286.000 €	**Leistungen**	**41.000 €**
– Spende	10.000 €		
Kosten	**276.000 €**		

Sachverhalt Nr. 2 (Betriebswirtschaftliche Grundbegriffe)

Bei der Gemeinde G werden im Haushaltsjahr 2020 die folgenden Geschäftsvorfälle bearbeitet:

a) Am 15.5.2020 werden für die Toiletten des Freibades für 10.000 € Einmalhandtücher angeschafft. Nach Beendigung der Freibadsaison am 18.9.2020 wird festge-

45 Die Buchbeschaffungen der Jahre 2016 bis 2020 mit jährlich 30.000 € sind bei einer Nutzungsdauer von fünf Jahren mit 6.000 € je Jahr abzuschreiben. Bei fünf Beschaffungsperioden sind dies 5 × 6.000 € = 30.000 €. Zur Besonderheit einer möglichen Festwertbildung für den Buchbestand siehe Kap. 10.

46 Die Schlussbilanz zum 31.12.2020 entspricht der Eröffnungsbilanz zum 1.1.2021 (§ 252 Abs. 1 Nr. 1 HGB). Für das NKHR sieht die Gemeindehaushaltsverordnung analog § 43 Abs. 1 Nr. 1 GemHVO vor.

47 Der Kaufpreis des Büchereigebäudes muss aktiviert werden (Anschaffungskosten gem. § 91 Abs. 4 GemO, § 44 Abs. 1 GemHVO). In der Schlussbilanz 2020 ist der fortgeführte Anschaffungswert (= Kaufpreis abzüglich lineare Abschreibungen nach § 46 Abs. 1 GemHVO für die Jahre 2016 bis 2020 von 5 × 20.000 € = 1.700.000 €) auszuweisen.

48 Eigenkapital = Vermögen abzüglich Schulden.

stellt, dass davon lediglich 60 % verbraucht wurden. Die restlichen Handtücher werden winterfest für das kommende Betriebsjahr gelagert.

b) Bei der Kraftfahrzeugwerkstatt der Abfallbeseitigung fallen in 2020 300.000 € an Arbeitsengelten für insgesamt 6.000 Arbeitsstunden an. Nach den Aufzeichnungen des Meisters entfielen davon 5.000 Stunden auf Reparaturarbeiten für die Fahrzeuge der Abfallbeseitigung. 1.000 Arbeitsstunden wurden für den Umbau eines Lastkraftwagens zu einem Spezialfahrzeug für die Abfallbeseitigung eingesetzt. Dieses Fahrzeug wird zu Beginn des Jahres 2021 in Betrieb genommen (Nutzungsdauer fünf Jahre).

c) Die Abfallbeseitigung nimmt im Januar 2021 Gebühren für die Entleerung von Hausmüllbehältern in Höhe von 400.000 € ein. Darin enthalten sind Nachzahlungen für 2020 von 10.000 €, für die Ende 2020 eine Veranlagung mit Fälligkeit im Januar 2021 erfolgte.

d) Die Gemeinde G besitzt ein Straßenreinigungsfahrzeug. Das Fahrzeug wurde am 2.1.2020 zu einem Preis von 150.000 € beschafft und wird in 2020 in vollem Umfang für die Straßenreinigung eingesetzt. Beim Fahrzeug wird eine voraussichtliche Lebensdauer (= Nutzungsdauer) von fünf Jahren unterstellt.

e) Mieteinnahme in Höhe von 300 € in 2020 für den Monat Januar 2021 aus einer Hausmeisterwohnung.

f) Aufgrund eines Orkanschadens im Dezember 2020 muss das Dach des Hallenbades neu eingedeckt werden. Die Rechnung für die im Jahr 2020 durchgeführte Dachreparatur in Höhe von 80.000 € geht erst im Januar 2021 ein.

g) Die Pacht für ein Grundstück auf dem gemeindlichen Deponiegelände ist als Jahrespacht jährlich im Voraus zu entrichten. Die Pacht für die Zeit vom 1.10.2020 bis 30.9.2021 in Höhe von 12.000 € wird am 28.9.2020 gezahlt.

h) Kauf und Bezahlung von Dieselkraftstoff (50.000 €) am 28.12.2020, obwohl das Tanklager des Fuhrparks noch halb gefüllt ist. Der Kauf ist darin begründet, dass die Mineralölpreise auf Grund einer Steuererhöhung zum 1.1.2021 um ca. 10 Cent je Liter steigen werden. Der Dieselkraftstoff wird erst im folgenden Jahr verbraucht.

Aufgabe:
Bestimmen Sie, welchen Jahren die Kameralistik und welchen Jahren die kaufmännische Buchführung die im Sachverhalt genannten Geschäftsvorfälle zuordnet.

Lösung:
Die Kameralistik ordnet die Einnahmen und Ausgaben dem Jahr zu, in dem der Geldmittelfluss stattfindet (Grundsatz der Kassenwirksamkeit). Die doppelte (kaufmännische) Buchführung dagegen dokumentiert den Werteverzehr (Ressourcenverbrauch) und den Wertezuwachs (Ressourcenzuwachs) in dem Haushaltsjahr, dem sie wirtschaftlich zuzurechnen sind (§ 10 Abs. 1 GemHVO). Daraus folgend kann die Zuordnung zu den beiden Rechnungssystemen tabellarisch dargestellt werden.

Fall	Kameralistik		Kaufmännische Buchführung	
Buchstabe	**Einnahme/Jahr**	**Ausgabe/Jahr**	**Ertrag/Jahr**	**Aufwendung/ Jahr**
a		10.000 €/2020		6.000 €/2020 4.000 €/2021
b		300.000 €/2020		300.000 €/2020[49]
c	400.000 €/2021		10.000 €/2020 390.000 €/2021	
d		150.000 €/2020		je 30.000 €/ 2020 bis 2024
e	300 €/2020		300 €/2021	
f		80.000 €/2021		80.000 €/2020
g		12.000 €/2020		3.000 €/2020 9.000 €/2021
h		50.000 €/2020		50.000 €/2021

Sachverhalt Nr. 3 (Erstellung einer Eröffnungsbilanz)[50]

Der städtische Fachbereich „Freizeit" (Betrieb von Sporthallen, Sportplätzen, Schwimmbädern und dergleichen) wird ab dem Jahre 2020 als Eigenbetrieb geführt und muss zum 1.1.2020 eine Eröffnungsbilanz erstellen, nachdem bis einschließlich 2019 eine Abwicklung im Haushalt als kameraler Unterabschnitt erfolgte. Die Inventur hat Folgendes ergeben:

a) Der Wert der Fahrzeuge betrug zum 31.12.2019 200.000 €.
b) Die Betriebs- und Geschäftsausstattung hatte zum Ende 2019 einen Wert in Höhe von 100.000 €.
c) Das Hallenbad wurde in 2010 neu errichtet (Fertigstellung und Inbetriebnahme zum 1.7.2010). Der Bau des Hallenbades verursachte Ausgaben von 1.850.400 €. Das Grundstück wurde in 2010 für 940.000 € erworben. Die Nutzungsdauer des Hallenbades beträgt 50 Jahre. Zum 15.6.2010 wurden an Erschließungsbeiträgen 50.000 € und Kanalanschlussbeiträgen 10.000 € entrichtet. Der Umkleidetrakt wurde in 2010 durch Arbeitskräfte und unter Einsatz von Material des städtischen Bau-

49 Im Sinne des § 95 Abs. 1 GemO müssen beide Beträge getrennt voneinander ausgewiesen werden (Bruttoprinzip sowie Vollständigkeitsgrundsatz). Ab 2021 ist der Lastkraftwagen abzuschreiben (in der Lösung nicht dargestellt).

50 Diese Übungsaufgabe soll die Erstellung einer Bilanz verdeutlichen. Dabei geht sie über die bisher dargestellten Gliederungsebenen hinaus. Insofern sind zusätzliche Kenntnisse zu besonderen Bilanzpositionen und Bewertungen erforderlich. Die besonderen Problemstellungen werden in der Textlösung erläutert, sodass jeder Zeit die Gliederungsproblematik nachvollzogen werden kann. Die Bewertung soll auf der Basis der historischen Anschaffungs- und Herstellungskosten erfolgen. Zur besonderen Bewertung nach den Regeln des Neuen Kommunalen Haushalts- und Rechnungswesens (NKHR) siehe Kap. 10. Soweit sinnvoll, werden bereits die Kontenbezeichnungen aus dem NKHR verwendet.

hofes errichtet. Dazu wurden Material im Wert von 30.000 € und Löhne für die direkt mit der Maßnahme beschäftigten Arbeitskräfte des Bauhofes von 80.000 € eingesetzt. Die Kostenrechnung des Bauhofes wies in 2010 folgende Struktur auf:

Lohn(Fertigungs-)einzelkosten	2.000.000 €
Materialeinzelkosten	1.000.000 €
Lohn(Fertigungs-)gemeinkosten	500.000 €
Materialgemeinkosten	200.000 €
Verwaltungsgemeinkosten	370.000 €

d) In 2019 wurden den Sportvereinen 10.000 € Nutzungsentgelte in Rechnung gestellt. Der Sportverein „FC Schienenbein 04" hat trotz mehrfacher Mahnungen des Fachbereichs die Entgelte von 10.000 € noch nicht überwiesen. Daraufhin hat die Fachbereichsleiterin entschieden, den Betriebszuschuss 2019 an den Verein in Höhe von 20.000 € trotz Fälligkeit nicht zu überweisen. Eine Verrechnung der beiden Zahlungen wurde nicht vorgenommen.

e) Die Sporthalle (Nutzungsdauer 40 Jahre) wurde im Auftrag und nach Wünschen der Stadt von einem privaten Investor gebaut und am 1.1.2019 in Betrieb genommen (Bauausgaben 1.200.000 €). Der Investor ist auch Eigentümer der Sporthalle. Diese wurde jedoch von der Stadt im Wege des Immobilienleasing zum selben Termin in Besitz genommen. Der Leasingvertrag enthält eine Option, wonach die Stadt Ende 2030 die Sporthalle zur Hälfte des Verkehrswertes 2019 zurückkaufen kann. Der Leasingvertrag ist während der Leasingzeit unkündbar. Die Jahresleasingrate beträgt 50.000 €, darin enthalten ist ein Kapitalanteil von 30.000 €[51]. Die Stadt trägt die Gebäudeunterhaltungs- und Bewirtschaftungskosten.

f) Das Bankguthaben beläuft sich zum 31.12.2019 auf 50.000 €.

g) Der Fachbereich führt im Sportstättenbereich ein umfangreiches Materiallager (Rote Asche für die Sportplätze). Der Lagerbestand zum 1.1.2019 betrug 5 t Asche zu einem Wert von 6.050 €. Am Jahresende 2019 befanden sich noch 4 t Asche im Lager. In 2019 erfolgten folgende Zukäufe:
27.02.2019 5 t zum Einkaufspreis von 1.200 €/t
14.06.2019 7 t zum Einkaufspreis von 1.100 €/t
19.09.2019 6 t zum Einkaufspreis von 1.500 €/t

h) In 2015 hatte der Fachbereich zur Finanzierung des Hallenbades einen Kredit in Höhe von 1.200.000 € aufgenommen. Bis Ende 2019 hat der Fachbereich dafür einen Schuldendienst von insgesamt 400.000 € geleistet, wovon 300.000 € auf die Zinsen entfielen. Außerdem wurde in 2015 eine zweckgebundene Landeszuweisung in Höhe von 200.000 € als Ertragszuschuss für das Gebäude gewährt.

51 Auf die Abzinsung des Kapitalanteils wurde aus Vereinfachungsgründen verzichtet.

i) Die Firma Raffke GmbH und Co. KG hat in 2019 einen größeren Reparaturauftrag im Hallenbad ausgeführt (Rechnungsbetrag: 80.000 €). Der Fachbereich ist der Auffassung, dass die Reparatur nur mit Mängeln ausgeführt wurde und hat deshalb auf den Rechnungsbetrag in 2019 nur 60.000 € gezahlt. Die restlichen 20.000 € wurden zurückgehalten, bis eine gerichtliche Klärung erfolgt ist. Nach Auffassung des Rechtsamtes zeichnet sich ein Vergleich über 15.000 € ab. Diesen Betrag hat der Fachbereich auf einem Postbankkonto angelegt.
j) Der Fachbereich hat vertragsgemäß am 12.12.2019 noch aus Haushaltsmitteln die Leasingrate 2020 für den Großflächenmäher (Sportplatzpflege) in Höhe von 8.000 € gezahlt.
k) Außerdem besitzt er einen Bargeldbestand von 1.000 €. Dieser beruht auf eine bereits am 17.12.2019 erfolgte Einzahlung des Schwimmvereines „Bei uns ertrinkt keiner e. V." als Benutzungsentgelt für das erste Quartal 2020. Der Kassierer hat den Betrag trotz Fälligkeit zum 15.02.2020 wegen seines Langzeiturlaubes auf Mallorca vorzeitig gezahlt.

Aufgabe:
Stellen Sie die Eröffnungsbilanz für den Eigenbetrieb „Freizeit" zum 1.1.2020 auf. Begründen Sie die einzelnen Arbeitsschritte.

Lösung:

Aktiva	**Eröffnungsbilanz zum 1.1.2020**		**Passiva**
Hallenbad	2.820.000 €	Eigenkapital	1.892.000 €
Sporthalle	1.170.000 €	Sonderposten	182.000 €
Fahrzeuge	200.000 €	Rückstellungen	15.000 €
BGA	100.000 €	Verbindlichkeiten aus Krediten	1.100.000 €
Vorräte	6.000 €	Leasingverbindlichkeiten	1.170.000 €
Forderungen an Vereine	10.000 €	Verbindlichkeiten an Vereine	20.000 €
Liquide Mittel	66.000 €	Passive Rechnungsabgrenzung	1.000 €
Aktive Rechnungsabgrenzung	8.000 €		
Insgesamt	**4.380.000 €**	**Insgesamt**	**4.380.000 €**

Im Einzelnen ergeben sich folgende Begründungen:
a) Das Inventurergebnis von 200.000 € für die Fahrzeuge wird auf die Aktivseite eingestellt.
b) Das Inventurergebnis von 100.000 € für die Betriebs- und Geschäftsausstattung (BGA) wird auf die Aktivseite eingestellt.
c) Das Hallenbad muss folgender Bewertung zugeführt werden, wobei bei der Berechnung der aktivierten Eigenleistungen im NKHR – analog zum handelsrechtlichen Wahlrecht bei den Gemeinkostenzuschlägen – auch die auf der Basis eines nachvollziehbaren Schlüssels ermittelten Verwaltungsgemeinkosten eingerechnet werden dürfen (§ 44 Abs. 2 GemHVO):

	Grundstück in €	Gebäude in €
Anschaffungskosten 2015 (lt. Sachverhalt als Basis zu verwenden)	940.000 in 2007	1.850.400
Erschließungsbeitrag 2015 (Wertverbesserung des Grundstücks[52])	50.000	
Kanalanschlussbeitrag 2015 (Wertverbesserung des Grundstücks[53])	10.000	
Umkleidetrakt als zu aktivierende Eigenleistung (differenzierte Zuschlagskalkulation[54])		149.600
Wert 1.7.2015	1.000.000	2.000.000
abzüglich lineare Abschreibungen[55] 1.7.2015 bis 31.12.2019 = 4,5 Jahre)	0	180.000
Wert 31.12.2019	1.000.000	1.820.000
Gesamtbilanzwert	**2.820.000**	

d) Das in der Kameralrechnung des Jahres 2019 noch als Kasseneinnahmerest ausgewiesene Nutzungsentgelt ist auf die Aktivseite als Forderung einzustellen. Der noch nicht überwiesene Betriebszuschuss stellt eine Verbindlichkeit gegenüber dem Verein dar und ist auf der Passivseite zu platzieren.

e) Die Stadt (Eigenbetrieb) ist lt. Sachverhalt nicht juristischer Eigentümer, da die Sporthalle von einem Investor im Auftrag und nach Wünschen der Stadt gebaut wurde. Allerdings ist sie wirtschaftlicher Eigentümer, da es sich bei dem Leasinggeschäft offensichtlich nicht um ein mietähnliches Leasinggeschäft („Operating Leasing"), sondern um ein Finanzierungsgeschäft („Financial leasing") handelt.[56] Insofern muss der Eigenbetrieb den Wert der Sporthalle aktivieren (Bauausgaben von 1.200.000 € abzüglich Abschreibungen für das Jahr 2019 in Höhe von 30.000 €). In der Leasingrate ist ein Kapitalanteil von jährlich 30.000 € enthalten. Damit erreicht

52 Die Grundstücksbezogenheit steht im Vordergrund, so auch die ständige Rechtsprechung im Steuerrecht (z. B. BFH, Urt. vom 7.11.1995 [BStBl. S. 190]).

53 Die Grundstücksbezogenheit steht im Vordergrund, so auch die ständige Rechtsprechung im Steuerrecht (z. B. BFH, Urt. vom 18.7.1972 [BStBl. S. 931]).

54 Herstellungskosten § 44 Abs. 2 GemHVO: Lohneinzelkosten 80.000 € + Lohngemeinkosten 20.000 € (Zuschlagssatz 25 %) = Lohngesamtkosten 100.000 €; Materialeinzelkosten 30.000 € + Materialgemeinkosten 6.000 € (Zuschlagssatz 20 %) = Materialgesamtkosten 36.000 €; ergibt Herstellungswert von 136.000 €; + 13.600 € (Verwaltungsgemeinkosten dürfen eingerechnet werden, Zuschlagssatz 10 %) = 149.600 € Herstellungskosten. Zu den Berechnungseinzelheiten siehe *Klümper/Möllers/Zimmermann*, Kommunale Kosten- und Wirtschaftlichkeitsrechnung, 20. Aufl., Witten 2019, S. 282 ff.

55 § 46 GemHVO.

56 Financial Leasing (Spezialleasing) ist u. a. an folgenden Merkmalen erkennbar: Die Anlage entspricht den speziellen Anforderungen des Leasingnehmers. Der Leasingnehmer trägt das wirtschaftliche Risiko der Anlagenutzung und -erhaltung. Der Leasingvereinbarung erstreckt sich über die voraussichtliche Nutzungsdauer der Anlage. Die vereinbarten Leasingraten decken die Anschaffungs- oder Herstellungskosten.

der Investor die Rückgewinnung des aufgewandten Kapitals[57], sodass in dieser Höhe eine Verbindlichkeit gegenüber dem Investor entsteht, wobei allerdings bereits eine Auflösung von 30.000 € für das Jahr 2019 erfolgte.

f) Das Bankguthaben von 50.000 € wird im NKHR auf die Aktivseite als liquide Mittel eingestellt.

g) Der Bestand an Rote Asche ist nach einem gängigen Verfahren zu bewerten. Die Lösung hat sich des FiFo-Verfahrens („First in – First out") bedient, sodass der Bestand nach dem letzten Einstandspreis bewertet wird.[58] Insofern werden 4 t × 1.500 €/t = 6.000 € der Aktivseite der Bilanz zugeordnet.

h) Kredite sind als Verbindlichkeiten auf der Passivseite der Bilanz nachzuweisen. Der bis zum Bilanzierungsstichtag bereits ein geleistete Schuldendienst von 400.000 € enthielt Zinsen in Höhe von 300.000 €, sodass der Tilgung 100.000 € zuzuordnen sind. Dieser Betrag verringert die Ursprungsverbindlichkeit entsprechend. Investitionszuschüsse sind im NKHR als Sonderposten zu passieren und entsprechend der Nutzungsdauer des geförderten Vermögensgegenstandes aufzulösen (§ 40 Abs. 4 GemHVO). Wie bei Buchstabe c) dargestellt, sind bereits Abschreibungen von 4,5 Jahre erfolgt, sodass auch für diesen Zeitraum eine Auflösung in Höhe von 18.000 € abzusetzen ist (200.000 € × 4,5 Jahre : 50 Jahre Nutzungsdauer).

i) In Höhe des zu erwartenden Vergleichsbetrages ist als Verbindlichkeit eine Rückstellung auf der Passivseite zu bilden (§ 41 Abs. 1 GemHVO). Das Postbankkonto ist im NKHR als „liquide Mittel" der Aktivseite zuzuordnen.

j) Bei der Leasingrate für den Großflächenmäher handelt es sich zwar um eine Auszahlung des Jahres 2019, jedoch um Aufwendungen des Jahres 2020. Insofern ist der Betrag als aktive Rechnungsabgrenzung zu bilanzieren und damit der Ergebnisrechnung des Jahres 2020 zuzuordnen.[59]

k) Die Einnahme des Jahres 2019 stellt einen Ertrag des Jahres 2020 dar. Insofern muss der Betrag der Ergebnisrechnung des Jahres 2020 zugeführt werden. Die bilanzielle Darstellung erfolgt im NKHR unter „liquide Mittel" in Verbindung mit der passiven Rechnungsabgrenzung.[60]

Der Gesamtsumme des Vermögens von 4.380.000 € stehen Sonderposten, Rückstellungen, Verbindlichkeiten und die passive Rechnungsabgrenzung in Höhe von 2.488.000 € gegenüber, sodass sich als Differenz ein Reinvermögen von 1.892.000 € ergibt, das als Eigenkapital ausgewiesen wird.

57 Auf eine Abzinsung des Kapitalanteils wird aus Vereinfachungsgründen verzichtet.

58 Zur Anwendung der einzelnen Bewertungsverfahren siehe *Klümper/Möllers/Zimmermann*, Kommunale Kosten- und Leistungsrechnung, 20. Aufl., Witten 2019, S. 164 ff.

59 Siehe § 48 Abs. 1 GemHVO.

60 Siehe § 46 Abs. 2 GemHVO.

Sachverhalt Nr. 4 (Bestandsbuchungen)

Die Eröffnungsbilanz eines Eigenbetriebes der Gemeinde G zum 1.1.2020 hat folgenden Inhalt:

Aktiva	**Bilanz zum 1.1.2020**		**Passiva**
Bebaute Grundstücke	1.000.000 €	Eigenkapital	1.150.000 €
Fahrzeuge	200.000 €	Hypothekenverbindlichkeiten	560.000 €
BGA	100.000 €	Liquiditätskredite	40.000 €
Forderungen	7.000 €	Lieferantenverbindlichkeiten	50.000 €
Liquide Mittel	493.000 €		
Insgesamt	**1.800.000 €**	**Insgesamt**	**1.800.000 €**

Im Jahr 2020 fallen folgende Geschäftsvorfälle an:

1. Kauf eines Fahrzeuges (10.000 €), Überweisung erfolgt aus dem Bankguthaben.
2. Eingang von 4.000 € auf die ausstehenden Forderungen auf dem Bankkonto.
3. Ein neues bebautes Grundstück wird gekauft (200.000 €). Es wird zunächst aus dem Bankguthaben bezahlt. Nach einmonatiger Verhandlung werden 180.000 € über ein langfristiges Hypothekendarlehen finanziert. Die Hypothekenbank überweist den Betrag auf das Bankkonto.
4. Abbuchung von 30.000 € beim Bankkonto, wovon 25.000 € dem Liquiditätskredit zugeführt werden und 5.000 € der Tilgung der Hypothekenkredite dienen.
5. Kauf eines Personalcomputers mit Zahlungsziel in 2021 (2.000 €).
6. Bezahlung von Rechnungen aus dem Vorjahr durch Überweisung vom Bankkonto (10.000 €).
7. Die Stadt als Eigentümer übergibt dem Eigenbetrieb Fahrzeuge im Wert von 80.000 € zur „Eigenkapitalaufstockung".
8. Verkauf eines bebauten Grundstückes für 120.000 € (= Buchwert), zahlbar mit je 60.000 € in 2020 und 2021. Der Betrag für 2020 wird sofort dem Bankkonto gutgeschrieben.

Aufgabe:
Verarbeiten Sie die Finanzvorfälle in der doppelten (kaufmännischen) Buchführung und erstellen Sie die Schlussbilanz zum 31.12.2020. Formulieren Sie auch die entsprechenden Buchungssätze für die Finanzvorfälle 1 bis 8 und entscheiden Sie, welche Auswirkungen die Finanzvorfälle auf die Bilanz haben!

Lösung:

S	Bebaute Grundstücke		H
AB	1.000.000	(8)	120.000
(3)	200.000	SB	1.080.000
	1.200.000		1.200.000

S	Eigenkapital		H
SB	1.230.000	AB	1.150.000
		(7)	80.000
	1.230.000		1.230.000

S	Fahrzeuge		H
AB	200.000	SB	290.000
(1)	10.000		
(7)	80.000		
	290.000		290.000

S	Hypotheken-verbindlichkeiten		H
(4)	5.000	AB	560.000
SB	735.000	(3)	180.000
	740.000		772.000

S	BGA		H
AB	100.000	SB	102.000
(5)	2.000		
	102.000		102.000

S	Liquiditätskredite		H
(4)	25.000	AB	40.000
SB	15.000		
	40.000		40.000

S	Forderungen		H
AB	7.000	(2)	4.000
(8)	60.000	SB	63.000
	67.000		67.000

S	Lieferanten-verbindlichkeiten		H
(6)	10.000	AB	50.000
SB	42.000	(5)	2.000
	52.000		52.000

S	Liquide Mittel		H
AB	493.000	(1)	10.000
(2)	4.000	(3)	200.000
(3)	180.000	(4)	30.0000
(8)	60.000	(6)	10.000
		SB	487.000
	737.000		737.000

Aktiva	**Schlussbilanz zum 31.12.2020**		**Passiva**
Bebaute Grundstücke	1.080.000 €	Eigenkapital	1.230.000 €
Fahrzeuge	290.000 €	Hypothekenverbindlichkeiten	735.000 €
BGA	102.000 €	Liquiditätskredite	15.000 €
Forderungen	63.000 €	Lieferantenverbindlichkeiten	42.000 €
Liquide MIttel	487.000 €		
Insgesamt	**2.022.000 €**	**Insgesamt**	**2.022.000 €**

Lfd. Nr.	Buchungssätze	Bilanzauswirkung
1	Fahrzeuge an Liquide Mittel 10.000 €	Aktivtausch
2	Liquide Mittel an Forderungen 4.000 €	Aktivtausch
3	Bebaute Grundstücke an Liquide Mittel 200.000 € Liquide Mittel an Hypothekenverbindlichkeiten 180.000 €	Aktivtausch Aktiv-Passiv-Mehrung
4	Liquiditätskredit 25.000 € und Hypothekenverbindlichkeiten 5.000 € an Liquide Mittel 30.000 €	Aktiv-Passiv-Minderung
5	BGA an Lieferantenverbindlichkeiten 2.000 €	Aktiv-Passiv-Mehrung
6	Lieferantenverbindlichkeiten an Liquide Mittel 10.000 €	Aktiv-Passiv-Minderung
7	Fahrzeuge an Eigenkapital 80.000 €	Aktiv-Passiv-Mehrung
8	Liquide Mittel 60.000 € und Forderungen 60.000 € an bebaute Grundstücke 120.000 €	Aktivtausch

Sachverhalt Nr. 5 (Ergebnisbuchungen)[61]

Die Eröffnungsbilanz einer nach dem Neuen Kommunalen Haushalts- und Rechnungswesen (NKHR) geführten Musikschule der Gemeinde G zum 1.1.2020 hat folgenden Inhalt:

Aktiva	**Bilanz zum 1.1.2020**		**Passiva**
Bebaute Grundstücke	1.000.000 €	Eigenkapital	1.090.000 €
Fahrzeuge	200.000 €	Bankverbindlichkeiten	610.000 €
Liquide Mittel	500.000 €		
Insgesamt	**1.700.000 €**	**Insgesamt**	**1.700.000 €**

Im Jahr 2020 fallen folgende Geschäftsvorfälle an:

1. Versendung von Bescheiden über Musikschulbeiträge in Höhe von 190.000 € mit sofortigem Zahlungseingang auf dem Bankkonto.
2. Malermeister Pinsel stellt für den Unterhaltungsanstrich des Musikschulgebäudes 15.000 € in Rechnung, die sofort überwiesen werden.
3. Die Abschreibungen betragen für die bebauten Grundstücke 80.000 € und für die Betriebs- und Geschäftsausstattung 22.000 €.
4. Es werden Gehälter in Höhe von 120.000 € per Banküberweisung bezahlt.
5. An einen Musikschulbenutzer wird ein Schadensersatzbetrag in Höhe von 1.000 € per Banküberweisung geleistet.
6. Die Musikschule nimmt Bescheide in Höhe von 3.000 € zurück und überweist die bereits eingegangenen Beträge an die Musikschulbenutzer zurück.
7. Für die Vermietung von Räumen gehen 10.000 € auf dem Bankkonto ein.
8. Es werden weitere Gehälter in Höhe von 27.000 € per Banküberweisung gezahlt.

61 Die Bilanz und die Fallgestaltung sind stark vereinfacht, um die Möglichkeit zu geben, reine Ergebnisbuchungen zu trainieren.

Aufgabe:
Verarbeiten Sie die Finanzvorfälle in der doppelten (kaufmännischen) Buchführung und erstellen Sie die Ergebnisrechnung 2020 sowie die Schlussbilanz zum 31.12.2020. Formulieren Sie auch die entsprechenden Buchungssätze für die Finanzvorfälle 1 bis 8.

Lösung:

Bilanzkonten
(= Bestandskonten)

S	Bebaute Grundstücke		H
AB	1.000.000	(3)	80.000
		SB	920.000
	1.000.000		1.000.000

S	Eigenkapital		H
ER	68.000	AB	1.090.000
SB	1.022.000		
	1.090.000		1.090.000

S	BGA		H
AB	200.000	(3)	22.000
		SB	178.000
	200.000		200.000

S	Bankverbindlichkeiten		H
SB	610.000	AB	610.000
	610.000		610.000

S	Liquide Mittel		H
AB	500.000	(2)	15.000
(1)	190.000	(4)	120.000
(7)	10.000	(5)	1.000
		(6)	3.000
		(8)	27.000
		SB	534.000
	700.000		700.000

Ergebniskonten

S	Gehälter		H
(4)	120.000	ER[62]	147.000
(8)	27.000		
	147.000		147.000

S	Musikschulbeiträge		H
(6)	3.000	(1)	190.000
ER	187.000		
	190.000		190.000

S	Gebäudeunterhaltung		H
(2)	15.000	ER	15.000
	15.000		15.000

S	Mieterträge		H
ER	10.000	(7)	10.000
	10.000		10.000

62 ER = Ergebnisrechung.

S	Abschreibungen		H
(3)	102.000	ER	102.000
	102.000		102.000

S	außerordentlicher Aufwand		H
(5)	1.000	ER	1.000
	1.000		1.000

Soll	**Ergebnisrechnung 2020**		**Haben**
Gehälter	147.000 €	Musikschulbeiträge	187.000 €
Gebäudeunterhaltung	15.000 €	Mieterträge	10.000 €
Abschreibungen	102.000 €	Jahresfehlbetrag	68.000 €
außerordentlicher Aufwand	1.000 €		
Insgesamt	**265.000 €**	**Insgesamt**	**265.000 €**

Aktiva	**Schlussbilanz zum 31.12.2020**		**Passiva**
Bebaute Grundstücke	920.000 €	Eigenkapital	1.022.000 €
BGA	178.000 €	Bankverbindlichkeiten	610.000 €
Liquide Mittel	534.000 €		
Insgesamt	**1.632.000 €**	**Insgesamt**	**1.632.000 €**

Lfd. Nr.	Buchungssätze
1	Liquide Mittel an Musikschulbeiträge 190.000 €
2	Gebäudeunterhaltung an Liquide Mittel 15.000 €
3	Abschreibungen 102.000 € an Gebäude 80.000 € und an BGA 22.000 €
4	Gehälter an Liquide Mittel 120.000 €
5	Außerordentlicher Aufwand an Liquide Mittel 1.000 €
6	Musikschulbeiträge an Liquide Mittel 3.000 €
7	Liquide Mittel an Mieterträge 10.000 €
8	Gehälter an Liquide Mittel 27.000 €

Sachverhalt Nr. 6 (Bestands- und Ergebnisbuchungen)[63]

Die Städte A, B und C haben sich zu einem nach kaufmännischen Regeln geführten Schulzweckverband zusammen geschlossen, wobei folgende Eröffnungsbilanz erstellt wurde:

63 Diese Übungsaufgabe soll das Zusammenwirken aller Buchungsbereiche verdeutlichen. Dabei geht sie über die bisherigen Besprechungsinhalte teilweise hinaus. Insofern sind zusätzlich Kenntnisse zu einzelnen Bilanz- und Erfolgspositionen erforderlich. Besondere Problemstellungen werden bei den Buchungssätzen mithilfe von Fußnoten erläutert, sodass jederzeit die Lösungsproblematik nachvollzogen werden kann. Ansonsten wird auf die spezielle Behandlung der einzelnen Positionen in den Kap. 10 bis 13 verwiesen. Die Bilanzkonten „Bank" und „Kasse" sind Bezeichnungen der doppelten (kaufmännischen) Buchführung. Im NKHR sind beides Unterkonten der Bilanzposition „Liquide Mittel".

Aktiva	**Bilanz zum 1.1.2020**		**Passiva**
Schulausstattung	1.315.000 €	Eigenkapital	670.000 €
Forderungen	200.000 €	Verbindlichkeiten gegenüber:	
Bank	550.000 €	Banken	1.200.000 €
Kasse	5.000 €	Lieferanten	200.000 €
Insgesamt	**2.070.000 €**	**Insgesamt**	**2.070.000 €**

Im Jahre 2020 ergeben sich folgende Geschäftsvorfälle:

1. Verkauf von gebrauchten Schulmöbeln. Die Möbel werden in den Anlagenachweisen des Zweckverbandes mit einem Restbuchwert von 1.000 € geführt. Der Verkaufserlös von 3.000 € wird sofort in bar bezahlt.
2. Einkauf und Bezahlung (Bank) von Büromaterial (4.000 €), welches sofort verbraucht wird.
3. Eingang einer Rechnung des Busunternehmens B für Schülertransporte in 2020 über 30.000 € (Zahlungsziel in 2021).
4. Ein Gymnasium stellt der Arbeiterwohlfahrt für Gruppenabende Klassenräume zur Verfügung. Vertraglich ist eine Jahresmietpauschale von 5.000 € vereinbart. Die Arbeiterwohlfahrt überweist einen Monat nach Unterzeichnung des Mietvertrages auf das Bankkonto einen Betrag von 2.000 €.
5. Für die Schulhausmeister sind Beschäftigungsentgelte in Höhe von 400.000 € zu zahlen (Banküberweisung). Darin enthalten sind laut Arbeitsaufzeichnung Beschäftigungsentgeltanteile von 1.000 € für das Zusammenbauen eines Regalsystems (Einkauf im Baumarkt in 2020 zum Preis von 3.000 €).
6. Nach dem Mietvertrag mit der Arbeiterwohlfahrt hat die Stadt die Reinigung der genutzten Räumlichkeiten zu übernehmen. Die Reinigungsfirma stellt dafür als Jahrespauschale 1.500 € in Rechnung (sofortige Bezahlung vom Bankkonto).
7. Das Land überweist Mitte Dezember 2020 für einen Schulversuch einen Betriebskostenzuschuss von 90.000 € (Bescheid und Zahlung gehen am selben Tag ein – Bankkonto). Davon sind 50.000 € für 2020 und 40.000 € für 2021 bestimmt.
8. Die reiche Erbin Irmgard M ist über das Zeugnis Ihres Sohnes sehr erfreut (Verbesserung in Mathematik von „ungenügend“ auf „schwach mangelhaft“) und spendet spontan in bar ohne besondere Zweckbindung 2.000 €.
9. Bei einem missglückten Versuch im Chemieunterricht werden bei einer Explosion der Lehrer und zwei Schüler verletzt. Außerdem ist der Chemieraum stark beschädigt. Die Reparaturarbeiten werden von der Firma F durchgeführt, die dafür 5.000 € in Rechnung stellt (sofortige Banküberweisung).
10. Die beteiligten Städte überweisen den Betriebskostenzuschuss 2020 in Höhe von insgesamt 400.000 €.

Aufgabe:

Buchen Sie die Geschäftsvorfälle auf T-Konten und schließen Sie die Konten bis hin zum Schlussbilanzkonto ab. Formulieren Sie auch die Buchungssätze.

Lösung:

Bilanzkonten
(= Bestandskonten)

S	Schulausstattung		H
AB	1.315.000	(1)	1.000
(5)	4.000	SB	1.315.000
	1.316.000		1.316.000

S	Eigenkapital		H
SB	689.500	AB	670.000
		ER	19.500
	689.500		689.500

S	Forderungen		H
AB	200.000	(4)	2.000
(4)	5.000	SB	203.000
	205.000		205.000

S	Bankverbindlichkeiten		H
SB	1.200.000	AB	1.200.000
	1.200.000		1.200.000

S	Bankguthaben		H
AB	550.000	(2)	4.000
(4)	2.000	(5)	403.000
(7)	90.000	(6)	1.500
(10)	400.000	(9)	5.000
		SB	631.500
	1.042.000		1.042.000

S	Lieferanten-verbindlichkeiten		H
SB	230.000	AB	200.000
		(3)	30.000
	230.000		230.000

S	Kasse		H
AB	5.000	SB	10.000
(1)	3.000		
(8)	2.000		
	10.000		10.000

S	Passive Rechnungs-legung		H
SB	40.000	(7)	40.000
	40.000		40.000

Ergebniskonten

S	Materialverbrauch		H
(2)	4.000	ER	4.000
	4.000		4.000

S	ao. Erträge aus Verkäufen		H
ER	2.000	(1)	2.000
	2.000		2.000

S	Schülerbeförderung		H
(3)	30.000	ER	30.000
	30.000		30.000

S	Mieterträge		H
ER	5.000	(4)	5.000
	5.000		5.000

S	Vergütungen		H
(5)	400.000	ER	400.000
	400.000		400.000

S	aktivierte Eigen-leistungen		H
ER	1.000	(5)	1.000
	1.000		1.000

S	Reinigungsaufwand		H
(6)	1.500	ER	1.500
	1.500		1.500

S	Zuschüsse		H
ER	450.000	(7)	50.000
		(10)	400.000
	450.000		450.000

S	außerordentlicher Aufwand		H
(9)	5.000	ER	5.000
	5.000		5.000

S	außerordentlicher Ertrag		H
ER	2.000	(8)	2.000
	2.000		2.000

Soll	**Ergebnisrechnung 2020**		**Haben**
Materialverbrauch	4.000 €	ao. Erträge aus Verkäufen	2.000 €
Schülerbeförderung	30.000 €	Mieterträge	5.000 €
Vergütungen	400.000 €	aktivierte Eigenleistungen	1.000 €
Reinigungsaufwand	1.500 €	Zuschüsse	450.000 €
Außerordentlicher Aufwand	5.000 €	außerordentlicher Ertrag	2.000 €
Jahresüberschuss	19.500 €		
Insgesamt	**460.000 €**	**Insgesamt**	**460.000 €**

Aktiva	**Bilanz zum 31.12.2020**		**Passiva**
Schulausstattung	1.315.000 €	Eigenkapital	689.500 €
Forderungen	203.000 €	Verbindlichkeiten gegenüber:	
Bank	631.500 €	Banken	1.200.000 €
Kasse	10.000 €	Lieferanten	230.000 €
		Passive Rechnungsabgrenzung	40.000 €
Insgesamt	**2.159.500 €**	**Insgesamt**	**2.159.500 €**

Lfd. Nr.	Buchungssätze
1	Kasse 3.000 € an Schulausstattung 1.000 € und außerordentliche Erträge aus Verkäufen 2.000 €[64]
2	Materialaufwand an Bank 4.000 €
3	Schülerbeförderungsaufwand an Lieferantenverbindlichkeiten 30.000 €
4	Forderungen an Mieterträge 5.000 € Bank an Forderungen 2.000 €
5	Vergütungen 400.000 € und Schulaustattung 3.000 € an Bank 403.000 € Schulausstattung an aktivierte Eigenleistungen 1.000 €[65]
6	Reinigungsaufwand an Bank 1.500 €
7	Bankguthaben 90.000 € an Erträge aus Zuschüssen 50.000 € und passive Rechnungsabgrenzung 40.000 €[66]
8	Kasse an außerordentlicher Ertrag 2.000 €
9	Außerordentlicher Aufwand an Bank 5.000 €
10	Bankguthaben an Erträge aus Zuschüssen 400.000 €[67]

64 Möglich ist auch eine Bruttobuchung mit den Buchungssätzen: Kasse an Erträge aus Verkäufen mit 3.000 € und Verkaufsabschreibung (Aufwendung) an Schulausstattung mit 1.000 €.

65 Die Tätigkeit des Hausmeisters beim Zusammenbau des Regalsystems erhöht den Wert des Regals (Sachvermögen) und ist deshalb zu aktivieren. Gemeinkostenzuschläge konnten wegen fehlender Angaben im Sachverhalt nicht berücksichtigt werden.

66 Es erfolgt eine periodengerechte Abgrenzung. Erfolgswirksam für 2020 ist nur der Betrag für dieses Haushaltsjahr (Wirtschaftsjahr). Insofern ist der Betrag für das Jahr 2021 als passive Rechnungsabgrenzung auszuweisen.

67 Der Einfachheit halber erfolgt die Zuordnung zu dem allgemeinen Zuschusskonto.

4. Ablauf, Organisation und Personal im kommunalen Finanzmanagement

4.1 Stationen der Haushaltswirtschaft und Haushaltskreislauf

Bereits in Kap. 2.1 ist dargestellt, in welche Phasen der kommunale Haushaltskreislauf gegliedert ist. Im zeitlichen Mittelpunkt des kommunalen Finanzmanagements steht dabei das Haushaltsjahr, wobei man sich den Ablauf der Haushaltswirtschaft einer Gemeinde als einen Kreislauf vorstellen kann, in dem sich die einzelnen Phasen in jedem Haushaltsjahr in stets gleichbleibender Reihenfolge wiederholen:

- Planung und Aufstellung des Haushaltsplans,
- Ausführung des Haushaltsplans und
- Rechnungslegung, Prüfung und Entlastung.

Die Abwicklung eines Haushalts erfolgt von der Aufstellung bis zur Entlastung etwa über drei Jahre.

Folgendes Beispiel soll dieses verdeutlichen:

Haushaltsplan für das Jahr 2024

2023 Aufstellung	(Jahr vor dem Inkrafttreten = Haushaltsplanjahr)		
	Beteiligt	=	Fachämter/Fachbereiche, Kämmerei/ Fachbereich Finanzen, Gemeinderat
2024 Ausführung	(laufendes Jahr = Haushaltsjahr)		
	Beteiligt	=	gesamte Verwaltung, Buchführung/ Zahlungsvorgänge (Zahlungsanweisung, Zahlungsabwicklung), Gemeinderat
2025 Abrechnung, Prüfung und Entlastung (nachfolgendes Jahr)			
	Beteiligt	=	Buchführung/Zahlungsvorgänge (Zahlungsanweisung, Zahlungs-abwicklung), Fachbereich Finanzen, Rechnungsprüfungsamt, Gemeinderat

4.2 Ausführung des Haushaltsplans

Bei der Ausführung des Haushaltsplans wirken zwei Ebenen der Gemeindeverwaltung zusammen, und zwar die anordnenden Fachbereiche einschließlich Kämmerei/Fachbereich Finanzen und die im Rahmen der örtlichen Verwaltungsorganisation für die Buchführung als zuständig bestimmten Verwaltungsstellen. Die Fachbereiche verfügen über die Haushaltsmittel, schließen Verträge, erstellen Rechnungen, erlassen Finanzbescheide, begründen Aufwendungen und Zahlungen. Die Fachbereiche haben grundsätzlich das Recht, über die im Haushaltsplan veranschlagten Beträge zu verfügen, und die Pflicht, die Einhaltung des Haushaltsplans zu bewirken.

Die buchhalterische Abwicklung der Erträge/Aufwendungen bzw. Einzahlungen/Auszahlungen sowie die Dokumentation der Finanzvorfälle obliegt dagegen den für die Buchführung zuständigen Verwaltungsstellen. Zur Gliederung der Buchführung/Zahlungsvorgänge siehe nachfolgendes Schaubild:[1]

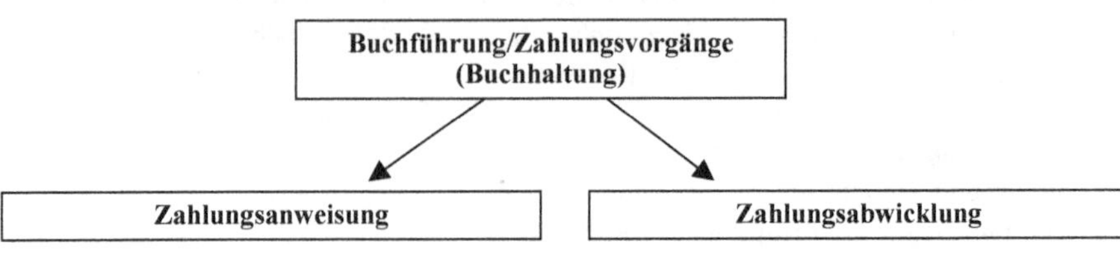

- Erfassung/Vormerkung von Aufträgen (Haushaltsüberwachung)
- Vorprüfung und Kontierung von Eingangs-/Ausgangsrechnungen
- Erstellung von Anweisungen für Einzahlungen und Auszahlungen (Kassenanordnungen)
- Erstellung der Jahresabschlüsse (Ergebnisrechnung, Finanzrechnung und Bilanz)

Ab hier = geeignet auch als zusätzliche Kassengeschäfte:

- Buchen von Forderungen und Verbindlichkeiten auf Debitoren- und Kreditorenkonten sowie Führen der Anlagebuchhaltung (Nebenbuchführung)
- Buchung von Geschäftsvorfällen auf Bestands- und Ergebniskonten (Hauptbuchführung)
- Sammlung der Belege

- Abwicklung des Zahlungsverkehrs (Einzahlungen, Auszahlungen)
- Verwaltung der Finanzmittel – zentrale Liquiditätsplanung
- Buchen der Einzahlungen und Auszahlungen auf Debitoren- bzw. Kreditorenkonten und in der Finanzrechnung
- Offene-Posten-Verwaltung einschließlich Mahnungen
- Abstimmung der Bankkonten und der Finanzrechnung (täglich und zum Stichtag 31. Dezember)
- Ermittlung der liquiden Mittel, ggf. durch Abschluss der Finanzrechnungskonten zum Stichtag 31. Dezember

Die Zahlungsanweisung kann dabei dezentral in den Fachbereichen, gebündelt für mehrere Fachbereiche oder auch bei einer zentralen Stelle angesiedelt sein. Dagegen bestimmt § 93 GemO, dass die Zahlungsabwicklung (Kassengeschäfte gem. § 93 Abs. 1 GemO u. § 1 Abs. 1 GemKVO) durch die Gemeindekasse erledigt wird, weil es in erster Linie wirtschaftlich sinnvoll ist, die Bankgeschäfte sowie die Liquidität einer Gemeinde als Ganzes zu steuern. Aus Sicherheitsgründen gilt das „Vier-Augen-Prinzip". Gemäß § 7 Abs. 2 GemKVO dürfen die in der Gemeindekasse Beschäftigten

1 Entnommen und geringfügig erweitert aus Modellprojekt „Doppischer Kommunalhaushalt in NRW" (Hrsg.), Neues Kommunales Finanzmanagement: Betriebswirtschaftliche Grundlagen für das doppische Haushaltsrecht, 2., vollst. überarb. Aufl. auf der Basis der Endergebnisse des Modellprojektes, Freiburg 2003, S. 452.

nicht auch Kassenanordnungen erteilen. Damit erfolgt eine Trennung des Buchungs- vom Zahlungsgeschäft.

Außerdem darf der Kassenleitung nicht angehören, wer
1. befugt ist, Kassenanordnungen zu erteilen,
2. mit der Rechnungsprüfung beauftragt ist oder
3. mit der Bürgermeisterin oder dem Bürgermeister, der oder dem für das Finanzwesen insgesamt zuständigen Bediensteten oder mit einer zur Rechungsprüfung beauftragten Person
   a) bis zum dritten Grade verwandt,
   b) bis zum zweiten Grade verschwägert oder
   c) durch Ehe oder durch eine Lebenspartnerschaft nach dem Lebenspartnerschaftsgesetz verbunden ist (§ 93 Abs. 2, 3 GemO i. V. m. § 18 Abs. 1 Nr. 1 – 3 GemO).

Die Gemeinde kann gemäß § 94 GemO die Kassengeschäfte ganz oder zum Teil Dritten übertragen, wenn die ordnungsmäßige Erledigung und Prüfung nach den für die Gemeinde geltenden Vorschriften gewährleistet sind. Dabei kann sie sich durchaus eines privaten Buchführungsanbieters bedienen, selbst eine solche Institution gründen oder sich mit anderen Gemeinden und Trägern zu privatrechtlich oder öffentlich-rechtlich organisierten Buchführungszentren zusammenschließen. Die Buchführung kann demnach auch von Eigenbetrieben oder Eigengesellschaften erledigt werden. Außerdem besteht die Möglichkeit, kommunale Zweckverbände damit zu beauftragen. Es müssen jedoch die ordnungsgemäße Erledigung der Buchungs- und Zahlungsgeschäfte sowie die Prüfung nach den kommunalrechtlichen Vorschriften gewährleistet sein. Die Kassenaufsicht ist ausdrücklich zu regeln und die Übertragung der Kommunalaufsichtsbehörde spätestens sechs Wochen vor Vollzug anzuzeigen.

Im Zuge der zunehmenden Digitalisierung ist bei den Zahlungsvorgängen auch das Online-Bezahlen – das sogenannte „ePayment“ – zu betrachten. Zunehmend mehr Leistungen der Gemeinde werden im Internet über Portale den Bürgern und Leistungsempfängern angeboten. Hier können Leistungen online beantragt werden, welche gleichzeitig zu einer Zahlungsverpflichtung beim Bürger führen. In den Portalen werden dann direkt ePayment-Funktionen angeboten, um die Zahlungen abzuwickeln. Bei der Gemeinde werden die Zahlungsanweisung und die Zahlungsabwicklung automatisiert durchgeführt.[2]

Im Rahmen des Buchungsverfahrens werden die Finanzvorfälle den entsprechenden Konten zugeordnet (Hauptbuchhaltung), wobei zu bestimmten Konten Nebenbuchhaltungen bestehen.

2 Vgl. *Bäumer*, ePayment: Möglichkeiten und Herausforderungen in der Praxis, in: Böhmer/ Kiesel (Hrsg.), Rechnungswesen und Controlling – Das Steuerungshandbuch für Kommunen, Gruppe 6, Heft 9/2021, S. 617–636; Beitrag ebenfalls erschienen in: Haufe Finanz Office für die öffentliche Verwaltung, HI14047944, Stand: 20.7.2021.

In der **Anlagenbuchhaltung** werden das kommunale Vermögen erfasst, Vermögenszugänge und Vermögensabgänge dokumentiert. Hier sind für jeden Vermögensgegenstand oder jede Vermögensgruppe einzelne Konten eingerichtet, die dann zum Gesamtvermögen addiert werden. Bei einer Vermögensveränderung wird nicht unmittelbar das Bilanzkonto, sondern das konkrete Einzelvermögenskonto (z. B. statt Fahrzeugbilanzkonto das Einzelkonto des Anlagegegenstandes Nr. xxx = Dienst-PKW des Bürgermeisters) bebucht.

Für jeden Schuldner (Debitor) und jeden Gläubiger (Kreditor) wird ein einzelnes Konto geführt. Deshalb werden diese Konten auch als Personenkonten bezeichnet. Debitoren könnten z. B. ein Gewerbesteuerpflichtiger oder ein Musikschulentgeltzahlender sein. Kreditor könnte ein Bauunternehmer sein, der eine Baurechnung eingereicht hat. Jeder kommunale Bedienstete ist gegenüber der Gemeinde ebenfalls Kreditor. Der **Kreditoren- und Debitorenbuchhaltung** kommt somit eine vorherrschende Funktion zu, weil diese Nebenbuchhaltungen praktisch bei den meisten Finanzvorfällen berührt sind.

Das Zusammenwirken der Haupt- und Nebenbuchhaltungen zeigt das folgende Schaubild; das Zusammenwirken der Fachbereiche mit der Buchführung wird an den anschließenden Beispielen deutlich:

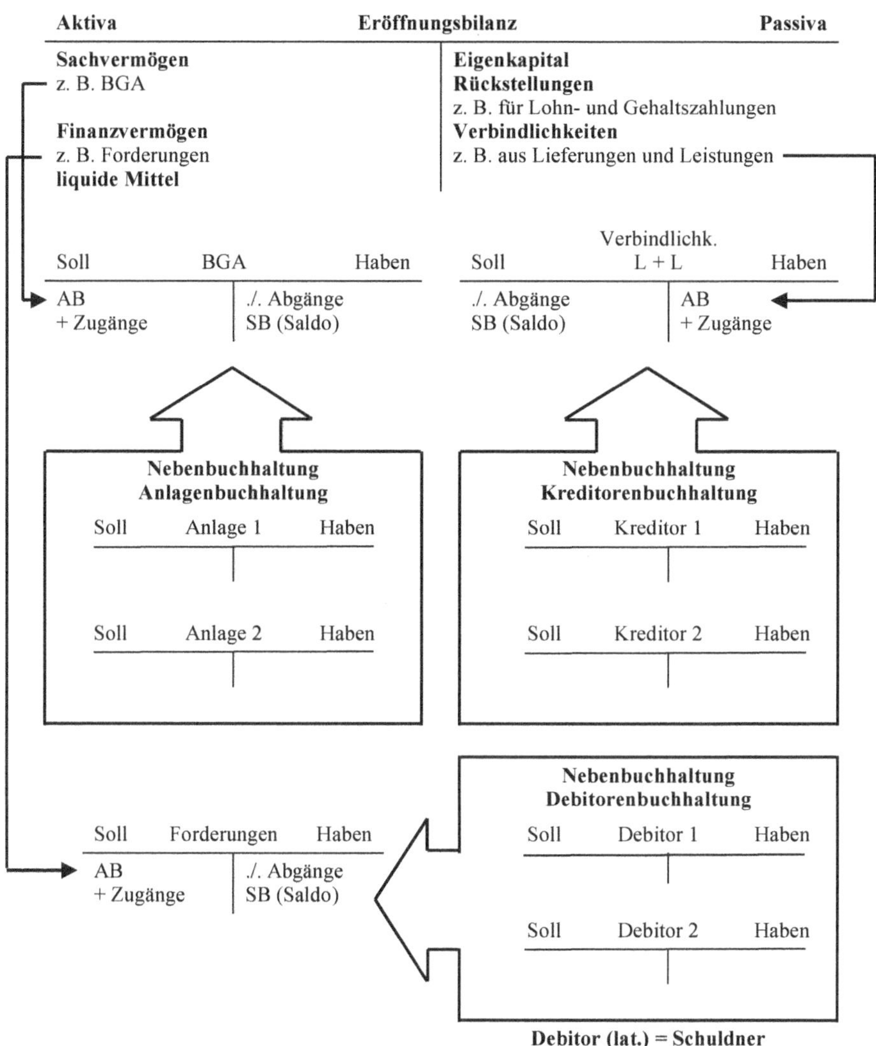
Gliederung der Buchführung
mit Nebenbuchhaltung
Aktiva
Eröffnungsbilanz
Passiva
Sachvermögen
z. B. BGA
Finanzvermögen
z. B. Forderungen
liquide Mittel
Eigenkapital
Rückstellungen
z. B. für Lohn- und Gehaltszahlungen
Verbindlichkeiten
z. B. aus Lieferungen und Leistungen
Soll
BGA
Haben
AB
+ Zugänge
./. Abgänge
SB (Saldo)
Soll
Verbindlichk.
L + L
Haben
./. Abgänge
SB (Saldo)
AB
+ Zugänge
Nebenbuchhaltung
Anlagenbuchhaltung
Soll
Anlage 1
Haben
Soll
Anlage 2
Haben
Nebenbuchhaltung
Kreditorenbuchhaltung
Soll
Kreditor 1
Haben
Soll
Kreditor 2
Haben
Soll
Forderungen
Haben
AB
+ Zugänge
./. Abgänge
SB (Saldo)
Nebenbuchhaltung
Debitorenbuchhaltung
Soll
Debitor 1
Haben
Soll
Debitor 2
Haben
Debitor (lat.) = Schuldner

Beispiel: Verkauf von gebrauchten Schulmöbeln[3]

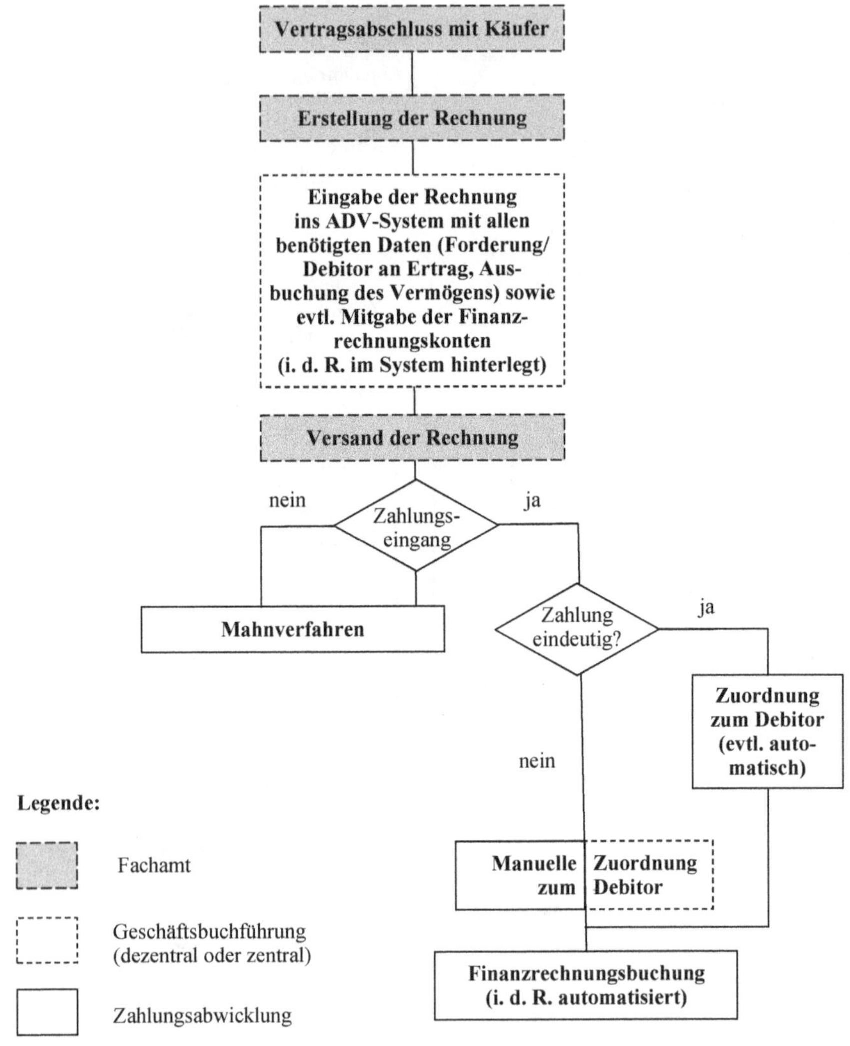

3 Entnommen und geringfügig erweitert aus Modellprojekt „Doppischer Kommunalhaushalt in NRW“ (Hrsg.), Neues Kommunales Finanzmanagement: Betriebswirtschaftliche Grundlagen für das doppische Haushaltsrecht, 2., vollst. überarb. Aufl. auf der Basis der Endergebnisse des Modellprojektes, Freiburg 2003, S. 454.

Beispiel: Erwerb von Büromaterial[4]

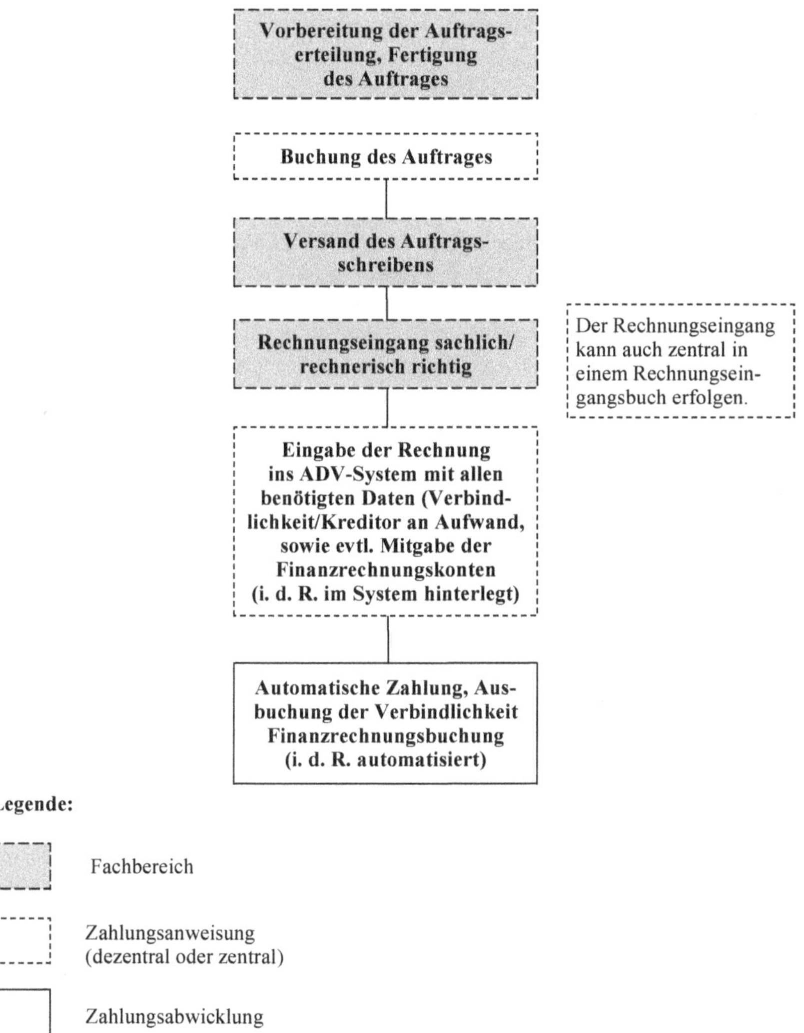

4 Angelehnt an die Übersicht in Modellprojekt „Doppischer Kommunalhaushalt in NRW“ (Hrsg.), Neues Kommunales Finanzmanagement: Betriebswirtschaftliche Grundlagen für das doppische Haushaltsrecht, 2., vollst. überarb. Aufl. auf der Basis der Endergebnisse des Modellprojektes, Freiburg 2003, S. 452.

4.3 Personal im kommunalen Finanzmanagement

4.3.1 Mitarbeiter im Finanzmanagement

Das kommunale Haushaltsrecht Baden-Württemberg enthält besondere Vorschriften über das Personal für den Fachbediensteten für das Finanzwesen (§ 116 GemO), die Kassenleitung (§ 93 Abs. 2, 3 GemO) und die Leiterin oder den Leiter sowie die Prüferinnen und Prüfer des Rechnungsprüfungsamts (§ 109 GemO). Die Bürgermeisterin oder der Bürgermeister kann darüber hinaus im Rahmen der gesetzlichen Befugnisse weitere Zuständigkeiten schaffen. So werden die Fachbereiche für die Teilhaushalte Budgetverantwortliche gem. § 4 Abs. 2 Satz 2 GemHVO bestimmen müssen, die sich um das dezentrale Finanzmanagement kümmern. Daneben wird es nach örtlichen Regelungen Personal geben, dem Feststellungsbefugnisse zugeordnet werden und das die einzelnen Erträge/Aufwendungen sowie Einzahlungen/Auszahlungen veranlassen darf.

Budgetierung im Rahmen der dezentralen Ressourcenverantwortung und Produktorientierung bedingen daneben ein nach den örtlichen Bedürfnissen und nach betriebswirtschaftlichen Grundsätzen ausgebautes Controlling. Damit ist nicht die Kontrolle durch die Rechnungsprüfung gemeint. Vielmehr beinhaltet Controlling die zielorientierte Steuerung der Teilhaushalte und Budgets. Grundsätzlich müssen die mit Controlling-Funktionen betrauten Personen über fundierte betriebswirtschaftliche Kenntnisse verfügen. Dies gilt unabhängig davon, ob in kleinen Kommunen i. d. R. Führungskräfte selbst die mit Controlling verbundenen Aufgaben wahrnehmen oder in großen Kommunen dafür extra Controller-Stellen eingerichtet worden sind. Letztere sollten in der Regel unmittelbar der Fachbereichsleitung bzw. der Verwaltungsführung als zentrales Controlling zugeordnet sein.

Vor diesem Hintergrund ist das Controlling einer Kommunalverwaltung ein System zur Unterstützung der Führungskräfte (und der Politik), welches

- die Planung von Zielen und Maßnahmen im Produkthaushalt und in Zielvereinbarungen, deren Kontrolle (Berichtswesen, vgl. dazu § 28 GemHVO) sowie die zur Planung und Kontrolle benötigten Informationen (z. B. aus der Kosten- und Leistungsrechnung) aufeinander abstimmt,
- auf ein wirksames und wirtschaftliches Verwaltungshandeln durch Auf- und Ausbau sowie Anwendung geeigneter Instrumente (z. B. Zielvereinbarungen, Produkthaushalt) unter Berücksichtigung von Kundeninteressen, Qualität, Recht und Gesetzmäßigkeit hinwirkt und
- den Entscheidungsträgern Hilfestellungen bei der Planung, Umsetzung und Kontrolle anbietet.

Eine besondere Bedeutung kommt der Buchhaltung zu. Die Beschäftigten in diesem Bereich müssen die kaufmännische Buchführung mit den kommunalen Besonderheiten beherrschen.

4.3.2 Rechnungsprüfungspersonal

Das Rechnungsprüfungsamt ist gem. § 109 Abs. 2 GemO bei der Erfüllung der ihm zugewiesenen Prüfungsaufgaben unabhängig und an Weisungen nicht gebunden. Es untersteht unmittelbar dem Bürgermeister. Die Leitung des Rechnungsprüfungsamts kann gem. § 109 Abs. 4 GemO einem Bediensteten nur durch Beschluss des Gemeinderats und nur dann entzogen werden, wenn die ordnungsgemäße Erfüllung seiner Aufgaben nicht mehr gewährleistet ist. Der Beschluss muss mit einer Mehrheit von zwei Dritteln der Stimmen aller Mitglieder des Gemeinderats gefasst werden und ist der Rechtsaufsichtsbehörde vorzulegen.

Der Leiter und die Prüfer des Rechnungsprüfungsamts dürfen gem. § 109 Abs. 5 GemO zum Bürgermeister, zu einem Beigeordneten, einem Stellvertreter des Bürgermeisters, zum Fachbediensteten für das Finanzwesen sowie zum Kassenverwalter, zu dessen Stellvertreter und zu anderen Bediensteten der Gemeindekasse nicht in einem die Befangenheit begründenden Verhältnis nach § 18 Abs. 1 Nr. 1 bis 3 GemO stehen. Sie dürfen eine andere Stellung in der Gemeinde nur innehaben, wenn dies mit der Unabhängigkeit und den Aufgaben des Rechnungsprüfungsamts vereinbar ist. Sie dürfen Zahlungen für die Gemeinde weder anordnen noch ausführen.

Das Rechnungsprüfungsamt stellt eine notwendige Besonderheit dar, da gemäß §§ 110, 111 und 112 GemO der örtlichen Rechnungsprüfung eine Reihe von Kontrollfunktionen gegenüber der sonstigen Verwaltung zugesprochen werden. So obliegen dem Rechnungsprüfungsamt

- die Prüfung des Jahresabschlusses und des Gesamtabschlusses (§ 110 GemO),
- die Prüfung der Jahresabschlüsse der Eigenbetriebe, Sonder- und Treuhandvermögen (§ 111 GemO) und
- darüber hinaus (§ 112 Abs. 1 GemO)
    1. die laufende Prüfung der Kassenvorgänge bei der Gemeinde und bei den Eigenbetrieben zur Vorbereitung der Prüfung der Jahresabschlüsse,
    2. die Kassenüberwachung, insbesondere die Vornahme der Kassenprüfungen bei den Kassen der Gemeinde und Eigenbetriebe.

Der Gemeinderat kann gem. § 112 Abs. 2 GemO dem Rechnungsprüfungsamt weitere Aufgaben übertragen, insbesondere

1. die Prüfung der Organisation und Wirtschaftlichkeit der Verwaltung,
2. die Prüfung der Ausschreibungsunterlagen und des Vergabeverfahrens auch vor dem Abschluss von Lieferungs- und Leistungsverträgen,
3. die Prüfung der Betätigung der Gemeinde bei Unternehmen und Einrichtungen in einer Rechtsform des privaten Rechts, an denen die Gemeinde beteiligt ist, und
4. die Buch-, Betriebs- und Kassenprüfungen, die sich die Gemeinde bei einer Beteiligung, bei der Hergabe eines Darlehens oder sonst vorbehalten hat.

4.4 Übung

Sachverhalt

Die Gemeinde G richtet zum 1. Januar des kommenden Jahres ein Rechnungsprüfungsamt ein. Die Stelle der Leitung der Rechnungsprüfung (Besoldungsgruppe A 12 LBesGBW) wird in verschiedenen Zeitungen ausgeschrieben. Aufgrund dieser Anzeigen bewerben sich einige Damen und Herren aus der eigenen Verwaltung und von außerhalb. Darunter sind auch die folgenden Personen:

a) *Heinz Schmidt, wohnhaft in G, Staufenstr. 3*
Herr Schmidt ist zur Zeit als stellvertretender Jugendamtsleiter (Besoldungsgruppe A 11 LBesGBW) beim Landkreis K beschäftigt. Seine Bewerbung wird von seinem Onkel (Bruder seines Vaters) unterstützt. Dieser ist Bürgermeister in G.
b) *Jutta Weber, wohnhaft in G, Waldmarkstr. 7*
Frau Weber ist zur Zeit Gemeindeinspektorin im Sozialamt der Gemeinde G. Ihr Ehemann ist als Kassenleiter der Gemeinde G beschäftigt.
c) *Karl Meerhahn, wohnhaft in G, Hohe Str. 15*
Herr Meerhahn ist zur Zeit als Stadtoberinspektor in der Kämmerei der Stadt S tätig. Sein Bruder, der Leiter des Fachbereichs Finanzwesen in der Gemeinde G ist, möchte aus fachlichen und menschlichen Gründen mit ihm zusammenarbeiten.
d) *Brigitte Altmann, wohnhaft in G, Neue Str. 37*
Frau Altmann ist zur Zeit als Gemeindeoberinspektorin im Bauamt der Gemeinde F eingesetzt. Ihre Ehe mit dem Bürgermeister der Gemeinde G wurde vor zwei Jahren geschieden.
e) *Ines Pamann, wohnhaft in G, Kleine Str. 75*
Frau Pamann ist zur Zeit als Stadtamtsfrau in der Stadtkasse der kreisfreien Stadt S beschäftigt. Bekannt ist, dass sie seit geraumer Zeit mit dem Bürgermeister der Gemeinde G in einer eheähnlichen Gemeinschaft zusammenlebt.

Aufgabe:
Begutachten Sie, ob die vorgenannten Personen für die Besetzung der Stelle als Leiter des Rechnungsprüfungsamts in Betracht kommen. Fachliche und wirtschaftliche Voraussetzung sind bei Prüfung außer Betracht zu lassen.

Lösung:
Grundsätzlich

Die Aufgabe ist nach den Bestimmungen des § 109 GemO zu lösen. Nach Abs. 5 Satz 1 dieser Vorschrift darf die Leitung des Rechnungsprüfungsamts nicht:
a) zum Bürgermeister,
b) zu einem Beigeordneten,
c) zu einem Stellvertreter des Bürgermeisters,
d) zum Fachbediensteten für das Finanzwesen sowie

e) zum Kassenverwalter, zu dessen Stellvertreter und zu anderen Bediensteten der Gemeindekasse in einem die Befangenheit begründenden Verhältnis nach § 18 Abs. 1 Nr. 1 bis 3 GemO stehen, d. h.
   - bis zum dritten Grade verwandt,
   - bis zum zweiten Grade verschwägert oder
   - durch Ehe oder Lebenspartnerschaft verbunden sein.

Zu den einzelnen Bewerbern

a) Gemäß § 109 Abs. 5 Satz 1 GemO darf die Leitung des Rechnungsprüfungsamts nicht mit dem Bürgermeister bis zum dritten Grade verwandt, bis zum zweiten Grade verschwägert oder durch Ehe oder Lebenspartnerschaft verbunden sein. Zu den Verwandten bis zum dritten Grade gehören auch die Kinder der Geschwister. Herr Schmidt ist der Sohn des Bruders des Bürgermeisters. Er darf deshalb nicht zum Leiter des Rechnungsprüfungsamts berufen werden.
b) Nach § 109 Abs. 5 Satz 1 GemO darf die Leitung des Rechnungsprüfungsamts nicht mit der Kassenleitung bis zum dritten Grade verwandt, bis zum zweiten Grade verschwägert oder durch Ehe oder Lebenspartnerschaft verbunden sein. Frau Weber ist mit dem Leiter der Finanzbuchhaltung der Gemeinde G verheiratet. Sie kommt deshalb für die Besetzung der Stelle nicht in Frage.
c) Die Leitung der Rechnungsprüfung darf nach § 109 Abs. 5 Satz 1 GemO nicht mit der oder dem für das Finanzwesen zuständigen Bediensteten bis zum dritten Grade verwandt, bis zum zweiten Grade verschwägert oder durch Ehe oder Lebenspartnerschaft verbunden sein. Zu diesen Angehörigen zählen die Geschwister. Herr Meerhahn ist der Bruder des Leiters des Fachbereich Finanzwesen der Gemeinde G, sodass seine Bewerbung nicht berücksichtigt werden kann.
d) Gemäß § 109 Abs. 5 Satz 1 GemO darf die Leitung des Rechnungsprüfungsamts nicht mit dem Bürgermeister bis zum dritten Grade verwandt, bis zum zweiten Grade verschwägert oder durch Ehe oder Lebenspartnerschaft verbunden sein. Zu diesen Angehörigen zählt der Ehegatte. Die Ehe der Frau Altmann mit dem Bürgermeister ist seit zwei Jahren geschieden. Dadurch wird das Angehörigkeitsverhältnis aufgehoben. Die Bewerbung von Frau Altmann kann Berücksichtigung finden.
e) Die Form der eheähnlichen Verhältnisse wird durch die Regelungen der Mitwirkungsverbote nach § 109 Abs. 5 Satz 1 GemO nicht erfasst. Die Bewerbung der Frau Pamann könnte somit formell berücksichtigt werden.

5. Der Haushaltsplan

5.1 Begriff

Das kommunale Haushaltsrecht enthält keine Legaldefinition des Begriffs „Haushaltsplan“. Ausgehend von den Inhalten und Zielen des Haushalts nach der GemO bietet sich folgende Definition an:

Unter dem „Haushaltsplan“ ist die nach den Vorschriften der GemO und der GemHVO festgestellte, für die Wirtschaftsführung der Gemeinde maßgebende, produktorientierte Zusammenstellung der im Haushaltsjahr zu erbringenden Leistungen und der hierfür veranschlagten Erträge und Aufwendungen sowie Einzahlungen und Auszahlungen zu verstehen.

Nach den bekannten Definitionen[1] der allgemein verwendeten Begriffe „Budget“ und „Etat“ handelt es sich dabei um Ordnungsinstrumente und Rechenwerke, die mit Blick in die Zukunft einen systematischen Überblick über die Einnahmen und Ausgaben eines Gemeinwesens in einer bestimmten Referenzperiode gewähren. Diese Begriffsbestimmung allein wird dem Haushaltsplan in der für die baden-württembergischen Kommunen vorgesehenen Form nicht gerecht.

Das in den Bestimmungen der GemO und GemHVO festgelegte Haushaltsrecht zeigt den Inhalt, die Bestandteile und die Systematik des Haushaltsplans auf. Aus diesen Einzelregelungen ergibt sich summarisch der genaue Begriff des Haushaltsplans.

§ 80 Abs. 1 GemO bestimmt, dass der Haushaltsplan **alle** anfallenden Erträge und eingehenden Einzahlungen, alle entstehenden Aufwendungen und zu leistenden Auszahlungen und die notwendigen Verpflichtungsermächtigungen **für die Erfüllung der Aufgaben der Gemeinde** enthält. Hier ergibt sich ein Bezug zu der in § 77 Abs. 1 GemO geforderten Sicherung der stetigen Aufgabenerfüllung. Weiterhin sehen § 80 Abs. 1 GemO sowie § 4 Abs. 2 GemHVO vor, dass die für die Aufgabenerfüllung der Gemeinde maßgeblichen Ziele im Rahmen der Haushaltsplanung (zumindest) für die Schlüsselpositionen festgelegt werden sollen und durch entsprechende Kennzahlen zu konkretisieren sind. Die Schlüsselpositionen[2] mit ihren Zielen und Kennzahlen sind zur Grundlage der Gestaltung der Planung, Steuerung und Erfolgskontrolle des jährlichen Haushalts zu machen und daher im Haushaltsplan abzubilden.

Die Aufgabenerfüllung ist durch eine entsprechende Veranschlagung im Haushaltsplan sicherzustellen. Ergänzend ist die Bestimmung des § 80 Abs. 4 GemO zu sehen, wonach der Haushaltsplan die Grundlage für die Haushaltswirtschaft der Gemeinde darstellt. Somit ist der Haushaltsplan, der die ergebnis- und finanzrelevanten Aktivitäten der Gemeinde enthält, für die Haushaltsführung im Innenverhältnis verbindlich.

---

1 So z. B. Bundeszentrale für politische Bildung, www.bpb.de/nachschlagen/lexika/lexikon-der-wirtschaft/19608/haushaltsplan, abgerufen am 10.7.2019.

2 Gem. § 61 Nr. 37 GemHVO sind Schlüsselpositionen *„wesentliche, für die Steuerung relevante Position in einem Teilhaushalt, zum Beispiel ein Produkt, eine Produktgruppe oder ein Produktbereich, eine Leistung oder eine Organisationseinheit“.*

Diese Verbindlichkeit entsteht nach Maßgabe der GemO und der auf Grund der GemO erlassenen GemHVO.

Nach § 85 GemO und § 9 GemHVO hat die Gemeinde ihrer Haushaltswirtschaft eine fünfjährige Ergebnis- und Finanzplanung zugrunde zu legen und gem. § 1 Abs. 3 Nr. 2 GemHVO in den Haushaltsplan einzubeziehen. Die Planung der drei über das Haushaltsjahr hinausgehenden Jahre wird als mittelfristige Ergebnis- und Finanzplanung bezeichnet. Die Ergebnis- und Finanzplanung geht damit nach dem Wortlaut der GemO zeitlich über den Haushaltsplan nach § 80 GemO hinaus, der sich ausdrücklich nur auf das Haushaltsjahr bezieht. Praktisch hat dies zur Folge, dass die in den Spalten der mittelfristigen Ergebnis- und Finanzplanung des Haushaltsplans abgebildeten Beträge keine Veranschlagungen mit Ermächtigungscharakter darstellen, sondern lediglich informatorische Grundlagen für zukünftige Haushaltsplanungen.

Zusammenfassend kann gesagt werden:

Der Haushaltsplan

ist die Grundlage für die Haushaltswirtschaft der Gemeinde und enthält für die Zeit des Haushaltsjahres und die mittelfristige Ergebnis- und Finanzplanung die inhaltliche Konkretisierung der Aufgabenerfüllung und die hierfür voraussichtlich eingehenden Erträge und Einzahlungen, die Aufwendungen und die zu leistenden Auszahlungen und die notwendigen Verpflichtungsermächtigungen. In seiner Eigenschaft als haushaltsrechtliches Ermächtigungsinstrument ist er bezogen auf das Haushaltsjahr für die Haushaltsführung der Gemeinde im Innenverhältnis verbindlich. Ansprüche und Verbindlichkeiten Dritter werden durch ihn jedoch weder begründet noch aufgehoben; der Haushaltsplan entfaltet demnach keine Außenwirkung (§ 80 Abs. 4 GemO).

5.2 Abgrenzung zu anderen Plänen und Rechnungen

5.2.1 Haushaltssatzung und Haushaltsplan

Nach § 80 Abs. 1 Satz 1 GemO ist der Haushaltsplan Teil der Haushaltssatzung. In der Haushaltssatzung (siehe Kap. 18) sind gem. § 79 Abs. 2 GemO sowie der Verwaltungsvorschrift zu § 145 GemO (Anlage 1) festzusetzen

1. der Haushaltsplan unter Angabe des jeweiligen Gesamtbetrags
   a) im Ergebnishaushalt: der ordentlichen Erträge und der ordentlichen Aufwendungen sowie der außerordentlichen Erträge und der außerordentlichen Aufwendungen,
   b) im Finanzhaushalt: der Einzahlungen und der Auszahlungen aus laufender Verwaltungstätigkeit, der Einzahlungen und der Auszahlungen für Investitionstätigkeit sowie der Einzahlungen und der Auszahlungen aus der Finanzierungstätigkeit,

c) der vorgesehenen Kreditaufnahmen für Investitionen und Investitionsförderungsmaßnahmen (Kreditermächtigung) sowie
d) der Ermächtigungen zum Eingehen von Verpflichtungen, die künftige Haushaltsjahre mit Auszahlungen für Investitionen und Investitionsförderungsmaßnahmen belasten (Verpflichtungsermächtigungen),
2. der Höchstbetrag der Kassenkredite und
3. die Steuersätze, wenn sie nicht in einer anderen Satzung festgesetzt sind.

Sie kann weitere Vorschriften enthalten, die sich auf die Erträge, Aufwendungen, Einzahlungen und Auszahlungen sowie den Stellenplan für das Haushaltsjahr beziehen.

Die in den § 1 der Haushaltssatzung angegebenen Gesamtbeträge werden aus dem Ergebnis- und Finanzhaushalt übernommen und ergeben sich aus der Addition aller in den Teilhaushalten des Haushaltsplans veranschlagten Erträge, Einzahlungen, Aufwendungen, Auszahlungen und Verpflichtungsermächtigungen. Die Einzahlungen aus der Aufnahme von Krediten für Investitionen und Investitionsförderungsmaßnahmen sind zum einen als Einzahlungen in § 1 der Haushaltssatzung enthalten und zum anderen bei der Ermittlung der Kreditermächtigung nach § 2 der Haushaltssatzung zu berücksichtigen.[3]

In § 5 der Haushaltssatzung können die Realsteuerhebesätze festgesetzt werden. Durch Anwendung der Realsteuerhebesätze auf die vom Finanzamt festgesetzten Steuermessbeträge ermitteln die Gemeinden die Höhe der festzusetzenden Grund- und Gewerbesteuern. Demzufolge sind die Realsteuerhebesätze wesentliche Grundlage für die Veranschlagung der voraussichtlich eingehenden Steuererträge, die im Produktbereich 61 – Allgemeine Finanzwirtschaft – veranschlagt und als Folge der Aufrechnung auch in der Gesamtsumme der Erträge und Einzahlungen des § 1 der Haushaltssatzung enthalten sind.[4]

Diese Darstellung soll vorab klären, dass die Haushaltssatzung mit dem Haushaltsplan nicht identisch, der Haushaltsplan aber notwendiger Bestandteil der Haushaltssatzung ist.

5.2.2 Finanzplanung und Haushaltsplan

Die Finanzplanung bezieht sich, über das laufende und das zu planende Haushaltsjahr hinaus, auf weitere drei Jahre (§ 9 Abs. 1 Satz 1 GemHVO).[5] Gemäß § 85 Abs. 1 Satz 1

3 Näheres zur Ermittlung der Kreditermächtigungen und zum Problem der Differenzierung zwischen Investitionskrediten und Krediten zur Liquiditätssicherung ist in Kap. 16 ausgeführt. Ein Muster für eine Haushaltssatzung und eine Bekanntmachung der Haushaltssatzung ist der VwV zu § 145 GemO, Anlage 1 zu entnehmen.

4 Aufgrund der Realsteuergesetze kann die Gemeinde eine besondere Hebesatzsatzung erlassen. Dann entfällt die Festsetzung in § 5 der Haushaltssatzung, sodass die dortige Angabe der Steuersätze nur deklaratorische Bedeutung besitzt.

5 Das erste Planungsjahr ist das Jahr der Aufstellung des Haushaltsplans (laufendes Haushaltsjahr) und das zweite Jahr bezieht sich auf das entsprechende Jahr des zu erstellenden Haushaltsplanes. Insofern bezieht sich die weitergehende Planung nur noch auf die drei Folgejahre.

GemO ist sie der jährlichen Haushaltswirtschaft zugrunde zu legen, d. h. der Haushaltsplan für das jeweilige Haushaltsjahr ist aus der (mindestens) jährlich (§ 85 Abs. 5 GemO) zu aktualisierenden und damit realitätsnahen Finanzplanung abzuleiten. Der Haushaltsplan hat „nur“ insofern einen höheren Verbindlichkeitsgrad als die Finanzplanung, weil er dazu ermächtigt, über Finanzmittel zu verfügen.

Mit dieser Vorgehensweise wird die Voraussetzung für eine zukunftsorientierte kommunale Finanzpolitik geschaffen, da eine Gemeinde ihre verfolgten Ziele mit den jeweiligen politischen Präferenzen in die Finanz- und Haushaltsplanung einarbeiten kann. Damit wird die „Leistungsseite“ (Ziel- und Kennzahlensystem, Schlüsselpositionen usw.) mit der „Finanzseite“ (Finanzplanung, Ergebnis- und Finanzhaushalt, Teilhaushalte usw.) verknüpft. Vor diesem Hintergrund sollte eine Gemeinde die Struktur des Finanzplans und der Teilfinanzhaushalte (§ 4 Abs. 1 Satz 2 und Abs. 4 GemHVO) aufeinander abstimmen.

Aus § 85 Abs. 4 GemO resultiert, das die fünfjährige Finanzplanung vom Gemeinderat in einem eigenen Beschluss – spätestens (!) mit der Haushaltssatzung – zu beschließen ist, d. h. die bisherige Kenntnisnahme der Finanzplanung seitens des Gemeinderates reicht nicht mehr aus. Auch diese Regelung verdeutlicht die nun gestärkte finanzpolitische Bedeutung der Finanzplanung. *„Das Arbeitsinstrument für Verwaltung und Gemeinderat ist grundlegend der Finanzplan. Aus ihm sind die Ansätze des Haushaltsplans zu entwickeln“.*[6]

Als Grundlage für die Finanzplanung ist gemäß § 85 Abs. 3 GemO ein Investitionsprogramm aufzustellen, in dem die im Planungszeitraum vorgesehenen Investitionen und Investitionsförderungsmaßnahmen, gegliedert nach Produktbereichen oder Teilhaushalten (§ 9 Abs. 1 Satz 3 GemHVO), nach Jahresabschnitten aufzunehmen sind (§ 9 Abs. 2 Satz 1 GemHVO). Die Zuordnung der Jahresbeträge einzelner Investitionen auf die verschiedenen Jahre wird mit Hilfe der nach § 12 Abs. 2 GemHVO vorgeschriebenen Bauzeitpläne vorgenommen.

Der Finanzplan (§ 85 Abs. 1 GemO, § 9 Abs. 1 GemHVO) und das dem Finanzplan zugrunde zu legende Investitionsprogramm (§ 85 Abs. 3 GemO, § 9 Abs. 2 GemHVO) sind keine Bestandteile der Haushaltssatzung und des Haushaltsplans, jedoch dem Haushaltsplan beizufügen (§ 1 Abs. 3 Nr. 2 GemHVO). Dazu können der Finanzplan und das Investitionsprogramm – entsprechend der Anlagen 17 und 18 der VwV Produkt und Kontenrahmen[7] – dem Haushaltsplan gesondert beigefügt werden. Aufgrund der besseren Übersichtlichkeit und der Verdeutlichung der Zusammenhänge sollte die Finanzplanung in die Planung des Ergebnis- und Finanzhaushalts integriert werden, was mit der Verwendung folgender Anlagen zur VwV Produkt- und Kontenrahmen erreicht wird:

- Gesamtergebnishaushalt einschließlich Finanzplanung – Anlage 3,
- Gesamtfinanzhaushalt einschließlich Finanzplanung – Anlage 4,
- Teilergebnishaushalt einschließlich Finanzplanung – Anlage 8 und
- Teilfinanzhaushalt einschließlich Finanzplanung – Anlage 9.1.

6 *Aker/Hafner/Notheis*, Gemeindeordnung/Gemeindehaushaltsverordnung Baden-Württemberg, Kommentar zu § 85 Abs. 1 GemO, RNr. 2, 2. Aufl., Stuttgart 2019.

7 VwV Produkt- und Kontenrahmen vom 16.1.2023.

Nicht zuletzt kann die Steuerungsmöglichkeit im Haushaltsvollzug durch o. g. Integration ebenfalls verbessert werden.[8] In diesem Kontext steht in der VwV Produkt- und Kontenrahmen (Gliederungspunkt 6): *„Die Integration der Finanzplanung und des Investitionsprogramms in die Planung für das laufende Haushaltsjahr wird im Interesse der Verwaltungssteuerung empfohlen."*

5.2.3 Wirtschaftsplan und Haushaltsplan

Besondere Haushalts- bzw. Wirtschaftspläne sind aufzustellen für

- wirtschaftliche und nichtwirtschaftliche Unternehmen, die als Eigenbetrieb nach § 1 EigBG geführt werden (§ 96 Abs. 1 Nr. 3 GemO i. V. m. § 14 EigBG),
- rechtlich unselbständige Versorgungs- und Versicherungseinrichtungen für Bedienstete der Gemeinde (§ 96 Abs. 1 Nr. 4 und Abs. 3 GemO),
- rechtlich selbständige örtliche Stiftungen, die von der Gemeinde treuhänderisch verwaltet werden (§ 97 Abs. 1 GemO).

Für Betriebe und Einrichtungen tritt demnach im Sinne des Eigenbetriebsgesetzes[9] und der Eigenbetriebsverordnung ein Wirtschaftsplan mit seinen Untergliederungen Erfolgsplan, Liquiditätsplan mit Investitionsprogramm und Stellenübersicht an die Stelle des Haushaltsplanes (§ 14 Abs. 1 EigBG, §§ 1 bis 3 EigBVO). **Der Haushaltsgrundsatz der sachlichen Einheit wird insoweit durchbrochen.** Der Wirtschaftsplan ergänzt den Haushaltsplan der Gemeinde. Er ist nach § 1 Abs. 3 Nr. 7 GemHVO Pflichtanlage zum Haushaltsplan der Gemeinde und unterliegt in dieser Verbindung ebenfalls der in § 81 Abs. 3 GemO vorgeschriebenen Auslegungspflicht.

Verfügt die Gemeinde darüber hinaus über Anteile an privatwirtschaftlichen Unternehmen in dem in § 53 des Haushaltsgrundsätzegesetzes bezeichneten Umfang, ist sie gemäß § 103 Abs. 1 Nr. 5 GemO verpflichtet, im Gesellschaftsvertrag oder in der Satzung sicherzustellen, dass in sinngemäßer Anwendung der für Eigenbetriebe geltenden Vorschriften für jedes Wirtschaftsjahr ein Wirtschaftsplan aufgestellt und der Wirtschaftsführung eine fünfjährige Finanzplanung zugrunde gelegt wird.

Vor diesem Hintergrund sind die Wirtschaftspläne und neuesten Jahresabschlüsse der Unternehmen und Einrichtungen, an denen die Gemeinde mit mehr als 50 % beteiligt ist, ebenfalls Pflichtanlage zum Haushaltsplan der Gemeinde (§ 1 Abs. 3 Nr. 8 GemHVO).

8 Vgl. *Aker/Hafner/Notheis*, Gemeindeordnung/Gemeindehaushaltsverordnung Baden-Württemberg, Kommentar zu § 9 Abs. 1 GemHVO, RNr. 3, 2. Aufl., Stuttgart 2019.

9 Fassung der Bekanntmachung vom 8.1.1992 (GBl. S. 22), zuletzt geändert durch Gesetz vom 17.6.2020 (GBl. S. 403).

5.2.4 Jahresabschluss und Haushaltsplan

Der Jahresabschluss ist das Gegenstück zum Haushaltsplan. Während der Haushaltsplan das auf die Zukunft gerichtete Programm für die Aufgabenerledigung der Gemeinde für ein Jahr darstellt, soll der Jahresabschluss nach Ablauf der Haushaltsperiode Rechenschaft darüber legen, was wirklich geschehen ist. Der Jahresabschluss ist das auf die Wirklichkeit bezogene Spiegelbild des Haushaltsplans, das in tatsächlichen Ergebnissen aufzeigt, wie sich der Verlauf des Haushaltsjahres de facto gestaltet hat.[10] Zusätzlich zu den Komponenten des Haushaltsplans enthält der Jahresabschluss eine Bilanz als stichtagsbezogene Auswertung der finanzwirtschaftlichen Situation der Gemeinde. Der Jahresabschluss der Gemeinde, mit dem die Bürgermeisterin oder der Bürgermeister über die Aufgabenerledigung und die Haushaltsführung Rechenschaft ablegt, gliedert sich in die Ergebnisrechnung, die Finanzrechnung, die Bilanz und den Anhang; dem Anhang sind eine Vermögensübersicht, eine Schuldenübersicht und eine Übersicht über die in das folgende Jahr zu übertragenen Haushaltsermächtigungen beizufügen (§ 95 Abs. 1 bis 3 GemO und Neunter Abschnitt der GemHVO).

5.3 Bedeutung des Haushaltsplans

5.3.1 Allgemeines

Der Haushaltsplan ist nicht mit der Haushaltssatzung identisch. Er ist jedoch ein unverzichtbarer Teil der Haushaltssatzung (§ 80 Abs. 1 GemO). Die Bedeutung des Haushaltsplans kann anhand seiner Funktionen in folgender Weise abgebildet werden:

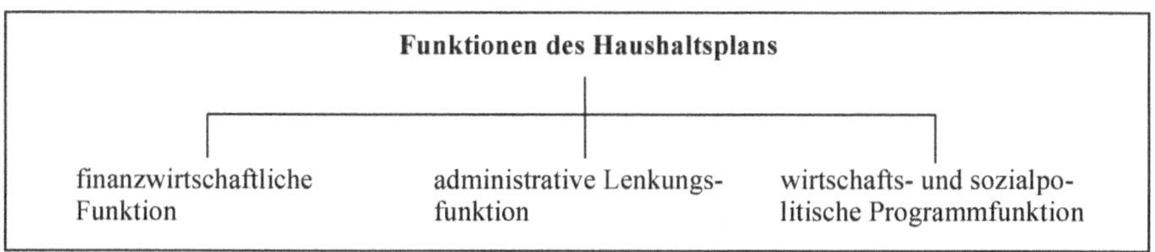

5.3.2 Finanzwirtschaftliche Funktion

Der Haushaltsplan der Gemeinde hat in erster Linie finanzwirtschaftliche Funktionen zu erfüllen. Er enthält nach § 80 Abs. 1 GemO alle im Haushaltsjahr für die Erfüllung der Aufgaben der Gemeinde voraussichtlich

- anfallenden Erträge und eingehenden Einzahlungen,
- entstehenden Aufwendungen und zu leistenden Auszahlungen und
- notwendigen Verpflichtungsermächtigungen.

10 Vgl. hierzu im Einzelnen die Ausführungen in Kap. 22.

Daraus ergibt sich, dass im Haushaltsplan alle Vorgänge veranschlagt werden müssen, die den Bestand an Finanzmitteln oder den Bestand des Eigenkapitals verändern. Darüber hinaus sind nach § 86 Abs. 1 GemO im Bereich der Investitionen Vorgänge zu veranschlagen, die zu Verpflichtungen für Auszahlungen in späteren Perioden führen.

Es soll durch die Veranschlagung der Erträge und Einzahlungen, Aufwendungen und Auszahlungen und Verpflichtungsermächtigungen in einem fest gefügten Plan, der nach bestimmten Grundsätzen aufgestellt wird, die übersichtliche und rationale Bewirtschaftung des Gemeindevermögens (einschließlich der Finanzmittel) erreicht werden.

Folgende Gesichtspunkte sind zur Erreichung dieses Ziels im Einzelnen maßgeblich:

- Durch die planmäßige Vorausschau der Veränderungen des Geld- und Vermögensbestandes wird die öffentliche Finanzwirtschaft in die Lage versetzt, die gestellten Aufgaben nachhaltig durchführen zu können, und
- durch das Erfordernis des Ausgleichs von Erträgen und Aufwendungen wird durch Ressourcenersatz der Verbrauch des öffentlichen Vermögens zu Lasten nachfolgender Generationen vermieden.

5.3.3 Administrative Lenkungsfunktion

Wenn auch der Haushaltsplan für die Haushaltsführung verbindlich ist, werden Ansprüche und Verbindlichkeiten Dritter durch ihn weder begründet noch aufgehoben (§ 80 Abs. 4 GemO). Durch den Haushaltsplan wird der Verwaltung ein Handlungsrahmen gesteckt, den sie bezüglich der Aufwendungen, Auszahlungen und Verpflichtungsermächtigungen einhalten muss. Er ermächtigt sie, im Rahmen der Aufgabenerfüllung Aufwendungen entstehen zu lassen, Auszahlungen zu leisten und Verpflichtungen einzugehen. Der Haushaltsplan lenkt den Handlungsspielraum der Verwaltung mit einschränkenden Detaillierungen. Dagegen dient der Jahresabschluss, der die gleiche Ordnungssystematik wie der Haushaltsplan aufweist, der nachträglichen Kontrolle der Verwaltung; Gemeinderat und Öffentlichkeit können auf diese Weise feststellen, ob die Verwaltung den ihr vorgegebenen Rahmen eingehalten hat.

5.3.4 Wirtschafts- und sozialpolitische Programmfunktion

Das Ergebnis zahlreicher Beratungen, Diskussionen und Auseinandersetzungen innerhalb und außerhalb des Gemeinderates und der Verwaltung ist die Beschlussfassung über die Haushaltssatzung und den Haushaltsplan. In diesem Haushaltsplan kommt das politische Programm des Gemeinderates und der damit verbundene Ressourcen- und Geldverbrauch zum Ausdruck. Dieses Programm beinhaltet die lokalpolitischen Ziele im

Allokations-[11], Distributions-[12] und Stabilisierungsbereich[13]. Durch die Einbeziehung von konkreten Zielen und Kennzahlen zur Zielerreichung in den Haushaltsplan wird in den kommunalen Haushalten die politische Programmfunktion gegenüber den bisherigen „inputorientierten" Haushaltsplänen deutlich gestärkt. Die geplanten Investitionen und Investitionsförderungsmaßnahmen, die sich im Finanzhaushalt wieder finden, setzen die maßgeblichen politischen Impulse für die Zukunft. Durch den Haushaltsplan werden die Aufwendungen und Auszahlungen sowie die Ermächtigungen zum Eingehen von Verpflichtungen zur Verwirklichung der formulierten Ziele bereitgestellt. Der Haushaltsplan bewirkt also die praktische Umsetzung der politischen Programme, natürlich im Rahmen demokratischer Mehrheiten. Die Grenzen des Machbaren werden allerdings angesichts der i. d. R. schlechten Finanzausstattung der Gemeinden und darüber hinausgehender Herausforderungen[14] sehr schnell deutlich.[15] Nach Erfüllung der gesetzlichen und vertraglichen Verpflichtungen besteht – unter Beachtung der Anforderungen des Haushaltsausgleichs – häufig nur noch ein geringer politischer Handlungsspielraum.

Zusätzlich wird durch Art. 109 Abs. 2 GG die gesamtwirtschaftliche Funktion der kommunalen Haushaltspläne impliziert. Der Grundsatz, dass Bund und Länder bei ihrer Haushaltswirtschaft den Erfordernissen des gesamtwirtschaftlichen Gleichgewichts Rechnung zu tragen haben, ist in den Regelungen des Gesetzes zur Förderung der Stabilität und des Wachstums der Wirtschaft – Stabilitätsgesetz – enthalten. Durch diese Regelungen werden den Haushaltsplänen der Gemeinden zwar konjunkturpolitische Funktionen als volkswirtschaftliche Ordnungsinstrumente zugeordnet. Tatsächlich erscheint es jedoch zunehmend fragwürdig, ob das mit dem Stabilitätsgesetz angestrebte „antizyklische Verhalten" der Gemeinden ein geeignetes Instrument der Konjunkturpolitik sein kann. Insbesondere ist dabei die Finanzautonomie der Gemeinden zu beachten, die eigene Schwerpunktsetzungen erlaubt, die sich nicht immer mit dem verlangten antizyklischen Verhalten in Übereinstimmung bringen lassen.[16]

---

11 Fragestellung: Wofür sollen die kommunalen „Produktionsfaktoren" eingesetzt werden?

12 Fragestellung: Welchen Einfluss soll die Gemeinde auf die (Um-)Verteilung von Einkommen und Vermögen auf verschiedene Wirtschaftsbereiche oder Personengruppen nehmen?

13 Fragestellung: Welchen Beitrag soll die Gemeinde zur Stabilisierung der wirtschaftlichen Entwicklung leisten?

14 U. a. Onlinezugangsgesetz (OZG), Umsatzsteuergesetz (UStG): § 2b, Grundsteuerreform, COVID-19, Krieg in der Ukraine, Klimawandel usw.

15 Zur finanziellen Situation der Gemeinden vgl. u. a. die regelmäßigen Gemeindefinanzberichte der kommunalen Spitzenverbände.

16 Weitere Argumente gegen das Funktionieren einer kommunalen Konjunkturpolitik sind der hohe Anteil der zur stetigen Aufgabenerfüllung unabweisbaren Investitionen, die politisch nicht durchsetzbare Selbst-beschränkung in Phasen einer Hochkonjunktur und die mit der Konjunktur gleichläufig schwankende Einnahmesituation der Gemeinden.

5.4 Wirkung des Haushaltsplans

5.4.1 Allgemeine Wirkung

Wie bisher schon dargestellt, kommen im Haushaltsplan die konkreten Vorstellungen des Gemeinderates und der Verwaltung über die Aufgabenerledigung und die Vermögens- und Finanzentwicklung der Gemeinde zum Ausdruck. Der Haushaltsplan enthält alle im Haushaltsjahr für die Erfüllung der Aufgaben der Gemeinde voraussichtlich notwendigen Änderungen des Eigenkapitals (Erträge und Aufwendungen) und der Finanzmittel (Einzahlungen und Auszahlungen) sowie die notwendigen Ermächtigungen zum Eingehen von zukünftigen Verpflichtungen (Verpflichtungsermächtigungen). Dadurch ist die Verwaltung verpflichtet, die im Haushaltsplan ausgewiesenen Ziele im Rahmen der veranschlagten Haushaltsansätze zu verfolgen. Der Haushaltsplan stellt damit eine konkrete Richtlinie für die im Haushaltsjahr zu erfüllenden Aufgaben der Gemeinde dar (§ 80 Abs. 4 GemO). Gelingt es nicht, die vorgegebenen Ziele zu erreichen, ist ein den Haushaltsplan ändernder Gemeinderatsbeschluss in Erwägung zu ziehen.

5.4.2 Wirkung auf Aufwendungen und Auszahlungen

Die im Haushaltsplan veranschlagten Aufwendungen und Auszahlungen sind für die Verwaltung Ermächtigungen, stellen jedoch keine Verpflichtungen dar. Die veranschlagten Mittel dürfen nur unter Beachtung der Haushaltsgrundsätze in Anspruch genommen werden; besonders ist hier der Grundsatz der Sparsamkeit und Wirtschaftlichkeit zu erwähnen (§ 77 Abs. 2 GemO).

Mit der Höhe der Aufwands- und Auszahlungsansätze wird durch die Festsetzung des Haushaltsplans eine Obergrenze gezogen, die nur im Rahmen der Deckungsgrundsätze nach § 18 ff. GemHVO (echte oder unechte Deckungsfähigkeit) oder unter den Voraussetzungen des § 84 GemO (über- und außerplanmäßige Aufwendungen und Auszahlungen) – unter Beachtung der Erfordernisse einer Nachtragssatzung gem. § 82 Abs. 2 GemO – überschritten werden darf. Liegt für einen Finanzvorfall keine Ermächtigung im Haushaltsplan vor, so darf die erforderliche Aufwendung oder Auszahlung von der Verwaltung nicht geleistet werden. Die Leistung einer über- oder außerplanmäßigen Auszahlung wäre überhaupt nur unter den Voraussetzungen des § 84 GemO möglich. Im Bereich der Aufwendungen ist dies grundsätzlich ebenso zu beurteilen. Es ist jedoch zu berücksichtigen, dass bestimmte Aufwendungen (z. B. außerplanmäßige Abschreibung eines PKW durch einen Unfall, § 46 Abs. 3 GemHVO) ohne bewusstes oder gezieltes Zutun entstehen. In diesen Fällen muss eine nachträgliche Aufwandsermächtigung (unabhängig von der Deckung!) erlassen werden können. Zusammenfassend gilt der Grundsatz, dass für jede Aufwendung oder Zahlung der Verwaltung eine Veranschlagung im Haushaltsplan vorliegen muss.[17]

5.4.3 Wirkung auf Verpflichtungsermächtigungen

Verpflichtungen zur Leistung von Investitionsauszahlungen in künftigen Jahren dürfen nur eingegangen werden, wenn der Haushaltsplan hierzu ermächtigt (§ 86 Abs. 1 GemO).

Hinsichtlich der Wirkung gelten grundsätzlich die Ausführungen zu den Wirkungen bezüglich der Auszahlungen. Es wird eine Obergrenze gezogen. Ausnahmsweise dürfen gem. § 86 Abs. 5 GemO auch über- und außerplanmäßige Verpflichtungsermächtigungen in Anspruch genommen werden, wenn ein dringendes Bedürfnis besteht und der in der Haushaltssatzung festgesetzte Gesamtbetrag der Verpflichtungsermächtigungen nicht überschritten wird.

5.4.4 Wirkung auf Erträge und Einzahlungen

Die im Haushaltsplan veranschlagten Erträge und Einzahlungen stellen keine Obergrenzen dar, sodass Mehrerträge und -einzahlungen grundsätzlich unbedenklich sind. Diese Erträge und Einzahlungen sind bei der Planung und Aufstellung des Haushaltsplans unter Beachtung des Grundsatzes der Gesamtdeckung (§ 18 GemHVO) und mit dem Ziel des Haushaltsausgleichs (§ 80 Abs. 2 Satz 2 GemO) den Aufwendungen und Auszahlungen gegenübergestellt worden. Da die Vorschrift des Haushaltsausgleichs nicht nur für den Bereich der Aufstellung des Haushaltsplans, sondern auch für die Ausführung und den Jahresabschluss Gültigkeit hat, sollen die Ansätze für die Einzahlungen und Erträge in der Form bewirtschaftet werden, wie sie zur Deckung der Aufwendungen und Auszahlungen benötigt werden. Eine mögliche Konsequenz aus Mindererträgen und die dadurch bedingte Gefährdung des Haushaltsausgleichs könnte der Erlass einer Nachtragshaushaltssatzung gemäß § 82 GemO sein. Mindereinzahlungen können darüber hinaus die Liquidität (§ 22 GemHVO) gefährden. Die möglicherweise notwendige Erhöhung des Höchstbetrages der Kassenkredite (§ 89 GemO) in der Haushaltssatzung kann ebenfalls nur durch eine Nachtragshaushaltssatzung bewirkt werden (§ 82 Abs. 2 GemO).

Über die veranschlagten Einzahlungen und Erträge hinaus darf (soll) die Gemeinde selbstverständlich zusätzliche Deckungsmittel erzielen. Grundsätzlich ist es Aufgabe der Verwaltung, die im Haushaltsplan veranschlagten Erträge und Einzahlungen der Gemeinde rechtzeitig einzuziehen und ihren Eingang zu überwachen (siehe auch Kap. 19).

---

17 Es ist allerdings darauf hinzuweisen, dass die Gemeinde rechtliche Verpflichtungen zur Leistung von Aufwendungen oder Auszahlungen nicht mit dem Hinweis auf die haushaltsrechtliche Unzulässigkeit vernachlässigen kann. Die Gemeinde ist dann vielmehr verpflichtet, die entsprechenden haushaltsrechtlichen Vorkehrungen zu treffen. Vgl. hierzu im Einzelnen die Ausführungen in Kap. 19.

Die Entscheidung, auf einen Anspruch zu verzichten, die Weiterverfolgung eines fälligen Anspruchs zurückzustellen oder den Zahlungstermin hinauszuschieben, darf nur im Einzelfall unter Beachtung der konkreten gesetzlichen Bestimmungen erfolgen (z. B. § 32 GemHVO).

5.4.5 Bindung im Innenverhältnis

Durch den Erlass der Haushaltssatzung mit dem Haushaltsplan hat der Gemeinderat ein politisches Programm in Form von Ortsrecht beschlossen, an welches die Verwaltung gebunden ist. Im Gegensatz zur Haushaltssatzung, die durch die Festsetzung der Realsteuerhebesätze noch bedingt Außenwirkung hat, fehlt dem Haushaltsplan diese Wirkung nach außen vollständig. Er beschränkt sich auf Regelungen von Beziehungen innerhalb der Gemeindeverwaltung. In diesem Bereich ist er für die Haushaltsausführung verbindlich. Ansprüche und Verbindlichkeiten Dritter (Außenverhältnis) werden nach § 80 Abs. 4 Satz 2 GemO durch den Haushaltsplan weder begründet noch aufgehoben.

5.5 Übungen

Sachverhalt Nr. 1

Im Haushaltsplan der Gemeinde G für 2024 ist die Erneuerung der Fahrbahndecke der Hauptstraße mit Auszahlungen von 100.000 € veranschlagt. Im Mai 2024 beschließt der Gemeinderat der Gemeinde G jedoch, die veranschlagten 100.000 € nicht für die Erneuerung der Hauptstraße, sondern vielmehr für den Rathausplatz zu verwenden. Der an der Hauptstraße wohnende Anlieger A schreibt nun an die Gemeinde G und verlangt auf Grund des Haushaltsplans noch für 2024 den Ausbau der Hauptstraße.

Aufgabe:
Erläutern Sie, was die Verwaltung dem Anlieger A mitteilen wird.

Lösung:
Im Haushaltsplan ist eine Auszahlungsermächtigung in Höhe von 100.000 € enthalten. Durch diese Veranschlagung im Haushaltsplan ist die Verwaltung verpflichtet worden, die vorgesehene Maßnahme auch durchzuführen. Die Verwaltung ist bei ihrer Aufgabenwirtschaft an die Ansätze des Haushaltsplanes gebunden. Eine Änderung des Verwendungszweckes – wie in diesem Fall – bedarf eines Gemeinderatsbeschlusses oder einer Nachtragshaushaltssatzung. Der Haushaltsplan regelt die Beziehungen zwischen Verwaltung und Gemeinderat. Dieses wird deutlich gemacht durch die Bestimmung des § 80 Abs. 4 GemO, wonach der Haushaltsplan Grundlage für die Haushaltswirtschaft der Gemeinde und als solcher für die Haushaltsführung selbst verbindlich ist.

Unterstreichend kommt hinzu, dass Ansprüche und Verbindlichkeiten Dritter durch ihn weder begründet noch aufgehoben werden.

Der Anlieger A meldet einen Anspruch auf den Ausbau der Hauptstraße an. Jedoch folgt aus der Regelung des § 80 Abs. 4 Satz 2 GemO, dass aus der Veranschlagung einer Maßnahme im Haushaltsplan kein Rechtsanspruch auf Realisierung abgeleitet werden kann. Diese Mitteilung wird die Verwaltung dem Anlieger geben.

Sachverhalt Nr. 2

Das Sozialamt der Gemeinde G teilt den Empfängern der Hilfe zur Pflege mit, dass die finanziellen Hilfeleistungen für den Monat Dezember erst im Januar des folgenden Jahres ausgezahlt werden, weil die Haushaltsmittel dieses Jahres erschöpft sind.

Aufgabe:
Begutachten Sie die Mitteilung des Sozialamtes aus haushaltsrechtlicher Sicht.

Lösung:
Der Haushaltsplan enthält gemäß § 80 Abs. 1 GemO alle im Haushaltsjahr für die Erfüllung der Aufgaben der Gemeinde voraussichtlich anfallenden Erträge, eingehenden Einzahlungen, entstehenden Aufwendungen, zu leistenden Auszahlungen und notwendigen Verpflichtungsermächtigungen. Zu den gemeindlichen Aufgaben gehört auch die Leistung von Sozialhilfe.

Die Mitteilung des Sozialamtes bezieht sich auf einen Aufwandsansatz. Gleichzeitig ist mit dem Aufwand eine Auszahlung verbunden. Aufwands- und Auszahlungsansätze stellen für die Verwaltung grundsätzlich eine Ermächtigung und keine Verpflichtung dar. Jedoch müssen die von der Gemeinde zu leistenden Aufwendungen und Auszahlungen auf Grund gesetzlicher oder vertraglicher Verpflichtung und in solche aufgrund freier Entscheidung unterteilt werden. Der Leistung der Hilfe zur Pflege liegt für die Berechtigten ein Anspruch auf der Grundlage des Sozialgesetzbuches zu Grunde. Es besteht also ein gesetzlich begründeter Anspruch. § 80 Abs. 4 Satz 2 GemO besagt, dass Ansprüche Dritter – hier der Sozialhilfeempfänger – nicht durch den Haushaltsplan und somit auch nicht durch fehlende Haushaltsmittel beeinträchtigt werden dürfen. Insofern muss die Verwaltung die Hilfe zur Pflege für den Monat Dezember noch im laufenden Haushaltsjahr auszahlen. Die Verschiebung auf das kommende Haushaltsjahr ist rechtswidrig.

Durch die Veranschlagung von Aufwands- und Auszahlungsmitteln wird zwar eine Obergrenze gezogen, die nicht überschritten werden soll. Die Gemeinde kann sich jedoch, wie bereits festgestellt, in diesem Fall nicht auf diese formal-haushaltsrechtliche Position zurückziehen. Vorrangig ist die Erfüllung des gesetzlichen Anspruchs aus der Hilfe zur Pflege. Die fehlende Ermächtigung muss also durch Erhöhung des Ansatzes geschaffen werden. Dafür kommen als Möglichkeiten in Betracht: eine Deckung innerhalb der Deckungsgrundsätze nach § 18 ff. GemHVO (unechte und echte Deckungsfähigkeit)[18], eine Mittelbereitstellung im Sinne von § 84 GemO (über- und außerplanmäßige Aufwendungen und Auszahlungen)[19] oder gemäß § 82 GemO eine Nachtragshaushaltssatzung (Nachtragshaushaltssatzung mit Nachtragshaushaltsplan gem. § 8 GemHVO)[20].

18 Siehe auch Kap. 19.
19 Siehe auch Kap. 19.
20 Siehe auch Kap. 21.

6. Gliederung des Haushalts

6.1 Notwendigkeit einer Haushaltsgliederung

Bereits in den ersten Kapiteln dieses Buches wurde auf die Aufgaben und Ziele der öffentlichen Finanzwirtschaft hingewiesen. Dabei nimmt die wirtschafts- und sozialpolitische Programmfunktion des Haushalts sicherlich eine wesentliche Stellung ein. Der Haushaltsplan ist das wichtigste Planungs- und Steuerungsinstrument im Bereich aller öffentlichen Körperschaften. Durch die Darstellung von quantitativen und qualitativen Zielen des Verwaltungshandelns für das kommende Haushaltsjahr und darüber hinaus bestimmt der Gemeinderat über die grundsätzliche Ausrichtung der zukünftigen Politik. Der Etat ist damit eine konkrete planerische Umsetzung der politischen Programme unter Berücksichtigung der tatsächlichen finanzpolitischen Möglichkeiten.

Im Gegensatz zu den meisten privaten Unternehmen und auch zu den öffentlichen und halböffentlichen Betrieben und Gesellschaften ist die Kommunalverwaltung dadurch gekennzeichnet, dass sie für ihre Bürger Leistungen erbringt, die sich auf sehr unterschiedliche Lebensbereiche beziehen. Dafür lassen sich vielfältige Beispiele anführen:

- Betreuung von Kindern in einer Kindertagesstätte,
- Erschließung von Baugrundstücken,
- Betrieb einer Bibliothek,
- Gewährleistung der öffentlichen Sicherheit und Ordnung,
- Beurkundung von Änderungen des Personenstands,
- Förderung junger Unternehmen,
- Organisation und Durchführung kultureller Veranstaltungen.

Damit der Haushaltsplan seiner politischen Programmfunktion gerecht werden kann, muss er Aussagen darüber enthalten, auf welche Leistungen oder Lebensbereiche sich seine finanziellen und inhaltlichen Vorgaben beziehen. Während die Aktiengesellschaft, die am Markt nur ein Produkt oder eine Produktreihe absetzt, dem Aufsichtsrat in der Regel nur eine Gesamtplanung für das ganze Unternehmen vorlegt, würde eine solche undifferenzierte Gesamtplanung für die notwendige Festlegung von i. d. R. mehreren unterschiedlichen Handlungsschwerpunkten der Kommunalverwaltung nicht ausreichen.

Der Haushaltsplan muss eine politische Schwerpunktsetzung, welche sich an langfristigen Zielen orientieren sollte, erkennbar machen. Er ist schließlich das wichtigste Planungs- und Steuerungsinstrument der Gemeinde. Bürger und Politiker sollen aus dem Haushaltsplan erkennen können, wie sich die finanzielle Lage der Kommune im Planungszeitraum voraussichtlich darstellt, woraus z. B. die Ertragslage resultiert und auch, wofür die vorhandenen Ressourcen in der Zukunft eingesetzt werden sollen. Der Haushaltsplan muss deshalb neben der Gesamtplanung eine Planung von Teilbereichen in detaillierten Teilhaushalten enthalten.

6.2 Anforderungen an die Gliederung eines Haushaltsplans

Es ist die Frage zu beantworten, nach welchen Kriterien Teilhaushalte zu bilden sind bzw. wie der Haushaltsplan gegliedert werden soll. Diese Frage lässt sich schließlich anhand der vorgesehenen gesetzlichen Regelungen beantworten (siehe Kap. 6.4.). Den Vorschriften liegen aber Anforderungen zu Grunde, die die Adressaten des Haushaltsplans an diese Gliederung stellen. Diese Anforderungen sollen daher zunächst einmal dargestellt werden.

6.2.1 Die Anforderungen der Bürger und der politischen Gremien

Wesentlicher Adressat des Haushalts sind die Bürger und die politischen Gremien. Die oben dargestellte politische Programmfunktion bestimmt die Erwartungen dieser Adressaten an die Gliederung des Haushalts. Es geht demnach darum, dass Bürger und Politiker anhand des Haushalts erkennen können, wo die politischen Schwerpunkte des zukünftigen Handelns liegen und welche Ziele im Haushaltsjahr und in den drei folgenden Jahren (vgl. § 85 GemO, § 9 GemHVO) verfolgt werden sollen.

Nach § 4 Abs. 1 GemHVO sieht das Land Baden-Württemberg für die kommunalen Haushalte die funktionale sowie die institutionelle Gliederungsmöglichkeit vor. Unabhängig davon ist der Gesamthaushalt einer Kommune immer in so genannte Teilhaushalte zu gliedern. Diese Teilhaushalte sind gem. § 4 Abs. 1 Satz 2 GemHVO immer produktorientiert – im Sprachgebrauch der „neuen Steuerung" somit „outputorientiert" – zu bilden.

Eine Kommune kann demnach ihre Teilhaushalte nach Produktbereichen (in der Privatwirtschaft würde man von Geschäftsbereichen reden), d.h. *funktional* gliedern. Die Produktbereiche sind dem kommunalen Produktplan Baden-Württemberg zu entnehmen. Mehrere Produktbereiche können nach § 4 Abs. 1 Satz 4 GemHVO zu Teilhaushalten zusammengefasst werden, z. B. in Anlehnung an die (im Idealfall aus dem Leitbild abgeleiteten) örtlichen Politikfelder[1]. Diese Gliederungsvariante ist für Bürger und Politik inhaltlich gut nachvollziehbar, da sich die Produktbereiche grundsätzlich aus den Aufgabenbereichen einer Verwaltung ableiten lassen. Zudem sind sie den Lebensbereichen zu entnehmen, auf die sich das kommunale Handeln bezieht.

Die zweite Möglichkeit besteht darin, die Teilhaushalte an der örtlichen Organisation auszurichten und somit institutionell zu gliedern. Werden Teilhaushalte nach der örtlichen Organisation gebildet, können die im Produktplan Baden-Württemberg stehenden Produktbereiche nach vorgegebenen Produktgruppen oder Produkten oder nach Leistungen auf mehrere Teilhaushalte aufgeteilt werden.[2] Die Produktorientierung steht somit auch bei dieser Gliederungsvariante im Vordergrund. Da diese Gliederungsvariante sich nach der Organisation richtet, welche nicht zwangsläufig nach inhaltlichen

1 Diese werden alternativ auch als „Ziel-" bzw. „Handlungsfelder" bezeichnet.

2 Der Verwaltung könnte durch diese Vorgehensweise die Chance entgehen, ihre Aufbauorganisation kritisch zu hinterfragen.

Gesichtspunkten strukturiert sein muss, könnten für die Zielgruppen Bürger und Politik derartig gegliederte Haushaltspläne schwerer lesbar sein. Zudem würden sich organisatorische Änderungen dann generell auch auf den Haushaltsplan auswirken. Allerdings sind dafür die Verantwortungsbereiche im Haushaltsplan grundsätzlich auf einen Blick ersichtlich.

Unabhängig davon für welche Gliederungsmöglichkeit sich die einzelne Kommune entscheidet, bildet jeder Teilhaushalt mindestens eine Bewirtschaftungseinheit (Budget), welche jeweils einem Verantwortungsbereich zuzuordnen ist (§ 4 Abs. 2 GemHVO). Somit sind für Bürger und Politik die Verantwortlichkeiten für die Ziele und die zur Umsetzung dieser Ziele einzusetzenden Ressourcen – unabhängig von der ausgewählten Gliederungsvariante – immer ersichtlich und die Verknüpfung mit der Organisation ist sichergestellt. Im Sinne der neuen Steuerungsphilosophie[3] stellt die Haushaltssatzung mit Haushaltsplan auch den sogenannten „Hauptkontrakt" bzw. die Zielvereinbarung zwischen Gemeinderat und Verwaltung dar.

Welche der beiden Gliederungsmöglichkeiten den Anforderungen der Bürger und den politischen Gremien mehr entspricht, bleibt somit den Kommunen Baden-Württembergs selbst überlassen. Dabei könnten u. a. Kriterien wie „Lesbarkeit für Bürger und Politik", „Verbindung zur politischen Programmfunktion", „Veränderung der Gliederung bei Organisationsänderungen", „Vergleichbarkeit mit anderen Kommunen" und „Optimie-rung der Organisation" eine Rolle spielen.

Die Übertragung der Finanzverantwortung auf den jeweiligen Budgetverantwortlichen – als ein wesentliches Element der dezentralen Ressourcenverantwortung – stellt der Bürgermeister im Rahmen einer Dienstverordnung sicher.

6.2.2 Die Anforderungen der Aufsichtsbehörden

Ein weiterer Adressat des Haushaltsplans ist die jeweils zuständige Kommunalaufsichtsbehörde. Gemäß § 81 Abs. 2 GemO ist die vom Gemeinderat beschlossene Haushaltssatzung mit allen Anlagen der Rechtsaufsichtsbehörde vorzulegen. Teile der Haushaltssatzung (Kreditermächtigung, ev. Verpflichtungsermächtigungen und ev. Höchstbetrag der Kassenkredite) bedürfen sogar einer Genehmigung.

Für die Rechtsaufsicht ist es hilfreich, wenn die Gliederung der Haushalte überhaupt einem geordneten System entspricht und ausreichend differenziert ist, um die zukünftigen Handlungsschwerpunkte der einzelnen Gemeinden erkennen zu können. Da es für die Rechtsaufsicht wesentlich darum geht sicherzustellen, dass die dauernde Aufgabenerfüllung in der jeweiligen Kommune gewährleistet ist, sollte die Gliederung aus diesem Blickwinkel funktional sein. Eine funktionale Gliederung erlaubt intertemporäre und interkommunale Vergleiche, die eine wesentliche Grundlage für die Beurteilung von Haushaltsplänen sein sollten.

3 Vgl. dazu beispielsweise KGSt®-Bericht 5/2013: Das kommunale Steuerungsmodell (KSM); KGSt®-Bericht 9/2019: Wirkungsorientiert steuern – Eine Umsetzungshilfe für kleine Kommunen.

6.2.3 Die Anforderungen der Finanzstatistik

„Die Finanzstatistiken haben im föderalen Aufbau der Bundesrepublik Deutschland die wichtige Aufgabe, aus den verschiedenen voneinander unabhängigen Haushaltsebenen ein in sich konsistentes Gesamtbild der öffentlichen Finanzwirtschaft zu erstellen und damit die Grundlage für zentrale wirtschafts-, finanz-, haushalts-, währungs- und geldpolitische Entscheidungen zu schaffen. Sie sind auch ausschließliche Datenbasis für das Staatskonto der Volkswirtschaftlichen Gesamtrechnung.“[4] Die Anforderungen der Finanzstatistik formulieren grundsätzlich die Nutzer der Statistik. Hauptnutzer der Statistik sind die Bundesministerien für Finanzen, Wirtschaft, Arbeit, Inneres, Bildung und Forschung, die Spitzenverbände der Kommunen und der Wirtschaft sowie die Bundesbank. Schwerpunkte des Bedarfs an statistischen Informationen liegen in den Bereichen

- Schulen,
- Wissenschaft, Forschung, Kulturpflege,
- Soziale Sicherung und
- Bau- und Wohnungswesen, Verkehr.

In diesen Bereichen werden besonders detaillierte Daten nachgefragt.

Nach Darstellung des Statistischen Bundesamtes besteht ein Bedarf sowohl nach einer funktionalen als auch nach einer institutionellen Gliederungsstruktur. So ist es aus Sicht der Finanzstatistik z. B. erforderlich, die Zahlungen für den Schulbereich sowohl nach Schulformen (funktional) als auch nach Organisationsbereichen (z. B. Schulverwaltung) zu gliedern.

Auf supranationaler Ebene und für die Volkswirtschaftliche Gesamtrechnung ergeben sich die Mindestanforderungen an die Gliederung aus der COFG („Classification of Functions of Government“). Wie der Begriff bereits deutlich macht, geht es dabei um eine funktionale Gliederung der Daten aus dem Haushalts- und Rechnungswesen.

Zusammenfassend lässt sich festhalten, dass die Anforderungen der Finanzstatistik an die Gliederung des kommunalen Rechnungswesens ausgesprochen hoch sind. Eine Übernahme der statistischen Anforderungen in die haushaltsrechtlichen Bestimmungen erscheint eigentlich nur dann geraten, wenn sie den Steuerungsanforderungen von Gemeinderat und Verwaltungsspitze nicht entgegenläuft.[5]

6.2.4 Die Anforderungen der Verwaltung

Als diejenige, die den Etat verwaltet und die dort vorgegebenen Ziele umsetzen soll, ist gerade die Verwaltung ein wesentlicher Adressat des Haushaltsplans. Da der Haushaltsentwurf schließlich von ihr selbst erstellt wird, ist zunächst davon auszugehen, dass sich die Gestaltung des Haushaltsplans auch an ihren Anforderungen orientiert.

4 Statistisches Bundesamt, Eckpunkte der Finanzstatistik für die Reform des kommunalen Haushaltsrechts, Wiesbaden 2000.

5 Vgl. dazu VwV Produkt- und Kontenrahmen vom 16.1.2023, Kap. 7.

Im Hinblick auf die Gliederung des Haushalts spiegeln sich weitgehend die Anforderungen von Bürgern und Politik wider. Die Verwaltung muss erkennen können, welche Ziele der Gemeinderat mit dem Haushaltsentwurf verbindet. Hierzu wäre eine *funktionale* als auch eine *institutionelle* Gliederung denkbar. Entscheidend ist, dass aus der Gliederung ersichtlich ist, in welchem Teilhaushalt welche Ziele mit welchem Ressourceneinsatz von welchen Verantwortlichen zu verfolgen sind. So kann die Verwaltung die Umsetzung der politisch gesetzten Prioritäten besser steuern. Für diese Umsetzung trägt die Bürgermeisterin oder der Bürgermeister die Verantwortung gegenüber dem Gemeinderat (s. o.), wenn auch die Umsetzung schließlich durch die Organisationseinheiten der Verwaltung erfolgt.

Aus Sicht der Verwaltung wäre es hilfreich, wenn sich die Zielformulierungen des Haushaltsplans im Hinblick auf Outcome, Out- und Input unmittelbar auf die zuständigen Organisationseinheiten der Verwaltung beziehen ließen (z. B. bei der Aufgabe des Schulamtes, die Übermittagsbetreuung für Grundschüler zu verbessern und dabei eine Betreuung vom Ende des Unterrichts bis mindestens 16.00 Uhr an allen Grundschulen anzubieten, wofür Aufwendungen i. H. v. X € bereitgestellt werden). Insbesondere im Hinblick auf die Überwachung der Zielerreichung und die Einhaltung der Budgetvorgaben erscheint diese Sichtweise bei der Umsetzung des Haushaltsplans sinnvoll.

In diesem Kontext ist jedoch zu berücksichtigen, dass in Baden-Württemberg nach § 4 Abs. 2 GemHVO jeder Teilhaushalt eine Bewirtschaftungseinheit (Budget) darstellt und einem Verantwortungsbereich zuzuordnen ist. Damit wird die Verbindung zur Organisation, unabhängig von der gewählten Gliederungsvariante, bereits über die Gemeindehaushaltsverordnung sichergestellt.

6.3 Anknüpfungspunkte für eine Gliederung: Verwaltungsaufbau oder Aufgabenbereiche

Die dargestellten Anforderungen der wichtigsten Adressaten des Haushaltsplans an die Gliederung sind mit einer einheitlichen Struktur nicht vollständig abzudecken. Dieses Dilemma tritt allerdings in der Praxis nur dann auf, wenn in einem speziellen Fall funktionale und institutionelle Gliederung nicht übereinstimmen. Denkbar wäre z. B., dass für einen Aufgabenbereich zwei Organisationseinheiten zuständig sind, die die Aufgaben arbeitsteilig erledigen. Auch die Einrichtung „Zentraler Dienste" in der Verwaltung, wie z. B. eines zentralen Gebäudemanagements, führt dazu, dass funktionale und institutionelle Gliederung nicht notwendigerweise übereinstimmen.

Schließlich ist einem der beiden Gliederungssysteme der Vorrang im Haushalt einzuräumen.[6] Dieser Vorrang im Haushalt bedeutet aber keinesfalls, dass die nachrangige Gliederungsstruktur nicht zusätzlich ebenfalls abgebildet werden könnte.

6 Zur Abwägung der Gliederungsmodelle vgl. insb. Modellprojekt „Doppischer Kommunalhaushalt in NRW" (Hrsg.), Neues Kommunales Finanzmanagement: Betriebswirtschaftliche Grundlagen für das doppische Haushaltsrecht, 2., vollst. überarb. Aufl. auf der Basis der Endergebnisse des Modellprojektes, Freiburg 2003, S. 302 ff.

Aus volks- und betriebswirtschaftlicher Sicht wird grundsätzlich die funktionale Gliederung präferiert, da sie die politische Programmfunktion zu erfüllen in der Lage ist. Die Zuweisung von Mitteln an Organisationseinheiten lassen dagegen kaum Schlüsse darüber zu, welchen Zielen die Aktivitäten dieser Einheiten dienen. Außerdem könnte eine institutionelle Gliederung Wirtschaftlichkeitsprüfungen erschweren wie auch interkommunale Vergleiche. Zeitreihenvergleichen würde z. B. durch Reorganisationsmaßnahmen, die kommunaler Verwaltungsalltag sind, ebenfalls die Grundlage entzogen.

Im Ergebnis entspräche eine funktionale Gliederung den Anforderungen der Hauptadressaten (der Bürger und Gemeinderatsmitglieder) an den Haushaltsplan am besten (s. o.). Dies entspricht auch dem Beschluss der ständigen Konferenz der Innenminister und -senatoren (IMK) über die Grundlagen des zukünftigen kommunalen Haushaltsrechts vom 21.11.2003. Zwar wird in allen Regelungen auf die Möglichkeit einer institutionellen Gliederung hingewiesen, diese wird allerdings immer einer einheitlichen Produktorientierung unterworfen.

Es ist jedoch festzustellen, dass insbesondere zur internen Steuerung der Verwaltung eine Zuordnung von Zielen und Ressourcen auf Organisationseinheiten erforderlich ist, um Verantwortungsbereiche abzugrenzen. Soweit dabei die Organisationsstruktur nicht der funktionalen Gliederung der Verwaltung folgt, ist es sinnvoll, parallel die funktionale Struktur im Rechnungswesen zu hinterlegen.

6.4 Gliederungsvorschriften für den kommunalen Haushalt im Kommunalen Finanzmanagement

Grundlage für die rechtlich verbindliche Gliederung der Kommunalhaushalte in Baden-Württemberg sind nach § 145 GemO verbindliche Muster des Innenministeriums, welche durch Verwaltungsvorschrift bekannt gemacht wurden, soweit es für die Vergleichbarkeit der Haushalte erforderlich ist. Dies betrifft u. a. auch die Beschreibung und Gliederung der Produktbereiche, Produktgruppen und Produkte, welche dem aktuellen Kommunalen Produktplan Baden-Württemberg zu entnehmen sind. In Verbindung mit § 4 Abs. 1 und 2 GemHVO gibt der Gesetzgeber den Kommunen hinreichende und zugleich flexible Gliederungsvorschriften an die Hand.

Wie bereits in Kap. 6.2.1 erwähnt, ermöglicht der Gesetzgeber nach § 4 Abs. 1 GemHVO den Kommunen, ihre Haushalte funktional oder institutionell zu gliedern.

Die Gliederung im kommunalen Produktplan Baden-Württemberg beinhaltet drei unterschiedliche Ebenen:

- Produktbereiche,
- Produktgruppen und
- Produkte.

Diese Hierarchie entspricht der überwiegenden Struktur der Produktpläne in den Kommunalverwaltungen, die zusätzlich zur bislang vorgeschriebenen Haushaltsgliederung bereits eine Produktstruktur für einen separaten Produkthaushalt oder für Zwecke der Kosten- und Leistungsrechnung eingeführt hatten. Das Nebeneinander von Produkthaushalt einerseits sowie Haushaltsplan andererseits wird ausdrücklich nicht (!) empfohlen. Vielmehr sollten Produkthaushalt und Haushaltsplan – sofern sie noch parallel bestehen – zu einem Haushaltsplan zusammengeführt werden.

Da der Gesetzgeber die o. g. zwei Gliederungsmöglichkeiten zulässt (§ 4 Abs. 1 GemHVO), sind vor dem Hintergrund einer vom Gesetzgeber gewollten Produktorientierung mindestens die nach § 145 Satz 1 Nr. 2 GemO verbindlich vorgegebenen Produktbereiche, Produktgruppen und Produkte (Produktrahmen)[7] in den Teilhaushalten der Kommunen abzubilden (§ 4 Abs. 2 Satz 3 GemHVO). Für eine tiefere Gliederung soll nach Ziff. 8.2 der VwV Produkt- und Kontenrahmen der auf der Internetseite des Innenministeriums unter https://im.baden-wuerttemberg.de/de/land-kommunen/starke-kommunen/nkhr/untergesetzliche-regelungen/ veröffentlichte kommunale Produktplan Baden-Württemberg in der jeweils geltenden Fassung beachtet werden. Zusätzlich sollen nach § 4 Abs. 2 GemHVO Schlüsselpositionen, die Leistungsziele und die Kennzahlen zur Messung der Zielerreichung dargestellt werden.

Werden die Teilhaushalte gem. § 4 Abs. 1 Satz 5 nach der örtlichen Organisation produktorientiert gegliedert, ist dem Haushaltsplan zusätzlich gemäß § 4 Abs. 5 GemHVO eine Übersicht über die Zuordnung der Produktbereiche und Produktgruppen zu den Teilhaushalten als Anlage beizufügen. Bei einer von der Produktgruppe abweichenden Zuordnung einzelner Produkte oder Leistungen zu anderen Teilhaushalten sind auch diese Produkte oder Leistungen in die Übersicht aufzunehmen. Ein entsprechendes Muster für die geforderte Übersicht ist der Anlage 10 der Verwaltungsvorschrift zu § 145 GemO zu entnehmen.

Die in der Anlage zum Haushaltsplan im Sinne einer Vergleichbarkeit der Kommunen untereinander verbindlich darzustellenden Produktbereiche und Produktgruppen (Produktrahmen) beinhaltet die Anlage 30 der Verwaltungsvorschrift zu § 145 Satz 1 Nr. 2 GemO. Ausnahmen hiervon können sich nur dann ergeben, wenn die Kommune die in einem Produktbereich abgebildeten Aufgaben (z. B. aufgrund ihrer Größe) nicht wahrnimmt.

In diesem Kontext ist jedoch auch bei funktionaler Gliederung darauf zu achten, dass bei einer Zusammenfassung mehrerer Produktbereiche zu Teilhaushalten im Sinne des § 4 Abs. 1 Satz 4 GemHVO die Produktbereiche weiterhin gesondert dargestellt werden. Andernfalls wäre im Sinne einer Vergleichbarkeit der Kommunen untereinander die nach § 4 Abs. 5 GemHVO geforderte Anlage auch bei funktionaler Gliederung sinnvoll.

Über die Gliederung des kommunalen Produktplans hinaus ist jedoch eine weitere individuelle Untergliederung in Abhängigkeit vom Informationsbedarf der Kommune möglich. Grundsätzlich lässt sich feststellen, dass die hohe Aggregationsebene „Produktbereich“ auch bei kleinen und mittleren Kommunen nicht die niedrigste Gliederungsstufe des Rechnungswesens darstellen wird. Auch wenn die Haushaltspläne auf dieser Ebene abgebildet werden sollten, ist davon auszugehen, dass sowohl bei der

7 VwV Produkt- und Kontenrahmen vom 16.1.2023, Anlage 30.

Haushaltsplanung als auch bei der Bewirtschaftung im Rechnungswesen eine detaillliertere Gliederung nach den örtlichen Bedürfnissen, z. B. nach einzelnen Dienstleistungen (evtl. in der Kosten- und Leistungsrechnung gem. § 14 GemHVO), erfolgen wird.

6.4.1 Der Sonderproduktbereich „Allgemeine Finanzwirtschaft“

Da eine spezifische Zuordnung von allgemeinen Deckungsmitteln (z. B. Steuern, allgemeinen Zuweisungen und Krediten) auf einzelne Verwendungszwecke nicht vorgesehen ist, war eine Regelung erforderlich, die eine sachgerechte und transparente Abbildung dieser Positionen im Haushaltsplan und im Jahresabschluss gewährleistet.

Der Produktrahmen sieht daher einen separaten Bereich „Allgemeine Finanzwirtschaft“ (Produktbereich 61) vor. Dieser zentrale Produktbereich kann jedoch – ebenso wie der Produktbereich „Innere Verwaltung“ – nach § 4 Abs. 1 Satz 6 GemHVO ganz oder teilweise in einem Teilhaushalt oder in mehreren Teilhaushalten ausgewiesen werden. Insbesondere müssen darin die Steuerarten und Zuweisungen nicht weiter differenziert und die allgemeinen Umlagen (Kreis- bzw. Zweckverbandsumlage) nicht separat ausgewiesen werden. Damit ist den Zahlenwerk-Darstellungen im Haushaltsplan nach den vorliegenden Vorschriften die Höhe der Grundsteuererträge, der Erträge aus Gewerbesteuern, die Höhe der Kreisumlage und die Höhe der Schlüsselzuweisungen nicht mehr einzeln zu entnehmen, falls nicht auf der örtlichen Ebene eine weitere Untergliederung bzw. sonstige erläuternde Darstellung erfolgt. Allerdings soll im Vorbericht (§ 6 Satz 3 Nr. 2 GemHVO) die Entwicklung dieser wichtigen Erträge und Aufwendungen einzeln dargestellt werden.

6.4.2 Gestaltungsfreiheit bei der Gliederung des Haushalts

Wie bereits in Kap. 6.2.1 beschrieben, bietet § 4 Abs. 1 GemHVO den Gemeinden einen großen Freiraum zur Gestaltung ihrer Haushaltspläne, der insbesondere dort genutzt werden kann, wo bereits vor der Umstellung auf das NKHR funktionierende Produkthaushalte erstellt und bewirtschaftet wurden.

Die Vergleichbarkeit der Haushalte wird, neben der Orientierung am Produktplan Baden-Württemberg im Sinne des § 145 GemO, dadurch gesichert, dass in den Teilhaushalten – unabhängig von der funktionalen oder institutionellen Gliederung – mindestens die nach § 145 Satz 1 Nr. 2 GemO verbindlich vorgegebenen Produktbereiche, Produktgruppen und Produkte (Produktrahmen) abzubilden sind (§ 4 Abs. 2 Satz 3 GemHVO). Zudem sind – wie bereits ausgeführt wurde – gemäß der Verwaltungsvorschriften zu § 145 Satz 1 Nr. 2 GemO (Anlage 30) zumindest die dort aufgeführten Produktbereiche sowie Produktgruppen verbindlich in einer Anlage zum Haushaltsplan darzustellen.

Zusätzlich sollen nach § 4 Abs. 2 Satz 3 GemHVO Schlüsselpositionen mit ihren Leistungszielen und Kennzahlen zur Messung der Zielerreichung im Haushaltsplan dargestellt werden. In Abhängigkeit vom Informationsbedarf könnten auch die Schlüsselpositionen mit ihren jeweiligen Unterbudgets im Haushalt abgebildet werden. Diese detaillierteren Produktblätter bzw. Bewirtschaftungseinheiten, ggf. mit Angabe auch der Buchungsstellen, werden dann regelmäßig Beratungsgrundlage für die politischen Gremien sein und stellen für die Verwaltung eine praktikable Ermächtigungsgrundlage für die Leistung von Aufwendungen und Auszahlungen dar. Da sich der Haushalt insbesondere auf die Abbildung der Schlüsselpositionen konzentrieren sollte, kann ggf. ergänzend auf die detaillierteren Informationen aus dem Rechnungswesen zugegriffen werden.

Bei einer individuellen Untergliederung des Haushalts in seine Teilhaushalte, entweder nach Produktbereichen oder der örtlichen Organisation, muss immer die Zuordnung der dem Teilhaushalt zugrunde liegenden Budgets zu einem Verantwortungsbereich und damit zur Organisation möglich sein (§ 4 Abs. 1 und 2 GemHVO). Nicht vorgeschrieben ist eine Reihenfolge der Abbildung im Haushaltsplan. Ebenso ist den Kommunen die Möglichkeit gegeben, andere als in Mustern zur GemHVO vorgesehene Aggregationen im Haushaltsplan (zusätzlich) abzubilden.

Diese Gestaltungsfreiheit führt letztlich dazu, dass jede Kommune eine individuelle Haushaltsgliederung erstellen kann, soweit sie in der Lage ist, auf der Grundlage dieser Gliederung eindeutig eine Aggregation der monetären Daten auf die o. g. verbindlichen Produktebenen vorzunehmen. Diese Aggregation ist bei einer freiwilligen tieferen Gliederung allerdings unverzichtbar.

> *„Die Gemeinden müssen auf der Grundlage des gesetzlichen Auftrags ihre Aufgaben erfüllen. Die Strukturen in Aufgaben, Produkten, Haushaltspläne und Verwaltungsorganisation sind deshalb nachvollziehbar so aufeinander abzustimmen, dass sie eine effektive und effiziente Aufgabenerfüllung gewährleisten“.*[8]

Nicht zuletzt sind in der heutigen Zeit die digitale Verfügbarkeit des Haushalts und seine direkte Verknüpfung mit einer Datawarehouse-Lösung („Controlling-Software“) naheliegend. Letztere ist zum einen die Informations- bzw. Datenbasis für u. a. zukünftige Haushaltspläne,[9] und sie ermöglicht zum anderen dem autorisierten Leser bei Bedarf (und berechtigungsgesteuert) einen tiefergehenden Einblick in die der Haushaltsplanung zugrunde liegenden Daten. Dazu ist eine Vernetzung der Datawarehouse-Lösung mit der von der jeweiligen Kommune eingesetzten betriebswirtschaftlichen

---

8 *Hafner*, Produktplan statt Aufgabengliederungsplan: Fortschritte? In: Haufe Finanz Office für die öffentliche Verwaltung, HI10888916, Stand: 12.3.2019.

9 *„Eine derartige Datawarehouse-Lösung wäre zudem die Informationsbasis für ein Berichtswesen, die Erstellung eines Jahres- und ggf. Gesamtabschlusses und nicht zuletzt für das Durchführen von Wirtschaftlichkeitsberechnungen“* (*Böhmer/Kiesel*, Haushalt der Zukunft: Voraussetzungen und Entwicklungsperspektiven, in: Böhmer/Kiesel (Hrsg.), Rechnungswesen & Controlling – Das Steuerungshandbuch für Kommunen, Gruppe 4, S. 1076, Heft 1/2022; Beitrag ebenfalls erschienen in: Haufe Finanz Office für die öffentliche Verwaltung, HI14396793, Stand: 3.11.2021).

Standardsoftware unabdingbar; ihre Integration in diese Standardsoftware wäre wünschenswert.

6.5 Praktische Umsetzung der Gliederung mit kaufmännischer Standardsoftware

Ein Ziel der Einführung des kaufmännischen Rechnungswesens in der Kommunalverwaltung war die Erleichterung des Einsatzes betriebswirtschaftlicher Software im Rechnungswesen der Kommunen.[10] Dies sollte zum einen die Kosten für Erstellung und Pflege der Software verringern und zum anderen ermöglichen, dass die in der Privatwirtschaft erfolgreich eingesetzten Steuerungsinstrumente besser für den Einsatz in Verwaltungen nutzbar gemacht werden können. Voraussetzung für den Einsatz solcher Software in Kommunalverwaltungen ist jedoch, dass es möglich ist, mit einer solchen Software die verbindlichen Anforderungen des NKHR abzudecken.

Die Aufgliederung des externen Rechnungswesens in Produktbereiche (bzw. Fachbereiche) sowohl für die Rechnungslegung als auch für die Planung entspricht nicht dem kaufmännischen Standard und stellt damit eine kommunalspezifische Besonderheit dar. Gleichwohl bietet i. d. R. jede kaufmännische Software verschiedene Möglichkeiten, die vorgesehene Gliederung abzubilden.

Im Wesentlichen werden sich für die praktische Umsetzung der Gliederung zwei Ansatzpunkte finden lassen:

- Instrumente des internen Rechnungswesens und
- Instrumente zur Erstellung konsolidierter Konzernabschlüsse.

Kaufmännische Standardsoftware stellt neben den klassischen Instrumenten der Finanzbuchhaltung regelmäßig auch Instrumente für das interne Controlling bzw. eine Kosten- und Leistungsrechnung zur Verfügung. Die Kosten- und Leistungsrechnung stellt in Form der Kostenträgerrechnung ein Rechnungssystem dar, das weitgehend einer funktionalen Gliederung des Rechnungswesens entspricht. Um die technischen Instrumente der kaufmännischen Software für die vorgeschriebene Haushaltsgliederung nutzen zu können, ist daher die Aufweichung der Trennlinie zwischen externem und internem Rechnungswesen ein möglicher Weg. Die Abbildung und Planung von Teilergebnissen ist regelmäßig mit Hilfe der Instrumente der Kosten- und Leistungsrechnung möglich. Dazu sind i. d. R. alle Aufwands- und Ertragsarten systemtechnisch als Kosten- und Erlösarten zu definieren, womit die Möglichkeit besteht, sie über die Kosten- und Leistungsrechnung entsprechenden Produkten (Kostenträgern) zuzuordnen.

Ein weiterer Ansatzpunkt für die Umsetzung der geforderten Gliederung ist die Schaffung separater bilanzierender Einheiten für jeden Produktbereich und die an-

10 Vgl. Modellprojekt „Doppischer Kommunalhaushalt in NRW" (Hrsg.), Neues Kommunales Finanzmanagement: Betriebswirtschaftliche Grundlagen für das doppische Haushaltsrecht, 2., vollst. Überarb. Aufl. auf der Basis der Endergebnisse des Modellprojektes, Freiburg 2003, S. 27.

schließende Konsolidierung dieser Einheiten in der Planung und im Jahresabschluss. Dieser Weg wurde zumindest in den bekannten kommunalen Modellprojekten bislang nicht gegangen. Dies ist wohl darauf zurückzuführen, dass die Umsetzung dieser Variante komplexer und unflexibler erscheint und den derzeitigen Strukturen des kommunalen Rechnungswesens weniger entspricht. Gleichwohl könnte es sein, dass die kommunale Praxis zukünftig auch diese Variante einsetzt, um die haushaltsrechtlichen Anforderungen bedarfsgerecht umzusetzen.

Die kommunale Haushaltsreform stellt die Frage nach dem Einsatz und den Grenzen kaufmännischer Standardsoftware vor allem im Hinblick auf die mehrdimensionale Gliederung des Haushalts. Haushaltsrechtlich wird im „engeren Sinne“ eine Produktbereichsgliederung gefordert. Zusätzlich wird in den meisten Kommunen eine weitere Untergliederung der Produktbereiche in Produktgruppen und Produkte praktiziert werden, um den Ansprüchen der politischen Mandatsträger nach Detailinformationen gerecht werden zu können. Darüber hinaus macht die Finanzstatistik eine weitere, an den alten Gliederungsstrukturen orientierte, detaillierte Gliederung des Haushalts erforderlich. Diese Gliederungsstruktur passt i. d. R. nicht vollständig zur produkt- oder organisationsbezogenen Gliederung. Letztlich ist in Kommunen mit Ortschaftsverfassung oder Gemeindebezirken eine weitere Untergliederung des Haushalts erforderlich, um den Anforderungen der GemO zu entsprechen. Damit ist eine Zuordnung jeder Planungsposition und jeder Buchung nach folgenden Kriterien erforderlich:

- Sachkonto,
- Produktbereich,
- Produktgruppe,
- Produkt,
- Organisationseinheit,
- finanzstatistische Gliederung,
- Ortschaft/Mitgliedsgemeinde.

Da eine eindeutige Ableitung der Informationen nur zwischen den Produkten, Produktgruppen und Produktbereichen möglich ist, muss sowohl die Software als auch das Personal in der Lage sein, die Fülle der Einzelinformationen richtig zuzuordnen und zu verarbeiten.

Nicht zuletzt erstellen zahlreiche Kommunen im Rahmen der Umstellung auf das NKHR die „Leistungsseite“ des Haushaltsplans (Stichworte: Produktbeschreibungen, Ziele, Kennzahlen) und das Berichtswesen im Sinne der §§ 4 Abs. 2 und 28 GemHVO „von Hand“, d. h. mit Hilfe von Textverarbeitungs- oder Tabellenkalkulationsprogrammen. Unabhängig davon, dass derartige Programme dafür grundsätzlich nicht entwickelt worden sind, sind mit dieser Vorgehensweise ein hoher Zeitaufwand sowie eine hohe Fehleranfälligkeit verbunden. Daraus ergeben sich weitere Anforderungen an eine Software, wie z. B.

- Abbildung und Erläuterung von Finanz- (Budget) **und** Leistungsseiten (Produktbeschreibungen, Ziele, Kennzahlen) unter Berücksichtigung verbindlicher Muster sowie bei Bedarf deren Ausdruck für den Haushaltsplan, Berichtswesen und Jahresabschluss,

- Arbeiten mit Zielen und Kennzahlen (es können Ziele eingegeben und Kennzahlen einschl. damit verbundene Rechenoperationen hinterlegt werden sowie Zielzusammenhänge und Zielkonflikte aufgezeigt werden usw.),
- Datenhaltung, um verschiedene Zeitperioden miteinander vergleichen zu können,
- einfache (dezentrale) Pflege der dezentralen Datenbank,
- Erfassung unterschiedlicher Kennzahlen (Mengenzahlen, Verhältniszahlen, Prozentangaben usw.),
- einfache Bedienung der Datenbank bei der Datenanalyse/Datenselektion/Datenabfrage anhand der Produkt- und Zielstruktur. → Das Navigieren in der Datenbank sollte anhand
  - der Produktstruktur (Gesamtverwaltung, Produktbereich, -gruppe und Produkt) und/oder
  - der Zielstruktur (z. B. innerhalb des Zielfeldes Bürgerorientierung) vom strategischen bis hin zum operativen Ziel (→ Ziellücken aufdecken) möglich sein.
  - Außerdem sollten die abgefragten Daten übersichtlich auf dem Monitor dargestellt und analog ausgedruckt werden können.
  - Zielzusammenhänge sollten dargestellt werden können, um z. B. Zielkonflikte aufzuzeigen.

Da derartige Anforderungen grundsätzlich nicht von einer betriebswirtschaftlichen Standardsoftware erfüllt werden, ist i. d. R. die zusätzliche Anschaffung einer ergänzenden Controlling-Software unerlässlich.

Angesichts der Herausforderungen, die die Einführung des kaufmännischen Rechnungswesens ohnehin an die Mitarbeiter stellt, wird es spannend sein zu beobachten, ob und wie die gestellten Anforderungen, die weit über das hinausgehen, was in der Privatwirtschaft heute verlangt wird, von den Kommunen möglichst schnell und reibungslos erfüllt werden können. Die Kommunen sind gut beraten, auch im Kontext der Umstellung auf das NKHR sich gegenseitig zu unterstützen und voneinander zu lernen.

6.6 Übungen

Sachverhalt Nr. 1

a) Die Gemeinde G zahlt einen Zuschuss an den Verband der Kleingärtner e.V. für den Bau eines Vereinshauses.
b) Von der Gemeinde G wird eine Beratungsstelle für Suchtkranke eingerichtet.
c) Für die Hauptschule wird eine Landeszuweisung für Schulwanderungen zugesagt.
d) Es wird von der Gemeinde G ein Tierheim errichtet.
e) Die Stadt vereinnahmt im Rahmen der Wirtschaftsförderung die Zinsen für Darlehen an private Unternehmen.
f) Die Volkshochschule erhält Landeszuweisungen für Hausarbeitskurse.
g) Das Institut für Zeitungsforschung der Gemeinde G bestellt neues Büromaterial.
h) Zur Förderung des Fremdenverkehrs organisiert das zuständige Amt einen Basar.

i) Die Stadtsparkasse liefert den Bilanzgewinn ab.
j) Die Gemeinde G baut ein neues Fußballstadion.

Aufgabe:
Ordnen Sie jeden Finanzvorfall einem verbindlichen Produktbereich zu; benutzen Sie dabei den untenstehenden Auszug aus dem Produktrahmen.

Lösung:
Die Finanzvorfälle werden wie folgt zugeordnet:
a) Produktbereich 55 = Natur- und Landschaftspflege
b) Produktbereich 41 = Gesundheitsdienste
c) Produktbereich 21 = Schulträgeraufgaben
d) Produktbereich 12 = Sicherheit und Ordnung
e) Produktbereich 57 = Wirtschaft und Tourismus
f) Produktbereich 25 = Kultur- und Wissenschaft
g) Produktbereich 25 = Kultur- und Wissenschaft
h) Produktbereich 57 = Wirtschaft und Tourismus
i) Produktbereich 57 = Wirtschaft und Tourismus
j) Produktbereich 42 = Sportförderung

Auszug aus dem gemeinsamen Produktrahmen für ein doppisches [...] Haushalts- und Rechnungswesen (Beschluss der Innenministerkonferenz vom 21.11.2003):

Nr.	Produktbereiche
1	**Zentrale Verwaltung**
11	*Innere Verwaltung*
12	*Sicherheit und Ordnung*
2	**Schule und Kultur**
21–24	*Schulträgeraufgaben*
25–29	*Kultur und Wissenschaft*
3	**Soziales und Jugend**
31–35	*Soziale Hilfen*
36	*Kinder-, Jugend- und Familienhilfe*
4	**Gesundheit und Sport**
41	*Gesundheitsdienste*
42	*Sportförderung*
5	**Gestaltung der Umwelt**
51	*Räumliche Planung und Entwicklung*
52	*Bauen und Wohnen*
53	*Ver- und Entsorgung*
54	*Verkehrsflächen u. -anlagen, ÖPNV*

Nr.	Produktbereiche
55	*Natur- und Landschaftspfl.*
56	*Umweltschutz*
57	*Wirtschaft und Tourismus*
6	**Zentrale Finanzleistungen**
61	*Allgemeine Finanzwirtschaft*

Sachverhalt Nr. 2

In der Stadt S gibt es neben der Städtischen Musikschule, die als städtischer Fachbereich geführt wird und insbesondere die Einwohner des Stadtzentrums mit ihren Leistungen versorgt, auch noch private Musikschulen in außerhalb gelegenen Ortschaften. Um eine einheitlich gute Versorgung der Bevölkerung mit den Leistungen musikalischer Bildung in allen Bereichen der Stadt sicherzustellen, unterstützt die Stadt S die privaten Musikschulen mit jährlichen Zuschüssen, die an die Einhaltung bestimmter Standards gebunden sind. Die Überprüfung und Gewährung der Zuschüsse erfolgen bei der Stadt S zentral durch den Fachbereich Finanzen.

Aufgabe:
Erarbeiten Sie einen Vorschlag für eine mögliche Gliederung des Produktbereichs 25 „Kultur und Wissenschaft", der den organisatorischen Gegebenheiten der Stadt S Rechnung trägt. Gehen Sie davon aus, dass der Gemeinderat der Stadt S beschlossen hat, den Haushaltsplan freiwillig tiefer zu gliedern und dort auf der niedrigsten Ebene auch Leistungen abzubilden. Begründen Sie Ihre Lösung.

Lösung:
Der Produktbereich 25 „Kultur und Wissenschaft" ist eine durch den Produktrahmen zu beachtende Aggregierungsebene des Haushalts. Ihre inhaltliche Abgrenzung ergibt sich aus den Zuordnungsvorschriften.

Die Zuordnungsvorschriften im gemeinsamen Produktrahmen (siehe Sachverhalt 1) sowie in dem darauf abgestimmten Produktplan Baden-Württemberg lassen keinen Zweifel daran, dass sowohl der Bereich der städtischen als auch der Bereich der Förderung privater Musikschulen dem Produktbereich 25 „Kultur und Wissenschaft" zuzurechnen ist.

Im Sinne des § 4 Abs. 2 Satz 3 GemHVO hat die Gemeinde, sofern sie die Aufgaben erbringt, zumindest die nach § 145 Satz 1 Nr. 2 GemO verbindlich vorgegebenen Produktbereiche, Produktgruppen und Produkte (Produktrahmen) darzustellen. Zusätzlich sollen Schlüsselpositionen, die Leistungsziele und die Kennzahlen zur Messung der Zielerreichung dargestellt werden. Für eine tiefere Gliederung soll der Kommunale Produktplan Baden-Württemberg in der jeweils geltenden Fassung beachtet werden. Letzterer beinhaltet in diesem Kontext die Produktgruppen 262 „Musikpflege" und 263 „Musikschulen". Damit eröffnet sich für die Gemeinde die Möglichkeit, diese Produktgruppen – bei Bedarf sogar die dahinterstehenden Produkte oder Leistungen – gem.

§ 61 Nr. 37 GemHVO zu Schlüsselpositionen zu erklären und entsprechend detailliert im Haushaltsplan abzubilden (§ 4 Abs. 2 Satz 3 GemHVO), falls diese für die Gemeinde von besonderer Bedeutung sind. Zumindest zu den Schlüsselpositionen sollte der Gemeinderat mit Unterstützung der Verwaltung sinnvolle Ziele formulieren und zur Messung der Zielerreichung geeignete Kennzahlen und Indikatoren bestimmen (vgl. § 4 Abs. 2 Satz 3 GemHVO). Die Höhe der vorgesehenen Zuwendungen an die privaten Musikschulen (Produktgruppe 262 „Musikpflege“) kann der Gemeinderat über die Aufwandsart „Transferaufwendungen“ unmittelbar festlegen.

Verwaltungsintern erscheint es sinnvoll, die Produktgruppen in Abhängigkeit vom Informationsbedarf z. B. weiter in Produkte gemäß dem Produktplan Baden-Württemberg aufzuteilen. Dies wären z.B. bei der Produktgruppe 263 „Musikschulen“ die Produkte 26.30.01 „Elementarer Unterricht“, 26.30.02 „Instrumental- und Vokalunterricht“, 26.30.03 „Weitere Unterrichtsangebote“ usw. Wird diese zusätzliche Unterteilung im internen Rechnungswesen vorgenommen, besteht z. B. die Möglichkeit, eine Kostenrechnung für die städtische Musikschule zu erstellen und bei einer möglichen weiteren Untergliederung den Deckungsbeitrag verschiedener Unterrichtsstunden zu ermitteln. Diese können dann wiederum mit den Förderkosten bei den privaten Musikschulen verglichen werden.

Aus den dargestellten Überlegungen ergibt sich folgende mögliche Struktur, die sich am Produktplan Baden-Württemberg orientiert:

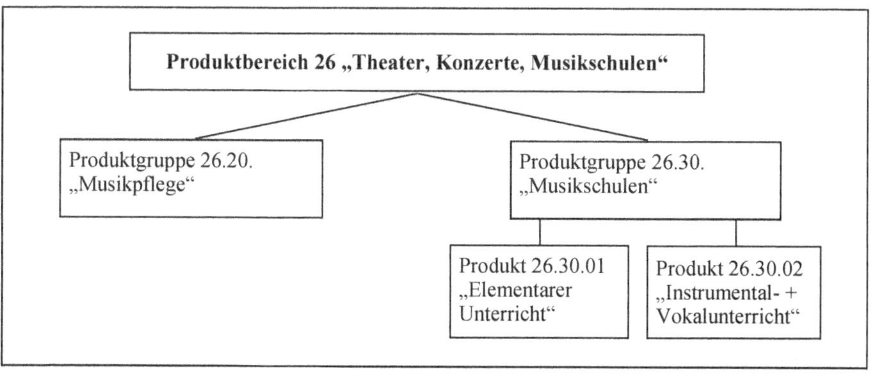

Für die Stadt S ergäbe sich daraus eine Abbildung der Produktgruppen „26.20 „Musikpflege“ und 26.30 „Musikschulen“ im Haushaltsplan, welche gem. § 4 Abs. 2 Satz 3 als Schlüsselpositionen dargestellt werden sollen. In den jeweiligen Produktgruppenbeschreibungen (= „Leistungsseite“) könnten die vom Gemeinderat gewünschten Informationen zu den Leistungen, z. B. Informationen zu Zielen, Kennzahlen und Daten aus der Kostenrechnung, aufgenommen und ihren jeweiligen Budgets (= „Finanzseite“) gegenübergestellt werden. Alternativ könnte die Stadt auch die detailliertere Produkt- oder Leistungsebene zu Schlüsselpositionen erklären und diese im Haushaltsplan entsprechend abbilden (vgl. § 61 Nr. 37 GemHVO). Die Gemeinde könnte auch über den Produktrahmen und die Schlüsselpositionen hinaus freiwillig z. B. weitere Produkte im Haushaltsplan abbilden. Um eine Informationsflut zu vermeiden, muss sie sich immer am bestehenden Informationsbedarf der Entscheidungsträger, insbesondere dem Gemeinderat, orientieren.

Sachverhalt Nr. 3

Die Stadt S will zum 1. Januar des kommenden Jahres einen Haushalt nach den Regeln der GemO und GemHVO aufstellen. Hierfür muss eine geeignete Haushaltsgliederung gefunden werden. S hat folgende Aufbauorganisation:

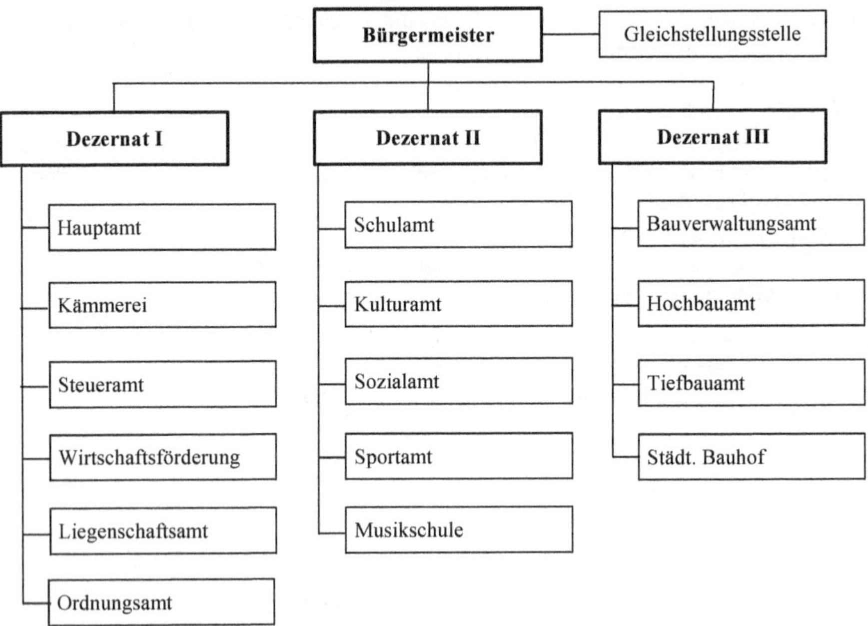

In den Ämtern wurde unter Federführung des Hauptamtes eine Produktgruppenbildung vor dem Hintergrund des Produktplans Baden-Württemberg durchgeführt.

Aufgaben:

1. Wie könnte die zukünftige Haushaltsgliederung für den Bereich des Dezernats II aussehen, wenn die Teilhaushalte nach der örtlichen Organisation gebildet werden sollen?
2. Wie hätte die Stadt S alternativ ihren Haushalt gliedern können?

Lösung zur Aufgabe 1 (Sachverhalt 3):

Der nachfolgenden Übersicht wurde der Produktplan Baden-Württemberg in Verbindung mit der Organisationsstruktur der Stadt S zugrunde gelegt. Für die Stadt wären jedoch nur die Produktbereiche, Produktgruppen und ggf. Produkte zu berücksichtigen, die von ihr tatsächlich erbracht werden.

Produktbereiche	Ziffer	Produktgruppen
Teilhaushalt Schulamt	**II/1**	
21 Schulträgeraufgaben	21.10	Allgemeinbildende Schulen
	21.20	Sonderpädagogische Bildungs- und Beratungszentren und Schulkindergärten
	21.30	Berufsbildende Schulen
	21.40	Schülerbezogene Leistungen
	21.50	Sonstige schulische Aufgaben und Einrichtungen
Teilhaushalt Kulturamt	**II/2**	
27 VHS, Bibliotheken, kulturpädagogische Einrichtungen	27.30	Kulturpädagogische Einrichtungen
28 Sonstige Kulturpflege	28.10	Sonstige Kulturpflege
Teilhaushalt Musikschule	**II/3**	
26 Theater, Konzerte, Musikschulen	26.30	Musikschulen
Teilhaushalt Sozialamt	**II/4**	
31 Soziale Hilfen	31.10	Grundversorgung und Hilfen nach SGB XII
	31.20	Grundsicherung für Arbeitssuchende nach SGB II
	31.30	Hilfen für Flüchtlinge und Aussiedler
	31.40	Soziale Einrichtungen
	31.50	Leistungen nach dem Bundesversorgungsgesetz und den Begleitgesetzen
	31.60	Sonstige Förderung von Trägern der Wohlfahrtspflege
	31.70	Betreuungsleistungen
	31.80	Sonstige soziale Hilfen und Leistungen
Teilhaushalt Sportamt	**II/5**	
42 Sport und Bäder	42.10	Förderung des Sports
	42.40	Bäder
	42.41	Sportstätten

Werden Teilhaushalte nach der örtlichen Organisation produktorientiert gegliedert, ist nach §§ 1 Abs. 3 Punkt 9 i. V. m. 4 Abs. 5 GemHVO dem Haushaltsplan eine Übersicht über die Zuordnung der Produktbereiche und Produktgruppen zu den Teilhaushalten als Anlage beizufügen. Bei einer von der Produktgruppe abweichenden Zuordnung einzelner Produkte oder Leistungen zu anderen Teilhaushalten sind auch diese Produkte oder Leistungen in die Übersicht aufzunehmen.

Lösung zur Aufgabe 2 (Sachverhalt 3):
Alternativ zur örtlichen Gliederung hätte die Stadt S ihren Haushalt bzw. ihre Teilhaushalte nach den vorgegebenen Produktbereichen und damit funktional gliedern können. Mehrere Teilhaushalte können dabei zu einem Teilhaushalt zusammengefasst werden (§ 4 Abs. 1 GemHVO).

Sachverhalt Nr. 4

Die Stadt H will zum 1. Januar des kommenden Jahres einen Haushalt nach den Regeln der GemO und GemHVO aufstellen. Sie möchte ihre Teilhaushalte vor dem Hintergrund des Produktplans Baden-Württemberg funktional gliedern. In diesem Sinne hat sie mit Hilfe der Ämter unter Federführung des Kämmereiamtes folgende Struktur für die Gliederung ihrer Teilhaushalte erarbeitet:

Teilhaushalte	Bezeichnung
1	Innere Verwaltung
2	Sicherheit und Ordnung
3	Schulträgeraufgaben
4	Kultur
5	Soziales
6	Gesundheitsdienste
7	Planung, Bau und Umwelt
8	Allgemeine Einrichtungen, Unternehmen
9	Allgemeine Finanzwirtschaft

Aufgaben:
1. Wie könnte eine Verteilung der im Produktbuch Baden-Württemberg aufgeführten Produktbereiche nach den von der Stadt H gebildeten neun Teilhaushalten aussehen?
2. Wie kann bei funktionaler Gliederung die Verantwortung für die Teilhaushalte sichergestellt werden?

Lösung zur Aufgabe 1 (Sachverhalt 4):
Im Sinne des § 4 Abs. 1 GemHVO können mehrere Produktbereich zu Teilhaushalten zusammengefasst werden. Anhand der von der Stadt H erarbeiteten Bezeichnungen der Teilhaushalte wäre folgende Zuordnung der im Produktplan Baden-Württemberg aufgeführten Produktbereiche sinnvoll:

Teilhaushalte	Bezeichnung	Produktbereiche
1	Innere Verwaltung	Innere Verwaltung (11)
2	Sicherheit und Ordnung	Sicherheit und Ordnung (12)
3	Schulträgeraufgaben	Schulträgeraufgaben (21)
4	Kultur	Museen, Archiv, Zoo (25), Theater, Konzerte, Musikschulen (26), VHS, Bibliotheken, kulturpädagogische Einrichtungen (27), Sonstige Kulturpflege (28)
5	Soziales	Soziale Hilfen (31), Kinder-, Jugend- u. Familienhilfe (36), Schwerbehindertenrecht und soziales Entschädigungsrecht (37)
6	Gesundheitsdienste	Gesundheitsdienste (41), Sport und Bäder (42)
7	Planung, Bau und Umwelt	Räumliche Planung und Entwicklung (51), Bauen und Wohnen (52), Verkehrsflächen u. -anlagen, ÖPNV (54), Natur- und Landschaftspflege, Friedhofswesen (55), Umweltschutz (56)
8	Allgemeine Einrichtungen, Unternehmen	Ver- und Entsorgung (53), Wirtschaft und Tourismus (57)
9	Allgemeine Finanzwirtschaft	Allgemeine Finanzwirtschaft (61)

Bei der Zuordnung der Produktbereiche ist jedoch zu berücksichtigen, welche Aufgaben bzw. Dienstleistungen die Stadt H tatsächlich erbringt.

Lösung zur Aufgabe 2 (Sachverhalt 4):
Gemäß § 4 Abs. 2 GemHVO bildet jeder Teilhaushalt mindestens eine Bewirtschaftungseinheit (Budget). Die Budgets sind jeweils einem Verantwortungsbereich und damit der örtlichen Aufbauorganisation zuzuordnen.

7. Die Elemente des Haushaltsplans

Der Haushaltsplan ist die Grundlage der Haushaltswirtschaft der Gemeinden. Er steht im Zentrum der kommunalen Planungen, bestimmt die laufende Buchhaltung und ist Basis für die Rechenschaftslegung. Diese zentrale Position wird dem Haushaltsplan durch die rechtliche Bedeutung verliehen, die ihm die GemO in ihrem Dritten Teil zuweist.

Das Haushalts- und Rechnungswesen der Gemeinden besteht im Wesentlichen aus drei Komponenten (Drei-Komponenten-System):

- Ergebnishaushalt/-rechnung,
- Finanzhaushalt/-rechnung,
- Bilanz.

Im Haushalts*plan* stehen nach § 80 Abs. 1 GemO die voraussichtlich anfallenden Erträge und Aufwendungen, Einzahlungen und Auszahlungen sowie Verpflichtungsermächtigungen im Mittelpunkt. Diese werden im Ergebnishaushalt und im Finanzhaushalt abgebildet (§ 1 Abs. 2 GemHVO), die ihrerseits in Teilhaushalte zu untergliedern sind (§§ 1 Abs. 1, 4 Abs. 1 GemHVO). Die Bilanz ist dagegen nach den haushaltsrechtlichen Vorschriften für den Jahresabschluss, nicht aber als Planbilanz im Haushaltsplan vorgesehen.[1] Durch die Verknüpfung der drei Rechnungskomponenten wirken sich jedoch auch die Bilanzpositionen mittelbar auf die Ergebnis- und Finanzhaushalte aus. Beispielsweise beziehen sich die Abschreibungen selbstverständlich auf das in der Bilanz ausgewiesene abnutzbare Vermögen. Ebenso mindert die ergebniswirksame Auflösung erhaltener Investitionszuweisungen und -beiträge den entsprechenden Sonderposten auf der Passivseite der Bilanz.

Wichtiges Anliegen der Reform des Haushaltsrechts war die Einbindung von Leistungszielen in die Haushaltsplanung, welche sich an den von der Politik (strategisch) gewünschten Wirkungen (Outcome) und den dafür zur Umsetzung seitens der Verwaltung (operativ) zu erbringenden Dienstleistungen (Produkte bzw. Output) orientieren sollen. Dies hat zur gesetzlichen Verankerung von Begriffen wie „Schlüsselpositionen", „Leistungszielen" und „Kennzahlen" u. a. in § 80 Abs. 1 Satz 3 GemO sowie § 4 Abs. 2 GemHVO geführt. So wird in § 4 Abs. 2 GemHVO sowohl die Ausweisung von Zielen als auch die Bildung von Kennzahlen zur Messung der Zielerreichung als verpflichtender Bestandteil des Haushalts angesehen.

Durch die Haushaltssatzung werden die Inhalte des Stellenplans und des Haushaltsplans ortsrechtlich miteinander verbunden. Mit Beschluss der Haushaltssatzung erhalten sie rechtliche Verbindlichkeit.[2]

1 Gleichwohl sieht § 2 Abs. 1 Nr. 25 bis 35 GemHVO die nachrichtliche Behandlung der geplanten Überschüsse bzw. Fehlbeträge (= „planmäßige Ergebnisverwendung") vor. Zudem erlaubt die Addition von § 3 Nr. 37 und Nr. 36 GemHVO die Berechnung des voraussichtlichen Bestands an liquiden Eigenmitteln zum Ende des Planjahres. Somit werden die Bestände der Bilanzpositionen „Eigenkapital" sowie „Liquide Mittel" zum Ende des Planjahres unter der Prämisse ermittelt, dass der Haushaltsplan planmäßig vollzogen wird.

2 Siehe zur Haushaltssatzung die ausführliche Darstellung in Kap. 18.

Die nach § 4 Abs. 1 GemHVO vorgeschriebene Produktorientierung in den Teilhaushalten bildet die wesentliche Grundlage für die politische Beratung des Haushaltsplans.

Im Überblick ergibt sich daraus eine Zusammensetzung des Haushaltsplans entsprechend der nachfolgenden graphischen Darstellung (§ 1 GemHVO):

Haushaltsplan	**Ergebnishaushalt**	**Finanzhaushalt**	**Teilhaushalte**	Bestandteil
	+ Erträge – Aufwendungen = Ergebnis Haushaltsquerschnitt	+ Einzahlungen – Auszahlungen = Finanzierungsmittelbestand Haushaltsquerschnitt	• Ziele, • Kennzahlen, • Erträge • Aufwendungen, • Interne Leistungsverrechnung • investive Einzahlungen • investive Auszahlungen • investive Einzelmaßnahmen	**Stellenplan**

Anlagen				
	Vorbericht	**Übersicht über Rücklagen**	**Letzter Gesamtabschluss**	**Wirtschaftspläne u. Jahresabschlüsse der Unternehmen und Einrichtungen mit mehr als 50% Beteiligung**
	Finanzplan mit Investitionsprogramm	**Übersicht über Rückstellungen**	**Wi-Pläne u. Abschlüsse der Sonder-vermögen**	
	Übersicht Liquidität	**Übersicht über Schulden**	**Übersicht Budgets**	
	Übersicht Verpflichtungsermächtigungen			

Im Folgenden werden die einzelnen Elemente des Haushaltsplanes ausführlich erläutert. Den Anlagen ist Kap. 8 gewidmet.

7.1 Ergebnishaushalt

Das neue Haushaltsrecht stellt das Ressourcenverbrauchskonzept in den Mittelpunkt der Planung und der Bewirtschaftung. Im Gegensatz zum Geldverbrauchskonzept, das der Kameralistik zu Grunde lag, legt das Ressourcenverbrauchskonzept Augenmerk auf den Verzehr des zur Aufgabenerfüllung eingesetzten Vermögens (Ressourcenverbrauch) und den Zuwachs an Vermögenswerten (Ressourcenaufkommen). Die Darstellung des vollständigen Ressourcenverbrauchs und des ergebniswirksamen Ressourcenaufkommens erfolgt im Ergebnishaushalt. Dabei werden Ressourcenaufkommen und -verbrauch im NKHR mit den betriebswirtschaftlichen Größen Aufwand[3] und Ertrag[4] gleichgesetzt. Der Saldo dieser Größen in einem Jahr zeigt das Jahresergebnis, das in der Logik der kaufmännischen Buchführung die Änderung des Eigenkapitals gegenüber dem vorherigen Bilanzstichtag abbildet. An der Entwicklung des Eigenkapitals lässt sich feststellen, ob die Kommune nachhaltig wirtschaftet oder ob sie „von der Substanz" lebt. Sobald sich das Eigenkapital reduziert, verbraucht sie Vermögen, das in vorigen Jahren erwirtschaftet wurde oder sie schiebt Lasten in die Zukunft, z. B. durch die Aufnahme von Krediten oder das Eingehen sonstiger Verpflichtungen, wie die spätere Abdeckung von Fehlbeträgen. Der Ergebnishaushalt stellt die Planung der Aufwands- und Ertragsgrößen dar. In der Privatwirtschaft würde dies als „Plan-Gewinn-" und „Verlustrechnung" (Plan-GuV) bezeichnet. Die neutrale Bezeichnung „Ergebnishaushalt" wurde gewählt, da sowohl die Ausweisung von Überschüssen (Gewinnen) als auch die Ausweisung von Fehlbeträgen (Verlusten) im Bereich der Kommunalverwaltung nicht das Ziel der Planung sind, sondern ein dauerhaft ausgeglichenes Ergebnis; das entspricht dem Ziel der intergenerativen Gerechtigkeit.

Der Ergebnishaushalt bezieht sich auf alle Bereiche, die in der Kernverwaltung geführt werden. Er wird in Staffelform aufgestellt und beinhaltet nach § 2 GemHVO verpflichtend die folgende Darstellung:

- Ordentliche Erträge,
- Ordentliche Aufwendungen,
- Veranschlagtes ordentliches Ergebnis (entscheidend für den Haushaltsausgleich),
- Außerordentliche Erträge,
- Außerordentliche Aufwendungen,
- Veranschlagtes Sonderergebnis,
- Veranschlagtes Gesamtergebnis,
- Nachrichtliche Angaben.

Die ordentlichen Erträge ergeben sich dabei aus der Summe der nach § 2 Abs. 1 Nrn. 1 bis 10 GemHVO verpflichtend auszuweisenden Ertragsarten. Ebenso ergeben sich die ordentlichen Aufwendungen aus der Summe der nach § 2 Abs. 1 Nrn. 12 bis 18 GemHVO verpflichtend auszuweisenden Aufwandsarten. Die Differenz zwischen den ordentlichen Erträgen und ordentlichen Aufwendungen wird im Ergebnishaushalt nach § 2 Abs. 1 Nr. 20 GemHVO als veranschlagtes ordentliches Ergebnis ausgewiesen, welches gem. § 80 Abs. 2 Satz 2 GemO dem Haushaltsausgleich entspricht, sofern nicht noch Fehlbeträge aus Vorjahren in der Bilanz ausgewiesen sind. Es werden nach § 2 Abs. 1 Nr. 21 und 22 GemHVO noch die außerordentlichen Erträge und Aufwen-

3 Vgl. *Klümper/Zimmermann*, Die produktorientierte Kosten- und Leistungsrechnung, München 2002, S. 28: *„Der Aufwand entspricht dem bewerteten Verbrauch von Gütern und Dienstleistungen eines Betriebs innerhalb einer Periode. Es handelt sich um den gesamten Werteverzehr innerhalb einer Periode. Er führt zu einer Eigenkapitalminderung."*

4 Vgl. *Klümper/Zimmermann*, Die produktorientierte Kosten- und Leistungsrechnung, München 2002 S. 32: *„Der Ertrag entspricht dem Wertezuwachs in einem Betrieb innerhalb einer Periode. Er führt zu einer Eigenkapitalerhöhung."*

dungen aufgeführt, deren Differenz nach § 20 Abs. 1 Nr. 23 als veranschlagtes Sonderergebnis bezeichnet wird. Als außerordentlich werden solche Finanzvorfälle abgebildet, die

- ungewöhnlich und
- selten vorkommen sowie
- periodenfremd sind,
- insbesondere solche aus Vermögensveräußerung sowie aus der Herabsetzung von Schulden und Rückstellungen.[5]

Beispiele hierfür sind Aufwendungen, die sich aus Naturkatastrophen oder anderen Unglücksfällen ergeben oder Erträge, die auf die Veräußerung von Vermögensgegenständen zurückzuführen sind, wenn die obigen Kriterien erfüllt sind.

Die Summe aus dem veranschlagten ordentlichen Ergebnis und dem veranschlagten Sonderergebnis ergeben nach § 20 Abs. 1 Nr. 24 GemHVO das veranschlagte Gesamtergebnis.

Wie mit den geplanten Überschüssen oder Fehlbeträgen am Ende des Haushaltsjahres im Falle deren Realisierung umgegangen werden soll, weist der Ergebnishaushalt gem. § 2 Abs. 1 Nr. 25 bis 35 GemHVO nachrichtlich aus.

Der Ergebnishaushalt kann insgesamt sechs Haushaltsjahre und damit auch den Zeitraum der mittelfristigen Finanzplanung abbilden (VwV Produkt- und Kontenrahmen zu § 145 GemO, Anlage 3). Neben dem Jahr, für das der Haushaltsplan aufgestellt wird (Planjahr), werden abgebildet:

- das Rechnungsergebnis des Vorvorjahres,
- die Planansätze des Vorjahres,
- die Planungen für die drei auf das Planjahr folgenden Jahre.

Durch diese Integration der mittelfristigen Ergebnis- und Finanzplanung kann einerseits auf separate Planwerke (wie die bisherige Finanzplanung und das Investitionsprogramm) grundsätzlich verzichtet werden, andererseits wird hierdurch die mittelfristige Planung gegenüber der bisherigen separaten Mittelfristplanung deutlich aufgewertet, da sie bei der politischen Beratung automatisch im Blickfeld steht. Im Interesse der Verwaltungssteuerung ist die Einbindung der mittelfristig ausgerichteten Finanzplanung in den Ergebnishaushalt und Finanzhaushalt zu empfehlen (VwV zu § 145 GemO Nr. 6). Wird auf diese Integration verzichtet, sind nach § 85 GemO in Verbindung mit § 1 Abs. 3 Nr. 2 GemHVO dem Haushaltsplan der Finanzplan mit dem ihm zugrunde liegenden Investitionsprogramm als Anlage beizufügen (siehe VwV zu § 145 GemO, Anlagen 17 und 18).

---

5 § 2 Abs. 2 GemHVO; Modellprojekt „Doppischer Kommunalhaushalt in NRW“ (Hrsg.), Neues Kommunales Finanzmanagement: Betriebswirtschaftliche Grundlagen für das doppische Haushaltsrecht, 2., vollst. überarb. Aufl. auf der Basis der Endergebnisse des Modellprojektes, Freiburg 2003, S. 63 f.

Der Ergebnishaushalt gibt einen Gesamtüberblick über die voraussichtliche Entwicklung der Gemeinde. Insbesondere ist aus dem ausgewiesenen Planergebnis erkennbar, ob sich das Eigenkapital voraussichtlich erhöht (Planüberschuss) oder verringert (Planfehlbetrag). Dies ergibt sich daraus, dass die Ergebniskonten (Aufwands- und Ertragskonten) Unterkonten des Eigenkapitalkontos sind und im Jahresabschluss über das Bilanzkonto Eigenkapital abgeschlossen werden. Eine Verringerung des Eigenkapitals bedeutet dabei, dass die Gemeinde in einer Rechnungsperiode mehr Vermögensverzehr (Ressourcenverbrauch) hat, als ihr an neuem Vermögen zufließt (Ressourcenaufkommen). Umgekehrt führt ein Jahresüberschuss durch die Erhöhung des Eigenkapitals zu einem Substanzaufbau.

Im Sinne der Nachhaltigkeit des kommunalen Wirtschaftens und dem damit verknüpften Ziel der intergenerativen Gerechtigkeit sollte sich der Substanzabbau und -aufbau über einen Zeitraum ausgleichen, der einer „Generation" zugerechnet werden kann. Hierdurch wird vermieden, dass

- eine Generation z. B. zu Lasten einer nachfolgenden mehr verbraucht als sie erarbeitet oder
- eine Generation der Gemeinde mehr Steuern zuführt als sie an Gegenleistungen von der Gemeinde erhält.[6]

Zusammengefasst lässt sich die Struktur des Ergebnishaushalts wie folgt abbilden:

6 Hierbei ist zu bedenken, dass die bei einem ausgeglichenen Haushalt erwirtschafteten Abschreibungen auf Basis der Anschaffungs- oder Herstellungskosten gem. § 46 Abs. 1 GemHVO aufgrund der Inflationsrate für die Refinanzierung im Falle der Ersatzbeschaffung dieser abnutzbaren Vermögensgegenstände grundsätzlich nicht ausreicht. Vor diesem Hintergrund setzt das Ziel der Intergenerativen Gerechtigkeit grundsätzlich die Erwirtschaftung eines jährlichen Überschusses voraus, um dieses absehbare Delta zwischen tatsächlich erwirtschafteten Abschreibungen auf der Basis der Anschaffungs- und Herstellungskosten sowie den Wiederbeschaffungskosten im Falle der Ersatzbeschaffung aufzufangen.

Gesamtergebnishaushalt einschließlich Finanzplanung (VwV zu § 145 GemO, Anlage 3)

Gesamtergebnishaushalt Ertrags- und Aufwandsarten	Ergebnis Vorvorjahr EUR	Ansatz Vorjahr EUR	Ansatz Haushaltsjahr[1] EUR	Planung Haushaltsjahr +1 EUR	Planung Haushaltsjahr +2 EUR	Planung Haushaltsjahr +3 EUR
	1	2[1]	3	4[2]	5	6
Ordentliche Erträge	–	–	–	–	–	–
1. + Steuern und ähnliche Abgaben						
2. + Zuweisungen und Zuwendungen, Umlagen						
3. + Aufgelöste Investitionszuwendungen und -beiträge						
4. + Sonstige Transfererträge						
5. + Entgelte für öffentliche Leistungen oder Einrichtungen						
6. + Sonstige privatrechtliche Leistungsentgelte						
7. + Kostenerstattungen und Kostenumlagen						
8. + Zinsen und ähnliche Erträge						
9. + Aktivierte Eigenleistungen und Bestandsveränderungen						
10. + sonstige ordentliche Erträge						
11. = Ordentliche Erträge (Summe aus Nummer 1–9)						
12. – Personalaufwendungen						
13. – Versorgungsaufwendungen						
14. – Aufwendungen für Sach- und Dienstleistungen						
15. – Planmäßige Abschreibungen						
16. – Zinsen und ähnliche Aufwendungen						
17. – Transferaufwendungen						
18. – sonstige ordentliche Aufwendungen						
19. = Ordentliche Aufwendungen (Summe aus Nr. 12–18)						

Gesamtergebnishaushalt **Ertrags- und Aufwandsarten**	Ergebnis Vorvorjahr EUR	Ansatz Vorjahr EUR	Ansatz Haushaltsjahr[1)] EUR	Planung Haushaltsjahr +1 EUR	Planung Haushaltsjahr +2 EUR	Planung Haushaltsjahr +3 EUR
	1	2[1)]	3	4[2)]	5	6
20. = Veranschlagtes ordentliches Ergebnis (Saldo aus Nummer 11 und 19)						
21. + außerordentliche Erträge						
22. – außerordentliche Aufwendungen						
23. = Veranschlagtes Sonderergebnis (Saldo aus Nummer 21 und 22)						
24. = Veranschlagtes Gesamtergebnis (Summe aus Nummer 20 und 23)						
nachrichtlich Behandlung von Überschüssen und Fehlbeträgen:[3)] 25. Abdeckung von Fehlbeträgen aus Vorjahren						
26. Zuführung zur Rücklage aus Überschüssen des ordentlichen Ergebnisses						
27. Minderung des Basiskapitals nach Artikel 13 Absatz 6 des Gesetzes zur Reform des Gemeindehaushaltsrechts						
28. Entnahme aus der Rücklage aus Überschüssen ordentlichen Ergebnisses						
29. Verwendung des Überschusses des Sonderergebnisses zum Ausgleich des ordentlichen Ergebnisses						
30. Zuführung zur Rücklage aus Überschüssen des Sonderergebnisses						
31. Verrechnung eines Fehlbetrags beim Sonderergebnis mit der Rücklage aus Überschüssen des Sonderergebnisses						
32. Verrechnung eines Fehlbetrags beim ordentlichen Ergebnis mit der Rücklage aus Überschüssen des Sonderergebnisses						
33. Fehlbetragsvortrag auf das ordentliche Ergebnis folgender Haushaltsjahre						
34. Verrechnung eines Fehlbetrags beim Ordentlichen Ergebnis mit dem Basiskapital						
35. Verrechnung eines Fehlbetrags beim Sonderergebnis mit dem Basiskapital						

1) Ansatz einschließlich aller Nachtragshaushalte
2) Bei einem Doppelhaushalt lautet die Spaltenüberschrift „Ansatz Haushaltsjahr +1"
3) Es ist nur die Angabe des jeweiligen Vorgangs notwendig

Übersicht Haushaltsquerschnitt des Ergebnishaushalts (VwV zu § 145 GemO, Anlage 7)

(Übersicht [Haushaltsquerschnitt] über die Erträge und Aufwendungen der Teilhaushalte des Ergebnishaushalts [§ 4 Abs. 3 GemHVO] gem. § 1 Abs. 2 Nr. 3 GemHVO)

Haushaltsquerschnitt des Ergebnishaushalts	Erträge aus Nutzungsentgelten, Zuwendungen und Umlagen sowie privatrechtlichen Leistungsentgelten, Kostenerstattungen und Kostenumlagen (KoGr 31, 33, 34) Euro	Sonstige Erträge (KoGr 30, 32, 35–37, 50, KoArt 531) Euro	Personalaufwendungen (KoGr 40, 41) Euro	Aufwendungen für Sach- und Dienstleistungen (KoGr 42) Euro	Transferaufwendungen (KoGr 43) Euro	Sonstige Aufwendungen (KoGr 44–47, 51, KoArt 532) Euro	Erträge aus internen Leistungen (KoGr 38) Euro	Aufwendungen für interne Leistungen (KoGr 48) Euro	Kalkulatorische Kosten Euro	Nettoressourcenbedarf/-überschuss (Summe Spalten 1–9) Euro
	EUR	EUR	EUR	EUR	EUR	EUR	EUR	EUR	EUR	EUR
	1	2	3	4	5	6	7	8	9	10
Produktbereiche bzw. -gruppen oder Produkte mindestens nach Produktrahmen										
Summe										

7.2 Finanzhaushalt

Neben die Planung des Ergebnisses innerhalb des Haushaltsplans im NKHR tritt nach § 80 Abs. 1 Nr. 2 GemO der Finanzhaushalt als zweite Plangröße. Der Begriff Finanzhaushalt ist zunächst von dem bisherigen kameralen Begriff der „Finanzplanung“ deutlich abzugrenzen. Auch wenn künftig im Finanzhaushalt, wie im Ergebnishaus-

halt, die mittelfristige Ergebnis- und Finanzplanung integriert sein sollte, so steht doch die Planung des kommenden Haushaltsjahres im Vordergrund. Der Finanzhaushalt ist zudem kein verbleibendes kamerales Element im doppischen Haushalt, sondern stellt eine sinnvolle Ergänzung des Ergebnishaushalts dar, die zunehmend auch für die Privatwirtschaft gefordert wird.
Dabei bezieht sich der Finanzhaushalt auf die betriebswirtschaftlichen Rechengrößen „Einzahlungen" und „Auszahlungen".[7] Im Finanzhaushalt werden also alle Finanzvorfälle abgebildet, die das Geldvermögen (d. h. die Bilanzposition „*Liquide Mittel* der Kommune") verändern sollen. Mit der aus dem Finanzhaushalt folgenden Finanzrechnung wird ein unmittelbarer Bezug zur Bilanz hergestellt.

Ziel des Finanzhaushalts ist die sorgfältige Planung der Veränderung des Zahlungsmittelbestandes und die Feststellung eines notwendigen Kreditbedarfs für den Planungszeitraum. Da für die Aufnahme von Krediten eine gesonderte Ermächtigung des Gemeinderates in der Haushaltssatzung erforderlich ist, muss diese Position besonders sorgfältig geplant werden. Der Finanzhaushalt ist eine wesentliche Grundlage für diese Planung. Allerdings bildet der Finanzhaushalt nur den Kreditbedarf für Investitionen bezogen auf die gesamte Planungsperiode ab. Unberücksichtigt bleiben unterjährige Finanzierungsspitzen zur Sicherung der Liquidität im laufenden Jahr, wofür außerhaushaltsmäßig ein zusätzlicher Kassenkreditbedarf entstehen kann, der nur in der Finanzrechnung abgewickelt wird.[8]

Wie der Ergebnishaushalt wird der Finanzhaushalt in Staffelform aufgestellt und verlangt gem. § 3 GemHVO verpflichtend nachfolgende Zwischensalden:

- Summe der Einzahlungen aus laufender Verwaltungstätigkeit,
- Summe der Auszahlungen aus laufender Verwaltungstätigkeit,
- Zahlungsmittelüberschuss/-bedarf des Ergebnishaushalts,
- Summe der Einzahlungen aus Investitionstätigkeit,
- Summe der Auszahlungen aus Investitionstätigkeit,
- Veranschlagter Finanzierungsmittelüberschuss/-bedarf aus Investitionstätigkeit,
- Veranschlagter Finanzierungsmittelüberschuss/-bedarf,
- Einzahlungen aus der Aufnahme von Krediten und wirtschaftlich vergleichbaren Vorgängen für Investitionen,
- Auszahlungen für die Tilgung von Krediten und wirtschaftlich vergleichbaren Vorgängen für Investitionen,
- Veranschlagter Finanzierungsmittelüberschuss/-bedarf aus Finanzierungstätigkeit,
- Veranschlagte Änderung des Finanzierungsmittelbestands zum Ende des Haushaltsjahres.

7 Der Rechenstoff in der Kameralistik waren Einnahmen und Ausgaben. Die Differenzen zwischen diesen Größen sind marginal. Im Wesentlichen ist darauf hinzuweisen, dass in der Kameralistik z. T. auch innere Verrechnungen (z. B. Zuführungen vom Verwaltungs- an den Vermögenshaushalt oder Abschreibungen in den gebührenrechnenden Einrichtungen) als Einnahmen und Ausgaben dargestellt wurden.

8 Hierauf wird ausführlich in Kap. 16 dieses Buches eingegangen.

Die Einzahlungen aus laufender Verwaltungstätigkeit ergeben sich dabei aus der Summe der zahlungswirksamen ordentlichen und außerordentlichen Erträge des Ergebnishaushalts (§ 2 GemHVO), ohne die außerordentlichen zahlungswirksamen Erträge aus der Vermögensveräußerung (§ 3 Nr. 9 GemHVO). Ebenso ergeben sich die Auszahlungen aus laufender Verwaltungstätigkeit aus der Summe der zahlungswirksamen ordentlichen und außerordentlichen Aufwendungen des Ergebnishaushalts. Die Differenz der Einzahlungen und der Auszahlungen für die laufende Verwaltungstätigkeit ergibt den Saldo „Zahlungsmittelüberschuss/-bedarf des Ergebnishaushalts". Separat ausgewiesen wird die Investitionstätigkeit der Kommune mit vorgeschriebenen Einzahlungs- und Auszahlungsarten. Für den Bereich der Investitionen wird ein separater Saldo „Veranschlagter Finanzierungsmittelüberschuss/-bedarf aus Investitionstätigkeit" ausgewiesen. Die Saldierung von Saldo „Zahlungsmittelüberschuss/-bedarf des Ergebnishaushalts" und Saldo „Veranschlagter Finanzierungsmittelüberschuss/-bedarf aus Investitionstätigkeit" ergibt den Saldo „Veranschlagter Finanzierungsmittelüberschuss/-bedarf". Ein möglicher veranschlagter Finanzierungsmittelbedarf kann im Bereich der Investitionstätigkeit vor dem Hintergrund des § 87 Abs. 1 GemO durch Kreditaufnahme abgedeckt werden. Ein veranschlagter Finanzierungsmittelüberschuss kann möglicherweise zur Kredittilgung verwandt werden. Sowohl die Kreditaufnahme als auch die Tilgung von Krediten werden im Finanzhaushalt separat ausgewiesen und schließen ab mit dem Saldo „Veranschlagter Finanzierungsmittelüberschuss/-bedarf aus Finanzierungstätigkeit". Veranschlagter Finanzierungsmittelüberschuss/-bedarf und der Saldo „Veranschlagter Finanzierungsmittelüberschuss/-bedarf aus Finanzierungstätigkeit" ergeben zusammen die Veranschlagte Änderung des Finanzierungsmittelbestands zum Ende des Haushaltsjahres. Gemeinsam mit dem Anfangsbestand der Finanzierungsmittel lässt sich hieraus der voraussichtliche Finanzierungsmittelbestand zum Ende der Planungsperiode ermitteln. Dieser Finanzierungsmittelbestand in der Finanzrechnung am Jahresschluss entspricht der Bilanzposition „Liquide Mittel".

Außerdem informiert der Finanzhaushalt gem. § 3 Nr. 37–38 noch nachrichtlich über den voraussichtlichen Bestand an liquiden Eigenmitteln sowie über den voraussichtlichen Bestand an inneren Darlehen[9] jeweils zum Jahresbeginn.

In der Übersicht stellt sich der Finanzhaushalt wie folgt dar:

9 Nach § 61 Nr. 20 GemHVO handelt es sich bei den inneren Darlehen um die vorübergehende Inanspruchnahme von liquiden Mitteln aus Rückstellungen nach § 41 Abs. 1 Nummer 3 GemHVO als Finanzierungsmittel für Investitionen und Investitionsfördermaßnahmen.

Gesamtfinanzhaushalt einschließlich Finanzplanung (VwV zu § 145 GemO, Anlage 4)

Gesamtfinanzhaushalt Einzahlungs- und Auszahlungsarten	Ergebnis Vorvor-jahr EUR	Ansatz Vorjahr EUR	Ansatz Haus-halts-jahr EUR	Verpflich-tungser-mächti-gungen Haus-haltsjahr EUR	Planung Haus-haltsjahr +1 EUR	Verpflich-tungser-mächti-gungen Haus-haltsjahr +1 EUR	Planung Haus-haltsjahr +2 EUR	Planung Haus-haltsjahr +3 EUR
	1	2	3	4[1)]	5[2)]	6[1)]	7	8
1 + Steuern und ähnliche Abgaben								
2 + Zuweisungen und Zuwendungen und allgemeine Umlagen								
3 + Sonstige Transfereinzahlungen								
4 + Entgelte für öffentliche Leistungen oder Einrichtungen								
5 + Sonstige privatrechtliche Leistungsentgelte								
6 + Kostenerstattungen und Kostenumlagen								
7 + Zinsen und ähnliche Einzahlungen								
8 + Sonstige haushaltswirksame Einzahlungen								
9 = Einzahlungen aus laufender Verwaltungstätigkeit (Summe aus Nummern 1 bis 8, ohne außerordentliche zahlungswirksame Erträge aus Vermögensveräußerung)								
10 – Personalauszahlungen								
11 – Versorgungsauszahlungen								
12 – Auszahlungen für Sach- und Dienstleistungen								
13 – Zinsen und ähnliche Auszahlungen								
14 – Transferauszahlungen (ohne Investitionszuschüsse)								
15 – Sonstige haushaltswirksame Auszahlungen								
16 = Auszahlungen aus laufender Verwaltungstätigkeit (Summe aus Nummern 10 bis 15)								

Gesamtfinanzhaushalt **Einzahlungs- und Auszahlungsarten**	Ergebnis Vorvor-jahr EUR	Ansatz Vorjahr EUR	Ansatz Haus-halts-jahr EUR	Verpflich-tungser-mächti-gungen Haus-haltsjahr EUR	Planung Haus-haltsjahr +1 EUR	Verpflich-tungser-mächti-gungen Haus-haltsjahr +1 EUR	Planung Haus-haltsjahr +2 EUR	Planung Haus-haltsjahr +3 EUR
	1	2	3	4[1)]	5[2)]	6[1)]	7	8
17 = Zahlungsmittelüberschuss/-bedarf des Ergebnishaushalts (Saldo aus Nummer 9 und 16)								
18 + Einzahlungen aus Investitionszuwendungen								
19 + Einzahlungen aus Investitionsbeiträgen und ähnlichen Entgelten für Investitionstätigkeit								
20 + Einzahlungen aus der Veräußerung von Sachvermögen								
21 + Einzahlungen aus der Veräußerung von Finanzvermögen								
22 + Einzahlungen für sonstige Investitionstätigkeit								
23 = Einzahlungen aus Investitionstätigkeit (Summe aus Nummer 18 bis 22)								
24 – Auszahlungen für den Erwerb von Grundstücken und Gebäuden								
25 – Auszahlungen für Baumaßnahmen								
26 – Auszahlungen für den Erwerb von beweglichem Sachvermögen								
27 – Auszahlungen für den Erwerb von Finanzvermögen								
28 – Auszahlungen für Investitionsförderungsmaßnahmen								
29 – Auszahlungen für den Erwerb von immateriellen Vermögensgegenständen								
30 = Auszahlungen aus Investitionstätigkeit (Summe aus Nummer 24 bis 29)								

Gesamtfinanzhaushalt Einzahlungs- und Auszahlungsarten	Ergebnis Vorvor-jahr EUR	Ansatz Vorjahr EUR	Ansatz Haus-halts-jahr EUR	Verpflich-tungser-mächti-gungen Haus-haltsjahr EUR	Planung Haus-haltsjahr +1 EUR	Verpflich-tungser-mächti-gungen Haus-haltsjahr +1 EUR	Planung Haus-haltsjahr +2 EUR	Planung Haus-haltsjahr +3 EUR
	1	2	3	4[1)]	5[2)]	6[1)]	7	8
31 = Veranschlagter Finanzierungsmittelüberschuss/-bedarf aus Investitionstätigkeit (Saldo aus Nummer 23 und 30)								
32 = Veranschlagter Finanzierungsmittelüberschuss/-bedarf (Summe aus Nummer 17 und 31)								
33 + Einzahlungen aus der Aufnahme von Krediten und wirtschaftlich vergleichbaren Vorgängen für Investitionen								
34 – Auszahlungen für die Tilgung von Krediten und wirtschaftlich vergleichbaren Vorgängen für Investitionen								
35 = Veranschlagter Finanzierungsmittelüberschuss/-bedarf aus Finanzierungstätigkeit (Saldo aus Nummer 33 und 34)								
36 = Veranschlagte Änderung des Finanzierungsmittelbestands zum Ende des Haushaltsjahres (Summe aus Nummer 32 und 35) nachrichtlich								
37 den voraussichtlichen Bestand an liquiden Eigenmitteln zum Jahresbeginn				X		X		
38 den voraussichtlichen Bestand an inneren Darlehen zum Jahresbeginn				X	X	X	X	X

1) Keine Pflichtangabe (§§ 3 und 4 Abs. 4 GemHVO); falls bei einem Doppelhaushalt Verpflichtungsermächtigungen dargestellt werden, ist neben Spalte 4 auch Spalte 6 zu bedienen

2) Bei einem Doppelhaushalt lautet die Spaltenüberschrift "Ansatz Haushaltsjahr +1"

Übersicht Haushaltsquerschnitt des Finanzhaushalts (VwV zu § 145 GemO, Anlage 7)

(Übersicht [Haushaltsquerschnitt] über die Einzahlungen, Auszahlungen und Verpflichtungsermächtigungen der Teilhaushalte des Finanzhaushalts [§§ 4 Abs. 4, 11 GemHVO] gem. § 1 Abs. 2 Nr. 3 GemHVO)

Haushaltsquerschnitt des Finanzhaushalts	Anteiliger Zahlungsmittelüberschuss/-bedarf des Ergebnishaushalts[1)] EUR	Einzahlungen aus Investitionstätigkeit EUR	Auszahlungen aus Investitionstätigkeit EUR	Anteiligerveranschlagter Finanzierungsmittelüberschuss/-bedarf (Summe Spalten 1 – 3) EUR	Einzahlungen aus Finanzierungstätigkeit EUR	Auszahlungen aus Finanzierungstätigkeit EUR	Anteiliger veranschlagter Finanzierungsmittelüberschuss/-bedarf (Summe Spalten 1-3, 5, 6) EUR	Verpflichtungsermächtigungen EUR
	1[2)]	2	3	4	5[3)]	6[3)]	7[3)]	8
Teilhaushalte								
Summe								

1) § 3 Nr. 17 GemHVO
2) Keine Pflichtangabe (§ 1 Abs. 2 Nr. 3 i. V. m. § 4 Abs. 4 Satz 3 GemHVO)
3) Keine Pflichtangabe (§ 1 Abs. 2 Nr. 3 i. V. m. § 4 Abs. 4 GemHVO)

Der Finanzhaushalt gibt einen systematischen Überblick über die voraussichtliche finanzielle Lage der Kommune im Planjahr und in den drei Folgejahren. Er stellt insbesondere dar, inwieweit sich ein positiver bzw. negativer Saldo aus laufender Verwaltungstätigkeit (§ 3 Nr. 17 GemHVO) sowie aus Investitionstätigkeit (§ 3 Nr. 31 GemHVO) ergibt und wie ein deswegen evtl. veranschlagter Finanzierungsmittelbedarf (§ 3 Nr. 32 GemHVO) gedeckt werden soll. Bedingt durch die Differenzierung von Investitionskrediten (§ 87 GemO) und Kassenkrediten (§ 89 GemO) ist eine Deckung vom Zahlungsmittelbedarf des Ergebnishaushalts (§ 3 Nr. 17 GemHVO) im Finanzhaushalt insbesondere über den Abbau verfügbarer liquider Mittel möglich, während ein Finanzierungsmittelbedarf aus Investitionstätigkeit (§ 3 Nr. 31 GemHVO) zudem Kreditaufnahmen nach § 87 Abs. 1 GemO begründet.[10]

7.3 Übung

Sachverhalt

Die Gemeinde G hat ihr Haushalts- und Rechnungswesen auf die kommunale Doppik umgestellt und legt für das Jahr 2024 den ersten doppischen Haushaltsplan für die Gesamtverwaltung vor. Für das Planjahr werden im Ergebnis- und Finanzhaushalt nachfolgende Werte geplant (angegeben sind nur die Werte für das Jahr 2024 in Tausend €):

10 Vgl. dazu auch *Aker/Hafner/Notheis*, Gemeindeordnung/Gemeindehaushaltsverordnung Baden-Württemberg, Kommentar zu § 3 GemHVO, RNr. 7 bis 14, 2. Aufl., Stuttgart 2019.

Gesamtergebnishaushalt 2024

Gesamtergebnishaushalt Ertrags- und Aufwandsarten	Ergebnis 2022 T. EUR	Ansatz 2023 T. EUR	Ansatz 2024 T. EUR	Planung Haushaltsjahr 2025 T. EUR	Planung Haushaltsjahr 2026 T. EUR	Planung Haushaltsjahr 2027 T. EUR
	1	2	3	4	5	6
Ordentliche Erträge	–	–	–	–	–	–
1 + Steuern und ähnliche Abgaben			355.000			
2 + Zuweisungen und Zuwendungen, Umlagen			37.330			
3 + Aufgelöste Investitionszuwendungen und -beiträge			14.670			
4 + Sonstige Transfererträge			5.000			
5 + Entgelte für öffentliche Leistungen oder Einrichtungen			55.000			
6 + Sonstige privatrechtliche Leistungsentgelte			23.500			
7 + Kostenerstattungen und Kostenumlagen			9.500			
8 + Zinsen und ähnliche Erträge			980			
9 + Aktivierte Eigenleistungen und Bestandsveränderungen			990			
10 + sonstige ordentliche Erträge			36.500			
11 = Ordentliche Erträge (Summe aus Nummer 1–10)			538.470			
12 – Personalaufwendungen			195.000			
13 – Versorgungsaufwendungen			520			
14 – Aufwendungen für Sach- und Dienstleistungen			25.180			
15 – Abschreibungen			35.790			
16 – Zinsen und ähnliche Aufwendungen			28.500			
17 – Transferaufwendungen			227.050			
18 – Sonstige ordentliche Aufwendungen			38.200			
19 = Ordentliche Aufwendungen (Summe aus Nr. 12–18)			550.240			

Gesamtergebnishaushalt Ertrags- und Aufwandsarten	Ergebnis 2022 T. EUR	Ansatz 2023 T. EUR	Ansatz 2024 T. EUR	Planung Haushaltsjahr 2025 T. EUR	Planung Haushaltsjahr 2026 T. EUR	Planung Haushaltsjahr 2027 T. EUR
	1	2	3	4	5	6
20 = Veranschlagtes ordentliches Ergebnis (Saldo aus Nummer 11 und 19)			–11.770			
21 + außerordentliche Erträge			+11.770			
22 – außerordentliche Aufwendungen						
23 = Veranschlagtes Sonderergebnis (Saldo aus Nummer 21 und 22)			+11.770			
24 = Veranschlagtes Gesamtergebnis (Summe aus Nummer 20 und 23)			0			
nachrichtlich: Behandlung von Überschüssen und Fehlbeträgen: 25 Abdeckung von Fehlbeträgen aus Vorjahren						
26 Zuführung zur Rücklage aus Überschüssen des ordentlichen Ergebnisses						
27 Minderung des Basiskapitals nach Artikel 13 Absatz 6 des Gesetzes zur Reform des Gemeindehaushaltsrechts						
28 Entnahme aus der Rücklage aus Überschüssen des ordentlichen Ergebnisses						
29 Verwendung des Überschusses des Sonderergebnisses zum Ausgleich des ordentlichen Ergebnisses			+11.770			
30 Zuführung zur Rücklage aus Überschüssen des Sonderergebnisses						
31 Verrechnung eines Fehlbetrags beim Sonderergebnis mit der Rücklage aus Überschüssen aus des Sonderergebnisses						
32 Verrechnung eines Fehlbetrags beim ordentlichen Ergebnis mit der Rücklage aus Überschüssen des Sonderergebnisses						
33 Fehlbetragsvortrag auf das ordentliche Ergebnis folgender Haushaltsjahre						
34 Verrechnung eines Fehlbetrags beim ordentlichen Ergebnis mit dem Basiskapital						
35 Verrechnung eines Fehlbetrags beim Sonderergebnis mit dem Basiskapital						

Finanzhaushalt 2024 (nur Beträge 2024)

Gesamtfinanzhaushalt Einzahlungs- und Auszahlungsarten	Ergebnis 2022 T. EUR	Ansatz 2023 T. EUR	Ansatz 2024 T. EUR	Verpflichtungsermächtigungen 2024 T. EUR	Planung Haushaltsjahr 2025 T. EUR	Verpflichtungsermächtigungen Haushaltsjahr 2025 T. EUR	Planung Haushaltsjahr 2026 T. EUR	Planung Haushaltsjahr 2027 T. EUR
	1	2	3	4	5	6	7	8
1 + Steuern und ähnliche Abgaben			355.000					
2 + Zuweisungen und Zuwendungen und allgemeine Umlagen			37.330					
3 + Sonstige Transfereinzahlungen			5.000					
4 + Entgelte für öffentliche Leistungen oder Einrichtungen			55.990					
5 + Sonstige privatrechtliche Leistungsentgelte			23.500					
6 + Kostenerstattungen und Kostenumlagen			9.500					
7 + Zinsen und ähnliche Einzahlungen			980					
8 + Sonstige haushaltswirksame Einzahlungen			36.500					
9 = Einzahlungen aus laufender Verwaltungstätigkeit (Summe aus Nummern 1 bis 8, ohne außerordentliche zahlungswirksame Erträge aus Vermögensveräußerung)			523.800					
10 – Personalauszahlungen			204.050					
11 – Versorgungsauszahlungen			520					
12 – Auszahlungen für Sach- und Dienstleistungen			25.180					
13 – Zinsen und ähnliche Auszahlungen			28.500					
14 – Transferauszahlungen (ohne Investitionszuschüsse)			227.050					
15 – Sonstige haushaltswirksame Auszahlungen			38.200					

Gesamtfinanzhaushalt Einzahlungs- und Auszahlungsarten	Ergebnis 2022 T. EUR	Ansatz 2023 T. EUR	Ansatz 2024 T. EUR	Verpflichtungsermächtigungen 2024 T. EUR	Planung Haushaltsjahr 2025 T. EUR	Verpflichtungsermächtigungen Haushaltsjahr 2025 T. EUR	Planung Haushaltsjahr 2026 T. EUR	Planung Haushaltsjahr 2027 T. EUR
	1	2	3	4	5	6	7	8
16 = Auszahlungen aus laufender Verwaltungstätigkeit (Summe aus Nummern 10 bis 15)			523.500					
17 = Zahlungsmittelüberschuss/-bedarf des Ergebnishaushalts (Saldo aus Nummer 9 und 16)			+300					
18 + Einzahlungen aus Investitionszuwendungen			10.000					
19 + Einzahlungen aus Investitionsbeiträgen und ähnlichen Entgelten für Investitionstätigkeit			11.200					
20 + Einzahlungen aus der Veräußerung von Sachvermögen			22.500					
21 + Einzahlungen aus der Veräußerung von Finanzvermögen			13.000					
22 + Einzahlungen für sonstige Investitionstätigkeit								
23 = Einzahlungen aus Investitionstätigkeit (Summe aus Nummer 18 bis 22)			56.700					
24 – Auszahlungen für den Erwerb von Grundstücken und Gebäuden			30.000					
25 – Auszahlungen für Baumaßnahmen			34.000					
26 – Auszahlungen für den Erwerb von beweglichem Sachvermögen			800					
27 – Auszahlungen für den Erwerb von Finanzvermögen								
28 – Auszahlungen für Investitionsförderungsmaßnahmen								

Gesamtfinanzhaushalt Einzahlungs- und Auszahlungsarten	Ergebnis 2022 T. EUR	Ansatz 2023 T. EUR	Ansatz 2024 T. EUR	Verpflichtungsermächtigungen 2024 T. EUR	Planung Haushaltsjahr 2025 T. EUR	Verpflichtungsermächtigungen Haushaltsjahr 2025 T. EUR	Planung Haushaltsjahr 2026 T. EUR	Planung Haushaltsjahr 2027 T. EUR
	1	2	3	4	5	6	7	8
29 – Auszahlungen für den Erwerb von immateriellen Vermögensgegenständen								
30 = Auszahlungen aus Investitionstätigkeit (Summe aus Nummer 24 bis 29)			64.800					
31 = Veranschlagter Finanzierungsmittelüberschuss/-bedarf aus Investitionstätigkeit (Saldo aus Nummer 23 und 30)			–8.100					
32 = Veranschlagter Finanzierungsmittelüberschuss/-bedarf (Summe aus Nummer 17 und 31)			–7.800					
33 + Einzahlungen aus der Aufnahme von Krediten und wirtschaftlich vergleichbaren Vorgängen für Investitionen			24.000					
34 – Auszahlungen für die Tilgung von Krediten und wirtschaftlich vergleichbaren Vorgängen für Investitionen			15.200					
35 = Veranschlagter Finanzierungsmittelüberschuss/-bedarf aus Finanzierungstätigkeit (Saldo aus Nummer 33 und 34)			8.800					
36 = Veranschlagte Änderung des Finanzierungsmittelbestands zum Ende des Haushaltsjahres (Summe aus Nummer 32 und 35)			+1.000					
nachrichtlich **37 den voraussichtlichen Bestand an liquiden Eigenmitteln zum Jahresbeginn**								
38 den voraussichtlichen Bestand an inneren Darlehen zum Jahresbeginn								

Der außerordentliche Ertrag i. H. v. 11,77 Mio. € ergibt sich aus der geplanten Veräußerung von Anteilen an der Stadtwerke G GmbH. Diese Anteile wurden im Rahmen der Erstellung der Eröffnungsbilanz zum 1.1.2024 mit einem anteiligen Eigenkapitalwert von 1,23 Mio. € bewertet. Der erwartete Verkaufserlös beträgt 13 Mio. €. Diese 13 Mio. € sind in der Finanzplanung als Einzahlung aus der Veräußerung von Finanzvermögen ausgewiesen.

Aufgabe:
Was lässt sich ohne nähere Betrachtung von Einzelpositionen aus der vorliegenden gesamtstädtischen Planung für Ergebnis- und Finanzhaushalt im Hinblick auf die allgemeine Haushaltslage der Gemeinde G erkennen?

Lösung:
Der Ergebnishaushalt der Gemeinde G für das Jahr 2024 weist ein in Erträgen und Aufwendungen ausgeglichenes Jahresergebnis aus. Es ist damit bilanziell keine Änderung des Eigenkapitals vorgesehen. Dies bedeutet gleichzeitig, dass die Gemeinde G die formalen Anforderungen des Ressourcenverbrauchskonzepts einhält (Ressourcenaufkommen ≥ Ressourcenverbrauch).

Festzustellen ist jedoch, dass der Ausgleich des Ergebnishaushalts nur durch einen erheblichen außerordentlichen Ertrag erreicht werden kann. Außerordentliche Aufwendungen und Erträge beruhen definitionsgemäß auf seltenen, ungewöhnlichen Vorgängen. Im vorliegenden Fallbeispiel ergibt sich ein außerordentlicher Ertrag aus der Veräußerung von Anteilen einer städtischen Gesellschaft. Da die Unternehmensanteile in der Eröffnungsbilanz lediglich mit ihrem anteiligen Eigenkapitalwert bewertet werden, ergibt sich eine erhebliche Differenz zwischen dem bilanziellen Wert und dem erwarteten Veräußerungserlös. Diese Differenz wird bei einer tatsächlichen Veräußerung als außerordentlicher Ertrag ergebniswirksam.

Da das geplante ordentliche Jahresergebnis mit immerhin 11,77 Mio. € negativ ist, liegt bei der Gemeinde G ein strukturell unausgeglichener Haushalt vor, der in 2024 nur durch die vorgesehene einmalige Veräußerung von Unternehmensanteilen aufgefangen werden kann. Damit wird dem Ziel der intergenerativen Gerechtigkeit nicht entsprochen.

Der Finanzhaushalt weist eine erforderliche Netto-Kreditaufnahme von 8,8 Mio. € aus. Aus laufender Verwaltungstätigkeit kann lediglich ein Finanzierungsbeitrag von 300.000 € zu den Investitionen geleistet werden. Der weitaus größte Teil der Investitionen wird aus Veräußerungserlösen von Finanzvermögen und Vermögensgegenständen (35,5 Mio. €) finanziert. Addiert man zu diesem geplanten Vermögensabgang noch die bilanziellen Abschreibungen von 35,8 Mio. € hinzu, wird deutlich, dass für das Jahr 2024 das Vermögen in erheblichem Umfang (real 71,3 Mio. €) reduziert werden soll. Dem stehen Investitionen i. H. v. lediglich 64,8 Mio. € gegenüber. Insgesamt ist demnach in 2024 eine reale Verringerung des Vermögens vorgesehen. Da gleichzeitig eine Netto-Kreditaufnahme von 8,8 Mio. € veranschlagt ist, kann man auch auf der Finanzierungsseite feststellen, dass die Haushaltslage der Gemeinde G nicht nachhaltig gesichert ist.

Berücksichtigt man zudem, dass immerhin 21,2 Mio. € der Investitionen durch Dritte über Zuweisungen und Beiträge finanziert werden, ergibt sich ein verbleibender Finanzierungsbedarf von netto 43,6 Mio. €. Bei einer strukturell ausgeglichenen Haushaltslage könnte dieser Betrag ohne die Inanspruchnahme von Fremdkapital aus erwirtschafteten Abschreibungen und Vermögensveräußerungen bereitgestellt werden. Gleichzeitig hätte eine Reduzierung des Kreditbestandes durch zusätzliche Tilgung erreicht werden können.

Im Ergebnis ist anhand der vorliegenden Zahlen festzustellen, dass trotz formellem Ausgleich des Ergebnishaushalts und trotz einer im Hinblick auf das Investitionsvolumen moderaten Neuverschuldung der Haushalt mit erheblichen Risiken behaftet ist. Diese Risiken können nur vorübergehend durch die vorgesehenen Vermögensveräußerungen ausgeglichen werden. Es ist zu erwarten, dass bei gleichbleibenden Rahmenbedingungen die Gemeinde G nicht in der Lage sein wird, ihren Ressourcenverbrauch durch ein ausreichendes Ressourcenaufkommen zu decken. Um dies zu erreichen sollte die Gemeinde G bereits in 2024 notwendige Haushaltssicherungsschritte einleiten, um den Aufwand zu reduzieren und/oder die Erträge zu erhöhen.

7.4 Teilhaushalte

Ergebnis- und Finanzhaushalt stellen Planwerke dar, die eine Gesamtaussage über die allgemeine Lage der Kommune liefern. Wie aber bereits in Kap. 6 dargestellt, reicht im Bereich der Kommunalverwaltung die gesamtstädtische Betrachtung weder für die Planung noch für die Rechenschaftslegung aus. Kern des Haushaltsplans und damit auch Kern der politischen Beratung des Etats sind die Teilhaushalte, die nach § 4 Abs. 1 GemHVO produktorientiert entweder nach den vorgegebenen Produktbereichen oder nach der örtlichen Organisation gebildet werden können, wobei immer die Mindestgliederung gemäß VwV Produkt- und Kontenrahmen (Produktrahmen, Anlage 30) zu beachten ist. Die Produktbereiche aus dem Produktplan Baden-Württemberg sind gleichzusetzen mit sachorientierten Handlungsfeldern.

Die Struktur der Teilhaushalte ergibt sich aus § 4 GemHVO in Verbindung mit den Verwaltungsvorschriften (VwV Produkt- und Kontenrahmen) zu § 145 GemO, welche Muster

- eines Teilergebnishaushalts nach § 4 Abs. 3 GemHVO (Anlage 8),
- eines Teilfinanzhaushalts nach § 4 Abs. 4 GemHVO (Anlage 9.1),
- eines Teilfinanzhaushalts nach § 4 Abs. 4 GemHVO mit Einzeldarstellung der Investitionen (Anlage 9.2) beinhaltet.

Im Falle einer örtlichen Gliederung der Teilhaushalte gem. § 4 Abs. 1 Satz 3 GemHVO ist dem Haushaltsplan gem. § 4 Abs. 5 GemHVO zusätzlich eine Übersicht über die Zuordnung der Produktbereiche und Produktgruppen zu den Teilhaushalten als Anlage beizufügen (Anlage 10). Bei einer von der Produktgruppe abweichenden Zuordnung einzelner Produkte oder Leistungen zu anderen Teilhaushalten sind auch diese Produkte oder Leistungen in die Übersicht aufzunehmen.[11]

Die o. g. Muster des Teilergebnis- und Teilfinanzhaushalts bilden die sog. „Finanzseite“ der jeweiligen Teilhaushalte ab. Aufgrund der in § 4 Abs. 2 GemHVO geforderten Darstellung der Schlüsselpositionen, Leistungsziele und Kennzahlen wäre es darüber hinaus wünschenswert gewesen, wenn die Verwaltungsvorschrift zu § 145 GemO um entsprechende Muster zur „Leistungsseite“ der jeweiligen Teilhaushalte ergänzt worden wäre.[12] Hier lassen sich jedoch aufgrund bereits gesammelter Erfahrungen in der kommunalen Verwaltungspraxis Empfehlungen ableiten.[13] Vor diesem Hintergrund sollten die jeweiligen Teilhaushalte auf ihrer „Leistungsseite“ mindestens um folgende Informationen ergänzt werden:

- Kurze inhaltliche Beschreibung,
- Verantwortungsbereich,
- zugehörige (Produktbereiche,) Produktgruppen, Schlüsselpositionen,
- Ziele, Kennzahlen und Indikatoren der Zielerreichung – zumindest für die Schlüsselpositionen.

Zusätzlich sollten die Teilhaushalte Erläuterungen und Bewirtschaftungsregeln enthalten.

Die Teilhaushalte könnten sich beispielsweise wie folgt gliedern:[14]

11 Siehe Anlage 10 der Verwaltungsvorschrift zu § 145 GemO.

12 In diesem Kontext sind die Anlagen 16 und 29 der Verwaltungsvorschrift zu § 145 GemO zu beachten. Anlage 16 stellt das Muster einer Übersicht über die verbindlich vorgegebenen Kennzahlen nach § 6 Satz 3 Nummer 2 GemHVO im Rahmen der Haushaltsplanung dar, während Anlage 29 das Muster einer Übersicht über die Entwicklung der verbindlich vorgegebenen Kennzahlen nach § 54 Absatz 2 Nummer 6 GemHVO für den Jahresabschluss beinhaltet. In beiden Übersichten werden jedoch ausschließlich Kennzahlen zur Beurteilung der finanziellen Leistungsfähigkeit (= „Finanzseite“) aufgeführt. Über die finanzielle Seite hinausgehende Wirkungs- oder Leistungsziele (= „Leistungsseite“) können damit nicht überwacht werden.

13 In diesem Sinne ist der Haushalt vom Landkreis Lörrach vorbildlich. Auch die Leistungsseite des Haushalts der Stadt Bad Krozingen ist sehr interessant.

14 An Baden-Württemberg angepasster Vorschlag der Verfasser des Buches (*Anders* et al.) „Kommunales Finanzmanagement in Niedersachsen“, 3. Aufl., Witten.

Teil A

Vorblatt

Teilhaushalt 4			
– Kultur – **Vorblatt**			
Teilhaushalt 4 (Gliederung der Teilhaushalte gem. § 4 Abs. 1 Satz 3 GemHVO, Produktplan BW)			
Teilhaushalt 4 Kultur			
Produktbereiche			
25 Museen, Archiv, Zoo	26 Theater, Konzerte, Musikschulen	27 Volkshochschulen, Bibliotheken, kulturpädagogische Einrichtungen	28 Sonstige Kulturpflege
Produktgruppen			
25.20 Kommunale Museen 25.21 Archiv 25.30 Zoologische und Botanische Gärten	26.10 Theater 26.20 Musikpflege 26.30 Musikschulen	27.10 Volkshochschulen 27.20 Bibliotheken 27.30 Kulturpädagogische Einrichtungen	28.10 Sonstige Kulturpflege
Schlüsselpositionen			
25.20.01 Pflege des Museumsguts		27.30.01 Tanzschule „Schwing das Bein“	

ggf. Ergänzungen durch Tabellen für weitere Produktebenen des Teilhaushaltes

Noch Teilhaushalt 4

Budgetierungsbestimmungen im Teilhaushalt (ggf. Verweis auf gesonderte Budgetierungsrichtlinien, die Anlage des Haushaltsplans sind):
Haushaltsvermerke im Teilhaushalt:

Bewirtschaftungsregelungen für den Teilhaushalt:					
Erläuterungen zur Personalentwicklung im Teilhaushalt:	**Stellenanteile des Teilhaushalts:**				
	2023	**2024**	**2025**	**2026**	**2027**
Sonstige Erläuterungen zum Teilhaushalt:					

Ansatzdarstellungen für den Teilhaushalt:
Teilergebnishaushalt gem. VwV zu § 145 GemO, Anlage 8
Teilfinanzhaushalt gem. VwV zu § 145 GemO, Anlage 9.1
Einzeldarstellung der Investitionen gem. VwV zu § 145 GemO, Anlage 9.2

Informationsblatt für Schlüsselpositionen (z. B. einem Produkt)

Teilhaushalt 4:	Kultur
Produktbereich 27:	Volkshochschulen, Bibliotheken, kulturpädagogische Einrichtungen
Produktgruppe 27.30:	Kulturpädagogische Einrichtungen
Produkt 27.30.01: Tanzschule „Schwing das Bein“	

Produktverantwortlich: Frau/Herr ….	**Verantwortliche Organisationseinheit:**
Ratsausschuss:	

Leistungen (Produktbeschreibung)

Leistung Nr.	**Beschreibung (Grundsatzziele)**	**Auftragsgrundlage**	**Adressaten**	**Stellenanteile**				
				2023	2024	2025	2026	2027
1. 2. 3. usw.								

Ziele und Maßnahmen

Zu Leistung Nr.	**strategische und operative Ziele**	**operative Maßnahmen**
1.	1.1 1.2	1.1.1 1.1.2 1.2.1 1.2.2

Kennzahlen

zu Ziel/ Maßnahme Nr.	**Kennzahl-beschreibung**	**Ergebnis Kennzahl** 2023	**Ist-Kennzahl** (falls abw. v. Ergebnis) 2024	**Soll-Kennzahlen** 2024	2025	2026	2027

Leistungsdaten

	2023 Ergebnis	2024 Ansatz	2025 Planung	2026 Planung	2027 Planung
1. Anzahl der Besucherinnen und Besucher 2. Auszeichnungen auf Turnieren 3. Kooperation mit anderen Institutionen usw.					

Erläuterungen

A. Erläuterungen zum Produktblatt

B. Erläuterungen zu den Ansatzdarstellungen

C. Erläuterungen zur Entwicklung der Jahresergebnisse

D. Sonstige Erläuterungen

Ansatzdarstellungen:

Produkt 27.30.01 Tanzschule „Schwing das Bein“
Ansatzdarstellung – Ergebnishaushalt
(wie Muster Teilergebnishaushalt gem. VwV zu § 145 GemO, Anlage 8)

Produkt 27.30.01 Tanzschule „Schwing das Bein“
Ansatzdarstellung – Finanzhaushalt
(wie Muster Teilfinanzhaushalt gem. VwV zu § 145, Anlagen 9.1 + 9.2)

Empfehlungen:

- Die Ansatzdarstellung gem. den vorgegebenen Mustern für den Teilergebnis- und Teilfinanzhaushalt sollte unterhalb der Teilhaushaltsebene zumindest für die Ebene der Produktgruppen erfolgen.
- Steuerungsrelevante Leistungsziele und Kennzahlen sollten zusätzlich auch auf höheren Produktebenen, z. B. der Produktgruppenebene, dargestellt werden.

Ein weiteres Beispiel für die Gestaltung der Leistungsseite zeigt die Produktbeschreibung der Kreisverwaltung Soest (Nordrhein-Westfalen). Dieses Layout wurde für sämtliche Produktebenen verwendet und den Finanzseiten (Teilergebnis- und Teilfinanzhaushalt) gegenübergestellt.

Produktbeschreibung

Dezernat: **Abteilung:**

Verantwortlich: **Produkt:**

A) Produktbeschreibung

B) Auftragsgrundlage

C) Produktbezogene Ressourcen/Strukturdaten	2024	2023	2022

D) Leistungen/Ziele/Kennzahlen

Nr.	Leistungen	Plan 2024	Plan 2023	Ergebnis 2022

E) Erläuterungen

Teil B

Teilergebnishaushalt …

Teilergebnishaushalt einschließlich Finanzplanung (VwV zu § 145 GemO, Anlage 8)

		Teilergebnishaushalt Ertrags- und Aufwandsarten	Ergebnis Vorvorjahr EUR	Ansatz Vorjahr EUR	Ansatz Haushalts-jahr EUR	Planung Haushalts-jahr +1 EUR	Planung Haushalts-jahr +2 EUR	Planung Haushalts-jahr +3 EUR
			1	2	3	4[1) 2)]	5[2)]	6[2)]
		Ordentliche Erträge	–	–	–	–	–	–
1	+	Steuern und ähnliche Abgaben						
2	+	Zuweisungen und Zuwendungen, Umlagen						
3	+	Aufgelöste Investitionszuwendungen und -beiträge						
4	+	Sonstige Transfererträge						
5	+	Entgelte für öffentliche Leistungen oder Einrichtungen						
6	+	Sonstige privatrechtliche Leistungsentgelte						
7	+	Kostenerstattungen und Kostenumlagen						
8	+	Zinsen und ähnliche Erträge						
9	+	Aktivierte Eigenleistungen und Bestands-Veränderungen						
10	+	sonstige ordentliche Erträge						
11	**=**	**Anteilige ordentliche Erträge (Summe aus Nummern 1–10)**						
12	–	Personalaufwendungen						
13	–	Versorgungsaufwendungen						
14	–	Aufwendungen für Sach- und Dienstleistungen						
15	–	Abschreibungen						

Teilergebnishaushalt Ertrags- und Aufwandsarten	Ergebnis Vorvorjahr EUR	Ansatz Vorjahr EUR	Ansatz Haushaltsjahr EUR	Planung Haushaltsjahr +1 EUR	Planung Haushaltsjahr +2 EUR	Planung Haushaltsjahr +3 EUR
	1	2	3	4[1) 2)]	5[2)]	6[2)]
16 – Zinsen und ähnliche Aufwendungen						
17 – Transferaufwendungen						
18 – sonstige ordentliche Aufwendungen						
19 = Anteilige ordentliche Aufwendungen (Summe aus Nummern 12–18)						
20 = Anteiliges veranschlagtes ordentliches Ergebnis (Saldo aus Nummern 11 und 19)						
21 + Erträge aus internen Leistungen						
22 – Aufwendungen für interne Leistungen						
23 – kalkulatorische Kosten[3)]						
24 = Veranschlagtes kalkulatorisches Ergebnis (Saldo aus Nummer 21 bis 23)						
25 = Veranschlagter Nettoressourcenbedarf/-überschuss (Summe aus Nummer 20 und 24)						

1) Bei einem Doppelhaushalt lautet die Spaltenüberschrift „Ansatz Haushaltsjahr +1"
2) Auf die Integration der Finanzplanungsjahre kann verzichtet werden (vgl. Nr. 6 der VwV Produkt- und Kontenrahmen)
3) Keine Pflichtangabe (vgl. § 4 Abs. 3 Satz 2 GemHVO)

Teil C

Teilfinanzhaushalt …

Teilfinanzhaushalt einschließlich Finanzplanung
(VwV zu § 145 GemO, Anlage 9.1)

Teilfinanzhaushalt Einzahlungs- und Auszahlungsarten	Ergebnis Vorvorjahr EUR	Ansatz Vorjahr EUR	Ansatz Haushaltsjahr EUR	Verpflichtungsermächtigungen Haushaltsjahr EUR	Planung[1] Haushaltsjahr +1 EUR	Verpflichtungsermächtigungen Haushaltsjahr +1 EUR	Planung Haushaltsjahr +2 EUR	Planung Haushaltsjahr +3 EUR
	1	2	3	4[2]	5[3]	6[2]	7[3]	8[3]
1 + Summe der Einzahlungen aus laufender Verwaltungstätigkeit (ohne außerordentliche Zahlungswirksame Erträge aus Vermögensveräußerung)[4]								
2 – Summe der Auszahlungen aus laufender Verwaltungstätigkeit[4]								
3 = Anteiliger Zahlungsmittelüberschuss/-bedarf des Ergebnishaushalts (Saldo aus Nummer 1 und 2)[4]								
4 + Einzahlungen aus Investitionszuwendungen								
5 + Einzahlungen aus Investitionsbeiträgen und ähnlichen Entgelten für Investitionstätigkeit								
6 + Einzahlungen aus der Veräußerung von Sachvermögen								
7 + Einzahlungen aus der Veräußerung von Finanzvermögen								
8 + Einzahlungen für sonstige Investitionstätigkeit								
9 = Einzahlungen aus Investitionstätigkeit (Summe aus Nummer 4 bis 8)								
10 – Auszahlungen für den Erwerb von Grundstücken und Gebäuden								

Teilfinanzhaushalt Einzahlungs- und Auszahlungsarten	Ergebnis Vorvorjahr EUR	Ansatz Vorjahr EUR	Ansatz Haushaltsjahr EUR	Verpflichtungsermächtigungen Haushaltsjahr EUR	Planung[1] Haushaltsjahr +1 EUR	Verpflichtungsermächtigungen Haushaltsjahr +1 EUR	Planung Haushaltsjahr +2 EUR	Planung Haushaltsjahr +3 EUR
	1	2	3	4[2]	5[3]	6[2]	7[3]	8[3]
11 – Auszahlungen für Baumaßnahmen								
12 – Auszahlungen für den Erwerb von beweglichem Sachvermögen								
13 – Auszahlungen für den Erwerb von Finanzvermögen								
14 – Auszahlungen für Investitionsförderungsmaßnahmen								
15 – Auszahlungen für den Erwerb von immateriellen Vermögensgegenständen								
16 = Auszahlungen aus Investitionstätigkeit (Summe aus Nummern 10 bis 15)								
17 = Anteiliger veranschlagter Finanzierungsmittelüberschuss/-bedarf aus Investitionstätigkeit (Saldo aus Nummern 9 und 16)								
18 = Anteiliger veranschlagter Finanzierungsmittelüberschuss/-bedarf (Summe aus Nummern 3 und 17)[4]								

1) Bei einem Doppelhaushalt lautet die Spaltenüberschrift „Ansatz Haushaltsjahr +1"
2) Keine Pflichtangabe (§§ 3 und 4 Abs. 4 GemHVO); falls bei einem Doppelhaushalt Verpflichtungsermächtigungen dargestellt werden, ist neben Spalte 4 auch Spalte 6 zu bedienen
3) Auf die Integration der Finanzplanungsjahre kann verzichtet werden (vgl. Nr. 6 der VwV Produkt- und Kontenrahmen)
4) Auf diese Zeilen kann verzichtet werden (vgl. § 4 Abs. 4 Satz 3 GemHVO)

Gemäß § 4 Abs. 4 GemHVO kann der Teilfinanzhaushalt auf die Darstellung der Investitionstätigkeit beschränkt werden. Für die kommunalen Praxis empfiehlt sich diese Beschränkung, da so das Augenmerk auf das Wesentliche gelenkt und einer Informationsüberflutung entgegengewirkt wird.

Teil D

Einzeldarstellung der Investitionsmaßnahmen

Einzeldarstellung der Investitionsmaßnahmen (VwV zu § 145 GemO, Anlage 9.2)

Investitionsmaßnahmen Einzahlungs- und Auszahlungsarten	Gesamt samt-ang. z. Maß-nahme – nach-richtl. – EUR	Bisher finan-ziert EUR	Er-mächti-tigungs gungs-über-tragung aus Vor-vorj. EUR	Ergeb-nis Vor-vorjahr EUR	Ansatz Vor-jahr EUR	Ansatz Haus-halts-jahr EUR	Ver-pflich-tungs-ermäch-tigun-gen Haus-halts-jahr EUR	Pla-nung Haus-halts-jahr +1 EUR	Ver-pflich-tungs-ermäch-tigun-gen Haus-halts-jahr +1 EUR	Pla-nung Haus-halts-jahr +2 EUR	Pla-nung Haus-halts-jahr +3 EUR	Finanz-nanz-bedarf weitere Jahre – nach-richtl. – EUR
	1[1)]	2[2)]	3[3)]	4	5[3)]	6	7	8[4)]	9[5)]	10	11	12[6)]
Maßnahme: … (gem. § 4 Abs. 4 Satz 4 GemHVO)												
1 + Einzahlungen aus Investitionszuwendungen												
2 + Einzahlungen aus Investitionsbeiträgen und ähnlichen Entgelten für Investitionstätigkeit												
3 + Einzahlungen aus der Veräußerung von Sachvermögen												
4 + Einzahlungen aus der Veräußerung von Finanzvermögen												
5 + Einzahlungen für sonstige Investitionstätigkeit												
6 = Summe der Einzahlungen aus Investitionstätigkeit (Summe aus Nummer 1 bis 5)												

Investitionsmaßnahmen Einzahlungs- und Auszahlungsarten	Gesamt samt-ang. z. Maß-nahme – nach-richtl. – EUR	Bisher finan-ziert EUR	Er-mächti-tigungs gungs-über-tragung aus Vor-vorj. EUR	Ergeb-nis Vor-vorjahr EUR	Ansatz Vor-jahr EUR	Ansatz Haus-halts-jahr EUR	Ver-pflich-tungs-ermäch-tigun-gen Haus-halts-jahr EUR	Pla-nung Haus-halts-jahr +1 EUR	Ver-pflich-tungs-ermäch-tigun-gen Haus-halts-jahr +1 EUR	Pla-nung Haus-halts-jahr +2 EUR	Pla-nung Haus-halts-jahr +3 EUR	Finanz-nanz-bedarf weitere Jahre – nach-richtl. – EUR
	1[1]	2[2]	3[3]	4	5[3]	6	7	8[4]	9[5]	10	11	12[6]
7 – Auszahlungen für den Erwerb von Grundstücken und Gebäuden												
8 – Auszahlungen für Baumaßnahmen												
9 – Auszahlungen für den Erwerb von beweglichem Sachvermögen												
10 – Auszahlungen für den Erwerb von Finanzvermögen												
11 – Auszahlungen für Investitionsförderungsmaßnahmen												
12 – Auszahlungen für den Erwerb von immateriellen Vermögensgegenständen												
13 = Summe der Auszahlungen aus Investitionstätigkeit (Summe aus Nummer 7 bis 12)												
14 = Saldo aus Investitionstätigkeit (Saldo aus Nummer 6 und 13)												
15 – Aktivierte Eigenleistung												
16 = Gesamtkosten der Maßnahme (Summe aus Nummer 13 und 15)												

Investitionsmaßnahmen Einzahlungs- und Auszahlungsarten	Gesamt samt-ang. z. Maß-nahme – nach-richtl. – EUR	Bisher finan-ziert EUR	Er-mächti-tigungs gungs-über-tragung aus Vor-vorj. EUR	Ergeb-nis Vor-vorjahr EUR	Ansatz Vor-jahr EUR	Ansatz Haus-halts-jahr EUR	Ver-pflich-tungs-ermäch-tigun-gen Haus-halts-jahr EUR	Pla-nung Haus-halts-jahr +1 EUR	Ver-pflich-tungs-ermäch-tigun-gen Haus-halts-jahr +1 EUR	Pla-nung Haus-halts-jahr +2 EUR	Pla-nung Haus-halts-jahr +3 EUR	Finanz-nanz-bedarf weitere Jahre – nach-richtl. – EUR
	1[1)]	2[2)]	3[3)]	4	5[3)]	6	7	8[4)]	9[5)]	10	11	12[6)]
17 **Schätzung der nach Fertigstellung der Maßnahme entstehenden jährlichen Haushaltsbelastungen** (Wertangaben können mit Erläuterungen untersetzt werden)												

1) In dieser Spalte werden die insgesamt zu der Maßnahme geplanten Beträge (vgl. § 4 Abs. 4 Satz 4 GemHVO) nachrichtlich angegeben (Beträge müssen ggf. in einer Nebenrechnung ermittelt werden); bei Ein-Jahres-Vorhaben ist diese Spalte entbehrlich.
2) Rechnungsergebnisse aus Vorvorjahren (einschl. Spalte 4); bei Ein-Jahres-Vorhaben ist diese Spalte entbehrlich.
3) Spalten können zu Spalte „Ansatz Vorjahr zzgl. Ermächtigungsübertragungen aus Vorvorj." zusammengefasst werden
4) Bei einem Doppelhaushalt lautet die Spaltenüberschrift „Ansatz Haushaltsjahr +1"
5) Die neben Spalte 7 zusätzliche Spalte 9 zum Ausweis der Verpflichtungsermächtigungen im Haushaltsjahr +1 ist nur bei einem Doppelhaushalt erforderlich
6) Spalte optional bei Vorhaben mit einer Laufzeit über den Finanzplanungszeitraum hinaus

Die Investitionen oberhalb örtlich festzulegender Wertgrenzen sind gem. § 4 Abs. 4 GemHVO einzeln unter Angabe der Investitionssumme des Planjahres, der bereit gestellten Finanzierungsmittel, der Gesamtkosten der Maßnahme und der Verpflichtungsermächtigungen für die Folgejahre im jeweiligen Teilhaushalt darzustellen.

7.4.1 Teilergebnishaushalt

Der Teilergebnishaushalt bildet das voraussichtliche Ressourcenaufkommen und den Ressourcenverbrauch bezogen auf die jeweiligen im Sinne des § 4 Abs. 1 und 2 GemHVO gebildeten Teilhaushalte bzw. die von der Gemeinde individuell gewählte, niedrigere Gliederungsebene ab. Die abzubildenden Aufwands- und Ertragsarten in Kombination mit der gewählten Gliederungsebene bezeichnet man als Haushaltspositionen. Beispielsweise stellt die Kombination der Aufwandsart „Abschreibungen" in dem Produktbereich „Ver- und Entsorgung" eine Haushaltsposition dar. Die Haushaltspositionen stellen nach der Beschlussfassung durch den Gemeinderat gleichzeitig die Ermächtigung der Verwaltung zum Einsatz der jeweiligen Ressourcen (z. B. Personal) für die gewählte Gliederungsebene, beispielsweise den jeweiligen Produktbereich (z. B. Sicherheit und Ordnung), dar. Unter Beachtung von § 4 Abs. 2 GemHVO und je nach Ausgestaltung interner Deckungs- bzw. Budgetierungsregeln kann diese Ermächtigung der Teilhaushaltsebene selbst oder – entsprechend heruntergebrochen – deren Untergliederungen, z. B. den Produktbereichen oder Produktgruppen, mit jeweils definierten Verantwortlichkeiten zugeordnet werden.

Die Gliederung des Teilergebnishaushalts ist nach § 4 Abs. 3 GemHVO grundsätzlich identisch mit der Gliederung des Ergebnishaushalts. Alle Aufwands- und Ertragspositionen sind in der gleichen Struktur und mit denselben Zwischensalden in den Teilergebnishaushalten abzubilden. Soweit Erträge und Aufwendungen aus internen Leistungsbeziehungen erfasst (§ 4 Abs. 3 Nr. 3 und 4 GemHVO) und ggf. auch kalkulatorische Kosten ausgewiesen werden (§ 4 Abs. 3 Satz 2 GemHVO), werden zusätzlich entsprechende Ansätze in die jeweiligen Teilhaushalte aufgenommen (§ 4 Abs. 3 GemHVO).

Im Gegensatz zum Ergebnishaushalt, in dem sich alle internen Leistungsbeziehungen in der Summe gegenseitig aufheben und deswegen dort auch nicht aufgeführt werden, spielen Leistungsbeziehungen zwischen verschiedenen Teilhaushalten für die Teilergebnishaushalte eine wichtige betriebswirtschaftliche und steuerungsrelevante Rolle. Damit auch auf der Ebene der Teilhaushalte der vollständige Ressourcenverbrauch abgebildet und damit budgetrelevant wird, sieht § 4 Abs. 3 Nr. 3 und 4 GemHVO eine interne Leistungsverrechnung vor. Umfang, Inhalt und Berechnungsverfahren für die Verrechnung interner Leistungen werden allerdings nicht vorgeschrieben.

In der Regel ist davon auszugehen, dass die für die interne Leistungsverrechnung erforderlichen Daten das Ergebnis einer Kosten- und Leistungsrechnung[15] sind. Es erfolgt damit an dieser Stelle eine Verknüpfung zwischen dem klassischen betriebswirtschaftlichen externen Rechnungswesen („Gewinn- und Verlustrechnung“ mit den Rechengrößen Aufwand und Ertrag) und einem internen Rechnungswesen (Kosten- und Leistungsrechnung mit den Rechengrößen Kosten und Erlöse). Diese Verknüpfung macht im Hinblick auf den Zweck des Rechnungswesens in der öffentlichen Verwaltung durchaus Sinn. Es geht bei der Planung und Rechnungslegung in der öffentlichen Verwaltung nämlich nicht nur um die Rechenschaftslegung, die das klassische Ziel des privatwirtschaftlichen externen Rechnungswesens ist, sondern ebenso um die Steuerung, für die in der Privatwirtschaft das interne Rechnungswesen eingesetzt wird.

Um die unterschiedlichen Inhalte dennoch transparent abzubilden, wird bei den Teilhaushalten zwischen den Salden „Anteiliges veranschlagtes ordentliches Ergebnis“ und „Veranschlagtes kalkulatorisches Ergebnis“ unterschieden. Die internen Leistungsverrechnungen sowie die ggf. auf Teilhaushaltsebene abgebildeten kalkulatorischen Kosten sind damit für den Leser des Haushaltsplans und des Jahresabschlusses eindeutig zu erkennen. Damit wird auch deutlich, dass diese Positionen einem großen Maß an individuellem Bewertungsspielraum unterliegen.

Für die Abweichungen zwischen Teilergebnishaushalt und Gebührenkalkulation bei den Teilhaushalten, die sich aus Gebühren nach dem KAG finanzieren, wird ein zusätzlicher Nachweis der Abweichungen in nachfolgender Form vorgeschlagen, der allerdings nicht verpflichtend ist. Der Ausweis erleichtert die Erläuterung der Differenzen zwischen der Gebührenkalkulation, die z. B. öffentlichen Einrichtungen im Sinne der §§ 10 Abs. 2 Satz 1, 78 Abs. 2 Nr. 1, 102 Abs. 4 Nr. 1, 2 GemO i. V. m. den §§ 13 und 14 KAG den Ansatz der nach betriebswirtschaftlichen Grundsätzen insgesamt ansatzfähigen Kosten (Gesamtkosten) erlaubt und der Teilergebnisrechnung, in der grundsätzlich die anteiligen Fremdzinsen nach § 2 Abs. 1 Nr. 16 GemHVO veranschlagt werden.[16] Ein freiwilliger nachrichtlicher Ausweis der Abweichungen zwischen Gebührenkalkulation und Teilergebnishaushalt könnte wie folgt aussehen:[17]

---

15 § 14 GemHVO sieht für die Gemeinden die Führung einer KLR vor.

16 Von der in § 4 Abs. 3 Satz 3 GemHVO zugelassenen Möglichkeit, im Teilergebnishaushalt bei den kalkulatorischen Kosten an Stelle der anteiligen Fremdzinsen nach § 2 Abs. 1 Nr. 16 GemHVO anteilige kalkulatorische Zinsen zu veranschlagen, sollte aus Sicht der Verfasser im Sinne einer klaren Trennung zwischen externem und internem Rechnungswesen kein Gebrauch gemacht werden. Vgl. dazu auch *Aker/Hafner/Notheis*, Gemeindeordnung/Gemeindehaushaltsverordnung Baden-Württemberg, Kommentar zu § 4 Abs. 3 GemHVO, RNr. 21 bis 23, 2. Aufl., Stuttgart 2019.

17 Vgl. hierzu auch: Modellprojekt „Doppischer Kommunalhaushalt in NRW“ (Hrsg.), Neues Kommunales Finanzmanagement: Betriebswirtschaftliche Grundlagen für das doppische Haushaltsrecht, 2., vollst. überarb. Aufl. auf der Basis der Endergebnisse des Modellprojektes, Freiburg 2003, S. 314, aus dem das Muster entnommen wurde.

Ergebnis Vorvorjahr	Ansatz Vorjahr	Ansatz Haushaltsjahr	Planung Haushaltsjahr +1	Planung Haushaltsjahr +2	Planung Haushaltsjahr +3
1	2	3	4	5	6
(...)					
= Veranschlagter Nettoressourcenbedarf/ -überschuss					
Nachrichtlich: Überleitung Ergebnis zum Saldo der Gebührenkalkulation					
– Differenz zwischen kalkulatorischen Zinsen und effektiven Schuldzinsen					
–/+ sonstige Abweichungen zwischen Gebührenkalkulation und Teilergebnishaushalt					
= Saldo der Gebührenkalkulation					

Die Teilergebnishaushalte stellen im Hinblick auf den Ressourcenverbrauch den zentralen Bestandteil des Haushaltsplans im NKHR dar. Auf der vom Gemeinderat festzulegenden Gliederungsebene wird mit den Teilergebnishaushalten abgebildet, welchen Anteil am gesamtstädtischen Ressourcenverbrauch bzw. -aufkommen der betrachtete Produktbereich, die Produktgruppe oder ggf. die Schlüsselposition leistet. Dabei werden sowohl die Komponenten einbezogen, die unmittelbar zu Geldzu- oder -abflüssen führen, als auch solche Positionen, die in der betrachteten Periode zwar einen Vermögensverzehr bedeuten, die aber nicht unmittelbar zu Finanzmittelbewegungen führen (z. B. Abschreibungen und Rückstellungen). Das Teilergebnis stellt den jeweiligen Beitrag des betrachteten Teils zur Eigenkapitaländerung der Gesamtkommune dar.

7.4.2 Teilfinanzhaushalt

Der Teilfinanzhaushalt weist den Finanzmittelbedarf der im Haushaltsplan abgebildeten Teilhaushalte und ggf. niedrigerer Gliederungsebenen aus. Im Gegensatz zum Teilergebnishaushalt, der sich grundsätzlich an der Struktur und den Inhalt des Ergebnishaushalts orientiert, stellt sich der Aufbau des Teilfinanzhaushalts nach § 4 Abs. 4 GemHVO etwas anders dar als der des Finanzhaushalts. Im Teilfinanzhaushalt werden die Einzahlungen und Auszahlungen aus laufender Verwaltungstätigkeit jeweils in einer Summe angegeben. Eine zusätzliche freiwillige Abbildung aller nicht investiven Zahlungsarten im Teilfinanzhaushalt bleibt den Gemeinden jedoch unbenommen. Die abgebildeten Auszahlungs- und Einzahlungsarten in Kombination mit der gewählten Gliederungsebene bezeichnet man als Finanzhaushaltspositionen.

Die Planung und der Beschluss über die kommunalen Investitionen ist eine der wesentlichen Gestaltungsbereiche des Gemeinderates. Hier sind sowohl in der Fachplanung als auch besonders in der Haushaltsplanung detaillierte Informationen vorzulegen. Die Gestaltung des Teilfinanzhaushalts trägt diesem Gesichtspunkt Rechnung und konzentriert sich auf die Abbildung der Informationen zur Investitionstätigkeit. Die Darstellung der Investitionstätigkeit im Teilfinanzhaushalt erfolgt analog der Darstellung im Finanzhaushalt. Der Teilfinanzhaushalt kann gem. § 4 Abs. 4 GemHVO auf die Darstellung der Investitionstätigkeit beschränkt werden.

7.4.3 Planung einzelner Investitions- und Investitionsförderungsmaßnahmen (Investitionen)

Zusätzlich zur Abbildung in der Zahlungsübersicht des Teilfinanzhaushalts sind gem. § 4 Abs. 4 Satz 4 GemHVO die Investitionen oberhalb örtlich festzulegender Wertgrenzen einzeln darzustellen. Da der Teilfinanzhaushalt lediglich eine Differenzierung von Zahlungsarten vorsieht, ist er nicht zur Planung und Beratung von einzelnen Investitionen geeignet.

Die Übersicht über die Einzeldarstellung der Investitionsmaßnahmen (gem. VwV zu § 145 GemO, Anlage 9.2) ergänzt daher den Teilfinanzhaushalt durch Aufteilung der Finanzmittel auf die wichtigsten Investitionsvorhaben der jeweiligen Gliederungsebene (z. B. Produktbereich oder Produktgruppe).

Diese Aufteilung soll allerdings nicht für alle Investitionen erfolgen, sondern gem. § 4 Abs. 4 Satz 4 GemHVO nur für solche, deren Finanzvolumen über einer vom Gemeinderat festzulegenden Wertgrenze liegen. Die Festlegung der Wertgrenze kann vom Gemeinderat einheitlich erfolgen, es kann aber auch eine Differenzierung nach Produktbereichen, Vermögensarten oder nach Investitionsobjekten erfolgen. Die Wertgrenze kann sich dabei auf vollständige Maßnahmen (z. B. bei mehrjährigen Baumaßnahmen) oder auch auf die Veranschlagung in einzelnen Haushaltsjahren (z. B. bei regelmäßigen Ersatzbeschaffungen von Anlagegütern) beziehen.

Beispiel für einen Gemeinderatsbeschluss zur Festlegung der Wertgrenzen:
Die Wertgrenze für die Einzelausweisung von Investitionen im Teilfinanzhaushalt nach § 4 Abs. 4 S. 4 GemHVO wird für die Gemeinde G festgelegt

a) für Baumaßnahmen	*auf*	*100.000 € Gesamtauszahlungsbedarf,*
b) für einmalige Beschaffungen	*auf*	*50.000 € Jahresbedarf,*
c) für regelmäßige Beschaffungen	*auf*	*20.000 € Jahresbedarf.*

Die Verwaltung hat sicherzustellen, dass alle Investitionen, die die festgelegte Wertgrenze überschreiten, im Haushaltsplan separat ausgewiesen werden. Alle anderen Maßnahmen werden in der Übersicht über die Investitionen wie eine separate Maßnahme „unter der Wertgrenze" abgebildet.

Zusätzlich sind in diesen Übersichten nach § 4 Abs. 4 Satz 4 GemHVO die Investitionssumme des Planjahres, die bereit gestellten Finanzierungsmittel, die Gesamtkosten der Maßnahme und die Verpflichtungsermächtigungen für die Folgejahre darzustellen.[18]

18 Zu den Verpflichtungsermächtigungen siehe im Einzelnen die Ausführungen in Kap. 15.

7.4.4 Ziele

Verbunden mit dem Übergang des kommunalen Haushalts- und Rechnungswesens auf den Rechnungsstil der kaufmännischen Buchführung ist der Übergang von der Input- zur Outputsteuerung bis hin zur wirkungsorientierten Steuerung. Diese Änderung der Haushaltssteuerung soll einen wesentlichen Beitrag zur Verbesserung der Wirtschaftlichkeit (Effizienz) und Wirksamkeit (Effektivität) des Verwaltungshandelns leisten. Die Änderung der Steuerung kann allerdings nicht – wie der Wechsel des Rechnungsstoffes – nur durch technische und systematische Änderungen erreicht werden. Die haushaltsrechtlichen Grundlagen in der GemO und in der GemHVO können daher lediglich Hinweise darauf geben, wie eine solche Outputsteuerung oder gar wirkungsorientierte (bzw. outcomeorientierte) Steuerung erreicht werden kann.

Wichtiger Bestandteil dieser neuen Steuerung ist die Orientierung von Planung und Bewirtschaftung der Ressourcen an Zielen.[19] Während die idealerweise aus einem Leitbild abgeleiteten Ziele, Kennzahlen, Maßnahmen usw. ein politisches Programm darstellen, einen starken Projektcharakter aufweisen und damit grundsätzlich eine befristete Laufzeit haben, bilden die für sämtliche Aufgabenbereiche zu erarbeitenden Ziele, Kennzahlen und Indikatoren quasi den gesetzlichen Basisauftrag aller Dienstleistungen ab und haben grundsätzlich dauerhaften Charakter.[20] Das heißt, die Darstellung der gesetzlich bedingt verfolgten Wirkungsziele, Leistungsziele, Maßnahmen und Ressourcen sollte über Leitbild/Strategieklausur hinaus durchgängig, z. B. je Produktgruppe, erfolgen.[21] Nur so kann das für eine wirkungsorientierte Steuerung erforderliche „neue Denken“ und entsprechende Handeln in allen Bereichen der Verwaltung „ankommen“. Deren detaillierte Darstellung sollte jedoch nicht im Haushaltsplan erfolgen, sondern in einer u. a. dem Haushaltsplan zugrunde liegenden Datawarehouse-Lösung.[22]

Gleichzeitig ist mit dem Aufbau eines derartigen technikgestützten Ziel- und Kennzahlensystems auch der Aufbau eines entsprechenden Controllings zu verbinden.

Das kommunale Haushaltsrecht in Baden-Württemberg nach der GemO und der GemHVO bietet die gesetzlichen Voraussetzungen dafür, eine solche output- oder gar wirkungsorientierte Steuerung vollständig umzusetzen.

---

19 Vgl. KGSt®-Bericht Nr. 9/2019: Wirkungsorientiert steuern – Eine Umsetzungshilfe für kleine Kommunen; vgl. Böhmer/Kientz, Steuerung von Kommunen durch die Implementierung der strategischen Planung, in: Haufe Finanz Office für die öffentliche Verwaltung, HI8831539, Stand: 20.8.2018; vgl. *Fischer/Lehmann*, Haushaltsmanagement in Kommunen – Erfolgreich steuern und budgetieren, Freiburg 2022.

20 Vgl. Kanton Aargau, Bericht der Staatskanzlei, Abteilung Strategie und Außenbeziehungen, zur Wirkungsorientierten Verwaltungsführung im Kanton Aargau, Textbeitrag für wissenschaftliche Publikation vom 20.1.2016, S. 13.

21 Vgl. die Darstellung und Systematik des Haushalts des Landkreises Lörrach auf Produktgruppenebene; vgl. Kanton Aargau 2016, S. 5–9 (Kap. 3.3).

22 Vgl. *Böhmer/Kiesel*, Haushalt der Zukunft: Voraussetzungen und Entwicklungsperspektiven, in: Böhmer/Kiesel (Hrsg.), Rechnungswesen & Controlling – Das Steuerungshandbuch für Kommunen, Gruppe 4, Heft 1/2022, S. 1077 f.,; Beitrag ebenfalls erschienen in: Haufe Finanz Office für die öffentliche Verwaltung, HI14396793, Stand: 3.11.2021.

Allein der Aufbau betriebswirtschaftlicher Instrumente reicht bei weitem nicht für eine wirkungsorientierte Steuerung aus. Eine veränderte Steuerung bedingt vielmehr eine an Zielen ausgerichtete Denk- und Handlungsweise seitens sämtlicher Akteure (Politik, Verwaltungsführung und Mitarbeiterschaft) sowie das Umsetzen und Leben der Kernelemente eines Neuen Steuerungsmodells, wie z. B. dem Kontraktmanagement, der dezentralen Ressourcenverantwortung und einem politisch-strategischen Controlling (vgl. § 6 Nr. 1 GemHVO). Erfolgreiche Verwaltungsreform bedingt somit eine neue Verwaltungskultur und damit die Herbeiführung eines Bewusstseinswandels in den Köpfen sämtlicher o. g. Akteure. In der Niederländischen Gemeinde Tilburg wird diese neue Kultur wie folgt beschrieben: *„Die neue Organisation kennt eine Betriebskultur, die durch Ergebnisorientierung und Zusammenarbeit gekennzeichnet ist. Die Mitarbeiter streben in ihrer täglichen Arbeit nach den für sie geltenden Zielen. Miteinander tragen sie selbst dazu bei, dass die durch die Politik gewünschten Ergebnisse und Effekte erreicht werden."*[23]

Beispiele für produktbezogene Ziele lassen sich dem kommunalen Produktplan Baden-Württemberg in der jeweils geltenden Fassung sowie mittlerweile zahlreichen online veröffentlichten doppischen Haushaltsplänen von Kommunen Baden-Württembergs entnehmen.[24] Dabei ist jedoch zu beachten, dass die aus dem kommunalen Produktplan hervorgehende Nummerierung sowie die genannten Bezeichnungen, z. B. der Produktgruppen und Produkte, im Sinne des § 145 GemO verbindlichen Charakter haben. Dies gilt selbstverständlich nicht für die im Produktplan ebenfalls aufgeführten Ziele und Kennzahlen, da diese den örtlichen Steuerungserfordernissen angepasst werden müssen.

Der Landkreis Lörrach weist z. B. im Haushalt 2022[25] für die Produktgruppe 51.10 (Räumliche Planung) nachfolgende Ziele einschließlich Kennzahlen aus und integriert damit zugleich die strategischen Planung in den Haushalt:

23 Gemeinde Tilburg (2005), Das Tilburger Modell – Moderne Verwaltung in der Praxis, S. 8, Tilburg 2006.

24 Z. B. der doppische Haushalt und Jahresabschluss vom Landkreis Lörrach sowie der Stadt Bad Krozingen.

25 Quelle: Landkreis Lörrach – Der Haushalt 2022, S. 304.

Räumliche Planung

C – Ziele & Kennzahlen

Ulrich Hoehler, Erster Landesbeamter – Umweltausschuss

		Wirkungsziele – Was wollen wir erreichen?	Zielgruppe
A	S	Die Nutzung der Verkehrsarten ist mit Blick auf Komfort, Sicherheit, Nachhaltigkeit und Klimaschutz bestmöglich verknüpft.	Bevölkerung im Landkreis, Unternehmen, Städte & Gemeinden
B	S	Der Modal Split ist in Richtung der aktiven Mobilität und des Öffentlichen Nahverkehrs verbessert.	Bevölkerung im Landkreis, Unternehmen, Städte & Gemeinden
C	S	Der Landkreis nutzt die Chancen innovativer nachhaltiger und klimaschonender Antriebstechnologien.	Bevölkerung im Landkreis, Unternehmen, Städte & Gemeinden

		Leistungsziele – Was müssen wir dafür tun?	Messgröße
A 1	S	Die Gestaltungschancen im Öffentlichen Nachverkehr sind erkannt und genutzt.	A 1k1
B 1	S	Der Landkreis unterstützt die gemeinsamen Projekte zur Weiterentwicklung der Trinationalen S-Bahn Basel; für die deutschen Korridore der Agglomeration wirken der Landkreis und die Städte und Gemeinden über den Zweckverband Regio-S-Bahn 2030 mit.	B 1k1, B 1k2, B 1k3
C 1	S	Der Landkreis verfügt über ein kommunales E-Mobilitätskonzept.	C 1k1, C 1k2, C 1k3

		Maßnahmen – Wie müssen wir es tun?
A 1.1	S	Wissensaufbau und Gestaltungsoptimierung.
B 1.1	S	Teilziel Hochrheinbahn: Der Landkreis wirkt am zügigen Abschluss der Entwurfs- und Genehmigungsplanung aus der Perspektive der Region mit und beteiligt sich an der Finanzierung. Der Landkreis wirkt bei der Festlegung auf ein Konzept zur Gesamtfinanzierung mit.
B 1.2	S	Teilziel Garten- und Wiesentalbahn: Der Landkreis wirkt am künftigen Ausbau der Garten- und Wiesentalbahn aktiv mit und beteiligt sich an der Finanzierung (Haltepunkt Zentralklinikum, 15-Minuten-Takt Basel-Lörrach, Verlängerung der S5).
B 1.3	S	Teilziel Kandertalbahn/Wehratalbahn: Die Potenziale und Umsetzungschancen einer Reaktivierung für den SPNV sind bekannt.
C 1.1	S	Ein Kommunikations- und Beratungskonzept zur E-Mobilität ist erstellt.

		Kennzahlen der Zielerreichung	2020 IST	2021 ZIEL	2022 ZIEL	2023 ZIEL	2024 ZIEL	2025 ZIEL
A 1 k1	S	Wissen und Gestaltungskraft (in %)	50	75	100	100	100	100
B 1 k1	S	Fortschritt der Leistungsphasen 3+4 nach HOAI (in %)	0	25	50	100	100	100
B 1 k2	S	Fortschritt der Leistungsphasen 1+2 nach HOAI (in %)	0	0	50	100	100	100
B 1 k3	S	Machbarkeitsstudien abgeschlossen	nein	nein	ja	ja	ja	ja
C 1 k1	S	E-Mobilitätskonzept erstellt (J/N)	j	j	j	j	j	j
C 1 k2		Beratungskonzept erstellt (J/N)	n	j	j	j	j	j
C 1 k3		Modelprojekt (1 pro Jahr)	0	1	1	1	1	1

Ziele sollten grundsätzlich so formuliert werden, dass sich ihre Erreichung (bzw. ihre Nichterreichung) feststellen lässt. Andernfalls kann sich auch das Verhalten der Mitarbeiterinnen und Mitarbeiter in der Verwaltung nicht an den Zielen ausrichten.

Die Überwachung der Ziele ergibt sich aus der in § 28 GemHVO formulierten Berichtspflicht, wonach der Gemeinderat in der Regel unterjährig über den Stand der Ziele zu unterrichten ist. Sie erfolgt in der Regel über Messgrößen wie Kennzahlen oder Indikatoren. Die Ausweisung dieser Hilfsgrößen ist nach § 4 Abs. 2 GemHVO Bestandteil der Teilhaushalte im Haushaltsplan. Die Anlagen 16 und 29 der VwV Produkt- und Kontenrahmen beinhalten Muster zweier Übersichten über verbindlich vorgegebene Kennzahlen nach § 6 Satz 3 Nummer 2 GemHVO (Haushaltsplan) sowie nach § 54 Abs. 2 Nr. 6 GemHVO (Jahresabschluss) zur Beurteilung der finanziellen Leistungsfähigkeit.[26]

7.4.5 Kennzahlen und Indikatoren

Im Gegensatz zur Privatwirtschaft sind viele Ziele in der öffentlichen Verwaltung nicht allein mit monetären Größen wie Gewinn, Umsatz o. ä. zu messen. Die Ziele, die z. B. politisch gesetzt sind, müssen gleichwohl überwacht werden, wenn ein wirtschaftlicher und wirksamer Mitteleinsatz im Sinne der Zielerreichung gewährleistet werden soll. Zur Konkretisierung der Zielsetzung und zur Überwachung der Zielerreichung ist der Einsatz von geeigneten Messgrößen erforderlich. Dabei sollten vorrangig Messgrößen eingesetzt werden, die direkt Auskunft über die Erreichung eines Ziels Auskunft geben. Solche Messgrößen, die als absolute oder relative Zahlen Verwendung finden, werden im weiteren als Kennzahlen bezeichnet. Messgrößen, die die Zielerreichung nicht direkt dokumentieren können, sondern lediglich einen Hinweis auf die Zielerreichung geben können, weil sie in Korrelation mit dem Ziel stehen und daher als Hilfsgröße für die Messung von Zielen geeignet erscheinen, werden als „Indikatoren" bezeichnet.[27] Solche Indikatoren werden immer dann eingesetzt, wenn die Zielformulierung eine unmittelbare Messung der Zielerreichung nicht zulässt. In Abhängigkeit von dem ausgewählten Ziel kann dieselbe Messgröße eine Kennzahl oder ein Indikator sein.

Beispiel:
Ist ein kommunales Ziel, eine Gewährleistung der Übermittagsbetreuung bis 15.00 Uhr an allen städtischen Grundschulen, so kann dieses Ziel direkt gemessen werden. Der Anteil der Grundschulen, der eine Übermittagsbetreuung gewährleistet, kann als Vom-Hundert-Wert ausgewiesen werden. Der Zielwert ist 100 v. H. und stellt bezogen auf das definierte Ziel eine Kennzahl dar.

26 Inwieweit die dort aufgeführten Kennzahlen zur Beurteilung der finanziellen Leistungsfähigkeit ausreichen ist fraglich. Aus diesem Grund sei u. a. auf folgende Literatur hingewiesen: *Hafner*, Bewertung der kommunalen Leistungsfähigkeit anhand von Kennzahlen, in: Kegelmann/Martens (Hrsg.), Kommunale Nachhaltigkeit, Jubiläumsband zum 40-jährigen Bestehen der Hochschule Kehl und des Ortenaukreises, S. 175–204, Baden-Baden 2013.

27 Vgl. u. a. *Corsten*, Lexikon der Betriebswirtschaftslehre, 2. Aufl., München 1993, S. 324 u. 423.

Ist das kommunale Ziel die Verbesserung der Vereinbarkeit von Familie und Beruf, stellt der Anteil der Grundschulen, die Übermittagsbetreuung gewährleisten, lediglich einen Indikator für die Erreichung dieses Ziels dar. Gleichzeitig weist dieser Indikator darauf hin, mit welchem Mittel das Ziel erreicht werden soll. Der Indikator kann allerdings die Zielerreichung nicht vollständig abbilden.

Im Haushaltsplan ist der Ausweis von nicht monetären Messgrößen nach § 4 Abs. 2 GemHVO ausdrücklich vorgesehen. Dieser Ausweis kann sich zum einen auf die Konkretisierung der Zielsetzung beziehen. In diesem Fall sind für die ausgewählten Ziele geeignete Messgrößen (Kennzahlen oder Indikatoren) auszuwählen, mit deren Hilfe die Zielerreichung messbar (operational) gemacht werden kann. Zum anderen können aber auch weitere Leistungsmerkmale – zumindest für Schlüsselpositionen – im Haushaltsplan abgebildet werden, soweit diese Leistungsmerkmale zur Beurteilung des betroffenen Bereichs einen Beitrag liefern können. So kann z. B. ein Personalschlüssel (MA je Besucher), eine Investitionsmesszahl (Neuerwerbungen p. a.) oder eine andere Leistungsmesszahl (z. B. Öffnungsstunden p. a.) einen Hinweis auf die Leistungsfähigkeit einer Einrichtung geben, auch wenn diese Zahlen nicht in direktem Bezug zu den im Haushaltsplan ausgewiesenen Zielen der Einrichtung stehen.

Rechtlich sind der Darstellung von Informationen hier keine Grenzen gesetzt. Praktisch sollte sich der Ausweis auf die wichtigsten und damit auf die steuerungsrelevanten Informationen beschränken, um eine tatsächliche Verwertung der ausgewiesenen Informationen zu Zwecken der Steuerung überhaupt zu ermöglichen.[28] Unter diesem Blickwinkel ist der Einsatz der Balanced Scorecard im Bereich der Öffentlichen Verwaltung zielführend.[29] Mit dem Einsatz der Balanced Scorecard wird versucht, ein übersichtliches und ausgewogenes Kennzahlenset gezielt für die strategische Unternehmenssteuerung einzusetzen. Dieser Ansatz ist für den Einsatz in der Kommunalverwaltung und speziell in Verbindung mit dem NKHR eine geeignete Grundlage zur strategischen Ausrichtung der Haushaltspläne (vgl. § 6 Nr. 1 GemHVO). Mit Hilfe einer Balanced Scorecard lassen sich beispielsweise die wesentlichen Wirkungsziele (Frage: „Was wollen wir – z. B. in der nächsten Legislaturperiode – erreichen?"), die daraus resultierenden Leistungsziele (Frage: „Welche Dienstleistungen müssen wir dafür in welcher Qualität und Quantität erbringen?") und schließlich die dafür benötigten Ressourcen (Frage: „Was müssen wir dafür einsetzen?") erarbeiten. Im Rahmen dieser Zieloperationalisierung) sind zudem die zur Messung der Zielerreichung erforderlichen Kennzahlen bzw. Indikatoren zu bestimmen. Mit Hilfe dieser Vorgehensweise werden zum einen die politischen Schwerpunkte und zum anderen die zu ihrer Umsetzung notwendigen Schlüsselpositionen im Sinne von § 61 Nr. 37 GemHVO aufgedeckt, und

28 Vgl. *Fischer/Gnädinger*, Kommunales Frühwarnsystem auf Basis doppischer Kennzahlen, in: Haufe Finanz Office für die öffentliche Verwaltung, HI2260469, Stand: 2.12.2009.

29 Vgl. u. a. *Zimmermann/Jöhnk*, Die Balanced Scorecard – ein Instrument zur Steuerung öffentlich-rechtlicher Kreditinstitute, in: Budäus/Küpper/Streitferdt (Hrsg.), Neues Öffentliches Rechnungswesen, Wiesbaden 2000, S. 631 ff., und *Seidel*, Die Balanced Scorecard als Instrument kommunaler strategischer Steuerung, Diplomarbeit an der Fakultät für Raumplanung der Universität Dortmund 2002.

schließlich gemäß § 4 Abs. 2 GemHVO entsprechende Leistungsziele und Kennzahlen zur Zielerreichung erarbeitet. Daraus ergeben sich, neben der Berichterstattung über die Einhaltung der Budgets, weitere leistungszielbezogene Berichtsinhalte im Rahmen der Haushaltsausführung (§ 28 GemHVO). Die beschriebene Vorgehensweise entspricht nicht zuletzt dem Leitfaden zur kommunalen Steuerung.[30]

Balanced Scorecards

- Dies sind sehr einfache, aber leistungsfähige Instrumente zur Unternehmenssteuerung.
- Im Prinzip bestehen sie aus 12 bis 20 Kennzahlen, mit denen die zentralen Leistungsziele eines Unternehmens in verschiedenen Bereichen abgebildet werden sollen.
- Konkret heißt das, dass die für viele Führungskräfte und Mitarbeiter häufig abstrakte und daher schwer „greifbare" Strategie eines Unternehmens zentral „übersetzt" werden in Kennzahlen, die verständlich sind und kontrolliert werden können.
- Durch die prinzipiell einfache und transparente Handhabung bieten sich Balanced Scorecards als betriebswirtschaftliches Instrument an.
- Das Benennen konkreter Maßnahmen für die Erreichung der Kennzahlen und damit der Unternehmensziele ist erforderlich.
- Sind formulierte Strategien (strategische und operative Ziele) vorhanden, können sie mit überschaubarem Aufwand in Matrixform angelegt werden.

Die Abbildungsform der Kennzahlen und Indikatoren in den kommunalen Haushaltsplänen steht im Ermessen der einzelnen Kommunen. Dies bezieht sich sowohl auf die Zeiträume, für die Daten abgebildet werden, als auch auf die Frage, ob für die Abbildung grafische Hilfsmittel wie Diagramme o. ä. genutzt werden sollen. Der Gesetzgeber macht hier keine verbindlichen Vorgaben. Standards werden sich vermutlich auf die Dauer durch den Einsatz neuer, an den Anforderungen des Haushaltsrechts ausgerichteter Software für das kommunale Haushalts- und Rechnungswesen entwickeln. Zum jetzigen Zeitpunkt erscheint die Mehrzahl der Haushaltspläne von Kommunen im Bereich der Kennzahlenabbildung sowohl inhaltlich als auch grafisch immer noch nicht ausgereift. Es gibt aber eine Reihe von Kommunen, die eigenständig oder in interkommunalen Projekten[31] in diesem Bereich erhebliche Pionierarbeit geleistet haben.

30 Vgl. Leitfaden zur kommunalen Steuerung – Handlungsempfehlung auf der Grundlage des Neuen Kommunalen Haushalts- und Rechnungswesens (NKHR) in Baden-Württemberg, Stand: 29.4.2016.

31 Zu erwähnen ist hier z. B. das Projekt der kik (Kernkennzahlen in Kommunen) der Bertelsmann Stiftung. Nähere Informationen hierzu unter www.bertelsmann-stiftung.de.

7.4.6 Stellenplan

Die Verwaltungsvorschrift zu § 145 GemO enthält das verbindliche Muster für den gemäß § 57 GemO und § 5 GemHVO geforderten Stellenplan, der wiederum Bestandteil des Haushaltsplanes ist (§ 80 Abs. 1 GemO u. § 1 Abs. 1 Nr. 3 GemHVO; VwV Produkt- und Kontenrahmen, Anlage 11). Der Stellenplan beinhaltet demnach eine Übersicht über die Anzahl der Beamte (Teil A) und Beschäftigte (Teil B) in den entsprechenden Besoldungs- bzw. Entgeltgruppen. Darüber hinaus bildet er in einer weiteren Übersicht (Teil C) nachrichtlich die vorgesehene Aufteilung der Beamten- und Beschäftigtenstellen mit deren Besoldungs- bzw. Entgeltgruppe auf die Teilhaushalte des Haushalts ab. Schließlich informiert der Stellenplan in der Übersicht Teil D, ebenfalls nachrichtlich, über die Anzahl der Ehrenbeamte und deren Aufwandsentschädigung sowie über die Anzahl der Beamte und Beschäftigte in der Ausbildung mit deren Besoldung bzw. Art der Vergütung.

Die Abbildung der Stellen auch in den Teilhaushalten wird seitens der Verfasser empfohlen, da diese Darstellung die Übersichtlichkeit verbessert und damit den Informationswert der Teilhaushalte erhöht. Um die Teilhaushalte nicht zu überladen, könnte allerdings dort auf die sehr differenzierte Ausweisung verzichtet werden.

Nach § 82 Abs. 2 Nr. 4 GemO ist der Stellenplan einzuhalten; die Gemeinden sind bei Stellenbesetzungen und Beförderungen an den erlassenen Plan gebunden. Der Inhalt des Stellenplanes wird durch § 5 GemHVO und das in der Verwaltungsvorschrift zu § 145 GemO enthaltene Muster (Anlage 11) festgelegt.

Der Ausweis der vorgesehenen Stellen für den weiteren Planungszeitraum kann nach den vorliegenden Grundlagen nur zusätzlich und nachrichtlich erfolgen, da sich der Stellenplan nach den beamtenrechtlichen Bestimmungen nur auf das nächste Haushaltsjahr bezieht.

Bei einer Abbildung der Stellen in den Teilhaushalten sollte auch ein Hinweis darauf gegeben werden, in welchem Umfang der in der o. g. Übersicht (Teil D) nachrichtlich dargestellte Personenkreis, z. B. Beamte und Beschäftigte in der Ausbildung, in dem jeweiligen Bereich eingesetzt wird. Dies kann ggf. auch dadurch erfolgen, dass die hierfür eingesetzten zusätzlichen Finanzmittel (in €) in dieser Übersicht ausgewiesen werden.

7.5 Übung

Sachverhalt

Der für die Finanzwirtschaft der Gemeinde G verantwortliche Fachbereichsleiter leitet die Umstellung des Haushalts- und Rechnungswesens zum kommenden Jahr auf das NKHR (kommunale Doppik) ein. Hierzu soll auch eine neue Finanzsoftware eingesetzt werden. In dem Einführungsprojekt müssen auch die Inhalte und das Layout der Teilhaushalte festgelegt werden. Bevor die Erarbeitung der Teilhaushalte in dem Einführungsprojekt beginnt, gibt der Fachbereichsleiter Ihnen als Projektleiter folgende Vorgaben:

1. Bei der Größe der Gemeinde G ist die Abbildung der Produktbereiche gem. Produktplan BW im Haushalt grundsätzlich zu grob. Es sollen stattdessen Teilhaushalte nach der örtlichen Organisation der Gemeinde G gebildet werden.
2. Bei den Teilergebnishaushalten sollen die Personalaufwendungen und die Aufwendungen für Sach- und Dienstleistungen weiter unterteilt werden. Hierzu sollen die Aufwendungen für die Bildung von Pensionsrückstellungen, die Beihilfeaufwendungen und die Instandhaltungsaufwendungen dargestellt werden.
3. In den Teilfinanzhaushalten soll auf die Darstellung der Ein- und Auszahlungen aus laufender Verwaltungstätigkeit verzichtet werden.
4. Ziele sollen nur auf der Produktebene im Haushalt abgebildeten werden.
5. Kennzahlen und Indikatoren sollen für den gesamten Zeitraum abgebildet werden, für den auch die mittelfristige Ergebnis- und Finanzplanung erfolgt.
6. Für die Gemeinde G soll eine Planbilanz erstellt werden.

Aufgabe:
Prüfen Sie die Vorgaben darauf, ob sie so umgesetzt werden dürfen.

Lösung:

1. Nach § 4 Abs. 1 Satz 3 GemHVO können Teilhaushalte nach den vorgegebenen Produktbereichen oder der örtlichen Organisation gebildet werden. Nach § 4 Abs. 1 Satz 5 GemHVO sind Produktbereiche auf mehrere Teilhaushalte aufteilbar, dabei können Produktbereiche nach vorgegebenen Produktgruppen oder Produkten oder nach Leistungen auf mehrere Teilhaushalte aufgeteilt werden. Eine vom Fachbereichsleiter vorgesehene tiefere Untergliederung des Haushaltsplans ist also zulässig. Dabei sind allerdings zwei wichtige Voraussetzungen zu beachten: Zum einen ist es erforderlich, dass sich (zumindest) die im Haushalt abgebildeten Leistungen eindeutig einem Teilhaushalt und damit einem Verantwortungsbereich zuordnen lassen. Zum anderen ist zusätzlich dem Haushaltsplan eine Übersicht über die Zuordnung der Produktbereiche und Produktgruppen zu den Teilhaushalten als Anlage beizufügen (VwV Produkt- und Kontenrahmen, Anlage 10). Bei einer von der Produktgruppe abweichenden Zuordnung einzelner Produkte oder Leistungen zu anderen Teilhaushalten sind auch diese Produkte oder Leistungen in die Übersicht aufzunehmen (§ 4 Abs. 5 Satz 2 GemHVO). Nicht zuletzt enthält die VwV Produkt- und Kontenrahmen in der Anlage 30 verbindliche Regelungen insbesondere zur produktbezogenen Mindestgliederung im Haushaltsplan (Produktrahmen). Diese Mindestgliederung ist somit zwingend bei der Bildung der Teilhaushalte zu beachten.
2. Die Vorgaben für die (Teil-)Ergebnis- und Finanzhaushalte geben jeweils nur die Mindestanforderungen wieder. Der Abbildung von zusätzlichen Informationen steht grundsätzlich nichts entgegen. Es ist allerdings darauf zu achten, dass dadurch die vorgesehenen Mindestinformationen weiterhin eindeutig erkennbar bleiben und dass die Haushaltspläne nicht durch eine Anhäufung von Detailinformationen in einer Weise überladen werden, dass dies der Transparenz abträglich ist. Auf eine Abbil-

dung der Kontenebene sollte jedoch verzichtet werden, da dann zu befürchten ist, dass der Augenmerk der Leser wieder nur bei der Finanzseite liegt und demzufolge weiterhin inputorientiert gesteuert wird. Bezüglich der detaillierten Darstellung der Aufwendungen für die Bildung von Pensionsrückstellungen ist zu bedenken, dass gem. § 41 Abs. 2 GemHVO in Baden-Württemberg dafür § 27 Abs. 5 des Gesetzes über den Kommunalen Versorgungsverband Baden-Württemberg (GKV) unberührt bleibt. Umlagefinanziert sammelt letzterer für die Kommunen die Rückstellungen für Pensions- und Beihilfeverpflichtungen an.

3. Aufbau und Inhalt von Finanzhaushalt und Teilfinanzhaushalt unterscheiden sich nach §§ 3 und 4 GemHVO teilweise. Diese Unterscheidung ist beabsichtigt, da beide Planwerke unterschiedliche Ziele verfolgen. Während der Finanzhaushalt eine Darstellung des gesamten Geldverbrauchs liefert und damit auch insgesamt wichtige Informationen wie den Kreditbedarf, Finanzierungsmittelbestände und die Entwicklung der Kassenlage liefert, ist die Zielrichtung der Teilfinanzhaushalte vorrangig die Darstellung der Investitionstätigkeit auf der abgebildeten Gliederungsebene des Haushalts. Diese Informationen spielen bei der Haushaltsplanberatung eine ganz entscheidende Rolle. § 4 Abs. 4 Satz 3 GemHVO sieht daher in den Teilfinanzhaushalten die Möglichkeit vor, sich auf die Abbildung der Investitionstätigkeit zu beschränken.
4. Der Gesetzgeber fordert nach § 80 Abs. 1 GemO und § 4 Abs. 2 GemHVO lediglich die Darstellung von Leistungszielen und Kennzahlen zur Messung der Zielerreichung für Schlüsselpositionen. Mittelfristig macht der Aufbau eines Ziel- und Kennzahlensystems in Anlehnung an die Gliederung des Produktplans BW sowie deren Darstellung auf den verschiedenen Gliederungsebenen im Haushalt durchaus Sinn. Als Projektleiter sollten Sie daher den Fachbereichsleiter darauf hinweisen, dass es durchaus sinnvoll erscheint, sich zumindest softwaretechnisch die Option zum späteren Aufbau einer Zielhierarchie offenzuhalten.
5. Wenn eine outputorientierte bzw. eine am Outcome orientierte Planung erstellt werden soll, ist es unumgänglich, dass sich der Planungszeitraum für den Output und für den Input entsprechen. Es erscheint daher selbstverständlich, dass die Planung der Kennzahlen und Indikatoren sich nicht nur auf das Haushaltsplanjahr beschränkt. Durch die Abbildung dieser Kennzahlen für die späteren Jahre wird der Informationsgehalt des Haushalts eher verbessert, sodass deren Abbildung nicht nur unbedenklich, sondern wünschenswert erscheint.
6. Eine Planbilanz zusätzlich zur vorgeschriebenen Bilanz (im Rahmen des Jahresabschlusses) ist konzeptionell und haushaltsrechtlich nicht vorgesehen. Der Vorschlag des Fachbereichsleiters, sollte er als sinnvoll und zweckmäßig aus örtlicher Sicht (auch des Gemeinderates) erachtet werden, führte zu einer Ergänzung der vorgeschriebenen Elemente des Haushaltsplans. Auf der gesamtstädtischen Ebene würde (wie für den Jahresabschluss vorgesehen) neben den Ergebnis- und Finanzhaushalt eine Planbilanz gestellt werden. Durch diese Ergänzung des Haushaltsplans könnte der Informationsgehalt des Haushalts und damit seine Steuerungs- und Überwachungsfunktion verbessert werden. Gegen eine solche Ergänzung ist aus haushaltsrechtlicher Sicht generell nichts einzuwenden. Festzuhalten bleibt allerdings, dass

den Positionen der Planbilanz rechtlich keine Relevanz zukommen, da sie keine haushaltsrechtlichen Ermächtigungen darstellen können. Hinzu kommt, dass es sich bei Bilanzwerten immer um eine Stichtagsbetrachtung und nicht um eine Zeitraumbetrachtung handelt. Weiterhin ist festzustellen, dass die Erstellung einer Planbilanz weitgehend dadurch erfolgen würde, dass die Daten des Ergebnis- und Finanzhaushalts im Hinblick auf ihre bilanziellen Auswirkungen analysiert und nach Bilanzpositionen zu einer Bewegungsbilanz[32] zusammengefasst würden. Die Planbilanz würde damit weitgehend eine aus den anderen Planungsobjekten abgeleitete Planung darstellen. Inwieweit diese zusätzlichen Informationen in einem angemessenen Verhältnis zu dem dadurch bedingten zusätzlichen Erhebungsaufwand stehen, muss die Gemeinde G für sich abwägen. In diesem Kontext ist auch zu bedenken, dass bereits § 2 Abs. 1 Nr. 25 bis 35 GemHVO fordert, die planmäßigen Auswirkungen von Überschüssen und Fehlbeträgen des Ergebnishaushalts auf die Bilanzposition „Eigenkapital" mit ihren Unterpositionen nachrichtlich auszuweisen. Diese gesetzlich verankerte Forderung macht die Erstellung einer zusätzlichen Planbilanz eher entbehrlich, zumal sie haushaltsrechtlich nicht verlangt wird. Nicht zuletzt könnten zudem im Bedarfsfall die planmäßigen Auswirkungen von Überschüssen und Bedarfen des Finanzhaushalts auf die Bilanzposition „liquide Mittel" problemlos mit Hilfe von § 3 Nr. 36 bis 37 GemHVO berechnet werden.

32 Vgl. z. B. *Schrader*, Die Kapitalflussrechnung als Abbildung der Finanzlage, Frankfurt 1999, S. 72 ff.

8. Die Anlagen zum Haushaltsplan

8.1 Einführung

Dem Haushaltsplan sind Anlagen beizufügen. Mit ihrer Hilfe soll die Entwicklung einer Gemeinde aus unterschiedlicher Sicht und möglichst umfassend dargestellt werden. Mit den Anlagen werden Informationen gegeben, die der Haushaltsplan allein nicht deutlich machen kann.

In § 1 Abs. 3 GemHVO sind die Anlagen aufgeführt, die bereits mit dem Haushaltsplanentwurf vorzulegen sind.

Anlagen zum Haushaltsplan

1. der Vorbericht,
2. der Finanzplan mit dem ihm zugrunde liegenden Investitionsprogramm; ergeben sich bei der Aufstellung des Haushaltsplans wesentliche Änderungen für die folgenden Jahre, so ist ein entsprechender Nachtrag beizufügen,
3. eine Übersicht über die voraussichtliche Entwicklung der Liquidität,
4. eine Übersicht über die aus Verpflichtungsermächtigungen in den einzelnen Jahren voraussichtlich fällig werdenden Auszahlungen; werden Auszahlungen in den Jahren fällig, auf die sich der Finanzplan noch nicht erstreckt, ist die voraussichtliche Deckung des Finanzierungsmittelbedarfs dieser Jahre besonders darzustellen,
5. eine Übersicht über den voraussichtlichen Stand der Rücklagen, Rückstellungen und Schulden zu Beginn des Haushaltsjahres,
6. der letzte Gesamtabschluss (§ 95a GemO),
7. die Wirtschaftspläne und neuesten Jahresabschlüsse der Sondervermögen, für die Sonderrechnungen geführt werden, sowie die entsprechenden Unterlagen der Sonderrechnungen nach § 59,
8. die Wirtschaftspläne und neuesten Jahresabschlüsse der Unternehmen und Einrichtungen, an denen die Gemeinde mit mehr als 50 % beteiligt ist, oder eine kurz gefasste Übersicht über die Wirtschaftslage und die voraussichtliche Entwicklung der Unternehmen und Einrichtungen und
9. eine Übersicht über die Budgets nach § 4 Abs. 5 GemHVO.

In der folgenden Darstellung werden nur die Anlagen näher behandelt, die besonders erläuterungsbedürftig sind.

8.2 Vorbericht

Der Vorbericht ist gem. § 6 GemHVO für die Beurteilung der Ergebnis-, Vermögens und Finanzlage der Kommune von hoher Bedeutung. Er gibt dem Gemeinderat, der

Verwaltung und interessierten Bürgern einen Überblick über den Stand und die Entwicklung der Haushaltswirtschaft im Hinblick auf die stetige Aufgabenerfüllung (Nachhaltigkeit). Der kommunale Entscheidungsträger soll nicht nur die Finanzlage der Kommune erkennen, sondern auch darüber hinaus die zukünftige politische Leitlinie zum Ausdruck bringen.

Der Vorbericht soll dem Leser einen wertenden Überblick über die Inhalte des Haushaltsplans geben. Hierzu bietet es sich an, von der **Möglichkeit tabellarischer und grafischer Darstellungen** Gebrauch zu machen. Allerdings entspricht allein die Zusammenstellung von Zahlen ohne entsprechende verbale Erläuterungen und Bewertungen nicht den Ansprüchen eines Vorberichtes.

Insbesondere soll im Vorbericht dargestellt werden,

1. welche wesentlichen Ziele und Strategien die Gemeinde verfolgt und welche Änderungen gegenüber dem Vorjahr eintreten,
2. die Entwicklung von
   - den wichtigsten Erträgen, Aufwendungen, Einzahlungen und Auszahlungen,
   - dem Vermögen,
   - der Verbindlichkeiten (insbesondere Schulden – jedoch keine Kassenkredite) sowie
   - die verbindlich vorgegebenen Kennzahlen

   in den beiden dem Haushaltsjahr vorangegangenen Jahren und im Haushaltsplan,
3. die Entwicklung
   - des Eigenkapitals absolut und relativ zur Bilanzsumme in den dem Haushaltsjahr vorangegangenen fünf Jahren,
   - des Gesamtergebnisses und der Rücklagen im Haushaltsjahr und in den folgenden drei Jahren sowie die Darstellung ihres Verhältnisses zum Deckungsbedarf des Finanzplans (§ 9 Abs. 4 GemHVO),
4. die Planung und Auswirkung von erheblichen Investitionen und Investitionsfördermaßnahmen auf die Haushalte der folgenden Jahre,
5. der Finanzierungsbedarf für die Inanspruchnahme von Rückstellungen, die voraussichtliche Entwicklung der inneren Darlehen und deren Auswirkungen auf den Finanzplanungszeitraum,
6. die Abweichung des Haushaltsplans vom Finanzplan des Vorjahres,
7. die Darstellung der Entwicklung im Vorjahr von
   - Zahlungsmittelüberschuss oder Zahlungsmittelbedarf des Ergebnishaushalts,
   - Veranschlagten Finanzierungsmittelüberschuss oder -bedarf (ZM-Überschuss oder ZM-Bedarf des Ergebnishaushalts zuzüglich Saldo aus Investitionstätigkeit),
   - Bestand an liquiden Mitteln und
   - Inanspruchnahme von Kassenkrediten.

Der Vorbericht soll die richtige und rasche Beurteilung der Finanzsituation durch den Gemeinderat und die Aufsichtsbehörde erleichtern. Er ist auch ein geeignetes Mittel zur Publizität der kommunalen Haushaltswirtschaft. Damit kommt dem Vorbericht nicht nur finanzwirtschaftliche, sondern darüber hinaus allgemeine kommunalpolitische Bedeutung zu.

- Für die Form der Darstellung bieten sich vergleichende Tabellen an und Erläuterungen der im Haushaltsplan ausgewiesenen produktbezogenen Ziele und Kennzahlen im Vergleich zu den Haushaltsplänen der Vorjahre. Bereits aus dem Vorbericht sollten Änderungen von wichtigen Zielen der Gemeinde erkennbar sein, da solche Änderungen erhebliche Konsequenzen für die finanzwirtschaftliche Entwicklung der Gemeinde haben können.
- Die Auskunft über die geplanten Investitionen leitet sich zunächst aus den Teilfinanzhaushalten ab. Im Vorbericht sollten die entstehenden Folgeaufwendungen (z. B. Abschreibungen, Zinsaufwendungen, Personalaufwendungen, Bewirtschaftungs- und Instandhaltungsaufwendungen) informativ erläutert werden.
- Es soll auch vermittelt werden, inwieweit und unter welchen Voraussetzungen die Gemeinde in der absehbaren Zukunft in der Lage ist, den Anforderungen des Haushaltsausgleichs (§ 80 Abs. 2 Satz 2 GemO, § 24 GemHVO) und ihrer dauernden Leistungsfähigkeit (vgl. § 87 Abs. 2 GemO) gerecht zu werden.
- Die Integration der mittelfristigen Ergebnis- und Finanzplanung in den Haushaltsplan erfüllt nur dann ihren Zweck, wenn diese Planung auch als Basis für die zukünftige Haushaltsplanaufstellung genutzt wird. Soweit in einem neuen Haushaltsplan von den bisherigen Planungsgrundlagen erheblich abgewichen wird, sollte dies im Vorbericht erläutert werden.
- Bei einem Haushaltsplan, der sich wesentlich auf die Abbildung von Ressourcenverbrauch und -aufkommen konzentriert, ist auch die Sicherstellung der Zahlungsfähigkeit und die Entwicklung der Verschuldung von besonderem Interesse. Beides sollte im Vorbericht beleuchtet werden.

8.3 Finanzplanung mit Investitionsprogramm

Die mittelfristig ausgerichtete Finanzplanung ist ein Arbeitsprogramm des Gemeinderates und der Verwaltung für die künftige Haushaltsführung. Das Ziel ist die Einordnung der öffentlichen Haushaltswirtschaft in einen längerfristigen Finanzrahmen. Zudem soll eine nachhaltige und antizyklische Finanzpolitik gewährt werden. Gemäß § 85 Abs. 1 Satz 1 GemO ist die fünfjährige Finanzplanung der jährlichen Haushaltswirtschaft zugrunde zu legen, d. h. der Haushaltsplan für das jeweilige Haushaltsjahr ist aus der (mindestens) jährlich (§ 85 Abs. 5 GemO), u. a. mit Hilfe der Orientierungsdaten vom Innenministerium (§ 9 Abs. 3 GemHVO), zu aktualisierenden und damit realitätsnahen Finanzplanung abzuleiten. Der Haushaltsplan hat „nur“ insofern einen höheren Verbindlichkeitsgrad als die Finanzplanung, weil er dazu ermächtigt, über Finanzmittel zu verfügen. Zukünftige Auszahlungsverbindlichkeiten können sich jedoch aus Investitionen über mehrere Jahre oder aus Verpflichtungsermächtigungen ergeben.

Nach § 85 Abs. 1 GemO ist die Gemeinde verpflichtet, ihrer Haushaltswirtschaft eine fünfjährige Finanzplanung zu Grund zu legen. Das erste Planungsjahr der Finanzplanung ist das laufende Haushaltsjahr. Demnach und gemäß § 9 Abs. 1 GemHVO umfasst der fünfjährige Finanzplan das laufende Haushaltsjahr, das Haushaltsjahr, für das der Haushaltsplan aufgestellt wird (Planjahr), und die folgenden drei Haushaltsjahre. Er besteht aus einer Übersicht über die Entwicklung der Erträge und Aufwendungen unter Berücksichtigung von Fehlbeträgen aus Vorjahren und des zu veranschlagenden Gesamtergebnisses des Ergebnishaushalts sowie einer Übersicht über die Entwicklung der Einzahlungen und Auszahlungen des Finanzhaushalts. Für Investitionen und Investitionsförderungsmaßnahmen ist eine Gliederung nach Produktbereichen oder Teilhaushalten vorzunehmen.

Aus § 85 Abs. 4 GemO resultiert, das die fünfjährige Finanzplanung vom Gemeinderat in einem eigenen Beschluss – spätestens (!) mit der Haushaltssatzung – zu beschließen ist, d. h. die bisherige Kenntnisnahme der Finanzplanung seitens des Gemeinderates reicht nicht mehr aus. Auch diese Regelung verdeutlicht die nun gestärkte finanzpolitische Bedeutung der Finanzplanung. *„Das Arbeitsinstrument für Verwaltung und Gemeinderat ist grundlegend der Finanzplan. Aus ihm sind die Ansätze des Haushaltsplans zu entwickeln.“*[1]

Als Grundlage für die Finanzplanung ist gemäß § 85 Abs. 3 GemO ein Investitionsprogramm aufzustellen, in dem die im Planungszeitraum vorgesehenen Investitionen und Investitionsförderungsmaßnahmen, gegliedert nach Produktbereichen oder Teilhaushalten (§ 9 Abs. 1 Satz 3 GemHVO), nach Jahresabschnitten aufzunehmen sind (§ 9 Abs. 2 Satz 1 GemHVO). Die Zuordnung der Jahresbeträge einzelner Investitionen auf die verschiedenen Jahre wird mit Hilfe der nach § 12 Abs. 2 GemHVO vorgeschriebenen Bauzeitpläne vorgenommen.

Wie auch der Haushaltsplan wirkt die Finanzplanung nur im Innenverhältnis. Für einen Dritten leiten sich dadurch weder Rechte noch Pflichten ab.

Durch die Finanzplanung soll sich der Gemeinderat noch intensiver als bisher mit dem Grundsatz der stetigen Aufgabenerfüllung nach § 77 Abs. 1 GemO beschäftigen, der die Nachhaltigkeit der kommunalen Aufgabenerfüllung sichern soll. Gemäß § 9 Abs. 4 Satz 1 GemHVO soll der Finanzplan für die einzelnen Jahre bei Erträgen und Aufwendungen ausgeglichen sein. Der Sollgrundsatz greift die in § 24 Abs. 3 GemHVO zugelassene Möglichkeit auf, einen Fehlbetrag im Ergebnishaushalt in die folgenden drei Jahre und somit in die Finanzplanung vorzutragen. Im Gegensatz zum ursprünglichen Gesetzesentwurf von 2005 verlangt vorgenannte Regelung den jährlichen Sollausgleich, jedoch keinen Gesamtausgleich der Finanzplanung mehr. Zudem umfasste der Ausgleich ursprünglich auch die Investitionsauszahlungen und ihre Deckungsmöglichkeiten. Nach § 9 Abs. 4 Satz 2 GemHVO ist es jedoch nach der endgültigen Regelung ausreichend, die Finanzierung der Investitionsauszahlungen nur noch darzustellen. Das heißt, mit dem in § 9 Abs. 4 GemHVO beschriebenen Sollausgleich des Finanzplans wird das Ziel einer nachhaltigen auf stetige Aufgabenerfüllung ausgerichteten Haushaltswirtschaft im Sinne von § 77 Abs. 1 GemO gefährdet.[2]

---

1 *Aker/Hafner/Notheis*, Gemeindeordnung/Gemeindehaushaltsverordnung Baden-Württemberg, Kommentar zu § 85 Abs. 1 GemO, RNr. 2, 2. Aufl., Stuttgart 2019.

2 Vgl. dazu ebd., Kommentar zu § 9 Abs. 4 GemHVO, RNr. 10 bis 13.

Der Finanzplan (§ 85 Abs. 1 GemO, § 9 Abs. 1 GemHVO) und das dem Finanzplan zugrunde zu legende Investitionsprogramm (§ 85 Abs. 3 GemO, § 9 Abs. 2 GemHVO) sind keine Bestandteile der Haushaltssatzung und des Haushaltsplans, jedoch dem Haushaltsplan beizufügen (§ 1 Abs. 3 Nr. 2 GemHVO). Dazu können der Finanzplan und das Investitionsprogramm – entsprechend der Anlagen 17 und 18 der VwV Produkt und Kontenrahmen[3] – dem Haushaltsplan gesondert beigefügt werden. Aufgrund der besseren Übersichtlichkeit und der Verdeutlichung der Zusammenhänge sollte die Finanzplanung grundsätzlich in die Planung des Ergebnis- und Finanzhaushalts integriert werden, was mit der Verwendung folgender Anlagen zur VwV Produkt- und Kontenrahmen erreicht wird:

- Gesamtergebnishaushalt – Anlage 3,
- Gesamtfinanzhaushalt – Anlage 4,
- Teilergebnishaushalt – Anlage 8 und
- Teilfinanzhaushalt – Anlagen 9.1 + 9.2.

Nicht zuletzt kann die Steuerungsmöglichkeit im Haushaltsvollzug durch o. g. Integration ebenfalls verbessert werden.[4] In diesem Kontext steht in der VwV Produkt- und Kontenrahmen (Gliederungspunkt 6): *„Die Integration der Finanzplanung und des Investitionsprogramms in die Planung für das laufende Haushaltsjahr wird im Interesse der Verwaltungssteuerung empfohlen.“*

8.4 Übersicht über die aus Verpflichtungsermächtigungen voraussichtlich fällig werdenden Auszahlungen

Verpflichtungsermächtigungen sind vorgesehene Ermächtigungen zum Eingehen von Verpflichtungen, die künftige Haushaltsjahre mit Auszahlungen für Investitionen und Investitionsförderungsmaßnahmen belasten (§ 86 GemO).[5]

Durch die Verpflichtungsermächtigungen darf sich die Gemeinde schon zur Leistung von Auszahlungen in späteren Jahren verpflichten, somit ist der Dispositionsspielraum dieser Jahre um diese Beträge eingeengt. Damit die Gemeinde eine genaue Entwicklung planen kann, ist dem Haushaltsplan diese Übersicht über die aus Verpflichtungsermächtigungen voraussichtlich fällig werdenden Auszahlungen beizufügen:

3 VwV Produkt- und Kontenrahmen vom 16.1.2023.

4 Vgl. *Aker/Hafner/Notheis*, Gemeindeordnung/Gemeindehaushaltsverordnung Baden-Württemberg, Kommentar zu § 9 Abs. 1 GemHVO, RNr. 3, 2. Aufl., Stuttgart 2019.

5 Siehe hierzu im Einzelnen auch Kap. 15.

Übersicht über die aus Verpflichtungsermächtigungen voraussichtlich fällig werdenden Auszahlungen (VwV zu § 145 GemO, Anlage 12)

Übersicht gem. § 1 Abs. 3 Nr. 4 GemHVO

	Verpflichtungs-ermächtigungen im Haushalts-plan	davon voraussichtlich fällige Auszahlungen[2) 3)]			
		20..	20..	20..	20..
Jahr	TEUR	TEUR	TEUR	TEUR	TEUR
	1[1)]	2	3	4	5
20..					
20..					
20..					
20..					
Summe:					
	Nachrichtlich im Finanzplan vorgesehene Kreditaufnahmen:				

1) In Spalte 1 ist der jeweilige Gesamtbetrag der Verpflichtungsermächtigungen für das Haushaltsjahr und alle früheren Jahre aufzuführen, in denen Verpflichtungsermächtigungen veranschlagt waren und aus deren Inanspruchnahme noch Auszahlungen in den kommenden Jahren fällig werden.
2) In Spalte 2 sind das dem Haushaltsjahr folgende Jahr, in Spalten 3 bis 5 die sich anschließenden Jahre einzusetzen.
3) Werden Auszahlungen aus Verpflichtungsermächtigungen in Jahren fällig, auf die sich der Finanzplan noch nicht erstreckt, so sind weitere Kopfspalten in die Übersicht aufzunehmen und die voraussichtlichen Kreditaufnahmen in diesen Jahren aus der besonderen Darstellung nach § 1 Abs. 3 Nr. 4 Halbs. 2 GemHVO zu übernehmen.

Die Übersicht hat die Aufgabe, die Vorausbelastung künftiger Haushaltsjahre aufzuzeigen. Sie dient auch zur Prüfung in welcher Höhe Kredite für Auszahlungen aus Verpflichtungsermächtigungen in den Folgejahren erforderlich sind und somit der Gesamtbetrag der Verpflichtungsermächtigungen einer Genehmigungspflicht unterliegt (§ 86 Abs. 4 GemO). Die voraussichtliche Deckung von Verpflichtungsermächtigungen, die über den Zeitraum der Finanzplanung hinausgehen, ist besonders darzustellen.

8.5 Übersicht über den voraussichtlichen Stand der Rücklagen, Rückstellungen und Schulden zu Beginn des Haushaltsjahres

Dem Haushaltsplan ist gemäß § 1 Abs. 3 Nr. 5 GemHVO eine Übersicht über den voraussichtlichen Stand der Rücklagen, Rückstellungen und Schulden zu Beginn des Haushaltsjahres beizufügen. Die Verwaltungsvorschrift zu § 145 GemO beinhaltet dafür die vorgesehenen verbindlichen Muster in den Anlagen 13 bis 15. Die Übersicht über den voraussichtlichen Stand der Schulden sieht beispielsweise wie folgt aus:

Übersicht über den voraussichtlichen Stand der Schulden (einschließlich Kassenkredite) (VwV zu § 145 GemO, Anlage 15)

Übersicht gem. § 1 Abs. 3 Nr. 5, § 61 Nr. 38 GemHVO

Art der Schulden	Voraussichtlicher Stand zu Beginn des Haushaltsjahres	Voraussichtlicher Stand zum Ende des Haushaltsjahres
	TEUR	
1.1 Anleihen		
1.2 Verbindlichkeiten aus Krediten für Investitionen		
1.2.1 Bund		
1.2.2 Land		
1.2.3 Gemeinden u. Gemeindeverbände		
1.2.4 Zweckverbände u. dergleichen		
1.2.5 Kreditinstitute		
1.2.6 sonstige Bereiche[1)]		
1.3 Kassenkredite		
1.4 Verbindlichkeiten aus kreditähnlichen Rechtsgeschäften		
1. Voraussichtliche Gesamtschulden Kernhaushalt		

Nachrichtlich:
Schulden der Sondervermögen mit Sonderrechnung (Angaben jeweils für einzelne Sondervermögen)[2)]

2.1 Anleihen		
2.2 Verbindlichkeiten aus Krediten für Investitionen		
2.3 Kassenkredite		
2.4 Verbindlichkeiten aus kreditähnlichen Rechtsgeschäften		
2. Voraussichtliche Gesamtschulden Sondervermögen mit Sonderrechnung		

Gesamtschulden von Kernhaushalt und Sondervermögen mit Sonderrechnung[2) 3)]

3.1 Anleihen		
3.2 Verbindlichkeiten aus Krediten für Investitionen		
3.3 Kassenkredite		
3.4 Verbindlichkeiten aus kreditähnlichen Rechtsgeschäften		
Zwischensumme 3.1 + 3.2 + 3.3 + 3.4		
abzüglich Schulden zwischen Kernhaushalt und Sondervermögen mit Sonderrechnung		
3. Konsolidierte Gesamtschulden		

1) Entspricht den Bereichen "Gesetzliche Sozialversicherung", "Verbundene Unternehmen, Beteiligungen und Sondervermögen", "Sonstige öffentliche Sonderrechnungen", "Sonstiger inländischer Bereich" und "Sonstiger ausländischer Bereich" nach der Bereichsabgrenzung B
2) einschl. Sonderrechnungen nach § 59 GemHVO
3) nicht verbindlich für Gemeinden, die für das Jahr einen Gesamtabschluss aufstellen

Anmerkung:
Bei Gemeinden, die Träger eines Krankenhauses sind (weder Eigenbetriebe [vgl. Nr. 3] noch Privatgesellschaft), ist zusätzlich der Stand der Schulden für das Krankenhaus in einer besonderen Nummer anzugeben.

8.6 Letzter Gesamtabschluss

Im NKHR müssen die Kommunen neben dem herkömmlichen Jahresabschluss spätestens ab 2025 einen konsolidierten Gesamtabschluss anfertigen (§ 64 Abs. 2 Satz 3 GemHVO). Damit soll der kommunale Entscheidungsträger eine Gesamtübersicht über die finanzielle Situation einschließlich der Eigenbetriebe, Beteiligungen usw. der Gemeinde erhalten. Der Konsolidierungskreis ist in § 95a Abs. 1 GemO festgelegt. Hierunter fallen die Jahresabschlüsse

1. der verselbständigten Organisationseinheiten und Vermögensmassen (z. B. Eigenbetriebe, Krankenhäuser, Pflegeeinrichtungen) –
   Ausnahme: Kameradschaftskassen der Feuerwehr (§ 96 Abs. 1 Nr. 5 GemO),
2. der rechtlich selbständigen unmittelbaren als auch mittelbaren Organisationseinheiten und Vermögensmassen mit Nennkapital (z. B. GmbH, AG), ausgenommen Sparkassen, an denen die Gemeinde eine Beteiligung hält,
3. der Zweckverbände und Verwaltungsgemeinschaften.

Im Sinne des § 95a Abs. 1 Satz 3 GemO wird der Konsolidierungskreis eingeschränkt, wenn der betreffende Aufgabenträger von untergeordneter Bedeutung für das Gesamtbild der Vermögens-, Ertrags- und Finanzlage der Gemeinde ist (Unwesentlichkeitsklausel).

Die Gemeinde ist nach § 95a Abs. 2 GemO von der Pflicht zur Aufstellung eines Gesamtabschlusses insgesamt befreit, wenn die nach Absatz 1 Satz 1 zu konsolidierenden Aufgabenträger für die Verpflichtung, ein den tatsächlichen Verhältnissen entsprechendes Bild der Vermögens-, Ertrags- und Finanzlage der Gemeinde zu vermitteln, in ihrer Gesamtheit von untergeordneter Bedeutung sind. Gemäß § 56 Abs. 2 GemHVO liegt eine untergeordnete Bedeutung vor, wenn die zusammengefassten Bilanzsummen der entsprechenden in den Konsolidierungskreis einzubeziehenden Organisations- und Rechtseinheiten 35 Prozent der in der jeweiligen Bilanz der Gemeinde ausgewiesenen Bilanzsumme nicht übersteigt. *„Diese Voraussetzungen müssen zum Ende des Haushaltsjahres und zum Ende des Vorjahres jeweils vorliegen. Übersteigt an einem der beiden Stichtage die zusammengefasste Bilanzsumme den Wert von 35 %, gilt die Gesamtheit der Aufgabenträger nicht mehr als unbedeutend“.*[6]

8.7 Wirtschaftspläne und neueste Jahresabschlüsse der Sondervermögen, für die Sonderrechnungen geführt werden

Pflichtanlagen zum Haushaltsplan sind nach § 1 Abs. 3 Nr. 7 GemHVO auch die Wirtschaftspläne und neuesten Jahresabschlüsse der Sondervermögen mit Sonderrechnung sowie die entsprechenden Unterlagen der Sonderrechnungen nach § 59 GemHVO.

Dies betrifft vor allem die Pläne der wirtschaftlichen und nichtwirtschaftlichen Unternehmen ohne eigene Rechtspersönlichkeit (Eigenbetriebe sowie der Netto-Regie-Betriebe) und öffentliche Einrichtungen, für die aufgrund gesetzlicher Vorschriften Sonderrechnungen geführt werden (§ 96 GemO).

Der Wortlaut der Vorschrift fordert, dass dem Haushaltsplan zunächst die Wirtschaftspläne dieser Einrichtungen beizufügen sind. Es ist davon auszugehen, dass es sich dabei um die Entwürfe für das neue Haushaltsjahr handeln muss. Zuständig für den Beschluss über die Wirtschaftspläne der Sondervermögen mit Sonderrechnung

6 *Aker/Hafner/Notheis*, Gemeindeordnung/Gemeindehaushaltsverordnung Baden-Württemberg, Kommentar zu § 56 Abs. 2 GemHVO, RNr. 19, 2. Aufl., Stuttgart 2019.

ist der Gemeinderat (§ 14 Abs. 3 EigBG). In der Regel erfolgt die Beratung der Wirtschaftspläne, wie die Beratung des Haushaltsplans, in der Zeit zwischen September und Dezember eines jeden Jahres. Bei der Einbringung des Haushaltsplanentwurfs sollte daher ein Wirtschaftsplan für das neue Haushaltsjahr vorliegen. Dies ist auch deshalb sinnvoll, da es in dem entsprechenden Haushaltsjahr auch wechselseitige Beziehungen zwischen dem Kernhaushalt und dem Sondervermögen gibt und diese daher spiegelbildlich abgebildet werden können. Diese Empfehlung entspricht auch der gängigen Vorgehensweise in der kommunalen Praxis. Dem Haushaltsplan ist folglich der Wirtschaftsplan für das neue, noch nicht begonnene Haushaltsjahr beizufügen.

Ähnliches gilt für die Verpflichtung zum Beifügen der neuesten Jahresabschlüsse. Auch die Feststellung der Jahresabschlüsse der Sondervermögen gehört in den Zuständigkeitsbereich des Gemeinderates (§ 16 Abs. 3 EigBG). Die Feststellung des Jahresabschlusses und des Lageberichts erfolgt in der Regel innerhalb eines Jahres nach Ende des Wirtschaftsjahres. Der festgestellte Jahresabschluss, der dem Haushaltsplanentwurf beigefügt wird, bezieht sich daher i. d. R. auf das Vorvorjahr und wurde bereits im Vorjahr vom Gemeinderat festgestellt. Gleichzeitig liegt dem Gemeinderat aber zum Zeitpunkt der Einbringung des Haushaltsplanentwurfs der geprüfte Jahresabschluss für das Vorjahr zur Feststellung vor oder wird dem Gemeinderat in der folgenden Sitzung vorgelegt.

8.8 Wirtschaftspläne und die neuesten Jahresabschlüsse der Unternehmen und Einrichtungen, an denen die Gemeinde mit mehr als 50 % beteiligt ist, oder eine kurz gefasste Übersicht über die Wirtschaftslage und die voraussichtliche Entwicklung der Unternehmen und Einrichtungen

Neben den Sondervermögen spielen in der kommunalen Aufgabenerledigung auch die Unternehmen und Einrichtungen mit eigener Rechtspersönlichkeit eine Rolle. Hierunter fallen u. a.

- Kapitalgesellschaften (z. B. GmbH, AG[7]),
- Personengesellschaften,
- Vereine,
- selbstständige Stiftungen und
- Zweckverbände.

§ 1 Abs. 3 Nr. 8 GemHVO sieht vor, dass für diese Unternehmen und Einrichtungen dem Haushaltsplan eine Übersicht über die Wirtschaftslage und die voraussichtliche Entwicklung sowie die Wirtschaftspläne und neuesten Jahresabschlüsse beizufügen ist. Allerdings beschränkt der Wortlaut der Vorschrift die Verpflichtung auf die Fälle,

7 Gemäß § 103 Abs. 2 GemO darf die Gemeinde ein Unternehmen in der Rechtsform einer Aktiengesellschaft allerdings nur nachrangig errichten, übernehmen oder sich daran beteiligen.

in denen die Gemeinde an den Unternehmen und Einrichtungen mit mehr als 50 v. H. beteiligt ist.[8]

Wenn die Gemeinde also an einem o. a. Unternehmen oder einer Einrichtung beteiligt ist, ist zunächst festzustellen, ob diese Beteiligung mehr als 50 v. H. beträgt. Zunächst lässt die Vorschrift die Bezugsgröße für die Berechnung offen. Der Anteil kann sich z. B. auf das Stammkapital, das vollständige Eigenkapital oder auch auf das Stimmrechtsverhältnis in den Organen beziehen. Es bietet sich daher aus praktischen Erwägungen an, die Vorschrift entsprechend § 290 Abs. 1 und 2 HGB auszulegen. Die Pflicht zur Berücksichtigung in einer Anlage zum Haushaltsplan kann damit festgestellt werden,

- wenn die Unternehmen und Einrichtungen unter einheitlicher Leitung der Kommune stehen **oder**
- wenn die Kommune auf die Unternehmen und Einrichtungen einen beherrschenden Einfluss ausübt (vgl. dazu auch § 95a Abs. 3 GemO).

Maßgeblich für die Beurteilung ist damit vorrangig das sog. „Control-Konzept". Dies knüpft an die rechtliche Möglichkeit der Kommune, das Tochterunternehmen oder die Einrichtung zu beherrschen. Hiervon ist auszugehen, wenn der Kommune eines der folgenden Rechte zusteht:

- die Mehrheit der Stimmrechte,
- das Recht, die Mehrheit der Mitglieder des Verwaltungs-, Leitungs- oder Aufsichtsorgans zu bestellen,
- das Recht, einen beherrschenden Einfluss aufgrund eines mit dem Unternehmen oder der Einrichtung geschlossenen Beherrschungsvertrags oder aufgrund einer Satzungsbestimmung der beherrschten Einrichtung oder des beherrschten Unternehmens auszuüben.

Ausschlaggebend ist, dass die Gemeinde über eines der vorgenannten Rechte verfügt. Die tatsächliche Ausübung der Rechte ist für die Beurteilung unerheblich – auch wenn es unter dem Gesichtspunkt eines notwendigen stringenten Beteiligungsmanagements sehr bedenklich erscheint, diese Rechte nicht auszuüben.

Gehört die Einrichtung oder das Unternehmen zum betroffenen Kreis, muss die Gemeinde dem Haushaltsplan folgendes beifügen:

- die zuletzt aufgestellten Wirtschaftspläne und
- die neuesten Jahresabschlüsse.

Ergänzend zu diesen Informationen ist gem. § 105 Abs. 2 GemO jährlich ein Beteiligungsbericht zur Information des Gemeinderats und der Einwohner der Gemeinde zu

8 Dies gilt auch für Beteiligungen, die in einem Eigenbetrieb abgebildet werden. Bei einem kommunalen Eigenbetrieb handelt es sich um eine Organisationsform des öffentlichen Rechts ohne eigene Rechtspersönlichkeit, d. h. der Eigenbetrieb kann nicht selbständig handeln und unterliegt immer der Führung der Trägergesellschaft. Demzufolge besteht auch das im Eigenbetrieb abgebildete Beteiligungsverhältnis stets zwischen der Gemeinde und der jeweiligen Beteiligung.

erstellen. Sobald die Gemeinde einen Gesamtabschluss im Sinne des § 95a GemO erstellt, ersetzt der damit verbundene Konsolidierungsbericht den vorgenannten Beteiligungsbericht (§ 95a Abs. 4 Satz 3 GemO).

Für Eigen- und Beteiligungsgesellschaften gelten die Vorschriften §§ 102 bis 108 GemO.

8.9 Budgetübersicht nach § 4 Abs. 5 GemHVO

Werden Teilhaushalte nach der örtlichen Organisation produktorientiert gegliedert, ist dem Haushaltsplan gemäß § 1 Abs. 3 Nr. 9 GemHVO eine Übersicht über die Zuordnung der Produktbereiche und Produktgruppen zu den Teilhaushalten als Anlage beizufügen. Bei einer von der Produktgruppe abweichenden Zuordnung einzelner Produkte oder Leistungen zu anderen Teilhaushalten sind auch diese Produkte oder Leistungen in die Übersicht aufzunehmen.

Die Verwaltungsvorschrift zu § 145 GemO beinhaltet für diesen Fall ein verbindliches Muster in der Anlage 10.

Die in § 1 Abs. 3 GemHVO geforderten Anlagen sind dem Haushaltsplan vollständig beizufügen, damit eine zentrale Steuerung der Kommune durch den Gemeinderat überhaupt erfolgen kann.

8.10 Übung

Sachverhalt

In einer Sitzung des Gemeinderates der Gemeinde G fragt der Gemeinderatsvertreter R den Leiter des Fachbereichs Finanzen, ob der Entwurf des Haushaltsplanes wirklich so umfangreich sein muss. Als sparsamer Bürger hält er es für ausreichend, wenn nur die Teilhaushalte vorgelegt würden, aus denen man die Aufwendungen und Erträge sowie die Investitionen ersehen kann. Die vielen Gesamtübersichten und Anlagen brauchten dann nur noch nach Beschlussfassung durch den Gemeinderat erstellt werden. Dies würde auch dem Grundsatz der Sparsamkeit und Wirtschaftlichkeit entsprechen.

Aufgabe:
Prüfen Sie, welche Unterlagen dem Gemeinderat zur Beschlussfassung nun tatsächlich vorzulegen sind.

Lösung:
Zunächst einmal ist §§ 39 Abs. 2 Nr. 14 i. V. m. 81 Abs. 1 GemO zur Lösung dieses Falls heranzuziehen. Danach beschließt der Gemeinderat über den Erlass der Haushaltssatzung mit ihren Anlagen in öffentlicher Sitzung. Weder die GemO noch die GemHVO enthalten aber eine Bestimmung darüber, welche Anlagen zur Haushalts-

satzung gehören. Aus § 80 Abs. 1 Satz 1 GemO ergibt sich jedoch, dass der Haushaltsplan Teil der Haushaltssatzung ist und § 1 GemHVO konkretisiert die einzelnen Bestandteile des Haushaltsplans. Damit kann festgestellt werden, dass der Haushaltsplan unverzichtbarer Bestandteil der Haushaltssatzung ist. § 80 Abs. 2 GemO und § 1 Abs. 2 GemHVO setzen als Bestandteile des Haushaltsplanes insbesondere den Ergebnishaushalt und den Finanzhaushalt fest. Als weiterer Bestandteil wird in § 80 Abs. 1 Satz 4 GemO und § 1 Abs. 1 Nr. 3 GemHVO der Stellenplan genannt. Weiterhin gehören nach § 1 Abs. 1 Nr. 2 GemHVO die Teilhaushalte zum Haushaltsplan. Nicht zuletzt sind nach § 1 Abs. 3 Nr. 1 bis 9 GemHVO dem Haushaltsplan als Bestandteil der Haushaltssatzung Pflichtanlagen beizufügen.

Da der Haushaltsplan Bestandteil der Haushaltssatzung ist, sind diese Anlagen zum Haushaltsplan auch Anlagen zur Haushaltssatzung und damit nach § 81 Abs. 1 GemO dem Verfahren des Erlasses der Haushaltssatzung unterworfen.

9. Grundsätze der kommunalen Finanzwirtschaft

9.1 Überblick und Einteilung

Kaufleute stützen ihr Finanzmanagement im Wesentlichen auf die Regelungen der §§ 238 ff. HGB, die zu den Buchführungsinhalten (Bilanzen sowie Gewinn- und Verlustrechnungen, Ordnungsmäßigkeit der Bücher usw.) entsprechende Normierungen enthalten. Dazu treten Einzelregelungen zu bestimmten Positionen wie z. B. den Rückstellungen in § 249 HGB, den Rechnungsabgrenzungsposten in § 250 HGB und zur Bewertung in den §§ 252 ff. HGB. Damit ist eine Reihe von Detailfragen und Problemstellungen normiert, die durch die z. T. gewohnheitsrechtlich entwickelten Grundsätze der ordnungsmäßigen Buchführung ergänzt werden.

In der kommunalen Finanzwirtschaft sind solche Regelungen ebenso notwendig (siehe dazu die Darstellungen in den einzelnen Spezialkapiteln). Die kommunale Finanzwirtschaft als ein öffentliches Rechnungswesen verfolgt jedoch gegenüber der kaufmännischen Handlungsweise weiter gehende Intentionen. Es ist ein verbindlicher Haushaltsplan zu erstellen, die bürgerschaftliche Beteiligung durch die politischen Gremien zu sichern und die Einbindung gesamtwirtschaftlicher Belange zu berücksichtigen. Um diese Ziele realisieren zu können bedarf es einer Reihe das Handelsrecht modifizierender Konkretisierungen durch Gesetz. Diese Vorgaben drücken sich in Grundsätzen aus.

Jede Gemeinde muss ihre Finanzwirtschaft nach diesen Grundsätzen ausrichten. Sie sind sowohl bei der Aufstellung des Haushaltsplans als auch bei dessen Ausführung und beim Jahresabschluss zu beachten. Die allgemeinen Haushaltsgrundsätze, nach denen die Haushaltswirtschaft zu planen und auszuführen ist, ergeben sich überwiegend aus § 77 GemO. Die weiteren Grundsätze sind im Wesentlichen in den Vorschriften der GemHVO, die zwischen Planungsgrundsätzen und Deckungs- und Bewirtschaftungsregeln unterscheidet, enthalten. Diese Unterscheidung ist jedoch nicht als absolute Trennung zu verstehen, vielmehr sind sämtliche Grundsätze eng miteinander verbunden und für das gesamte Finanzmanagement verbindlich. Dazu treten die Grundsätze ordnungsmäßiger Buchführung, die unter Bezugnahme auf das Handelsrecht sowohl in der GemO als auch in der GemHVO verankert sind. Es ergibt sich folgender Überblick, nach dem auch dieses Kapitel aufgebaut ist, sofern nicht eine Behandlung in besonderen Kapiteln erfolgt:

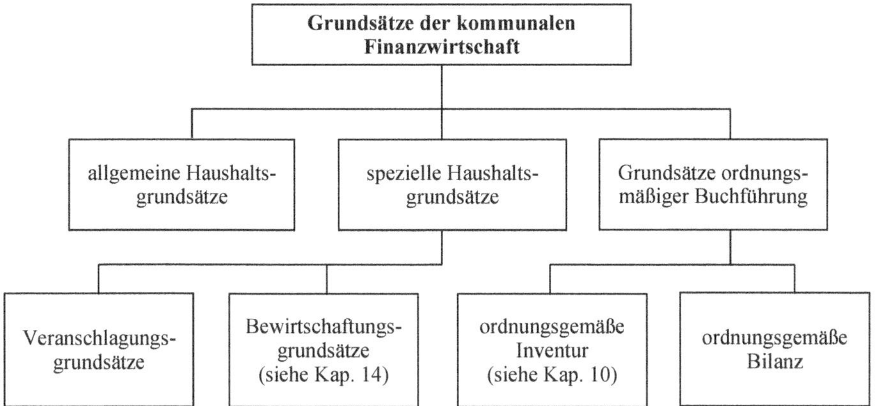

9.2 Allgemeine Haushaltsgrundsätze

9.2.1 Sicherung der Aufgabenerfüllung und konjunkturgerechte Haushaltswirtschaft

9.2.1.1 Stetige Aufgabenerfüllung

Die Gemeinde hat ihre Haushaltswirtschaft so zu planen und zu führen, dass die stetige Erfüllung ihrer Aufgaben gesichert ist. Aus § 77 Abs. 1 GemO ergibt sich für die Gemeinde eine rechtliche Verpflichtung zur stetigen Aufgabenerfüllung. Die Gemeinde muss also gewährleisten, dass sie ihre Aufgaben – gesetzliche, vertragliche und auch freiwillige Aufgaben – dauerhaft wahrnehmen und erfüllen kann.

Die Erwähnung der Stetigkeit in der Formulierung des Haushaltsgrundsatzes gemäß § 77 Abs. 1 GemO spricht die eigentliche Hauptaufgabe der Selbstverwaltung einer Gemeinde an. Diese Aufgabe ist durch § 1 Abs. 2 GemO knapp, aber völlig ausreichend umschrieben. Mit diesem Anspruch nach der **Förderung des Wohls ihrer Einwohner** (des Gemeinwohls, nicht des Wohls einzelner Personen oder Gruppen) geht einher, dass dieses Wohl nicht nur auf die Dauer eines Jahres,[1] sondern langfristig zu fördern und die Aufgabenerfüllung dementsprechend dauernd sicher zu stellen ist. Durch diese Anforderung an die Haushaltswirtschaft der Gemeinde ergibt sich zwangsläufig, dass die Haushaltswirtschaft zeitlich umfassender geplant werden muss.

Das gemeindliche Haushaltsrecht beinhaltet hierzu das Instrument der Finanzplanung nach § 85 GemO an. Sowohl im Ergebnis- als auch im Finanzhaushalt mit den

1 § 79 Abs. 1 Satz 1 GemO sieht für jedes Haushaltsjahr eine Haushaltssatzung vor und stellt somit grundsätzlich auf die Jährlichkeit im kommunalen Finanzmanagement ab. Dabei können aber nach § 79 Abs. 1 Satz 2 GemO Festsetzungen für zwei Jahre erfolgen. Erfahrensgemäß macht die Praxis derzeit nur selten von der zweijährigen Haushaltsplanung Gebrauch. Siehe dazu auch Kap. 18.

jeweiligen Teilhaushalten ist eine Fortschreibung um drei Jahre über das konkrete Planjahr hinaus erforderlich. So ist die Gemeinde gezwungen, die Absicherung der stetigen Aufgabenerfüllung in finanzieller Hinsicht nicht nur im Planungsjahr (bei zweijähriger Haushaltsführung in zwei Planungsjahren), sondern mittelfristig zu dokumentieren.

Dem im § 77 Abs. 1 GemO enthaltenen Grundsatz der Sicherung der stetigen Aufgabenerfüllung ist mit der Einbindung der mittelfristig orientierten Finanzplanung in den Haushaltsplan noch nicht im vollen Umfang Rechnung getragen. Vielmehr muss die Gemeinde auch über diesen Planungszeitraum hinaus ihre Finanzwirtschaft an diesem Ziel orientieren. Dies bedarf eines umfassenden Controllings, welches auch außerhalb der Darstellungen in den kommunalen Haushaltsplänen eine ständige Aufgabe des kommunalen (Finanz-)Managements bedeutet.

9.2.1.2 Beachtung des gesamtwirtschaftlichen Gleichgewichts

Die Gemeinde hat bei der Planung und Durchführung ihrer Haushaltswirtschaft den Erfordernissen des gesamtwirtschaftlichen Gleichgewichts (grundsätzlich) Rechnung zu tragen (§ 77 Abs. 1 Satz 2 GemO). Ausgangspunkt ist die Bestimmung des Art. 109 Abs. 2 GG. Danach haben zunächst nur Bund und Länder bei der Haushaltswirtschaft den Erfordernissen des gesamtwirtschaftlichen Gleichgewichts Rechnung zu tragen.

Eine weitere Grundlage ist das Gesetz zur Förderung der Stabilität und des Wachstums der Wirtschaft (StWG) vom 8.6.1967 in der derzeit geltenden Fassung, das in § 1 den Grundsatz aufstellt, dass Bund und Länder bei ihren wirtschafts- und finanzpolitischen Maßnahmen die Erfordernisse des gesamtwirtschaftlichen Gleichgewichts zu beachten haben. Die unmittelbare Einbindung der Gemeinden erfolgt dann durch § 16 StWG, wonach auch die Gemeinden und Gemeindeverbände bei ihrer Haushaltswirtschaft den Zielen dieses Gesetzes Rechnung tragen müssen. Die Ziele sind in § 1 StWG formuliert. Danach sind alle Maßnahmen so zu treffen, dass sie im Rahmen der marktwirtschaftlichen Ordnung gleichzeitig

- zur Stabilität des Preisniveaus,
- zu einem hohen Beschäftigungsstand und
- zu außenwirtschaftlichem Gleichgewicht
- bei stetigem und angemessenem Wirtschaftswachstum

beitragen.

Die Umsetzung der Ziele des gesamtwirtschaftlichen Gleichgewichts sind jedoch kaum durch die Gemeinden, insbesondere nicht durch kleinere Gemeinden zu realisieren, da man diese mit dem Verlangen, ihre Haushaltswirtschaft nach diesen Grundsätzen auszurichten, überfordern würde. Für die Umsetzung eines konjunkturgerechten (antizyklischen) Verhaltens fehlen den Gemeinden vor allem in Zeiten gesamtwirtschaftlicher Schwäche die notwendigen Instrumente und in der Regel auch die entsprechenden Deckungsmittel.

Der Konflikt konkretisiert sich in der Form, dass von den Gemeinden unter Beachtung des antizyklischen Verhaltens bei aufsteigender Konjunktur Zurückhaltung bei der Vornahme eigener Investitionen verlangt wird. Diese Anforderung stellt die Gemeinden vor Zielkonflikte bei der Entscheidung, denn unzweifelhaft ist bei einem Ansteigen der Konjunktur auch mit dem Ansteigen z. B. der Gewerbesteuererträge zu rechnen. Es könnte möglich sein, dass durch eine Zurückhaltung bei der Vornahme eigener Investitionen im Rahmen des antizyklischen Verhaltens die Erfüllung wichtiger Aufgaben der Kommune gefährdet werden. Zudem darf der Faktor „Politik" nicht übersehen werden. Die Gemeinderatsmitglieder denken bei ihren Entscheidungen sicherlich nicht primär an das gesamtwirtschaftliche Gleichgewicht. Vielmehr werden dabei das kommunale Interesse, der örtliche Bezug zum Wahlkreis (Stadt- oder Gemeindeteil), aber auch wahl- und parteitaktische Überlegungen eine Rolle spielen.

Die Entscheidung in derartigen Fällen ist nicht leicht. Grundsätzlich ist aber davon auszugehen, dass die Sicherung der Aufgabenerfüllung eindeutig Vorrang genießt. Insofern ist der Grundsatz der Beachtung des gesamtwirtschaftlichen Gleichgewichts gegenüber dem Grundsatz der stetigen Aufgabenerfüllung praktisch nachrangig. Konjunkturpolitische Gesichtspunkte sind also im Rahmen der Aufgabenerfüllung zu berücksichtigen, soweit dieses unter dem Aspekt der Aufgabenerfüllung möglich ist. Die Erledigung der unabweisbaren Aufgaben muss der Berücksichtigung konjunkturpolitischer Erfordernisse regelmäßig vorgehen.

Im gemeindlichen Haushaltsrecht verankerte Maßnahmen zur Konjunktursteuerung sind im Wesentlichen die Einflussnahmen auf die Kreditbeschaffung der Gemeinden. Hier sind die möglichen Beschränkungen bei der Beschaffung von Geldmitteln auf dem Kreditwege zu beachten (z. B. Einzelgenehmigung gemäß § 87 Abs. 4 GemO i. V. m. § 19 StWG).[2] Es ist jedoch auffällig, dass der Staat hierbei deutlichen Einfluss auf kommunale Tätigkeiten ausüben kann, wenn auch formal nur in den Grenzen des verfassungsrechtlich garantierten Selbstverwaltungsrechts.

Insgesamt muss aber darauf hingewiesen werden, dass die im Stabilitätsgesetz von 1967 vorgesehene antizyklische finanzwirtschaftliche Handlungsweise eine Reihe von Problemen mit sich bringt und nach geringen Anfangserfolgen nicht mehr zu den gewünschten Effekten geführt hat. Insofern werden die Regelungen zur antizyklischen Fiskalpolitik verstärkt kritisch gesehen, wenn nicht sogar praktisch ignoriert.[3]

9.2.1.3 Übung

Sachverhalt Nr. 1

In der Gemeinde G sind im Entwurf des Haushaltsplans (Finanzhaushalt) 320.000 € für investive bauliche Veränderungen an Obdachlosenunterkünften zur Angleichung an den Ausstattungsstandard von Normalwohnungen vorgesehen. Die Wohnungen sollen dann dem freien Markt zur Verfügung gestellt werden, da kein Bedarf mehr an Obdachlosenunterkünften in der Gemeinde G besteht.

2 Siehe dazu im Einzelnen Kap. 16.

3 Siehe dazu die Darstellungen in der Volkswirtschaftslehre, z. B. *Sprenger-Menzel*, Volkswirtschaftslehre und Wirtschaftspolitik, 7. Aufl., Witten 2018.

Die gesamtwirtschaftliche Situation zum Zeitpunkt der Beratung in dem zuständigen Fachausschuss stellt sich als überhitzte Konjunktur dar. Die Baukosten steigen jährlich im erheblichen Umfang. Gemeinderatsvertreter R verweist deshalb auf die Anforderung der §§ 1, 16 StWG, wonach dem gesamtwirtschaftlichen Gleichgewicht Rechnung zu tragen ist. Er fordert, dass dem Ziel der Stabilität Priorität einzuräumen ist und die Gemeinde sich antizyklisch verhält. Das bedeutet, diese Investitionsmaßnahme sollte bis zur Abschwächung der Konjunktur zurückgestellt werden.

Aufgabe:
Begutachten Sie die Auffassung des Gemeinderatsvertreters R.

Lösung:
Gemeinderatsvertreter R gibt hier dem Ziel der Stabilität den Vorrang. In seiner Begründung bezieht er sich auf die §§ 1, 16 StWG. Sieht man diese Bestimmungen isoliert, könnte die Auffassung des Gemeinderatsvertreters R einschlägig sein.

Gemäß § 1 StWG haben Bund und Länder die Erfordernisse des gesamtwirtschaftlichen Gleichgewichts zu beachten; durch § 16 StWG ist die Beachtung dieser Ziele auf die Gemeinden ausgedehnt.

Jedoch handelt es sich hier bei den baulichen Veränderungen an den Obdachlosenunterkünfte um eine wirtschaftlich sinnvolle Maßnahme der Gemeinde. Die nicht mehr für Obdachlose benötigten Wohnungen sollen nicht ohne Mieterträge leer stehen, sondern den Bürgern zur Verfügung gestellt werden. Dies ist jedoch nur zu realisieren, wenn ein Markt üblicher Wohnungsstandard vorliegt. Insofern besteht ein Konflikt zwischen der Pflicht der wirtschaftlichen Aufgabenerfüllung gemäß § 77 Abs. 2 GemO und der Pflicht zu konjunkturgerechtem Verhalten. Dabei ist aber die Verpflichtung, bei Planung und Ausführung des Haushalts die Sicherung der Aufgabenerfüllung zu beachten, an die erste Stelle gesetzt worden.

Die Erfüllung wirtschaftlich unabweisbarer Aufgaben, wie hier die Vornahme der baulichen Veränderungen an den Obdachlosenunterkünften, muss also auch unter Berücksichtigung konjunkturpolitischer Erfordernisse in jedem Fall vorgehen. Der Auffassung des Gemeinderatsvertreters R kann somit nicht gefolgt werden.

9.2.2 Wirtschaftlichkeit, Sparsamkeit und Effizienz

9.2.2.1 Grundsatz

Die mit diesem allgemeinen Haushaltsgrundsatz aufgestellte Forderung, die Haushaltswirtschaft sparsam und wirtschaftlich zu führen, erstreckt sich sowohl auf die Planung als auch auf die Ausführung des Haushalts, somit auf die gesamte kommunale Finanzwirtschaft.

Die Bedeutung dieses Grundsatzes wird dadurch unterstrichen, dass er durch § 77 Abs. 2 GemO als „Muss-Vorschrift“ ausgestaltet ist.

Die Haushaltswirtschaft ist sparsam und wirtschaftlich zu führen. Die Sparsamkeit erfordert, dass Aufwendungen und Auszahlungen ohne Vernachlässigung der Aufgabenerfüllung möglichst niedrig gehalten werden müssen. Es wird also in erster Linie das Verhältnis zwischen Erträgen und Einzahlungen einerseits und Aufwendungen und Auszahlungen anderseits angesprochen.

Sparsamkeit muss nicht unbedingt auch Wirtschaftlichkeit bedeuten. So kann etwa eine bestimmte Maßnahme für sich betrachtet durchaus sparsam sein, da sie im Vergleich zu anderen Möglichkeiten die niedrigsten Aufwendungen und Auszahlungen verursacht, sich aber für die Zukunft als unwirtschaftlich erweisen, weil evtl. die Folgekosten sehr hoch sind. Der Grundsatz der Sparsamkeit und Wirtschaftlichkeit enthält daher zwei verschiedene Regelungen, die jedoch gleichwertig sind.

Mit dem Grundsatz der Wirtschaftlichkeit ist das Verhältnis von Aufwand und Nutzen angesprochen. Im kommunalen Finanzmanagement wird dann wirtschaftlich gearbeitet, wenn entweder mit dem geringsten Aufwand der gewünschte Erfolg oder der möglichst größte Nutzen mit den vorhandenen Mitteln erzielt wird, wobei Aufwand sich hierbei sowohl auf die Anschaffungs- oder Herstellungswerte als auch auf die laufenden Unterhaltungskosten bezieht. Der Aufwand (= Anschaffungs- oder Herstellungswerte und Unterhaltungskosten) soll zu dem erzielten Nutzen (= Qualität der Ausführung und Aufgabenerfüllung) eine möglichst günstige Relation aufweisen.

Es stellt sich nunmehr die Frage, in welchem Verhältnis die beiden Grundsätze „Sparsamkeit" und „Wirtschaftlichkeit" zu einander stehen. Die Verfasser sind dabei der Auffassung, dass die Wirtschaftlichkeit nicht nur vorrangig zu beachten ist, sondern die Sparsamkeit praktisch als reine Überlegung zum möglichst geringen Geldmittelabfluss sogar nur Bestandteil des Grundsatzes der Wirtschaftlichkeit ist. Die Wirtschaftlichkeit kann es z. B. erforderlich machen, eine Maßnahme zu treffen, die **für sich allein betrachtet** nicht sparsam ist. So kann eine Gemeinde z. B. für die Anlage eines Parkplatzes von zwei angebotenen gleich großen Grundstücken unter Umständen das im Anschaffungspreis ausgabenintensivere Grundstück wählen, wenn dieses auf lange Sicht niedrigere Unterhaltungskosten oder einen besseren Einfluss auf den Verkehr erwarten lässt. Auf den ersten Blick stellt das einen Verstoß gegen die Sparsamkeit im Jahr des Grunderwerbs dar, obwohl die Entscheidung wirtschaftlich sinnvoll ist. Auf Dauer ist aber auch wieder die Sparsamkeit erreicht, weil dieser Mehrauszahlung in späteren Jahren Aufwendungs- und Auszahlungseinsparungen gegenüberstehen. Insofern stellt sich den Verfassern die Frage, ob der Grundsatz der Sparsamkeit als Teil der Wirtschaftlichkeit überhaupt Berechtigung hat, förmlich in § 77 Abs. 2 GemO als gleichwertiger Grundsatz aufgeführt zu werden.

Die Wirtschaftlichkeit wird an den nachstehend aufgelisteten Prinzipien verdeutlicht:[4]

4 Die vertiefte Darstellung bleibt der Spezialliteratur vorbehalten; für alle: *Wöhe/Döring/Brösel*, Einführung in die allgemeine Betriebswirtschaftslehre, 28. Aufl., München 2023, S. 33 ff.

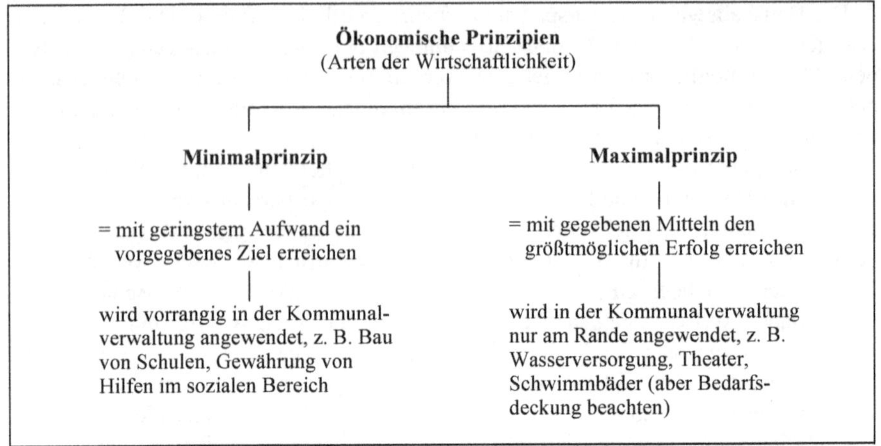

Die Beachtung der Wirtschaftlichkeit ist namentlich bei gemeindlichen Investitionen geboten. Bei Investitionen wird das gemeindliche Anlagevermögen verändert. Jede Investitionsentscheidung beinhaltet einen einmaligen Vorgang, der später laufende Aufwendungen und Auszahlungen verursacht. Demzufolge muss der Nutzen eine möglichst große Differenz zu den Kosten erreichen; die Bewertung, Beurteilung und Entscheidung über Investitionen und deren Varianten sollte bereits vor der Durchführung erfolgen.

Im Finanzhaushalt und in der Finanzrechnung werden die Auszahlungen und Einzahlungen aus Investitionen dokumentiert. Im Ergebnishaushalt und in der Ergebnisrechnung sind dann zeitversetzt (ab der Inbetriebnahme des Vermögensgegenstandes) die Folgeaufwendungen dargestellt. Insofern bieten sich vor der Einstellung der Investition in das Planwerk keine im Ergebnishaushalt ablesbaren Informationen über die Wirtschaftlichkeit der Investition. Jede einzelne Investition ist aber vor Einstellung in den Haushaltsplan daraufhin zu untersuchen, ob sich die Investitionsauszahlungen und die Folgeaufwendungen im Rahmen der Wirtschaftlichkeit bewegen.

In diesem Zusammenhang schreibt § 6 Abs. 2 Haushaltsgrundsätzegesetz als „Muss-Vorschrift" vor, dass für alle finanzwirksamen Maßnahmen angemessene Wirtschaftlichkeitsuntersuchungen durchzuführen sind. § 12 Abs. 1 GemHVO fordert als Soll-Vorschrift ebenfalls Wirtschaftlichkeitsvergleiche für Investitionen. Bevor Investitionen von erheblicher finanzieller Bedeutung beschlossen werden, soll demnach unter mehreren in Betracht kommenden Möglichkeiten durch einen Wirtschaftlichkeitsvergleich und unter Einbeziehung der Folgekosten die für die Gemeinde wirtschaftlichste Lösung ermittelt werden. In diesem Kontext gibt es zahlreiche ein- (z. B. Kostenvergleichsrechnung, Kapitalwertmethode) sowie mehrdimensionale (z. B. Nutzwertanalyse, Kosten-Nutzen-Analysen) Methoden der Investitionsrechnung, welche in Anhängigkeit von der jeweils geplanten Investition anzuwenden sind.[5] In § 12 Abs. 2 GemHVO werden darüber hinaus die für die Veranschlagung notwendigen Unterlagen für insbesondere Baumaßnahmen geregelt, welche gemäß Absatz 1 als wirtschaftlich beurteilte Investitionsalternativen ausgewählt worden sind. Auf diese grundsätzlich notwendigen Unterlagen kann im Rahmen der Veranschlagung nur bei unbedeutenden Investitionsmaßnahmen verzichtet werden; eine Kostenberechnung muss jedoch nach § 12 Abs. 3 GemHVO stets vorliegen. Insbesondere die geforderten Wirtschaftlichkeitsvergleiche stehen im Kontext zu § 77 Abs. 2 GemO, der die Gemeinden generell zu wirtschaftlichem Handeln verpflichtet.

Die kommunale Finanzwirtschaft in Gestalt von Haushaltsplanung, Haushaltsausführung und Rechnungslegung bietet nur die Basisinformationen zur Wirtschaftlichkeit der kommunalen Verwaltung. Zur Darstellung des Ressourcenaufkommens und des Ressourcenverbrauchs und der dazu gehörigen Kennziffern auf Produktebene und zum Nachweis einer wirtschaftlichen Handlungsweise ist eine Kosten- und Leistungsrechnung notwendig. Folgerichtig sieht § 14 GemHVO die Einrichtung einer Kosten- und Leistungsrechnung vor. Es handelt sich dabei um eine Soll-Vorschrift. Diese sollte nach betriebswirtschaftlichen Grundsätzen (also auch mit Gestaltungsspielräumen aus dem Blickwinkel der Steuerungserfordernisse und der Wirtschaftlichkeit sowie z. B. zur Vermeidung von „Datenfriedhöfen" unter Aufwandsgesichtspunkten) und nach den örtlichen Bedürfnissen ausgerichtet werden, da die Anforderungen an eine Kosten- und Leistungsrechnung bei Großstädten unter dem Gesichtspunkt der Verwaltungskraft anders ausfallen als bei kleinen Gemeinden. Zudem sind die Anforderungen nicht in allen Produktbereichen derselben Gemeinde identisch. Man denke dabei nur an die Unterschiede zwischen dem Fachbereich „Soziales" und dem „Bauhof".[6]

Mit dem Wirtschaftlichkeitsgrundsatz ist auch verbunden, dass die Haushaltswirtschaft effizient zu führen ist (ständige Fragen: „Tun wir die richtigen Dinge? Machen wir sie wirklich richtig?"). Das bedeutet, dass haushaltswirtschaftliche Maßnahmen stets auf ihre Wirksamkeit zu überprüfen sind.

9.2.2.2 Übung

Sachverhalt Nr. 2

Die Gemeinde G will im kommenden Haushaltsjahr die stark befahrene X-Straße ausbauen, weil diese vor allem in einer Kurve trotz Beschränkung der Höchstgeschwindigkeit sehr unfallträchtig ist. Der Ausbau in der bisherigen Linienführung

5 Eine umfassende Darstellung der Wirtschaftlichkeitsrechnungen in der Kommunalverwaltung ist zu finden bei *Klümper/Möllers/Zimmermann*, Kommunale Kosten- und Wirtschaftlichkeitsrechnung, 20. Aufl., Witten 2019, S. 324 ff.

6 Zu den Einzelheiten der Kosten- und Leistungsrechnung siehe *Klümper/Möllers/Zimmermann*, Kommunale Kosten- und Wirtschaftlichkeitsrechnung, 20. Aufl., Witten 2019, S. 151 ff.

würde 600.000 € Auszahlungen verursachen. Bei einer Begradigung der Kurve erhöht sich die Summe auf 800.000 €.

Der Gemeinderat der Gemeinde G beauftragt die Verwaltung, eine Entscheidung unter alleiniger Berücksichtigung des § 77 Abs. 2 GemO vorzubereiten, weil ein Verstoß gegen die Km-Begrenzung durch die Autofahrer und nicht durch die Gemeinde zu vertreten sei.

Aufgabe:
Stellen Sie begründet dar, welche Aspekte der Entscheidungsvorschlag der Verwaltung berücksichtigen sollte.

Lösung:
In diesem Fall taucht vor allem das Problem der Konkurrenz zwischen Sparsamkeit und Wirtschaftlichkeit auf. Die Effizienz ist bei beiden Maßnahmevarianten gegeben.

„Sparsamkeit" bedeutet, dass die Auszahlungen unter Berücksichtigung der Einzahlungen möglichst geringgehalten werden. Auch bei Einstellung einer Maßnahme in den kommunalen Haushalt ist dieser Grundsatz zu beachten. Insofern könnte nur die erste Maßnahme mit dem geringeren Investitionsvolumen in Frage kommen. Dieses könnte notfalls mit einer weiteren Geschwindigkeitsbeschränkung kombiniert werden.

Allerdings ist nunmehr das ökonomische Prinzip der Wirtschaftlichkeit als zweiter Haushaltsgrundsatz zu berücksichtigen, wonach mit dem geringsten Aufwand ein vorgegebenes Ziel erreicht werden soll; d. h. es soll eine möglichst große Differenz zwischen Kosten und Nutzen liegen. Es könnte eine Kosten-Nutzen-Untersuchung erfolgen, wobei der öffentliche Nutzen in der Regel schwer messbar ist; in diesem Falle wäre jedoch die Vermeidung von Unfällen eine ausreichende Begründung. Möglicherweise wird auch der Verkehrsstrom durch eine noch niedrigere Km-Begrenzung in der Weise beeinträchtigt, dass es zu Stockungen kommen kann. Möglicherweise wären die Folgekosten für die Gemeinde bei einer Begradigung der Straße geringer. Insofern könnte die Wirtschaftlichkeitsüberlegung durchaus für die zweite Maßnahme mit einem um 200.000 € höheren Investitionsvolumen sprechen.

9.2.3 Grundsätze der Finanzmittelbeschaffung

9.2.3.1 Deckungsmittel der Haushaltswirtschaft

Bevor im Einzelnen auf die Regeln der Finanzierung kommunaler Produkte eingegangen wird, ist zunächst einmal zu klären, über welche Deckungsmittel eine Gemeinde überhaupt verfügen kann. Die Finanzierungsquellen einer Gemeinde sind vielfältig. Sie ergeben sich aus privatrechtlichen (Vertragsschließung, gleiche Rechte und Pflichten der Vertragspartner) und aus öffentlich-rechtlichen Vorgängen (Verwaltungsakte wie z. B. Steuerbescheide, Über- und Unterordnungsverhältnis). Die grobe Unterteilung der Deckungsmittelarten kann aus folgendem Schaubild ersehen werden:[7]

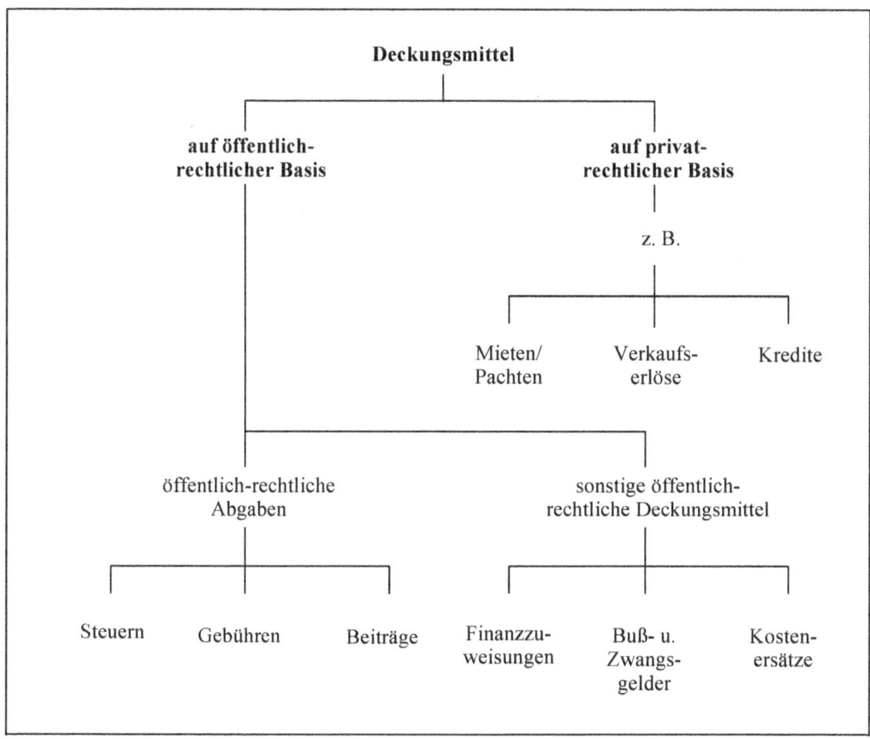

9.2.3.2 Verpflichtung zur Erhebung von Abgaben

Die wesentlichen Deckungsmittel der Gemeinde beruhen auf Zwangserhebungen, wobei die Steuern den größten Teil ausmachen. Die Erhebungsbefugnis ist Ausfluss der Selbstverwaltungsgarantie des Grundgesetzes und der Verfassung Baden-Württembergs. Folglich sieht § 78 GemO im Abs. 1 zunächst vor, dass die Gemeinden Abgaben nach gesetzlichen Vorschriften erheben. Die Gemeinden sind danach berechtigt und verpflichtet, nach den speziellen Vorschriften des Abgabenrechtes Abgaben (Steuern, Gebühren und Beiträge nach dem KAG) zu erheben.

Dieser Grundsatz des § 78 Abs. 1 GemO nimmt auf das kommunale Abgabenrecht keinen Einfluss, d. h. er regelt nicht die Voraussetzungen für die Erhebung von Deckungsmitteln, sondern weist lediglich auf den besonderen Gesetzesvorbehalt hin. Die Abgabenerhebung geschieht nämlich ausschließlich auf Grund von Spezialgeset-

7 Eine ausführliche Darstellung befindet sich in: *Mutschler*, Kommunales Finanz- und Abgabenrecht NRW, 14. Aufl., Witten 2018, S. 16 ff.

zen für jede Abgabenart (z. B. Grundsteuergesetz, Gewerbesteuergesetz, Gebührensatzungen, Beitragssatzungen). § 78 Abs. 1 GemO ist demnach lediglich als Einordnungsregelung bezüglich der Stellung von Abgaben und ihre Erhebung innerhalb der gemeindlichen Haushaltswirtschaft zu sehen.

9.2.3.3 Rangfolge der Deckungsmittel

§ 78 Abs. 2 und 3 GemO legen eine bestimmte Rangfolge der Deckungsmittel fest. Ausgangspunkt für die Untersuchung, welche Finanzierungen in welchem Umfang zu beschaffen sind, ist die Höhe des zur Erfüllung der Aufgaben der Gemeinde notwendigen Aufwandes (Bedarfsdeckungsprinzip).

Diese Rangfolge der Deckungsmittel zur Finanzierung des kommunalen Haushalts muss bei der Prüfung der einzelnen Finanzierungsmöglichkeiten zu Grunde gelegt werden und ist insoweit verbindlich. Das folgende Schaubild soll die Rangfolge des Einsatzes von Deckungsmitteln verdeutlichen:

Deckungsbedarf (Summe der im Haushaltsjahr zu erwartenden Aufwendungen und Investitionsauszahlungen)	§ 78 Abs. 2 u. 3 GemO ← § 2 Abs. 1 GemO	**Grundsätzliche Rangfolge der Deckungsmittel** 1. **Sonstige Deckungsmittel** z. B. Zuweisungen, Zuschüsse, Mieten, Pachten, Bußgelder, Verkaufserlöse, Auflösung von Rückstellungen, Zinsen, Steuerbeteiligungen 2. **Spezielle Entgelte** für die von der Gemeinde erbrachten Leistungen z. B. Gebühren, Beiträge, Eintrittsgelder 3. **Steuern** als nachrangige Deckungsmittel z. B. Grund- und Gewerbesteuer 4. **Kredite für Investitionen, Investitionsförderungsmaßnahmen** nur unter den Voraussetzungen der §§ 78 Abs. 3 und 87 Abs. 1, 2 GemO

Vorrangig sind die sogenannten **„sonstigen Deckungsmittel"** heranzuziehen. Angesprochen sind damit alle Deckungsmittel, die nicht zu den speziellen Entgelten, Steuern und Krediten zählen. Dazu gehören insbesondere Erträge aus der Bewirtschaftung des Vermögens (Mieten, Pachten, Zinserträge) und auf privat- und öffentlich-rechtlicher Basis beruhende Erträge wie z. B. staatliche Finanzzuweisungen, Kostenerstattungen im sozialen Bereich, Entgelte von Dritten (Kostenerstattungen für ausgeführte Arbeiten und Dienstleistungen), Bußgelder, Abführungen aus Nebentätigkeiten, Verkaufserlöse, Auflösung von Rückstellungen und Steuerbeteiligungen.

Soweit vertretbar und geboten hat die Gemeinde dann **spezielle Entgelte** für die von ihr erbrachten Leistungen[8] zu erheben. Dabei ist es haushaltsrechtlich unerheblich, ob diese Entgelte auf privatrechtlichen (z. B. Eintrittsgelder) oder öffentlich-rechtlichen Grundlagen (z. B. Gebühren) beruhen. Im Rahmen der Leistungsverwaltung sind diese Entgelte als vorrangig anzusehen. Bei der Entscheidung, ob von dem Grundsatz der Finanzierung der Leistungen durch spezielle Entgelte abgewichen werden kann, sind die finanzwirtschaftlichen und die sozialen Gesichtspunkte (Entgeltnachlässe im öffentlichen Interesse wie z. B. verbilligter Eintritt für Arbeitslose oder erschwingbare Preise für Theaterveranstaltungen) zu berücksichtigen. Dieses ist in der Formulierung „soweit vertretbar und geboten" begründet (§ 78 Abs. 2 Satz 1 Nr. 1 GemO).

Die Gemeinden können die Möglichkeit zur Erhebung von Leistungsentgelten voll auszunutzen, siehe dazu auch §§ 11, 13, 14 und 20 KAG. Dadurch wird einer Entwicklung entgegengetreten, welche möglichst viele Lasten der Allgemeinheit und damit dem Steuerzahler auferlegen will. Derjenige, der eine spezielle Leistung durch die Gemeinde erhält (z. B. Nutzer der Abfallbeseitigung, Empfänger eines Reisepasses), soll diese Leistung grundsätzlich selbst bezahlen (Vorteilsnahme des Einzelnen). Erst wenn die Vorteile einer kommunalen Leistung überwiegend der Allgemeinheit zu Gute kommen, sollen Steuern als Deckungsmittel eingesetzt werden.

Dieses Ziel wird jedoch durch die Bestimmung des § 78 Abs. 2 Satz 2 GemO eingeschränkt. Die Erhebung von Entgelten von den Benutzern der Einrichtungen und Anlagen findet i. d. R. aus politischen, sozialen oder kulturellen Gründen ihre Grenze in der wirtschaftlichen Leistungsfähigkeit der Abgabepflichtigen (siehe dazu auch die Formulierung „soweit vertretbar und geboten" in § 78 Abs. 2 Satz 1 Nr. 1 GemO).

Erst wenn die vorgenannten Deckungsmittel ausgeschöpft sind, darf die Gemeinde gem. § 78 Abs. 2 Satz 1 Nr. 2 GemO zur Deckung ihres Finanzbedarfs **Steuern** erheben. Bei der Steuererhebung gilt das Subsidiaritätsprinzip (Nachrangigkeit); denn zur Deckung des Finanzbedarfs (Summe der zu erwartenden Reinaufwendungen) sind zuerst die sonstigen Deckungsmittel, dann die speziellen Entgelte und erst danach die Steuern heranzuziehen. Bei den Landkreisen tritt an die Stelle der Steuern die Kreisumlage. In der Praxis reichen jedoch bei keiner Gemeinde die vorrangigen Deckungsmittel aus, sodass eine Finanzierung der kommunalen Haushalte ohne Steuern bzw. Umlagen unrealistisch ist.

Aus dem Grundsatz der Nachrangigkeit wurde lange Zeit von den Gerichten ein materielles Recht der Steuerpflichtigen abgeleitet, wonach eine Steuererhöhung der Gemeinde oder die Einführung einer neuen Steuer erst zulässig ist, wenn alle Möglichkeiten der Erhebung spezieller Entgelte von der Gemeinde ausgenutzt sind.[9] Insofern hatten Klagen von Steuerpflichtigen zunächst Erfolg, die z. B. die Erhöhung der Ge-

8 Der Begriff der „speziellen Entgelte für Leistungen" ist nicht präzise genug gewählt. Zu den Entgelten für Leistungen im weiteren Sinne können auch Mieterträge, Erträge aus Verkaufserlösen oder Zinserträge gerechnet werden, weil auch hier Leistungs-/Gegenleistungsverhältnisse vorliegen.

9 Z. B. VG Aachen vom 13.12.1993 – VG 2 K 1389/82 – und OVG NRW vom 7.9.1989 – OVG 4 A 698/84 –, beide zu Erhöhungen von Gewerbesteuerhebesätzen.

werbesteuerhebesätze deshalb als rechtswidrig ansahen, weil die Gemeinde nicht in vollem Umfang die vorrangigen speziellen Entgelte ausgeschöpft hatte.

Das Bundesverwaltungsgericht[10] hat jedoch dieses materielle Recht für die Realsteuern verneint. Dabei stützt sich die Entscheidung auf die Feststellung, dass das bundesrechtliche Hebesatzrecht der Gemeinden (z. B. für die Gewerbesteuer aufgrund Art. 106 Abs. 6 Satz 2 GG i. V. m. § 16 Abs. 1 und 5 GewStG) dem Landesgesetzgeber keine Kompetenz gewährt, die Bemessung der Hebesätze an die Ausschöpfung des Gebührenrahmens für besondere Leistungen der Gemeinden zu binden. In welchem Ausmaß die Gemeinden zur Deckung ihres Finanzbedarfs ihre Steuerquellen heranziehen wollen, steht in ihrem Ermessen. Insofern muss die Bestimmung des § 78 Abs. 2 GemO für die Realsteuern zwar als anwendbarer Grundsatz für die Gemeinde, nicht aber als einklagbares Recht für einen Realsteuerpflichtigen bewertet werden.

Die bisher vorgestellten Deckungsmittel dienen in Form von Erträgen der Finanzierung der Aufwendungen und in Form der Einzahlungen der Finanzierung von Auszahlungen. Kredite stellen keine Erträge dar und dürfen gemäß § 87 Abs. 1 GemO auch nur zur Finanzierung von Investitionen, Investitionsförderungsmaßnahmen und zur Umschuldung aufgenommen werden. Deshalb dienen sie nicht dem Ausgleich des Ergebnishaushalts, sondern stellen nur Finanzierungsmittel im Finanzhaushalt dar.

Gemäß § 78 Abs. 3 GemO haben die **Kredite** als Deckungsmittel innerhalb der vorgenannten Rangfolge eine besonders zu behandelnde Stellung. Sie dürfen nur aufgenommen werden, wenn eine andere Finanzierung nicht möglich ist oder wirtschaftlich unzweckmäßig wäre. Vorrangig kann eine Kreditaufnahme nur dann sein, wenn eine andere Finanzierung wirtschaftlich unzweckmäßig wäre. Dies könnte z. B. bei einem zweckgebundenen Landeskredit mit einer Verzinsung von 1,0 % der Fall sein, der z. B. vorrangig vor dem Verkauf von Wertpapieren des Finanzvermögens aufgenommen wird, weil die Wertpapiere z. Zt. eine gesicherte Rendite von 4 % abwerfen. Es sind demnach allein wirtschaftliche Überlegungen heranzuziehen.

Die besonderen Probleme der Kreditwirtschaft werden in Kap. 16 behandelt.

Grenzen der Deckungsmittelbeschaffung

Nach dem Bedarfsdeckungsprinzip richten sich die zu beschaffenden Deckungsmittel nach dem Finanzbedarf. Die Höhe der Aufwendungen findet ihre Grenze in der Vorschrift des Haushaltsausgleichs gemäß § 80 Abs. 2 Satz 2 GemO, wonach das Ergebnis aus ordentlichen Erträgen und ordentlichen Aufwendungen (ordentliches Ergebnis) unter Berücksichtigung von Fehlbeträgen aus Vorjahren in jedem Haushaltsjahr ausgeglichen sein soll. Wie bereits oben festgestellt, wird die Erhebung der Deckungsmittel zudem durch das Gebot des § 78 Abs. 2 Satz 1 und 2 GemO begrenzt, nach dem im Ergebnis auf die wirtschaftliche Leistungsfähigkeit der Abgabepflichtigen Rücksicht zu nehmen ist.[11] Insbesondere bei den speziellen Entgelten ist die Erhebungspflicht durch den Gesetzeszusatz „soweit vertretbar und geboten" eingeschränkt,

10 BVerwG, Urt. vom 11.6.1993 – BVerwG 8 C 32.90 –, siehe z. B. der gemeindehaushalt 1993, S. 236.

11 Siehe auch die umfassende Darstellung bei *Mutschler*, Kommunales Finanz- und Abgabenrecht NRW, 14. Aufl., Witten 2018, S. 21 ff.

sodass die Gemeinde bei der Bereitstellung öffentlicher Einrichtungen auch soziale und politische Gründe berücksichtigen darf.

9.2.3.4 Übung

Sachverhalt Nr. 3

Im Rahmen der Aufstellung des Haushaltsplans will der Zentrale Dienst Finanzen (Fachbereich Finanzen) der Gemeinde G folgende Finanzierungen in Erwägung ziehen:

a) Für die Unterhaltung der Gemeindestraßen gewährt das Land eine erhebliche zweckgebundene Zuweisung, die allerdings mit zumutbaren Auflagen versehen ist. Um – auch für zukünftige Jahre – von Auflagen unabhängig zu sein, soll auf die Zuweisung verzichtet werden und der dadurch entstehende Deckungsmittelausfall durch eine Anhebung der Grundsteuerhebesätze (Mehrerträge/Mehreinzahlungen bei dieser Steuer) gedeckt werden.

b) Bei den öffentlichen Einrichtungen Bäder, Theater und Büchereien sollen Gebühren erhoben werden, die bei weitem nicht die Kosten der Einrichtungen decken. Im Rahmen der Gesamtdeckung soll die Finanzierung durch Steuern sichergestellt werden.

c) Für den Bau eines Schulzentrums werden der Gemeinde Kredite durch das Land mit einer Verzinsung von 3,2 % (feststehend) angeboten. Die notwendigen Deckungsmittel könnten allerdings auch durch Veräußerung von Wertpapieren (gesicherte Zinserwartung: 2,0 %) erzielt werden. Die Gemeinde möchte der Kreditaufnahme den Vorzug geben und will die Deckungsmittel aus dem Verkauf der Wertpapiere für die Finanzierung von Maßnahmen im nächsten Haushaltsjahr verwenden.

Aufgabe:
Begutachten Sie, ob die geplanten Finanzierungen zulässig sind.

Lösung:
Die Lösung des Falles hat von der Verbindlichkeit der Rangfolge der Deckungsmittel gemäß § 78 Abs. 2 und 3 GemO auszugehen.

a) Bei der bewilligten zweckgebundenen Landeszuweisung handelt es sich um sonstige Deckungsmittel im Sinne des § 78 Abs. 2 GemO, die vorrangig einzusetzen sind. Im Sachverhalt wird darauf hingewiesen, dass die Auflagen für die Gemeinde zumutbar sind. In diesem Sinne könnte das Streben der Gemeinde nach Unabhängigkeit von zukünftigen Auflagen, was zudem unrealistisch erscheint, nicht als Begründung anerkannt werden, um von der verbindlichen Rangfolge der Deckungsmittel abzuweichen. Dieser Verzicht auf die Inanspruchnahme der bewilligten Zuweisung ist unzulässig, da gemäß § 78 Abs. 2 GemO die sonstigen Deckungsmittel als vorrangig bezeichnet sind. Insofern würde eine Anhebung der Grundsteuern einen Verstoß gegen § 78 Abs. 2 GemO bedeuten.

b) Spezielle Entgelte, in diesem Falle Benutzungsgebühren, sind gegenüber den Steuern grundsätzlich als vorrangige Deckungsmittel einzusetzen. Allerdings schränkt

§ 78 Abs. 2 GemO diesen Grundsatz dahin gehend ein, dass die Vorrangigkeit nur „soweit vertretbar und geboten" zu beachten ist. Hier ist Raum für selbstständige politische Entscheidungen der Gemeinde in deren pflichtgemäßen Ermessen. Die Gemeinde hat die Steuerkraft pfleglich zu behandeln, also die wirtschaftliche Leistungsfähigkeit der Abgabepflichtigen zu berücksichtigen (§ 78 Abs. 2 Satz 2 GemO). Die möglichen sozialen, wirtschaftlichen und politischen Gründe können sich demzufolge auf die Höhe des speziellen Entgeltes auswirken, eine Finanzierung in der vorgegebenen Form ist zulässig. Gerade bei Bädern, Theater und Büchereien besteht ein öffentliches Interesse, dass diese Einrichtungen zu erschwinglichen Entgelten allen Bevölkerungsschichten zur Verfügung stehen. Es handelt sich um Grundeinrichtungen der Daseinsvorsorge.

Der Verzicht auf kostendeckende Gebühren widerspricht zudem auch nicht § 13 Abs. 1 Satz 1 KAG, der nämlich die Erhebung von Benutzungsgebühren für die Benutzung öffentlicher Einrichtungen den Gemeinden und Landkreisen freistellt. Die Gemeinden und Landkreise können somit niedrigere Gebühren erheben oder von Gebühren absehen, soweit daran ein öffentliches Interesse besteht.

c) Die Subsidiarität der Kreditaufnahmen ist in der Weise eingeschränkt, als Kreditaufnahmen auch dann erlaubt sind, wenn eine andere Finanzierung wirtschaftlich unzweckmäßig wäre. Hier stehen sich zwei Finanzierungsmöglichkeiten gegenüber: zum Ersten die vorrangige Einzahlung aus dem Verkaufserlös der Wertpapiere und zum Zweiten die grundsätzlich nachrangige Kreditaufnahme. Demnach wäre die Einzahlung aus dem Verkaufserlös vorrangig einzusetzen und eine Kreditaufnahme unzulässig.

Es fragt sich jedoch, ob es nicht wirtschaftlich zweckmäßiger ist, der Kreditaufnahme den Vorzug zu geben (§ 78 Abs. 3 GemO). Dieses Tatbestandsmerkmal wird erfüllt, weil der Zinssatz für den Landeskredit mit 3,2 % feststehend sehr günstig ist und wohl kaum in der Zukunft noch einmal so günstig zu erhalten sein wird, schon gar nicht am Kapitalmarkt. Zwar liegt die Zinserwartung für die Wertpapiere mit 2 % unter den Sollzinsen des Kredites, und es wäre kurzfristig günstiger, auf den Guthabenzins zu verzichten. Jedoch wirkt der Grundsatz der Wirtschaftlichkeit nicht nur jahresbezogen. Mittelfristig ist die jetzige Kreditaufnahme zu diesem günstigen Zinssatz wirtschaftlich unbedingt vorrangig geboten, weil laut Sachverhalt die Mittel aus dem Verkaufserlös für die Wertpapiere ohnehin im nächsten Jahr zur Haushaltsfinanzierung eingesetzt werden. Dann ist aber sicherlich ein solcher günstiger Kredit nicht mehr zu erlangen.

9.2.4 Öffentlichkeit

9.2.4.1 Grundsatz

Der Haushaltsgrundsatz der Öffentlichkeit basiert auf dem Erfordernis einer Beteiligung der Bürgerschaft an der Finanzwirtschaft der Gemeinde. Diese Beteiligung kann sich auf die Formen der Mitwirkung und die Entgegennahme von Informationen erstrecken. Im Folgenden sollen einzelne Regelungen des Haushaltsrechts bezüglich der Beteiligung der Öffentlichkeit dargestellt werden.

9.2.4.2 Möglichkeiten der Öffentlichkeitsbeteiligung

a) **Öffentlichkeit der Gemeinderatssitzungen**
Gemäß § 35 Abs. 1 GemO sind die Sitzungen des Gemeinderats öffentlich, soweit nicht das öffentliche Wohl oder berechtigte Interessen einzelner den Ausschluss der Öffentlichkeit erfordern. In der Regel können also die Beratungen und Beschlussfassungen zu finanzwirtschaftlichen Themen (z. B. Erlass von Abgabensatzungen, Erlass der Haushaltssatzung, Beschluss über den Jahresabschluss, Verfügung über Gemeindevermögen, Beschlüsse zur wirtschaftlichen Betätigung, Bürgschaftsübernahmen, kreditähnliche Rechtsgeschäfte) durch die Bürgerinnen und Bürger mitverfolgt werden. Dadurch ist auch eine Berichterstattung in den örtlichen Medien möglich.

b) **Öffentliche Bekanntmachung der vom Gemeinderat beschlossenen Haushaltssatzung (§ 81 Abs. 3 GemO)**
Die vom Gemeinderat beschlossene Haushaltssatzung ist öffentlich bekannt zu machen. Für die Bekanntmachung ist das verbindliche Muster für die Haushaltssatzung und die Bekanntgabe der Haushaltssatzung zu verwenden (siehe VwV Produkt- und Kontenrahmen, Anlage 1). Der Haushaltsplan selbst und seine Anlagen sind im Anschluss an die öffentliche Bekanntmachung der Haushaltssatzung an sieben Tagen öffentlich auszulegen; in der Bekanntmachung der Haushaltssatzung ist auf die Auslegung hinzuweisen. Ohne öffentliche Auslegung des Haushaltsplans wird die Haushaltssatzung also erst gar nicht rechtswirksam. Enthält die Haushaltssatzung genehmigungspflichtige Teile, kann sie erst nach der Genehmigung öffentlich bekanntgemacht werden (§ 81 Abs. 3 Satz 2 GemO).
Dieser Grundsatz der Öffentlichkeit gilt nach § 82 Abs. 1 Satz 2 GemO analog für die Nachtragssatzung, für die es ebenfalls ein verbindliches Muster gibt (siehe VwV Produkt- und Kontenrahmen, Anlage 2).

c) **Öffentliche Bekanntmachung des Jahresabschlusses (§ 95b Abs. 2 GemO)**
Nicht nur in der Planung und Bewirtschaftung ist der Grundsatz der Öffentlichkeit zu beachten. Auch der Nachweis der jährlichen Haushaltswirtschaft ist der Öffentlichkeit zu zeigen. So ist nach § 95b Abs. 2 GemO der Jahresabschluss und Gesamtabschluss durch Beschluss des Gemeinderates festzustellen und nach der unverzüglichen Mitteilung an die Rechtsaufsichtsbehörde sowie der Prüfungsbehörde (§ 113 GemO) ortsüblich bekanntzugeben. Gleichzeitig ist der Jahresabschluss mit dem Rechenschaftsbericht und der Gesamtabschluss mit dem Konsolidierungsbericht an sieben Tagen öffentlich auszulegen. In der Bekanntgabe ist auf die Auslegung hinzuweisen.

9.2.4.3 Übung

Sachverhalt Nr. 4

Die vom Gemeinderat der Gemeinde G beschlossene Haushaltssatzung wird öffentlich bekannt gemacht. Der Bürger B liest die Bekanntmachung am 20.12. in der Tageszeitung und wundert sich, dass das ihn interessierende Produkt „Vereine und Verbände im Sportbereich“ nicht abgedruckt ist. Die Bekanntmachung enthält nur Gesamtzahlen, die für ihn keine Aussagekraft und keinen Informationswert besitzen.

Aufgabe:
Welche Auskunft ist dem Bürger B zu erteilen, wenn er die Verwaltung zum vorgenannten Problem befragt?

Lösung:
Die vom Gemeinderat beschlossene Haushaltssatzung ist gemäß § 81 Abs. 3 GemO öffentlich bekanntzumachen. Die Haushaltssatzung enthält lediglich den Mindestinhalt nach § 79 Abs. 2 GemO, wobei im § 1 lediglich die Gesamtbeträge des Haushaltes festgesetzt sind. Weitergehende Darstellungen enthält die Haushaltssatzung selbst nicht. Insofern kann die öffentliche Bekanntmachung der Haushaltssatzung dem B die geforderten Erkenntnisse nicht erbringen.

Dem Anliegen des Bürgers, Informationen zum Produkt „Vereine und Verbände“ zu erhalten, wird dem Grunde nach dadurch entsprochen, dass gemäß § 81 Abs. 3 GemO mit der öffentlichen Bekanntmachung der Haushaltssatzung der Haushaltsplan mit seinen Anlagen an sieben Tagen öffentlich auszulegen ist.

In den Teilhaushalten sollen nach § 4 Abs. 2 Satz 3 GemHVO Schlüsselpositionen (wesentliche steuerungsrelevante Positionen in einem Teilhaushalt, siehe § 61 Nr. 37 GemHVO) mit den dazugehörenden Leistungszielen und Kennzahlen zur Messung der Zielerreichung dargestellt werden. Im Teilfinanzhaushalt sind nach dem Grundsatz der Einzelveranschlagung gemäß § 4 Abs. 4 GemHVO die Investitionen aufgeführt. Somit hat B nicht nur ein durchaus ausreichendes Informationsrecht, sondern auch ausreichende tatsächliche Informationsmöglichkeiten zu dem von ihm angesprochenen Produkt.

9.3 Veranschlagungsgrundsätze

9.3.1 Allgemeines

Die speziellen Haushaltsgrundsätze unterteilen sich in Veranschlagungs- und Bewirtschaftungsgrundsätze (siehe auch Überblick in Kap. 9.1). Gegenüber den allgemeinen Grundsätzen enthalten sie konkrete und spezielle Einzelregelungen für die kommunale Finanzwirtschaft. Die Bewirtschaftungsgrundsätze sind wegen ihrer hervorzuhebenden Bedeutung für die konkrete Haushaltsausführung dem spezielleren Kap. 14 zugeordnet worden. Insofern werden beim vorliegenden Gliederungspunkt Einzelregelungen zur Veranschlagung von Finanzvorfällen im Ergebnis- und Finanzhaushalt vorgestellt, sodass die Planungswerkzeuge umfassend vermittelt werden. Allerdings ist es zwangsläufig und auch sachlich richtig, dass die Veranschlagungsgrundsätze unverändert auch bei der Haushaltsausführung und bei der Rechnungslegung Anwendung finden. Insofern könnte durchaus auch von Veranschlagungs- und Ausführungsgrundsätzen gesprochen werden. Da jedoch konkrete Vorschriften eingeführt sind, die ausschließlich für die Haushaltsausführung und die Rechnungslegung gelten, sind die Verfasser der Auffassung, den Begriff „Veranschlagungsgrundsätze" zu verwenden, der dann deckungsgleich auch für die Haushaltsausführung Anwendung findet.

Die Darstellung der Veranschlagungsgrundsätze erfolgt jedoch nicht in der Reihenfolge der gesetzlichen Normierungen, sondern nach der Sinnhaftigkeit der einzelnen Grundsätze. Dadurch wird es dem Leser ermöglicht, die auf viele gesetzliche Regelungen verteilten Veranschlagungsgrundsätze mit ihren Ausnahmen in kompakter Form zu verfolgen. Dabei ergibt sich folgender Überblick:

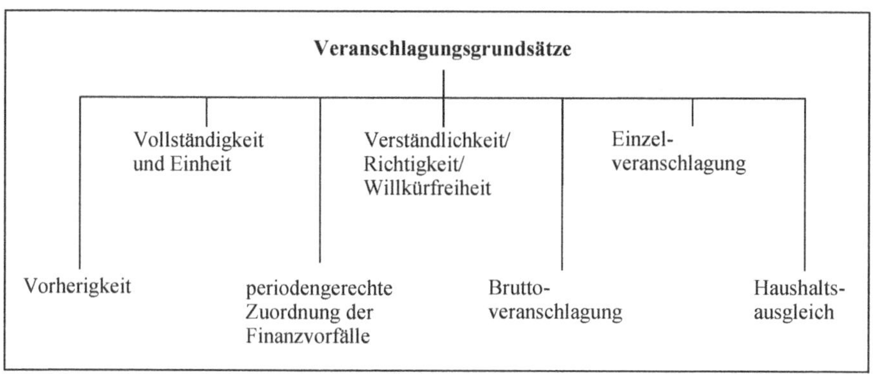

9.3.2 Vorherigkeit

9.3.2.1 Grundsatz

Die Haushaltssatzung mit Haushaltsplan gilt für ein Haushaltsjahr (§§ 79 Abs. 3 und 80 Abs. 1 Satz 1 und 2 GemO). Das Haushaltsjahr ist das Kalenderjahr (§ 79 Abs. 4 GemO).

Die Finanzwirtschaft muss ab 1. Januar eines Jahres handlungsfähig sein. Um diese Funktionsfähigkeit zu erreichen, sollte ein für die Haushaltswirtschaft verbindlicher Plan einschließlich Satzung noch im alten Haushaltsjahr entstehen. Der Grundsatz der Vorherigkeit liegt in dem Prinzip begründet, dass der Plan jeweils vorher, also für den künftigen Haushalt vor Beginn des Haushaltsjahres, aufzustellen ist. Dieses dient der Rechtssicherheit der Gemeinde, denn der Gemeinderatsbeschluss über die Haushaltssatzung dient als Leitlinie für die Verwaltung und stellt somit einen bedeutenden Generalkontrakt zwischen Gemeinderat und Verwaltung dar.

Ausdruck dieses Grundsatzes ist die Bestimmung des § 81 Abs. 2 GemO, wonach der Rechtsaufsichtsbehörde die vom Gemeinderat beschlossene Haushaltssatzung mit ihren Anlagen spätestens einen Monat vor Beginn des Haushaltsjahres vorzulegen ist.

Der Grundsatz der Vorherigkeit und der folgerichtig in § 81 Abs. 2 GemO genannte Termin dienen dem Zweck, dass die Gemeinde gedrängt wird, ihre Planungen spätestens bis zum 30. November des Vorjahres abzuschließen und dass der Rechtsaufsichtsbehörde Gelegenheit gegeben wird festzustellen, ob die geplante Haushaltssatzung mit ihren Anlagen dem geltenden Recht entspricht (§ 121 Abs. 2 GemO) und außerdem die ggf. erforderlichen Genehmigungen (§ 86 Abs. 4, § 87 Abs. 2 u. § 89 Abs. 3 GemO) zu erteilen.

Ziel ist, zu Beginn des Haushaltsjahres eine beschlossene und öffentlich bekannt gegebene Haushaltssatzung zu besitzen, auf deren Basis Erträge/Einzahlungen und Aufwendungen/Auszahlungen bewirtschaftet und Verpflichtungen eingegangen werden können.

9.3.2.2 Ausnahme: Vorläufige Haushaltsführung

Es lässt sich nicht immer vermeiden, dass die Haushaltssatzung erst nach Beginn eines Haushaltsjahres öffentlich bekannt gemacht wird. Möglicherweise hat sich das Verfahren zum Zustandekommen der Haushaltssatzung innerhalb der Gemeinde verzögert.

Da die voraussichtlichen gemeindlichen Aufgaben auch ohne bestehende Haushaltssatzung erledigt werden müssen, bedarf es als Ersatz für die fehlende Haushaltssatzung mit Haushaltsplan Regelungen für die haushaltslose Zeit zwischen dem 1. Januar des Jahres und der Bekanntmachung der Haushaltssatzung wie auch der öffentlichen Auslegung des Haushaltsplans (§ 81 Abs. 3 GemO). Insoweit ist eine vorläufige Haushaltsführung erforderlich, die grundsätzlich in § 83 GemO geregelt wird. Voraussetzung für die Anwendung ist, dass die Haushaltssatzung bei Beginn des Haushaltsjahres noch nicht rechtswirksam nach § 79 Abs. 3 GemO ist, sodass der Anwendungsbereich auf die Zeit bis zum Tag nach der öffentlichen Auslegung des Haushaltsplans und damit bis zum Erlass der Haushaltssatzung nach § 81 GemO beschränkt ist. Im Einzelnen darf die Gemeinde während dieser haushaltslosen Zeit Erträge/Einzahlungen erzielen, Aufwendungen/Auszahlungen bewirken und auch Verpflichtungen eingehen, dieses alles jedoch im eingeschränkten Umfang. Die Praxis bezeichnet dies zuweilen auch als sogenannte „Übergangswirtschaft“.

a) Deckungsmittelbeschaffung in der vorläufigen Haushaltsführung

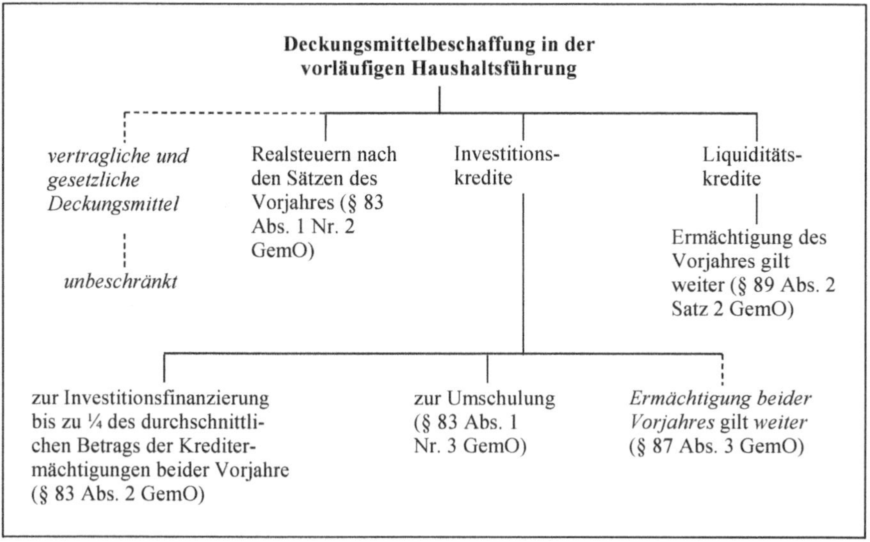

Die Gemeinde darf sämtliche Deckungsmittel auf privat- und öffentlich-rechtlicher Basis erheben (zur Besonderheit der Realsteuern siehe weiter unten). Dies liegt darin begründet, dass die Erhebungsgrundlagen nicht auf der fehlenden Haushaltssatzung beruhen. So werden z. B. vertraglich festgesetzte Mieten, Pachten, Eintrittsgelder und Verkaufserlöse auch ohne vorliegende Haushaltssatzung vereinnahmt. Gebühren, Beiträge, örtliche Verbrauch- und Aufwandsteuern (z. B. Hundesteuer, Vergnügungssteuer und Zweitwohnungssteuer) werden aufgrund spezieller Gesetze und Satzungen erhoben, die unabhängig von der Haushaltssatzung bestehen und auch geändert werden können. Sie werden deshalb auch nicht durch das Fehlen einer Haushaltssatzung tangiert. So sind selbstverständlich jederzeit auch Steuer-, Beitrags und Gebührenerhöhungen aufgrund von Gesetzes- und Satzungsänderungen zulässig. Vertraglich begründete Deckungsmittel können durch Änderungen des Vertragswerks auch ohne Haushaltssatzung erhöht werden.

Eine Besonderheit stellen lediglich die Realsteuern dar. Dabei handelt es sich gemäß § 3 Abs. 2 AO um die Grund- und Gewerbesteuern. Die Hebesätze für diese Steuern werden in § 5 der Haushaltssatzung festgesetzt (siehe VwV Produkt- und Kontenrahmen, Anlage 1). Während der vorläufigen Haushaltsführung fehlt demnach eine solche Ermächtigung, sodass wegen des Grundsatzes des Gesetzesvorbehaltes die Gemeinde keine Ermächtigung zur Erhebung der Realsteuern hätte. Insofern tritt § 83 Abs. 1 Nr. 2 GemO an die Stelle der Festsetzung durch die Haushaltssatzung. Allerdings sieht der Gesetzgeber nur eine Erhebung nach den Steuersätzen des Vorjahres vor. Eine Erhöhung der Steuersätze wäre demnach während der vorläufigen Haushaltsführung auf den ersten Blick unzulässig.

Allerdings besitzen die Gemeinden gemäß § 25 Abs. 2 GrStG und § 16 Abs. 2 GewStG das Recht, die Hebesätze für die Realsteuern für mehrere Jahre festzusetzen. Da die Haushaltssatzung gemäß § 79 Abs. 1 GemO höchstens Festsetzungen für zwei Jahre, nach Jahren getrennt, enthalten darf, können die Gemeinden die mehrjährigen Steuerfestsetzungen nur in einer so genannten Hebesatzsatzung tätigen.[12] Diese bundesrechtliche Regelung geht dem Landesrecht und somit auch § 83 Abs. 1 Nr. 2 GemO vor. Die Gemeinden können demnach auch während der vorläufigen Haushaltsführung ihre Realsteuerhebesätze erhöhen, allerdings nur mittels einer speziellen Hebesatzsatzung.

Weiterhin darf die Gemeinde während der vorläufigen Haushaltsführung Kredite aufnehmen, wobei hier mehrere Ermächtigungsgrundlagen zu unterscheiden sind:

- Nach § 83 Abs. 2 GemO können Kredite zur Finanzierung der Fortsetzung von Bauten, der Beschaffungen und der sonstigen Leistungen des Finanzhaushalts nach § 83 Abs. 1 Nr. 1 GemO (demnach also für Investitionen) und Investitionsförderungsmaßnahmen mit Genehmigung der Rechtsaufsichtsbehörde bis zu einem Viertel des durchschnittlichen Betrags der Kreditermächtigungen beider Vorjahre aufgenommen werden.
  Diese Kreditaufnahme ist auf das neue Haushaltsjahr bezogen und hat als Maßstabsgröße den Bezug zu beiden Vorjahren. Diese Regelung ist – auch wenn sie zwei Vorjahre einbezieht – diskussionswürdig. Maßstab dürfte doch nur der absehbare Finanzbedarf im neuen Haushaltsjahr sein und nicht die beiden Vorjahresplanungen. Würde eine Gemeinde z. B. in beiden Vorjahren keine Kreditermächtigung in den jeweiligen Haushaltsatzungen ausgewiesen haben, aber jetzt eine unabweisbare Fortsetzung einer Baumaßnahme durchführen müssen, wäre eine Kreditgenehmigung in der vorläufigen Haushaltsführung nicht zu erhalten. Eine Gemeinde mit einer jeweils hohen Kreditermächtigung für die beiden Vorjahre dagegen würde von der „Viertelbegrenzung" nicht tangiert.
- Gemäß § 83 Abs. 1 Nr. 3 GemO ist in der vorläufigen Haushaltsführung die Umschuldung zulässig, weil Umschuldungen nicht über die Haushaltssatzung abgewickelt werden und regelmäßig nicht zu einer erhöhten Verschuldung der Gemeinde führen, wohl aber können sie zur Verlängerung von Rückzahlungszeiträumen führen (wenn z. B. die Tilgung ermäßigt wird oder erhöhte Zinsen im Rahmen der Annuität den Tilgungsspielraum verkleinern). Gemäß § 79 Abs. 2 Nr. 3 Buchst. a GemO enthält die Haushaltssatzung nur die Kredite für Investitionen und Investitionsförderungsmaßnahmen. Anzeigen oder gar Genehmigungen sind bei Umschuldungen nicht erforderlich.
- Unabhängig davon, ob eine Haushaltssatzung erlassen ist oder nicht – also auch während der vorläufigen Haushaltsführung –, darf gemäß § 87 Abs. 3 GemO auf die Kreditermächtigung der beiden Vorjahre zurückgegriffen werden, sofern diese Ermächtigungen noch nicht ausgeschöpft wurden. Die Aufnahme von Krediten

12 Zu den Einzelheiten siehe *Mutschler*, Kommunales Finanz- und Abgabenrecht NRW, 14. Aufl., Witten 2018, S. 81 ff.; vgl. dazu auch *Aker/Hafner/Notheis*, Gemeindeordnung/Gemeindehaushaltsverordnung Baden-Württemberg, Kommentar zu § 79 GemO, RNr. 16, 2. Aufl., Stuttgart 2019.

auf Grund dieser Ermächtigungen bedarf keiner erneuten Vorlage bei der Rechtsaufsichtsbehörde. Die Kreditermächtigung gilt praktisch drei Jahre. Dies ist auch sinnvoll, denn bei den Auszahlungen kommt es immer wieder zu Verzögerungen auch über das Jahresende hinaus (z. B. werden Baumaßnahmen nicht so zügig abgewickelt wie geplant), sodass auch die Realisierung der Kredite durchaus zeitlich angepasst und damit aufgeschoben werden kann. Einzelheiten dazu sind in Kap. 16 dargestellt.

Schließlich besteht aufgrund von § 89 Abs. 2 Satz 2 GemO die Möglichkeit für die Gemeinde, auch während der vorläufigen Haushaltsführung Kredite zur Sicherung der Liquidität aufzunehmen. Die Obergrenze dafür stellt die Ermächtigung aus § 4 der Haushaltssatzung des Vorjahres dar (siehe VwV Produkt- und Kontenrahmen, Anlage 1), die bis zum Erlass der neuen Haushaltssatzung weiter ausgeschöpft werden kann.

b) Aufwendungen und Auszahlungen sowie Verpflichtungsermächtigungen in der vorläufigen Haushaltsführung

Der Haushaltsplan ist gemäß § 80 Abs. 4 GemO die Grundlage für die Haushaltswirtschaft der Gemeinde und demnach im Innenverhältnis verbindlich. In der kommunalen Finanzwirtschaft kann also nur gehandelt werden, wenn eine Ermächtigung durch den Haushaltsplan vorliegt. Da diese jedoch während der vorläufigen Haushaltsführung nicht unmittelbar vorhanden ist, die kommunalen Aufgaben jedoch weiterhin – auch in finanzieller Hinsicht – fortzuführen sind, müssen Ersatzermächtigungen geschaffen werden. Dies geschieht mit § 83 Abs. 1 Nr. 1 GemO.

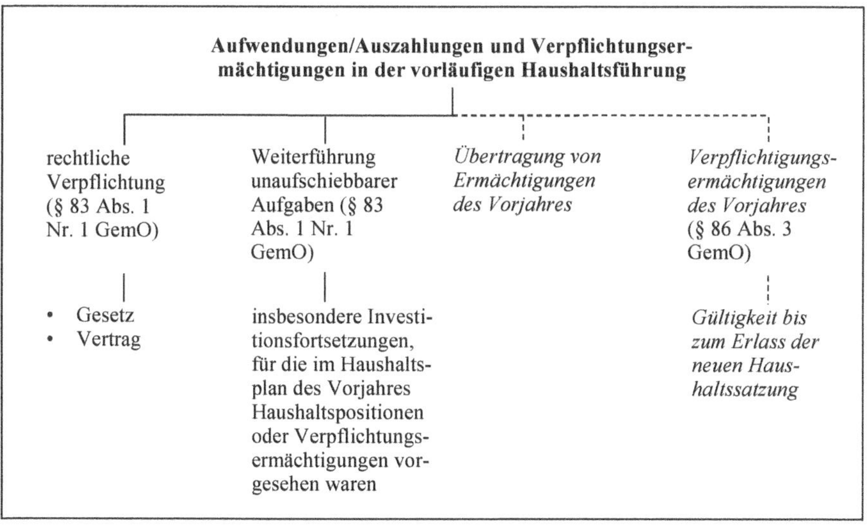

In der vorläufigen Haushaltsführung darf die Gemeinde Aufwendungen entstehen lassen und Auszahlungen leisten, zu denen sie rechtlich verpflichtet ist. Dazu zählen alle Aufwendungen bzw. Auszahlungen, die sich auf Grund einer vertraglichen oder gesetzlichen Verpflichtung ergeben, z. B. Personalaufwendungen/-auszahlungen oder Leistungen der Sozialhilfe.

Zudem darf sie Aufwendungen entstehen lassen und Auszahlungen leisten, die für die Weiterführung notwendiger Aufgaben unaufschiebbar sind. Damit sind alle Maßnahmen gemeint, die im Interesse der Gemeinde und ihrer Bürger notwendig sind, z. B. die Beschaffung von Arbeitsmaterial oder der Erwerb von Treibstoffen. Ausdrücklich wird diesem Tatbestand die Fortsetzung von Bauten, Beschaffungen und sonstigen Investitionsleistungen zugeordnet, sofern im Haushaltsplan des Vorjahres Finanzpositionen oder Verpflichtungsermächtigungen vorgesehen waren. Diese Regelung entspricht dem allgemeinen Haushaltsgrundsatz der Wirtschaftlichkeit, denn z. B. ein Baustillstand würde zu erheblichen Kostensteigerungen führen und wäre damit unwirtschaftlich.

Ein Problem besteht darin, dass § 83 GemO keine Ermächtigung in der vorläufigen Haushaltsführung vorsieht, im Investitionsbereich Verpflichtungen einzugehen, die erst in späteren Jahren zu Auszahlungen führen. Die Vorschrift enthält in Absatz 1 Nr. 1 ausschließlich und abschließend nur Ermächtigungen für Auszahlungsleistungen, einen Ersatz für fehlende Verpflichtungsermächtigungen bietet § 83 GemO nicht. Die Gemeinde kann zwar während der vorläufigen Haushaltsführung Auszahlungen in Millionenhöhe leisten, einen Vertragsabschluss für einen unaufschiebbar benötigten Grunderwerb über 10.000 € mit Zahlung im kommenden Jahr darf sie dagegen nicht tätigen. Die Praxis könnte die Regelungslücke dahingehend umgehen, dass die Vorschrift des § 83 Abs. 1 Nr. 1 GemO per Analogie auch für investive Auftragsvergaben mit Belastungen der kommenden Jahre angewendet wird.

Unabhängig davon, ob bereits ein neuer Haushalt vorhanden ist oder nicht, kann auf bestimmte Ermächtigungen des Vorjahres zurückgegriffen werden, so auch während der vorläufigen Haushaltsführung. Es handelt sich dabei nicht um spezielle Ermächtigungen der vorläufigen Haushaltsführung, sondern um generelle Ausnahmen vom Grundsatz der Jährlichkeit, die auch bei Vorliegen einer gültigen Haushaltssatzung bestehen.[13] Im Einzelnen:

- Die im Rahmen des Jahresabschlusses des abgelaufenen Haushaltsjahres gemäß § 21 Abs. 2 GemHVO übertragenen Ermächtigungen (Haushaltsübertragungen)[14] für Aufwendungen und Auszahlungen (in der Praxis oft als Haushaltsreste bezeichnet) können bereits unmittelbar nach ihrer Übertragung auch ohne bestehende Haushaltssatzung in Anspruch genommen werden, weil die Bestimmungen des § 21 GemHVO keine Einschränkungen hinsichtlich der vorläufigen Haushaltsführung vorsieht. Mit Inkrafttreten des neuen Haushaltes erhöhen die übertragenen Haushaltsmittel dann die entsprechenden Planpositionen.

13 Vgl. dazu auch Aker/Hafner/Notheis, Gemeindeordnung/Gemeindehaushaltsverordnung Baden-Württemberg, Kommentar zu § 83 GemO, RNr. 1, Boorberg Verlag, 2. Auflage, Stuttgart 2019.

14 Zur Begriffsbestimmung sh. § 61 Nr. 18 GemHVO.

- Gemäß § 86 Abs. 3 GemO gelten die Verpflichtungsermächtigungen des alten Jahres weiter, bis die Haushaltssatzung für das folgende Jahr erlassen ist. Dies bewirkt, dass die Gemeinde die Verpflichtungsermächtigungen des abgelaufenen Jahres auch während der vorläufigen Haushaltsführung in Anspruch nehmen kann. Voraussetzung ist, dass die Verpflichtungsermächtigungen im alten Jahr bei der entsprechenden Investition noch nicht ausgeschöpft wurden.
  Die Problematik für die konkrete Umsetzung dieser Vorschrift zeigt sich an folgendem Beispiel:

  Beispiel:

Verpflichtungsermächtigung 2023	*3.000.000 €*
zulasten des Jahres 2024	*2.000.000 €*
zulasten des Jahres 2025	*1.000.000 €*

  Die Verpflichtungsermächtigung wurde in 2023 nicht in Anspruch genommen.

  Die Verpflichtungsermächtigung 2023 gilt nunmehr bis zum Erlass der Haushaltssatzung 2024 weiter. Dabei entspricht der Anteil zu Lasten des Jahres 2025 weiterhin dem Begriff der Verpflichtungsermächtigung, weil jetzt in 2024 immer noch ein späteres Haushaltsjahr, nämlich 2025, belastet wird. Beim Anteil der Verpflichtungsermächtigung aus 2023 über 2.000.000 € für 2024 dagegen wird in der vorläufigen Haushaltsführung der Begriff der Verpflichtungsermächtigung verlassen, weil nunmehr eine Auszahlungsbelastung des laufenden Jahres 2024 ausgelöst werden soll.
  Dieses Problem wurde erkannt, indem in § 83 Abs. 1 Nr. 1 GemO auch die Investitionsfortsetzung zugelassen wird, wenn im Vorjahr Beträge vorgesehen waren. Der Begriff „Beträge“ umfasst Ansätze und Verpflichtungsermächtigungen, weil es darauf ankommt, ob in einem der Vorjahre haushaltsrechtliche Ermächtigungen zum Eingehen von Verbindlichkeiten (Erteilen von Aufträgen) für das Vorhaben vorgesehen waren.[15] Insofern ist die Frage positiv gelöst, da jetzt zumindest für diesen Teil des Jahres 2024 § 83 Abs. 1 GemO zutreffend anzuwenden ist.

9.3.2.3 Übungen

Sachverhalt Nr. 5

Die Haushaltssatzung der Gemeinde G für das Haushaltsjahr 2024 wird nicht vor April 2024 rechtswirksam werden. In den Monaten Januar und Februar 2024 sollen folgende Aufwendungen getätigt bzw. Auszahlungen geleistet werden:

15 *Aker/Hafner/Notheis*, Gemeindeordnung/Gemeindehaushaltsverordnung Baden-Württemberg, Kommentar zu § 83 GemO, RNr. 22, 2. Aufl., Stuttgart 2019.

a) Nach einem schweren Unwetter muss das Rathausdach mit einem Kostenaufwand von 30.000 € erneuert werden. Im zu dieser Zeit bereits vom Gemeinderat beschlossenen Haushaltsplan sind Mittel für diese Maßnahme nicht vorgesehen.
b) Für die Fortführung des Parkplatzbaues am gemeindlichen Friedhof werden 400.000 € benötigt. Bereits im Haushaltsplan 2023 war der erste Teilbetrag für diese Maßnahme veranschlagt.
c) Mit dem Bau des seit Jahren geplanten Theaters soll begonnen werden. Im Haushaltsplanentwurf 2024 sind ist Anfinanzierung 1.400.000 € eingestellt.
d) Das Hauptamt (zentrale Dienste) will die Telefonkosten an den Telefonanbieter überweisen. Außerdem ist der Papierbestand der Verwaltung weitgehend verbraucht. Statt der benötigten Menge für das 1. Quartal 2024 soll bereits jetzt der Gesamtjahresbedarf bestellt werden, um damit einen Rabatt von 10 % zu erzielen.
e) Mit dem Bau einer Schule soll begonnen werden, damit zum Schuljahresbeginn 2025 die Schule fertig gestellt ist. Im Haushaltsplanentwurf 2024 ist als Teilfinanzierung eine Auszahlungsermächtigung von 2.000.000 € enthalten. Nach einer Verfügung des Bauordnungsamtes darf das bisherige Schulgebäude nur bis zum 1.7.2025 genutzt werden.
f) Im Haushaltsplanentwurf 2024 ist als Anfinanzierung für den Bau des seit Jahren geplanten Freibades 1.400.000 € vorgesehen. Bereits im November 2023 hat der Bauunternehmer U den Gesamtauftrag zur Errichtung des Freibades erhalten.

Aufgabe:
Prüfen Sie, ob die Aufwendungen getätigt bzw. die Auszahlungen aus haushaltsrechtlicher Sicht geleistet werden dürfen.

Lösung:
a) Es handelt sich hier um die Reparatur des Rathausdaches. Die Gemeinde darf in der Zeit der vorläufigen Haushaltsführung u. a. Aufwendungen entstehen lassen und Auszahlungen leisten, die für die Weiterführung notwendiger Aufgaben unaufschiebbar sind (§ 83 Abs. 1 Nr. 1 GemO). Ein intaktes Rathaus ist schon aus Gründen der Aufrechterhaltung des Dienstbetriebes und des Erhalts der Bausubstanz notwendig. Zudem könnte eine rechtliche Verpflichtung aus Gründen der Fürsorgepflicht gegenüber den Beschäftigten des Dienstherrn abgeleitet werden, die Anspruch auf intakte Diensträume haben. Das Entstehenlassen der Aufwendungen sowie die Leistung der Auszahlungen in Höhe von 30.000 € sind demnach zulässig. Dabei ist es ohne Bedeutung, dass die Mittel bisher im Haushaltsplanentwurf nicht vorgesehen waren.
b) Es handelt sich laut Sachverhalt um eine Baufortsetzung, für die im Haushaltsplan des Vorjahres bereits Finanzpositionen in Form von Auszahlungsermächtigungen veranschlagt waren. Die Investitionsauszahlung ist demnach gemäß § 83 Abs. 1 Nr. 1 GemO zulässig.
c) Mit dem Bau des seit Jahren geplanten Theaters kann während der vorläufigen Haushaltsführung nicht begonnen werden. Es besteht bei dieser freiwilligen gemeindlichen Aufgabe keine rechtliche Verpflichtung zur Leistung von Auszahlun-

gen. Zudem sind keine Gründe erkennbar, dass diese Maßnahme der unaufschiebbaren Weiterführung gemeindlicher Aufgaben dient. Die Auszahlungen dürfen somit nicht geleistet werden.

d) Die Begleichung der Telefonrechnung bedeutet für die Gemeinde eine rechtliche Verpflichtung, die auf der Abrechnung des Telefonanbieters (Vertrag) fußt. Die Aufwendungen dürfen entstehen und die Auszahlungen gemäß § 83 Abs. 1 GemO geleistet werden.
   Für die Weiterführung notwendiger Aufgaben wird konkret nur die Papiermenge für das 1. Quartal des Jahres 2024 benötigt. Bei der Bestellung des Gesamtbedarfs kann jedoch ein Rabatt von 10 % erzielt werden. Dieser Finanzvorgang ist unter Beachtung des Grundsatzes der Sparsamkeit und Wirtschaftlichkeit nach § 77 Abs. 2 GemO zu sehen. Unter dem Aspekt dieser Muss-Vorschrift ist diese Bestellung mit den nachfolgenden Aufwendungen und Auszahlungen für das gesamte Jahr auch während der vorläufigen Haushaltsführung zulässig, ja sogar geboten. Es handelt sich somit um die auch aus wirtschaftlichen Gründen notwendige unaufschiebbare Aufgabenerfüllung im Sinne des § 83 Abs. 1 Nr. 1 GemO.
e) Es liegt hier der Beginn einer neuen Baumaßnahme vor, was grundsätzlich durch die Regelungen des § 83 Abs. 1 Nr. 1 GemO ausgeschlossen ist (nur Baufortsetzungen). Zu beachten ist jedoch, dass das bisherige Schulgebäude nur bis zum 1.7.2025 benutzt werden darf. Bis zu diesem Zeitpunkt muss das neue Schulgebäude fertig gestellt sein. Aus diesem Grund ist auch der Beginn der Schulbaumaßnahme vor dem Hintergrund der Weiterführung notwendiger Aufgaben in den kommenden Jahren (Fortsetzung des Schulunterrichts) zulässig und somit die Leistung der Investitionsauszahlung unaufschiebbar.
f) Der Bau des Freibades ist seit Jahren geplant. Im Vorjahr wurde dem Bauunternehmer der Auftrag zur Errichtung bereits erteilt. Insofern besteht für die Gemeinde nunmehr die rechtliche Verpflichtung zur Auszahlungsleistung durch den Vertrag. Die anfallenden Investitionsauszahlungen dürfen auch während der vorläufigen Haushaltsführung geleistet werden.

Sachverhalt Nr. 6

Die Haushaltssatzung der Gemeinde G für das Haushaltsjahr 2024 wird nicht vor April 2024 rechtswirksam werden. In den Monaten Januar und Februar 2024 sollen folgende Finanzierungen (Beschaffung von Deckungsmitteln) vorgenommen werden:

a) Die kommunale Investition „Bau einer Schwimmhalle“ soll fortgesetzt werden. Im Haushaltsjahr 2024 besteht ein Bedarf von 1.400.000 €. Diese Auszahlungen sollen durch Kreditaufnahmen finanziert werden. Im Haushaltsjahr 2023 waren 1.000.000 € als Kreditermächtigung in der Haushaltssatzung vorgesehen, von denen allerdings nur 700.000 € benötigt wurden. Die Kreditermächtigung im Jahr 2022 in Höhe von 1.200.000 € wurde dagegen voll ausgeschöpft.
b) Es sollen die Mieten für die Wohnhäuser erhöht und die Hundesteuern festgesetzt werden.

Aufgabe:
Prüfen Sie, ob die Deckungsmittel der Gemeinde zur Verfügung stehen.

Lösung:

a) Es handelt sich um Maßnahmen im Rahmen der vorläufigen Haushaltsführung nach § 83 GemO, weil die Haushaltssatzung für das Jahr 2024 noch nicht rechtswirksam ist. Unabhängig von der Prüfung der Nachrangigkeit der Kreditaufnahmen gemäß § 78 Abs. 3 GemO ist zunächst einmal die Dauer der Kreditermächtigung des Haushaltsjahres 2023 zu prüfen. Gemäß § 87 Abs. 3 GemO gilt die Kreditermächtigung 2023 weiter bis die Haushaltssatzung für das Jahr 2025 erlassen ist. Das bedeutet, dass die Kreditermächtigung aus 2023 in dem noch nicht ausgeschöpften Umfang (1.000.000 € ./. 700.000 € = 300.000 €) ohne Beteiligung der Rechtsaufsichtsbehörde ausgenutzt werden kann.
   Unabhängig von der vorgenannten Möglichkeit der Finanzierung bleibt die Regelung des § 83 Abs. 2 GemO. Danach kann die Gemeinde unter der Voraussetzung der Nachrangigkeit und mit Genehmigung der Rechtsaufsichtsbehörde weitere Kredite bis zu einem Viertel des durchschnittlichen Betrages der Kreditermächtigungen für die beiden Vorjahre zur Finanzierung der Maßnahme aufnehmen (Vorvorjahresermächtigung: 1.200.000 €, Vorjahresermächtigung: 1.000.000 €, Durchschnitt: 1.100.000 € × 25 % = 275.000 €).

b) Die Erhebung und Einziehung dieser Deckungsmittel einschließlich möglicher Erhöhungen ist zulässig, denn die genannten Deckungsmittel werden durch besondere Rechtsgrundlagen (Mietverträge bzw. Hundesteuersatzung) erfasst. Das Fehlen der Haushaltssatzung 2024 tangiert insofern die Ertrags- und Einzahlungsarten nicht, sodass § 83 Abs. 1 GemO keine Anwendung findet.

9.3.3 Vollständigkeit und Einheit

9.3.3.1 Allgemeines

Die beiden Grundsätze „Vollständigkeit“ und „Einheit“ sind vor dem gleichen Hintergrund, nämlich der Bestimmung des § 80 Abs. 1 GemO zu sehen. Gemäß § 80 Abs. 1 GemO enthält der Haushaltsplan der Gemeinde **alle** im Haushaltsjahr zur Erfüllung der Aufgaben voraussichtlich anfallenden Erträge und eingehenden Einzahlungen, entstehenden Aufwendungen und zu leistenden Auszahlungen sowie die notwendigen Verpflichtungsermächtigungen. Beide Grundsätze beziehen sich auf den Haushaltsplan, bieten nur unterschiedliche Varianten an. Durch den Veranschlagungsgrundsatz der sachlichen Einheit soll gewährleistet werden, dass nur **ein** Haushaltsplan je Gemeinde erstellt wird, wobei durch den Grundsatz der sachlichen Vollständigkeit dieser Aspekt dahingehend ergänzt wird, dass in diesen Haushaltsplan dann alle Erträge/Einzahlungen, Aufwendungen/Auszahlungen und Verpflichtungsermächtigungen eingestellt werden müssen.

Der nachstehende Überblick verdeutlicht noch einmal die Inhalte des Grundsatzes:

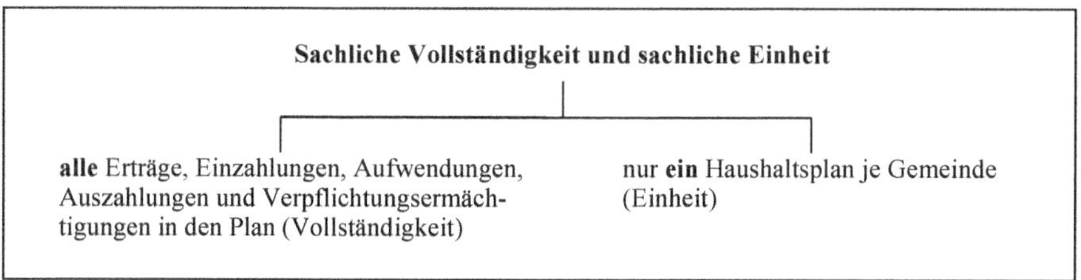

9.3.3.2 Grundsatz der sachlichen Vollständigkeit

Nach § 80 Abs. 1 GemO sind im Haushaltsplan alle voraussichtlich anfallenden Erträge und eingehenden Einzahlungen, entstehenden Aufwendungen und zu leistenden Auszahlungen sowie die notwendigen Verpflichtungsermächtigungen[16] der Gemeinde in voller Höhe zu veranschlagen. Es ist grundsätzlich unzulässig, Finanzvorfälle außerhalb des Haushaltsplans zu bewirtschaften. Ebenfalls ist eine Saldierung ausgeschlossen.

Besonderheiten

a) Interne Leistungen (§ 16 Abs. 5 GemHVO)

Hierbei handelt es sich um Dienstleistungen innerhalb der Verwaltung (innere Verrechnungen), also um Leistungen ohne Außenwirkung. Beispiele dafür sind der Einsatz des Bauhofes als zentraler Dienst für die Pflege der Grünflächen bei den gemeindlichen Gymnasien oder die besondere Dienstleistung der Bibliothek als Verwaltungsbücherei anlässlich der Erstellung von Gutachten des Rechtsamtes. Den internen Dienstleistern entstehen dabei in ihren Produkten Aufwendungen für Leistungen, die anderen Produkten anzulasten sind.

Dienstleistungen an oder von kommunalen Sondervermögen[17] fallen jedoch nicht unter die inneren Verrechnungen, weil sich diese in gesonderten Rechnungskreisen außerhalb des kommunalen Haushalts befinden, sodass hier externe Leistungsbeziehungen vorliegen. Dabei stehen den Erträgen und Aufwendungen auch entsprechende Einzahlungen und Auszahlungen gegenüber. Es handelt sich somit um Dienstleistungen von Dritten oder für Dritte.

Die Gliederung der kommunalen Haushalte ist outputorientiert. Das bedeutet gemäß § 4 Abs. 1 GemHVO, dass der Gesamthaushalt in produktorientierte Teilhaushalte zu

16 Verpflichtungsermächtigungen sind Ermächtigungen des Finanzhaushalts zum Vertragsabschluss im Haushaltsjahr mit Auszahlungen in späteren Jahren. Näheres dazu siehe in Kap. 15.

17 Beispiele könnten eine Beratung eines Eigenbetriebes durch einen Vertreter des gemeindlichen Rechtsamtes oder die Betreuung der Mitarbeiter (Zahlbarmachung der Gehälter, Abrechnung von Reisekosten u. ä.) einer kommunalen Anstalt durch den „Personalservice" (Personalamt) der Gemeinde sein.

gliedern ist. Letztere sind entweder nach den vorgegebenen Produktbereichen oder nach der örtlichen Organisation zu bilden. Nach § 4 Abs. 2 Satz 3 GemHVO sind in den Teilhaushalten mindestens die nach § 145 Satz 1 Nr. 2 GemO verbindlich vorgegebenen Produktbereiche, Produktgruppen und Produkte (siehe VwV Produkt- und Kontenrahmen, Anlage 30) darzustellen, zusätzlich sollen – in Abhängigkeit vom Informationsbedarf – Schlüsselpositionen mit ihren Zielen und Kennzahlen abgebildet werden. Den Teilhaushalten sind gemäß § 4 Abs. 3 GemHVO alle anteiligen Erträge und Aufwendungen zuzuordnen. Damit soll bei jeder kommunalen Aktivität das vollständige Ressourcenaufkommen und der vollständige Ressourcenverbrauch dokumentiert werden. Dies unterstützt bzw. ermöglicht erst die produktorientierte Steuerung kommunaler Ressourcen. Würde nun der Ressourcenverbrauch innerhalb des kommunalen Haushaltes, also zwischen einzelnen Teilhaushalten, nicht ermittelt, könnte der Haushaltsplan keinen vollständigen verursachungsgerechten Ressourcenverbrauch nachweisen. Der Grundsatz der Vollständigkeit gebietet aber, auch diese Finanzvorfälle in den Haushalt aufzunehmen. Folgerichtig sieht § 4 Abs. 3 Nr. 3 und Nr. 4 GemHVO den Nachweis interner Leistungen im Teilergebnishaushalt vor. Mit der Formulierung *„Interne Leistungen sind in den Teilhaushalten zu verrechnen"* (§ 16 Abs. 5 GemHVO) werden innere Verrechnungen zur Abbildung des vollständigen Ressourcenverbrauchs und Ressourcenaufkommens vom Gesetzgeber sogar ausdrücklich gefordert. Ein Nachweis im Ergebnishaushalt insgesamt und in der Ergebnisrechnung entfällt, da die internen Leistungsverrechnungen in den Gesamtertrags- und Aufwendungssummen sich als interne Finanzvorfälle ausgleichen und somit das Gesamtergebnis nicht beeinflussen.

Die Ermittlung der einzelnen produktbezogenen Erträge und Aufwendungen erfolgt in der Regel mithilfe der Kosten- und Leistungsrechnung (§ 14 GemHVO). Im Rahmen der Ansatzermittlung werden die Daten für die Teilergebnishaushalte berechnet, schon im Laufe des Haushaltsjahres werden die konkreten Erträge und Aufwendungen für die internen Leistungen gebucht und fließen dann in die Ergebnis- und Finanzrechnung ein. Eine Durchbuchung ausschließlich am Jahresende ist nicht sinnvoll, da die Werte ja im Rahmen des laufenden operativen Controllings für Auswertungen eingesetzt werden. Deshalb empfiehlt sich eine unterjährige kontinuierliche Verrechnung.

Die Ermittlungsarten für die inneren Verrechnungen unterliegen – wie oben bereits dargestellt – dem jeweiligen System der Kosten- und Leistungsrechnung. Es wird dazu auf die Spezialliteratur verwiesen.[18]

Eine Darstellung der internen Leistungen in Finanzhaushalt und Finanzrechnung erfolgt nicht, weil damit keine Ein- und Auszahlungen mit Auswirkungen auf die liquiden Mittel verbunden sind.

---

18 Siehe dazu die umfangreiche Darstellung bei *Klümper/Möllers/Zimmermann*, Kommunale Kosten- und Wirtschaftlichkeitsrechnung, 20. Aufl., Witten 2019, S. 195 ff.; zur Steuerung der Vorleistungen und der Gemeinkosten siehe *Fischer/Lehmann*, Haushaltsmanagement in Kommunen – Erfolgreich steuern und budgetieren, Kap. 5, Freiburg 2022.

b) Aktivierte Eigenleistungen (§ 16 Abs. 5 u. § 61 Nr. 21 GemHVO)

Eine weitere Besonderheit des Grundsatzes der Vollständigkeit der kommunalen Haushalte stellen die aktivierten Eigenleistungen dar. Setzt eine Gemeinde eigenes Personal und eigenes Material für aktivierungsfähige (vermögenswirksame) Maßnahmen ein, so muss dieser Finanzvorfall – falls er nicht von unerheblicher Bedeutung ist – als Herstellungsaufwand erfasst werden. Beispiele dafür sind der Einsatz eines Ingenieurs oder einer Ingenieurin des gemeindlichen Fachbereichs „Bauen“ (Bauamt) für den Bau einer neuen Straße oder die Errichtung einer Feuerwehrgarage durch Bedienstete und Materialeinsatz des gemeindlichen Bauhofes. Erledigte nämlich ein privates Unternehmen außerhalb dieser gemeindlichen Verwaltung diese Arbeiten, würde selbstverständlich eine Zuordnung der Leistungen zum entsprechenden Aktivkonto der Bilanz erfolgen. Da die Eigenleistung den gleichen Erfolg herbeiführt, ist sie ebenfalls investiver Natur und somit den Aktivkonten zuzuordnen. Dies erfolgt durch den Buchungssatz „Infrastrukturvermögen Straßennetz“ an „aktivierte Eigenleistung“ bzw. „bebaute Grundstücke Betriebsgebäude Feuerwehr“ an „aktivierte Eigenleistung“, sodass es sich bei der Gegenbuchung um einen ordentlichen Ertrag handelt. Dieser wirkt ergebnisverbessernd (budgetentlastend), da er als Gegenbuchung zum Personal- und Sachaufwand eine Entlastung des Teilergebnishaushalts darstellt. Über die später aus der Investition erfolgenden Abschreibungen werden die Haushalte der Folgejahre periodengerecht belastet.

Da die aktivierten Eigenleistungen aufgrund ihres internen Charakters nicht zu einer Veränderung des Bestandes an liquiden Mitteln führen, würde systemgerecht kein Nachweis in Finanzhaushalt und Finanzrechnung erfolgen (es werden dort nur kassenwirksame Ein- und Auszahlungen dargestellt). Allerdings weisen dann die Veranschlagungen der Investitionen in den Teilfinanzhaushalten (siehe VwV Produkt- und Kontenrahmen, Anlage 9.1) nicht die richtigen Volumina aus. Damit kann der Entscheidungsträger (Gemeinderat oder Kreistag) das konkrete Investitionsvolumen nicht überblicken, was sicherlich die Haushaltswahrheit und -klarheit nicht fördert. Aus diesem Grund bildet das Muster zur Einzeldarstellung der Investitionsmaßnahmen nach § 4 Abs. 4 GemHVO in Zeile 15 zusätzlich die aktivierten Eigenleistungen ab (siehe VwV Produkt- und Kontenrahmen, Anlage 9.2), damit die Gesamtkosten einer Investitionsmaßnahme ersichtlich werden.

c) Kalkulatorische Kosten (§ 4 Abs. 3 Satz 2 GemHVO)

Der Gesetzgeber ermöglicht den Gemeinden im Rahmen des externen Rechnungswesens, konkret in den Teilergebnishaushalten, den Ansatz kalkulatorischer Kosten (z. B. kalkulatorische Zinsen). Diese Möglichkeit wird von den Verfassern kritisch gesehen, da derartige betriebswirtschaftliche Kosten von den Aufwendungspositionen eines (Teil-)Ergebnishaushalts und einer (Teil-)Ergebnisrechnung abweichen. Die Veranschlagung kalkulatorischer Kosten in den Teilergebnishaushalten sorgt für eine Vermischung von Aufwands- und Kostenelementen im externen Rechnungswesen, führt zu einer Verwirrung der Entscheidungsträger und stellt eine vom Gesetzgeber gem. § 14 GemHVO gewünschte zusätzliche Kosten- und Leistungsrechnung in Frage. Vertretbar wäre dagegen, die Unterschiede zwischen Aufwendungen und Kosten nachrichtlich in den öffentlichen Einrichtungen im Sinne der §§ 10 Abs. 2 Satz 1, 78 Abs. 2 Nr. 1, 102 Abs. 4 Nr. 1, 2 GemO anzugeben, in denen z. B. Benutzungsgebühren gem. §§ 13 und 14 KAG kalkuliert werden (z. B. Abwasserbeseitigung, Abfallbeseitigung, Straßenreinigung, Musikschulen, Schwimmbäder, Volkshochschulen, Rettungsdienst usw.).[19] So kann z. B. bei der Kalkulation – soweit vertretbar nach § 78 Abs. 2 Nr. 1 GemO – eine angemessene Verzinsung des von der Gemeinde bereitgestellten Eigenkapitals angesetzt werden. Um Informationen über die bei der Gebührenkalkulation angesetzten Kosten sowie den Kostendeckungsgrad zu erhalten, könnte für jede mit Kostendeckungspflicht ausgestattete Einrichtung ein eigener Teilergebnishaushalt und eine eigene Teilergebnisrechnung, mindestens aber eine untergeordnete Bewirtschaftungseinheit (Budget) aufgestellt werden. Dabei könnte die Darstellung der Erträge und Aufwendungen nachrichtlich um die Differenzen aus der Gebührenkalkulation in etwa wie folgt ergänzt werden:[20]

Teilergebnishaushalt (bzw. Budget)	Ergebnis Vorvorjahr	Ansatz Vorjahr	Ansatz Haushaltsjahr	Planung Haushaltsjahr + 1	Planung Haushaltsjahr + 2	Planung Haushaltsjahr + 3
	1	**2**	**3**	**4**	**5**	**6**
(...)						
= Veranschlagter Nettoressourcenbedarf/ -überschuss						
Nachrichtlich: Überleitung Ergebnis zum Saldo der Gebührenkalkulation						
– Differenz zwischen kalkulatorischen Zinsen und effektiven Schuldzinsen						
-/+ sonstige Abweichungen zwischen Gebührenkalkulation und Teilergebnishaushalt						
= Saldo der Gebührenkalkulation						

Allerdings sind neben dieser Ergänzung auch entsprechende Erläuterungen der Abweichungen in verbaler Form als weitere Informationen zum Teilhaushalt bzw. zum Budget angeraten.

Weiterhin ermöglicht der Gesetzgeber im Teilergebnishaushalt gem. § 4 Abs. 3 Satz 3 GemHVO den freiwilligen Ausweis kalkulatorischer Zinsen anstelle der über innere Verrechnungen zugeordneten anteiligen (tatsächlich angefallenen) Fremdzinsen

19 Vgl. *Aker/Hafner/Notheis*, Gemeindeordnung/Gemeindehaushaltsverordnung Baden-Württemberg, Kommentar zu § 4 Abs. 3 GemHVO, RNr. 19 bis 23, 2. Aufl., Stuttgart 2019.

20 Entnommen aus Modellprojekt „Doppischer Kommunalhaushalt in NRW“ (Hrsg): Neues Kommunales Finanzmanagement: Betriebswirtschaftliche Grundlagen für das doppische Haushaltsrecht, 2., vollst. überarb. Aufl. auf der Basis der Endergebnisse des Modellprojekts, Freiburg 2003, S. 314.

gem. § 2 Abs. 1 Nr. 16 GemHVO. Aus den bereits genannten Gründen sollte auch hiervon abgesehen werden.[21]

9.3.3.3 Abweichungen vom Grundsatz der Vollständigkeit

Es gibt Finanzmittel, die zwar als Einzahlungen und Auszahlungen über gemeindliche Girokonten abgewickelt, aber außerhalb des Haushaltsplans bewirtschaftet werden. Diese Ausnahmen sind in § 15 GemHVO aufgeführt. Es handelt sich um die haushaltsunwirksamen Einzahlungen und Auszahlungen.

Sowohl im Ergebnishaushalt als auch im Finanzhaushalt sind haushaltsunwirksame Mittel nicht zu veranschlagen, sodass auch eine Abwicklung dort entfällt. Dies ist in § 80 Abs. 1 GemO begründet, wonach der Haushaltsplan nur die für die Erfüllung der (unmittelbaren) Aufgaben der Gemeinden anfallenden Erträge und Aufwendungen enthält. Diese Vorschrift gilt auch für die entsprechenden gemeindlichen Ein- und Auszahlungen.

Die haushaltsunwirksamen Vorgänge werden nur im Haushaltsvollzug unter den Positionen 37 und 38 der Finanzrechnung gebucht.

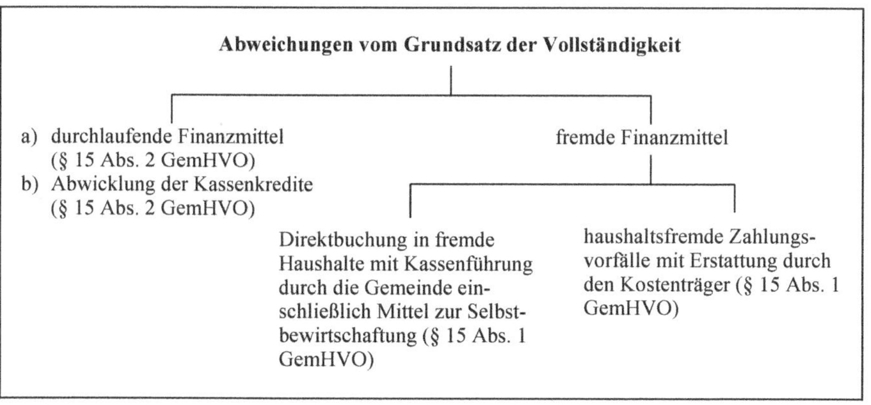

Durchlaufende Finanzmittel

Durchlaufende Finanzmittel (Einzahlungen und Auszahlungen) sind Beträge, die für einen Dritten lediglich zahlungsmäßig vereinnahmt und verausgabt werden. Sie stellen demnach Vorgänge dar, die aus der Wahrnehmung von Finanzgeschäften für Dritte entstehen. Merkmal durchlaufender Finanzmittel ist zudem die fehlende Entscheidungsbefugnis der Gemeinde, die dabei praktisch nur eine Art Botentätigkeit ausübt.

21 Vgl. *Aker/Hafner/Notheis*, Gemeindeordnung/Gemeindehaushaltsverordnung Baden-Württemberg, Kommentar zu § 4 Abs. 3 GemHVO, RNr. 21 bis 23, 2. Aufl., Stuttgart 2019.

Beispiele:

- *Lohnsteuer und Arbeitnehmeranteile der Sozialversicherung der gemeindlichen Bediensteten,*
- *Annahme und Weiterleitung von Spenden an Dritte zur Erlangung von Spendenquittungen*[22]
- *Mündelgelder,*
- *Überzahlungen auf kommunale Forderungen, die dem Einzahler zu erstatten sind,*
- *fehlerhafte Einzahlungen, die zurückzuzahlen oder an den richtigen Empfänger weiterzuleiten sind.*

Die durchlaufenden Zahlungen sind selbstverständlich auch buchungsmäßig zu erfassen, allerdings auf besonderen Konten. Bei häufig vorkommenden und voraussehbaren durchlaufenden Zahlungen empfiehlt sich sogar ein eigenes Girokonto für diese Ein- und Auszahlungen.

Die Einzahlungen und Rückzahlungen aus der Aufnahme von Kassenkrediten zählen gem. § 15 Abs. 2 GemHVO zu den haushaltsunwirksamen Zahlungen, da sie nicht der endgültigen Deckung von haushaltswirksamen Aufwendungen (Auszahlungen) dienen, sondern gem. § 89 Abs. 2 S. 1 GemO nur (vorübergehend) zur rechtzeitigen Leistung der Auszahlungen.

Fremde Finanzmittel

Die fremden Mittel werden gemäß § 15 Abs. 1 GemHVO in zwei Arten unterteilt.

a) Sachbearbeitung und Zahlung bei der Gemeinde

Dabei geht es um Zahlungen, die die Gemeinde aufgrund eines Gesetzes unmittelbar in den Haushalt eines anderen öffentlichen Aufgabenträgers zu buchen hat. Es handelt sich in der Regel um die Erledigung von Aufgaben, die die Gemeinde im Auftrag anderer juristischer Personen des öffentlichen Rechts (im Wesentlichen Bund, Land und Gemeindeverbände) geschäftsmäßig abwickelt. Die Zahlungen werden unmittelbar auf den Haushalt der anderen juristischen Person angeordnet und darüber abgewickelt, ohne dass der Finanzhaushalt der Gemeinde berührt wird. Die zuständigen Mitarbeiter der Gemeinde haben die Ermächtigung, Einzahlungen und Auszahlungen in den fremden Haushalten zu veranlassen.

Eine weitere Möglichkeit stellen die der Gemeinde zur Selbstbewirtschaftung zugewiesenen Mittel dar. Hier erhält die Gemeinde außerhalb des Haushalts von einer anderen juristischen Person des öffentlichen Rechts Finanzmittel tatsächlich überwiesen und kann über sie verfügen. Aus diesen fremden Mitteln werden dann die

22 Seit dem 1.1.2000 besitzen Sportvereine eine eigene Kompetenz zur Ausstellung von steuerlich anerkannten Spendenquittungen. Insofern verlieren diese durchlaufenden Finanzmittel in der Praxis an Bedeutung.

entsprechenden Auszahlungen geleistet. Der Nachweis der Finanzmittel erfolgt auf separaten Konten.

Diese Zahlungen sind demnach nicht im Finanzhaushalt zu veranschlagen. Da jedoch eine Abwicklung über gemeindliche Girokonten geschieht, erfolgt gemäß § 50 Nr. 39 GemHVO ein Nachweis der Höhe der Bestandsänderung aus haushaltsunwirksamen Zahlungsvorgängen in der Finanzrechnung.

Beispiele:
- *Leistungen nach dem Unterhaltssicherungsgesetz,*
- *Wohngeld,*
- *Leistungen im Rahmen der Ausbildungsförderung,*
- *Aufwendungen im Bereich der Verteidigungslasten (insbesondere Entschädigungen für Manöverschäden),*
- *Leistungen nach dem SGB durch nachgeordnete Behörden auf der Rechtsgrundlage einer Delegationssatzung und*
- *Leistungen nach dem Bundeskindergeldgesetz (Zahlung des Kindergeldes für die gemeindlichen Bediensteten mit Erstattung durch die Agentur für Arbeit als Bundesbehörde).*

b) „Nur" Sachbearbeitung bei der Gemeinde

Zum anderen handelt sich bei den Finanzmitteln im Sinne des § 15 Abs. 1 GemHVO um Beträge, die die Kasse des endgültigen Kostenträgers oder eine andere Kasse, die unmittelbar mit dem endgültigen Kostenträger abrechnet, an Stelle der Gemeindekasse annimmt oder auszahlt. Die Gemeinde leistet hierbei ausschließlich Sachbearbeitung.

Beispiele:
- *Wohngeld,*
- *Leistungen nach dem Unterhaltssicherungsgesetz,*
- *Erziehungsgeld,*
- *Ausbildungsförderung.*

9.3.3.4 Einheit

Die Gemeinde stellt grundsätzlich nur eine Haushaltssatzung mit **einem** Haushaltsplan auf. Dieser Grundsatz der Haushaltseinheit fußt auf mehreren Bestimmungen, insbesondere der GemO (§§ 79 Abs. 1, 80 Abs. 1 GemO). In § 80 GemO ist z. B. nur die Rede vom „Haushaltsplan", der alle im Haushaltsjahr für die Erfüllung der Aufgaben anfallenden Erträge, eingehenden Einzahlungen, entstehenden Aufwendungen, zu leistenden Auszahlungen und notwendigen Verpflichtungsermächtigungen enthält und der die Grundlage für die Haushaltswirtschaft der Gemeinde darstellt.

Alle nach dem Grundsatz der Vollständigkeit erforderlichen Veranschlagungen sind demnach grundsätzlich in einem einzigen Haushaltsplan vorzunehmen. Für Teilbereiche der Stadt/Gemeinde/Landkreise, z. B. Schulen, Kindergärten oder Ortschaften, dürfen somit keine selbständigen Haushaltspläne außerhalb des Gesamthaushalts aufgestellt werden.

Sämtliche Aufgabenbereiche sollen der Etathoheit des Gemeinderates unterstellt werden. Dieser soll dadurch die Aufgabenerfüllung zentral steuern und ein Ausgleich zwischen den unterschiedlichen Bedürfnissen erreichen.

Von dieser sachlichen Einheit bestehen allerdings verschiedene Ausnahmen.

9.3.3.5 Ausnahmen vom Grundsatz der sachlichen Einheit

Ausnahmen zur sachlichen Einheit

- Eigenbetriebe (§ 96 Abs. 1 Nr. 3 GemO i. V. m. § 14 EigBG)
- rechtlich selbstständige Stiftungen sowie treuhänderisches Vermögen (§ 97 Abs. 1 GemO)
- rechtlich unselbstständige Versicherungs- und Versorgungs-einrichtungen für Bedienstete der Gemeinde (§ 96 Abs. 1 Nr. 4 und Abs. 3 GemO)
- Eigengesellschaften aufgrund von Sondergesetzen (z. B. GmbH-Gesetz)

Als Ausnahmen vom Grundsatz der sachlichen Einheit des Haushaltsplans werden diejenigen Regelungen der Haushaltswirtschaft bezeichnet, die es bestimmten Einrichtungen vorschreibt bzw. erlaubt, Sonderpläne einzurichten und Sonderrechnungen zu führen.

- Für wirtschaftliche Unternehmen ohne eigene Rechtspersönlichkeit und öffentliche Einrichtungen, für die aufgrund gesetzlicher Vorschriften Sonderrechnungen geführt werden (Eigenbetriebe), **sind** nach § 96 Abs. 1 Nr. 3 GemO i. V. m. § 14 EigBG besondere Wirtschaftspläne aufzustellen.
- Für rechtlich selbstständige Stiftungen sowie Vermögen, das die Gemeinde treuhänderisch zu verwalten hat, **sind** Sonderhaushaltspläne nach § 97 Abs. 1 GemO verbindlich vorgeschrieben. Das gilt jedoch grundsätzlich nicht für unbedeutendes Treuhandvermögen (§ 97 Abs. 2 GemO) und rechtlich unselbstständige Stiftungen (§ 96 Abs. 2 GemO), die im Haushalt der Gemeinde gesondert nachzuweisen sind.
- Für rechtlich unselbstständige Versorgungs- und Versicherungseinrichtungen der Gemeinde **sind** nach § 96 Abs. 1 Nr. 4 und Abs. 3 GemO besondere Haushaltspläne aufzustellen und Sonderrechnungen zu führen. Beispiele sind Zusatzversorgungskassen und Krankenversicherungen, die von Gemeinden geführt werden. Diese Formen der wirtschaftlichen Betätigung sind in der kommunalen Praxis jedoch äußerst selten anzutreffen.

- Werden Eigengesellschaften (GmbH, AG[23]) aufgrund von Sondergesetzen betrieben, kann ein Nachweis im kommunalen Haushalt deshalb nicht erfolgen, weil es sich hier um eigenständige juristische Personen des Privatrechts handelt, selbst wenn die Gemeinde 100 %iger Anteilseigentümer ist.

Gemäß § 95a Abs. 1 GemO hat jedoch die Gemeinde zum jeweiligen Jahresende einen konsolidierten Gesamtabschluss aufzustellen, der gemäß Absatz 4 durch einen Konsolidierungsbericht erläutert wird. Insofern werden die außerhalb des Haushalts durchgeführten kommunalen Aktivitäten wieder in das Gesamtwerk eingebunden. Eine Darstellung dazu enthält Kap. 22.

9.3.3.6 Übungen

Sachverhalt Nr. 7

Die Gemeinde G möchte sämtliche Finanzmittel der folgenden „Einrichtungen" in den kommunalen Haushaltsplan beim zuständigen Produktbereich einordnen:

a) Wasserwerk (Aktiengesellschaft), dessen Kapital zu 100 % im Eigentum der Gemeinde steht,
b) Wohlfahrtsstiftung (juristische Person des öffentlichen Rechts),
c) Abfallbeseitigung (Regiebetrieb),
d) Gaswerk als Eigenbetrieb,
e) rechtlich unselbstständige Schulstiftung,
   - eigene Zusatzversorgungskasse für Angestellte der Gemeinde und
   - Umwandlung des Eigenbetriebes „Gemeindegärtnerei" in eine GmbH.

Aufgabe:
Prüfen Sie die Zulässigkeit der gemeindlichen Absicht. Auf die Probleme des Gesamtabschlusses ist nicht einzugehen.

Lösung:

a) Es handelt sich hier um eine Eigengesellschaft, die auf Grund eines Sondergesetzes geführt wird (Aktiengesetz). Da Aktiengesellschaften eigenständige juristische Personen des Privatrechts darstellen, ist ein Nachweis der Finanzmittel der Aktiengesellschaft im kommunalen Haushaltsplan unzulässig.
b) Die Wohlfahrtsstiftung ist eine juristische Person des öffentlichen Rechts und demzufolge rechtlich selbstständig (§ 97 Abs. 1 GemO). Hier ist ein besonderer Haushaltsplan aufzustellen; eine Veranschlagung im Haushaltsplan der Gemeinde ist unzulässig.
c) Die Aufnahme der Abfallbeseitigung als Regiebetrieb in den Haushaltsplan ist zulässig und sogar geboten, denn diese Organisationsform liegt in der unmittelba-

23 Gemäß § 103 Abs. 2 GemO darf die Gemeinde ein Unternehmen in der Rechtsform einer Aktiengesellschaft allerdings nur nachrangig errichten, übernehmen oder sich daran beteiligen.

ren Verantwortung eines Fachbereichs und bewirkt keine rechtliche Selbstständigkeit. Es werden öffentliche Aufgaben unmittelbar von der eigentlichen Verwaltung erfüllt.

d) Das Gaswerk wird als Eigenbetrieb über Sonderrechnungen (§ 96 Abs. 1 Nr. 3 GemO i. V. m. § 14 EigBG) geführt. Eine Veranschlagung im Haushaltsplan ist demnach unzulässig.
e) Die rechtlich unselbstständige Schulstiftung gehört zwar zum Sondervermögen der Gemeinde gemäß § 96 Abs. 1 Nr. 2 GemO. Jedoch unterliegt dieses Sondervermögen den Vorschriften der Haushaltswirtschaft. Die Aufnahme der Schulstiftung in den Haushaltsplan ist gemäß § 96 Abs. 2 GemO zwingend geboten. Die Finanzvorfälle der Stiftung sind aber gesondert nachzuweisen.
f) Für derartiges Sondervermögen sind gem. § 96 Abs. 1 Nr. 4 und Abs. 3 GemO besondere Haushaltspläne aufzustellen und Sonderrechnungen zu führen. Eine Veranschlagung im Haushaltsplan ist somit nicht zulässig.
g) Bei einem Eigenbetrieb handelt es sich um kommunales Sondervermögen, welches rechtlich unselbständig ist und für das gem. § 96 Abs. 1 Nr. 3 GemO i. V. m. § 14 EigBG besondere Wirtschaftspläne aufzustellen sind. Mit der Umwandlung in eine GmbH verändert sich die Rechtsform der Gemeindegärtnerei in eine juristische Person des Privatrechts, für die neben § 103 ff. GemO das gesonderte GmbH-Gesetz anzuwenden ist. Eigenbetrieb und GmbH stellen Ausnahmen vom Grundsatz der sachlichen Einheit dar und dürfen nicht im Haushaltsplan veranschlagt werden.

Sachverhalt Nr. 8

Im Rahmen der Aufstellung des Haushaltsplans fallen folgende Finanzvorfälle an:

a) Die Firma F überweist zur Erlangung einer Spendenquittung 1.000 €, die von der Gemeinde an ein örtliches Kunstprojekt (nicht eingetragener Verein) weitergeleitet werden sollen.
b) Das Sozialamt bewirkt die zahlungswirksamen Leistungen nach dem Unterhaltssicherungsgesetz unmittelbar aus einem Titel des Bundeshaushalts.
c) Das Jugendamt vereinnahmt Landeszuweisungen für die Kindergärten und teilt diese Mittel nach einer gemeindlichen Satzung auf die eigenen und die konfessionellen Kindergärten auf.[24]

Aufgabe:
Prüfen Sie, ob die vorstehenden Finanzmittel über den gemeindlichen Finanzhaushalt abzuwickeln sind. Das Gutachten ist auf den Kernpunkt der Subsumtion zu beschränken.

24 Der Sachverhalt entspricht nicht der derzeitigen Rechts- und Praxislage und ist lediglich für Übungszwecke konstruiert.

Lösung:

a) Es handelt sich um Beträge, die für einen Dritten – hier: nicht eingetragener Verein für ein örtliches Kunstprojekt – lediglich vereinnahmt und verausgabt werden. Eine Veranschlagung im Finanzhaushalt ist unzulässig, da es sich nach § 15 Abs. 2 GemHVO um durchlaufende Finanzmittel handelt. Der Betrag ist jedoch auf besonderen Buchungsstellen innerhalb der Finanzrechnung abzuwickeln.

b) Das Sozialamt verfügt über Zahlungsmittel, deren ergebniswirksame Buchung unmittelbar im Bundeshaushalt erfolgt. Es handelt sich somit um die Verfügung über fremde Zahlungsmittel gemäß § 15 Abs. 1 GemHVO. Eine Veranschlagung im gemeindlichen Finanzhaushalt ist somit unzulässig. Die Geldmittelzu- und -abflüsse in der Gemeindekasse finden aber in der Finanzrechnung der Gemeinde statt.

c) Die Landeszuweisungen sind für die Gemeinde bestimmt. Die Aufteilung nach der gemeindlichen Satzung auf die eigenen und konfessionellen Kindergärten erfordert eine gemeindliche Entscheidung, die durch die Veranschlagung im Haushaltsplan nachvollziehbar wird. Insofern handelt es sich nicht um lediglich durchlaufende Zahlungen im Sinne von § 15 Abs. 2 GemHVO. Deshalb sind die Einzahlungen und Auszahlungen sowie die entsprechenden Erträge und Aufwendungen über den gemeindlichen Haushaltsplan (Ergebnis- und Finanzhauhalt) gemäß § 80 Abs. 1 GemO abzuwickeln.

Sachverhalt Nr. 9

Die Berufsfeuerwehr der Gemeinde G verfügt über eine eigene Werkstatt. Dabei werden die Kosten für die einzelnen Arbeiten nach dem Verfahren der differenzierenden Zuschlagskalkulation ermittelt. Für das laufende Jahr liegen folgende Informationen (Plandaten) vor:

Kosten	Betrag
Lohneinzelkosten	50.000,00 €
Materialeinzelkosten	100.000,00 €
Lohn(Fertigungs-)gemeinkosten	140.000,00 €
Materialgemeinkosten	10.000,00 €
Verwaltungsgemeinkosten	120.000,00 €
Gesamtkosten	420.000,00 €

Die Reparaturwerkstatt erhält nunmehr den Auftrag, an ein Feuerwehrfahrzeug eine bisher nicht vorhandene Spezialanhängerkupplung anzubringen. Die Anschaffungskosten in Höhe von 4.000 € für die Anhängerkupplung sind bereits in der Anlagenbuchhaltung aktiviert. Das Anbringen der Kupplung erfolgt jetzt durch eigene Kräfte der Reparaturwerkstatt, wobei Lohneinzelkosten von 800 € und Materialeinzelkosten von 200 € anfallen.

Aufgaben:

a) Prüfen Sie, ob die Arbeitsleistung der Reparaturwerkstatt für das Anbringen der Anhängerkupplung erfasst sowie kalkuliert und wie sie haushaltstechnisch behandelt werden muss.
b) Berechnen Sie die im Sachverhalt umschriebene Leistung der Reparaturwerkstatt.
c) Wie ändert sich die Lösung, wenn es nicht um den Anbau einer Anhängerkupplung, sondern um den Einbau eines bisher nicht vorhandenen Kamins im Umkleideraum der Feuerwehr handelt?

Lösung:

a) Das Feuerwehrfahrzeug zählt zweifelsohne zu den gemäß § 91 Abs. 4 GemO zu bilanzierenden Vermögensgegenständen. Als Anschaffungskosten sind nicht nur die direkten Fahrzeugkosten, sondern gemäß § 44 Abs. 1 GemHVO auch die Nebenkosten sowie die nachträglichen Anschaffungskosten zu zählen. Darunter fällt auch die Anhängerkupplung, deren Wert zu Recht bereits mit 4.000 € bilanziert wurde. Ebenfalls zu bilanzieren sind alle Aufwendungen, die zur Betriebsbereitschaft des Vermögensgegenstandes notwendig sind. Dabei ist es unbedeutend, ob eine Fremdfirma oder ein gemeindlicher Bereich die Leistung erbringt. Insofern ist der Aufwand der Werkstatt von insgesamt 1.000 € zu erfassen, einer Aktivierung zuzuführen (§ 61 Nr. 21 GemHVO) und haushaltstechnisch als aktivierte Eigenleistung (Ertrag) zu behandeln.
b) § 44 Abs. 1 GemHVO enthält bei Anschaffungskosten keine Ermächtigung für die Aktivierung von Gemeinkostenzuschlägen, sodass lediglich die Einzelkosten zu aktivieren sind.
c) Es handelt sich hierbei um Herstellungskosten, sodass es gemäß § 44 Abs. 2 GemHVO zwar ausreichend wäre, ebenfalls nur 1.000 € Einzelkosten zu aktivieren. Wenn die Gemeinde jedoch aufgrund der Sollvorschrift des § 44 Abs. 2 Satz 3 GemHVO Gemeinkostenzuschläge einrechnet, ergäbe sich folgende Berechnung des zu aktivierenden Betrages:

Lohneinzelkosten	800 €
Lohngemeinkosten (Zuschlagssatz: 280 %)[25]	2.240 €
Materialeinzelkosten	200 €
Materialgemeinkosten (Zuschlagssatz: 10 %)	20 €
Herstellkosten[26] = aktivierte Eigenleitung	**3.260 €**

---

25 Der Zuschlagssatz wird wie folgt berechnet:

$$\frac{\text{Gesamtlohngemeinkosten der Werkstatt}}{\text{Gesamtlohneinzelkosten der Werkstatt}} \times 100$$

Das gleiche Verfahren wird beim Materialgemeinkostenzuschlag angewendet.

26 Der in der Kosten- und Leistungsrechnung (§ 14 GemHVO) im Rahmen der differenzierenden Zuschlagskalkulation verwendete Begriff „Herstellkosten“ sowie der im Kontext von § 44 Abs. 2 GemHVO verwendete Begriff „Herstell*ungs*kosten“ entsprechen sich inhaltlich unter der Voraussetzung, dass die Herstellkosten ausschließlich aufwandsgleiche Kosten beinhalten (und keine kalkulatorischen Kosten).

Darüber hinaus dürften auch – analog zum Handelsrecht – bei der Berechnung der Herstellungskosten in angemessenem Umfang Verwaltungskosten einschließlich Gemeinkosten eingerechnet werden (§ 44 Abs. 2 Satz 3 GemHVO). Im Sinne der differenzierenden Zuschlagskalkulation würden dabei die lt. Aufgabenstellung geplanten Verwaltungsgemeinkosten (120.000 €) ins Verhältnis zu den lt. Aufgabenstellung geplanten Herstellkosten der gesamten Werkstatt (300.000 €) gesetzt und daraus ein Verwaltungsgemeinkostenzuschlagssatz abgeleitet (Zuschlagssatz: 40 %). Letzterer würde auf die Herstellkosten der geplanten Leistung (Einbau Kamin) angewendet (3.260 € × 0,4 = 1.304 €) und entsprechend den zu aktivierenden Betrag erhöhen (3.260 € + 1.304 € = 4.564 €). Ob vorgenannte Verteilung der Verwaltungsgemeinkosten verursachungsgerecht ist, darf durchaus bezweifelt werden. Aus dem o. g. Sachverhalt ist aber kein angemessener Verteilungsschlüssel zur anteiligen Berücksichtigung der genannten Verwaltungsgemeinkosten (z. B. für die Querschnittsämter Kämmerei und Personalamt) zu entnehmen.

9.3.4 Periodengerechte Zuordnung der Finanzvorfälle

9.3.4.1 Einführung

Der kommunale Haushaltsplan besteht gemäß § 1 Abs. 1 und 2 GemHVO u. a. aus dem Ergebnishaushalt und dem Finanzhaushalt mit den jeweiligen Teilhaushalten. Dabei enthält der Ergebnishaushalt die voraussichtlichen Erträge und Aufwendungen eines Haushaltsjahres. In den Finanzhaushalt werden die voraussichtlichen Einzahlungen und Auszahlungen nach dem Kassenwirksamkeitsprinzip eingestellt. Daraus ergibt sich, dass in den beiden Planbereichen unterschiedliche Finanzvorfälle nachgewiesen werden. Insofern muss auch zwischen zwei verschiedenen Planungsgrundsätzen differenziert werden. Dies gilt auch für die Haushaltsausführung und den Jahresabschluss in Ergebnis- und Finanzrechnung, sodass die Grundsätze für alle Bereiche gleichermaßen Anwendung finden.

9.3.4.2 Periodengerechte Zuordnung der Erträge und Aufwendungen im Ergebnishaushalt

Gemäß § 2 GemHVO enthält der Ergebnishaushalt Erträge und Aufwendungen. Bei den Erträgen handelt es sich um den Ressourcenzuwachs in einer Periode und bei den Aufwendungen um den Ressourcenverbrauch in einer Periode. Da das Haushaltsrecht gemäß § 79 Abs. 1 und 4 GemO auf das Kalenderjahr abstellt, erfolgt die Periodisierung im kommunalen Haushalt jahresbezogen.

Bei den Aufwendungen handelt es sich um den bewerteten Verbrauch von Gütern und Dienstleistungen in einer Periode (Ressourcenverbrauch, Werteverzehr). Der Ertrag entspricht dagegen den bewerteten Gütern und Dienstleistungen, die in einer Periode erbracht/erwirtschaftet werden (Zuwachs an Ressourcen, Wertezuwachs). Dazu zählen auch die internen Leistungsverrechnungen, die ebenfalls periodengerecht zu erfassen sind. Die Begriffe Aufwendungen und Ertrag sind in Kap. 3.1 ausführlich erläutert und mit einer Vielzahl von Beispielen versehen,[27] sodass an dieser Stelle die Verdeutlichung des Haushaltsgrundsatzes anhand von zwei Beispielen ausreichend erscheint.

Beispiele:

Finanzvorfall	***Zuordnungsentscheidung im Ergebnishaushalt***
Überweisung einer Jahresleasingrate für einen Großflächenmäher am 1.10.2024 in Höhe von 12.000 € zu Beginn des Jahresnutzungszeitraums	*Dem Haushaltsjahr 2024 sind verbrauchsgerecht 3.000 € und dem Haushaltsjahr 2025 9.000 € als Aufwendungen zuzuordnen. Im Jahr 2024 ist der ressourcenunwirksame Betrag von 9.000 € als aktive Rechnungsabgrenzung auszuweisen.*
Eingang einer Mieteinnahme von 5.000 € am 20.12.2024 für Januar 2025, weil vertragsmäßig die Mietzahlung zum 20. des Vormonats fällig ist.	*Bei der Miete handelt es sich unabhängig von der Einzahlung um einen Ertrag des Jahres 2025, weil es sich um einen Ressourcenzuwachs des Jahres 2025 handelt (wirtschaftliche Zurechenbarkeit). Im Haushaltsjahr 2024 ist ein Nachweis als passive Rechnungsabgrenzung erforderlich.*

Festzustellen ist somit, dass der Ressourcenverbrauch und der Ressourcenzuwachs der jeweiligen Verursachungsperiode zuzuordnen sind (§ 10 Abs. 1 GemHVO). Dies wird auch noch einmal deutlich bei den Rückstellungen für Lohn- und Gehaltszahlungen für die Zeiten der Freistellung von der Arbeit im Rahmen von Altersteilzeitarbeit (§ 41 Abs. 1 Nr. 1 GemHVO). Die Ursache der späteren Lohn- und Gehaltszahlungen ist nicht in der Tatsache begründet, dass ein Bediensteter in der Zeit der Freistellung seine Lohn- bzw. Gehaltszahlung bezieht. Vielmehr ergibt sich dieser Anspruch, wenn Arbeitgeber und Arbeitnehmer die Altersteilzeit im sog. „Blockmodell" vereinbaren, noch während seiner aktiven Tätigkeit für die Gemeinde, sodass in dieser Zeitspanne die Verursachung begründet ist. Die Aufwendungen für die späteren Lohn- bzw. Gehaltszahlungen in der Freistellungsphase sind deshalb den Jahren der aktiven Beschäftigung zuzuordnen und über die o. g. Rückstellung zu erwirtschaften.

Ausnahmen von diesem Haushaltsgrundsatz sieht der Gesetzgeber nicht vor. Es bestehen allerdings bei einigen Ertrags- und Aufwendungsarten besondere Problemstellungen, die nachstehend erläutert werden.

a) Transfererträge und Transferaufwendungen, Steuern, Umlagen

Es stellt sich ein Definitionsproblem bei den einzelnen Ertrags- und Aufwendungsarten, weil hier kein konkreter Ressourcenverbrauch bzw. Ressourcenzuwachs vor-

27 Die praktische Übung Nr. 2 in Kap. 3 listet eine Reihe von Abgrenzungsproblemen zwischen Einzahlung und Ertrag sowie zwischen Auszahlung und Aufwand auf.

liegt. Der Begriff der Zahlungen wäre auf den ersten Blick zutreffender. Dennoch sind hier die Begriffe Aufwendungen und Ertrag anzuwenden. Dieses ist darin begründet, dass jeglicher Ertrag das Eigenkapital der Gemeinde stärkt. Jede Aufwendung reduziert das Eigenkapital. Dies gilt zwangsläufig auch für die Transferzahlungen, sodass die Begriffe „Aufwendungen“ und „Ertrag“ aus buchungstechnischer Sicht auch wie folgt definiert werden können:

Beim Ertrag handelt es sich um Finanzmittel, die eine Eigenkapitalerhöhung bewirken. Aufwendungen verringern dagegen das Eigenkapital.[28]

Insofern sind z. B. die Leistungen nach dem Sozialgesetzbuch XII (z. B. Gewährung von Hilfe zum Lebensunterhalt) als Aufwendungen zu behandeln, die Hundesteuerzahlungen auch als Steuererträge und die Kreisumlage beim Landkreis als Ertrag und bei den kreisangehörigen Gemeinden als Aufwendungen. Auch hier erfolgt unabhängig von der tatsächlichen Zahlung eine Zuordnung zu der entsprechenden Wirtschaftsperiode, was die nachstehenden Beispiele belegen.

Beispiele:

Finanzvorfall	***Zuordnungsentscheidung im Ergebnishaushalt***
Festsetzung der Kreisumlage 2024 durch den Landkreis K durch Bescheid im Dezember 2023 in Höhe von 90.000.000 €	*Es handelt sich um einen Ertrag des Jahres 2024. Auch die Forderungsbuchung (Aktivseite der Bilanz) erfolgt in 2024.*
Auszahlung einer Hilfe in besonderen Lebenslagen für die Sicherung der Existenzgrundlage für ein halbes Jahr in Höhe von 6.000 € am 1.12.2023.	*Zuzuordnen sind dem Jahr 2023 1.000 € und dem Jahr 2024 5.000 €. Im Jahr 2023 ist der ressourcenunwirksame Betrag von 5.000 € als aktive Rechnungsabgrenzung auszuweisen.*

b) Stundung, Niederschlagung und Erlass[29]

§ 32 Abs. 1 GemHVO lässt unter bestimmten Bedingungen Stundungen zu. Bei einer Stundung handelt es sich um das Aufschieben von Zahlungsterminen. Obwohl der Ertrag auf Grund der Stundung evtl. nicht mehr im Jahr des wirtschaftlichen Entstehens liquiditätsmäßig zu realisieren ist, bleibt es gemäß § 10 Abs. 1 GemHV0 bei der wirtschaftlichen Zuordnung des Ertrages. Insofern verbleiben bei der Erstellung des Ergebnishaushalts gestundete Beträge im Ergebnishaushalt bzw. der Ergebnisrechnung des Jahres, indem sie verursachungsgerecht eingestellt wurden. Bei unverzinslichen oder niedrig verzinslichen Stundungen von Forderungen erfolgt jedoch der Ansatz der gestundeten Forderungen mit dem Barwert (Abzinsung mit marktüblichem Zinssatz), soweit es sich nicht um geringfügige Beträge handelt. Da die Gemeinde aus den

28 Siehe dazu die Darstellungen zur Abwicklung der Ergebnisse von Gewinn- und Verlustrechnungen zur Nettoposition in Kap. 3.3.

29 Die Besprechung des haushaltsrechtlichen Verfahrens – auch mit der Darstellung der Spezialnormen des Abgabenrechts – enthält Kap. 19.4.

Erfahrungen der Vorjahre das Stundungsvolumen durchaus einschätzen kann,[30] muss sie bei ihrer Planung die eventuellen Abzinsungen berücksichtigen.

Niederschlagungen stellen die Zurückstellung der Weiterverfolgung eines fälligen Anspruchs ohne Verzicht auf den Anspruch dar. Damit hat die Gemeinde den Ressourcenzuwachs zwar zu verzeichnen, sodass ein Ertrag vorliegt. Er ist jedoch zumindest in diesem Wirtschaftsjahr nicht mehr liquiditätsmäßig zu realisieren. Es liegt hier das Erfordernis einer Wertberichtigung vor, wobei sowohl die befristete als auch die unbefristete Niederschlagung eine Vollabschreibung (Wertberichtigung), das Ergebnis belastend, bewirken. Da die Gemeinde aus Erfahrung weiß, dass eine bestimmte Summe von Forderungen nicht zu realisieren sein wird, hat sie die Wertberichtigungen periodengerecht sowohl im Ergebnishaushalt als auch in den zuständigen Teilergebnishaushalten zu berücksichtigen.

Beim Erlass handelt es sich um den Verzicht auf eine Forderung. Hier erfolgt wie bei der Niederschlagung eine das Ergebnis belastende sofortige „Abschreibung" der Forderung (Wertberichtigung). Sicherlich ist ein möglicher erheblicher Erlass bei Aufstellung des Haushaltsplans in der Praxis kaum voraussehbar, da es sich um einen selten vorkommende Einzelfall handelt, sodass der Berücksichtigung eines Erlasses bei der Veranschlagung kaum in Betracht kommt. Bedeutung könnte dieses höchstens bei der Nachtragsplanung gewinnen, wenn der Erlass erheblicher Natur ist (§ 8 Abs. 1 GemHVO).

Beispiele:

Finanzvorfall	***Zuordnungsentscheidung im Ergebnishaushalt***
Verzinsliche Stundung einer Gewerbesteuerforderung für 2024 in Höhe von 3.000.000 € in drei gleichbleibenden Jahresraten.	*Der Ertrag wird trotz Stundung weiterhin dem Haushaltsjahr 2024 zugeordnet.*
Befristete Niederschlagung einer einzelnen Mietforderung von 10.000 € in 2024.	*Die entsprechenden Erträge bleiben weiterhin im Ergebnishaushalt 2024. Es erfolgt Einzelwertberichtigung in Höhe von 10.000 € als Aufwendung in 2024.*

c) Investitionszuweisungen und -zuschüsse

Gemäß § 40 Abs. 4 Satz 2 GemHVO sollen empfangene Investitionszuweisungen und -zuschüsse für abnutzbare Vermögensgegenstände der Passivseite der Bilanz als Sonderposten zugeordnet werden, da sie an bestimmte Investitionen gekoppelt sind, die auf der Aktivseite der Bilanz nachgewiesen werden. Alternativ dazu sollen sie von den Anschaffungs- oder Herstellungskosten des bezuschussten Vermögensgegenstandes abgesetzt werden. Bei der ersten Variante sind die Sonderposten analog zum Abschreibungsverfahren und der Nutzungsdauer des gebundenen Vermögensgegenstandes aufzulösen und fließen mit ihren jährlichen Teilbeträgen in die entsprechenden

30 Dazu ist sie ja auch nach § 10 Abs. 1 Satz 2 GemHVO verpflichtet.

Ergebnishaushalte und Ergebnisrechnungen ein. Nicht zuletzt ist eine Auflösung in den Fällen unangebracht, in denen der Zuwendungsgeber dieses formell ausgeschlossen hat (Zuwendung zur Kapitalstärkung). Die Einzelheiten des Verfahrens sind ausführlich in Kap. 12.2.2 dargestellt. Empfangene Investitionszuweisungen und Investitionszuschüsse für nicht abnutzbare Vermögensgegenstände (i. d. R. unbebaute Grundstücke, z. B. bei Zuwendungen für den Erwerb von Gewerbeflächen im Rahmen von Wirtschaftsförderungsmaßnahmen eines Landkreises gegenüber den kreisangehörigen Gemeinden) werden auf der Passivseite beim Basiskapital ausgewiesen. Analog dazu sollen von der Gemeinde geleistete Investitionszuschüsse als Sonderposten auf der Aktivseite der Bilanz ausgewiesen und entsprechend dem Zuwendungsverhältnis aufgelöst werden (§ 40 Abs. 4 Satz 1 GemHVO).

d) Sonstige Abgrenzungsnotwendigkeiten bzw. -möglichkeiten

Der Grundsatz der periodengerechten Abgrenzung nach § 10 Abs. 1 GemHVO ist ausnahmslos anzuwenden. Insofern ist bei jedem Finanzvorfall die wirtschaftliche Zuordnung zu überprüfen. Die praktischen Beispiele sind vielfältig, sodass an dieser Stelle die Problematik lediglich exemplarisch vorgestellt werden kann.

Ein Beispiel sind die Kreditbeschaffungskosten. Soweit sie nicht unerheblich sind, kann auch hier eine Periodenzuordnung entsprechend der Laufzeit des Kredites erfolgen. Nimmt die Gemeinde z. B. einen Kredit mit einer Laufzeit von 30 Jahren und einmaligen Kreditbeschaffungskosten von 30.000 € auf, so können die Kreditbeschaffungskosten für diese Laufzeit mit einem Jahresbetrag von 1.000 € erfolgswirksam als Aufwendung aufgelöst werden (siehe dazu auch § 48 Abs. 1 GemHVO). Die jeweiligen Gegenbuchungen erfolgen dann auf Rechnungsabgrenzungskonten der Bilanz.

Bei den Beamtengehältern für den Monat Januar liegt wirtschaftlich Ressourcenverbrauch (Verbrauch der Dienstleistung eines Mitarbeiters im öffentlich-rechtlichen Dienstverhältnis) für den Monat Januar vor und sie sind unabhängig von der Zahlung im Vorjahr dem neuen Haushaltsjahr zu zuordnen. Im Vorjahr müsste nach den Regeln der Periodenabgrenzung ein aktiver Rechnungsabgrenzungsposten gebildet werden (siehe auch § 48 Abs. 1 GemHVO).

9.3.4.3 Periodengerechte Zuordnung der Einzahlungen und Auszahlungen im Finanzhaushalt

Der Finanzhaushalt beinhaltet gemäß § 3 GemHVO die Einzahlungen und Auszahlungen einer Periode und damit gemäß § 79 Abs. 1 und 4 GemO eines Kalenderjahres. Angesprochen sind nach § 10 Abs. 1 GemHVO die voraussichtlich eingehenden oder zu leistenden Beträge, wobei unter einer Einzahlung ein Geldmittelzufluss und unter Auszahlung ein Geldmittelabfluss zu verstehen ist.[31] Deshalb spricht man beim Finanzhaushalt auch vom „Grundsatz der **Kassenwirksamkeit**".

Sofern Ertrags- und Aufwendungspositionen nicht mit kassenwirksamen Zahlungen verbunden sind, werden sie nicht im Finanzhaushalt abgewickelt. Sie bewirken keine Zahlungsmitteländerungen, womit auch die liquiden Mittel nicht tangiert sind. Typische Beispiele dafür sind Abschreibungen, interne Leistungsverrechnungen und Aufwendungen für die Bildung von Rückstellungen.

Die Begriffe Auszahlung und Einzahlung sind in Kap. 3.1 ausführlich erläutert und mit einer Vielzahl von Beispielen belegt,[32] sodass an dieser Stelle die Verdeutlichung des Haushaltsgrundsatzes anhand von wenigen Beispielen ausreichend erscheint. Dabei werden die bei der vorangehenden Gliederungsziffern dargestellten Finanzvorfälle aufgegriffen, sodass auch noch einmal die Abgrenzungen zum Ergebnishaushalt deutlich werden.

Beispiele:

Finanzvorfall	***Zuordnungsentscheidung im Finanzhaushalt***
Überweisung einer Jahresleasingrate für einen Großflächenmäher am 1.10.2024 in Höhe von 12.000 € zu Beginn des Jahresnutzungszeitraums.	*Der gesamte Auszahlungsbetrag in Höhe von 12.000 € ist in den Finanzhaushalt 2024 einzustellen.*
Eingang einer Mieteinnahme von 5.000 € am 20.12.2023 für Januar 2024, weil vertragsmäßig die Mietzahlung zum 20. des Vormonats fällig ist.	*Da bekannt ist, dass die Miete im Voraus fällig ist, muss der Finanzhaushalt 2023 die Mieteinzahlung für den Monat Januar 2024 berücksichtigen.*
Festsetzung der Kreisumlage 2024 durch den Landkreis K durch Bescheid im Dezember 2023 in Höhe von 90.000.000 €. Es ist jetzt schon absehbar, dass ein Betrag von 5.000.000 € zugunsten einer Gemeinde bis zum 20.1.2025 zu stunden ist.	*Die Beträge der kreisangehörigen Gemeinden werden bis auf den Stundungsbetrag voraussichtlich in 2024 eingehen, sodass dem Finanzhaushalt 2024 85.000.000 € und dem Finanzhaushalt 2025 5.000.000 € Einzahlungen aus der Kreisumlage zuzuordnen sind.*
Auszahlung einer Hilfe im sozialen Bereich für ein halbes Jahr in Höhe von 6.000 € am 1.12.2024.	*Der gesamte Auszahlungsbetrag in Höhe von 6.000 € ist in den Finanzhaushalt 2024 einzustellen.*
Unverzinsliche Stundung einer Gewerbesteuerforderung für 2024 in Höhe von 3.000.000 € in drei gleichbleibenden Jahresraten ab 2025.	*Der Finanzhaushalt 2024 enthält kein Einzahlungen. Dies Zuordnung erfolgt mit je 1.000.000 € in den Jahren 2025, 2026 und 2027.*
Befristete Niederschlagung einer einzelnen Mietforderung von 10.000 € in 2024.	*Im Finanzhaushalt 2024 ist die niedergeschlagene Mietforderung nicht als Einzahlung nachzuweisen.*

31 Im kameralen Haushaltsrecht wurden diese Zahlungen als „Ist-Einnahmen" und „Ist-Ausgaben" bezeichnet.

32 Die praktische Übung Nr. 2 in Kap. 3 listet eine Reihe von Abgrenzungsproblemen zwischen Einzahlung und Ertrag sowie zwischen Auszahlung und Aufwand auf.

Eine Besonderheit stellen die Beamtengehälter für den Monat Januar dar. Wirtschaftlich werden sie für das neue Jahr geleistet, sodass sie dem Ergebnishaushalt des neuen Jahres zuzuordnen sind. Da sie jedoch bereits im Voraus, also noch im Dezember des Vorjahres zu zahlen sind, findet der Geldmittelabfluss noch im alten Jahr statt. Insofern sind die Zahlungen der Beamtengehälter für Januar über den Finanzhaushalt und die Finanzrechnung des Vorjahres abzuwickeln.

Ein weiteres Problem stellt die Darstellung von Erschließungsbeiträgen nach BauGB und Beiträgen nach dem KAG vor allem in den Teilfinanzhaushalten dar. Den Investitionsauszahlungen für eine Beitragsmaßnahme stehen u. a. die von den Beitragspflichtigen zu zahlende Beiträge gegenüber. Dabei sind auch beitragspflichtige gemeindliche Grundstücke in die Abrechnung aufzunehmen. Dies hat jedoch wegen der fehlenden Außenwirkung keine Auswirkung auf den Liquiditätssaldo, weil weder Ein- noch Auszahlungen im Sinne von § 10 Abs. 1 Satz 2 GemHVO vorliegen. Insofern sieht der Finanzhaushalt zwar die korrekten Investitionsauszahlungen vor, gäbe systemgerecht jedoch bei Beteiligung von im Abrechnungsbereich liegenden kommunalen Grundstücken keine Information über den entsprechenden Berechnungsanteil. Wegen der fehlenden Außenwirkung kann auch kein Beitragsbescheid innerhalb der Gemeinde versandt werden (Unzulässigkeit der Innenveranlagung).[33] Es kann somit auch keine Beitragsforderung für kommunale Grundstücke eingestellt werden. Eine Sonderpostenbildung ist für diese Grundstücke demnach ebenfalls ausgeschlossen. Hier besteht nach Auffassung der Verfasser im Sinne der Haushaltsklarheit Änderungsbedarf.

Ein ähnliches Problem stellt sich bei den laufenden grundstücksbezogenen Abgaben wie Steuern, Abfallbeseitigungs-, Straßenreinigungs- und Entwässerungsgebühren für die kommunalen Grundstücke innerhalb der eigenen Gemeindegrenzen dar. Hier werden allerdings Grundbesitzabgabenbescheide vom gemeindlichen Steueramt (Zentrale Dienste Finanzen) erlassen. Um Transparenz für gebührenrechtlich relevante Bereiche herzustellen, werden in der kommunalen Praxis Erträge und Aufwendungen in gleicher Höhe produktorientiert im Ergebnishaushalt brutto dargestellt und über Kassenanordnungen miteinander verrechnet. Dadurch ist dann auch der Finanzhaushalt tangiert, da Forderungen und Verbindlichkeiten miteinander verrechnet werden.[34]

9.3.4.4 Übungen

Sachverhalt Nr. 10

Die Gemeinde G plant den Neubau eines Museums mit dreijähriger Bauzeit. Der zuständige Fachbereich rechnet mit Gesamtbaukosten von 6 Mio. €, die sich nach dem Bauzeitenplan gleichmäßig auf die Jahre 2024 bis 2026 verteilen. Das Museum soll dann zum 1.1.2027 eröffnet werden, wobei von einer Nutzungsdauer von 50 Jahren ausgegangen wird. Das Land Baden-Württemberg hat angekündigt, den Museumsbau mit einer zweckgebundenen Investitionszuweisung von 20 % zu fördern, davon je zur

33 Siehe dazu auch *Driehaus*, Kommunalabgabenrecht (Kommentar).

34 Vgl. dazu Kap. 9.3.6.3 zur Thematik „Inzahlungnahmen/Aufrechnungen".

Hälfte als Ertrags- und als Kapitalzuschuss. Die Zuweisungen sollen entsprechend den kassenwirksamen Auszahlungen der Gemeinde geleistet werden.

Der Bau erfolgt auf einem der Gemeinde bereits seit über 100 Jahren gehörenden Grundstück mit aktuellem Bilanzwert von 250.000 €, auf dem sich zurzeit eine öffentliche Grünfläche mit Parkcharakter befindet.

Aufgabe:
Prüfen sie, welche Veranschlagungen die Maßnahme „Museumsbau" in den Ergebnis- und Finanzhaushalten der Gemeinde G verursachen wird. Gehen Sie außerdem auf die Verbindungen zur kommunalen Bilanz ein. Die Notwendigkeit eventueller Verpflichtungsermächtigungen ist nicht anzusprechen.

Lösung:
Bei den insgesamt 6 Mio. € handelt es sich zunächst um Auszahlungen, die nach § 10 Abs. 1 GemHVO entsprechend ihrer Kassenwirksamkeit mit je 2 Mio. € den Finanzhaushalten der Jahre 2024, 2025 und 2026 zuzuordnen sind. Während der Bauphase wird der Teilwert des erstellten Gebäudes auf einem Bilanzkonto als „Anlage im Bau" nachgewiesen. Mit der Fertigstellung des Gebäudes erfolgt dann eine Umbuchung auf das endgültige Bilanzkonto für das fertig gestellte Museum.

Im Zeitraum der Bebauung ist der Ergebnishaushalt nicht tangiert. Erst mit der Inbetriebnahme des Museums zum 1.1.2027 beginnt der Ressourcenverbrauch (Werteverzehr des Gebäudes), sodass ab 2027 in die Ergebnishaushalte die linearen Abschreibungen in Höhe von jährlich 120.000 € einzustellen sind. Abschreibungen werden im Finanzhaushalt nicht nachgewiesen, da sie keine Geldmittelflüsse und somit keine Auszahlungen bewirken.

Die Investitionszuweisungen des Landes stellen kassenwirksame Einzahlungen dar und sind deshalb dem Finanzhaushalt in Höhe von jährlich 400.000 € zuzuordnen. Gemäß § 40 Abs. 4 GemHVO ist die eine Hälfte des Betrages (Ertragszuschuss) als Sonderposten auf der Passivseite der Bilanz nachzuweisen (alternativ dazu könnte diese Hälfte des Betrages auch von den Herstellungskosten des geplanten Museums abgesetzt werden). Ein besonderes Problem besteht darin, dass die zweite Hälfte der Zuwendung als Kapitalzuschuss bewilligt wird. Kapitalzuschüsse sind nämlich nicht ergebniswirksam aufzulösen, weil sie trotz ihrer Zweckbindung der Kapitalpositionsstärkung der Gemeinde dienen sollen.

Insofern wird der Zuweisungsanteil für den Kapitalzuschuss als Davon-Position bei den Ergebnisrücklagen (Unterkonto des Eigenkapitals) in der Bilanz ausgewiesen.[35]

Ertragszuschüsse sind dagegen – wie oben dargestellt – ergebniswirksam aufzulösen oder von den Anschaffungs- oder Herstellungskosten des bezuschussten Vermögensgegenstandes abzusetzen. Letzteres hätte in den Folgejahren entsprechend reduzierte Abschreibungen bei dem Museum zur Folge, während bei Ersterem der (transparente) bilanzielle Nachweis als Sonderposten „für Investitionszuweisungen" erfolgt. Der Er-

35 Vgl. *Aker/Hafner/Notheis*, Gemeindeordnung/Gemeindehaushaltsverordnung Baden-Württemberg, Kommentar zu § 23 GemHVO, RNr. 9, 2. Aufl., Stuttgart 2019.

tragszuschuss wird nach drei Jahren insgesamt 600.000 € betragen und ist ab dem Jahre 2027 (Inbetriebnahme des geförderten Museumsbaus) ergebniswirksam für die Dauer von 50 Jahren aufzulösen. Der Nachweis erfolgt als Ertrag mit einem Jahresbetrag von 12.000 €. Ein Nachweis im Finanzhaushalt erfolgt jedoch nicht, weil mit der Auflösung keine Zahlung verbunden ist.

Das Grundstück, auf dem das Museum errichtet wird, stellt zurzeit eine Grünfläche dar. Mit Beginn der Bautätigkeit wird der Nutzungsgrund geändert, sodass in der Anlagebuchhaltung mit Auswirkung auf die Aktivseite der Bilanz eine Umbuchung zum Produktbereich „Museen, Archiv, Zoo" erforderlich wird. Gleichzeitig ändert sich auch das Bilanzkonto. Ergebnis- und Finanzhaushalt sind nicht tangiert, da weder Erträge noch Aufwendungen (kein Ressourcenzuwachs oder -verbrauch) noch Ein- oder Auszahlungen (keine Geldmittelflüsse) vorliegen. Grundstücke unterliegen grundsätzlich keiner Abschreibung.

Sachverhalt Nr. 11

Der Fachbereich „Finanzen" bereitet zurzeit einen Nachtragshaushalt für das Jahr 2024 vor. Dabei liegen ihm die folgenden Anfragen zur periodengerechten Zuordnung einzelner Finanzvorfälle vor:

a) Anfrage der Steuerabteilung

Eine Gewerbesteuerforderung an das Unternehmen U (Nachveranlagung für 2024 auf Grund einer Steuerprüfung) in Höhe von 3 Mio. € wird am 15.12.2024 fällig. U ist jedoch in Insolvenz geraten. Nach Mitteilung des Insolvenzverwalters wird erst nach Abwicklung des Insolvenzverfahrens mit der Zahlung der Steuerschulden zu rechnen sein. Dies wird jedoch nicht vor Mitte 2025 erfolgen.

b) Fachbereich „Öffentliche Sicherheit und Ordnung"

Anfang Dezember 2024 werden auf dem im Gemeindegebiet liegenden Autobahnabschnitt mehrere Großbaustellen eingerichtet. Es ist beabsichtigt, in drei Bereichen „Geschwindigkeitsmessgeräte" (Radarfallen) aufzustellen. Dadurch wird allein für Dezember mit Bußgeldbescheiden im Finanzvolumen von 100.000 € gerechnet. Zu beachten ist dabei, dass der zuständige Dezernent angeordnet hat, die Bescheide wegen der Festtage im Dezember erst im Januar 2025 zu versenden.

c) Fachbereich „Zentrales Immobilienmanagement"

Die Verhandlungen über die Nutzung einer Grundstücksfläche für die Zuwegung für den neuen gemeindlichen Sportplatz stehen kurz vor dem Abschluss. Der Grundstückseigentümer wird der Gemeinde ein Wegerecht für die Dauer von 50 Jahren einräumen. Dafür hat die Gemeinde zum Zeitpunkt des Nutzungsbeginns am 1.9.2025 eine einmalige Entschädigung von 60.000 € zu entrichten.

d) Fachbereich „Personalservice“

Bei der Gemeinde G ist es üblich, die Beihilfezahlungen für die Beamten aus Gründen der Zahlungsvereinfachung zusammen mit den Gehältern zu überweisen. Soweit die Beihilfeanträge bis zum 15.12.2024 eingehen, werden noch Bescheide gefertigt und die Überweisung mit dem Januargehalt 2025 durchgeführt. Nach Schätzungen im Rahmen der Aufstellung des Nachtrages 2024 beträgt dieses Zahlungsvolumen 160.000 €. Soweit die Anträge bis zum 20.12.2024 eingehen, werden sie zwar noch in 2024 beschieden, jedoch erst mit dem Februargehalt überwiesen (Antragsvolumen voraussichtlich 10.000 €). Anträge, die in der Zeit vom 21.12.2024 bis 31.12.2024 eingehen, werden in der ersten Januarwoche per Bescheid bearbeitet, wobei die Überweisung dann auch mit dem Februargehalt erfolgt (Antragsvolumen voraussichtlich 30.000 €).

Aufgabe:
Prüfen Sie, welchen Haushaltsjahren die Finanzvorfälle zuzuordnen sind. Das Gutachten soll sowohl auf den Ergebnis- als auch den Finanzhaushalt eingehen.

Lösung:

a) Gemäß § 2 Abs. 1 Nr. 1 i. V. m. § 10 Abs. 1 GemHVO sind die Steuererträge in den Ergebnishaushalt einzustellen, und zwar in dem Jahr, dem sie wirtschaftlich zuzurechnen sind. Es handelt sich laut Sachverhalt um eine Steuerfestsetzung für das Jahr 2024, sodass die Nachzahlung dem Nachtragsergebnishaushalt 2024 zuzuordnen ist. Der Finanzhaushalt enthält gemäß § 3 Nr. 1 i. V. m. mit § 10 Abs. 1 GemHVO die kassenwirksamen Steuereinzahlungen, somit die voraussichtlich eingehenden Beträge. Insofern ist die Steuerzahlung dem Finanzhaushalt des Jahres 2025 zuzuordnen, weil laut Sachverhalt erst Mitte 2025 mit dem Zahlungseingang zu rechnen ist.
b) Aufgrund der bei Lösung a) zitierten Rechtsnormen ist für die Zuordnung zum Ergebnishaushalt der wirtschaftliche Entstehungsgrund entscheidend. Da dieser sich im Dezember befindet, muss der voraussichtliche Ertrag von 100.000 € noch dem Nachtrags-Ergebnishaushalt 2024 zugeordnet werden. Die Gegenbuchung erfolgt als Forderung. Da die Einzahlung erst nach Versand der Bescheide im Januar 2025 erfolgt, werden die 100.000 € im Finanzhaushalt 2025 ausgewiesen.
c) Der Finanzhaushalt weist die kassenwirksamen Auszahlungen auf, sodass der Betrag von 60.000 € dem Finanzhaushalt 2025 (§ 3 Nr. 29 GemHVO) zuzuordnen ist. Wegerechte werden zu den grundstücksgleichen Rechten gezählt, sodass der Wert des Wegerechts zu aktivieren ist. Dies erfolgt in 2025 anlässlich des Erwerbs (Vermögenszugang) beim selben Produktbereich. Nach dem Vertrag ist das Wegerecht auf die Dauer von 50 Jahren beschränkt und unterliegt demnach einem Werteverzehr. § 46 Abs. 1 GemHVO bestätigt die Notwendigkeit der Abschreibungen dadurch, dass planmäßige Abschreibungen zu berücksichtigen sind, wenn die Nutzung von Anlagevermögen zeitlich begrenzt ist, was hier mit 50 Jahren Nutzungsdauer vorliegt. Da dieser Ressourcenverbrauch gleichmäßig ist, kommt eine

lineare Abschreibung des Wegerechtes in Betracht. Gemäß § 2 Abs. 1 Nr. 15 GemHVO sind die Abschreibungen dem Ergebnishaushalt zuzuordnen. § 10 Abs. 1 GemHVO stellen dabei auf die periodengerechte Zuordnung ab. Das bedeutet, dass bereits dem Ergebnishaushalt 2025 eine anteilige Abschreibung zuzuordnen ist, weil die Nutzung und damit der Ressourcenverbrauch im September beginnen. Gemäß § 46 Abs. 2 GemHVO muss eine monatsgenaue Abschreibung erfolgen. Insofern sind in den Ergebnishaushalt in 2025 Abschreibungen in Höhe von 400 € und ab dem Jahr 2026 jährlich 1.200 € einzustellen.

d) Gemäß § 2 Abs. 1 Nr. 12 i. V. m. § 10 Abs. 1 GemHVO hat der Ergebnishaushalt 2024 alle Personalaufwendungen nachzuweisen, die wirtschaftlich diesem Haushaltsjahr zuzuordnen sind. Insofern müssen dem Nachtrags-Ergebnishaushalt 2024 alle im Sachverhalt genannten Teilbeträge, also insgesamt 200.000 €, einschl. der Beihilfeaufwendungen zugeordnet werden. Im Finanzhaushalt dagegen kommt es gemäß § 3 Nr. 10 i. V. m. § 10 Abs. 1 GemHVO auf den Termin der voraussichtlichen Auszahlung an. Die Beamtengehälter für Januar 2025 werden bereits im Dezember 2024 ausgezahlt, sodass der Beihilfeanteil von 160.000 € dem Nachtrags-Finanzhaushalt 2024 zuzuordnen ist. Der Restbetrag gehört wegen der Zahlung mit dem Februargehalt in den Finanzhaushalt 2025.

9.3.5 Grundsätze der Haushaltsklarheit und Haushaltswahrheit

9.3.5.1 Haushaltsklarheit, Informationen zur Verständlichkeit und Steuerungsrelevanz der kommunalen Haushalte

Kern des Haushaltsplans sind Zahlenwerke. Eine übersichtliche und klare Gestaltung fördert dabei die Überschaubarkeit. Der Haushaltsplan ist aufgrund des **Grundsatzes der Haushaltsklarheit** systematisch zu ordnen. § 10 Abs. 3 GemHVO schreibt zunächst eine Veranschlagung der Erträge und Einzahlungen sowie die Aufwendungen und Auszahlungen nach Arten (§§ 2 und 3 GemHVO) vor. Eine weitere Gliederungssystematik ist in § 4 Abs. 1 GemHVO festgelegt, wonach der Gesamthaushalt in Teilhaushalten zu unterteilen ist. Diese können produktorientiert nach den vorgegebenen Produktbereichen oder nach der örtlichen Organisation gegliedert werden (siehe dazu im Einzelnen Kap. 6). Hierzu gibt das Innenministerium verbindliche Muster und Verwaltungsvorschriften heraus, die alle Gemeinden berücksichtigen müssen und daher eine interkommunale Vergleichbarkeit ermöglichen sollen (siehe § 145 GemO; VwV Produkt- und Kontenrahmen). Jedoch bedarf es zur Verständlichkeit und zur Steuerungsfähigkeit des kommunalen Haushalts weitergehender Informationen.

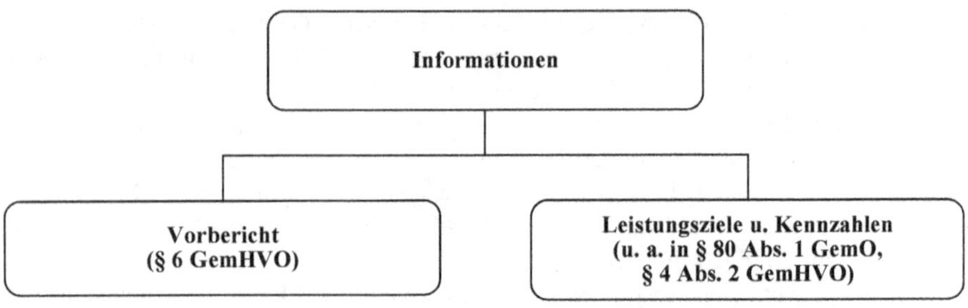

Zunächst einmal ist dem Haushaltsplan nach § 1 Abs. 3 Nr. 1 GemHVO ein **Vorbericht** beizufügen. Dieser gibt gemäß § 6 GemHVO einen Überblick über die Entwicklung und den Stand der Haushaltswirtschaft. Vorrangig ist ein Gesamtüberblick über die aktuelle Haushaltssituation der Gemeinde. Diese Darstellung ist um die wesentlichen produktbezogenen und finanziellen Zielsetzungen aus gesamtgemeindlicher Sicht, also vor dem Hintergrund der wesentlichen Ziele und Strategien der Gemeinde, zu ergänzen. Außerdem sind die finanziellen Rahmenbedingungen zu erläutern. Informationen über die wichtigsten Investitionsvorhaben, über die Liquiditätslage der Gemeinde sowie über die Entwicklung der wichtigsten Ertrags- und Aufwendungsarten müssen unverzichtbarer Teil eines jeden Vorberichts sein (vgl. § 6 Nr. 1 bis 7 GemHVO). Hierbei bieten sich auch Darstellungen in Form von Statistiken und grafische Darstellungen an, die die Lesbarkeit unterstützen. Ziel des Vorberichts ist es, die wichtigsten Leistungs- und Finanzdaten des kommunalen Haushalts in kompakter Form aufzuarbeiten und für gesamtgemeindliche Entscheidungen bereit zu halten.[36]

Die Verständlichkeit, aber vor allem auch die Steuerungsrelevanz des kommunalen Haushalts wird weiterhin dadurch unterstrichen, dass aufgrund von § 80 Abs. 1 GemO und § 4 Abs. 2 GemHVO (zumindest) bei den Schlüsselpositionen die Leistungsziele dargestellt und zur Unterstützung der Haushalts- und Finanzsteuerung durch Kennzahlen zur Messung der Zielerreichung ergänzt werden. Durch diese verbalen Ergänzungen wird der Haushaltsplan verständlicher. Mit dem Ausweis von Zielen sowie Kennzahlen zur Zielerreichung erhält die Haushaltssatzung mit Haushaltplan die Funktion einer Zielvereinbarung bzw. eines Generalkontrakts zwischen Politik und Verwaltung.

Für die kommunalen Produkte werden zunächst einmal Grunddaten benötigt, die Informationen zur Budgetausgestaltung zu erhalten. Am nachstehenden Beispiel wird dies verdeutlicht:

36 Eine beispielhafte Darstellung eines kommunalen Vorberichts würde den Rahmen dieses Buches sprengen. Dem interessierten Leser sei geraten, die Vorberichte der Praxis, am besten der Heimatkommune und vergleichbarer Kommunen, einzusehen. Wie beim Grundsatz der Öffentlichkeit dargestellt, besteht eine entsprechende Einsichtnahmemöglichkeit. Meistens sind die Haushaltspläne, welche den Vorbericht inkludieren, auch ins Internet eingestellt.

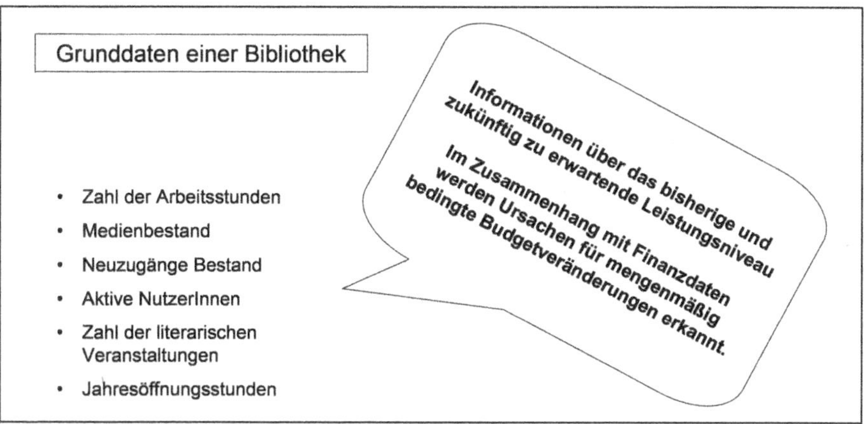

Die eigentlichen Kennzahlen dagegen sollen Messgrößen für die Überprüfung der Zielerreichung darstellen. Das nachfolgende Beispiel soll dies verdeutlichen:

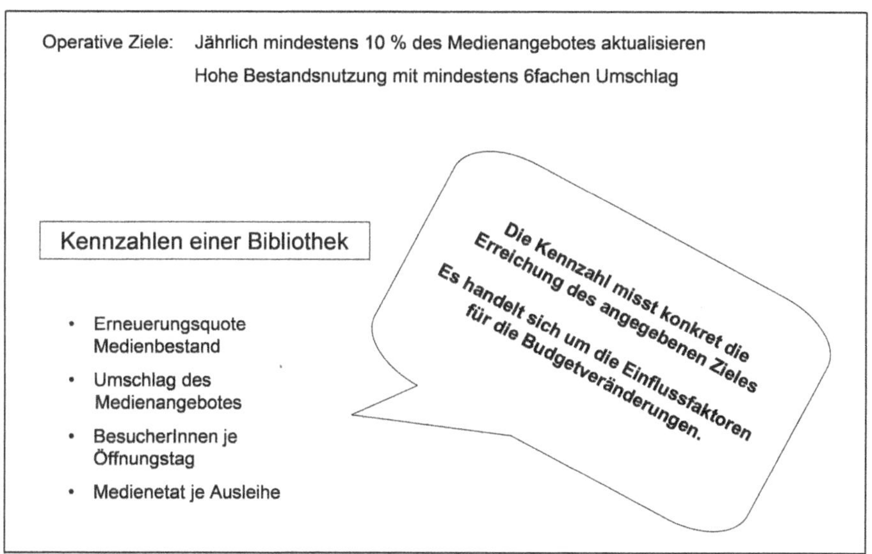

Weitere Beispiele für Zielbeschreibungen und Zielvereinbarungen sind in Kap. 7.4.4 enthalten.[37]

Durch die Aufnahme der Ziele und Kennzahlen zur Zielerreichung werden diese zu Haushaltsinhalten und über die Haushaltssatzung auch zu Ortsrecht. Deshalb haben Politik und Verwaltung sich zu bemühen, diese Ziele auch zu erreichen. Die Zielerreichung kann dabei jeweils an den Kennzahlen gemessen werden. Die Verwaltung

37 Ein sehr gutes Praxisbeispiel in diesem Kontext stellt der Haushalt des Landkreises Lörrach dar.

wird in einem entsprechenden Berichtswesen auch unterjährig über die Realisierung der Ziele und das Erreichen der Kennziffern berichten (§ 28 GemHVO).

9.3.5.2 Haushaltswahrheit, Richtigkeit und Willkürfreiheit

Die Güte und Produktivität eines Haushaltsplans hängt weit gehend von der Richtigkeit seiner Planungsdaten ab. Das setzt voraus, dass die Gemeinden bei der Veranschlagung der Erträge und Aufwendungen, der Einzahlungen und Auszahlungen sowie der Verpflichtungsermächtigungen größte Sorgfalt walten lassen.

§ 10 Abs. 1 Satz 3 GemHVO postuliert, dass die Höhe der einzelnen Ansätze sorgfältig zu schätzen sind, soweit sie nicht errechnet werden können. Dieser Grundsatz gilt für die Erträge und die Aufwendungen wie auch für die Einzahlungen und die Auszahlungen. Somit besteht für Ergebnis- und Finanzhaushalt ein gleichlautender Planungsgrundsatz. Scheinansätze oder willkürliche Ansätze zur Herbeiführung des Haushaltsausgleichs verbieten sich.

Die Vorschrift bietet zwei Verfahren für die Haushaltsplanung an. Die vorrangige Methode ist die Berechnung der Finanzvorfälle. In den gemeindlichen Haushaltsplänen ist die Zahl der Finanzvorfälle, die sich exakt oder annähernd genau kalkulieren lassen, leider in der Minderheit. Möglichkeiten der weitgehenden Berechnung bestehen z. B. bei

- *Mieten, Pachten,*
- *Vereins- und Versicherungsbeiträgen,*
- *Grundsteuern und*
- *Straßenreinigungsgebühren.*

Falls eine Berechnung nicht möglich ist, hat eine gewissenhafte willkürfreie Schätzung zu erfolgen. **Beispiele** zur weitgehenden Schätzung von Ansätzen sind:

- *Sozialhilfe,*
- *Gebäudeunterhaltung,*
- *Kfz-Betrieb,*
- *Energieversorgung,*
- *Winterdienst und*
- *Gewerbesteuern.*

Ziel der sorgfältigen Schätzung der Ansätze ist es, die Abweichungen zwischen den veranschlagten Beträgen und den späteren Rechnungsbeträgen so gering wie möglich zu halten. Zu diesem Zweck hat die Gemeinde alle möglichen und erreichbaren Hilfsmittel heranzuziehen. **Beispiele** für Hilfsmittel sind:

- *Kosten- und Leistungsrechnungen,*
- *Vorjahresergebnisse und Besonderheiten des Vorjahres,*

- *zu erwartende Veränderungen,*
- *Erkenntnisse aus dem Controlling (Berichtswesen),*
- *Haushaltssicherungsvorgaben,*
- *vom Innenministerium bekanntgegebene Orientierungsdaten (§ 9 Abs. 3 GemHVO),*
- *durch das Bundesfinanzministerium veranlasste Steuerschätzungen,*
- *Informationen der Industrie- und Handelskammer sowie der Handwerkskammern,*
- *Informationsmaterial regionaler und überregionaler Verbände.*

Für die Berechnung der mit Investitionen verbundenen Haushaltsansätze im Finanzhaushalt sind die strengen Regeln nach § 12 GemHVO zu beachten.

Trotz größter Sorgfalt sind Berechnungen oder reale Schätzungen sehr schwierig. Da bereits im Herbst des Vorjahres geplant wird, ist es fast unmöglich, die Ertrags- und Aufwandsansätze über ein Jahr hinaus exakt festzulegen. Es ist somit immer die Gefahr von Planabweichungen vorhanden, was wiederum die Notwendigkeit eines Berichtswesens gem. § 28 GemHVO verdeutlicht und ggf. eine Nachtragshaushaltssatzung gem. § 82 GemO zur Folge haben könnte.

An die Ansätze in der (mittelfristigen) Finanzplanung gem. § 85 GemO werden ebenfalls im Sinne von § 10 Abs. 1 Satz 3 GemHVO – soweit möglich – hohe Forderungen gestellt, insbesondere an das dem Finanzplan gemäß § 9 Abs. 2 GemHVO zugrunde zu legende Investitionsprogramm.[38] Letzteres enthält die Investitionen nach Produktbereichen oder Teilhaushalten gegliedert und zudem in Jahresabschnitte aufgeteilt. Für die Zuordnung der Jahresbeträge einzelner Investitionen auf die verschiedenen Jahre dienen die Bauzeitpläne als Grundlage, welche § 12 Abs. 2 GemHVO vorschreibt. *„Eine realistische Finanzplanung ist darüber hinaus unabdingbare Voraussetzung für eine sachgerechte Beurteilung der Kreditermächtigung nach § 87 Abs. 2 GemO sowie der Verpflichtungsermächtigungen nach § 86 Abs. 4 GemO“.*[39] Die Bedeutung der Finanzplanung geht nicht zuletzt aus § 85 Abs. 4 GemO hervor, nachdem der Finanzplan mit dem Investitionsprogramm dem Gemeinderat spätestens mit dem Entwurf der Haushaltssatzung vorzulegen und vom Gemeinderat spätestens mit der Haushaltssatzung zu beschließen (!) ist.

9.3.5.3 Übung

Sachverhalt Nr. 12

Im Rahmen der Planung des kommenden Jahres werden von der Gemeinde G die Erträge aus der Gewerbesteuer gegenüber dem Vorjahr um 3,3 % angehoben. Der zu-

38 Vgl. *Aker/Hafner/Notheis*, Gemeindeordnung/Gemeindehaushaltsverordnung Baden-Württemberg, Kommentar zu § 9 GemHVO, RNr. 4 bis 7, 2. Aufl., Stuttgart 2019.

39 *Aker/Hafner/Notheis*, Gemeindeordnung/Gemeindehaushaltsverordnung Baden-Württemberg, Kommentar zu § 9 GemHVO, RNr. 4, 2. Aufl., Stuttgart 2019.

ständige Haushaltssachbearbeiter hat bei der Schätzung der Gewerbesteuererträge die Orientierungsdaten des Innenministeriums zugrunde gelegt, die eine derartige Steigerung (hier unterstellt) vorsehen.[40] Bekannt ist dem Sachbearbeiter jedoch, dass im kommenden Haushaltsjahr zwei der größten Betriebe der Gemeinde ihren Betriebssitz in den Nachbarort verlegen, also als Steuerzahler ausfallen.

Trotz Vorhaltungen einer Mitarbeiterin bleibt der Haushaltssachbearbeiter bei seiner Auffassung. Er sieht die Orientierungsdaten für die Planung als verbindlich an.

Aufgabe:
Begutachten Sie die Auffassung des Haushaltssachbearbeiters.

Lösung:
Der Haushaltssachbearbeiter hat den Haushaltsplan unter Beachtung der Planungsgrundsätze aufzustellen. Der in diesem Fall zu beachtende Grundsatz wäre der Grundsatz der Haushaltswahrheit. Danach sind gemäß § 10 Abs. 1 Satz 3 GemHVO u. a. die Erträge sorgfältig zu errechnen. Falls dies nicht möglich ist, hat eine gewissenhafte Schätzung zu erfolgen. Die Erträge aus der Gewerbesteuer sind kaum genau zu berechnen; demzufolge wendet der Sachbearbeiter zulässigerweise die Methode der Schätzung an.

Im Bereich der methodischen Schätzung geht er von einem Hilfsmittel aus, den Orientierungsdaten des Innenministeriums. Bei den Orientierungsdaten handelt sich um die Weitergabe von Empfehlungen des Finanzplanungsrates auf der Grundlage des § 51 HGrG. Es bleibt zu prüfen, ob dieses herangezogene Hilfsmittel bei der Schätzung von Erträgen verbindlich ist. Es besteht jedoch keine Verpflichtung, die Orientierungsdaten ohne örtliche Wertung so zu übernehmen. § 9 Abs. 3 GemHVO ordnet lediglich an, dass diese Orientierungsdaten bei der Aufstellung und Fortschreibung des Finanzplans (§ 85 GemO) berücksichtigt werden sollen. Das bedeutet, dass die Gemeinde ihre eigenen Berechnungen und Erfahrungen mit den Vorgaben der Orientierungsdaten in Einklang bringen muss, wenn besondere örtliche Gegebenheiten vorliegen, die Anlass geben, von den allgemeinen Erwartungen der Orientierungsdaten abzuweichen. Solche Hinweise bestehen laut Sachverhalt, weil zwei wichtige Steuerzahler eine Betriebsverlegung planen, die zu einer Reduzierung der Gewerbesteuererträge führen wird. Der Grundsatz der Richtigkeit nach § 10 Abs. 1 Satz 3 GemHVO verlangt praktisch, dass diese Besonderheit zu berücksichtigen ist. Es kann somit nicht von der allgemein erwarteten Erhöhung der Steuererträge bei der Gemeinde G ausgegangen werden. Die zu erwartenden Gewerbesteuerausfälle sind bei der Planung zu berücksichtigen.

Der Auffassung des Haushaltssachbearbeiters kann somit nicht gefolgt werden.

40 Für Übungszwecke unterstellt.

9.3.6 Bruttogrundsatz (Saldierungsverbot)

9.3.6.1 Grundsatz

In enger Verbindung mit dem Grundsatz der Haushaltsklarheit steht das Prinzip der Bruttoveranschlagung nach § 10 Abs. 2 GemHVO. Das Bruttoprinzip erfordert die getrennte Veranschlagung der Erträge und Aufwendungen im Ergebnishaushalt sowie der Einzahlungen und Auszahlungen im Finanzhaushalt in voller Höhe. Demnach ist es unzulässig, Erträge und Aufwendungen oder Einzahlungen und Auszahlungen vorab aufzurechnen und nur den Saldo zu veranschlagen. Es besteht somit ein ausdrückliches Saldierungsverbot. Das Bruttoprinzip gehört heute zu den nicht mehr wegzudenkenden Prinzipien einer kommunalen Haushaltsführung und bildet die Voraussetzung für die Erreichung des Ziels, den Haushaltsplan so übersichtlich und klar wie nur möglich zu gestalten.[41]

Beispiele für die konkrete Umsetzung des Bruttoprinzips im Ergebnishaushalt sind:

- *Zinserträge dürfen nicht mit Zinsaufwendungen verrechnet werden. Das Gleiche gilt für Zinseinzahlungen und Zinsauszahlungen.*
- *Mieterträge und Mietaufwendungen sind getrennt zu veranschlagen. Das Gleiche gilt für Mieteinzahlungen und Mietauszahlungen.*
- *Abschreibungen werden in voller Höhe angesetzt, auch wenn der abzuschreibende Vermögensgegenstand zuweisungs- oder beitragsfinanziert ist. Die anteiligen Auflösungsbeträge für Zuweisungen bzw. Beiträge sind als Ertrag nachzuweisen.*

Der Grundsatz gilt aber nicht nur für den Ergebnis- und Finanzhaushalt, sondern auch für die kommunale Bilanz. Wie bereits aus dem letzten Beispiel ersichtlich, dürfen auch Vermögensbeschaffungen nicht mit der Finanzierung des Vermögens saldiert werden. **Beispiele** sind:

- *Wird eine Grundschule mit Baukosten von 1.000.000 € errichtet, die mit zweckgebundenen Landeszuweisungen in Höhe von 300.000 € finanziert wird, so sind die Baukosten in voller Höhe auf die Aktivseite der Bilanz mit 1.000.000 € einzustellen. Dies ergibt sich aus § 40 Abs. 2 GemHVO. Die Zuweisungen sollen gemäß § 40 Abs. 4 GemHVO als Sonderposten auf der Passivseite der Bilanz mit 300.000 € ausgewiesen und entsprechend der voraussichtlichen Nutzungsdauer aufgelöst werden. Die nach § 40 Abs. 4 GemHVO*

41 Das Bruttoprinzip beruht auf den allgemeinen Grundsätzen der kaufmännischen Buchführung (siehe auch § 246 Abs. 2 HGB).

ebenfalls erlaubte Aktivierung in Höhe des Differenzbetrages von 700.000 € stellt eine Ausnahme dar.[42]

- *Wird zum Kauf einer neuen Drehleiter für die Feuerwehr ein zweckgebundener Kredit aufgenommen, so sind auf der Aktivseite die vollen Anschaffungskosten der Drehleiter und auf der Passivseite die Kreditsumme in Höhe der Rückzahlungsverpflichtung nachzuweisen.*
- *Wenn die Gemeinde einen Kredit in Höhe von 10.000.000 € mit einem Auszahlungskurs von 98 % aufnimmt, ist nach § 44 Abs. 4 GemHVO der volle Betrag der Verbindlichkeit zu passivieren, obwohl der Kreditgeber lediglich 9.800.000 € überweist. Beim Auszahlungsverlust handelt es sich um Kreditbeschaffungskosten, die während der gesamten Kreditlaufzeit die entsprechenden Haushaltsjahre periodengerecht wie Zinsaufwendungen belasten. Aus diesem Grund darf der Unterschiedsbetrag auf der Aktivseite der Bilanz als Rechnungsabgrenzungsposten aufgenommen werden. Der Unterschiedsbetrag ist durch planmäßige jährliche Abschreibungen aufzulösen, die auf die gesamte Laufzeit der Schuld verteilt werden können (§ 48 Abs. 3 GemHVO).*

9.3.6.2 Ausnahmen vom Bruttogrundsatz

Für den Ergebnishaushalt und die Ergebnisrechnung lässt § 16 GemHVO folgende Ausnahmen zu:[43]

1. zuviel eingegangene Erträge und Einzahlungen, die zurückgezahlt werden,
2. zuviel ausgezahlte Beträge, die wieder eingenommen werden und
3. zurückzuzahlende Abgaben und ähnliche Entgelte, allgemeine Zuweisungen sowie zurückfließende Umlagen.

Rückzahlungen nach Nr. 1 und 2 (§ 16 Abs. 1 und 2 GemHVO) sind grundsätzlich abzusetzen, wenn sie im gleichen Jahr erfolgen. Demnach ist abzusetzen die Rückzahlung

- zuviel eingegangener Beträge bei den zugrunde liegenden Erträgen und Einzahlungen und
- zuviel ausgezahlter Beträge bei den zugrunde liegenden Aufwendungen und Auszahlungen.

42 Die in § 40 Abs. 4 Satz 2 GemHVO in diesem Kontext genannte Möglichkeit, empfangene Investitionszuweisungen und Investitionsbeiträge von den Anschaffungs- oder Herstellungskosten des bezuschussten Vermögensgegenstandes abzusetzen, stellt eine Ausnahme dar (vgl. *Aker/Hafner/Notheis*, Gemeindeordnung/Gemeindehaushaltsverordnung Baden-Württemberg, Kommentar zu § 40 GemHVO, RNr. 23 bis 24, 2. Aufl., Stuttgart 2019).

43 Vgl. *Aker/Hafner/Notheis*, Gemeindeordnung/Gemeindehaushaltsverordnung Baden-Württemberg, Kommentar zu § 16 GemHVO, RNr. 1 bis 10, 2. Aufl., Stuttgart 2019.

Erfolgt die Rückzahlung erst in den Folgejahren, ist in beiden Fällen eine Absetzung nicht mehr zulässig. In diesen Fällen führen Zuvieleinzahlungen zu Aufwendungen und Auszahlungen, Zuvielauszahlungen zu Erträgen und Einzahlungen.

Rückzahlungen im Sinne der Nr. 3 (§ 16 Abs. 3 GemHVO) dürfen nicht als Aufwendungen gebucht, sondern müssen bei den ursprünglichen Ertragspositionen abgesetzt werden. Dies gilt ausdrücklich auch dann, wenn die Rückzahlung erst in späteren Jahren erfolgt.

Abgaben sind Steuern im Sinne von § 3 AO sowie Kommunalabgaben (Steuern, Gebühren und Beiträge) nach dem KAG. Allgemeine Zuweisungen sind Zuweisungen von Bund oder Land, die ohne Zweckbindung gewährt werden (z. B. Zuweisungen nach der mangelnden Steuerkraft, Investitionspauschalen). Umlagen, welche die Gemeinde geleistet hat und die wieder an die Gemeinde zurückfließen sind – auch wenn sie sich auf Vorjahre beziehen – an den ursprünglichen Aufwandspositionen abzusetzen. Zu diesen Umlagen gehören insbesondere die Finanzausgleichsumlage, die Kreisumlage und Zweckverbandsumlagen.

Voraussetzung für eine Absetzung ist, dass die Gemeinde erhaltene Abgaben zurückzuzahlen hat oder geleistete Umlagen zurückerhält, wobei die Zeitpunkte von Erhalt und Rückzahlung bzw. Leistung und Rückerstattung unerheblich ist.

Mit der Absetzung auch noch in den Folgeperioden wird die Periodenabgrenzung gestört. Dies ist allerdings schwer zu vermeiden, weil Umfang und Zeitpunkt solcher Rückzahlungen nur sehr begrenzt vorherzusehen sind. Soweit die Rückzahlung erhaltener Abgaben, abgabenähnlicher Entgelte und Zuweisungen im Haushaltsjahr bereits vorhersehbar sind, besteht nach § 41 Abs. 2 Satz 1 die Möglichkeit, Rückstellungen zu bilden. Eine Rückstellung ist auf jeden Fall erforderlich, wenn es sich um wesentliche Beträge handelt, um sicherzustellen, dass diese nicht für andere Zwecke verwendet werden und im Rückzahlungsjahr voraussichtlich ein Ausgleich vor allem des Ergebnishaushalts schwierig werden wird. Auch vor dem Hintergrund der Periodenabgrenzung ist die Bildung einer Rückstellung, soweit die Rückzahlung vorhersehbar ist, zu empfehlen.

Nicht zuletzt stellt auch der globale Minderaufwand (§ 24 Abs. 1 GemHVO) eine Ausnahme von der Bruttoveranschlagung dar, weil die zunächst veranschlagten Ausgaben durch einen Minusbetrag wieder pauschal gekürzt werden.

9.3.6.3 Besonderheiten

a) Rabatte, Preisnachlässe und Skontierungen

Einer besonderen Betrachtung sind gewährte Rabatte, Preisnachlässe und Skontierungen zu unterziehen. Hierbei handelt es sich nicht um Erträge bzw. Einzahlungen zugunsten der Gemeinde, vielmehr liegen Kaufpreisminderungen vor. Da § 10 Abs. 2 GemHVO nur die Trennung von Erträgen und Aufwendungen sowie Einzahlungen und Auszahlungen anderseits vorsieht, sind gewährte Rabatte, Preisnachlässe und Skontobeträge von der Aufwendung bzw. der Auszahlung abzusetzen. Wird z. B. Büromaterial zum Listenpreis von 100.000 € beschafft und gewährt der

Händler einen Behördenrabatt von 20 %, so sind nur 80.000 € zu veranschlagen. Wird zusätzlich ein Skontoabzug von 2 % angeboten, der gemäß § 77 Abs. 2 GemO regelmäßig auszunutzen ist, verringert sich der Veranschlagungsbetrag auf 78.400 €. Der Abzug von Rabatten und Skontobeträgen gilt ebenfalls bei Beschaffungen im investiven Bereich gem. § 44 Abs. 1 Satz 3 GemHVO (Zuordnung zur Aktivseite der Bilanz). Bei der nachträglich gewährten Rabattierung und der zeitlich verzögerten Skontoausschöpfung wird zunächst das Aufwendungs- bzw. Bilanzkonto mit dem vollen Wert belastet. Die Nachlässe und Skontobeträge führen dann zu einer Berichtigungsbuchung.

b) **Betriebe gewerblicher Art**

Bei im kommunalen Haushalt geführten Betrieben gewerblicher Art (z. B. Wochenmärkte, Schwimmbäder, Messeveranstaltungen, Parkhäuser), die umsatzsteuerpflichtig sind, hat ein besonderer Ausweis der Umsatzsteuer und Vorsteuer zu erfolgen. Hier findet eine Art Nettoverbuchung des Ertrages und der Aufwendungen sowie der Bilanzpositionen für Vermögensbeschaffungen statt.

Stellt ein Betrieb gewerblicher Art z. B. Rechnungen oder Gebührenbescheide im Volumen von 238.000 € aus, die Umsatzsteueranteile zum Steuersatz von 19 % enthalten, so sind als Ertrag nur 200.000 € zu berücksichtigen. Beim Restbetrag von 38.000 € handelt es sich um die in Rechnung gestellte Umsatzsteuer, die zum nächsten Steuertermin an das Finanzamt abzuführen ist. Dieser Betrag wird also als ergebnisneutrale Verbindlichkeit gegenüber dem Finanzamt behandelt (Passivseite der Bilanz).

Verbraucht ein solcher Betrieb gewerblicher Art z. B. Heizöl zum Einkaufspreis von 11.900 €, so ist dem Aufwendungskonto lediglich ein Betrag von 10.000 € zuzuordnen. Der in Rechnung gestellte Mehrwertsteuerbetrag von 1.900 € gilt als vom Finanzamt zu erstattender Vorsteuerbetrag. Dieser wird beim nächsten Steuertermin geltend gemacht und zunächst als Forderung gegenüber dem Finanzamt auf der Aktivseite der Bilanz dokumentiert. Zum Steuertermin werden Umsatzsteuer und Vorsteuer aufgerechnet. Überwiegt der Umsatzsteueranteil, wird dieser Betrag als Zahllast bezeichnet und dem Finanzamt überwiesen. Im umgekehrten Fall besitzt die Gemeinde eine Forderung aus der überschüssigen Vorsteuer.

Hinzuweisen ist bei vermögenswirksamen Beschaffungen und bei Herstellkosten der Betriebe gewerblicher Art, dass die Anschaffungs- oder Herstellungskosten des Vermögensgegenstands ebenfalls nur netto erfasst werden. Dadurch verringern sich bei solchen Betrieben zwangsläufig auch die nachfolgenden Abschreibungen.

c) **Inzahlungnahmen/Aufrechnungen**

Im Rahmen üblicher Geschäftstätigkeiten der Gemeinden kann es zu Zahlungsabwicklungen kommen, bei denen gegenseitige Aufrechnungen von Forderungen und Verbindlichkeiten, z. B. nach § 387 BGB erfolgen. Bei dieser Aufrechnung handelt es sich lediglich um ein Zahlungserleichterungsgeschäft im Liquiditätsbereich. Darum wird auch hier der Bruttogrundsatz nicht durchbrochen.

Ein Beispiel dafür ist die vom Zahlungspflichtigen gewünschte Aufrechnung einer Bußgeldforderung von 500 € an einen Handwerker gegen eine Verbindlichkeit aus seiner der Gemeinde in Rechnung gestellten Handwerkerleistung über 2.200 €.

Die Gemeinde wird nur eine Überweisung von netto 1.700 € veranlassen. Der Ertrag aus dem Bußgeld bleibt gemäß § 10 Abs. 2 GemHVO weiterhin bei 500 €, und der Unterhaltungsaufwand für die Handwerkerleistung beträgt unverändert 2.200 €. Der Bruttogrundsatz wird auch im Finanzhaushalt dadurch beibehalten, dass eine Einzahlung von 500 € und eine Auszahlung von 2.200 € zu veranschlagen und zu buchen ist.[44]

Ein weiteres Beispiel ist die Inzahlungnahme eines gebrauchten und bereits abgeschriebenen PC mit 50 € beim Kauf eines neuen PC zu 2.000 €. Obwohl die Rechnung des Lieferanten eine Nettoforderung von 1.950 € aufweist, wird als Vermögenszugang nach dem Bruttoprinzip ein Betrag von 2.000 € erfasst. Zudem findet ein Vermögensabgang von 1 € für den sich noch in der Anlagerechnung befindlichen alten PC statt. Als außerordentlicher Ertrag aus Verkäufen ist somit die Differenz von 49 € zu bewerten. Im Finanzhaushalt ist eine Einzahlung von 50 € und eine Auszahlung von 2.000 € zu berücksichtigen.

d) Kreditbeschaffungskosten

Bei Kreditaufnahmen können Kreditbeschaffungskosten entstehen. Soweit diese vom Kreditgeber von der Kreditsumme unmittelbar abgezogen werden (Auszahlungsverlust, Disagio) stellt sich die Frage, wie die Kreditaufnahme haushaltsmäßig erfasst wird. Zunächst einmal muss der Kredit mit seinem Nennbetrag (Bruttokredit) passiviert werden. Da der Überweisungsbetrag jedoch durch die Kürzung der Kreditbeschaffungskosten geringer ist, müssen die Kreditbeschaffungskosten im Ergebnishaushalt als Aufwendung nachgewiesen werden. Dabei bleibt die Möglichkeit einer Rechnungsabgrenzung nach § 48 Abs. 3 GemHVO unberührt (siehe dazu Kap. 9.3.4.2 Buchst. d).

Da die tatsächliche Einzahlung um die Kreditbeschaffungskosten gekürzt ist, erfährt der Finanzhaushalt insgesamt nur einen Geldmittelzufluss in Höhe des Nettokredites. Ein spezieller Ausweis der Kreditbeschaffungskosten als Auszahlung im Finanzhaushalt erfolgt parallel.

e) Ergebnisse der kommunalen Sondervermögen

Wie bereits weiter oben als Ausnahme vom Grundsatz der Vollständigkeit besprochen, werden bestimmte kommunale Aktivitäten als „Sondervermögen" außerhalb des Haushalts finanziell abgewickelt. Beispiele dafür sind die Eigenbetriebe, eigenbetriebsähnlichen Einrichtungen, Eigengesellschaften (z. B. GmbH), rechtlich selbstständige Stiftungen und kommunale Anstalten. Die Erträge und Aufwendungen dieser Sondervermögen sind deshalb zwangsläufig nicht im kommunalen Haushalt abgebildet. Die Verbindung geschieht jedoch dadurch, dass evtl. Betriebsergebnisse den kommunalen Haushalt tangieren. So können Gewinnausschüttungen als Erträge/Einzahlungen und Verlustabdeckungen als Aufwendungen/Auszahlungen in den gemeindlichen Haushalten erscheinen. Diese Finanzmittel sind jedoch

44 Allerdings ist nicht zu verkennen, dass in der originären Buchführung ein Geldmittelabfluss von 1.700 € stattfindet, sodass es sich bei diesem Betrag um die Auszahlung handelt. Würden hier jedoch die 1.700 € als Nettoauszahlung verbucht, würde die Finanzrechnung an Aussagekraft verlieren. Den Verfassern ist allerdings bekannt, dass in der Praxis dv-mäßige Umsetzungsschwierigkeiten bestehen.

Nettobeträge. Das Entstehen und die Zusammensetzung kann im kommunalen Haushalt nicht erkannt werden. Die Einzelheiten sind den Sonderrechnungen sowie dem Beteiligungsbericht gem. § 105 Abs. 2 GemO zu entnehmen. Spätestens ab 2025 können über den konsolidierten Gesamtabschluss nach § 95a Abs. 1 GemO und dem erläuternden Konsolidierungsbericht gem. § 95a Abs. 4 GemO bestimmte Informationen über die Zusammensetzung der Ergebnisse des Sondervermögens gewonnen werden. Der Konsolidierungsbericht wird gem. § 95a Abs. 4 Satz 3 GemO dann den bisherigen Beteiligungsbericht nach § 105 GemO ersetzen.

9.3.6.4 Übungen

Sachverhalt Nr. 13

Die Gemeinde G hat am 15.10.2023 ein neues Dienstfahrzeug zu 20.000 € bestellt (voraussichtliche Nutzungsdauer: fünf Jahre). Der Händler nimmt das alte Fahrzeug mit 3.000 € in Zahlung (Bilanzwert 1.000 €) und wird diesen Betrag mit dem Kaufpreis verrechnen. Die Lieferung mit Rechnungsstellung wird für Januar 2024 erwartet. Bei Zahlung innerhalb von 14 Tagen wird der Händler ein Skonto von 3 % auf den Kaufpreis des Neuwagens gewähren. Das alte Fahrzeug soll dem Händler bereits zum 15.12.2023 übergeben werden. Da die Gemeinde sich derzeit bei der Aufstellung eines Nachtragshaushalts für 2023 und der Haushaltsplanung für 2024 befindet, stellt sich die Frage, welchen Haushaltplänen die Finanzvorfälle für die Beschaffung des Fahrzeuges zuzuordnen sind.

Aufgabe:
Prüfen Sie, welche Veranschlagungen für die Jahre 2023 und 2024 erforderlich sind. Gehen Sie auch auf mögliche Verbindungen zur Bilanz ein. Auf die Veranschlagung von Verpflichtungsermächtigungen ist nicht einzugehen.

Lösung:
Zunächst ist festzustellen, dass zur praktischen Bearbeitung zwei Haushaltsgrundsätze zu berücksichtigen sind, nämlich das Bruttoprinzip (Saldierungsverbot) und der Grundsatz der periodengerechten Zuordnung. Zunächst ist nach dem Bruttoprinzip der Kauf des neuen Fahrzeugs von dem Verkauf des alten Fahrzeuges zu trennen. Dies ergibt sich aus § 10 Abs. 2 GemHVO, wonach Erträge und Aufwendungen sowie Einzahlungen und Auszahlungen zu trennen sind. Dieser Grundsatz gilt gemäß § 44 Abs. 1 GemHVO auch für die Bilanz, weil bei den Vermögensgegenständen die Anschaffungskosten und keine Aufrechnungskosten anzusetzen sind. Insofern sind Anschaffungs- und Verkaufsvorgang getrennt zu behandeln.

Da die Gemeinde gemäß § 77 Abs. 2 GemO wirtschaftlich handeln muss, ist davon auszugehen, dass die Rechnung skontiert wird. Der Skontoabzug von 600 € stellt jedoch keinen Ertrag und keine Einzahlung dar. Es handelt sich aber um eine Kürzung der Anschaffungskosten, sodass von einem Anschaffungswert in Höhe von 19.400 €

auszugehen ist. Dieser ist der Aktivseite der Bilanz zuzuordnen. Gleichzeitig sind in den Finanzhaushalt Auszahlungen in derselben Höhe einzustellen. Es fragt sich jedoch noch, welchem Haushaltsjahr die Finanzvorfälle zuzuordnen sind. Entscheidend für die Bilanzierung ist der Termin der Erlangung des wirtschaftlichen Eigentums (in sinngemäßer Anwendung des § 39 der Abgabenordnung). Laut Sachverhalt erfolgt die Lieferung im Januar 2024, sodass dann die Gemeinde zumindest den Besitz erlangt. Folglich geschieht die Bilanzierung in 2024. Da auch erst danach die Rechnung beglichen wird, ist die Auszahlung ebenfalls diesem Haushaltsjahr zuzuordnen.

Aus der Fahrzeugbeschaffung entstehen im Jahr 2024 Aufwendungen in Form von Abschreibungen (vgl. § 46 GemHVO). Diese Abschreibungen sind gemäß § 10 Abs. 2 GemHVO in den Ergebnishaushalt einzustellen. Liefertermin, Kauftermin und Inbetriebnahme liegen laut Sachverhalt im Januar 2024, sodass in 2024 ein voller linearer Abschreibungsbetrag in Höhe von 3.880 € als Aufwendung in den Ergebnishaushalt einzustellen ist. Da Abschreibungen keine Auszahlungen bewirken, ist der Finanzhaushalt insoweit nicht tangiert.

Nunmehr ist die Behandlung der Finanzvorfälle für das in Zahlung gegebene Fahrzeug zu begutachten. Festgestellt wurde bereits oben, dass eine Aufrechnung im Haushaltsplan nicht erfolgen darf. Zunächst einmal ist ein Vermögensabgang über 1.000 € verzeichnen, weil die Gemeinde mit dem Verkauf das Eigentum an diesem Vermögensgegenstand verliert. Der Sachverhalt gibt keine Auskünfte, wann das rechtliche Eigentum auf den Käufer übergeht (evtl. Eigentumsvorbehalt nach § 449 BGB). In sinngemäßer Anwendung des § 39 AO ist jedoch für die Bilanzierung das wirtschaftliche Eigentum entscheidend. Dieser Grundsatz gilt im Umkehrschluss auch für den Verlust des wirtschaftlichen Eigentums. Mit der Fahrzeugübergabe im Dezember 2023 an den Käufer verliert die Gemeinde G bereits das wirtschaftliche Eigentum an dem alten Fahrzeug, sodass in 2023 der Abgang auf dem Bilanzkonto herbeizuführen ist.

Der Verkaufspreis von 3.000 € übersteigt den Fahrzeugwert um 2.000 €, sodass ein außerordentlicher Ertrag aus Verkäufen in dieser Höhe vorliegt. Dieser Betrag ist im Ergebnishaushalt 2024 zu erfassen, weil gemäß § 10 Abs. 1 GemHVO Erträge dem Jahr zuzuordnen sind, dem sie wirtschaftlich zuzurechnen sind. Der Verkaufserlös wird laut Sachverhalt durch die Aufrechnung nach dem BGB in 2024 bewirkt, sodass der Ertrag diesem Jahr zuzuordnen ist. Da die Einzahlung ebenfalls durch die Aufrechnung in 2024 bewirkt wird, muss der gesamte Verkaufserlös in Höhe von 3.000 € dem Finanzhaushalt 2024 als Einzahlung zugerechnet werden.

Sachverhalt Nr. 14

Die Gemeinde G befindet sich zurzeit bei der Aufstellung des Haushaltes 2024. Dabei wird der Fachbereich „Finanzen" mit folgenden Problemstellungen konfrontiert:

a) Es soll zum 2.1.2024 ein Investitionskredit zum Nennbetrag von 1.000.000 € bei der B-Bank aufgenommen werden. Der Zinssatz beträgt 5 %, die Tilgung gleichbleibend 4 %, zahlbar jeweils zum Jahresende in einer Summe. Zum Termin der Kreditaufnahme fallen einmalige Kreditbeschaffungskosten von 30.000 € an.[45] Die Bank wird die Kreditbeschaffungskosten am 2.1.2024 mit der Kreditsumme verrechnen, sodass lediglich eine Gutschrift von 970.000 € auf dem gemeindlichen Girokonto erfolgen wird. Die Gemeinde G hat auch langfristige Gelder bei der B-Bank angelegt, für die sie für das Jahr 2024 Zinsgutschriften in Höhe von 20.000 € erhalten wird. Vertraglich werden davon 15.000 € am Jahresende 2024 und 5.000 € am 10.1.2025 fällig. Gemeinde und Bank sind sich einig, die zum Jahresende fällige Zinsgutschrift mit den dann zu entrichtenden Schuldendienstleistungen für den neuen Kredit der Einfachheit halber zu verrechnen.

b) Zum Jahresbeginn 2024 werden für 2024 Hundesteuerbescheide mit einem Volumen von 200.000 € versandt. Man rechnet jedoch damit, dass aufgrund von Hundeabmeldungen im Jahr 2024 Steuerbescheide des Jahres 2023 im Volumen von 1.000 € zurückgenommen werden müssen, wobei es dabei zu entsprechenden Rückzahlungen kommen wird.

Aufgabe:
Prüfen Sie, welche Veranschlagungen für das Jahr 2024 auf Grund der Sachverhalte erforderlich sind. Gehen Sie auch auf mögliche Verbindungen zur Bilanz ein. Bei den Kreditbeschaffungskosten ist eine Periodenabgrenzung erforderlich.

Lösung:

a) Bei der Kreditaufnahme handelt es sich um eine Verbindlichkeit gegenüber der Bank. Es fragt sich jedoch zunächst, in welcher Höhe eine Bilanzierung zu erfolgen hat, weil die Kreditbeschaffungskosten durch Aufrechnung abgesetzt werden. Die Rückzahlungsverpflichtung stellt die Verbindlichkeit dar, sodass die volle Kreditsumme zu passivieren ist. Dieses ergibt sich auch aus § 91 Abs. 4 GemO, wonach die Verbindlichkeiten in Höhe ihrer Rückzahlungsverpflichtung zu bewerten sind. Es entstehen Schulden im Volumen von 1.000.000 €. Zudem sind gemäß § 10 Abs. 2 GemHVO die Aufwendungen getrennt zu berücksichtigen. Die einmaligen Kreditbeschaffungskosten stellen Aufwendungen für die Kreditbereitstellung dar. Sie sind deshalb getrennt von der Kreditsumme zu behandeln.

   Allerdings hat gemäß § 10 Abs. 1 GemHVO eine periodengerechte Zuordnung nach der wirtschaftlichen Zurechenbarkeit zu erfolgen. Bei einer gleich bleibenden Tilgung von jährlich 4 % beträgt die Kreditlaufzeit 25 Jahre, sodass die Kreditbeschaffungskosten aufwendungsmäßig auf diesen Zeitraum gleichmäßig zu verteilen sind. Darum erfolgt in 2024 zunächst ein Ausweis der Kreditbeschaffungskosten als aktive Rechnungsabgrenzung. In den Ergebnishaushalt sind die anteiligen Kreditbeschaffungskosten von jährlich 1.200 € periodengerecht als „Abschreibungen" auf die Kreditbeschaffungskosten aufzunehmen (§ 48 Abs. 3 GemHVO). Im Finanzhaushalt sind dagegen 1.000.000 € als Einzahlung aus Krediten und 30.000 € als Auszahlung für Kreditbeschaffungskosten zu erfassen.

45 Die Kreditkonditionen entsprechen nicht der derzeitigen Kapitalmarktsituation. Sie sind lediglich für Übungszwecke so festgesetzt.

Die Zinsen belaufen sich für 2024 auf 50.000 €, die Tilgung auf 40.000 €. Die von der Bank beabsichtigte Aufrechnung ist haushaltstechnisch unbeachtlich, sodass die Zinsaufwendungen im Ergebnishaushalt und als Auszahlung im Finanzhaushalt nachzuweisen sind. Die Tilgung stellt dagegen eine Verringerung der Verbindlichkeiten dar, sodass sie ergebnisneutral zuzuordnen ist. Die Auszahlung der Tilgung erscheint im Finanzhaushalt.

Wie bereits festgestellt sind die Zinsgutschriften für die Kapitalanlage gemäß § 10 Abs. 2 GemHVO trotz Aufrechnung nach dem Bürgerlichen Gesetzbuch als Ertrag zu behandeln. Dabei ist gemäß § 10 Abs. 1 GemHVO der gesamte Zinsertrag in Höhe von 20.000 € dem Ergebnishaushalt 2024 zuzuordnen, weil es sich unabhängig von der tatsächlichen Zahlung um einen Ertrag der Wirtschaftsperiode 2024 handelt. Im Finanzhaushalt dagegen sind die Einzahlungstermine entscheidend, sodass dort in 2024 lediglich 15.000 € einzustellen sind. Der Restbetrag von 5.000 € ist dem Haushaltsjahr 2025 zuzuordnen.

b) Der Ertrag aus Hundesteuern ist zunächst mit den im Sachverhalt genannten 200.000 € als voraussichtliche Erträge zu berücksichtigen. Problematisch sind die Steuerbescheidrücknahmen mit entsprechenden Steuererstattungen in Höhe von voraussichtlich 1.000 €. Nach § 10 Abs. 2 GemHVO sind Erträge und Aufwendungen zu trennen. Bei den Rückzahlungen von Steuerbeträgen handelt es sich aber kaufmännisch betrachtet um Aufwendungen. § 16 Abs. 3 GemHVO sieht jedoch vor, dass zurückzuzahlende Abgaben, wie z. B. die Hundesteuern, bei den ursprünglichen Ertragspositionen abzusetzen sind. Dies gilt auch für Rückzahlungen von Abgabeerträgen aus Vorjahren. Aus diesem Grund sind die in Höhe von 1.000 € erwarteten Rückzahlungen von den Erträgen abzusetzen. Zu veranschlagen ist deshalb in 2024 ein Ertrag aus Hundesteuern in Höhe von 199.000 €. Gemäß § 16 Abs. 3 GemHVO ist analog mit den aus derartigen Erträgen resultierenden Einzahlungen im Finanzhaushalt zu verfahren, d. h. entsprechend sind hier ebenfalls die in Höhe von 1.000 € erwarteten Rückzahlungen von den Einzahlungen abzusetzen, so dass in 2024 auch eine Einzahlung aus Hundesteuern in Höhe von 199.000 € zu veranschlagen ist.

9.3.7 Einzelveranschlagung

9.3.7.1 Grundsatz

Der Haushaltsgrundsatz besagt nach § 10 Abs. 3 GemHVO, dass Erträge und Einzahlungen sowie Aufwendungen und Auszahlungen nach Arten zu veranschlagen sind. Zudem sollen nach § 10 Abs. 4 GemHVO Aufwendungen und Auszahlungen für den gleichen Zweck nicht an verschiedenen Stellen im Haushaltsplan veranschlagt werden. Angesprochen ist hierbei die sachliche Spezifizierung. Die Ausprägung der Einzelveranschlagung ergibt sich für den Ergebnishaushalt aus § 2 GemHVO. Danach ist nicht für jede Ertrags- und Aufwendungsart ein Einzelnachweis im Haushaltsplan erforderlich.[46] Es erfolgt im Haushaltsplan keine Veranschlagung nach dem System der einzelnen Kontierungen.[47] Vielmehr werden Ertrags- und Aufwendungsarten zu Kontengruppen zusammengefasst und als Positionen des Ergebnishaushalts bezeichnet. So ist im Ergebnishaushalt folgende Einzelveranschlagung als Gliederung vorgesehen.

einzeln auszuweisende Ertragspositionen	**einzeln auszuweisende Aufwendungspositionen**
Steuern und ähnliche Abgaben	Personalaufwendungen
Zuweisungen und Zuwendungen, Umlagen	Versorgungsaufwendungen
aufgelöste Investitionszuwendungen und -beiträge	Aufwendungen für Sach- und Dienstleistungen
Sonstige Transfererträge	Abschreibungen
Entgelte für öffentliche Leistungen oder Einrichtungen	Zinsen und ähnliche Aufwendungen
sonstige privatrechtliche Leistungsentgelte	Transferaufwendungen
Kostenerstattungen und Kostenumlagen	sonstige ordentliche Aufwendungen
Zinsen und ähnliche Erträge	außerordentliche Aufwendungen
aktivierte Eigenleistungen und Bestandsveränderungen	
sonstige ordentliche Erträge	
außerordentliche Erträge	

Da es sich um eine Mindestgliederung handelt, dürfen die Gemeinden weitergehende Unterteilungen vornehmen. Eine weit reichende zusätzliche Unterteilung ist aber bedenklich, da der Haushaltsplan als genereller Finanzkontrakt zwischen Politik und Verwaltung nur globale Finanzvereinbarungen enthalten und die Steuerung einer Kommune auch über Zielvereinbarungen und Kennzahlen zur Zielerreichung erfolgen sollte.

Bei den Teilergebnishaushalten sind nach § 4 Abs. 3 GemHVO zusätzlich insbesondere Erträge und Aufwendungen aus internen Leistungsbeziehungen nachzuweisen.

46 Während der Haushaltsplan gem. §§ 2, 3 und 4 GemHVO aggregierte Kontenebenen abbildet, beinhaltet das Rechnungswesen grundsätzlich die einzelnen Konten, d. h. es bildet auch die einzelnen Ertrags- und Aufwandsarten sowie die einzelnen Ein- und Auszahlungsarten ab.

47 Eine solche Einzelveranschlagung sah das kamerale Haushaltsrecht vor, bei dem für jeden einzelnen Finanzvorfall eine Haushaltsstelle eingerichtet und im Haushaltsplan abgebildet wird. Siehe dazu *Bernhardt/Schünemann/Schwingeler*, Kommunales Haushaltsrecht NRW, 15. Aufl., Witten 2002, S. 227 ff.

Der Finanzhaushalt sieht gemäß § 3 GemHVO etwa folgende einzelne Einzahlungs- und Auszahlungspositionen vor:

einzeln auszuweisende Einzahlungspositionen	**einzeln auszuweisende Auszahlungspositionen**
Steuern und ähnliche Abgaben	Personalauszahlungen
Zuweisungen und Zuwendungen und allgemeine Umlagen	Versorgungsauszahlungen
sonstige Transfereinzahlungen	Auszahlungen für Sach- und Dienstleistungen
Entgelte für öffentliche Leistungen oder Einrichtungen	Zinsen und ähnliche Auszahlungen
sonstige privatrechtliche Leistungsentgelte	Transferauszahlungen (ohne Investitionszuschüsse)
Kostenerstattungen und Kostenumlagen	sonstige haushaltswirksame Auszahlungen
Zinsen und ähnliche Einzahlungen	Auszahlungen für den Erwerb von Grundstücken und Gebäuden
sonstige haushaltswirksame Einzahlungen	Auszahlungen für Baumaßnahmen
Einzahlungen aus Investitionszuwendungen	Auszahlungen für den Erwerb von beweglichem Sachvermögen
Einzahlungen aus Investitionsbeiträgen und ähnlichen Entgelten für Investitionstätigkeit	Auszahlungen für den Erwerb von Finanzvermögen
Einzahlungen aus der Veräußerung von Sachvermögen	Auszahlungen für Investitionsförderungsmaßnahmen
Einzahlungen aus der Veräußerung von Finanzvermögen	Auszahlungen für den Erwerb von immateriellen Vermögensgegenständen
Einzahlungen für sonstige Investitionstätigkeit	Auszahlungen für die Tilgung von Krediten und wirtschaftlich vergleichbaren Vorgängen für Investitionen
Einzahlungen aus der Aufnahme von Krediten und wirtschaftlich vergleichbaren Vorgängen für Investitionen	

Eine besondere Form der Einzelveranschlagung zeigt sich im produktorientierten Teilfinanzhaushalt nach § 4 Abs. 4 GemHVO. Dabei hat für jede einzelne Investitionsmaßnahme oberhalb einer örtlich festzulegenden Wertgrenze eine eigene Veranschlagung zu erfolgen (VwV Produkt- und Kontenrahmen, Anlage 9.2).[48]

48 Die gem. § 145 GemO verbindlich vorgegebenen Muster zum Haushaltsplan wurden in Kap. 7 ausführlich vorgestellt.

9.3.7.2 Ausnahmen

Nicht bei allen Finanzpositionen der Planung ist der Grundsatz der Einzelveranschlagung realisiert. Aus praktischen Gründen wird er in zwei Bereichen durchbrochen:[49]

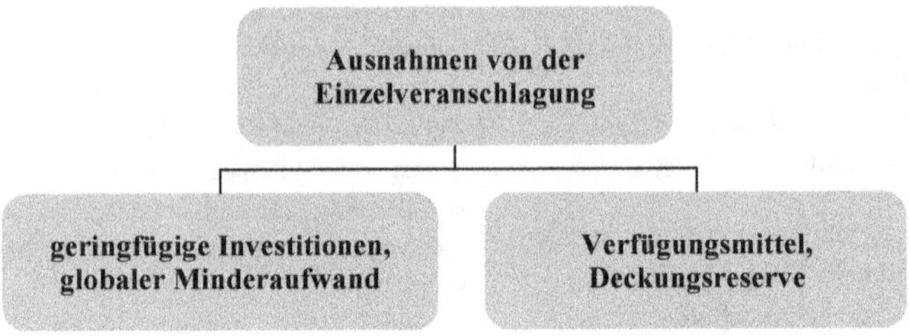

a) Geringfügige Investitionen

Gemäß § 4 Abs. 4 GemHVO sind in den Teilfinanzhaushalten im Investitionsbereich u. a. die einzelnen Maßnahmen getrennt abzubilden. Dies würde für sämtliche Investitionen zutreffen, also auch für geringfügige (z. B. Beschaffung eines Tageslichtprojektors mit Auszahlung von 600 € als Einzelgegenstand). Die Vorschrift bestimmt deswegen, dass eine Einzelveranschlagung als Investitionsmaßnahme in den Teilfinanzhaushalten erst oberhalb einer von der Gemeinde zu bestimmenden Wertgrenze

49 Die im kameralen Haushaltsrecht zugelassenen „Vermischten Einnahmen“ und „Vermischten Ausgaben“ sind im NKHR so nicht mehr vorgesehen. An Ihre Stelle treten Kontengruppen mit der Bezeichnung „Sonstige ordentliche Erträge“ und „Sonstige ordentliche Aufwendungen“ nach § 145 Satz 1 Nr. 5 GemO (siehe VwV zu § 145 GemO [VwV Produkt- und Kontenrahmen], Anlagen 31.1, 31.2) sowie § 2 Abs. 1 Nr. 10 und Nr. 18 GemHVO (Ergebnishaushalt) und entsprechend § 49 Abs. 2 GemHVO (Ergebnisrechnung). Analog dazu sieht der Kontenrahmen in seiner Übersicht für das Haushalts- und Rechnungswesen die Kontengruppen „Sonstige Einzahlungen aus laufender Verwaltungstätigkeit“ und „Sonstige Auszahlungen aus laufender Verwaltungstätigkeit“ nach § 145 Satz 1 Nr. 5 GemO (siehe VwV zu § 145 GemO, Anlage 31.1) vor. Da sich die Kontengruppen „Sonstige ordentliche Erträge“ und „Sonstige ordentliche Aufwendungen“ sowie „Sonstige Einzahlungen aus laufender Verwaltungstätigkeit“ und „Sonstige Auszahlungen aus laufender Verwaltungstätigkeit“ inhaltlich entsprechen und damit grundsätzlich zahlungsgleiche Sachverhalte verbunden sind, werden deren Konten im Kontenrahmen parallel innerhalb der Kontengruppen „Sonstige ordentliche Erträge“ und „Sonstige ordentliche Aufwendungen“ dargestellt (siehe VwV zu § 145 GemO, Anlage 31.2). Mit den Bezeichnungen „Sonstige haushaltswirksame Einzahlungen“ und „Sonstige haushaltswirksame Auszahlungen“ gemäß § 3 Nr. 8 und Nr. 15 GemHVO (Finanzhaushalt) und entsprechend § 50 GemHVO (Finanzrechnung) weicht der Gesetzgeber leider von den dafür in seiner Übersicht zum Kontenrahmen gewählten Begrifflichkeiten ab (siehe VwV zu § 145 GemO, Anlage 31.1). Beispiele für entsprechende Konten innerhalb der o. g. Kontengruppen sind gem. VwV zu § 145 GemO, Anlage 31.2 „Konzessionsabgaben“, „Erstattung von Steuern“, „Bußgelder“ oder „Sonstige Personal- und Versorgungsaufwendungen“ bzw. „Aufwendungen für ehrenamtliche und sonstige Tätigkeit“. Insofern wird die Einzelveranschlagung nicht durchbrochen. Vorsorge für evtl. zum Zeitpunkt noch nicht bekannten Mehraufwendungen bzw. -auszahlungen kann durch eine vorsichtige Veranschlagung der einzelnen Positionen im Ergebnishaushalt und Finanzhaushalt getroffen werden.

zu erfolgen hat.[50] Geringfügige Investitionsmaßnahmen werden deshalb nicht als einzelne, sondern als Sammelpositionen für Investitionsmaßnahmen nachgewiesen. Die Festlegung der Geringfügigkeitsgrenze ist sowohl in der Haushaltssatzung (§ 79 Abs. 2 Satz 2 GemO) als auch in der Hauptsatzung möglich und sollte dabei u. a. Kriterien wie die Gemeindegröße sowie die wirtschaftliche Situation der Gemeinde berücksichtigen.[51]

b) Verfügungsmittel

Bei den Verfügungsmitteln handelt es sich nach § 13 Nr. 1 GemHVO um Aufwendungen und Auszahlungen des Bürgermeisters oder des Ortsvorstehers für dienstliche Zwecke, für die keine zweckbezogenen Aufwendungsplanpositionen und Auszahlungsplanpositionen zur Verfügung stehen. Der Bürgermeister oder Ortsvorsteher darf über einen ihm zustehenden Fond verfügen, den er zweckübergreifend in Anspruch nehmen kann. Bedingung sind lediglich der dienstliche Verwendungszweck und nicht an anderer Stelle bereit gestellte Mittel. Der Bürgermeister oder Ortsvorsteher verwendet diese Haushaltsermächtigungen in der Regel für Repräsentationszwecke. Da hier jedoch Zahlungen aus verschiedenen Positionen des Ergebnis- und Finanzhaushalts geleistet werden können (z. B. nicht veranschlagte Transferaufwendungen und Aufwendungen für Sachleistungen) wird bei den Verfügungsmitteln der Grundsatz der Einzelveranschlagung durchbrochen. Die Praxis spricht von einer zweckfreien Planposition in pauschaler Form. Reichen die veranschlagten Verfügungsmittel nicht aus, sind über- und außerplanmäßige Aufwendungen und die damit verbundenen Auszahlungen nach § 84 GemO zu genehmigen.

c) Deckungsreserve

Mittel zur Deckung über- und außerplanmäßiger Aufwendungen und entsprechender Auszahlungen können gem. § 13 Nr. 2 GemHVO in angemessener Höhe als Deckungsreserve veranschlagt werden. Im Ergebnishaushalt werden dadurch dem Haushaltsausgleich entsprechende Beträge von vornherein entzogen. Die Deckungsreserve wird im Bedarfsfall lediglich in der Haushaltsüberwachung bewirtschaftet, und dies führt zu keinen Buchungen auf Sachkonten. Dieses Instrument wird praktisch genauso wie bisher in der Kameralistik gehandhabt. Eine Deckungsreserve gibt es nur im Bereich der laufenden Verwaltungstätigkeit (als „Sonstige ordentliche Aufwendungen" und „Sonstige Auszahlungen aus laufender Verwaltungstätigkeit"). Aus derartigen Planansätzen können keine Aufwendungen und Auszahlungen bewirkt werden; diese entstehen nur bei den sachlich zuständigen Aufwands- bzw. Auszahlungspositionen. Mit der Deckungsreserve wird somit für einen grundsätzlich überschaubaren Betrag Vor-

50 Bei der späteren Aktivierung in der Bilanz spielen diese Wertgrenzen keine Rolle.

51 Vgl. *Aker/Hafner/Notheis*, Gemeindeordnung/Gemeindehaushaltsverordnung Baden-Württemberg, Kommentar zu § 4 GemHVO, RNr. 29, 2. Aufl., Stuttgart 2019.

sorge getroffen für regelmäßig während des Jahres nicht zu verhindernde über- und außerplanmäßige Aufwendungen im Sinne des § 84 Abs. 1 Satz 1 GemO.[52]

d) Globaler Minderaufwand § 24 Abs. 1 GemHVO

Dieser ist ein Instrument der Planung und dient der Erleichterung des Haushaltsausgleichs. Es können pauschal maximal 1 % der Summe der ordentlichen Aufwendungen als Minusbetrag angesetzt werden. Welche Teilhaushalte letztendlich diese Reduzierung tragen müssen, wird dann im Vorbericht zum Haushalt erläutert. Der globale Minderaufwand ist – analog zur Deckungsreserve – nur im Bereich der laufenden Verwaltungstätigkeit (als „Sonstige ordentliche Aufwendungen" und „Sonstige Auszahlungen aus laufender Verwal-tungstätigkeit") enthalten. Auch aus diesem Planansatz können keine Aufwendungen und Auszahlungen bewirkt werden; diese entstehen nur bei den sachlich für die Reduzierung zuständigen Aufwands- bzw. Auszahlungspositionen.

> *„Wenn von der Möglichkeit nach § 24 Abs. 1 Satz 2 Gebrauch gemacht wird und eine globale Minderaufwendung veranschlagt wird, kann nicht gleichzeitig eine Deckungsreserve verplant werden. Die globale Minderaufwendung ist das Gegenteil einer Reserve und ein versteckter Fehlbetrag. Beide Instrumente würden sich in ihrer Wirkung aufheben. Es ist ohnehin grundsätzlich zu empfehlen, auf beide zu verzichten".*[53]

9.3.7.3 Übungen

Sachverhalt Nr. 15

Der Gemeinderat der Gemeinde G hält den vom Bürgermeister vorgelegten Haushalt für das kommende Jahr für viel zu detailliert. Die Vielzahl von Daten könne die Politik nicht mehr verarbeiten. Zum Zweck der Informationsstraffung beschließt der Gemeinderat deshalb einstimmig, im Teilergebnishaushalt u. a. für den Produktbereich „Sport und Bäder" die Personal- und Sachaufwendungen zusammenzufassen und unter der Position „Bewirtschaftungsaufwand" auszuweisen. Im Teilfinanzhaushalt zum selben Produktbereich sollen nur noch die Gesamtsummen der Investitionsein- und -auszahlungen ausgewiesen werden.

Beim Teilergebnishaushalt „Innere Verwaltung" dagegen möchte der Gemeinderat eine differenziertere Darstellung dahingehend erhalten, dass bei den Personalaufwendungen eine Unterteilung nach Beamten und Tarifpersonal erfolgt. Begründet wird diese Differenzierung damit, dass der Öffentlichkeit deutlich gemacht werden

---

52 Vgl. *Aker/Hafner/Notheis*, Gemeindeordnung/Gemeindehaushaltsverordnung Baden-Württemberg, Kommentar zu § 13 GemHVO, RNr. 6, 2. Aufl., Stuttgart 2019.

53 *Aker/Hafner/Notheis*, Gemeindeordnung/Gemeindehaushaltsverordnung Baden-Württemberg, Kommen-tar zu § 13 GemHVO, RNr. 8, 2. Aufl., Stuttgart 2019.

soll, wie sich die einzelnen Personalaufwendungen in den Servicebereichen zusammensetzen.

Aufgabe:
Prüfen Sie, was der Bürgermeister aufgrund des Gemeinderatsbeschlusses ggf. zu veranlassen hat.

Lösung:
Der Bürgermeister hätte den Gemeinderatsbeschluss zu beanstanden, wenn er ihn für rechtswidrig hält (§ 43 Abs. 2 GemO). Gemäß § 4 Abs. 3 i. V. m. § 2 GemHVO muss der Teilergebnishaushalt eine bestimmte Mindestgliederung aufweisen. Danach sind u. a. Personalaufwendungen und Aufwendungen für Sach- und Dienstleistungen getrennt zu veranschlagen (Einzelveranschlagung). Die vom Gemeinderat beschlossene „Zusammenlegung" der Finanzpositionen verstößt gegen diese Regelung und ist demnach rechtswidrig. Der Bürgermeister sollte das erkennen und hätte deshalb in diesem Punkt gegen den Gemeinderatsbeschluss Widerspruch zu erheben (§ 43 Abs. 2 GemO).

Eine ähnliche Vorschrift enthält § 4 Abs. 4 i. V. m. § 3 GemHVO für die Teilfinanzhaushalte. Hier ist nach bestimmten Ein- und Auszahlungspositionen zu unterteilen sowie nach Investitionsmaßnahmen zu trennen. Die beabsichtigte Zusammenfassung der Ein- und Auszahlungen ist ebenfalls rechtswidrig, sodass auch hier der Bürgermeister nach § 43 Abs. 2 GemO vorzugehen hätte.

Die differenzierte Untergliederung beim Produktbereich „Innere Verwaltung" ist dagegen zulässig. Bei einer Mindestgliederung sind zwangsläufig weitere Unterteilungen möglich. Dabei ist an dieser Stelle nicht zu beurteilen, ob die weitere Unterteilung sinnvoll ist.

Es kommt beim Beanstandungsrecht des Bürgermeisters allein auf die Rechtmäßigkeit an.

Sachverhalt Nr. 16[54]

Bei der Gemeinde G ist es im Rahmen der Repräsentation üblich, bei Vereinsjubiläen den Vereinen Goldmünzen zu überreichen. Der Verein V soll jetzt zu seinem 100-jährigen Bestehen eine solche Münze zum Kaufpreis von 500 € erhalten.

Die im Haushalt enthaltenen Repräsentationsmittel sind jedoch bereits ausgeschöpft und können deshalb nicht mehr eingesetzt werden. Der Bürgermeister möchte stattdessen seine im Haushalt veranschlagten und noch reichlich vorhandenen Verfügungsmittel heranziehen. Das Rechnungsprüfungsamt erhält den Buchungsbeleg zur Vorprüfung.

54 Es handelt sich hier nicht um eine Veranschlagungs-, sondern um eine Ausführungsproblematik. Mit diesem Fall wird jedoch die Ausnahme zur Einzelveranschlagung (zweckgerechte Verwendung der Verfügungsmittel) verdeutlicht.

Aufgabe:
Stellen Sie dar, wie die Prüfung des Rechnungsprüfungsamts ausfallen muss.

Lösung:
Gemäß § 112 Abs. 1 Nr. 1 GemO obliegt dem Rechnungsprüfungsamt u. a. die laufende Prüfung der Kassenvorgänge und Belege. Dabei prüft das RPA auch die Rechtmäßigkeit des im Sachverhalt genannten Finanzvorfalls. Die Zuordnung der Aufwendungen bzw. der Zahlung zu den Verfügungsmitteln könnte rechtswidrig sein. Verfügungsmittel dürfen u. a. nur für dienstliche Zwecke eingesetzt werden. Die Verwendung der Finanzmittel für Repräsentationen ist dienstlicher Natur, weil auch die Erfüllung freiwilliger Aufgaben dazu zählt. Eine private Verwendung durch den Bürgermeister liegt nicht vor; er handelt in einer gemeindlichen Angelegenheit. Die Verfügungsmittel dürfen aber nur eingesetzt werden, wenn für den Zweck keine anderen Aufwendungen und Auszahlungen veranschlagt sind. Laut Sachverhalt sind gerade für Repräsentationszwecke spezielle Mittel im Haushalt enthalten. Dabei ist es unerheblich, dass diese Mittel bereits erschöpft sind. Die Beschaffung der Goldmünzen kann somit nicht den Verfügungsmitteln zugeordnet werden. Das Rechnungsprüfungsamt hat deshalb den vorgelegten Buchungsbeleg als rechtswidrig zu beanstanden.[55]

9.3.8 Haushaltsausgleich

Der in § 80 Abs. 2 Satz 2 GemO verankerte besondere Haushaltsgrundsatz fordert den Ausgleich des Haushalts als Sollvorschrift. Diese Forderung bezieht sich auch auf die Haushaltsausführung einschließlich Jahresabschluss. Demnach durchzieht dieser Grundsatz die gesamte kommunale Finanzwirtschaft.[56]

Unter „Haushaltsausgleich" wird konkret der Ausgleich zwischen den ordentlichen Erträgen und ordentlichen Aufwendungen im Ergebnishaushalt unter Berücksichtigung von Fehlbeträgen aus Vorjahren einer Kommune verstanden (§ 80 Abs. 2 Satz 2 GemO). Sollte eine derartige Deckung nicht möglich sein, so kann planerisch ein Haushaltsausgleich stufenweise nach § 80 Abs. 3 GemO i. V. m. § 24 GemHVO herbeigeführt werden (Ausgleichsfiktion). Durch § 80 Abs. 3 GemO sind neben dem ordentlichen Ergebnis zum Ausgleich auch das laufende Sonderergebnis und die Überschussrücklagen zugelassen. Ein danach verbleibender Fehlbetrag ist gem. § 25 Abs. 3 GemHVO nach drei Jahren auf das Basiskapital zu verrechnen, soweit er nicht mit Ergebnisüberschüssen in einem vorangehenden Haushaltsjahr durch Veranschlagung und Vollzug im Ergebnishaushalt (§ 2 Abs. 1 Nr. 25 GemHVO) oder durch Verrechnung in einem vorangehenden Jahresabschluss gedeckt werden kann.

55 Die Mittel müssten stattdessen bei den Repräsentationsaufwendungen und -auszahlungen im Bereich der Aufwendungen bzw. Auszahlungen für Sach- und Dienstleistungen zusätzlich bereitgestellt werden.

56 Beispielsweise lässt § 84 Abs. 1 Satz 1 GemO die Bereitstellung von überplanmäßigen und außerplanmäßigen Aufwendungen bzw. Auszahlungen nur zu, wenn die Deckung gewährleistet ist und stellt damit auf einen ausgeglichenen Haushalt ab.

Mit dem NKHR soll erreicht werden, dass der vollständige Ressourcenverbrauch in das Zentrum der Planung und Entscheidung rückt. Folglich ist es nur konsequent, auch den Haushaltsausgleich am Saldo des Ergebnishaushalts bzw. der Ergebnisrechnung festzumachen. Hierbei ist zu berücksichtigen, dass auch ordentliche (nicht zahlungswirksame) Aufwendungen, z. B. für Abschreibungen oder Rückstellungen, von einer Kommune erwirtschaftet werden sollen. Dadurch wird die vollständige Ressourcen- und Finanzsituation sichtbar und bisher unvollständig dargestellte Defizitstrukturen werden offen-gelegt.

Überschüsse der Ergebnisrechnung sind nach § 90 Abs. 1 GemO (über die Ergebnispositionen) der entsprechenden Rücklage zuzuführen. Diese sind Bestandteile des Eigenkapitals auf der Passivseite der Bilanz (§ 52 Abs. 4 Nr. 1.2.1 bis 1.2.3 GemHVO). Wegen finanzwirtschaftlicher Schwankungen wird jedoch nicht in jeder Rechnungsperiode ein Ausgleich von Erträgen und Aufwendungen erreichbar sein.

Gemäß § 85 GemO hat die Gemeinde eine Finanzplanung zu erstellen, die drei über das Planjahr hinaus gehende Jahre umfasst. Diese soll auch die Deckungsmöglichkeiten aufweisen, also ausgeglichen sein. Mit Soll-Vorschriften wird der Tatsache Rechnung getragen, dass in den Kommunen nicht immer ein Haushaltsausgleich erzielt werden kann, ein unausgeglichener Haushalt aber gerechtfertigt werden muss. Die Besprechung der Einzelheiten zum Haushaltsausgleich bleibt Kap. 17 vorbehalten.

9.4 Grundsätze ordnungsmäßiger Buchführung (GoB)

9.4.1 Allgemeines

Die Grundsätze ordnungsmäßiger Buchführung beziehen sich vom Wortlautlaut sicherlich auf das tägliche Buchungsgeschäft. Dieses Buchungsgeschäft mündet in den Jahresabschluss, sodass die GoB auch konkrete Auswirkungen auf die Rechnungslegung haben. Da die Gemeinden aber auch eine vorausschauende Haushaltsplanung in Form von Ergebnis- und Finanzhaushalt zu erbringen haben, sind diese Grundsätze auch für die Aufstellung des Haushaltsplanes zu beachten. Insofern ist es nachzuvollziehen, dass diese Grund-sätze bei den vorangehenden Gliederungsziffern bereits ganz oder teilweise als Planungsgrundsätze angesprochen wurden. An dieser Stelle soll jedoch neben einem Gesamtüberblick vor allem auf die Buchführungsregeln eingegangen werden.

Die nachstehende Übersicht unterscheidet zudem noch in Ziele der Buchführung (allgemeine Grundsätze ordnungsmäßiger Buchführung) und in die eigentlichen Grundsätze, mit denen die Ziele realisiert werden sollen (spezielle Grundsätze ordnungsmäßiger Buchführung).

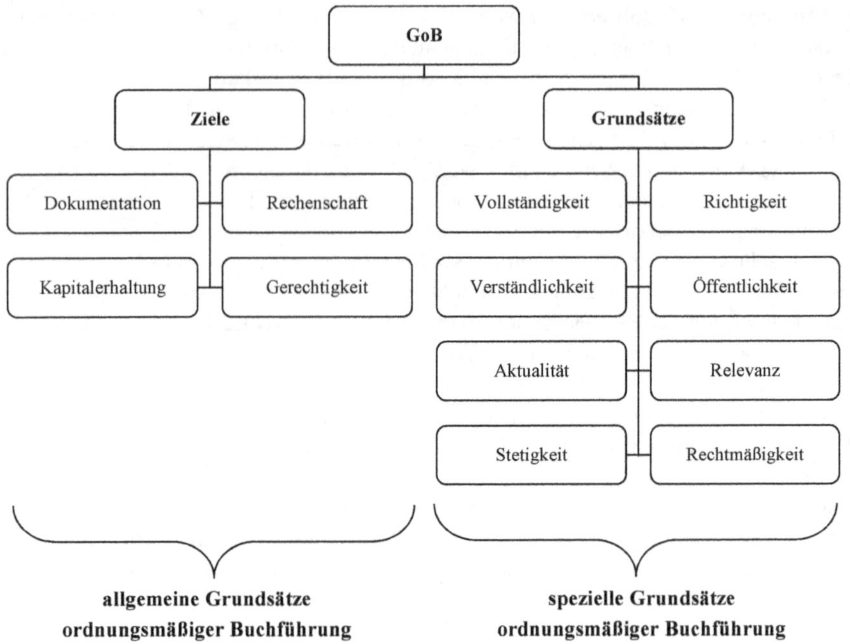

Die Grundsätze ordnungsmäßiger Buchführung (für Kommunen) sind weitgehend an die der kaufmännischen Buchführung angelehnt, die sich aus den Regeln des HGB, dem kaufmännischen Gewohnheitsrecht, der Wissenschaft und der Rechtsprechung ergeben. Sie sind allerdings – soweit erforderlich – auf die Besonderheit der Gemeinden abgestellt. Wegen dieser Spezialität sind sie zwangsläufig in den kommunalrechtlichen Vorschriften der GemO und der GemHVO verankert. Einen generellen Hinweis zur Beachtung dieser Grundsätze enthalten §§ 77 Abs. 3, 95a Abs. 1 GemO und § 34 Abs. 2 GemHVO.

9.4.2 Ziele ordnungsmäßiger Buchführung (allgemeine Grundsätze ordnungsmäßiger Buchführung)

9.4.2.1 Dokumentation

Oberstes Ziel der Buchführung ist es, einen fundierten Nachweis über die Finanzsituation einer Gemeinde zu erhalten. Dazu ist es notwendig, jeglichen Finanzvorfall zu erfassen. Dies erinnert an den bereits besprochenen Planungsgrundsatz der Vollständigkeit für die Haushaltsplanung. Es soll somit durch die Buchführung ein lückenloses Abbild der Güter-, Ertrags- und Aufwendungs- sowie Zahlungsbewegungen erfolgen. Dabei ist es wichtig, die konkrete Realität zu dokumentieren, indem lebensechte Bewertungen und Buchungen zeitnah durchgeführt werden.

9.4.2.2 Rechenschaft

Ein weiteres wichtiges Ziel stellt die Rechenschaft über das kommunale Finanzmanagement dar. Bei Unternehmen erfolgt die Rechenschaftslegung gegenüber den Eigentümern. Bei der Gemeinde bestehen keine Eigentumsverhältnisse. Da jedoch die Kommunen öffentliche Gelder einziehen, um Leistungen bzw. Einrichtungen für die Einwohner zur Verfügung zu stellen, hat die Öffentlichkeit Anspruch auf umfassende Informationen zur Finanzsituation der Gemeinde. Eine solche Information kann es nur geben, wenn die Finanzmittel ordnungsgemäß gebucht und zudem in einem ordnungsgemäßen Jahresabschluss dokumentiert werden.

Die konkrete Rechenschaftslegung erfolgt jedoch gegenüber den gewählten Vertretern der Bürgerschaft, den Gemeinderatsmitgliedern. So muss der vom Fachbediensteten für das Finanzwesen (§ 116 Abs. 1 GemO) auf Grund der Buchführung erstellte und vom Bürgermeister unterschriebene Jahresabschluss gemäß § 95b Abs. 1 GemO dem Gemeinderat zur Feststellung vorgelegt werden, wobei nach den Vorschriften des § 53 Abs. 1 GemHVO ein Anhang mit Einzelerläuterungen beizufügen ist. Dabei sieht Absatz 2 dieser Norm konkrete Pflichtinhalte (Pflichterläuterungen) als Anhangsbestandteil vor. Weitere Informationen sehen die §§ 54 bis 58 GemHVO vor.

Der Gemeinderat hat dann gemäß § 95b Abs. 1 GemO die Feststellung des Jahresabschlusses zu beschließen (Feststellungsbeschluss). Dieser ist jedoch im Wesentlichen durch die Buchführung im Laufe des Haushaltsjahres geprägt. Diese hat der Bürgermeister nach § 44 Abs. 1 und 2 GemO zu verantworten, da es sich um die Ausführung des vom Gemeinderat beschlossenen Haushaltsplanes handelt. Insofern wird der Bürgermeister mit dem Feststellungsbeschluss nach § 95b Abs. 1 GemO vom Gemeinderat entlastet. Zur Vorbereitung für die Beratung und Beschlussfassung über die Feststellung ist dem Gemeinderat außer dem aufgestellten Jahresabschluss/Gesamtabschuss auch der Rechnungsprüfungsbericht nach § 110 Abs. 2 Satz 4 GemO zuzuleiten. Beim Feststellungsbeschluss handelt es sich um den letzten „Akt“ der formellen Rechenschaftslegung.[57]

Der Rechtsaufsichtsbehörde bzw. der Gemeindeprüfungsanstalt ist die Feststellung des Jahresabschlusses nach § 95b Abs. 2 Satz 1 GemO unverzüglich mitzuteilen. Schließlich erfolgt die Rechenschaft auch gegenüber der Gesamtbevölkerung, weil gemäß § 95b Abs. 2 Satz 2 GemO der Jahresabschluss öffentlich bekannt gemacht und danach an sieben Tagen öffentlich ausgelegt wird.[58]

9.4.2.3 Kapitalerhaltung und intergenerative Gerechtigkeit

Ein Unternehmen, dass sein Kapital nicht erhalten kann, wird nicht bestehen können. Zwar unterliegen Gemeinden (noch) keinem Insolvenzverfahren, jedoch muss der Grundgedanke jeglicher kommunalen Tätigkeit daran ausgerichtet sein, das kommu-

57 Vgl. *Aker/Hafner/Notheis*, Gemeindeordnung/Gemeindehaushaltsverordnung Baden-Württemberg, Kommentar zu § 95b GemO, RNr. 9, 2. Aufl., Stuttgart 2019.

58 Einzelheiten dazu sind beim Haushaltsgrundsatz der Öffentlichkeit in Kap. 9.2.4 dargestellt.

nale Kapital zu erhalten. Wird das für die Aufgabenerfüllung benötigte kommunale Vermögen nicht auf Dauer erhalten, sondern ständig ohne Erneuerung verbraucht, lebt die Bevölkerung einer Periode zu Lasten der Bevölkerung der nächsten Perioden. Dies ist ein Verstoß gegen den Grundsatz der intergenerativen Gerechtigkeit. Jede Periode (= Haushaltsjahr) soll mit ihrem Ressourcenverbrauch belastet werden, den sie verursacht. Sie soll diesen Ressourcenverbrauch auch finanzieren, d. h. durch Erträge erwirtschaften. Vorgriffe auf spätere Perioden sowie deren ungerechtfertigte Belastungen sind zu vermeiden. Insofern muss der Grundsatz der intergenerativen Gerechtigkeit im Zusammenhang mit dem Grundsatz der Kapitalerhaltung gesehen werden.

Ausgangspunkt dafür sind die Regeln des Haushaltsausgleichs. Gemäß § 80 Abs. 2 Satz 2 GemO soll das ordentliche Ergebnis unter Berücksichtigung von Fehlbeträgen aus Vorjahren ausgeglichen werden. Ein besonderes Problem stellt sich bei der Kapitalerhaltung in der Vermögensbewertung und den sich daraus ergebenden bilanziellen Abschreibungen. Wenn die Abschreibungen in derselben Periode durch Erträge erwirtschaftet werden, wird auch die Bevölkerung dieser Periode mit dem durch sie verursachten Verbrauch des kommunalen Vermögens belastet.[59] Damit fließt das aufgewandte Kapital über erwirtschaftete Abschreibungen wieder dem Vermögen zu, sodass im Rahmen dieser intergenerativen Gerechtigkeit das Kapital refinanziert wird und damit erhalten bleibt. Allerdings ist hier festzustellen, dass durch die Bestimmung des § 44 Abs. 1 und 2 GemHVO in den Bilanzen lediglich die Anschaffungs- und Herstellungswerte für das kommunale Vermögen nachgewiesen werden. Dadurch entsteht nur eine nominelle Kaptalerhaltung. Eine reale Kapitalerhaltung (Substanzerhaltung) wäre erst bei einer Wertfortschreibung mit Preissteigerungssätzen (Inflationsausgleich, Wiederbeschaffungszeitwerte) möglich, wenn die Abschreibungen dann auf dieser Basis berechnet und erwirtschaftet würden. Eine reale Kapitalerhaltung kann die Gemeinde nur erreichen, wenn aufgrund einer Ermittlung in der Kosten- und Leistungsrechnung Wertsteigerungen und die dadurch entstehenden Mehrbeträge bei den Abschreibungen über einen zu erwirtschafteten Überschuss (Gewinn) realisiert werden. Dies ist jedoch bei der jetzigen Finanzlage der Kommunen kaum realistisch und entspricht auch nicht unbedingt der intergenerativen Gerechtigkeit. Warum soll die jetzige Nutzergeneration die realen Vermögenssteigerungen für die spätere Generation vorfinanzieren, die dann ohnehin über angepasste Abschreibungen herangezogen wird?

Allerdings ist noch einmal deutlich festzustellen, dass die reine „Durchbuchung“ der Abschreibungen noch keine Kapitalerhaltung und intergenerative Gerechtigkeit herbeiführt. Die Abschreibungen sind zu erwirtschaften, was nur bei einem ausgeglichenen Rechnungsabschluss der Fall ist.

Aber nicht nur bei den Abschreibungen tritt das Problem der Kapitalerhaltung auf. Auch die anderen Ressourcenverbräuche (Personalaufwand, Sachaufwand, Transfer-

59 Das kamerale Haushaltsrecht sieht die Grundsätze der Kapitalerhaltung und der intergenerativen Gerechtigkeit nicht vor, weil nur auf die Finanzierung der laufenden Ausgaben abgestellt wird. Abschreibungen werden lediglich bei den kostendrechnenden Einrichtungen erwirtschaftet. Die Kapitelrückgewinnung wird den späteren Perioden angelastet, die die Refinanzierung der Gegenstände bewirken müssen. Zum Haushaltsausgleich in der Kameralistik siehe *Bernhardt/ Schünemann/Schwingeler*, Kommunales Haushaltsrecht NRW, 15. Aufl. 2002, S. 409 ff.

aufwand usw.) müssen im Rahmen des Haushaltsausgleichs erwirtschaftet werden. Ist dies nicht der Fall, entsteht ein Fehlbetrag, der letztlich zur Verringerung des Eigenkapitals führt.[60] Das Kapital kann somit auch dann nicht erhalten bleiben.

9.4.3 Spezielle Grundsätze ordnungsmäßiger Buchführung

9.4.3.1 Vollständigkeit

Was für die Veranschlagung im Haushaltsplan gilt, findet zwangsläufig auch Anwendung bei der Buchführung und der Rechnungslegung. Dem § 10 Abs. 2 GemHVO für die Planung steht somit sachgerecht der § 35 Abs. 2 GemHVO gegenüber, wonach in der Buchführung alle Finanzvorfälle sowie die Vermögens- und Schuldenlage vollständig zu erfassen sind. Der Grundsatz besagt, dass jeglicher – auch noch so geringer – finanzieller Finanzvorfall mit Auswirkung auf die Rechnungskomponenten (Bilanz, Ergebnis- und Finanzrechnung) sachgerecht zu dokumentieren ist.

Eine erste Abweichung gegenüber dem Planungsgrundsatz besteht darin, dass der Planungsgrundsatz sich lediglich auf den Ergebnis- und Finanzhaushalt bezieht. Die Vollständigkeit als Grundsatz ordnungsmäßiger Buchführung umfasst jedoch auch die Finanzvorfälle mit Auswirkungen auf die kommunale Bilanz. Diese Ergänzung ist notwendig und sachgerecht, weil im kommunalen Finanzmanagement keine Planbilanz vorgesehen ist. Eine zweite Abweichung besteht darin, dass der Buchungsgrundsatz auch auf die gemäß § 15 GemHVO außerhalb des Haushaltsplans zu bewirtschafteten fremden Finanzmittel Anwendung findet. Auch diese müssen vollständig gebucht werden. § 34 Abs. 2 Nr. 3 GemHVO sieht dafür sogar ausdrücklich gesonderte Buchungsnachweise vor.

Ansonsten gelten die Ausführungen zum Planungsgrundsatz der Vollständigkeit in Kap. 9.3.3.2 sinngemäß.

9.4.3.2 Verständlichkeit, Richtigkeit und Willkürfreiheit

Gemäß § 35 Abs. 2 GemHVO sind alle Finanzvorfälle richtig und geordnet zu erfassen. Damit wird erreicht, dass die Aufzeichnungen möglichst realitätsgerecht erfolgen. So sind Scheinbuchungen, willkürliche Buchungen zur Beeinflussung des Jahresergebnisses, nicht vertretbare Bewertungen von Aktiv- und Passivpositionen der Bilanz sowie Buchungen auf sachlich unzuständigen Konten rechtswidrig. Hilfsmittel für eine sachliche Ordnung ist dabei der Kontenrahmen für Kommunen, der eine Mindestgliederung für die Buchführung vorsieht. Damit werden die Buchungen systematisiert, was wieder die Lesbarkeit und Vergleichbarkeit mit Vorperioden oder anderen Gemeinden erleichtert. Als die Buchführung unterstützendes Dokument sind zudem

60 Zur Systematik siehe die Darstellungen zur Buchführungstechnik in Kap. 3.3.

gemäß § 36 Abs. 4 GemHVO Belege zu erstellen, die die Buchungen begründen (begründende Unterlagen).

Der Planungsgrundsatz der Haushaltswahrheit und Haushaltsklarheit, der ebenfalls auf die Verständlichkeit, Richtigkeit und Willkürfreiheit abstellt, findet hier seine konkrete Umsetzung als Grundsatz ordnungsmäßiger Buchführung. Aus diesem Grunde kann auch auf die Ausführungen in Kap. 9.3.5 verwiesen werden.

9.4.3.3 Öffentlichkeit

Auch bei diesem Grundsatz ordnungsmäßiger Buchführung kann wieder eine Parallele zum gleichnamigen allgemeinen Haushaltsgrundsatz gezogen werden, der in Kap. 9.2.4 ausführlich erläutert ist. Für die Buchführung besteht die Verpflichtung, die Informationen des Rechnungswesens für den Gemeinderat und die Bürger als Öffentlichkeit so aufzubereiten und verfügbar zu machen, dass die wesentlichen Informationen über die Vermögens- und Schuldenlage klar ersichtlich und verständlich sind. Damit besitzt die Allgemeinheit die Möglichkeit, Buchführungsinformationen in gebündelter Form zu erhalten. Ohne Buchführungsinformationen kann nämlich keine Übersicht über die Vermögens- und Schulden- sowie Finanz- und Ertragslage der Gemeinde erlangt werden. Damit hat der Bürger zwar keinen Anspruch auf Einsichtnahme in die Belege und die Einzelbuchungen, zusammengefasste Daten aus der Buchführung sind jedoch bereitzuhalten. Dies kann durchaus Ergebnis eines systematischen Berichtswesens sein, das der Bevölkerung zugänglich gemacht wird, so z. B. auch über die örtliche Presse. Insofern gilt das Rechnungswesen auch der Information und dem Schutz des Kapitalgebers, also der Bürgerschaft als Steuerzahler.

9.4.3.4 Aktualität

Die Buchungen haben gemäß § 35 Abs. 2 GemHVO zeitnah zu erfolgen. Das bedeutet, dass beim Entstehen eines Finanzvorfalles mit Auswirkungen auf die Rechnungskomponenten (Bilanz, Ergebnis- und Finanzrechnung) unverzüglich die notwendige Buchung herbeizuführen ist. Nur so kann erreicht werden, dass für alle Beteiligten im Finanzmanagementprozess die für Controllingentscheidungen wichtigen Finanzdaten sofort verfügbar sind. Wäre dies nicht Fall, könnten Fehlentscheidungen mit wirtschaftlichen Nachteilen für die Gemeinde erfolgen. Würden z. B. die Forderungen nicht unverzüglich nach ihrem Entstehen in die Buchführung aufgenommen werden, könnte dies z. B. Fehlentscheidungen bei der Liquiditätsplanung zur Folge haben.[61]

61 In der Praxis wird die Liquiditätsplanung u. a. mit Hilfe von Kennziffern dv-mäßig durchgeführt. So werden z. B. bei der sogenannten „umsatzbedingten Liquiditätsanalyse" (Liquiditätsgrad II) die Forderungen mit eingerechnet.

9.4.3.5 Relevanz

Der Begriff der Relevanz kommt aus dem Lateinischen und bedeutet soviel wie „Wichtigkeit“ oder „Erheblichkeit“. Nach diesem Grundsatz ist auch das Rechnungswesen der Kommunen ausgerichtet. Das Rechnungswesen und damit die Buchführung muss alle Informationen bieten, die für die Rechenschaftslegung notwendig sind, sich jedoch im Hinblick auf die Wirtschaftlichkeit und Verständlichkeit auf die relevanten, also erheblichen und wichtigen Daten beschränken. Dieser Grundsatz steht auf dem ersten Blick im Widerspruch zum Grundsatz der Vollständigkeit. Dies ist jedoch nicht der Fall, da der Grundsatz der Vollständigkeit auf die spezielle Buchung abstellt und somit für jeden Finanzvorfall eine konkrete Buchung verlangt. Der Grundsatz der Relevanz dagegen bezieht sich mehr auf die Rechnungslegung und die Rechenschaft. Hier ist es sogar effektiver, die wichtigsten Daten in zusammengefasster Form darzustellen, wobei unerhebliche Positionen ohnehin zusammengefasst werden.

Insofern sehen auch die Muster für die Ergebnis- und die Finanzrechnung sowie die Bilanz zusammengefasste Ertrags- und Aufwendungsgruppen, Einzahlungs- und Auszahlungsbereiche sowie Vermögens- und Finanzierungspositionen vor. Dies entspricht in etwa der sachlichen Gliederung bei der Haushaltsplanung, was beim Haushaltsgrundsatz der Einzelveranschlagung ausführlich dargestellt ist (siehe dazu Kap. 9.3.7). So sind z. B. bei der Rechnungslegung Aufteilungen der Personalaufwendungen nach Beamten-, Angestellten- und Arbeiterbezügen, Beihilfen und Arbeitgeberanteilen zur Sozialversicherung nicht erforderlich. Die zusammengefasste Darstellung als Personalaufwendungen entspricht der Relevanz der Ergebnisrechnung, wobei durch die Aufteilung auf die Teilergebnisrechnungen weiter relevante Informationen verfügbar sind.

9.4.3.6 Stetigkeit

Die Stetigkeit des Rechnungswesens ist ein wichtiger Grundsatz, um die finanzielle Entwicklung der Gemeinde zu beurteilen und über mehrere Perioden zu verfolgen. Würden ständig die Buchführungs- und Bewertungsmethoden geändert, wäre ein Vergleich mit Vorperioden erschwert, wenn nicht sogar unmöglich. Insofern würde eine wichtige Analysemöglichkeit im kommunalen Finanzmanagement fehlen, sodass das Controlling erschwert wird. Es kann allerdings durchaus aus sachlichen Gründen notwendig sein, Änderungen in der Buchführung und der Rechnungslegung vorzunehmen. Diese notwendigen Anpassungen sind besonders kenntlich zu machen.

Einen anderen Aspekt des Grundsatzes der Stetigkeit enthält die Bestimmung des § 43 Abs. 1 Nr. 1 GemHVO, wonach die Wertansätze in der Eröffnungsbilanz eines Haushaltsjahres mit denen in der Schlussbilanz des vorher gehenden Haushaltsjahrs übereinstimmen müssen.

9.4.3.7 Recht- und Ordnungsmäßigkeit

Im Jahresabschluss ist deutlichzumachen, dass im Finanzmanagement die materiellen Rechtsvorschriften eingehalten und damit die Ordnungsmäßigkeit der Haushaltswirtschaft herbeigeführt wurde. Soweit Beanstandungen im Rechnungsprüfungsbericht (§ 110 Abs. 2 Satz 4 GemO) eine Änderung des Jahresabschlusses/Gesamtabschlusses erfordern, oder wenn der Gemeinderat konkrete Änderungen wünscht, kann er im Sinne des § 95b Abs. 1 GemO den Jahresabschluss/Gesamtabschluss mit diesen Änderungen feststellen.[62] Die Recht- und Ordnungsmäßigkeit abzusichern, ist auch Aufgabe der örtlichen Prüfung nach §§ 109 bis 112 GemO. Rechts- oder ordnungswidrige Buchungen sind demnach vom Rechnungsprüfungsamt oder einem kommunalen Rechnungsprüfer zu beanstanden. Die Beanstandungen bedingen, dass die Mängel von den die Buchungen veranlassenden Dienststellen abgestellt werden. Letztlich überwacht auch die Rechtsaufsichtsbehörde, bei Gemeinden mit mehr als 4.000 Einwohnern die Gemeindeprüfungsanstalt, im Rahmen der überörtlichen Prüfung gemäß § 113 ff. GemO die Recht- und Ordnungsmäßigkeit der Haushalts- und Wirtschaftsführung der Gemeinde. Insofern bestehen eine Reihe von Mechanismen und Verfahren zur Absicherung dieses Grundsatzes ordnungsmäßiger Buchführung.

9.4.3.8 Übungen

Sachverhalt Nr. 17

Dem Rechnungsprüfungsamt der Gemeinde G wird im Rahmen seiner Prüftätigkeit mit folgenden Problemfällen befasst:

a) Der Fachbereich „Zentrales Immobilienmanagement" bucht die Mietforderungen jeweils am Tag der Fälligkeit, also jeweils die Monatsbeträge zu Beginn eines Monats.
b) Auf Anordnung des Kämmerers werden die Abschreibungen nur in der Höhe gebucht, wie sie auch tatsächlich im Rahmen des Haushaltsausgleichs erwirtschaftet werden. Dies wird damit begründet, dass damit die tatsächliche Erwirtschaftung dieser Aufwendungsart dokumentiert und der Haushaltsausgleich nicht gefährdet wird.
c) Die Repräsentationsaufwendungen der Gemeinde G wurden bisher aus den Verfügungsmitteln des Bürgermeisters bestritten. Der Kämmerer ist der Auffassung, dass es besser wäre, diese Aufwendungen einem speziellen Konto für Repräsentationen zuzuordnen und veranlasst entsprechende Umbuchungen.
d) Im Rahmen eines Probejahresabschlusses wird festgestellt, dass der angestrebte und dem Gemeinderat bereits mitgeteilte Haushaltsausgleich u. a. wegen des Ausfalls einer fälligen erheblichen Pachtzahlung nicht zustande kommt (Insolvenz des Pächters). Der Kämmerer ist der Auffassung, dass es sich bei der Pacht wegen der

62 Vgl. *Aker/Hafner/Notheis*, Gemeindeordnung/Gemeindehaushaltsverordnung Baden-Württemberg, Kommentar zu § 95b GemO, RNr. 9, 2. Aufl., Stuttgart 2019.

Fälligkeit im laufenden Haushaltsjahr um einen Ertrag dieses Jahres handelt. Er ordnet deshalb an, in diesem Jahr nichts zu veranlassen und eine eventuelle „Berichtigung“ erst im nächsten Haushaltsjahr vorzunehmen, wenn das Insolvenzverfahren beendet ist. Der Haushaltsausgleich würde der Gemeinde in der jetzigen Rechnungsperiode dann „leichter fallen“.

Aufgabe:
Beurteilen Sie die Rechtmäßigkeit der geschilderten Handlungen unter Berücksichtigung der Grundsätze ordnungsmäßiger Buchführung.

Lösung:

a) Gemäß § 35 Abs. 2 GemHVO müssen Eintragungen in die Bücher zeitgerecht bzw. zeitnah erfolgen. Das bedeutet, dass die Buchungen bereits dann zu erfolgen haben, wenn der Buchungsgrund feststeht. Insofern ist es rechtswidrig, die Mietforderungen erst am Zahlungstermin zu buchen. Es liegt somit ein Verstoß gegen den Grundsatz der Aktualität vor, den das Rechnungsprüfungsamt zu beanstanden hat.
b) Verstoßen wird hier gegen die Grundsätze der Vollständigkeit und Richtigkeit nach § 35 Abs. 2 GemHVO. Gemäß § 35 Abs. 2 GemHVO sind nämlich alle Finanzvorfälle und damit der gesamte Ressourcenverbrauch in der Buchführung vollständig abzubilden. Abschreibungen stellen den Ressourcenverbrauch von Vermögensgegenständen dar und sind deshalb uneingeschränkt auszuweisen. Dies gilt auch dann, wenn sie im Rahmen des Haushaltsausgleichs nicht erwirtschaftet werden. Es wird ja gerade durch die volle Berücksichtigung der Abschreibung deutlich gemacht, dass die Kapitalerhaltung gefährdet ist. Dies ist ein wichtiges Finanzdatum, das auch im Rahmen des Grundsatzes der Öffentlichkeit erkennbar dargelegt werden muss. Das Rechnungsprüfungsamt muss das Vorhaben des Kämmerers als rechtswidrig beanstanden.
c) Die Anordnung des Kämmerers ist sachbezogen. Sie entspricht einer geordneten Erfassung der Finanzvorfälle. Es stellt sich allerdings die Frage, ob damit gegen den Grundsatz der Stetigkeit verstoßen wird, weil die Buchungszuordnung geändert wird. Da diese Änderung sachlich vertretbar und notwendig ist (sachliche Spezialität), liegt jedoch kein Verstoß gegen diesen Grundsatz ordnungsmäßiger Buchführung vor. Das Rechnungsprüfungsamt darf die Umbuchung nicht beanstanden. Es sollte allerdings darauf hinweisen, dass die Anpassung im Buchungssystem durch eine Erläuterung besonders kenntlich zu machen ist. Dies kann z. B. durch die Anbringung eines Hinweises bei den Verfügungsmitteln in folgender Form erfolgen: „Repräsentationsaufwendungen ab diesem Haushaltsjahr beim Konto …“.
d) Gemäß § 35 Abs. 2 GemHVO sind alle Finanzvorfälle mit Auswirkungen auf die Rechnungskomponenten (Bilanz, Ergebnis- und Finanzrechnung) vollständig und richtig zu buchen. Insofern ist es zunächst sachgerecht, die Pacht unabhängig von ihrer Realisierung in der Ergebnisrechung als Ertrag auszuweisen. Es handelt sich unzweifelhaft um einen Ertrag des laufenden Haushaltsjahres. Unzulässig ist es jedoch, nicht auf die Insolvenz zu reagieren. Es müsste das Risiko des Zahlungs-

ausfalles ermittelt und eine Niederschlagung nach § 32 Abs. 2 GemHVO in Höhe des voraussichtlichen Pachtausfalls vorgenommen werden. Diese Niederschlagung ist als Einzelwertberichtigung noch in diesem Haushaltsjahr ergebniswirksam zu buchen, weil in diesem Haushaltsjahr die Verursachung des Zahlungsausfalls begründet ist (§ 43 Abs. 1 Nr. 3 GemHVO). Insofern ist das Vorhaben des Kämmerers rechtswidrig. Das Rechnungsprüfungsamt hat dieses zu beanstanden.

10. Die kommunale Bilanz (Ansatz, Ausweis und Bewertung in den einzelnen Posten)

10.1 Inventur, Inventar

Nach § 37 Abs. 1 GemHVO haben die Gemeinden zu Beginn des ersten Haushaltsjahres und danach für den Schluss eines jeden Haushaltsjahres

- ihre Grundstücke,
- ihre Forderungen, Schulden, Sonderposten und Rückstellungen,
- den Betrag des baren Geldes sowie
- ihre sonstigen Vermögensgegenstände

unter Beachtung der Grundsätze ordnungsgemäßer Inventur genau zu verzeichnen und dabei den Wert der einzelnen Vermögensgegenstände und Schulden anzugeben.

10.1.1 Begriff und Inhalt

Diese Vorschrift definiert sowohl die Inventur als auch das Inventar. Die Inventur ist die mengen- und wertmäßige Bestandsaufnahme aller Vermögenswerte, Schulden und Rückstellungen einer Kommune durch körperliche Bestandsaufnahme oder durch eine buch- bzw. belegmäßige Bestandsfeststellung. Das Inventar ist ein auf der Grundlage der Inventur erstelltes Vermögens- und Schuldenverzeichnis mit Wertangaben. Auf der Grundlage des Inventars wird unter Verzicht auf Einzelangaben und mittels Zusammenfassung die Bilanz erstellt.

Die Inventur hat grundsätzlich am Abschlusstag zu erfolgen und ist grundsätzlich durch eine körperliche Bestandsaufnahme der Vermögensgegenstände durchzuführen. Die Inventur ist innerhalb der einer ordnungsmäßigen Geschäftsgang entsprechenden Zeit durchzuführen (§ 37 Abs. 1 GemHVO).

Fehlt die Inventur, so ist die Buchführung nicht ordnungsmäßig. Hierdurch kann die Beweiskraft der Buchführung für den Bereich des Vermögens und der Schulden – zumindest teilweise – verlorengehen. Die Rahmenbedingungen für die Ordnungsmäßigkeit von Inventur bzw. der Erstellung des Inventars leiten sich aus den Grundsätzen ordnungsmäßiger Buchführung (siehe Kap. 9.4) ab. Im Einzelnen gelten folgende Grundsätze ordnungsmäßiger Inventur:

- Klarheit und Übersichtlichkeit (§ 95 Abs. 1 Satz 2 GemO, § 34 Abs. 2 GemHVO),
- Richtigkeit der Bestandsaufnahme (§ 95 Abs. 1 Satz 4 GemO, § 35 Abs. 2 und 3 GemHVO),
- Stichtagsprinzip (§ 95 Abs1 Satz 1 GemO, § 37 Abs. 1 Satz 1 GemHVO),
- Vollständigkeit und Nachprüfbarkeit der Bestandsaufnahme (§ 95 Abs. 1 Satz 3 GemO, §§ 35 Abs. 2, 40 Abs. 1 GemHVO),
- Bilanzidentität (§ 43 Abs. 1 Nr. 1 GemHVO),
- Einzelerfassung der Bestände (§ 43 Abs. 1 Nr. 2 GemHVO),
- Wirklichkeitsprinzip (§ 43 Abs. 1 Nr. 3 GemHVO),

- Periodenprinzip (§ 43 Abs. 1 Nr. 4 GemHVO,
- Bewertungsmethodenkontinuität (§ 43 Abs. 1 Nr. 5 GemHVO),
- Grundsatz der Wirtschaftlichkeit.

Hiernach sind grundsätzlich alle Vermögensgegenstände und Schulden bezogen auf den Abschlusstag auf ihren Bestand auf Vollständigkeit und Richtigkeit zu prüfen. Analog dem Prinzip der Einzelbewertung gilt grundsätzlich das Prinzip der Einzelerfassung für Vermögensgegenstände und Schulden. Insbesondere gilt grundsätzlich ein Saldierungsverbot zwischen den Posten der Aktiv- und Passivseite (§ 40 Abs. 2 GemHVO). Hinsichtlich der Nachprüfbarkeit ist die Bestandsaufnahme zu dokumentieren. Hier gilt das Vieraugen-Prinzip. Die Inventur unterliegt im Rahmen des Jahresabschlusses auch der Rechnungsprüfung. Daher sind das Verfahren und die Ergebnisse der Inventur so zu dokumentieren, dass diese für sachverständige Dritte nachvollziehbar sind.

Der Bürgermeister hat das Nähere über die Durchführung der Inventur in einer Dienstanweisung zu regeln. Als Mindestinhalte sollten festgelegt werden:

- Ausführungen zu den Grundsätzen ordnungsmäßiger Inventur,
- Ansatzvorschriften:
  - wirtschaftliches Eigentum,
  - Definition und inhaltliche Darstellung zu Vermögensgegenstände,
  - Definition und inhaltliche Darstellung der aktiven und passiven Sonderposten,
  - Definition und inhaltliche Darstellung zu Schulden,
  - Definition und inhaltliche Darstellung der Rückstellungen,
  - Definition und inhaltliche Darstellung zu Rechnungsabgrenzungsposten,
  - Bruttoprinzip (Trennung bzw. Verrechnungsverbot von Forderungen und Verbindlichkeiten),
- Inventarbildung (Zuordnung von Werten zu einzelnen Vermögensgegenständen und Schulden),
- Arten und Fristen der Inventuraufnahme, sofern nicht nach § 38 Abs. 3 und 4 GemHVO auf eine körperliche Bestandsaufnahme verzichtet werden kann,
- Anforderungen zur Dokumentation des Verfahrens und der Ergebnisse (Anforderung: Nachvollziehbarkeit für sachverständige Dritte),
- Inventurverfahren (Grundsatz körperliche Inventur, Voraussetzungen für Buch- oder Beleginventur),
- Gestaltungsspielräume beim Inventurverfahren (Stichprobeninventur),
- Inventurvereinfachungen (geringwertige Vermögensgegenstände, Verbrauchsfiktion für aus dem Lager abgegebene Vorratsbestände),
- Aufbewahrung von Inventurunterlagen.

In Konkurrenz zum Grundsatz ordnungsmäßiger Inventur steht der Grundsatz der Wirtschaftlichkeit nach § 77 Abs. 2 GemO. Steht dieser anderen Grundsätzen gegenüber, muss eine Abwägung hinsichtlich der Gesamtbedeutung und der Erheblichkeit der jeweiligen Einschränkung erfolgen. Aus diesem Abwägungsprozess erfolgt die Ausgestaltung des Einzelfalles.

Beispiel:
Ein Abonnement für eine Fachzeitschrift beträgt 120 € jährlich und ist jeweils für ein Jahr im Voraus im Monat Dezember zu bezahlen. Die Kommune kann in den von ihr aufzustellenden Regelungen über die Durchführung der Inventur festlegen, dass Geschäftsprozesse mit einem Abgrenzungsvolumen unter 150 € nicht in den Abgrenzungsposten der Bilanz zu erfassen sind, weil der Buchungsaufwand für die Abgrenzungsbuchungen gegenüber der periodengerechten Abbildung des Ressourcenverbrauchs nicht angemessen ist, insbesondere wenn sich der Prozess jährlich wiederholt.

Die im Handels- und Steuerrecht bestehenden Inventur- und Bewertungsvereinfachungen der Festwertbildung, der Gruppenbewertung und der Verbrauchsfolgebewertung wurden durch §§ 37 Abs. 2 und 3, 45 Abs. 1 GemHVO gleichfalls übernommen.

10.1.2 Festwertbildung

Beim Festwertansatz handelt es sich um ein Wahlrecht der Kommune. Voraussetzung für die Festwertbildung ist gem. § 37 Abs. 2 GemHVO, dass der Bestand in seiner Größe, Wert und Zusammensetzung der Vermögensgegenstände nur geringen Schwankungen unterliegen darf, d. h. dass die Vermögensgegenstände regelmäßig ersetzt werden müssen. Des Weiteren muss der Gesamtwert von nachrangiger Bedeutung sein. Dies trifft zu, wenn er an den dem Bilanzstichtag vorangegangenen fünf Bilanzstichtagen im Durchschnitt 10 % der Bilanzsumme nicht überstiegen hat.[1] Eine Festwertbildung ist nur für Vermögensgegenstände des Sachvermögens wie z. B. für Roh-, Hilfs-, Betriebsstoffe und Waren zulässig. Sie ist grundsätzlich für immaterielle Vermögensgegenstände sowie für das Finanzvermögen ausgeschlossen.

Die Rahmenbedingungen für eine Festwertbildung sind:

- Es wird ein unveränderter Wertansatz für den Bestand bestimmter Vermögensgegenstände über mehrere Haushaltsjahre ermöglicht.
- Der jährliche Verbrauch oder die Abnutzung wird durch laufende Wiederbeschaffung ungefähr ausgeglichen.
- Der Zweck besteht in der Erleichterung der Inventur, da die jährlichen Bewertungsarbeiten entfallen.
- Abschreibungen fallen nach einer Festwertbildung nicht an; vielmehr stellen die Ersatzbeschaffungen Aufwand in der Anschaffungsperiode dar. Damit können Ersatzbeschaffungen nicht über Kredite finanziert werden.
- Die jährliche Inventurverpflichtung einer grundsätzlich körperlichen Bestandsaufnahme wird auf fünf Jahre erweitert.

1 Leitfaden zur Bilanzierung, Januar 2011, S. 39.

Liegen die Voraussetzungen für eine Festwertbewertung vor, so ist bei der erstmaligen Bildung des Festwerts eine körperliche Inventur durchzuführen. Danach kann je nach Alter und Abnutzung der Vermögensgegenstände bei der Bildung des Festwerts ein Abschlag in Höhe von 50 % bis 60 % von den ursprünglichen Anschaffungs- oder Herstellungswerten vorzunehmen. Die Höhe ist im Einzelfall zu bestimmen.

Typische Beispiele sind Werkzeuge, Geräte und Kantinengeschirr.

Beispiel:
Der Bestand an Spielgeräten, Bänken, Wegen, Pflanzen, etc. im Park der Gemeinde G ist im Rahmen der stetigen Unterhaltung der Grünanlage grundsätzlich gleichbleibend. Die Voraussetzungen für eine Festwertbildung sind aufgrund unerheblicher Schwankungen – zulässig sind geringe Schwankungen – hinsichtlich des Bestandes, des Werts und der Zusammensetzung der Vermögensgegenstände erfüllt. Alle Vermögensgegenstände des Parks dürfen daher nach § 37 Abs. 2 GemHVO zu einem Festwert zusammengezogen werden. Weiterhin ist bei diesem Beispiel anzumerken, dass im Rahmen des Grundsatzes der Wirtschaftlichkeit es nicht erforderlich ist, die Bäume, Blumen einzeln zu bewerten und zum Festwert zusammenzuziehen. Die Bewertung der Pflanzen kann pauschal erfolgen.

Erhöht sich der Festwert offensichtlich um mehr als 10 %, so ist innerhalb des Zeitraums der vorgenannten fünfjährigen Inventurpflicht eine Wertanpassung des Festwertes erforderlich. Übersteigt der ermittelte Wert den bisherigen Festwert dagegen um nicht mehr als 10 %, so kann der bisherige Festwert beibehalten werden. Wird ein niedrigerer Festwert ermittelt, so kann der ermittelte Wert als neuer Festwert angesetzt werden.[2] Ist für die Zukunft dauerhaft von einem niedrigeren Festwert auszugehen, verwandelt sich das Wahlrecht eines neuen Festwertansatzes in eine Ansatzpflicht.

10.1.3 Gruppenbewertung

Die Gruppenbewertung nach § 37 Abs. 3 GemHVO ist ein Verfahren der Pauschalbewertung. Sie hat mit einem gewogenen Durchschnittswert zu erfolgen. Voraussetzung für eine Gruppenbewertung ist, dass es sich um gleichartige Vermögensgegenstände des Vorratsvermögens oder andere gleichartige oder annähernd gleichwertige bewegliche Vermögensgegenstände und Rückstellungen handelt. Diese dürfen zu einer Gruppe zusammengefasst und mit einem gewogenen Durchschnittswert angesetzt werden. Die Vorgehensweise der Bewertung mit einem gewogenen Durchschnittswert wird durch folgendes Berechnungsschema deutlich:

2 Bei diesen Anpassungsregelungen handelt es sich um einen allgemein angewandten kaufmännischen Grundsatz, der im Einkommenssteuerrecht festgelegt ist (vgl. hierzu auch Einkommenssteuerrichtlinien 2005, R 5.4 Abs. 4 EStR).

Vermögensgegenstand 1	Anzahl x	Einzelwert =	Gesamtwert der Art Vermögensgegenstand 1
Vermögensgegenstand 2	Anzahl x	Einzelwert =	Gesamtwert der Art + Vermögensgegenstand 2
Vermögensgegenstand 3	Anzahl x	Einzelwert =	Gesamtwert der Art + Vermögensgegenstand 3
			= Gesamtwert der Vermögensgegenstände 1–3
: Gesamtanzahl der Vermögensgegenstände 1–3			= Gewogener Einzelwert der Vermögensgegenstände 1–3

10.1.4 Inventurverfahren

Das Inventurverfahren ist davon abhängig, ob der Vermögensgegenstand physisch erfassbar ist oder nicht. Für das physisch erfassbare Vermögen gilt der Grundsatz der körperlichen Inventur. Das bedeutet, dass die Vermögensgegenstände in Augenschein zu nehmen und in Zähllisten zu erfassen sind. Neben dem althergebrachten Zählen, Messen, Wiegen ist insbesondere bei Beschädigungen oder anderen Wert mindernden Veränderungen eine Zustandsaussage zu treffen. Für nicht physisch erfassbares Vermögen bzw. Schulden ist eine Buch- oder Beleginventur durchzuführen. Hier erfolgt die Inventur auf der Grundlage der Aufzeichnungen in der Buchführung.

> ***Beispiel:***
> *Für die Forderungen einer Kommune werden die Abschlüsse der einzelnen Forderungskonten (Debitoren) der Forderungsbuchhaltung (Debitorenbuchhaltung) zu Grunde gelegt.*

Eine Buchinventur ist nach § 38 Abs. 2 GemHVO als Inventurvereinfachungsverfahren auch möglich, wenn die Vollständigkeit der Buchführung in der Anlagenbuchhaltung sichergestellt ist. Hierbei müssen alle Zu- und Abgänge einschließlich sämtlicher Umbuchungen sowie Abschreibungen zeitnah und ordnungsmäßig erfasst werden. Für den Inventurstichtag muss der buchmäßige Endbestand anhand der Anlagenbuchhaltung oder Anlagenkartei ermittelt werden können. Damit entfällt die regelmäßige körperliche Inventur. Allerdings sollte in regelmäßigen Abständen vor Aufstellung des Jahresabschlusses die Anlagenbuchhaltung überprüft werden und in auffälligen Bereichen eine Inventur durchgeführt werden.

Es bestehen wie im kaufmännischen Bereich nach § 38 Abs. 1 GemHVO auch Gestaltungsmöglichkeiten zum Inventurverfahren. So ist auch eine Stichprobeninventur zulässig. Hierbei hat eine stichprobenartige Bestandsaufnahme zu erfolgen, durch die ein Rückschluss auf den tatsächlichen Bestand und Wert gewährleistet ist. Dies muss durch ein mathematisch-statistisches, wahrscheinlichkeitstheoretisch abgesichertes Verfahren erfolgen. Der Vorbereitungsaufwand für ein solches Verfahren führt i. d. R.

dazu, dass eine Vereinfachungs- bzw. Rationalisierungswirkung nicht wirksam werden kann.

Es ist auch nach § 38 Abs. 3 Nr. 1 GemHVO möglich, die stichtagsbezogene Inventur zeitlich zu verlegen. Der Inventurstichtag liegt dann zwischen dem 30. September des laufenden und dem 1. März des Folgejahres. Hierdurch wird es erforderlich, dass der Bestand vom Inventurstichtag auf den Abschlusstag fortgeschrieben oder zurückgerechnet wird.

Aufgrund der Regelung des § 38 Abs. 3 Nr. 2 GemHVO kommt als weitere Gestaltungsvariante die permanente Inventur in Betracht. Für den kommunalen Bereich ist diese nicht stichtagsbezogene, sondern laufende Inventur wenig sinnvoll. Sie knüpft als wesentliche Voraussetzungen strenge Anforderungen an die Bestandsfortschreibung. Des Weiteren hat einmal jährlich ein Vergleich zwischen Buchstand und körperlicher Aufnahme zu erfolgen. Der einzige Vorteil der permanenten Inventur ist, dass diese nicht stichtagsbezogen erfolgen muss, sondern jahresbezogen erfolgen kann. Dem Vorteil der Verteilung des Inventuraufwandes über ein Jahr würde erheblicher Organisations- und Koordinierungsaufwand gegenüberstehen, damit keinerlei Abweichungen zwischen Buchbestand und körperlicher Bestandsaufnahme bei dieser „aufgeteilten" Inventurdurchführung entstehen (z. B. Lagerbuchhaltung als Nebenbuchhaltung).

Die zu berücksichtigenden Veränderungen werden durch die beiden folgenden Berechnungsverfahren deutlich:

Vorverlegte Inventur:

	Bestand Inventurstichtag/Aufnahmetag
+	**Zugänge zwischen Inventur- und Abschlusstag**
–	**Abgänge zwischen Inventur- und Abschlusstag**
=	**Bestandswert am Abschlusstag**

Nachverlegte Inventur:

	Bestand Inventurstichtag/Aufnahmetag
–	**Zugänge zwischen Inventur- und Abschlusstag**
+	**Abgänge zwischen Inventur- und Abschlusstag**
=	**Bestandswert am Abschlusstag**

10.1.5 Übungen

Sachverhalt Nr. 1:

Die Gemeinde G hat in ihrer Dienstanweisung festgelegt, dass der Inventurstichtag der 31. Januar eines jeden Jahres ist (nachverlegte Inventur). Am 31.1.2023 wurde bei der Gemeinde G der Inventurbestand mit folgenden Bestandswerten ermittelt:

Betriebs- und Geschäftsausstattung (BGA)	300.000 €
Fahrzeuge	500.000 €
Maschinen u. technische Anlagen (MtA)	200.000 €

Abschreibungen für 2023 wurden nicht gebucht.

Der Anlagenbuchhalter hat für den Zeitraum zwischen dem Abschlusstag (31.12.2022) und dem Inventurstichtag (31.1.2023) folgende Bestandsveränderungen ermittelt:

Zugang von zwei Stahlschränken	Wert	5.000 €	am 5.1.2023
Abgang eines Feuerwehrfahrzeugs	Buchwert 31.12.	10.000 €	am 12.1.2023
Austausch zweier Kettensägen			
Bestand (Inzahlungnahme)	Buchwert 31.12.	100 €	am 2.1.2023
Neue Kettensägen (zusammen)	Restkaufpreis	1.000 €	am 5.1.2023

Aufgabe:
Ermitteln Sie die Bestandswerte für den Abschlusstag.

Lösung:

	Betriebs- u. Geschäftsausstattung		**Fahrzeuge**		**Maschinen u. technische Anlagen**
Bestand 31.1.	300.000	Bestand 31.1.	500.000	Bestand 31.1.	200.000
Zugang 5.1.	– 5.000	Abgang 12.1.	+ 10.000	Abgang 2.1.	+ 100
				Zugang 5.1.	– 1.100
Bestandswert Abschlusstag	**295.000**		**510.000**		**199.000**

Anmerkung: Beim Ankauf der Kettensägen handelt es sich um eine vorherige Inzahlungnahme i. H. v. 100 €, so dass der Gesamtkaufpreis 1.100 € beträgt.

Sachverhalt Nr. 2:

Die Gemeinde G nutzt als Inventur- und Bewertungsvereinfachungen Festwertbildung und Gruppenbewertung. Hierbei ergeben sich folgende Sachverhalte:

a) Festwertbildung

Bei der Feuerwehr wird eine gleichbleibende Menge von Atemschutzmasken eingesetzt. Unbrauchbar gewordene Masken werden regelmäßig ersetzt. Zum Zeitpunkt der Bildung des Festwertes sind 25 Masken vorhanden. Bei einer üblichen Gesamtnutzungsdauer von fünf Jahren wurden die Masken bereits durchschnittlich drei Jahre lang genutzt. Die Anschaffungskosten betrugen durchgängig 300 € je Maske.

Aufgabe:
Ermitteln Sie für das Haushaltsjahr 2023 den Festwert (= 40 % des Anschaffungswertes) für die Atemschutzmasken der Feuerwehr.

b) Fortschreibung des Festwertes

Ein Jahr vor der nach § 37 Abs. 2 Satz 2 GemHVO regelmäßig vorgeschriebenen Bestandsaufnahme werden sechs neue Masken zu 350 € beschafft. Neben der notwendigen Ersatzbeschaffung ist ein Teil hiervon für die erstmalige Ausstattung der Freiwilligen Feuerwehr vorgesehen. Der Bestand an alten Masken beträgt 21 Stück, wobei die durchschnittliche Nutzungszeit sich nicht verändert hat.

Aufgabe:
Ermitteln Sie für das Haushaltsjahr 2023 die Abweichung vom bisherigen Festwert und entscheiden Sie anhand der Abweichung, ob eine Festwertanpassung erforderlich ist.

c) Gruppenbewertung mit dem gewogenen Durchschnittswert

Im Rahmen der Inventur wurde festgestellt, dass in der Feuerwehrwerkstatt 50 Werkzeuge vorhanden sind. Aufgeteilt nach Einzelpreisen setzen die Werkzeuge wie folgt zusammen:

- Werkzeug I: 15 × 120 €
- Werkzeug II: 10 × 125 €
- Werkzeug III: 20 × 130 €
- Werkzeug IV: 5 × 110 €

Die Restnutzungsdauer liegt bei fünf Jahren.

Aufgabe:
Ermitteln Sie den Gesamtwert der Werkzeuge und den gewogenen Durchschnittswert eines Werkzeugs.

Lösung:
Zu a) Festwertbildung:

Berechnung des Festwertansatzes				
Anschaffungswert	300,00 €	x	25 St.	7.500,00 €
Zu reduzierender Wert	7.500,00 €	x	60 %	4.500,00 €
Anzusetzender Festwert	7.500,00 €	x	40 %	3.000,00 €

Der zu reduzierende Wert ergibt sich aus der Relation der durchschnittlichen Nutzung (drei Jahre) im Verhältnis zur Gesamtnutzungsdauer (fünf Jahre).

Zu b) Festwertfortschreibung

Berechnung der Änderung des Festwertansatzes					
Bisheriger Festwert					3.000,00 €
Anzusetzender Wert (alt)	300,00 €	x	21	40 %	2.520,00 €
Anzusetzender Wert (neu)	350,00 €	x	6	40 %	840,00 €
Abweichung absolut					360,00 €
Prozentuale Abweichung					12,00 %

Da die Abweichung 12 % beträgt (und damit mehr als 10 %) muss der Festwert angepasst werden.

Zu c) Gruppenbewertung mit gewogenem Durchschnitt

Berechnung des Durchschnittswertes					
Werkzeug I	15 Stück	x	120,00 €		1.800,00 €
Werkzeug II	10 Stück	x	125,00 €		1.250,00 €
Werkzeug III	20 Stück	x	130,00 €		2.600,00 €
Werkzeug IV	5 Stück	x	110,00 €		550,00 €
Gesamtwert für 50 Werkzeuge					6.200,00 €
Gewogener Durchschnittswert				/50 Stück	124,00 €

10.2 Allgemeine Grundlagen der Bewertung im kommunalen Haushaltsrecht

10.2.1 Anschaffungs- und Herstellungswerte

Das kommunale Haushaltsrecht knüpft hinsichtlich der Bewertung grundsätzlich an die handelsrechtlichen Vorschriften an. In § 255 HGB werden die einzelnen Wertbestandteile sowohl für die Anschaffungskosten als auch die Herstellungskosten dargestellt. Nach § 91 Abs. 4 GemO sind diese Kosten vermindert um die Abschreibungen anzusetzen.

10.2.1.1 Anschaffungswerte

Die dem Vermögensgegenstand einzeln zurechenbaren Anschaffungswerte sind nach § 44 Abs. 1 GemHVO die Aufwendungen, die geleistet werden, um einen Vermögensgegenstand zu erwerben und ihn in einen betriebsbereiten Zustand zu versetzen, soweit sie dem Vermögensgegenstand einzeln zugeordnet werden können. Zu den Anschaffungswerten gehören auch die Nebenkosten sowie die nachträglichen Anschaffungswerte. Minderungen des Anschaffungspreises sind abzusetzen. Aus dieser Definition ergibt sich folgendes Herleitungsschema für die Anschaffungswerte:

Anschaffungspreis	**Ansatzpflicht**
+ Anschaffungsnebenkosten	
– Anschaffungspreisminderungen	
+ nachträgliche Anschaffungswerte	
= **Anschaffungswerte**	

Anschaffungspreis

Den Anschaffungspreis stellt der Kaufpreis einschließlich der zu leistenden Umsatzsteuer dar. Bei Anschaffungen für ganz oder zum Teil vorsteuerabzugsberechtigte Vorgänge, ist der abzugsfähige Vorsteueranteil abzusetzen.

Anschaffungsnebenkosten

Die Anschaffungsnebenkosten können anhand von drei Entstehungsbereichen unterschieden werden. Danach untergliedern sich die Anschaffungsnebenkosten in
- Erwerbsnebenkosten,
- Bezugsnebenkosten,
- Nebenkosten der Inbetriebnahme.

Erwerbsnebenkosten fallen insbesondere bei der Anschaffung von Immobilien an. Zu ihnen zählen insbesondere Notariats- und Gerichtsgebühren, Maklerprovisionen, Vermessungskosten und die Grunderwerbssteuer.

Bezugsnebenkosten fallen insbesondere im Bereich des beweglichen Vermögens an. Zu den Bezugsnebenkosten gehören Transportversicherungen, Verpackungen und Frachten.

Nebenkosten der Inbetriebnahme fallen an, soweit das Anlagegut nach Zahlung des Kaufpreises noch nicht vollständig einsatzfähig ist. Die für die Versetzung in einen betriebsbereiten Zustand anfallenden Einzelkosten sind als Nebenkosten der Inbetriebnahme gleichfalls Anschaffungsnebenkosten. Zu den Nebenkosten der Inbetriebnahme gehören Montage- und Anschlusskosten oder Fundamentierungskosten.

Anschaffungspreisminderungen

Anschaffungspreisminderungen vermindern die Anschaffungswerte. Zu den Anschaffungspreisminderungen gehören insbesondere Skonti, Rabatte oder Preisnachlässe. Entstehen Anschaffungspreisminderungen erst nach Zahlung des Rechnungsbetrages, so sind sie nachträglich von den Anschaffungswerten abzusetzen.

Nachträgliche Anschaffungswerte

Fallen nach Anschaffung bzw. Inbetriebnahme eines Vermögensgegenstandes noch Anschaffungs- oder Anschaffungsnebenkosten an, sind diese als nachträgliche Anschaffungswerte zu berücksichtigen. Nachträgliche Anschaffungswerte sind beispielsweise nachträgliche Fundamentierungen oder notwendige Ausbauarbeiten, die noch im

Zusammenhang mit der Anschaffung stehen. Entstehen nachträgliche Anschaffungswerte erst in späteren Haushaltsjahren, so sind diese so zu berücksichtigen, als wären sie zum 1. Januar des Haushaltsjahres der Entstehung der nachträglichen Anschaffungswerte angefallen, und erhöhen für diesen Zeitpunkt den bestehenden Buchwert des Vermögensgegenstandes entsprechend.

Beispiel:
Ein medizinisches Gerät des Gesundheitsamtes wird am 15.3.2023 zum Preis von 7.500 € angeschafft; die Nutzungsdauer beträgt fünf Jahre (= 60 Monate). Am 9.12.2023 fallen nachträgliche Anschaffungsnebenkosten in Höhe von 500 € an. Für das Jahr der Anschaffung 2023 ist gem. § 46 Abs. 2 GemHVO eine Abschreibung für zehn volle Monate vorzunehmen. Die Jahresabschreibung 2023 ist vom Gesamtbetrag i. H. v. 8.000 € zu berechnen und beträgt anteilig für zehn Monate 1.333,33 €.

Abwandlung:
Die Anschaffungsnebenkosten aus dem obigen Beispiel für das medizinische Gerät fallen erst im Folgejahr am 10.3.2024 an. Im Jahr der Anschaffung 2023 beträgt die Jahresabschreibung anteilig 1.250 €, in den Folgejahren 2023 bis 2025 gerundet 1.620 €. Hierzu folgendes Berechnungsschema:

	Anschaffungswerte 2023	*7.500 €*
–	*Anteilige Jahresabschreibung 2023 (10 Monate)*[3]	*1.250 €*
=	*(Rest)-Buchwert am 31.12.2024*	*6.250 €*
+	*Nachträgliche Anschaffungswerte 2024*	*500 €*
=	*Fortgeschriebener (Rest-)Buchwert 1.1.2024*	*6.750 €*
:	*Restnutzungsdauer 4 Jahre und 2 Monate (50 Monate)*	
=	*Abschreibung in 2024 (6.750 € : 50 Mon. × 12 Mon.)*	*1.620 €*

Im Jahr 2028 fallen noch zwei Abschreibungsmonate an, danach beträgt die Abschreibung im Jahr 2028 270 € (6.750 € : 50 Monate × 2 Monate).

Eine besondere Problematik stellen mit Blick auf nachträgliche Anschaffungswerte Erschließungsbeiträge (beispielsweise für eine Erstanlage einer Straße) bei eigenen gemeindlichen Grundstücken dar. Die in einer Beitragsrechnung darzustellenden Erschließungsbeiträge für eigene gemeindliche Grundstücke stellen nach Ansicht der Autoren vorerst keine aktivierbaren nachträglichen Anschaffungswerte dar, weil mangels der Möglichkeit einer Bescheidung gegen sich selbst tatsächlich keinerlei An-

3 Nach § 46 Abs. 2 GemHVO beginnt der Abschreibungszeitraum in dem Monat, in dem der Vermögensgegenstand angeschafft oder hergestellt wurde. Bei der Abschreibung werden nur volle Monate berücksichtigt.

schaffungswerte entstehen.[4] Vielmehr ergeben sich unmittelbar nur Anschaffungswerte bei der gleichfalls im Eigentum der Gemeinde stehenden Straße. Die „Hebung" im Rahmen der Erschließung möglicherweise entstandenen Wertsteigerungen kann daher nur im Rahmen des Realisationsprinzips, z. B. durch Verkauf, erfolgen.[5]

Im Liegenschaftsbereich können sich nachträgliche „positive als auch negative Anschaffungswerte" durch eine spätere Vermessung eines erworbenen Grundstücks ergeben. Es ist teilweise zur zeitnahen Abwicklung des Grundstücksgeschäfts durchaus üblich, im Kaufvertrag einen „Zirka-Grundstücksflächenwert" zu vereinbaren. Nach der exakten Vermessung erhöht bzw. reduziert sich der Kaufpreis um einen im ursprünglichen Kaufvertrag vereinbarten Quadratmeterpreis.

Nachträgliche Anschaffungspreisminderungen

Sollten sich nachträgliche Anschaffungspreisminderungen erst im folgenden Haushaltsjahr nach der Anschaffung ergeben, so ist analog dem Verfahren der nachträglichen Anschaffungswerte zu verfahren. Die nachträglichen Anschaffungspreisminderungen reduzieren den „fortgeschriebenen" Anschaffungswert (Restbuchwert).

Beispiel:
Der Kaufpreis einer am 15.3.2023 angeschafften Druckmaschine von 12.000 € reduziert sich durch eine im Folgejahr gewährte Minderung aufgrund von Lackschäden um 10 % des Neupreises. Die Nutzungsdauer beträgt zehn Jahre. Im ersten Jahr beträgt die Abschreibung für zehn Monate 1.000 €. In den Folgejahren reduziert sich die Abschreibung auf 1.091 €. Hierzu folgendes Berechnungsschema:

	Anschaffungswerte 2023	*12.000 €*
–	*Jahresabschreibung 2023; (10 Monate)*	*1.000 €*
=	*(Rest)-Buchwert am 31.12.2023*	*11.000 €*
–	*Nachträgliche Anschaffungspreisminderung 2024*	*1.000 €*
=	*Fortgeschriebener (Rest-)Buchwert*	*10.000 €*
:	*Restnutzungsdauer 9 Jahre u. 3 Monate (111 Monate)*	
=	*Abschreibung in 2024 (1.090,91 €, gerundet)*	*1.091 €*

4 Anders ist dies im Rahmen einer Gebührenveranlagung (z. B. Abfallbeseitigungsgebühren für eigene gemeindliche Grundstücke) in der Ergebnisrechnung. Auch hier erfolgt keine Bescheidung gegen sich selbst. Jedoch ergibt sich hier ein unmittelbarer Ressourcenverbrauch der Gemeinde in privatrechtlicher Eigenschaft gegenüber der Gemeinde als Träger der kostenrechnenden Einrichtung in öffentlich-rechtlicher Eigenschaft. Hier sind im Rahmen des Ressourcenverbrauchskonzeptes Aufwand und Ertrag darzustellen. Eine solche Leistungsbeziehung kann beispielsweise durch interne Leistungsverrechnungen oder durch eine nicht liquiditätswirksame Ertrags-/Aufwandsbuchung dargestellt werden.

5 Die entstandene sachliche Beitragspflicht sollte in der Anlagenbuchhaltung vermerkt werden, damit bei Verkauf die Realisation erfolgen kann.

Anschaffungswerte zur Herstellung der Betriebsbereitschaft[6]

Speziell im Immobilienbereich sind Aufwendungen, die grundsätzlich Instandsetzungs- oder Modernisierungsaufwendungen darstellen, nach § 44 Abs. 1 Satz 3 GemHVO als Anschaffungswerte zu behandeln, wenn sie die Betriebsbereitschaft eines Gebäudes herstellen.

Betriebsbereitschaft besteht, wenn ein Gebäude entsprechend seiner Zweckbestimmung genutzt werden kann. Wird das Gebäude ab dem Anschaffungszeitpunkt genutzt, ist grundsätzlich von einer Betriebsbereitschaft auszugehen. Instandhaltungs- und Modernisierungsaufwendungen stellen dann keine Anschaffungswerte dar.

Wird das Gebäude ab dem Anschaffungszeitpunkt nicht genutzt, ist hinsichtlich des Vorliegens der Betriebsbereitschaft eine weitergehende Prüfung zur Funktionstüchtigkeit vorzunehmen. Hierbei umfasst die Betriebsbereitschaft die beiden Voraussetzungen objektive und subjektive Funktionstüchtigkeit.

Die Betriebsbereitschaft liegt somit im Umkehrschluss nicht vor, wenn
- objektive Funktionsuntüchtigkeit oder
- subjektive Funktionsuntüchtigkeit

vorliegt.

Objektiv funktionsuntüchtig ist ein Gebäude, sofern für dessen Nutzung wesentliche Gebäudeteile bautechnisch grundlegend nicht nutzbar sind. Abgrenzend hierzu liegt dagegen eine Funktionsuntüchtigkeit nicht schon vor, wenn Mängel, die insbesondere durch Verschleiß hervorgerufen sind, vor einer Nutzung erst beseitigt werden. Letztlich bestimmt die Herrichtung der Funktionstüchtigkeit von wesentlichen Gebäudeteilen, inwieweit Anschaffungswerte vorliegen.

> ***Beispiel:***
> *Die Gemeinde kauft ein Gebäude, das als Altentagesstätte dienen soll. Vor der Nutzung ist jedoch eine Schadstoffsanierung erforderlich. Daher stellen alle Auszahlungen, die unmittelbar aus den Instandsetzungsarbeiten der Schadstoffsanierung resultieren Anschaffungswerte dar.*

Subjektiv funktionsuntüchtig ist ein Gebäude, sofern für die vorgesehene Zweckbestimmung eine Nutzung noch nicht möglich ist. Aufwendungen für bauliche Maßnahmen, um die von der Gemeinde zweckbestimmten Nutzungsvoraussetzungen zu schaffen, stellen daher Anschaffungswerte nach § 44 Abs. 1 GemHVO dar.

> ***Beispiel:***
> *Die bisherige Nutzung als Wohngebäude soll in eine Nutzung als Bürogebäude umgewandelt werden. Sämtliche baulichen Aufwendungen für die Herrichtung im Rahmen des neuen Nutzungszwecks stellen Anschaffungswerte dar.*

6 Vgl. BMF vom 18.7.2003 (BStBl. I S. 386).

Des Weiteren gehört zur Zweckbestimmung und somit auch zur Versetzung in einen betriebsbereiten Zustand nach § 44 Abs. 1 GemHVO eine Entscheidung, dass der Standard[7] für das Gebäude zukünftig angehoben werden soll. Ist dies der Fall, so stellen Aufwendungen für bauliche Maßnahmen, die eine Standardhebung bewirken, Anschaffungswerte dar.

Aufteilung eines Gesamtkaufpreises auf mehrere Anlagegüter

Wird bereits beim Erwerb mehrerer Vermögensgegenstände im Kaufvertrag eine Aufteilung des Kaufpreises vereinbart und erscheint diese Aufteilung wirtschaftlich vernünftig, stellen die dort vereinbarten Einzelpreise die Anschaffungswerte der einzelnen Vermögensgegenstände dar. Diese Vorgehensweise basiert auf dem Grundsatz der Einzelbewertung, wonach jeder Gegenstand mit seinen Anschaffungswerten in der Höhe anzusetzen ist, die nach dem erklärten Willen der Vertragspartner den einzelnen Vermögensgegenständen beigemessen wird.

In der Regel unterbleibt jedoch im Kaufvertrag die Aufteilung des Gesamtkaufpreises auf die einzelnen Vermögensgegenstände. Nach dem Grundsatz der Einzelbewertung muss der vereinbarte Gesamtkaufpreis in einem angemessenen Verhältnis auf die einzelnen selbstständig auszuweisenden Vermögensgegenstände aufgeteilt werden. Besonders komplex stellt sich dies dar, sofern bewegliches Anlagevermögen im Gesamtkaufpreis einer Immobilie enthalten ist. Hier ist die Aufteilung nach dem Verhältnis der Zeitwerte (aktuelle Verkehrswerte) vorzunehmen. Grundlage hierfür können die Unterlagen bilden, welche im Rahmen der Vereinbarung des Kaufpreises der Vertragspartner maßgeblich waren. In Betracht kommen hierbei Sachverständigengutachten, Berechnungen (bspw. orientiert am Neuwert und aus dem Verhältnis Restnutzungsdauer zur Gesamtnutzungsdauer) oder auch Restwerttabellen oder -listen.

Vielfach wird auch im Rahmen von Ankäufen im Immobilienbereich ein Wertgutachten der Bewertungsstelle oder des Gutachterausschusses erstellt. Dies stellt eine idealtypische Grundlage zur Aufteilung des Gesamtkaufpreises auf die einzelnen Vermögensgegenstände dar.

Beispiel:
Beim Kauf eines bebauten Grundstücks mit zwei Gebäuden ist ein Gesamtkaufpreis vereinbart worden. Dieser ist in einem angemessenen Verhältnis auf die beiden Gebäude und den Grund und Boden aufzuteilen. Dies kann entweder auf der Basis eines vor Erwerb erstellten Wertgutachtens erfolgen oder auf der Basis anderer Unterlagen, die zur Bildung des Gesamtkaufpreises beider Vertragspartner geführt haben. Für den Grund und Boden kommt auch als Basis der gültige Bodenrichtwert in Betracht. Besonderheiten (z. B. Grundstückszuschnitt) sind hier zu beachten.

7 Unterscheidung zwischen „sehr einfacher Standard", „mittlerer Standard" und „sehr anspruchsvoller Standard", siehe hierzu ausführlich Kap. 10.2.3.2.

Sachverhalt:
Die Gemeinde hat einige Jahre vor Erstellung der ersten Eröffnungsbilanz ein Grundstück mit Gebäude für 500.000 € erworben und kann aus dem Kaufvertrag nicht die Anteile für Grund + Boden und Gebäude aufteilen.

Lösungsvorschlag:
Aus der Zeitbewertung ergeben sich folgende Werte

Grund + Boden	*150.000 €*	=	*20 %*
Gebäude	*600.000 €*	=	*80 %*
Gesamtwert	*750.000 €*	=	*100 %*

Also wird der ursprüngliche Kaufpreis von 500.000 € aufgeteilt in

Grund + Boden	= *20 %*	=	*100.000 €*
Gebäude	= *80 %*	=	*400.000 €*
Kaufpreis	= *100 %*	=	*500.000 €*

Anschaffung durch Tausch

Werden Vermögensgegenstände im Rahmen eines Tausches angeschafft, so sind diese mit ihrem vertraglich vereinbarten Wert anzusetzen. Fehlt diese Vereinbarung und kann der Anschaffungs- oder Herstellungswert eines Vermögensgegenstandes bei der Aufstellung der ersten Eröffnungsbilanz nicht mit vertretbarem Aufwand ermittelt werden, so gilt der auf den Anschaffungs- oder Herstellungszeitpunkt rückindizierte Zeitwert am Stichtag der ersten Eröffnungsbilanz als Anschaffungs- oder Herstellungswert (§ 62 Abs. 2 Satz 1 GemHVO).

10.2.1.2 Herstellungswerte

Die dem Vermögensgegenstand zurechenbaren Herstellungswertebestandteile sind nach § 44 Abs. 2 GemHVO die Aufwendungen, die durch den Verbrauch von Gütern und die Inanspruchnahme von Diensten für die Herstellung eines Vermögensgegenstands, seine Erweiterung oder für eine über seinen ursprünglichen Zustand hinausgehende wesentliche Verbesserung entstehen. Dazu gehören verbindlich die Material(-einzel)kosten, die Fertigungs(einzel)kosten und die Sonderkosten der Fertigung. Bei der Berechnung der Herstellungswerte dürfen auch angemessene Teile der notwendigen Materialgemeinkosten, der notwendigen Fertigungsgemeinkosten und des Werteverzehrs des Vermögens, soweit er durch die Fertigung veranlasst ist, eingerechnet werden.

Hier räumt das kommunale Haushaltsrecht analog dem HGB den Kommunen für bestimmte Herstellungswertbestandteile ein gewisses Ansatzwahlrecht ein (Soll-Vorschrift). Für Fertigungs- und Materialgemeinkosten sowie Abschreibungen, soweit sie durch die Fertigung veranlasst sind, die dem hergestellten Vermögensgegenstand nicht direkt zurechenbar sind, besteht die Soll-Vorschrift für die Hinzurechnung. Abweichend vom § 255 Abs. 2 Satz 4 HGB besteht dieses Wahlrecht nicht für Kosten der allgemeinen Verwaltung; diese Kosten sind bei den Herstellungswerte nicht zu berücksichtigen.

Die Herstellungswerte sind nach folgendem Berechnungsschema zu ermitteln:

Materialkosten	**Ansatzpflicht**
+ notwendige Materialgemeinkosten	Ansatzermessen
+ Fertigungskosten	**Ansatzpflicht**
+ notwendige Fertigungsgemeinkosten	Ansatzermessen
+ Sonderkosten der Fertigung	**Ansatzpflicht**
+ Abschreibungen, soweit sie durch die Fertigung veranlasst sind	Ansatzermessen
+ Zinsen für Fremdkapital, soweit sie auf den Zeitraum der Herstellung entfallen	Ansatzermessen
+ Verwaltungsgemeinkosten	Ansatzermessen
= **Herstellungswerte**	

Abgrenzung von Einzel- und Gemeinkosten

Aufgrund des Unterschiedes der Ansatzpflicht für Herstellungseinzelkosten und des Ansatzwahlrechts für Herstellungsgemeinkosten, ist es erforderlich Einzel- und Gemeinkosten inhaltlich abzugrenzen.

Die Einzelkosten sind Kosten, die sich bei der Herstellung eines Vermögensgegenstandes diesem exakt zurechnen lassen. Sie fallen unmittelbar mit der Herstellung eines Vermögensgegenstandes an und können diesem direkt zugerechnet werden.

Die Gemeinkosten sind Kosten, die sich bei der Herstellung eines Vermögensgegenstandes diesem nicht exakt zurechnen lassen. Sie fallen gemeinsam für mehrere, auch unterschiedliche Leistungen an und können nur auf der Basis einer Gemeinkostenschlüsselung in einem angemessenen Verhältnis auf die einzelnen Leistungen verrechnet werden. Daher dürfen durch die Schlüsselung mittels Mengen-, Zeit- oder physikalisch-technischer Größen nur die für die Herstellung des Vermögensgegenstandes notwendigen Gemeinkosten verrechnet bzw. angesetzt werden.

Materialeinzelkosten

Materialeinzelkosten stellen die unmittelbar für die Herstellung des einzelnen Vermögensgegenstandes verbrauchten Materialien (Roh-, Hilfs- und Betriebsstoffe) dar.

Materialgemeinkosten

Materialgemeinkosten fallen in Materialstellen an, die für die Beschaffung, Prüfung und Lagerung von Herstellungsmaterialien zuständig sind. Die dort entstehenden Kosten sind einem einzelnen hergestellten Vermögensgegenstand nicht eindeutig zurechenbar. Zu den Materialgemeinkosten zählen beispielsweise Gehälter der im Einkauf, im Lager und der bei Prüfung beschäftigten Personen, Kosten für ein Lagergebäude und Sachversicherungen.

Beispiel:
Bei der Lagerung von Vermögensgegenständen fallen u. a. Kosten für die dort tätigen Beschäftigten, Abschreibungen auf das Lagergebäude, Versicherungsbeiträge für das Lagergebäude und die Bestände, Energiekosten an. Eine Zuordnung dieser entstandenen Lagerkosten zu den gelagerten Gütern ist einzeln nicht möglich. Die Lagerkosten stellen somit Materialgemeinkosten dar und müssen mit geeigneten Gemeinkostenschlüsseln in einem angemessenen Verhältnis verteilt werden.

Fertigungseinzelkosten

Für die Fertigungseinzelkosten ist die direkte Zurechenbarkeit zum hergestellten Vermögensgegenstand maßgeblich. Zu den Fertigungseinzelkosten zählen die Fertigungslöhne oder -gehälter. Des Weiteren zählen auch Sondereinzelkosten der Fertigung hierzu. Zu den Sondereinzelkosten gehören Spezialwerkzeugkosten, Kosten für Sonderanfertigungen, Kosten für Materialanalysen oder anzufertigende Modelle.

Fertigungsgemeinkosten

Fertigungsgemeinkosten entstehen im Rahmen der Fertigung, können aber dem hergestellten Vermögensgegenstand nicht direkt zugerechnet werden. Mittels Gemeinkostenschlüsselung werden diese Kosten verrechnet. Zu den Fertigungsgemeinkosten gehören beispielsweise Energiekosten, Hilfslöhne, Hilfsmaterialien sowie anteilige Abschreibungen und Zinsen, soweit diese dem Vermögensgegenstand nur mittelbar zugerechnet werden können.

Abschreibungen auf Fertigungsanlagen

Der Werteverzehr von abnutzbaren Vermögensgegenständen zur Fertigung von Erzeugnissen wird im § 44 Abs. 3 Satz 2 GemHVO als Kann-Bestandteil erwähnt. Der Charakter dieses Werteverzehrs kann nicht eindeutig den Fertigungseinzelkosten bzw. den Fertigungsgemeinkosten zugeordnet werden. Einer der Grundgedanken des kommunalen doppischen Haushaltsrechts ist es jedoch, dass im Rahmen der periodengerechten Darstellung des Ressourcenverbrauchs die Aufwendungen zu berücksichtigen sind, die während der Erstellung entstehen. Insofern ist es im Sinne des kommunalen Haushaltsrechts, dass der Ressourcenverbrauch aus Abschreibungen zur Erstellung eines Vermögensgegenstandes auch im Hinblick auf eine einheitliche Wertbasis für Vermögensgegenstände ein Ansatzwahlrecht als Soll-Vorschrift hierfür besteht, so dass beim Einsatz von Vermögensgegenständen zur Herstellung eines anderen Vermögensgegenstandes die für den Zeitraum der Herstellung anfallenden Abschreibungen als Herstellungswerte angesetzt werden sollen. Denkbar sind hier Abschreibungen für Radlader der Kommune, die für die Errichtung eines Gebäudes eingesetzt wurden.

Verwaltungsgemeinkosten

In der Regel können Verwaltungskosten nicht einzeln den Herstellungskosten zugeordnet werden. Daher entstehen hier nur Gemeinkosten, die über eine Kostenrechnung dem entsprechenden Vermögensgegenstand zugerechnet wird. Hieraus kann ein Verwaltungsgemeinkostenzuschlagssatz ermittelt werden, der mit den anderen Herstellungskosten aktiviert werden kann.

Nachträgliche Herstellungswerte oder -minderungen

Fallen nachträgliche Herstellungswerte oder nachträgliche Minderungen der Herstellungswerte erst in späteren Jahren an, so sind diese so zu berücksichtigen, als wären sie zum 1. Januar des Jahres angefallen.

Fallen nach der Herstellung bzw. Betriebsbereitschaft eines Vermögensgegenstandes noch nachträgliche Herstellungswerte oder Herstellungswerteminderungen an, sind diese bei den Herstellungswerten unmittelbar nach deren Auftreten noch zu berücksichtigen.

10.2.1.3 Übungen

Sachverhalt Nr. 3 (Anschaffungswerte):

Der Anschaffungspreis einer Druckmaschine für die als Fachbereich geführte Vervielfältigungsstelle beträgt 50.000 € zzgl. 19 % USt; der Fachbereich ist nicht vorsteuerabzugsberechtigt. Dieser Preis beinhaltet nicht die einzelnen Kosten für Verpackung i. H. v. 100 €, Transport i. H. v. 500 € und Transportversicherung 150 € (jeweils einschließlich USt). Die Kommune nutzt den eingeräumten Skontoabzug auf den Anschaffungspreis i. H. v. 2 %. Aufgrund einiger Lackschäden erhält die Kommune einen pauschalierten Nachlass auf die Gesamtrechnungssumme (brutto) i. H. v. 1.000 € inkl. USt. Bei der Aufstellung der Maschine ist eine Montage bzw. Verankerung mit dem Boden erforderlich; hierfür stellt ein Serviceunternehmen 410 € inkl. USt in Rechnung.

Aufgabe:
Ermitteln Sie anhand des Berechnungsschemas die Anschaffungswerte.

Lösung:			
Anschaffungspreis			
Anschaffungspreis	50.000,00 €		
USt. Anschaffungspreis	9.500,00 €	59.500,00 €	
Anschaffungsnebenkosten			
Verpackung	100,00 €		
Transport	500,00 €		
Transportversicherung	150,00 €		
Montage	410,00 €	+ 1.160,00 €	
Anschaffungspreisminderungen			
Skonto	1.000,00 €		
Minderung USt. durch Skonto	190,00 €		**Anschaffungskosten**
Preisnachlass	1.000,00 €	– 2.190,00 €	**58.470,00 €**

Sachverhalt Nr. 4 (Anschaffungswerte):

Die Kommune erwirbt ein unbebautes Grundstück. Die Grundstücksgröße wird im Kaufvertrag mit ca. 2000 qm festgelegt; durch eine spätere Vermessung soll die genaue Grundstücksgröße ermittelt werden. Bei einer Abweichung wird eine nachträgliche Anpassung des Kaufpreises i. H. v. 25 € je qm fällig. Das Grundstück ist mit einer Grundschuld i. H. v. 20.000 €, welche mit einer Restschuld i. H. v. 10.000 € valutiert, belastet. Es wird mit dem Verkäufer eine Kaufpreiszahlung von 40.000 € vereinbart; die Grundschuldbelastung wird von der Kommune zusätzlich übernommen. Die Kommune hat Grunderwerbssteuer i. H. v. 1.500 € zu entrichten. Notariatskosten fallen i. H. v. 800 € und Gerichtskosten i. H. v. 500 € an. Für die im Kaufvertrag vereinbarte Vermessung fallen für die Kommune Kosten i. H. v. 500 € an. Bei der Vermessung wurde festgestellt, dass die Grundstücksgröße 2.020 qm beträgt.

Aufgabe:
Ermitteln Sie anhand des Berechnungsschemas die Anschaffungswerte.

Lösung:			
Anschaffungspreis			
Kaufpreis	40.000,00 €		
Restschuld aus Grundschuld	10.000,00 €	50.000,00 €	
Anschaffungsnebenkosten			
Grunderwerbssteuer	1.500,00 €		
Notarkosten	800,00 €		
Gerichtskosten	500,00 €		
Vermessung	500,00 €	3.300,00 €	
Nachträgliche Anschaffungskosten			**Anschaffungskosten**
Preis für 20 qm a 25 Euro	500,00 €	500,00 €	**53.800,00 €**

Sachverhalt Nr. 5 (Herstellungswerte):

Die Kommune erstellt eine neue Kindertagesstätte. Das vom Hochbauamt beauftragte Bauunternehmen rechnet insgesamt Materialkosten i. H. v. 200.000 € und Lohnkosten i. H. v. 300.000 € inkl. USt ab. Die Personalkosten des Hochbauamtes für die selbsterstellte Planung betragen nach Abrechnung der Kosten- und Leistungsrechnung (KLR) 50.000 €. Neben den allgemeinen Materialkosten des beauftragten Bauunternehmens wurden seitens der Kommune mehrere zusätzliche Bauteile auf eigene Rechnung i. H. v. 25.000 € inkl. USt beschafft, die vom Bauunternehmen eingebaut wurden. Zum Schutz vor Diebstahl wurde ein Teil der Baumaterialien in einem Lager untergebracht. Der in der KLR ermittelte Materialgemeinkostenzuschlag (Personalkosten, Abschreibung, Energiekosten, etc. für das Lager) beträgt 2.000 €. In der KLR der Kommune wurde ein Fertigungsgemeinkostenzuschlag (Fertigungskontrolle, Energiekosten, Sachversicherungen für eingesetzte Anlagen, etc.) beim Bau i. H. v. 1.500 € ermittelt. Ein Architekturbüro rechnet für ein in der Planungsphase erstelltes Modell 1.000 € inkl. USt ab.

Aufgabe:
Ermitteln Sie anhand des Berechnungsschemas den Herstellungswert.

Lösung:
Für die Lösung dieser Aufgabe bestehen aufgrund der Soll-Vorschrift hinsichtlich der Gemeinkosten zwei alternative Lösungsmöglichkeiten.

a) Unter Einbeziehung der Gemeinkosten ergibt sich folgende Lösung:

Lösung:			
Materialeinzelkosten			
Bauunternehmen	200.000,00 €		
Sonderbauteile	25.000,00 €	225.000,00 €	
Fertigungseinzelkosten			
Bauunternehmen	300.000,00 €		
Eigene Planungskosten	50.000,00 €	350.000,00 €	
Materialgemeinkosten			
Materialgemeinkostenzuschlag	2.000,00 €	2.000,00 €	
Fertigungsgemeinkosten			
Fertigungsgemeinkostenzuschl.	1.500,00 €	1.500,00 €	
Sondereinzelkosten d. Fertigung			**Herstellungswert**
Modell	1.000,00 €	1.000,00 €	**579.500,00 €**

b) Bei Nichtberücksichtigung der Gemeinkosten ergibt sich folgende alternative Lösung:

Lösung:			
Materialeinzelkosten			
Bauunternehmen	200.000,00 €		
Sonderbauteile	25.000,00 €	225.000,00 €	
Fertigungseinzelkosten			
Bauunternehmen	300.000,00 €		
Eigene Planungskosten	50.000,00 €	350.000,00 €	
Sondereinzelkosten d. Fertigung			**Herstellungswert**
Modell	1.000,00 €	1.000,00 €	**576.000,00 €**

10.2.2 Verhältnis zu anderen Bewertungszwecken

Die Bewertungsvorschriften der GemO und GemHVO entfalten nur für die kommunale Haushaltswirtschaft Gültigkeit. Bestehende Bewertungen und Bewertungsverfahren für andere kommunale Bewertungszwecke sind beizubehalten und werden durch die o. g. Bewertungsvorschriften nicht ersetzt. Festlegungen für eine bestehende Kosten- und Leistungsrechnung können gleichfalls beibehalten werden.

Somit können nebeneinander abweichende Bewertungen für einzelne Vermögensgegenstände neben der Bewertung für das Haushaltsrecht bestehen:

- Steuerrecht,
- Gebührenrecht,
- Kostenrechnung.

10.2.2.1 Steuerrecht

Kommunen haben für Betriebe gewerblicher Art für Zwecke der Besteuerung die Werte des Anlagevermögens[8] nach den einschlägigen Bewertungsvorschriften des Steuerrechts zu führen.

Die Bewertung des Anlagevermögens für steuerliche Zwecke erfolgt zwar dem Wortlaut nach ebenfalls zu Anschaffungs- und Herstellungswerten. Jedoch gelten für das Steuerrecht als eine Abweichung die historischen Anschaffungs- oder Herstellungswerte.

Aufgrund des eingeräumten Ansatzwahlrechts des § 44 Abs. 2 GemHVO bei den Herstellungswerten können auch im Regiebetrieb weitere Abweichungen entstehen. Nach dieser Regelung besteht eine Ansatzpflicht für Material- und Fertigungseinzelkosten sowie für Sonderkosten der Fertigung.[9] Dagegen besteht eine Kann-Vorschrift

8 In der Steuerbilanz.

9 Dies entspricht den minimalen Herstellungskosten des § 255 Abs. 2 HGB.

für Material- und Fertigungsgemeinkosten. Steuerrechtlich sind Material- und Fertigungsgemeinkosten bei den Herstellungswerten ansatzpflichtig. Daneben sieht das Steuerrecht außerdem als ansatzpflichtig den Werteverzehr von Anlagevermögen vor, soweit er der Fertigung von Erzeugnissen gedient hat.[10] Der Charakter dieses Werteverzehrs kann nicht eindeutig den Fertigungseinzelkosten bzw. den Fertigungsgemeinkosten zugeordnet werden. Nach den Grundgedanken des doppischen Haushaltsrechts sollen die Aufwendungen berücksichtigt werden, die während der Erstellung entstehen. Insofern ist es im Sinne der kommunalen Regelungen zur Vermögenswirtschaft, dass der Ressourcenverbrauch aus Abschreibungen zur Erstellung eines Vermögensgegenstandes (der steuerliche Werteverzehr von Anlagevermögen) auch im Hinblick auf einer einheitlichen Wertbasis für Vermögensgegenstände eine Ansatzpflicht hierfür besteht.

Des Weiteren ist zu berücksichtigen, dass Betriebe gewerblicher Art ganz oder zum Teil umsatzsteuerabzugsberechtigt sind, so dass dieser Abzug bei den Herstellungswerten zu berücksichtigen ist.

Weiterhin dürfen in Betrieben gewerblicher Art die Abschreibungstabellen der Finanzverwaltung eingesetzt werden, wenn eine entsprechende Begründung hinsichtlich der Abweichung in der Anlagenbuchhaltung aufgenommen wurde.

10.2.2.2 Gebührenrecht[11]

Für kostenrechnende Einrichtungen sind nach § 13 KAG Benutzungsgebühren zu erheben. Hierzu sind in den Gebührenkalkulationen Abschreibungen und kalkulatorische Zinsen, die nach betriebswirtschaftlichen Grundsätzen ansatzfähig sind, zu berücksichtigen.

Die Abschreibungen sind auf der Basis historischer Anschaffungs- oder Herstellungswerte unter Berücksichtigung von Zuwendungen und Beiträgen zu berechnen. Diese können von den Herstellungskosten abgezogen werden, oder als Ertragszuschüsse passiviert und mit einem durchschnittlichen Abschreibungssatz aufgelöst werden.

Den kalkulatorischen Zinsen sind die Anschaffungs- und Herstellungskosten gekürzt um Beiträge, Zuweisungen, Zuschüsse und Abschreibungen zugrunde zu legen.

10.2.2.3 Kosten- und Leistungsrechnung

Die Kosten- und Leistungsrechnung soll neben der Preiskalkulation und der Wirtschaftlichkeitskontrolle einzelner Fachbereiche insbesondere als Instrument zur Fundierung und Kontrolle von Entscheidungen (z. B. Make-or-buy-Probleme) dienen. Hierbei werden die Rahmenbedingungen für kalkulatorische Abschreibungen und Zinsen durch interne Richtlinien oder Anweisungen einer jeden Gemeinde festgelegt. Im Vergleich zur kommunalen Vermögenswirtschaft stellen die kalkulatorischen Eigen-

10 Einkommenssteuerrichtlinien 2005 (EStR 2005) R 6.3.

11 Zu den Einzelheiten des folgenden Textes muss auf die Literatur zum Themenbereich Gebührenrecht verwiesen werden (z. B. *Driehaus*, Kommentar KAG, Herne (Loseblatt)).

kapitalzinsen Zusatzkosten, die kalkulatorischen Abschreibungen in Abhängigkeit der Regelungen der Kostenrechnung Anderskosten dar.

Die Ausgestaltung der kommunalen Kosten- und Leistungsrechnung orientiert sich an den Zielsetzungen. Diese können wie folgt unterschiedlich ausrichten:

- Wirtschaftlichkeitsüberlegungen,
- Vergleichbarkeit mit Privatwirtschaft (z. B. Make-or-buy-Entscheidung),
- einheitliche Vorgehensweise mit dem NKHR (Minderung des Nutzungspotenzials),
- einheitliche Vorgehensweise mit Vorschriften des KAG (Wiederbeschaffungs- und Kostendeckungsprinzip).

Die unterschiedlichen Zielsetzungen bedingen eine unterschiedliche Gestaltung.

Die Abschreibungsvorgaben können sich unterscheiden bei der Nutzungsdauer und der Abschreibungsmethode. Hier kann die Nutzungsdauer an gebührenrechtlichen Grundlagen i. d. R. nach AfA-Tabellen, nach der haushaltsrechtlichen Rahmenabschreibungstabelle bzw. der eigenen kommunalen Abschreibungstabelle oder nach Herstellerangaben richten. Des Weiteren ist bei fortgesetzter Nutzung denkbar, in der Kosten- und Leistungsrechnung über die geplante Nutzungsdauer hinaus abzuschreiben, um im Rahmen von Preiskalkulationen diese gleichmäßig zu halten.

Bei der Wahl der Abschreibungsmethode ist die Kosten- und Leistungsrechnung völlig frei. Denkbar ist die lineare, degressive, progressive oder leistungsbezogene Abschreibungsmethode. In NKHR gibt es nur die Möglichkeit der linearen, degressive oder Leistungsabschreibung (§ 46 Abs. 1 GemHVO).

Änderungen bei der Nutzungsdauer können als Änderungsbasis den Ursprungswert oder den Restwert zugrunde legen.

10.2.3 Abgrenzung von Herstellungswerte und Erhaltungsaufwand[12]

Für die Veranschlagung und Buchung im Drei-Komponenten-System ist es erforderlich, dass Herstellungswerte und Erhaltungsaufwand eindeutig abgegrenzt werden. Von besonderer Bedeutung ist diese Abgrenzung im Immobilienbereich.

Zusätzlich ist die Abgrenzung zwischen Herstellungswerten und Erhaltungsaufwand von Bedeutung bei der Eröffnungsbilanzierung, sofern für diese zur Bewertung das Indizierungsverfahren[13] gewählt wird. Insbesondere bei der Berücksichtigung von nachträglichen Herstellungswerten bei Immobilien sind die zugehörigen Sachverhalte auf ihre Aktivierungsfähigkeit anhand der nachfolgenden Kriterien zu prüfen.

Herstellungswerte werden bei einem Vermögensgegenstand aktiviert. Sie werden in die Bilanz eingestellt und führen im Bereich des abnutzbaren Vermögens auf der Basis einer festgelegten Nutzungsdauer zu Abschreibungen. Herstellungswerte werden daher in dem Finanzhaushalt bzw. Finanzrechnung abgebildet, die hieraus resultierenden Abschreibungen dagegen in dem Ergebnishaushalt bzw. -rechnung. Anders ist dies

12 Kap. 10.2.3 basiert auf dem Schreiben des Bundesministeriums für Finanzen vom 18.7.2003 – IV C 3 – S 2211 – 94/03 –, www.bundesfinanzministerium.de (BStBl. I S. 386).

13 Für weitergehende Ausführungen hierzu siehe Kap. 11.

bei Erhaltungsaufwand, der in dem Ergebnishaushalt und in der Ergebnisrechnung zu berücksichtigen ist, wobei in dem Finanzhaushalt und -rechnung der diesbezügliche Liquiditätsabfluss in Form von Auszahlungen abgebildet wird.

Die Abgrenzung erfolgt in der Form, dass Grundvoraussetzungen für Sachverhalte zu prüfen sind, nach denen eine Aktivierung als Herstellungswerte erfolgt. Erfüllt der Sachverhalt nicht die Voraussetzungen, stellt er somit immer Erhaltungsaufwand[14] dar. Für die Aktivierungsfähigkeit als Herstellungswert sind drei grundlegende Sachverhaltskonstellationen zu betrachten:

- die Erweiterung eines Vermögensgegenstands,
- die über den ursprünglichen Zustand hinausgehende Wertverbesserung,
- das Zusammentreffen von Herstellungswerte und Erhaltungsaufwand.

10.2.3.1 Erweiterung eines Vermögensgegenstandes

Im Immobilienbereich liegt eine Erweiterung eines Vermögensgegenstandes nach § 44 Abs. 2 GemHVO vor, wenn durch Anbau, Aufstockung oder Vergrößerung die Nutzfläche erweitert bzw. eine Mehrung der Substanz erreicht wird. Anbauten, z. B. bei Schulgebäuden, stellen hinsichtlich der Abgrenzung zwischen Herstellungswerte und Erhaltungsaufwand kein Problem dar.

Ein Anbau, eine Aufstockung bzw. Vergrößerung der Nutzfläche liegt dagegen nicht vor, wenn lediglich ein Flachdach durch ein Satteldach ersetzt wird. Die Schaffung zusätzlicher Raumhöhe reicht zur Aktivierungsfähigkeit nicht aus. Wird das Satteldach dazu genutzt, zusätzliche Nutzfläche durch gleichzeitigen Ausbau des entstandenen Dachgeschosses zu schaffen, liegt dagegen ein aktivierungsfähiger Sachverhalt vor.

Auch die Substanzvermehrung durch zusätzliche Bauteile – sowohl bei Immobilien als auch beim beweglichen Vermögen – stellt grundsätzlich aktivierungsfähige Sachverhalte dar. Im Bereich des beweglichen Vermögens ist bspw. die Aufrüstung eines Feuerwehrfahrzeugs mit einer Schnelllöschvorrichtung ein aktivierungsfähiger Sachverhalt. Im Immobilienbereich stellt der Einbau eines Behindertenfahrstuhls einen aktivierungsfähigen Sachverhalt dar.

Anders ist dies, wenn zusätzliche Bauteile im Immobilienbereich nur eine Anpassung an den aktuellen bautechnischen Standard darstellen. So stellen Fassadenverkleidungen zu Wärme- und Schallschutzzwecken in der Regel keine aktivierungsfähigen Sachverhalte dar. Ein neuer Gebäudebestandteil ist auch dann als bisheriger Gebäudebestandteil anzusehen, sofern dieser lediglich deshalb hinzugefügt wird, um bereits

14 Im kaufmännischen Rechnungswesen können in Analogie zur Steuerbilanz nach den Einkommenssteuerrichtlinien 2005, EStR R 21.1 Herstellungskosten im Rahmen einer Erweiterung von nicht mehr als 4.000 € (ohne USt) auf Antrag als Erhaltungsaufwand gebucht werden. Eine Übertragung dieser Regelung ist aufgrund der Antragspflicht nicht möglich. Sofern eine Anwendung dieser Vereinfachungsregelung im kommunalen Haushaltsrecht Anwendung finden soll, bedarf es hierzu einer zusätzlichen Regelung, da im Steuerrecht ausdrücklich ein Genehmigungsvorbehalt besteht.

eingetretene Schäden zu beseitigen oder einen drohenden Schaden abzuwenden. Ein Beispiel hierfür stellt die Anbringung einer Betonvorsatzschale als Schutz vor einer weiteren Durchfeuchtung des Fundamentes dar.

10.2.3.2 Über den ursprünglichen Zustand hinausgehende Wertverbesserung

Fallen Instandsetzungs- oder Modernisierungsaufwendungen im engen zeitlichen Zusammenhang mit der Anschaffung eines Gebäudes an, sind diese als anschaffungsnahe Aufwendungen den Herstellungswerten zuzurechnen.

Beispiel:
Ein Gebäude mit erheblichem Instandhaltungsrückstand wird aufgrund seiner günstigen Lage von der Gemeinde G als Standort einer Kindertageseinrichtung erworben. Das Gebäude wird instandgesetzt und für den vorgesehenen Zweck hergerichtet.

Ansonsten sind die Instandsetzungs- oder Modernisierungsaufwendungen daraufhin zu prüfen, ob diese zu einer über den ursprünglichen Zustand hinausgehende wesentliche Verbesserung führen. Liegt diese wesentliche Wertverbesserung vor, sind die Instandsetzungs- oder Modernisierungsaufwendungen als Herstellungswerte zu aktivieren.

Maßgeblich für den ursprünglichen Zustand ist grundsätzlich der Zustand des Gebäudes im Zeitpunkt der Herstellung oder Anschaffung. Dieser ist zu vergleichen mit dem Zustand, in den das Gebäude durch die Instandsetzungs- oder Modernisierungsaufwendungen versetzt wurde. Dies gilt natürlich nicht, wenn die ursprünglichen Anschaffungs- oder Herstellungswerte verändert wurden (z. B. durch nachträgliche Anschaffungs- oder Herstellungswerte). Anstelle des ursprünglichen Zustands tritt dann der Zustand, der für die Abschreibung maßgebend ist.

Beispiel:
Ursprünglich wurde ein Verwaltungsgebäude mit einem einfachen kleinen Regenschutzdach im Eingangsbereich ausgestattet. Aufgrund der Nutzung zu Repräsentationszwecken wurde das Regenschutzdach im Eingangsbereich zwei Jahre später zur Erhöhung des Erscheinungsbildes durch eine aufwändige Marmor-Aluminium-Glaskonstruktion ersetzt. Aufgrund schlechter Verarbeitung ist die neue Konstruktion baufällig und wird vollständig erneuert. Maßgeblich ist der Zustand zwei Jahre später, also mit der aufwändigen Marmor-Aluminium-Glaskonstruktion, mit der jetzigen Veränderung. Es ergibt sich keine über den ursprünglichen Zustand hinausgehende wesentliche Verbesserung; demzufolge ist die Erneuerung Instandhaltungsaufwand, der nicht aktivierungsfähig ist. Bei einem Vergleich der jetzigen Veränderung mit dem einfachen kleinen Regen-

schutzdach hätte sich dagegen eine über den ursprünglichen Zustand hinausgehende wesentliche Verbesserung ergeben.

Bei Immobilien liegt eine wesentliche Verbesserung vor, wenn der Gebrauchswert des Gebäudes wesentlich erhöht wird. Hierbei ist von einem ordnungsgemäßen Zustand auszugehen, so dass Instandhaltungsrückstände bei der Beurteilung nicht einzubeziehen sind. Vielmehr muss es sich um eine über zeitgemäße substanzerhaltende Erneuerung hinausgehende Instandsetzungs- oder Modernisierungsmaßnahme handeln.

Zu einer wesentlichen Verbesserung zählen eine deutliche Erhöhung des Gebrauchswertes und die Schaffung einer erweiterten Nutzungsmöglichkeit für die Zukunft. Die erweiterte Nutzungsmöglichkeit kann zum einen in einer erheblichen Verlängerung der Nutzungsdauer liegen, wobei die Nutzungsdauer des Gebäudes bestimmende Bauteile (z. B. das Fundament) erneuert werden. Zum anderen kann die erweiterte Nutzungsmöglichkeit auch in einer wesentlichen zukunftsorientierten Umgestaltung (z. B. Entkernung eines Gebäudes mit einer anschließenden Neugestaltung) liegen. Von einer deutlichen Erhöhung des Gebrauchswertes ist auszugehen, wenn eine Standardverbesserung erfolgt. Hierbei kann eine Standardverbesserung

- von einem sehr einfachen auf einen mittleren Standard oder
- von einem mittleren auf einen sehr anspruchsvollen Standard

erfolgen.

Ein sehr einfacher Standard liegt vor, wenn die zentralen Ausstattungsmerkmale nur im nötigen Umfang oder in einem technisch überholten Zustand vorhanden sind. Ein mittlerer Standard besteht, wenn die zentralen Ausstattungsmerkmale durchschnittlichen und selbst höheren Ansprüchen genügen. Der sehr anspruchsvolle Standard beinhaltet nicht nur die optimale zweckmäßige Ausstattung, vielmehr kommt hierbei noch die Verwendung außergewöhnlich hochwertiger Materialien hinzu.

Die Standardverbesserung konkretisiert sich anhand von Verbesserungen bei zentralen Ausstattungsmerkmalen. Der Standard bezieht sich auf die Eigenschaften der Vermögensnutzung. Wesentliche Ausstattungsmerkmale bei Wohnungen sind vor allem Umfang und Qualität der Zentralgewerke Heizungs-, Sanitär- und Elektroinstallationen sowie der Fenster. Durch die Formulierung „vor allem" ist die Berücksichtigung anderer Gewerke als zentrale Ausstattungsmerkmale möglich. Denkbar sind hier ganzheitliche Wärmedämmungsmaßnahmen am Gebäude oder Erweiterung der Funktionalität einer vorhandenen Zentralheizung um eine Warmwasserbereitung. Fußböden und Türen gehören dagegen in der Regel nicht zu einer Verbesserung der zentralen Ausstattungsmerkmale.

Für die Aktivierung als Herstellungswerte im Rahmen der Standardverbesserung wird konkretisiert, dass eine Verbesserung von mindestens drei Bereichen der zentralen Ausstattungsmerkmale erfolgen muss oder in Verbindung mit einer aktivierungsfähigen Herstellungsmaßnahme mindestens zwei Bereiche der zentralen Ausstattungsmerkmale verbessert werden müssen. Der Bilanzierungsleitfaden für Baden-Württemberg zählt dabei folgende Ausstattungsmerkmale auf: Heizung, Sanitär, Elektroinstallation, Fenster, Dach, Fassade und zentrale Belüftung/Klimatisierung (siehe Nr. 2.3.2.2.2 des Leitfadens zur Bilanzierung).

Beispiel:
Die Gemeinde G ist Eigentümerin eines 1930 erbauten Verwaltungsgebäudes, an der seit 1980 keine größeren Renovierungen und Reparaturen mehr vorgenommen wurden. Teilweise sind Räumlichkeiten an kleinere Firmen vermietet. Die Gemeinde lässt das Gebäude renovieren. Hierbei wurden folgende Arbeiten durchgeführt: Neueindeckung des Daches, Austausch der Einfachverglasung gegen Isolierverglasung, Neuverputzung der Fassade mit ganzheitlicher Gebäudewärmedämmung, Erneuerung der Elektro- und Sanitäranlagen und Ersatz der Nachtspeicherheizungen durch eine Gaszentralheizung. Die Sanierungsaufwendungen stellen aufgrund der Verbesserung von mindestens drei Ausstattungsmerkmalen eine Standardverbesserung dar, die zu einer Aktivierungsfähigkeit der Sanierungskosten als Herstellungswerte führt.

Teilen sich Aufwendungen für Baumaßnahmen planmäßig über mehrere Haushaltsjahre auf („Sanierung in Raten"), wobei diese für sich jeweils noch keine wesentliche Verbesserung darstellen, bildet den Maßstab für die Aktivierungsfähigkeit die Gesamtmaßnahme. Führt diese insgesamt zu einer Hebung des Standards, liegt für die Gesamtmaßnahme eine Aktivierungsfähigkeit vor. Zeitlich ist von einer „Sanierung in Raten" auszugehen, wenn die Maßnahme innerhalb von drei Jahren durchgeführt wird.

10.2.3.3 Zusammentreffen von Herstellungs- und Erhaltungsaufwendungen

Fallen im Rahmen einer umfassenden Instandsetzungs- und Modernisierungsmaßnahme Arbeiten zur Erweiterung des Gebäudes bzw. über eine zeitgemäße substanzerhaltende Erneuerung hinausgehende Maßnahmen mit Erhaltungsarbeiten zusammen, sind die hierauf jeweils entfallenden Aufwendungen in Herstellungs- und Erhaltungsaufwendungen aufzuteilen. Dies gilt auch, wenn sie einheitlich in Rechnung gestellt wurden. Können diese nicht eindeutig anhand der Rechnung aufgeteilt werden, hat eine Schätzung zu erfolgen.

Aufwendungen, die mit beiden Aufwendungsarten im Zusammenhang stehen, z. B. eine für die Gesamtmaßnahme übertragene Bauleitung oder Aufwendungen für Absperrmaßnahmen durch Bauzäune, sind entsprechend dem Verhältnis von Herstellungs- und Erhaltungsaufwendungen diesen zuzuordnen.

Fallen Aufwendungen für eine Vielzahl von Einzelmaßnahmen an, die für sich genommen teilweise Herstellungs- und teilweise Erhaltungsaufwendungen darstellen, sind diese insgesamt als Herstellungskosten zu beurteilen, soweit die Arbeiten im engen sachlichen Zusammenhang stehen.

Ein sachlicher Zusammenhang in diesem Sinne liegt vor, wenn die einzelnen Baumaßnahmen – die sich auch über mehrere Jahre erstrecken können – bautechnisch ineinandergreifen. Ein bautechnisches Ineinandergreifen ist gegeben, wenn die Erhaltungsarbeiten

- Vorbedingung für die Schaffung des betriebsbereiten Zustands,

- Vorbedingung für die Herstellungsarbeiten oder
- durch bestimmte Herstellungsarbeiten veranlasst (verursacht) worden sind.

Beispiel 1:
Um einen Anbau an ein vorhandenes Verwaltungsgebäude vornehmen zu können, sind zunächst Ausbesserungsarbeiten an den Fundamenten des vorhandenen Gebäudes notwendig.

Beispiel 2:
Im Dachgeschoss eines mehrgeschossigen Wohngebäudes, das als Asylheim genutzt wird, werden erstmals Bäder eingebaut. Diese Herstellungsarbeiten machen das Verlegen von größeren Fallrohren bis zum Anschluss an das öffentliche Abwassernetz erforderlich. Die hierdurch entstandenen Aufwendungen sind ebenso wie die Kosten für die Beseitigung der Schäden, die durch das Verlegen der größeren Fallrohre in den Badezimmern der darunter liegenden Stockwerke entstanden sind, den Herstellungswerten zuzurechnen.

Von einem bautechnischen Ineinandergreifen ist nicht allein deswegen auszugehen, weil solche Herstellungsarbeiten zum Anlass genommen werden, auch sonstige anstehende Renovierungsarbeiten vorzunehmen. Allein die gleichzeitige Durchführung der Arbeiten, z. B. um die mit den Arbeiten verbundenen Unannehmlichkeiten abzukürzen, reicht für einen solchen sachlichen Zusammenhang nicht aus. Ebenso wird ein sachlicher Zusammenhang nicht dadurch hergestellt, dass die Arbeiten unter dem Gesichtspunkt der rationellen Abwicklung eine bestimmte zeitliche Abfolge der einzelnen Maßnahmen erforderlich machen, die Arbeiten aber ebenso unabhängig voneinander hätten durchgeführt werden können.

Beispiel 1:
Wie das vorherige Beispiel, jedoch werden die Arbeiten in den Bädern der übrigen Stockwerke zum Anlass genommen, diese Bäder vollständig neu zu verfliesen und neue Sanitäranlagen einzubauen. Diese Modernisierungsarbeiten greifen mit den Herstellungsarbeiten (Verlegung neuer Fallrohre) nicht bautechnisch ineinander. Die Aufwendungen führen daher zu Erhaltungsaufwendungen. Die einheitlich in Rechnung gestellten Aufwendungen für die Beseitigung der durch das Verlegen der größeren Fallrohre entstandenen Schäden und für die vollständige Neuverfliesung sind dementsprechend in Herstellungs- und Erhaltungsaufwendungen aufzuteilen.

Beispiel 2:
Durch das Aufsetzen einer Dachgaube wird die nutzbare Fläche des Gebäudes geringfügig vergrößert. Diese Maßnahme wird zum Anlass genommen, gleichzeitig das alte, schadhafte Dach neu einzudecken. Die Erneuerung der gesamten Dachziegel steht insoweit nicht in einem bautechnischen Zusammenhang mit der Erweiterungsmaßnahme. Die Aufwendungen für Dachziegel, die zur Deckung

der neuen Gauben verwendet werden, sind Herstellungswerte, die Aufwendungen für die übrigen Dachziegel sind Erhaltungsaufwendungen.

Beispiel 3:
Aufgrund der Erweiterung einer Feuerwache erhält das Gebäude zusätzliche Fenster. Hiermit verbunden wird die Einfachverglasung der bereits vorhandenen Fenster durch Isolierverglasung ersetzt. Die Erneuerung der bestehenden Fenster ist nicht durch die Erweiterungsmaßnahme und das Einsetzen der zusätzlichen Fenster veranlasst, greift daher bautechnisch nicht mit diesen Maßnahmen ineinander. Nur die Kosten für die zusätzlichen Fenster stellen Herstellungsaufwendungen dar. Die auf die Fenstererneuerung entfallenden Aufwendungen stellen dagegen Erhaltungsaufwendungen dar.

10.2.3.4 Übungen

Sachverhalt Nr. 6 (Erweiterung eines Vermögensgegenstandes)

Finanzvorfälle	
1.	Anbringen einer zusätzlichen Verkleidung zu Wärme- und Schallschutz-zwecken an einer Schule
2.	Ersatz eines Flachdaches durch ein Spitzdach, wodurch eine zusätzliche Nutzfläche geschaffen wird
3.	Erweiterung der Funktionalität einer Zentralheizungsanlage um eine Warmwasserbereitung
4.	Erstmaliger Einbau einer Alarmanlage
5.	Anbau eines Balkons
6.	Ersatz eines Flachdaches durch ein Satteldach; die nutzbare Fläche bzw. die Nutzungsmöglichkeit wird nicht erweitert
7.	Erweiterung des Gebäudes um einen Windfang-Vorbau
8.	Vergrößern eines bereits vorhandenen Fensters
9.	Im Rathaus wird erstmalig ein Kamin eingebaut
10.	Versetzen von einigen Wänden für neue Raumzuschnitte des Amtsleiter- und Vorzimmerbüros
11.	Zur Vermeidung von Wasserschäden durch Niederschläge an der rissigen Fassade einer Kindertagesstätte wird die Wandfläche mit einer einfachen Dachüberbauung geschützt

Aufgabe:
Beurteilen Sie, ob es sich um Herstellungsaufwand (= Herstellungswert) oder Erhaltungsaufwand handelt.

Lösungen:
1. Grundsätzlich stellt dies Erhaltungsaufwand dar, da keine Substanzmehrung entsteht. Es handelt sich vielmehr um die Anpassung an den aktuellen bautechnischen

Standard. Eine Ausnahme könnte lediglich darin bestehen, dass für die Verkleidung besonders hochwertige Materialien verwendet wurden.
2. Aufgrund der Schaffung einer zusätzlichen Nutzfläche handelt es sich um Substanzmehrung, so dass Herstellungsaufwand vorliegt.
3. Die Erweiterung der Funktionalität einer Zentralheizungsanlage um eine Warmwasserbereitung stellt Erhaltungsaufwand dar, da keine Substanzmehrung entsteht. Es handelt sich vielmehr um die Anpassung an den aktuellen Ausstattungsstandard.
4. Der Einbau einer Alarmanlage stellt eine Substanzmehrung dar, so dass Herstellungsaufwand vorliegt.
5. Der Anbau eines Balkons stellt eine Substanzmehrung dar, so dass Herstellungsaufwand vorliegt.
6. Durch den Wechsel von einem Flachdach auf ein Satteldach allein entsteht nur Erhaltungsaufwand. Da keine Erweiterung der Fläche oder Nutzungsmöglichkeit vorliegt, stellt dies keine Substanzmehrung dar.
7. Ein Windfang-Vorbau stellt eine Substanzmehrung am Gebäude dar, so dass Herstellungsaufwand vorliegt.
8. Die Vergrößerung eines Fensters bedingt keine Substanzmehrung, so dass Erhaltungsaufwand vorliegt.
9. Der Einbau eines Kamins stellt eine Substanzmehrung dar, so dass Herstellungsaufwand vorliegt.
10. Das Versetzen von Wänden für neue Raumzuschnitte stellt keine Substanzmehrung dar, es handelt sich somit um Erhaltungsaufwand.
11. Die Dachüberbauung erfolgte lediglich zu dem Zweck, die rissige Fassade vor möglichen Wasserschäden zu schützen. Der neue Gebäudebestandteil hat keinerlei eigene Funktion, sondern erfüllt lediglich die Funktion des bisherigen Gebäudebestandteils als Ergänzung in vergleichbarer Weise

Sachverhalt Nr. 7
(über den ursprünglichen Zustand hinausgehende Verbesserungen)

Finanzvorfälle	
1.	Es werden unterlassene Instandhaltungen an einem Schulgebäude nachgeholt (Fassadenausbesserung, Prüfung und Reparatur sämtlicher Fenster, neuer Anstrich, Austausch defekt gewordener Sanitäranlagen).
2.	Der einfach geputzte Vorbau des Rathauses wird zur Verbesserung des Erscheinungsbildes durch eine Marmor-Aluminium-Glaskonstruktion ersetzt.
3.	Im Rahmen der Nachholung versäumter Instandhaltungsmaßnahmen werden die Nachspeicherheizungen durch eine Zentralheizung ersetzt. Des Weiteren werden die sanitären Anlagen durchgängig modernisiert. Die noch zweiphasigen Elektroinstallationen werden durch dreiphasige Installationen ersetzt. Außerdem werden die einfachverglasten Fenster durch Isolierfenster ersetzt. Der Mietwert der städtischen Immobilie kann um vier Euro je qm erhöht werden.
4.	Ein marodes Fundament wird durch ein Neues ersetzt; die Lebensdauer des Gebäudes erhöht sich hierdurch um 20 Jahre.

Finanzvorfälle	
5.	Um die veränderten gesetzlichen Anforderungen an die Raumgrößen für Kindertageseinrichtungen zu erfüllen, werden zahlreiche Wände in der Kita entfernt und die Gruppenräume baulich völlig neu gestaltet.
6.	Ein Verwaltungsgebäude aus den 1960er Jahren wird entkernt und völlig mit Einzelbüros und Allraumflächen (großzügig angelegter Besucherbereich) bürgerorientiert gestaltet
7.	Das baulich sehr einfach erstellte Rathaus aus den 1950er Jahren erfährt im Rahmen der erstmaligen Instandsetzung durch Einbau hochwertiger Materialien eine aufwendige Grundsanierung.
8.	Im Rahmen eines Schulanbaus an eine Schule aus den 1950er Jahren werden am alten Gebäude die einfachverglasten Fenster durch Isolierfenster sowie sämtliche zweiphasigen Elektroinstallationen durch dreiphasige Installationen ersetzt.

Aufgabe:
Beurteilen Sie, ob es sich um Herstellungswerte oder Erhaltungsaufwand handelt.

Lösungen:
1. Selbst ein quantitativ gehäuft anfallender Erhaltungsaufwand stellt keine über den ursprünglichen Zustand hinausgehende Verbesserung dar, so dass Erhaltungsaufwand vorliegt.
2. Aufgrund hochwertiger Materialien und einer besonderen baulichen Gestaltung liegt eine wesentliche Verbesserung gegenüber dem ursprünglichen Zustand vor, so dass es sich um Herstellungsaufwand handelt.
3. Durch die Verbesserung von mehr als drei zentralen Ausstattungsmerkmalen hat sich eine Standardverbesserung ergeben. Hierdurch sind die erfolgten Sanierungsmaßnahmen als Herstellungswerte aktivierungsfähig
4. Es wurden für die Lebensdauer des Gebäudes bestimmende Bauteile erneuert. Die Lebensdauer wurde deutlich erhöht, so dass hierdurch Herstellungsaufwand entstanden ist.
5. Aufgrund der Neugestaltung im Rahmen der Anpassung an gesetzliche Raumgrößen liegt eine wesentliche Verbesserung über den ursprünglichen Zustand hinaus vor. Es ist somit Herstellungsaufwand entstanden.
6. Durch die Entkernung des Gebäudes und der räumlichen Neugestaltung liegt eine wesentliche Verbesserung vor, so dass Herstellungsaufwand entstanden ist.
7. Durch den Einbau hochwertiger Materialien, die nicht nur Anforderungen hinsichtlich der Zweckmäßigkeit erfüllen, ergibt sich eine wesentliche Verbesserung des sehr einfach erstellten Rathauses, so dass die Instandsetzungsmaßnahme aktivierungsfähig ist.
8. Im Rahmen des Schulanbaus erfolgt eine Herstellungsmaßnahme. Daneben erfolgen durch zwei weitere zentrale Gewerke Verbesserungen der Ausstattungsstandards. Für die Aktivierung als Herstellungswerte im Rahmen der Standardverbesserung gilt, dass in Verbindung mit einer aktivierungsfähigen Herstellungsmaßnahme mindestens zwei Bereiche der zentralen Ausstattungsmerkmale verbessert werden müssen. Demnach ist die gesamte Maßnahme als Herstellungswert aktivierbar.

Sachverhalt Nr. 8
(Zusammentreffen von Herstellungskosten und Erhaltungsaufwendungen)

Finanzvorfälle	
1.	Im Rahmen der Schulbausanierung entstehen Kosten von 1 Mio. €. Das beauftragte Unternehmen erstellt eine Rechnung i. H. v. 1 Mio. €, obwohl die Auftragskalkulation des Hochbauamtes neben dem überwiegenden Sanierungsaufwand auch Kosten für einen Anbau in Höhe von 200.000 € vorsah.
2.	Zwei Gebäude eines Schulzentrums werden durch einen Verbindungstrakt für 300.000 € erweitert, hierzu sind Ausbesserungsarbeiten i. H. v. 50.000 € am bestehenden Fundament der beiden Gebäude erforderlich.
3.	Im Verwaltungsgebäude werden in den Obergeschossen für 50.000 € erstmalig Besuchertoiletten eingerichtet. Hierzu ist es erforderlich, größere Fallrohre in der bestehenden Besuchertoilette im Erdgeschoss zu verlegen. Hierfür werden 2.000 € in Rechnung gestellt; des Weiteren werden 3.000 € fällig, um im Rahmen der Verlegung des Fallrohrs entstandene Schäden in der bestehenden Besuchertoilette zu beseitigen.
4.	Gleicher Sachverhalt wie zuvor; zusätzlich wird die Besuchertoilette im Erdgeschoss für 7.000 € durch Neuverfliesung und neue Sanitäranlagen modernisiert.
5.	Es ist erforderlich, ein Schuldach neu einzudecken. Im Rahmen dieser Maßnahme wird eine Solaranlage installiert. Die Gesamtrechnung lautet auf 19.000 €, wobei 10.000 € auf die Installation der Solaranlage fallen.
6.	Im Rahmen einer Schulbauerweiterung wird der Einbau von sechs neuen Fenstern erforderlich. Gleichzeitig werden die 18 aus Einfachverglasung bestehenden Fenster gleicher Art und Größe des Altbaus durch Fenster mit Isolierverglasung ausgetauscht. Die Rechnung beträgt insgesamt 12.000 €.

Aufgabe:
Ermitteln Sie die aktivierungsfähigen Herstellungswerte und die ergebniswirksamen Erhaltungsaufwendungen und begründen Sie Ihre Entscheidung.

Lösungen:
1. Eine gemeinsame Rechnung für Erhaltungs- und Herstellungsaufwand ist sachgerecht zu trennen. Hier waren für den Anbau 200.000 € Herstellungswerte vorgesehen, so dass diese entsprechend zu buchen sind. Die restlichen 800.000 € stellen Erhaltungsaufwand dar.
2. Die Ausbesserungsarbeiten am Fundament sind durch den Neubau begründet, es besteht somit ein unmittelbarer bautechnischer Zusammenhang mit der Herstellungsmaßnahme. Die 350.000 € stellen daher insgesamt Herstellungsaufwand dar.
3. Die entstandenen Schäden sind durch die Neuinstallation bedingt, es besteht somit ein unmittelbarer bautechnischer Zusammenhang des Erhaltungsaufwands mit der Herstellungsmaßnahme. Die 55.000 € stellen somit insgesamt Herstellungsaufwand dar.
4. Hier steht der Erhaltungsaufwand nicht im unmittelbaren bautechnischen Zusammenhang mit der Herstellungsmaßnahme, so dass die 7.000 € Erhaltungsaufwand darstellen, und es bei 55.000 € Herstellungsaufwand bleibt.

5. Das Eindecken des Daches steht nicht im unmittelbaren bautechnischen Zusammenhang mit der Herstellungsmaßnahme einer Solaranlage, so dass die 9.000 € für das Eindecken des Daches Erhaltungsaufwand und die 10.000 € für die Substanzmehrung um eine Solaranlage Herstellungsaufwand darstellen.
6. Die Fenster für die Schulbauerweiterung stellen Herstellungsaufwand in Höhe von 3000 € dar. Der Austausch der vorhandenen Fenster stellt eine Anpassung an den aktuellen bautechnischen Standard dar, eine Substanzmehrung bzw. eine Verbesserung über den ursprünglichen Zustand hinaus liegt somit nicht vor. Der Austausch der vorhandenen Fenster ist auch nicht unmittelbar durch die Schulbauerweiterung und dem dortigen Fenstereinbau bedingt. Die 9.000 € für den Fensteraustausch stellen somit Erhaltungsaufwand dar.

10.2.4 Bilanzierungsgrundsätze

§ 77 Abs. 3 GemO bestimmt, dass die Haushaltswirtschaft nach den Grundsätzen ordnungsmäßiger Buchführung im Rechnungsstil der doppelten Buchführung zu führen ist. Das neue kommunale Haushaltsrecht nimmt also die handelsrechtlichen Grundsätze der ordnungsmäßigen Buchführung und den Rechnungsstil der doppelten Buchführung (Doppik) in Bezug, modifiziert und ergänzt sie mit dem Ziel, die Erforderlichkeiten eines öffentlichen kommunalen Haushalts- und Rechnungswesens zum ordentlichen Nachweis der den Kommunen auf gesetzlicher Grundlage überantworteten öffentlichen Finanzmittel (insbesondere der Steuern und der anderen Abgaben) zu erfüllen. Die weiteren Einzelheiten sind in der GemHVO geregelt.

10.2.4.1 Bilanzidentität

Nach § 43 Abs. 1 Nr. 1 GemHVO müssen die im Rahmen eines Jahresabschlusses ermittelten Bilanzansätze immer mit den Bilanzansätzen zu Beginn des folgenden Haushaltsjahres übereinstimmen. Hieraus ergibt sich die Verpflichtung, die formelle Übereinstimmung (Bilanzposten) sowie die materielle Übereinstimmung (Bilanzwerte) sicherzustellen.

10.2.4.2 Einzelbewertung

Nach § 43 Abs. 1 Nr. 2 GemHVO sind Vermögensgegenstände grundsätzlich einzeln zu erfassen und zu bewerten. Ausnahmen hiervon ergeben sich aus folgenden Vereinfachungsverfahren:

- Festwertbewertung[15] nach § 37 Abs. 2 GemHVO und
- Gruppenbewertung[16] nach § 37 Abs. 3 GemHVO.

15 Siehe ausführlich Kap. 10.1.2.
16 Siehe ausführlich Kap. 10.1.3.

10.2.4.3 Wirklichkeitsprinzip

Nach § 43 Abs. 1 Nr. 3 GemHVO gilt für das Vermögen, dass im Rahmen des Wirklichkeitsprinzips die Bewertung realistisch unter Berücksichtigung aller vorhersehbaren Wertminderungen, die bis zum Abschlusstag entstanden sind, durchgeführt werden muss. Dies gilt im Rahmen der Wertaufhellung auch dann, wenn die bis zum Abschlusstag entstandenen Wertminderungen erst zwischen dem Abschlussstichtag und dem Tag der Aufstellung des Jahresabschlusses bekanntgeworden sind. Es gilt nicht das strenge Niederstwertprinzip des Handelsrechts, nach dem nur der geringste Wert angesetzt werden darf.

Beispiel:
Die Gemeinde G unterhält für ihre Fahrzeuge auf dem Betriebshof eine eigene Tankstelle. Aufgrund des geänderten Dollarkurses sind die Preise für Benzin erheblich gesunken. Im Rahmen der Bilanzierung hat die Gemeinde G den am Abschlusstag bestehenden wirklichen Wert des Benzins zu berücksichtigen.

Dagegen gilt für Wertsteigerungen, dass diese am Abschlussstichtag realisiert sein müssen. Im Rahmen des Anschaffungswertprinzips bilden die Anschaffungswerte, insbesondere bei Zuschreibungen, wertmäßig die Obergrenze für den Bilanzansatz.

Beispiel:
Gleicher Sachverhalt wie beim vorherigen Beispiel. Bei der Bilanzierung im Folgejahr liegt der Wert für Benzin am Abschlusstag jedoch weit über den Anschaffungswerten. Aufgrund des Anschaffungswertprinzips kann der Bilanzansatz nur bis zur Höhe des Wertes der Anschaffung erfolgen. Darüber hinausgehende Wertsteigerungen dürfen nicht im Bilanzansatz berücksichtigt werden, da sie noch nicht realisiert sind.

Regelungen für den Schuldenbereich wurden im Gesetzestext nicht getroffen. Hier gilt im Rahmen des Wirklichkeitsprinzips das Höchstwertprinzip, wonach die höchstmögliche Schuldverpflichtung zu berücksichtigen ist.

Beispiel:
Die Gemeinde G hat aufgrund des stabilen Wechselkurses des Schweizer Franken zum Euro und der günstigen Zinskonditionen in der Schweiz ein Kommunaldarlehen in Schweizer Franken aufgenommen. Der Wechselkurs des Euro zum Schweizer Franken verschlechtert sich erheblich. Danach muss die Gemeinde G in ihrer Bilanz auf der Grundlage des verschlechterten Wechselkurses einen höheren Stand seiner Kreditverbindlichkeiten ausweisen.

Des Weiteren gehört inhaltlich zum Wirklichkeitsprinzip, dass nur realisierte Erträge ausgewiesen werden dürfen (Realisationsprinzip).

Beispiel:
Eine ertragswirksame Buchung von Gebühren kann erst nach dem Realisationakt der Bescheidversendung erfolgen.

Andererseits sind bereits für wahrscheinlich entstehende Verpflichtungen Rückstellungen zu bilden (Imparitätsprinzip).

Beispiel:
Eine Gebührensatzung der Gemeinde A wurde in letzter Instanz für nichtig erklärt, weil in der Kalkulation der Gebühren bestimmte Kosten nicht ansatzfähig sind. Die zuviel erhobenen Gebühren hat die Gemeinde A den Gebührenzahlern zu erstatten. Die Gemeinde G hat die gleichen Kosten in seiner Kalkulation berücksichtigt. Es ist wahrscheinlich, dass in einem Klageverfahren auch die Gebührensatzung der Gemeinde G für nichtig erklärt wird und eine Gebührenerstattung erfolgen muss. Aufgrund dieser wahrscheinlich entstehenden Verpflichtung hat die Gemeinde G in Höhe der zu erstattenden Gebühren einen Betrag in die Rückstellung „Gebührenausgleich" einzustellen.

10.2.4.4 Periodisierungsprinzip

Nach §§ 10 Abs. 1 Satz 1, 43 Abs. 4 GemHVO sind im Haushaltsjahr die entstandenen Aufwendungen und erzielten Erträge unabhängig von den Zeitpunkten der entsprechenden Zahlung im Haushaltsplan und im Jahresabschluss zu berücksichtigen.[17]

10.2.4.5 Stetigkeit der Bewertungsmethode

Nach § 43 Abs. 1 Nr. 5 GemHVO sollen die auf den vorhergehenden Jahresabschluss angewandten Bewertungsmethoden beibehalten werden. Das bedeutet, dass die einmal im Rahmen der Abschreibungsplanung bei der Anschaffung oder Herstellung festgelegten Bewertungs- und Abschreibungsmethoden für jeden Vermögensgegenstand grundsätzlich bindend sind. Ein späterer Wechsel der festgelegten Methoden ist ohne besonderen Grund nicht zulässig. Die Stetigkeit der Bewertungsmethode gilt auch für die im NKHR vorgesehene kommunale Abschreibungstabelle. Von der „amtlichen" Abschreibungstabelle kann mit einer Begründung, die im Anhang zum Jahresabschluss dokumentiert wird, abgewichen werden.

10.2.4.6 Vollständigkeit

Nach den Grundsätzen ordnungsmäßiger Buchführung sind im Rahmen der Bilanzierung grundsätzlich sämtliche Vermögensgegenstände, Schulden Rückstellungen

17 Das Periodisierungsprinzip wird in Kap. 22 („Jahresabschluss") dargestellt.

und Rechnungsabgrenzungsposten zu bilanzieren (§ 95 Abs. 1 Satz 3 GemO, § 40 Abs. 1 GemHVO). Maßstab für die Vermögensbilanzierung ist, dass der Kommune das wirtschaftliche Eigentum zu zurechnen ist. Einschränkungen hinsichtlich des Vollständigkeitsgrundsatzes ergeben sich nur auf der Grundlage der Ausübung von eingeräumten Wahlrechten[18] oder Bilanzierungsverboten (z. B. selbst geschaffenes immaterielles Vermögen nach § 40 Abs. 3 GemHVO).

10.2.4.7 Saldierungsverbot

Nach § 40 Abs. 2 GemHVO sowie dem speziellen Regelungsinhalt des § 40 Abs. 4 GemHVO zu Zuwendungen und Beiträge für Investitionen dürfen die Werte der Vermögensgegenstände nicht mit erhaltenen Investitionsförderungen (aktivische Minderung), erhaltenen Beiträgen oder selbstständig zu bewertenden Schulden verrechnet werden. Weiterhin dürfen nach § 10 Abs. 2 GemHVO Erträge und Aufwendungen nicht miteinander verrechnet werden. Rückzahlungen nach § 16 Abs. 1, 2 und 3 GemHVO bleiben davon unberührt.

10.2.4.8 Stichtagsprinzip

Die Bilanzierung und Bewertung richtet sich nach den Verhältnissen zu einem bestimmten Zeitpunkt, dem Abschlusstag (= 31. Dezember). Alle an diesem Tag der zum wirtschaftlichen Eigentum der Gemeinde gehörenden Vermögensgegenstände, die Schulden und die Rückstellungen sind zu bilanzieren (§ 95 Abs. 1 Satz 1 GemO). Der Jahresabschluss – und damit auch die Bilanz – ist innerhalb von sechs Monaten, ein eventueller Gesamtabschluss nach neuen Monaten nach Ende des Haushaltsjahres aufzustellen (also bis zum 31. Juni bzw. 30. September des nächsten Jahres; § 95 b Abs. 1 Satz 1 GemO). Also wird die Bilanz tatsächlich erst nach dem Abschlusstag aufgestellt. Sie muss aber den Stand zum 31. Dezember des betreffenden Haushaltsjahres darstellen.

10.2.4.9 Fortführungsprinzip (Going-Concern-Prinzip)

Bei der Bewertung der Vermögensgegenstände ist zu unterstellen, dass die Tätigkeit der Gemeinde fortgesetzt wird. Dieser für das Handelsrecht in § 252 Abs. 1 Nr. 2 HGB ausdrücklich vorgeschriebene Grundsatz ergibt sich für die Gemeinde bereits aus der im Grundgesetz abgesicherten kommunalen Selbstverwaltung, die den Fortbestand der Gemeinden und damit ihrer Tätigkeit gewährleistet.

18 Z. B. für die erste Eröffnungsbilanz nach § 62 GemHVO.

10.3 Die Posten der kommunalen Bilanz

Bei der Darstellung der kommunalen Bilanz in Baden-Württemberg hat man auf die Vermögenstrennung der Aktivseite verzichtet.[19] Dies führt dazu, dass sowohl Verwaltungs- als auch realisierbares Vermögen mit Anschaffungs- und Herstellungskosten bewertet wird. Die Vermögensstruktur auf der Aktivseite unterscheidet sich von der Bilanz nach HBG, da nicht nach Anlage- und Umlaufvermögen direkt unterschieden wird.

10.3.1 Grundstrukturen einer Bilanz

10.3.1.1 Grundstruktur einer HGB-Bilanz nach § 266 HGB

Aktiva — Bilanz	Passiva
A. Anlagevermögen[20]	A. Eigenkapital
I. Immaterielle Vermögensgegenstände	I. Gezeichnetes Kapital
II. Sachanlagen	II. Kapitalrücklage
III. Finanzanlagen	III. Gewinnrücklagen
B. Umlaufvermögen[21]	IV. Gewinnvortrag/Verlustvortrag
I. Vorräte	V. Jahresüberschuss/Jahresfehlbetrag
II. Forderungen und sonstige Vermögensgegenstände	B. Rückstellungen
III. Wertpapiere	C. Verbindlichkeiten
IV. Kassenbestand, Bundesbankguthaben, Guthaben bei Kreditinstituten und Schecks	
C. Rechnungsabgrenzungsposten	D. Rechnungsabgrenzungsposten
Bilanzsumme	Bilanzsumme

10.3.1.2 Grundstruktur einer NKHR-Bilanz ohne Vermögenstrennung nach § 52 Abs. 3 und 4 GemHVO

Aktiva — Bilanz ohne Vermögenstrennung	Passiva
1.1 Immaterielles Vermögen	1. Eigenkapital
1.2 Sachvermögen	2. Sonderposten
1.3 Finanzvermögen	3. Rückstellungen
2. Aktive Rechnungsabgrenzung	4. Verbindlichkeiten
3. Nettoposition	5. Passive Rechnungsabgrenzung
Bilanzsumme	Bilanzsumme

19 Siehe § 52 Abs. 3 GemHVO.

20 Beim Anlagevermögen sind nur die Gegenstände auszuweisen, die bestimmt sind, dauernd dem Geschäftsbetrieb zu dienen (§ 247 Abs. 2 HGB).

21 Zum Umlaufvermögen gehören die Wirtschaftsgüter, die nicht zum Anlagevermögen gehören, also die zur Veräußerung, Verarbeitung oder zum Verbrauch angeschafft oder hergestellt worden sind, insbesondere Roh-, Hilfs- und Betriebsstoffe, eigene Erzeugnisse und liquide Mittel.

10.3.1.3 Mindestgliederung der kommunalen Musterbilanz nach § 52 GemHVO

Bilanz (Muster 15): Bilanz ohne Vermögenstrennung

Bilanz der Gemeinde zum

Aktiva	Vorjahr -Euro-	Haushaltsjahr -Euro-	**Passiva**	Vorjahr -Euro-	Haushaltsjahr -Euro-
1. Vermögen[1)]			**1. Eigenkapital**		
1.1 Immaterielle Vermögensgegenstände			**1.1 Basiskapital**		
1.2 Sachvermögen			**1.2 Rücklagen**		
1.2.1 Unbebaute Grundstücke und grundstücksgleiche Rechte 1.2.2 Bebaute Grundstücke und grundstücksgleiche Rechte 1.2.3 Infrastrukturvermögen 1.2.4 Bauten auf fremden Grundstücken 1.2.5 Kunstgegenstände, Kulturdenkmäler 1.2.6 Maschinen und technische Anlagen; Fahrzeuge 1.2.7 Betriebs- und Geschäftsausstattung 1.2.8 Vorräte 1.2.9 Geleistete Anzahlungen, Anlagen in Bau			1.2.1 Rücklagen aus Überschüssen des ordentlichen Ergebnisses 1.2.2 Rücklagen aus Überschüssen Sonderergebnisses 1.2.3 Zweckgebundene Rücklagen **1.3 Fehlbeträge des ordentlichen Ergebnisses** 1.3.1 Fehlbeträge aus Vorjahren 1.3.2 Jahresfehlbetrag, soweit eine Deckung im Jahresabschluss durch Entnahme aus den Ergebnisrück-lagen nicht möglich ist		
1.3 Finanzvermögen 1.3.1 Anteile an verbundenen Unternehmen 1.3.2 Sonstige Beteiligungen und Kapital-Einlagen in Zweckverbänden, Stiftungen und anderen kommunalen Zusammenschlüssen 1.3.3 Sondervermögen 1.3.4 Ausleihungen 1.3.5 Wertpapiere 1.3.6 Öffentlich-rechtliche Forderungen, Forderungen aus Transferleistungen 1.3.7 Privatrechtliche Forderungen 1.3.8 liquide Mittel			**2. Sonderposten** 2.1 für Investitionszuweisungen 2.2 für Investitionsbeiträge 2.3 für Sonstige **3. Rückstellungen** 3.1 Lohn- und Gehaltsrückstellungen 3.2 Unterhaltsvorschussrückstellungen 3.3. Stilllegungs- und Nachsorgerückst. für Abfalldeponien 3.4 Gebührenüberschussrückstellungen 3.5 Altlastensanierungsrückstellungen 3.6 Rückstellungen aus drohenden Verpflichtungen aus Bürgschaften, Gewährleistungen 3.7 Sonstige Rückstellungen		
2. Abgrenzungsposten 2.1 Aktive Rechnungsabgrenzungsposten 2.2 Sonderposten für geleistete Investitionszuschüsse **3. Nettoposition (nicht gedeckter Fehlbetrag)**			**4. Verbindlichkeiten** 4.1 Anleihen 4.2 Verbindlichkeiten aus Kreditaufnahmen 4.3 Verbindlichkeiten, die Kreditaufnahmen wirtschaftlich gleichkommen 4.4 Verbindlichkeiten aus Lieferungen und Leistungen 4.5 Verbindlichkeiten aus Transferleistung 4.6 Sonstige Verbindlichkeiten		
			5. Passive Rechnungsabgenzungsposten		
Bilanzsumme			**Bilanzsumme**		
Unterschrift			...		
Ort ..., Datum ...			Bürgermeisterin/Bürgermeister		

10.3.2 Aktiv-Seite der Bilanz

10.3.2.1 Begriffe, allgemeine Grundlagen

10.3.2.1.1 Vermögensgegenstand

Das Haushaltsrecht orientiert sich am kaufmännischen Begriff des Vermögensgegenstandes für den es keine gesetzliche Definition und auch keine einheitliche Begriffsbestimmung gibt. Einigkeit besteht hinsichtlich der folgenden Merkmale für die Bestimmung als Vermögensgegenstand:

a) Nur Güter mit einem wirtschaftlichen Wert stellen einen Vermögensgegenstand dar.
b) Nach den Grundsätzen ordnungsmäßiger Buchführung – Prinzip der Einzelerfassung bzw. -bewertung – müssen Vermögensgegenstände einzeln verwertbar (veräußerbar) sein.
c) Es muss tatsächliche Verfügungsmacht ausgeübt werden können (wirtschaftliches Eigentum), d. h. dass die Möglichkeit besteht, Dritte auf Dauer von der Nutzung ausschließen zu können.

Der Begriff Vermögensgegenstand umfasst sowohl körperliche Gegenstände (Sachen i. S. d. § 90 BGB) als auch immaterielle Werte. Keine Vermögensgegenstände sind die Bilanzierungshilfen:

- Aufwendungen für die Ingangsetzung und Erweiterung des Geschäftsbetriebs (§ 269 HGB),
- aktive Steuerabgrenzung (§ 274 Abs. 2 HGB),
- Ausgleichsbetrag nach dem Altfahrzeug-Gesetz (Art. 53 Abs. 2 EGHGB).

Auch die aktiven Rechnungsabgrenzungsposten (§ 48 Abs. 1 GemHVO) gehören nicht zu den Vermögensgegenständen.[22]

10.3.2.1.2 Wirtschaftliches Eigentum

Ein Vermögensgegenstand ist nach § 37 Abs. 1 GemHVO bei der Inventur zu erfassen und im Inventar auszuweisen, wenn die Kommune wirtschaftlicher Eigentümer (in sinngemäßer Anwendung des § 39 AO) ist. Hiermit werden auch im Sinne der Abbildung des Ressourcenverbrauchs analog zum kaufmännischen Rechnungswesen die tatsächlichen wirtschaftlichen Verhältnisse zugrunde gelegt. Wirtschaftliches Eigentum liegt vor, wenn eine eigentumsähnliche wirtschaftliche Sachherrschaft über einen Vermögensgegenstand besteht, wodurch ermöglicht wird, Dritte auf Dauer von der Nutzung auszuschließen.

Der Übergang des wirtschaftlichen Eigentums ist durch den Übergang der Verfügungsmacht sowie von Gefahren und Lasten auf den Erwerber gekennzeichnet.

Zumeist fallen rechtliches und wirtschaftliches Eigentum zusammen.

22 Beck'scher Bilanz-Kommentar, 11. Aufl., München, 2018, § 250.

Abweichungen können sich jedoch insbesondere bei Sicherungsübereignung, Eigentumsvorbehalt und Übereignung zu treuen Händen ergeben. Des Weiteren ergeben sich bei Leasing unterschiedliche Zuordnungskonstellationen (siehe Kap. 10.3.2.1.4).

Beispiel 1:
Zur Sicherung eines Arbeitnehmerdarlehens übereignet der Mitarbeiter der Kommune sein Pferd. Privatrechtlich gehört das Pferd der Kommune. Es verbleibt jedoch im Besitz des Mitarbeiters, der eine eigentumsähnliche Sachherrschaft (Nutzung, Pflege, Verfügungsgewalt) ausübt. Das wirtschaftliche Eigentum am Pferd liegt jedoch beim Arbeitnehmer und wird demnach nicht aktiviert.

Beispiel 2:
Beim Erwerb von Büro- und Geschäftsausstattung liefert die beauftragte Firma unter Eigentumsvorbehalt. Zivilrechtlich gehört die Büro- und Geschäftsausstattung bis zur Bezahlung noch dem Verkäufer, sind jedoch schon mit Übergang von Gefahren und Lasten wirtschaftlich dem Käufer zuzurechnen. Aufgrund des wirtschaftlichen Eigentums ist der Erwerb mit der Lieferung zu aktivieren.

Beispiel 3:
Die Stadt errichtet auf eigene Kosten auf einem gepachteten Grundstück ein Asylheim. Sie hat das Recht, das Gebäude jederzeit baulich zu verändern und wieder abzureißen. Sie trägt auch den Werteverzehr des Gebäudes. Nach § 94 BGB ist das Asylheim ein wesentlicher Bestandteil des Grundstücks, so dass es zivilrechtlich dem Grundstückseigentümer zuzuordnen ist. Wirtschaftlich übt die Kommune sämtliche eigentumsähnliche Rechte aus, so dass sie wirtschaftlicher Eigentümer (Bilanzposten: Gebäude auf fremdem Grund und Boden) ist. Demnach hat eine Aktivierung in der kommunalen Bilanz zu erfolgen.

10.3.2.1.3 Selbstständige Verwertbarkeit

Die selbstständige Verwertbarkeit knüpft an die Schuldendeckungsfähigkeit an. Danach ist ein Vermögensgegenstand selbstständig verwertbar, wenn er ohne weitergehende Bearbeitung in seinem bestehenden Zustand durch Veräußerung, Belastung oder Nutzung gegenüber Dritten in Liquidität umgewandelt werden kann.

Nicht selbstständig verwertbare Gegenstände werden demnach den zugehörigen und für eine Verwertung notwendigen Bestandteilen zugeordnet.

Beispiel 1:
Die Drehleiter als Bestandteil eines Drehleiterfahrzeuges ist ohne Ausbau nicht zu verkaufen. Demnach wird das Drehleiterfahrzeug einschließlich der Drehleiter als Vermögensgegenstand erfasst.

Beispiel 2:
Anders ist dies bei der Beladung mit feuerwehrtechnischen Geräten bei einem Löschfahrzeug. Die einzelnen Geräte könnten ohne weitergehende Bearbeitung dem Fahrzeug entnommen und einzeln verkauft werden. Demnach sind die auf einem Löschfahrzeug befindlichen feuerwehrtechnischen Geräte einzeln als Vermögensgegenstände zu erfassen. Weitergehende Ausführungen hinsichtlich Inventur- und Bewertungsvereinfachungen bei diesem Beispiel siehe Kap. 10.1.2 und 10.1.3.

10.3.2.1.4 Leasing

In sämtlicher Literatur zum Leasing wird stets einleitend auf ein Grundsatzurteil des Bundesfinanzhofes (BFH) vom 26.1.1970 Bezug genommen, wonach die steuerrechtlich getroffenen Regelungen auch für den handelsrechtlichen Bereich gelten. Mangels alternativer Regelungen knüpft das Haushaltsrecht somit an die Regelungen des kaufmännischen Referenzmodells und somit in diesem Fall an die steuerrechtlichen Regelungen an.

Diese zentralen steuerrechtlichen Inhalte sind die drei folgenden Leasing-Erlasse, welche die Grundlage für die Zuordnung des geleasten Anlagevermögens bilden:
- BMF-Schreiben vom 19.4.1971 (BStBl. I S. 264) zur ertragssteuerlichen Behandlung von Leasing-Verträgen über bewegliche Wirtschaftsgüter (sog. „Mobilien-Erlass im Rahmen der Vollamortisation"),
- BMF-Schreiben vom 21.3.1972 (BStBl. I S. 188) zur ertragssteuerlichen Behandlung von Finanzierungs-Leasing-Verträgen über unbewegliche Wirtschaftsgüter (sog. „Immobilien-Erlass im Rahmen der Vollamortisation")
- BMF-Schreiben vom 23.12.1991 (BStBl. 1992 I S. 13) zur ertragssteuerlichen Behandlung von sog. „Teilamortisations-Verträgen" beim Immobilien-Leasing (sog. „Teilamortisations-Erlass")

Folgende Arten der Vertragsgestaltung beim Leasing bestehen:
- *Operate-Leasing* – diese Verträge entsprechen rechtlich Mietverträgen, wobei dem Leasingnehmer bei Einhaltung gewisser Fristen auch ein Kündigungsrecht zugestanden wird;
- *Finanzierungs-Leasing* – nach der unkündbaren Grundmietzeit wird dem Leasingnehmer eine Verlängerungs- oder Kaufoption eingeräumt;
- *Sale-and-lease-back* – die Gemeinde veräußert einen Vermögensgegenstand und least ihn anschließend;
- *Cross-Border-Leasing* – aufgrund der früher vor allem in den USA gegebenen steuerlichen Möglichkeiten wurden Vermögensteile (z. B. Kanalsysteme und Kläranlagen, Gebäudekomplexe) langfristig an amerikanische Investoren vermietet und sofort zur gemeindlichen Nutzung zurückgeleast. Die Gemeinde blieb nach deutschem Recht weiterhin Eigentümerin des Vermögens, sodass keine Veräußerung im Sinne von § 92 Abs. 1 GemO vorlag.

Beim Operate-Leasing erfolgt die Bilanzierung immer beim Leasinggeber.

Die Bilanzierung beim Finanzierungsleasing erfolgt bei Leasingverträgen ohne Optionsrecht beim Leasinggeber, wenn die Grundmietzeit zwischen 40 % und 90 % der betriebsgewöhnlichen Nutzungsdauer des Leasingobjektes beträgt, ansonsten hat die Bilanzierung beim Leasingnehmer zu erfolgen. Bei Leasingverträgen mit Kaufoption knüpft die Bilanzierung beim Leasinggeber an zwei Bedingungen. Die Grundmietzeit muss zwischen 40 % und 90 % der betriebsgewöhnlichen Nutzungsdauer des Leasingobjektes liegen, und im Fall der Ausübung der Option darf der Kaufpreis weder den durch lineare Abschreibung ermittelten Buchwert noch den niedrigeren gemeinen Wert im Veräußerungszeitpunkt unterschreiten, ansonsten erfolgt die Bilanzierung beim Leasingnehmer. Bei Leasingverträgen mit Mietverlängerungsoption gelten grundsätzlich die gleichen Voraussetzungen, wobei jedoch anstelle der Höhe des Kaufpreises die Höhe der Anschlussmiete zu berücksichtigen ist.

10.3.2.1.5 Anlagevermögen und Umlaufvermögen

Zum Anlagevermögen gehören alle Vermögensgegenstände, die dazu bestimmt sind, dauerhaft von der Kommune genutzt zu werden. Merkmale für die Dauerhaftigkeit sind, dass der Vermögensgegenstand nicht zur Veräußerung bestimmt ist und seine Zweckbestimmung darin besteht, dass er dem Geschäftsbetrieb dauernd (mehrere Jahre) dienen soll. Das Anlagevermögen setzt sich zusammen aus

- immateriellem Vermögen,
- Sachvermögen und
- Finanzanlagevermögen.

Zum Umlaufvermögen gehören alle Vermögensgegenstände, die nicht dazu bestimmt sind, dauerhaft dem Geschäftsbetrieb der Kommune zu dienen. Merkmale für die Nichtdauerhaftigkeit ist eine vorgesehene Zweckbestimmung durch die Kommune, die einen Verbrauch, Verkauf oder eine nur kurzfristige Nutzung vorsieht.

In Baden-Württemberg ist die Gliederung in Anlage- und Umlaufvermögen *nicht* vorgesehen, sondern die Aktivseite wird nach Sachgesichtspunkten gegliedert in:

- **immaterielles Vermögen,**
- **Sachvermögen,**
- **Finanzvermögen,**
- **aktive Rechnungsabgrenzung,**
- **Nettoposition.**

Beispiel 1:

Eine bisher im Feuerwehrdienst befindliche Drehleiter wird außer Dienst gesetzt und ist zur Veräußerung an eine andere interessierte Gemeinde vorgesehen.

Die Drehleiter ist ***nicht*** *vom Anlagevermögen ins Umlaufvermögen umzubuchen.*

Beispiel 2:
*Ein vom Liegenschaftsamt für Zwecke der langfristigen Bodenbevorratung angeschafftes Grundstück ist im Sachvermögen zu führen. Auch durch eine geänderte Verwendungsabsicht und konkrete Verkaufsbemühungen wird eine Umbuchung **nicht** erforderlich.*

10.3.2.1.6 Erhaltene Schenkungen von Sachvermögen (Anlagevermögen)

Eine Ausnahme der Aktivierung der Anschaffungswerte (= Auszahlungen für die Anschaffung) für einen Vermögensgegenstand stellt eine Schenkung dar, die eine Aktivierung zu den sich tatsächlich ergebenden Anschaffungswert (z. B. Transport, Versicherung, bei Grundstücken Grunderwerbssteuer, Notar- und Gerichtskosten) nicht zulässt. Im Rahmen des Bruttoprinzips ist dem Zeitwert des Vermögensgegenstandes (zuzüglich der Anschaffungsnebenkosten) ein Sonderposten in Höhe der Zuwendung gleichfalls nach dem Zeitwert des Vermögensgegenstandes gegenüberzustellen.

Beispiel:
Die Gemeinde G erhält eine Grünanlage geschenkt. Der Wert beträgt nach einem vorliegenden Wertgutachten 500.000 €. Anschaffungsnebenkosten sind in Höhe von 30.000 € angefallen. Nach dem „Bruttoprinzip" ist der Zeitwert des Vermögensgegenstandes einschließlich der Anschaffungsnebenkosten in Höhe von 530.000 € zu aktivieren; ein gleichlautender Wert wird als Sonderposten passiviert.

10.3.2.2 Immaterielle Vermögensgegenstände

Immaterielle Vermögensgegenstände sind nichtstoffliche Vermögenswerte einer Kommune. Die meisten kommunalen Vermögenswerte dürften im Bereich der Lizenzen bzw. Nutzungsrechte vorhanden sein.

Lizenzen stellen Rechte dar, die einem Dritten zustehen, bei denen dieser jedoch der Kommune gegen Entgelt ein Nutzungsrecht auf Zeit oder auf Dauer einräumt. Denkbar ist jedoch auch, dass die Rechte gegen Entgelt auf die Kommune übertragen werden. Hauptsächlich dürfte das immaterielle Vermögen aus angeschaffter EDV-Software bestehen. Diese ist getrennt von dem beweglichen Sachvermögen der EDV (Hardware) zu erfassen.

Um die Vermögenswerte des immateriellen Vermögens in der Buchhaltung konkret zu erfassen, wurde im Kontenplan in den Gemeinden u. a. eine Trennung in

- Konzessionen,
- Lizenzen einschließlich EDV-Software,
- DV-Software,
- ähnliche Rechte,
- sonstiges immaterielles Vermögen und
- Anzahlungen auf immaterielle Vermögensgegenstände

vorgenommen.

Rechte an Trivialprogrammen – dies sind EDV-Programme mit einem Anschaffungswert bis einschließlich 150 € zzgl. Umsatzsteuer – sind analog den geringwertigen Vermögensgegenständen nach § 45 Abs. 6 GemHVO zu behandeln.

Grundstücksgleiche Rechte sind dingliche Rechte, die rechtlich wie ein Grundstück behandelt werden. Sie gehören zum unbeweglichen Sachvermögen und somit nicht zu den immateriellen Rechten.

In der Bilanz sind nach § 40 Abs. 3 GemHVO nur die Aufwendungen für entgeltlich erworbene immaterielle Vermögensgegenstände zu erfassen. Für selbstgeschaffene immaterielle Vermögensgegenstände besteht im Gegensatz zum privatwirtschaftlichen Bereich (§ 248 Abs. 2 HGB) ein Aktivierungsverbot. Entgeltlich ist ein Erwerb immer dann, wenn ein Leistungsaustausch (z. B. aufgrund eines Kauf- oder Tauschvertrages) zugrunde liegt.

10.3.2.3 Sachvermögen

10.3.2.3.1 Begriff des Sachvermögens

Im Gegensatz zu den immateriellen Vermögensgegenständen stellen Sachanlagen materielle Vermögensgegenstände dar. Das Sachvermögen umfasst nach § 52 Abs. 2 bzw. 3 GemHVO und der verbindlichen Zuordnungsvorschriften zum Kontenrahmen in Baden-Württemberg

- unbebaute Grundstücke und grundstücksgleiche Rechte an unbebauten Grundstücken – differenziert nach
  - Grünflächen,
  - Ackerland,
  - Wald, Forsten,
  - Sonstigen unbebauten Grundstücken,
- bebaute Grundstücke sowie grundstücksgleiche Rechte an bebauten Grundstücken – differenziert nach
  - Grundstücken mit Wohnbauten,
  - Grundstücke mit sozialen Einrichtungen (z. B. Kinder- und Jugendeinrichtungen, Krankenhäuser),
  - Grundstücke mit Schulen,
  - Grundstücke mit Kultur-, Sport-, Freizeit- und Gartenanlagen,
  - Grundstücke mit sonstigen Dienst-, Geschäfts- und anderen Betriebsgebäuden,
- Infrastrukturvermögen:
  - Grund und Boden des Infrastrukturvermögens,
  - Brücken und Tunnel,
  - Gleisanlagen mit Streckenausrüstung und Sicherheitsanlagen,
  - Abwasserbeseitigungs- und Abfallentsorgungsanlagen,
  - Straßen, Wege, Plätze und Verkehrslenkungsanlagen,
  - Strom-, Gas-, Wasserleitungen und zugehörige Anlagen,
  - Wasserbauliche Anlagen,

  - Friedhöfe und Bestattungseinrichtungen,
  - Sonstige Bauten des Infrastrukturvermögens,
- Bauten auf fremden Grund und Boden, die nicht zu den bebauten Grundstücken und nicht zum Infrastrukturvermögen gehören,
- Kunstgegenstände, Kulturdenkmäler:
  - Kunstgegenstände,
  - Baudenkmäler,
  - Bodendenkmäler,
  - Sonstige Kulturdenkmäler,
- Maschinen und technische Anlagen, Fahrzeuge:
  - Fahrzeuge,
  - Maschinen,
  - Technische Anlagen,
- Betriebs- und Geschäftsausstattung:
  - Betriebsvorrichtungen,
  - Betriebs- und Geschäftsausstattung (BGA),
  - Nutzpflanzungen und Nutztiere,
  - Geringwertige Vermögensgegenstände,
- Vorräte:
  - Rohstoffe/Fertigungsmaterial,
  - Hilfsstoffe,
  - Betriebsstoffe,
  - Waren,
  - Unfertige/fertige Erzeugnisse,
  - Unfertige Leistungen,
  - Geleistete Anzahlungen auf Vorräte,
  - Sonstige Vorräte,
- Geleistete Anzahlungen, Anlagen im Bau:
  - Geleistete Anzahlungen auf Sachanlagen,
  - Anlagen im Bau (AiB).

Die Vielzahl an Posten in der Bilanzstruktur des Sachvermögens zeigt zum einen die Bedeutung dieses Vermögensbereiches, aber auch den Anspruch mit den Bilanzposten die bedeutenden kommunalen Bereiche der Vermögensverwendung darzustellen.

Die Nutzungsdauer des Sachvermögens kann zeitlich begrenzt sein, wenn es einer Abnutzung und somit einem wirtschaftlichen Verbrauch unterliegt (z. B. Gebäude, Grundstücksaufbauten, Fahrzeuge). Die Nutzungsdauer kann aber auch unbegrenzt sein (i. d. R. Grund und Boden). Daher ist es zur Ermittlung des Ressourcenverbrauchs aus Abschreibungen erforderlich, dass die abnutzbaren und nicht abnutzbaren Vermögensgegenstände wertmäßig getrennt voneinander abgebildet werden.

Eine Besonderheit der kommunalen Bilanz ist es, dass der Grund und Boden außer beim Infrastrukturvermögen immer grundstücksbezogen zusammen mit den Gebäuden bei bebauten Grundstücken und Grundstücksaufbauten bei unbebauten Grundstücken abgebildet wird. Beim Infrastrukturvermögen erfolgt ein eigenständiger Ausweis des

Grund und Bodens, weil eine bestehende teilweise Mehrfachnutzung des Grund und Bodens zu Ansatz-, Ausweis- und Bewertungsproblemen bei der Bilanzierung führen würde.

Des Weiteren ist der Bereich des Sachvermögens noch zu unterscheiden nach:
- Unbeweglichem Sachvermögen und
- Beweglichem Sachvermögen.

Diese Unterscheidung ist jedoch nur für die Anwendbarkeit der Gruppenbewertung relevant.[23]

10.3.2.3.2 Abgrenzung unbewegliches und bewegliches Sachvermögen

Eine notwendige Regelung hinsichtlich der Unterscheidung zwischen beweglichem und unbeweglichem Vermögen steht noch aus. In Anlehnung an § 68 des Bewertungsgesetzes (BewG) gehören zum unbeweglichen Sachvermögen insbesondere
- die unbebauten Grundstücke (z. B. Grund und Boden und die Aufbauten),
- die bebauten Grundstücke (z. B. Grund und Boden und Gebäude),
- die grundstücksgleichen Rechte sowohl in bebauter als auch unbebauter Form:
  - Erbbaurechte
  - sowie auch Wohnungseigentumsrechte.

Des Weiteren stellen auch Kulturdenkmäler i. d. R. unbewegliches Vermögen dar, die in der kommunalen Bilanz mit Kunstgegenständen, die i. d. R. bewegliches Vermögen darstellen, in einem Bilanzposten gemeinsam auszuweisen sind.

Zum beweglichen Sachvermögen gehören dagegen
- Kunstgegenstände,
- Fahrzeuge,
- Maschinen und technische Anlagen,
- Betriebs- und Geschäftsausstattung.

Unter den Bilanzposten des Infrastrukturvermögens werden bewegliches und unbewegliches Vermögen im gleichen Bilanzposten dargestellt, so dass eine diesbezügliche Trennung in unterschiedlichen Konten (der Anlagenbuchhaltung) sinnvoll ist.

Eine Besonderheit stellen im privatwirtschaftlichen bzw. steuerrechtlichen Bereich die sonstigen Vorrichtungen aller Art, die zu einer Betriebsanlage gehören (Betriebsvorrichtungen), dar, welche dort per gesetzlicher Definition bewegliches Vermögen darstellen, obwohl es sich tatsächlich um unbewegliches Sachvermögen handelt.

Für die **Abgrenzung** des **Grundvermögens** von den **Betriebsvorrichtungen** ist § 68 BewG maßgebend. Dies gilt auch für die Abgrenzung der Betriebsgrundstücke von

23 Im kaufmännischen Rechnungswesen der Privatwirtschaft beschränkt sich zudem die Anwendung der Regelung zu geringwertigen Vermögensgegenständen (dort: „geringwertige Wirtschaftsgüter“) auf das bewegliche Sachanlagevermögen.

den Betriebsvorrichtungen (§ 99 Abs. 1 Nr. 1 BewG). Nach § 68 Abs. 1 Nr. 1 BewG gehören zum Grundvermögen der Grund und Boden, die Gebäude, die sonstigen Bestandteile und das Zubehör. Maschinen und sonstige Vorrichtungen aller Art, die zu einer Betriebsanlage gehören (Betriebsvorrichtungen), werden nach § 68 Abs. 2 Satz 1 Nr. 2 BewG nicht in das Grundvermögen einbezogen. Das gilt selbst dann, wenn sie nach dem bürgerlichen Recht wesentliche Bestandteile des Grund und Bodens oder der Gebäude sind.

Bei der Abgrenzung des Grundvermögens von den Betriebsvorrichtungen ist zunächst zu prüfen, ob das Bauwerk ein Gebäude ist. Liegen alle Merkmale des Gebäudebegriffs vor, kann das Bauwerk keine Betriebsvorrichtung sein (BFH vom 15.6.2005 [BStBl II S. 688 m. w. N.]). Ist das Bauwerk kein Gebäude, liegt nicht zwingend eine Betriebsvorrichtung vor. Vielmehr muss geprüft werden, ob es sich um einen Gebäudebestandteil bzw. eine Außenanlage oder um eine Betriebsvorrichtung handelt. Wird ein Gewerbe mit dem Bauwerk unmittelbar betrieben, liegt eine Betriebsvorrichtung vor.

Nach § 68 Abs. 2 Satz 1 Nr. 2 BewG können nur einzelne Bestandteile und Zubehör Betriebsvorrichtung sein. Zu den Betriebsvorrichtungen gehören nicht nur Maschinen und maschinenähnliche Vorrichtungen. Unter diesen Begriff fallen vielmehr alle Vorrichtungen, mit denen ein Gewerbe unmittelbar betrieben wird (BFH vom 11.12.1991 [BStBl II 1992 S. 278]). Das können auch selbstständige Bauwerke oder Teile von Bauwerken sein, die nach den Regeln der Baukunst geschaffen sind, z. B. Schornsteine, Öfen, Kanäle. Für die Annahme einer Betriebsvorrichtung genügt es nicht, dass eine Anlage für die Gewerbeausübung notwendig oder vorgeschrieben ist (z. B. im Rahmen einer Brandschutzauflage, BFH vom 7.10.1983 [BStBl II 1984 S. 262] und vom 13.11.2001 [BStBl II 2002 S. 310]).[24]

Betriebsvorrichtungen werden in der Bilanz wie bewegliche Sachen ausgewiesen. Die Nutzungsdauer muss unabhängig vom Gebäude für jede Betriebsvorrichtung getrennt festgesetzt werden. Der Ausweis der Betriebsvorrichtungen erfolgt bei der Kontengruppe „07 Betriebs- und Geschäftsausstattung“, Kontenart „071 Betriebsvorrichtungen“. Ein getrennter bilanzieller Ausweis vom zugehörigen Vermögensgegenstand hat zu erfolgen.

Beispiel 1:
Der Lastenaufzug in einem Verwaltungsgebäude wird losgelöst vom zugehörigen Vermögensgegenstand Verwaltungsgebäude im Posten „071 Betriebsvorrichtungen“ ausgewiesen.

Beispiel 2:
In einem Verwaltungsgebäude ist eine Tresorraumanlage untergebracht. Deren Stahltüren und Stahlkammern sind Betriebsvorrichtungen. Diese Betriebsvorrichtungen werden in der Bilanzposition „Betriebs- und Geschäftsausstattung“

24 Gleichlautender Erlass der obersten Finanzbehörden der Länder zur Abgrenzung des Grundvermögens von den Betriebsvorrichtungen vom 15.3.2006 (BStBl. I S. 314).

ausgewiesen. Die Abschreibungsplanung für die Stahltüren und Stahlkammern erfolgt eigenständig, losgelöst von den diesbezüglichen Festlegungen für das zugehörige Verwaltungsgebäude.

10.3.2.3.3 Unbewegliches Sachvermögen

a) Grundstücksbegriff

Der kommunale Grundstücksbegriff lehnt sich an § 70 BewG an, wonach die wirtschaftliche Einheit des unbeweglichen Sachvermögens (Grund und Boden, Gebäude oder Aufbauten) ein Grundstück bildet. Hiernach können mehrere grundbuchrechtlich abgebildete Einzelgrundstücke oder Flurstücke ein Grundstück darstellen. Denkbar ist aber auch, dass nur ein Teil eines Flurstücks ein Grundstück in der maßgeblichen Form einer wirtschaftlichen Einheit darstellt.

Beispiel:
Die Gemeinde G erwirbt ein Flurstück, auf dem eine Schule und ein Kindergarten errichtet werden. Die Schule und der Kindergarten stellen eigene wirtschaftliche Einheiten dar, sie sind auch in der Bilanz getrennt voneinander auszuweisen. Der Grund und Boden des Flurstücks wird entsprechend der Nutzung teilweise den wirtschaftlichen Einheiten Schule und Kindergarten zugeordnet, obwohl es grundbuchrechtlich weiterhin ein Grundstück darstellt.

Als Grundstück im Sinne des § 70 BewG zählt auch ein Gebäude, das auf fremdem Grund und Boden errichtet oder in sonstigen Fällen einem anderen als dem Eigentümer des Grundes und Bodens zuzurechnen ist, selbst wenn es wesentlicher Bestandteil des Grundes und Bodens geworden ist. Hierauf basierend ist ein eigener Bilanzposten „Bauten auf fremden Grund und Boden" in die Bilanz aufgenommen worden, da es eine eigenständige wirtschaftliche Einheit bildet.

Beispiel:
Die Gemeinde G ist wirtschaftlicher Eigentümer eines Asylheims auf einem gepachteten Grundstück. Sie hat das Recht, das Gebäude jederzeit baulich zu verändern und wieder abzureißen. Sie trägt auch den Werteverzehr des Gebäudes. Nach § 94 BGB ist das Asylheim ein wesentlicher Bestandteil des Grunds und Bodens. Nach Haushaltsrecht bilanziert der Eigentümer (also nicht die Gemeinde G) des Grund und Bodens diesen als Grundstück in seiner Bilanz, wie die Gemeinde G das Gebäude als Grundstück im Sinne des Bewertungsrechts im Bilanzposten „Bauten auf fremden Grund und Boden" in seiner Bilanz ausweist.

Trotz des an der wirtschaftlichen Einheit anknüpfenden Grundstücksbegriffs und des einheitlichen Bilanzausweises für Zwecke der Abbildung des Ressourcenverbrauchs ist der Grund und Boden von zugehörigen aufstehenden Gebäuden, Außenanlagen oder sonstigen Aufbauten aufgrund unterschiedlicher zeitlicher Nutzung in einer Anlagenbuchhaltung getrennt zu erfassen. Gegebenenfalls ist eine Aufteilung der Anschaffungs- oder Herstellungswerte vorzunehmen.

Der Grund und Boden ist nach seiner wirtschaftlichen Nutzung zu unterteilen in:
- unbebauten Grund und Boden,
- bebauten Grund und Boden,
- Grund und Boden des Infrastrukturvermögens.

b) Grundstücksgleiche Rechte

Grundstücksgleiche Rechte bezeichnen dingliche Rechte, die aufgrund einer eigenständigen grundbuchrechtlichen Eintragung wie Grundstücke zu behandeln sind. Die gebräuchlichsten Beispiele für grundstücksgleiche Rechte sind Erbbau-, Abbau-, Wegesowie Wohnungseigentumsrechte. In der kommunalen Bilanz stehen grundstücksgleiche Rechte den Grundstücksrechten gleich und werden somit in gemeinsamen Posten entsprechend der Nutzung der Grundstücke ausgewiesen.

c) Unbebaute Grundstücke

Vielfach ergibt sich die Frage, ob es sich um ein bebautes oder unbebautes Grundstück handelt. Der Begriff des unbebauten Grundstücks wird in § 72 BewG definiert. Hiernach sind Grundstücke, auf denen sich keine benutzbaren Gebäude befinden, unbebaute Grundstücke. Die Benutzbarkeit beginnt im Zeitpunkt der Bezugsfertigkeit.

Sofern sich auf einem Grundstück Gebäude befinden, deren Zweckbestimmung und Wert gegenüber der Zweckbestimmung und dem Wert des Grund und Bodens von untergeordneter Bedeutung sind, so gilt das Grundstück als unbebaut.

> ***Beispiel:***
> *Der Friedhof der Gemeinde G besteht überwiegend aus Grabstätten und parkähnlichen Anlagen. Für kleinere Geräte und zur Aufbewahrung von Sachen befindet sich außerdem ein sehr kleiner Geräteschuppen (Fertigbauteil) auf dem Friedhof. Zweckbestimmung und Wert des unbebauten Teils überwiegen gegenüber dem Gebäude. Der kommunale Friedhof der Gemeinde G stellt daher ein unbebautes Grundstück im Infrastrukturvermögen dar.*

Des Weiteren gilt ein Grundstück auch als unbebautes Grundstück, soweit infolge von Zerstörung oder Verfall in dem Gebäude sich auf Dauer kein benutzbarer Raum mehr befindet.

> ***Beispiel:***
> *Für das historische Rathaus wird aufgrund unterlassener Instandhaltung und Mängel an den tragenden Bauteilen eine baupolizeiliche Anordnung zur Räu-*

mung des Grundstücks erlassen. Diese Sachlage bedingt, dass aus einem bebauten Grundstück ein unbebautes Grundstück wird.

d) Gebäudebegriff

Zum Gebäudebegriff wurde ein gleichlautender Erlass[25] der obersten Finanzbehörden der Länder hinsichtlich der Gebäudedefinition herausgegeben. Danach ist ein Bauwerk als Gebäude anzusehen, *„wenn es Menschen oder Sachen durch räumliche Umschließung Schutz gegen Witterungseinflüsse gewährt, den Aufenthalt von Menschen gestattet, fest mit dem Grund und Boden verbunden, von einiger Beständigkeit und ausreichend standfest ist."*

> ***Beispiel:***
> *Unterkünfte für Tiere, in denen Menschen sich nur vorübergehend aufhalten können, sind entsprechend der Gebäudedefinition kein Gebäude (große Käfige). Sie dienen unmittelbar dem Betriebszweck des Zoos und stellen daher Betriebsvorrichtungen dar. Hiervon zu unterscheiden sind die durch seine bauliche Anlagestruktur als Besuchsbereich ausgestaltete bauliche Objekte, in denen die Unterkünfte von Tieren (Raubtierhaus, Tropenhaus) abgegrenzt werden und eher einen Nebenzweck bilden.*

10.3.2.3.3.1 Unbebaute Grundstücke und grundstückgleiche Rechte

Die Strukturierung der Nutzungsarten der unbebauten Grundstücke und grundstücksgleichen Rechte orientiert sich an dem Baugesetzbuch und der kommunalen Vermögensstruktur. Das Baugesetzbuch unterscheidet in § 5 unterschiedliche Inhalte des Flächennutzungsplanes. Hieraus wurde die Unterscheidung in

- Grünflächen,
- Ackerland,
- Wald, Forsten,
- sonstige unbebaute Grundstücke (als Sammelposten der weiteren unbebauten Grundstücke)

abgeleitet.

a) Grünflächen

Unter dem Bilanzposten „Grünflächen" werden Parkanlagen, Dauerkleingärten, Sport-, Spiel- und Badeplätze, Friedhöfe, sowie Wasser- und Naturschutzflächen ausgewiesen, soweit sie nicht dem Infrastrukturvermögen zugeordnet werden müssen. Die Bilanzierung von Grünflächen kann nach dem Grundsatz der Einzelbewertung, aber auch nach den Vereinfachungsverfahren Gruppenbewertung oder einer Festwertbildung erfolgen. Es empfiehlt sich nach Möglichkeit eine pauschalierte Festwertbildung, da bei

25 Gleichlautender Erlass der obersten Finanzbehörden der Länder zur Abgrenzung des Grundvermögens von den Betriebsvorrichtungen vom 15.3.2006 (BStBl. I S. 314).

dieser Durchschnittswerte für die Bildung des Festwertes genutzt werden können und somit keine Einzelbewertung der unterschiedlichen Vermögensgegenstände einer Grünanlage erforderlich wird.

b) Ackerland

Unter dem Bilanzposten „Ackerland" sind die landwirtschaftlich genutzten Flächen der Kommunen auszuweisen. Hierzu zählen insbesondere Anbauflächen für Feldfrüchte oder Sonderkulturen (Tabak, Wein oder Hopfen) sowie Weideflächen.

Wesentliche Wohn- oder Betriebsgebäude (Stallungen, Lager) auf landwirtschaftlichen Flächen sind als eigenständig anzusehen und unter den bebauten Bilanzposten auszuweisen.

c) Wald und Forsten

Die Definition des Waldes ist in § 2 Abs. 1 bis 3 Landeswaldgesetz (LWaldG) geregelt. Danach ist Wald jede mit Forstpflanzen bestockte Grünfläche. Hinzu kommen noch Waldlichtungen, Waldwege, Holzlagerplätze u. a. sowie Pflanzgärten, Waldparkplätze mit Erholungseinrichtungen Teiche, Weiher, Moore, Heiden u. a. Die Forstwirtschaft dient zur Ordnung und Verbesserung der Waldstruktur.

Zu den forstwirtschaftlichen Flächen und zum Wald gehört das im kommunalen Besitz befindliche Wald- und Forstvermögen (z. B. Stadtwald). Auf der Grundlage der Eröffnungsbilanzierung erfolgt eine Fortschreibung des Wald- und Forstvermögens, z. B. durch eine Neuberechnung des Forsteinrichtungswerks.

Für diese Vermögensart wird nach § 62 Abs. 4 Satz 2 GemHVO die Möglichkeit der Festwertbildung eingeräumt. Danach können für den Aufwuchs zwischen 7.200 € und 8.200 € je Hektar und für die Grundstücksflächen 2.600 € je Hektar angesetzt werden.

d) Sonstige unbebaute Grundstücke

Der Bilanzposten „Sonstige unbebaute Grundstücke" stellt eine Sammelposition für die anderen nicht unter a) bis c) genannten Grundstücke. Beispielsweise sind hier Gemeinschaftsweiden, nicht landwirtschaftlich genutzte Wiesen, zur Bebauung vorgesehene Grundstücke, die in einem Wohn- bzw. Gewerbegebiet liegen, Ausgleichsflächen, Biotope und Naturschutzflächen auszuweisen.

Hervorzuheben ist bei diesem Posten der Ausweis von Grundstücken, bei denen die Kommune Erbbaurechtsgeber ist, und verschiedene Erbbaurechtsnehmer dort ein Eigenheim errichtet haben. Insgesamt betrachtet handelt es sich zwar um ein bebautes Grundstück, das wirtschaftliche Eigentum des Gebäudes liegt jedoch beim Erbbaurechtsnehmer. Die Kommune ist letztlich nur wirtschaftlicher Eigentümer des Grund und Bodens. Sollte dem Sachverhalt innerhalb des Bilanzausweises absolut Rechnung getragen werden, so müsste ein aussagekräftiger Bilanzposten „Grund und Boden mit einem fremden Gebäude" lauten. Darauf wurde jedoch verzichtet.

Aufgrund der kommunalen Bilanzstruktur, bei der Grund und Boden und Gebäude sowie Aufbauten in einem gemeinsamen Bilanzposten abgebildet werden, stellt der Grund und Boden eines Erbbaurechtsgrundstücks hinsichtlich der wirtschaftlichen Nutzbarkeit nur ein unbebautes Grundstück dar; Abschreibungen auf das Gebäude fallen bei der Kommune nicht an. Ein Ausweis als unbebautes Grundstück ist daher naheliegender als ein Ausweis als bebautes Grundstück.

Soweit die Erbbaurechtsgrundstücke einen wesentlichen Wert innerhalb dieses Bilanzpostens darstellen, kann ein davon-Ausweis innerhalb dieses Bilanzpostens erfolgen. Alternativ kann auch der Sachverhalt im Anhang zum Bilanzposten „Sonstige unbebaute Grundstücke" erläutert werden.

Beispiel:
Der Bilanzposten „Sonstige unbebaute Grundstücke" weist 2 Mio. € aus. Davon sind 1,5 Mio. hingegebenen Erbbaurechtsgrundstücken zuzurechnen. Der Bilanzposten mittels „Davon-Ausweis" sieht dann wie folgt aus:

Sonstige unbebaute Grundstücke	*2.000.000 €*
– davon hingegebene Erbbaurechte	*1.500.000 €*

10.3.2.3.3.2 Bebaute Grundstücke und grundstückgleiche Rechte

Bebaute Grundstücke sind Grundstücke, auf denen sich benutzbare Gebäude befinden, mit Ausnahme von Gebäuden von untergeordneter Bedeutung oder unbenutzbare Gebäude.[26]

Die Strukturierung der Nutzungsarten der bebauten Grundstücke und grundstücksgleichen Rechte orientiert sich an der kommunalen Vermögensstruktur. § 52 Abs. 3 GemHVO stellt die Mindestgliederung der Aktivseite der kommunalen Bilanz dar. Abweichend hiervon können die Kommunen bestehende bedeutende, aber nicht berücksichtigte Bereiche in der Mindestgliederung als Bilanzposten ergänzen. Sind dagegen Vermögenswerte für einen bestehenden Bilanzposten nicht vorhanden, so kann dessen Ausweis unterbleiben (§ 47 Abs. 5 GemHVO).

Die kommunale Bilanz unterscheidet bei den bebauten Grundstücken:

a) **Grundstücke mit Wohnbauten**
Aufgrund des weitgehenden Begriffs „Wohnbauten" sind unter diesem Bilanzposten sämtliche Grundstücke auszuweisen, die dem Nutzungszweck „Wohnen" dienen einschließlich aller Nebengebäude wie z. B. Garagen. Hierzu zählen neben den üblichen Mietwohngebäuden auch Übernachtungsstätten für Obdachlose, Asylunterkünfte und Übergangswohngebäude für von Obdachlosigkeit Bedrohte.

b) **Grundstücke mit sozialen Einrichtungen (z. B. Kinder- und Jugendeinrichtungen, Krankenhäuser)**
Unter diesem Bilanzposten sind sämtliche bebaute Grundstücke für soziale Aufgaben, bei denen es sich nicht um Wohnbauten handelt, auszuweisen. Hierzu zählen

26 § 74 BewG.

Kindergärten, Kindertagesstätten, Jugendfreizeiteinrichtungen sowie Sondereinrichtungen wie beispielsweise Heime für Heil- und Sonderpädagogik oder Beratungs- und Betreuungsstellen für Kinder und Jugendliche. Ebenfalls sind unter diesem Posten die Krankenhäuser auszuweisen.

c) **Grundstücke mit Schulen**
Unter diesem Bilanzposten sind die Grundstücke auszuweisen, auf denen eine Nutzung mit sämtlichen Schulformen stattfindet. Dies sind Grund-, Haupt- und Realschulen, Gymnasien, Gesamtschulen, Berufsschulen und sämtliche sonderpädagogischen Schuleinrichtungen.

d) **Grundstücke mit Kultur-, Sport-, Freizeit- und Gartenanlagen**
Bei dieser Bilanzposition werden Grundstücke mit Theater oder Kulturhäusern, Stadthallen, Sportplätzen, Frei- und Hallenbädern, Freizeitanlagen, Kleingartenanlagen ausgewiesen.

e) **Grundstücke mit sonstigen Dienst-, Geschäfts- und anderen Betriebsgebäuden**
Dieser Bilanzposten dient als Sammelposten für sämtliche weitere im kommunalen Eigentum befindlichen bebauten Grundstücke. Dies sind beispielsweise Grundstücke mit Verwaltungsgebäuden, Rathäusern, kommunalen Instituten, Feuerwachen sowie bebaute Gewerbegrundstücke.

10.3.2.3.3.3 Infrastrukturvermögen

Unter dem Infrastrukturvermögen sind haushaltsrechtlich die öffentlichen Einrichtungen zu verstehen, die eine Grundvoraussetzung für das Leben in einer Kommune bilden. Der Bilanzausweis unter diesem Posten umfasst Verkehrs- sowie Ver- und Entsorgungseinrichtungen.

Die kommunale Bilanz unterscheidet bei Infrastrukturvermögen:

- Grund und Boden des Infrastrukturvermögens,
- Brücken, Tunnel und ingenieurbauliche Anlagen,
- Gleisanlagen mit Streckenausrüstung und Sicherheitsanlagen,
- Abwasserbeseitigungs- und Abfallentsorgungsanlagen,
- Straßen, Wege, Plätze und Verkehrslenkungsanlagen,
- Strom-, Gas-, Wasserleitungen und zugehörige Anlagen,
- wasserbauliche Anlagen,
- Friedhöfe und Bestattungseinrichtungen,
- sonstige Bauten des Infrastrukturvermögens.

a) Grund und Boden des Infrastrukturvermögens

Grund und Boden des Infrastrukturvermögens ist ein Sammel- bzw. Querschnittsposten sämtlichen Grund und Bodens der zum Infrastrukturvermögen gehörenden Bilanzposten. Dies begründet sich in der teilweisen Mehrfachnutzung des Grunds und Bodens. Eine postengenaue Zuordnung würde zu Ansatz-, Ausweis- und Bewertungsproblemen in der Bilanz geführt hätte.

Beispiel:
Auf einer Straße befindet sich noch Schienenverkehr, unterhalb der Erdoberfläche verlaufen eine U-Bahn-Linie und Kanalisationsanlagen. Hier würde die Zuordnung des Grund und Bodens zur einzelnen Nutzung zu erheblichen Problemen im Bilanzausweis führen.

b) Brücken, Tunnel und ingenieurbauliche Anlagen

Zu dem Bilanzposten „Brücken, Tunnel und ingenieurbauliche Anlagen" gehören beispielsweise die Brücken, Stützmauern, Felssicherungsmaßnahmen und Tunnel für die Nutzung von Fußgängern, Eisenbahnen oder Straßen. Die Abwasserröhren der Stadtentwässerung stellen keinen Tunnel dar und sind unter dem Bilanzposten Entwässerungs- und Abwasserbeseitigungsanlagen auszuweisen.

c) Gleisanlagen mit Streckenausrüstung und Sicherheitsanlagen

Das wirtschaftliche Eigentum der Vermögensgegenstände dieses Bilanzpostens (ausgenommen Grund und Boden) liegt in der Regel bei kommunalen Gesellschaften. Sofern das wirtschaftliche Eigentum für diesen Bilanzposten zum Abschlusstag bei der Kommune liegt, hat sie dieses Vermögen in der kommunalen Bilanz auszuweisen. Zu diesem Bilanzposten gehören das Streckennetz sowie sämtliche dessen Betrieb unmittelbar dienenden Anlagen der Streckenausrüstung und Sicherheitsanlagen.

Zu den Gleisanlagen gehören die Gleiskörper und die Weichen. Den Gleiskörper umfassen Schienenstränge, Schwellen, Schotter, Schallschutz, und sonstige Materialien, die zur Nutzung der Gleisanlagen notwendig sind. Zur Streckenausrüstung gehören beispielsweise die Fahrleitungen sowie die Stromversorgungsanlagen einschließlich deren Zwecken dienlichen Zusatzkomponenten.

Zu den Sicherheitsanlagen gehören neben den Signal-, Brandmelde- und Funkanlagen sämtliche Zugsicherungsanlagen, die bspw. Fahrwege einstellen und sichern, den Führern von Schienenfahrzeugen Anweisungen über die Fahrweise übermitteln, die Fahrweise des Schienenfahrzeugs technisch überwachen und bei gefährdenden Abweichungen beeinflussen.

d) Abwasserbeseitigungs- und Abfallentsorgungsanlagen

Zum Bilanzposten „Abwasserbeseitigungs- und Abfallentsorgungsanlagen" gehören die Kläranlagen und Sonderbauwerke des Abwasserbereiches, die anderen baulichen Teile der Abwasserbeseitigung (z. B. ober- und unterirdisch verlegten Abwasserkanalsysteme zur Aufnahme des Abwassers und Niederschlagswassers) sowie die maschinellen Teile des Kanalnetzes. Diese sind entsprechend der gebührenrechtlichen Anlagenstrukturierung nach Systemkomponenten aufzugliedern.

Eine Abfallbeseitigungsanlage ist eine genehmigungspflichtige Anlage mit technischen Einrichtungen zum Sortieren, mechanischer, biologischer, thermischer oder chemischer Behandlung von Abfällen oder der dauerhaften Deponierung der nicht mehr behandelnden Stoffe. Hierzu gehören insbesondere Deponien, Verbrennungsanlagen, Recyclinghöfe oder Sortieranlagen.

e) Straßen, Wege, Plätze und Verkehrslenkungsanlagen

Zu diesem Bilanzposten gehören bauliche Anlagen der öffentlichen Wegeflächen, deren Nutzung für den öffentlichen Verkehr von Fahrzeugen und Fußgängern errichtet werden. Nach dem Grundsatz der Einzelbewertung (§ 43 Nr. 2 GemHVO) sind sämtliche Straßen einzeln zu bewerten. Eine Unterscheidung der einzelnen Straßenschichten (Unterbau und Deckschicht) muss nicht vorgenommen werden. Nach Nr. 3.2.6.2.2 des Leitfadens zur Bilanzierung sind hierfür die Straßen entsprechend ihres Ausbaustandards bzw. ihrer Verkehrsbeanspruchung in Anlehnung an die RStO 01 in die folgenden Typen zu unterteilen:

- Schnellverkehrsstraßen und Industriesammelstraßen,
- Hauptverkehrsstraßen, Industriestraßen, Straße im Gewerbegebiet,
- Wohnsammelstraßen, Fußgängerzone mit Ladeverkehr,
- Anliegerstraße, befahrbarer Wohnweg, Fußgängerzone, asphaltierter/betonierter Feldweg,
- nicht asphaltierter/betonierter Feldweg.

Sofern keine Herstellungskosten vorhanden sind, können gemäß § 62 Abs. 4 Satz 1 GemHVO örtliche Durchschnittswerte für jede Straßenart angesetzt werden. Es muss somit von der Kommune ein individueller und aktueller pauschalierter qm-Preis für jede Straßenart ermittelt werden. Danach muss der ermittelte Pauschalwert pro einzelne Straße bzw. Weg anhand des Baupreiskostenindex auf das Herstellungsjahr rückindiziert werden.

Sämtliche zur Verkehrsführung und -steuerung eingesetzte Einrichtungen stellen Verkehrslenkungsanlagen dar und können wie bewegliches Vermögen behandelt werden. Bei der Erstbewertung kann können diese Anlage in den Wert der Straße eingerechnet werden. Hochwertiges Straßenzubehör sollte jedoch separat bilanziert werden. Dies sind beispielsweise Ampeln und Parkleitsysteme, Parkscheinautomaten, Schilderbrücken, Straßenbeleuchtung und stationäre Geschwindigkeitsmessanlagen.

f) Strom-, Gas-, Wasserleitungen und zugehörige Anlagen

Bei dieser Bilanzposition werden die baulichen Anlagen für die Versorgung mit Strom, Gas, Wasser ausgewiesen, soweit sie nicht bei den Versorgungseinrichtungen z. B. Stadtwerke in der Bilanz auszuweisen sind.

g) Wasserbauliche Anlagen

Hier werden Wasserstraßen, Häfen, Dämme und sonstige Wasserbauten nachgewiesen.

h) Friedhöfe und Bestattungseinrichtungen

Bei dieser Bilanzposition werden die Friedhofskapellen und Krematorien ausgewiesen.

i) Sonstige Bauten des Infrastrukturvermögens

Dieser Bilanzposten dient als Sammelposten für sämtliche weitere im kommunalen Eigentum stehende Bauten des Infrastrukturvermögens. Hierzu gehören beispielsweise Rückhaltebecken für Regenwasser, Seilbahnen oder Brunnen.

10.3.2.3.3.4 Bauten auf fremden Grund und Boden

Diesem Bilanzposten sind die Vermögensgegenstände zuzuordnen, die sich auf fremdem Grund und Boden befinden. Das bestehende Rechtsverhältnis zwischen dem Eigentümer des Grund und Bodens und der Kommune als Eigentümer der aufstehenden Bauten ist dadurch gekennzeichnet, dass nicht wie bei den grundstücksgleichen Rechten ein dingliches Recht durch Grundbucheintragung besteht, sondern das Rechtsverhältnis für die aufstehenden Bauten mittels Vertrag geregelt ist. Insbesondere bei technischen Betriebsvorrichtungen, wie Trafo- oder Druckreglerstationen, wird dieses vertragliche Verfahren angewandt, um sich hierdurch das aufwendigere Verfahren einer dinglichen Sicherung mittels Grundbucheintragung zu ersparen.

> ***Beispiel:***
> *Aufgrund von zahlreichen Schulbausanierungen ist es erforderlich für einen Übergangszeitraum für die Aufrechterhaltung des Schulbetriebs Pavillons zu nutzen. Diese werden von der Gemeinde G auf fremden Grund und Boden, der für diesen Zweck zeitlich begrenzt gepachtet wurde, aufgestellt. Sämtliche Rechte an den Schulpavillons liegen bei der Kommune, das Rechtsverhältnis der Nutzung als gepachtetes Schulgrundstück wurde mittels Vertrags geregelt.*

10.3.2.3.4 Bewegliches Sachvermögen, weitere Posten des Sachvermögens

Die kommunale Bilanz untergliedert das bewegliche Sachvermögen in folgende Posten:

- Kunstgegenstände (und Kulturdenkmäler),
- Maschinen und technische Anlagen, Fahrzeuge,
- Betriebs- und Geschäftsausstattung,
- Vorräte.

Die Kunstgegenstände werden mit Kulturdenkmälern, die in der Regel kein bewegliches Vermögen darstellen, in einem Bilanzposten zusammengefasst. Ein weiterer Posten des Sachvermögens stellen geleistete Anzahlungen und Anlagen in Bau dar.

a) Geringwertige Vermögensgegenstände[27] *(GVG)*

Nach § 38 Abs. 4 GemHVO kann der Bürgermeister bei beweglichen Vermögensgegenständen des Sachvermögens, deren Anschaffungs- oder Herstellungswerte den Betrag von 1.000 € ohne Umsatzsteuer nicht überschreiten, die selbstständig genutzt werden können und einer Abnutzung unterliegen eine Ausnahme von § 37 Abs. 1 und 3 GemHVO vorsehen. Diese Gegenstände können zwar in einem Inventar aufgenommen werden aber sie werden nicht über eine Laufzeit abgeschrieben, sondern im Haushaltsjahr der Anschaffung oder Herstellung als Aufwand erfasst. Der Bürgermeister kann auch die Wertgrenze von 1.000 € insgesamt oder für bestimmte Vermögensgegenstände herabsetzen.

Hinsichtlich der selbstständigen Nutzung ergibt sich in der Regel dann eine Abgrenzungsproblematik bei beweglichen Vermögensgegenständen, wenn Vermögensgegenstände gemeinsam genutzt werden.

Ein beweglicher Vermögensgegenstand kann selbstständig genutzt werden, wenn er für seine Zweckbestimmung ohne andere Vermögensgegenstände genutzt werden kann. Ein beweglicher Vermögensgegenstand ist dagegen nicht selbstständig nutzbar, wenn er für seine Zweckbestimmung nur zusammen mit anderen Vermögensgegenständen genutzt werden kann und diese hierfür technisch aufeinander abgestimmt sind.

Beispiel 1:
Der Rechner, der Drucker, der Bildschirm und die Tastatur einer PC-Anlage sind jeweils für sich gesehen nicht selbstständig nutzbar. Die Nutzungsfähigkeit ergibt sich in ihrer Verbindung als PC-Anlage. Demnach stellen die einzelnen Vermögensgegenstände wegen fehlender selbstständiger Nutzungsfähigkeit keine geringwertigen Vermögensgegenstände dar.

Beispiel 2
Der kommunale Fuhrpark rüstet die Dezernentenfahrzeuge mit Pkw-Sonderzubehör nach. Dieses Sonderzubehör ist nur in Zusammenhang mit den Dezernentenfahrzeugen nutzungsfähig. Demnach stellt das Sonderzubehör aufgrund fehlender selbstständiger Nutzungsfähigkeit keinen geringwertigen Vermögensgegenstand dar.

Für die Feststellung, ob es sich um einen geringwertigen Vermögensgegenstand nach § 38 Abs. 4 GemHVO handelt oder nicht, ist es unerheblich, ob eine Vorsteuerabzugsberechtigung besteht oder nicht, da für die Ermittlung hinsichtlich der Wertgrenze von 1.000 € gilt, dass Anschaffungs- oder Herstellungswerte ohne Umsatzsteuer (Vorsteuer) zu grunde gelegt werden.

Die Anschaffung geringwertiger Vermögensgegenstände stellt nach § 61 Nr. 21 GemHVO keine Investition dar und ist somit nicht kreditfinanzierungsfähig. Somit könnte z. B. die Beschaffung von Computern nicht über Kredite finanziert werden,

27 Der Begriff „Geringwertige Vermögensgegenstände“ entspricht inhaltlich dem im privatwirtschaftlichen Bereich verwandten Begriff der „Geringwertigen Wirtschaftsgüter“.

sofern diese nicht einzeln über 1.000 € + USt kosten, da nach § 87 Abs. 1 GemO u. a. nur für Investitionen Kredite aufgenommen werden dürfen.

b) Kunstgegenstände und Kulturdenkmäler

Zu diesem Bilanzposten gehören Objekte aller Art, deren Erhaltung wegen ihrer Bedeutung für Kunst, Geschichte und Kultur im öffentlichen Interesse liegt. Dies sind beispielsweise Gemälde, Antiquitäten und kulturhistorische Bauten wie Kriegerdenkmäler oder Ausgrabungen als Bodendenkmäler.

c) Maschinen und technische Anlagen, Fahrzeuge

Zu diesem Bilanzposten gehören beispielsweise Druck-, Schneide- und Bindemaschinen, Server im EDV-Bereich, Spülmaschinen und Transportbänder in Kantinen, Alarmanlagen, (tragbare) Pumpen im Feuerwehrbereich sowie Frankiermaschinen der Poststelle. Zu den Fahrzeugen gehören alle Fortbewegungsmittel, die der Beförderung von Personen und dem Transport von Gegenständen dienen. Hierzu gehören beispielsweise Pkw, Lkw, Radlader, Feuerwehrfahrzeuge einschließlich Löschboote, Kehrfahrzeuge und Dienstfahrräder.

d) Betriebs- und Geschäftsausstattung

Zu diesem Bilanzposten gehören beispielsweise Gegenstände der Büro- und Werkstatteinrichtung, Werkzeuge, Geräte zur Grünpflege, Strahlrohre und Schläuche, Spielzeug in Kindergärten, Fernsprech- und PC-Anlagen, Kopiergeräte. Teilweise ist die Abgrenzung zwischen den Bilanzposten „Maschinen und technische Anlagen“ sowie „Betriebs- und Geschäftsausstattung“ bei technischen Geräten recht schwierig. Die Zuordnung ist abhängig von der Komplexität des technischen Gerätes. Des Weiteren gehören zu diesem Bilanzposten auch Betriebsvorrichtungen, die mit anderen Vermögensgegenständen baulich verbunden sind und eine Maschine oder technische Anlage darstellen (z. B. Lastenaufzüge, Verkaufsautomaten).

Zur Betriebsausstattung zählen ebenfalls Nutzpflanzen und Nutztiere. Hierzu gehören Obst- und Rebanlagen sowie sonstige Baumbestände, die regelmäßige Erzeugnisse für die Kommune liefern. Die Nutztiere werden ebenfalls wegen der Erzeugnisse, die sie Jahr für Jahr liefern, oder für Transportzwecke gehalten. Hierzu zählen Viehbestände, Schafe oder Pferde.

e) Vorräte

Die grundsätzlich einem kurzfristigen Verzehr bzw. Verbrauch unterworfenen Vorräte untergliedern sich in Roh-, Hilfs- und Betriebsstoffe sowie Waren. Rohstoffe stellen den Hauptbestandteil, Hilfsstoffe einen Nebenbestandteil eines erzeugten Produktes dar. Betriebsstoffe werden dagegen nicht zum Bestandteil des erzeugten Produktes, sondern dienen dem Erstellungsprozess.

Waren sind veräußerbare Vermögensgegenstände, die selbst erstellt oder angekauft wurden (Familienstammbücher, Touristiksouvenirs).

Grundsätzlich haben Roh-, Hilfs- und Betriebsstoffe sowie Waren im Rahmen der kommunalen Bilanzierung trotz des Vorkommens in den technischen Fachbereichen einer Kommune aufgrund der Beschränkung auf interne Produktionsbedürfnisse nur eine untergeordnete Bedeutung.

Es bestehen zwei mögliche Buchungsverfahren für die Abbildung der Vorratswirtschaft im Rechnungswesen. Die exaktere, aber auch mit erheblichem Betriebsaufwand verbundene Methode ist die Verwaltung der Gegenstände des Vorratsvermögens mittels einer Lagerbuchhaltung. Hierbei sind sämtliche Vermögenszugänge zu aktivieren. Sie werden erst im Rahmen des Verbrauchs im Leistungserstellungsprozess (z. B. über Materialentnahmescheine) als Aufwand gebucht.

Die zulässige Alternative hierzu bildet die direkte Buchung im Rahmen der Beschaffung als Aufwand. Im Rahmen des Jahresabschlusses werden auf dem Bilanzkonto der Anfangsbestand und der Schlussbestand abgeglichen. Hieraus resultiert der in der Ergebnisrechnung zu berücksichtigende Mehr- oder Minderbestand an Vorräten. Da das Element einer aufwändigen Lagerbuchhaltung entfällt, sollte im Rahmen der Beschaffung von Vorräten, soweit möglich und sinnvoll, eine direkte Aufwandsbuchung festgelegt werden.[28] Außerdem kann unterjährig die Kosten- und Leistungsrechnung – und damit auch das Berichtswesen – bedient werden.

Beispiel Lagerbuchung:
Der Einkauf von Unkrautvernichtungsmitteln wird der Bestandszugang des Lagers auf dem Bestandskonto unter Begleichung der Rechnung gebucht. Dies stellt zunächst einen bilanziellen Aktivtausch dar und ist noch nicht erfolgswirksam. Aufgrund der laufenden Lagerbuchhaltung werden die Lagerentnahmen als ergebniswirksamer Aufwand in der Teilergebnisrechnung und als Minderung des Bestandskontos berücksichtigt. Ggf. wird im Rahmen des Jahresabschlusses aufgrund bei der Inventur festgestellter Inventurdifferenzen einer Bestands- und Aufwandskorrektur erforderlich.

Beispiel Aufwandsbuchung:
Der Einkauf von Unkrautvernichtungsmitteln wird ohne Einbeziehung des Bestandskontos unter Begleichung der Rechnung vollständig in die Teilergebnisrechnung als erfolgswirksamer Aufwand gebucht. Im Rahmen der Inventur beim Jahresabschluss wird die Bestandsveränderung festgestellt und auf einem Ertragskonto (Nr. 3721) korrigiert (Ertragsminderung bei Bestandsminderung, Ertragserhöhung bei Bestandserhöhung).

28 Vgl. hierzu auch Modellprojekt „Doppischer Kommunalhaushalt in NRW" (Hrsg.), Neues Kommunales Finanzmanagement: Betriebswirtschaftliche Grundlagen für das doppische Haushaltsrecht, 2., vollst. überarb. Aufl. auf der Basis der Endergebnisse des Modellprojektes, Freiburg 2003, S. 230.

Für das Vorratsvermögen sind verschiedene Bewertungsvereinfachungsverfahren zugelassen. So können gleichartige Vermögensgegenstände des Vorratsvermögens jeweils zu einer Gruppe zusammengefasst und mit dem gewogenen Durchschnittswert angesetzt werden (§ 37 Abs. 3 GemHVO). Außerdem können nach § 45 GemHVO beim Vorratsvermögen folgende Verbrauchsfolgebewertungen angewandt werden:

- **LiFo: „Last in, First out"**
  Hier wird unterstellt, dass die zuletzt angeschafften oder hergestellten Vorräte zuerst verbraucht oder veräußert worden sind.
- **FiFo: „First in, First out"**
  Bei diesem Verfahren wird angenommen, dass die zuerst angeschafften oder hergestellten Vorräte zuerst verbraucht oder veräußert worden sind.

Das gewählte Verfahren muss den Grundsätzen ordnungsgemäßer Buchführung entsprechen und darf einem betrieblichen Geschehensablauf nicht widersprechen.

> ***Beispiel:***
> *Beim Bauhof der Gemeinde wird das Streusalz für den Winterdienst in einem Silo gelagert. Hier kann bei der Bewertung der Vorräte beim Jahresabschluss nur der gewogene Durchschnittswert oder das FiFo-Verfahren angewandt werden. Da das zuerst eingekaufte Streusalz auch zuerst verbraucht wird. Das LiFo-Verfahren kann nicht eingesetzt werden, weil es dem betrieblichen Geschehensablauf widersprechen würde.*

Geleistete Anzahlungen auf Vorräte bilden liquide Vorleistungen an einen Lieferanten, für noch nicht erhaltene Lieferungen und Leistungen. Für Anzahlungen erfolgt ein gesonderter Ausweis. Erst nach Erhalt der Lieferung oder Leistung wird die Anzahlung ausgebucht.

10.3.2.3.5 Geleistete Anzahlungen, Anlagen im Bau

Geleistete Anzahlungen sind Vorauszahlungen an einen Lieferanten oder Hersteller, ohne bereits in den Besitz des Vermögensgegenstandes oder der vereinbarten Leistung gekommen zu sein. Nach Erfüllung des Rechtsgeschäftes ist der als geleistete Anzahlung eingestellte Betrag entsprechend seiner Verwendung umzubuchen.

Um Anlagen im Bau handelt es sich bei Vermögensgegenständen, die in mehreren Arbeitsschritten hergestellt werden. Sie sind hierdurch über eine längere Zeit unfertig und somit nicht betriebsbereit. Aus Bilanz- und Buchhaltungssicht bestehen zwei relevante Phasen:

- Im-Bau-Phase,
- Nutzungsphase.

Im Rahmen der Herstellung durchlaufen Anlagen diese beiden Phasen, wobei der jeweilige Baustatus zu einem unterschiedlichen Bilanzausweis führt.

Der Bilanzposten „Anlagen im Bau“ dient der Sammlung der einzelnen aktivierungsfähigen Bestandteile der Anschaffungs- bzw. Herstellungswerte, die bei endgültiger Fertigstellung bzw. Betriebsbereitschaft summiert auf die endgültige Anlage nach der Vermögensverwendung (z. B. Schule) umgebucht werden. Während der Im-Bau-Phase werden die unterschiedlichsten Zugänge zu einer Investition wie

- Fremdleistungen,
- Eigenleistungen oder
- Entnahme von Lagermaterial

auf der Anlage im Bau gesammelt.

Mit der Umbuchung wird die Anlage im Bau entsprechend ihrer Vermögensverwendung aktiviert und in der Anlagenübersicht erfasst. Hierbei wird eine Abschreibungsplanung für den Vermögensgegenstand festgelegt, der die Grundlage für die planmäßigen Abschreibungen bildet.

Im Rahmen des Jahresabschlusses sind nach dem Grundsatz der Vollständigkeit bereits Zugänge auf Anlagen im Bau zu buchen, wenn die Kommune wirtschaftliche Eigentümerin der Teilleistung am Vermögensgegenstand geworden ist, auch wenn der Kommune noch keine Rechnung vorliegt. Der Wert des zugegangenen Vermögensgegenstandes ist dann vorsichtig zu schätzen.

Beispiel:
Im Rahmen eines Kindergartenneubaus in der Gemeinde G wurde Anfang Dezember 2019 der Rohbau fertiggestellt. Eine Abrechnung dieses Bauabschnitts ist vor Februar 2020 nicht zu erwarten. Aufgrund der Kalkulation des Hochbauamtes liegt der Wert des Rohbaus bei 400.000 €. Der unfertige Bau ist der Gemeinde G zuzurechnen. Für die Anlage im Bau „Kindergartenneubau“ ist bereits im Rahmen des Jahresabschlusses ein Zugang über 400.000 € zu buchen. Als Gegenbuchung wird eine sonstige Verbindlichkeit ausgewiesen.

Im Rahmen der Rechnungsstellung zu Anlagen im Bau, ist stets zu prüfen, welche Rechnungspositionen aktivierungsfähige Anschaffungs- oder Herstellungswerte darstellen. Nur diese dürfen auf die Anlage im Bau gebucht werden. Vor der Aktivierung der Anlage im Bau sollte daher nochmals geprüft werden, ob alle gesammelten Kosten tatsächlich aktivierungsfähige Anschaffungs- bzw. Herstellungswerte darstellen.

Beispiel:
Im Rahmen eines Schulanbaus wurden neben dem Eindecken des Daches auch Reparaturen am Dach des alten Schulgebäudes vorgenommen. Die Leistungen wurden einheitlich in Rechnung gestellt und auf die Anlage im Bau gebucht. Im Rahmen der Aktivierung wird dies festgestellt. Die in Rechnung gestellten Leistungen sind für die Umbuchung zu trennen. Die Leistungen für das Eindecken verbleiben auf dem Posten „Anlage im Bau“ und werden mit dieser aktiviert, die Instandhaltungsleistungen für das alte Gebäude werden als Instandhaltungsaufwand umgebucht.

Für Anlagen im Bau dürfen keine planmäßigen Abschreibungen vorgenommen werden. Bei außerordentlichen Ereignissen während des Herstellungszeitraumes, die zu einer dauerhaften Wertminderung führen, sind der Wertminderung entsprechend außerplanmäßige Abschreibungen durchzuführen.

Zusammenfassend als Grafik die Buchungssystematik bei Anlagen im Bau:

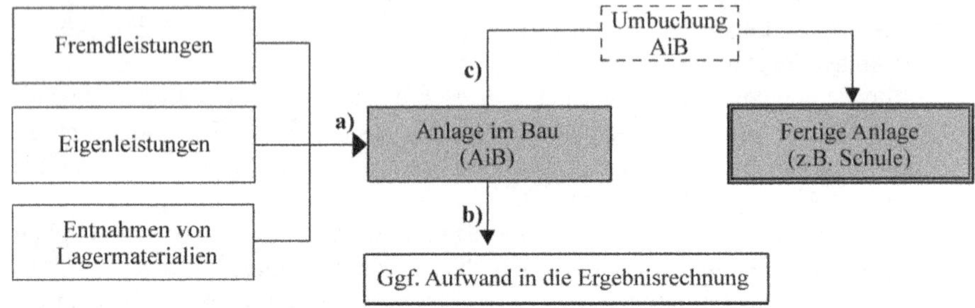

Erläuterungen zum Schaubild:

a) Zunächst werden die Herstellungswertelemente auf der Anlage im Bau gesammelt.

b) Nach Fertigstellung bzw. Betriebsbereitschaft erfolgt vor Aktivierung der Anlage im Bau eine Prüfung hinsichtlich der Aktivierungsfähigkeit, ggf. mit einer Umbuchung als Aufwand in die Ergebnisrechnung.

c) Es erfolgt die Umbuchung der Anlage im Bau entsprechend ihrer Vermögensverwendung (hier Schule an AiB).

10.3.2.4 Finanzvermögen

Aufgrund des Anlagevermögenscharakters sind Finanzanlagen diejenigen Werte, die auf Dauer finanziellen Anlagezwecken oder Unternehmensverbindungen sowie damit zusammenhängenden Ausleihungen dienen.

Für eine spätere Konsolidierung innerhalb des kommunalen Konzerns wurde der Bereich der Finanzanlagen in Beziehung zur handelsrechtlichen Bilanz ausgestaltet. Danach umfasst das kommunale Finanzvermögen das auf Dauer der Kommune dienen soll,[29]

- Anteile an verbundenen Unternehmen,
- Sonstige Beteiligungen und Kapitaleinlagen in Zweckverbänden, Stiftungen oder andere kommunale Zusammenschlüsse,
- Sondervermögen,
- Ausleihungen,
- Wertpapiere.

29 Siehe § 52 Abs. 3 Nr. 1.3.1 bis 1.3.5 GemHVO.

Aus den Konsolidierungsregelungen des § 95a GemO ist herzuleiten, dass öffentlich-rechtlich selbstständige Organisationsformen (z. B. Anstalt des öffentlichen Rechts, Zweckverband) entsprechend den nachfolgend in Kap. 10.3.2.4.1 und 10.3.2.4.2 genannten Kriterien unter den Bilanzposten „Anteile an verbundenen Unternehmen und Beteiligungen" analog auszuweisen sind.

Eine entsprechende fristenbezogene Regelung des Bilanzausweises zur Abgrenzung von Ausleihungen zu Forderungen gibt es nicht. Maßstab für den Bilanzausweis bilden die spezifischen inhaltlichen Merkmale einer Ausleihung. Bei Ausleihungen erfolgt eine Kapitalhingabe der Kommune an einen Dritten mit der Maßgabe, dass dieser das hingegebene Kapital in einem vertraglich bestimmten Zeitraum an die Kommune zurückzahlt. Alle anderen Forderungen (z. B. aus Lieferung und Leistung, Transferleistungen), die nicht durch Hingabe von Kapital entstanden sind, stellen demnach Forderungen dar.

Der Gesetzgeber hat es versäumt, für den Bilanzausweis eine Regelung hinsichtlich einer Mindestfrist des Rückzahlungszeitraums für Ausleihungen zu treffen. Diese ist erforderlich, um Ausleihungen von angelegten, nicht benötigten liquiden Mitteln abzugrenzen. Hier sollte die Kommune z. B. in einer Dienstanweisung regeln, ab wann bzw. welche Geldanlagen im Finanzvermögen und welche in liquide Mittel ausgewiesen werden, z. B.

- von Liquiditätshingaben bis zu einem Jahr Rückzahlungszeitraum im Bilanzposten „Liquide Mittel" bzw. Geldanlagen durch die Gemeindekasse und
- von Kapitalhingaben von mehr als einem Jahr Rückzahlungszeitraum im Bilanzposten „Ausleihungen".

10.3.2.4.1 Anteile an verbundenen Unternehmen

Hinsichtlich des Ausweises unter diesem Bilanzposten knüpft das Haushaltsrecht – auch durch inhaltliche Anknüpfung an die Konsolidierungsregelungen des § 95a GemO – an die handelsrechtlichen Regelungen an. Anteile an verbundenen Unternehmen sind hiernach alle nach den Vorschriften über Vollkonsolidierung in den Konzernabschluss als Tochterunternehmen einzubeziehende Unternehmen (vgl. § 271 Abs. 2 HGB, § 290 HGB).

Die Art der Anteile ist hierbei nicht von Bedeutung. Entscheidend für den Ausweis ist dabei aber das Vorliegen bestimmter Merkmale, z. B.

- Mehrheitsbeteiligung § 16 AktG,
- abhängige und herrschende Unternehmen § 17 AktG,
- Konzernunternehmen § 18 AktG,
- wechselseitig beteiligte Unternehmen § 19 AktG,
- Vertragsteile eines Unternehmensvertrages §§ 291 ff. AktG.

Sind die Kriterien des verbundenen Unternehmens nicht erfüllt, kommt ein Ausweis der Anteile als Beteiligung in Betracht.

10.3.2.4.2 Beteiligungen

Beteiligungen sind Anteile der Kommune an Unternehmen und Einrichtungen, die in der Absicht gehalten werden, eine dauerhafte Verbindung zu diesen Unternehmen und Einrichtungen herzustellen (vgl. § 271 Abs. 1 HGB). Entscheidend ist hierbei die Beteiligungsabsicht und nicht die Beteiligungshöhe. Im Rahmen einer gesetzlich zugrunde zu legenden Beteiligungsvermutung gilt als Beteiligung im Zweigen ein Anteil am Nennkapital des Unternehmens von mehr als 20 %. Wir diese Vermutung nicht widerlegt, so ist eine Beteiligung unter dieser Bezeichnung zu bilanzieren.

Weitere kommunale Beteiligungen, die im Gesamtabschluss berücksichtigt werden müssen, werden ebenfalls hier erfasst. Dies sind Beteiligungen, die nicht in Form von Wertpapieren gehalten werden oder an denen die Gemeinde nur einen Anteil von weniger als 20 % hält.

10.3.2.4.3 Sondervermögen

Nach § 96 Abs. 1 GemO gehören zum Sondervermögen der Gemeinde

- das Gemeindegliedervermögen[30] (§ 100 GemO),
- das Vermögen der rechtlich unselbstständigen örtlichen Stiftungen[31] (§ 101 Abs. 2 GemO),
- das Vermögen der Eigenbetriebe,
- rechtlich unselbstständige Versorgungs- und Versicherungseinrichtungen für Bedienstete der Gemeinde,
- das Sondervermögen für die Kameradschaftspflege nach § 18 des Feuerwehrgesetzes (FwG).

Das Gemeindegliedervermögen und die rechtlich unselbständigen örtlichen Stiftungen unterliege den Vorschriften über die kommunale Haushaltswirtschaft und sind im Haushaltsplan der Gemeinde gesondert nachzuweisen (§ 96 Abs. 2 GemO); es werden also keine Sonderrechnungen geführt, so dass sie nicht in dieser Bilanzposition nachzuweisen sind. Es besteht die Möglichkeit bei der jeweiligen Vermögensart einen „Davon-Vermerk" für dieses Sondervermögen anzubringen.[32]

---

30 Das Gemeindegliedervermögen stellt in der Regel Nutzungsrechte Dritter am Grundvermögen der Kommunen dar.

31 Die rechtlich unselbstständigen örtlichen Stiftungen sind Stiftungen ohne eigene Rechtspersönlichkeit, bei denen durch Rechtsgeschäft unter Lebenden oder durch Verfügung von Todes wegen Vermögensgegenstände der Kommune mit der Auflage zugewendet werden, dass sie für einen bestimmten Zweck zu verwenden sind. Sofern für Nachlässe und Vermächtnisse auch ein nachhaltiger Zweck zu verfolgen ist, sind diese wie rechtlich unselbstständige örtliche Stiftungen zu behandeln. Abgrenzung: Treuhandvermögen zählen nicht zum Sondervermögen und sind nicht zu erfassen.

32 Vgl. hierzu Modellprojekt „Doppischer Kommunalhaushalt in NRW" (Hrsg.), Neues Kommunales Finanzmanagement: Betriebswirtschaftliche Grundlagen für das doppische Haushaltsrecht, 2., vollst. überarb. Aufl. auf der Basis der Endergebnisse des Modellprojektes, Freiburg 2003, S. 225.

Die Eigenbetriebe (§ 1 EigBG) gehören zur Bilanzposition „Sondervermögen mit Sonderrechnung“, dass das gesamte Vermögen im Eigentum der Gemeinde steht. Sie sind lediglich organisatorisch, aber nicht rechtlich selbständig.

Für die rechtlich unselbständigen Versorgungs- und Versicherungseinrichtungen (z. B. Zusatzversorgungskasse, Pensionskasse) müssen besondere Haushaltspläne aufgestellt und Sonderrechnungen geführt werden (§ 96 Abs. 3 GemO). Diese Einrichtungen sind unter dieser Bilanzposition zu führen.

Für das Sondervermögen der Kameradschaftspflege gelten nach § 18 Abs. 1 Satz 2 FwG die Vorschriften der Gemeindewirtschaft nicht. Es ist lediglich ein Wirtschaftsplan aufzustellen, der alle im Haushaltsjahr für die Erfüllung der Aufgaben des Sondervermögens eingehenden Einnahmen und zu leistenden Ausgaben enthält.

10.3.2.4.4 Wertpapiere des Finanzvermögens

Unternehmensanteile, die weder als Anteile an verbundenen Unternehmen noch als Beteiligung anzusehen sind (z. B. Aktien, Investmentfonds), und sonstige Wertpapiere (z. B. Pfandbriefe, Obligationen, Anleihen, Bundesschatzbriefe), die auf Dauer angelegt sind, werden als Wertpapiere des Finanzvermögens ausgewiesen. Es handelt sich um Urkunden, die Vermögensrechte verbriefen.

10.3.2.4.5 Ausleihungen

Ausleihungen stellen langfristige Forderungen aus Geld- oder Finanzgeschäften dar. Zu den Ausleihungen zählen vor allem Darlehen, Hypotheken-, Grund- und Rentenschulden sowie stille Beteiligungen (soweit diese nicht am Verlust teilnehmen). Aufgrund der Bedeutung der finanziellen Verflechtungen im Rahmen von kommunalen Unternehmensverbindungen und als Grundlage der Konsolidierung wurden die unterschiedlichen Ausleihungen als gleichwertige Posten den Unternehmensverbindungen gliederungsmäßig gleichgestellt.

Aufgrund der inhaltlichen Gleichheit werden in diesem Kapitel die vier unterschiedlichen Bilanzposten

- Ausleihungen an verbundene Unternehmen,
- Ausleihungen an Beteiligungen,
- Ausleihungen an Sondervermögen,
- Sonstige Ausleihungen

gemeinsam betrachtet, da das Unterscheidungsmerkmal der einzelnen Unternehmensverbindungen bereits erläutert wurde.

Für Ausleihungen besteht hinsichtlich der Bewertung beim Anschaffungswertprinzip eine Besonderheit. *„Ausleihungen können eine übliche Verzinsung haben, wobei die Verzinsung sich nicht allein durch Geldleistungen, sondern auch gleichwertig in anderen vertretbaren Sachen oder Rechten (z. B. Belegungsrecht im sozialen Wohnungsbau, Verpflichtung zur Aufrechterhaltung von 10 Arbeitsplätzen in der Kommune) darstellen kann. Ausleihungen können aber auch niederverzinslich bzw. unverzinslich sein. Dies hat jedoch keinen Einfluss auf die Anschaffungswerte der Forderung,* *so dass der Nennbetrag die Anschaffungswerte darstellt. Jedoch betreffen die Niederverzinslichkeit bzw. die Unverzinslichkeit den Teilwert der Forderung. In analoger Anwendung des Handelsrechts § 279 Abs. 1 Satz 2 i. V. m. § 253 Abs. 2 Satz 3 HGB besteht keine Abzinsungsverpflichtung sondern ein Abzinsungswahlrecht, da es sich nicht um eine dauernde Wertminderung handelt. Vielmehr besteht nur eine vorrübergehende Wertminderung, da der Barwert vom Zeitpunkt der Kapitalhingabe bis zum Zeitpunkt der Kapitalrückzahlung laufend steigt und zum Fälligkeitszeitpunkt den Nennwert erreicht.*"[33]

Beispiel:
Die Gemeinde G gewährt dem Wohnungsbauunternehmen W im Rahmen einer allgemeinen Förderung des Wohnungsbaus ein Darlehen, dessen Teilwert (Barwert) jährlich dargestellt werden soll. Das Darlehen in Höhe von 50.000 € wird jährlich nur mit 2 % verzinst. Die Rückzahlung hat nach zehn Jahren in einer Summe zu erfolgen. Im Rahmen der Barwertermittlung wird der aktuelle Wert des in zehn Jahren zurückfließenden Darlehens ermittelt. Hierbei wird eine angemessene Verzinsung i. H. v. 6 % (beispielsweise abgeleitet aus der Veräußerung dieser Forderung) unterstellt. Die Differenz zwischen tatsächlicher Verzinsung i. H. v. 2 % und angemessener Verzinsung i. H. v. 6 % beträgt 4 %. Diese bildet die Grundlage für die Abzinsung. Entsprechend der Laufzeit und des Prozentsatzes gibt es Abzinsungstabellen, aus denen der entsprechende Abzinsungsfaktor (AbF) abgelesen wird. Beim vorstehenden Sachverhalt errechnet sich der Barwert wie folgt:

Rückzahlungsbetrag	***AbF-Wert***	***Formel***	***Lösung***
50.000,00 €	*0,675564*	$K(n) \times AbF$	*33.778,20 €*

Es hat entweder jährlich eine Anpassung des steigenden Barwertes zu erfolgen, bis zum Zeitpunkt der Kapitalrückzahlung der Nennwert erreicht ist. Alternativ dazu kann die Anpassung auch erst bei Erreichen des Zeitpunktes der Kapitalrückzahlung einmalig vorgenommen werden.

10.3.2.4.6 Forderungen und sonstige Vermögensgegenstände

10.3.2.4.6.1 Die öffentlich-rechtlichen Forderungen und Forderungen aus Transferleistungen

Die öffentlich-rechtlichen Forderungen werden anhand inhaltlicher Kriterien differenziert. Sie entstehen auf der Basis öffentlich-rechtlicher Normen. Von besonderer finanzwirtschaftlicher Bedeutung für die Gemeinden sind die Abgaben und die zu erwartenden Transferleistungen in Form von Zuwendungen. An dieser sachlichen Struktur orientiert sich auch der Bilanzausweis:

33 Vgl. *Falterbaum/Bolk/Reiß*, Buchführung und Bilanz (Grüne Reihe Band 10), 19. Aufl., Achim 2003, S. 693 f.

- Öffentlich-rechtliche Forderungen aus Dienstleistungen:
  - Gebühren (z. B. Verwaltungs- und Benutzungsgebühren),
  - Beiträge,
- Steuerforderungen,
- Forderungen aus Transferleistungen (z. B. Schlüssel- und Bedarfszuweisungen, Umlagen, Schuldendiensthilfen, Zuwendungen für laufende Zwecke),
- Übrige öffentlich-rechtliche Forderungen (Bußgelder, Verwarnungsgelder).

Die übrigen öffentlich-rechtlichen Forderungen beinhalten die antizipative Rechnungsabgrenzung, die den zeitlichen Abstand zwischen dem Ertrag bzw. Bestandsveränderung und dem Zahlungseingang darstellt.

10.3.2.4.6.2 Privatrechtliche Forderungen

Eine privatrechtliche Forderung ergibt sich aufgrund eines Schuldverhältnisses, das der Gemeinde das Recht gibt eine Geldleistung zu fordern. Dieses Schuldverhältnis ergibt sich aus Vertrag oder gesetzlicher Erfüllungstatbestände.

Dieser Posten wird unterteilt in
- Forderungen aus Lieferung und Leistung,
- Vorsteuer und
- übrige privatrechtliche Forderungen.

Zu den Lieferungen und Leistungen einer Gemeinde gehören insbesondere Waren oder Dienstleistungen, Mieten, Pachten oder privatrechtliche Benutzungsentgelte. Auf die Bezahlung wurde von der Gemeinde eine Frist eingeräumt, die zu einer Verschiebung der Fälligkeit führt.

Zu den übrigen privatrechtlichen Forderungen gehören neben Dividenden und Zinsen auch die Forderungen der antizipativen Rechnungsabgrenzung. Dies sind Einzahlungen nach dem Abschlusstag, die aber dem alten Haushaltsjahr ganz oder teilweise als Ertrag zuzurechnen sind.

Beispiel:
Die Gemeinde erwartet eine Mietzahlung am 31.3.2020 für die Monate Oktober 2019 bis März 2020. Die zu erwartenden Mietzahlungen für die Monate Oktober bis Dezember 2019 stellen eine antizipative Forderung dar, die in der Bilanz am 31.12.2019 als Forderung zu berücksichtigen ist.

10.3.2.5 Liquide Mittel

Hierbei handelt es sich um Geldmittel, die den Kommunen zur Zahlungsbereitschaft zu Verfügung stehen. In der Regel sind dies Sichteinlagen bei Banken und Kreditinstituten, deren sofortige Umwandlung in Bargeld verlangt werden kann. In diesem Bilanzposten sind folgende Inhalte auszuweisen:

- Schecks,
- Kassenbestand,
- Guthaben bei Bundesbank und Europäischer Zentralbank,
- Guthaben bei Kreditinstituten.

Darüber hinaus beinhaltet dieser Posten auch Einlagen, die nicht jederzeit als Zahlungsmittel verwendet werden können. Dies sind zum Beispiel angelegte Tages- und Festgelder, Spareinlagen, Bausparverträge, die zu den Guthaben bei Kreditinstituten gehören und im Bilanzausweis unter liquide Mittel verbleiben.

10.3.2.6 Rechnungsabgrenzungsposten (aktiv) und für geleistete Investitionszuwendungen

Die aktive Rechnungsabgrenzung beinhaltet transitorische Posten, d. h. es handelt sich um Finanzvorfälle, die im laufenden Haushaltsjahr zu Ausgaben führen, aber erst im folgenden Haushaltsjahr Aufwand darstellen (§ 48 Abs. 1 GemHVO).

> ***Beispiel:***
> *Die Gemeinde zahlt im Oktober 2019 im Voraus für die Monate Oktober 2019 bis März 2020 Miete. Es fließt im laufenden Haushaltsjahr Liquidität für sechs Monate ab, aufwandsmäßig gehören jedoch nur Mietzahlungen für drei Monate in die Ergebnisrechnung des laufenden Haushaltsjahres. Die anderen drei Monate an Mietzahlungen sind aufwandsmäßig im folgenden Haushaltsjahr zu berücksichtigen.*

Neben dieser üblichen Rechnungsabgrenzung ist im kommunalen Bereich der Ansatz von aktiven Rechnungsabgrenzungsposten aus geleisteten Zuwendungen der Gemeinden von besonderer Bedeutung. Nach § 40 Abs. 4 GemHVO sollen diese geleisteten Investitionszuschüsse als Sonderposten ausgewiesen und entsprechend dem Zuwendungsverhältnis aufgelöst werden. Anhaltspunkt Dauer der Auflösung dieser Investitionsförderungsmaßnahme ist in der Regel die Nutzungsdauer des bezuschussten Vermögensgegenstandes.

10.3.2.7 Nettoposition (nicht gedeckter Fehlbetrag)

Der Bilanzposten „Eigenkapital“ auf der Passivseite der Bilanz besteht aus den Untergliederungen

- Basiskapital,
- Rücklagen und
- Fehlbeträge des ordentlichen Ergebnisses

und weist das „kommunale Eigenkapital“ der Kommune aus. Nach § 80 Abs. 3 Satz 3 GemO dürfen sich die Kommunen nicht über den Wert ihres Vermögens hinaus verschulden, da das Basiskapital nicht negativ sein darf. Allerdings kann der Gesetzgeber die Tatsache einer Überschuldung durch Rechtsnormen allein nicht verhindern.

Sobald die Schulden (Geldschulden und Verbindlichkeiten) und die Rückstellungen größer sind als das Vermögen zuzüglich Rücklagen und Sonderposten, ist die Kommune überschuldet und müsste jetzt „Nettoposition“ auf der Aktivseite der Bilanz ausweisen.

10.3.2.8 Übungen

Sachverhalt Nr. 9 (Bilanzierung von Anlagen im Bau)

In der Gemeinde G wird für eine Hochbaumaßnahme mit einem Gesamtfinanzierungsvolumen von zwei Millionen € am 01.12.2023 der Rohbau fertig gestellt. Die Rohbaufertigstellung ist bis zum 31.12.2023 noch nicht abgerechnet und zu diesem Zeitpunkt auch noch nicht absehbar. Nach vorsichtiger Schätzung betragen die Herstellungswerte des Rohbaus 800.000 €. Das wirtschaftliche Eigentum des Rohbaus ist der Kommune zuzurechnen.

Aufgabe:
Ist der Rohbau in der Jahresabschlussbilanz der Gemeinde G auszuweisen? Was ist hierbei und beim späteren Rechnungseingang zu bedenken?

Lösung:
Der bisherige Herstellungswert der Anlage im Bau ist in der Bilanz darzustellen. Hierbei wird der Schätzwert in Höhe von 800.000 € zugrunde gelegt. Als Gegenposition ist eine sonstige Verbindlichkeit zu buchen. Sobald die Rechnung eingeht, erfolgt die Berichtigung des Wertes der Anlage im Bau und unter Berücksichtigung der sonstigen Verbindlichkeit die Auszahlung des Rechnungsbetrages.

> ***Hinweis:***
> *In der Praxis dürfte in aller Regel im Monat Januar des nächsten Jahres eine Abschlagsrechnung bei der Gemeinde eingehen, so dass der genauere Anschaffungswert in den Jahresabschluss aufgenommen werden kann.*

Sachverhalt Nr. 10 (Abrechnung von Anlagen im Bau)

Für eine weitere Hochbaumaßnahme geht bei der Gemeinde G am 10.2.2024 die erste Teilrechnung in Höhe von 700.000 € entsprechend dem Baufortschritt ein. Am 17.6.2024 erfolgt die Schlussabrechnung mit einer Restforderung in Höhe von 930.000 €. Nach Prüfung der Rechnung stellt der Anlagenbuchhalter fest, dass 22.000 € nicht aktivierungsfähigen Aufwand darstellen.

Aufgabe:
Welche Buchungen sind bis zur Aktivierung der Anlage im Bau vorzunehmen?

Lösung:
Am 10.2.2024 ist ein Zugang in Höhe von 700.000 € auf die Anlage im Bau zu buchen.

Die Schlussabrechnung in Höhe von 930.000 € ist aufzuteilen, wobei 908.000 € als weiterer Zugang auf die Anlage im Bau zu buchen sind. Der Gesamtbetrag in Höhe von 1.608.000 € ist danach auf die „endgültige" Anlage umzubuchen. Der nicht aktivierungsfähige Aufwand in Höhe von 22.000 € ist auf das entsprechende Aufwandskonto zu buchen.

Sachverhalt Nr. 11 (Aktivierung von Eigenleistungen)

Die Arbeiter des Bauhofs der Gemeinde G bauen mehrere kleine, nicht genutzte Lagerräume in einen Schulungsraum um. Für diese Investition entstanden Materialkosten in Höhe von 20.000 €. Mittels Kosten- und Leistungsrechnung werden Kosten für Arbeitsleistung in Höhe von 80.000 € festgestellt.

Aufgabe:
Welche Buchungen und in welcher Höhe sind bis zur Aktivierung in der Anlagenbuchhaltung vorzunehmen?

Lösung:
Vermögensgegenstände sind betraglich höchstens mit ihren Anschaffungs- oder Herstellungswerten zu erfassen. Die Auszahlung für die Materialkosten ist daher zunächst auf Anlage im Bau in Höhe von 20.000 € zu buchen. Die angefallenen Arbeitsleistungen des Bauhofs in Höhe von 80.000 € sind als aktivierte Eigenleistung ebenfalls mit den Materialkosten auf der Aktivseite der Bilanz einzustellen.

10.3.3 Passiv-Seite der Bilanz

10.3.3.1 Eigenkapital

Das kommunale Eigenkapital untergliedert sich nach § 52 Abs. 4 GemHVO in folgende Posten:

- Basiskapital,
- Rücklagen:
  - Rücklagen aus Überschüssen des ordentlichen Ergebnisses,
  - Rücklagen aus Überschüssen des außerordentlichen Ergebnisses,
  - Zweckgebundene Rücklagen,

- Fehlbeträge des ordentlichen Ergebnisses:
  - Fehlbeträge aus Vorjahren,
  - Jahresfehlbetrag, soweit eine Deckung im Jahresabschluss durch Entnahme aus den Ergebnisrücklagen nicht möglich ist.

Die Differenzierung der Posten für das Eigenkapital resultiert aus einer unterschiedlich definierten Eigenkapitalfunktion sowie der Jahresabschlussfunktion der Posten innerhalb der Haushaltssystematik.

Ergibt sich bei der Ermittlung des Eigenkapitals im Rahmen der Eröffnungsbilanzierung ein Überschuss der Passivposten über die Aktivposten, ist die sich ergebende Saldogröße auf der Aktivseite als „Nettoposition (nicht gedeckter Fehlbetrag)" gesondert auszuweisen.

10.3.3.1.1 Basiskapital

Der Posten „Basiskapital" stellt eine absolute Saldogröße bei der Ermittlung der Eröffnungsbilanz dar. Der Bilanzausweis resultiert erstmalig aus der Gegenüberstellung sämtlicher bewerteter Aktivposten und sämtlicher bewerteter Passivposten. Ergibt sich eine positive Saldogröße, stellt diese das Basiskapital dar. Die folgende Tabelle zeigt die Ermittlung des Basiskapitals:

Wie wird das Basiskapital für die erste Eröffnungsbilanz ermittelt?[34]	
	Vermögen einschließlich aktiver Rechnungsabgrenzungsposten
–	Schulden (Geldschulden + Verbindlichkeiten), Rückstellungen, passive Rechnungsabgrenzungsposten
=	Nettoposition (Zwischensumme)
–	Rücklagen
–	Sonderposten
(–	Jahresergebnis)[35]
=	**Basiskapital**

Das so für die erste Eröffnungsbilanz ermittelte Basiskapital wird als Obergrenze „festgeschrieben". Nach § 80 Abs. 3 GemO und § 25 Abs. 3 GemHVO kann dieser Posten mit einem Fehlbetrag, der bereits drei Jahre vorgetragen wurde, verrechnet werden. Jedoch darf das Basiskapital nicht negativ sein.

Beispiel:
Sofern eine abnutzbare Investition auf der Aktivseite im Vermögen eingestellt, aber die dazugehörige Investitionszuwendung nicht in Sonderposten einge-

34 Sollfehlbeträge werden bei der ersten Ermittlung von Reinvermögen noch nicht berücksichtigt.

35 In der ersten Eröffnungsbilanz wird noch kein Jahresergebnis vorgetragen, so dass dieser Posten erst in den Folgebilanzen zur Anwendung kommt.

bucht wurde, bedeutet dies, dass das Basiskapital entsprechend größer ausfällt.[36]

In den Folgejahren fallen für die Investition Abschreibungen als Aufwand an. Erträge aus der Auflösung von Sonderposten können dagegen nicht gebucht werden, so dass der Abschreibungsaufwand durch andere Erträge ausgeglichen werden muss.

10.3.3.1.2 Rücklagen[37]

Die Rücklagen im Eigenkapital sind gesetzlich für bestimmte Zwecke separierte Überschüsse aus der Ergebnisrechnung zur Zukunftssicherung (§ 61 Nr. 41 GemHVO). Der Bestand an Rücklagen („doppischer Art") muss nicht mit dem Bestand an liquiden Mitteln übereinstimmen. Die Rücklagen untergliedern sich wie folgt:

Rücklagen aus Überschüssen des ordentlichen Ergebnisses
(§ 52 Abs. 4 Nr. 1.2.1 GemHVO)

Ein Überschuss des ordentlichen Ergebnisses stellt die positive Differenz zwischen den ordentlichen Erträgen und ordentlichen Aufwendungen in der Ergebnisrechnung dar (siehe § 61 Nr. 42 GemHVO).

Wenn die Ergebnisrechnung mit einem Überschuss im ordentlichen Ergebnis unter Berücksichtigung von Fehlbeträgen aus Vorjahren abschließt, ist dieser der Rücklage für das ordentliche Ergebnis zuzuführen (§ 90 Abs. 1 GemO).

Dieser Rücklagenbestand kann zum Ausgleich von Fehlbeträgen aus in der Zukunft herangezogen werden, wenn ein Abbau der Fehlbeträge trotz Ausschöpfung aller Ertrags- und Sparmöglichkeiten nicht auf andere Weise möglich ist (§ 80 Abs. 3 Satz 1 GemO).

---

36 Empfangene Investitionszuwendungen für nicht abnutzbare Vermögensgegenstände werden auf der Passivseite als Sonderposten ausgewiesen (§ 52 Abs. 4 Nr. 2 GemHVO).

37 Anders war dies grundsätzlich bei den Rücklagen „kameraler Art". Hier wurde der („Geld-") Überschuss im Vermögenshaushalt in die allgemeine Rücklage eingestellt. Es wurde also ein Geldbetrag vom Girokonto z. B. auf das Sparbuch „Allgemeine Rücklage" überwiesen. Dieser Geldbetrag konnte dann in späteren Jahren z. B. als Deckungsmittel für Investitionen aus der „Allgemeinen Rücklage" entnommen werden (§ 20 Abs. 3 GemHVO – kamerales Haushaltsrecht). Soweit Kommunen noch Bestände in der allgemeinen Rücklage haben, ist dieser Bestand in der ersten Eröffnungsbilanz in das Finanzvermögen bzw. Liquide Mittel – also auf der Aktivseite der Bilanz – zu übernehmen.
Viele Kommunen haben allerdings den Bestand der allgemeinen Rücklage, der auch einen Anteil als Betriebsmittel der Kasse enthielt (§ 20 Abs. 2 GemHVO – kamerales Haushaltsrecht), als Kassenbestandsverstärkung nach § 19 Abs. 3 GemKVO (kamerales Haushaltsrecht) zur Liquiditätssicherung in Anspruch genommen, so dass auf dem Sparbuch kein „Geld-"Bestand vorhanden ist und damit auch keine Forderung gegenüber einer Bank besteht.

Rücklagen aus Überschüssen des Sonderergebnisses (§ 52 Abs. 4 Nr. 1.2.1 GemHVO)

Ein Überschuss des Sonderergebnisses stellt die positive Differenz zwischen den außerordentlichen Erträgen und außerordentlichen Aufwendungen in der Ergebnisrechnung dar (siehe § 61 Nr. 42 GemHVO).

Wenn die Ergebnisrechnung mit einem Überschuss im außerordentlichen Ergebnis abschließt, ist dieser der Rücklage aus Überschüssen des Sonderergebnisses zuzuführen (§ 90 Abs. 1 GemO).

Dieser Rücklagenbestand kann zum Ausgleich von Fehlbeträgen sowohl im ordentlichen Ergebnis als auch im Sonderergebnis des gleichen Jahres herangezogen werden.

Zweckgebundene Rücklagen (§ 52 Abs. 4 Nr. 1.2.3 GemHVO)

Neben den Überschussrücklagen kann die Kommune weitere zweckgebundene Rücklagen bilden. Allerdings können Investitionen und Investitionsförderungsmaßnahmen nicht aus einer zweckgebundenen Rücklage finanziert werden.[38] Eine zweckgebundene Rücklage ist z. B. zu bilden für das Kapital einer rechtlich unselbständigen Stiftung, das gesondert auszuweisen ist und nicht zur Deckung negativer Ergebnisse der Kernverwaltung eingesetzt werden darf.[39] Weiterhin können Zuwendungen an die Kommune, deren Verwendungszweck noch nicht feststeht, ob die Zuwendung für eine Investition oder für Aufwendungen eingesetzt werden soll, in einer zweckgebundenen Rücklage „geparkt" werden, da diese Zuwendung weder in einem Sonderposten nach § 40 Abs. 4 Satz 2 GemHVO noch in einem passiven Rechnungsabgrenzungsposten nach § 48 Abs. 2 GemHVO ausgewiesen werden kann. Auch ein Ausweis in „Sonstige Verbindlichkeiten" kommt nicht in Frage, da die Kommune die Zuwendung zweckentsprechend verwenden will und eine Rückzahlungsverpflichtung (= Schuld) somit nicht zu erkennen ist. Sollte die Kommune die Zuwendung nicht entsprechend verwenden wollen und damit eine Rückzahlungsverpflichtung bestehen, dann wäre dieser Betrag in Verbindlichkeiten einzustellen, da dann in der Bilanz „die Schuld" auszuweisen ist.

Ebenfalls werden Kapitalzuschüsse, die nicht über eine Nutzungsdauer aufgelöst werden, bei den zweckgebundenen Rücklagen dargestellt.

10.3.3.1.3 Fehlbeträge des ordentlichen Ergebnisses

Die Bilanzposition Fehlbeträge des ordentlichen Ergebnisses untergliedert sich in „Fehlbeträge aus Vorjahren" und Jahresfehlbetrag", soweit eine Deckung im Jahresabschluss durch Entnahme aus den Ergebnisrücklagen nicht möglich ist.

Ein Jahresfehlbetrag ergibt sich aus dem Überschuss der ordentlichen Aufwendungen gegenüber den ordentlichen Erträgen eines Haushaltsjahres. In diesem Fall ist das Jahresfehlbetragskonto im Rahmen des Jahresabschlusses die Gegenbuchungspo-

38 Nds. LT-Drs. 15/1680, Zu Nr. 15 (§ 95) S. 49.

39 *Ade/Böhmer/Brettschneider/Herre/Lang/Notheis/Schmid/Steck*, Kommunales Wirtschaftsrecht in Baden-Württemberg, 9. Aufl. 2011, S. 891.

sition zur Ergebnisrechnung, um das Gesamtergebniskonto der Ergebnisrechnung für das folgende Haushaltsjahr auf „null" setzen zu können.

Wird im Jahresabschluss ein Fehlbetrag beim ordentlichen Ergebnis festgestellt, der nicht durch Überschussrücklagen bzw. einem Überschuss aus dem Sonderergebnis ausgeglichen werden kann, so wird der Fehlbetrag in die Bilanzposition „Fehlbeträge aus Vorjahren" eingestellt. Dort kann er drei Jahre vorgetragen werden, soweit er nicht mit Ergebnisüberschüssen eines vorangehenden Haushaltsjahres gedeckt werden kann. Danach ist ein Fehlbetrag mit dem Basiskapital zu verrechnen, wobei dieses jedoch nicht negativ sein darf (§ 80 Abs. 3 GemO, § 25 Abs. 3 GemHVO).

10.3.3.1.4 Sonderposten

Die kommunale Bilanz unterscheidet drei Sonderposten. Dies sind:
- Sonderposten aus Investitionszuweisungen,
- Sonderposten aus Investitionsbeiträgen,
- Sonstige Sonderposten.

Nur Investitionszuweisungen und -zuschüsse für **abnutzbare** Vermögensgegenstände werden in einem Sonderposten ausgewiesen und entsprechend der Nutzungsdauer des Vermögensgegenstandes aufgelöst (§ 40 Abs. 5 Satz 1 GemHVO).

10.3.3.1.4.1 Funktion und inhaltliche Grundlagen

Der Vermögensfinanzierung durch Investitionszuwendungen[40] kommt eine besondere Bedeutung zu. Die investitionsbezogenen Zuwendungen für die Anschaffung oder Herstellung eines Vermögensgegenstandes stellen auch ein Steuerungsinstrument des Zuwendungsgebers dar. Durch die Gewährung von Investitionszuwendungen kann die Aufsichtsbehörde orientiert an der Leistungsfähigkeit der Kommunen und mit Blick auf volkswirtschaftliche Erfordernisse deren Investitionstätigkeit steuern. Teilweise wurde dieses Steuerungsinstrument in einigen Bereichen durch Gewährung pauschalierter Zuwendungen auch aus Gründen einer Verteilungsgerechtigkeit in die Hände der Kommunen gegeben. Sowohl für die investitionsbezogenen Zuwendungen für die Anschaffung oder Herstellung eines Vermögensgegenstandes als auch die pauschalierten Zuwendungen sind im Haushaltsrecht abzubilden.

Den Sonderposten kommt auf der Finanzierungsseite der Bilanz die Funktion zu, erhaltene investitionsbezogene Zuwendungen und erhobene Beiträge und ähnliche Entgelte für durchgeführte Investitionsmaßnahmen bilanziell abzubilden.

Der Finanzierungscharakter dieser Sachverhalte stellt eine Mischform von Eigen- und Fremdfinanzierung dar. Die Zweckbestimmung der Zuwendung und des Beitrags lassen eine Abbildung im Eigenkapital nicht zu, da hierdurch zwar der Kommune

---

40 „Zuwendungen" ist der Oberbegriff für Zuweisungen und Zuschüsse. Zuweisungen sind zwischen öffentlichen Aufgabenträgern übertragene Finanzmittel. Zuschüsse sind zwischen dem öffentlichen Bereich und dem unternehmerischen oder übrigen Bereich übertragene Finanzmittel.

Finanzierungsmittel zufließen, diese aber eine Verpflichtung für spätere Haushaltsjahre beinhaltet.

Das kaufmännische Rechnungswesen sieht neben diesem passivischen Ausweis von Zuwendungen als Alternative eine aktivische Minderung vor. Dies bedeutet, dass die Zuwendung die Anschaffungs- oder Herstellungswerte auf der Aktivseite reduziert. Hierdurch verringert sich die Wertbasis, von der die Abschreibungen vorgenommen werden. Das kaufmännische Wahlrecht einer aktivischen Minderung der Anschaffungs- oder Herstellungswerte durch Zuwendungen ist nach § 40 Abs. 2 GemHVO nicht zulässig, da kein „saldierter" Ressourcenverbrauch dargestellt werden soll, sondern der vollständige Ressourcenverbrauch aus Abschreibungen dem Ressourcenaufkommen aus Erträgen aus der Auflösung von Sonderposten in der Ergebnisrechnung gegenübergestellt werden soll.

Überlegungen die Bindungswirkung der investiven Zuwendungen (z. B. Annahme einer Zuwendung mit der Verpflichtung, 20 Jahre lang ein hiermit finanziertes Asylheim vorzuhalten, Nutzungsdauer des Gebäudes aber 30 Jahre) und nicht die geplante Nutzungsdauer als kommunale Besonderheit zugrunde zu legen, würden eine kommunalspezifische Regelung mit einer Durchbrechung der kaufmännischen Verfahrensweise darstellen. Inhaltlich liegt der Hauptgrund in der Zielsetzung, den Ressourcenverbrauch und das Ressourcenaufkommen abbilden zu wollen. Auch wenn die Bindungswirkung einer Zuwendung nicht mehr besteht, basiert die (teilweise) Finanzierung und das damit untrennbar verbundene spätere Ressourcenaufkommen auf der ertragswirksamen Auflösung der Zuwendung auf der Grundlage der geplanten Nutzungsdauer für den angeschafften oder hergestellten Vermögensgegenstand. Die investive Zuwendung teilt hinsichtlich der Abschreibungsdeterminanten (Nutzungsdauer und Abschreibungsverfahren) das „Schicksal" des zugehörigen Vermögensgegenstandes.

Zur Verdeutlichung der Verfahrensweisen der aktivischen Minderung und der passivischen Darstellung sowie deren gleicher Ergebniswirkung nachfolgende Übersicht:

	Aktivische Minderung (im NKR nicht zulässig)	**Passivische Darstellung (Zulässige Verfahrensweise des NKR)**
Anschaffungs- oder Herstellungswerte	100	100
Zuwendungshöhe	60	60
Bilanzausweis Aktivseite	40 (100-60)	100
Bilanzausweis Passivseite	entfällt	60
Abschreibung linear über 10 Jahre je Jahr	4 Soll des Ergebnisses	10 Soll des Ergebnisses
Ertrag aus der Auflösung linear über 10 Jahre	entfällt	6 Haben des Ergebnisses
Ergebnis/ Ergebnissaldo	**4 Soll des Ergebnisses**	**4 Soll des Ergebnisses**

Sofern mittels unterschiedlicher Ertragskonten seitens der Gemeinde eine Unterscheidung nach Zuwendungsgebern vorgesehen ist, müssen die Bilanzkonten gleichfalls diese Unterscheidung ausweisen, um eine eindeutige Ertragszuordnung sicherzustellen.

Hierbei ist weiterhin zu berücksichtigen, dass ein Vermögensgegenstand gleichzeitig von unterschiedlichen Zuwendungsgebern anteilig finanziert worden sein kann. Demnach bedarf es in der Anlagenbuchhaltung einer Zuordnungssystematik, die Zuwendungsfinanzierung durch unterschiedliche Zuwendungsgeber zulässt.

10.3.3.1.4.2 Zuwendungen für nicht abnutzbare Vermögensgegenstände

Erhält die Kommune für nicht abnutzbare Vermögensgegenstände (z. B. für den Ankauf eines unbebauten Grundstückes von Dritten) eine Zuwendung, so ist dieser Betrag nicht in einen Sonderposten einzustellen, weil für den angeschafften Vermögensgegenstand auch kein Abschreibungsaufwand anfällt, sondern die Zuwendung ist direkt beim Reinvermögen auszuweisen. Damit entfällt für derartige Zuwendungen die ertragswirksame Auflösung eines Sonderpostens.

10.3.3.1.4.3 Allgemeine Investitionspauschale

Der Zuwendungsgeber bestimmt hierbei nur, dass durch die Kommune aufgrund der laufend pauschalierten Zuwendung mindestens in gleicher Höhe Investitionen zu tätigen sind. Es wird seitens des Zuwendungsgebers weder eine Verwendungsvorgabe noch ein Verwendungsnachweis verlangt. Ausschlaggebend ist nur, dass das gesamte Investitionsvolumen in der Finanzrechnung den Zuwendungsbetrag übersteigt. Hat der Zuwendungsgeber die ertragswirksame Auflösung nicht ausgeschlossen und ist die Voraussetzung hinsichtlich des vorzunehmenden Investitionsvolumens erfüllt, erfolgt im Rahmen des Jahresabschlusses eine vollständige ergebniswirksame Auflösung des Sonderpostens. Die Buchungssystematik sieht hierbei wie folgt aus:

Bank	an	Sonderposten
Sonderposten	an	Erträge aus der Auflösung von Sonderposten

Eine denkbare alleinige Buchung in der Ergebnisrechnung, z. B.

Bank	an	Sonstige allgemeine Zuweisungen

ist **nicht** zulässig, da hierdurch die grundlegende Systematik der Zuwendungsfinanzierung von Investitionsmaßnahmen durchbrochen würde. Des Weiteren kann im Rahmen des Jahresabschlusses entgegen der geplanten Erfüllung der Verwendungsvorgabe durch die Investitionsplanung in der Finanzrechnung die abschließende tatsächliche Erfüllung festgestellt werden.

10.3.3.1.4.4 Ansatz von investitionsbezogenen Zuwendungen und von Beiträgen

Zur Erfüllung der Verwendungsvorgabe ist in der Regel die Anschaffung oder Herstellung erforderlich. Solange hierbei der Anschaffungs- oder Herstellungsvorgang nicht abgeschlossen ist, stellen die zugeflossenen Finanzierungsmittel im Rahmen des Realisationsprinzips eine Verbindlichkeit aus Transferleistungen dar. Erst mit Aktivierung des Vermögensgegenstandes erfolgt die Einstellung in den entsprechenden Sonderposten. Sollte allerdings die Kommune den Verwendungszweck nicht erfüllen, entsteht eine Rückzahlungsverpflichtung, die durch die Verbindlichkeit aus Transferleistung dargestellt wird.

Mit Ausnahme der allgemeinen Investitionspauschale bestimmt die Nutzungsdauer für den zugehörigen Vermögensgegenstand auch die ertragswirksame Auflösung des Sonderpostens.

Der Ansatz und Ausweis bei der Bilanzierung von investitionsbezogenen Zuwendungen wird nach der Zuwendungszusage des Zuwendungsgebers durch den Liquiditätszufluss und die Verwendungsvorgabe bestimmt. Ist trotz Zuwendungszusage durch den Zuwendungsgeber weder die Verwendungsvorgabe erfüllt noch der Zufluss an Liquidität erfolgt, ist hinsichtlich der Bilanzierung noch nichts zu veranlassen.

Fließt der Kommune die Liquidität zu, hat sie aber die Verwendungsvorgabe noch nicht erfüllt, so hat sie die zugeflossene Liquidität auf der Passivseite als Verbindlichkeiten aus Transferleistungen solange auszuweisen, bis die Verwendungsvorgabe erfüllt ist. Mit der Aktivierung des zugehörigen Vermögensgegenstandes erfolgt die Umbuchung in den entsprechenden Sonderposten.

Buchungen:		
Bank	an	Verbindlichkeiten aus Transferleistung
Verbindlichkeiten aus Transferleistungen	an	Sonderposten „X“

Hat der Zuwendungsgeber noch nicht den Liquiditätszufluss veranlasst, obwohl die Kommune die Verwendungsvorgabe aus der Zuwendungszusage durch Aktivierung des Vermögensgegenstandes erfüllt, so ergibt sich für die Kommune eine Forderung aus Transferleistungen gegenüber dem Zuwendungsgeber unter gleichzeitiger Einbuchung des Sonderpostens. Die Abschreibungen und die ertragswirksame Auflösung des Sonderpostens erfolgen anhand der Abschreibungsplanung des geförderten Vermögensgegenstandes. Überweist der Zuwendungsgeber den Zuwendungsbetrag, erlischt die Forderung aus Transferleistungen.

Buchungen:		
Forderungen aus Transferleistungen	an	Sonderposten
Bank	an	Forderungen aus Transferleistungen

Hierzu die denkbaren Sachverhaltskonstellationen im Überblick:

Verwendungsvorgabe erfüllt	Liquiditätszufluss	Ausweis der Zuwendung in der Bilanz
nein	nein	Kein Ausweis in der Bilanz
nein	ja	Liquide Mittel und Verbindlichkeiten aus Transferleistungen
ja	nein	Forderungen aus Transferleistungen und Sonderposten
ja	ja	Liquide Mittel und Sonderposten

Beiträge z. B. nach dem Kommunalabgabengesetz sind Geldleistungen, die als Ersatz der Kosten der Kommunen für die Herstellung, Anschaffung und Erweiterung öffentlicher Einrichtungen und Anlagen erhoben werden. Für Beiträge gilt grundsätzlich das gleiche Ansatzverfahren wie bei den investitionsbezogenen Zuwendungen.

Eine Besonderheit in der Sonderpostenbildung für Beiträge besteht darin, dass die Kommune nach Fertigstellung des Vermögensgegenstandes das Gesamtinvestitionsvolumen (z. B. Erschließungsanlage) einzelgrundstücksbezogen aufgrund bestimmter Verteilungsschlüssel aufteilt, und die Beiträge per Bescheid gegenüber den einzelnen Beitragspflichtigen (z. B. Grundstückseigentümer) erhebt. Zwischen Fertigstellung und somit Aktivierung des Vermögensgegenstandes und der einzelbezogenen Bescheidung der Beitragspflichtigen entsteht ein zeitlicher Versatz, der eine parallele Auflösung des Sonderpostens mit der Abschreibung des Vermögensgegenstandes aufgrund der Abschreibungsplanung unmöglich macht.[41]

Hier sind zwei für das kommunale Haushaltsrecht vorgegebene Grundsätze gegeneinander abzuwägen, wobei im Ergebnis das Realisationsprinzip über das Ressourcenverbrauchskonzept gestellt wurde. Der Sonderposten wird daher nach § 43 Abs. 1 Nr. 3 Satz 3 GemHVO trotz vorheriger rechtlicher Entstehung mit der Fertigstellung des Vermögensgegenstandes erst mit der Realisation der Forderung mittels Beitragsbescheid gegenüber den Beitragspflichtigen gebucht.

So wird es möglich sein, dass aufgrund eines zeitlichen Versatzes der Geltendmachung gegenüber den Beitragspflichtigen und somit bei zeitlichem Versatz bei der Sonderpostenbildung gegenüber der Aktivierung des Vermögensgegenstandes die Erträge aus der Auflösung des Sonderpostens die Aufwendungen aus Abschreibungen übersteigen, wenn der Sonderposten über die Restnutzungsdauer des Vermögensgegenstandes aufgelöst wird.

41 Ein alternativer Darstellungsansatz, in Form eines Forderungspostens „bestimmbare Forderung" (z. B. gegenüber den Grundstückseigentümern der Hausnummern A–Z) in Höhe des Gesamtinvestitionsvolumens mit gleichzeitiger Einbuchung eines Sonderpostens zwecks Gewährleistung eines parallelen Verlaufs von Abschreibung und ertragswirksamer Auflösung des Sonderpostens, sieht das Gesetz nicht vor.

Beispiel:

Gesamtinvestitionsvolumen Straße	*1.200.000 €*
Beitragsanspruch	*90 %, entspricht gesamt 1.080.000 €*
Nutzungsdauer/Abschreibung	*25 Jahre linear; entspricht 48.000 € jährlich*
Zeitlicher Versatz	*4 Jahre*
Erträge aus Auflösung Sonderposten	*51.428,57 € (Beitragsanspruch 1.080.000 € durch Restnutzungsdauer der Straße 21 Jahre)*

Zur Vermeidung solcher atypischen Bilanz- und Ergebnisdarstellungen sind die Kommunen gehalten, die aus der Aufteilung der Gesamtkosten der Maßnahme resultierende Veranlagung möglichst zeitnah vorzunehmen.

Da nach § 40 Abs. 4 Satz 2 GemHVO die empfangenen Investitionszuschüsse und -beiträge **entsprechend** der voraussichtlichen Nutzungsdauer der Investition aufgelöst werden, ist es auch zulässig, die („unterlassene“) Auflösung der Vergangenheit im Jahr der Passivierung des Sonderpostens nachzuholen. Dadurch können Kommunen angesammelte Fehlbeträge mit der Nachholung der Auflösung des Sonderpostens (mit) ausgleichen.

Beispiel:

Gesamtinvestitionsvolumen Straße	*1.200.000 €*
Beitragsanspruch	*90 %, entspricht gesamt 1.080.000 €*
Nutzungsdauer/Abschreibung	*25 Jahre linear; entspricht 48.000 € jährlich*
Zeitlicher Versatz	*4 Jahre*
Erträge aus Auflösung Sonderposten	*jährlich 43.200 €* *Nachholung für 4 Jahre: 172.800 € und danach jährlich 43.200 €*

10.3.3.1.4.5 Sonstige Sonderposten

Dieser Bilanzposten ist ein Sammelposten für weitere Sachverhalte die eine Sonderpostenbildung erforderlich machen. Dies könnten zum Beispiel folgende Sachverhalte sein:

- Ökologische Ausgleichs- und Ersatzmaßnahmen (Öko-Konto)
  oder
- Ablösung für die Verpflichtung zur Erstellung von Stellplätzen.

Beide Sachverhalte beinhalten als Besonderheit, dass der Leistende für seine erbrachte Geldleistung keinen Rückzahlungsanspruch besitzt, sondern sich von einer rechtlichen Leistungsverpflichtung „freikauft“, die basierend auf einer Geldleistung nunmehr durch die Kommune wahrgenommen wird. Bei den ökologischen Ausgleichs- und Ersatzmaßnahmen kommt hinzu, dass die erhaltenen Geldleistungen sowohl für investive als auch für konsumtive ökologische Maßnahmen verwandt werden können. Zahlungseingang und sachgerechte Verwendung sind getrennt voneinander zu betrachten.

Mangels Gegenleistungsverpflichtung gegenüber dem Leistenden ist bei Leistung oder Forderungseinbuchung die Gegenposition stets der jeweilige Sonderposten für Ausgleichs- und Ersatzflächen bzw. für die Ablösung von der Verpflichtung zur Erstellung von Stellplätzen.

Bei zweckbestimmter Verwendung erfolgt für eine investive Verwendung (z. B. Anschaffung eines Vermögensgegenstandes) eine Umbuchung in der Form, dass einem angeschafften oder hergestellten Vermögensgegenstand der Sonderposten zugeordnet wird. Mit dieser Umbuchung wird aus einem „globalen" Sonderposten ein einem Vermögensgegenstand zugehöriger Sonderposten, mit der Konsequenz, dass parallel zur Abschreibung aufgrund der Abschreibungsplanung des zugehörigen Vermögensgegenstandes in analoger Form eine ertragswirksame Auflösung dieses Sonderpostens erfolgt.

Zahlungsphase		
Ablösung der gesetzlichen Verpflichtung durch Dritte		
Debitor/Bank	an	Sonderposten Hauptbuch
Verwendungsphase		
1) Investive Verwendung der erhaltenen Ausgleichszahlungen durch die Kommune		
a) Anschaffung eines Vermögensgegenstandes		
Anlagegut	an	Liquide Mittel
b) Umbuchung vom „Sammelsonderposten" auf den einem Anlagegut zugehörigen Einzelsonderposten		
Sonderposten Hauptbuch	an	Sonderposten Anlagegut
2) Konsumtive Verwendung der erhaltenen Ausgleichszahlungen durch die Kommune		
a) Durchführung einer konsumtiven Leistung		
Sach-/Dienstleistungsaufwand	an	Kreditor/Verbindlichkeit/Bank
b) Neutralisierung des Aufwandes durch teilweise ertragswirksame Auflösung aus dem „Sammelsonderposten"		
Sonderposten Hauptbuch	an	Erträge aus der Auflösung von sonstigen Sonderposten

10.3.3.1.5 Übungen

Sachverhalt Nr. 12

In der Gemeinde G wird eine Dienstanweisung für die Vermögensbewirtschaftung erstellt. Hierin wird vorgesehen, dass zur Erleichterung der Anlagenbuchhaltung die erhaltenen Zuwendungen bei Aktivierung der zugeordneten Vermögensgegenstände den Vermögenswert mit dem vollen Betrag der erhaltenen Zuwendung gemindert werden sollen, da diese Vorgehensweise keinerlei Auswirkungen auf das Jahresergebnis in der Ergebnisrechnung hat.

Aufgabe:
Beurteilen Sie diese Regelung.

Lösung:
Die Regelung ist unzulässig, da das Wahlrecht des kaufmännischen Rechnungswesens einer aktivischen Minderung der Anschaffungs- oder Herstellungswerte durch Zuwendungen nach § 40 Abs. 2 GemHVO nicht zulässig ist. Das Haushaltsrecht hat das Ziel, den vollständigen Ressourcenverbrauch und auch das zugehörige Ressourcenaufkommen unsaldiert abzubilden. Hierbei soll neben der Vermögensverwendung auch die Vermögensfinanzierung anhand der Zuwendungsgeber dargestellt werden.

Sachverhalt Nr. 13

Die Stadt S regelt in der Dienstanweisung Rechnungswesen die ertragswirksame Auflösung von investiven Zuwendungen in der Form, dass der Zeitrahmen der Rückzahlungsverpflichtung der investiven Zuwendung die ertragswirksame Auflösung des aus investiven Zuwendungen angesetzten Sonderpostens bestimmt.

Aufgabe:
Wie ist diese Regelung zu beurteilen?

Lösung:
Eine Durchbrechung der Regelungen des kaufmännischen Referenzmodells ist im kommunalen Haushaltsrecht nach § 40 Abs. 4 Satz 2 GemHVO nicht vorgesehen. Eine solche Regelung entspräche nicht der Zielsetzung des kommunalen Rechnungswesens. Dort bilden Ressourcenaufkommen und Ressourcenverbrauch und nicht die Abbildung rechtlicher Rückzahlungsverpflichtungen den zentralen Inhalt. Rückzahlungsverpflichtungen sind vielmehr in den Abbildungsformen Verbindlichkeiten und Rückstellungen vorzusehen. Eine solche Durchbrechung der kaufmännischen Verfahrensweise – neben der sinnvollen Aufhebung des Wahlrechts der aktivischen Minderung – durch eine kommunalspezifische Verfahrensweise ist nicht gewollt.

Eine Abbildung des Ressourcenverbrauchs und des Ressourcenaufkommens muss auch dann weiter erfolgen, wenn die Bindungswirkung einer Zuwendung nicht mehr besteht. Die Anschaffung und Finanzierung eines Vermögensgegenstandes basiert auf der (teilweisen) Finanzierung durch Dritte und ist damit untrennbar verbundenen mit dem späteren Ressourcenaufkommen aus der ertragswirksamen Auflösung von Sonderposten aus Zuwendungen auf der Grundlage der geplanten Nutzungsdauer für den angeschafften oder hergestellten Vermögensgegenstand. Der Sonderposten aus investiven Zuwendungen muss daher hinsichtlich der Abschreibungsdeterminanten (Nutzungsdauer und Abschreibungsverfahren) das „Schicksal" des zugehörigen Vermögensgegenstandes teilen.

10.3.3.2 Verbindlichkeiten[42]

Der Bilanzposten „Verbindlichkeiten" beinhaltet alle am Abschlusstag dem Grunde, der Höhe und der Fälligkeit nach feststehenden zu erbringenden Geldleistungen. Zu den Verbindlichkeiten zählen insbesondere Anleihen, Rückzahlungsverpflichtungen aus Kreditaufnahmen und ihnen wirtschaftlich gleichkommende Vorgänge sowie entstandene Zahlungsverpflichtungen aus Lieferungen und Leistungen oder Transferleistungen.

Nach § 61 Nr. 38 GemHVO werden die Anleihen und die Kreditaufnahmen bzw. kreditähnlichen Rechtsgeschäfte unter den Begriff „Schulden" subsumiert. Diese sind nach § 44 Abs. 4 GemHVO mit ihrem Rückzahlungsbetrag anzusetzen. Eine spezielle Regelung stellt § 87 GemO dar, in dem die Voraussetzungen zur Kreditaufnahme geregelt sind.

Aufgrund der Bedeutung von Krediten für die kommunale Finanzierung wurden auch die Verbindlichkeiten aus Krediten für Investitionen durch die Bilanzgliederung pflichtig nach unterschiedlichen Bereichen von Kreditgebern untergliedert. In der Schuldenübersicht, nach § 55 Abs. 2 GemHVO eine Anlage zum Anhang, richtet sich die Gliederung nach der Bilanz. Eine weitere Untergliederung erfolgt im Kontenrahmen. Bei den Investitionskrediten werden der öffentliche Bereich sowie der private Kreditmarkt in der Darstellung weiter differenziert. Des Weiteren werden die Verbindlichkeiten aus Liquiditätskrediten nach dem öffentlichen Bereich und dem privaten Kreditmarkt unterschieden.

10.3.3.2.1 Anleihen[43]

„Anleihe" ist der Oberbegriff für alle Formen von mittel- und langfristigem Fremdkapital. Durch die Ausgabe von Schuldverschreibungen (Kommunalobligationen) werden die Rechte der Gläubiger verbrieft.

Die Anleihen können hinsichtlich der Art der Rückzahlung wie folgt gestaltet werden:

- *Ratenanleihe*
  Die Tilgung erfolgt in jährlich gleichbleibenden Beträgen. Bei entsprechend sinkenden Zinsbelastungen und gleich hoher Tilgungsleistung fallen die Jahresbelastungen für die Kommune.
- *Annuitätenanleihe*
  Durch gleichbleibende Annuitäten wird die Anleihe getilgt und verzinst. Die Jahresbelastungen für die Kommune bleiben während der Laufzeit gleich.
- *Auslosungsanleihe*
  Es werden auf der Basis eines Tilgungsplans jeweils zu den Zinsterminen anhand von Stücknummern Papiere ausgelost und zurückgezahlt. Die Jahresbelastungen der Kommune ergeben sich aus dem vor der Ausgabe aufgestellten Tilgungsplan.

---

42 Einzelheiten zum Themenbereich „Fremdfinanzierung des Haushalts" werden in Kap. 16 dargestellt.

43 Dieser Bilanzposten gehört inhaltlich zu den Verbindlichkeiten aus Krediten für Investitionen.

10.3.3.2.2 Verbindlichkeiten aus Krediten für Investitionen

Die Verbindlichkeiten aus Krediten für Investitionen, ausgenommen der eigenständig auszuweisenden Anleihen, umfassen sämtliche Finanzvorfälle, bei denen der Kommune Geldwerte i. d. R. gegen Entgelt in Form von Zinsen überlassen wurden. § 87 Abs. 1 GemO legt für diese eine Verwendungsbeschränkung fest, wonach Kredite nur für Investitionen, Investitionsförderungsmaßnahmen und zur Umschuldung aufnehmen dürfen.

Im Kontenrahmen wird diese Untergliederung für Kredite des öffentlichen Bereichs und vom privaten Kreditmarkt wie folgt erweitert:

- **öffentlicher Bereich:**
  - vom Bund,
  - vom Land,
  - von Gemeinden und Gemeindeverbänden,
  - von Zweckverbänden,
  - vom sonstigen öffentlichen Bereich,
  - von verbundenen Unternehmen, Beteiligungen und Sondervermögen,
  - von sonstiger öffentlicher Sonderrechnung,
- **privater Kreditmarkt:**
  - von Banken und Kreditinstituten,
  - von sonstigen inländischen Bereichen,
  - von ausländischen Bereichen.

Dementsprechend wurde auch eine kontenmäßige Unterteilung der Verbindlichkeiten aus Krediten für Investitionen vorgenommen.

Kreditverbindlichkeiten sind stets mit ihrem Rückzahlungsbetrag anzusetzen (§ 44 Abs. 5 GemHVO). Der Betrag der Rückzahlungsverpflichtung kann höher als der zugeflossene Kreditbetrag sein, wenn z. B. ein Disagio vereinbart wird. Dies ändert nichts an der Höhe des auszuweisenden Rückzahlungsbetrages. Der Unterschiedsbetrag wird vielmehr über andere Rechnungsposten (Rechnungsabgrenzungsposten der Aktiv-Seite oder Kreditbeschaffungskosten in der Ergebnisrechnung) abgebildet.

10.3.3.2.3 Liquiditätskredite

§ 87 Abs. 1 GemO regelt grundsätzlich, dass Kredite nur für Investitionen, Investitionsförderungsmaßnahmen und zur Umschuldung aufgenommen werden dürfen. § 22 GemHVO sieht vor, dass die Gemeinde ihre Zahlungsfähigkeit durch angemessene Liquiditätsplanung sicherzustellen hat. § 89 Abs. 2 GemO sieht im Rahmen dieser Zielsetzung als Ausnahme des § 87 GemO vor, dass die Gemeinde zwecks rechtzeitiger Leistung der Auszahlungen auch Kredite zur Liquiditätssicherung aufnehmen kann. Der Höchstbetrag der Kredite zur Liquiditätssicherung ist in der Haushaltssatzung zu regeln (§ 80 Abs. 2 Satz 1 Nr. 4 GemO). Eine Darstellung im Haushaltplan ist nicht vorgesehen.

Nach § 89 Abs. 3 GemO ist der in der Haushaltssatzung festgesetzte Höchstbetrag genehmigungspflichtig, wenn er ein Fünftel der im Finanzhaushalt veranschlagten ordentlichen Aufwendungen übersteigt. Die Ermächtigung der Haushaltssatzung gilt über das Haushaltsjahr hinaus bis zum Erlass einer neuen Haushaltssatzung (§ 89 Abs. 2 Satz 2 GemO).

10.3.3.2.4 Verbindlichkeiten aus Vorgängen, die Kreditaufnahmen wirtschaftlich gleichkommen (kreditähnliche Rechtsgeschäfte)

§ 87 Abs. 5 GemO regelt für Entscheidungen der Gemeinde über die Begründung einer Zahlungsverpflichtung, die wirtschaftlich einer Kreditverpflichtung gleichkommt, dass diese der Genehmigung durch die Kommunalaufsichtsbehörde bedürfen. Die Genehmigung soll nach den Grundsätzen einer geordneten Haushaltswirtschaft und dauernden Leistungsfähigkeit erteilt oder versagt werden; sie kann unter Bedingungen und Auflagen erteilt werden. Sie ist in der Regel zu versagen, wenn die Kreditverpflichtungen mit der dauernden Leistungsfähigkeit der Gemeinde nicht im Einklang stehen. Eine Genehmigung ist nicht erforderlich für die Begründung von Zahlungsverpflichtungen im Rahmen der laufenden Verwaltung.

Weitere Regelungen zu diesem Posten gibt es in der GemO oder der GemHVO nicht.

Es gibt weder eine rechtliche noch eine inhaltlich eindeutige Definition für diesen Bilanzposten. Allerdings enthält der kommunale Kontierungsplan für diesen Posten folgenden Strukturierungsansatz, aus dem auch die Inhalte deutlich werden:

- Hypotheken, Grund- und Rentenschulden,
- Restkaufgelder,
- Leasinggeschäfteverträge,
- Sonstige Kreditaufnahmen gleichkomme Vorgängen.

Beispielhaft werden nachfolgend die wohl gebräuchlichsten Formen von Verbindlichkeiten aus Vorgängen, die Kreditaufnahmen wirtschaftlich gleichkommen – Leasing- und Rentenschuldverträge –, kurz dargestellt.

a) Leibrenten/Rentenschuldverträge

Für eine einmalige Leistung eines Dritten, in der Regel für eine Übertragung eines Grundstücks, sichert die Gemeinde diesem wiederkehrende Geldzahlungen zu, die an dessen Lebenszeit geknüpft sind. Die Ermittlung der Rentenzahlung erfolgt auf der Basis versicherungsmathematischen Regelungen (z. B. Sterbetafeln). Aufgrund der stetig steigenden Lebenserwartungen nehmen viele Gemeinden bereits Abstand von solchen Verträgen.

b) Leasingverträge[44]

Leasing verkörpert eine besondere Vertragsform der Vermietung und Verpachtung, die auch für den kommunalen Bereich eine attraktive Alternative zum Kauf von beweglichem und unbeweglichem Anlagevermögen darstellt. Das Leasingobjekt kann entweder direkt vom Hersteller geleast werden (direktes Leasing) oder von einer speziellen Leasinggesellschaft (indirektes Leasing).

Ist der Leasinggegenstand dem Leasinggeber zuzurechnen, so ist der Leasingvertrag als Mietvertrag anzusehen. Er gehört damit zu den schwebenden Geschäften, die grundsätzlich in der Bilanz nicht erfasst werden dürfen. Die am Abschlusstag noch nicht fälligen Leasingraten und der Wert der noch zu erbringenden Vermietungsleistungen sind daher nicht in der Bilanz auszuweisen.

10.3.3.2.5 Verbindlichkeiten aus Lieferung und Leistungen

Dieser Bilanzposten erfasst noch zu erbringende Zahlungen an Dritte, die aufgrund von erbrachten Lieferungen und Leistungen zu leisten sind. Die Bilanzierung erfolgt zum Rechnungsbetrag.

10.3.3.2.6 Transferverbindlichkeiten

Dieser Bilanzposten untergliedert sich in:
- Finanzausgleichsverbindlichkeiten,
- Verbindlichkeiten aus Zuweisungen und Zuschüssen für laufende Zwecke,
- Verbindlichkeiten aus Schuldendiensthilfen,
- Soziale Leistungsverbindlichkeiten,
- Verbindlichkeiten aus Zuweisungen und Zuschüssen für Investitionen,
- Steuerverbindlichkeiten,
- Andere Transferverbindlichkeiten.

10.3.3.2.7 Sonstige Verbindlichkeiten

Der Bilanzposten „Sonstige Verbindlichkeiten" stellt einen Restposten dar, in dem alle sonstigen Verbindlichkeiten gegenüber Dritten auszuweisen sind. Hierzu gehören insbesondere:
- Durchlaufende Posten:
  - Verrechnete Mehrwertsteuer,
  - Abzuführende Lohn- und Kirchensteuer,
  - Sonstige durchlaufende Posten (z. B. haushaltsunwirksame Einzahlungen[45] und haushaltsunwirksame Auszahlungen[46]),

44 Siehe hierzu auch Kap. 10.3.2.1.4.
45 Verwahrgelder.
46 Vorschüsse.

- Abzuführende Gewerbesteuer,[47]
- Empfangene Anzahlungen,
- Andere sonstige Verbindlichkeiten.

10.3.3.3 Rückstellungen

Eine Rückstellungsbildung erfolgt aufgrund des Vorliegens eines spezifischen Sachverhalts und hat hierbei zum einen den Zweck, den Aufwand periodengerecht abzubilden und zum anderen idealtypisch in einer späteren Periode im Rahmen der Auszahlung keinerlei Aufwand entstehen zu lassen.

Elemente des Prinzips der Periodenabgrenzung durch Rückstellungen:

- Aufwandsdarstellung in der zugehörigen Periode,
- Zahlung des Aufwandes später in einer anderen Periode,
- Rückstellungen mit Funktion der Verbindung des Aufwands- und des Auszahlungsteils eines Geschäftsvorfalls bei der erforderlichen Darstellung in unterschiedlichen Perioden.

Die Rückstellungen gehören zu den Fremdkapitalposten. Nach § 90 Abs. 2 GemO bildet die Gemeinde Rückstellungen für ungewisse Verbindlichkeiten, die dem Grunde nach zu erwarten, aber deren Höhe, Fälligkeit oder evtl. Gläubiger noch ungewiss sind. Für das Entstehen der Verpflichtung müssen mehr Gründe sprechen als dagegen. Durch die Rückstellungsbildung sollen später zu leistende Auszahlungen aufwandsmäßig den Haushaltsjahren ihrer Verursachung zugerechnet werden. Die Rückstellungseinbuchung erfolgt grundsätzlich nach folgendem Buchungssatz:

Aufwandskonto (Unterscheidung nach Aufwandsarten)	an	Rückstellungskonto (Unterscheidung nach Rückstellungsarten)

Der § 41 GemHVO greift inhaltlich die Bilanzstruktur der einzelnen Rückstellungsposten auf und stellt prägnant die relevanten Inhalte zu diesen Posten dar. Die Rückstellungen untergliedern sich in der kommunalen Bilanz insbesondere in folgende Posten:

- Lohn und Gehaltsrückstellung,
- Unterhaltsvorschussrückstellung,
- Stilllegungs- und Nachsorgerückstellung für Abfalldeponien,
- Rückstellung von ausgleichspflichtigen Gebührenüberschüssen,
- Altlastensanierungsrückstellung,
- Rückstellungen für drohende Verpflichtungen aus Bürgschaften und Gewährleistungen,
- Sonstige Rückstellungen (z. B. Instandhaltungsrückstellung, FAG-Rückstellung).

47 Gewerbesteuerumlage.

Die Aufzählung ist abschließend. Inhaltlich zu unterscheiden sind Rückstellungen mit Schuldcharakter, bei denen Rückstellungen für dem Grunde oder der Höhe nach ungewisse Verpflichtungen aufgrund bestehender Rechtsbeziehungen zu Dritten zu bilden sind, und Rückstellungen mit einer Aufwandsverpflichtung gegen sich selbst, bei denen Aufwendungen dem abgelaufenen Haushaltsjahr oder vergangenen Haushaltsjahren zu zuordnen sind.

Zur Verdeutlichung der begrifflichen Abgrenzung zwischen Schulden und Rückstellungen werden in der nachfolgenden Darstellung die zugehörigen inhaltlichen Komponenten dargestellt, wobei die Verbindlichkeitsrückstellungen quasi als begriffliche Schnittmenge sowohl den Schulden als auch den Rückstellungen zu zuordnen sind.

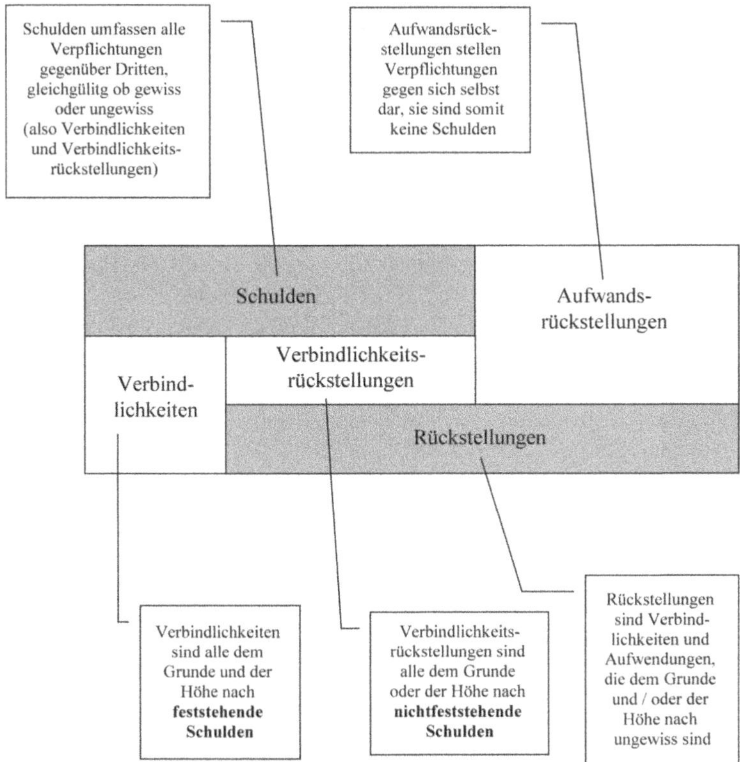

Die Verpflichtung zur Rückstellungsbildung umfasst im kommunalen Haushaltsrecht sämtliche Verbindlichkeitsrückstellungen. Im Bereich der Aufwandsrückstellungen sind unter bestimmten Voraussetzungen lediglich Rückstellungen für unterlassene Instandhaltung von Sachanlagen zu bilden.

Durch die Inanspruchnahme für den speziellen Rückstellungszweck stellt die Rückstellung die Gegenbuchungsposition für die Verbindlichkeit bzw. die Auszahlung dar. Aufgrund des bereits in früheren Perioden erfassten Aufwandes darf in einer späteren Periode der Aufwand im Rahmen der Inanspruchnahme nicht noch einmal in einem späteren Jahresabschluss (Verbot der Doppelerfassung) dargestellt werden, so dass die Rückstellung den Aufwand durch Absetzung idealtypisch neutralisiert. Die Inanspruchnahme der Rückstellung erfolgt danach durch folgende Buchungssätze:

Spezifisches Aufwandskonto	an	Verbindlichkeiten/Liquide Mittel
Rückstellungen	an	Spezifisches Aufwandskonto

Eine direkte unterjährige Buchung der Verbindlichkeiten in die Bilanz mit dem Gegenbuchungsposten Rückstellungen (buchhalterische Methode) ist nach den GoB unzulässig, da unterjährige Bewirtschaftungsbuchungen auf den Bestandskonten der Bilanz zu vermeiden sind.

10.3.3.3.1 Pensionsrückstellungen

Die Pensionsrückstellung ist in § 41 GemHVO nicht mehr enthalten. Die Kommunen müssen daher für diesen Zweck keine Rückstellungen mehr selbst in der Bilanz ausweisen. Diese Aufgabe wurde dem Kommunalen Versorgungsverband Baden-Württemberg übertragen. Durch Art. 5 Buchst. d des Gesetzes zur Reform des Gemeindehaushaltsrechts wurde in § 27 Abs. 5 des Gesetzes über den Kommunalen Versorgungsverband Baden-Württemberg (GKV) neu geregelt, dass die Pensionsrücklage für die Kommunen in deren Bilanz nachzuweisen ist. Die Aufbringung der Mittel erfolgt über Umlage nach § 28 GKV. Mit dieser Regelung entfällt für die Kommunen die Pflicht, eigene Pensionsrückstellungen anzusetzen.

Die Kommunen müssen dennoch den entfallenden Anteil an den beim Kommunalen Versorgungsverband Baden-Württemberg gebildeten Pensionsrückstellung im Anhang des Jahresabschlusses angeben (§ 53 Abs. 2 Nr. 4 GemHVO)

10.3.3.3.2 Lohn- und Gehaltsrückstellungen

Für die Lohn- und Gehaltszahlung für Zeiten der Freistellung von der Arbeit im Rahmen von Altersteilzeitarbeit und ähnlichen Maßnahmen sind ratierlich aufbauende Rückstellungen bis zum Zeitpunkt der Freistellung anzusammeln

Zwei weitere Arten sind die Rückstellungen für nicht in Anspruch genommenen Urlaub und Rückstellungen für geleistete Überstunden. Die Gemeinden haben in der Regel verwaltungsweit zum jeweiligen 31. Dezember stichtagsbezogen festzustellen, in welcher Höhe Ansprüche der Beschäftigten aus Urlaub und Überstundenüberhängen für das abgelaufene Rechnungsjahr bestehen.

Der im Haushaltsjahr aufgelaufene Anspruch der Beschäftigten bzw. der Beamten/Innen zwecks Ausgleichs von Überstunden stellt einen Aufwand des laufenden Haushaltsjahres dar. Es besteht alternativ die Möglichkeit, die Überstunden im Folgejahr gegen Freizeit oder Bezahlung auszugleichen. Im Rahmen der Rückstellungsbildung erfolgt keine Differenzierung zwischen diesen beiden Formen der Überstundenabgeltung, im Rahmen einer periodengerechten Aufwandszuordnung sind entsprechende Rückstellungen zu bilden.

Gleitzeitguthaben sind hierbei grundsätzlich im Rahmen der Wesentlichkeit mit einzubeziehen. Arbeitszeitdefizite sind mangels Realisation der Forderung auf Arbeitsleistung durch die Gemeinde nicht darzustellen bzw. nicht mit dem bestehenden Rückstellungsvolumen zu verrechnen. Die Ermittlung erfolgt jeweils stichtagsbezogen analog dem dargestellten Ermittlungs- und Berechnungsschema. Hierbei werden die jeweiligen Überstunden einer Vergütungs- bzw. Besoldungsgruppe mit dem jeweiligen Überstundensatz, bei Beschäftigten zzgl. eines 25 %igen Zuschlags,[48] multipliziert.

Berechnungsschema:

Ermittlung der Überstundenrückstellung				
Vergütungs-, Besoldungsgruppe der Beschäftigten des Fachbereiches	**Überstundenanspruch**	**Überstundensatz in EUR**	**Für Beschäftigte: Zuschlag 25 %**	**Höhe der Rückstellung für die Teilrechnung[49]**
Für Beschäftigte				
....				
Für Beamte/-innen				
....			X	
			Summe:	**EUR**

Das Berechnungsverfahren für Urlaubsrückstellungen entspricht grundsätzlich dem Berechnungsverfahren für Überstundenrückstellungen. Der Jahresurlaubsanspruch der Beschäftigten bzw. der Beamten stellt einen Aufwand der laufenden Periode dar. Üblicherweise wird von den Beschäftigten ein Teil ihres Jahresurlaubs erst im Folgejahr (im Beamtenbereich bis zum 30. September) genommen. Für die Zahlung der Beschäftigungsentgelte während dieser periodenfremden Urlaubszeit sind entsprechende Rückstellungen zu bilden.

Zur Berechnung der Urlaubsrückstellung werden bezogen auf die Beschäftigten bzw. Beamten folgende Werte herangezogen:

Es sind strukturiert nach Vergütungs- und Besoldungsgruppe sämtliche noch nicht in Anspruch genommene Urlaubstage aus dem laufenden Jahr zum Bilanzstichtag je Produktgruppe zu ermitteln. Für jeden Urlaubstag wird anteilig bei Vollzeitbeschäftigen das durchschnittliche Stundenarbeitsvolumen je Tag (z. B. 7,7 Stunden je Tag

48 Der 25 %ige Zuschlag stellt einen Vorschlagswert dar. Er beinhaltet nach dem Vorsichtsprinzip den Sozialversicherungsanteil des Arbeitgebers, wobei der Anteil für die Krankenkassen je nach Zugehörigkeit differieren kann.

49 Nach § 40 i. V. m. § 4 Abs. 2 GemHVO können die Teilrechnungen nach Produktbereichen, -gruppen oder Produkten sowie nach Verantwortungsbereichen dargestellt werden.

bei einer 38,5-Stundenwoche) zugrunde gelegt. Bei Teilzeitbeschäftigten geschieht dies entsprechend der anteiligen Arbeitszeit. Aufgrund der sachlichen Gliederung des kommunalen Haushalts sind aufgrund einer späteren Aufwands-/Ertragsverteilung die offenen Urlaubstage der Beschäftigten bzw. Beamten den Teilrechnungen des Haushalts zuzuordnen. Sofern ein Beschäftigter für unterschiedliche Teilrechnungen tätig sein sollte, ist der Rückstellungsaufwand auf diese aufzuteilen.

Die Multiplikation der errechneten Stundenzahl der Urlaubstage mit dem aktuellen Überstundensatz ergibt den Rückstellungsbetrag.

Die Buchungssätze lauten:

Aufwendungen für Rückstellungen für nicht in Anspruch genommenen Urlaub (407)
an
Rückstellungen für nicht in Anspruch genommenen Urlaub (282)

bzw.

Aufwendungen für Rückstellungen für geleistete Überstunden (z. B. 407)
an
Rückstellungen für nicht in Anspruch genommene Überstunden (z. B. 282)

10.3.3.3.3 Rückstellung über die Verpflichtung aus der Erstattung von Unterhaltsvorschüssen

Diese Rückstellung betrifft die Absicherung von Kindern, sofern der Unterhalt von einem Elternteil ausbleibt. In diesem Fall gewährt das Land Baden-Württemberg über die Landratsämter den unterhaltsberechtigten Kindern unter bestimmten Voraussetzungen monatlich einen Vorschuss. Die näheren Bestimmungen sind im Unterhaltsvorschussgesetz geregelt.

Sollte dieser Vorschuss drohen aber noch nicht ausbezahlt werden, kann bereits ein Aufwand periodengerecht gebildet werden und später die Auszahlung nach dem Kassenwirksamkeitsprinzip erfolgen.

10.3.3.3.4 Rückstellungen für die Stilllegung und Nachsorge von Abfalldeponien und die Sanierung von Altlasten

Für die Stilllegung und Nachsorge kommunaler Deponien sind nach § 41 Abs. 1 Nr. 3 GemHVO als Rückstellung die zu erwartenden Gesamtkosten bezogen auf den voraussichtlichen Zeitpunkt der Rekultivierungs- und Nachsorgemaßnahmen zu ermitteln. Die Bewertung der Rückstellung soll sich am Verfüllmengenanteil pro Nutzungsjahr orientieren und anhand der bisherigen Verfüllmenge erfolgen.

Gleiches gilt für die Sanierung von Altlasten nach § 41 Abs. 1 Nr. 5 GemHVO, soweit ein Sanierungsbedarf bekannt ist.

10.3.3.3.5 Rückstellung für den Ausgleich von ausgleichspflichtigen Gebührenüberschüssen

Jahresüberschüsse der kostenrechnenden Einrichtungen am Ende des Kalkulationszeitraums, die nach § 14 Abs. 2 KAG in den höchstens fünf folgenden Jahren ausgeglichen werden müssen, sind nach § 41 Abs. 1 Nr. 4 GemHVO als Rückstellung für den Gebührenausgleich anzusetzen. Diese entstehen dadurch, dass auf der Grundlage des Kostendeckungsprinzips Kostenüberdeckungen für Benutzungsgebühren am Ende des Kalkulationszeitraums ermittelt wurden.

Kostenüberdeckungen stellen eine Verpflichtung gegenüber der Gemeinschaft der Gebührenzahler dar, wobei die Kommune frei darin ist, diese Verpflichtung gegenüber dem einzelnen Gebührenzahler oder der Gemeinschaft der Gebührenzahler zu erfüllen. In der Regel wird dies seitens der Kommune gegenüber der Gemeinschaft der Gebührenzahler erfolgen, in dem in einer Kalkulation der höchstens fünf Folgejahre diese Überdeckung gebührenmindernd berücksichtigt wird.

Bis diese verminderte Gebührenveranschlagung erfolgt, wird in der kommunalen Bilanz eine Rückstellung für Gebührenausgleich gebildet. Hierzu erfolgt im Rahmen des Jahresabschlusses eine Aufwandsbuchung für die Einstellung in die Rückstellung mit der Gegenbuchungsposition „Rückstellung für Gebührenausgleich“.

Basierend auf der Zielsetzung der Abbildung des Ressourcenverbrauchs und des Ressourcenaufkommens folgt der Haushalt der Gebührenkalkulation. Erst wenn in dieser die gebührenmindernde Berücksichtigung der Kostenüberdeckung einbezogen wird, ist die Auflösung der Rückstellung im Haushalt zu planen. In der Teilergebnisplanung ist dieser Sachverhalt im Rahmen der Erläuterung des Saldos zwischen Haushaltsansatz und Gebührenkalkulation sowie im Jahresabschluss des entsprechenden Haushaltsjahres zwischen dem Haushaltsergebnis und dem Ergebnis auf der Grundlage der Gebührenkalkulation zu erläutern.

Beispiel:
Mit Jahresabschluss 2019 wurde eine Kostenüberdeckung von 200.000 € im Straßenreinigungsbereich ermittelt. Es erfolgte im Rahmen des Jahresabschlusses eine Aufwandsbuchung für die Einstellung in Rücklagen (Konto 449) mit der Gegenbuchungsposition „Sonderposten für Gebührenausgleich Straßenreinigung“ (Konto 285). Mit der Gebührenkalkulation für das Haushaltsjahr 2024 wird die Kostenüberdeckung in die Kalkulation kosten- bzw. gebührenmindernd einbezogen. Der Haushalt folgt der Gebührenkalkulation, so dass für den Haushalt 2024 eine Ausbuchung der in 2019 gebildeten Rückstellung (Konto 285) mit der Gegenbuchungsposition „Erträge aus der Auflösung von Rückstellung für Gebührenausgleich Straßenreinigung“ (Konto 3582) vorzusehen ist.

Entstehen Kostenunterdeckungen für Benutzungsgebühren am Ende des Kalkulationszeitraums, können diese nach § 14 Abs. 2 KAG ausgeglichen werden. Aufgrund des Vorsichtsprinzips erfolgt mangels Realisation einer Forderung keine bilanzielle Abbildung (z. B. als Forderung gegenüber dem Gebührenbereich Straßenreinigung).

Hier folgt der Haushalt der Gebührenkalkulation hinsichtlich der Berücksichtigung der Kostenunterdeckung im Haushalt nur in der Form, dass die in der Gebührenkalkulation ermittelten Gebührenerträge (einschließlich der einbezogenen gebührenerhöhenden Unterdeckung) vollständig veranschlagt werden. Entgegen der Kostenüberdeckung mittels Rückstellung wird bei einer Kostenunterdeckung diese nur im Rahmen der Gebührenkalkulation nachgehalten.

Allerdings ist in der Teilergebnisplanung dieser Sachverhalt im Rahmen der Erläuterung des Saldos zwischen Haushaltsansatz und Gebührenkalkulation sowie im Jahresabschluss zwischen dem Ergebnis des Teilhaushalts und dem Ergebnis auf der Grundlage der Gebührenkalkulation zu erläutern.

10.3.3.3.6 Rückstellung für drohende Verpflichtungen aus Bürgschaften und Gewährleistungen

Den Kommunen können weitere Verpflichtungen drohen, für die sie Rückstellungen bilden muss. In Frage kommen hier Bürgschaften, in der die Gemeinde in Haftung genommen werden soll oder Gewährleistungen nach § 88 Abs. 2 GemO.

10.3.3.3.7 Sonstige Rückstellungen

a) Rückstellungen für ungewisse Verbindlichkeiten

Aus dem Prinzip der Periodenabgrenzung für die einzelnen Haushaltsjahre bilden die zu den sonstigen Rückstellungen zählenden Rückstellungen für ungewisse Verbindlichkeiten für den Aufwandsbereich eine eher übliche Abgrenzungsmethode aus der Bewirtschaftung heraus. Ein Auftrag der Gemeinde zur Erbringung einer Leistung wurde im laufenden Haushaltsjahr erteilt, die Leistung wurde im laufenden Haushaltsjahr erbracht. Bei Abschluss des laufenden Haushaltsjahres fehlt jedoch noch die Rechnung zur Bestimmung der genauen Höhe einer Verbindlichkeit.

Dieser Sachverhalt wird durch § 90 Abs. 2 GemO und § 41 Abs. 2 GemHVO geregelt. Danach müssen für Verpflichtungen, die dem Grunde nach zu erwarten und der Höhe oder Fälligkeit nach zum Abschlussstichtag noch nicht genau bekannt sind, Rückstellungen passiviert werden. Somit besteht für die kommunale Bilanzierung eine Ansatzverpflichtung für ungewisse Verbindlichkeiten. Diese Passage des Gesetzestextes beinhaltet bereits auch die Definition für die Bezeichnung „ungewiss“. Danach muss zumindest eins der beiden Merkmale einer Verbindlichkeit

- dem Grunde nach zu erwarten und
- der Höhe oder Fälligkeit nach

noch nicht genau bekannt sein.

Bei den eindeutigen sonstigen Rückstellungssachverhalten (Leistung durch den Dritten erfolgt – Rechnung liegt noch nicht vor) stellt die Prüfung dieser Voraussetzung kein Problem dar. Es gibt jedoch auch Sachverhalte, bei denen die Voraussetzung „wahrscheinliche Inanspruchnahme" intensiv anhand von Sachverhaltsfakten aufbereitet werden muss. Ist danach die Wahrscheinlichkeit einer Inanspruchnahme größer als eine Nichtinanspruchnahme, muss eine Rückstellung für ungewisse Verbindlichkeiten gebildet werden.

b) Rückstellungen für drohende Verluste aus schwebenden Geschäften

Ein weiterer Sachverhalt für sonstige Rückstellungen bilden nach § 43 Abs. 1 GemHVO drohende Verluste aus schwebenden Geschäften. Schwebende Geschäfte stellen zwar eine zweiseitige vertragliche Verpflichtung dar, es mangelt jedoch an der Erfüllung der vertraglichen Verpflichtung. Der Grund für die Noch-Nichterfüllung ist für die Rückstellungsverpflichtung gleichgültig. Für den kommunalen Bereich ist dies denkbar bei Rahmenlieferverträgen mit Mindestabnahmeverpflichtungen zu Festpreisen. Der drohende Verlust kann hierbei dadurch entstehen, dass der Wert der Vermögensgegenstände aufgrund technischer Weiterentwicklung oder höherer Sicherheitsstandards sinkt. Durch die Verpflichtung zur Erfüllung aus dem Rahmenvertrag entsteht aber eine höhere Zahlungsverpflichtung gegenüber dem Dritten als der Wert der Vermögensgegenstände tatsächlich ausmacht. Für die Differenz zwischen Zahlungsverpflichtung und tatsächlichem Vermögenswert ist ab Bekanntwerden eine sonstige Rückstellung zu bilden.

Beispiel:
Die Gemeinde G wollte sich langfristig gute Konditionen für die Lieferung von Laserdruckern sichern. Hierzu wurde ein Rahmenliefervertrag mit der Firma F abgeschlossen, bei der über fünf Jahre mindestens zehn Laserdrucker zum Festpreis von 300 € abzunehmen sind. Im zweiten Haushaltsjahr, in dem der Rahmenvertrag Gültigkeit hat, ergeben sich erhebliche drucktechnische Verbesserungen bei den Laserdruckern, wodurch der Marktpreis der abzunehmenden Laserdrucker auf 200 € fällt. Im zweiten Haushaltsjahr ist für den Wertverlust aus der Abnahmeverpflichtung der Laserdrucker eine sonstige Rückstellung für die Restlaufzeit des Rahmenvertrages zu bilden, so dass in den Haushaltsjahren 3 bis 5 kein Aufwand aus außerplanmäßiger Wertminderung entsteht. Vielmehr ist dieser Aufwand mit Bekannt werden in Form einer sonstigen Rückstellung vorwegzunehmen und in den entsprechenden Haushaltsjahren auszugleichen. Insgesamt ist eine Rückstellung in Höhe von 3.000 € zu bilden.[50]

50 Die Differenz zwischen 300 € Zahlungsverpflichtung und 200 € Wert des Vermögensgegenstandes beträgt 100 €. Mindestabnahmeverpflichtung für jedes Jahr zehn Laserdrucker; dies ergibt für jedes Jahr 1.000 €. Für die drei Folgejahre ergeben sich somit 3.000 €.

c) Sonstiges

Rückstellungen sind nach § 41 Abs. 3 GemHVO aufzulösen, wenn der Grund hierfür entfallen ist. Aus dieser Vorschrift ist abzuleiten, dass Rückstellungen analog zu Vermögensgegenständen einer jährlichen Inventur zu unterziehen sind, um festzustellen, ob die Rückstellung noch zu Recht bilanziert ist.

10.3.3.4 Übungen

Sachverhalt Nr. 14

Für eine im Jahre 2012 errichtete Deponie wird eine Nutzungsdauer von 20 Jahren geplant. Am Abschlussstichtag 31.12.2023 beträgt die Verfüllmenge 10 % des Gesamtvolumens. Nach Berechnung der Kämmerei betragen die Gesamtkosten für die Stilllegung und Nachsorge der Deponie 100.000 €.

Aufgabe:
In welcher Höhe hat der Kämmerer eine Rückstellung für die Stilllegung und Nachsorge der Deponie zu bilden?

Lösung:
Maßstab für die Rückstellung für die Stilllegung und Nachsorge der Deponie ist die Verfüllmenge und nicht die geplante Nutzungsdauer der Deponie. Demnach ist nach § 41 GemHVO eine Rückstellung von 10.000 € zu bilden (10 % von 100.000 €).

Sachverhalt und Aufgabenstellung Nr. 15

a) Die Gemeinde G hat im November 2023 die Firma F beauftragt, im Februar 2024 Baumschnittarbeiten durchzuführen. Hat die Gemeinde G am Abschlussstichtag eine Rückstellung für den erteilten Auftrag zu bilden?
b) Die Gemeinde G hat im September 2023 die Firma F beauftragt, im November 2024 Baumschnittarbeiten durchzuführen. Die Firma F hat die Arbeiten termingerecht durchgeführt. Eine Rechnung liegt am Abschlussstichtag noch nicht vor. Hat die Gemeinde G am Abschlussstichtag eine Rückstellung zu bilden?
c) Die Gemeinde G hat im September 2023 die Firma F beauftragt, im November 2023 Baumschnittarbeiten durchzuführen. Die Firma F hat die Arbeiten termingerecht durchgeführt. Die Rechnung geht am 30.12.2023 ein. Hat die Gemeinde G am Abschlussstichtag eine Rückstellung zu bilden?

Lösung:
a) Mangels Erfüllung des Auftrages hat die Gemeinde G hinsichtlich einer Rückstellungsbildung für ungewisse Verbindlichkeiten nichts zu veranlassen.
b) Die Firma F hat die Leistung erbracht, aber noch keine Rechnung im alten Haushaltsjahr übersandt. Dies entspricht dem Sachverhalt, der eine Bildung einer Rück-

stellung für ungewisse Verbindlichkeiten (offene Rechnungen) veranlasst. Mangels Rechnung stehen die Höhe der Verbindlichkeit und auch die Fälligkeit, als Inhaltskomponente der Voraussetzung „dem Grunde nach" noch nicht fest.

Hinweis:
Bis zum Jahresabschluss (31. März) kann die Rechnung noch bei der Gemeinde eingehen, und somit kann dann noch der richtige Rechnungsbetrag auf dem Aufwandskonto erfasst werden. Dann wäre keine Rückstellung, sondern eine Verbindlichkeit einzubuchen.

c) Trotz des sehr späten Rechnungseingangs stehen die Höhe und die Fälligkeit am Abschlussstichtag fest. Daher ist keine Rückstellung, sondern eine Verbindlichkeit zu buchen.

10.3.3.5 Rechnungsabgrenzungsposten (passiv)[51]

Die passive Rechnungsabgrenzung beinhaltet transitorische Posten, d. h. es handelt sich um Finanzvorfälle, die im laufenden Haushaltsjahr zu Einnahmen führen, die aber erst im folgenden Haushaltsjahr Ertrag darstellen.

Beispiel:
Die Gemeinde erhält im Oktober 2023 Mietvorauszahlungen für die Monate Oktober 2023 bis März 2024. Es fließt im laufenden Haushaltsjahr Liquidität für sechs Monate zu, ertragsmäßig gehören jedoch nur Mietzahlungen für drei Monate in die Ergebnisrechnung des laufenden Haushaltsjahres. Die anderen drei Monate an Mietzahlungen sind ertragsmäßig im folgenden Haushaltsjahr zu berücksichtigen.

Neben dieser üblichen Rechnungsabgrenzung ist im kommunalen Bereich von besonderer Bedeutung der Ansatz von passiven Rechnungsabgrenzungsposten aus der Vergabe von Nutzungsrechten an Grabstellen. Da sich das Nutzungsrecht auf 25, 30 oder 40 Jahre erstreckt, sind die Erträge über die vereinbarte Nutzungsdauer abzugrenzen.

10.3.4 Übungen zum Bilanzausweis

Sachverhalt Nr. 16:

Im Rahmen der Inventur wurden folgende Posten für die Bilanz festgestellt:

1. Anzahlung für ein Löschfahrzeug
2. Grund und Boden der Straße X

51 Das Thema „Rechnungsabgrenzung" wird eingehend in Kap. 22 („Jahresabschluss") dargestellt.

3. Fahrbahndecke der Straße X
4. Unselbstständiges Stiftungsvermögen
5. Bestand an Pfandbriefen
6. Kleingartendaueranlage
7. Unbebautes Gewerbegrundstück
8. Straßentunnel unter einer S-Bahn-Strecke
9. Schulgebäude
10. PC-Ausstattung
11. Sportplatz
12. Verkehrsignalanlage
13. Schulgrundstück
14. Mobiliar einer Schule (Vermögensgegenstände)
15. Selbsterstellte Software
16. Zehn Tischrechner für je 19 €
17. Zuwendung für einen Schulbau
18. Fertiggestellte Friedhofskapelle
19. Offene Lieferantenrechnung
20. 100 %-Beteiligung an einer GmbH
21. 100 %-Betiligung an einer eigenbetriebsähnlichen Einrichtung
22. Nicht In Anspruch genommene Urlaubstage der Beschäftigten am Jahresende
23. Verbindlichkeiten aus Leasingverträgen für Vermögensgegenstände
24. Fehlbetrag der Ergebnisrechnung
25. Verbindlichkeiten gegenüber Krankenkassen

Aufgabe:
Bestimmen Sie den Ausweis in der Bilanz; Begründungen sind hierbei nicht erforderlich.

Lösung:
Ausweis unter
1. Sachvermögen, geleistete Anzahlungen
2. Sachvermögen, Infrastrukturvermögen, Grund und Boden des Infrastrukturvermögens
3. Sachvermögen, Infrastrukturvermögen, Straßennetz
4. Die Vermögensgegenstände werden in der jeweiligen Bilanzposition der Gemeinde mit einem Davon-Vermerk ausgewiesen.
5. Finanzvermögen, Wertpapiere des Finanzvermögens
6. Sachvermögen, Grünflächen
7. Sachvermögen, unbebaute Grundstücke, sonstige unbebaute Grundstücke
8. Sachvermögen, Infrastrukturvermögen, Brücken und Tunnel
9. Sachvermögen, bebaute Grundstücke, Schulen
10. Sachvermögen, Betriebs- und Geschäftsausstattung
11. Sachvermögen, Sportanlagen

12. Sachvermögen, Infrastrukturvermögen, Straßennetz einschl. Verkehrslenkungsanlagen
13. Sachvermögen, bebaute Grundstücke, Schulen
14. Sachvermögen, Betriebs- und Geschäftsausstattung
15. Keinerlei Ausweis, da ein Aktivierungsverbot besteht
16. Keinerlei Ausweis, da geringwertige Vermögensgegenstände; ggf. auch Aktivierung als Betriebs- und Geschäftsausstattung
17. Sonderposten, Zuwendungen
18. Sachvermögen, Infrastrukturvermögen, Friedhöfe
19. Verbindlichkeiten aus Lieferung und Leistung
20. Finanzvermögen, Anteile an verbundenen Unternehmen
21. Finanzvermögen, Sondervermögen
22. Rückstellungen für Lohn- und Gehaltszahlungen für Zeiten der Freistellung
23. Verbindlichkeiten, Verbindlichkeiten aus Vorgängen, die Kreditaufnahmen wirtschaftlich gleichkommen
24. Jahresfehlbetrag
25. Verbindlichkeiten, Sonstige Verbindlichkeiten

Sachverhalt Nr. 17

Es fallen folgende Finanzvorfälle an:

1. Bodenbevorratung

Die Liegenschaftsverwaltung erwirbt mehrere unbebaute Grundstücke im Rahmen der Bodenbevorratung.

2. Grundstücksverwendung

Die Liegenschaftsverwaltung überträgt einen Teil des Grundstücks an die Tiefbauverwaltung für die Erweiterung einer Hauptstraße.

3. Restgrundstück

Das Restgrundstück wird für eine kleine Baumaßnahme mit Reiheneigenheimen genutzt. Die neu parzellierten Grundstücke werden den Bauwilligen im Rahmen von Erbpachtverträgen zur Verfügung gestellt.

4. Umnutzung einer Schule

Aufgrund eines Grundschulneubaus wird ein anderer Grundschulstandort aufgegeben. Der Ausweis dieser ehemaligen Schule erfolgt unter

5. *Abriss einer Schule*

Aufgrund eines Grundschulneubaus wird ein weiterer Grundschulstandort aufgegeben. Das Gebäude wird abgerissen.

Aufgabe:
Bestimmen Sie ohne nähere Begründung den Ausweis in der Bilanz:

Lösung:
1. Sachvermögen, sonstige unbebaute Grundstücke
2. Der übertragene Grundstücksteil: Sachvermögen, Infrastrukturvermögen, Grund und Boden Infrastrukturvermögen. Restgrundstück: Sachvermögen, sonstige unbebaute Grundstücke
3. Sachvermögen, sonstige unbebaute Grundstücke
4. Sachvermögen, bebaute Grundstücke, sonstige Dienst-, Geschäfts- u. a. Betriebsgebäude
5. Sachvermögen, sonstige unbebaute Grundstücke

11. Grundzüge der Eröffnungsbilanz

Die Inhalte der Bilanz sind in Kap. 10 ausführlich dargestellt worden. Dieses Kapitel greift daher nur die Besonderheiten auf, insbesondere im Bereich der Wahlmöglichkeiten bei der ersten Eröffnungsbilanzierung. Weiterhin wird die Überleitung der kameralen Haushaltsdaten in das doppische Rechnungswesen dargestellt.

Im Rahmen der Inventur für die erste Eröffnungsbilanz sind zahlreiche Einzelentscheidungen zu treffen, die Auswirkung auf die Bilanzstruktur und -summe, den späteren Haushaltsausgleich im Ergebnishaushalt und die Liquidität der Gemeindekasse haben. Werden im Rahmen der Wahlmöglichkeiten abnutzbare Vermögensgegenstände aktiviert, so führen sie zu Abschreibungsaufwand, der durch Ertrag ausgeglichen werden muss. Sofern dieser (zusätzliche) Ertrag zahlungswirksam ist, erhöht sich der Saldo aus laufender Verwaltungstätigkeit im Finanzhaushalt und führt zur Verbesserung der Liquidität. Hier ist also sorgfältig zu prüfen, wie von den einzelnen Wahlmöglichkeiten Gebrauch gemacht werden soll. Die Auswirkungen auf künftige Haushalte und Bilanzen sind genau zu überlegen und die Vor- und Nachteile der Wahlmöglichkeiten gründlich abzuwägen.

11.1 Rahmenvorschriften für die Eröffnungsbilanzierung

Nach Art. 13 Abs. 5 Satz 2 des Gesetzes zur Reform des Gemeindehaushaltsrechts vom 4. Mai 2009[1] gelten für die Aufstellung der Eröffnungsbilanz die Vorschriften der GemO, der GemHVO und der GemKVO entsprechend, soweit sie sich auf die Vermögensrechnung (Bilanz) beziehen. Für die erste Eröffnungsbilanz gelten die Vorschriften zur Inventur, zum Inventar, zu Ansatz und Bewertung des Vermögens und der Schulden und zur Bilanz nach Maßgabe des § 62 GemHVO. Somit finden die neuen haushaltsrechtlichen Vorschriften – wie auf jede folgende Bilanz – auch auf die erste Eröffnungsbilanz, bis auf wenige Ausnahmen, entsprechende Anwendung. Insoweit wird auf die übrigen Kapitel dieses Buches verwiesen.

Für das Haushaltsjahr, für das die Haushaltswirtschaft einer Gemeinde erstmals nach den Grundsätzen ordnungsgemäßer Buchführung im Rechnungsstil der doppelten Buchführung geführt wird, hat der Rat eine Eröffnungsbilanz zu beschließen. Hierbei sind folgende Rahmenbedingungen zu beachten:

- Beachtung der Grundsätze ordnungsmäßiger Buchführung (GoB),
- Vorrangige Beachtung der in der GemO oder GemHVO enthaltenen spezifischen Vorgaben gegenüber den GoB's,
- Vermittlung eines den tatsächlichen Verhältnissen entsprechendes Bild der Vermögens- und Schuldenlage der Gemeinde,
- Vermögensgegenstände werden grundsätzlich zu den Anschaffungs- oder Herstellungswerten vermindert um die Abschreibungen in die Eröffnungsbilanz übernommen.

1 Dieses Gesetz wird nachfolgend kurz als „Übergangsvorschrift" bezeichnet.

- Die Eröffnungsbilanz ist nach Fertigstellung der letzten Jahresrechnung spätestens zum Ende des Haushaltsjahres der Rechtsaufsichtsbehörde, der Prüfungsbehörde (§ 113 GemO) und dem Rechnungsprüfungsamt vorzulegen.[2]

Nach § 37 GemHVO muss eine körperliche Inventur unter Beachtung der Grundsätze ordnungsgemäßer Inventur durchgeführt werden. Dabei werden die im Eigentum der Gemeinde stehenden Vermögensgegenstände, ihre Forderungen, Schulden, Sonderposten und Rückstellungen vollständig aufgenommen und deren Wert angegeben.

Die Inventur hat alle Vermögensgegenstände vollständig zu erfassen. Mit der körperlichen Inventur geht auch eine Inaugenscheinnahme der Vermögensgegenstände einher, denn der jeweilige Zustand des Vermögensgegenstandes ist für den Wert bzw. die Restnutzungsdauer mit ausschlaggebend. Aufgrund des erforderlichen Zeitrahmens für die Durchführung der Eröffnungsbilanzierung sollte die Inaugenscheinnahme des Vermögensgegenstandes in diesem Zeitrahmen liegen; eine stichtagsbezogene Inaugenscheinnahme ist dagegen unmöglich und nach § 38 Abs. 2 GemHVO nicht erforderlich, wenn durch eine Fortschreibung gesichert ist, dass der Bestand zum Eröffnungsstichtag auch ohne weitere Inventur festgestellt werden kann.

Die Vermögensgegenstände sind grundsätzlich einzeln zu bewerten (Grundsatz der Einzelbewertung, § 43 Abs. 1 Nr. 2 GemHVO). Ausnahmen hiervon stellen das Festwertverfahren (§ 37 Abs. 2 GemHVO) und die Gruppenbewertung (§ 37 Abs. 3 GemHVO) dar.

Die Eröffnungsbilanz ist nach § 95 Abs. 2 Satz 2 GemO um einen Anhang zu erweitern. Darin sind nach § 53 Abs. 1 GemHVO die einzelnen Positionen der Eröffnungsbilanz aufzunehmen, die vorgeschrieben sind.

Nach § 55 Abs. 2 GemHVO werden im Anhang für die Eröffnungsbilanz insbesondere angegeben und erläutert:

- die angewandten Bilanzierungs- und Bewertungsmethoden und deren Abweichung,
- Angaben über die Einbeziehung von Zinsen für Fremdkapital in die Herstellungswerte,
- der auf die Gemeinde entfallende Anteil an den beim Kommunalen Versorgungsverband Baden-Württemberg aufgrund von § 27 Abs. 5 GKV gebildete Pensionsrückstellung,
- die unter der Vermögensrechnung aufzuführenden Vorbelastungen künftiger Haushaltsjahre.

Dem Anhang sind gem. § 95 Abs. 3 GemO i. V. m. § 53 GemHVO beizufügen:

- die Vermögensübersicht,
- die Schuldenübersicht,
- eine Übersicht über die zu übertragenden Haushaltsermächtigungen.

2 Siehe Art. 13 Abs. 5 Satz 3 Gesetz zur Reform des Gemeindehaushaltsrechts.

Zudem ist die Eröffnungsbilanz durch einen Rechenschaftsbericht nach § 54 GemHVO zu erläutern.

11.2 Wahlrechte in der ersten Eröffnungsbilanz und deren Auswirkung auf den Ergebnis- bzw. Finanzhaushalt

Für die erste Eröffnungsbilanz gelten die gleichen Bewertungsvorschriften wie für die folgenden Bilanzen, d. h. in die erste Eröffnungsbilanz sind die fortgeführten Anschaffungs- oder Herstellungswerte für die Vermögensgegenstände aufzunehmen (§§ 62 Abs. 1 Satz 1, 43 Abs. 1 Nr. 5 GemHVO). Schulden sind mit ihrem Rückzahlungsbetrag und Rückstellungen nur in Höhe des Betrages anzusetzen, der nach sachgerechter Beurteilung notwendig ist (§ 44 Abs. 4 GemHVO). Im Rahmen der erstmaligen Bewertung können die Kommunen von diesem Grundsatz abweichen. Nachfolgend werden die möglichen Abweichungen von diesem Grundsatz dargestellt.

11.2.1 Bisherige Anlagenachweise

Sollte die Kommune Anlagenachweise gemäß § 38 der GemHVO vom 7.2.1973[3] in der zuletzt geltenden Fassung führen oder die Vermögensgegenstände in einer Vermögensrechnung nach der Verwaltungsvorschrift des Innenministeriums zur Vermögensrechnung nach § 43 der GemHVO vom 31.10.2001[4] nachweisen, dürfen die dort erfassten Werte gemäß § 62 Abs. 1 Satz 2 GemHVO übernommen werden. Hierbei ist jedoch besonders der Grundsatz der Einzelbewertung zu beachten. Jedem einzelnen Vermögensgegenstand muss somit grundsätzlich ein Wert zugewiesen sein.

11.2.2 Wertaufgriffsgrenze nach § 38 Abs. 4 GemHVO

Bei der Inventur kann der Bürgermeister auf die Erfassung von beweglichen und abnutzbaren Vermögensgegenständen mit einem Anschaffungswert bis 1.000 € ohne Umsatzsteuer verzichtet werden. Der Aufwand für die Erfassung der Vermögensgegenstände unter 1.000 € steht oftmals in keinem Verhältnis zu den Auswirkungen des Gesamtwertes dieser Gegenstände auf die Bilanz. Selbstverständlich gilt diese Regelung auch für die erstmalige Bewertung von Vermögensgegenständen.

Sofern der Bürgermeister bei der Eröffnungsbilanz von dieser Ausnahmeregelung Gebrauch macht, sind auch zukünftig die Anschaffungskosten unter dieser Wertgrenze im Jahr der Anschaffung als Aufwand zu behandeln. Sollte diese Ausnahmeregelung nicht angewandt werden, so gelten die Grundsätze ordnungsgemäßer Buchhaltung, nach der eine weitere Vereinfachungsregel in § 6 Abs. 2 EStG gilt. Danach werden beweg-

3 GemHVO vom 7.2.1973 (GBl. S. 33).
4 GemHVO vom 31.10.2001 (GBl. S 1108).

liche, abnutzbare und selbständig nutzungsfähige Vermögensgegenstände bis zu einem Anschaffungswert von 410 € ohne Umsatzsteuer im Jahr der Anschaffung sofort abgeschrieben. Diese sind jedoch in das Inventar aufzunehmen und mit einem Erinnerungswert darzustellen

11.2.3 Verzicht auf die Erfassung von Vermögensgegenständen nach § 62 Abs. 1 Satz GemHVO

Die Erfassung von beweglichen und immateriellen Vermögensgegenständen, deren Anschaffung länger als sechs Jahre vor dem Stichtag der Eröffnungsbilanz zurückliegt, kann aus Gründen der Praktikabilität unterbleiben. Der Arbeitsaufwand für die Erfassung und Bewertung und der Gesamtwert von Vermögensgegenständen mit geringem Wert in der Eröffnungsbilanz würden in keinem angemessenen Verhältnis stehen. Anders sieht es aus bei Vermögensgegenständen mit hohem Wert (z. B. Fahrzeuge eines Fuhrparks), die durchaus eine betragsmäßige Bedeutung haben. Sollten diese Vermögensgegenstände in der Bilanz fehlen, ergibt sich ein Informationsdefizit und die notwendige Refinanzierung über die Erwirtschaftung der Abschreibungen würde unterbleiben. Dies könnte in Zukunft zu einem Liquiditätsdefizit führen.

11.2.4 Erfahrungswert statt Anschaffungs- und Herstellungskosten (§ 62 Abs. 2 GemHVO)

Sofern die Anschaffungs- und Herstellungskosten nicht vorliegen und die Ermittlung einen unverhältnismäßigen Aufwand verursacht, können entsprechende Erfahrungswerte angesetzt werden. Dies gilt jedoch grundsätzlich nur für den Zeitraum, der länger als sechs Jahre vor dem Stichtag der Eröffnungsbilanz zurückliegt. Die gesetzliche Formulierung „wird vermutet“ weist darauf hin, dass hiervon auch Ausnahmen zulässig sind.

Zur Ermittlung dieser Erfahrungswerte bedarf es zunächst der aktuellen Anschaffungs- und Herstellungskosten des Vermögensgegenstandes, der durch das Sachwert-, Ertragswert, Vergleichswert- oder Versicherungswertverfahren ermittelt werden kann. Durch Baupreisindizes des statistischen Bundesamtes können diese Werte auf den Anschaffungs- bzw. Herstellungszeitpunk rückgerechnet werden.

11.2.5 Vor dem 31.12.1974 angeschaffte oder hergestellte Vermögensgegenstände (§ 62 Abs. 3 GemHVO)

Vermögensgegenstände, die vor dem 31.12.1974 angeschafft oder hergestellt worden sind können nach den Wertverhältnissen des 1.1.1974 abzüglich der entsprechenden

Abschreibung angesetzt werden. Aufgrund der langen Zeitspanne kann es sich hierbei nur um unbewegliches oder immaterielles Vermögen handeln.

Als Erfahrungswerte können aktuelle Bodenrichtwerte für die Kommune verwendet und auf den Zeitpunkt 1.1.1974 rückindiziert werden.

11.2.6 Durchschnittswerte bei Grundstücken (§ 62 Abs. 4 GemHVO)

Insbesondere für landwirtschaftlich genutzte Grundstücke, Grünflächen und Straßengrundstücken können örtliche Durchschnittswerte zum Bewertungszeitpunkt angesetzt werden. Dies entspricht einer weiteren Vereinfachung der Absätze 1 bis 3 des § 62 GemHVO. Dabei kann als Durchschnittswert die Bewertungen des örtlichen Gutachterausschusses herangezogen werden.[5]

Die Bewertung der Straßen können aufgrund von Erfahrungswerten für die einzelnen Straßenarten auf der Grundlage örtlicher Durchschnittswerte ermittelt werden. Auch wenn die Ermittlung der Werte nach Straßenarten durchgeführt wird, gilt der Grundsatz der Einzelbewertung nach § 43 Abs. 1 Nr. 2 GemHVO, wonach jede Straße separat zu bewerten ist. Der Straßenkörper ist als ein Vermögensgegenstand anzusehen und braucht nicht in die einzelnen Bestandteile (Unterbau, Tragschicht, Deckschicht) unterteilt zu werden.

Die Straßenarten werden gemäß dem Leitfaden zur Bilanzierung (3. Aufl., Nr. 3.2.6.2.2.) wie folgt unterteilt in[6]

Straßenart	**Straßentyp**	**Nutzungs-/ Abschreibungszeit**
Straßenart I	Schnellstraße, Industriesammelstraße	25 bis 30 Jahre
Straßenart II	Hauptverkehrsstraße, Industriestraße, Straße im Gewerbegebiet	30 bis 50 Jahre
Straßenart III	Wohnsammelstraße, Fußgängerzone mit Ladeverkehr	40 bis 60 Jahre
Straßenart IV	Anliegerstraße, befahrbarer Wohnweg, Fußgängerzone, asphaltierte/betonierte Feldwege	30 bis 50 Jahre
Straßenart V	Nicht asphaltierte/betonierte Wege	15 bis 30 Jahre

Die Kosten für Nebenanlagen wie Straßenbegleitgrün, Böschungen, Verkehrszeichen, Gehwege oder Verkehrsinseln können zu den Anschaffungskosten der Straße einbezogen werden. Jedoch wird empfohlen, das hochwertiges Straßenzubehör wie Beleuchtung, Parkleitsysteme, Signalanlagen usw. separat zu bewerten.

Grundsätzlich wird der Straßenkörper zu Anschaffungs- und Herstellungskosten bewertet. Sofern dieser nicht ermittelbar ist, kann ein aktueller pauschaler Durchschnittswert als Erfahrungswert für jede Straßenart festgelegt werden. Dieser kann

5 Siehe *Hafner*, Kommentar zum § 62 NKHR, Nr. V, RandNr. 48.

6 Siehe Leitfaden zu Bilanzierung nach den Grundlagen des NKHR in Baden-Württemberg, S. 110.

für jede einzelne Straße auf den Herstellungszeitpunkt rückindiziert und mit der Straßenfläche multipliziert werden. Der bauliche Zustand der Straße ist dabei nicht zu berücksichtigen. Lediglich bei der Nutzungsdauer sollte die Belastung der Straße einfließen. Wenn auf der gleichen Straßenart verstärkt Schwerlastkraftverkehr stattfindet, so ist mit einer kürzeren Nutzungsdauer zu rechnen.

Ingenieurtechnische Bauwerke und Anlagen wie zum Beispiel Brücken, Lärmschutzbauwerke und Unterführungen sind grundsätzlich separat zu bewerten.

Für Waldflächen sieht § 62 Abs. 4 Satz 2 GemHVO eine Festbetragsbewertung vor. Danach kann abweichend von den tatsächlichen Anschaffungs- und Herstellungskosten ein Pauschalbetrag für den Auswuchs zwischen 7.200 € und 8.200 € je Hektar und für die Grundstücksfläche 2.600 € je Hektar angesetzt werden. Als Wald gilt jede mit Forstpflanzen (Waldbäume und Waldsträucher) bestockte Grundfläche (siehe § 2 LWaldG).

11.2.7 Beteiligungen und Sondervermögen

Eine Beteiligung nach §§ 103 und 103a GemO liegt vor, wenn die Gemeinde Anteile an einem rechtlich selbständigen Unternehmen (z. B. AG, GmbH) mit der Absicht erwirbt, einen dauerhaften Einfluss auf die Betriebsführung des Unternehmens zur Aufgabenerfüllung auszuüben. Hierzu zählen neben den von einer Gemeinde beherrschten verbundenen Unternehmen auch Mitgliedschaften an Zweckverbänden.

Sondervermögen nach § 96 Abs. 1 GemO sind vor allem rechtlich unselbständige Stiftungen und Eigenbetriebe.

Sollte die Ermittlung der tatsächlichen Anschaffungskosten einen unverhältnismäßigen Aufwand verursachen, kann das anteilige Eigenkapital angesetzt werden.

11.2.8 Aktivierung erhaltener und geleisteter Investitionszuwendungen nach § 62 Abs. 5 GemHVO

Erhaltene Investitionszuweisungen und -beiträge können als Sonderposten auf der Passivseite ausgewiesen und entsprechend der voraussichtlichen Nutzungsdauer aufgelöst werden (§ 40 Abs. 4 Satz 2 GemHVO) Sofern eine Gemeinde dies durchführt, erfolgt die Bewertung wie in § 62 Abs. 1 bis 3 GemHVO. Danach ist grundsätzlich der tatsächlich eingegangene Betrag abzüglich der bisherigen Auflösungsbeträge anzusetzen. Sollte dies nur mit unverhältnismäßigem Aufwand ermittelbar sein, so können Erfahrungswerte bzw. Durchschnittswerte errechnet werden.

Nach § 40 Abs. 4 Satz 1 GemHVO sollen geleistete Investitionszuweisungen und -zuschüsse als Sonderposten aktiviert und planmäßig aufgelöst werden. Geleistete Investitionszuweisungen und -zuschüsse sind haushaltsrechtlich Investitionsförderungsmaßnahmen, die nach § 87 Abs. 1 GemO über Kredite finanziert werden dürfen. Deshalb ist es auch folgerichtig, dass die Investitionsförderungsmaßnahme aktiviert wird, obwohl i. d. R. an der geförderten Maßnahme die Gemeinde kein wirtschaftliches Eigentum besitzt. Diese Förderung von Investitionen bei Dritten ist eine Besonderheit bei den Kommunen gegenüber der freien Wirtschaft. Durch solche Investitionsförderungsmaßnahmen erspart sich die Gemeinde häufig, die Aufgabe selbst erledigen zu müssen. Vielfach stellt dies auch eine wirtschaftlichere Lösung dar. In dem Bewilligungsbescheid bzw. Bewilligungsvertrag sollte aber festgelegt werden, über welchen Zeitraum z. B. der Gegenstand genutzt werden muss und welche Rückzahlungsmodalitäten bestehen, wenn sich der Geldempfänger nicht an die Bewilligungsbedingungen hält. Über diesen Zeitraum hätte dann die Gemeinde ein „immaterielles Recht", das der jährlichen Abnutzung unterliegt. Über diesen Zeitraum wäre dann die Investitionszuwendung auch aufzulösen. Für pauschale Investitionsförderungsmaßnahmen gilt in der Regel ein 30-jähriger Abschreibungszeitraum.

Auf eine Aktivierung geleisteter Investitionszuweisungen und -zuschüsse kann nach § 62 Abs. 5 Satz 2 GemHVO in der ersten Eröffnungsbilanz verzichtet werden, da häufig in der Vergangenheit nur unzureichende Bewilligungsbescheide von der Kommune erlassen wurden und deshalb heute nur noch schwer ein Nutzungszeitraum für die geförderten Maßnahmen ermittelt werden kann. Sollten allerdings in der Vergangenheit insbesondere größere Investitionsförderungsmaßnahmen über Kredite finanziert worden sein, dann sollte auch die geleistete Investitionszuwendung in der ersten Eröffnungsbilanz aktiviert und über die Nutzungsdauer der geförderten Maßnahme abgeschrieben werden.

Der (zahlungsunwirksame) Auflösungssaufwand muss im Ergebnishaushalt bzw. in der Ergebnisrechnung durch Ertrag ausgeglichen werden (Haushaltsausgleich). Wenn dieser Ertrag zahlungswirksam ist, dann führt das im Finanzhaushalt bzw. in der Finanzrechnung zu einem (höheren) Saldo aus laufender Verwaltungstätigkeit. Diese zusätzliche Liquidität kann z. B. dazu genutzt werden, Liquiditätskredite abzubauen oder Gelder für zukünftige Investitionen oder außerordentliche Tilgungen anzusammeln. Eine Aktivierung der in der Vergangenheit geleisteten Investitionszuwendungen in der ersten Eröffnungsbilanz kann also zur Verbesserung der Liquidität der Gemeinde beitragen.

Laufende Zuweisungen und Zuschüsse zur Finanzierung des Betriebs von aktuellen öffentlichen Aufgaben (z. B. Schlüsselzuweisungen, laufende zweckgebundene Zuweisungen für Kindergarten, Schule oder Feuerwehr) werden ergebniswirksam als Ertrag und Ergebnishaushalt/-rechnung und – wenn diese in der gleichen Periode eingehen – auch als Einzahlung im Finanzhaushalt/-rechnung veranschlagt bzw. verbucht.

11.2.9 Berichtigung der Eröffnungsbilanz (§ 63 GemHVO)

Ergibt sich bei der Aufstellung späterer Jahresabschlüsse, dass in der Eröffnungsbilanz,

- Vermögensgegenstände oder (aktive) Sonderposten nicht oder mit einem zu niedrigeren Wert angesetzt oder

- (Passive) Sonderposten oder Schulden zu Unrecht oder mit einem zu hohen Wert angesetzt sind oder
- Vermögensgegenstände oder (aktive) Sonderposten zu Unrecht oder mit einem zu hohen Wert angesetzt oder
- (Passive) Sonderposten oder Schulden nicht oder mit einem zu niedrigeren Wert angesetzt sind und
- es sich um einen wesentlichen Betrag handelt,

dann ist in der späteren Bilanz der unterlassene Ansatz nachzuholen oder der Wertansatz zu berichtigen.[7] Sollten die Vermögensgegenstände oder Schulden am Bilanzstichtag nicht mehr vorhanden sein, so ist dies dennoch für den folgenden Jahresabschluss nachzuholen.

Was ein wesentlicher Betrag ist, wurde nicht gesetzlich definiert. Es ist davon auszugehen, dass eine Abweichung von mindesten 10 % vom Ursprungswert bereits eine Wesentlichkeit begründet. Bei beweglichem Vermögen kann die 1.000 € Grenze nach § 38 Abs. 4 GemHVO herangezogen werden[8].

Gemäß § 63 Abs. 2 GemHVO wird die Berichtigung entsprechend ihrer Auswirkung beim Basiskapital ergebnisneutral angebracht. Dadurch gilt die Eröffnungsbilanz als geändert. Die Berichtigung wird im Anhang (§ 53 GemHVO) zu dem Jahresabschluss erläutert, in der die Berichtigung vorgenommen wird. Eine Berichtigung von Bilanzpositionen darf nicht vorgenommen werden, um Wahlrechte oder Ermessensspielräume zu korrigieren. In diesem Zusammenhang gilt der Grundsatz der Bilanzstetigkeit nach § 43 Abs. 1 Nr. 5, nach dem die Bewertungsmethoden beibehalten werden sollen. Dies soll verhindern, dass lediglich bilanzpolitische Gründe zu unterschiedlichen Bewertungen führen.

Eine Berichtigung kann nach § 63 Abs. 3 GemHVO letztmals im dritten der Eröffnungsbilanz folgenden Jahresabschluss vorgenommen werden.

Beispiel:
Die Eröffnungsbilanz (Umstellung auf NKHR) wird zum 1.1.2020 aufgestellt.
1. Jahresabschluss 31.12.2020
2. Jahresabschluss 31.12.2021
3. Jahresabschluss 31.12.2022
Die Eröffnungsbilanz zum 1.1.20120 kann letztmalig im Jahresabschuss zum 31.12.2022 gegen das Basiskapital geändert werden.

7 Siehe § 63 Abs. 1 GemHVO.

8 Siehe *Hafner*, Kommentar zu § 63 GemHVO, Nr. I, 4.

11.3 Verfahrensbeschreibung und Hinweise für die Überleitung der kameralen Haushaltsdaten auf das doppische Buchungsgeschäft

11.3.1 Vorbemerkung

In der kameralen Haushaltswirtschaft werden Instrumente und Verfahrensweisen genutzt, die letztmalig in der kameralen Jahresrechnung Anwendung finden. Die Ergebnisse daraus müssen, soweit sie in die Jahre danach hineinwirken, in die im Neuen kommunalen Rechnungswesen (NKHR) vorhandenen Komponenten „Ergebnisrechnung“, Finanzrechnung“ und „Bilanz“ unter Berücksichtigung des neuen Rechnungsstils der doppelten Buchführung übergeleitet werden. Aufgrund des Realisationsprinzips und der periodengerechten Zuordnung im neuen kommunalen Rechnungswesen sind für den Übergang von der Kameralistik auf die Doppik gesonderte Festlegungen für die Buchungen zu treffen.

In den nachfolgenden Ausführungen werden die kameralen haushaltswirtschaftlichen Instrumente und Verfahrensweisen betrachtet und die vorzunehmenden Überleitungen in das NKHR bzw. die Auswirkungen auf die Eröffnungsbilanz, Ergebnisrechnung, Finanzrechnung, sowie den Ergebnis- und Finanzhaushalt aufgezeigt.

11.3.2 Kamerale haushaltswirtschaftliche Instrumente und Verfahrensweisen

11.3.2.1 Verwaltungshaushalt

Haushaltseinnahmereste

Im Verwaltungshaushalt sind Haushaltseinnahmereste unzulässig. In der Kameralistik gebildete Einnahmehaushaltsreste werden somit aufgelöst.

Haushaltsausgabereste

Im NKHR ist es Ziel, eine periodengerechte Erfassung des Ressourcenverbrauchs vorzunehmen. Der Aufwand ist der Periode zuzurechnen, in der er verursacht wurde, unabhängig davon, in welcher Periode die Auszahlung erfolgt (§ 10 Abs. 1 GemHVO). Die Bildung von Haushaltsausgaberesten im Verwaltungshaushalt beruht auf folgenden unterschiedlichen Sachverhalten:

Leistung erbracht/Rechnung liegt vor/Zahlungstermin im Folgejahr

Die geplante Leistung oder Lieferung ist im letzten kameralen Haushaltsjahr erfolgt, jedoch liegt der Zahlungstermin gemäß Rechnung im folgenden Haushaltsjahr. Dies bedingt eine Überleitung der noch zu leistenden Auszahlung ins NKHR und hat dort folgende Auswirkungen:

Letzter kameraler Abschluss 2019	Es wird ausnahmsweise ein Kassenausgaberest festgestellt.
Eröffnungsbilanz 2020	Die noch offenen Zahlungen sind als Verbindlichkeiten anzusetzen, da Empfänger der Zahlung, Grund der Zahlung, der Betrag und die Fälligkeit feststehen. Gleichzeitig ist der Betrag auf dem entsprechenden Kreditorenkonto zu erfassen.
Ergebnishaushalt 2020	Dieser wird nicht berührt, da entstandene Aufwendungen wirtschaftlich dem letzten kameralen Haushaltsjahr zuzurechnen sind und dort bereits im Anordnungssoll erfasst und damit den letzten Kameralabschluss belastet hat.
Ergebnisrechnung 2020	Diese wird nicht berührt, da der Aufwand bereits im letzten kameralen Haushaltsjahr erfasst wurde.
Finanzhaushalt 2020	Es erfolgt eine Veranschlagung von „Auszahlungsmitteln nach dem Kassenwirksamkeitsprinzip.
Finanzrechnung 2020	Die Auszahlung ist in dem Jahr zu berücksichtigen, in dem die Zahlung erfolgt.

Leistung erbracht/Rechnung liegt noch nicht vor/Zahlungstermin im Folgejahr (Datum unbekannt)

Die geplante Leistung oder Lieferung ist im letzten kameralen Haushaltsjahr erfolgt, jedoch liegt am Jahresende noch keine Rechnung darüber vor. Der Rechnungsbetrag steht nicht genau fest. Die Zahlung erfolgt im nächsten Haushaltsjahr.

Letzter kameraler Abschluss 2019	Es wird ein Haushaltsausgaberest gebildet.
Eröffnungsbilanz 2020	Der Betrag ist in der Bilanzposition „Sonstige Verbindlichkeiten" auszuweisen.
Ergebnishaushalt 2020	Dieser wird nicht berührt, da entstandene Aufwendungen wirtschaftlich dem letzten kameralen Haushaltsjahr zuzurechnen sind.
Ergebnisrechnung 2020	Diese wird nicht berührt, da der Aufwand bereits im letzten kameralen Haushaltsjahr erfasst wurde. Sollte der Haushaltsausgaberest und damit die Verbindlichkeit zu hoch angesetzt worden sein, wird der nicht benötigte Betrag an „Erträge" aufgelöst und dient dem Haushaltsausgleich im NKHR.
Finanzhaushalt 2020	Es erfolgt eine Veranschlagung von „Auszahlungsmitteln" nach dem Kassenwirksamkeitsprinzip.
Finanzrechnung 2020	Die Auszahlung ist in dem Jahr zu berücksichtigen, in dem die Zahlung erfolgt.

Rechtliche Verpflichtung eingegangen (Auftrag erteilt)/Leistung noch nicht erbracht/Leistung und Zahlungstermine liegen im neuen Jahr

Im letzten kameralen Haushaltsjahr wurde ein Auftrag an Dritte erteilt, der jedoch am Ende des Haushaltsjahres noch nicht durch eine Leistung und Lieferung des Dritten erfüllt wurde. Eine Zahlungsverpflichtung (Rechnung liegt nicht vor) ist bisher nicht entstanden. Dies bedingt eine Überleitung des Anspruchs auf Leistung und Lieferung gegenüber Dritten ins NKHR:

Letzter kameraler Abschluss 2019	Bildung eines Haushaltsausgaberestes.
Eröffnungsbilanz 2020	Der Vorgang wird in der Eröffnungsbilanz nicht berücksichtigt, da noch keine Zahlungsverpflichtung entstanden ist
Ergebnishaushalt 2020	Dieser wird nicht berührt, da entstandene Aufwendungen wirtschaftlich dem letzten kameralen Haushaltsjahr zugerechnet werden und sie dort bereits im Anordnungssoll erfasst wurden. Eine Doppelerfassung (letzter Kameralabschluss und erster NKHR-Abschluss) muss vermieden werden.
Ergebnisrechnung 2020	Diese wird nicht berührt, da der Aufwand bereits im letzten kameralen Haushaltsjahr erfasst wurde.
Finanzhaushalt 2020	Es erfolgt eine Veranschlagung von „Auszahlungsmitteln" nach dem Kassenwirksamkeitsprinzip.
Finanzrechnung 2020	Die Auszahlung ist in dem Jahr zu berücksichtigen, in dem die Zahlung erfolgt.

Anmerkung:
Die vorbeschriebene Vorgehensweise dient einer pragmatischen Überleitung der kameral gebildeten Haushaltsreste im Verwaltungshaushalt auf das doppische Rechnungswesen. Sie ist nur ***einmalig*** *im Rahmen der Überleitung anzuwenden. Die in der Doppik entstandenen Haushaltsermächtigungen werden gemäß § 53 Abs. 2 Nr. 6 GemHVO auf im Anhang angegeben. Die Bewirtschaftung wird überwacht durch eine separate Haushaltsüberwachungsliste.*

Durchlaufende Gelder

Letzter kameraler Abschluss 2019	Einnahmen werden auf Verwahrkonto gebucht.
Eröffnungsbilanz 2020	Die noch nicht weitergeleiteten Gelder sind in der Eröffnungsbilanz unter der Position „Sonstige Verbindlichkeiten" als durchlaufender Posten zu erfassen.
Ergebnishaushalt 2020	Es hat kein Ansatz zu erfolgen, da es sich um einen ergebnisneutralen Vorgang handelt, der nicht veranschlagt wird (§ 15 Abs. 2 GemHVO).
Ergebnisrechnung 2020	Es erfolgt keine Buchung aufgrund des ergebnisneutralen Vorgangs (Weitergaben von durchlaufenden Geldern).
Finanzhaushalt 2020	Sowohl die Einzahlungen als auch die Auszahlungen sind im Finanzhaushalt nicht zu erfassen, da es sich um einen haushaltsunwirksamen Vorgang handelt und dieser nach § 3 GemHVO nicht zu veranschlagen ist.
Finanzrechnung 2020	Einzahlungen sind in der Finanzrechnung nicht zu erfassen, da diese bereits im letzten kameralen Abschluss erfasst wurden. In der Finanzrechnung sind die Auszahlungen aus der Weiterleitung von zweckgebundenen Mitteln als haushaltsunwirksame Auszahlungen zu berücksichtigen.

Nicht ausgeschöpfte Ausgabeermächtigungen

Ein im kameralen Haushaltsplan enthaltener Ansatz (Ausgabeermächtigung) wurde im letzten kameralen Haushaltsjahr nicht oder nicht in voller Höhe in Anspruch genommen. Aufgrund der zeitlichen Übertragbarkeit der Ausgabeermächtigung soll der Haushaltsausgaberest in das nächste Haushaltsjahr übertragen werden. Die Übertragung der Ansätze hat folgende Auswirkungen:

Letzter kameraler Abschluss 2019	Bildung eines Haushaltsausgaberestes.
Eröffnungsbilanz 2020	Es erfolgt keine Ausweisung in der Eröffnungsbilanz.
Ergebnishaushalt 2020	Sollte der Haushaltsansatz in 2021 erfolgswirksam sein, so ist dieser als Aufwand im Ergebnishaushalt zu veranschlagen.
Ergebnisrechnung 2020	Eine Buchung erfolgt entsprechende der Inanspruchnahme des Haushaltsansatzes
Finanzhaushalt 2020	Im Finanzhaushalt ist eine entsprechende Veranschlagung erforderlich.
Finanzrechnung 2020	Die Auszahlung ist in dem Jahr zu berücksichtigen, in dem die Zahlung erfolgt.

Hinweis:
Eine Übernahme von kameralen Haushaltsausgaberesten in das doppische System ist nicht möglich, da es für die kamerale Buchung keine entsprechende doppische Lösung gibt.

Kasseneinnahmereste

Bei den kameralen Einnahmen wird der Unterschied zwischen den Sollstellungen und den Ist-Buchungen in der Jahresrechnung als Kasseneinnahmerest bezeichnet. Dieser Unterschied entsteht dadurch, dass das „Soll“ größer oder kleiner als das „Ist“ ist. Vor dem letzten Kameralabschluss sollten alle Kassenreste genau überprüft werden. Sofern es sich um zweifelhafte Forderungen handelt, sind eine Niederschlagung und eine Restebereinigung durchzuführen. Auf den Konten sollten keine ungeklärten Fälle in die doppische Buchführung übernommen werden.

Übernahme von „schwarzen Kasseneinnahmeresten“ = Forderungen (Soll > Ist)

Dieser Sachverhalt entsteht z. B. dadurch, dass angeordnete Einnahmen noch nicht eingegangen sind bzw. noch keine Zuordnung von Einzahlungen zu den Haushaltsstellen vorgenommen werden konnte (nicht geklärte Einzahlungen auf Verwahrkonten) oder Rückbuchungen im „IST“ im Rahmen von Einzugsermächtigungen erfolgen mussten. Beim Wechsel vom letzten kameralen Haushaltsjahr in die führende Doppik ist eine Überleitung wie folgt vorzunehmen:

Letzter kameraler Abschluss 2019	Schwarzer Kasseneinnahmerest in der Spalte „Neue Reste“
Eröffnungsbilanz 2020	Der Betrag wird auf dem Debitorenkonto im „Soll“ ausgewiesen und damit in der Bilanzposition „Forderungen“ nachgewiesen. **Eventuelle Wertberichtigungen** sind gesondert durchzuführen.
Ergebnishaushalt 2020	Dieser wird nicht berührt, da mögliche Erträge wirtschaftlich dem letzten kameralen Haushaltsjahr zuzurechnen sind.
Ergebnisrechnung 2020	Diese wird nicht berührt, da die Erträge bereits im letzten kameralen Haushaltsjahr erfasst wurden.
Finanzhaushalt 2020	Die Veranschlagung der Einzahlung wird entsprechend dem Kassenwirksamkeitsprinzip durchgeführt.
Finanzrechnung 2020	Buchung bei Geldeingang: Einzahlung

Übernahme von „roten Kasseneinnahmeresten“ = Überzahlung einer Forderung (Soll < Ist)

Dieser Sachverhalt entsteht z. B. durch Überzahlung oder Absetzung bei der Sollstellung, jedoch nicht durch ungeklärte Einzahlungen.

Letzter kameraler Abschluss 2019	Roter Kasseneinnahmerest
Eröffnungsbilanz 2020	Überzahlungen, auf die die Gemeinde keinen Anspruch hat, sind auf dem Bilanzkonto „Sonstige Verbindlichkeiten“ einzustellen.
Ergebnishaushalt 2020	Dieser wird nicht berührt.
Ergebnisrechnung 2020	Keine Auswirkung
Finanzhaushalt 2020	Die Veranschlagung der Auszahlung wird entsprechend dem Kassenwirksamkeitsprinzip durchgeführt (§ 16 Abs. 1 Satz 1 GemHVO).
Finanzrechnung 2020	Buchung bei Geldausgang: Auszahlung

Kassenausgabereste

Bei den kameralen Ausgaben wird der Unterschied zwischen den Sollstellungen und den Ist-Buchungen in der Jahresrechnung als Kassenausgaberest bezeichnet. Dieser Unterschied entsteht dadurch, dass das „Soll“ größer oder kleiner als das „Ist“ ist.

Übernahme von „schwarzen Kassenausgaberesten“ = Verbindlichkeiten (Soll > Ist)

Dieser Sachverhalt entsteht z. B. dadurch, dass Auszahlungsanordnungen noch nicht ausgeführt sind oder Rückbuchungen eines ausgezahlten Betrages vorgenommen werden mussten.

Letzter kameraler Abschluss 2019	Schwarzer Kassenausgaberest
Eröffnungsbilanz 2020	Der Betrag wird auf dem Kreditorenkonto im „Haben" ausgewiesen und damit in der Bilanzposition „Verbindlichkeiten" nachgewiesen.
Ergebnishaushalt 2020	Dieser wird nicht berührt, da der Aufwand wirtschaftlich dem letzten kameralen Haushaltsjahr zuzurechnen ist.
Ergebnisrechnung 2020	Diese wird nicht berührt, da der Aufwand bereits im letzten kameralen Haushaltsjahr erfasst wurde.
Finanzhaushalt 2020	Die Veranschlagung der Auszahlung wird entsprechend dem Kassenwirksamkeitsprinzip durchgeführt.
Finanzrechnung 2020	Buchung bei Geldausgang: Auszahlung

Übernahme von „roten Kassenausgaberesten" = Überzahlung einer Verbindlichkeit (Soll < Ist)

Dieser Sachverhalt entsteht z. B. bei Rückzahlung (Absetzung) von geleisteten Auszahlungen, ohne dass gleichzeitig die Rückzahlung (Absetzung im IST) erfolgte (verspätete Rückzahlung/Erstattung einer vorherigen Auszahlung; die Absetzung im Anordnungssoll ist erfolgt). Eine andere Möglichkeit, die aber wohl selten vorkommt: Die Kasse hat einen höheren Betrag ausgezahlt (überwiesen) als von der Verwaltung angeordnet wurde.

Letzter kameraler Abschluss 2019	Roter Kassenausgaberest
Eröffnungsbilanz 2020	Die roten Kassenausgabereste sind als „Forderung" auf dem Kreditorenkonto im Soll zu erfassen. Eine Umgliederung auf Bilanzkonto „Sonstige Forderungen" kann erfolgen.
Ergebnishaushalt 2020	Keine Auswirkung
Ergebnisrechnung 2020	Keine Auswirkung
Finanzhaushalt 2020	Die Veranschlagung der Einzahlung wird entsprechend dem Kassenwirksamkeitsprinzip durchgeführt (§ 16 Abs. 2 Satz 3 GemHVO).
Finanzrechnung 2020	Buchung bei Geldeingang: Einzahlung

Restebereinigung:
Bereinigung von Kasseneinnahmeresten

Im letzten kameralen Abschluss wurde eine Restebereinigung gemäß dem Wirklichkeitsgrundsatz nach § 43 Abs. 1 Nr. 3 GemHVO als Einzelbereinigung oder als pauschale Bereinigung durchgeführt. Es wird empfohlen, möglichst weitreichende Bereinigungen im letzten kameralen Haushaltsjahr vorzunehmen!

Letzter kameraler Abschluss 2019	Restebereinigung
Eröffnungsbilanz 2020	Die einzelnen Kasseneinnahmereste werden auf den Debitorenkonten ausgewiesen und damit in der Bilanzposition „Forderungen“ entsprechend nachgewiesen.
Ergebnishaushalt 2020	Keine Auswirkung
Ergebnisrechnung 2020	Keine Auswirkung
Finanzhaushalt 2020	Die Veranschlagung der Einzahlung wird entsprechend dem Kassenwirksamkeitsprinzip durchgeführt.
Finanzrechnung 2020	Buchung bei Geldeingang: Einzahlung

Abgang auf Kassenreste

Ein Abgang auf Kassenreste stellt eine Aufhebung oder Reduzierung bestehender Kassenreste dar. Dieser Vorgang findet im letzten kameralen Abschluss statt und berührt das NKHR nicht.

Abgang auf Haushaltsausgabereste

Ein Abgang auf Haushaltsausgabereste stellt eine Aufhebung bzw. Reduzierung bestehender Haushaltsausgabereste dar. Dieser ist ein vorgeschalteter Prozess für den letzten kameralen Jahresabschluss. Er berührt die Rechnungskomponenten des NKHR nicht.

Zuführungen zwischen Verwaltungshaushalt und Vermögenshaushalt

Die Zuführung zwischen „Verwaltungshaushalt“ und „Vermögenshaushalt“ stellen „Übertragungen“ von dem einen an den anderen Haushalt dar. Dies kann z. B. die Abdeckung von Fehlbeträgen des Verwaltungshaushalts durch eine Rückzuführung vom Vermögenshaushalt oder die Zuführung eines Überschusses des Verwaltungshaushaltes an den Vermögenshaushalt betreffen. Diese Übertragungen sind letztmalig im Rahmen des letzten kameralen Jahresabschlusses vorzunehmen. Durch die Übertragung werden die Rechnungskomponenten des NKHR nicht berührt.

Überschüsse/Fehlbeträge

Kamerale Überschüsse und Fehlbeträge sind wie folgt im NKHR zu behandeln.

Soll-Überschuss

In der Haushaltsrechnung werden die bereinigten Soll-Einnahmen den bereinigten Soll-Ausgaben gegenübergestellt. Dies kann einen Überschuss zum Ergebnis haben, der in der Jahresrechnung des letzten kameralen Haushaltsjahres auszuweisen ist. Ein Soll-Überschuss im Verwaltungshaushalt ist dem Vermögenshaushalt zuzuführen, der wiederum Überschüsse der allgemeinen Rücklage weitergibt. Es ergeben sich daraus keine unmittelbaren Auswirkungen auf das NKHR.

Ist-Überschuss

In der Haushaltsrechnung ist die Summe der Ist-Einnahmen und der Ist-Ausgaben festzustellen. Bei höheren Einzahlungen als Auszahlungen wird der Unterschied als „Ist-Überschuss" bezeichnet. Für die daraus verfügbaren Zahlungsmittel ergeben sich Auswirkungen auf das NKHR.

Letzter kameraler Abschluss 2019	Ermittlung des Ist-Überschusses
Eröffnungsbilanz 2020	Diese Zahlungsmittel fallen unter dem Posten „Liquide Mittel".
Ergebnishaushalt 2020	Keine Auswirkung
Ergebnisrechnung 2020	Keine Auswirkung
Finanzhaushalt 2020	Keine Auswirkung
Finanzrechnung 2020	Berücksichtigung des Anfangsbestands an Zahlungsmitteln zu Beginn des Jahres nach § 50 Nr. 40 GemHVO – Finanzrechnung

Soll-Fehlbetrag

In der Haushaltsrechnung werden die bereinigten Soll-Einnahmen den bereinigten Soll-Ausgaben gegenübergestellt. Dies kann einen Fehlbetrag zum Ergebnis haben, der in der Jahresrechnung des letzten kameralen Haushaltsjahres auszuweisen ist. Ein solcher Fehlbetrag ist häufig durch aufgenommene Kassenkredite finanziert worden. Fehlbeträge aus Vorjahren (Altfehlbeträge) sollten im letzten kameralen Jahresabschluss abgewickelt werden. Dadurch kann ein höherer Soll-Fehlbetrag entstehen. Vorteil: Es muss nur ein Soll-Fehlbetrag buchhalterisch übernommen werden. Es ergeben sich folgende Auswirkungen:

Letzter kameraler Abschluss 2019	Ausweis eines Sollfehlbetrags
Eröffnungsbilanz 2020	Die aufgenommenen Kassenkredite, die einen Fehlbetrag ausgeglichen haben, sind als Verbindlichkeiten auszuweisen.
Ergebnishaushalt 2020	Keine direkte Auswirkung (Berücksichtigung des Zinsaufwandes der Kassenkredite)
Ergebnisrechnung 2020	Keine direkte Auswirkung (Berücksichtigung des Zinsaufwandes der Kassenkredite)
Finanzhaushalt 2020	Keine direkte Auswirkung. (Berücksichtigung der geplanten Rückzahlung der Kassenkredite sowie der Zinszahlungen)
Finanzrechnung 2020	Keine direkte Auswirkung. (Erfassung der Rückzahlung der Kassenkredite und ggf. der Zinsauszahlungen)

Kalkulatorische Kosten

Für kostenrechnende Einrichtungen werden im Verwaltungshaushalt angemessene Abschreibungen und eine angemessene Verzinsung des Anlagekapitals als Ausgaben veranschlagt. Diese Ausgaben werden, da sie nicht zu kassenmäßigen Ein- und Auszahlungen führen, im Rahmen der Bewirtschaftung des Haushalts wieder an zentraler Stelle (Einzelplan 9) vereinnahmt (§ 12 GemHVO kameral).

Kalkulatorische Zinsen werden im NKHR im Rahmen der Kosten- und Leistungsrechnung berücksichtigt. Lediglich in den Teilergebnishaushalten können diese anstelle der anteiligen Fremdzinsen veranschlagt werden (§ 4 Abs. 3 Satz 2 GemHVO).

Kalkulatorisch Abschreibungen gibt es im NKHR nicht. Abschreibungen sind künftig vielmehr tatsächlicher Aufwand in der Ergebnisrechnung. Soweit die Ermittlung der Wertansätze für die Anlagegüter und die Abschreibungen im alten Recht auf der Basis von Anschaffungs- und Herstellungswerten erfolgt ist, können diese Werte übernommen werden; dies gilt auch hinsichtlich der angenommenen Nutzungsdauern (§ 62 Abs. 1 Satz 2 GemHVO).

11.3.2.2 Vermögenshaushalt

Haushaltseinnahmereste

Für eine veranschlagte, aber nicht in voller Höhe in Anspruch genommene Kreditermächtigung und für veranschlagte Zuwendungen sowie Beiträge für Investitionen, die noch nicht eingegangen sind, dürfen kamerale Haushaltseinnahmereste gebildet und in das folgende Haushaltsjahr übertragen werden.

Übertragung der Kreditermächtigung

Die Kreditermächtigung dient zur Sicherstellung der Finanzierung u. a. von Investitionen und Investitionsförderungsmaßnahmen. Durch eine Bildung von Haushaltseinnahmeresten aus nicht ausgeschöpfter Kreditermächtigung ergibt sich im letzten kameralen Jahresabschluss und anschließender Berücksichtigung als übertragene Kreditermächtigung im NKHR ein sinnvoller Übergang unter Berücksichtigung einer wirtschaftlichen Haushaltsführung. Dies sollte bei der Aufstellung des letzten kameralen Jahresabschluss berücksichtigt werden. Die Haushaltsrestebildung für nicht ausgeschöpfte Kreditermächtigungen in der Kameralistik und Übertragbarkeit von Kreditermächtigungen im NKHR beinhalten eine funktionale Gleichheit. Dies bedeutet, dass die Kreditermächtigung nach § 87 Abs. 3 GemO weiterhin gilt. Auch im NKHR können Kredite bis zum Erlass der übernächsten Haushaltssatzung aufgenommen werden. Hierzu benötigt man weder einen Haushaltseinnahmerest noch einen neuen Haushaltsansatz.

Letzter kameraler Abschluss 2019	Bildung eines Haushaltseinnahmerestes für Kredite
Eröffnungsbilanz 2020	Keine Auswirkung Hier wird nur der tatsächlich in Anspruch genommene Anteil der Kreditermächtigung als Kreditverbindlichkeit ausgewiesen. Der nicht in Anspruch genommen Anteil der Kreditermächtigung, der auf das neue Haushaltsjahr übertragen werden soll, ist im Anhang anzugeben.
Ergebnishaushalt 2020	Keine Auswirkung
Ergebnisrechnung 2020	Keine Auswirkung
Finanzhaushalt 2020	Keine Veranschlagung von „Einzahlungsmitteln“, da die Einnahme bereits im letzten „Kameralhaushaltsplan“ veranschlagt war. Gemäß § 53 Abs. 2 Nr. 6 GemHVO erfolgt ein Vortrag in die Haushaltsüberwachungsliste.
Finanzrechnung 2020	Bei Geldeingang: Einzahlung
Schlussbilanz 2020	Zugang auf dem jeweiligen Passivkonto, soweit die Ermächtigung in Anspruch genommen wurde, und dem Aktivkonto „Liquide Mittel“

Zuwendungen

Die erhaltenen Zuwendungen werden im doppischen Haushalts- und Rechnungswesen anders betrachtet und bewertet. Sollte der Haushaltseinzahlungsansatz nicht in Anspruch genommen worden sein, so ist dieser im kommenden Jahr neu zu veranschlagen, sofern die Zuweisung kassenmäßig zu erwarten ist.

Im Folgenden soll auf verschiedene Fallkonstellation eingegangen werden.

(1) Zuwendungsbescheid ist ergangen, Zahlungstermin liegt im alten Jahr, Zuwendung ist eingegangen, Tatbestand, an den die Zuwendung anknüpft, ist im alten Jahr verwirklicht

Letzter kameraler Abschluss 2019	Im letzten kameralen Abschluss sind die Einnahmen aus den Zuwendungen im Vermögenshaushalt zu erfassen.
Eröffnungsbilanz 2020	In der Eröffnungsbilanz sind die Zuwendungen als Sonderposten zu erfassen. Ggf. sind bis zum Eröffnungsbilanzstichtag bereits zu berücksichtigende Auflösungsbeträge von dem Sonderposten abzusetzen.
Ergebnishaushalt 2020	Keine direkte Auswirkung; ggf. ist die Auflösung des Sonderpostens zu berücksichtigen.
Ergebnisrechnung 2020	Erträge aus der Auflösung sind zu zeigen.
Finanzhaushalt 2020	Keine Auswirkung
Finanzrechnung 2020	Keine Auswirkung

(2) Zuwendungsbescheid ist ergangen, Zahlungstermin liegt im alten Jahr, Zuwendung ist eingegangen, Tatbestand, an den die Zuwendung anknüpft, ist im alten Jahr noch nicht verwirklicht

Letzter kameraler Abschluss 2019	Im letzten kameralen Abschluss sind die Einnahmen aus den Zuwendungen im Vermögenshaushalt zu erfassen.
Eröffnungsbilanz 2020	In der Eröffnungsbilanz sind die erhaltenen Zuwendungen unter der Position „Verbindlichkeit aus Transferleistung“ zu erfassen. Eine Umbuchung in die Sonderposten erfolgt erst zu dem Zeitpunkt, zu dem der Tatbestand verwirklicht ist.
Ergebnishaushalt 2020	Keine Auswirkung
Ergebnisrechnung 2020	Ertragswirksame Auflösung bei Fertigstellung entsprechend der Nutzungsdauer des Vermögensgegenstandes für den die Zuwendung gezahlt wurde.
Finanzhaushalt 2020	Keine Auswirkung
Finanzrechnung 2020	Keine Auswirkung

(3) Zuwendungsbescheid ist ergangen, Zahlungstermin liegt im alten Jahr, Zuwendung ist noch nicht eingegangen, Tatbestand, an den die Zuwendung anknüpft, ist im alten Jahr verwirklicht

Letzter kameraler Abschluss 2019	Im letzten kameralen Abschluss ist ein Kasseneinnahmerest zu bilden.
Eröffnungsbilanz 2020	In der Eröffnungsbilanz sind die Forderungen an den Zuwendungsgeber auf dem Debitor zu erfassen. Die Zuwendungen sind als Sonderposten zu berücksichtigen. Sofern der Sonderposten bereits im alten Jahr anteilig aufzulösen gewesen wäre, ist der Sonderposten nur mit dem Restbuchwert anzusetzen.
Ergebnishaushalt 2020	Keine direkte Auswirkung; ggf. sind die geplanten Auflösungen des Sonderposten zu berücksichtigen.
Ergebnisrechnung 2020	Anteilige Erträge aus der Auflösung sind zu zeigen.
Finanzhaushalt 2020	Die Veranschlagung der Einzahlung wird entsprechend dem Kassenwirksamkeitsprinzip durchgeführt.
Finanzrechnung 2020	Buchung bei Geldeingang: Einzahlung

(4) Zuwendungsbescheid ist ergangen, Zahlungstermin liegt im alten Jahr, Zuwendung ist noch nicht eingegangen, Tatbestand, an den die Zuwendung anknüpft, ist im alten Jahr noch nicht verwirklicht (dieser Aspekt findet auch Anwendung für zweckgebundene Einnahmen des Vermögenshaushalts)

Letzter kameraler Abschluss 2019	Im letzten kameralen Abschluss ist ein Kasseneinnahmerest zu bilden.
Eröffnungsbilanz 2020	In der Eröffnungsbilanz sind die Forderungen an den Zuwendungsgeber auf dem Debitor zu erfassen. Die erhaltenen Zuwendungen sind unter der Position „Verbindlichkeiten aus Transferleistungen“ zu erfassen. Eine Umbuchung in die Sonderposten erfolgt erst zu dem Zeitpunkt, zu dem der Tatbestand verwirklicht ist.

Letzter kameraler Abschluss 2019	Im letzten kameralen Abschluss ist ein Kasseneinnahmerest zu bilden.
Ergebnishaushalt 2020	Keine Auswirkung; ggf. sind die geplanten Auflösungen des Sonderpostens zu berücksichtigen.
Ergebnisrechnung 2020	Anteilige ertragswirksame Auflösung bei Fertigstellung
Finanzhaushalt 2020	Die Veranschlagung der Einzahlung wird entsprechend dem Kassenwirksamkeitsprinzip durchgeführt.
Finanzrechnung 2020	Buchung bei Geldeingang: Einzahlung

(5) Zuwendungsbescheid ist ergangen, Zahlungstermin liegt im neuen Jahr, Tatbestand, an den die Zuwendung anknüpft, ist im alten Jahr verwirklicht (vorzeitiger Baubeginn)

Letzter kameraler Abschluss 2019	Im letzten kameralen Abschluss ist ein Haushaltseinnahmerest zu bilden.
Eröffnungsbilanz 2020	In der Eröffnungsbilanz sind die Forderungen gegen den Zuwendungsgeber auf dem Debitor zu erfassen. Die Zuwendungen sind als Sonderposten zu berücksichtigen. Sofern der Sonderposten bereits im alten Jahr anteilig aufzulösen gewesen wäre, ist der Sonderposten nur mit dem Restbuchwert anzusetzen.
Ergebnishaushalt 2020	Keine direkte Auswirkung; ggf. sind die geplanten Auflösungen des Sonderposten zu berücksichtigen.
Ergebnisrechnung 2020	Anteilige Erträge aus der Auflösung sind zu zeigen.
Finanzhaushalt 2020	Die Veranschlagung der Einzahlung wird entsprechend dem Kassenwirksamkeitsprinzip durchgeführt.
Finanzrechnung 2020	Buchung bei Geldeingang: Einzahlung

(6) Zuwendungsbescheid ist ergangen, Zahlungstermin liegt im neuen Jahr, Tatbestand, an den die Zuwendung anknüpft, ist im alten Jahr noch nicht verwirklicht (vorzeitiger Baubeginn) oder Zuwendung ist beantragt, Zuwendungsbescheid ist noch nicht ergangen, Genehmigung zum vorzeitigen Baubeginn

Letzter kameraler Abschluss 2019	Im letzten kameralen Abschluss ist ein Haushaltseinnahmerest zu bilden.
Eröffnungsbilanz 2020	In der Eröffnungsbilanz erfolgt keine Berücksichtigung einer Forderung. Der gebildete Haushaltseinnahmerest wird im Anhang angegeben.
Ergebnishaushalt 2020	Keine Auswirkung
Ergebnisrechnung 2020	Anteilige ertragswirksame Auflösung bei Fertigstellung
Finanzhaushalt 2020	Die Veranschlagung der Einzahlung wird entsprechend dem Kassenwirksamkeitsprinzip durchgeführt.
Finanzrechnung 2020	Buchung bei Geldeingang: Einzahlung

(7) Zuwendung ist beantragt, Zuwendungsbescheid ist noch nicht ergangen, Genehmigung zum vorzeitigen Baubeginn

a) Tatbestand, an den die Zuwendung anknüpft, ist im alten Jahr verwirklicht;

b) Tatbestand, an den die Zuwendung anknüpft, ist im alten Jahr noch **nicht** verwirklicht.

Für die Berücksichtigung der Zuwendung im doppischen Haushalts- und Rechnungswesen ist ein Anspruch erst dann zu berücksichtigen, wenn ein Zuwendungsbescheid ergangen ist.

Haushaltsausgabereste

Die Bildung von Haushaltsausgaberesten im Vermögenshaushalt beruht wie im Verwaltungshaushalt auf unterschiedlichen Sachverhalten (siehe oben).

Vermögensgegenstand erhalten/Rechnung liegt vor/Zahlungstermin im Folgejahr

Es erfolgte eine Leistung bzw. Lieferung im letzten kameralen Haushaltsjahr, die im doppischen Sinne aktivierungsfähig ist, jedoch liegt der Zahlungstermin im folgenden Haushaltsjahr. Dies bedingt eine Überleitung der noch zu leistenden Auszahlung ins NKHR und hat dort folgende Auswirkungen:

letzter kameraler Abschluss 2019	Es wird eine Auszahlungsanordnung erstellt mit einer Fälligkeit im neuen Jahr (= schwarzer Kassenausgaberest).
Eröffnungsbilanz 2020	Aktivierung des Vermögensgegenstandes auf dem entsprechenden Aktivkonto. Die offene (noch nicht fällige) Zahlung ist als „Verbindlichkeit aus Lieferungen und Leistungen“ unter dem entsprechenden **Kreditorenkonto** auszuweisen.
Ergebnishaushalt 2020	Aufwand für Abschreibungen
Ergebnisrechnung 2020	Aufwand für Abschreibungen
Finanzhaushalt 2020	Die Veranschlagung der Auszahlung wird entsprechend dem Kassenwirksamkeitsprinzip durchgeführt.
Finanzrechnung 2020	Auszahlung auf dem entsprechenden Finanzrechnungskonto

Leistung erbracht/Rechnung liegt noch nicht vor/Rechnungsbetrag ist nicht bekannt

Die im letzten Jahr mit einer kameralen Rechnungslegung geplante Lieferung und Leistung, die im doppischen Sinne aktivierungsfähig ist, ist auch in dem Jahr erfolgt. Der Verwaltung liegt bei der Erstellung des Abschlusses noch keine Rechnung vor. Der Rechnungsbetrag steht noch nicht genau fest. Die Zahlung erfolgt im nächsten Haushaltsjahr.

letzter kameraler Abschluss 2019	Bildung eines Haushaltsausgaberestes.
Eröffnungsbilanz 2020	Aktivierung des Vermögensgegenstandes lt. Inventur. In Höhe der erwarteten Zahlungsverpflichtungen ist eine **Sonstige Verbindlichkeit** in der Eröffnungsbilanz auszuweisen.
Ergebnishaushalt 2020	Aufwand für Abschreibungen
Ergebnisrechnung 2020	Aufwand für Abschreibungen
Finanzhaushalt 2020	Die Veranschlagung der Auszahlung wird entsprechend dem Kassenwirksamkeitsprinzip durchgeführt.
Finanzrechnung 2020	Auszahlung auf dem entsprechenden Finanzrechnungskonto

Rechtliche Verpflichtung eingegangen (Auftrag erteilt)/Leistung noch nicht erbracht

Im letzten kameralen Haushaltsjahr wurde ein Auftrag an Dritte erteilt, der jedoch am Ende des Haushaltsjahres noch nicht durch eine Leistung oder Lieferung des Dritten erfüllt worden ist. Eine Zahlungsverpflichtung ist bisher nicht entstanden (Rechnung liegt nicht vor). Dies bedingt eine Überleitung der Ausgabeermächtigung für die noch zu erbringende Leistung oder Lieferung ins NKHR.

Letzter kameraler Abschluss 2019	Bildung eines Haushaltsausgaberestes
Eröffnungsbilanz 2020	**Keine** Aktivierung des Vermögensgegenstandes **Keine** Passivierung des Betrags, da noch keine Zahlungsverpflichtung entstanden ist („schwebendes Geschäft“)
Ergebnishaushalt 2020	Evtl. Aufwand für Abschreibungen
Ergebnisrechnung 2020	Abschreibung nach Aktivierung
Finanzhaushalt 2020	Die Veranschlagung der Auszahlung wird entsprechend dem Kassenwirksamkeitsprinzip durchgeführt.
Finanzrechnung 2020	Auszahlung auf dem entsprechenden Finanzrechnungskonto

Nicht ausgeschöpfte Ausgabeermächtigungen

Ein im kameralen Haushaltsplan enthaltener Ansatz wurde im letzten kameralen Haushaltsjahr nicht oder nicht in voller Höhe in Anspruch genommen, und die nicht ausgeschöpfte Ermächtigung soll in das folgende Haushaltsjahr übertragen werden. Die Übertragung des Ansatzes hat folgende Auswirkungen:

letzter kameraler Abschluss 2019	Bildung eines Haushaltsausgabereste.
Eröffnungsbilanz 2020	**Keine** Aktivierung des Vermögensgegenstandes **Keine** Passivierung des Betrages, da noch keine Zahlungsverpflichtung entstanden ist.
Ergebnishaushalt 2020	Evtl. Aufwand für Abschreibungen

letzter kameraler Abschluss 2019	Bildung eines Haushaltsausgabereste.
Ergebnisrechnung 2020	Abschreibung nach Aktivierung
Finanzhaushalt 2020	Die Veranschlagung der Auszahlung wird entsprechend dem Kassenwirksamkeitsprinzip durchgeführt.
Finanzrechnung 2020	Auszahlung auf dem entsprechenden Finanzrechnungskonto

Hinweis:
Auszahlungsermächtigungen für Investitionen können auch nach den Regelungen des NKHR bis zur Fälligkeit der letzten Zahlungen für ihren Zweck verfügbar bleiben.[9] *Sie erhöhen somit die entsprechenden Auszahlungsermächtigungen der folgenden Haushaltsjahre.*

Haushaltsausgabereste führen sowohl im vergangenen kameralen Haushaltsjahr als auch im neuen doppischen Haushaltsjahr zu Belastungen. Es wird somit empfohlen, sämtliche bestehende Haushaltsausgabereste aufzulösen und im Ergebnishaushalt bzw. Finanzhaushalt neue Ansätze zu veranschlagen

Kasseneinnahmereste

Im kameralen Rechnungswesen wird der Unterschied zwischen Sollstellungen und den Ist-Buchungen als „Kasseneinnahmerest“ bezeichnet.

Übernahme von „schwarzen Kasseneinnahmeresten“ = Forderungen (Soll > Ist)

Dieser Sachverhalt entsteht z. B. dadurch, dass zum Soll gestellte Einnahmen noch nicht eingegangen sind, noch keine Zuordnung von Einzahlungen zu den Haushaltsstellen vorgenommen werden konnten (nicht geklärte Einzahlungen sind auf Verwahrkonten gebucht) oder Rückbuchungen im Rahmen von Einzugsermächtigungen erfolgten.

Letzter kameraler Abschluss 2019	Schwarzer Kasseneinnahmerest
Eröffnungsbilanz 2020	Der Betrag wird auf dem Debitorenkonto im „Soll“ ausgewiesen und damit in der Bilanzposition „Forderungen“ nachgewiesen. Sollte es sich um Zuweisungen, Beiträge o. ä. handeln, ist der Betrag auf der Passivseite als Sonderposten auszuweisen.
Ergebnishaushalt 2020	Evtl. Ertrag aus der Auflösung von Sonderposten
Ergebnisrechnung 2020	Evtl. Ertrag aus der Auflösung von Sonderposten
Finanzhaushalt 2020	Die Veranschlagung der Einzahlung wird entsprechend dem Kassenwirksamkeitsprinzip durchgeführt.
Finanzrechnung 2020	Bei Geldeingang: Einzahlung auf dem entsprechenden Finanzrechnungskonto

9 Siehe § 21 Abs. 1 GemHVO.

Übernahme von „roten Kasseneinnahmeresten“ = Überzahlung einer Forderung (Soll < Ist)

Dieser Sachverhalt entsteht z. B. durch Überzahlung oder Absetzung bei der Sollstellung, jedoch nicht durch ungeklärte Einzahlungen.

Letzter kameraler Abschluss 2019	Roter Kasseneinnahmerest
Eröffnungsbilanz 2020	Der Betrag wird auf dem Bilanzkonto „Sonstige Verbindlichkeiten“ ausgewiesen.
Ergebnishaushalt 2020	Keine Auswirkung
Ergebnisrechnung 2020	Keine Auswirkung
Finanzhaushalt 2020	Die Veranschlagung der Auszahlung wird entsprechend dem Kassenwirksamkeitsprinzip durchgeführt.
Finanzrechnung 2020	bei Rückzahlung: Auszahlung auf dem entsprechenden Finanzrechnungskonto

Kassenausgabereste

Bei den kameralen Ausgaben wird der Unterschied zwischen den Sollstellungen und den Ist-Buchungen in der Jahresrechnung als „Kassenausgaberest“ bezeichnet. Dieser Unterschied entsteht dadurch, dass das „Soll“ größer oder kleiner als das „Ist“ ist.

Übernahme von „schwarzen Kassenausgaberesten“ = Verbindlichkeiten (Soll > Ist)

Dieser Sachverhalt entsteht z. B. dadurch, dass zum Soll gestellte Ausgaben noch nicht ausgezahlt wurden oder die Rückbuchung eines ausgezahlten Betrags vorgenommen wurde.

Letzter kameraler Abschluss 2019	Schwarzer Kassenausgaberest
Eröffnungsbilanz 2020	Der Betrag wird auf dem Kreditorenkonto im „Haben“ ausgewiesen und damit in der Bilanzposition „Verbindlichkeiten“ nachgewiesen.
Ergebnishaushalt 2020	Keine Auswirkung
Ergebnisrechnung 2020	Keine Auswirkung
Finanzhaushalt 2020	Die Veranschlagung der Auszahlung wird entsprechend dem Kassenwirksamkeitsprinzip durchgeführt.
Finanzrechnung 2020	Auszahlung auf dem entsprechenden Finanzrechnungskonto

Übernahme von „roten Kassenausgaberesten“ = Überzahlung einer Verbindlichkeit (Soll < Ist)

Dieser Sachverhalt entsteht z. B. bei Rückzahlung (Absetzung im Anordnungssoll) von geleisteten Auszahlungen, ohne dass gleichzeitig die Rückzahlung (Absetzung im Ist) erfolgte (verspätete Rückzahlung/Erstattung einer vorherigen Auszahlung; die Absetzung im Anordnungssoll ist erfolgt). Eine andere Möglichkeit, die aber wohl selten vorkommt: Die Kassen hat einen höheren Betrag ausgezahlt (überwiesen) als von der Verwaltung angeordnet wurde.

Letzter kameraler Abschluss 2019	Roter Kassenausgaberest
Eröffnungsbilanz 2020	Der Betrag wird auf dem Bilanzkonto „Sonstige Forderungen" ausgewiesen.
Ergebnishaushalt 2020	Keine Auswirkung
Ergebnisrechnung 2020	Keine Auswirkung
Finanzhaushalt 2020	Die Veranschlagung der Einzahlung wird entsprechend dem Kassenwirksamkeitsprinzip durchgeführt.
Finanzrechnung 2020	Bei Rückzahlung: Einzahlung auf dem entsprechenden Finanzrechnungskonto

Restebereinigung:
Bereinigung von Kasseneinnahmeresten

Zur Restebereinigung wird auf die Ausführungen „Verwaltungshaushalt" verwiesen.

Verpflichtungsermächtigungen

Nicht in Anspruch genommene Verpflichtungsermächtigungen.

Im letzten kameralen Haushaltsjahr waren Verpflichtungsermächtigungen veranschlagt, die nicht in Anspruch genommen wurden.

Letzter kameraler Abschluss 2019	Eine zeitliche Übertragbarkeit der Verpflichtungsermächtigung ist nicht zulässig.
Eröffnungsbilanz 2020	Keine Auswirkung
Ergebnishaushalt 2020	Keine Auswirkung
Ergebnisrechnung 2020	Keine Auswirkung
Finanzhaushalt 2020	Keine Auswirkung
Finanzrechnung 2020	Keine Auswirkung

In Anspruch genommene Verpflichtungsermächtigungen

Im letzten kameralen Haushaltsjahr waren Verpflichtungsermächtigungen veranschlagt, die ganz oder teilweise in Anspruch genommen wurden. Eine Zahlungsverpflichtung ist noch nicht entstanden.

Letzter kameraler Abschluss 2019	Eine zeitliche Übertragbarkeit der Verpflichtungsermächtigung ist nicht zulässig; das Ergebnis im letzten Kameralabschluss wird nicht beeinflusst.
Eröffnungsbilanz 2020	Keine Auswirkung, ggf. ist eine Anhangangabe erforderlich.
Ergebnishaushalt 2020	Abschreibungen nach Aktivierung
Ergebnisrechnung 2020	Abschreibungen nach Aktivierung
Finanzhaushalt 2020	Die Veranschlagung der Auszahlung wird entsprechend dem Kassenwirksamkeitsprinzip durchgeführt.
Finanzrechnung 2020	Auszahlung auf dem entsprechenden Finanzrechnungskonto

Zuführungen zwischen Verwaltungs- und Vermögenshaushalt

Die Übertragungen zwischen diesen Teilhaushalten wurden bereits beim „Verwaltungshaushalt" erläutert.

Überschüsse/Fehlbeträge

Überschüsse und Fehlbeträge als Teil der kameralen Rechnungslegung können nicht unmittelbar in das NKHR übertragen und dort als solche ausgewiesen werden.

Soll-Überschuss

In der Haushaltsrechnung werden die bereinigten Soll-Einnahmen den bereinigten Soll-Ausgaben gegenübergestellt. Dies kann einen Überschuss zum Ergebnis haben, der in der Jahresrechnung des letzten kameralen Haushaltsjahres als Zuführung zur allgemeinen Rücklage auszuweisen ist. Ein Soll-Überschuss im Vermögenshaushalt ist der allgemeinen Rücklage zuzuführen. Es ergeben sich daraus keine unmittelbaren Auswirkungen auf das NKHR, sondern erst bei der Überleitung der allgemeinen Rücklagen.

Ist-Überschuss

Siehe dazu die Ausführungen in Kap. 11.3.2.1 („Verwaltungshaushalt").

Soll-Fehlbetrag (Vermögenshaushalt)

In der Haushaltsrechnung werden die bereinigten Soll-Einnahmen den bereinigten Soll-Ausgaben gegenübergestellt. Dies kann einen Soll-Fehlbetrag zum Ergebnis haben, sofern er nicht durch allgemeine Rücklagen ausgeglichen werden kann. In der Jahresrechnung des letzten kameralen Haushaltsjahres ist dieser auszuweisen. Eine unmittelbare Übertragung in die doppische Eröffnungsbilanz findet nicht statt, dass die Vorjahresergebnisse mittelbar im Eigenkapital aufgehen.

11.3.2.3 Weitere kamerale Rechnungsinhalte

Kassenkredite

Die im letzten kameralen Abschluss festgestellten Kassenkredite werden insgesamt in der Eröffnungsbilanz als „Verbindlichkeiten aus Krediten zur Liquiditätssicherung" erfasst. Dabei ist es unerheblich, ob sie als Dispositionskredit/Kontokorrentkredit (= Kontoüberziehung) oder als fester Kassenkredit aufgenommen wurden.

Kamerale Verwahr- und Vorschusskonten

Auf kameralen Verwahr- und Vorschusskonten werden Einzahlungen und Auszahlungen vorläufig gebucht, für die eine Zuordnung zu Haushaltsstellen noch nicht erfolgen konnte oder erst bei einer endgültigen Abrechnung (Vorschüsse) erfolgen soll. Eine Besonderheit bestand darin, dass auch Kassenkredite über Verwahrkonten bewirtschaftet werden konnten.

Beim Übergang vom letzten kameralen Haushaltsjahr sind die Bestände auf den kameralen Verwahr- und Vorschusskonten bilanztechnisch zu erfassen. Die Aufklärung aller offenen Tatbestände ist bis zum Übergang auf die Doppik vorzunehmen.

Kamerale Rücklagen:
Allgemeine Rücklage (kameral)

Die kamerale allgemeine Rücklage dient mehreren Zwecken. Sie soll einen Mindestbestand aufweisen, durch den die fristgerechte Auszahlung gesichert werden soll (Betriebsmittel der Kasse). Außerdem sollen dort Mittel zur Deckung des Ausgabenbedarfs im Vermögenshaushalt künftiger Jahre angesammelt werden. Für die Überleitung ins NKHR werden nur die Posten der Eröffnungsbilanz aufgezeigt, in die die angesammelten Beträge unter Beachtung ihres Zwecks und der vorgenommenen Anlage zu erfassen sind:

Auf der Aktivseite: wenn die Rücklagemittel in Form von Zahlungsmitteln vorhanden sind, z. B. als Kassenbestand, Bankguthaben unter „Liquide Mittel" oder als langfristige Geldanlage im „Finanzvermögen" (unter Wertpapiere).

Auf der Passivseite: Grundsätzlich unterliegt die allgemeine kamerale Rücklage keiner Zweckbindung und wird daher nicht explizit ausgewiesen. Sie wird damit in das Basiskapital eingehen.
Sofern eine selbst auferlegte Zweckbindung bestehen würde, so müsste diese bei den „zweckgebundenen Rücklagen" ausgewiesen werden.

Sonderrücklagen

Kamerale Sonderrücklagen dürfen nur für Zwecke des Verwaltungshaushaltes angesammelt werden (z. B. Gebührenausgleichsrücklage, Sonderrücklage für die Renaturierung von Abfalldeponien).

Auf der Aktivseite: Ausweis der langfristigen Geldanlagen unter der Position „Finanzvermögen“.
Ausweis des Kassenbestandes, der Bankguthaben usw. unter der Position „Liquide Mittel“ oder als kurzfristige Geldanlage im „Finanzvermögen“ (unter Wertpapiere).

Auf der Passivseite: In Höhe der Verpflichtung gegenüber **Dritten**, erfolgt auf der Passivseite der Bilanz der Ausweis unter der Position „Rückstellungen“.

12. Die Ergebnisrechnung – Grundlagen und Einzelpositionen

Wie bereits in Kap. 3 dargestellt, erfolgt die sachliche Gliederung der Buchhaltung mit Hilfe von Konten. Dabei wird zwischen den Konten unterschieden, die direkt in die Bilanz einfließen (Bestandskonten) und den Konten, die zur Erstellung der Ergebnisrechnung (Ergebniskonten), der Finanzrechnung (Finanzkonten) oder im Zweikreissystem des verbindlichen Kontenrahmens nach Anlage 27.2 zu § 145 Satz 1 Nr. 5 GemO und § 35 Abs. 4 GemHVO auch zur Erstellung der Kosten- und Leistungsrechnung (Betriebsbuchführungskonten) benötigt werden.

In diesem Kapitel wird die Systematik der Ergebniskonten dargestellt und es werden die wesentlichen Kontierungsvorschriften für die Bebuchung dieser Konten erläutert. Dabei ist darauf hinzuweisen, dass in der Praxis die Buchungssystematik abhängig davon ist, auf welche Weise die Daten der Finanzrechnung gewonnen werden. In den folgenden Darstellungen wird auf eine Einbeziehung der Finanzkonten in den doppischen Buchungsverbund zunächst verzichtet. Das Kap. 13 zeigt die unterschiedlichen Möglichkeiten zur Bedienung der Finanzrechnung dann im Einzelnen auf.

12.1 Übersicht über die Ergebnis- und Finanzkonten (Kontenklassen 3, 4, 5, 6 und 7)

Die Systematik der Kontenklassen 3 bis 7 ergibt sich aus den Anforderungen der §§ 2 bis 4, 49 und 50 GemHVO und wird anschaulich durch eine Gegenüberstellung der Ertrags- und der Einzahlungskonten sowie der Aufwands- und der Auszahlungskonten. Grundsätzlich erfolgt eine parallele Einteilung der Kontengruppen innerhalb dieser Kontenklassen. Abweichungen treten immer dann auf, wenn dem jeweiligen Ergebniskonto aus logischen Gründen kein entsprechendes Finanzrechnungskonto gegenüberstehen kann oder umgekehrt.

So werden z. B. im Bereich der Erträge und Einzahlungen in beiden Kontenklassen die Kontengruppen „Steuern und ähnliche Abgaben“ ausgewiesen; eine Kontengruppe für „Aktivierte Eigenleistungen und sonstige Bestandsveränderungen“ findet man dagegen nur bei den Ergebniskonten. Im Bereich der Auszahlungen und Aufwendungen finden sich u. a. Differenzen bei den „Bilanziellen Abschreibungen“ oder bei den „Auszahlungen aus Finanzierungstätigkeit und Investitionen“.

In der nachfolgenden Aufstellung sind die gegenüberliegenden Kontengruppen, bei denen sich wesentliche Abweichungen ergeben, grau unterlegt.

Erträge und Einzahlungen		Aufwendungen und Auszahlungen	
Kontenklasse 3	**Kontenklasse 6**	**Kontenklasse 4**	**Kontenklasse 7**
ordentliche Erträge	**Einzahlungen**	**ordentliche Aufwendungen**	**Auszahlungen**
30 Steuern und ähnliche Abgaben	60 Steuern und ähnliche Abgaben	40 Personalaufwendungen	70 Personalauszahlungen
31 Zuwendungen und allgemeine Umlagen, aufgelöste Ertragszuschüsse	61 Zuwendungen und allgemeine Umlagen	41 Versorgungsaufwendungen	71 Versorgungsauszahlungen
32 Sonstige Transfererträge	62 Sonstige Transfereinzahlungen	42 Aufwendungen für Sach- und Dienstleistungen	72 Auszahlungen für Sach- und Dienstleistungen
33 Entgelte für die Benutzung/Inanspruchnahme öffentlicher Einrichtungen	63 Öffentlich-rechtliche Leistungsentgelte	43 Transferaufwendungen	73 Transferauszahlungen
34 Privatrechtliche Leistungsentgelte, Kostenerstattungen und -umlagen	64 Privatrechtliche Leistungsentgelte, Kostenerstattungen und -umlagen	44 Sonstige ordentliche Aufwendungen	74 Sonstige Auszahlungen aus laufender Verwaltungstätigkeit
35 Sonstige ordentliche Erträge aus laufender Verwaltungstätigkeit	65 Sonstige Einzahlungen aus lfd. Verwaltungstätigkeit	45 Zinsen und sonstige Finanzaufwendungen	75 Zinsen und sonstige Finanzauszahlungen
36 Finanzerträge	66 Zinsen und sonstige Finanzeinzahlungen	46 –	76 –
37 Aktivierte Eigenleistungen und Bestandsveränderungen	67 Haushaltsunwirksame Einzahlungen	47 Bilanzielle Abschreibungen	77 Haushaltsunwirksame Auszahlungen
38 Erträge aus internen Leistungsbeziehungen	68 Einzahlungen aus Investitionstätigkeit	48 Aufwendungen aus internen Leistungsbeziehungen	78 Auszahlungen aus Investitionstätigkeit
	69 Einzahlungen aus Finanzierungstätigkeit		79 Auszahlungen aus Finanzierungstätigkeit

Erträge und Einzahlungen			Aufwendungen und Auszahlungen	
Kontenklasse 5	**Kontenklasse 6**		**Kontenklasse 5**	**Kontenklasse 7**
außerordentliche Erträge	**Einzahlungen**		**außerordentliche Aufwendungen**	**Auszahlungen**
50 Realisierte außerordentliche Erträge	keine feststehende Zuordnung		51 Realisierte außerordentliche Aufwendungen	keine feststehende Zuordnung
52 …				
531 Erträge aus der Veräußerung von Vermögensgegenständen	682 bis 686 Einzahlungen aus Investitionstätigkeit		532 Aufwendungen aus der Veräußerung von Vermögensgegenständen	782 bis 786 Auszahlung aus Investitionstätigkeit

Im Folgenden werden nun zunächst die Ergebniskonten besprochen. In Kap. 13 wird die Systematik der Finanzrechnung vorgestellt und auf die Finanzkonten eingegangen, bei denen sich wesentliche sachliche Abweichungen zu den Ergebniskonten ergeben.

12.2 Die Konten der Ergebnisrechnung (Kontenklassen 3, 4 und 5)

Die Ergebnisrechnung (§ 49 GemHVO) – als Pendant zur handelsrechtlichen Gewinn- und Verlustrechnung (GuV) – zeichnet die geplanten erfolgswirksamen Veränderungen der Kapitalposition (Eigenkapital) für das geplante Rechnungsjahr auf. Bilanzierungstechnisch ist sie am Ende des Haushaltsjahres als ein Unterkonto des Bilanzpostens Kapitalposition anzusehen. Der Rechnungsstoff der Ergebnisrechnung sind Erträge und Aufwendungen.

Erträge sind Ressourcenaufkommen und erhöhen die kommunalen Kapitalposten (Eigenkapital). Sie sind nicht unbedingt mit einem Geldfluss verbunden (z. B. Auflösung von Zuschüssen oder Rückstellungen). Nicht jeder Geldfluss ist mit einem Ertrag gleichzusetzen (z. B. Darlehensaufnahme).

Aufwendungen sind Ressourcenverbräuche und mindern die kommunalen Kapitalposten (Eigenkapital). Dabei ist es gleichgültig, ob sich der Zahlungsmittelbestand (kassenwirksame Aufwendungen) vermindert; auch nicht-kassenwirksame Vorgänge können Aufwendungen darstellen (z. B. Abschreibungen oder Zuführung zu Rückstellungen).

Das Ergebnis zeigt, inwieweit sich die Ressourcen der Kommune verändert haben. Dabei zeigt der Überschuss einen Ressourcenzuwachs (Erträge sind größer als die Aufwendungen) und der Fehlbetrag einen Ressourcenverbrauch (Erträge sind kleiner als die Aufwendungen).

Der Inhalt der Ergebnisrechnung richtet sich nach §§ 49 i. V. m. 3 GemHVO. Danach ergeben sich folgende Ertrags- und Aufwandsarten:

12.2.1 Steuern und ähnliche Abgaben (§ 2 Abs. 1 Nr. 1 GemHVO, Kontengruppe 30)

Für die Steuern ergibt sich die inhaltliche Abgrenzung aus der Legaldefinition des § 3 Abs. 1 Satz 1 AO: *„Steuern sind Geldleistungen, die nicht eine Gegenleistung für eine besondere Leistung darstellen und von einem öffentlich-rechtlichen Gemeinwesen zur Erzielung von Einnahmen allen auferlegt werden, bei denen der Tatbestand zutrifft, an den das Gesetz die Leistungspflicht knüpft; die Erzielung von Einnahmen kann Nebenzweck sein."*

Die Grund- und Gewerbesteuer sind in eigenen Bundesgesetzen geregelt. Weiter kommunale Steuer kann die Gemeinde auf Grund von §§ 9 und 10 KAG erheben.

Die Zuordnungsvorschriften zum Kontenrahmen sehen für die Kontengruppe 30 „Steuern und ähnliche Abgaben" eine weitere Differenzierung vor. Diese Differenzierung wird im örtlichen Kontenplan durch entsprechende Kontenbildung sichergestellt.

30			**Steuern und ähnliche Abgaben**
	301		**Realsteuern**
		3011	Grundsteuer A
		3012	Grundsteuer B
		3013	Gewerbesteuer
	302		**Gemeindeanteile an den Gemeinschaftssteuern**
		3021	Gemeindeanteil an der Einkommensteuer
		3022	Gemeindeanteil an der Umsatzsteuer
	303		**Sonstige Gemeindesteuern**
		3031	Vergnügungssteuer
		3032	Hundesteuer
		3033	Jagdsteuer
		3034	Zweitwohnungssteuer
		3039	Sonstige örtliche Steuern
	304		**Steuerähnliche Erträge (soweit nicht zweckgebunden)**
		3041	**Fremdenverkehrsbeiträge**
		3042	**Abgaben von Spielbanken**
		3049	Sonstige steuerähnliche Erträge
	305		**Ausgleichsleistungen**
		3051	**Leistungen nach dem Familienleistungsausgleich**
		3052	Leistungen des Landes aus der Umsetzung des 4. Gesetzes für moderne Dienstleistungen am Arbeitsmarkt

Mit dieser Aufstellung sind die aktuellen Steuerarten in der Kommunalverwaltung abgebildet. Soweit andere Konten erforderlich sind, sind diese an der entsprechenden Stelle im Kontenplan einzufügen.

Die sachliche Abgrenzung der verschiedenen Steuerarten erfolgt grundsätzlich ohne Probleme, da eine Steuerforderung immer einer rechtlichen Grundlage und eines sich darauf beziehenden Verwaltungsakts (Abgabenbescheides) bedarf.

Kritisch ist dagegen die zeitliche Abgrenzung der Steuererträge. Dabei ist grundsätzlich zu berücksichtigen, dass gem. § 10 Abs. 1 GemHVO nicht der Zeitpunkt der Zahlung, sondern der Zeitpunkt der wirtschaftlichen Entstehung eines Ertrages maßgeblich für die periodengerechte Zuordnung ist. Aufgrund der sehr unterschiedlichen Erhebungsverfahren bei den verschiedenen Steuerarten würde eine Ermittlung der zutreffenden Buchungsperiode bei jeder einzelnen Buchung einen erheblichen Aufwand verursachen.

Für die Abgrenzung von Steuererträgen erfolgt zur Vereinheitlichung eine Differenzierung nach
- Vorauszahlungen und
- endgültigen Festsetzungen (inkl. Nachzahlungen).

Vorauszahlungsbescheide, die hauptsächlich im Bereich der Gewerbesteuer vorkommen, werden grundsätzlich erst mit dem Zeitpunkt der Fälligkeit, d. h. unabhängig von der Erstellung und dem Versand des Bescheides, eingebucht. Dies führt dazu, dass bei einem Versand eines Vorauszahlungsbescheids für das Jahr X im Vorjahr (X-1) auf eine Abgrenzung verzichtet werden kann.

Endgültige Steuerfestsetzungen, die im Bereich der kommunalen Steuern die Regel sind, werden zum Tag der Erstellung des Bescheides eingebucht. Ein Abstellen auf den rechtlich korrekten Zeitpunkt der Wirkung des Steuerbescheids, nämlich den Zeitpunkt der Bekanntgabe der Forderung, erscheint unter Berücksichtigung des Wirtschaftlichkeitsgebots nicht möglich.

Die Rückzahlung zuviel eingegangener Steuern wird nach § 16 Abs. 3 GemHVO bei den entsprechenden Buchungsstellen abgesetzt. Dies gilt auch für periodenfremde Rückzahlungen, so dass Steuern immer im ordentlichen Ergebnis nachgewiesen werden.

Beispiele:

1. Grundsteuer A (endgültige Festsetzung)

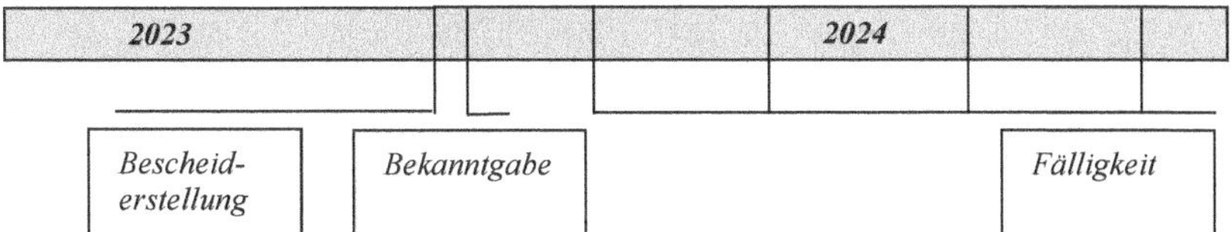

2023	*2024*
Bescheiderstellung	*Bekanntgabe*		*Fälligkeit*

Der Grundsteuerbescheid für 2024 wird im Januar erstellt und kurz darauf dem Steuerpflichtigen bekanntgegeben. Die Fälligkeitstermine sind der 15.2., 15.5., 15.8. und 15.11.2024. Die Forderung wird mit der Bescheiderstellung im Jahr 2024 eingebucht. Bei Zahlungseingang erfolgt ein Ausgleich auf dem Debitorenkonto.

a) Einbuchung der Forderung und des Ertrags zum Zeitpunkt der Bescheiderstellung (2024):

Debitor[1]	**an**	**3011 Grundsteuer A**

b) Ausgleich der Forderung durch Zahlungseingang

1711 Sichteinlagen	**an**	**Debitor**

2. Vergnügungssteuer (endgültige Festsetzung)

Die Erstellung des Vergnügungssteuerbescheids für 2024 erfolgt bereits im Haushaltsjahr 2023. Die Fälligkeit der Forderungen liegt erst im Jahr 2024. Da sowohl der Ertrag als auch die Einzahlung dem Haushaltsjahr 2024 zugerechnet wird, ist daher im Jahresabschluss 2024 kein passiver Rechnungsabgrenzungsposten zu bilden.

a) Einbuchung der Forderung im Haushaltsjahr 2024:

Debitor	**an**	**3031 Vergnügungssteuer**

b) Ausgleich der Forderung durch Zahlungseingang (2024):

1711 Sichteinlagen	**an**	**Debitor**

3. Gewerbesteuer (Vorauszahlungsbescheid 2024)

Die Erstellung des Vorauszahlungsbescheids für die Gewerbesteuer 2024 erfolgt bereits in 2023. Der Versand erfolgt Ende 2023. Die Fälligkeitstermine für die Vorauszahlungen liegen im Jahr 2024. Da die Gewerbesteuervorauszahlungen noch nicht entstanden sind, erfolgt zum Zeitpunkt der Bescheiderstellung keine Einbuchung der Forderung. Im Jahresabschluss 2023 bleibt dieser Finanzvorfall daher unberücksichtigt. Die buchhalterische Erfassung der Forderungen erfolgt jeweils zum Beginn des Kalendervierteljahres, in dem die Vorauszahlungen zu entrichten sind (§ 21 i. V. m. § 19 Abs. 1 GewStG):

1 In der gängigen Literatur zur kaufmännischen Buchführung werden bei den Buchungssätzen die Hauptbuchkonten angesprochen. Das wäre in diesem Fall das Konto 15 „Steuerforderungen". In der Praxis werden die Forderungs- und Verbindlichkeitskonten aber i. d. R. nicht direkt bebucht. Die Abwicklung der Forderungen und Verbindlichkeiten erfolgt in einer Nebenbuchhaltung (siehe Kap. 4) über Personenkonten. Dies sind für Forderungen Debitorenkonten und für Verbindlichkeiten Kreditorenkonten. Um den Praxisbezug zu erhöhen, werden bei den Buchungssätzen i. d. R. die Personenkonten angesprochen.

a) Einbuchung der Forderung des ersten Kalendervierteljahres (1.1.2024) mit dem jeweiligen Anteil:

Debitor	***an***	***3013 Gewerbesteuer***

b) Ausgleich der Forderung durch Zahlungseingang (15.2.2024):

1711 Sichteinlagen	***an***	***Debitor***

c) Einbuchung der Forderung des zweiten Kalendervierteljahres (1.4.2024) mit dem jeweiligen Anteil:

Debitor	***an***	***3013 Gewerbesteuer***

d) Ausgleich der Forderung durch Zahlungseingang (15.5.2024):

1711 Sichteinlagen	***an***	***Debitor***

... bis die vollständige Forderung aus dem Vorauszahlungsbescheid erfasst ist.

12.2.2 Zuwendungen und allgemeine Umlagen (§ 2 Abs. 1 Nr. 2 und 3 GemHVO, Kontengruppe 31)

Unter die Zuwendungen fallen Zuweisungen und Zuschüsse. Dies sind Finanzhilfen zur Erfüllung der Aufgaben des Empfängers. Zuweisungen sind dabei Übertragungen innerhalb des öffentlichen Bereiches. Die Gemeinden erhalten also Geldmittel von einem öffentlich-rechtlichen Aufgabenträger (z. B. Zuweisungen des Landes für die Instandhaltung von Schulen). Zuschüsse erhält die Gemeinde dagegen von privaten Personen, Personenvereinigungen und Kapitalgesellschaften (z. B. Geldspende einer Firma für eine Baumaßnahme im gemeindlichen Zoo).

Aus Sicht der Umlageverbände spielen insbesondere die Kreis- bzw. Gemeindeverwaltungsverbandsumlagen eine bedeutende Rolle.

Bei der Planung und Buchung der Zuweisungen und Zuschüsse ist die Frage der Passivierungsfähigkeit von entscheidender Bedeutung. Als Ertrag ist grundsätzlich nur der Teil der Zuwendungen Ergebnis verbessernd zu behandeln, der sich wirtschaftlich auf das betroffene Haushaltsjahr bezieht. Grundsätzlich ist dabei zunächst zu unterscheiden zwischen

- Zuwendungen für die laufende Verwaltungstätigkeit und
- Zuwendungen für Investitionen.

Alle Zuwendungen, die nicht ausdrücklich für die Durchführung von Investitionen geleistet werden, werden der laufenden Verwaltungstätigkeit zugeordnet. Dies sind insbesondere die Schlüsselzuweisungen des Landes im Rahmen des kommunalen Finanzausgleichs und andere Bedarfszuweisungen für laufende Zwecke. Diese Zuwendungen für laufende Zwecke, werden – soweit nicht eine Periodenabgrenzung erforderlich ist – buchhalterisch unmittelbar als Ertrag erfasst. Bei Eingang des Bescheids für die Schlüsselzuweisungen im Januar des Jahres wird dementsprechend gebucht:

Debitor	**an**	**3111 Schlüsselzuweisungen**

Zuwendungen für Investitionen können gem. § 40 Abs. 4 Satz 2 GemHVO nicht unmittelbar als Ertrag gebucht, sondern als Sonderposten passiviert. Bei Zuwendungen, deren ertragswirksame Auflösung nicht ausdrücklich ausgeschlossen ist, erfolgt danach parallel zur Abschreibung des jeweiligen Anlageguts die ergebniswirksame Auflösung der Zuwendung, die zuvor als Sonderposten passiviert wurde. Dies ist darin begründet, dass sich die Zuwendung wirtschaftlich nicht nur auf das Jahr des Eingangs der jeweiligen Zuwendung bezieht, sondern auf alle Jahre, in denen das mit der Zuwendung finanzierte Anlagegut von der Gemeinde verwendet wird.

Nachfolgende Übersicht zeigt vereinfacht die Abwicklung der Anschaffung eines neuen Einsatzleitwagens für die städtische Feuerwehr, die mit 15 % vom Landkreis bezuschusst wird:

Zunächst erfolgt die Investition durch die Anschaffung des neuen Fahrzeugs, die bei sofortiger Überweisung wie folgt gebucht wird:

061 Fahrzeuge	**an**	**1711 Sichteinlagen**	**80.000 €**

Durch Bescheid wird nun der endgültige Förderbetrag des Landkreises festgelegt. Die Buchung lautet:

1531 Forderungen	**an**	**211 Sonderposten (Zuw.)**	**12.000 €**

Anschließend geht die Zuwendung auf dem Konto der Stadt ein:

1711 Sichteinlagen	**an**	**1531 Forderungen**	**12.000 €**

Bilanziell ergeben sich durch diese Buchungen nachfolgende Änderungen:

Aktiva			Passiva
Sachvermögen		**Nettoposition**	
Fahrzeuge	+ 80.000	*Basis-Reinvermögen*	+/– 0
Finanzvermögen		**Sonderposten**	
Forderungen	+/– 0	*Zuwendungen*	+ 12.000
Liquide Mittel	– 68.000	**Fremdkapital**	+/– 0
	+ 12.000		+ 12.000

Dabei wird deutlich, dass weder die Investition noch die Zuwendung über Ergebniskonten (Ertrags- oder Aufwandskonten) gebucht wurden. Die Kapitalposition ist damit nicht berührt.

Beispielhaft werden nun die Abschreibung des Fahrzeugs und die ertragswirksame Auflösung der Zuwendung im ersten Nutzungsjahr des Einsatzleitwagens mit Hilfe von T-Konten abgebildet:

1. Der Einsatzleitwagen wird über zwölf Jahre abgeschrieben. Da die Anschaffung im Januar erfolgte, beträgt die lineare Abschreibung bereits im ersten Jahr ein Zwölftel des Anschaffungspreises (Zahlenangaben in Euro):

Fahrzeuge

Soll			Haben
AB	80.000	1. Abschr.	6.667

Abschreibung

Soll			Haben
1. Fahrzeuge	6.667		

2. Die Zuwendung wird parallel zur Abschreibung der Investition ertragswirksam aufgelöst. Die Auflösung erfolgt daher ebenfalls über zwölf Jahre über das Konto 3161 „Erträge aus der Auflösung von Sonderposten aus Zuwendungen“:

Sonderposten

Soll			Haben
2. Aufl. Sopo	1.000	AB	12.000

3. Die Ergebniskonten werden zum Jahresabschluss über die Ergebnisrechnung abgeschlossen:

Erträge aus Aufl. von Sopo

Soll			Haben
ErgRe	1.000	2. Sopo	1.000

Abschreibung

Soll			Haben
1. Fahrzeuge	6.667	ErgRe	6.667

Damit ergibt sich in der Ergebnisrechnung im ersten Jahr der Nutzung des neuen Einsatzleitwagens allein aus diesem Finanzvorfall folgendes Bild:

	Ergebnisrechnung	€
3	+ Auflösungserträge aus Sonderposten	1.000
12	= **Ordentliche Erträge**	**1.000**
16	– (Bilanzielle) Abschreibungen	6.667
20	= **Ordentliche Aufwendungen**	**6.667**
21	= **ordentliches Ergebnis** (Jahresfehlbetrag)	**–5.667**

4. Nach Abschluss der Ergebniskonten erfolgt noch der Abschluss der Bestandskonten über das Schlussbilanzkonto (SBK):

Fahrzeuge

Soll			Haben
AB	80.000	1. Abschr.	6.667
		SB	73.333
	80.000		80.000

Sonderposten

Soll			Haben
2. Auflös.	1.000	AB	12.000
SB	11.000		
	12.000		12.000

Der Abschluss der Bestandskonten und der Ergebnisrechnung über die Bilanz hat folgendes Ergebnis:

Aktiva		Passiva	
Anlagevermögen		**Nettoposition**	
Fahrzeuge	+ 73.333	*Jahresergebnis*	– 5.667
		Sonderposten	
Umlaufvermögen		*Zuwendungen*	+ 11.000
Forderungen	+/– 0	**Fremdkapital**	+/– 0
Liquide Mittel	– 68.000		
	+ **5.333**		+ **5.333**

Wie bereits oben erwähnt, regelt § 40 Abs. 4 Satz 2 GemHVO die Behandlung der auflösungsfähigen Investitionszuwendungen. Bei dieser Regelung bleibt ausdrücklich unberücksichtigt, dass die Nutzungsdauer des bezuschussten Vermögensgegenstandes und die Zweckbindungsdauer des Investitionszuschusses auseinanderfallen können. Dies wäre z. B. bei einem Investitionszuschuss für die Errichtung einer Unterkunft für Asylbewerber möglich. Hier stünde u. U. einer Zweckbindungsdauer von zehn Jahren eine Nutzungsdauer von 50 Jahren gegenüber, wobei sich die Auflösung des Sonderpostens allein an der voraussichtlichen Nutzungsdauer orientiert.

Die dargestellten Sachverhalte sind auch im Rahmen der Haushaltsplanung zu berücksichtigen. Dabei wird bei der Veranschlagung von Zuwendungen für laufende Zwecke i. d. R. davon auszugehen sein, dass es sich in gleicher Höhe um Ertrag und Einzahlung handelt. Es werden daher die Ergebnis- und die Finanzpositionen (Erträge bzw. Einzahlungen aus Zuweisungen und Zuschüssen) in gleicher Höhe beplant. Erforderliche Periodenabgrenzungen, die sich aus Einzahlungszeitpunkten kurz vor oder nach dem Jahreswechsel ergeben könnten, können zum Planungszeitpunkt nur in Ausnahmefällen Berücksichtigung finden, soweit sie von erheblicher Bedeutung bzw. bekannt sind.

Bei der Veranschlagung von Investitionszuwendungen besteht dagegen die Notwendigkeit, den oben dargestellten Buchungsvorgang bereits in der Planung nachzuvollziehen. Dabei sind grundsätzlich alle Buchungsvorgänge, die das Bestandskonto „Liquide Mittel" betreffen, relevant für die Aufstellung des Finanzhaushalts. Alle zu erwartenden Buchungsvorgänge auf Ergebniskonten sind in der Ergebnisplanung auszuweisen. Für das oben dargestellte Beispiel ergäbe sich daraus nachfolgende Abbildung in der Finanz- und Ergebnisplanung:

Teilfinanzhaushalt		€
19	+ Zuwendungen für Investitionsmaßnahmen	12.000
27	– Auszahlungen für den Erwerb von beweglichem Anlagevermögen	80.000
32	= **Saldo aus Investitionstätigkeit**	**–68.000**

Teilergebnishaushalt		€
3	+ Auflösungserträge aus Sonderposten	1.000
12	= **Ordentliche Erträge**	**1.000**
16	– (Bilanzielle) Abschreibungen	6.667
20	= **Ordentliche Aufwendungen**	**6.667**
21	= **ordentliches Ergebnis**	**–5.667**

Gem. § 4 Abs. 4 S. 4 GemHVO müsste die Maßnahme im betroffenen Teilfinanzhaushalt, je nach festgelegter Wertgrenze, zusätzlich separat als einzelne Investitionsmaßnahme nach dem verbindlichen Muster lt. Anlage 7.2 der VwV Produkt- und Kontenrahmen Teilhaushalt abgebildet werden.

Im Ergebnis- und Teilergebnishaushalt ist zu beachten, dass sowohl die Abschreibungen als auch die ertragswirksame Auflösung des Sonderpostens auch die auf das Haushaltsjahr folgenden Jahre betreffen. In dem vorliegenden Beispiel könnten die Positionen für die nächsten zwölf Jahre vorgemerkt werden. Praktisch geschieht dies i. d. R. durch die Erfassung der Anlagegüter und der Sonderposten in der Anlagenbuchhaltung, die dann zukünftig die Planungsdaten für die betroffenen Positionen liefert. Zusätzlich sind bei der Planung der Abschreibungen und der Auflösung der

Sonderposten die geplanten Investitionen und die Abgänge von Vermögensgegenständen (Desinvestitionen) zu berücksichtigen, die sich nicht aus der Anlagenbuchhaltung entnehmen lassen.

12.2.3 Sonstige Transfererträge (§ 2 Abs. 1 Nr. 4 GemHVO, Kontengruppe 32)

Unter „Transfer" wird im kommunalen Haushaltsrecht die Übertragung von Finanzmitteln ohne konkrete Gegenleistung verstanden, soweit es sich nicht um Steuern handelt. Volkswirtschaftlich stellen Transfers die Umleitung von Kaufkraft ohne die Schaffung zusätzlichen Einkommens dar. Mögliche Empfänger sind private Haushalte, Unternehmen oder auch öffentlich-rechtlich Körperschaften. Als sonstige Transfererträge werden damit alle Übertragungen bezeichnet, die nicht unter die bereits in der Kontengruppe 31 behandelten Zuweisungen und Zuschüsse fallen. Ausgeschlossen sind dabei grundsätzlich auch Übertragungen für investive Zwecke.

Ausgehend von den im Kontenrahmen vorgeschlagenen Kontenarten handelt es sich bei den sonstigen Transfererträgen überwiegend um die Erstattung von geleisteten Sozialtransfers im Rahmen der Nachrangigkeit der Sozialhilfe. Darüber hinaus fallen Schuldendiensthilfen, die die Kommune erhält unter diese Ertragsposition.

12.2.4 Öffentlich-rechtliche Leistungsentgelte (§ 2 Abs. 1 Nr. 5 GemHVO, Kontengruppe 33)

Unter die öffentlich-rechtlichen Leistungsentgelte fallen alle öffentlichen Abgaben, denen eine konkrete Gegenleistung gegenübersteht (Gebühren) oder die dem Ersatz des Aufwands für die Herstellung, Anschaffung und Erweiterung öffentlicher Einrichtungen und Anlagen (Beiträge) dienen.

Im Kontenrahmen aufgeführt sind namentlich:
- Verwaltungsgebühren,
- Benutzungsgebühren und ähnliche Entgelte,
- Zweckgebundene Abgaben,
- Erträge aus der Auflösung von Sonderposten für Beiträge.

Unter ähnlichen Entgelten werden z. B. „Benutzungsgebühren in privatrechtlicher Form" verstanden. Für die Benutzung des Freibades kann ein öffentlich-rechtliches Entgelt = Benutzungsgebühr oder ein privat-rechtliches Entgelt = Eintrittspreis verlangt werden. Das Entgelt für die Benutzung des Freibades wird auf dem Konto 3321 erfasst.

Die Gebühren und zweckgebundenen Abgaben werden unter Beachtung der Periodenabgrenzung als Erträge gebucht. Für die Periodenabgrenzung gelten die im Bereich der Steuern (Kap. 12.2.1) dargestellten Regelungen. Unter zweckgebundenen Abgaben fallen u. a. Kurtaxen und Kurbeiträge.

Da es sich bei den Beiträgen definitionsgemäß um Geldleistungen zur Finanzierung von Investitionen handelt, kommt eine direkte Erfassung dieser Leistungen als Ertrag nicht in Frage. Beiträge sollen nach § 40 Abs. 4 Satz 1 GemHVO wie Investitionszuwendungen behandelt werden. Zunächst erfolgt dabei eine Passivierung des Beitrags als Sonderposten. Die ertragswirksame Auflösung dieses Sonderpostens über die Konten der Kontengruppe 33 wird anteilig über die Nutzungsdauer der mit dem Beitrag finanzierten öffentlichen Einrichtung oder Anlage durchgeführt.

Problematisch bei der buchungsmäßigen Behandlung der Beiträge ist der Zeitpunkt der Erfassung dieser Beiträge. Da zwischen der Fertigstellung der Anlagen und der Veranlagung der Beitragspflichtigen häufig ein erheblicher Zeitraum liegt. Auf Grund des Vorsichtsprinzips dürfen diese „Forderungen" mit einer entsprechenden Gegenbuchung bei den Sonderposten allerdings erst aktiviert werden, wenn eine Veranlagung erfolgt ist. Die Auflösung des Sonderpostens kann dann rückwirkend erfolgen oder über die Restnutzungsdauer der Anlage. Die rückwirkende Auflösung des Sonderpostens hat den Vorteil, dass eventuelle Fehlbeträge schneller abgebaut werden können.

12.2.5 Privatrechtliche Leistungsentgelte, Kostenerstattungen und Kostenumlagen (Kontengruppe 34)

Als privatrechtliche Leistungsentgelte werden diejenigen Entgelte ausgewiesen, für die eine konkrete Gegenleistung erbracht wird und für die es keine öffentlich-rechtliche Rechtsgrundlage (Satzung) gibt. Dies können im Bereich der Kommunalverwaltung z. B. Mieten, Pachten, Verkaufserlöse sein.

Erstattungen erhält die Kommune für Aufwendungen, die sie für eine andere Stelle erbracht hat. Die Kommune handelt in diesen Fällen im Auftrag eines Dritten. Kostenerstattungen liegen z. B. vor, wenn auf die Kommune Aufgaben von überörtlichen Trägern der Sozialhilfe delegiert werden. Zu unterscheiden ist dies dann insbesondere von den o. a. Transfererträgen. Hier wird die Kommune ursprünglich nicht im Auftrag eines Dritten sondern in eigener Aufgabenwahrnehmung tätig. Erst im folgenden Jahr wird festgestellt, dass die geleisteten Transfers z. B. aufgrund der Nachrangigkeit der Sozialhilfe von einem Dritten erstattet werden müssen.

Soweit die Aufwendungen, die im Auftrag eines Dritten geleistet wurden, nicht exakt berechnet, sondern nur pauschal ermittelt und erstattet werden, handelt es sich um den Fall einer Kostenumlage. An dieser Stelle ausdrücklich nicht gemeint sind die öffentlich-rechtlichen allgemeinen Umlagen zur Finanzierung der Umlageverbände (Landkreise, Gemeindeverwaltungsverbände), die auf der Ertragsseite dieser Verbände in die Kontengruppe 31 fallen.

12.2.6 Sonstige ordentliche Erträge aus laufender Verwaltungstätigkeit (§ 2 Abs. 1 Nr. 10 GemHVO, Kontengruppe 35)

Die sonstigen ordentlichen Erträge stellen ein Auffangbecken für alle ordentlichen Ertragsarten dar, die in den bisherigen Positionen nicht abgebildet werden können. Die konkreten Inhalte sind aus dem Kontenrahmen zu erkennen:

- Konzessionsabgaben von wirtschaftlichen Unternehmen,
- Erstattung von Steuern,
- Bußgeldern, Säumniszuschlägen, Zinsen auf Abgaben,
- Inanspruchnahme von Gewährverträgen und Bürgschaften,
- Fehlbelegungsabgabe,
- Auflösung von sonstigen Sonderposten,
- Erträge aus der Auflösung oder Herabsetzung von Wertberichtigungen auf Forderungen,
- Erträge aus der Auflösung oder Herabsetzung von Rückstellungen,
- andere sonstige ordentliche Erträge:
  - Ausgleichsabgabe nach dem Schwerbehindertengesetz,
  - Einbehaltenes Disagio bei Hingabe von Darlehen,
  - Abfindungen im Zusammenhang mit Gebietsänderungen,
  - Einnahmen aus der Freistellung von Wohnraum,
  - Ablösebeträge.

12.2.7 Finanzerträge (§ 2 Abs. 1 Nr. 8 GemHVO, Kontengruppe 36)

Die konkreten Inhalte der Kontengruppe Finanzerträge sind aus dem Kontenrahmen zu erkennen:

Zinserträge

Zinserträge sind Erträge aus Darlehen (auch aus Darlehen, die im sozialen Bereich gegeben wurden) und inneren Darlehen aus Geldanlagen, z. B. Einlagen bei Kreditinstituten, festverzinslichen Wertpapieren, Bausparverträgen aus dem Giro- und Kontokorrentverkehr, aus Restkaufgeldern/Kaufpreisresten, Forderungen aus Umlegungsgeschäften (Mehrwertausgleiche, z. B. bei Stadtsanierungsmaßnahmen), verrenteten Erschließungsbeiträgen, Erträgen aus der Anlage des Vermögens rechtlich unselbständiger Stiftungen.

Die Erträge sind entsprechend der Bereichsabgrenzung nachzuweisen. Es erscheint daher sinnvoll, auch im Bereich der Ergebniskonten eine Differenzierung der Finanzerträge nach Gläubigern vorzunehmen. Insbesondere sind für die verbundenen Unternehmen, die Beteiligungen und die Sondervermögen separate Ertragskonten einzurichten, damit die konzerninternen Umsätze aus der Vergabe interner Darlehen und aus Ausschüttungen und Gewinnabführungen bei der zukünftig vorgesehenen Erstellung des Gesamtabschlusses nach § 95a GemO leicht konsolidiert werden können.

Erträge aus Gewinnanteilen aus verbundenen Unternehmen und Beteiligungen

Dazu gehören die Gewinnablieferungen der eigenen wirtschaftlichen Unternehmen ohne Rücksicht auf die Rechtsform, Dividenden, Ausschüttungen aus Beteiligungen (Gesellschafts- und Genossenschaftsanteile) an wirtschaftlichen Unternehmen mit Gemeinnützigkeitscharakter (z. B. Gemeinnützige Wohnungsbau-gesellschaft, Gemeinnützige Wohnungsbaugenossenschaften, Einkaufszentrale für öffentliche Büchereien in Reutlingen, Entwicklungsgesellschaften), Gewinnanteile des Gesellschafters, Rückvergütungen, Anteile am Bilanzgewinn der Sparkassen

Sonstige Finanzerträge

- Zwangsgelder,
- Disziplinarstrafen,
- Ordnungsstrafen,
- Verzinsung von Steuernachforderungen und Erstattungen (§ 233a AO).

12.2.8 Aktivierte Eigenleistungen und Bestandsveränderungen (§ 2 Abs. 1 Nr. 9 GemHVO, Kontengruppe 37)

Unter „Eigenleistungen" versteht man Aufwendungen der Verwaltung, die zur Herstellung eines Anlageguts benötigt werden, dass nicht für einen Verkauf, sondern zur Verwendung im Rahmen der Aufgabenerfüllung der Kommune bestimmt ist. Soweit es für diese Aufwendungen kein Aktivierungsverbot gibt, sind sie als aktivierte Eigenleistungen zu buchen. Das Konto „Aktivierte Eigenleistung" ist allerdings kein Bestandskonto, sondern ein Ergebniskonto, welches über die Ergebnisrechnung abgeschlossen wird. Auf diesem Konto werden die zur Herstellung des Anlageguts bereits gebuchten Aufwendungen neutralisiert. Eine Gegenbuchung der Eigenleistungen auf den einzelnen Aufwandskonten findet dabei nicht statt.

Zu beachten ist bei der Ermittlung der Eigenleistungen die Festlegung zur Ermittlung der Herstellungswerte gem. § 44 Abs. 2 GemHVO. Es können auch Verwaltungsgemeinkosten aktiviert werden.

Praktische Relevanz haben im Bereich der Eigenleistung sicherlich die Planungsleistungen der städtischen Ingenieure bei der Herstellung, Erweiterung oder wesentlichen Verbesserung von Gebäuden oder Infrastruktureinrichtungen. Jährlich werden die z. B. aus der Kostenrechnung ermittelten Planungsleistungen bei den entsprechenden Anlagegütern oder bei den Anlagen im Bau aktiviert. Werden z. B. die Eigenleistung des Hochbauamtes für den Neubau der Schule auf 60.000 € ermittelt, wird dieser Betrag aktiviert und auf dem Ertragskonto gegengebucht.

0232 Grundstück mit Schulen an 3711 Akt. Eigenleistungen 60.000 €

In der Ergebnisrechnung wird der Betrag als „Aktivierte Eigenleistungen" ausgewiesen, eine entsprechende Position in der Finanzrechnung liegt nicht vor, da kein Zahlungseingang erfolgt.[2]

Die aktivierungsfähigen Eigenleistungen müssen nach § 16 Abs. 5 GemHVO im Ergebnishaushalt als Ertrag veranschlagt werden. Die Planung von aktivierbaren Eigenleistungen kann nur nach Erfahrungswerten und anhand der Investitionsplanung erfolgen. Es ist zu beachten, dass hier nach § 10 Abs. 1 Satz 3 GemHVO keine unrealistischen Erträge, die auf einer „maximal erreichbaren Investitionsplanung" beruhen, geplant werden dürfen, da die hier ausgewiesenen Erträge im Haushaltsplan unmittelbar Ergebnis verbessernd wirken. Es bietet sich an, über mehrere Jahre den Anteil der Planungsleistungen an den Personalaufwendungen der Ingenieure zu ermitteln und einen solchen Durchschnittswert unabhängig von der tatsächlichen Investitionsplanung anzusetzen.

Zur Kontengruppe 37 gehören ebenfalls die Bestandsveränderungen, die im Ergebnishaushalt in einer separaten Zeile ausgewiesen werden. Bestandsveränderungen ergeben sich aus Inventurdifferenzen bei den fertigen und unfertigen Erzeugnissen sowie bei den unfertigen Leistungen. Sie haben im Rahmen der kommunalen Haushaltsplanung in der Regel kaum eine Relevanz.

12.2.9 Erträge aus internen Leistungsbeziehungen (§ 4 Abs. 3 Nr. 3 GemHVO, Kontengruppe 38)

Ziel des produktorientierten Haushalts ist, neben dem Ausweis des gesamtstädtischen Ressourcenverbrauchs in Ergebnishaushalt und -rechnung, auch der Ausweis des Ressourcenverbrauchs für die im Haushaltsplan und im Jahresabschluss ausgewiesenen Teilhaushalte. In den Teilhaushalten werden die ihnen zugeordneten Produkte abgebildet.

Um auch für die Teilhaushalte einen vollständigen Ressourcenausweis vornehmen zu können, ist der Nachweis der internen Beziehungen zwischen den verschiedenen Teilhaushalten erforderlich. Abhängig von der verwaltungsspezifischen Organisation werden mehr oder weniger Leistungen für die Produktbereiche in zentralen Organisationseinheiten erbracht. Typischerweise werden z. B. die Leistungen der Personalbetreuung, die Gebäudewirtschaft oder auch das Rechnungswesen von zentralen Organisationseinheiten (sog. „interne Dienstleister") wahrgenommen. Im Produktrahmen

2 Die aktivierten Eigenleistungen erhöhen den Wert des Vermögensgegenstandes, hier: „Schule". Die übrigen Auszahlungen für den Neubau werden in der Finanzrechnung nachgewiesen. Wenn die Statistik den vollen Wert der Schule ausweisen will und die Statistik aus den Finanzkonten bedient wird, dann muss auch entsprechende Finanzkonten für die aktivierten Eigenleistungen eingerichtet werden, und zwar wird die aktivierte Eigenleistung auf dem entsprechenden Auszahlungskonto für Baumaßnahmen (Kontenart 787) nachgewiesen und gleichzeitig muss eine Einzahlung gebucht werden. Für diese Einzahlung gibt es aber noch kein Konto in der Finanzrechnung!

ist für solche zentralen Einheiten der Produktbereich 11 „Innere Verwaltung" vorgesehen.

Für eine verursachungsgerechte Zuordnung der Aufwendungen dieser internen Dienstleistungen ist eine Verrechnung in den Teilergebnishaushalten (Zeilen 22 und 23) vorgesehen. Zur Abwicklung dieser internen Leistungsbeziehungen stehen die Kontengruppen 38 und 48 zur Verfügung. Da die internen Verrechnungen in der Regel im Rahmen einer Kosten- und Leistungsrechnung (KLR) ermittelt werden, ist alternativ auch eine Bedienung dieser Zeilen der Teilergebnisrechnung aus der KLR denkbar. Dabei kann – abhängig von dem eingesetzten Verfahren – auch die Kontenklasse 9 genutzt werden, die für Zwecke des betrieblichen Rechnungswesens freigehalten wurde.

Nach § 10 Abs. 1 GemHVO sollen auch Erträge und Aufwendungen aus interne Leistungen zwischen den Teilergebnishaushalten angemessen veranschlagt und verrechnet werden (Innere Verrechnungen). In der Regel müssen die Kommunen innere Verrechnungen in Teilergebnishaushalten veranschlagen.

Umfang und Verfahren der internen Verrechnung wurden in § 16 Abs. 5 Satz 1 GemHVO offengehalten. Jede Kommune muss daher individuell über den Umfang und die Art der Verrechnung interner Dienstleistungen entscheiden. Dabei wird jede Kommune neben der Bedeutung der internen Leistungen für die politische und verwaltungsinterne Steuerung der Teilhaushalte auch den entstehenden zusätzlichen Aufwand für die Ermittlung und Bewertung der internen Dienstleistungen berücksichtigen.

12.2.10 Außerordentliche Erträge (§ 2 Abs. 1 Nr. 21 GemHVO, Kontengruppe 50 und 53)

Im Ergebnishaushalt (§ 2 GemHVO) und der (§ 49 GemHVO) wird zwischen dem ordentlichen und dem außerordentlichen Ergebnis unterschieden (siehe auch Muster 3 „Ergebnishaushalt") Nach § 61 Nr. 4 GemHVO sind außerordentliche Aufwendungen und Erträge außerhalb der gewöhnlichen Verwaltungstätigkeit anfallende Aufwendungen und Erträge, insbesondere Gewinne und Verluste aus bedeutenden Vermögensveräußerungen (= außerordentliches Ergebnis), ungewöhnlich hohe Spenden, Schenkungen sowie Erträge und Aufwendungen im Zusammenhang mit Naturkatastrophen oder außergewöhnlichen Schadensereignissen.

Zu den außerordentlichen Erträgen gehören in der Kontenklasse 5:

Außergewöhnliche Erträge (Kontengruppe 50)

Die sind Erträge, die aus unvorhergesehenen Ereignissen und Finanzvorfällen entstehen, welche sich klar von den der gewöhnlichen Tätigkeit der Kommune unterscheiden (sie stehen außerhalb der gewöhnlichen Verwaltungstätigkeit der Kommune) und von denen daher nicht anzunehmen ist, dass sie häufig oder regelmäßig wiederkehren. Ob ein Ereignis oder Finanzvorfall klar von der gewöhnlichen Tätigkeit einer Kommune zu unterscheiden ist, wird durch die Art des Ereignisses oder Finanzvorfalles im Hinblick, mit der solche Ereignisse erwartet werden oder auftreten können, bestimmt. Die Definition von außergewöhnlichen Erträgen ist eng auszulegen.

- *Spenden* sind Zuwendungen, die nicht an einen bestimmten Verwendungszweck gebunden sind;
- eine weitere Form stellen *empfangene Schadensersatzleistungen* dar.

Erträge aus der Veräußerung von Vermögensgegenständen

Erträge aus der Veräußerung von Vermögensgegenständen entstehen bei einem Verkauf des Anlagegutes über dem aktuellen Buchwert. Wird z. B. der vier Jahre alte Dienstwagen des Kämmerers, der am 31.12.2023 einen Restbuchwert von 5.000 € hat, am 1.4.2024 für 6.000 € verkauft, ergibt sich hieraus ein „Außerordentlicher Ertrag aus der Veräußerung von Vermögensgegenständen“. Die lineare Abschreibung beträgt jährlich 5.000 € (§ 46 GemHVO). Buchhalterisch handelt es sich dabei um einen Anlagenabgang bei Buchgewinn, der in folgenden Schritten zu erfassen ist:

1. Zunächst ist der aktuelle Restbuchwert des Fahrzeugs zu ermitteln. Hierzu sind die Abschreibungen für den Zeitraum zwischen dem letzten Bilanzstichtag und dem Verkauf zu ermitteln und zu buchen. Im vorliegenden Beispiel beträgt der Restbuchwert am Anfang des letzten Buchungsjahres noch 5.000 €. Für die abgelaufenen drei Monate des Jahres 2023 sind noch einmal drei Zwöftel des jährlichen Abschreibungsbetrages (3/12 × 5.000 € = 1.250 €) zu erfassen:

4711 Abschreibungen	**an**	**061 Fahrzeuge**	**1.250 €**

2. Als nächstes ist der Anlagenabgang in der Buchhaltung nachzuvollziehen. Der Abgang erfolgt i. H. des gesamten Restbuchwerts des Fahrzeugs (5.000 € – 1.250 € = 3.750 €). Außerdem muss die Forderung auf dem Debitorenkonto eingebucht werden.

Debitor 6.000 €	**an**	**061 Fahrzeuge**	**3.750 €**
	an	**5312 Ertrag aus der Veräußerung von bewegl. VG**	**2.250 €**

3. Bei Eingang der Zahlung wird das Debitorenkonto ausgeglichen:

1711 Sichteinlagen	**an**	**Debitor**	**6.000 €**

Im Ergebnis ergibt sich damit ein Aktivtausch „Bank an Fahrzeuge“ in Höhe des Restbuchwertes von 3.750 € und ein „außerordentlicher Ertrag“ in Höhe von 2.250 €, der die Bilanz verlängert. Bei der Gegenüberstellung von Ergebnis- und Finanzrechnung wird deutlich, dass dem Ertrag aus Anlagenabgang von 2.250 € eine Einzahlung aus der Veräußerung von Vermögensgegenständen von 6.000 € gegenübersteht. Soweit solche Finanzvorfälle planbar sind, hat hier eine differenzierte Planung von Ergebnis- und Finanzhaushalt zu erfolgen.

12.2.11 Personalaufwendungen (§ 2 Abs. 1 Nr. 12 GemHVO, Kontengruppe 40)

Personalaufwendungen sind alle Aufwendungen, die unmittelbar mit der Beschäftigung von Beamten, Beschäftigten (früher: Angestellten, Arbeitern) und sonstigen Beschäftigten in der Verwaltung zusammenhängen. Dies sind zunächst die Bezüge, Gehälter und Löhne der Mitarbeiterinnen und Mitarbeiter. Hierzu gehören auch Sach- und Sonderzuwendungen. Als Sachaufwendungen kommen z. B. Essenszuschüsse, die Möglichkeit der Privatnutzung von Dienstfahrzeugen oder die Stellung einer Dienstwohnung in Betracht.[3] Unter die Sonderzuwendungen fallen insbesondere das Urlaubs- und Weihnachtsgeld.

Grundsätzlich werden die Personalaufwendungen brutto erfasst. Die zu entrichtende Lohn- und Kirchensteuer sowie den Solidaritätsbeitrag und die Arbeitnehmeranteile zur Sozialversicherung (Renten-, Arbeitslosen-, Pflege- und Krankenversicherung) führt der Arbeitgeber aufgrund von gesetzlichen Verpflichtungen vom Gehalt des Arbeitnehmers an das Finanzamt bzw. die Sozialversicherungsträger ab. Der Arbeitnehmer ist dabei der Schuldner, so dass die entsprechenden Zahlungen in der Buchhaltung unter den Dienstaufwendungen erfasst werden.

Weiterhin fallen unter die Personalaufwendungen alle Aufwendungen des Arbeitgebers für die soziale Sicherung der Beschäftigten. Dies sind insbesondere die Arbeitgeberanteile zur Sozialversicherung und die Aufwendungen für Beihilfen. Hierfür sind separate Kontenarten einzurichten.

Ebenfalls eine separate Kontenart muss für die Alterssicherung der Beamten vorgesehen werden. Da Beamte aufgrund ihrer Beschäftigung einen Pensionsanspruch gegenüber ihrem Dienstherrn erwerben, entsteht bei dem Dienstherrn eine Verpflichtung, die allerdings in ihrer Höhe und in dem Zeitpunkt, in dem die Verpflichtung zu tatsächlichen Auszahlungen führt, unbestimmt ist. In solchen Fällen unbestimmter Verpflichtungen hat die Kommune Rückstellungen zu bilden.

Die Pensionsrückstellung wird nicht mehr bei den Gemeinden, sondern in der Bilanz beim Kommunalen Versorgungsverband Baden-Württemberg geführt. Da in § 41 Abs. 1 GemHVO diese nicht mehr aufgeführt ist, entfallen bei den Gemeinden entsprechende. Zuführungen. Lediglich im Anhang zur Jahresrechnung muss der auf die Gemeinde entfallende Anteil an den beim Kommunalen Versorgungsverband Baden-Württemberg (KVBW) gebildete Pensionsrückstellung angegeben werden (§ 53 Abs. 1 Nr. 4 GemHVO).

Zu den Personalaufwendungen gehört der Umlageanteil für die aktiven Beschäftigten, um die Mittel zur Kapitaldeckung der zukünftigen Versorgungsleistungen zu finanzieren. Der Umlageanteil für bereits bestehende Versorgungsempfänger wird bei den Versorgungsaufwendungen (Nr. 12) verbucht. Sollte in der aktiven Beschäftigungszeit genügend Rücklagen angesammelt werden, so müssten im Versorgungs-

3 Vgl. z. B. *Brixner/Harms/Noe*, Verwaltungs-Kontenrahmen, München 2003, S. 411.

zeitpunkt keine zusätzlichen Umlagen anfallen. Auf diese Weise wird deutlich, inwieweit die Kapitaldeckung innerhalb der aktiven Beschäftigungszeit gelungen ist.[4]

Zu differenzieren sind die Personalaufwendungen auch von der Kontengruppe 44 (Sonstige ordentlichen Aufwendungen, § 2 Abs. 1 Nr. 18 GemHVO), für die eine separate Zeile in der Ergebnisplanung und -rechnung vorgesehen ist. Hier werden u. a. die sonstigen Personal- und Versorgungsaufwendungen erfasst. Dabei handelt es sich insbesondere um Personalnebenaufwendungen, wie z. B. Aufwendungen für

- erforderliche Personalmaßnahmen (Einstellung, Umsetzung, Entlassung),
- die Aus- und Fortbildung,
- übernommene Fahrt- und Umzugskosten,
- die Zahlung von Trennungsgeld,
- den Gesundheitsschutz und die Arbeitssicherheit der Beschäftigten,
- Belegschaftsveranstaltungen,
- Dienstjubiläen u. ä.

Ebenso fallen die Aufwendungen für Aufwandsentschädigungen von Mandatsträgern (Rats- und Ausschussmitglieder) nicht unter die Personalaufwendungen, da es sich bei diesem Personenkreis nicht um Personal der Verwaltung handelt. Sie sind ebenfalls in der Kontengruppe 44 (Sonstige ordentliche Aufwendungen) zu erfassen.

Die Aufwendungen für die Beschäftigung von Honorarkräften, z. B. im Bereich der Volkshochschule, der Musikschule oder des Gesundheitsamtes, zählen auch zur Kontengruppe 44 (Sonstige ordentliche Aufwendungen). Da beim Einsatz von Honorarkräften kein Beschäftigungs- oder Dienstverhältnis besteht, fallen die entstehenden Aufwendungen nicht unter die Personalaufwendungen.

12.2.12 Versorgungsaufwendungen (§ 2 Abs. 1 Nr. 13 GemHVO, Kontengruppe 41)

Wie bereits im vorhergehenden Kapitel dargestellt, wird zwischen Personal- und Versorgungsaufwendungen unterschieden. Während unter die Personalaufwendungen insbesondere alle Bezüge und die Arbeitgeberanteile für die Sozialversicherung der aktuell Beschäftigten fallen, fallen unter die Versorgungsaufwendungen alle Bezüge der aus dem Dienst ausgeschiedenen Mitarbeiterinnen und Mitarbeiter (Versorgungsempfänger).

Nach der Verpflichtung der Kommunen zur Bildung von Pensionsrückstellungen sollten die Aufwendungen grundsätzlich bereits während der aktiven Beschäftigungszeit der Versorgungsempfänger als Zuführung zur Pensionsrückstellung beim KVBW ergebniswirksam geworden sein. Dies trifft sowohl auf die Beamtenpensionen als auch auf die Beihilfegewährung für ehemalige Beschäftigte zu. Soweit für die Zahlung der Pensionen ausreichende Rückstellungen beim KVBW zur Verfügung stehen, können diese aus der Rückstellung vorgenommen werden und werden damit im Jahr der Zah-

4 Siehe *Hafner*, Kommentar zu § 2 GemHVO, Nr. II, 21.

lung nicht noch einmal ergebniswirksam. Als ergebniswirksamer Versorgungsaufwand sind alle Leistungen für die Versorgungsempfänger zu erfassen, für die zuvor Rückstellungen nicht oder soweit sie nicht in ausreichender Höhe gebildet wurden. Ebenfalls als Versorgungsaufwand zu erfassen sind notwendige Zuführungen zur Pensionsrückstellung für ausgeschiedene Bedienstete. Eine solche Zuführung kann sich aus versicherungsmathematischen Änderungen, wie z. B. der Anpassung der Sterbetafel an die aktuellen Daten, oder durch eine gesetzliche Erhöhung des Pensionsanspruchs ergeben. Diese zusätzliche Pensionsleistung muss die Gemeinde erfolgswirksam als Umlage an den KVBW entrichten.

Als Versorgungsaufwendungen kommen ebenfalls Sachaufwendungen für Pensionäre oder ehemalige Beschäftigte in Frage. Dies wäre z. B. der geldwerte Vorteil eines ehemaligen Beschäftigten, der auch nach seinem Ausscheiden aus dem aktiven Dienst weiterhin eine Dienst- oder Werkswohnung bewohnt.

Die Veranschlagung von Personalaufwendungen und -auszahlungen richtet sich entsprechend nach den im Stellenplan (§ 5 Abs. 1 GemHVO) des Haushaltsjahres voraussichtlich besetzten Stellen. Die Versorgungs- und Beihilfeaufwendungen und die entsprechenden Auszahlungen werden nach § 5 Abs. 1 Satz 3 GemHVO auf die Teilhaushalte im Verhältnis der dort veranschlagten Personalaufwendungen und -auszahlungen aufgeteilt.

Allerdings trägt die vorgeschriebene separate Darstellung von Versorgungs- und Personalaufwendungen im Haushalt nicht unbedingt zur Transparenz bei. Die Aufwendungen, die zur Sicherstellung der zukünftigen Beamtenversorgung während der aktiven Dienstzeit der Beamten durch die Bildung von Pensionsrückstellungen entstehen, sind nämlich nicht den Versorgungs- sondern den Personalaufwendungen zuzuordnen. Die Höhe der Versorgungsaufwendungen hängt indes nur davon ab, in welcher Höhe bereits Rückstellungen (als Personalaufwand) gebildet wurden. Die isolierte Betrachtung dieser Position hat deshalb keinen eigentlichen Erkenntniswert. Um diese komplizierten Zusammenhänge nicht allen Adressaten des Haushalts erläutern zu müssen, sollte in Ergebnishaushalt und -rechnung, wie in der kaufmännischen Gewinn- und Verlustrechnung, auf einen separaten Ausweis der Versorgungsaufwendungen verzichtet werden. Einen zusätzlichen Steuerungsnutzen haben diese Informationen ohnehin nicht.

12.2.13 Aufwendungen für Sach- und Dienstleistungen (§ 2 Abs. 1 Nr. 14 GemHVO, Kontengruppe 42)

Alle im Rahmen der Aufgabenerfüllung erhaltenen Sach- und Dienstleistungen, die mit Ressourcenverbrauch verbunden sind, werden in der Kontengruppe 42 erfasst. Um deutlich zu machen, wie vielfältig diese Aufwendungen sein können, sei an dieser Stelle eine mögliche weitere Differenzierung des Kontenplans dargestellt:

42			**Aufwendungen für Sach- und Dienstleistungen**
	421		Unterhaltung des unbeweglichen Vermögens
		4211	Unterhaltung der Grundstücke und baulichen Anlagen: Laufende Unterhaltung sind Maßnahmen, die der Erhaltung dienen und die keine erhebliche Veränderung (keine erhebliche Werterhöhung) zur Folge haben Laufende Unterhaltung (einschl. Materialausgaben) eigener, gemieteter und gepachteter Grundstücke, Anlagen, Gebäude und einzelner Räume sowie der zu den Gebäuden gehörenden Gärten, Grün- und sonstigen Außenanlagen, z. B. Zufahrten, Wege, Staffeln und Mauern, Pausen- und Spielplätze, Turnspielgeräte, Wallanlagen Bestandteile, die baulich oder niet- und nagelfest mit dem Gebäude oder Grundstück verbunden sind, wie Heizungs- und Klimaanlagen, Küchen und Wäschereianlagen, Leitungen für Wasser, Gas, Strom, Fernwärme, Abwasser, Fernmeldeanlagen, Trafostationen, eingebaute Beleuchtungsanlagen und Verdunkelungseinrichtungen, Aufzüge, Fahrstühle, Rolltreppen, Transportanlagen (Rohrpost, Seilpost u. ä.), Uhren- und Klingelanlagen, Sicherungs- und Alarmeinrichtungen, Blitzableiter- und Brandschutzanlagen, Antennen, Einbauschränke Aufwendungen aufgrund von Werk- oder ähnlichen Verträgen zur Unterhaltung der Grundstücke und baulichen Anlagen. Abbruchkosten, soweit nicht im Rahmen von Neubauten Persönliche Ausgaben, auch für vorübergehend beschäftigte Arbeitskräfte in 401- Die Aufwendungen für die Beseitigung von Unwetter-, Katastrophen-, Tumult-, Manöver-, Kriegs-, Einbruch-, Wasser-, Feuer- und Sturmschäden. Beseitigung von Vermögensschäden in 5111
		4212	Unterhaltung des sonstigen unbeweglichen Vermögens: Laufende Unterhaltung einschl. Materialausgaben insbesondere von Straßen, Wegen, Brücken, Unterführungen, Parkplätzen, einschl. Straßenbeleuchtung, Verkehrssicherungs- und Signalanlagen (Lichtzeichenanlagen), Parkuhren, Wasserstraßen, Flussbauten, Meliorationen, Ufermauern, Dämmen, Deichen, Hafenanlagen, Gewässern, Tiefbauten der Abwasserbeseitigung und -reinigung sowie der Wasserversorgung, Sportanlagen, Spielplätzen, Freibädern, Spiel- und Liegewiesen, Campingplätzen, Trimmpfaden, Wander- und Erholungswegen, Wald-, Park- und Gartenanlagen, Friedhöfen, sonstigen öffentlichen Anlagen, Einrichtungen der Löschwasserentnahme, Abfallverbrennungsanlagen, Mülldeponien, sonstigen unbebauten Grundstücken. Erstattung von Ausgaben für die Straßenunterhaltung in 445-, z. B. an den Landkreis in 4452
	422		Unterhaltung des beweglichen Vermögens
		4221	Unterhaltung des beweglichen Vermögens Laufende Unterhaltung einschl. Materialausgaben für Maschinen, technische Anlagen, Betriebs- und Geschäftsausstattung
		4222	Erwerb geringwertiger Vermögensgegenstände

	423		Mieten und Pachten
		4231	Mieten und Pachten: Miet- und Pachtausgaben für Gebäude, einzelne Diensträume und Grundstücke Mieten für angemietete Dienst- und Werkdienstwohnungen, Dienstzimmer-entschädigungen, Erbbauzinsen, Erbpachtzinsen Mieten für Maschinen, EDV-Anlagen, Fahrzeuge, Zeiterfassungs- und andere Geräte, Einrichtungsgegenstände. Mieten für Fernsprech- und Fernschreib-anlagen in 4431
		4232	Leasing: Laufende Leistungen auf Grund von Leasing-Verträgen, wenn das Objekt nach Vertragsablauf nicht in das Eigentum der Gemeinde übergeht. Geht das Objekt nach Vertragsablauf in das Eigentum der Gemeinde über, dann in 7821, 783-
	424		Bewirtschaftung der Grundstücke und baulichen Anlagen
		4241	Bewirtschaftung der Grundstücke und baulichen Anlagen: Aufwendungen für die Bewirtschaftung eigener, gemieteter und gepachteter Grundstücke, Gebäude und einzelner Räume, wie Grundsteuern, Hausgebühren: z. B. Abgaben und Entgelte für Abwasserbeseitigung und -reinigung (Entwässerungsgebühren), Müll- und Fäkalienabfuhr, Straßenreinigung, Kaminreinigung Heizung, z. B. Heizmaterial, Bezug von Wärme, Strom, Gas usw. Reinigung (soweit nicht bei Hausgebühren), z. B. Reinigungsmittel, kleine Reinigungsgegenstände, Vergütungen an Reinigungsunternehmen, Reinigung von Bürowäsche, Vorhängen und ähnl., Ungezieferbekämpfung, Schneeräumen und Streuen innerhalb der Grundstücke oder auf Grund von Anliegerverpflichtungen, Beleuchtung, Energie- und Wasserversorgung, z. B. Gebühren und Entgelte einschl. Zählermiete für Wasser-, Gas und Strombezug (soweit nicht Heizung), Glühlampen, Leuchtstäbe usw. Versicherungen, z. B. Gebäudebrand- und Elementarschadenversicherung, Diebstahl-, Einbruch-, Haushaftpflicht-, Feuer-, Glasbruch-, Hausrat- und Wasserleitungsversicherung Sonstige Bewirtschaftungskosten, z. B. Bewachung Soweit Wasser-, Strom-, Gas- und sonst. Energieverbrauch ausschließlich oder überwiegend für Betriebszwecke in Konto 4271 (z. B. für Straßenbeleuchtung, Schwimmbäder)
	425		Haltung von Fahrzeugen
		4251	Haltung von Fahrzeugen: Pkw, Lkw, motorisierte Spezialfahrzeuge Betriebsstoffe, Schmierstoffe, Reifenbedarf, Werkstattbedarf, Versicherung, Pflege- und Inspektionskosten, Unterhaltung und Instandsetzung, TÜV-Gebühren Sonstige Kfz-Kosten, z. B. Mitgliedsbeiträge. Mitgliedsbeiträge, die nicht im Zusammenhang mit der Haltung von Kraftfahrzeugen stehen, in 4291 Andere Fahrzeuge, z. B. Fahrräder, Anhänger Unterhaltungs- und Betriebskosten Garagenunterhaltung in 4211, Garagenmiete in 4231

	426		Besondere Aufwendungen für Beschäftigte
		4261	Besondere Aufwendungen für Beschäftigte: Dienst- und Schutzkleidung, persönliche Ausrüstungsgegenstände z. B. für Angehörige der Feuerwehr, der gemeindlichen Vollzugsbeamten, Fahrer, Pförtner, Amtsboten, Heizer, Müllwerker, Bedienungspersonal von Maschinen, Arbeiter in Werkstätten, Bauhöfen, Fuhrpark, Wirtschaftspersonal u. ähnl. Hierher gehören auch Einkleidungshilfen, Bekleidungszuschüsse, Kleidergeld und Abnutzungsentschädigungen, Aus- und Fortbildung, Umschulung, Kosten der Teilnahme von Bediensteten Lehrgängen und Vorträgen zur Aus- und Fortbildung (einschließlich Reisekosten), Aus- und Fortbildungsbeihilfen an Bedienstete Honorare und Sachkosten für eigene Lehrgänge und Vorträge zur Fortbildung
	427		Besondere Verwaltungs- und Betriebsaufwendungen
		4271	Besondere Verwaltungs- und Betriebsaufwendungen: Wasser-, Strom-, Gas- und sonstiger Energieverbrauch für Betriebszwecke (z. B. für Straßenbeleuchtung, Schwimmbäder), Kunst- und wissenschaftliche Sammlungen, Erwerb und Unterhaltung von Kunst- und Sammlungsgegenständen, Büchern und Zeitschriften der Bibliotheken, Sachmittel, die der Lehrer im oder zur Vorbereitung auf den Unterricht verwendet, Gebrauchs- und Verbrauchsmittel in der Hand des Schülers, Schülerbücherei statische Prüfungen, für Repräsentation, Ehrungen, Pflege partnerschaftlicher Beziehungen Herstellung und Verkauf von Informationsmaterial, sonstige Kosten der Unterrichtung der Öffentlichkeit Ausschmückung von Gebäuden, Straßen und Plätzen aus besonderen Anlässen, für Ortsbildverschönerungen, Heimatfeste, Ausstellungen und sonstige kulturelle Veranstaltungen Bei Schulen für den Schwimmunterricht, die Benutzung von Bädern, freiwillige Unterrichtszweige wie Kurse, Schülerarbeitsgemeinschaften, Förderung des musischen Unterrichts, Beschaffung von Instrumenten, Filmvorführungen, Vorträge, Theaterbesuche, Lehrbesichtigungen, Schullandaufenthalte, -wanderungen, Ausflüge, Fahrten, Schülerwettbewerbe, Sport, Spiele Schülerpreise, Abschlussgaben, Lehr- und Unterrichtsmaterial, Sachmittel, die der Lehrer im oder zur Vorbereitung auf den Unterricht verwendet, wie Bücher und Fachzeitschriften, auch für Lehrerbücherei, Landkarten, Filme, Dias, Tonbänder, Zeichnungen, sonstiges Anschauungsmaterial, Experimentiermaterial u. ä., insbesondere für naturwissenschaftlichen Unterricht, Kreide, Tinte, Farben, Zeichenmaterial, Papier, Schwämme usw., Material für den Anbau und die Bearbeitung von Lehrgärten, Gebrauchs- und Verbrauchsmittel in der Hand des Schülers, wie Schulbücher (Lernmittelfreiheit im Leih- oder Bonussystem), Werkstoffe, Arbeitsmaterialien und sonstige Verbrauchsmittel, z. B. beim Werk-, Handarbeits-, Hauswirtschafts- und Werkstattunterricht Schulferien, sonstige Schulveranstaltungen Verbrauchsmittel und sonst. Betriebsausgaben kultureller Einrichtungen und Veranstaltungen, Ausgaben für Gastspiele, Urheberanteile, Werbung Bücher und Bibliotheken (einschließlich Einband- und Pflegekosten) Beförderungskosten für den Einsatz eigener oder angemieteter Fahrzeuge bei der betr. Ausgabeart z. B. Personalaufwendungen in 40--, Aufwendungen für Unterhaltung und Betrieb von eigenen Bussen 4251

	428		Aufwendungen für den Erwerb von Vorräten
		4281	Aufwendungen für Vorräte: Vorräte sind Waren und Güter, die nicht zum Geschäftsbedarf der Verwaltung, der Bewirtschaftung der Grundstücke oder der Haltung von Fahrzeugen gehören, sondern zum Verzehr und Verbrauch oder zur Verarbeitung in Betriebszweigen der Verwaltung, in Anstalten und Einrichtungen einschließlich ihrer Nebenbetriebe, sowie in Wirtschaftsunternehmen bestimmt sind, und zum späteren Verbrauch gelagert werden, z. B. Lebensmittel, Arzneimittel, Verbandstoffe, sonstiges Sanitätsverbrauchsmaterial, Werkstättenbedarf, EDV-Material, EDV-Arbeiten auf fremden Anlagen, Baumaterial als Vorrat. Futtermittel, Saat- und Pflanzgut, Düngemittel, Streugut für den Straßenwinterdienst, Kauf von Sachen zur Weiterveräußerung, z. B. Müllsäcke, Familienstammbücher, Laborbedarf
	429		Aufwendungen für sonstige Dienstleistungen
		4291	Aufwendungen für sonstige Dienstleistungen

Unter die im Kontenrahmen ausgewiesenen Aufwendungen für Vorräte fallen zunächst die Aufwendungen für Roh-, Hilfs- und Betriebsstoffe und für bezogene Waren. Roh-, Hilfs- und Betriebsstoffe kommen in erster Linie in privaten Fertigungsbetrieben vor. Diese werden von den Betrieben eingekauft und zu Erzeugnissen weiterverarbeitet. Dabei werden Rohstoffe zu Hauptbestandteilen des Erzeugnisses und Hilfsstoffe zu Nebenbestandteilen. Betriebsstoffe werden bei der Fertigung verbraucht. Da die Fertigung von Erzeugnissen in der Kommunalverwaltung nur in Ausnahmefällen vorkommt, spielen die Roh-, Hilfs- und Betriebsstoffe hier eine untergeordnete Rolle. Ebenfalls von untergeordneter Bedeutung sind die Waren in der Verwaltung. Unter Waren werden Güter verstanden, die ohne weitere Verarbeitung zu Weiterveräußerung bestimmt sind. Dies ist z. B. denkbar im Bereich der Tourismusförderung, wo Kartenmaterial und Souvenirs in kommunalen Einrichtungen veräußert werden. Ein weiteres Beispiel sind die Stammbücher im Bereich des Standesamtes. Als Aufwand zu buchen sind jeweils nur die im Haushaltsjahr verbrauchten Roh-, Hilfs- und Betriebsstoffe und Waren.

Die Ermittlung des Verbrauchs ergibt sich aus den Eröffnungs- und Schlussbilanzwerten laut Inventur, die bei Vorräten jedes Jahr durchzuführen ist (§§ 37, 38 Abs. 1 Satz 1 GemHVO) und den Zugängen auf den entsprechenden Bilanzkonten:

	Anfangsbestand (lt. Vorjahresinventur)
+	**Zugänge zu den Bestandskonten**
–	**Endbestand (lt. Inventur am Jahresende)**
=	**Aufwendungen des Haushaltsjahres**

Buchungstechnisch kann die Ermittlung des Aufwands auch dadurch erfolgen, dass der Zukauf auf den Bestandskonten (Kontengruppe 08) erfasst (aktiviert) wird und erst bei der Lagerentnahme als Aufwand gebucht wird. Hierfür ist eine leistungsfähige Lagerbuchhaltung erforderlich. Ohne Einsatz einer Lagerbuchhaltung werden die Zugänge direkt als Aufwand gebucht. Anhand der Anfangs- und Endbestände lt. Inventur erfolgt am Jahresende die Ermittlung des tatsächlichen Ressourcenverbrauchs.[5]

Bei den Aufwendungen für Energie, Abwasser und Wasser sind keine Besonderheiten zu berücksichtigen. Allenfalls im Bereich des Heizöls und der Treibstoffe kann eine Aufwandsermittlung anhand der Inventurdifferenzen (s. o.) erforderlich sein, wenn andernfalls eine zutreffende Abbildung des Ressourcenverbrauchs nicht gewährleistet ist.

12.2.14 Transferaufwendungen (§ 2 Abs. 1 Nr. 17 GemHVO, Kontengruppe 43)

Als Transferaufwendungen werden Übertragungen der Kommune an den öffentlichen oder den privaten Bereich erfasst, denen keine Gegenleistung gegenübersteht, die aber nicht aus der Steuerpflicht der Kommune resultieren.[6] Grundlage für Transferaufwendungen können Rechtsnormen, Ratsbeschlüsse oder auch Verwaltungsentscheidungen sein.

Unter die Transferaufwendungen fallen insbesondere
- Zuweisungen und Zuschüsse (nicht für Investitionen und Investitionsförderungsmaßnahmen),
- Schuldendiensthilfen,
- Sozialtransfers,
- Umlagen im Rahmen des Steuerverbunds,
- Kreis-, Regions- und Samtgemeindeumlagen.

Geleistete Zuwendungen an den öffentlichen Bereich (Zuweisungen) oder an den privaten Bereich (Zuschüsse) sind als Transferaufwendungen unmittelbar ergebniswirksam zu erfassen, soweit keine Aktivierungsfähigkeit der Zuwendung vorliegt. Unerheblich ist es dabei, ob es sich um Geld- oder Sachleistungen handelt. Von der Gemeinde geleistete Investitionszuweisungen und -zuschüsse sollen nach § 40 Abs. 4 GemHVO Sonderposten aktiviert und planmäßig aufgelöst werden.

Schuldendiensthilfen stellen eine besondere Form der Zuwendungen dar, die auf die Erleichterung des Schuldendienstes beim Empfänger ausgerichtet sind. Da der Schuldendienst sich in der Regel aus Annuitäten ergibt, die sowohl Zins- als auch Tilgungsleistungen umfasst, sind die Tilgungsleistungen – soweit abgrenzbar – bei 781 nachzuweisen.

Wichtigster und umfangreichster Bestandteil der kommunalen Transferaufwendungen sind die Sozialtransfers, die sich i. d. R. aus der Sozialgesetzgebung ergeben. Dies sind insbesondere die Leistungen nach dem
- Sozialgesetzbuch XII,

5 Vgl. *Brixner/Harms/Noe*, Verwaltungs-Kontenrahmen, München, 2003, S. 298 f.

6 Eigene Steueraufwendungen der Kommune sind der Kontogruppe 44 (Sonstige ordentliche Aufwendungen) zugeordnet.

- Jugendwohlfahrtsgesetz,
- Unterhaltssicherungsgesetz,
- Asylbewerberleistungsgesetz,
- Heimkehrergesetz,
- Wohngeldgesetz,
- etc.

Unter die Transferaufwendungen fallen auch die Gewerbesteuerumlage und die Finanzierungsbeteiligung am Fonds Deutsche Einheit. Gleiches gilt auch für die Umlagen der Kommunen an die Landkreise, Regionalverbänden, Gemeindeverwaltungsverbände und die Zweckverbände. Dabei ist es unerheblich, ob sich ein abgrenzbarer Teil dieser Umlage auf einen bestimmten Aufgabenbereich (z. B. Jugendhilfe) bezieht.

12.2.15 Sonstige ordentliche Aufwendungen (§ 2 Abs. 1 Nr. 18 GemHVO, Kontengruppe 44)

Die Kontengruppe 44 stellt ein Sammelbecken für mögliche sonstige Aufwandsarten dar. Aufzuführen sind insbesondere

- Sonstige Personal- und Versorgungsaufwendungen:
  - Aufwendungen für Personaleinstellungen,
  - Aufwendungen für Umzugskostenvergütung,
  - Trennungsgeld,
  - Funktionsbedingte Aufwandsentschädigungen,
  - Prämien im Vorschlagswesen,
  - Vergütung für Arbeitnehmerabfindungen,
  - Zahlungen nach dem Personalvertretungsgesetz zur Deckung der dem Personalrat entstehenden Kosten,
  - Fahrtkostenzuschüsse für Fahrten zwischen Wohnung und Arbeitsplatz,
- Aufwendungen für die Inanspruchnahme von Rechten und Diensten:
  - Aufwendungen für ehrenamtliche und sonstige Tätigkeit,
  - Schülerbeförderungskosten,
  - Verfügungsmittel (§ 13 Abs. 1 Nr. 1 GemHVO),
  - Vermischte Aufwendungen, die im Haushaltsplan (bzw. auf Planungskonten bei der Aufstellung des Haushaltsplanes) ohne Angabe bestimmter Einzelzwecke veranschlagt werden, weil sich mehrere Planansätze wegen Geringfügigkeit nicht lohnen,
  - Mitgliedsbeiträge an Vereine und Verbände,
- Geschäftsaufwendungen:
  - für den Bürobedarf,
  - für Bücher und Zeitschriften (soweit nicht 4271 Besondere Verwaltungs- und Betriebsaufwendungen),
  - Post- und Fernmeldegebühren,

  - Öffentliche Bekanntmachungen,
  - Sachverständigen, Gerichts- und ähnliche Kosten,
  - Reisekostenvergütungen, auch in Personalvertretungsangelegenheiten (nicht aber für Aus- und Fortbildung),
  - Fahrtkosten- und Auslagenersätze bei Dienstgängen (Stadtfahrten),
  - Entschädigung für die Benutzung anerkannter oder sonst zugelassener privateigener Kraftfahrzeuge (auch soweit pauschaliert),
- Steuern, Versicherungen, *Schadensfälle* (soweit nicht bei anderen Kontengruppen nachzuweisen, z. B. Feuerversicherung für ein Gebäude bei 4241 „Bewirtschaftung der Grundstücke und baulichen Anlagen“, 4251 „Kfz-Versicherungen“). Die **Abwicklung von Schadensfällen** gehört grundsätzlich zu den außerordentlichen Aufwendungen und sind bei Konto 5113 „Geleisteter Schadensersatz u. a.“ und beim Finanzkonto 744 nachzuweisen. Soweit es sich um Unterhaltungsaufwendungen handelt, sind die entsprechenden Konten maßgebend (z. B. 4211, 4221, 4251 usw.).
- Erstattung für die Aufwendungen von Dritten aus laufender Verwaltungstätigkeit aufgrund gesetzlicher Vorschriften, öffentlich-rechtlicher Vereinbarung oder sonstiger gesetzlicher Verpflichtung, dazu gehören z. B.
  - Ersatz von Personal- und Sachkosten gemeinsamer Verwaltungseinrichtungen, Erstattung für gemeinsame Verwaltungsfachbeamte (z. B. Rechnungsprüfungsamt für mehrere Kommunen), Kassenbedienstete, technische Beamte, Forstpersonal, Beteiligung an Dienst- und Versorgungslasten, gemeinsame Unterhaltung oder Mitbenutzung von Schulen, Sportstätten, Klärwerken, Feuerwehr, Friedhöfen, Erstattung von Aufwendungen für die Straßenunterhaltung, die z. B. ein Landkreis für eine Gemeinde übernommen hat,
  - pauschalierte Verwaltungsbeiträge,
  - Gastschülerbeiträge,
  - Erstattungen nach dem SGB XII, der VO zur Kriegsopferfürsorge, dem JWG und anderen einschlägigen Gesetzen,
  - Zuweisungen und Zuschüsse für laufende Zwecke bei 431,
  - Schülerbeförderungskosten an Verkehrsunternehmen und Schüler bei 4429,
- Leistungsbeteiligungen von den Gemeinden für die Umsetzung der Grundsicherung für Arbeitssuchende,
- Wertveränderungen bei Vermögensgegenständen,
- Allgemeine Deckungsreserve:
  Auf dem Konto 4481 werden nur die Mittel zur Deckung über- und außerplanmäßiger Aufwendungen nach § 13 Abs. 1 Nr. 2 GemHVO veranschlagt. Auf diesem Konto wird nicht gebucht! Die über- und außerplanmäßigen Aufwendungen müssen immer auf dem sachlich zuständigen Aufwandskonto gebucht werden.
  Für die entsprechenden Auszahlungen fehlt allerdings im Kontenrahmen das entsprechende Finanzkonto (Auszahlungskonto für die Planung im Finanzhaushalt).
- Globaler Minderaufwand

Die einzelnen Aufwandsarten sind dem Kontenrahmen zu entnehmen. Besonderheiten bzgl. der Haushaltsplanung oder der Abwicklung in der Buchhaltung ergeben sich u. a.

bei der Behandlung von Leasingraten. Diese sind grundsätzlich nur dann als Aufwand zu buchen, wenn das geleaste Wirtschaftsgut dem Leasinggeber als wirtschaftliches Eigentum zugerechnet werden kann. Liegt das wirtschaftliche Eigentum[7] dagegen beim Leasingnehmer, ist dies zu aktivieren und sind die Leasingraten als Kaufpreisraten (d. h. als Investitionsauszahlungen) zu behandeln.[8]

12.2.16 Zinsen und sonstige Finanzaufwendungen (§ 2 Abs. 1 Nr. 16 GemHVO, Kontengruppe 45)

Die Kontenart 451 (Zinsaufwendungen) enthält die Zinsen für die in der Bilanz nachgewiesenen Geldschulden und auf Grund von kreditähnlichen Rechtsgeschäften zu zahlenden Zinsen. Dabei muss im Kontenplan eine Differenzierung der Zinsaufwendungen nach den Empfängern bzw. Darlehensgebern entsprechend der Bereichsabgrenzung erfolgen, um den Anforderungen der Statistik entsprechen zu können. Neben den Zinsaufwendungen werden in der Kontengruppe 45 auch sonstige Finanzaufwendungen abgebildet, die sich aus der Inanspruchnahme von Fremdkapital ergeben können.

Nicht zu den Zinsen und ähnlichen Aufwendungen gehören die allgemeinen Aufwendungen für den Geldverkehr, wie z. B. Bankspesen und Kontoführungsgebühren. Hierbei handelt es sich um Aufwendungen für allgemeine Bankdienstleistungen, die aber bei der Kontenart 4593 „Aufwand des Geldverkehrs" zugeordnet werden sollen.

Weiterhin sind bei der Kontengruppe 45 folgende Aufwendungen nachzuweisen:

- Kreditbeschaffungskosten (Disagio, Abschlussgebühren bei Bausparverträgen) – ist der Rückzahlungsbetrag einer Verbindlichkeit höher als der Auszahlungsbetrag, so darf nach § 48 Abs. 3 GemHVO der Unterschiedsbetrag in den aktiven Rechnungsabgrenzungsposten aufgenommen werden. Mit dieser Regelung wird die aktive Rechnungsabgrenzung von Disagio im Rahmen von Kreditaufnahmen umschrieben. Der Unterschiedsbetrag ist durch planmäßige jährliche Abschreibungen zu tilgen, die auf die gesamte Laufzeit der Verbindlichkeit verteilt werden können.
- Verzinsung von Steuernachzahlungen (Säumniszuschläge und Verzinsung der Gewerbesteuer nach § 233a AO),
- Aufwand des Geldverkehrs,
- Sonstige Finanzaufwendungen, z. B. für Nutzungsrechte, Zinsen für zurückzuzahlende Zuwendungen, Abfindungen im Zusammenhang mit Gebietsänderungen (z. B. für Steuerausfälle u. ä.). Die Zahlung von Abfindungen für die Abtretung von Grundstücken bei Gebietsänderung wird bei 7821 nachgewiesen.

---

7 Zum Begriff des wirtschaftlichen Eigentums siehe Kap. 10 dieses Buches.

8 Vgl. *Brixner/Harms/Noe*, Verwaltungs-Kontenrahmen, München, 2003, S. 425 f. mit Hinweisen auf die Leasing-Erlasse des Bundesministers der Finanzen (BMF).

12.2.17 Planmäßige Abschreibungen (§ 2 Abs. 1 Nr. 15 GemHVO, Kontengruppe 47)

Vermögensgegenstände, die dazu bestimmt sind, der Aufgabenerfüllung der Gemeinde dauerhaft zu dienen, sind dem Immateriellen Vermögen bzw. dem Sachvermögen zuzuordnen. Soweit diese Vermögensgegenstände im Rahmen ihrer Verwendung einer regelmäßigen Abnutzung unterliegen oder durch außergewöhnliche Vorfälle verbraucht werden, wird die hierdurch verursachte Minderung des Immateriellen Vermögens bzw. des Sachvermögens als planmäßige Abschreibung ergebniswirksam erfasst (§ 46 GemHVO). Diese Erfassung erfolgt einerseits im Soll auf dem Aufwandskonto der Gruppe 47 (Bilanzielle Abschreibungen) und im Haben auf dem jeweiligen Bestandskonto:

4711 Abschreibungen an 0XXX Vermögensgegenstand

Grundsätzlich ergibt sich durch die Abschreibung zunächst eine Bilanzkürzung, da einerseits der Wert des Vermögensgegenstandes verringert wird und andererseits durch die Erfassung als Aufwand die Abschreibung in gleicher Höhe die Nettoposition mindert. Durch die Abschreibung ist damit nicht, wie irrtümlich häufig vermutet wird, automatisch die Finanzierung einer Ersatzinvestition sichergestellt. Diese Finanzierungsfunktion ergibt sich ausschließlich dann, wenn den Abschreibungen entsprechende (zahlungswirksame) Erträge gegenüberstehen, die die Minderung der Kapitalposition ausgleichen und gleichzeitig auf der Aktivseite durch eine Erhöhung der Liquiden Mittel die Bilanz wieder verlängern.

Planmäßige Abschreibungen ergeben sich i. d. R. nach § 46 Abs. 1 GemHVO durch die lineare Verteilung der Anschaffungs- und Herstellungswerte des Immateriellen Vermögens bzw. des Sachvermögens auf die verwaltungsübliche Nutzungsdauer des jeweiligen Vermögensgegenstandes (lineare Abschreibung).

$$\textbf{Abschreibung p. a.}^{9} = \frac{\textbf{Anschaffungs-/Herstellungskosten}}{\textbf{Nutzungsdauer}}$$

Für die Bestimmung der betriebsgewöhnlichen Nutzungsdauer von abnutzbaren Vermögensgegenständen gibt das Innenministerium eine Abschreibungstabelle vor. Von dieser kann mit einer Begründung, die im Anhang (§ 53 Abs. 2 Nr. 2 GemHVO) zum Jahresabschluss dokumentiert wird, abgewichen werden.

§ 46 Abs. 1 Satz 4 GemHVO lässt eine Abweichung von der linearen Abschreibung nur dann zu, wenn (andere) Rechtsvorschriften z. B. aus dem Steuerrecht es vorsehen. Dann ist eine Abschreibung mit fallenden Beträgen (degressive Abschreibung) oder nach Maßgabe der Leistungsabgabe (Leistungsabschreibung) zulässig. Möglich ist

9 Im Gegensatz zur kalkulatorischen Abschreibung in der Kosten- und Leistungsrechnung wird bei der bilanziellen Abschreibung generell davon ausgegangen, dass der Vermögensgegenstand bis zum Ende der Nutzungsdauer im Besitz der Kommune bleibt. Geplante Liquidationserlöse vor oder nach Ablauf der Nutzungsdauer werden daher bei der Ermittlung der bilanziellen Abschreibung grundsätzlich nicht berücksichtigt.

unter dieser Voraussetzung auch eine Kombination von degressiver und linearer Abschreibung.[10] Unzulässig ist im Umkehrschluss die progressive Abschreibung, da durch steigende Abschreibungsbeträge eine unzulässige buchhalterische Verschiebung des Ressourcenverbrauchs in die Zukunft erfolgt, die mit dem Prinzip der intergenerativen Gerechtigkeit unvereinbar ist.

Bei der degressiven Abschreibung erfolgt die Verteilung der Anschaffungs- und Herstellungskosten auf die Nutzungsdauer mit sinkenden Beträgen. Die Ermittlung des Abschreibungsverlaufs ergibt sich mathematisch aus einer geometrischen Reihe. Bei einer geometrisch degressiven Abschreibung muss im letzten planmäßigen Nutzungsjahr der volle Restbuchwert abgeschrieben werden, oder die Kommune wechselt entsprechend dem Steuerrecht zur linearen Abschreibung, wenn die lineare Abschreibung auf die jeweilige Restnutzungsdauer bezogen höher ist als die degressive Abschreibung.

Bei der Leistungsabschreibung erfolgt die Ermittlung des Ressourcenverbrauchs eines Vermögensgegenstands nicht unter Berücksichtigung des Zeitablaufs, sondern unter Maßgabe der tatsächlichen Inanspruchnahme. Grundlage der Leistungsabschreibung sind die erzielbaren Leistungseinheiten des jeweiligen Vermögensgegenstandes während seiner gesamten Lebensdauer. Bei der Nutzung eines Kraftfahrzeugs könnte z. B. die Leistungsabschreibung anhand der Kilometerleistung erfolgen. Zur Ermittlung der jährlichen Abschreibungen wird der Abschreibungsausgangswert (Anschaffungs-/Herstellungswerte) durch die insgesamt erzielbaren Leistungseinheiten (Lebensleistung des PKW in km) dividiert und anschließend mit der für die jeweilige Rechnungsperiode tatsächlich ermittelte Leistungsabgabe multipliziert.

Beim Erwerb eines abnutzbaren Vermögensgegenstandes beginnt der Abschreibungszeitraum in dem Monat, in dem der Vermögensgegenstand angeschafft oder hergestellt wurde, also nicht erst bei der Inbetriebnahme des Vermögensgegenstandes (§ 46 Abs. 2 Satz 1 GemHVO).

Bewegliche Vermögensgegenstände des Sachvermögens, die nach § 38 Abs. 4 nicht erfasst werden, sind als Aufwand zu buchen und gelten nach § 61 Nr. 21 GemHVO nicht als Investition. Somit können sie auch nicht über Kredite finanziert werden, denn Kreditaufnahmen sind nach § 87 Abs. 1 GemO nur für Investitionen, Investitionsförderungsmaßnahmen und zur Umschuldung zulässig. Dies führt z. B. bei der Erstausstattung von Schulen, Kindergärten, Rathäusern usw. z. B. mit Mobiliar, das selbständig genutzt werden kann und bis 1.000 € ohne Umsatzsteuer kostet, zu Finanzierungsproblemen, weil eine Kreditaufnahme dafür unzulässig wäre.

Nach § 37 Abs. 2 GemHVO können Werte von Vermögensgegenstände des Sachvermögens durch die Festwertmethode ermittelt werden, wenn mit einer gleichbleibenden Menge und einem gleichbleibenden Wert zu rechnen ist und dieser von nachrangiger Bedeutung ist. Damit entfällt eine jährliche Abschreibung, da sich der Wer-

---

10 Seit dem Haushaltsjahr 2008 ist im Steuerrecht die degressive Abschreibung ausgeschlossen worden. Deshalb verliert die Abweichung von der linearen Abschreibung im Haushaltsrecht an Bedeutung.
Eine Abschreibung auf der Basis der Wiederbeschaffungszeitwerte ist im Gegensatz zum kommunalen Abgabenrecht im kommunalen Haushaltsrecht unzulässig.

teabgang durch Neuinvestitionen die Waage halten. Jedoch muss alle fünf Jahre eine körperliche Bestandsaufnahme durchgeführt werden.

Gleichartige oder gleichwertige Vermögensgegenstand können als Gruppe zusammengefasst und gemeinsam aktiviert werden (§ 37 Abs. 3 GemHVO). Außer den Vorräten werden diese entsprechend § 46 GemHVO abgeschrieben.

Neben den planmäßigen Abschreibungen kommt die außerplanmäßige Abschreibung nach § 46 Abs. 3 GemHVO zur Anwendung. Stellt sich in einem späteren Jahr heraus, dass die Gründe für die höhere Abschreibung nicht mehr bestehen, so wird der nicht mehr gerechtfertigte höhere Abschreibungsbetrag wieder zugeschrieben.

12.2.18 Aufwendungen aus internen Leistungsbeziehungen (§ 4 Abs. 3 Nr. 4 GemHVO, Kontengruppe 48)

Für die Aufwendungen aus interner Leistungsbeziehung ist die Kontengruppe 48 des Kontenrahmens vorgesehen. Die Ausführungen zu den Erträgen aus interner Leistungsbeziehung gelten entsprechend (s. o., Kap. 12.2.9).

12.2.19 Außerordentliche Aufwendungen (Kontengruppen 51 und 53)

Zur Abgrenzung der ordentlichen von den außerordentlichen Aufwendungen wird auf die Ausführungen zu den außerordentlichen Erträgen in Kap. 12.2.10. verwiesen.

Zu den außerordentlichen Aufwendungen gehören in der Kontenklasse 5:

Außergewöhnliche Aufwendungen

Dies sind Aufwendungen, die aus unvorhergesehenen Ereignissen und Finanzvorfällen entstehen, welche sich klar von den der gewöhnlichen Tätigkeit der Kommune unterscheiden (sie stehen außerhalb der gewöhnlichen Verwaltungstätigkeit der Kommune) und von denen daher nicht anzunehmen ist, dass sie häufig oder regelmäßig wiederkehren. Ob ein Ereignis oder Finanzvorfall klar von der gewöhnlichen Tätigkeit einer Kommune zu unterscheiden ist, wird durch die Art des Ereignisses oder Finanzvorfalles im Hinblick auf die gewöhnlich von der Kommune betriebenen Verwaltungstätigkeiten und weniger durch die Häufigkeit, mit der solche Ereignisse erwartet werden oder auftreten können bestimmt. Die Definition von außergewöhnlichen Aufwendungen ist eng auszulegen.

- Aufwendungen im Zusammenhang mit Katastrophen und ähnlichen Ereignissen,
- Spenden,
- Geleisteter Schadensersatz,
- Aufwendungen aus der Inanspruchnahme von Gewährleistungen,
- Aufwendungen aus Verlustübernahme.

Außerplanmäßige Abschreibungen

Dies sind Abschreibungen, die außergewöhnliche Wertminderungen von Vermögensgegenständen des Sachvermögens erfassen. Ursachen für eine außerplanmäßige Abschreibung können erhöhte Inanspruchnahme, unterlassene Instandhaltung, der technische Fortschritt, Katastrophen und andere außergewöhnliche Ereignisse oder eine anderweitige mangelnde Verwendbarkeit des Vermögensgegenstandes sein. Voraussetzung für die außerplanmäßige Abschreibung ist die voraussichtlich dauernde Wertminderung.

- Außerplanmäßige Abschreibungen auf immaterielle Vermögensgegenstände und Sachanlagen,
- Außerplanmäßige Abschreibungen auf Finanzanlagen,
- Aufwendungen aus der Veräußerung von Vermögensgegenständen,
  Differenz zwischen dem Nettoverkaufserlös und dem Restbuchwert (Verkauf mit „Verlust"):
  - Aufwendungen aus der Veräußerung von Grundstücken und Gebäuden,
  - Aufwendungen aus der Veräußerung von beweglichen Vermögensgegenständen oberhalb der Wertgrenze von 1.000 € ohne Umsatzsteuer,
  - Aufwendungen aus der Veräußerung von Finanzvermögen,
  - Aufwendungen aus der Veräußerung von immateriellen Vermögensgegenständen.

12.3 Übungen

Sachverhalt Nr. 1

Im laufenden Jahr ergeben sich in der Gemeinde G u. a. nachfolgende Finanzvorfälle:

1. Die Gemeinde versendet im Januar die Vorauszahlungsbescheide für die Gewerbesteuer. Die Gesamtforderung beträgt 2 Mio. €, die jeweils zu einem Viertel am 15. Februar, 15. Mai, 15. August und 15. November fällig werden.
2. Die Stadtbücherei nimmt im Juli 20.000 € Benutzungsgebühren als Jahresgebühr ein. Die erworbenen Jahreskarten gelten von Anfang Juli des laufenden Jahres bis Ende Juni des folgenden Jahres.
3. Die Gemeinde veräußert ein gebrauchtes Notebook an einen Mitarbeiter. Sie erhält dafür 300 €. Der Restbuchwert des Gerätes betrug zum Zeitpunkt der Veräußerung noch 250 €.
4. Der Bauhof der Gemeinde G stellt im Januar ein Klettergerüst für den Spielplatz her. Es fallen Materialaufwand von 800 € an, die direkt der Herstellung zugeordnet werden können und Personalaufwand von 1.500 €. Aus der Kostenrechnung werden für die Erstellung des Klettergerüsts Materialgemeinkosten von 100 €, Fertigungsgemeinkosten von 300 € und Verwaltungsgemeinkosten von 100 € ermittelt. Das Klettergerüst wird am 20. Januar aufgestellt. Als Nutzungsdauer werden fünf Jahre kalkuliert.

Aufgabe:
Zeigen Sie für die Finanzvorfälle alle notwendigen Buchungssätze auf. Nutzen Sie die verbindlichen Zuordnungsvorschriften zum niedersächsischen Kontenrahmen. Eine Mitkontierung der Produktbereiche und eine Berücksichtigung der Finanzrechnung ist nicht erforderlich.

Lösung:
Zu 1:
Aus dem Grundsatz der Vorsicht und dem Realisationsprinzip nach § 43 Abs. 3 GemHVO ergibt sich, dass Forderungen nur eingebucht werden dürfen, wenn die sachliche und persönliche Steuerschuld entstanden ist und der Steuerbescheid bekannt gegeben wurde. Auf die Fälligkeit kommt es nicht an.

Nach § 21 GewStG entstehen die Vorauszahlungen auf die Gewerbesteuer mit Beginn des Kalendervierteljahres, in dem die Vorauszahlung zu entrichten sind. Bei den Gewerbesteuerbescheiden handelt es sich um Vorauszahlungsbescheide.

Übersicht zur Entstehung und Fälligkeit einer Gewerbesteuervorauszahlung		
Kalendervierteljahr	Entstehung der Forderung § 21 GewStG	Fälligkeit der Forderung § 19 Abs. 1 GewStG
1. Quartal 1.1. bis 31.3.	1.1. des Jahres	15.2. des Jahres
2. Quartal 1.4. bis 30.6.	1.4. des Jahres	15.5. des Jahres
3. Quartal 1.7. bis 30.9.	1.8. des Jahres	15.8. des Jahres
4. Quartal 1.10. bis 31.12.	1.10. des Jahres	15.11. des Jahres

Sobald eine Gewerbesteuervorauszahlung entstanden ist, wird die Forderung für jedes Kalendervierteljahr (Quartal) eingebucht.

Debitor	**an**	**3013 Gewerbesteuer**	**500.000 €**

Zu 2:
Die im Juli eingenommenen Benutzungsgebühren für die Stadtbücherei beziehen sich nicht nur auf das laufende Haushaltsjahr. Die erworbenen Jahreskarten sind im Haushaltsjahr 6 Monate gültig und im folgenden Jahr ebenfalls 6 Monate. Zur Ermittlung des Ertrages ist daher eine Abgrenzung nach § 48 Abs. 2 GemHVO vorzunehmen.

Zunächst wird die Debitorenrechnung vollständig auf das Ertragskonto gebucht:

Debitor	**an**	**3321 Benutzungsgebühren**	**20.000 €**

Anschließend erfolgt die Korrektur des Ertragskontos durch eine passive transitorische Rechnungsabgrenzung:

3321 Benutzungsgebühren	**an**	**2911 Passive RAP**	**10.000 €**

Andere Lösung als zusammengesetzter Buchungssatz:

Debitor	**20.000 €**	**an**	**3321 Benutzungsgebühren**	**10.000 €**
		an	**2901 Passive RAP**	**10.000 €**

Zu 3:
Der zusammengesetzte Buchungssatz lautet wie folgt:

Debitor	**300 €**	**an**	**5312 Ertr. aus Veräußerung**	**50 €**
		an	**072 BGA**	**250 €**

Durch diese Buchungen weist das Ertragskonto einen Saldo von 50 € im Soll aus, der als außerordentlicher Ertrag in die Ergebnisrechnung einfließt. Das Notebook ist aus dem Bestandskonto mit dem Restbuchwert ausgebucht.

Zu 4:
Während der Herstellung des Klettergerüsts fallen Personal- und Materialaufwendungen an. Die Personalaufwendungen werden zunächst ohne Bezug zu der Herstellung des Klettergerüsts buchhalterisch erfasst:

4012 Dienstaufwendungen	**an**	**Kreditor**	**1.500 €**

Die Materialaufwendungen können nach dem Sachverhalt dem neu erstellten Klettergerüst direkt zugeordnet werden. Für das Klettergerüst wird daher in der Anlagenbuchhaltung eine „Anlage im Bau" eingerichtet. Die Buchung der Rechnungen für das Material des Klettergerüsts lautet:

096 Anlagen im Bau	**an**	**Kreditor**	**800 €**

Nach Fertigstellung des Klettergerüsts aber spätestens jedes Jahr werden die erbrachten Eigenleistungen der Anlage im Bau zugerechnet. Als aktivierbare Eigenleistungen kommen nach § 44 Abs. 3 GemHVO neben den Materialeinzelkosten noch die Fertigungseinzelkosten, die Sonderkosten der Fertigung, Fertigungs- und Materialgemeinkosten in Frage. Zuzurechnen sind dem Klettergerüst danach noch der entsprechende Personalaufwand (Fertigungseinzelkosten), die Material- und Fertigungsgemeinkosten. Verwaltungsgemeinkosten können ebenfalls aktiviert werden. Aktivierbar sind daher:

Fertigungseinzelkosten:	1.500 €
Fertigungsgemeinkosten:	300 €
Materialgemeinkosten:	100 €
Verwaltungsgemeinkosten:	100 €
Summe:	**2.000 €**

Die Buchung erfolgt als Ertrag aus aktivierten Eigenleistungen:

096 Anlagen im Bau	**an**	**3711 Aktiv. Eigenleistungen**	**2.000 €**

Auf der Anlage im Bau „Klettergerüst“ haben sich damit Herstellungswerte i. H. v. insgesamt 2.800 € angesammelt. Nach Fertigstellung des Klettergerüsts werden diese Herstellungswerte von der Anlage im Bau auf das endgültige Anlagenkonto umgebucht:

072 BGA	**an**	**0911 Anl. im Bau**	**2.800 €**

Mit der Fertigstellung (Herstellung) des Klettergerüsts erfolgt auch die Abschreibung des Vermögensgegenstandes. Das Klettergerüst wurde im Januar fertig gestellt und der Abschreibungszeitraum beginnt ab Januar (§ 46 Abs. 2 GemHVO). Der Abschreibungssatz beträgt bei einer 5-jährigen Nutzungsdauer 20 %:

4711 Bil. Abschreibungen	**an**	**072 BGA**	**560 €**

Mit der Buchung der Abschreibung sind alle erforderlichen Buchungen im Haushaltsjahr durchgeführt.

Sachverhalt Nr. 2

Die Gemeinde G schafft im Juli 2024 DV-Ausstattung für die Grundschule für insgesamt 80.000 € an. Aus Landesmitteln wird die Anschaffung mit 20 % gefördert. Der Förderbescheid liegt bereits im April 2024 vor, die Auszahlung der Förderung wird erst im November erwartet. Ab dem 20. Juli ist die DV-Ausstattung einsatzbereit. Die vorgesehene Nutzungsdauer der Ausstattung beträgt vier Jahre.

Aufgaben:

a) Zeigen Sie die notwendigen Buchungen (Buchungssätze) für die Anschaffung der Ausstattung (inkl. Ausgleich der Kreditoren- und Debitorenkonten), die Erfassung der Zuwendung und die erfolgswirksame Behandlung dieser Positionen im Jahr der Anschaffung.
b) Wie ist dieser Vorgang im Teilfinanz- und Teilergebnishaushalt des Fachbereichs „Schulen“ zu veranschlagen?

Lösung:

Zu a)

Die Anschaffung der DV-Ausstattung erfolgt i. d. R. über die Anlagenbuchhaltung, in der für jedes einzelne Anlagegut ein separater Stammsatz angelegt wird. Auf den einzelnen Stammsätzen werden dann die Kreditorenrechnungen erfasst. In der Summe ergibt sich daraus die Buchung:

072 BGA	**an**	**Kreditor**	**80.000 €**

Bei Zahlung des Rechnungsbetrags wird das Kreditorenkonto wieder ausgeglichen:

Kreditor	**an**	**1711 Sichteinlagen**	**80.000 €**

Für den Förderbetrag liegt bereits im April ein Förderbescheid vor. Zu diesem Zeitpunkt hat die Gemeinde jedoch die Fördervoraussetzungen noch nicht erfüllt. Die Erfüllung der Fördervoraussetzungen ist mit der Anschaffung und Inbetriebnahme der DV-Ausstattung gegeben. Zu diesem Zeitpunkt kann dann auch die Landesförderung buchhalterisch erfasst werden:

Debitor	**an**	**211 Sonderposten**	**16.000 €**

Erst bei Forderungseingang im November wird das Debitorenkonto ausgeglichen:

1711 Sichteinlagen	**an**	**Debitor**	**16.000 €**

Durch die bisherigen Buchungen wurden die DV-Anlagen i. H. v. 80.000 € auf Aktivkonten erfasst, die Landeszuwendung i. H. v. 16.000 € wurde auf einem Passivkonto als Sonderposten erfasst. Die Debitoren- und Kreditorenkonten sind durch die entsprechenden Zahlungsein- und -ausgänge wieder ausgeglichen. Zur Abbildung des Ressourcenverbrauchs sind für das Jahr 2020 noch die anteiligen Abschreibungen für ein halbes Jahr und die entsprechende Auflösung des Sonderpostens zu buchen. Die Abschreibung für das Jahr 2020 wird für sechs Monate vorgenommen.

4711 Bil. Abschreibungen	**an**	**072 BGA**	**10.000 €**

Mit dem gleichen Anteil (sechs Monate) wird in 2024 der für die Landesförderung gebildete Sonderposten ertragswirksam aufgelöst:

211 Sonderposten	**an**	**3161 Ertrag aus Sopo**	**2.000 €**

Zu b)

Im Teilfinanzhaushalt sind die investiven Ein- und Auszahlungen der Produktgruppe zu erfassen. Das sind zum einen die Auszahlungen für die Anschaffung der DV-Ausstattung und daneben die Einzahlungen für die Landeszuwendung. Damit hat der Teilfinanzhaushalt folgendes Bild:

	Teilfinanzhaushalt **OE Grundschule, Produktgruppe 211**	**Ansatz 2024 -Euro-**
	1	2
	Einzahlungen für Investitionstätigkeit	
19.	Zuwendungen für Investitionstätigkeit	16.000
20.	Beiträge u. ä. Entgelte für Investitionstätigkeit	
21.	Veräußerung von Sachvermögen	
22.	Veräußerung von Finanzvermögensanlagen	
23.	sonstige Investitionstätigkeit	
24.	**= Summe der Einzahlungen für Investitionstätigkeit**	16.000
	Auszahlungen für Investitionstätigkeit	
25.	Erwerb von Grundstücken und Gebäuden	
26.	Baumaßnahmen	
27.	Erwerb von beweglichem Sachvermögen	80.000
28.	Erwerb von Finanzvermögensanlagen	
29.	Aktivierbare Zuwendungen	
30.	Sonstige Investitionstätigkeit	
31.	**= Summe der Auszahlungen für Investitionstätigkeit**	80.000
32.	**Saldo aus Investitionstätigkeit** (Summe Einzahlungen abzüglich Summe Auszahlungen für Investitionstätigkeit)	–64.000

Im Teilergebnishaushalt sind nur die aufwands- bzw. ertragswirksamen Vorgänge zu veranschlagen. Dies sind für den vorliegenden Finanzvorfall die planmäßigen Abschreibungen der DV-Ausstattung und die ertragswirksame Auflösung des Sonderpostens aus der Landeszuweisung. Beschränkt auf diesen Finanzvorfall ergeben sich nachfolgende Planungspositionen in dem Teilergebnishaushalt:

Teilergebnishaushalt OE Grundschule, Produktgruppe 211		Ansatz 2024 -Euro-
1		2
	Ordentliche Erträge	
1.	Steuern und ähnliche Abgaben	
2.	Zuwendungen und allgemeine Umlagen	
3.	Auflösungserträge aus Sonderposten	2.000
4.	sonstige Transfererträge	
5.	öffentlich-rechtliche Entgelte	
6.	privatrechtliche Entgelte	
7.	Kostenerstattungen und Kostenumlagen	
8.	Zinsen und ähnliche Finanzerträge	
9.	aktivierte Eigenleistungen	
10.	Bestandsveränderungen	
11.	sonstige ordentliche Erträge	
12.	**= Summe ordentliche Erträge**	2.000
	Ordentliche Aufwendungen	
13.	Aufwendungen für aktives Personal	
14.	Aufwendungen für Versorgung	
15.	Aufwendungen für Sach- und Dienstleistungen	
16.	Abschreibungen	10.000
17.	Zinsen und ähnliche Aufwendungen	
18.	Transferaufwendungen	
19.	sonstige ordentliche Aufwendungen	
20.	**= Summe ordentliche Aufwendungen**	10.000
21.	**ordentliches Ergebnis** (Summe ordentliche Erträge abzüglich Summe ordentliche Aufwendungen)	–8.000
22.	außerordentliche Erträge	
23.	außerordentliche Aufwendungen	
24.	**außerordentliches Ergebnis** (außerordentliche Erträge abzüglich außerordentliche Aufwendungen)	
25.	**Jahresergebnis** (Saldo aus dem ordentlichen und dem außerordentlichen Ergebnis) **Überschuss (+)/Fehlbetrag (–)**	–8.000
26.	Erträge aus internen Leistungsbeziehungen	
27.	Aufwendungen aus internen Leistungsbeziehungen	
28.	Saldo aus internen Leistungsbeziehungen	
29.	**Ergebnis unter Berücksichtigung der internen Leistungsbeziehungen**	–8.000

Sachverhalt Nr. 3

Die Musikschule der Gemeinde G plant, im Juli 2020 ihren Konzertflügel auszutauschen. Dazu soll der bisherige Flügel, der im Januar 2007 für 60.000 € gekauft wurde, in Zahlung gegeben werden. Der Musikschulleiter erwartet bei der Inzahlungnahme eine Gutschrift i. H. v. 50.000 €. Der Preis des neuen Flügels wird mit 75.000 € kalkuliert. Für Konzertflügel kalkuliert die Gemeinde G eine Nutzungsdauer von 30 Jahren.

Aufgabe:
Stellen Sie die mit den Konzertflügeln in Verbindung stehenden Positionen des Teilergebnishaushaltes für das Jahr 2020 zusammen.

Lösung:
Im Teilergebnishaushalt sind die Aufwendungen und Erträge zu kalkulieren, die mit den Konzertflügeln in Verbindung stehen. Zunächst ist daher zu ermitteln, wie hoch die Abschreibung für den alten Flügel im Jahr 2020 voraussichtlich sein wird. Die Anschaffungskosten des Flügels betrugen 60.000 €. Bei einer kalkulierten Nutzungsdauer von 30 Jahren beträgt die planmäßige jährliche Abschreibung 2.000 €. Im Jahr 2020 beschränkt sich die Abschreibungsdauer auf sechs Monate (Januar bis Juni), so dass für den alten Flügel Abschreibungen i. H. v. 1.000 € für das Jahr 2020 anzusetzen sind.

Für den neuen Flügel ist ebenfalls die Abschreibung zu kalkulieren. Bei einer Anschaffung im Juli werden nach § 46 Abs. 2 GemHVO die Abschreibungen für die Monate Juli bis Dezember berücksichtigt. Ausgehend von Anschaffungskosten von 75.000 errechnet sich eine Abschreibung i. H. v. 1.250 € für den neuen Flügel.

In Verbindung mit der Inzahlungnahme des alten Flügels ist festzustellen, ob Aufwendungen oder Erträge aus der Veräußerung des Vermögensgegenstandes zu kalkulieren sind. Diese ergeben sich aus der Differenz des Veräußerungserlöses zum aktuellen Restbuchwert. Laut Sachverhalt wird als Veräußerungserlös für den alten Flügel mit 50.000 € gerechnet. Der Restbuchwert ergibt sich aus den Anschaffungswerten abzüglich der aufgelaufenen Abschreibungen. Die Anschaffungswerte betrugen 60.000 €. Von Januar 2007 bis Ende 2019 sind insgesamt planmäßige Abschreibungen für 13 Jahre aufgelaufen. Die jährlichen Abschreibungen betragen 2.000 €. Der Restbuchwert des Flügels betrug damit Anfang 2020 34.000 € (60.000 € ./. 26.000 €). Bis zum Zeitpunkt der Veräußerung im Juli 2020 werden weitere 1.000 € an Abschreibungen anfallen. Der Restbuchwert des Flügels wird zum Zeitpunkt der Veräußerung damit voraussichtlich 33.000 € betragen. Da der erwartete Veräußerungserlös um 17.000 € über dem Restbuchwert liegt, ist in dieser Höhe ein außerordentlicher Ertrag zu veranschlagen. Die Veranschlagung erfolgt in der Kontengruppe 53 außerordentliche Erträge.

Im Teilergebnishaushalt „Kultur“ (Produktgruppe 263 Musikschule) ergeben sich damit nachfolgende Positionen:

47117	**Abschreibungen:**	**2.250 €**
5312	**außerordentliche Erträge:**	**17.000 €**

Sachverhalt Nr. 4

Die Gemeinde G beabsichtigt, im folgenden Jahr 49 % ihrer Anteile an der (100 %igen) Tochter „Stadtwerke G" zu veräußern, um den Haushalt auszugleichen. Nach der bisherigen Haushaltsplanung stehen den Gesamtaufwendungen von 28 Mio. € nur Erträge von 25 Mio. € gegenüber.

Der Bilanzwert des verbundenen Unternehmens beträgt 4.081.633 €. Der Kämmerer rechnet mit einem Veräußerungserlös von rd. 7 Mio. € für den zum Verkauf stehenden Anteil. Das Verfahren der Veräußerung soll durch verschiedene Beratungsfirmen begleitet werden. Hierfür wird insgesamt mit einem Beratungshonorar von 250.000 € gerechnet.

Aufgabe:
Stellen Sie die Veranschlagung der Veräußerung im Ergebnishaushalt dar.

Lösung:
Im Ergebnishaushalt sind gem. § 2 Abs. 1 GemHVO Erträge und Aufwendungen auszuweisen. Zunächst ist daher festzustellen, inwieweit durch die geplante Veräußerung Aufwendungen oder Erträge entstehen.

Erträge aus Veräußerungserlösen könnten entstehen, wenn der erzielte Veräußerungserlös über dem Restbuchwert des veräußerten Vermögensgegenstandes liegt. Laut Sachverhalt beträgt der Bilanzwert der Stadtwerke G, bei der die Gemeinde alleiniger Gesellschafter ist, 4.081.633 €. Die Gemeinde beabsichtigt allerdings, nur einen Anteil von 49 % der Gesellschaft zu veräußern. Bei einer Veräußerung müsste demnach der anteilige Buchwert ermittelt und als Anlagenabgang gebucht werden. Der Buchwert des zum Verkauf stehenden Anteils beträgt 4.081.633 € × 49 % = 2.000.000 €.

Der voraussichtliche Veräußerungserlös beträgt 7 Mio. €. Demnach ergibt sich aus der Veräußerung ein außerordentlicher Ertrag i. H. v. voraussichtlich 5 Mio. €.

Für die Durchführung des Verkaufsverfahrens und für sonstige Beratungen wird mit Aufwendungen i. H. v. 250.000 € gerechnet.

Grundsätzlich sind die erwarteten Erträge als Erträge aus der Veräußerung von Vermögensgegenständen des Anlagevermögens in der Kontengruppe 53 bei den „Erträgen aus der Veräußerung von Finanzvermögen" zu veranschlagen. Die Aufwendungen für die Beratungsleistungen sind bei den „Sonstigen ordentlichen Aufwendungen" (Kontengruppe 44) auszuweisen. Eine Verrechnung von Erträgen und Aufwendungen ist nach §§ 10 Abs. 2 und 40 Abs. 2 GemHVO unzulässig (sog. „Bruttoprinzip"), soweit in der GemHVO nichts anderes bestimmt ist. Damit ist eine Verrechnung des Verkaufserlöses mit den Aufwendungen für die Beratungsleistungen nicht zulässig.

Gem. § 2 Abs. 1 Nr. 22 und 23 GemHVO sind im Ergebnishaushalt außerordentliche Erträge und Aufwendungen separat auszuweisen. Eine Begriffsbestimmung für den Begriff „außerordentlich" liefert § 61 Nr. 4 GemHVO. Als außerordentlich werden damit Erträge und Aufwendungen aus Vermögensveräußerungen angesehen.

Da es sich bei den Aufwendungen für die Beratungsleistungen um Aufwendungen handelt, die dem Finanzvorfall der Veräußerung unmittelbar zuzurechnen sind, sind sie als „Außerordentliche Aufwendungen" auszuweisen. Zwar erfüllen sie isoliert betrachtet die o. a. Anforderungen nicht; bei der Zuordnung kommt es jedoch nicht auf die Betrachtung des einzelnen Planungs- bzw. Buchungsschrittes, sondern auf den gesamten Finanzvorfall an. Da dieser dem außerordentlichen Ergebnis zuzurechnen ist, sind auch die Beratungsaufwendungen hier auszuweisen.

13. Die Finanzrechnung – Grundlagen und Einzelpositionen

13.1 Die Ermittlung der Finanzrechnung

Wie bereits im vorangegangenen Kapitel dargestellt, sieht der Kontenrahmen eigene Kontenklassen für die Bedienung der Finanzrechnung vor. Hierzu wurden, ausgehend vom Industriekontenrahmen, die Kontenklassen 6 und 7 „freigeräumt“. Die Verwendung des Kontenplans in seinem vollen Umfang ist daher darauf ausgerichtet, eine originäre Mitführung der Finanzrechnung auf Sachkonten zu ermöglichen. Da die Mitführung einer zahlungsartenscharfen Finanzrechnung derzeit nicht dem kaufmännischen Standard entspricht, hat sich bislang noch kein einheitlicher Standard zur (buchungs-)technischen Umsetzung dieser Anforderung des Kommunalen Finanzmanagements entwickelt.

Es lassen sich grundsätzlich vier Verfahren zur Ermittlung der für die Finanzrechnung erforderlichen Informationen ableiten. Das nachfolgende Schaubild stellt diese Verfahren systematisch dar:[1]

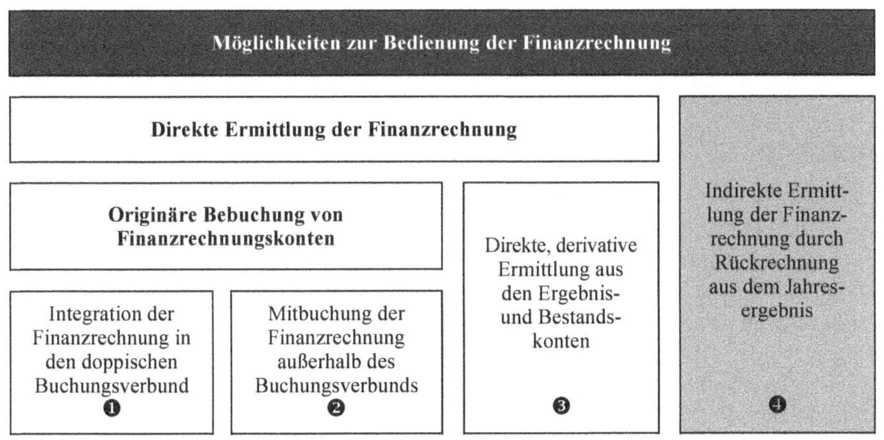

Als zulässig kann die originäre Bebuchung von Finanzrechnungskonten (1 und 2) angesehen werden. Welche Buchungsalternative in den Kommunen verwendet wird, hängt von der verwendeten Software ab. Die direkte derivative Ermittlung findet in Baden-Württemberg keine Anwendung, da es hierfür keine Konten braucht. Sie ermöglicht somit nur mit hohem zusätzlichem Aufwand die geforderte zahlungsartenscharfe Abbildung der Finanzrechnung.

---

1 Modellprojekt „Doppischer Kommunalhaushalt in NRW“ (Hrsg.), Neues Kommunales Finanzmanagement: Betriebswirtschaftliche Grundlagen für das doppische Haushaltsrecht, 2., vollst. überarb. Auf. auf der Basis der Endergebnisse des Modellprojektes, Freiburg 2003, S. 125.

Die indirekte Ermittlungsmethode (4) findet üblicherweise in der Privatwirtschaft Anwendung, wenn börsennotierte Unternehmen eine Kapitalflussrechnung erstellen. Sie erweist sich als nicht zweckgerecht. Vereinfacht dargestellt erfolgt die Ermittlung des Zahlungssaldos ausgehend vom Jahresergebnis bei der indirekten Methode (4) in folgender Weise:[2]

	Jahresergebnis
+/–	Abschreibungen/Zuschreibungen auf Gegenstände des Anlagevermögens
+/–	Zunahmen/Abnahmen der Rückstellungen
+/–	sonstige zahlungsunwirksame Aufwendungen und Erträge
–/+	Gewinne und Verluste aus dem Abgang von Gegenständen des Anlagevermögens
–/+	Zunahme/Abnahme der Vorräte, der Forderungen aus Lieferungen und Leistungen sowie anderer Aktiva
+/–	Zunahme/Abnahme der Verbindlichkeiten aus Lieferungen und Leistungen sowie anderer Passiva
=	Saldo der laufenden Zahlungen

Die möglichen Varianten der direkten Ermittlung der Finanzrechnung werden nun zunächst im Überblick dargestellt, bevor auf Einzelheiten der Verwendung der Kontenklassen 6 und 7 eingegangen wird.[3]

Variante ❶: Integration der Finanzrechnung in den doppischen Buchungsverbund

Die vollständige Integration der Finanzrechnung in den doppischen Buchungsverbund ist die theoretisch bevorzugte Variante für die Bebuchung der Finanzrechnung.[4] Bei der vollständigen Integration der Finanzrechnung werden die Finanzrechnungskonten (Kontenklassen 6 und 7) im originären doppischen Buchungssatz angesprochen. So erfolgt beispielsweise bei der Buchung von Personalaufwand und Personalauszahlungen folgende Abbildung in der Buchhaltung:

1. Im Personalamt werden die Gehälter berechnet. Auf dieser Grundlage erfolgt die Erfassung der Verbindlichkeit auf den Debitorenkonten und die ergebniswirksame Aufwandsbuchung:

4012 Dienstaufwendungen	**an**	**2791 Sonst. Verbindlichkeiten**

---

2 Aufstellung nach *Schrader*, Kapitalflussrechnung als Abbildung der Finanzlage, Frankfurt 1999, S. 36.

3 Einen guten Überblick hierzu geben *Fudalla/zur Mühlen/Wöste*, Doppelte Buchführung in der Kommunalverwaltung, 4/2011, S. 64 ff.

4 Vgl. insb. *Lüder*, Konzeptionelle Grundlagen des Neuen Kommunalen Rechnungswesens, 2. Aufl., Stuttgart 1999, S. 31 und Modellprojekt „Doppischer Kommunalhaushalt in NRW“ (Hrsg.), Neues Kommunales Finanzmanagement: Betriebswirtschaftliche Grundlagen für das doppische Haushaltsrecht, 2., vollst. überarb. Aufl. auf der Basis der Endergebnisse des Modellprojektes, Freiburg 2003, S. 189.

2. Durch die Zahlbarmachung der Gehälter werden die Verbindlichkeiten auf den Debitorenkonten ausgeziffert und es erfolgt die Buchung der Personalauszahlung auf dem Finanzrechnungskonto:

2791 Sonst. Verbindlichk. an 7012 Dienstauszahlung

3. Mitkontierung der liquiden Mittel:

1711 Sichteinlagen bei Banken

Durch diese Buchungssystematik werden sowohl die Buchungen in der Ergebnisrechnung als auch die Buchungen in der Finanzrechnung direkt erfasst. Abweichend von der üblichen kaufmännischen Buchungssystematik wird im zweiten Buchungsschritt nicht das Bankkonto (Liquide Mittel), sondern das Finanzrechnungskonto angesprochen.

Dies hat allerdings zur Folge, dass das Bestandskonto „Sichteinlagen bei Kreditinstituten" nicht direkt fortgeschrieben wird. Um diese Fortschreibung zu erreichen, muss bei der Buchung auf den Finanzrechnungskonten auch eine Mitbuchung des Bankkontos erfolgen. Dies kann durch eine sog. „statistische Mitbuchung", d. h. ohne Buchung eines Gegenkontos erfolgen. Wichtig ist dabei, dass die Besonderheiten der Buchung auf den bilanziellen Bankkonten berücksichtigt werden. Dies betrifft z. B. die Aufteilung der Bankkonten nach den tatsächlichen Kontoverbindungen und den erforderlichen Abgleich der Konten der Buchhaltung mit den Kontoauszügen der Banken.

Variante ❷: Mitbuchung der Finanzrechnung außerhalb des Buchungsverbunds

Bei der zweiten Variante erfolgt die Buchung auf den Aufwands-, Debitoren- und Bankkonten nach der normalen kaufmännischen Praxis. Im Gegensatz zur ersten Variante wird nicht das Finanzmittelkonto (Bankkonto) durch eine statistische Mitbuchung bedient, sondern das Finanzrechnungskonto. Dabei ist es erforderlich, dass bei der Buchung auf den Konten der Gruppe 17 (Liquide Mittel) möglichst automatisch eine Finanzrechnungsbuchung angestoßen wird. Dabei kann z. B. anhand der Auszifferung der Verbindlichkeit auf dem Debitorenkonto festgestellt werden, um welche Zahlungsart es sich handelt. Die Bebuchung des entsprechenden Finanzrechnungskontos erfolgt dann ohne Buchung eines Gegenkontos im Rahmen einer einfachen Nebenbuchhaltung.

1. Im Personalamt werden die Gehälter berechnet. Auf dieser Grundlage erfolgt die Erfassung der Verbindlichkeit auf den Debitorenkonten und die ergebniswirksame Aufwandsbuchung:

4012 Dienstaufwendungen an 2791 Sonst. Verbindlichkeiten

2. Durch die Zahlbarmachung der Gehälter werden die Verbindlichkeiten auf den Debitorenkonten ausgeziffert und es erfolgt die Buchung der Personalauszahlung auf den liquiden Mitteln:

2791 Sonst. Verbindlichk. an 1711 Sichteinlagen bei Banken

3. Mitkontierung des Finanzrechnungskontos ohne Gegenbuchung:

7012 Dienstauszahlung

Die Bebuchung der liquiden Mittel stellt die Bewegung auf den Konten der einzelnen Banken dar. Dagegen zeigt die Mitkontierung auf den Konten der Finanzrechnung die sachliche Zuordnung zu den einzelnen Aufgabenbereichen der Kommune. Die dient zum Nachweis für die Verwendung der öffentlichen Finanzmittel und als Rechnungsgrundlage für den kommunalen Finanzausgleich.

13.2 Originäre Bebuchung der Finanzrechnung in den Kontenklassen 6 und 7

Für die Führung der originären Finanzrechnung wurden im Kontenrahmen die Kontenklassen 6 und 7 vorgesehen. Im Überblick stellen sich die Kontenklassen für die Einzahlungen und Auszahlungen folgendermaßen dar:

Kontenklasse 6			Kontenklasse 7	
Einzahlungen			**Auszahlungen**	
60	Steuern und ähnliche Abgaben		70	Personalauszahlungen
61	Zuwendungen und allgemeine Umlagen		71	Versorgungsauszahlungen
62	Sonstige Transfereinzahlungen		72	Auszahlungen für Sach- und Dienstleistungen
63	Öffentlich-rechtliche Leistungsentgelte		73	Transferauszahlungen
64	Privatrechtl. Leistungsentgelte, Kostenerstattungen und -umlagen		74	Sonstige Auszahlungen aus laufender Verwaltungstätigkeit
65	Sonstige Einzahlungen aus lfd. Verwaltungstätigkeit		75	Zinsen und sonstige Finanzauszahlungen
66	Zinsen und sonstige Finanzeinzahlungen		76	…
671	Einz. aus lfd. Vw.-tätigkeit (sofern nicht Kontengruppe 60–66)		771	Ausz. aus lfd. Vw.-tätigkeit (sofern nicht Kontengruppe 70–75)
679	Haushaltsunwirksame Einzahlungen		779	Haushaltsunwirksame Auszahlungen
68	Einzahlungen aus Investitionstätigkeit		78	Auszahlungen aus Investitionstätigkeit
69	Einzahlungen aus Finanzierungstätigkeit		79	Auszahlungen aus Finanzierungstätigkeit

Die Kontengruppen der Finanzrechnungskonten stimmen weitgehend mit den Ein- und Auszahlungsarten überein, die nach §§ 3, 50 GemHVO in den Plan- und Rechenwerken der Finanzrechnung abzubilden sind.

Grundsätzlich ist festzustellen, dass bei der originären Bebuchung der Finanzrechnung vier Fälle zu unterscheiden sind:

a) Zahlung, die in derselben Rechnungsperiode nicht zu Aufwand oder Ertrag der gleichen Art führt (Buchungsfall 1)

Klassisches Beispiel für solche Zahlungen sind Auszahlungen für Investitionen. Dieser Auszahlungsart steht keine korrespondierende Aufwandsart gegenüber, da die Investition zu einer Aktivierung des Vermögensgegenstandes führt. Durch die Abschreibung des Vermögensgegenstandes kann allerdings bei einer anderen Aufwandsposition und in anderer Höhe ein Aufwand verursacht werden. Buchungstechnisch kann in diesen Fällen das Finanzrechnungskonto nicht aus einem korrespondierenden Aufwandskonto abgeleitet werden. Das Finanzrechnungskonto ist daher anhand des Kontenplans manuell zu ermitteln und bei der Buchung anzusprechen.

Ein weiteres Beispiel für den Buchungsfall 1 ergibt sich aus dem Periodisierungsprinzip der Doppik. Zahlungen, die Leistungen betreffen, die wirtschaftlich einer anderen Rechnungsperiode zuzurechnen sind, stehen keine Aufwendungen bzw. Erträge gegenüber.

Erfolgt die Zahlung vor der Leistung, spricht man von sog. „transitorischen Posten“. In solchen Fällen ergibt sich die Notwendigkeit zur Bildung eines Rechnungsabgrenzungspostens. Im Fall einer Auszahlung wird dieser auf der Aktivseite der Bilanz gebildet, im Fall einer Einzahlung auf der Passivseite. Da die Rechnungsabgrenzung i. d. R. erst im Rahmen des Jahresabschlusses erfolgt, kann die Ermittlung des Finanzrechnungskontos auch in diesen Fällen aus den Ergebniskonten abgeleitet werden. Die Konten der Ergebnisrechnung werden anschließend durch eine entsprechende Abgrenzungsbuchung wieder entlastet, so dass die zutreffende Differenz zwischen Finanz- und Ergebnisrechnung im Jahresabschluss ausgewiesen wird.

Erfolgt dagegen die Zahlung in der Rechnungsperiode nach der Leistung spricht man von sog. antizipativen Posten.[5] Die Abgrenzung der antizipativen Posten erfolgt über die Bilanzposten „Sonstige Forderungen“ bei Einnahmen und „Sonstige Verbindlichkeiten“ bei Ausgaben. Da zum Zeitpunkt der Zahlung der ergebniswirksame Vorgang schon buchhalterisch erfasst ist, erscheint es auch in diesen Fällen möglich, die Kontierung in der Finanzrechnung aus der Ergebnisbuchung abzuleiten. So muss z. B. beim Zahlungseingang eine Zuordnung zur offenen „Sonstigen Forderung“ erfolgen. Diese wiederum lässt sich auf die, in der Vorperiode erfasste Ertragsbuchung zurückführen.

5 Vgl. *Fudalle/zur Mühlen/Wöste*, Doppelte Buchführung in der Kommunalverwaltung, 2011, S. 144 ff.

b) Zahlung, die in derselben Rechnungsperiode nicht in der gleichen Höhe zu Aufwand oder Ertrag führt (Buchungsfall 2)

Der Buchungsfall 2 ergibt sich i. d. R. ebenfalls aus dem Periodisierungsprinzip. Dabei bezieht sich die Zahlung zum Teil auf Leistungen in der laufenden Periode und zum anderen Teil auf Leistungen in einer bereits abgelaufenen oder einer zukünftigen Periode. In diesen Fällen gilt sinngemäß das Gleiche, was oben für die transitorischen und antizipativen Posten ausgeführt wurde. Allerdings ist es notwendig, zwischen den beiden Teilen des Finanzvorfalls zu differenzieren, d. h. die ergebniswirksamen und die ergebnisunwirksamen Zahlungen buchhalterisch voneinander zu trennen (s. u.).

Ebenfalls durch das Periodisierungsprinzip verursacht sind die Differenzen zwischen Finanz- und Ergebnisrechnung, die sich aus der Lagerung von Roh-, Hilf-, Betriebsstoffen und Waren ergeben. Während alle Auszahlungen für Lagerzugänge in der Finanzrechnung zu erfassen sind, ergeben sich in der Ergebnisrechnung nur Aufwendungen in der Höhe, in der solche Stoffe tatsächlich verbraucht wurden bzw. in der Höhe, in der die Waren veräußert wurden.[6] Die Erfassung der Auszahlungen für die Finanzrechnung ist dabei abhängig davon, ob eine Lagerbuchhaltung eingesetzt wird oder ob die Lagerzugänge zunächst als Aufwand gebucht werden. Werden Lagerzugänge bei Einsatz einer Lagerbuchhaltung nicht unmittelbar als Aufwand gebucht, kann die Buchung der Finanzrechnung nicht aus dem Aufwandskonto abgeleitet werden. Sie ist daher entweder manuell zu erfassen oder aus der Bestandsbuchung abzuleiten.

c) Zahlung, die in derselben Rechnungsperiode in der gleichen Höhe zu Aufwand oder Ertrag führt (Buchungsfall 3)

Der „normale“ Buchungsfall ist der, bei dem Zahlung und Ressourcenverbrauch übereinstimmen und damit keine Differenzen zwischen Finanzrechnung und Ergebnisrechnung auftreten. Dies ist i. d. R. zu erwarten bei Personalauszahlungen, bei normalen Geschäftsauszahlungen wie Porto, Telefon, Werbung, bei Einzahlungen für Grundsteuern, Verwaltungsgebühren etc. In all diesen Fällen, kann die Bebuchung der Finanzrechnungskonten direkt aus der Ergebnisbuchung abgeleitet werden. Wichtig ist dabei, dass die Buchung in der Finanzrechnung immer erst dann erfolgt, wenn die tatsächliche Zahlung erfolgt und nicht bei Erfassung der Forderung oder Verbindlichkeit.

Neben diesen drei Buchungsfällen gibt es einen weiteren Buchungsfall, der für die korrekte Abgrenzung der Finanzrechnung von der Ergebnisrechnung relevant ist, aber nicht zu einer Buchung auf den Finanzrechnungskonten führt:

d) Aufwand oder Ertrag, denen in der gleichen Rechnungsperiode bzw. (überhaupt) keine Zahlungen gegenüberstehen (Buchungsfall 4)

Der Buchungsfall 4 ist quasi das Gegenstück zum Buchungsfall 1. In allen Fällen, in denen Ressourcen verbraucht werden oder der Kommune Vermögen zukommt, das aber

6 Vgl. die Ausführungen in Kap. 12.

keinen Zahlungseingang oder -ausgang in derselben Periode zur Folge hat, steht der Erfassung in der Ergebnisrechnung keine Position in der Finanzrechnung gegenüber. Beispiele hierfür sind insbesondere die Abschreibungen und die Bildung von Rückstellungen. Auch bei den transitorischen und antizipativen Posten ergibt sich jeweils in einer Periode ein ergebniswirksamer Vorgang, der nicht in derselben Periode zahlungswirksam wird.

13.3 Zusammenfassung: Systematische Behandlung der Abweichungen von Finanz- und Ergebnisrechnung bei originärer Buchung der Finanzrechnung

Anhand der bekannten Systematisierung der Rechnungsgrößen lassen sich die beschriebenen Buchungsfälle zuordnen. Der Buchungsfall 2 ist dabei jeweils als Kombination der Buchungsfälle 1 und 3 (Buchungsfall 2a) oder 3 und 4 (Buchungsfall 2b) zu betrachten. In einem Finanzvorfall gibt es bei Vorliegen des Buchungsfalls 2a sowohl zahlungsgleiche Aufwendungen oder Erträge als auch Zahlungen, denen keine Aufwendungen und Erträge gegenüberstehen. Im Buchungsfall 2b liegen z. T. zahlungsgleiche Aufwendungen und Erträge vor, zum anderen Teil liegen Aufwendungen oder Erträge vor, die in derselben Periode nicht zu Zahlungen führen. Zur korrekten Abbildung von Finanz- und Ergebnisrechnung ist in diesen Fällen der jeweilige Finanzvorfall in beide Bestandteile (1 und 3 bzw. 3 und 4) aufzuteilen und buchhalterisch separat zu erfassen.

Die nachfolgende Darstellung zeigt die Systematisierung im Überblick:

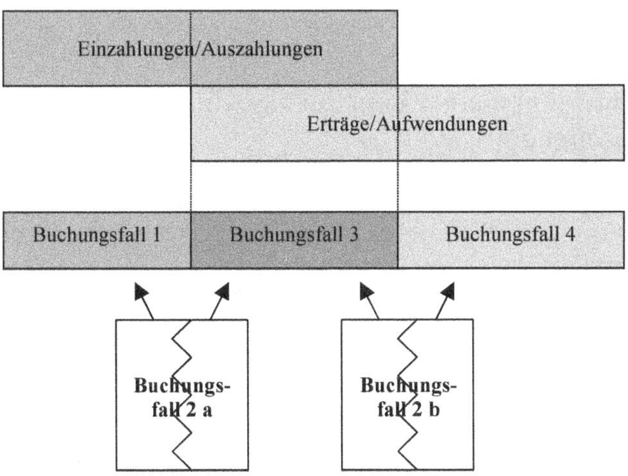

Bei der originären Buchung der Finanzrechnung sind für alle Varianten der Buchungsfälle 1 bis 3 Wege zur Erfassung der Finanzvorfälle auf den Konten der Finanzrechnung zu entwickeln. Dabei ist die Minimierung des Buchungsaufwands in den Vordergrund zu stellen, da bei der überwiegenden Zahl der Fälle eine Ableitung der Kontierung der Finanzrechnungskonten aus der Ergebnisrechnung möglich ist. Auch bei der überwiegenden Zahl der Buchungsfälle unter 2a ist dies möglich, da die Abgrenzung in der Ergebnisrechnung erst im Rahmen des Jahresabschlusses erfolgt.

13.4 Einzahlungen aus Investitionstätigkeit (Kontengruppe 68)

Zu den Einzahlungen aus Investitionstätigkeit gehören

- Investitionszuwendungen,
- Einzahlungen aus Veräußerung von Vermögensgegenständen,
- Beiträge und ähnliche Entgelte.

Diese Zahlungspositionen (vgl. § 50 i. V. m. § 3 Nr. 18 bis 22 GemHVO) werden in der Finanzrechnung zum Zeitpunkt des Zahlungseinganges in voller Höhe erfasst. Insbesondere im Bereich der Zuwendungen, der Veräußerungserlöse und der Beiträge ergeben sich bei der Betrachtung der Zahlungsströme in der Finanzrechnung individuelle Abweichungen zur Ertragssicht. Während sich bei Beiträgen und Zuwendungen der Ertrag aus der Verteilung der Einzahlungen auf den Nutzungszeitraum der damit finanzierten Investition ergibt,[7] liegt ein Ertrag bei einer Vermögensveräußerung nur in Höhe der positiven Differenz zwischen Veräußerungserlös und Restbuchwert zum Zeitpunkt der Veräußerung vor.[8] Die Erfassung in der Finanzrechnung ist bei diesen Positionen unproblematisch, da sich der Einzahlungsbetrag unmittelbar aus dem Zugang auf dem Bankkonto ergibt.

13.5 Einzahlungen aus Finanzierungstätigkeit (Kontengruppe 69)

Die Einzahlungen aus Finanzierungstätigkeit (§ 50 i. V. m. § 3 Nr. 33 GemHVO) beinhalten zunächst die Kreditaufnahmen für die Investitionen, Investitionsförderungsmaßnahmen und die Umschuldung der Kommune sowie Einzahlungen aus der Aufnahme innerer Darlehen. Die Differenzierung der Finanzrechnungskonten muss im Kontenplan der Kommunen ebenso wie die Differenzierung der Bestandskonten für Kreditverbindlichkeiten entsprechend der Bereichsabgrenzung erfolgen, um die Statistiken erstellen zu können. Dabei ist insbesondere der öffentliche Bereich stärker zu unterteilen. Die buchhalterische Abwicklung bei einer direkt geführten Finanzrechnung ergibt sich bei einer Kreditaufnahme für Investitionen in folgender Weise:

7 Vgl. § 40 Abs. 4 Satz 2 GemHVO.
8 Vgl. § 2 Abs. 2 GemHVO.

1. Abschluss eines Kreditvertrages über 1 Mio. € bei 100 % Auszahlung:

1691 Privatr. Ford.	**an**	**231730 Investitionskred.**	**1 Mio. €**

2. Eingang des Kreditbetrages auf dem Konto der Kommune:

1711 Sichteinlagen	**an**	**1621 Privatr. Ford.**	**1 Mio. €**

Bei Zahlungseingang erfolgt gleichzeitig die Mitkontierung des passenden Finanzrechnungskontos des Kontos 692730 „Einzahlungen aus Finanzierungstätigkeit: Kreditaufnahmen für Investitionen bei Kreditinstituten, über 5 Jahre, fester Zins". Da die Passivkonten der Kreditverbindlichkeiten ebenso unterteilt sind wie die Finanzrechnungskonten, kann für die Mitkontierung der Finanzrechnung auch in diesem Fall eine Buchungslogik im Buchhaltungsprogramm hinterlegt werden.

Im Rahmen der Haushaltsplanung ist eine Differenzierung der vorgesehenen Kreditaufnahmen für Investitionen nach Gläubigern nicht erforderlich. Alle Planungen auf den Konten der Gruppe 69 finden sich im Finanzhaushalt in der Zeile 33 „Aufnahme von Krediten und wirtschaftlich vergleichbaren Vorgängen für Investitionstätigkeit" wieder. Wichtig ist, dass die Konten, die für die Aufnahme von Krediten zur Liquiditätssicherung vorgesehen sind, nicht beplant werden, bzw. die Daten aus dieser Planung nicht in den Haushaltsplan übernommen werden, da dieser Teil der Einzahlungen aus Krediten nicht im Finanzhaushalt abgebildet wird

Der Haushaltsansatz für die Kreditaufnahme für Investitionstätigkeit entspricht so der nach § 79 Abs. 2 Nr. 3a GemO in der Haushaltssatzung festgelegten Höchstgrenze (Kreditermächtigung). Diese Höchstgrenze betrifft die tatsächliche Brutto-Kreditaufnahme, die gem. § 87 Abs. 1 GemO nicht höher sein darf als die Summe der Investitionen und Investitionsförderungsmaßnahmen abzüglich der zweckgebundenen Einzahlungen. Dementsprechend ist darauf abzustellen, dass sich die Höchstgrenze der Kredite für Investitionen und Investitionsförderungsmaßnahmen berechnet aus:

+	Auszahlungen aus Investitionstätigkeit (vgl. § 50 i. V. m § 3 Nr. 30 GemHVO)
–	Einzahlungen aus Zuwendungen für Investitionsmaßnahmen
–	Einzahlungen von Beiträgen u. ä. Entgelten
=	Höchstbetrag der Kredite aus Investitionen

Die Ermittlung dieser Höchstgrenze muss in einer Nebenrechnung erfolgen und kann nicht unmittelbar aus dem Finanzhaushalt abgelesen werden.

Neben den Investitionskrediten weist der Kontenrahmen die Kredite zur Liquiditätssicherung gesondert aus. Diese Kredite werden nach § 55 i. V. m. § 3 Nr. 37 GemHVO nur im Jahresabschluss und nicht in der Planung ausgewiesen. Hierfür sind in der Finanzrechnung separate Zeilen vorzusehen.

Nach § 89 Abs. 2 GemO darf die Kommune zur rechtzeitigen Leistung ihrer Auszahlungen Liquiditätskredite bis zu dem in der Haushaltssatzung festgesetzten Höchstbetrag aufnehmen, soweit der Kasse keine anderen Mittel zur Verfügung stehen. Liquiditätskredite sind nach § 61 Nr. 24 GemHVO Kredite zur Überbrückung des verzögerten Eingangs von Deckungsmitteln durch in der Regel kurzfristige Bankverbindlichkeiten, insbesondere Kontokorrentkredite, soweit keine anderen Mittel zur Verfügung stehen.

13.6 Versorgungsauszahlungen (Kontengruppe 71)

Auszahlungen an Versorgungsempfänger (Pensionäre) oder andere ehemalige Beschäftigte, die auf Zusagen zurückzuführen sind, die während der aktiven Beschäftigungszeit gegeben wurden, fallen unter die Versorgungsauszahlungen.

Wesentlich sind dabei die Versorgungsauszahlungen für Beamte. Soweit für ehemalige Beschäftigte noch Sozialversicherungsbeiträge zu zahlen sind, werden diese ebenfalls als Versorgungsauszahlungen erfasst. Gleiches gilt für Beihilfen und sonstige Unterstützungsleistungen für ehemalige Beschäftigte.

Aufgrund der Änderung des Gesetzes über den Kommunalen Versorgungsverband Baden-Württemberg (KVBW) im Mai 2009 ist eine Pensionsrückstellung nicht mehr bei den Kommunen zu bilden. In § 27 Abs. 5 GKV BW weist der KVBW für seine Mitglieder und Rückstellungen für die Pensionsverpflichtungen aufgrund von beamtenrechtlichen oder vertraglichen Ansprüchen in seiner Bilanz nach. Folgerichtig wird in § 41 Abs. 1 GemHVO die Bildung einer Pensionsrückstellung nicht mehr verbindlich vorgeschrieben. Lediglich wird in § 53 Abs. 2 Nr. 4 GemHVO eine Angabe des auf die Gemeinde entfallenden Anteils der Rückstellung beim KVBW gefordert.

13.7 Auszahlungen aus Investitionstätigkeit (Kontengruppe 78)

Die Kontengruppe 78 umfasst alle Auszahlungen im Bereich der Investitionstätigkeit der Kommunen. Damit sind die Zeilen 24 bis 29 der Finanzrechnung (bzw. des Finanzplans) aus den Konten dieser Gruppe abzuleiten.

Auszug aus dem Muster „Finanzrechnung“
Einzahlungen für Investitionstätigkeit
18. Zuwendungen für Investitionstätigkeit
19. Beiträge u. ä. Entgelte für Investitionstätigkeit
20. Veräußerung von Sachvermögen
21. Finanzvermögensanlagen
22. Sonstige Investitionstätigkeit
23. = Summe der Einzahlungen aus Investitionstätigkeit

Auszug aus dem Muster „Finanzrechnung“
Auszahlungen für Investitionstätigkeit
24. Erwerb von Grundstücken und Gebäuden
25. Baumaßnahmen
26. Erwerb von beweglichem Sachvermögen
27. Erwerb von Finanzvermögensanlagen
28. Investitionsförderungsmaßnahmen
29. Sonstige Investitionstätigkeit
30. = Summe der Auszahlungen aus Investitionstätigkeit
31. = Finanzierungsmittelüberschuss/-bedarf aus Investitionstätigkeit (Summe Einzahlungen abzüglich Summe Auszahlungen für Investitionstätigkeit)

Eine entsprechende Differenzierung der Konten ist zur Erfüllung der Anforderungen zwingend erforderlich. Unter Berücksichtigung des Kontenrahmens müssen die Kommunen hier eine sinnvolle Differenzierung in einem kommunalspezifischen Kontenplan vornehmen.

Als Investitionsauszahlungen werden alle Auszahlungen für den Erwerb von Vermögensgegenständen erfasst. Entscheidend für die Zuordnung der Auszahlungen als Investitionsauszahlungen ist die Aktivierbarkeit der durch die Zahlung erworbenen Vermögensgegenständen.

Die Differenzierung der Auszahlungsarten im Bereich der Investitionsauszahlungen richtet sich nach den Anforderungen des Finanzhaushaltes (§ 3 GemHVO) und der Finanzrechnung (§ 50 GemHVO). Demnach sind unter dieser Kontenart separat zu planen und zu erfassen:

- Auszahlungen für den Erwerb von Grundstücken und Gebäuden,
- Auszahlungen für Baumaßnahmen,
- Auszahlungen für den Erwerb von beweglichem Sachvermögen,
- Auszahlungen für den Erwerb von Finanzvermögen,
- Auszahlungen für Investitionsförderungsmaßnahmen,
- Sonstige Investitionsauszahlungen (z. B. für immaterielle Vermögensgegenstände).

13.8 Auszahlungen aus Finanzierungstätigkeit (Kontengruppe 79)

Als Auszahlungen im Bereich der Finanzierungstätigkeit sind die Tilgungen von Investitionskrediten und die Rückzahlung von inneren Darlehen zu erfassen. Die Tilgungen von Investitionskrediten werden im Finanzhaushalt und in der Finanzrechnung in Zeile 34 ausgewiesen. Die Tilgungen von Krediten zur Liquiditätssicherung werden ausschließlich im Jahresabschluss in der Finanzrechnung in Zeile 38 abgebildet. Eine Rückführung des Stands der Verschuldung aus laufender Verwaltungstätigkeit kann in dieser Systematik im Haushaltsplan nicht abgebildet werden. Gerade im Hinblick auf die Erstellung eines Haushaltssicherungskonzepts aus Gründen der Überschuldung erscheint diese Einschränkung der Finanzplanung unter betriebswirtschaftlichen Gesichtspunkten nicht nachvollziehbar.

Bei den Ein- und Auszahlungen im Bereich der Finanzierungstätigkeit (Kreditaufnahme und -tilgung) ist grundsätzlich zu beachten, dass sich durch unterjährige Umschuldungen im Bereich der Finanzrechnung erhebliche Abweichungen der Ergebnisse von den Planwerten ergeben können.

13.9 Die Erfüllung der finanzstatistischen Anforderungen mit Hilfe der Konten der Finanzrechnung

Die aktuellen finanzstatistischen Anforderungen nach dem Finanz- und Personalstatistikgesetz (FPStatG) basieren auch nach der Novelle vom Frühjahr 2007 auch weiterhin im Wesentlichen auf den bisherigen Gliederungs- und Gruppierungsvorschriften des kameralen Haushaltsrechts. Sie sind zudem auf den Rechnungsstoff der Kameralistik (Einnahmen und Ausgaben) abgestellt. Bis zur vollständigen Umstellung des gesamten öffentlichen Rechnungswesens auf die doppelte Buchführung (Doppik) ist davon auszugehen, dass sich die Anforderungen der Finanzstatistik nicht wesentlich ändern werden. Dies macht für die Erfüllung der gesetzlichen Anforderungen bei den öffentlichen Körperschaften, die das „kaufmännische" Rechnungswesen anwenden, weitere Arbeitsschritte zur Ermittlung der korrekten Daten für die Finanzstatistiken erforderlich.

Bei direkter Ermittlung der Finanzrechnung kann die Aufbereitung der Daten am leichtesten aus den Konten der Finanzrechnung erfolgen, da der dort ausgewiesene Rechnungsstoff (Einzahlungen und Auszahlungen) mit den Anforderungen an die Kassenstatistiken nahezu identisch ist, dies wurde in den Zuordnungsvorschriften zum Kontenrahmen in Niedersachsen berücksichtigt.

Finanzrechnungskonto			**Gruppierungs-ziffer**
601		**Realsteuern**	**00**
	6011	Grundsteuer A	000
	6012	Grundsteuer B	001
	6013	Gewerbesteuer	003
602		**Gemeindeanteile an Gemeinschaftssteuern**	**01**
	6021	Gemeindeanteil an der Einkommensteuer	010
	6022	Gemeindeanteil an der Umsatzsteuer	012
603		**Sonstige Gemeindesteuern**	**02**
	6031	Vergnügungssteuer	020/021
	6032	Hundesteuer	022
	6033	Jagdsteuer	026
	6034	Zweitwohnungssteuer	027
	6039	Sonstige Steuern	025/029/023

An verschiedenen Stellen des Kontenrahmens ist allerdings eine eindeutige Zuordnung der Konten zu Gruppierungsziffern nicht möglich. Hier sind ggf. weitere Differenzierungen der Finanzrechnungskonten vorzunehmen, um den Anforderungen der Statistik gerecht werden zu können.

13.10 Übungen

Sachverhalt Nr. 1

Für die Aufstellung des Haushaltsplans 2024 teilt das Personalamt der Gemeinde G der Kämmerei folgende Planungsgrundlagen mit:

1. Beamtenbezüge (Jan. bis Dez. 2024):	6.400.000 €
2. Dienstaufwendungen für Arbeitnehmer:	7.900.000 €
3. Beiträge zur Versorgungskasse f. Arbeitnehmer:	290.000 €
4. Beiträge zur gesetzlichen Sozialversicherung:	1.660.000 €
5. Beihilfen für Beschäftigte:	1.100.000 €
6. Aufwendungen für Aus- und Fortbildung:	750.000 €
7. Aufwendungen für Dienst- und Schutzkleidung:	80.000 €
8. Umlage für Versorgungskasse der Beamten:	2.100.000 €
9. Beihilfezahlungen für Versorgungsempfänger:	400.000 €

Die Januarbesoldung der Beamten wird immer schon in den letzten Dezembertagen des Vorjahres ausgezahlt. Die Beamtenbesoldung für Januar 2024 wird mit 490.000 € kalkuliert. Die Besoldung für Januar 2025 beträgt voraussichtlich 510.000 €.

Die Daten für die Rückstellungen der Lohn und Gehaltszahlungen für Zeiten der Freistellung von der Arbeit im Rahmen von Altersteilzeitarbeit betragen voraussichtlich für das Jahr 2024 250.000 €.

Aufgabe:
Ermitteln Sie die Planwerte für die Personalaufwendungen und -auszahlungen, sowie die Versorgungsaufwendungen und -auszahlungen für den Haushaltsplan 2024.

Lösung:
Unter die **Personalaufwendungen** fallen die vom Personalamt mitgeteilten Positionen 1 bis 5. Bei diesen Positionen hat das Personalamt die tatsächlichen Personalaufwendungen mitgeteilt. Dies gilt auch für die Beamtenbesoldung, da ausdrücklich die Besoldung für Januar bis Dezember 2024 mitgeteilt wurde und eine Rechnungsabgrenzung durchgeführt werden muss.

Die Positionen 6 und 7 gehören nicht zum Personalaufwand. Sie sind im Kontenrahmen dem „Sonstigen ordentlichen Aufwand“ zugewiesen. Diese Positionen gehören ebenfalls nicht zu den Personalauszahlungen.

Als Personalaufwand ist weiterhin die notwendige Zuführung zu Rückstellungen der Lohn und Gehaltszahlungen für Zeiten der Freistellung von der Arbeit im Rahmen von Altersteilzeitarbeit zu berücksichtigen. Diese wird lt. Kontenrahmen dem Personalaufwand zugeordnet (siehe Kontenart 407). Die Höhe der Zuführung beträgt 250.000 €.

Die Höhe der voraussichtlichen Personalaufwendungen beträgt damit:

	Beamtenbezüge (Jan. bis Dez. 2024):	6.400.000 €
+	Dienstaufwendungen für Arbeitnehmer:	7.900.000 €
+	Beiträge zur Versorgungskasse f. Arbeitnehmer:	290.000 €
+	Beiträge zur gesetzlichen Sozialversicherung:	1.660.000 €
+	Beihilfen für Beschäftigte:	1.100.000 €
+	Zuführung zur Rückstellung f. Altersteilzeitarbeit:	250.000 €
=	**Personalaufwand:**	**17.600.000 €**

Als **Personalauszahlungen** sind ebenfalls die Positionen 1 bis 6. in der vom Personalamt aufgestellten Liste zu berücksichtigen. Allerdings ist bei der Beamtenbesoldung die vorgesehene Rechnungsabgrenzung zu berücksichtigen, die zu Unterschieden zwischen Ergebnishaushalt (Aufwendungen) und Finanzhaushalt (Auszahlungen) führt. Laut Sachverhalt hat das Personalamt die tatsächlichen Aufwendungen für das Jahr 2024 mitgeteilt. Ausgezahlt werden im Jahr 2024 allerdings die Beamtengehälter für die Monate Februar bis Dezember 2020 und für Januar 2025. Der vom Personalamt ausgewiesene Wert muss daher korrigiert werden:

	Beamtenbezüge (Jan. bis Dez. 2024):	6.400.000 €
–	Beamtenbezüge Januar 2024:	490.000 €
+	Beamtenbezüge Januar 2025:	510.000 €
=	**Auszahlungen Beamtenbezüge 2024:**	**6.420.000 €**

Weitere Abgrenzungsnotwendigkeiten sind bei den Personalaufwendungen/-auszahlungen nicht zu erkennen.

Die Bildung von Rückstellungen spielt allerdings für den Finanzhaushalt keine Rolle, da die Rückstellungszuführung nicht zahlungswirksam ist.

Die Höhe der voraussichtlichen Personalauszahlungen beträgt damit:

	Auszahlungen Beamtenbezüge 2024:	6.420.000 €
+	Dienstaufwendungen für Arbeitnehmer:	7.900.000 €
+	Beiträge zur Versorgungskasse f. Arbeitnehmer:	290.000 €
+	Beiträge zur gesetzl. Sozialversicherung:	1.660.000 €
+	Beihilfen für Beschäftigte:	1.100.000 €
=	**Personalauszahlungen:**	**17.370.000 €**

Die **Versorgungsaufwendungen** ergeben sich aus den tatsächlichen Versorgungsauszahlungen. Sie werden demnach wie folgt ermittelt:

+	Umlage für Versorgungskasse der Beamten:	2.100.000 €
+	Beihilfezahlungen für Versorgungsempfänger:	400.000 €
=	**Versorgungsaufwendungen:**	**2.500.000 €**

Die **Versorgungsauszahlungen** ergeben sich unmittelbar aus den Positionen 9 und 10 der Aufstellung des Personalamtes:

	Umlage für Versorgungskasse der Beamten:	2.100.000 €
+	Beihilfezahlungen für Versorgungsempfänger:	400.000 €
=	**Versorgungsauszahlungen:**	**2.500.000 €**

Sachverhalt Nr. 2

Der Haushaltssachbearbeiter für die Kinder-, Jugend- und Familienhilfe hat für die Haushaltsplanung 2024 eine Aufstellung der in seinem Bereich geplanten Investitionen, Desinvestitionen und geplanter Einzahlungen für Investitionen aufgelistet:

1.	Neubau Kindertagesstätte „Max und Moritz“: (davon Grunderwerb 500.000 €)	4.500.000 €
2.	Einrichtung Kindertagesstätte „Max und Moritz“:	1.610.000 €
3.	Landeszuweisung für Einrichtung d. Kindertagesstätte	210.000 €
4.	Erneuerung Parkettfußboden im Offenen Jugendtreff:	120.000 €
5.	Neuanschaffung Kleinbus f. Jugendfreizeiten:	60.000 €
6.	Verkauf alter Kleinbus (Restbuchwert 1 €)	500 €
7.	Einbau einer Leinwand im Kinosaal des Jugendtreffs: (davon Lohnkosten für Montage 800 €)	8.000 €
8.	Aufstellung neuer Spielgeräte auf Kinderspielplätzen:	60.000 €
9.	Sanierung Gebäude Jugendberatungszentrum	180.000 €
10.	Beschaffung verschiedener Einrichtungsgegenstände (> 1.000 € + Umsatzsteuer)	50.000 €
11.	Beschaffung von Betriebs- und Geschäftsausstattung (geringwertige Wirtschaftsgüter)	10.000 €

Aufgabe:
Stellen Sie anhand der geplanten Maßnahmen den Teilfinanzhaushalt für Investitionstätigkeit für die Kinder-, Jugend- und Familienhilfe auf.

Lösung:
Zur Aufstellung der Zahlungsübersicht des Teilfinanzhaushalts sind die geplanten Maßnahmen darauf zu prüfen, ob und ggf. an welcher Stelle sie im Teilfinanzhaushalt auszuweisen sind.

Zu 1:
Der Neubau einer Kindertagesstätte ist eine Investitionsmaßnahme, die im Teilfinanzhaushalt gem. § 4 Abs. 4 und 5 GemHVO zu veranschlagen ist. Von der Gesamtinvestitionssumme von 4,5 Mio. € sind 500.000 € bei den Auszahlungen für den Erwerb von Grundstücken und Gebäuden und 4 Mio. € bei den Auszahlungen für Baumaßnahmen zu veranschlagen.

Zu 2:
Die Ersteinrichtung der Kindertagesstätte ist in voller Höhe als Investition im Teilfinanzhaushalt zu veranschlagen. Die Zuordnung erfolgt als Auszahlung für den Erwerb von beweglichem Anlagevermögen.

Zu 3:
Für die Einrichtung (Ziff. 2) wird eine Landesförderung erwartet. Diese Förderung ist der Investition direkt zuzuordnen, so dass sie ebenfalls im Teilfinanzhaushalt als Sonderposten Zuwendung für Investitionen ausgewiesen wird.

Zu 4:
Die Erneuerung des Fußbodens im Offenen Jugendtreff führt nicht zu einer Erweiterung der Nutzungsmöglichkeiten des Gebäudes. Es handelt sich, wie der Wortlaut deutlich macht, um eine Instandsetzungsmaßnahme und damit nicht um eine Investition. Die Veranschlagung hat daher im Teilergebnishaushalt als Aufwand zu erfolgen. Im Teilfinanzhaushalt wird die Maßnahme bei den Auszahlungen für laufende Verwaltungstätigkeit erfasst.

Zu 5:
Bei der Anschaffung eines Kleinbusses handelt es sich um den Erwerb von beweglichem Anlagevermögen. Diese Investition ist als Auszahlung im Teilfinanzhaushalt bei der entsprechenden Position zu veranschlagen.

Zu 6:
Der erwartete Verkaufserlös für den alten Kleinbus ist in voller Höhe als Einzahlung aus der Veräußerung von Sachvermögen zu veranschlagen. Die Höhe des Restbuchwerts spielt für die Veranschlagung im rein zahlungsorientierten Teilfinanzhaushalt keine Rolle.

Zu 7:
Die Veranschlagung der einzubauenden Leinwand ist davon abhängig, ob die Leinwand und der Einbau selbstständig aktivierbar sind. Zwar soll die Leinwand mit dem Gebäude verbunden werden, der Einbau erfolgt allerdings nur zur Erfüllung eines speziellen betrieblichen Zwecks. Damit handelt es sich bei der Leinwand um ein selbstständig aktivierbares bewegliches Anlagegut (Betriebsvorrichtung). Auch die Lohnkosten für die Montage der Leinwand sind als Anschaffungsnebenkosten aktivierbar.

Der Gesamtbetrag von 8.000 € ist als Auszahlung für den Erwerb von beweglichem Anlagevermögen zu veranschlagen.

Zu 8:
Spielgeräte auf Kinderspielplätzen können ebenfalls als bewegliches Anlagevermögen angesehen werden, auch wenn sie physisch mit dem Grund und Boden verankert werden. Sie dienen einem spezifischen Zweck und sind damit selbstständig aktivierbar. Die voraussichtlichen Auszahlungen für den Erwerb und die Aufstellung der Spielgeräte wird als Auszahlung für den Erwerb von beweglichem Anlagevermögen ausgewiesen.

Zu 9:
Die Sanierungsmaßnahme ist trotz der hohen Gesamtsumme nicht als Investition zu werten und wird damit als Aufwand im Teilergebnishaushalt und als Auszahlung für laufende Verwaltungstätigkeit im Teilfinanzhaushalt veranschlagt.

Zu 10:
Der Erwerb von Einrichtungsgegenständen mit einzelnen Anschaffungskosten über 1.000 € + Umsatzsteuer stellt jeweils eine Investition dar. Die Gesamtsumme wird als Auszahlung für den Erwerb von beweglichem Anlagevermögen veranschlagt.

Zu 11:
Einrichtungsgegenstände müssen im laufenden Haushaltsjahr als Geringwertige Vermögensgegenstände (GVG) im Aufwand erfasst werden. Dies führt dazu, dass die gesamten Anschaffungsauszahlungen im selben Jahr auch aufwandswirksam werden. Das hat allerdings zur Folge, dass es sich bei dem Erwerb der Betriebs- und Geschäftsausstattung nicht mehr um den Erwerb von beweglichem Sachvermögen und damit um Investitionen handelt. Die geplanten Auszahlungen sind daher im Teilfinanzhaushalt für laufende Verwaltungstätigkeit zu veranschlagen. Die Gesamtsumme von 10.000 € wird als Auszahlung für laufende Verwaltungstätigkeit für den Erwerb von geringwertigen Vermögensgegenständen (Konto 7222) erfasst werden.

Der aufzustellende Teilfinanzhaushalt für die Kinder-, Jugend- und Familienhilfe stellt sich zusammenfassend wie folgt dar:

	Teilfinanzhaushalt für die Kinder-, Jugend- und Familienhilfe	**Ansatz 2024 - Euro -**
	1	2
	Einzahlungen für Investitionstätigkeit	
19.	Zuwendungen für Investitionstätigkeit	210.000
20.	Beiträge u. ä. Entgelte für Investitionstätigkeit	0
21.	Veräußerung von Sachvermögen	500
22.	Veräußerung von Finanzvermögensanlagen	0
23.	sonstige Investitionstätigkeit	0
24.	**= Summe der Einzahlungen für Investitionstätigkeit**	210.500
	Auszahlungen für Investitionstätigkeit	
25.	Erwerb von Grundstücken und Gebäuden	500.000
26.	Baumaßnahmen	4.000.000
27.	Erwerb von beweglichem Sachvermögen	1.788.000
28.	Erwerb von Finanzvermögensanlagen	0
29.	Aktivierbare Zuwendungen	0
30.	Sonstige Investitionstätigkeit	0
31.	**= Summe der Auszahlungen für Investitionstätigkeit**	6.288.000
32.	**Saldo aus Investitionstätigkeit** (Summe Einzahlungen abzüglich Summe Auszahlungen für Investitionstätigkeit)	–6.077.500

14. Die Bewirtschaftungsgrundsätze

14.1 Allgemeines

Bei den Bewirtschaftungsgrundsätzen handelt es sich um Regelungen des Haushaltsrechts zur Ausführung des Haushaltsplans und über die Bewirtschaftung der Finanzmittel. Dabei wird es den Gemeinden durch eigene Festlegungen zur flexiblen Bewirtschaftung der Haushaltsmittel ermöglicht, den örtlichen Gegebenheiten und Notwendigkeiten gerecht zu werden; insbesondere sind die Bildung von Budgets zulässig oder, im Rahmen eines sachlichen Zusammenhangs bei der gegenseitigen Deckungsfähigkeit, die Einrichtung von „Deckungskreisen" (wobei es sich um einen praxisnahen, nicht um einen feststehenden haushaltsrechtlichen Begriff handelt).

Das nachstehende Schaubild zeigt einen Überblick:

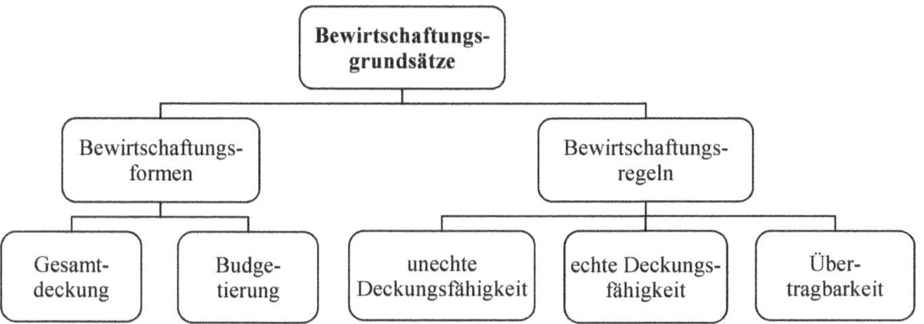

14.2 Deckungsregeln

14.2.1 Gesamtdeckung

Gemäß § 18 Abs. 1 Nr. 1 GemHVO dienen im Ergebnishaushalt die Erträge insgesamt der Deckung der Aufwendungen. Im Finanzhaushalt dienen die Einzahlungen insgesamt der Deckung der Auszahlungen (§ 18 Nr. 2 GemHVO). Das bedeutet, dass es haushaltsrechtlich grundsätzlich unzulässig ist, die Verwendung einzelner Erträge ausschließlich für bestimmte Aufwendungen vorzusehen. Spezielle Einzahlungspositionen dürfen grundsätzlich nicht an bestimmte Auszahlungspositionen gebunden werden. Damit soll eine möglichst flexible Mittelverwendung erreicht werden.

Eine Beschränkung bestimmter Erträge oder Einzahlungen auf Aufwendungen oder Auszahlungen ist nur möglich, sofern dies §§ 19 bis 21 GemHVO ausdrücklich zulassen. Dabei ist nach § 18 Abs. 2 GemHVO zu beachten, dass die Inanspruchnahme von gegenseitiger Deckungsfähigkeit (§ 20 GemHVO) und Übertragbarkeit (§ 21 GemHVO) nur zulässig sind, wenn das geplante Gesamtergebnis nicht gefährdet wird und die Kreditaufnahmevorschriften (§ 87 GemO) beachtet werden.

14.2.2 Zweckbindung

Die Regelungen zur Gesamtdeckung stehen nicht im Widerspruch dazu, dass es durchaus Erträge und Einzahlungen gibt, die der Ertraggebende/Einzahler ausdrücklich für bestimmte Aufwendungen bzw. Auszahlungen vorsieht. Es ist auch regelmäßig so, dass die Gemeinde selbst (aus einem Sachzusammenhang in Kombination mit der Absicht, dem Sparsamkeits- und Wirtschaftlichkeitsgrundsatz besonders gerecht zu werden) bestimmte Erträge/Einzahlungen für bestimmte korrespondierende Aufwendungen/Auszahlungen binden möchte. Der Verwendungszweck ist dann vorgegeben, sodass „zweckgebundene“ Erträge bzw. Einzahlungen vorliegen (z. B. zweckgebundene Landeszuweisungen für den Schul- oder Straßenbau). Nach § 19 Abs. 1 Satz 1 GemHVO **sind** Erträge auf die Verwendung für bestimmte Aufwendungen beschränkt, soweit dafür eine rechtliche Verpflichtung besteht (aus Rechtsvorschriften, z. B. dem GVFG über den Zuwendungsbescheid, oder Vertrag, z. B. bei zweckgebundenen Schenkungen bzw. Spenden); ein Haushaltsvermerk ist dafür nicht erforderlich. Nach Satz 2 **darf** eine Zweckbindung auch über Satz 1 hinaus durch Haushaltsvermerk vorgenommen werden, wenn es sich aus der Herkunft oder Natur der Sache (z. B. Spenden) ergibt oder eine Beschränkung wegen des sachlichen Zusammenhangs dies erfordert und die Bewirtschaftung der Mittel erleichtert wird.

Der **sachliche Zusammenhang** kann sich aus der Zugehörigkeit zu einem Produkt oder einer Produktgruppe oder aus der sinnvollen und zweckmäßigen Verbindung zwischen Ertrag und Aufwand ergeben, wie z. B. bei Erträgen aus der Veräußerung von Programmheften für eine Konzertreihe und den Aufwendungen für den Druck der Programmhefte.

Die Regelungen des § 18 Abs. 1 GemHVO gelten nach dessen Absatz 4 auch bei Einzahlungen und Auszahlungen entsprechend.

Die zweckgerechte Verwendung dieser Mittel (insbesondere der nach § 18 Abs. 1 Satz 1 GemHVO zweckgebundenen) wird nicht allein über den kommunalen Haushalt sichergestellt, sondern über nachgehende Verwendungsnachweise. Diese Verwendungsnachweise belegen nach Abschluss der geförderten Maßnahme detailliert den sachgerechten Mitteleinsatz.

Es gibt keine „automatische“ Zweckbindung in gebildeten Budgets. Sollen in einem Budget Zweckbindungen gelten, so sind hierfür entsprechende Haushaltsvermerke nach § 19 Abs. 1 GemHVO erforderlich. Allerdings dürften die haushaltsrechtlichen Voraussetzungen dafür in einem Budget sehr leicht dadurch darstellbar sein, dass auf den sachlichen Zusammenhang des Budgets hingewiesen wird.

14.2.3 Unechte Deckungsfähigkeit

Eine moderne Finanzwirtschaft beinhaltet Flexibilität bei der Haushaltsführung. Folgerichtig regelt § 19 Abs. 1 Satz 3 GemHVO, dass zweckgebundene Mehrerträge zur Erhöhung der Aufwendungsermächtigungen führen. Es kann nach § 19 Abs. 2 GemHVO durch Haushaltsvermerk auch bestimmt werden, dass Mindererträge zu Minderungen der Aufwendungsermächtigungen führen. Gleiche Regelungen können für den Finanzhaushalt getroffen werden. Entsprechende Mehreinzahlungen können dann zu entsprechenden Mehrauszahlungsermächtigungen führen, Mindereinzahlungen die Auszahlungsermächtigungen senken. Da die Regelung ausdrücklich den Wortlaut „bestimmt werden" verwendet hat, bedürfen solche Mechanismen einer ausdrücklichen Erklärung, somit eines förmlichen Haushaltsvermerks. Festzustellen ist aber, dass dieses Verfahren zwar regelmäßig im Rahmen der Budgetierung Anwendung findet, jedoch auch bei Haushalten zulässig ist, in denen keine Budgets gebildet sind.

Die unechte Deckungsfähigkeit begründende Vermerke können generell in der Haushaltssatzung angebracht werden (§ 79 Abs. 2 Satz 2 GemO). Dies ist vor allem dann geboten, wenn die flexible Haushaltsführung nach § 21 Abs. 2 GemHVO gleichmäßig in allen Budgets oder Produktbereichen bzw. Produktgruppen gelten soll. Die Bestimmung könnte dann wie folgt lauten:

> *„Mehrerträge in den einzelnen Budgets (alternativ: Produktbereichen) berechtigen zu Mehraufwendungen in diesen Budgets (alternativ: Produktbereichen/Produktgruppen). Das Gleiche gilt bei Mehreinzahlungen zugunsten der Auszahlungsermächtigungen."*

Die Gemeinde kann jedoch auch in Einzelfällen die unechte Deckungsfähigkeit absichern, indem nur besondere Ertragsarten zu Mehraufwendungen berechtigen sollen. Die notwendigen Haushaltsvermerke können dann sicherlich auch in der Haushaltsatzung rechtswirksam angebracht werden, vor allem dann, wenn sie immer noch allgemein gültiger Natur sind. **Beispiele** könnten folgende Vermerke sein:

- *„Mehrerträge aus den öffentlich-rechtlichen und privatrechtlichen Leistungsentgelten in den einzelnen Budgets (alternativ: Produktbereichen/Produktgruppen) berechtigen zu Mehraufwendungen bei den Sach- und Dienstleistungen in diesen Budgets (alternativ: Produktbereichen/Produktgruppen). Das Gleiche gilt bei Mehreinzahlungen für öffentlich-rechtliche und privatrechtliche Leistungsentgelte zugunsten der Auszahlungsermächtigungen für Sach- und Dienstleistungen."*
- *„Mehreinzahlungen im Investitionsbereich eines Budgets (alternativ: Produktbereich/Produktgruppe) berechtigen zu Mehrauszahlungen im selben Investitionsbereich des Budgets (alternativ: Produktbereich/Produktgruppe)."*
- *„Mehrerträge in den einzelnen Budgets (alternativ: Produktbereichen/Produktgruppen) mit Ausnahme der Aufwendungen für interne Leistungsverrechnungen berechtigen zu Mehraufwendungen bei Aufwendungen in diesen Bud-*

gets (alternativ: Produktbereichen/Produktgruppen) mit Ausnahme der Personalaufwendungen, Abschreibungen und internen Leistungsverrechnungen. Das Gleiche gilt bei Mehreinzahlungen in diesem Budget (alternativ: Produktbereich/Produktgruppe) zugunsten der Auszahlungsermächtigungen mit Ausnahme der Personalauszahlungen."

Bei Einzelvermerken mit vor allem unterschiedlichen Regelungsinhalten bietet sich eine förmliche Anbringung in den Erläuterungen des jeweiligen Budget- bzw. Produktbereichs an. Die Nähe zum konkreten Budget bzw. Produktbereich dient in diesen Fällen der Haushaltsklarheit, somit der Lesbarkeit der kommunalen Haushalte. Bei einer oft seitenlangen Auflistung in vielen Paragrafen der vorangestellten Haushaltssatzung geht einfach der Überblick und die Verbindung der konkreten Regelung zum Budget bzw. Produktbereich verloren. **Beispiele** solcher Vermerke könnten sein:

- *„Mehreinzahlungen bei den Zuwendungen für den Bau des Stadions Nordstadt berechtigen zu Mehrauszahlungen bei den Baukosten des Stadions Nordstadt. Mindereinzahlungen führen zur Minderung der Auszahlungsermächtigung."*
- *„Mehrerträge bei den Entgelten der Volkshochschule ermächtigen zu Mehraufwendungen bei den Sach- und Dienstleistungen für die Kurse der Volkshochschule. Das gleiche gilt für Mehreinzahlungen zugunsten der Auszahlungsermächtigungen."*

Werden aufgrund eines Mehrertrages Mehraufwendungen geleistet, wird das Gesamtvolumen des Ergebnishaushalts zwangsläufig erhöht, allerdings im selben Umfang auf der Ertrags- und Aufwendungsseite. Deshalb wird die konkrete Anwendung des Verfahrens in der Haushaltsausführung von der kommunalen Praxis als „unechte Deckungsfähigkeit" bezeichnet (Deckung oberhalb des festgesetzten Haushaltsvolumens).

Nicht zu vergessen ist dabei, dass in der Regel ein Zusammenhang zwischen Erträgen und Einzahlungen besteht. Man kann also nicht nur die Mehrerträge in die unechte Deckungsfähigkeit einbeziehen. Vielmehr sind mit den meisten Mehraufwendungen auch Mehrauszahlungen auf Grund entsprechender Mehreinzahlungen verbunden.

Wird die unechte Deckungsfähigkeit ausgenutzt, entstehen per Definition zwar überplanmäßige Aufwendungen bzw. überplanmäßige Auszahlungen, weil die im Plan vorgesehenen Aufwendungs- bzw. Auszahlungsermächtigungen überschritten werden. Damit würde an sich das förmliche Bewilligungsverfahren nach § 84 GemO einsetzen, wonach evtl. der Rat einzuschalten wäre. § 19 Abs. 3 regelt aber, dass Mehraufwendungen dieser Art nicht als über- oder außerplanmäßig gelten.

14.2.4 Bildung von Budgets

Der Begriff „Budget“ wird allgemein aus dem Altfranzösischen abgeleitet und mit „Geldbeutel“ übersetzt. Darunter versteht man in der Anwendung auf die Kommunalverwaltung, dass bestimmten Organisationseinheiten der Gemeindeverwaltung, die einen **funktional begrenzten Aufgabenbereich** i. S. v. § 4 Abs. 2 und § 61 Nr. 10 GemHVO zulässig repräsentieren (Einrichtungen, Betriebe, ggf. auch Fachämter), bestimmte Finanzmittel zur eigenverantwortlichen Bewirtschaftung und mit bestimmten Bewirtschaftungserleichterungen zur Verfügung gestellt werden.

Bei der Budgetierung handelt es sich nicht um eine Ausnahme vom Grundsatz der Gesamtdeckung; vielmehr um eine besondere Bewirtschaftungsform zur Stärkung der dezentralen Ressourcenverantwortung. Nach § 4 Abs. 2 Satz 1 GemHVO bildet jeder Teilhaushalt mindestens ein Budget. Es ist somit zulässig, innerhalb von Teilhaushalten mehrere Budgets festzulegen. Danach dürfen Erträge und Aufwendungen, die einer bestimmten Organisationseinheit zugeordnet sind, durch Haushaltsvermerk zu Budgets verbunden werden. Budgets dürfen danach für Teilhaushalte, Produktbereiche, Produktgruppen oder Produkte gebildet werden, sofern diese jeweils die Tatbestandsmerkmale des funktional begrenzten Aufgabenbereichs erfüllen. Es ist also auch zulässig, unterhalb der Teilhaushaltsebene Budgets zu bilden; dann sind die entsprechenden Haushaltspositionen durch Haushaltsvermerk als zu einem Budget gehörend zu kennzeichnen. Es empfehlen sich für solche Fälle Anlagen zum Teilhaushalt, die die entsprechenden Budgets abbilden. Ob mehrere Teilhaushalte zusammengenommen die Budgeteigenschaft erfüllen können, darf bezweifelt werden; immerhin hätte für diese Zusammenfassung das Tatbestandsmerkmal eines „funktional begrenzten Aufgabenbereichs“ vorzuliegen, was nach der amtlichen Definition nur schwerlich denkbar erscheint.

Die Verantwortung für ein Budget **wird** einer bestimmten Organisationseinheit im Rahmen der Verwaltungsgliederung zugeordnet. Positivbeispiele für noch viele andere Bereiche, die dem Betrachter sofort als geeigneter **funktional begrenzter Aufgabenbereich** gegenübertreten (vorbehaltlich einer jeweiligen Einzelfallbetrachtung), können sein:

- Bücherei,
- Museum,
- Forstbetrieb,
- Friedhof (Zentralfriedhof),
- Bauhof,
- Gärtnerei,
- Kantine,
- DV-Bereich,
- Abwasserbeseitigungseinrichtung,
- Straßenreinigungsbetrieb,
- Bäder (Hallen- und Freibad, Saunabetrieb),
- Theater,
- Sporthallenbetrieb,

- ÖPNV-Einrichtung,
- Haus der Jugend,
- Altenheim,
- Kindergarten,
- Kinderkrippe,
- Gymnasium,
- Berufsschule,
- Musikschule.

Ein Negativbeispiel dafür, welche Budgetbildung als höchst bedenklich einzustufen wäre, ist die Erklärung eines Teilhaushalts auf der höchsten Verdichtungsebene (z. B. dem vollständigen Komplex „Gestaltung der Umwelt“ mit allen nach dem Produktrahmen zugehörigen Produktbereichen) zu einem Budget, zu dessen Verantwortlichem noch dazu ein Dezernent/Fachbereichsleiter/Stadtrat aus der Verwaltungsleitung bestimmt würde. Hierbei wäre eine dezentrale Ressourcenverantwortung nicht mehr erkennbar und der Budgetgedanke „ad absurdum“ geführt.

Das Kriterium der „dezentralen Leitung“ ist besonders ernst zu nehmen, durchaus auch in der Hinsicht, dass eine Leitungsperson im Einzelfall auch die persönlichen Voraussetzungen dafür haben muss, Budgetverantwortung wahrnehmen zu können. Es kann z. B. jemand ein ausgezeichneter Musikpädagoge sein, doch bei der Wahrnehmung finanzwirtschaftlicher Verantwortung zu versagen drohen.

Mit der Budgetbildung wird die Eigenverantwortlichkeit bestimmter Verwaltungsbereiche in finanzieller Hinsicht unterstrichen. Dort, wo die **Fach**kompetenz besteht, soll auch überwiegend die **Finanz**kompetenz liegen. Dies dient – wie bereits oben festgestellt – der dezentralen Ressourcenverantwortung und fördert trotz knapper Haushaltsmittel die Motivation in den Fachdienststellen zu Effektivität und Effizienz. Innerhalb der Budgets können dann Finanzmanagementregeln eine flexible Haushaltsführung bewirken.

Die Bildung von Budgets ist jeweils parallel auch im Finanzhaushalt zulässig. Die Teilfinanzhaushalte enthalten gemäß § 4 Abs. 4 GemHVO die Einzahlungen und Auszahlungen des Investitionsbereichs. Investitionen sind allerdings oberhalb einer vom Rat festzulegenden Wertgrenze als Einzelmaßnahmen im Teilfinanzhaushalt auszuweisen, sodass nach diesem Planungsgrundsatz eine Budgetierung auf den ersten Blick nicht durchführbar erscheint. Allerdings können in der Praxis durchaus Baumaßnahmen oder Beschaffungen von beweglichen Vermögensgegenständen eines Teilfinanzbereichs zur Sicherung einer flexiblen Mittelbewirtschaftung in sinnvoller Weise in einem Budget zusammengefasst werden.

14.2.5 Echte Deckungsfähigkeit

Bevor auf diesen Bewirtschaftungsgrundsatz näher einzugehen ist, müssen die Auswirkungen der Einzelveranschlagung noch einmal in Erinnerung gebracht werden. Bei den Aufwandspositionen nach § 2 GemHVO herrscht bereits dadurch Flexibilität, dass innerhalb einzelner interner Unterpositionen Mittelverschiebungen solange zulässig sind, wie die Gesamtpositionssumme des Teilhaushalts nicht überschritten wird. Erfolgt z. B. eine Einsparung bei den Beamtengehältern und will der Mittelverantwortliche die eingesparten Mittel zusätzlich für Vergütungen des Tarifpersonals desselben Teilhaushalts einsetzen, ist dies unbedenklich, weil beide Bereiche sich innerhalb derselben Aufwendungsposition „Personalaufwendungen" befinden. Es entsteht hierbei auch keine überplanmäßige Aufwendung. Noch deutlicher wird das, wenn Einsparungen bei Dienstreiseaufwendungen für Mehraufwendungen bei den Mieten desselben Teilhaushalts verwendet werden sollen. Auch hier wird der Bereich der Teilhaushaltsposition „Aufwendungen für Sach- und Dienstleistungen" nicht überschritten. Hat jedoch die Gemeinde ihre Teilhaushalte nach kleineren Einheiten (Produktgruppen oder gar nach Produkten) gegliedert, beschränkt sich diese Aussage zwangsläufig auf die Planpositionen der Produktgruppen bzw. Produkte, soweit die Bewirtschaftung auf diesen Ebenen vorgenommen wird.

Die Feststellungen für die Aufwendungen gelten sinngemäß für den Bereich der Auszahlungspositionen nach §§ 3 und 4 Abs. 4 GemHVO im Finanzhaushalt (bei den Investitionen jedoch nur bei Positionen unterhalb der vom Rat festgesetzten Wertgrenze).

Die Voraussetzungen für die Anwendung des Verfahrens der echten Deckungsfähigkeit hängt von der Bewirtschaftungsform ab.

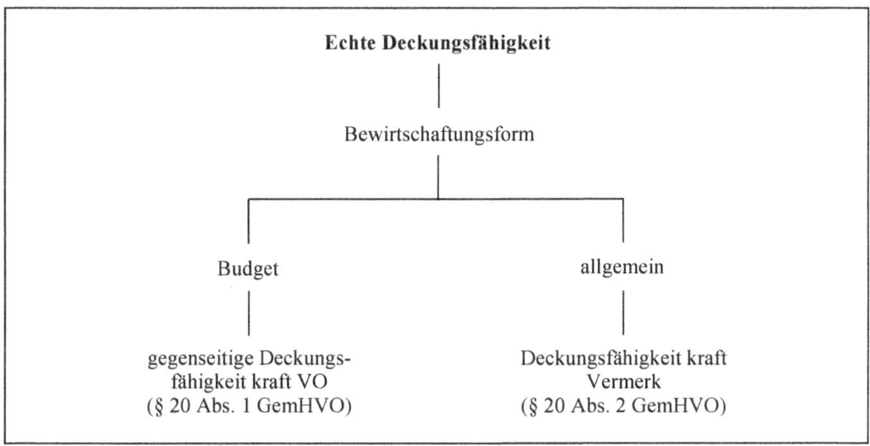

a) Deckungsfähigkeit innerhalb der Budgets

Gemäß § 20 Abs. 1 GemHVO sind Ansätze für Aufwendungen einschließlich der Haushaltsreste innerhalb eines Budgets gegenseitig deckungsfähig, wenn im Haushaltsplan nichts anderes bestimmt wird. Insofern bedarf es zur Anwendung der echten Deckungsfähigkeit innerhalb der Budgets keines förmlichen Haushaltsvermerks. Es kann deshalb von einer gesetzlichen Ermächtigung ausgegangen werden (Deckungsfähigkeit per Gesetz).

Spart ein Budget z. B. insgesamt bei den Personalaufwendungen Finanzmittel ein, so können diese Finanzmittel ohne Weiteres für Aufwendungen für Sach- und Dienstleistungen verwendet werden. Für ein solches Verfahren wird keine förmliche Bewirtschaftungsbestimmung, also kein Haushaltsvermerk benötigt.

Sollen allerdings Haushaltspositionen von der gegenseitigen Deckungsfähigkeit im Budget ausgenommen bleiben, so ist ein Negativvermerk erforderlich. Als Beispiel mögen die Aufwendungen für das aktive Personal genannt sein. Eine Gemeinde könnte sich dafür entscheiden, alle Aufwendungen für das aktive Personal aller Teilhaushalte gemäß § 20 Abs. 2 GemHVO für gegenseitig deckungsfähig zu erklären (und dafür einen Deckungsring oder einen Deckungskreis zu bilden; der dafür geforderte sachliche Zusammenhang wäre durch den **gleichen Charakter** als Personalaufwendungen gegeben).

So werden in der Praxis auch regelmäßig die Abschreibungen und die interne Leistungsverrechnung nicht für deckungsfähig erklärt. Dies ist auch verständlich, weil sonst nicht auszahlungswirksame mit auszahlungswirksamen Positionen verbunden würden. Eine Aufwendungseinsparung bei Abschreibungen sollte nicht für Personalaufwendungen eingesetzt werden, weil bei der Abschreibungseinsparung keine Auszahlungseinsparung korrespondierend entsteht. Es müssten dann weitere Einsparungen bei anderen Auszahlungsermächtigungen erfolgen. Allerdings ist hierfür ein förmlicher Haushaltsvermerk erforderlich.

Eine Budgetbildung ohne Deckungsfähigkeit wäre sinnlos. Wenn sich nämlich ein Verwaltungsbereich innerhalb seines Budgets nicht einigermaßen frei bewegen könnte, bestünde keine echte dezentrale Ressourcenverantwortung.

b) Deckungsfähigkeit außerhalb von Budgets

Befinden sich Aufwendungs- bzw. Auszahlungspositionen außerhalb von Budgets und damit in der Gesamtdeckung nach § 18 GemHVO, so sind nur die Gesamtsummen des Haushalts verbindlich. Wünscht die Gemeinde auch hier eine gewisse Flexibilität in der Mittelbewirtschaftung, so muss sie die echte Deckungsfähigkeit durch einen Deckungsvermerk gem. § 20 Abs. 2 GemHVO förmlich festlegen. In diesen Fällen spricht man von einer „Deckungsfähigkeit kraft Haushaltsvermerk". Voraussetzung dafür ist, dass die Aufwendungen in einem sachlichen Zusammenhang (s. o.) stehen.

§ 20 Abs. 1 gilt gem. § 20 Abs. 3 GemHVO für die Auszahlungsansätze im Finanzhaushalt und für Verpflichtungsermächtigungen entsprechend.

Bei den Formen der Deckungsfähigkeit wird zwischen der gegenseitigen und einseitigen Deckungsfähigkeit unterschieden. Bei der gegenseitigen Deckungsfähigkeit sind alle Positionen, die sich im Deckungsring befinden, deckungsberechtigt, aber auch deckungsverpflichtet. Dies ist in Budgets kraft Gesetzes der Fall, falls gem. § 20 Abs. 1 GemHVO nichts anderes bestimmt wird (durch Negativvermerk). Bei der einseitigen Deckungsfähigkeit wird durch Haushaltsvermerk festgelegt, welche Planposition deckungspflichtig und welche deckungsberechtigt ist. Wird z. B. erklärt: „Aufwendungen für aktives Personal sind einseitig deckungsfähig zugunsten von Aufwendungen für Sach- und Dienstleistungen“, so können Einsparungen bei den Personalaufwendungen für zusätzliche Aufwendungen für Sach- und Dienstleistungen verwendet werden. Einsparungen bei den Aufwendungen für Sach- und Dienstleistungen berechtigen dagegen nicht zu Mehraufwendungen im Personalbereich.

Zur Anbringungstechnik von Vermerken sei auf die Darstellungen zum vorangehenden Gliederungspunkt verwiesen. **Beispiele** für solche Vermerke könnten sein:

- *„Im Produktbereich 05 sind die Aufwendungen mit Ausnahme der Abschreibungen und internen Leistungsverrechnungen gegenseitig deckungsfähig.“*
- *„Die Auszahlungsermächtigungen für die Maßnahmen des gemeindlichen Straßenbaus sind einseitig deckungsfähig zugunsten der Beschaffung von neuen Ampelanlagen.“*
- *„Die Ermächtigungen für Sach- und Dienstleistungsaufwendungen in den Produktbereichen 02 und 03 sind einseitig deckungsfähig zugunsten der sonstigen ordentlichen Aufwendungen.“*

c) Anwendung der Deckungsfähigkeit

Wird die echte Deckungsfähigkeit genutzt, entstehen keine überplanmäßigen Aufwendungen bzw. überplanmäßigen Auszahlungen, weil nicht die einzelnen Planpositionen, sondern die Gesamtbeträge der Budgets bzw. der sich im Deckungsring befindlichen Haushaltspositionen verbindlich sind. Die Gesamtbeträge werden ja nicht überschritten.

Bei dem DV-Einsatz in der Praxis werden diese Haushaltsvermerke automatisch umgesetzt. Die echte Deckungsfähigkeit wird entsprechend ihres Inhalts im Datenbestand hinterlegt. Entsteht dann ein Mehraufwendungs- oder Mehrauszahlungsbedarf, sucht das DV-System automatisch Einsparungen bei Positionen, die sich im „Deckungsring“ befinden und schichtet dann die Ermächtigungen um (vgl. § 20 Abs. 5 GemHVO, die „Sollübertragung“). Dabei kann es vorkommen, dass Ermächtigungen umgesetzt werden, die zunächst als eingespart erscheinen, aber dann in absehbarer Zeit doch benötigt werden. Dieser Gefahr muss bei dem bestehenden Automatismus im Rahmen eines entsprechenden Finanzcontrollings begegnet werden, sodass notfalls manuell betriebssteuernd eingegriffen wird.

Wie aus den vorstehenden Ausführungen deutlich wird, verändert sich bei der Anwendung des Verfahrens das Gesamthaushaltsvolumen nicht. Es treten nur Verschiebungen zwischen einzelnen Planpositionen auf. Insofern wird das Verfahren in der Praxis als echte Deckungsfähigkeit bezeichnet.

d) Deckungsfähigkeit bei Verpflichtungsermächtigungen

Die Möglichkeit der Deckungsfähigkeit hat der Gesetzgeber auch auf die Verpflichtungsermächtigungen[1] ausgedehnt (§ 20 Abs. 3 GemHVO). Dies bedarf in Budgets keines Haushaltsvermerks (Einschränkungen durch Negativvermerk). Außerhalb eines Budgets bedarf es einer förmlichen Erklärung durch Haushaltsvermerk. Auch hier besteht die Möglichkeit der einseitigen oder gegenseitigen Deckungsfähigkeit.

e) Einseitige Deckungsfähigkeit bei Budgets zwischen Ergebnishaushalt und Finanzhaushalt

Nach § 20 Abs. 4 GemHVO können Ansätze für zahlungswirksame Aufwendungen aus laufender Verwaltungstätigkeit **in einem Budget** zugunsten von Auszahlungen für Investitionstätigkeit innerhalb eines Budgets nach § 3 Nr. 24 bis 29 GemHVO als einseitig deckungsfähig erklärt werden (per Haushaltsvermerk). Mit der Inanspruchnahme wird zugleich der den Auszahlungen entsprechende Aufwandsansatz in Höhe der Auszahlung gesperrt (in der Haushaltsüberwachung), damit es nicht zur doppelten Verwendung von eventuellen Minderaufwendungen kommen kann.

> ***Beispiel:***
> *In der Haushaltssatzung 2024 der Gemeinde G ist in den Aufwendungen für aktives Personal für das Budget „Grundschule Süd" ein Betrag von 3.000 € enthalten. Damit soll zur Entlastung des Hausmeisters eine Aushilfskraft für das Schneeräumen im Winter finanziert werden. In den Beratungen wurde diskutiert, dass auch ein fahrbares Schneeräumgerät angeschafft werden könnte; letztlich konnte man sich aber zu der Anschaffung nicht entschließen, da erst Erfahrungen mit einer Aushilfskraft gesammelt werden sollten. Bei der Haushaltsposition wurde der Haushaltsvermerk gem. § 20 Abs. 4 GemHVO angebracht, um im Bedarfsfalle flexibel reagieren zu können.*
>
> *Im Oktober 2024 stellt sich heraus, dass nur unzuverlässige Aushilfskräfte zur Verfügung stehen, und es gibt günstige Angebote für die Beschaffung eines fahrbaren Schneeräumers für ca. 2.800 €. Unter Ausnutzung des Haushaltsvermerks zur einseitigen Deckungsfähigkeit gem. § 20 Abs. 4 GemHVO zwischen Teilergebnishaushalt (Budget) der Grundschule Süd und dem Teilfinanzhaushalt (Budget) der Grundschule Süd ist die Beschaffung des fahrbaren Schneeräumgeräts aus dem Teilfinanzhaushalt der Grundschule Südstadt als Auszahlung für Investitionen nach § 3 Nr. 26 GemHVO möglich.*

1 Zum Begriff und zum Verfahren der Verpflichtungsermächtigungen siehe Kap. 15.

14.2.6 Übertragbarkeit von Haushaltsermächtigungen

14.2.6.1 Allgemeines

Gemäß § 79 Abs. 3 GemO gilt die Haushaltssatzung für ein Haushaltsjahr. Da der Haushaltsplan auf Grund von § 80 Abs. 1 Satz 1 GemO und der Bestimmungen des § 1 der Haushaltssatzung Bestandteil der Haushaltssatzung ist, gelten die Ermächtigungen des Planes auch nur bis zum 31. Dezember des entsprechenden Jahres. Dies gilt auch bei einer nach § 79 Abs. 1 Satz 2 GemO zulässigen Haushaltssatzung für zwei Jahre, weil die Festsetzungen auch dort nach Jahren getrennt sind. Der 31. Dezember als willkürlicher Stichtag für den Jahresabschluss behindert eine flexible Haushaltsführung. Dagegen eröffnet § 21 GemHVO die Möglichkeit, Aufwendungs- und Auszahlungsermächtigungen sowie zweckgebundene investive Einzahlungen nach § 3 Nr. 18 und 19 GemHVO in die nächste Rechnungsperiode zu übertragen. Diese Möglichkeit ist sinnvoll, denn des Öfteren kann es vorkommen, dass Maßnahmen nicht so zügig wie geplant abgewickelt und damit die Aufwendungs- und Auszahlungsermächtigungen nicht bis zum Jahresende ausgeschöpft werden können.

Da der Rat die Aufwendungs- und Auszahlungsermächtigungen durch das Einstellen in den Ergebnis- bzw. Finanzhaushalt zur Verfügung gestellt hat, muss der Gemeindeverwaltung bei der Ausführung eine Übertragungsermächtigung eingeräumt werden. Gäbe es sie nicht, müssten die bereits einmal veranschlagten Ermächtigungen ein weiteres Mal in den neuen Haushalt eingestellt werden. Dies ist z. T. auch gar nicht möglich. Wenn nämlich die Gemeinde den neuen Haushaltsplan termingerecht bis zum 30. November des Vorjahres der Aufsichtsbehörde vorgelegt hat, kann sie in vielen Fällen die Notwendigkeit einer Übertragung noch gar nicht beurteilen, da sich der laufende Haushalt noch in der Ausführung befindet. Ein Einstellen in den neuen Haushaltsplan scheitert dann bereits aus terminlichen Gründen.

In einer Vielzahl von Fällen ist jedoch eine Ermächtigungsübertragung nicht notwendig, weil die noch nicht restlos abgewickelten Finanzvorfälle als Verbindlichkeit oder Rückstellung ausgewiesen werden und damit noch Aufwand im abgelaufenen Haushaltsjahr bedingen. Deshalb ist spätestens im Rahmen des Jahresabschlusses eine entsprechende Entscheidung über Verbindlichkeiten, Rückstellungen oder Ermächtigungsübertragungen zu treffen. Das nachstehende Schaubild[2] verdeutlicht dies:

2 Weitgehend übernommen und berichtigt aus Modellprojekt „Doppischer Kommunalhaushalt in NRW“ (Hrsg.), Neues Kommunales Finanzmanagement: Betriebswirtschaftliche Grundlagen für das doppische Haushaltsrecht, 2., vollst. überarb. Aufl. auf der Basis der Endergebnisse des Modellprojektes, Freiburg 2003, S. 320.

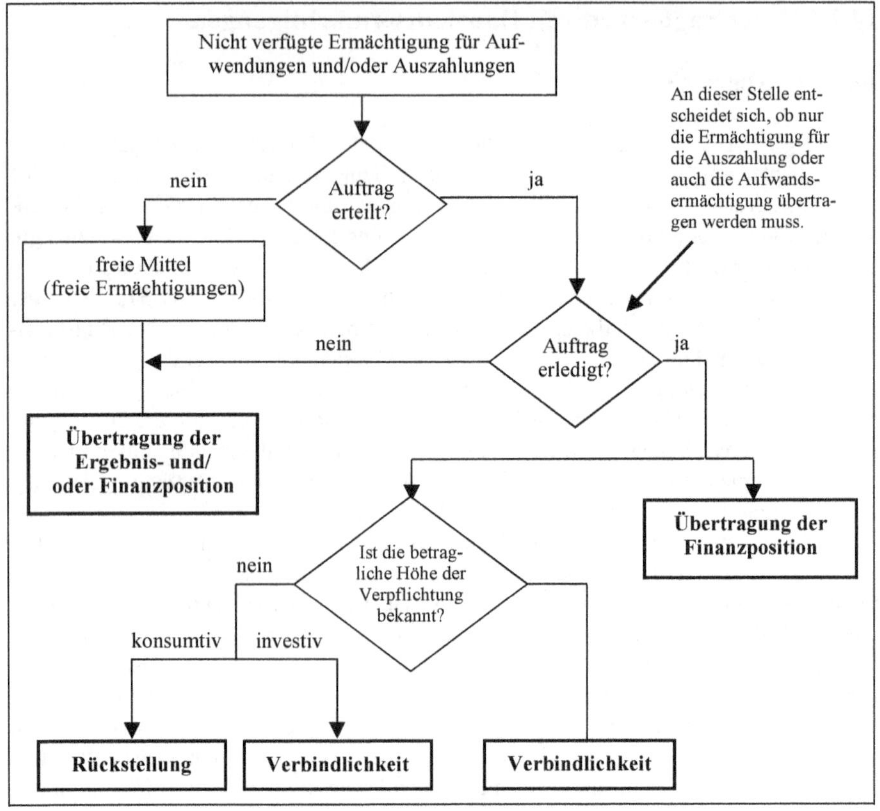

Die Problematik soll an folgendem Beispiel erläutert werden:

Beispiel:
Im Teilhaushalt „Schulträgeraufgaben" für das Jahr 2023 sind für Sach- und Dienstleistungen bei der Gemeinde G Aufwendungsermächtigungen in Höhe von 1.000.000 € veranschlagt. Bis zum Jahresabschluss sind bereits 920.000 € in Anspruch genommen. Der gesamte Restbetrag von 80.000 € wird aber noch für die Abwicklung von Gebäudeunterhaltungen benötigt, wobei sich folgende Situation ergibt:

- *Es geht noch am 30.12.2023 eine Rechnung über durchgeführte Anstreicherarbeiten am Gymnasium über 15.000 € ein, wobei der Rechnungsbetrag am 15.1.2020 zu begleichen ist. Der Betrag ist noch als Aufwendung des Jahres 2023 zu buchen und als Verbindlichkeit auf der Passivseite der Bilanz auszuweisen. Eine Aufwendungsübertragung ist somit für diesen Finanzvorfall nicht notwendig.*

- *Für die im Dezember durchgeführte Heizungsreparatur in einer Hauptschule liegt noch keine Rechnung vor. Sie ist auch nicht bis zum Jahresabschluss zu erhalten. Die zuständige Bautechnikerin schätzt den Reparaturaufwand auf rd. 30.000 €. Der Betrag ist noch als Aufwendung in 2023 zu buchen, weil die Arbeiten in diesem Haushaltsjahr durchgeführt und abgeschlossen wurden. Da jedoch die genaue Höhe der Verpflichtung nicht bekannt ist, kann die Gegenbuchung als Rückstellung auf der Passivseite der Bilanz erfolgen. Eine Aufwendungsübertragung ist somit für diesen Finanzvorfall ebenfalls nicht notwendig.*
- *Die restlichen 35.000 € sind die konkreten Maßnahmen noch nicht bekannt, da wegen Personalmangel noch nicht alle Vorarbeiten erledigt sind, sodass nicht einmal Aufträge erteilt wurden. Aufgeschobene Instandhaltungen liegen nicht vor. Es sollen aber auf jeden Fall im Januar/Februar 2023 mit diesen Mitteln Unterhaltungsarbeiten begonnen werden. Um die Mittel für 2024 vorhalten zu können, müssen die dafür benötigten 35.000 €, die sich in der Aufwendungsermächtigung 2023 befinden, nach 2024 übertragen werden. Ansonsten würde im neuen Haushaltsjahr die notwendige Ermächtigung fehlen.*
- *In allen drei Fällen sind noch keine Zahlungen erfolgt. Die Auszahlung von insgesamt rd. 80.000 € steht erst im Haushaltsjahr 2024 an. Zur Leistung dieser Auszahlungen bedarf es keiner neuen haushaltsrechtlichen Ermächtigung im Finanzhaushalt 2024. Die notwendige Liquidität wurde im Finanzhaushalt 2019 bereitgehalten; die haushaltsrechtlichen Ermächtigungen für Aufwand (mitgemeint sind auch die daraus folgenden Auszahlungen) ergaben sich aus dem Ergebnishaushalt 2023 und werden per Verbindlichkeit (15.000 €), Rückstellung (30.000 €) und Haushaltsrest (35.000 €) in das Jahr 2020 übertragen. Die bereitgehaltene Liquidität in Höhe von 80.000 € ist bis zum Jahresabschluss 2023 nicht in Anspruch genommen worden und wird (automatisch) mit dem Bestand an Zahlungsmitteln am Ende des Jahres 2023 als Bestand an Zahlungsmitteln zu Beginn des Jahres 2024 in die Finanzrechnung für das Folgejahr 2024 übernommen. Eines Haushaltsrestes in der Finanzrechnung für Auszahlungen, die aus Aufwand resultieren, bedarf es also nicht.*[3]

Die in das nächste Jahr übertragenen Ermächtigungen werden regelmäßig als „Haushaltsreste" bezeichnet, obwohl sie nicht die Wirkung wie im kameralen Haushalts-

3 Haushaltsreste für Auszahlungen fallen nur für Auszahlungen der Investitionstätigkeit und der Finanzierungstätigkeit an. Sollte eine örtliche Software-Lösung vorsehen, dass auch bei Auszahlungen für die laufende Verwaltungstätigkeit Abgleiche zwischen einem Haushaltsansatz und den stattgefundenen Auszahlungen vorgenommen werden, muss örtlich sichergestellt werden, dass es im Zweifel zu manuellen Freigaben für Auszahlungen der laufenden Verwaltungstätigkeit kommt, wenn diese durch Verbindlichkeiten, Rückstellungen oder Haushaltsreste für Aufwand veranlasst sind, deren Aufwandsermächtigungen im Vorjahr veranschlagt waren.

recht haben.[4] Sie erhöhen vielmehr die Planungspositionen des folgendes Haushaltsjahres durch Vortrag in der Haushaltsüberwachung (§ 27 Abs. 3 GemHVO). Wie oben geschildert, führt die Ermächtigungsübertragung zu keiner konkreten Buchung, da weder Aufwendungen noch Auszahlungen vorliegen und Bilanzpositionen nicht angesprochen werden. Die Haushaltsreste werden gem. § 53 Abs. 2 Nr. 6 GemHVO im Anhang vermerkt. Mit Übertragungen werden erhebliche Auswirkungen auf die Haushaltswirtschaft bewirkt, sodass auch die Ermächtigungsübertragungen per Beleg zu dokumentieren sind.

Bei der Zuständigkeit der Übertragungen ist zwischen Verpflichtungs- und Verfügungsreserve zu unterscheiden.

Bei der Verpflichtungsreserve wurden bereits im abgelaufenen Haushaltsjahr Verpflichtungen eingegangen, die zu Aufwendungen bzw. Auszahlungen führen. Der Gemeinderat hat somit schon in der Regel bei der Auftragsvergabe mitgewirkt und muss somit nicht mehr die erforderliche Übertragung beschließen. Zuständig ist somit der Bürgermeister bzw. der Fachbedienstete für das Finanzwesen.

Sollte der Gemeinderat noch keine Bewirtschaftungsentscheidung getroffen haben, so orientiert sich die Zuständigkeit für die Übertragung an den Regeln der Bewirtschaftungsbefugnis der Gemeinde, die üblicherweise in der Hauptsatzung geregelt ist.

Die Übertragung von Aufwandsermächtigungen führen im Jahr der Haushaltsrestbildung nicht zu einer Verschlechterung des Jahresergebnisses, weil ja noch keine Aufwendungen entstanden sind. Insofern wird das Ergebnis dieses Jahres gegenüber der Planung besser dargestellt. Die Aufwendungen entstehen aufgrund der Ermächtigungsübertragung nunmehr im nächsten Jahr und verschlechtern dessen Jahresergebnis.

14.2.6.2 Die einzelnen Ermächtigungsübertragungsarten

§ 21 GemHVO unterscheidet zwischen verschiedenen Ermächtigungsübertragungsarten, die unterschiedliche Auswirkungen haben, sodass es der nachstehenden differenzierten Erläuterung bedarf.

a) Ermächtigungen für Auszahlungen für Investitionen und Investitionsförderungsmaßnahmen im Finanzhaushalt

Bei Investitionen und Investitionsförderungsmaßnahmen handelt es sich um Auszahlungen, sodass es sich hier ausschließlich um Ermächtigungen des Finanzplans handelt. Diese Investitionsermächtigungen bleiben gemäß § 21 Abs. 1 GemHVO bis zur Fälligkeit der letzten Zahlung verfügbar, bei Baumaßnahmen allerdings längstens jedoch zwei Jahre nach Schluss des Haushaltsjahres, indem der Vermögensgegen-

4 Im kameralen Haushaltsrecht führte die Bildung eines Haushaltsrestes dazu, dass das Haushaltsjahr belastet wurde, in dem der Rest gebildet wurde. Der Haushaltsrest wurde demnach einer Ausgabe gleichgestellt.

stand in Benutzung genommen werden kann. Diese zeitliche Beschränkung soll die Gemeinden zwingen, ihre Maßnahmen zügig abzurechnen.

Für die Investitionen gilt gemäß § 4 Abs. 4 Satz 4 GemHVO der Grundsatz der Einzelveranschlagung jeder Maßnahme. Insofern wird die Auszahlungsermächtigung auch für jede einzelne Investition im Bedarfsfall zu übertragen sein. Wegen der Individualität der Maßnahmen müssen die Auszahlungsermächtigungen solange verfügbar sein, bis die Maßnahme abgewickelt ist und alle Zahlungen erfolgt sind. Aus diesem Grunde sieht § 21 Abs. 1 GemHVO zu Recht vor, dass die Ermächtigungen bis zum Abschluss der Maßnahme erhalten bleiben, sodass einmal übertragene Ermächtigungen auch noch in weitere Haushaltsjahre übertragen werden können. Eine Einschränkung gilt jedoch für Investitionsermächtigungen, wenn mit der Maßnahme noch nicht im Veranschlagungsjahr begonnen wurde. Hier bleiben die Ermächtigungen nur bis zum Ende des übernächsten Haushaltsjahres verfügbar. Verzögert sich eine solche Maßnahme über diesen Zeitraum hinaus, hat eine Neuveranschlagung zu erfolgen.

Für die Übertragung ist auch hier eine förmliche Entscheidung notwendig, weil auch bei Investitionen nicht in jedem Fall alle nicht ausgeschöpften Auszahlungsermächtigungen noch benötigt werden. Eine automatische Übertragung besteht nicht.

b) Generelle Übertragungsermächtigung für Aufwendungen und Auszahlungen in einem Budget

In einem Budget dürfen nicht in Anspruch genommene Ermächtigungen für Aufwendungen und Auszahlungen gemäß § 21 Abs. 2 Satz 1 GemHVO **durch Haushaltsvermerk** und in das nächste Haushaltsjahr übertragen werden und stehen zusätzlich zu den Planpositionen bereit. Der Grundsatz gilt sowohl für den Ergebnis- als auch für den Finanzhaushalt. Allerdings ist dabei zu beachten, dass in vielen Fällen eine Koppelung der beiden Ermächtigungsbereiche vorliegt. Auszahlungen sind in vielen Fällen nämlich die Folge von Aufwendungen. So müssen Personalaufwendungen auch zahlbar gemacht werden. Aufwendungen für Gebäudereparaturen bedingen Auszahlungen an den Reparaturbetrieb. Dies trifft natürlich nicht immer zu; so wird z. B. bei der Auszahlung für Lagereinkäufe lediglich eine Auszahlungsermächtigung benötigt. Bei einigen Positionen, wie z. B. Abschreibungen oder Versorgungsaufwendungen, sind zudem Übertragungen aus der Natur der Sache heraus nicht möglich.

Die in diesem Rahmen übertragenen Ermächtigungen bleiben längstens zwei Jahre nach Schluss des Haushaltsjahres verfügbar.

c) Übertragung von Verpflichtungsermächtigungen

Gemäß § 86 Abs. 3 GemO gelten Verpflichtungsermächtigungen[5] bis zum Ende des Haushaltsjahres und darüber hinaus bis zum Wirksamwerden der Haushaltssatzung für das nächste Haushaltsjahr (also gem. § 81 Abs. 3 GemO bis einschließlich dem letzten Tag der öffentlichen Auslegung des neuen Haushaltsplans). Auch die Inan-

5 Zu Begriff und Verfahren siehe Kap. 15.

spruchnahme der Verpflichtungsermächtigungen wird gem. § 27 Abs. 4 GemHVO überwacht, zweckmäßiger Weise in Haushaltsüberwachungslisten. Die übertragenen Verpflichtungsermächtigungen werden also in die Haushaltsüberwachung für das nächste Haushaltsjahr entsprechend vorgetragen.

d) Übertragung von Kreditermächtigungen für Investitionen und Investitionsförderungsmaßnahmen

§ 87 Abs. 3 GemO sieht eine sogenannte „zweijährige Kreditermächtigung“[6] vor. Diese Vorschrift dient ebenfalls der flexiblen Haushaltsführung und unterstützt das wirtschaftliche Handeln der Kommunen. Verzögern sich z. B. die Auszahlungen für Investitionen und werden dafür entsprechende Ermächtigungsübertragungen vorgenommen, besteht evtl. der Kreditbedarf für diese Auszahlungen auch erst im nächsten Jahr. Die Gemeinde hat damit die Möglichkeit, auch die Kreditermächtigung, die gemäß der Haushaltssatzung nur für das maßgebliche Haushaltsjahr vorgesehen ist, in das nächste Jahr zu übertragen.

Eine förmliche Übertragungsentscheidung der Kreditermächtigung für Investitionen ist nicht erforderlich, da aufgrund der Regelung die Inanspruchnahme im neuen Jahr im Bedarfsfall jederzeit zulässig ist.

e) Übertragung von Liquiditätskreditermächtigungen

Die Ermächtigung zur Aufnahme von Liquiditätskrediten gilt gem. § 89 Abs. 2 Satz 2 GemO über das Haushaltsjahr hinaus bis zum Erlass der neuen Haushaltssatzung (gem. § 81 Abs. 3 GemO also bis einschließlich zum letzten Tag der öffentlichen Auslegung des neuen Haushaltsplans).

Eine förmliche Übertragungsentscheidung der Liquiditätskreditermächtigung ist aufgrund der gesetzlichen Regelung nicht erforderlich. Die Übertragung erfolgt auch hier in den Haushaltsüberwachungslisten.

f) Übertragung von zweckgebundenen investiven Einzahlungen gem. § 3 Nr. 18 und 19 GemHVO

Diese Übertragung von Einzahlungen wurde neu in § 21 Abs. 1 GemHVO eingefügt. Danach können Investitionszuwendungen und Investitionsbeiträge sowie ähnliche Entgelte für Investitionstätigkeit ebenfalls in das Folgejahr übertragen werden.

14.2.6.3 Auswirkungen auf den Jahresabschluss

Wie bereits weiter oben festgestellt wurde, haben Erträge und Aufwendungen Auswirkungen auf das Ergebnis eines Haushaltsjahres und damit auf den Jahresabschluss.

6 Zu den Krediten siehe Kap. 16.

Die Übertragung von Haushaltsermächtigungen wirkt sich dagegen nicht unmittelbar auf das Jahresergebnis aus. Lediglich im Plan-/Ist-Vergleich ist eine Auswirkung festzustellen. Wenn nämlich eingeplante Aufwendungs- und Auszahlungsermächtigungen nicht in Anspruch genommen werden, bleiben die Gesamtaufwendungen und Gesamtauszahlungen hinter den Planansätzen zurück. Gegenüber dem Plan erfolgt eine Ergebnisverbesserung. Allerdings verschlechtert sich dann das Ergebnis des nächsten Haushalsjahres entsprechend. Die übertragenen Haushaltsermächtigungen verändern die Haushaltsansätze des nächsten Jahres nicht; sie erhöhen lediglich die Planpositionen (Ermächtigung zu Mehraufwendungen bzw. Mehrauszahlungen). Sie bewirken demnach zusätzliche Aufwendungen und Auszahlungen, die an sich das Vorjahr hätten belasten können. Der Plan-/Ist-Verbesserung des abgelaufenen Haushaltsjahres steht nunmehr eine Plan-/Ist-Verschlechterung des neuen Haushaltsjahres gegenüber. Insofern liegt lediglich eine sich gegenseitig aufhebende Periodenverschiebung vor.

14.3 Übungen

Sachverhalt Nr. 1

Dem Fachbereich Finanzen der Gemeinde G liegt ein Vorschlag des Fachbereichs „Soziales und Jugend" vor. Für alle Erträge, Aufwendungen, Einzahlungen und Auszahlungen für die Produktgruppe 36.50 – Kindergarten Nordgemeinde – innerhalb des Teilhaushaltes 36 – Kinder-, Jugend- und Familienhilfe – soll im Haushaltsplan 2024 ein Budget gebildet werden, sowohl für den entsprechenden Anteil der Finanzmittelansätze aus dem Teilergebnishaushalt wie auch aus dem Teilfinanzhaushalt. Der Kindergarten besteht aus fünf Gruppen mit einer planmäßigen Belegung von jeweils 25 Kindern. Die Leiterin ist Sozialpädagogin mit betriebswirtschaftlichen Kenntnissen aus einer Zusatzfortbildung für Leiterinnen von Kindertagesstätten; sie soll auch zur Budgetverantwortlichen bestimmt werden.

Hinweise:

1. Aus einer Stellungnahme des Fachbereichs Personal dazu ergibt sich, dass dieser die Aufwendungen für das aktive Personal des Kindergartens weiterhin zentral bewirtschaften möchte.
2. Der Kindergarten-Förderverein hat in Aussicht gestellt, im Jahr 2024 den Betrag von 3.000 € aus dem Überschuss eines Flohmarktes zu spenden mit dem Hinweis, dass eventuell mit einem noch größeren Betrag zu rechnen ist; von der Spende sollen ausschließlich die Getränke der Kinder zu den Mahlzeiten finanziert werden, damit der Essensbeitrag in 2024 nicht erhöht zu werden braucht. Mehrerträge sollen zur Finanzierung eventueller Preiserhöhungen beim Essenzutateneinkauf verwendet werden. Nicht benötigte Mittel sollen auch noch im Folgejahr genutzt werden können.
3. Der Hausmeister gibt den Hinweis, dass er ständig Schwierigkeiten mit der Zuverlässigkeit der bisher beauftragten Gartenpflegefirma hat. Die lfd. Kosten für das

Rasenmähen i. H. v. jährlich 3.000 € könnten eingespart und stattdessen ein kleiner Traktor zum Preis von 3.000 € angeschafft werden, mit dem er selbst den Rasen mähen könnte. Die Entscheidung darüber soll nach weiteren Beobachtungen im Frühjahr getroffen werden, aber im Haushalt 2024 soll dafür eine haushaltstechnische Möglichkeit vorgesehen werden.

Aufgabe:
Prüfen Sie,
a) ob das vorgeschlagene Budget gebildet werden darf und
b) wie die Probleme der Hinweise 1 bis 3 gelöst werden können.

Lösung:
Zu a)
Nach § 4 Abs. 2 Satz 1 GemHVO bildet jeder Teilhaushalt mindestens ein Budget. Dies bedeutet, dass innerhalb eines Teilhaushalts durch Haushaltsvermerk auch mehrere Budgets gebildet werden können. Diese orientieren sich an den darin enthalten Produktbereichen, Produktgruppen oder Produkten – und damit die ihnen aus den Teilhaushalten zugeordneten Erträge, Aufwendungen, Einzahlungen und Auszahlungen. Voraussetzung ist, dass das fragliche Budget einen funktional begrenzten Aufgabenbereich nach § 61 Nr. 9 GemHVO darstellt. Dies liegt bei einer Verwaltungseinheit, die in der Regel den Charakter einer Einrichtung, eines Betriebs oder eines Unternehmens aufweist, der zusammengehörige Produkte zugeordnet sind und die dezentral geleitet wird, vor.

Zweifellos handelt es sich bei einem Kindergarten um eine Verwaltungseinheit, da durch ihn eine organisatorisch geordnete Zusammenfassung von Personal-, Finanz- und Sachmitteln zur Erledigung bestimmter Aufgaben gegeben ist. Diese darf auch typischer Weise als eine Einrichtung der Gemeinde eingestuft werden. Ein Kindergarten wird auch nach dem Kindertagesstättengesetz als eine „Einrichtung" bezeichnet. Dieser Einrichtung sind zusammengehörige Betreuungs- und Erziehungsleistungen zugeordnet, die nach der Produkthierarchie der Gemeinde insgesamt ein Produkt bilden. Der Kindergarten besitzt eine Leiterin vor Ort; sie ist auch als Person durch ihre spezielle betriebswirtschaftliche Fortbildung als Budgetverantwortliche geeignet, sodass auch das Kriterium der dezentralen Leitung erfüllt ist. Die Tatbestandsmerkmale für einen funktional begrenzten Aufgabenbereich liegen somit vor.

Die Finanzmittelpositionen für den Kindergarten Nordgemeinde dürfen also gem. § 4 Abs. 1 GemHVO zu einem Budget erklärt werden.

Zu b)
1. Wenn auch nach § 4 Abs. 2 GemHVO Produktegruppen zu Budgets erklärt werden dürfen, so bedeutet das nicht, dass einzelne Aufwandsarten aus der sonst nach § 20 Abs. 1 GemHVO für Budgets vorgesehenen gegenseitigen Deckungsfähigkeit herausgenommen werden dürften. Demnach darf auch bestimmt werden, dass die Aufwendungen für das aktive Personal des Kindergartens Nordgemeinde nicht mit den anderen Budgetaufwendungen gegenseitig deckungsfähig sind. Der Fachbereich

Personal will die Personalaufwendungen zentral bewirtschaften. Fraglich ist, ob die Bewirtschaftungsbefugnis für die Aufwendungen eines Budgets nur von einer/einem Verantwortlichen wahrgenommen werden darf. § 4 Abs. 2 GemHVO bestimmt zwar zunächst dem Wortlaut nach, dass die Verantwortung für ein Budget **einer** bestimmten Organisationseinheit im Rahmen der Verwaltungsgliederung zugeordnet wird; das heißt aber nicht, dass die Verantwortung absolut unteilbar wäre. Es kommt vielmehr darauf an, dass die Bewirtschaftungsverantwortung abschließend und klar geregelt ist. Aufwendungen, die aus der gegenseitigen Deckungsfähigkeit gem. § 20 Abs. 1 GemHVO herausgenommen sind, können nach § 20 Abs. 2 GemHVO für deckungsfähig erklärt werden, wenn sie in einem sachlichen Zusammenhang mit Aufwendungen auch in anderen Bereichen stehen. Personalaufwendungen mehrerer Verwaltungsbereiche stehen wegen ihres gleichen Charakters in einem sachlichen Zusammenhang. Deshalb wäre es vertretbar, die Aufwendungen für das aktive Personal des Kindergartens Nordgemeinde gem. § 20 Abs. 2 GemHVO mit den Aufwendungen für das aktive Personal anderer Verwaltungsbereiche für gegenseitig deckungsfähig zu erklären und daraus einen eigenen Deckungskreis zu bilden, den der Fachbereich Personal bewirtschaftet.

2. Ziel ist, die Spende gemäß der Bedingung des Fördervereins nur für den Zweck der Verbilligung des Essensbeitrags zu verwenden. Das ist durch die gesetzliche Zweckbindung nach § 19 Abs. 1 Satz 1 GemHVO erreicht, da mit der Entgegennahme der Spende eine rechtliche Verpflichtung eingegangen wird; ein Haushaltsvermerk ist dazu nicht erforderlich. Eine Zweckbindung mit den haushaltsrechtlichen Rechtsfolgen liegt dennoch vor. So tritt auch hier die Rechtsfolge der unechten Deckungsfähigkeit nach § 19 Abs. 1 Satz 3 GemHVO ein, wonach die eventuellen Mehrerträge aus der Spende für die entsprechenden Mehraufwendungen verwendet werden dürfen. Eine Übertragung der Mehrerträge bzw. -einzahlungen in das Folgejahr ist nicht möglich.
3. Für den Kindergarten Nordgemeinde wird voraussichtlich ein zulässiges Budget gebildet. Die Kosten des Rasenmähens gehören zum zahlungswirksamen Sachaufwand des Kindergartens. Ansätze für zahlungswirksame Aufwendungen aus laufender Verwaltungstätigkeit in einem Budget können gem. § 20 Abs. 4 GemHVO zugunsten von unerheblichen Auszahlungen für Investitions- oder Finanzierungstätigkeit innerhalb des Budgets als einseitig deckungsfähig erklärt werden. Im vorliegenden Fall könnte die Haushaltsposition für die Kosten des Rasenmähens mit einem Haushaltsvermerk nach § 20 Abs. 4 GemHVO versehen werden. Voraussetzung wäre, dass es sich um Auszahlungen eines Budgets nach § 3 Nr. 10 bis 15 GemHVO handelt. Der Kauf eines Rasenmähers fällt unter die Vorschrift des § 3 Nr. 12 GemHVO und ist somit einseitig deckungsberechtigt. Im Bedarfsfalle könnte also der Traktor aus den eingesparten Auszahlungen als Auszahlung für eine unerhebliche Investition finanziert werden.

Sachverhalt Nr. 2

Die Gemeinde G hat u. a. für den Produktbereich 11 (Innere Verwaltung) ein Budget gebildet und mit folgenden Bewirtschaftungsregeln versehen:

- *„Mehrerträge berechtigen zu Mehraufwendungen in diesem Budget. Das Gleiche gilt bei Mehreinzahlungen zugunsten der Auszahlungsermächtigungen."*
- *„Die Aufwendungsermächtigungen für Abschreibungen und interne Leistungsverrechnungen sind nicht untereinander und nicht mit anderen Aufwendungspositionen deckungsfähig. Die Auszahlungsermächtigungen sind gegenseitig deckungsfähig."*

Aufgabe:
Begutachten Sie die Zulässigkeit der angebrachten Bewirtschaftungsvermerke.

Lösung:
Der erste Vermerk entspricht uneingeschränkt der gesetzlichen Normierung in § 19 Abs. 2 GemHVO, sodass dieser unzweifelhaft zulässig ist.

Zum zweiten Vermerk enthält die GemHVO keine ausdrückliche Ermächtigung. § 20 Abs. 1 GemHVO lässt aber die Budgetierung zu, wonach die Summe der Erträge und die Summe der Aufwendungen des Budgets für die Haushaltswirtschaft verbindlich sind. Das bedeutet, dass innerhalb der Budgets eine flexible Haushaltsführung in Form der echten Deckungsfähigkeit kraft Gesetzes zulässig ist. Insofern ist es nicht einmal notwendig, eine Deckungsfähigkeit aussprechen. Dies hat die Gemeinde G auch nicht getan; die reine Festlegung des Budgets reicht haushaltsrechtlich aus. Der Vermerk zur echten Deckungsfähigkeit schränkt dieses lediglich ein, was nicht nur zulässig, sondern durchaus geboten ist, weil ansonsten nicht zahlungswirksame Aufwendungen mit zahlungswirksamen Positionen kombiniert werden.

Allerdings ist hierbei § 13 Satz 2 GemHVO zu beachten, wonach die Verfügungsmittel des Bürgermeisters nicht für deckungsfähig erklärt werden dürfen. Die Verfügungsmittel sind aber beim Produktbereich 11 nachzuweisen, sodass – falls die Gemeinde G Verfügungsmittel vorgesehen hat – der Haushaltsvermerk in diesem Punkt gegen § 13 GemHVO verstößt. Hier hätte der Vermerk eine weitere Einschränkung vorsehen müssen, indem neben den Abschreibungen und Internen Leistungsverrechnungen auch die Verfügungsmittel des Bürgermeisters aus dem Deckungsring herausgenommen werden.

Sachverhalt Nr. 3

Die Gemeinde G hat ihren Haushalt nach Produktgruppen gegliedert und u. a. für die Produktgruppe 12.70 „Rettungsdienst" ein Budget gebildet und mit dem beim Sachverhalt Nr. 1 ausgewiesenen Bewirtschaftungsvermerken versehen. Dabei weist auch der Teilfinanzplan konsumtive Planpositionen entsprechend der Gliederung nach § 3 Abs. 1 GemHVO aus.

Die Fahrzeuge des Rettungsdienstes werden bei zwei Tankstellen innerhalb des Gemeindegebietes betankt, die jeweils monatlich mit dem Rettungsdienst abrechnen. Der Budgetverantwortliche stellt im Dezember 2024 fest, dass sämtliche Aufwendungs- und Auszahlungsermächtigungen für Sach- und Dienstleistungen bereits ausgeschöpft sind. Es werden jedoch noch Tankrechnungen für Dezember 2024 erwartet. Das restliche Budget des Rettungsdienstes wird planmäßig abgewickelt. Lediglich bei den Personalaufwendungen und Personalauszahlungen werden voraussichtlich 20.000 € eingespart. Zudem liegen die Rettungsdienstgebühren im Ertrag mit 40.000 € über dem Planansatz und die Einzahlungen aus Rettungsdienstgebühren mit 32.000 € über den Planbetrag.

Am 20.12.2024 geht die Rechnung der Tankstelle A über 18.000 € für die Betankung bis zu diesem Termin ein. Der Betrag ist sofort zahlbar. Der Budgetverantwortliche schätzt, dass für die Zeit vom 21.12.2024 bis 31.12.2024 noch Betankungen im Volumen von rd. 10.000 € notwendig sind. Diese werden jedoch erst Anfang Januar in Rechnung gestellt. Tankstelle B sendet am 28.12.2024 eine Rechnung über 22.000 € für den gesamten Monat Dezember, zahlbar innerhalb von 14 Tagen. Ab diesem Termin schließt die Tankstelle wegen Betriebsferien.

Aufgabe:
Prüfen Sie, wie die nötigen Haushaltsmittel für Abwicklung der Treibstoffkosten bereitgestellt werden können. Welche Buchungen und Maßnahmen sind erforderlich?

Lösung:
Gemäß § 80 Abs. 4 Satz 1 GemO ist der Haushaltsplan für die Haushaltsausführung verbindlich. Insofern stellt die Aufwendungsermächtigung für Sach- und Dienstleistungen im Teilergebnisplan des Rettungsdienstes die Obergrenze für diese Leistungsart dar. Laut Sachverhalt sind diese Haushaltsmittel jedoch erschöpft. Die eingehenden Rechnungen über 18.000 € und 22.000 € bedingen unabhängig von ihrer Zahlung noch Aufwendungen an Sach- und Dienstleistungen für 2020. In Höhe der noch geschätzten Treibstoffkosten in Höhe von rd. 10.000 € für die Tankstelle A für die Zeit vom 21. bis 31.12.202 kann gemäß § 41 Abs. 2 GemHVO eine Rückstellung gebildet werden, was gleichzeitig Aufwendungen für Sach- und Dienstleistungen für 2024 bedeutet. Insofern werden noch rd. 50.000 € für Treibstoffverbräuche (Aufwendungen für Sach- und Dienstleistungen) benötigt. Es fragt sich, wie die benötigten Ermächtigungen bereitgestellt werden können.

Der Rettungsdienst befindet sich in einem mit Bewirtschaftungsvermerken ausgestatteten Budget. Diese Vermerke sehen u. a. vor, dass Mehrerträge zu Mehraufwendungen berechtigen. Da laut Sachverhalt der Haushalt planmäßig abgewickelt wird und bei den Rettungsdienstgebühren ein Mehrertrag von 40.000 € besteht, kann dieser Betrag als echter Mehrertrag für Mehraufwendungen des gesamten Budgets verwendet werden, also auch für die Treibstoffaufwendungen. Es fehlt demnach noch eine Aufwendungsermächtigung von 10.000 €. Da jedoch sämtliche Aufwendungen des Budgets sich gemäß § 20 Abs. 1 GemHVO in einer echten Deckungsfähigkeit befinden (die Budgetgesamtsumme ist verbindlich) und der Haushaltsvermerk nur Einschränkungen zu Abschreibungen und Internen Leistungsverrechnungen, nicht aber für Sach- und Dienstleistungen enthält, kann dieser Betrag aus der Einsparung in Höhe von 20.000 € bei den Personalaufwendungen finanziert werden. Insofern ist der Mehrbedarf an Aufwendungsermächtigungen für den Treibstoffverbrauch (Sach- und Dienstleistungen) gedeckt.

Allerdings ist noch zu prüfen, ob auch zudem ausreichende Auszahlungsermächtigungen für die Bezahlung der Treibstoffe vorliegen. Auch hier ist laut Sachverhalt zunächst festzustellen, dass planmäßig bei den Auszahlungsermächtigungen für Sach- und Dienstleistungen keine Mittel mehr vorhanden sind. Die im vorigen Absatz aufgeführten Bewirtschaftungsvermerke gelten aber auch für die Ein- und Auszahlungsseite. Aus diesem Grund können die Mehreinzahlungen bei den Rettungsdienstgebühren von 32.000 € und die Einsparung von 20.000 € bei den Personalauszahlungen zur Deckung herangezogen werden. Insofern besteht auch noch eine ausreichende Auszahlungsermächtigung.

Nunmehr kann die Rechnung der Tankstelle über 18.000 € gezahlt werden, sodass Aufwendung und Auszahlung buchungstechnisch abzuwickeln sind. Für die Zeit vom 21. bis 31.12.2024 wird mit einer Betankung im Wert von rd. 10.000 € gerechnet, wobei die Rechnung erst in 2025 erwartet wird. Für die als Rückstellung ausgewiesene Summe von 10.000 € für die voraussichtlichen Betankungen in der Zeit vom 21. bis 31.12.2020 sind genügend Aufwendungsermächtigungen in 2024 vorhanden (siehe oben); für die Auszahlung sind nach den o. a. Verfahren ebenfalls Mittel in 2024 bereitgestellt. Jedoch werden die Auszahlungsermächtigungen erst in 2025 benötigt. Insofern muss für die 10.000 € gemäß § 21 Abs. 2 GemHVO eine Übertragung der Auszahlungsermächtigung nach 2025 erfolgen. Erreicht wird damit, dass in 2025 die Zahlung gesichert ist und nicht schon die Ermächtigungen des neuen Jahres in Anspruch genommen werden müssen.

Die Rechnung der Tankstelle B vom 27.12.2024 wurde verbrauchsorientiert als Aufwendung dem Haushaltsjahr 2024 zugeordnet und nach dem obigen Verfahren bereitgestellt. Da jedoch die Zahlung erst im Jahr 2025 erfolgt, muss eine Verbindlichkeit gegengebucht werden. Die Verbindlichkeit wird dann im Jahr 2025 in eine Auszahlung umgewandelt, sodass – wie im vorangehenden Absatz beschrieben – eine Auszahlungsermächtigungsübertragung von 22.000 € nach § 21 Abs. 2 GemHVO notwendig ist.

Insgesamt ist demnach eine Übertragung von Auszahlungsermächtigungen für Sach- und Dienstleitungen in Höhe von 32.000 € notwendig.[7]

7 Der Sachverhalt geht von einer verbindlichen Auflistung der konsumtiven Planpositionen im Teilfinanzhaushalt aus. Dazu sind die Gemeinden nicht verpflichtet und werden in der Regel davon auch keinen Gebrauch machen. Werden Teilfinanzpläne nur für den investiven Bereich aufgestellt, entfällt die budgetbezogene Probleme der Ermächtigungsübertragungen im Teilfinanzplan. Die Ermächtigungsübertragung müsste dann auf der Ebene des Finanzhaushalts erfolgen.

15. Die Verpflichtungsermächtigungen

15.1 Begriff und Verfahren

Verpflichtungsermächtigungen sind Ermächtigungen im Finanzhaushalt zum Eingehen von Verpflichtungen zur Leistung von Auszahlungen für Investitionen und Investitionsförderungsmaßnahmen in künftigen Jahren (§ 86 Abs. 1 GemO). Die Tatbestandsmerkmale können wie folgt dargestellt werden:

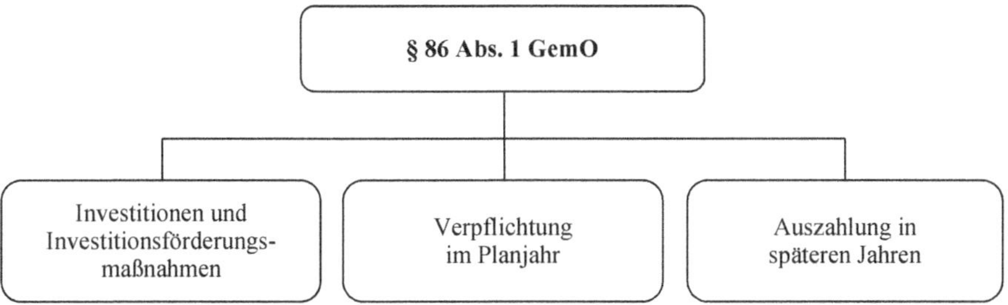

Verpflichtungsermächtigungen sind lediglich für den Investitionsbereich vorgesehen. Da Investitionen Auszahlungen zur Veränderung des Vermögens darstellen, kann nur ein Teilfinanzhaushalt Veranschlagungen von Verpflichtungsermächtigungen enthalten. Beim Vermögen handelt es sich um das in der Bilanz ausgewiesene immaterielle Vermögen, das Sachvermögen und das Finanzvermögen.[1] Eine Verpflichtungsermächtigung wird jedoch nur für solche Investitionen benötigt, bei denen eine Verpflichtung im Planjahr Auszahlungen in späteren Jahren bewirkt. Investitionsverpflichtungen mit Zahlungen im selben Jahr sind der Auszahlungsposition zuzuordnen. Bei den Verpflichtungen handelt es sich in der Regel um Verträge mit Dritten (z. B. Kaufverträge und Bauaufträge).

1 Siehe dazu auch die Gliederung des Finanzhaushalts in Kap. 13.

Die folgende Entscheidungstabelle belegt das Veranschlagungsverfahren:

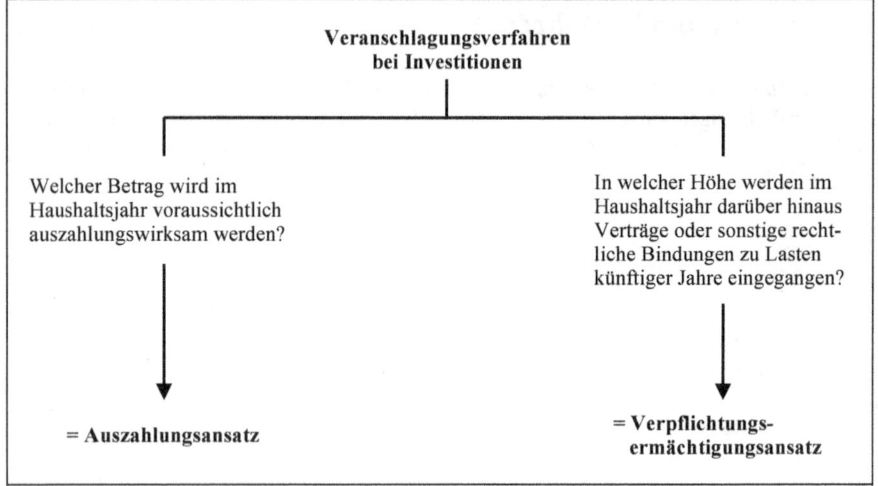

Beispiele:

a) Die Gemeinde G plant den Bau eines Museums mit Auszahlungen von je 500.000 € in 2024, 2025 und 2026. Vor Baubeginn im März 2024 soll ein Gesamtauftrag an einen Bauunternehmer vergeben werden. Gemäß § 10 Abs. 1 GemHVO sind den Teilfinanzhaushalten der Jahre 2024 bis 2026 jeweils 500.000 € als Auszahlungsermächtigungen einzustellen. Zusätzlich ist für den Vertragsabschluss in 2024 gemäß § 86 Abs. 1 GemO eine Verpflichtungsermächtigung in Höhe von 1.000.000 € im Teilfinanzhaushalt zu veranschlagen. Eine erneute Veranschlagung einer Verpflichtungsermächtigung in 2025 ist nicht erforderlich.

b) Soll dagegen Ende 2023 der Gesamtauftrag vergeben werden, damit in 2024 mit denselben Auszahlungsraten unverzüglich mit der Baumaßnahme begonnen werden kann, muss der Teilfinanzhaushalt 2023 eine Verpflichtungsermächtigung in Höhe von 1.500.000 € aufweisen. Die Veranschlagung der Auszahlungen in den Jahren 2024 bis 2026 beträgt dann jeweils 500.000 €. Weitere Verpflichtungsermächtigungen sind nicht einzustellen.

Auch für die übrigen Aufwendungen und Auszahlungen im konsumtiven Bereich ist unter Umständen eine vorjährige Verpflichtung erforderlich, die künftige Haushaltsjahre mit Aufwendungen und Auszahlungen belastet (z. B. Abschluss von Mietverträgen, die künftige Jahre mit Mietaufwendungen und Mietauszahlungen belasten oder langfristige Leasingverträge, vor allem im Immobilienbereich mit Millionenbeträgen). Diese Verpflichtungen können betragsmäßig große Summen ausmachen und die Haushalte der künftigen Jahre umfangreich belasten, ohne dass dafür eine haushaltsmäßige Ermächtigung erforderlich ist.

Unstreitig ist, dass bei Geschäften der laufenden Verwaltung keine besonderen haushaltsrechtlichen Ermächtigungen erforderlich sind. Bei den übrigen, sprich: größeren Maßnahmen helfen sich Gemeinden des Öfteren durch den Ausweis von besonderen „Bindungsermächtigungen“ (z. B. bei Grundrenovierungen von Gebäuden). Dies ist sicherlich keine haushaltsrechtlich abgesicherte Lösung, aber im Rahmen des Selbstgestaltungsrechts der Gemeinde durchaus zulässig und geboten.

Unabhängig von den haushaltsrechtlichen Unsicherheiten bleibt jedoch, dass für Maßnahmen, die nicht „Geschäfte der laufenden Verwaltung“ sind, ein vorheriger Ratsbeschluss erforderlich ist. Somit ist zumindest das Etatrecht der Ratsgremien indirekt gesichert. Allerdings stellt sich den Verfassern die Frage, ob nicht das Haushaltsrecht eine weitergehende Vorschrift für Verpflichtungsermächtigungen im Ergebnishaushalt benötigt.

15.2 Umfang und zeitliche Beschränkung der Verpflichtungsermächtigungen

Eine Verpflichtungsermächtigung ist nicht automatisch in den Teilfinanzhaushalt einzustellen, wenn in den zukünftigen Jahren Investitionsauszahlungen veranschlagt werden. Vielmehr ist die Verpflichtungsermächtigung nur dann notwendig, wenn Verträge im Investitionsbereich abgeschlossen werden sollen, die Auszahlungen in späteren Jahren zur Folge haben. Das bedeutet, dass vor der Veranschlagung von Verpflichtungsermächtigungen immer zu prüfen ist, ob ein Bedarf für einen konkreten Vertragsabschluss mit Belastungen späterer Perioden besteht.

Die Verpflichtungsermächtigungen dürfen nach § 86 Abs. 2 GemO in der Regel zu Lasten der dem Haushaltsjahr folgenden drei Jahre veranschlagt werden. Dieser Zeitraum ist bewusst auf den Planungszeitraum abgestellt, der sich gemäß § 85 GemO auf das Haushaltsjahr und die sich anschließenden drei Jahre bezieht. Dies wird am nachstehenden Beispiel für das Haushaltsjahr 2020 deutlich:

Ansatz Vorjahr	**Ansatz Hausplanjahr**	**Ansatz**	**Ansatz**	**Ansatz**
2023	**2024**	**2025**	**2026**	**2027**
Aufstellung Haushaltsplan 2024	Verpflichtungs-ermächtigung	├────────	fällig ────	────────▶

Allerdings schließt § 86 Abs. 2 GemO eine Veranschlagung von Verpflichtungsermächtigungen mit Auszahlungsbelastungen über den Planungszeitraum hinaus bis zum Abschluss einer Maßnahme nicht aus. Dies ist auch notwendig, weil es im Ausnahmefall zuweilen vorkommen kann, dass längerfristige Vertragsabschlüsse notwendig sind. Das wird besonders deutlich bei langfristigen Verrentungen (Leibrenten, verrentete Grundstückskaufpreise). Soll nämlich ein Grundstück auf Rentenbasis erworben werden, wobei die Rente aufgrund eines versicherungsmathematischen Gutachtens ca. 40 Jahre zu zahlen sein wird, muss in Höhe des entsprechenden Verrentungsumfangs eine Verpflichtungsermächtigung eingeplant werden. Auch bei dieser Art des Grunderwerbs handelt es sich um eine Investition. Dabei ist es nämlich ohne Bedeutung, ob das Grundstück in einer Summe bezahlt oder die Bezahlung periodisiert über eine Leibrentenzahlung abgewickelt wird. Es handelt sich immer um Auszahlungen zur Veränderung des Vermögens.[2]

15.3 Veranschlagung der Verpflichtungsermächtigungen

Gemäß § 11 GemHVO werden die Verpflichtungsermächtigungen in den Teilhaushalten maßnahmenbezogen veranschlagt. Dies entspricht dem Grundsatz der Einzelveranschlagung für Auszahlungen nach § 4 Abs. 4 GemHVO (siehe dazu auch Kap. 9.3.6.2). Die Gesamtsumme aller Verpflichtungsermächtigungen des Planjahres wird nach § 79 Abs. 2 Nr. 3b GemO in der Haushaltssatzung festgesetzt, sodass damit auch die einzelne Verpflichtungsermächtigung einen verbindlichen Planansatz darstellt (siehe dazu die Einzelheiten zur Haushaltssatzung in Kap. 18).

Für die Beispiele a) und b) in Kap. 15.1 würde folgende Darstellung im Teilfinanzhaushalt erforderlich sein:

Teilfinanzhaushalt Investitionstätigkeit	**VE 2023**	**Ansatz 2024**	**VE 2024**	**Planung 2025**	**Planung 2026**
Auszahlungen					
für Baumaßnahmen (Variante a)	0	500.000	1.000.000	500.000	500.000
für Baumaßnahmen (Variante b)	1.500.000	500.000	0	500.000	500.000

Wie bereits oben festgestellt, sind die Ansätze der Verpflichtungsermächtigungen verbindlich (konkrete Vertragsermächtigungen der Politik für die Verwaltung). Darum muss die Inanspruchnahme von Verpflichtungsermächtigungen dokumentiert werden (§ 27 Abs. 3 und 4 GemHVO). Dies ist nur außerhalb des doppischen Buchungssystems in der Haushaltsüberwachung möglich, weil es sich bei Verpflichtungsermächtigungen weder um Aufwendungen noch um Auszahlungen handelt.

Ist vorgesehen, im Investitionsbereich einen Vertrag mit Auszahlungen in späteren Jahren abzuschließen und sind keine ausreichenden Verpflichtungsermächtigungen vorhanden, müssen diese zusätzlich nach bestimmten normierten Verfahren bereitgestellt werden, z. B. nach § 86 Abs. 5 GemO (für Näheres dazu siehe Kap. 19.6.7). Da die Verpflichtungsermächtigungen sich die Bereitstellung liquider Mittel der nächs-

2 Die Gemeinden veranschlagen des Öfteren in diesen Fällen keine Verpflichtungsermächtigung und stützen sich dabei auf die Behauptung, dass dies nicht erforderlich sei, weil hier der Dreijahreszeitraum überschritten wäre. Dabei wird offensichtlich übersehen, dass der Gesetzgeber auch Verpflichtungsermächtigungen zulässt, die über den Planungszeitraum hinausgehen. Wenn für solche Fälle die Veranschlagung einer Verpflichtungsermächtigung nicht notwendig sein sollte, hätte in § 86 GemO dieses ausdrücklich als Ausnahme normiert werden müssen. Dies ist jedoch nicht der Fall.

ten Jahre auswirken, sollte im Rahmen der Buchführung auch die konkrete Belastung der nächsten Jahre erfasst und für die notwendige Haushaltsfortschreibung vorgehalten werden. Zur Deckungsfähigkeit von Verpflichtungsermächtigungen siehe Kap. 14.3.2.

15.4 Übungen

Sachverhalt und Aufgabe Nr. 1

Untersuchen und begründen Sie, ob und in welcher Höhe bei den nachstehenden Sachverhalten im Haushaltsplan 2024 Verpflichtungsermächtigungen zu veranschlagen sind:

a) Die Gemeinde G will eine Grundschule mit Gesamtkosten von 4 Mio € bauen. Die Bauauszahlungen fallen je zur Hälfte in 2024 und 2025 an. Den Gesamtauftrag soll ein Unternehmen in 20204erhalten.
b) Wie zuvor, jedoch sollen Jahresaufträge jeweils zu Beginn der Jahre 2024 und 2025 erteilt werden.
c) Die Gemeinde G will eine DV-Anlage für die Jahre 2024 bis 2028 leasen (jährliche Leasingrate laut Vertrag = 1,2 Mio €).
d) Die Gemeinde G will in 2024 einen Bewilligungsbescheid über 3.000.000 € erteilen. Der Zuschuss dient der Kostenbeteiligung an der Errichtung eines neuen Werkgebäudes (Wirtschaftsförderung) und wird zu je einem Drittel in 2024, 2025 und 2026 ausgezahlt.
e) Die Gemeinde G will in 2025 einige qm Straßenland erwerben. Der Vertrag über den Kaufpreis von 600 € soll bereits im Dezember 2024 abgeschlossen werden.

Lösung:

a) Der Bau der Grundschule mit Gesamtauszahlungen von 4 Mio € stellt eine Investition dar, weil die Auszahlung eine Veränderung des Vermögens i. S. v. § 61 Nr. 21 GemHVO bewirkt. Gebäude als Grundstücksteile (§ 94 BGB) zählen zu den Sachanlagen. Die Gesamtauftragsvergabe in 2024 erfordert in diesem Jahr eine haushaltsrechtliche Ermächtigung. Sie wird geschaffen durch die Bildung eines Auszahlungsansatzes in 2024 in Höhe von 2 Mio € gemäß § 10 Abs. 1 GemHVO, womit eine Auftragsvergabe mit Auszahlung im selben Jahr 2024 ermöglicht wird. Des Weiteren ist im Haushaltsjahr 2024 ein Verpflichtungsermächtigungsansatz von 2 Mio € gemäß § 86 Abs. 1 GemO für den Teil des Auftrages erforderlich, der erst im Jahre 2025 zu Auszahlungen führt.
b) Bei der abgewandelten Variante des Sachverhalts zu a) ist eine Veranschlagung von Verpflichtungsermächtigungen nicht erforderlich. Auftragsvergaben und Bezahlung der eingegangenen Verpflichtungen erfolgen jeweils im selben Jahr (also 2020 bzw. 2021). Auftragsbelastungen für zukünftige Jahre bestehen nicht. Das Tatbestandsmerkmal gemäß § 86 Abs. 1 GemO „Auszahlung in späteren Jahren" liegt nicht vor, sodass die Auszahlungsansätze von je 2 Mio € in 2020 und 2021 genügen.
c) Beim Leasing einer DV-Anlage handelt es sich nicht um eine Investition, weil keine Veränderung des Vermögens erfolgt. Die Gemeinde erwirbt kein Eigentum an der

DV-Anlage. Es kann auch nicht von einem wirtschaftlichen Eigentum ausgegangen werden, vielmehr besteht eine Art Mietverhältnis (Besitzverhältnis). Eine Veranschlagung zum Zweck des Vertragsabschlusses im Teilfinanzhaushalt – nur dort sind Verpflichtungsermächtigungen einzustellen – erfolgt demnach nicht.

d) Laut Sachverhalt dient der Zuschuss als Finanzhilfe zur Errichtung eines neuen Werkgebäudes. Da das Anlagevermögen des Dritten vergrößert wird, handelt es sich um eine Investitionsförderungsmaßnahme. § 86 Abs. 1 GemO sieht auch für Investitionsförderungsmaßnahmen die Notwendigkeit einer förmlichen Verpflichtungsermächtigung vor.

e) Der Erwerb von Grundvermögen stellt eine Investition dar (Veränderung des Vermögens in Form von Grunderwerb). Somit ist hier die Veranschlagung einer Verpflichtungsermächtigungen in Höhe von 600 € zu Lasten des Jahres 2025 erforderlich.

Sachverhalt Nr. 2

Die Gemeinde G will in 2024 mit zwei größeren Investitionsvorhaben beginnen. Die zuständigen Fachbereiche informieren den Fachbereich Finanzen wie folgt:

a) Bau der Gesamtschule Nord
Der Kaufvertrag für das Grundstück ist bereits in 2023 abgeschlossen. Der Gesamtkaufpreis von 1.000.000 € ist mit 800.000 € in 2023 und 200.000 € in 2024 zu zahlen. Die Hochbaukosten belaufen sich auf voraussichtlich 10.000.000 €. Ein Bauunternehmen soll im Frühjahr 2024 einen Auftrag für die Gesamtherstellung des Gebäudes einschließlich der Außenanlagen (schlüsselfertige Übergabe) erhalten. Nach dem Bauzeitenplan verteilen sich die entsprechenden Auszahlungen wie folgt:
2024 3.000.000 €, **2025** 5.000.000 € und **2026** 2.000.000 €
Die Einrichtungsgegenstände mit Beschaffungskosen von 300.000 € werden voraussichtlich in 2026 bestellt und bezahlt.

b) Bau der des Sportzentrums Süd
Der Vertrag über die Grunderwerbskosten von 900.000 € soll im März 2024 geschlossen werden. Der Eigentümer verlangt die Auszahlung je zur Hälfte zum 15.8.2024 und 15.2.2025. Zusätzlich soll ein weiteres benötigtes Grundstück erworben werden. Hier wird der Grundstückseigentümer eine Verrentung des Kaufpreises erhalten. Im Kaufvertrag, der ebenfalls im März 2024 abgeschlossen werden soll, wird voraussichtlich eine zehnjährige Rentenzahlung von monatlich 2.000 € ab 1.7.2024 enthalten sein, die den Gesamtkaufpreis abgedeckt.[3]
Die Hochbauauszahlungen werden auf insgesamt 8.000.000 € geschätzt und werden mit 5.000.000 € in 2024 und 3.000.000 € in 2025 anfallen. Das Hochbauamt beabsichtigt, von den Ausgaben für 2025 2.000.000 € erst im Januar 2025 auszuschreiben, weil es sich um Spezialarbeiten handelt. Den Restauftrag von 6.000.000 € soll in 2024 eine Baufirma erhalten. Die Außenanlagen (gärtnerische Arbeiten) sollen

3 Die Grundstückspreisverrentung ist aus Übungsgründen auf zehn Jahre beschränkt und enthält auch keine Gleitklauseln. Insofern entspricht sie nicht den Praxisgegebenheiten, die in der Regel Verrentungen bis zum Ableben des Verkäufers vorsehen.

erst im Januar/Februar 2026 durchgeführt werden. Der Auftrag über die Gesamtauszahlungen von 50.000 € (nicht in den bisherigen Hochbaukosten enthalten, aber bei der selben Finanzposition abzuwickeln) soll bereits Ende 2025 vergeben werden. Die Einrichtungskosten von 150.000 € fallen in 2025 an. Wegen der langen Lieferzeit soll der Auftrag bereits im Dezember 2024 vergeben werden.

Aufgabe:
Veranschlagen Sie die Maßnahmen in den Teilfinanzhaushalten für die Jahre 2024, 2025 und 2026, wobei sie einen vereinfachten gemeinsamen Vordruck verwenden können. Unterstellen Sie dabei, dass sich gegenüber der ursprünglichen Planung keine Änderungen im Zeitablauf ergeben. Auf den Nachweis von Vorjahrszahlen ist zu verzichten.

Lösung:

Haushaltsjahr 2024

Teilfinanzhaushalt Investitionstätigkeit	Ansatz 2024	VE 2024	Planung 2025	Planung 2026	Planung 2027
Auszahlungen Gesamtschule Nord					
für Erwerb von Grundstücken	200.000	0	0	0	0
für Baumaßnahmen	3.000.000	7.000.000	5.000.000	2.000.000	0
für Erwerb von beweglichem Anlagevermögen	0	0	0	300.000	0
Auszahlungen Sportzentrum Süd					
für Erwerb von Grundstücken	462.000	678.000	474.000	24.000	24.000
für Baumaßnahmen	5.000.000	1.000.000	3.000.000	50.000	0
für Erwerb von beweglichem Anlagevermögen	0	150.000	150.000	0	0

Hinweis: Die Verpflichtungsermächtigungen setzen sich mit 450.000 € für das erste Grundstück und 228.000 € (240.000 € abzüglich Jahresbelastung 2024 in Höhe von 12.000 € für 6 Monate) für den verrenteten Grundstückskaufpreis zusammen.

Haushaltsjahr 2025

Teilfinanzhaushalt Investitionstätigkeit	Ansatz 2025	VE 2025	Planung 2026	Planung 2027	Planung 2028
Auszahlungen Gesamtschule Nord					
für Erwerb von Grundstücken	0	0	0	0	0
für Baumaßnahmen	5.000.000	0	2.000.000	0	0
für Erwerb von beweglichem Anlagevermögen	0	0	300.000	0	0
Auszahlungen Sportzentrum Süd					
für Erwerb von Grundstücken	474.000	0	24.000	24.000	24.000
für Baumaßnahmen	3.000.000	50.000	50.000	0	0
für Erwerb von beweglichem Anlagevermögen	150.000	0	0	0	0

Haushaltsjahr 2026 – vereinfachter Vordruck

Teilfinanzhaushalt Investitionstätigkeit	Ansatz 2026	VE 2026	Planung 2027	Planung 2028	Planung 2029
Auszahlungen Gesamtschule Nord					
für Erwerb von Grundstücken	0	0	0	0	0
für Baumaßnahmen	2.000.000	0	0	0	0
für Erwerb von beweglichem Anlagevermögen	300.000	0	0	0	0
Auszahlungen Sportzentrum Süd					
für Erwerb von Grundstücken	24.000	0	24.000	24.000	24.000
für Baumaßnahmen	50.000	0	0	0	0
für Erwerb von beweglichem Anlagevermögen	0	0	0	0	0

16. Fremdfinanzierung des kommunalen Haushalts und Haftungsverhältnisse: Kredite, kreditähnliche Rechtsgeschäfte, Bürgschaften und ähnliche Rechtsgeschäfte

16.1 Begriffsbestimmungen

Die Finanzierung öffentlicher Haushalte mit fremdem Kapital ist eine übliche Vorgehensweise, die z. B. in Form der Kreditfinanzierung ausdrücklich in § 78 Abs. 3 GemO zugelassen wird. Gleichwohl sind bei der Fremdfinanzierung der kommunalen Aufgabenerfüllung neben den allgemeinen Haushaltsgrundsätzen besondere haushaltsrechtliche Regelungen zu beachten. Es muss auch darauf hingewiesen werden, dass gegenwärtig Diskussionen darüber stattfinden, ob die öffentlichen Haushalte künftig überhaupt Schulden machen dürfen bzw. ihre Schuldenaufnahme verfassungsrechtlich beschränkt werden soll. Der Grund dafür liegt sicherlich darin, dass die Kreditaufnahmen der Vergangenheit entgegen dem Prinzip der intergenerativen Gerechtigkeit zu fast nicht mehr rückzahlbaren Schuldenbergen des Staates geführt haben. Gleichwohl bleibt es betriebswirtschaftlich sinnvoll, langlebige Vermögensgegenstände über ihre Nutzungsdauer mit Krediten zu finanzieren, wenn die Kreditverpflichtungen im selben Zeitraum erwirtschaftet werden können.

Zur näheren Betrachtung der Besonderheiten der Fremdfinanzierung kommunaler Haushalte bedarf es zunächst einer Bestimmung und Abgrenzung der im Bereich der kommunalen Fremdfinanzierung benutzten Begriffe, wie z. B. Fremdkapital, Schulden, Verbindlichkeiten, Investitionskredite und Liquiditätskredite. Diese Begriffsbestimmungen unterscheiden sich in wichtigen Details. Sie sind auch deshalb erforderlich, weil sich die Begriffsinhalte insbesondere durch den Wechsel des Rechnungsstils von der Kameralistik zur kommunalen Doppik verändert haben. Die im neuen Haushaltsrecht gewählten Begriffe und ihre Inhalte weichen teilweise – aber begründet – von den üblichen betriebswirtschaftlichen Konventionen ab.

16.1.1 Fremdkapital

Der Begriff des Fremdkapitals, obwohl im baden-württembergischen Gemeindehaushaltsrecht kein kodifizierter Rechtsbegriff, ergibt sich aus der Betrachtung der Passivseite der Bilanz als Gegenstück zum dort ausgewiesenen Eigenkapital. Ausgehend von der in § 52 Abs. 4 GemHVO festgelegten Struktur der Passivseite der kommunalen Bilanz wären dem Fremdkapital die Posten

- 3. Rückstellungen und
- 4. Verbindlichkeiten

zuzuordnen. Es handelt sich dabei um den Teil der Kapitalausstattung der Kommune, der mit einer Verpflichtung zur Rückzahlung oder einer vergleichbaren Verpflichtung für die Zukunft belastet ist.[1]

Den zwischen dem Eigenkapital und den Rückstellungen ausgewiesenen Sonderposten fehlt es an dieser direkten Rückzahlungsverpflichtung, sodass ihnen zumindest teilweise Eigenkapitalcharakter zugesprochen wird. Sie stellen daher eine Mischform zwischen Eigenkapital und Fremdkapital dar.

Für Einnahmen, die vor dem Abschlussstichtag anfallen, die aber aufgrund der wirtschaftlichen Verursachung erst Ertrag für eine Zeit nach dem Abschlussstichtag darstellen, werden nach § 48 Abs. 2 GemHVO passive Rechnungsabgrenzungsposten (RAP) gebildet (Beispiel: Mietvorauszahlungen für das Folgejahr). Sie dienen der Periodenabgrenzung und haben damit weder Eigenkapital- noch Fremdkapitalcharakter.

16.1.2 Schulden

Im Zivilrecht leitet sich der Begriff der Schulden aus dem Inhalt des Schuldverhältnisses ab. Ein Schuldverhältnis im Sinne von § 241 BGB begründet grundsätzlich eine Verpflichtung zum Tun, Dulden oder Unterlassen. Von Schulden im zivilrechtlichen Sinne wird in der Regel aber nur dann gesprochen, wenn ein Schuldverhältnis die Verpflichtung begründet, Geld zu bezahlen.

Als „Schulden" werden in der kommunalen Finanzwirtschaft sämtliche Verpflichtungen gegenüber Dritten, z. B. Rückzahlungsverpflichtungen aus Kreditaufnahmen und ihnen wirtschaftlich gleichkommende Vorgänge bezeichnet. Insoweit deckt sich der Begriff der Schulden im Haushaltsrecht mit dem weiten zivilrechtlichen Schuldenbegriff.

Über die Verpflichtung zur Zahlung von Geld hinaus umfasst der Schuldenbegriff auch weitere Verpflichtungen, die sich aus vertraglichen oder gesetzlichen Bestimmungen ergeben können. Soweit solche Verpflichtungen wertmäßig feststehen und der Zeitpunkt der Leistungsverpflichtung bekannt ist, werden sie bilanziell als Verbindlichkeiten ausgewiesen. Verpflichtungen, die nach Höhe und/oder Fälligkeit ungewiss sind, werden als Rückstellungen bilanziert.[2] Allerdings ist bei den Rückstellungen zwischen solchen mit einer Verpflichtung gegenüber Dritten (Außenverpflichtung) und solchen mit einer Verpflichtung gegenüber sich selbst (Innenverpflichtung) zu unterscheiden. Aufgrund der Definition der Schulden als Verpflichtungen gegenüber Dritten werden Rückstellungen, die sich auf eine Innenverpflichtung beziehen (= Aufwandsrückstellungen), nicht unter diesen Begriff gefasst.

1 Vgl. *Brixner/Harms/Noe*, Verwaltungs-Kontenrahmen, München, 2003, S. 225.

2 § 41 GemHVO. Vgl. zu den Rückstellungen auch die ausführliche Darstellung in Kap. 8.

Der Begriff Schulden im kommunalen Haushaltsrecht umfasst damit alle bilanziell auszuweisenden Verbindlichkeiten und Rückstellungen mit Ausnahme der Aufwandsrückstellungen.

Für die gemeindliche Haushaltswirtschaft ist die Abgrenzung der Schulden insofern bedeutsam, als sie dem Haushaltsplan gem. § 1 Abs. 3 Nr. 5 GemHVO eine Übersicht über den Stand der Schulden[3] als Pflichtanlage beizufügen und im Rahmen des Jahresabschlusses gem. § 95 Abs. 3 Nr. 2 GemO eine Schuldenübersicht[4] aufzustellen hat. Diese Schuldenübersicht bezieht sich auf die Bilanzposten Anleihen, Kredite und kreditähnliche Rechtsgeschäfte.

16.1.3 Verbindlichkeiten

„Verbindlichkeiten" können als solche Verpflichtungen definiert werden, die am Abschlussstichtag nach Höhe und Fälligkeit feststehen. Die Verbindlichkeiten sind damit ein Teilbereich der Schulden. Sie werden gem. 52 Abs. 4 Nr. 4 GemHVO auf der Passivseite der kommunalen Bilanz ausgewiesen. Sie werden weiter untergliedert in

- 4.1 Anleihen,
- 4.2 Verbindlichkeiten aus Kreditaufnahmen,
- 4.3 Verbindlichkeiten aus kreditähnlichen Rechtsgeschäften,
- 4.4 Verbindlichkeiten aus Lieferungen und Leistungen,
- 4.5 Verbindlichkeiten aus Transferleistungen,
- 4.6 Sonstige Verbindlichkeiten.

16.1.4 Kredite

Als „Kredit" wird das unter der Verpflichtung zur Rückzahlung von Dritten oder von Sondervermögen mit Sonderrechnung aufgenommene Geldkapital als endgültiges Deckungsmittel bezeichnet (§ 61 Nr. 28 GemHVO). Diese Definition kann auch für die Bilanzierung herangezogen werden. Liquiditätskredite dienen nicht als endgültige Deckungsmittel. Sie werden von dieser Definition nicht erfasst, sondern in § 89 GemO spezialgesetzlich geregelt; gleichwohl gelten sie bilanziell als Geldschulden. Die Einzahlungen und Auszahlungen aus der Aufnahme von Liquiditätskrediten sind haushaltsunwirksam, womit sie als Deckungsmittel überhaupt und insbesondere des Haushalts ausscheiden.

3 Vgl. Anlage 14 VV Muster zur GemO und GemHVO.

4 Vgl. Anlage 25 VV Muster zur GemO und GemHVO.

Die Gliederung der Verbindlichkeiten in § 52 Abs. 4 Nr. 4 GemHVO unterscheidet auf dieser Grundlage grundsätzlich zwischen Anleihen, Krediten für Investitionen und Krediten zur Liquiditätssicherung. Im Hinblick auf die Zielrichtung des § 87 Abs. 1 GemO sind allerdings die Anleihen den Krediten für Investitionen zuzurechnen. Es ergibt sich danach im Überblick folgende Struktur:

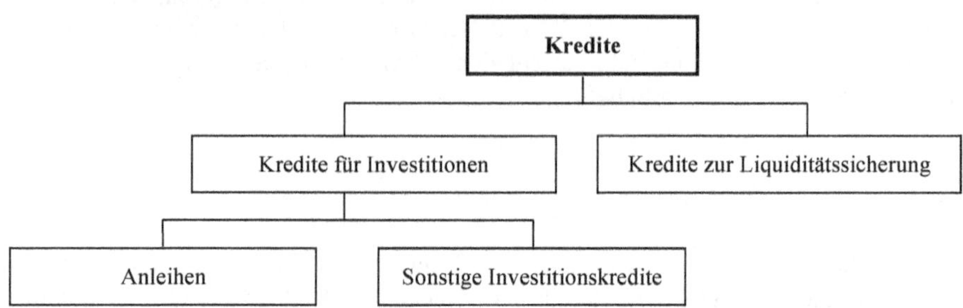

Mit dieser Definition von Krediten wird allerdings der haushaltsrechtliche Kreditbegriff enger gefasst als dies in der Betriebswirtschaft üblich ist. Im Bereich der Unternehmensfinanzierung wird als „Kredit" jede Erbringung einer Leistung in Erwartung einer zukünftigen Gegenleistung verstanden. So werden dort insbesondere auch kurzfristige Finanzierungsformen wie Anzahlungen und Teilzahlungen (Kundenkredite) oder Zielkauf und Kaufpreisstundungen (Lieferantenkredite) dem Kreditbegriff zugeordnet.

Beispiel:
Ein Handwerksmeister kauft bei seinem Lieferanten Material ein, das er erst am Ende des nächsten Monats bezahlen muss. Betriebswirtschaftlich räumt ihm der Lieferant damit einen Kredit ein. Ebenso handelt es sich um einen Kredit, wenn der Kunde dem Handwerksmeister bereits vor Erbringung der vereinbarten Leistung (z. B. Neuanstrich des Wohnhauses) einen Teil des vereinbarten Rechnungsbetrags überweist.

Unter den haushaltsrechtlichen Kreditbegriff fallen dagegen ausschließlich Geldleihen, unabhängig von ihrer Fristigkeit. Dies sind für den Bereich der Kommunalverwaltung insbesondere Tages- und Festgelder, Darlehen und Anleihen.

In den haushaltsrechtlichen Vorschriften werden als „Darlehen" üblicherweise nur die von der Gemeinde verliehenen Gelder bezeichnet (z. B. Baudarlehen an Bedienstete, Darlehen an Unternehmen im Bereich der Wirtschaftsförderung). Unabhängig von der Stellung der Gemeinde als Schuldner oder Gläubiger stellt das Darlehen faktisch aber nur eine spezifische Form des mittel- oder langfristigen Kredits dar.

16.1.4.1 Kredite für Investitionen und für Investitionsförderungsmaßnahmen

Nach § 87 Abs. 1 i. V. m. § 78 Abs. 3 GemO dürfen Kredite nur für Investitionen und für Investitionsförderungsmaßnahmen aufgenommen werden, wenn eine andere Finanzierung nicht möglich ist oder wirtschaftlich unzweckmäßig wäre. Die Beschränkung der Kreditaufnahme auf die Finanzierung von Investitionen ist auf Art. 82 der Verfassung des Landes Baden-Württemberg zurückzuführen.

Die Haushaltssatzung legt gem. § 79 Abs. 2 Nr. 3a GemO die Höchstgrenze für die möglichen Investitionskredite fest (Kreditermächtigung). Diese Höchstgrenze bezieht sich auf die tatsächliche Kreditaufnahme, die nicht höher sein darf als die Summe der Investitionen und Investitionsförderungsmaßnahmen (§ 87 Abs. 1 NGO). Bei der Berechnung der Höchstgrenze muss ebenfalls die Finanzierung von Dritten (Zuweisungen oder Beiträge) vorrangig berücksichtigt werden. Die Berechnung erfolgt damit gemäß der nachstehenden Tabelle auf der Grundlage der Festlegungen im Finanzplan:

+	Auszahlungen aus Investitionstätigkeit
–	Einzahlungen aus Zuwendungen für Investitionstätigkeit
–	Einzahlungen von Beiträgen und Entgelten für Investitionstätigkeit
=	Höchstbetrag der Kredite für Investitionen

Unerheblich für die Zuordnung der Kredite zu den Investitionskrediten ist nach den haushaltsrechtlichen Vorschriften die gewählte Laufzeit der einzelnen Kreditverbindlichkeit. Diese muss nach Wirtschaftlichkeitsgesichtspunkten bestimmt werden. So kann es bei sinkenden Kapitalmarktzinsen durchaus wirtschaftlich und damit notwendig sein, auch große Investitionen zunächst kurzfristig zu finanzieren, um sich wenige Wochen oder Monate später einen günstigeren Zinssatz langfristig zu sichern.

16.1.4.2 Anleihen

Haushaltsrechtlich relevant ist als besondere Ausprägung des Investitionskredits die Anleihe. Bei dieser Finanzierungsform wird das von der Kommune benötigte Kapital von einer unbestimmten Zahl von Geldgebern durch den Kauf von Wertpapieren aufgebracht. Bei den Anleihen handelt es sich um verbriefte Forderungstitel, die i. d. R. an der Börse gehandelt werden.

Beispiel:[5]
Die Stadt S emittiert zur Finanzierung des Stadionneubaus eine Kommunalobligation. Im August 2024 lässt sie 100.000 Urkunden mit folgendem Text drucken:

„5 % Obligation über 1.000 € der Stadt S 2024/2034 im Gesamtnennbetrag von 100 Mio. €. Die Stadt S zahlt dem Inhaber dieser Obligation 5 % Zinsen jährlich nachträglich am 15. September und löst die Obligation bei Fälligkeit am 15. September 2034 ein.

Stadt S, im September 2024."

Seit dem Druck der Urkunden ist der Kapitalmarktzins leicht gestiegen. Um die Emission trotzdem absetzen zu können, wird am 15.9.2024 als Ausgabekurs 98 % festgelegt.

Der Anleger A kauft am 15.9.2024 nominal 1.000 € der Kommunalobligation und zahlt 1.000 € × 0,98 = 980 €. Jeweils am 15. September erhält er in den Jahren 2025 bis 2034 1.000 € × 5 % = 50 € Zinsen gegen Einreichung des entsprechenden Zinsscheins. Am 15.9.2034 erhält er zusätzlich 1.000 € gegen Einreichung der Urkunde. Der Anleger hätte die Obligation der Stadt S auch zwischenzeitlich an der Börse an einen Dritten verkaufen können. Der Verkaufskurs würde sich dann jeweils aus den aktuellen Kapitalmarktbedingungen ergeben.

Die Hausbank der Stadt S (Konsortialführer) verrechnet mit anderen Banken, die ggf. an der Emission beteiligt sind (Emissionskonsortium). Sie schreibt der Stadt S den Gegenwert der Obligation (Nominalwert × Ausgabekurs) gut und belastet sie mit den Zinsen und dem Rückzahlungsbetrag. Die Stadt S wird zusätzlich mit Bankprovisionen etc. belastet.

Anleihen werden im öffentlichen Bereich überwiegend vom Bund und von den Ländern aufgelegt. In seltenen Fällen bedienen sich auch Großstädte dieser Finanzierungsform.

16.1.4.3 Liquiditätskredite

Die Bilanzgliederung sieht nach § 52 Abs. 4 Nr. 4.2 GemHVO keine zusätzliche Zeile für den Nachweis der Liquiditätskredite vor. Liquiditätskredite (Kontenart 239) werden lediglich durch den Kontenplan von den Krediten für Investitionen (Kontenart 231) unterschieden. Soweit im Rahmen der Inanspruchnahme dieser Kredite tatsächliche Einzahlungen erfolgen, sind diese nach § 50 Nr. 37 GemHVO in der Finanzrechnung nachzuweisen.[6] Eine Berücksichtigung im Haushaltsplan (Finanzhaushalt) ist dagegen nach § 3 GemHVO nicht vorgesehen.

---

5 Beispiel in Anlehnung an *Thielmann*, Finanzierung: mit Übungsaufgaben und Lösungen, 2. Aufl., Köln 1992, S. 33.

6 Die Inanspruchnahme eines Kredits innerhalb eines Kontokorrentrahmens führt i. d. R. nicht zu einer Einzahlung und wird dementsprechend auch nicht in der Finanzrechnung abgebildet.

Nach § 89 Abs. 2 GemO darf die Gemeinde Kredite zur Liquiditätssicherung aufnehmen, wenn dies zur rechtzeitigen Leistung der Auszahlungen erforderlich ist und hierfür keine anderen Mittel zur Verfügung stehen. Voraussetzung ist weiterhin die Einhaltung der nach § 79 Abs. 2 Nr. 3a GemO in der Haushaltssatzung festzusetzenden Höchstgrenze der Liquiditätskredite.

Auch bei den Liquiditätskrediten sehen die haushaltsrechtlichen Vorschriften keine ausdrückliche Laufzeitbeschränkung vor. Nach dem Wirtschaftlichkeitsprinzip des § 77 Abs. 2 GemO muss die Ausgestaltung der Kreditkonditionen unter Berücksichtigung der aktuellen Zinsstrukturen, der Dauer und Höhe des voraussichtlichen Liquiditätsbedarfs und der zu erwartenden Kapitalmarktentwicklung erfolgen. Ein über den Zeitraum der Finanzplanung hinausgehender Liquiditätsbedarf aus laufender Verwaltungstätigkeit ist völlig unübersichtlich, so dass sich faktisch eine Laufzeitbeschränkung auf bis zu vier Jahre für diese Form ergeben sollte.

Der Höchstbetrag der Liquiditätskredite ist nach § 89 Abs. 3 GemO genehmigungspflichtig, wenn er ein Fünftel der im Ergebnishaushalt veranschlagten ordentlichen Aufwendungen übersteigt.

16.1.5 Kreditähnliche Rechtsgeschäfte

Zahlungsverpflichtungen, die den Krediten wirtschaftlich gleichkommen, sind im Haushaltsrecht nicht ausdrücklich definiert. § 87 Abs. 5 GemO weist lediglich darauf hin, dass die Kommune Entscheidungen, die zur Entstehung von Verpflichtungen führen, die einer Kreditaufnahme wirtschaftlich gleichkommen, der Aufsichtsbehörde unverzüglich schriftlich anzuzeigen hat.

Eine Genehmigung ist nicht erforderlich für die Begründung von Zahlungsverpflichtungen im Rahmen der laufenden Verwaltung. Praktisch bezieht sich die „Kreditähnlichkeit“ darauf, dass es sich bei den betreffenden Geschäften um Finanzierungsinstrumente der Kommune handelt, die, wie ein Kredit, zu einem späteren Zeitpunkt Zahlungsverpflichtungen auslösen. Das Erfordernis der zusätzlichen Definition „kreditähnlicher Vorgänge“ ergibt sich aus der bereits dargestellten engen Definition der Kredite, die u. a. darauf abstellt, dass „Kapital aufgenommen“ wird. Bei kreditähnlichen Verbindlichkeiten liegt i. d. R. keine zahlungswirksame Kapitalaufnahme vor.

16.1.6 Innere Darlehen

Unter inneren Darlehen wird gem. § 61 Nr. 20 GemHVO die vorübergehende Inanspruchnahme von Mitteln aus

- Zweckgebundenen Rücklagen,
- Langfristigen Rückstellungen und
- Sondervermögen ohne Sonderrechnung

als Finanzierungsmittel für Investitionstätigkeit im Finanzhaushalt verstanden; sie fallen nicht unter den Kreditbegriff im engeren Sinne.

Praktisch handelt es sich bei den Sondervermögen i. d. R. um unselbständige Stiftungen. Da es sich hier weder um eigene Rechtspersönlichkeiten handelt noch eine separate Rechnungslegung erfolgt, werden die verfügbaren Finanzierungsmittel bilanziell bei der Kommune ausgewiesen. Es ist allerdings zu gewährleisten, dass die kalkulatorischen Zinsen für die Inanspruchnahme der Mittel aus den Sondervermögen ohne Sonderrechnung diesen Sondervermögen wieder zugutekommen. Dies wird i. d. R. durch eine Nebenrechnung sicherzustellen sein.

Lediglich zur Ablösung innerer Darlehen aus Mitteln von Rückstellungen, die für die Stilllegung und Nachsorge von Abfalldeponien nach § 41 Abs. 1 Nr. 3 GemHVO erwirtschaftet wurden, dürfen Kredite gem. § 87 Abs. 1 Satz 2 i. V. m. § 78 Abs. 3 GemO aufgenommen werden. Voraussetzung hierfür ist, dass die Mittel des inneren Darlehens für investive Zwecke verwendet worden sind.

16.1.7 Haftungsverhältnisse

Gem. § 42 Satz 3 GemHVO sind „unter der Bilanz" auch Haftungsverhältnisse nachrichtlich auszuweisen. Unter diese Haftungsverhältnisse fallen insbesondere

- Bürgschaften und
- Gewährverträge.

Die Bürgschaft ist die Verpflichtung des Bürgen gegenüber dem Gläubiger eines Dritten für die Erfüllung der Verbindlichkeit des Dritten einzustehen (§ 765 Abs. 1 BGB).

Gewährverträge sind Verträge, durch die die Gemeinde verspricht, für einen bestimmten Erfolg einzutreten, insbesondere für die Gefahr (das Risiko), die dem Vertragsgegner aus irgendeiner Unternehmung künftig erwachsen kann.

Alle Haftungsverhältnisse, die den vorgenannten Bürgschaften und Gewährverträgen gleichkommen, sind in diesem Zusammenhang zu betrachten.

16.1.8 Zusammenfassende Darstellung der Begriffe der Fremdfinanzierung

Im Überblick stellt sich der Zusammenhang zwischen den Begriffen Fremdkapital, Verbindlichkeiten, Schulden, Kredite und Anleihen haushaltsrechtlich in folgender Weise dar:

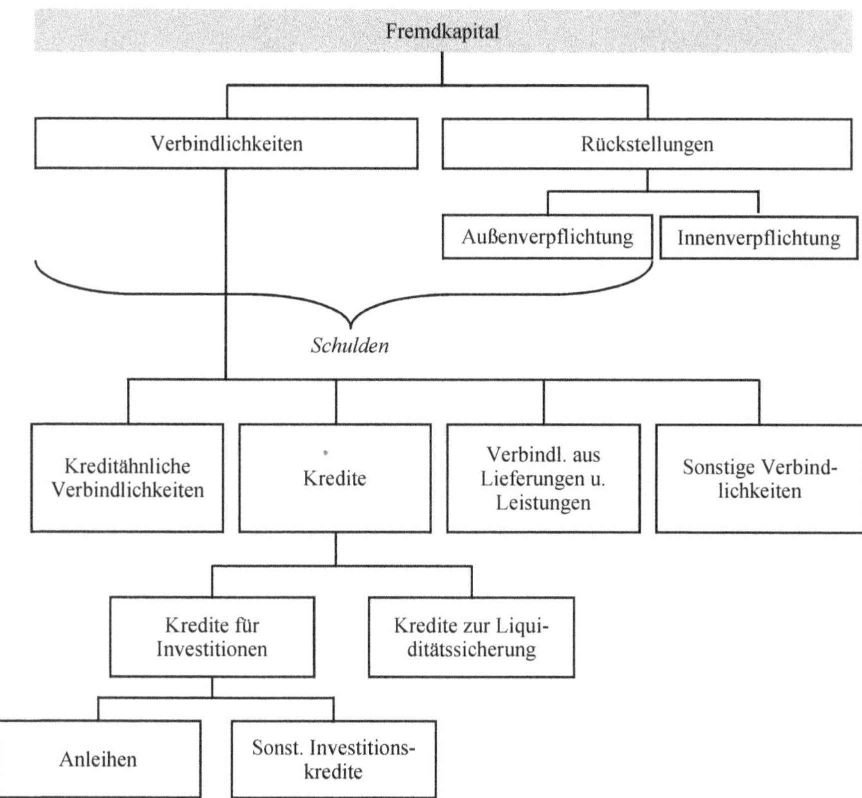

16.2 Fremdfinanzierung durch Kredite

16.2.1 Kriterien der Einteilung von Krediten

Kredite werden in unterschiedlichen Rechts- und Bewirtschaftungsformen am Markt angeboten. Das bedingt, dass die Arten der Kredite nach verschiedenen Kriterien je nach Betrachtungsstandpunkt eingeteilt werden. Die Verfasser beschränken sich auf die nachstehend aufgeführten wichtigsten Einteilungen:

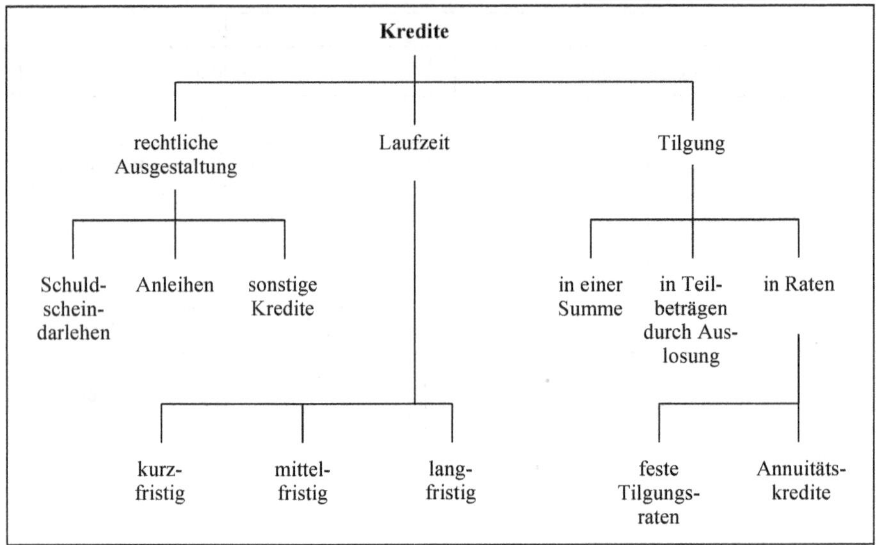

16.2.1.1 Rechtliche Ausgestaltung der Kredite

Von der rechtlichen Ausgestaltung der Kreditaufnahmen her unterscheidet man folgende Formen:

- *Schuldscheindarlehen*
  Hier wird der Kredit von bestimmten Geldgebern (Banken, Sparkassen usw.) gewährt. In einem Schuldschein (Schuldurkunde) werden die Darlehensbedingungen festgelegt. Diese Kreditform wird im kommunalen Bereich bevorzugt genutzt.
- *Anleihen*
  Das Kapital wird von einer unbestimmten Zahl von Geldgebern durch den Kauf von Wertpapieren (z. B. Schuldverschreibungen, Schatzbriefe, Kommunalobligationen) aufgebracht. Soweit die Anleihen an der Börse gehandelt werden, unterliegen sie Kursschwankungen. Bei Anleihen können für die gesamte Laufzeit feste, vorab vereinbarte Zinszahlungen während der Laufzeit erfolgen (Straight Bonds). Bei Floating-Rate-Notes werden die Zinssätze regelmäßig in Abhängigkeit von Referenz-

zinssätzen an die Marktzinsentwicklung angepasst. Eine weitere Möglichkeit ist der Verzicht auf die Vereinbarung eines Zinssatzes: Bei Zero-Bonds ergibt sich der Zinsertrag ausschließlich aus der Differenz zwischen Ausgabekurs und Rückzahlungskurs. Zinszahlungen während der Laufzeit erfolgen nicht.

- *Sonstige Kredite*
  Hierunter fallen die sonstigen Kredite (z. B. im Rahmen eines Bausparvertrags) oder Realkredite wie Hypothekendarlehen und Grundschulddarlehen.

16.2.1.2 Laufzeit der Kredite

Die Kredite werden nach der Laufzeit (also bis wann der Kredit zurückgezahlt sein muss) wie folgt unterschieden[7]:

- *Kurzfristige Kredite*
  Als „kurzfristige Kredite" gelten in der Regel Kredite mit einer Laufzeit von bis zu einem Jahr. Hierunter fallen insbesondere Kontokorrentkredite.
- *Mittelfristige Kredite*
  Unter „mittelfristigen Krediten" werden solche verstanden, die eine Laufzeit von einem Jahr bis zu fünf Jahren haben.
- *Langfristige Kredite*
  Kredite mit einer Laufzeit von mehr als fünf Jahren gelten als langfristige Kredite.

Die vorgenannte Einteilung basiert auf den haushaltsrechtlichen Bestimmungen und kann daher nicht als generelle Kategorisierung gesehen werden.

16.2.1.3 Tilgung der Kredite

Die Kredite werden nach Art der Tilgung wie folgt unterschieden:

- *Rückzahlung in einer Summe*
  Hier wird der Kredit nach Ablauf der vereinbarten Laufzeit in einer Summe zurückgezahlt. Das Kapital wird während der gesamten Laufzeit voll verzinst.
- *Rückzahlung in Teilbeträgen durch Auslosung*
  Bei der Rückzahlung von Anleihen in Teilbeträgen ist nicht festlegbar, welcher Gläubigerkreis von der Teilrückzahlung betroffen wird. Aus diesem Grund werden die Wertpapiere ausgelost, die durch die Teilrückzahlung gegenstandslos geworden sind.

7 Vgl. die Einteilung in der Schuldenübersicht gem. § 55 Abs. 2 GemHVO.

- *Rückzahlung in Raten (Ratenkredit)*
  Die gängigste und bei den Kommunalkrediten übliche Form der Rückzahlung ist die in Raten. Hier unterscheidet man die Rückzahlung
  - in festen Tilgungsraten (d. h. über die gesamte Laufzeit wird in gleich hohen Raten getilgt) und
  - in gleichbleibenden Raten, wobei sich die Tilgung jeweils um die ersparten Zinsen erhöht (d. h. mit Zunehmen der Laufzeit vergrößert sich der Tilgungsbetrag um die geringer werdenden Zinsen, die jeweils vom Restschuldenstand berechnet werden; Darlehen mit diesen Rückzahlungsbedingungen werden auch „Annuitätskredite" genannt).

Zur Verdeutlichung dieser unterschiedlichen Tilgungsarten werden nachfolgend zwei Beispiele dargestellt.

a) Tilgungsplan bei gleichbleibender Tilgungsrate

Kreditgeber: Sparkasse der Stadt S *Wertstellung: 1.7.2024*
Kreditbetrag: 100.000,00 € *Tilgung: ab 2025*

Kapital ***€***	***Zinsen 6,0 %*** ***€***	***Tilgung 2,5 % gleich-bleibend*** ***€***	***Gesamt-leistung*** ***€***	***Fällig am***	***Haushalts-jahr***
100.000,00	*3.000,00*	*0*	*3.000,00*	*31.12.*	*2024*
100.000,00	*6.000,00*	*2.500,00*	*8.500,00*	*31.12.*	*2025*
97.500,00	*5.850,00*	*2.500,00*	*8.350,00*	*31.12.*	*2026*
95.000,00	*5.700,00*	*2.500,00*	*8.200,00*	*31.12.*	*2027*
92.500,00	*5.550,00*	*2.500,00*	*8.050,00*	*31.12.*	*2028*
90.000,00	… …	… …	*usw.*		

b) Tilgungsplan bei Tilgung zuzüglich ersparter Zinsen

Kreditgeber: Sparkasse der Stadt S *Wertstellung: 1.7.2024*
Kreditbetrag: 100.000,00 € *Tilgung: ab 2021*

Kapital ***€***	***Zinsen 6,0 %*** ***€***	***Tilgung 2,5 % zzgl. erspar-ter Zinsen*** ***€***	***Gesamt-leistung*** ***€***	***Fällig am***	***Haushalts-jahr***
100.000,00	*3.000,00*	*0*	*3.000,00*	*31.12.*	*2020*
100.000,00	*6.000,00*	*2.500,00*	*8.500,00*	*31.12.*	*2021*
97.500,00	*5.850,00*	*2.650,00*	*8.500,00*	*31.12.*	*2022*
94.850,00	*5.691,00*	*2.809,00*	*8.500,00*	*31.12.*	*2023*
92.041,00	*5.522,46*	*2.977,54*	*8.500,00*	*31.12.*	*2024*
89.063,46	… …	… …	*usw.*		

Die Rückzahlungsbedingungen und ihre Bedeutung für die Haushaltswirtschaft werden im Zusammenhang mit der weiteren Erläuterung der Kreditwirtschaft näher behandelt.

16.2.1.4 Kreditgeber

Die Frage, von wem eine Gemeinde Kredite aufnehmen darf, ist im Haushaltsrecht nicht ausdrücklich geregelt. Die Gemeinde ist daher in der Wahl ihrer Kreditgeber kaum eingeschränkt. Ausgeschlossen als Kreditgeber ist auch nicht eine Privatperson oder ein privates Unternehmen. Wichtig ist nur, dass der Kreditgeber sicher und wirtschaftlich anbietet und die Rückzahlungsansprüche nicht an Dritte weiterveräußern darf, was im Kreditvertrag ausdrücklich ausgeschlossen werden sollte. Auch die Kapitalaufnahme bei einem Sondervermögen mit Sonderrechnung gehört zu den Krediten. Zum Sondervermögen mit Sonderrechnung und Treuhandvermögen der Gemeinde gehören z. B. Versorgungs- und Verkehrsunternehmen als Eigenbetriebe. Schulden aus diesem Bereich sind als Kredite bilanziell beim Eigenbetrieb auszuweisen. Diese werden nachrichtlich unter Nr. 3 der Schuldenübersicht nach § 55 Abs. 2 GemHVO aufgenommen.[8]

16.2.2 Voraussetzungen der Kreditaufnahme

16.2.2.1 Allgemeines

Wegen der besonderen Wirkungen der Kreditaufnahme für die Haushaltswirtschaft, insbesondere wegen der Belastung folgender Haushalte durch aus Krediten entstehende Verpflichtungen sind für die Fremdfinanzierung durch Kredite weitreichende haushaltsrechtliche Regelungen getroffen worden. Zu nennen sind hier die Vorschriften der §§ 78 Abs. 3, 79 Abs. 2 Nr. 3a und Nr. 4, 83 Abs. 2, 87, 89 und 95 Abs. 2 Nr. 2 GemO. Ferner ist die Verwaltungsvorschrift des Innenministeriums über allgemeine Genehmigungen und Freistellungen von der Vorlage nach dem Gemeindewirtschaftsrecht[9] zu beachten.

8 Vgl. Anlage 25 VV Muster zur GemO und GemHVO.

9 VwV-Freigrenzen vom 25.11.2010 (GABl. S. 470).

Folgende Darstellung verdeutlicht in Kurzform die Voraussetzungen für die Zulässigkeit und die zu beachtenden Verfahrensvorschriften für Kreditaufnahmen, die in den weiteren Kapiteln einzeln besprochen werden:

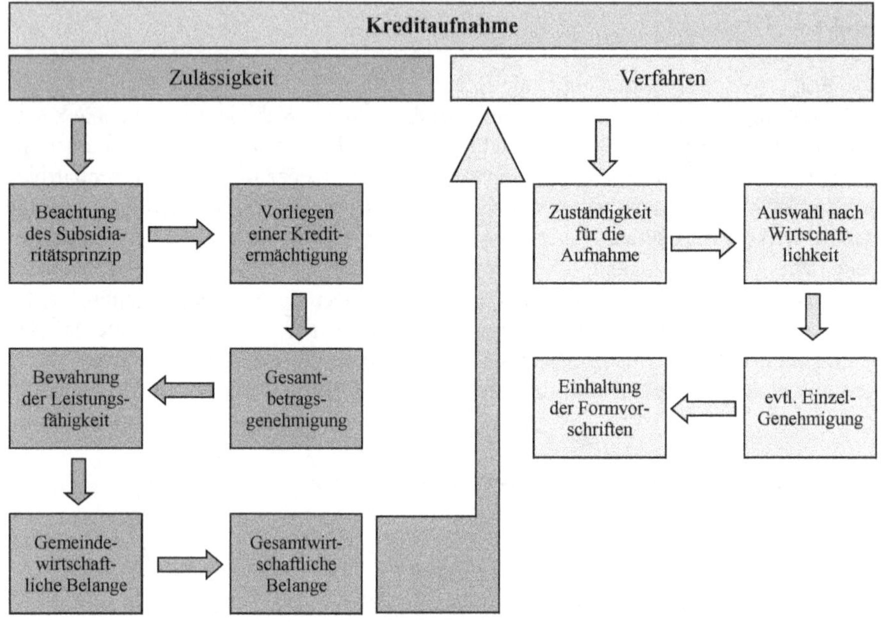

16.2.2.2 Beachtung des Subsidiaritätsprinzips

Nach § 78 Abs. 3 GemO darf die Gemeinde Kredite nur aufnehmen, wenn eine andere Finanzierung nicht möglich ist oder wirtschaftlich unzweckmäßig wäre.

Als andere Finanzierungsmittel kommen nach § 78 Abs. 2 und 3 GemO in folgender Rangfolge in Betracht:

1. Sonstige Finanzierungsmittel
   (z. B. Zuweisungen, Zuschüsse, Mieten, Pachten, Bußgelder, Steuerbeteiligungen),
2. Spezielle Entgelte für die von der Gemeinde erbrachten Leistungen
   (z. B. Gebühren, Beiträge, Eintrittsgelder),
3. Steuern
   (z. B. Grund- und Gewerbesteuer).

Die Kommune darf Kredite nach dem Subsidiaritätsprinzip also nur dann aufnehmen, wenn sie vorher alle anderen Finanzierungsmittel ausgeschöpft hat. Selbstverständlich sind als sonstige Finanzierungsmittel auch vorhandene Geldanlagen aus dem Kassenbestand vorrangig einzusetzen, soweit sie erkennbar nicht notwendig sind, um kurzfristige Liquiditätsschwankungen auszugleichen. Eine Befreiung von dieser strengen Nachrangigkeit der Kreditaufnahme ist nach dem Wortlaut des Gesetzes gegeben, wenn eine andere Finanzierung tatsächlich unmöglich oder unwirtschaftlich ist.[10]

16.2.2.3 Vorliegen einer Kreditermächtigung in der Haushaltssatzung

Die Erzielung von Erträgen bzw. Einzahlungen ist i. d. R. nicht an eine entsprechende Ermächtigung im Haushaltsplan gebunden. Vielmehr werden die Finanzierungsmittel in der Haushaltswirtschaft auf Grund spezialgesetzlicher Regelungen (z. B. Steuergesetze, Gebührensatzungen), privatrechtliche Verträge (z. B. Mietverträge) usw. erzielt. Dies gilt auch für die Einzahlungen aus Krediten. Der Gesetzgeber hat für sie aber u. a. wegen der besonderen Folgewirkungen der Kredite auf die Haushaltswirtschaft eine besondere Ermächtigungsnorm vorgesehen.

Nach § 79 Abs. 2 Nr. 3a und 4 GemO ist die vorgesehene Kreditaufnahme für Investitionen und Investitionsförderungsmaßnahmen und der Höchstbetrag der Liquiditätskredite in der Haushaltssatzung festzusetzen. Kredite zur Umschuldung sind nicht in die Haushaltssatzung aufzunehmen, weil es sich bei der Umschuldung grundsätzlich um keine Erhöhung der Kreditverbindlichkeiten handelt. Die umgeschuldeten oder neu valutierten Kredite waren nämlich bereits in Kreditermächtigungen von Vorjahreshaushaltssatzungen enthalten.

Das Vorliegen einer formalen Kreditermächtigung in einem „Ortsgesetz" ist eine der Zulässigkeitsvoraussetzungen für Kreditaufnahmen der Gemeinde. Die in der Haushaltssatzung festgesetzten Beträge bestimmen die für die Gemeinde höchstmöglichen Beträge der Kreditaufnahme für Investitionen und Investitionsförderungsmaßnahmen sowie zur Liquiditätssicherung. Ein darüber hinausgehender Bedarf kann nur im Rahmen einer Nachtragshaushaltssatzung (§ 82 GemO) bereitgestellt werden. Die festgesetzten Kreditermächtigungen verpflichten aber nicht zur tatsächlichen Aufnahme dieses Kredites. Sie ist nur unter Beachtung aller Voraussetzungen zulässig, insbesondere, wenn es finanztechnisch erforderlich ist.

Festzusetzender Betrag ist bei den Investitionskrediten der Betrag der Brutto-Neuaufnahmen, die später in der Finanzrechnung ausgewiesen werden. Bei den außerhaushaltsmäßig abzuwickelnden Liquiditätskrediten wird lediglich der Höchstbetrag in der Haushaltssatzung festgesetzt. Solange die Gemeinde den Höchstbetrag der Liquiditätskreditermächtigung nicht erreicht, kann sie bei entsprechendem Bedarf Liquiditätskredite aufnehmen und wieder zurückzahlen.

Die Höhe der in der Haushaltssatzung festgesetzten Kreditermächtigung für Investitionen und Investitionsförderungsmaßnahmen ergibt sich aus der Höhe der Auszahlungen für Investitionstätigkeit abzüglich der Investitionszuwendungen und -beiträge.[11] Dieser Betrag stellt den zusätzlichen Liquiditätsbedarf der kommunalen Investitionen dar; auf diesen Betrag ist die Kreditaufnahme verfassungsgemäß beschränkt.

10 Vgl. unten: „Beachtung gemeindewirtschaftlicher Belange".

11 Siehe hierzu die Ausführungen in Kap. 16.1.4.1.

Die Darstellung der Ein- und Auszahlungen für Kreditaufnahmen im Finanzhaushalt bezieht sich allerdings auch bei den Investitionskrediten auf den vorgesehenen Finanzierungssaldo im gesamten Haushaltsjahr und nicht auf die tatsächlichen Ein- und Auszahlungen auf den Konten. So können (über- oder außerplanmäßige) Umschuldungen beim Ausweis im Finanzhaushalt nicht berücksichtigt werden, da zum Zeitpunkt der Haushaltsplanung unklar ist, ob es sich z. B. um eine Prolongation beim selben Kreditinstitut handelt, die zu keinerlei Zahlungsverkehr führt, oder ob eine echte Umschuldung mit einem neuen Gläubiger erfolgen wird. Im Hinblick auf das Wirtschaftlichkeitsprinzip sollte die Gemeinde durch eine restriktive Auslegung der Haushaltssatzung jedoch nicht an einem wirtschaftlichen Cash- und Schuldenmanagement gehindert werden.[12]

Über die Finanzierung der Investitionen hinaus ist nach § 22 Abs. 1 GemHVO die jederzeitige Zahlungsfähigkeit der Gemeinde sicherzustellen. Eine Sicherstellung der Zahlungsfähigkeit ist insbesondere erforderlich, wenn der im Finanzhaushalt ausgewiesene Saldo aus Finanzierungstätigkeit nicht ausreichend ist. Allein dadurch, dass beispielsweise hohe Auszahlungen im Jahresverlauf vor den wichtigsten erwarteten Einzahlungen anfallen, können sich unterjährig Finanzierungsdefizite ergeben, die weit über dem liegen, was laut Finanzhaushalt für das gesamte Jahr als Nettokreditaufnahme für Investitionen erforderlich scheint. Zusätzlich muss ein bestehendes Zahlungsmitteldefizit – unabhängig von seiner Ursache – durch die vorübergehende Inanspruchnahme von Fremdkapital ausgeglichen werden können. Um die für die Sicherstellung der jederzeitigen Liquidität erforderliche Handlungsfähigkeit zu haben, kann die Gemeinde nach § 79 Abs. 2 Nr. 4 i. V. m. § 89 GemO in der Haushaltssatzung einen Höchstbetrag der Kassenkredite festlegen. Auf der Grundlage der Erfahrungen im gemeindlichen Zahlungsverkehr ist dieser Höchstbetrag so zu bemessen, dass damit die zu erwartenden Finanzierungsspitzen innerhalb des Haushaltsjahres abgefangen werden können. Die Höhe des Kassenkredits bedarf nach § 89 Abs. 3 GemO der Genehmigung durch die Rechtsaufsichtsbehörde, wenn der Betrag ein Fünftel der im Ergebnishaushalt veranschlagten ordentlichen Aufwendungen übersteigt.

Die Einhaltung des in der Haushaltssatzung festgelegten Höchstbetrags der Liquiditätskredite ist unterjährig anhand des Saldos der Liquiditätskreditaufnahmen und -rückzahlungen zu beurteilen und durch geeignete Vorkehrungen jederzeit zu gewährleisten.

16.2.2.4 Einhaltung des Verbots der bilanziellen Überschuldung

Nach den allgemeinen Haushaltsgrundsätzen der Sparsamkeit und Wirtschaftlichkeit besteht für die Gemeinde ein Gebot, sich nicht bilanziell zu überschulden. Eine solche Überschuldung liegt vor, wenn das Fremdkapital (Schulden und Rückstellungen) das Vermögen übersteigt, es also kein positives Eigenkapital mehr gibt und deswegen auf der Aktivseite der Bilanz ein (durch Vermögen) ungedeckter Fehlbetrag (Nettoposition)

12 Hier wäre eine entsprechende Klarstellung durch den Gesetzgeber notwendig.

ausgewiesen werden muss. Grundsätzlich stellt die Kreditaufnahme nicht in erster Linie die Ursache, sondern eher die Auswirkung einer zunehmenden Überschuldung dar. Gleichwohl ist bei stark abnehmendem Eigenkapital die Gefahr einer Überschuldung durch zusätzliche Belastungen aus Finanzierungsaufwand besonders zu berücksichtigen. Ist in der Planung oder der Rechnung erkennbar, dass eine Überschuldung droht (das ist der Fall, wenn bereits die Schulden, also die Geldschulden und die Verbindlichkeiten, das Vermögen übersteigen), so ist hierüber die Kommunalaufsichtsbehörde unverzüglich zu unterrichten. Es bleibt abzuwarten, in welcher Weise und mit welchen Mitteln die Kommunalaufsichtsbehörde mit einer solchen Information umgehen wird.

Eine Reduzierung des Eigenkapitals erfolgt durch die Verrechnung eines Fehlbetrags mit dem Basiskapital nach § 80 Abs. 3 Satz 2 GemO i. V. m. § 25 Abs. 3 GemHVO. Sollte eine Gemeinde demnach den ressourcenorientierten Haushaltsausgleich nicht erreichen, droht langfristig eine Überschuldung.

16.2.2.5 Gewährleistung der dauernden Leistungsfähigkeit

Nach § 87 Abs. 2 Satz 3 GemO hat die Gemeinde auch über die Vermeidung einer Überschuldung hinaus eigenverantwortlich darauf zu achten, dass die aus Kreditaufnahmen entstehenden Verpflichtungen mit ihrer dauernden Leistungsfähigkeit im Einklang stehen. Die Gemeinde hat also ihr besonderes Augenmerk auf die Frage zu richten, ob die sich aus der Kreditaufnahme ergebenden Verpflichtungen auf Dauer erwirtschaftet werden können.

Die Beantwortung dieser Frage ist nicht durch eine pauschale Festlegung bestimmter Prozentrelationen zu den sog. „allgemeinen Deckungsmitteln", zur Ertragskraft oder durch die Festlegung bestimmter Höchstsätze, z. B. der Pro-Kopf-Verschuldung, möglich. Bei der Beurteilung ist neben den historischen Daten auch die abzusehende wirtschaftliche Entwicklung der Gemeinde zu berücksichtigen.

Insbesondere die sog. „Pro-Kopf-Verschuldung" ist zwar in der Presse oder bei Parlamentariern ein beliebtes Argument, eine weitere Kreditaufnahme zu befürworten oder abzulehnen. Tatsächlich ist sie aber nicht geeignet, die Frage danach zu beantworten, ob eine zusätzliche Kreditaufnahme mit der Leistungsfähigkeit der Kommune vereinbar ist. Folgendes Beispiel soll dies verdeutlichen:

Beispiel:
Herr A und Herr B nehmen jeweils einen Kredit in Höhe von 20.000 € auf. Beide haben also eine Pro-Kopf-Verschuldung von 20.000 €. Der Schuldendienst beträgt für beide gleichermaßen 500 € monatlich. A verdient 4.000 € im Monat. Der monatliche Verdienst von B beträgt nur 1.000 €. Beide haben vergleichbare Lebenshaltungskosten. Frage: Geht es beiden bei gleicher Pro-Kopf-Verschuldung gleich gut?

Eine Antwort erübrigt sich. Das Beispiel verdeutlicht:

Für die Beurteilung der Einhaltung der dauernden Leistungsfähigkeit ist nicht die Frage nach der absoluten Schuldenhöhe entscheidend, sondern wichtiger ist die Frage nach dem Schuldendienst (also den Zins- und Tilgungsleistungen) im Verhältnis zur wirtschaftlichen Leistungsfähigkeit. Zur Beurteilung lautet daher die entscheidende Frage: Reichen die verfügbaren Mittel dauerhaft aus, um den Schuldendienst finanzieren zu können?

Während sich die Vermeidung einer Überschuldung eher statisch an den Bilanzgrößen ausrichtet, ist für die Bewahrung der dauernden Leistungsfähigkeit ausdrücklich auf die dynamische Entwicklung der Gemeinde abzustellen. Die Entwicklung der Jahresergebnisse und der Zahlungsfähigkeit stehen im Vordergrund.

Die Genehmigung ist in der Regel zu versagen, wenn die Kreditverpflichtungen mit der dauernden Leistungsfähigkeit der Gemeinde nicht im Einklang stehen. In diesem Fall müssen besondere Gründe vorliegen, die es rechtfertigen, die Kreditermächtigung dennoch zu genehmigen und die Genehmigung kann auf den Teil der Kreditermächtigung beschränkt werden, der die Gemeinde in die Lage versetzt, existenziell notwendige Investitionen vor allem im Pflichtaufgabenbereich weiterzuführen. Beispielsweise ist eine Schule zu erweitern, wenn sonst Maßnahmen nach § 30 Abs. 2 Schulgesetz notwendig wären.

Der Begriff „dauernde Leistungsfähigkeit" leitet sich ab von § 77 Abs. 1 GemO, der von der Gemeinde verlangt, dass *„die stetige Erfüllung ihrer Aufgaben gesichert"* ist. Die Gemeinde muss auf Dauer in der Lage sein, ihre Aufgaben zu finanzieren. Stetigkeit erfordert nicht nur die Fähigkeit, die bestehenden Aufgaben zu erfüllen, sondern verlangt von der Gemeinde, mit ihren Ressourcen so zu wirtschaften, dass sie auch in der Lage ist, sich verändernden Entwicklungen anzupassen. Dies ist besonders schwierig, wenn die gesellschaftlichen Veränderungen Mehraufwendungen erfordern und wird noch schwieriger, wenn gleichzeitig die Steuererträge zurückgehen. Eine auf stetige Aufgabenerfüllung ausgerichtete kommunale Haushaltspolitik verdient auch das Prädikat „nachhaltig", ist aber nur zu erreichen mit der Bereitschaft, auf ständig ansteigende Schulden zu verzichten und Reserven zu bilden.

Abwägung

Das Kriterium „dauernde Leistungsfähigkeit" ist den infolge der beabsichtigten Kreditaufnahmen zu erwartenden Verpflichtungen gegenüberzustellen. Kommt die Rechtsaufsichtsbehörde zu dem Ergebnis, dass die Gemeinde nicht in der Lage ist, den Kreditverpflichtungen nachzukommen ohne ihre dauernde Leistungsfähigkeit zu gefährden, muss sie die Genehmigung regelmäßig versagen. Eine Genehmigung kommt in diesem Fall nur in Frage, wenn die Leistungsfähigkeit durch die Gemeinde im Rahmen von Nebenbestimmungen auferlegte Maßnahmen gesichert werden kann.

Zu den Kreditverpflichtungen im engeren Sinn gehören Zins und Tilgung. Die Gemeinden müssen aber auch in der Lage sein, alle Folgekosten aus den kreditfinanzierten Investitionen zu tragen. Deshalb sind der Leistungsfähigkeit der Gemeinde alle Folgekosten (Personal- und Sachkosten, Abschreibungen und Zinsen) aus den Investitionen sowie die Tilgung gegenüberzustellen.

Einschränkung der Genehmigung

Genehmigt die Rechtsaufsichtsbehörde nach Abwägung der Kreditfolgen mit der Leistungsfähigkeit bzw. nach Beurteilung der Ordnungsmäßigkeit der Haushaltswirtschaft die Kreditermächtigung nur zum Teil, ist grundsätzlich ein neuer Beschluss des Gemeinderats über die Haushaltssatzung erforderlich. In dieser Haushaltssatzung darf nur die genehmigte Kreditermächtigung vorgesehen werden.

In diesem sog. „Beitrittsbeschluss" muss der Gemeinderat auch die Auszahlungen, die im Finanzhaushalt vorgesehen sind, entsprechend der reduzierten Kreditermächtigung senken. Alternativ kann er auch Verbesserungen der Situation im Ergebnishaushalt beschließen, soweit sie im gleichen Haushaltsjahr zu Ein- und Auszahlungen führen. Der auf diese Weise verbesserte Cashflow (Saldo Nr. 3 im Finanzhaushalt) kann zum Ausgleich der gekürzten Kreditermächtigung eingesetzt werden. Auch höhere Erlöse aus Vermögensveräußerungen sind möglich.

Der Beitrittsbeschluss kann mit dem Beschluss über die Änderung der Haushaltssatzung verbunden werden. Soweit die Gemeinde die Vorgaben der Rechtsaufsichtsbehörde vollständig akzeptiert, ist eine erneute Vorlage der geänderten Haushaltssatzung nicht erforderlich. Die gekürzte Kreditermächtigung muss nicht nochmals genehmigt werden.

Die Kriterien der dauernden Leistungsfähigkeit können als besonders hart charakterisiert werden. Sie benennen allerdings schonungslos alle Risikobereiche, die dann auch durchzuprüfen sind. Eine andere Frage wird sein, wie Kommunalaufsichtsbehörden und Gemeinden den immer deutlicher und immer öfter zu Tage tretenden Schwierigkeiten mit der dauernden Leistungsfähigkeit gemeinsam begegnen. In vielen Fällen wird es zwar aus Gründen gesetzlicher Aufgabenerfüllung unumgänglich werden, den damit zwangsläufig zusammenhängenden Investitionsbedarf und letztlich auch den daraus resultierenden Kreditbedarf trotz nicht vorliegender dauernder Leistungsfähigkeit wenigstens im unverzichtbaren und unabweisbaren Umfang hinzunehmen. Es ist aber ungeheuer wichtig, überhaupt zur Kenntnis genommen zu haben, inwieweit die Gemeinde oder ob die Gemeinde überhaupt als dauernd leistungsfähig einzustufen ist. Auf keinem anderen Weg ist Selbsterkenntnis möglich, die immer der erste Weg zur Besserung ist.

Die Bewahrung der dauernden Leistungsfähigkeit ist im Hinblick auf die Kreditaufnahmen insbesondere bei der Aufstellung des Haushalts und der mittelfristigen Ergebnis- und Finanzplanung zu berücksichtigen. Die vorgesehenen Kreditermächtigungen sind unter den o. a. Kriterien zu beurteilen.

16.2.2.6 Beachtung gemeindewirtschaftlicher Belange

Das o. a. Subsidiaritätsprinzip wird – wie bereits angedeutet – nicht absolut angewendet werden können. Der Zusatz „wirtschaftlich unzweckmäßig" erlaubt es, unter bestimmten Voraussetzungen von der Nachrangigkeit abzuweichen.

Die Zweckmäßigkeit oder Unzweckmäßigkeit einer Kreditaufnahme ist im Rahmen der Haushaltswirtschaft unter verschiedenen Aspekten zu sehen. Eine Kreditaufnahme ist unabhängig von anderen Finanzierungsmöglichkeiten immer dann in die Überlegung einzubeziehen, wenn es um die Finanzierung langlebiger Investitionsmaßnahmen geht. Unter dem Gesichtspunkt von Zumutbarkeit und Belastbarkeit der Einwohner entspräche es möglicherweise nicht dem Grundsatz der Generationengerechtigkeit, wenn die gegenwärtigen Abgabepflichtigen die vollständigen Belastungen (Steuern usw.) tragen, obwohl die künftigen Generationen noch einen erheblichen Nutzen von diesen Investitionen haben. Ferner ist aus den Bestrebungen einer kontinuierlichen Belastung der Einwohner heraus eine möglichst ausgewogene Kreditaufnahme anzustreben. Eine Haushaltswirtschaft unter strenger Beachtung des Subsidiaritätsprinzips der Kreditaufnahme könnte zu sprunghaft wechselnden Belastungen der Einwohner (durch Steuern, Beiträge usw.) führen.

Ein weiterer Aspekt bei der Nachrangigkeit der Kreditfinanzierung ist die Frage nach einer möglichst beweglichen Haushaltsführung. Bei strikter Beachtung des Subsidiaritätsprinzips müssten zunächst alle anderen Finanzierungsmittel ausgeschöpft werden. Die Folge wäre einerseits, dass bei weiterem Finanzbedarf die angebotenen Kreditkonditionen ohne jegliche Ausweichmöglichkeit angenommen werden müssten. Andererseits würde bei einem plötzlichen Finanzbedarf eine schnelle und unkomplizierte Reaktion unmöglich. Eine dann notwendige Kreditfinanzierung wäre nur im Rahmen eines zeitaufwändigen Verfahrens des Erlasses einer Nachtragshaushaltssatzung möglich.

Selbstverständlich ist eine Kreditaufnahme aus Gründen der Wirtschaftlichkeit auch dann anderen Finanzierungsformen vorzuziehen, wenn der Schuldenzins unter dem Guthabenzins liegt (evtl. bei zweckgebundenen und subventionierten Krediten der öffentlichen Hand).

16.2.2.7 Beachtung gesamtwirtschaftlicher Belange

Nach § 77 Abs. 1 Satz 2 GemO und dem Stabilitäts- und Wachstumsgesetz (StWG) hat die Gemeinde bei der Führung ihrer Haushaltswirtschaft dem gesamtwirtschaftlichen Gleichgewicht Rechnung zu tragen (s. o.). Im Rahmen dieser Verpflichtung ist auch die Frage der Kreditaufnahme zu sehen. Aus gesamtwirtschaftlichen Überlegungen heraus kann durchaus die Nachrangigkeit der Kreditaufnahme durchbrochen werden. Der Kreditmarkt als Markt lebt von Angebot und Nachfrage. Genauso wie die Kreditbeschränkung nach § 19 StWG zur Beruhigung des Kreditmarktes und damit der konjunkturellen Entwicklung beiträgt, wirkt eine verstärkte Kreditaufnahme grundsätzlich belebend.

Somit ist die Vorschrift des § 78 Abs. 3 GemO bezüglich der wirtschaftlichen Zweckmäßigkeit der Kreditaufnahme grundsätzlich auch unter gesamtwirtschaftlichen Gesichtspunkten zu sehen. Allerdings ist dabei zu berücksichtigen, dass eine einzelne Kommune i. d. R. keine Möglichkeit hat, durch ihre Kreditaufnahmen gesamtwirtschaftliche Zusammenhänge zu beeinflussen. Es wird daher kommunalaufsichtlich zu beobachten sein, dass gesamtwirtschaftliche Belange von einer einzelnen Gemeinde nicht nur vorgeschoben werden, um eine zusätzliche Kreditaufnahme zu rechtfertigen, die wegen anderer Gesichtspunkte (insb. zur Bewahrung der dauernden Leistungsfähigkeit) unzulässig wäre. Für die Gemeinde entlastend könnte zu werten sein, dass sie in einer zurückliegenden, umgekehrten wirtschaftlichen Situation aus gesamtwirtschaftlichen Gründen eine zusätzliche, einzelwirtschaftlich vertretbare Kreditaufnahme vermieden hat.

16.2.2.8 Zuständigkeit für die tatsächliche Kreditaufnahme

Die nach § 79 Abs. 2 Nr. 3a und 4 GemO für die Haushaltssatzung gegebenen Ermächtigungen des Rates zur Aufnahme von Krediten und Liquiditätskrediten sind jeweils Festlegungen der Gesamtbeträge bzw. Höchstbeträge. Es ergibt sich nun die Frage, wer die Entscheidung über die tatsächlichen Kreditaufnahmen im Rahmen der Ausführung des Haushalts fällt (z. B. Vertragsabschluss mit dem Kreditinstitut). Die Aufnahme von Krediten ist kein Geschäft der laufenden Verwaltung, so dass der Gemeinderat nach § 24 Abs. 1 GemO zuständig ist. Dieser kann die Entscheidung auf beschließende Ausschüsse (§ 39 GemO) oder auf den Bürgermeister (§ 44 Abs. 2 GemO) delegieren.[13]

16.2.2.9 Auswahl der Kreditangebote unter Berücksichtigung der Wirtschaftlichkeit

Nach § 77 Abs. 2 GemO ist die Haushaltwirtschaft der Gemeinde wirtschaftlich und sparsam zu führen. Die Beachtung des Wirtschaftlichkeitsgebots ist auch bei der Kreditaufnahme zu berücksichtigen. Die Gemeinde ist daher verpflichtet, bei jeder einzelnen Kreditaufnahme eine Prüfung der am Kreditmarkt bestehenden Angebote durchzuführen. Hierzu ist eine Kreditanfrage an mehrere Geschäftsbanken und ein sorgfältiger Konditionenvergleich erforderlich.

Im Hinblick auf das Wirtschaftlichkeitsgebot sollte sich zusätzlich jede Gemeinde regelmäßig mit den bestehenden unterschiedlichen Möglichkeiten der Finanzierung grundsätzlich auseinandersetzen, um auch mögliche Alternativen zur Kreditaufnahme in die Wirtschaftlichkeitsbetrachtung der Finanzierung mit einzubeziehen.

13 Siehe auch *Ade/Böhmer/Brettschneider/Herre/Lang/Notheis/Schmid/Steck*, „Kommunales Wirtschaftsrecht in Baden-Württemberg“, 8. Aufl. 2011, S. 539.

16.2.2.10 Eventuelle Einzelgenehmigung

Grundsätzlich unterliegt die Kreditaufnahme im kommunalen Bereich nicht der Einzelgenehmigung. Das heißt, die tatsächliche Kreditaufnahme beim Geldgeber muss nicht jeweils einzeln von der Kommunalaufsichtsbehörde genehmigt oder bei ihr angezeigt werden. Eine Einzelgenehmigung der Kreditaufnahme kann von der Landesregierung nur im Zusammenhang mit der Beachtung des gesamtwirtschaftlichen Gleichgewichts angeordnet werden.

Nach § 87 Abs. 4 GemO ist eine Einzelgenehmigung erforderlich, sofern die Kreditaufnahme durch den Bund nach § 19 StWG beschränkt worden ist. Diese Beschränkung darf nach § 20 Abs. 2 StWG allerdings nur bis zur Höhe von 80 % der Kreditaufnahmen nach dem Durchschnitt der letzten fünf Jahre gehen. Bei der bestehenden Regelung muss also eine Gemeinde im Rahmen ihrer Kreditpolitik ggf. auch diese Konsequenz bedenken. Die Einzelgenehmigung kann nach Maßgabe der Kreditbeschränkung versagt werden. Folge der Kreditbeschränkung ist in erster Linie eine verminderte Investitionstätigkeit. Damit stellt die Kreditbeschränkung ein Mittel zur Konjunkturdämpfung dar.[14]

16.2.2.11 Einhaltung der Formvorschriften bei der Kreditaufnahme

Nach § 54 Abs. 1 GemO sind Erklärungen, durch welche die Gemeinde verpflichtet werden soll, sofern sie nicht gerichtlich oder notariell beurkundet werden, nur rechtsverbindlich, wenn sie von der Bürgermeisterin oder dem Bürgermeister handschriftlich unterzeichnet wurden oder von ihr oder ihm in elektronischer Form mit der dauerhaft überprüfbaren qualifizierten elektronischen Signatur versehen sind. Folglich bedarf der Kreditvertrag (Schuldurkunde) der Schriftform und der Unterschrift.

14 Bisher hat der Bund nur einmal von der Möglichkeit nach § 19 StWG Gebrauch gemacht. Dies geschah mit der Verordnung über die Begrenzung der Kreditaufnahme durch Bund, Länder, Gemeinden und Gemeindeverbände im Haushaltsjahr 1973 vom 1.6.1973 (BGBl. I S. 504), auch „Schuldendeckelverordnung" genannt. In dieser Verordnung wurde für den Bund, die Länder und die Gemeinden (GV) jeweils ein Höchstbetrag der Kreditaufnahme festgesetzt. Im Rahmen der Einzelgenehmigung wurde dann unter Berücksichtigung der Nettokreditaufnahmen (Kreditaufnahme abzüglich Kredittilgung) der Vorjahre eine Kreditaufnahme genehmigt bzw. abgelehnt.

16.2.3 Ausgestaltung von Krediten (Kreditbedingungen)

16.2.3.1 Allgemeines

Die Gemeinden sind eigenverantwortlich gehalten, die Kreditbedingungen zu prüfen. Mit Kreditbedingungen sind die Bedingungen gemeint, die der Gläubiger bei der Hergabe der Finanzmittel stellt. Hierunter werden subsumiert:

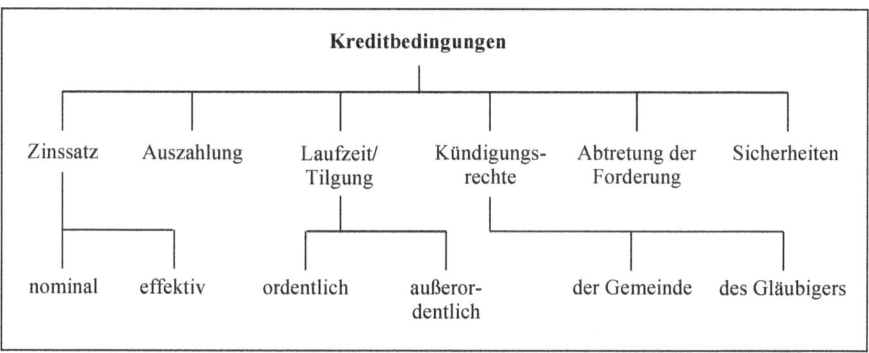

16.2.3.2 Zinssatz

Der Nominalzinssatz ist Ausdruck der Zinsaufwendungen, die der Kredit jährlich verursacht. Er ist möglichst gering zu halten. Die jährlichen Zinsaufwendungen addieren sich bei langen Laufzeiten der Kredite zu erheblichen Beträgen. Die Beobachtung des Kreditmarktes im Rahmen eines organisierten Schuldenmanagements ist daher unerlässlich. Die Höhe des Zinssatzes ist aber auch unter Berücksichtigung der eigenen haushaltswirtschaftlichen Verhältnisse zu beurteilen. Überhöhter Zinsaufwand belastet auf Dauer das Finanzergebnis einer Gemeinde erheblich. Bei der Frage nach der Wirtschaftlichkeit eines Kreditangebotes ist auch die Höhe der Gesamtbelastung aus dem Kredit von Bedeutung. Ausdruck dieser Gesamtbelastung ist der sog. Effektivzinssatz, der unter Berücksichtigung der Kreditbeschaffungskosten (z. B. Disagio, einmalige Verwaltungskosten, Gebühren) und der laufenden Kosten sowie der Laufzeit im Einzelfall zu ermitteln ist. Auch die unterschiedlichen Zahlungsmodalitäten der Zins- und Tilgungsleistungen (z. B. vierteljährlich, halbjährlich, jährlich nachträglich; sofortige Abschreibung unterjähriger Tilgung vom Restkapital) haben Einfluss auf den Effektivzinssatz. Ebenso von Bedeutung ist der Zeitraum, für den ein bestimmter Zinssatz fest vereinbart wird (Zinsbindungsdauer).

Die Kreditgeber sind gesetzlich verpflichtet, den Effektivzinssatz im Kreditangebot zu nennen. Mit Hilfe der Datenverarbeitung werden die einzelnen Effektivzinssätze maschinell ermittelt.[15]

Im Zusammenhang mit dem Zinssatz ist auch eine eventuelle Zinsgleitklausel zu beachten. Die Zinsgleitklausel erlaubt eine automatische Anpassung des Zinssatzes an die veränderte Kapitalmarktlage bzw. erlaubt es dem Gläubiger, einseitig einen neuen Zinssatz festzusetzen. Die Zinsgleitklausel ist nicht zu verwechseln mit der Zinsanpassungsklausel, die eine fristgerechte Kündigung voraussetzt und eine neue vertragliche Vereinbarung ermöglicht. Die Gleitklauseln sollten unter dem Gesichtspunkt der Wirtschaftlichkeit und Sparsamkeit und im Interesse der Haushaltssicherheit vermieden werden.

16.2.3.3 Auszahlung

Die Auszahlung der Kredite erfolgt nicht immer in voller Höhe des Nennbetrages (Rückzahlungsbetrag). Da das Disagio (Abgeld) als Kreditbeschaffungskosten Auswirkungen auf den Effektivzinssatz hat, bedarf es besonderer Beachtung, auch wenn es nur noch selten vereinbart wird.

Auch wenn ein Disagio vereinbart wurde, ist der volle Rückzahlungsbetrag zu passivieren. Das Disagio darf, wenn es vom Gläubiger einbehalten oder bei der Darlehensauszahlung an den Kreditgeber gezahlt wurde, nach § 48 Abs. 3 GemHVO als aktiver Rechnungsabgrenzungsposten ausgewiesen werden. Es kann dann durch planmäßige jährliche Abschreibung über die gesamte Kreditlaufzeit aufwandswirksam verteilt werden. In der Ergebnisrechnung wirkt sich damit die Vereinbarung eines Disagios genau so aus, wie die Vereinbarung eines höheren Zinssatzes bei voller Auszahlung.

In der Finanzrechnung wird der tatsächliche Finanzmittelzufluss aus der Kreditaufnahme erfasst.

16.2.3.4 Laufzeit und Tilgung

Die Laufzeit eines Kredits ergibt sich aus der Höhe der jährlichen Tilgung (z. B. 2 v. H. feststehende Tilgung = 50 Jahre Laufzeit).

Hinsichtlich der Tilgung unterscheidet man in

- *ordentliche Tilgung*
  (die Leistung des im Haushaltsjahr zurückzuzahlenden Betrages bis zu der in den Rückzahlungsbedingungen festgelegten Mindesthöhe) und
- *außerordentliche Tilgung*
  (die über die ordentliche Tilgung hinausgehende Rückzahlung einschließlich Umschuldung).

---

15 Eine ausführliche Darstellung der Effektivzinssätze und deren Berechnung enthält *Klümper/Möllers/Zimmermann*, Kommunale Kosten- und Wirtschaftlichkeitsrechnung, 20. Auflage Witten 2019, S. 327.

Um den Schuldendienst niedrig zu halten, werden in der Praxis häufig geringe Tilgungsraten angestrebt. Tilgungsraten von 1 bis 2 v. H. sind bei Kommunalkrediten üblich. Hierbei sollte aber darauf geachtet werden, dass den Tilgungsbeträgen die ersparten Zinsen zuwachsen (Annuitätskredite). Dadurch wird die Laufzeit der Kredite erheblich verringert, so z. B. bei 1 % Tilgung in Abhängigkeit vom Zinssatz auf etwa 30 bis 33 Jahre.

Bei der Festlegung der Tilgungsraten ist zu berücksichtigen, dass sich durch die Abschreibungen das mit den Krediten finanzierte bilanzielle Vermögen regelmäßig verringert. Um zu vermeiden, dass die Kreditverbindlichkeiten langfristig den Vermögensbestand übersteigen (Überschuldung), ist eine Fristenkongruenz zwischen Anlagevermögen und Verbindlichkeiten anzustreben. Andernfalls würden die Belastungen aus der Kreditfinanzierung auch dann noch den Haushalt tangieren, wenn die mit den Krediten finanzierten Vermögensgegenstände schon nicht mehr genutzt werden können. Dies würde dem Grundsatz der intergenerativen Gerechtigkeit deutlich widersprechen. Praktisch sollte daher die durchschnittliche Tilgungsrate den durchschnittlichen Abschreibungssatz nicht wesentlich übersteigen.

16.2.3.5 Kündigungsrechte

Kredite müssen für die Gemeinde grundsätzlich immer kündbar sein, um eine vorzeitige völlige bzw. teilweise Tilgung zu ermöglichen. In diesem Zusammenhang wird auf § 489 BGB hingewiesen. Ein Kündigungsrecht sollte nicht länger als für die ersten fünf Jahre ausgeschlossen sein.

Aus Gründen der Haushaltssicherheit und um die Kreditbelastung langfristig überschaubar zu halten, ist ein Kündigungsrecht des Gläubigers nach Möglichkeit auszuschließen bzw. nur zum Zwecke der Zinsanpassung zuzulassen.

16.2.3.6 Abtretung der Forderung

Dem Gläubiger sollte das Recht zur Abtretung der Forderungen an einen anderen grundsätzlich nicht gegeben werden, weil die Gemeinde aus Gründen der Haushaltssicherheit den Kredit während der gesamten Laufzeit mit einem ihr vorher bekannten Gläubiger abwickeln sollte. Ist eine Abtretung ausnahmsweise vertraglich doch eingeräumt, sollte die Gemeinde sich die jeweilige Zustimmung zur Abtretung vorbehalten.

16.2.3.7 Sicherheiten

Da bei öffentlichen Körperschaften ein Kreditausfallrisiko für die Gläubiger nicht besteht, ist die Bestellung von Sicherheiten grundsätzlich unzulässig (§ 87 Abs. 6 GemO). Nur mit Zulassung der Kommunalaufsichtsbehörde sind Ausnahmen möglich, wenn die Sicherheitsbestellung der Verkehrsübung entspricht. Der Verkehrsübung entspricht eine Sicherheitsleistung, wenn sie im Geschäftsverkehr unter Berücksichtigung der besonderen Stellung der Gemeinden im Kreditgeschäft üblich ist. Beispiel hierfür sind Hypotheken auf Wohnhäuser. Insgesamt ist jedoch ein strenger Maßstab bei der Frage nach Sicherheitsleistungen anzulegen.

16.2.3.8 Kredite in fremder Währung

Es besteht grundsätzlich kein Verbot, Kredite auch im Ausland aufzunehmen. Jedoch sollte beachtet werden, dass das Wechselkursrisiko immer bei der Gemeinde liegt und somit mit mehr Risiken behaftet ist. Da in der Regel in der jeweiligen Landeswährung zurückzuhalten ist, hängt die Rückzahlungsverpflichtung von der Entwicklung des Wechselkurses ab. Zusätzlich ist genau zu prüfen, welche Nebenkosten (z. B. Gebühren, Auslagen) bzw. Nebenbedingungen entstehen, die evtl. kommunalrechtlich bedenklich sind.

16.2.4 Abwicklung der Kreditaufnahme im Haushalt

16.2.4.1 Veranschlagung der Kredite und der daraus resultierenden Aufwendungen und Auszahlungen

Gem. § 18 Abs. 1 Nr. 2 GemHVO dienen in der kommunalen Haushaltswirtschaft die Einzahlungen für die laufende Verwaltungstätigkeit insgesamt zur Deckung der Auszahlungen für die laufende Verwaltungstätigkeit und die im Bereich der laufenden Verwaltungstätigkeit entstehenden Einzahlungsüberschüsse (nach Abzug der ordentlichen Tilgung) sowie die die Einzahlungen aus Investitionstätigkeit und Kreditaufnahmen zur Deckung der Auszahlungen für die Investitionstätigkeit (Gesamtdeckungsprinzip). Eine Zuordnung von einzelnen Kreditaufnahmen als Einzahlung für bestimmte Maßnahmen oder spezifische Aufgabenbereiche ist daher nicht vorgesehen. Der Produktrahmen sieht den Bereich „Allgemeine Finanzwirtschaft“[16] vor, dessen Teilfinanzhaushalt die Ein- und Auszahlung aus der Aufnahme und Tilgung von Krediten als Finanzierungstätigkeit zugeordnet werden.

Auch wenn die Einzahlungen aus Krediten grundsätzlich nicht an eine bestimmte Investition gebunden sind, ist es nicht ausgeschlossen, dass Kredite aufgrund von Gesetzen oder nach anderen Bestimmungen für bestimmte Maßnahmen bewilligt werden. Denkbar ist jedoch auch eine Zweckbindung auf Grund einer besonderen Vereinbarung mit dem Gläubiger. Aber auch solche zweckgebundenen Kredite sind im Teilfinanzhaushalt des Produktbereichs „Allgemeine Finanzwirtschaft“ zu veranschlagen. Diese Zuordnung gilt ebenfalls für die Tilgungsleistungen. Eine direkte Zuordnung zu anderen Produktbereichen ist unzulässig.

16 Produktbereich 61.

Die allgemeine Struktur der Teilfinanzhaushalte ist für die Abbildung des Teilfinanzhaushalts für den Produktbereich „Allgemeine Finanzwirtschaft" nicht ausreichend, da in diesem Teilfinanzhaushalt Investitionen nicht erfasst werden, dafür aber die Finanzierungstätigkeit, d. h. die Aufnahme und Rückzahlung von Krediten, zu erfassen ist. Auch andere Positionen, wie die Gewährung von Darlehen oder die vorübergehende Anlage von Geld, müssen hier erfasst werden. Der Bereich der Investitionszahlungen kann dagegen entfallen. Eine mögliche Struktur ist im Folgenden – ohne Anspruch auf Vollständigkeit – abgebildet:

Teilfinanzplan Produktbereich 61 „Allgemeine Finanzwirtschaft"		**Ergebnis Vorvorvorjahr**	**Ansatz Vorjahr**	**Ansatz Haushaltsjahr**	**VE**	**Haushaltsjahr +1**	**Haushaltsjahr +2**	**Haus haltsjahr +3**
		1	2	3	4	5	6	7
Finanzierung								
01	Aufnahme von Krediten für Investitionen							
02	Tilgung von Krediten für Investitionen							
03	**Saldo Finanzierungstätigkeit (Kreditaufnahme ./. Tilgung)**							
Sonstige Zahlungen								
04	Einzahlungen aus Rückflüssen von Darlehen							
05	Auszahlungen aus Gewährung von Darlehen							
06	Einzahlungen aus Verkauf von Wertpapieren							
07	Auszahlungen aus Kauf von Wertpapieren							
18	**Saldo Investitions- und Finanzierungstätigkeit (Zeile 14 + Zeile 17)**							

Bei den Aufwendungen für Kreditzinsen und der Abschreibung des Disagios stellt sich die Frage nach der Möglichkeit einer zentralen Veranschlagung im Produktbereich „Allgemeine Finanzwirtschaft" oder der Notwendigkeit der Verteilung auf die Produktbereiche. Dies würde im Rahmen der angestrebten Produktorientierung des Haushaltswesens nach Auffassung der Autoren auch durchaus Sinn machen, da durch die Verteilung der Fremdkapitalzinsen auf die Produktbereiche eine bessere Abbildung des Ressourcenverbrauchs in den einzelnen Teilergebnishaushalten erreicht werden kann. Insbesondere im Hinblick auf die Haushaltssteuerung bilden die Aufwendungen für Kapital einen wichtigen Bestandteil der Produktbereichsbudgets. Gegen diese Auslegung spricht allerdings der vorgeschriebene Produktrahmen, nach dem der Schuldendienst eindeutig (und ausschließlich) dem Produktbereich „Allgemeine Finanzwirtschaft" zuzuordnen ist.

Bei der Veranschlagung von Zinsaufwendungen ist die Periodenabgrenzung zu beachten. Es ist, unabhängig vom Zahlungszeitpunkt, der Betrag zu veranschlagen und zu buchen, der sich tatsächlich auf das Rechnungsjahr bezieht.

Beispiel:
Im Kreditvertrag der Gemeinde G mit der Hausbank wird eine halbjährliche nachträgliche Verzinsung jeweils zum 31. Januar und zum 31. Juli vereinbart. Bei der Veranschlagung der Zinsen ist zu beachten, dass sich die Zinszahlungen am 31. Januar jeweils auf fünf Monate des Vorjahres (August bis Dezember) und einen Monat des laufenden Jahres (Januar) beziehen.

Um die Zinsaufwendungen für 2020 zu ermitteln, ist daher zunächst ein Sechstel der am 31.01.20 fälligen Zinsen zu veranschlagen. Daneben sind die am 31.7.20 fälligen Zinsen in voller Höhe zu berücksichtigen. Schließlich sind noch fünf Sechstel der am 31.1.21 fälligen Zinsen zu kalkulieren.

16.2.4.2 Umschuldung

Im Rahmen der Zinsoptimierung und des Liquiditätsmanagements sind neben der Neuaufnahme von Krediten auch Umschuldungen erforderlich. Bei der Umschuldung erfolgt eine Ablösung der verbleibenden Restverbindlichkeit des Kredites bei gleichzeitiger Neuaufnahme eines Kredits in dieser Höhe.

Eine Umschuldung wird i. d. R. immer dann diskutiert, wenn der Kreditmarkt Kredite mit günstigeren Zinssätzen anbietet als die für bisher aufgenommenen Kredite bzw. wenn die Zinsbindungsfrist ausläuft und ein anderes Kreditinstitut für die Folgezeit günstigere Konditionen als der bisherige Kreditgeber anbieten kann. Insbesondere bei der Umschuldung langfristiger Investitionskredite ist zu berücksichtigen, dass die Laufzeit des neuen Kredits nicht über die Laufzeit des abzulösenden Kredits hinausgehen sollte. Ansonsten würde eine weitere Verschiebung der durch den Kredit bedingten Folgelasten in die Zukunft erfolgen. Auch wenn rein rechtlich Kündigungsmöglichkeiten bestehen (§ 489 BGB bzw. vertraglich vereinbart), sollte hiervon nur dann Gebrauch gemacht werden, wenn ein wirklicher wirtschaftlicher Vorteil entsteht. Zur Feststellung eines solchen wirtschaftlichen Vorteils sind ggf. auch durch vorzeitige Kündigung verursachte Vorfälligkeitsentschädigungen zu berücksichtigen. Auch die „Vertragstreue" oder die Treue zu einer örtlichen „Hausbank" bei bestehenden Geschäftsverbindungen ist bei solchen Überlegungen nicht außer Acht zu lassen.

Eine Umschuldung ist auch denkbar, um eine Vielzahl von Einzelkrediten wirtschaftlich günstiger in der Form eines „neuen" Gesamtkredits abzuwickeln (geringerer Verwaltungsaufwand).

Durch eine „Umschuldung" wird die Kreditermächtigung nicht in Anspruch genommen, weil in gleicher Höhe eine Tilgung und eine Neuaufnahme des Kredits erfolgt.

16.2.4.3 Gültigkeitsdauer der Kreditermächtigung

Gemäß § 87 Abs. 3 GemO gilt die Kreditermächtigung für Investitionskredite eines Haushaltsjahres bis zum Ende des nächsten Haushaltsjahres und darüber hinaus bis zum Wirksamwerden der Haushaltssatzung für das übernächste Haushaltsjahr (§ 81 Abs. 3 GemO). Soweit Auszahlungen für Investitionen nach § 21 Abs. 1 GemHVO länger übertragen werden, müssen die entsprechenden Finanzierungsmittel, d. h. die Kreditermächtigungen, neu veranschlagt werden. Die Kreditermächtigung für Liquiditätskredite gilt nach § 89 Abs. 2 Satz 2 GemO über das Haushaltsjahr hinaus bis zur Rechtswirksamkeit der neuen Haushaltssatzung (§ 81 Abs. 3 GemO).

16.2.5 Übungen

Sachverhalt Nr. 1

Die Gemeinde G will im Jahr 2020 bis 2023 jeweils 15 Mio. € Kreditaufnahmen für Investitionen in die Haushaltssatzung aufnehmen. Für jede der vier Kreditaufnahmen erhöht sich die Zinsbelastung im folgenden Jahr voraussichtlich um 800.000 €. **Vor** der Veranschlagung der Kreditaufnahme zeigt der Ergebnishaushalt folgendes Bild:

Ergebnisplan	**2020 T€**	**2021 T€**	**2022 T€**	**2023 T€**
Ordentliches Ergebnis	4.700	3.800	3.200	3.100
Außerordentliches Ergebnis	0	0	2.000	1.800
Jahresergebnis	4.700	3.800	5.200	4.900

Aufgabe:
Prüfen Sie die Zulässigkeit dieser Kreditveranschlagungen in Bezug auf § 87 Abs. 2 Satz 3 GemO.

Lösung:
Gemäß § 87 Abs. 2 Satz 3 GemO ist die Genehmigung des Gesamtbetrags der im Finanzhaushalt vorgesehenen Kreditaufnahmen für Investitionen und Investitionsförderungsmaßnahmen in der Regel zu versagen, wenn die Kreditverpflichtungen mit der dauernden Leistungsfähigkeit der Gemeinde nicht im Einklang stehen. Die dauernde Leistungsfähigkeit spiegelt sich insbesondere darin wider, dass die Kommune in der Lage sein muss, ihren Ressourcenverbrauch mittelfristig durch eigenes Ressourcenaufkommen zu decken. Damit ist der Ergebnishaushalt ein maßgebliches Kriterium zur Beurteilung der dauernden Leistungsfähigkeit der Kommune.

Vor der Veranschlagung der Kreditaufnahme weist der Ergebnishaushalt der Gemeinde G in allen Jahren der Planung einen deutlichen Jahresüberschuss aus. Obwohl das Ordentliche Jahresergebnis leicht rückläufig ist, scheint eine Gefährdung der Leistungsfähigkeit insoweit nicht gegeben.

Durch die Veranschlagung der Kreditaufnahme für Investitionstätigkeit im Finanzhaushalt ist auch eine Anpassung des Ergebnishaushalts erforderlich. Durch die zusätzlichen Kredite erhöht sich der Zinsaufwand, der das Ergebnis belastet. Laut Sachverhalt soll in den Jahren 2020 bis 2023 der Kreditbestand jeweils um 15 Mio. € erhöht werden. Hierdurch ergibt sich jeweils im folgenden Jahr ein erhöhter Zinsaufwand (Beträge in Euro):

Jahr	Erhöhung Kredit	zus. Zinsaufwand	Ergebnis
2020	15.000.000		4.900.000
2021	15.000.000	800.000	3.000.000
2022	15.000.000	800.000	3.600.000
2023	15.000.000	800.000	1.500.000
2024		800.000	700.000

Wie auch vor der Veranschlagung der Kreditaufnahme weist die Gemeinde G weiterhin für den gesamten Zeitraum der mittelfristigen Ergebnis- und Finanzplanung ein positives Jahresergebnis aus und erfüllt damit nachhaltig die Anforderungen des Haushaltsausgleichs nach § 80 Abs. 2 Satz 2 GemO.

Die Verschlechterung des Ergebnisses hat allerdings dazu geführt, dass sich das Ergebnis innerhalb von vier Jahren von 4,9 Mio. € auf 0,7 Mio. € um rd. 85 % reduziert. Bei der für 2024 absehbaren weiteren Verschlechterung des Finanzergebnisses durch die zusätzliche Kreditaufnahme in 2023 ist voraussichtlich erstmals mit einem negativen Ergebnis zu rechnen. Es drohen langfristig negative Jahresergebnisse, die wesentlich durch die in 2020 bis 2023 vorgesehenen Kreditaufnahmen verursacht werden.

Dadurch scheint die drastische Verschlechterung des Ergebnisses aufgrund der hohen Kreditaufnahme für die Gewährleistung der dauernden Leistungsfähigkeit der Gemeinde zumindest kritisch zu sein.

Im Hinblick auf die bestehenden Unsicherheiten der Entwicklung über den Zeitraum der mittelfristigen Ergebnis- und Finanzplanung hinaus und die Tatsache, dass die Gemeinde laut ihrer Planung bis 2021 noch positive Jahresergebnisse ausweisen kann, erscheint die geplante Kreditaufnahme im Hinblick auf § 87 Abs. 2 Satz 3 GemO zum jetzigen Zeitpunkt noch als zulässig.

Sachverhalt Nr. 2

Die Gemeinde G beabsichtigt, zur Finanzierung der Investitionen im Haushalt einen Bankkredit i. H. v. 5 Mio. € zu veranschlagen. Sie rechnet mit folgenden Konditionen:

Zinsen = 6,0 v. H.
Tilgung = 1 v. H. zuzüglich ersparter Zinsen
Auszahlungskurs = 98 v. H.[17]

17 Die Kreditkonditionen entsprechen nicht der derzeitigen Marktlage. Sie sind aus Übungsgründen zur Verdeutlichung der Veranschlagung sämtlicher Kreditkosten dargestellt.

Die Kreditaufnahme ist für den 1. April des Haushaltsjahres vorgesehen, wobei mit einer halbjährlichen Zins- und Tilgungsleistung bei nachträglicher Abschreibung (erstmals zum 1. Oktober) gerechnet wird. Es wird von einer Kreditlaufzeit von 33 Jahren ausgegangen.

Aufgabe:
Bilden Sie für das Jahr der Kreditaufnahme die erforderlichen Ansätze im Haushaltsplan.

Lösung:
a) Teilfinanzhaushalt für den Produktbereich „Allgemeine Finanzwirtschaft"

Bezeichnung	**Ansatz €**
Einzahlungen für Finanzierungstätigkeit	
Investitionskredite v. priv. Unternehmen	4.900.000[18]
Auszahlungen für lfd. Verwaltungstätigkeit	
Zinsauszahlungen an private Unternehmen	*150.000*[19]
Auszahlungen für Finanzierungstätigkeit	
Tilgung von Krediten von privaten Unternehmen	25.000[20]

b) Teilergebnishaushalt für den Produktbereich „Allgemeine Finanzwirtschaft"

Bezeichnung	**Ansatz €**
Aufwendungen	
Zinsen für Kredite von privaten Unternehmen	225.000[21]
Abschreibung auf Disagio	2.273[22]

18 98 v. H. von 5.000.000 € = 4.900.000 €.

19 6,0 v. H. von 5.000.000 € = 300.000 € Zinsauszahlungen p. a. Am 1. Oktober sind Zinsen für ein halbes Jahr zu zahlen: 300.000 € × ½ = 150.000 €.

20 1 v. H. von 5.000.000 € = 50.000 € : 2 (ein halbes Jahr) = 25.000 €.

21 6,0 v. H. von 5.000.000 € = 300.000 € Zinsaufwand p. a. Da der Kredit erst am 1. April aufgenommen wird, entfallen auf das erste Jahr hiervon drei Viertel = 225.000 €.

22 2 v. H. von 5.000.000 € = 100.000 € Disagio. In dieser Höhe wird bei der Kreditaufnahme ein aktiver Rechnungsabgrenzungsposten gebildet. Dieser RAP wird jährlich mit 1/33 (= 3.030 €) aufwandswirksam aufgelöst. Da der Kredit erst am 1. April aufgenommen wird, entfallen auf das erste Jahr hiervon drei Viertel = 2.273 €.

16.3 Kreditähnliche Rechtsgeschäfte

16.3.1 Bedeutung kreditähnlicher Rechtsgeschäfte

Wie bereits in Kap. 16.1.5 dargelegt, ist die begriffliche Festlegung dieser Rechtsgeschäfte problematisch. Die rechtliche Ausgestaltung ist sehr unterschiedlich, so muss der Zahlungsverpflichtung nicht unbedingt ein **Rechts**geschäft im engeren Sinne zugrunde liegen. Ein Verwaltungsakt ist ebenfalls denkbar (z. B. § 99 BauGB – Verrentung eines Enteignungsanspruchs im Enteignungsverfahren, § 59 BauGB – Abfindung im Umlegungsverfahren). Typische Beispiele für kreditähnliche Geschäfte der Gemeinden sind

- Schuldübernahmen,
- Leibrentenverträge,
- Gewährung von Schuldendiensthilfen[23] an Dritte,
- Leasingverträge,
- Restkaufgelder aus Grundstücksgeschäften,
- Bausparverträge.

Die vorgenannten Geschäfte fallen nicht unter die Kredite und werden nicht in § 2 der Haushaltssatzung aufgenommen. Derartige Finanzvorfälle werden als Rechtsgeschäfte nach § 87 Abs. 5 GemO behandelt.

In der Praxis kommen kreditähnliche Rechtsgeschäfte von der Fallzahl her heute ungleich häufiger vor als Kreditaufnahmen für Investitionen im Rahmen der Kreditermächtigung der Haushaltssatzung. Vom Volumen her sind aber die Kreditaufnahmen für Investitionen im Rahmen der Haushaltssatzung in der Regel gewichtiger.

Vor allem Kommunen mit Haushaltausgleichsproblemen sind auf der Suche nach neuen Finanzierungsmodellen. So sind z. B. sog. „Sale-and-lease-back-Geschäfte“ und Gestaltungen im Rahmen von „PPP“ (public private partnerships) anzutreffen. Es handelt sich dabei ohne Zweifel um kreditähnliche Rechtsgeschäfte, die sämtlich der Einzelfallprüfung dahingehend unterliegen, ob sie von der Gemeinde vollständig verstanden und nachvollzogen werden können und ob sie nach einem Wirtschaftlichkeitsvergleich aufgrund mehrerer Angebote auch wirklich die wirtschaftlichste Finanzierungsvariante darstellen.

16.3.2 Voraussetzungen zum Eingehen von kreditähnlichen Rechtsgeschäften und Genehmigungspflicht

Bei der Vielschichtigkeit der gemeindlichen Betätigung kommen kreditähnliche Rechtsgeschäfte so gut wie in allen Bereichen vor und können mit den unterschiedlichsten Personengruppen abgeschlossen werden.

23 Geldleistungen, die an den Schuldner zur Erleichterung des Schuldendienstes für Kredite geleistet werden.

Derartige Rechtsgeschäfte sollen aber nur abgeschlossen werden, wenn die in Kap. 16.2.3 beschriebenen Voraussetzungen gegeben sind. Nach § 87 Abs. 5 GemO ist jedoch zu beachten, dass kreditähnliche Rechtsgeschäfte genehmigungspflichtig sind; eine Genehmigung ist nicht erforderlich für die Begründung von Zahlungsverpflichtungen im Rahmen der laufenden Verwaltung. Nach § 87 Abs. 5 Satz 2 GemO gilt § 87 Abs. 2 Sätze 2 und 3 GemO entsprechend. Das bedeutet, dass die aus den kreditähnlichen Rechtsgeschäften übernommenen Verpflichtungen mit der geordneten Haushaltswirtschaft und der dauernden Leistungsfähigkeit der Gemeinde in Einklang stehen müssen. Diese Form präventiver Aufsicht verpflichtet die Aussichtsbehörde einzugreifen, wenn es sich um die Verletzung einer Rechtspflicht handelt. Die finanzielle Gesamtbelastung darf nicht höher sein als bei herkömmlicher Finanzierung.

16.3.3 Ausgestaltung kreditähnlicher Rechtsgeschäfte

Bezüglich der laufenden Zahlungsverpflichtungen ist ein besonders strenger Maßstab anzulegen. Sinngemäß kann auf die Ausführungen in Kap. 16.2.4 verwiesen werden.

16.3.4 Verbindung zum Haushaltsplan

Der Abschluss kreditähnlicher Rechtsgeschäfte selbst bedarf regelmäßig keiner Veranschlagung im Haushaltsplan, wohl aber sind die sich daraus ergebenden Verpflichtungen haushaltsrechtlich zu berücksichtigen. Somit sind entsprechend §§ 2 und 3 GemHVO alle anfallenden Folgeleistungen entsprechend ihres Charakters als Aufwand und/oder Auszahlung im Haushaltsplan aufzunehmen.

Nach dem Produktrahmen werden die sich aus kreditähnlichen Verbindlichkeiten ergebenden Aufwendungen und Zahlungen aber nicht im Produktbereich 61 „Allgemeine Finanzwirtschaft“ nachgewiesen, sondern dort, wo das Rechtsgeschäft vom Aufgabenbereich her hingehört.

Beispiel:
So wird z. B. die Leibrente für die Übernahme eines Grundstückes für Grundschulzwecke im Produktbereich „Schulträgeraufgaben“ nachgewiesen. Da es sich bei der Zahlung von Leibrenten wirtschaftlich um eine Art Kaufpreiszahlung handelt, wird es als Investitionsauszahlung bei den „Auszahlungen für den Erwerb von bebauten Grundstücken“ abgebildet. Es erfolgt lediglich eine Veranschlagung im Finanzhaushalt.

Im Ergebnis werden also die aus kreditähnlichen Rechtsgeschäften resultierenden Auszahlungen und Aufwendungen über den gesamten Haushalt verteilt veranschlagt und abgewickelt.

Die Frage der Behandlung von Leasingraten im Haushalt richtet sich danach, ob der Leasinggegenstand der Gemeinde als Leasingnehmer oder dem Leasinggeber wirtschaftlich zuzurechnen ist. Soweit der Leasinggegenstand der Gemeinde zuzurechnen ist, sind die Leasingraten als Kaufpreisraten im Finanzhaushalt zu veranschlagen und in der Finanzrechnung zu buchen. Durch die parallele Aktivierung des Leasinggegenstandes erfolgt gleichzeitig eine Abschreibung, die im Ergebnishaushalt abgebildet wird. Wird der Leasinggegenstand dagegen dem Leasinggeber wirtschaftlich zugerechnet, werden die Leasingraten als sonstiger ordentlicher Aufwand im Ergebnishaushalt ausgewiesen. Die Zahlungsabwicklung erfolgt dann über ein Finanzrechnungskonto.

Die Beurteilung der schwierigen Frage der wirtschaftlichen Zurechnung der Vermögensgegenstände beim Leasing erfolgt im Einzelfall nach den einschlägigen Erlassen der Finanzverwaltung.[24] Grundsätzlich ist dabei zwischen dem Financial Leasing und dem Operational Leasing unterschieden. Das Financial Leasing erstreckt sich i. d. R. über 40 bis 90 % der betriebsgewöhnlichen Nutzungsdauer des Leasinggegenstandes. Der Leasingvertrag kann beim Financial Leasing innerhalb dieser Laufzeit nicht gekündigt werden. Damit trägt der Leasingnehmer das Investitionsrisiko (z. B. Entwertung wegen technischen Fortschritts) und wird damit als Leasingnehmer wirtschaftlicher Eigentümer des Objektes. Beim Operational Leasing kann der Leasingvertrag dagegen sofort oder relativ kurzfristig gekündigt werden. Hierdurch trägt der Leasinggeber das Investitionsrisiko und bleibt wirtschaftlicher Eigentümer des Leasingobjektes.

16.3.5 Übung

Sachverhalt Nr. 3

Die Gemeinde G übernimmt mit Ratsbeschluss vom 1.8.2019 folgende Verpflichtungen:

a) den Schuldendienst für einen Kredit i. H. v. 300.000 €, welchen der Zweckverband „Ausbau des Vorbergbaches“ bei der Sparkasse X zum 1.1.2020 aufnehmen will. Die Kreditkonditionen lauten:
   Zinsen = 6 %
   Tilgung zuzgl. ersparter Zinsen = 2 %
b) die Leibrentenzahlung aus einem Grundstückskauf im Zuge des Ausbaues der Gemeindestraße X in Höhe von 70.000 € bis zum Tode des Letztlebenden des Ehepaares Müller. Der Grundstücksübergang wird am 1.1.2020 wirksam.

Aufgabe:
Begutachten Sie, wie die Maßnahmen im Haushaltsplan zu veranschlagen sind.

Lösung:
Zu a)
Schuldendiensthilfen sind nach allgemeiner Auffassung Geldleistungen zur Erleichterung des Schuldendienstes für Kredite. Laut Sachverhalt übernimmt die Gemeinde G den Schuldendienst für einen Kredit des Zweckverbandes. Somit handelt es sich hier

24 Vgl. *Ade/Böhmer/Brettschneider/Herre/Lang/Notheis/Schmid/Steck*, Kommunales Wirtschaftsrecht in Baden-Württemberg, 8. Aufl. 2011, S. 547.

um eine Schuldendiensthilfe. Nach dem Kontenrahmen handelt es sich bei Schuldendiensthilfen unabhängig davon, ob die Hilfen beim Empfänger für die Kredittilgung oder für Zinszahlungen bestimmt sind um Aufwendungen der Gemeinde (Transferaufwendungen).

Der Schuldendienst i. H. v. 18.000 € (6 % Zinsen von 300.000 € für ein Jahr) und 6.000 € (2 % Tilgung von 300.000 € für ein Jahr), insgesamt also 24.000 €, sind als Schuldendiensthilfen im Ergebnishaushalt bei den Transferaufwendungen und im Finanzhaushalt bei den Transferauszahlungen zu veranschlagen. Bei der Auswahl der Konten ist die finanzstatistische Bereichsabgrenzung zu beachten.

Die Schuldendiensthilfe ist dem Produktbereich „Natur- und Landschaftspflege" zuzuordnen.

Zu b)

Der Abschluss eines Leibrentenvertrags ist ebenso wie die vorstehend behandelte Übernahme des Schuldendienstes ein kreditähnliches Rechtsgeschäft gemäß § 87 Abs. 5 GemO.

Der Schuldendienst ist in dem Produktbereich zu veranschlagen, dem er sachlich zuzuordnen ist. Die Leibrente wird für ein Grundstück gezahlt, das im Rahmen des Straßenbaus benötigt wurde. Da es sich um eine Verkehrsfläche handelt, ist hier nach dem Produktrahmen der Produktbereich „Verkehrsflächen und -anlagen" vorgeschrieben.

Die Zahlung von Leibrenten entspricht wirtschaftlich einer Kaufpreiszahlung. Es handelt sich daher um Investitionszahlungen, die den „Auszahlungen für den Erwerb von Vermögensgegenständen" zuzuordnen sind. Diese Auszahlungen werden im Finanzhaushalt ausgewiesen.

16.4 Haftungsverhältnisse: Sicherheitsleistungen, Bürgschaften und Gewährverträge

16.4.1 Sicherheitsleistungen

Nach § 88 Abs. 1 GemO darf eine Gemeinde keine Sicherheiten zugunsten Dritter bestellen. Die Kommunalaufsichtsbehörde kann Ausnahmen zulassen. Mit dieser Vorschrift will der Gesetzgeber erreichen, dass die Gemeinde über das Verbot der Bestellung von Sicherheiten im Zusammenhang mit Kreditgeschäften (§ 87 Abs. 6 NGO) hinaus auch in allen übrigen Fällen ihr für die Aufgabenerfüllung benötigtes Vermögen nicht einer die Aufgabenerfüllung unter Umständen störenden Beschränkung unterwirft.

In § 232 BGB werden solche Sicherheitsleistungen genannt, wie z. B.

- Bestellung von Hypotheken,
- Verpfändung von Forderungen der genannten Art,
- Verpfändung von beweglichen Sachen (§ 1204 BGB).

Der Grund für ein grundsätzliches Verbot zur Bestellung von Sicherheiten ergibt sich im Wesentlichen aus der Tatsache, dass die Gemeinde als öffentlich-rechtliche Körperschaft und Bestandteil des Staates (Land) ohnehin mit ihrem gesamten Vermögen und ihrer ganzen Finanzkraft (Steuerkraft usw.) für ihre Verbindlichkeiten haftet.

Eine Ausnahme vom Verbot der Bestellung von Sicherheiten ist allerdings nach § 88 Abs. 1 Satz 2 GemO mit Zustimmung der Kommunalaufsichtsbehörde möglich. Die Kommunalaufsichtsbehörde entscheidet nach pflichtgemäßem Ermessen. In der Praxis kommen Ausnahmen vom Verbot der Bestellung von Sicherheiten selten vor.

16.4.2 Bürgschaften und Gewährverträge

16.4.2.1 Allgemeines

Begrifflich sind die Bürgschaften und Gewährverträge bereits in Kap. 16.1.7 dargestellt. Folgendes Beispiel dient der Verdeutlichung:

> ***Beispiel:***
> *Eine gemeindeeigene Wohnungsbaugesellschaft beabsichtigt, ein Wohnheim zur vorübergehenden Unterbringung von Aussiedlern (gemeindliche Aufgabe) zu errichten. Zur teilweisen Finanzierung wird auf der Grundlage eines Förderprogramms ein Kredit der Deutschen Ausgleichsbank benötigt. Nach den Bewilligungsbedingungen der Deutschen Ausgleichsbank hat die Gemeinde die Ausfallbürgschaft für den Kredit zu übernehmen, d. h. sie tritt mit allen Rechten und Pflichten in das Kreditverhältnis ein, wenn die Wohnungsbaugesellschaft nicht zahlungsfähig sein sollte.*

In diesem Fall führt ein Privatunternehmen eine gemeindliche Aufgabe durch. Aufgrund der zunehmenden Privatisierung gemeindlicher Leistungen, die selbstverständlich für sich genommen wirtschaftlich und vernünftig sein muss, ergibt sich vermehrt die Notwendigkeit für Gemeinden, zur Absicherung der Kreditfinanzierung dieser privatwirtschaftlich geführten Einrichtungen und Unternehmen Bürgschaften zu übernehmen.

Die Bürgschaft kann für eine bestehende, künftige oder bedingte Verbindlichkeit übernommen werden (§ 765 Abs. 2 BGB). Nach § 766 BGB bedarf der Bürgschaftsvertrag der Schriftform (Ausnahme nach § 350 HGB für Kaufleute). Eine selbstschuldnerische Bürgschaft liegt vor, wenn der Bürge auf die Einrede der Vorausklage verzichtet (§ 773 Abs. 1 Nr. 1 BGB – dabei sind §§ 349, 351 HGB zu beachten).

16.4.2.2 Voraussetzungen

Eine Voraussetzung zur Übernahme von Bürgschaften, Verpflichtungen aus Gewährverträgen und ähnlichen Rechtsgeschäften (§ 88 Abs. 2 und 3 GemO) ist, dass sie nur im Rahmen der gemeindlichen Aufgabenerfüllung übernommen werden dürfen. Diese Beschränkung kann Probleme mit sich bringen. Da der Begriff „Aufgaben der Gemeinde“ gesetzlich nicht definiert ist und vor allem auch wegen der Vielzahl der freiwilligen Aufgaben nicht abschließend festgelegt werden kann, wird wohl immer im Einzelfall zu entscheiden sein, ob insoweit eine Bürgschaft übernommen werden darf oder nicht (z. B. Bürgschaftsübernahmen für private Unternehmen, Profi-Sportvereine usw.).

Eine weitere formelle Voraussetzung zur Übernahme von Bürgschaften und Verpflichtungen aus Gewährverträgen ist die Genehmigungspflicht im Einzelfall (§ 88 Abs. 2 Satz 2 GemO). Nach § 88 Abs. 4 GemO sind die dort bestimmten Rechtsgeschäfte von der Genehmigungspflicht ausgenommen. Nach § 39 Abs. 2 Buchst. 13 GemO gehört die Übernahme von Bürgschaften usw. zur ausschließlichen Entscheidungskompetenz des Rates. Somit ist stets ein Ratsbeschluss erforderlich. Allerdings sind Rechtsgeschäfte im Rahmen der laufenden Verwaltung von einem Ratsbeschluss ausgenommen.

16.4.2.3 Ausgestaltung von Bürgschaften, Gewährverträgen und anderen Haftungsverhältnissen

Wegen der eventuellen Verpflichtungen aus Haftungsverhältnissen wie Bürgschaftsübernahmen, Gewährverträgen usw. sind die zugrunde liegenden Rechtsgeschäfte (Kreditverträge usw.) hinsichtlich ihrer Konditionen sinngemäß nach den gleichen Kriterien zu untersuchen wie in Kap. 16.2.4 für die gemeindlichen Kredite beschrieben.

Zu unterscheiden ist zwischen einer selbstschuldnerischen Bürgschaft und einer Ausfallbürgschaft. Bei der selbstschuldnerischen Bürgschaft braucht der säumige Zahlungspflichtige nur einmal erfolglos gemahnt zu werden, bevor der Gläubiger ohne weitere Voraussetzungen an den Bürgen herantreten kann. Dieser muss dann sofort in die Zahlungsverpflichtungen des Schuldners eintreten. Bei einer Ausfallbürgschaft muss der Gläubiger zunächst mit allen Mitteln (bis zur Zwangsvollstreckung) versuchen, seine Zahlung vom Schuldner zu erhalten. Erst wenn der konkrete Schuldnerausfall belegt ist, kann der Bürge in Anspruch genommen werden. Insofern ist der Gemeinde zu empfehlen, ausschließlich Ausfallbürgschaften abzuschließen. Nachfolgend ist ein Beispiel einer Urkunde für eine Ausfallbürgschaft abgedruckt:

Bürgschaftserklärung

Die Gemeinde G

nachstehend „Bürge" genannt,

übernimmt hiermit die wie folgt modifizierte Ausfallbürgschaft für den

Sportverein FC Nordstadt in G, Nordstr. 10,

nachstehend „Schuldner" genannt,

von der Sparkasse G, Marktplatz 12, in G

bewilligte Darlehen in Höhe von ***500.000 €***
in Worten: ***fünfhunderttausend Euro***

nebst Zinsen, Verzugsentschädigungen und etwaiger Kosten unter Anerkennung folgender Bedingungen:

1. Der Ausfall gilt als festgestellt, wenn und soweit die Zahlungsunfähigkeit des Schuldners durch Zahlungseinstellung, Eröffnung des Insolvenz- oder Vergleichsverfahrens, Abgabe einer eidesstattlichen Versicherung gemäß § 807 ZPO oder auf sonstige Weise erwiesen ist und aus der Verwertung des sonstigen Vermögens des Schuldners nennenswerte Erlöse nicht mehr zu erwarten sind.

2. Der Ausfall gilt, auch wenn die Voraussetzungen des vorigen Absatzes nicht vorliegen, in Höhe der noch nicht bezahlten oder beigetriebenen gesamten Darlehensforderung einschließlich Zinsen, Verzugszinsen und -entschädigungen und Kosten als festgestellt, wenn ein fälliger Kapital- oder Zinsbetrag trotz einmaliger schriftlicher Zahlungsaufforderung innerhalb von zwölf Monaten nach Fälligkeit nicht bezahlt worden ist.

3. Die Sparkasse G darf dem Schuldner stillschweigend oder ausdrücklich Stundung erteilen, ohne die Zustimmung des Bürgen einzuholen. §§ 767 Abs. 1 Satz 2, 776 BGB finden keine Anwendung.

4. Alle die Bürgschaft betreffenden Mitteilungen gelten als dem Bürgen zugegangen, wenn sie an seine letzte der Sparkasse G bekannte Anschrift gesandt worden sind.

5. Mit der Unterzeichnung dieser Bürgschaftserklärung bestätigt der Bürge, dass er vom Inhalt des Darlehensvertrages zwischen der Sparkasse G und dem Schuldner Kenntnis genommen und sich von dessen rechtsverbindlicher Unterzeichnung durch den Schuldner überzeugt hat.

6. Nebenabreden, Ergänzungen oder Änderungen dieser Bürgschaftserklärung bedürfen der Schriftform.

7. Erfüllungsort für alle sich aus der Bürgschaftsübernahme ergebenden Ansprüche der Sparkasse G und Gerichtsstand für alle Rechtsstreitigkeiten aus dieser Bürgschaft ist G.

G, den ______________ Unterschriften der vertretungsberechtigten Bediensteten

16.4.2.4 Verbindung zum Haushalt

Eine vom Rat beschlossene Bürgschaftsübernahme usw. hat unmittelbar keine Verbindung zum Haushaltsplan. Eine Veranschlagung im Haushaltsplan als Aufwand (z. B. Bildung einer Rückstellung) ist erforderlich, wenn die Inanspruchnahme der Gemeinde aus dem Haftungsverhältnis konkret zu erwarten ist.

Die Inanspruchnahme aus der Bürgschaft ist als „Sonstiger ordentlicher Aufwand" und als „Sonstige Auszahlung aus laufender Verwaltungstätigkeit" zu erfassen.

Verpflichtungen aus Haftungsverhältnissen sind in dem Produktbereich anzusiedeln, in dem die „gemeindliche Aufgabe" zu veranschlagen wäre (z. B. Inanspruchnahme aus einer Bürgschaft für den Bau eines Kindergartens der Kirchengemeinde X im Produktbereich „Kinder-, Jugend- und Familienhilfe").

Wegen der sich möglicherweise aus Haftungsverhältnissen ergebenden Verpflichtung zur Bildung von Rückstellungen (§ 90 Abs. 2 GemO i. V. m. § 41 Abs. 1 GemHVO) wird auf Kap. 10 verwiesen.

Haftungsverhältnisse werden nach § 42 GemHVO „unter der Bilanz" vermerkt und gem. § 53 Abs. 2 Nr. 7 GemHVO im Anhang angegeben und erläutert. Die Haftungsverhältnisse werden dabei nach Arten gegliedert und für jede Art der Gesamtbetrag der möglichen Verpflichtungen ausgewiesen. Die Haftungsverhältnisse unterliegen auch der Veröffentlichung (Auslegung) nach § 95b Abs. 2 GemO und der Jahresabschlussprüfung.

16.4.2.5 Übung

Sachverhalt Nr. 4

Die kreisfreie Stadt S hat in den letzten Jahren extrem hohe Arbeitslosenzahlen zu beklagen. Diese liegen erheblich über dem Landesdurchschnitt. Zum Abbau der Arbeitslosenzahlen bemüht sich die Gemeinde, Betriebe in ihrem Gemeindebereich anzusiedeln. Unter anderem verhandelt sie mit der Firma X, die in einer leerstehenden Lagerhalle einen Zweigbetrieb für die Herstellung von Isolierfenstern eröffnen will. Die Firma macht aber die Eröffnung des Betriebs von der Übernahme einer Bürgschaft durch die Stadt S für einen Kredit in Höhe von 500.000 € abhängig. Dieser Kredit ist für die erheblichen Instandsetzungskosten der Lagerhalle erforderlich. Da die Firma nach den eingeholten Auskünften als sehr solide anzusehen ist, stimmt der Rat der Bürgschaft zu, zumal die Gemeindefinanzen als gut zu bezeichnen sind.

Aufgabe:
Begutachten Sie die Rechtmäßigkeit des Ratsbeschlusses zur Übernahme der Bürgschaft.

Lösung:
Nach § 88 Abs. 2 GemO darf eine Gemeinde Bürgschaften nur übernehmen, wenn diese im Rahmen ihrer Aufgabenerfüllung liegen. Es ergibt sich demnach die Frage, ob die im Sachverhalt angesprochene Maßnahme eine Aufgabe der Stadt S darstellt.

Nach § 2 Abs. 1 GemO sind die Gemeinden in ihrem Gebiet, soweit die Gesetze nicht ausdrücklich etwas anders bestimmen, ausschließliche und eigenverantwortliche Träger der öffentlichen Verwaltung. Weder das Grundgesetz noch die Landesverfassung Baden-Württemberg weisen die Förderung der Gewerbeansiedlung in die ausschließliche Kompetenz des Staates. Eine sogenannte „Kompetenz aus der Natur der Sache" zugunsten des Staates kann auch nicht angenommen werden. Andere Rechtsnormen, die ausdrücklich eine Förderung im vorstehenden Sinne verbieten, bestehen nicht. Die Kompetenzen der Gemeinde reichen allerdings nur so weit, wie es sich um Angelegenheiten der örtlichen Gemeinschaft (Art. 28 Abs. 2 GG) handelt. Die Übernahme der Bürgschaft muss also zum eigenen Wirkungskreis i. S. v. § 2 Abs. 1 GemO zählen.

Ferner darf eine Bürgschaftsübernahme im Einzelfall die durch Gesetz und Recht gezogenen Grenzen nicht überschreiten. Es ist in erster Linie darauf zu achten, für welchen Raum die Maßnahme Wirkung zeigt. Die Stadt S hat laut Sachverhalt extrem hohe Arbeitslosenzahlen. Ihr Bestreben ist es also, diesen Missstand abzubauen, zumal ihr hierdurch unmittelbar und mittelbar erhebliche Kosten entstehen (Sozialhilfeleistungen usw.) und sich ihre Einnahmesituation verschlechtert hat (Minderung des Gemeindeanteils an der Einkommenssteuer, Gewerbesteuer usw.).

Auch wenn die Ansiedlung des Gewerbebetriebs nicht nur auf den Arbeitsmarkt der Stadt S wirkt, sondern auch auf den der Gemeinden des Umlandes, so handelt es sich dennoch um eine Aufgabe der Stadt S (über den räumlichen Bezug hinaus wird in neuerer Zeit vermehrt auf eine funktionelle Komponente abgestellt).

Die unmittelbare Wirtschaftsförderung gehört zum Aufgabenbereich der Gemeinde. Somit kann auch die Übernahme einer Bürgschaft im vorliegenden Sachverhalt als eine Angelegenheit im Rahmen der Aufgabenerfüllung angesehen werden. Bedenken könnten allenfalls erhoben werden, wenn die Übernahme der Bürgschaft die Grenzen des Gebotes der sparsamen und wirtschaftlichen Haushaltsführung (§ 77 Abs. 2 GemO) sprengen würde.

In diesem Zusammenhang darf also die Stadt für die Maßnahme nur möglichst wenig Finanzmittel aufwenden (Sparsamkeit). Unter wirtschaftlichen Gesichtspunkten hat sie die Auswirkungen auf andere Maßnahmen und auf die Zukunft zu beachten. Die Übernahme der Bürgschaft führt zunächst einmal nicht zu Auszahlungen. Bei der Solidität der Firma ist das Risiko der Inanspruchnahme gering. Mit Blick auf die gesamte Finanzsituation wird die Förderungsmaßnahme auf Dauer zu Einsparungen im Bereich der Transferaufwendungen (z. B. Sozialhilfe, Arbeitslose finden Beschäftigung) und Mehrerträgen bei den Steuern (Gemeindeanteil an der Einkommen- und Umsatzsteuer, Gewerbesteuer usw.) führen. Ein Verstoß gegen § 77 Abs. 2 GemO ist damit nicht gegeben.

Eine Beurteilung aus der gesamten Finanzsituation der Stadt heraus lässt nach der Vorgabe des Sachverhaltes den Schluss zu, dass die Wahrnehmung der sonstigen Aufgaben durch diese Maßnahme auch nicht gefährdet sind.

Demnach ist der Ratsbeschluss rechtmäßig.

17. Der Haushaltsausgleich

17.1 Bedeutung und Zielsetzung

Wesentliche Grundlage der Haushaltswirtschaft ist §77 Abs. 1 GemO. Danach hat die Gemeinde ihre Haushaltswirtschaft so zu planen und zu führen, dass die **stetige** Erfüllung ihrer Aufgaben gesichert ist. Die Gemeindeordnung stellt also insbesondere darauf ab, dass die Aufgabenerfüllung bzw. die Leistungsfähigkeit der Kommune **dauerhaft** erhalten bleiben soll. Der konkrete Maßstab, an dem sich die Haushaltswirtschaft zur Sicherung der dauernden Leistungsfähigkeit in jedem einzelnen Jahr orientieren muss, und der gleichzeitig dem Schutz der zukünftigen Steuerzahlerinnen und Steuerzahler dient, ist die Festlegung der Regelungen zum Haushaltsausgleich. Unbeschadet des durch Art. 28 Abs. 2 GG und Art. 71 der Landesverfassung Baden-Württemberg gewährten Selbstverwaltungsrechts und der darin einbezogenen Haushaltsautonomie sind Rat, Bürgermeister und Verwaltung verpflichtet, ihre Haushaltswirtschaft an den Vorgaben der Gemeindeordnung zum Haushaltsausgleich auszurichten.

Die konkreten Vorschriften zum Haushaltsausgleich beinhalten den Ausgleich des ordentlichen Ergebnisses unter Berücksichtigung von Fehlbeträgen aus Vorjahren (§ 80 Abs. 2 Satz 2 GemO), die als „Soll-Vorschriften" formuliert sind. Die Regelungen für sich betrachtet, könnten den Eindruck erwecken, ein Verstoß gegen diese Vorschriften würde einen Rechtsverstoß darstellen. § 80 Abs. 3 GemO deuten jedoch darauf hin, dass auch ein Haushalt vorgelegt werden kann, der die gestellten Anforderungen nicht erfüllt. In diesem Fall sind jedoch von der betroffenen Kommune Maßnahmen einzuleiten, die geeignet sind, die Wiederherstellung einer „ordentlichen" Haushaltswirtschaft zu bewirken. Dabei ist dann die Aufsichtsbehörde in das Haushaltsaufstellungsverfahren z. B. durch Genehmigungspflichten einzubinden. Insgesamt ist daher die Vorschrift zum Haushaltsausgleich als „Soll-Vorschrift" zu interpretieren.

Die Vorschrift zum Haushaltsausgleich nach § 80 Abs. 2 Satz 2 GemO bezieht sich sowohl auf den Haushaltsplan als auch auf die Haushaltsrechnung, d. h. den Jahresabschluss. Dies ist u. a. aus § 77 Abs. 1 GemO zu entnehmen, der ausdrücklich darauf hinweist, dass die Haushaltswirtschaft der Gemeinde nicht nur unter dem Aspekt der stetigen Aufgabenerfüllung zu planen, sondern auch unter diesem Gesichtspunkt zu führen ist. Damit ist auch die Ausführung des Haushalts (Nachtragsplanung nach § 82 GemO sowie die Deckung von über- und außerplanmäßigen Aufwendungen nach § 84 GemO) und nicht zuletzt die Erstellung des Jahresabschlusses unter Beachtung der Vorschriften zum Haushaltsausgleich zu gestalten. Außerdem erstreckt sich der Grundsatz auch auf die mittelfristige Planung (§ 85 GemO).

Mit dem NKHR soll erreicht werden, dass der vollständige Ressourcenverbrauch in das Zentrum der Planung und Entscheidung rückt. Folglich ist es konsequent, auch den Haushaltsausgleich am Saldo des Ergebnisplans (der Ergebnisrechnung) festzumachen. Der Haushalt ist ausgeglichen, wenn das Ergebnis aus ordentlichen Erträgen und ordentlichen Aufwendungen unter Berücksichtigung von Fehlbeträgen aus Vorjahren grundsätzlich ausgeglichen ist (§ 80 Abs. 2 Satz 2 GemO). Hierbei ist zu berücksichtigen, dass auch die Aufwendungen für Abschreibungen oder Bildung von Rückstellungen von einer Kommune erwirtschaftet werden sollen. Durch das neue Rechnungskonzept werden die vollständige Ergebnis- und Finanzsituation sichtbar und die bisher unvollständig dargestellte Defizitstrukturen offengelegt. Sollte sich eine Gemeinde entscheiden, vor der gesetzlichen Verpflichtung das NKHR anzuwenden, so können bis einschließlich dem Jahr 2015 Abschreibungen und Rückstellungen bereits im Jahresabschluss des laufenden Jahres auf das Basiskapital verrechnet werden. (Art. 11 Abs. 6 des Gesetzes zur Reform des Gemeindehaushaltsrechts). Dies gilt nicht für Rückstellungen für Abfallbeseitigungsanlagen und Rückstellungen für ausgleichspflichtige Gebührenüberschüsse.

Der Grundsatz, dass ordentliche Erträge und Aufwendungen ausgeglichen sein sollen, ist Ausfluss des Prinzips der **intergenerativen Gerechtigkeit**, wonach jede Generation die von ihr verbrauchten Ressourcen durch Entgelte und Abgaben wieder ersetzen soll, so dass damit nicht die Nachfolgegeneration belastet wird.

Im Rahmen der Systematik der drei Rechnungskomponenten des NKHR wird deutlich, dass sowohl der Ergebnissaldo aus Erträgen und Aufwendungen und die Höhe des Eigenkapitals unmittelbar miteinander verknüpft sind als auch der Saldo aus den Einzahlungen und Auszahlungen (unter Hinzurechnung der haushaltsunwirksamen Einzahlungen und Auszahlungen) mit dem Betrag der Liquiden Mittel in der Bilanz. Deshalb hat die Forderung nach einem Haushaltsausgleich in Planung und Rechnung auch die Bilanzentwicklung im Blick.

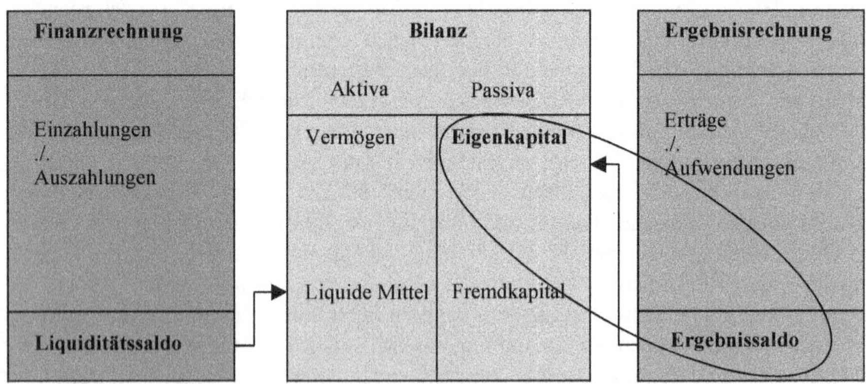

Nachfolgend werden die Bestandteile des Haushaltsausgleichs zunächst ausführlich erläutert. Dabei wird gesondert auf die haushaltsjahrübergreifende Ausrichtung der Anforderungen des Haushaltsausgleichs eingegangen. Anschließend wird dargestellt, welche haushaltsrechtlichen Konsequenzen sich aus dem Verfehlen des Haushaltsausgleichs ergeben.

17.2 Ausgleich des Ergebnishaushalts und der Ergebnisrechnung

Gem. § 80 Abs. 2 Satz 2 GemO ist der Haushalt ausgeglichen, wenn der Gesamtbetrag der ordentlichen Erträge dem Gesamtbetrag der ordentlichen Aufwendungen unter Berücksichtigung der Fehlbeträge aus Vorjahren entspricht. Nach § 2 Abs. 1 i. V. m. § 49 Abs. 1 GemHVO gehen die gesamten Aufwendungen und Erträge aus dem Ergebnishaushalt bzw. der Ergebnisrechnung hervor. Entscheidender Anknüpfungspunkt für den Haushaltsausgleich sind damit Ergebnishaushalt und -rechnung. Die Struktur des Ergebnishaushalts und der Ergebnisrechnung trennt allerdings zwischen dem ordentlichen und dem außerordentlichen Teil. Der außerordentliche Teil wird nicht in den gesetzlich vorgeschriebenen Haushaltsausgleich nach § 80 Abs. 2 Satz 2 GemO einbezogen.

Eine Trennung dieser Ergebnisse wird durch die Vorschriften des § 90 Abs. 1 GemO i. V. m. § 49 Abs. 3 GemHVO bei einem Überschuss sowie des § 24 Abs. 3 und 4 GemHVO bei einem Fehlbetrag deutlich.

Demnach wird ein (planerischer) Überschuss der ordentlichen Erträge über die ordentlichen Aufwendungen im Ergebnishaushalt als Zuführung zu der aus Überschüssen des ordentlichen Ergebnisses gebildeten Rücklage verbucht; ein (planerischer) Überschuss des außerordentlichen Erträge über die außerordentlichen Aufwendungen wird im Ergebnishaushalt als Zuführung zu der aus Überschüssen des außerordentlichen Ergebnisses gebildeten Rücklage verbucht.

Wegen der finanzwirtschaftlichen Schwankungen wird jedoch nicht in jeder Rechnungsperiode ein positiver Ausgleich von Erträgen und Aufwendungen erreichbar sein, so dass ein Fehlbetrag entsteht. Durch § 80 Abs. 3 GemO sind neben dem ordentlichen Ergebnis zum Ausgleich eines Fehlbetrags auch das Sonderergebnis und die entsprechenden Überschussrücklagen zugelassen. Des Weiteren sieht diese Vorschrift für den Fall, dass im laufenden Haushaltsjahr kein ausgeglichener Ergebnishaushalt erreicht werden kann, vor, einen Übertrag in die Finanzplanung zu ermöglichen. Nach der dreijährigen Finanzplanungszeit ist ein verbleibender Fehlbetrag mit dem Basiskapital zu verrechnen. Dieses darf nicht negativ sein.

Die Forderung zum Ausgleich von Erträgen und Aufwendungen bezieht sich zunächst auf jedes Haushaltsjahr. Ein Ausgleich über den Gesamtzeitraum der Haushaltsplanung gem. § 85 Abs. 1 GemO (Haushaltsjahr und folgende drei Jahre) genügt den Anforderungen des § 80 Abs. 2 Satz 2 GemO damit ausdrücklich nicht.

Besondere Bedeutung für den Haushaltsausgleich hat § 10 Abs. 1 GemHVO. Danach sind Erträge und Aufwendungen in ihrer voraussichtlichen Höhe zu veranschlagen und ggf. sorgfältig zu schätzen. Die sorgfältige Schätzung hat unter Berücksichtigung des Vorsichtsprinzips zu erfolgen, das der Gesamtkonzeption des NKHR sowohl in der Planung als auch bei der Rechenschaft zugrunde liegt. Die sich daraus ergebende Verpflichtung zur vorsichtigen Veranschlagung von Erträgen und Aufwendungen hat zur Folge, dass Erträge im Zweifel eher niedrig und Aufwendungen im Zweifel eher hoch zu veranschlagen sind. Dies gilt insbesondere auch dann, wenn ein unausgeglichener

Haushalt droht. Das „Prinzip Hoffnung" ist in solchen Fällen nicht nur finanzpolitisch unangebracht, sondern verstößt auch gegen den in § 10 Abs. 1 Satz 3 GemHVO manifestierten haushaltsrechtlichen Grundsatz der sorgfältigen Veranschlagung. Nach Vorlage der Haushaltssatzung bei der Kommunalaufsichtsbehörde (§ 81 Abs. 2 GemO) obliegt der Kommunalaufsichtsbehörde auch eine Prüfung, ob die Planungsgrundsätze eingehalten wurden.

17.3 Sicherstellung der Liquidität

Der Gesetzgeber fordert in § 80 Abs. 2 Satz 2 GemO keinen formalen Ausgleich der Einzahlungen und der Auszahlungen des Finanzhaushalts oder der Finanzrechnung. Vielmehr verlangt er, und das ohne Dispensmöglichkeiten, dass die Gemeinde das ganze Haushaltsjahr über in der Lage **ist**, nach § 22 Abs. 1 GemHVO die erforderlichen Auszahlungen vollständig und rechtzeitig leisten zu können, notfalls gem. § 89 GemO unter Inanspruchnahme von Liquiditätskrediten im Rahmen des ggf. nach § 89 Abs. 2 GemO genehmigten Höchstbetrages der Haushaltssatzung. Der Mindestbestand der Liquidität wird durch § 22 Abs. 2 GemHVO festgelegt. Danach soll der planmäßige Bestand an liquiden Mitteln ohne Kassenkreditmittel sich in der Regel auf mindestens zwei vom Hundert der Summe der Auszahlungen aus laufender Verwaltungstätigkeit nach dem Durchschnitt der drei dem Haushaltsjahr vorangehenden Jahre belaufen.

+	**(voraussichtlicher) Anfangsbestand an Zahlungsmitteln zu Beginn des Haushaltsjahres (Endbestand an Zahlungsmitteln aus Finanzrechnung 31. Dezember des Vorjahres)**	=	+	568.677,17 €
+/–	Saldo aus laufender Verwaltungstätigkeit (Finanzhaushalt Haushaltsjahr)	=	–	1.000.000,00 €
+/–	Saldo aus Investitionstätigkeit (Finanzhaushalt Haushaltsjahr)	=	–	3.350.000,00 €
+/–	Saldo aus Finanzierungstätigkeit (Finanzhaushalt Haushaltsjahr)	=	+	3.200.000,00 €
=	**Finanzierungsmittelbestand**	=	–	581.322,83 €
+/–	Saldo aus haushaltsunwirksamen Vorgängen	=	+	50.000,00 €
+	Liquiditätskredit (voraussichtlich, nur bis zum Höchstbetrag)	=	+	532.000,00 €
=	**(voraussichtlicher) Endbestand an Zahlungsmitteln (Liquide Mittel am Ende des Haushaltsjahres)**	=	+	**677,17 €**

Der Endbestand an Zahlungsmitteln soll den Betrag nach § 22 Abs. 2 GemHVO ausweisen.

17.4 Haushaltsjahrübergreifender Ausgleich (Ausgleich mit Rücklagen aus vorjährigen oder zukünftigen Überschüssen)

Wie bereits dargestellt, beziehen sich die Anforderungen an den Haushaltsausgleich zunächst auf das Haushaltsjahr, dabei ist der Haushaltsplan und später der Jahresabschluss maßgebend. Die Beurteilung der Überschuldung richtet sich in der Regel nach der Bilanz zum Ende des Haushaltsjahres, allerdings bei Gelegenheit der Vorlage eines Haushaltsplans bei der Kommunalaufsichtsbehörde nach der zuletzt aufgestellten Bilanz.

Die Verpflichtung zum **Haushaltsausgleich** nach § 80 Abs. 2 Satz 2 GemO (Ausgleich des ordentlichen Ergebnisses unter Berücksichtigung der Fehlbeträge aus Vorjahren) **gilt allerdings – fiktiv – als erfüllt, wenn**

1. ein voraussichtlicher Fehlbetrag in der Ergebnisrechnung (also am Ende des Haushaltsjahres, für das der Haushaltsplan aufgestellt wird) mit entsprechenden Überschussrücklagen verrechnet werden kann (§ 80 Abs. 3 GemO i. V. m. § 24 Abs. 1 und 2 GemHVO) oder
2. innerhalb der mittelfristigen Ergebnis- und Finanzplanung die vorgetragenen Fehlbeträge spätestens im dritten dem Haushaltsjahr folgenden Jahr ausgeglichen werden können (§ 80 Abs. 3 GemO i. V. m. § 24 Abs. 3 GemO).
3. nach dem dritten Jahr der Fehlbetrag mit dem Basiskapital verrechnet wird (§ 80 Abs. 3 GemO i. V. m. §§ 24 Abs. 3 und 25 Abs. 3 GemHVO). Dabei ist zu beachten, dass das Basiskapital nicht negativ sein darf.

Da der Haushaltsausgleich auf die Sicherung der stetigen Aufgabenerfüllung gerichtet ist, reicht eine Beschränkung der Betrachtung auf ein einzelnes Haushaltsjahr zur Beurteilung des Haushaltsausgleichs regelmäßig nicht aus. Es ist entscheidend, dass die Regelungen für den Haushaltsausgleich einerseits möglichst frühzeitig Fehlentwicklungen erkennen lassen und auf der anderen Seite den Gemeinden keine zu engen Fesseln bzgl. ihrer Haushaltswirtschaft anlegen. So erscheint es z. B. nicht sinnvoll, wenn eine Gemeinde, die regelmäßig Jahresüberschüsse ausweisen kann, bereits durch aufsichtsrechtliche Maßnahmen eingeschränkt wird, wenn sie in einem Jahr durch besondere Umstände zu einem negativen Jahresergebnis kommt. Hier erscheint es erforderlich, dass auch die guten Ergebnisse der Vorjahre in die Beurteilung des Haushaltsausgleichs einbezogen werden können.

17.5 Ausgleich der mittelfristigen Ergebnis- und Finanzplanung

Gem. § 85 GemO i. V. m. § 9 GemHVO umfasst die Haushaltsplanung auch eine mittelfristige Ergebnis- und Finanzplanung, die drei Jahre über das eigentliche Haushaltsjahr hinausgeht. Ausdrücklich wird in § 9 Abs. 4 GemHVO auch ein Ausgleich der Aufwendungen und Erträge für die einzelnen Jahre der mittelfristigen Ergebnis- und

Finanzplanung gefordert. Dieser Tatbestand ist aber nicht formaler Bestandteil der Haushaltsausgleichsverpflichtung, allerdings ist bei Unausgeglichenheit der mittelfristigen Ergebnis- und Finanzplanung (dabei unter Berücksichtigung eventueller Fehlbeträge aus Vorjahren) die dauernde Leistungsfähigkeit nicht mehr gegeben (§ 87 Abs. 2 GemO). Gemäß § 2 Abs. 1 Nr. 25 bis 35 GemHVO wird unter dem geplanten Gesamtergebnis (§ 2 Abs. 1 Nr. 24 GemHVO) nachrichtlich die Behandlung von Überschüssen und Fehlbeträgen angegeben, sodass die Kommunalaufsichtsbehörde Kenntnis von noch nicht abgedeckten Fehlbeträgen aus Vorjahren erhält.

17.6 Verbot der bilanziellen Überschuldung

Als Prüfstein aus Anlass des Haushaltsausgleichs ist das Verbot der bilanziellen Überschuldung anzusehen. Dieses Merkmal ist zwar nicht formaler Bestandteil des Haushaltsausgleichsbegriffs nach § 80 Abs. 2 Satz 2 GemO, aber anlässlich der Vorlage der Haushaltssatzung im Rahmen der Prüfung der dauernden Leistungsfähigkeit gem. § 87 Abs. 2 GemO zu berücksichtigen, wobei es auch darauf ankommt, ob in der Bilanz ein positives Eigenkapital ausgewiesen ist und voraussichtlich bleibt. Dies zeigt ausdrücklich die Forderung eines positiven Basiskapital nach § 80 Abs. 3 Satz 3 GemO: Es ist zu prüfen, ob das Fremdkapital (die Schulden – bestehend aus Geldschulden und Verbindlichkeiten – sowie den Rückstellungen) bereits das Vermögen übersteigt (also keine mehr besteht) bzw. ob ein solcher Tatbestand droht. Bei Überschuldung müsste in der Zukunft Schuldendienst für Schulden geleistet werden, denen kein entsprechendes Nutzungspotential (Vermögen) mehr gegenübersteht. Die nächste Generation würde damit für Vermögen bezahlen, das heute schon verbraucht wurde. Dies wäre in einer Nettoposition (nicht gedeckter Fehlbetrag) auf der Aktivseite auszuweisen.

Nach § 95 Abs. 2 Nr. 3 GemO muss die Gemeinde zum Ende eines jeden Haushaltsjahres eine Bilanz aufstellen, welche Bestandteil des Jahresabschlusses ist. Die Feststellung der Überschuldung orientiert sich daher zunächst am letztjährigen Jahresabschluss.

17.7 Haushaltsrechtliche Fehlbetragsabdeckung (Fehlbeträge, die ab Anwendung des NKHR auftreten)

Die Vorschriften über die Abdeckung von Fehlbeträgen sind in einem engen Zusammenhang mit denen zum Haushaltsausgleich gestaltet und es wird deshalb auch an dieser Stelle darauf eingegangen. Vorschriften zur Fehlbetragsabdeckung finden sich einerseits in der GemO (§ 80 Abs. 3) und andererseits in der GemHVO, in § 2 Abs. 1 Nr. 20 (Ausweis der noch nicht abgedeckten Fehlbeträge im Ergebnishaushalt), in § 24 Abs. 3 (Fehlbetragsabdeckungsregeln) und in § 52 Abs. 4 Nrn. 1.2.1, 1.2.2 und 1.3 (Darstellung der Überschüsse und Fehlbeträge aus Vorjahren in der Bilanz).

§ 24 GemHVO regelt dazu ein „Stufenprogramm“, das wie folgt – getrennt in die Abdeckung eines „ordentlichen“ oder eines „außerordentlichen“ Fehlbetrages – strukturiert ist:

Haushaltsausgleich nach § 24 GemHVO

→ § 24 Abs. 1 GemHVO
Falls Ausgleich nicht erzielt werden kann:
- Mittel der Rücklage aus Überschüssen des ordentlichen Ergebnisses
- globaler Minderaufwand (1 % der ordentlichen Aufwendungen)

→ § 24 Abs. 2 GemHVO
- Überschüsse des laufenden Sonderergebnisses
- Mittel der Rücklage aus Überschüssen des Sonderergebnisses

→ § 24 Abs. 3 GemHVO
- Haushaltsfehlbetrag, längstens in die drei folgenden HH-Jahre vorgetragen
- Verrechnung mit dem Basiskapital nach § 25 GemHVO

→ § 24 Abs. 4 GemHVO
- Deckung von Fehlbeträgen aus der Rücklage aus Überschüssen des Sonderergebnisses und später Verrechnung mit dem Basiskapital.

1. Abdeckung eines „ordentlichen“ Fehlbetrags

Stufe 1: Ein Fehlbetrag beim ordentlichen Ergebnis **soll** aus der mit Überschüssen des ordentlichen Ergebnisses gebildeten Rücklage gedeckt werden (§ 24 Abs. 1 Satz 1 GemHVO). Da es sich um eine Kann-Vorschrift handelt, geht diese Ausgleichsmöglichkeit zunächst allen anderen Alternativen vor. Anstelle oder zusätzlich zu dieser Rücklagenverwendung kann ein globaler Minderaufwand eingeplant werden. Hierzu wird im Ergebnishaushalt eine pauschale Kürzung vorgenommen, die maximal ein 1 % der Summe der ordentlichen Aufwendungen beträgt. Die zu kürzenden Teilhaushalte sind anzugeben.

Stufe 2: Soweit eine Fehlbetragsabdeckung aus der ordentlichen Überschussrücklage nicht möglich ist, **soll** dieser ordentliche Fehlbetrag mit einem Überschuss beim außerordentlichen Ergebnis und Mittel aus der Überschussrücklage des Sonderergebnisses ausgeglichen werden.

Stufe 3: Die Abdeckung eines verbleibenden Fehlbetrags, der nicht aus Überschussrücklagen gedeckt werden konnte (oder sollte), **kann** in der mittelfristigen Ergebnisplanung erreicht werden.

Stufe 4: Nach drei Jahren wird ein verbleibender ordentliche Fehlbetrag mit dem Basiskapital verrechnet. Das Basiskapital darf nicht negativ werden. Dies hat den Grund, dass dieser Fehlbetrag endgültig auf die kommenden Generationen übertragen wird und somit ein Verstoß gegen die intergenerative Gerechtigkeit vorliegt.

2. Abdeckung eines „außerordentlichen" Fehlbetrags

Stufe 1: Ein Fehlbetrag beim außerordentlichen Ergebnis **wird** aus der mit Überschüssen des außerordentlichen Ergebnisses gebildeten Rücklage gedeckt.

Stufe 2: Ein verbleibender außerordentlicher Fehlbetrag wird sofort mit dem Basiskapital verrechnet.

17.8 Übung

Sachverhalt

Nach dem ersten Entwurf der Verwaltung des Haushalts für das Haushaltsjahr 2024 der Stadt Neuingen ergeben sich folgende vorläufige Informationen:

a. Gesamtbetrag der ordentlichen Erträge = 54.567.300 €
b. Gesamtbetrag der ordentlichen Aufwendungen = 54.456.000 €
c. Gesamtbetrag der außerordentlichen Erträge = 1.550.000 €
d. Gesamtbetrag der außerordentlichen Aufwendungen = 1.550.000 €
e. Kreditaufnahme für dringende Investitionen = 1.000.000 €
f. Überschussrücklagen stehen keine zur Verfügung
g. der Finanzhaushalt ist im Übrigen noch nicht im Entwurf fertig.

Außerdem:

- Die mittelfristige Ergebnisplanung ist bis zum Jahr 2027 ausgeglichen, allerdings ist das Ergebnis 2023noch nicht berücksichtigt;
- der voraussichtlich noch nicht verrechnete Fehlbetrag aus dem ordentlichen Ergebnis des Vorjahres 2023 beträgt 150.000 €.

Der Bürgermeister will dieses positive Zwischenergebnis in einer informellen Besprechung der Fraktionsvorsitzenden erörtern, an der auch die Leiterin des Fachbereichs Finanzen teilnehmen soll. Ziel der Besprechung ist es, den Entwurf nach den Vorschriften des Gemeindehaushaltsrechts einvernehmlich „auszugleichen", ohne bei den Ratsmitgliedern zusätzliche Begehrlichkeiten zu wecken. Der Bürgermeister bittet die Leiterin des Fachbereichs Finanzen vor der Besprechung um eine kurze gutachtliche Stellungnahme, wie mit den Zahleninformationen umzugehen sein wird.

Der Bürgermeister gibt dazu den Hinweis, er habe gehört, dass es wegen der scheinbar positiven Haushaltsentwicklung von Gemeinderat Meier einen Antrag gestellt wird, die Abwasserbeseitigungsgebühren nicht zu erhöhen, wie es nach der Gebührenbedarfsermittlung ab 1.1.2024 eigentlich notwendig wäre, denn auf irgendeine Weise sei die örtliche Wirtschaft zu entlasten, damit der Trend zu Entlassungen gestoppt werden könne.

Der Fehlbetrag aus dem Jahr 2023 soll weiter vorgetragen werden, irgendwann dürften ja Verbesserungen eintreten, die ihn dann ausgleichen könnten.

Aufgabe:
Nehmen Sie aus gemeindewirtschaftlicher Sicht zur Möglichkeit des Haushaltsausgleichs und zu der beantragten Vorgehensweise von Gemeinderat Meier Stellung.

Hinweis:
Der globale Minderaufwand soll nicht in Anspruch genommen werden.

Lösung:
Fraglich ist, ob der zunächst ersichtliche Überschuss des Ergebnishaushalts 2024 beim ordentlichen Ergebnis i. H. v. 111.300 € zur Deckung des Fehlbetrags aus dem Haushaltsjahr 2023 oder der vorgeschlagenen Ertragsverschlechterungen durch den Verzicht der notwendigen Erhöhung des Abwassergebührensatzes herangezogen werden darf.

Laut Sachverhalt steht noch ein nicht abgedeckter Fehlbetrag aus dem Vorjahr 2023 i. H. v. 150.000 € zu Buche. Der Fehlbetrag kann nicht gem. § 24 Abs. 1 GemHVO mit einer entsprechenden Überschussrücklage verrechnet werden, weil eine solche Rücklage laut Sachverhalt nicht zur Verfügung steht. Der Fehlbetrag ist auch noch nicht in der mittelfristigen Ergebnisplanung bis zum Jahr 2027 berücksichtigt, was nach § 24 Abs. 3 GemHVO erforderlich wäre.

Der im Jahresabschluss für das Haushaltsjahr 2023 entstandene Fehlbetrag in Höhe von 150.000 € soll nach § 25 Abs. 1 GemO unverzüglich, d. h. im folgenden Jahr gedeckt werden. Die gesetzliche Formulierung „soll" bedeutet, dass nur bei berechtigten Gründen hiervon eine Ausnahme gemacht werden kann. Fraglich ist, ob die Reduzierung der Verzicht auf die notwendige Erhöhung des Abwassergebührensatzes einen solchen Grund darstellt.

Nach dem Grundsatz der Beschaffung von Erträgen und Einzahlungen des § 78 Abs. 1 und 2 GemO, wonach Erträge aus speziellen Entgelten vorrangig zu beschaffen sind, i. V. m. dem Kostendeckungsgebot gem. § 14 KAG ist es unzulässig, auf eine Gebührenerhöhung zu verzichten, wenn dies nicht einem öffentlichen Interesse entspricht. Die Entlastung der örtlichen Wirtschaft mit lediglich vermuteten positiven Folgen für die örtlichen Arbeitsplätze ist zu wenig konkret nachgewiesen, nur allgemeiner Art und auch sicherlich vom absoluten Betrag her zu gering, sodass sie sich nicht als öffentliches Interesse darstellt.

Insgesamt hat also die Abdeckung des Fehlbetrages aus dem Jahr 2023 Vorrang. Nach der Verrechnung des Überschusses beim ordentlichen Ergebnis im Ergebnishaushalt 2024 in Höhe von 111.300 € mit dem Fehlbetrag aus dem Jahr 2023 in Höhe von 150.000 € ergibt sich keine Zuführung zu einer noch zu bildenden Rücklage aus Überschüssen des ordentlichen Ergebnisses.

Danach ergibt sich der Ausgleich des Ergebnishaushalts 2024 auch hinsichtlich des ordentlichen Ergebnisses mit jeweils 54.567.300 € bei Erträgen und Aufwendungen. Der noch nicht mit der Überschussrücklage verrechenbare Restfehlbetrag 2019 i. H. v. 38.700 € wäre noch in der mittelfristigen Ergebnis- und Finanzplanung zu berücksichtigen und diese auch noch auszugleichen.

Insgesamt ergibt sich also kein Raum für Überlegungen, die zur Verwendung eines eventuellen Überschusses des Ergebnishaushalts 2024 angestellt werden dürften.

18. Die Haushaltssatzung

18.1 Rechtsnatur und Bedeutung der Haushaltssatzung

18.1.1 Gemeindliches Satzungsrecht

Das Grundgesetz bestimmt in Art. 28 Abs. 2 ausdrücklich, dass den Gemeinden das Recht einzuräumen ist, alle Angelegenheiten der örtlichen Gemeinschaft in eigener Verantwortung zu regeln. Die Gewährleistung der Selbstverwaltung umfasst auch die Grundlagen der finanziellen Eigenverantwortung. Dem folgt Art. 71 LV BW. Dieses Recht steht auch den Gemeindeverbänden im Rahmen ihres gesetzlichen Aufgabenbereichs zu. Damit ist der Erlass allgemeiner Rechtsvorschriften durch die Gemeinden im Rahmen ihres Selbstverwaltungsrechtes institutionell abgesichert.

So wird auch in der Gemeindeordnung durch § 4 den Gemeinden im Einklang mit dem Grundgesetz und der Landesverfassung das Recht zuerkannt, ihre Angelegenheiten durch Satzungen zu regeln (Landkreise: § 3 Abs. 1 LKrO).

Die Darstellungen der Einzelheiten zum allgemeinen Satzungsrecht bleibt dem Kommunalrecht vorbehalten.[1]

18.1.2 Haushaltssatzung als besondere Satzung

Die Haushaltssatzung wird in der Lehre als eine Satzung im formell-rechtlichen Sinne angesehen. Sie entfaltet überwiegend nur interne Wirkungen.

Diese Tatsache beeinträchtigt aber nicht die Bedeutung der Haushaltssatzung für die Gemeinde, bildet sie doch die Rechtsgrundlage der gemeindlichen Haushaltsführung für ein Jahr, bei Doppelhaushalten für zwei Jahre. Durch die Festsetzung des Haushaltsplans in der Satzung erhält dieser seine Rechtsverbindlichkeit. Ferner enthält die Haushaltssatzung weitere für die Haushalts- und Wirtschaftsführung einer Gemeinde entscheidende Regelungen. All diese Regelungen binden jedoch – ausgenommen die Festsetzungen über die Steuersätze – nur die Gemeinde, genauer gesagt den Gemeinderat und die Verwaltung. Insofern kann hier auch von der „Innenwirkung“ der Haushaltssatzung gesprochen werden. Genauso wie für den Haushaltsplan gilt für die Haushaltssatzung, dass Ansprüche und Verbindlichkeiten Dritter weder begründet noch aufgehoben werden (§ 80 Abs. 4 Satz 2 GemO). „Außenwirkung“ entsteht nur durch die Festsetzung der Hebesätze für die Grundsteuer und Gewerbesteuer entsprechend § 79 Abs. 2 Nr. 5 GemO. Hier wird der Steuerpflichtige tangiert, wobei die eigentliche Steuererhebung auf der Grundlage eines konkreten Steuerbescheides (Verwaltungsakt) erfolgt.

---

1 *Aker/Hafner/Notheis*, Gemeindeordnung/Gemeindehaushaltsverordnung Baden-Württemberg, Kommentar zu § 4 GemO, RNr. 1, 2. Aufl., Stuttgart 2019.

Aber auch in weiteren Punkten unterscheidet sich die Haushaltssatzung von den Satzungen allgemeiner Art. Während für die gemeindlichen Satzungen bis auf wenige Ausnahmen keine verbindlichen Inhalte vorgeschrieben sind, ist für die Haushaltssatzung ein Pflichtinhalt gemäß § 79 Abs. 2 GemO vorgesehen. Ergänzt wird dieses durch das verbindliche amtliche Muster (Anlage 1 VwV Produkt- und Kontenrahmen[2]).

Die Haushaltssatzung zählt zu den Pflichtsatzungen, d. h. die Gemeinde muss sie erlassen. Diese Verpflichtung trifft für die übrigen Satzungen nur in Ausnahmefällen wie z. B. bei der Hauptsatzung zu (z. B. in Stadtkreisen gemäß § 4 Abs. 2 i. V. m. § 49 Abs. 1 GemO).

Ferner unterliegt die Haushaltssatzung einer zeitlichen Begrenzung. Gemäß § 79 Abs. 1 GemO muss sie für jedes Haushaltsjahr erlassen werden (Ausnahme: Doppelhaushalt, jedoch ebenfalls nach Jahren getrennt). Die Haushaltssatzung tritt unabhängig von ihrer Beschlussfassung bzw. öffentlichen Bekanntmachung immer mit Beginn des Haushaltsjahres in Kraft, ggf. also auch vorwirkend oder rückwirkend. Die Haushaltssatzung tritt kraft Gesetzes am Ende des Haushaltsjahres (Kalenderjahr) außer Kraft (§ 79 Abs. 1, 3 und 4 GemO). Andere Satzungen treten grundsätzlich am Tage nach der öffentlichen Bekanntmachung in Kraft, wenn diese keine anderslautende Inkrafttreten-Regelung aufweisen, und haben eine unbestimmte, auf die Zukunft gerichtete Gültigkeit.

Eine weitere Besonderheit findet sich bei der Beteiligung der Rechtsaufsichtsbehörde im Rechtssetzungsverfahren. Während normale Gemeindesatzungen der Rechtsaufsichtsbehörde lediglich anzuzeigen sind (§ 4 Abs. 3 GemO), ist der Beschluss über die Haushaltssatzung vorlagepflichtig (§ 81 Abs. 2 GemO), mit den Folgen des § 121 Abs. 2 GemO (Vollzugshemmung bis zur Bestätigung der Gesetzmäßigkeit bzw. bis zum Ablauf eines Monats ohne Beanstandung). Bestimmte Teile der Haushaltssatzung sind darüber hinaus noch genehmigungspflichtig, was sich auf den Zeitpunkt der öffentlichen Bekanntmachung sowie die Wirksamkeit der genehmigungsbedürftigen Bestimmungen auswirkt (keine öffentliche Bekanntmachung vor Genehmigung (§ 81 Abs. 3 Satz 2 GemO; Bestimmungen werden erst wirksam, wenn die Genehmigung positiv erteilt ist).

---

2 Verwaltungsvorschrift des Innenministeriums über den Produktrahmen für die Gliederung der Haushalte, den Kontenrahmen und weitere Muster für die Haushaltswirtschaft der Gemeinden (VwV Produkt- und Kontenrahmen) vom 16.1.2023.

Zusammenfassend lassen sich die Besonderheiten der Haushaltssatzung wie folgt katalogisieren:

Haushaltssatzung	Allgemeine Gemeindesatzung
formell-rechtlicher Charakter (keine Außenwirkung mit Ausnahme der Steuersätze) Rechte und Pflichten werden nur im Innenverhältnis der Gemeinde geregelt	materiell-rechtlicher Charakter (Außenwirkung) Rechte und Pflichten werden im Verhältnis Gemeinde-Einwohner geregelt
verbindlicher Inhalt und amtliches Muster	i. d. R. kein verbindlicher Inhalt und kein amtliches Muster
Pflichtsatzung	i. d. R. keine Verpflichtung zum Erlass der Satzung Ausnahme z. B. Hauptsatzung (bedingt), Hundesteuersatzung, Satzung über die öffentliche Bekanntmachung
Inkrafttreten am 1. Januar des Kalenderjahres (evtl. rückwirkend)	i. d. R. Inkrafttreten am Tage nach der öffentlichen Bekanntmachung (§ 4 Abs. 3 GemO)
zeitlich begrenzt (Kalenderjahr) Außerkrafttreten zum 31. Dezember des Kalenderjahres	zeitlich unbegrenzt
Vorlagepflicht, teilweise Genehmigungspflicht bei der Rechtsaufsichtsbehörde	Anzeigepflicht bei der Rechtsaufsichtsbehörde

18.2 Inhalt der Haushaltssatzung

18.2.1 Rechtliche Grundlagen

§ 79 Abs. 2 GemO schreibt vor, welche Regelungen in der Haushaltssatzung getroffen werden müssen. Weitere Regelungen können gemäß § 79 Abs. 2 Satz 2 GemO in die Haushaltssatzung aufgenommen werden, sofern diese sich auf die Erträge, Aufwendungen, Einzahlungen und Auszahlungen und den Stellenplan für das Haushaltsjahr beziehen. Es ist also nicht zulässig, haushaltsfremde Regelungen in den Satzungstext aufzunehmen (Bepackungsverbot).

Anlage 1 der VwV Produkt- und Kontenrahmen sieht ein amtliches Muster für den Satzungstext vor.

18.2.2 Pflichtinhalte der Haushaltssatzung (§ 79 Abs. 2 GemO)

Die Haushaltssatzung enthält mit den Regelungen in § 79 Abs. 2 Nr. 1 bis 5 GemO insgesamt fünf Pflicht-Festsetzungstatbestände. Lediglich bei der Festsetzung der Steuersätze entsprechend § 79 Abs. 2 Nr. 5 GemO hat die Gemeinde die Möglichkeit, diese in einer anderen Satzung vorzunehmen. Das Muster zur Haushaltssatzung in Anlage 1 der VwV Produkt- und Kontenrahmen sieht für die Pflichtfestsetzungen der Haushaltssatzung fünf Paragraphen vor.

18.2.2.1 Festsetzung des Haushaltsplanes (§ 79 Abs. 2 Nr. 1 und 2 GemO)

In der Haushaltssatzung sind der Ergebnishaushalt (Nr. 1) sowie der Finanzhaushalt (Nr. 2) unter Angabe verschiedener Gesamtbeträge und Salden entsprechend der Struktur von § 2 bzw. § 3 GemHVO festzusetzen.

Die Festsetzung des Ergebnishaushalts folgt der Struktur des § 2 GemHVO. § 79 Abs. 2 Nr. 1 GemO sieht die Nennung folgender Gesamtbeträge bzw. Salden vor:
a) die jeweiligen Gesamtbeträge der ordentlichen Erträge und Aufwendungen und deren Saldo als veranschlagtes ordentliches Ergebnis,
b) die jeweiligen Gesamtbeträge der außerordentlichen Erträge und Aufwendungen und deren Saldo als veranschlagtes Sonderergebnis,
c) die Summe des veranschlagten ordentlichen Ergebnisses und des veranschlagten Sonderergebnisses als veranschlagtes Gesamtergebnis.

Für die Festsetzung des Finanzhaushalts sind folgende Beträge in die Haushaltssatzung aufzunehmen:
a) die jeweiligen Gesamtbeträge der Einzahlungen und Auszahlungen aus laufender Verwaltungstätigkeit sowie deren Saldo als Zahlungsmittelüberschuss oder -bedarf des Ergebnishaushalts,
b) die jeweiligen Gesamtbeträge der Einzahlungen und Auszahlungen aus Investitionstätigkeit und deren Saldo als veranschlagter Finanzierungsmittelüberschuss/-bedarf aus Investitionstätigkeit,
c) der Saldo aus den Salden nach Buchstaben a und b als veranschlagter Finanzierungsmittelüberschuss oder -bedarf,
d) die jeweiligen Gesamtbeträge der Einzahlungen und Auszahlungen aus Finanzierungstätigkeit und deren Saldo als veranschlagter Finanzierungsmittelüberschuss/-bedarf aus Finanzierungstätigkeit,
e) der Saldo aus den Salden nach Buchstaben c und d als veranschlagte Änderung des Finanzierungsmittelbestands (Saldo des Finanzhaushalts).

Mit diesen Bestimmungen der Haushaltssatzung wird der Haushaltsplan als deren wichtigster Teil (§ 80 Abs. 1 Satz 1 GemO) festgesetzt und erhält damit Rechtsnormqualität. Der Haushaltsplan allein besitzt keinen Satzungscharakter. Erst durch die Einbeziehung in die Haushaltssatzung wird er als dessen Teil zum Ortsrecht. Die Festsetzung des Haushaltsplans ist somit notwendiger und unverzichtbarer Bestandteil der Haushaltssatzung. Mit der Festsetzung der Gesamtbeträge geht die Festsetzung der Einzelansätze der Erträge und Aufwendungen sowie der Einzahlungen und Auszahlungen einher, so dass diese damit ebenfalls Verbindlichkeit auf Satzungsebene erhalten.

Das amtliche Muster sieht für diese Festsetzung des Haushaltsplans den § 1 wie folgt vor:

§ 1 Ergebnishaushalt und Finanzhaushalt

Der Haushaltsplan wird festgesetzt

1. im ***Ergebnishaushalt*** *mit den folgenden Beträgen* — *EUR*

1.1 Gesamtbetrag der ordentlichen Erträge von	
1.2 Gesamtbetrag der ordentlichen Aufwendungen von	
1.3 ***Veranschlagtes ordentliches Ergebnis*** *(Saldo aus 1.1 und 1.2) von*	
1.4 Gesamtbetrag der außerordentlichen Erträge von	
1.5 Gesamtbetrag der außerordentlichen Aufwendungen von	
1.6 ***Veranschlagtes Sonderergebnis*** *(Saldo aus 1.4 und 1.5) von*	
1.7 ***Veranschlagtes Gesamtergebnis*** *(Summe aus 1.3 und 1.6) von*	

2. im ***Finanzhaushalt*** *mit den folgenden Beträgen* — *EUR*

2.1 Gesamtbetrag der Einzahlungen aus laufender Verwaltungstätigkeit von	
2.2 Gesamtbetrag der Auszahlungen aus laufender Verwaltungstätigkeit von	
2.3 ***Zahlungsmittelüberschuss/-bedarf des Ergebnishaushalts*** *(Saldo aus 2.1 und 2.2) von*	
2.4 Gesamtbetrag der Einzahlungen aus Investitionstätigkeit von	
2.5 Gesamtbetrag der Auszahlungen aus Investitionstätigkeit von	
2.6 ***Veranschlagter Finanzierungsmittelüberschuss/-bedarf aus Investitionstätigkeit*** *(Saldo aus 2.4 und 2.5) von*	
2.7 ***Veranschlagter Finanzierungsmittelüberschuss/-bedarf*** *(Saldo aus 2.3 und 2.6) von*	
2.8 Gesamtbetrag der Einzahlungen aus Finanzierungstätigkeit von	
2.9 Gesamtbetrag der Auszahlungen aus Finanzierungstätigkeit von	
2.10 ***Veranschlagter Finanzierungsmittelüberschuss/-bedarf aus Finanzierungstätigkeit*** *(Saldo aus 2.8 und 2.9) von*	
2.11 ***Veranschlagte Änderung des Finanzierungsmittelbestands, Saldo des Finanzhaushalts*** *(Saldo aus 2.7 und 2.10) von*	

18.2.2.2 Festsetzung der Kreditaufnahmen für Investitionen und Investitionsförderungsmaßnahmen (Kreditermächtigung)

In der Haushaltssatzung ist entsprechend § 79 Abs. 2 Nr. 3 Buchst. a GemO der Gesamtbetrag der vorgesehenen Kreditaufnahmen für Investitionen und Investitionsförderungsmaßnahmen festzusetzen.

Die Festsetzung der Kreditermächtigung in der Haushaltssatzung ist eine der Voraussetzungen zur Aufnahme von Krediten für Investitionen und Investitionsförderungsmaßnahmen (zur Begriffsdefinition § 61 Nr. 21 und 22 GemHVO) durch die Gemeinde. Nicht zuletzt wegen der erheblichen Folgewirkungen der Kreditaufnahmen auf die gemeindliche Haushaltswirtschaft ist eine besondere Ermächtigungsgrundlage in der Form einer satzungsrechtlichen Regelung geschaffen worden.

Der Gesamtbetrag der vorgesehenen Kreditaufnahmen für Investitionen und Investitionsförderungsmaßnahmen bedarf gemäß § 87 Abs. 2 GemO im Rahmen der Haushaltssatzung der Genehmigung der Rechtsaufsichtsbehörde (Gesamtgenehmigung) und ist damit eine wesentliche Grundlage für die in Art. 75 Abs. 1 Satz 2 LV[3] normierte Überwachung der geordneten Wirtschaftsführung der Gemeinde. Die Kreditermächtigung ist einer der genehmigungspflichtigen Bestandteile der Haushaltssatzung.

Unter anderem auch wegen dieser Genehmigungsbedürftigkeit herrscht in der Praxis insbesondere bei den Banken mittlerweile vermehrt Unkenntnis über die rechtliche Qualität der Kreditermächtigung im Außenverhältnis der Gemeinde. Ein Rechtsgeschäft über eine Kreditaufnahme, die nicht auf einer genehmigten Kreditermächtigung in einer rechtsgültigen Haushaltssatzung beruht, ist **nicht** schwebend unwirksam oder gar nichtig. Die Kreditermächtigung und auch deren Genehmigung entfaltet damit ebenfalls nur Innenwirkung und hat keine Auswirkungen im Außenverhältnis zu den Gläubigern der Gemeinde. Anders bei den Krediten in der Interimszeit entsprechend § 83 Abs. 2 GemO, die gerade nicht auf einer Kreditermächtigung beruhen (weil es noch gar keine Haushaltssatzung gibt). Hier bedarf das Rechtsgeschäft (also die Kreditaufnahme selbst) der Einzelgenehmigung durch die Rechtsaufsichtsbehörde, was die Folgen des § 117 Abs. 1 GemO, also die schwebende Unwirksamkeit bzw. Nichtigkeit in Abhängigkeit von der Erteilung der rechtsaufsichtsbehördlichen Genehmigung nach sich zieht.

Die Kreditverwendung ist gemäß § 87 Abs. 1 GemO auf Investitionen und Investitionsförderungsmaßnahmen beschränkt. Somit können nur Auszahlungen für die Veränderung des Vermögens, das der langfristigen Aufgabenerfüllung dient, finanziert werden. Beim festzusetzenden Gesamtbetrag handelt es sich um die Bruttokreditaufnahme, ohne Abzug von Kreditbeschaffungskosten oder Tilgungszahlungen, somit die zu passivierende Rückzahlungsverpflichtung nach § 91 Abs. 4 GemO.

Im Rahmen der Evaluation des 2009 eingeführten neuen Gemeindehaushaltsrechts ist mit dem Gesetz zur Änderung gemeindehaushaltsrechtlicher Vorschriften vom 17.12.2015 § 87 Abs. 1 GemO dahingehend ergänzt worden, dass Kredite auch aufgenommen werden dürfen zur Ablösung von inneren Darlehen aus Mitteln, die für Rück-

3 Verfassung des Landes Baden-Württemberg (LV) vom 11.11.1953, letzte berücksichtigte Änderung: Gesetz vom 26.4.2022 (GBl. S. 237).

stellungen für die Stilllegung und Nachsorge von Abfalldeponien erwirtschaftet wurden, wenn die Mittel des inneren Darlehens für investive Zwecke verwendet worden sind. Ein vorrangiger investiver Einsatz von Mitteln, die für die Stilllegung und Nachsorge von Abfalldeponien erwirtschaftet worden sind, vor dem Einsatz von Kreditmitteln ist auch dann wirtschaftlicher, wenn diese Mittel bis zum Zeitpunkt der Fälligkeit für ihren eigentlichen Zweck nur teilweise wieder zugeführt bzw. erwirtschaftet werden können. Um auch in diesen Fällen einen wirtschaftlichen Mitteleinsatz zu ermöglichen, ist mit der Ergänzung in § 87 Abs. 1 GemO eine Kreditaufnahme von Dritten (i. d. R. von einer Bank) in Höhe der noch nicht wieder erwirtschafteten Mittel gestattet worden. Die Kreditaufnahme kann insoweit wie eine „Umschuldung" des inneren Darlehens betrachtet werden. Als Voraussetzung für eine solche Umschuldung ist eine Verwendung der Mittel des inneren Darlehens für investive Zwecke, also für Investitionen und für Investitionsförderungsmaßnahmen, normiert. Daher sind auch nachträglich zur „Umschuldung" innerer Darlehen aufgenommene Kreditmittel sachlich an investive Zwecke gebunden.[4]

Bei der Festsetzung der Kreditermächtigung handelt es sich um eine echte haushaltsrechtliche Ermächtigung und formell-rechtliche Voraussetzung für die Aufnahme von Krediten. Eine Erhöhung der Kreditermächtigung bedarf daher in jedem Falle des Erlasses einer Nachtragssatzung gemäß § 82 Abs. 1 GemO, unabhängig davon, ob das Erfordernis mit einem Pflichttatbestand des § 82 Abs. 2 GemO verbunden ist (z. B. nicht geplante Investitionen) – siehe hierzu auch Kap. 21. Zur Thematik der Kreditaufnahme ist ansonsten auf Kap. 16 zu verweisen.

Weil § 79 Abs. 2 Nr. 3 Buchst. a GemO ausschließlich auf Kredite für Investitionen und Investitionsförderungsmaßnahmen (sog. „Investitionskredite") verweist, bedürfen Kreditaufnahmen für Umschuldungen keiner Ermächtigung durch die Haushaltssatzung. Umschuldungskredite und die damit zusammenhängenden Tilgungen sind, soweit die Umschuldung planbar ist, lediglich im Haushaltsplan zu veranschlagen.

Das amtliche Muster sieht für die Festsetzung der Kreditermächtigung den § 2 wie folgt vor:

§ 2 Kreditermächtigung

Der Gesamtbetrag der vorgesehenen Kreditaufnahmen für Investitionen und Investitionsförderungsmaßnahmen [sowie für die Ablösung von inneren Darlehen aus Mitteln, die für Rückstellungen für die Stilllegung und Nachsorge von Abfalldeponien erwirtschaftet wurden,] (Kreditermächtigung) wird festgesetzt auf EUR,
davon für die Ablösung von inneren Darlehen auf EUR.

Sofern Kreditermächtigungen nicht vorgesehen sind, wird als Betrag „0" angegeben.

4 *Aker/Hafner/Notheis*, Gemeindeordnung/Gemeindehaushaltsverordnung Baden-Württemberg, Kommentar zu § 87 GemO, RNrn. 19, 22, 2. Aufl., Stuttgart 2019.

18.2.2.3 Festsetzung des Gesamtbetrags der Verpflichtungsermächtigungen

In der Haushaltssatzung ist entsprechend § 79 Abs. 2 Nr. 3 Buchst. b GemO der Gesamtbetrag der vorgesehenen Ermächtigungen zum Eingehen von Verpflichtungen, die künftige Haushaltsjahre mit Auszahlungen für Investitionen und Investitionsförderungsmaßnahmen belasten (Verpflichtungsermächtigungen), festzusetzen (§ 86 Abs. 1 GemO).

Bei diesem Gesamtbetrag handelt es sich um die Summe der bei den einzelnen Positionen der Teilfinanzhaushalte veranschlagten Verpflichtungsermächtigungen. Damit wird erreicht, dass diese Haushaltsermächtigungen auch satzungsmäßig verbindlich werden. Die Festsetzung ist Grundlage für eine evtl. erforderliche Genehmigung durch die Rechtsaufsichtsbehörde gemäß § 86 Abs. 4 GemO. Eine Überschreitung des in der Haushaltssatzung festgesetzten Gesamtbetrags ist nur durch eine Nachtragssatzung gemäß § 82 Abs. 1 GemO zulässig.

Einzelheiten zur Veranschlagung und Abwicklung von Verpflichtungsermächtigungen sind in Kap. 15 dargestellt.

Das amtliche Muster sieht für die Festsetzung der Verpflichtungsermächtigungen den § 3 wie folgt vor:

§ 3 Verpflichtungsermächtigungen

Der Gesamtbetrag der vorgesehenen Ermächtigungen zum Eingehen von Verpflichtungen, die künftige Haushaltsjahre mit Auszahlungen für Investitionen und Investitionsförderungsmaßnahmen belasten (Verpflichtungsermächtigungen), wird festgesetzt auf EUR.

Sofern Verpflichtungsermächtigungen nicht vorgesehen sind, wird als Betrag „0“ angegeben.

18.2.2.4 Festsetzung des Höchstbetrags der Kassenkredite (Kredite zur Liquiditätssicherung)

Der Höchstbetrag der Kassenkredite (Kredite zur Liquiditätssicherung) ist in der Haushaltssatzung festzusetzen. Die Festsetzung ist Grundlage für eine evtl. erforderliche Genehmigung durch die Rechtsaufsichtsbehörde gemäß § 89 Abs. 3 GemO.

Liquiditätskredite sind zwar auch Darlehen i. S. v. § 488 Abs. 1 BGB, aber haushaltsrechtlich nicht mit den Krediten für Investitionen gleichzusetzen. Es handelt sich hierbei in der Regel um kurzfristige Kredite zur Sicherung der Zahlungsbereitschaft. Aus diesem Grunde ist auch kein Gesamtbetrag, sondern ein Höchstbetrag festgesetzt, der mehrfach im Haushaltsjahr in Anspruch genommen (schwankender Liquiditätsbedarf), jedoch zu keiner Zeit überschritten werden darf.

Die Überschreitung des Höchstbetrags der Kassenkredite bedarf ebenfalls in jedem Fall des Erlasses einer Nachtragshaushaltssatzung. Insoweit besteht auch hier eine satzungsrechtliche Ermächtigung, die nicht durch einfachen Realakt oder Beschluss des Gemeinderats geändert werden kann.

Aus diesem Grunde macht es Sinn, vorsorglich immer eine Kassenkreditermächtigung festzusetzen, die in Jahren hoher Liquidität knapp unterhalb des genehmigungspflichtigen Betrags (§ 89 Abs. 3 GemO) liegen sollte. Sofern die Haushaltssatzung gleichzeitig Kreditermächtigungen beinhaltet, sollten in jedem Fall auch korrespondierende Kassenkreditermächtigungen berücksichtigt werden, damit für die Liquiditätssteuerung ausreichend zeitlicher Spielraum besteht, bevor endgültige Fremdfinanzierungsmittel in Anspruch genommen werden müssen.

Weitere Einzelheiten zu den Kassenkrediten enthält Kap. 16.

Das amtliche Muster sieht für die Festsetzung der Kassenkredite den § 4 wie folgt vor:

§ 4 Kassenkredite

Der Höchstbetrag der Kassenkredite wird festgesetzt auf EUR.

Sofern Kassenkredite nicht vorgesehen sind, wird als Betrag „0" angegeben.

18.2.2.5 Festsetzung der Steuersätze für die Grundsteuer und die Gewerbesteuer

Nach Art. 106 Abs. 6 GG steht das Aufkommen der Grundsteuer und Gewerbesteuer den Gemeinden zu. Dabei ist den Gemeinden das Recht einzuräumen, die Hebesätze für diese Steuern im Rahmen der Gesetze festzusetzen. Nach Art. 105 Abs. 2 i. V. m. Art. 72 Abs. 2 GG fällt die Schaffung des rechtlichen Rahmens für die Grundsteuer und die Gewerbesteuer in die konkurrierende Gesetzgebungskompetenz des Bundes. Der Bund hat die Gesetzesinitiative ergriffen und das Grundsteuergesetz sowie das Gewerbesteuergesetz erlassen. Nach dem Gesetz zur Änderung des Grundgesetzes vom 21.11.2019, welches die Vorgaben des Bundesverfassungsgerichts zur Reform des Grundsteuer- und Bewertungsrecht umsetzen soll,[5] wurde den Ländern bei der Grundsteuer eine umfassende abweichende Regelungskompetenz eröffnet. Das Land Baden-Württemberg hat hiervon Gebrauch gemacht und mit dem Landesgrundsteuergesetz vom 4.11.2020 eigene Regelungen zur Erhebung der Grundsteuer geschaffen,[6] welches die Erhebung der Grundsteuer in Baden-Württemberg ab dem 1.1.2025 abschließend regelt.

Ergänzend hat das Land Baden-Württemberg in § 9 Abs. 2 KAG geregelt, dass die Festsetzung und die Erhebung der Grundsteuer und der Gewerbesteuer den Gemeinden obliegen.

Bei der Steuerberechnung setzt das Finanzamt einen Steuermessbetrag fest. Dieser wird mit dem gemeindlichen Hebesatz multipliziert. Insofern haben die Gemeinden

5 BVerfG, Urt. vom 10.4.2018 (BGBl. I S. 531), BVerfGE 148, 147.

6 Gesetz zur Regelung einer Landesgrundsteuer (Landesgrundsteuergesetz – LGrStG) vom 4.11.2020, letzte berücksichtigte Änderung durch Art. 6 der Verordnung vom 21.12.2021 (GBl. 2022 S. 1, 2).

Einfluss auf die Höhe der Erträge aus Grund- und Gewerbesteuer. Die sonstigen kommunalen Steuern werden ausschließlich auf Grund von kommunalen Satzungen (z. B. Vergnügungssteuersatzung, Hundesteuersatzung, Zweitwohnungssteuersatzung) erhoben.

Die Hebesätze werden in Prozentsätzen festgesetzt. Die Festsetzung hat gemäß § 25 Abs. 2 GrStG (ab 01.01.2025: § 50 Abs. 2 LGrStG) und § 16 Abs. 2 GewStG für ein oder mehrere Kalenderjahre zu erfolgen.

Derzeit besitzen die Gemeinden das Recht, die Hebesätze für die sogenannten „Grundsteuern" A und B und die Gewerbesteuer festzusetzen. Ab dem Jahr 2025 kommt in Baden-Württemberg die Möglichkeit hinzu, einen gesonderten Hebesatz für baureife Grundstücke zu bestimmen (Grundsteuer C, vgl. § 50a LGrStG). Da es sich bei der Festsetzung der Hebesätze um einen Akt der Rechtsetzung handelt, bedarf es hierzu einer Satzung. Sofern die Gemeinde sich nicht entscheidet, die Festsetzung der Steuersätze in einer gesonderten Satzung (Hebesatz-Satzung) vorzunehmen, sieht § 79 Abs. 2 Nr. 5 GemO verpflichtend die Aufnahme der Steuersätze in die Haushaltssatzung vor.

In den allermeisten Gemeinden erfolgt die Festsetzung der Hebesätze mit der Haushaltssatzung (§ 79 Abs. 2 Nr. 5 GemO), so dass diese automatisch jährlich neu festgesetzt werden, bzw. bei einem Doppelhaushalt im Rhythmus von zwei Jahren. Für die Aufnahme der Hebesätze für die Grund- und Gewerbesteuer sieht das amtliche Muster derzeit für die Festsetzung der Steuersätze den § 5 wie folgt vor:

§ 5 Steuersätze

Die Steuersätze (Hebesätze) werden festgesetzt

1. für die Grundsteuer

a) für die land- und forstwirtschaftlichen Betriebe (Grundsteuer A) auf .... v. H.

b) für die Grundstücke (Grundsteuer B) auf .... v. H. der Steuermessbeträge;

2. für die Gewerbesteuer auf .... v. H. der Steuermessbeträge.

Ab dem 1.1.2025 ist das amtliche Muster um eine Bestimmung zur Festsetzung eines Hebesatzes für baureife Grundstücke (Grundsteuer C) zu ergänzen.

Will die Gemeinde die Steuerhebesätze für einen längeren Zeitraum als ein Jahr (bzw. zwei Jahre bei einem Doppelhaushalt) festsetzen, kann sie dieses nur mittels einer gesonderten Hebesatz-Satzung erreichen.

Nachfolgend ist ein Beispiel einer solchen Hebesatz-Satzung (nach dem ab 1.1.2025 geltenden Recht, inkl. der optionalen Grundsteuer C) abgedruckt:

Satzung über die Erhebung der Grundsteuer und Gewerbesteuer (Hebesatz-Satzung)
vom

Aufgrund § 4 der Gemeindeordnung für Baden-Württemberg (GemO) in der Fassung vom ... sowie der §§ 2 und 9 des Kommunalabgabengesetzes für Baden-Württemberg (KAG) in der Fassung vom ... in Verbindung mit den §§ 1, 4 und 16 des Gewerbesteuergesetzes (GewStG) in der Fassung vom ... und den §§ 1, 50 und 50a des Landesgrundsteuergesetzes (LGrStG) in der Fassung vom ......, hat der Gemeinderat der folgende Satzung beschlossen:

§ 1 Steuererhebung

Die Gemeinde .... erhebt Grundsteuer nach den Vorschriften des Landesgrundsteuergesetzes und Gewerbesteuer nach den Vorschriften des Gewerbesteuergesetzes.

§ 2 Steuerhebesätze

Die Hebesätze werden festgesetzt:
1. für die Grundsteuer
   a) für die land- und forstwirtschaftlichen Betriebe (Grundsteuer A) auf .... v. H.
   b) für die Grundstücke (Grundsteuer B) auf .... v. H.
   c) für die entsprechend der Allgemeinverfügung vom ...... bestimmten baureifen Grundstücke (Grundsteuer C) .... v. H.
2. für die Gewerbesteuer auf .... v. H.

der Steuermessbeträge.

§ 3 Geltungsdauer

Die in § 2 festgelegten Hebesätze gelten für unbestimmte Zeit, erstmals für das Kalenderjahr ......

§ 4 Inkrafttreten

Diese Satzung tritt am 1. Januar ...... in Kraft.

Ist eine Hebesatz-Satzung erlassen, sieht Anlage 1 zur VwV Produkt- und Kontenrahmen vor, dass die Festsetzung in § 5 des Musters zu streichen ist. Die Steuersätze können in diesem Fall in die nachrichtlichen Angaben am Ende der Haushaltssatzung mit einbezogen werden. Die Haushaltssatzung hat in diesem Fall keinerlei Außenwirkung und ist nur eine Satzung im formell-rechtlichen Sinn.

Eine Änderung der Hebesätze mit dem Ziel der Erhöhung kann – unabhängig davon, ob diese in der Haushaltssatzung oder einer Hebesatz-Satzung festgesetzt werden – nur bis zum 30. Juni eines Jahres beschlossen werden (§ 25 Abs. 3 GrStG [ab 1.1.2025 § 50 Abs. 3 LGrStG] bzw. § 16 Abs. 3 GewStG), allerdings dann mit Rückwirkung auf den 1. Januar eines Jahres. Nach dem 30. Juni kann eine Erhöhung der Hebesätze frühestens zum 1. Januar des Folgejahres beschlossen werden. Eine Verminderung der Hebesätze kann jedoch jederzeit auch noch rückwirkend erfolgen.

In der Haushaltssatzung der Landkreise wird an Stelle der Steuerhebesätze in § 5 der Haushaltssatzung die v. H.-Sätze der Kreisumlage entsprechend § 49 Abs. 2 Satz 2 LKrO festgesetzt. Die Umlagen der Zweckverbände werden gemäß § 19 Abs. 1 Satz 3 GKZ in deren Haushaltssatzung festgesetzt.

18.2.3 Freiwillige Inhalte der Haushaltssatzung

Nach § 79 Abs. 2 Satz 2 GemO kann die Haushaltssatzung weitere Vorschriften enthalten, die sich auf die Erträge, Aufwendungen, Einzahlungen und Auszahlungen und den Stellenplan für das Haushaltsjahr beziehen.

Denkbar sind z. B.

- Bestimmungen im Zusammenhang mit der Bewirtschaftung der Erträge und Aufwendungen, Einzahlungen und Auszahlungen, Verpflichtungsermächtigungen und des Stellenplans,
- Festsetzung von Erheblichkeitsgrenzen i. S. v. § 82 GemO (Nachtragssatzung) oder § 84 GemO (Über-/Außerplanmäßigkeit),
- Regelungen zur Handhabung der Haushaltsvermerke,
- Regelungen zur Budgetierung und
- Kontrakte zwischen Rat und Verwaltung.

Beispiele für weitere Regelungen in der Haushaltssatzung sind:

§ ... Die Aufwendungen innerhalb der Teilergebnishaushalte sind mit Ausnahme der Abschreibungen gegenseitig deckungsfähig. Das Gleiche gilt sinngemäß für die Auszahlungen innerhalb der Teilfinanzhaushalte.

§ ... Nicht erhebliche über- und außerplanmäßige Aufwendungen und Auszahlungen i. S. d. § 84 GemO sind

- *über- und außerplanmäßige Aufwendungen und Auszahlungen, die auf gesetzlicher oder tarifvertraglicher Grundlage beruhen, wenn sie den Betrag von 250.000 € nicht übersteigen oder*
- *alle übrigen über- und außerplanmäßigen Aufwendungen und Auszahlungen, wenn sie den Betrag von 100.000 € nicht übersteigen.*

18.3 Zustandekommen der Haushaltssatzung

18.3.1 Überblick

Entsprechend der Bedeutung der Haushaltssatzung für die kommunale Aufgabenerfüllung und der Auswirkungen, die Haushaltssatzung und Haushaltsplan auf das örtliche Gemeinschaftsleben haben, ist das Verfahren über das Zustandekommen der Haushaltssatzung (somit auch des Haushaltsplans) zum Teil gesetzlich geregelt. Hierdurch wird im erhöhten Maße die Rechtssicherheit gewährleistet. Das nachstehende Schaubild soll zunächst einen Überblick vermitteln:

Das Verfahren zum Erlass der Haushaltssatzung läuft je nach Größenordnung und Struktur der Gemeinde höchst unterschiedlich ab. Wesentliche Unterschiede können sich beispielsweise in Abhängigkeit von den Budgets und den Bewirtschaftungsregeln ergeben, die trotz neuen Haushaltsrechts insbesondere in kleineren Gemeinden nach wie vor sehr zentral auf die Kämmerei aufgerichtet sind, oder in Abhängigkeit vom Vorhandensein einer Ortschaftsverfassung.

Das Zustandekommen der Haushaltssatzung und vor allem ihres wichtigen Teils, des Haushaltsplans, lässt sich grob in ein Inneres Verfahren und ein Äußeres Verfahren unterscheiden. Das Innere Verfahren umfasst alle Schritte, die innerhalb der Verwaltung bis zur Einbringung des Entwurfs in den Gemeinderat und die Öffentlichkeit ablaufen. Das Äußere Verfahren beginnt mit der Befassung des Gemeinderats und der Öffentlichkeit und endet mit dem Inkrafttreten der Haushaltssatzung. Je nach Größenordnung, Struktur und Tradition in der Gemeinde sind diese beiden Teile mehr oder weniger miteinander vermischt und nicht scharf abgegrenzt.

Die Darstellung in dieser Abhandlung ist daher nicht abschließend, sondern als ein Modell für ein mögliches Aufstellungsverfahren zum Erlass einer Haushaltssatzung zu sehen.

18.3.2 Inneres Verfahren

Der Mittelpunkt des Inneren Verfahrens bildet regelmäßig die sogenannte „Mittelanmeldung“, welche in unterschiedlichen Formen erfolgen kann. Ausgangs- und Endpunkt sämtlicher Planungen ist die Kämmerei bzw. der Fachbedienstete für das Finanzwesen (Kämmerer). Der Kämmerer stellt den Entwurf der Haushaltssatzung, den Haushaltsplan mit seinen einzelnen Bestandteile und seinen Anlagen auf (§ 116 Abs. 1 GemO).

In Abhängigkeit von der Organisation der Bewirtschaftung kann über die Mittelanmeldung die gesamte Gemeindeverwaltung an der Aufstellung des Haushaltsplans beteiligt werden. In ganz kleinen Gemeinden kann sich dies jedoch auch nur auf wenige Personen konzentrieren.

Das Verfahren der Mittelanmeldung ist in der Praxis sehr unterschiedlich. Zum Teil werden noch Mittelanmeldungen für jede Position im Teilergebnis- und Teilfinanzhaushalt verwendet, um damit Plangrößen zu ermitteln. Dabei kann sogar ein Herunterbrechen auf die Ebene der einzelnen Sachkonten erfolgen (z. B. Mittelanmeldung für Energieaufwendungen bei der Grundschule A). In der Praxis haben sich jedoch auch vielfach budgetierte Haushalte durchgesetzt, bei denen modifizierte Verfahren angewendet werden. Hier erfolgen die Mittelanmeldungen zu einzelnen Budgetzuschüssen (Produktzuschüssen), wobei des Öfteren ein vorangehender Eckwertebeschluss den generellen Finanzrahmen setzt. In Zeiten der Digitalisierung setzt sich vermehrt die papierlose Mittelanmeldung durch. Die einschlägigen Verfahren für das kommunale Finanzwesen bieten hierfür geeignete Instrumente.

18.3.2.1 Strategie/Bestimmung des Finanzrahmens/Ziel- und Budgetvorgaben

Die Grundlage für das innere Verfahren bildet die langfristige Zielrichtung der Gemeinde, die natürlich über den Rahmen der ein- bzw. maximal zweijährigen Haushaltsplanung weit hinausgehen muss. Selbst der Rahmen der mittelfristigen Finanzplanung, welche drei weitere Zukunftsjahre betrachtet, ist für die strategische Ausrichtung einer Gemeinde zu kurz.

Die strategische Ausrichtung einer Gemeinde steht somit weit über der Haushaltsplanung für ein konkretes Haushaltsjahr. Die Haushaltsplanung greift insoweit die bestehende strategische Zielrichtung der Gemeinde nur auf und gibt insbesondere auf der Grundlage des zu erwartenden mittelfristigen Finanzrahmens Anlass, die strategischen Ziele zu überdenken und zu erneuern.

Aus den strategischen Zielen, die außerhalb des Planaufstellungsverfahrens zu gewinnen sind (z. B. in Klausurtagungen, Leitbilddiskussionen, Stadtentwicklungskonzepten o. ä.) werden im Rahmen taktischer Überlegungen operative Ziele und Maßnahmen für das kommende Haushaltsjahr (das Planjahr) entwickelt. Der Ausgangspunkt der taktischen Überlegungen zur Haushaltsplanung ist dabei im Wesentlichen die Veränderung (Schwerpunkte, Finanzrahmen usw.) im Vergleich zur Planung für das laufende Haushaltsjahr. Der Finanzrahmen bestimmt sich einerseits anhand interner Veränderungen (andere Ziele/Maßnahmen und dadurch bedingte finanzielle Veränderungen) sowie andererseits anhand externer Veränderungen (Entwicklung der allgemeinen Deckungsmittel im Rahmen der Gemeinschaftssteuern und des Finanzausgleichs, Preissteigerungen, Tariferhöhungen usw.). Dabei sind insbesondere die Veränderungen der Aufwendungen und Erträge im Produktbereich 61 „Allgemeine Finanzwirtschaft“ und die Ermittlung der für die Ämter bzw. Fachbereiche noch zur Verteilung verbleibende Finanzmasse von Bedeutung.

Soweit es die Budgetierung erfordert, wird die zu verteilende Finanzmasse unter Berücksichtigung der geplanten operativen Ziele/Maßnahmen der Ämter bzw. Fachbereiche in Form von Budgetvorgaben verteilt.[7] Dies kann im Rahmen einer internen Ämter- bzw. Fachbereichsklausur erfolgen. In kleineren Gemeinden wird dies selbstverständlich weniger formal vonstattengehen.

18.3.2.2 Produkt- und Finanzplanungen in den Fachbereichen

Auf der Grundlage der Vorgaben aus den strategischen Zielen und dem Finanzrahmen für das kommende Haushaltsjahr sowie der zentralen Budgetvorgaben des Fachbediensteten für das Finanzwesen werden die dezentralen Produkt- und Finanzplanungen in den Ämtern bzw. Fachbereichen durchgeführt und je nach Größenordnung und Struktur der Gemeinde zu Teilhaushaltsentwürfen zusammengestellt.

Schließlich erfolgt die Mittelanmeldung in Form der Weitergabe der Teilhaushaltsentwürfe bzw. der hierfür erforderlichen Daten an die Kämmerei.

18.3.2.3 Aufstellung des Haushalts-Rohentwurfs

Nach erfolgter Mittelanmeldung durch die Ämter/Fachbereiche erfolgt die zentrale Zusammenstellung des Haushalts-Rohentwurfs in der Kämmerei anhand der Teilhaushaltsentwürfe bzw. der Daten aus den Ämtern bzw. Fachbereichen.

Ergibt die Aufstellung des Haushalts-Rohentwurfs Abweichungen von den Budgetvorgaben bzw. dem zur Verfügung gestellten Finanzrahmen, sind Anpassungen erforderlich. Diese können zum Beispiel durch zentrale pauschale Kürzungsvorgaben seitens des Fachbediensteten für das Finanzwesen erfolgen. Oft erarbeitet der Fachbedienstete bereits auf der Basis der Teilhaushaltsentwürfe Kürzungsvorschläge und teilt diese den Ämtern bzw. Fachbereichen mit.

Je nach Ausrichtung der Budgetierung obliegt es sodann den Ämtern bzw. Fachbereichen die pauschalen Kürzungsvorgaben umzusetzen. Wie dies erfolgt, bleibt jedoch im Rahmen der dezentralen Ressourcenverantwortung den dezentralen Organisationseinheiten oftmals selbst überlassen.

7 *Bals/Fischer*, Finanzmanagement im öffentlichen Sektor, 3. Aufl. 2014, Kap. 3.6.

Die Phase der Anpassung der Teilhaushaltsentwürfe bzw. der angemeldeten Mittel an die zentralen Budgetvorgaben und den zur Verfügung stehenden Finanzrahmen kann mehrere Iterationsschritte durchlaufen, durch welche die Vorgaben der Kämmerei und die Wünsche der beteiligten Ämtern bzw. Fachbereiche sich immer näherkommen.

Ein verbleibender Dissens zwischen Kämmerei und Ämter bzw. Fachbereiche ist am Ende durch den Bürgermeister als Leiter der Verwaltung und politisch Verantwortlicher zu lösen. Dabei muss dieser sowohl auf die gemeinsam mit dem Gemeinderat festgelegten strategischen Ziele einerseits und den zur Verfügung stehenden Finanzrahmen sowie die Leistungsfähigkeit der Gemeinde andererseits Rücksicht nehmen.

Am Ende des inneren Verfahrens steht ein Haushaltsentwurf, der dann in das weitere formelle Aufstellungsverfahren (äußeres Verfahren) eingebracht werden kann. Dabei ist es zu diesem Zeitpunkt noch nicht erforderlich, einen gesetzmäßigen Haushaltsentwurf zu präsentieren. Je nach finanzieller und politischer Lage ist es denkbar, dass ein gesetzmäßiger Haushalt erst im Rahmen des nachfolgenden formellen Verfahrens gemeinsam mit dem Entscheidungsorgan der Gemeinde, dem Gemeinderat, gefunden wird.

18.3.3 Äußeres Verfahren (formelles Aufstellungsverfahren)

Das formelle Aufstellungsverfahren der Haushaltssatzung ist in § 81 GemO geregelt.

18.3.3.1 Einbringung des Haushaltsentwurfs in den Gemeinderat

Das formelle Verfahren zum Erlass der Haushaltssatzung startet im Allgemeinen in der Form der sogenannten „Einbringung in den Gemeinderat". Das bedeutet, dass der Tagesordnungspunkt „Einbringung des Entwurfes der Haushaltssatzung mit Haushaltsplan" in einer öffentlichen Gemeinderatssitzung behandelt werden muss.

In dieser Sitzung hält der Bürgermeister die traditionelle Haushaltsrede, in welcher die Ziele der Verwaltung und die wesentlichen Eckdaten des Haushalts bekanntgegeben werden. In größeren Gemeinden ist es auch häufig so, dass der Bürgermeister eine politische Grundsatzrede zur Zielausrichtung der Gemeinde im kommenden Haushalts- und ggf. Finanzplanungszeitraum hält und der Fachbedienstete für das Finanzwesen den konkreten Inhalt und die Eckdaten des von ihm erarbeiteten Haushaltsentwurfs erläutert.

Eine Beratung über den Haushaltsentwurf findet jedoch in dieser Sitzung regelmäßig nicht statt. Vielmehr nimmt der Gemeinderat in der Regel von der Existenz des Haushaltsentwurfs lediglich Kenntnis und verweist diesen in die nachfolgenden Beratungen in weiteren Gemeinderatssitzungen oder aber – soweit diese existieren – in Ausschüssen des Gemeinderats.

18.3.3.2 Vorberatung des Haushaltsentwurfs im Gemeinderat oder seinen Ausschüssen

Die Vorberatung des Haushaltsentwurfs findet regelmäßig in den Ausschüssen des Gemeinderats statt. Je nach Größenordnung der Gemeinde kann die Vorberatung in einem oder nacheinander in mehreren Ausschüssen erfolgen. Eine Vorberatung im Gesamtgremium findet seltener statt. Häufig finden die Vorberatungen in Ausschüssen nichtöffentlich statt (§ 39 Abs. 4 und Abs. 5 GemO). Selbstverständlich steht auch einer öffentlichen Befassung in den Ausschüssen nichts im Wege. Angesichts des im Haushaltsrecht besonders ausgeprägten Grundsatzes der Öffentlichkeit ist es empfehlenswert, das äußere Verfahren zur Haushaltsplanung komplett öffentlich durchzuführen. Soweit die Beratungen im Einzelfall die Nichtöffentlichkeit erfordern (Personalentscheidungen, Grundstücksangelegenheiten usw., soweit sie im Satzungsverfahren angesprochen werden), müsste die Öffentlichkeit vorübergehend ausgeschlossen werden.

Nachdem in Baden-Württemberg die direkte Beteiligung der Öffentlichkeit im Wege der Bekanntgabe und Auslegung des Entwurfs der Haushaltssatzung mit Wirkung zum 1.1.2006 abgeschafft wurde, stellt sich die Frage, wie die Bürgerinnen und Bürger im wichtigen Haushalt-Aufstellungsprozess in anderer Weise unmittelbar beteiligt werden können. Manche Gemeinden praktizieren neben der Aufstellung des Haushaltsplans auch die Aufstellung eines „Bürgerhaushalt" oder lassen Bürger in Foren oder Umfragen an wichtigen Haushaltsfragen partizipieren. Auch die Öffentlichkeit im Beratungsprozess könnte einen Teil zur notwendigen Bürgerbeteiligung beitragen.

Die Beteiligung von Ortsvorstehern und Ortsvorsteherinnen bzw. Ortschaftsräten an dem Zustandekommen der Haushaltssatzung ist nicht speziell geregelt. Es finden die allgemeinen Regelungen gemäß § 70 GemO sowie die gegebenenfalls speziell geschaffenen Zuständigkeitsregelungen in der Hauptsatzung Anwendung. In vielen Gemeinden erfolgt die Beteiligung der Ortschaften am Aufstellungsverfahren im Rahmen der Mittelanmeldung, also im „inneren Verfahren". Im formellen Aufstellungsverfahren wird dann regelmäßig nur noch der Gemeinderat mit seinen Ausschüssen beteiligt.

Nach Abschluss der Vorberatungen erfolgt eine Anpassung des Haushaltsentwurfs bzw. – im Stadium kurz vor der abschließenden Beschlussfassung – zumindest der Haushaltssatzung durch die Verwaltung. Dabei ist der Bürgermeister bzw. die Verwaltung verpflichtet, die Beschlüsse der Ausschüsse zu vollziehen und den Haushaltsentwurf entsprechend zu verändern.

18.3.3.3 Beschlussfassung des Haushaltsentwurfs im Gemeinderat

Gemäß § 81 Abs. 1 GemO ist die Haushaltssatzung vom Gemeinderat in öffentlicher Sitzung zu beraten und zu beschließen. Bei dieser Vorschrift handelt es sich um eine besondere Ausprägung des Öffentlichkeitsgrundsatzes. Ansonsten kommt ihr lediglich deklaratorische Bedeutung zu, weil der Gemeinderat gemäß § 39 Abs. 2 Nr. 3

GemO ohnehin für den Erlass von Satzungen zuständig ist und gemäß § 35 GemO Beschlüsse des Gemeinderats grundsätzlich in öffentlicher Sitzung zu fassen sind.

Bemerkenswert ist, dass der Gesetzgeber nicht nur die Beschlussfassung, sondern zwingend auch die Beratung des Haushalts in öffentlicher Sitzung vorschreibt. Hier ist vielerorts festzustellen, dass eine öffentliche Beratung des Haushaltsentwurfs im Sinne eines Meinungsbildungsprozesses zur Beschlussfassung des Haushalts im Gemeinderat nicht stattfindet. Häufig findet der politische Diskurs noch hinter verschlossenen Türen statt. Nur das, was noch an Dissens übrigbleibt, tritt in öffentlicher Sitzung durch Erklärungen der Fraktionsvorsitzenden oder einzelner Gemeinderatsmitglieder zutage und äußert sich dann in Zustimmung oder Ablehnung zum Haushaltsentwurf.

In der Regel findet im Rahmen der Beschlussfassung in öffentlicher Sitzung eine Stellungnahme der jeweiligen Fraktionen zum Haushalt und der künftigen Zielausrichtung der Gemeinde statt. Danach haben auch einzelne Gemeinderatsmitglieder die Möglichkeit, den Haushalt zu bewerten.

Die Beschlussfassung über die Haushaltssatzung erfolgt mit einfacher Stimmenmehrheit. Mit der abschließenden Beschlussfassung über die Haushaltssatzung endet das Verfahren im Gemeinderat. Danach ist es wieder Aufgabe der Verwaltung, das Rechtsetzungsverfahren bis zum Inkrafttreten der Satzung weiterzuführen.

18.3.3.4 Vorlage bei der Rechtsaufsichtsbehörde

Die vom Gemeinderat beschlossene Haushaltssatzung ist gemäß § 81 Abs. 2 GemO der Rechtsaufsichtsbehörde vorzulegen. Dies hat vollständig, d. h. auch mit dem Haushaltsplan und sämtlichen Anlagen, zu erfolgen. Der reine Satzungstext genügt nicht.

Rechtsaufsichtsbehörde ist gemäß § 119 GemO:

- für kreisangehörige Gemeinden mit Ausnahme der großen Kreisstädte das Landratsamt als untere staatliche Verwaltungsbehörde,
- für Große Kreisstädte und Stadtkreise das Regierungspräsidium.

Die Vorlage soll spätestens einen Monat vor Beginn des Haushaltsjahres erfolgen (§ 81 Abs. 2 GemO), also spätestens der 30. November des Vorjahres. Die Monatsfrist steht in unmittelbarem Zusammenhang mit § 121 Abs. 2 GemO, wonach vorlagepflichtige Beschlüsse erst vollzogen werden dürfen, wenn die Rechtsaufsichtsbehörde die Gesetzmäßigkeit bestätigt oder den Beschluss nicht innerhalb eines Monats beanstandet hat.

Die Sollvorschrift des § 81 Abs. 2 GemO erlaubt jedoch auch eine spätere Vorlage, wenn begründete Ausnahmefälle dieses erfordern (siehe auch die Ausführungen zum Grundsatz der Vorherigkeit mit der Folge der Interimswirtschaft – Kap. 9.3.2). Durch einen Verstoß gegen § 81 Abs. 2 GemO wird die Rechtswirksamkeit der Haushaltssatzung nicht beeinträchtigt. Bei Nichtvorlage bzw. nicht rechtzeitiger Vorlage kann die Rechtsaufsichtsbehörde jedoch von ihren Aufsichtsmitteln Gebrauch machen (§§ 121 ff. GemO). Solange die Gesetzmäßigkeit nicht bestätigt wurde oder aber die Monatsfrist des § 121 Abs. 2 GemO nicht verstrichen ist, darf die Haushaltssatzung nicht vollzogen werden, auch dann nicht, wenn sie bereits öffentlich bekanntgemacht wurde (was zulässig ist, sofern die Satzung keine genehmigungspflichtigen Bestandteile enthält).

Soweit die Haushaltssatzung genehmigungspflichtige Bestandteile enthält, müssen zusätzlich mit der Vorlage der Haushaltssatzung entsprechende Genehmigungsanträge bei der Rechtsaufsichtsbehörde gestellt werden. Eine vorzeitige öffentliche Bekanntmachung scheidet in diesem Fall aus (vgl. § 81 Abs. 3 Satz 2 GemO). Ebenso besteht keine gesetzliche Monatsfiktion, d. h. die Genehmigung gilt nicht als erteilt, wenn seit dem Genehmigungsantrag ein Monat vergangen ist. Die Genehmigung der genehmigungsbedürftigen Bestandteile muss positiv durch die Rechtsaufsichtsbehörde erteilt werden. Die Rechtsaufsichtsbehörden sind jedoch im Innenverhältnis gebeten, auch bei der Prüfung der Genehmigungsfähigkeit der Haushaltssatzungen die Frist von einem Monat möglichst nicht zu überschreiten (siehe auch die außer Kraft getretene VwV zur Gemeindeordnung zu § 81 GemO).

Für Näheres zur Beteiligung der Rechtsaufsichtsbehörde im Aufstellungsverfahren zur Haushaltssatzung siehe Kap. 18.4.

18.3.3.5 Öffentliche Bekanntmachung der Haushaltssatzung

Nach § 81 Abs. 3 GemO ist die Haushaltssatzung – wie jede andere gemeindliche Satzung – öffentlich bekanntzumachen (§ 4 Abs. 3 Satz 1 GemO). Die öffentliche Bekanntmachung darf frühestens am Tag nach der Beschlussfassung des Gemeinderats über die Haushaltssatzung erfolgen.

Die Erfüllung der Vorlagepflicht bzw. die noch ausstehende Gesetzmäßigkeitsbestätigung der Rechtsaufsichtsbehörde verhindert die Bekanntmachung nicht. Soweit die Gesetzmäßigkeit noch nicht bestätigt bzw. die Monatsfrist nach § 121 Abs. 2 GemO nicht verstrichen ist, besteht jedoch auch nach erfolgter Bekanntmachung ein Vollzugshemmnis. Von der Haushaltssatzung und all ihren Ermächtigungen darf in dieser Zeit kein Gebrauch gemacht werden.

Sofern die Haushaltssatzung genehmigungspflichtige Bestandteile enthält, darf jedoch die öffentliche Bekanntmachung nicht vor Genehmigung dieser Teile erfolgen (§ 81 Abs. 3 Satz 2 GemO). Die Haushaltssatzung kann damit insgesamt nicht in Kraft treten, soweit die Genehmigung noch aussteht.[8]

Die Bekanntmachung hat nach den allgemeinen Vorschriften für die Bekanntmachung des kommunalen Ortsrechts zu erfolgen. Entsprechend § 1 der Verordnung des Innenministeriums zur Durchführung der Gemeindeordnung (DVO GemO) ist die Form der öffentlichen Bekanntmachung im Einzelnen durch Satzung zu bestimmen.

Nach der Öffentlichen Bekanntmachung ist gemäß § 81 Abs. 3 GemO der Haushaltsplan an sieben Tagen öffentlich auszulegen. In der Bekanntmachung ist auf die Auslegung hinzuweisen. Der früheste Beginn der Auslegung ist der Tag nach der öffent-

8 *Aker/Hafner/Notheis*, Gemeindeordnung/Gemeindehaushaltsverordnung Baden-Württemberg, Kommentar zu § 81 GemO, RNrn. 16, 17, 2. Aufl., Stuttgart 2019.

lichen Bekanntmachung. Dem Sinn und Zweck der Vorschrift entsprechend, muss an diesen sieben Tagen eine Einsichtnahmemöglichkeit geschaffen werden. Deshalb werden in der Regel das Wochenende oder Feiertage bei der Berechnung der Siebentagefrist auszuklammern sein, es sei denn, es wird auch an diesen Tagen die Möglichkeit geschaffen, zu den üblichen Dienststunden in den Haushaltsplan Einsicht zu nehmen. Eine Beschränkung des Einsichtnehmerkreises erfolgt durch das Gesetz nicht, so dass Jedermann (auch Nichteinwohner und Nicht-Abgabenpflichtige) einsichtsberechtigt ist.

Ein besonderes Einwendungsrecht und ein Recht auf die Behandlung von Einwendungen besteht nicht. Selbstverständlich können Einwohner und Abgabenpflichtige im Rahmen ihrer allgemeinen Rechte, z. B. in der Fragestunde für Einwohner gemäß § 33 Abs. 4 GemO, Bedenken, Fragen und Anregungen zur Haushaltswirtschaft der Gemeinde äußern.

Nach Ablauf des letzten Tages der Auslegungsfrist tritt die Haushaltssatzung in Kraft. Das Inkrafttreten erfolgt dabei immer zu Beginn des Haushaltsjahres; d. h. vorwirkend, falls die Auslegung noch im alten Jahr endet, und rückwirkend, falls die Siebentagefrist erst im neuen Haushaltsjahr endet. Im letzteren Fall endet mit dem letzten Tag der Auslegung des Haushaltsplans die Interimszeit.

18.4 Genehmigungspflichtige Teile der Haushaltssatzung

Nach Art. 75 Abs. 1 LV überwacht das Land die Gesetzmäßigkeit der Verwaltung der Gemeinden und Gemeindeverbände. Durch Gesetz kann bestimmt werden, dass die Übernahme von Schuldverpflichtungen und Gewährschaften sowie die Veräußerung von Vermögen von der Zustimmung der mit der Überwachung betrauten Staatsbehörde abhängig gemacht werden, und dass diese Zustimmung unter dem Gesichtspunkt einer geordneten Wirtschaftsführung erteilt oder versagt werden kann.

Von dieser verfassungsrechtlichen Ermächtigungsgrundlage eines Zustimmungsrechts (Genehmigung) der Rechtsaufsichtsbehörde hat der Gesetzgeber im Bereich des Haushaltswirtschaftsrechts der Gemeindeordnung an verschiedenen Stellen Gebrauch gemacht. Ein Schwerpunkt dieser rechtsaufsichtsbehördlichen Genehmigungsrechte konzentriert sich auf die Haushaltssatzung. In deren Rahmen sind nach jeweils spezialgesetzlicher Regelung drei Bestandteile genehmigungsbedürftig:

1. der Gesamtbetrag der vorgesehenen Kreditaufnahmen für Investitionen und Investitionsförderungsmaßnahmen (Kreditermächtigung) entsprechend § 79 Abs. 2 Nr. 3 Buchst. a i. V. m. § 87 Abs. 2 GemO,
2. der Gesamtbetrag der vorgesehenen Ermächtigungen zum Eingehen von Verpflichtungen, die künftige Haushaltsjahre mit Auszahlungen für Investitionen und Investitionsförderungsmaßnahmen belasten (Verpflichtungsermächtigungen) entsprechend § 79 Abs. 2 Nr. 3 Buchst. b i. V. m. § 86 Abs. 4 GemO und
3. der Höchstbetrag der Kassenkredite entsprechend § 79 Abs. 2 Nr. 4 i. V. m. § 89 Abs. 3 GemO.

Der Gesamtbetrag der vorgesehenen Kreditaufnahmen für Investitionen und Investitionsförderungsmaßnahmen sowie für die Ablösung von inneren Darlehen nach § 87 Abs. 1 Satz 2 GemO bedarf gemäß § 87 Abs. 2 GemO im Rahmen der Haushaltssatzung der Genehmigung der Rechtsaufsichtsbehörde (Gesamtgenehmigung). Dabei kommt es nicht auf eine bestimmte Größenordnung oder einen Mindestbetrag an. Die Kreditermächtigung bedarf immer in vollem Umfang der Genehmigung. Eine Genehmigungspflicht für die einzelne Kreditaufnahme besteht jedoch nicht, es sei denn, die Voraussetzungen von § 87 Abs. 4 GemO liegen vor.

Der Gesamtbetrag der Verpflichtungsermächtigungen bedarf gemäß § 86 Abs. 4 GemO im Rahmen der Haushaltssatzung insoweit der Genehmigung der Rechtsaufsichtsbehörde, als in den Jahren, zu deren Lasten sie veranschlagt sind, Kreditaufnahmen vorgesehen sind. Die Genehmigungsbedürftigkeit richtet sich also nach den vorgesehenen Kreditaufnahmen im Finanzplanungszeitraum. Zur Berechnung des genehmigungspflichtigen Betrags wird auf Kap. 15 verwiesen.

Der Höchstbetrag der Kassenkredite bedarf gemäß § 89 Abs. 3 GemO im Rahmen der Haushaltssatzung der Genehmigung der Rechtsaufsichtsbehörde, wenn er ein Fünftel der im Ergebnishaushalt veranschlagten ordentlichen Aufwendungen übersteigt. Unterhalb dieser Grenze ist die Kassenkreditermächtigung nicht genehmigungsbedürftig, oberhalb der Grenze jedoch in vollem Umfang.

18.5 Behandlung der Haushaltssatzung durch die Rechtsaufsichtsbehörde

Die gemäß § 81 Abs. 2 GemO vorgesehene Vorlagepflicht für die Haushaltssatzung stellt ein hochrangiges Mitwirkungsrecht der Rechtsaufsichtsbehörde dar. Im Unterschied zur normalen Anzeigepflicht ist die Rechtsaufsichtsbehörde gehalten, die Gesetzmäßigkeit der Haushaltssatzung zu prüfen und diese bei deren Vorliegen zu bestätigen. Der Beschluss über die jährliche Haushaltswirtschaft im Rahmen der Haushaltssatzung ist demnach so gewichtig, dass die Gesetzmäßigkeit präventiv, d. h. vor dem Vollzug durch die staatliche Aufsichtsbehörde zu überprüfen ist.

Hierfür räumt der Gesetzgeber der Rechtsaufsicht eine Frist von einem Monat ein, in welcher der Vollzug der Haushaltssatzung gehemmt ist. Der Ablauf der Monatsfrist ohne Gesetzmäßigkeitsbestätigung hat jedoch nicht zur Folge, dass die Gesetzmäßigkeit der Satzung automatisch als bestätigt gilt. Da jedoch das Vollzugshemmnis aufgehoben ist, bedarf es in diesem Falle keiner förmlichen Gesetzmäßigkeitsbestätigung mehr; in der Praxis wird diese aber auch bei Verfristung noch erteilt. Wie in allen anderen Fällen, kann die Rechtsaufsichtsbehörde aber auch nach Ablauf der Monatsfrist nach wie vor entsprechend § 121 Abs. 1 GemO eine rechtswidrige Haushaltssatzung beanstanden und verlangen, dass die festgestellten Mängel beseitigt werden.

Sollte die Gesetzmäßigkeit im Rahmen des Vorlageverfahrens nicht bestätigt werden können, hat die Rechtsaufsichtsbehörde die Haushaltssatzung per Verwaltungsakt zu beanstanden. Die Beanstandung ist zu begründen. Sie kann in diesem Zusammenhang

Empfehlungen und Anregungen zur Zweckmäßigkeit enthalten, darf aber lediglich auf die Beseitigung der Gesetzwidrigkeit abzielen, indem die Rechtsaufsichtsbehörde von der Gemeinde die Beseitigung der von ihr festgestellten Mängel verlangt. Je nach Schwere der Mängel kann dies ein neues Satzungsverfahren auslösen.

Die Möglichkeiten der Rechtsaufsichtsbehörde sind zunächst auf das Beanstandungs- und Aufhebungsrecht nach § 121 Abs. 1 GemO beschränkt. Dazu kommen die weitergehenden Möglichkeiten der §§ 123 ff. GemO (z. B. Anordnungsrecht oder Ersatzvornahme). Damit wird die Haushaltssatzung hinsichtlich der rechtsaufsichtsbehördlichen Mitwirkung mit allen anderen Gemeinderatsbeschlüssen gleichgestellt.

Unabhängig von der allgemeinen Gesetzmäßigkeitsbestätigung im Rahmen des Vorlageverfahrens bedürfen – wie oben dargestellt – in einzelnen Fällen bestimmte Teile der Haushaltssatzung der Genehmigung der Rechtsaufsichtsbehörde, und zwar in der Form der echten Mitwirkung beim Zustandekommen der Satzung. Die Mitwirkung im Rahmen des Genehmigungsverfahrens, das in der Praxis zweckmäßigerweise mit dem Vorlageverfahren verbunden wird, ist Gültigkeitsvoraussetzung für die Haushaltssatzung. Die Haushaltssatzung kann nicht vor Genehmigung öffentlich bekanntgemacht werden und damit auch nicht in Kraft treten. Eine gesetzliche Frist besteht nicht; kann die Rechtsaufsichtsbehörde die Haushaltssatzung nicht innerhalb eines Monats prüfen, kann sie die Monatsfrist ohne Fiktionswirkung überschreiten.

Bei der Genehmigung handelt es sich nicht nur um eine Maßnahme der Rechtskontrolle, sondern um ein Mitwirkungsrecht des Staates, mit dem er eigene, ihm zugewiesene Verwaltungsziele verfolgt, die mit der Verfassung vereinbar sind. Das Gesetz formuliert grundsätzlich keinen Rechtsanspruch der Gemeinde auf die Erteilung der Genehmigung. Andererseits ist die Rechtsaufsichtsbehörde selbst an Recht und Gesetz und insbesondere an das verfassungsrechtlich geschützte Selbstverwaltungsrecht der Kommunen gebunden.

Bei Vorliegen der Voraussetzungen wird die Rechtsaufsichtsbehörde daher die entsprechenden Teile der Haushaltssatzung per Verwaltungsakt genehmigen. Liegen jedoch die Voraussetzungen nicht vor, muss die Rechtsaufsichtsbehörde kraft ihres inneren Auftrags als untere Verwaltungsbehörde des Landes die Genehmigung(en) per Verwaltungsakt versagen. Dabei kann jedoch auch eine Genehmigung mit Einschränkungen durch Bedingungen und Auflagen erteilt werden.

Im Rahmen der Gesetzmäßigkeitsprüfung wird die Rechtsaufsichtsbehörde die Haushaltssatzung dahingehend zu überprüfen haben, ob das vorgesehene Verfahren eingehalten ist und ob die Haushaltssatzung sowie ihre Bestandteile (unter anderem auch der Haushaltsplan) insgesamt mit dem geltenden Recht übereinstimmt bzw. ob Rechtsverstöße vorliegen. Dabei ist es der Rechtsaufsichtsbehörde nicht verwehrt, auch detailliert zu prüfen, ob die haushaltsrechtlichen Vorschriften eingehalten werden. In der Regel beschränkt sich die Prüfung jedoch mit Ausnahme einiger weniger Schwerpunkte auf die Plausibilität und Nachvollziehbarkeit der Annahmen und Darstellungen.

Ein Schwerpunkt bei der Prüfung der Gesetzmäßigkeit wird auch im Neuen Haushaltsrecht die Frage eines ordnungsgemäßen Haushaltsausgleichs sein (§§ 80 Abs. 2 und 3 GemO i. V. m. §§ 24, 25 GemHVO). Auf die Ausführungen in Kap. 17 wird verwiesen.

Daneben wird mit nicht minderer Bedeutung auch die aktuelle Liquiditätslage und deren Entwicklung im Mittelpunkt der Prüfung der Gesetzmäßigkeit stehen, da gemäß § 89 Abs. 1 GemO i. V. m. § 22 Abs. 1 GemHVO die Liquidität zur Aufgabenerfüllung zu jeder Zeit gegeben sein muss.

Haushaltsausgleich und Liquidität werden – wie bisher auch – neben der Leistungsfähigkeit der Gemeinde – gemessen an den Vorbelastungen aus Verbindlichkeiten (vornehmlich Kredite und Bürgschaften) und dem konkreten Aufgabenerfüllungsstand – Maßstäbe für die Beurteilung der Genehmigungsfähigkeit von Kreditermächtigung, Verpflichtungsermächtigungen und der Kassenkreditermächtigung sein.

Dabei ist das grundsätzliche Verhalten der Rechtsaufsichtsbehörde bei der Prüfung von Gesetzmäßigkeit und Genehmigungsfähigkeit nach wie vor bestimmt durch die Grundsätze der Landesregierung über die Zusammenarbeit zwischen den Landesbehörden und den kommunalen Selbstverwaltungen vom 3.3.1982 (GABl. S. 297) sowie den Inhalten und Zielen der VwV-Haushaltssicherung vom 6.7.1994 (GABl. S. 546).

In Reaktion auf die weltweite Corona-Pandemie in den Jahren 2020 bis 2022 hat das Innenministerium Baden-Württemberg mit Erlass vom 13.11.2020 – 2-2241.0/167 – Vorgaben zur Prüfung der Haushaltssatzungen der Kommunen für die Haushaltsjahre 2021 und 2022 an die Rechtsaufsichtsbehörden verfügt. Hieraus lassen sich grundsätzliche Ausführungen zu wichtigen Kriterien der Haushaltswirtschaft entnehmen, insbesondere zur Beurteilung der dauernden Leistungsfähigkeit.

18.6 Übungen

Sachverhalt 1

Entsprechend der Satzung über die öffentlichen Bekanntmachungen ist das Bekanntmachungsorgan der Gemeinde G das Amtliche Mitteilungsblatt. Dieses erscheint jeweils wöchentlich am Freitag, letztmals im Kalenderjahr am Freitag vor Weihnachten. Redaktionsschluss ist jeweils Mittwoch, 10:00 Uhr. Die zuständige Rechtsaufsichtsbehörde benötigt erfahrungsgemäß 20 Arbeitstage (einschließlich Postlauf) zur Prüfung der Gesetzmäßigkeit der Haushaltssatzung und Genehmigung eventuell genehmigungsbedürftiger Bestandteile. In der Gemeinde G wird an fünf Arbeitstagen in der Woche gearbeitet; am 24. und 31. Dezember ist dienstfrei. Sitzungstage des Gemeinderats sind regelmäßig an Montagen.

Die Monate November und Dezember des Jahres vor Beginn des Haushaltsjahres stellen sich wie folgt dar:

November								Dezember							
KW	MO	DI	MI	DO	FR	SA	SO	KW	MO	DI	MI	DO	FR	SA	SO
44				1	2	3	4	48						1	2
45	5	6	7	8	9	10	11	49	3	4	5	6	7	8	9
46	12	13	14	15	16	17	18	50	10	11	12	13	14	15	16
47	19	20	21	22	23	24	25	51	17	18	19	20	21	22	23
48	26	27	28	29	30			52	24	25	26	27	28	29	30
								01	31						

Aufgabe:
Wann müsste die Gemeinde G im Sitzungskalender spätestens die Sitzung des Gemeinderats terminieren, in welcher dieser die Haushaltssatzung für das Haushaltsjahr beschließt, um entsprechend dem Grundsatz der Vorherigkeit sicherzustellen, dass die Haushaltssatzung noch vor Beginn des neuen Haushaltsjahres in Kraft tritt?

Lösung:
Die Haushaltssatzung tritt entsprechend § 81 Abs. 3 GemO nach öffentlicher Bekanntmachung und nachfolgender siebentägiger öffentlicher Auslegung des Haushaltsplans in Kraft. Die siebentägige Auslegung hat an sieben Tagen zu erfolgen, an denen Einsicht in den Haushaltsplan genommen werden kann. Dienstfreie Tage sowie Sonn- und Feiertage sind daher bei der Fristberechnung nicht zu berücksichtigen. Vor diesem Hintergrund ist der letzte mögliche Auslegungstag im Dezember des Jahres vor Beginn des Haushaltsjahres Freitag, der 28. Dezember. Unter Berücksichtigung der Weihnachtsfeiertage ist damit der erste Auslegungstag Montag, der 17. Dezember. Damit wäre die Bekanntmachung im Amtlichen Mitteilungsblatt am Freitag, dem 14. Dezember vorzunehmen. Redaktionsschluss für dieses Amtsblatt wäre Mittwoch, der 12. Dezember, so dass die Bestätigung der Gesetzmäßigkeit (inkl. ggf. der Genehmigungsverfügung) der Rechtsaufsichtsbehörde spätestens an diesem Morgen eingehen muss. Die Vorlage der Haushaltssatzung bei der Rechtsaufsichtsbehörde müsste damit spätestens am 15. November erfolgen (20 Arbeitstage). Die Sitzung des Gemeinderats, in welcher dieser öffentlich die Haushaltssatzung beschließt, müsste damit im Sitzungskalender auf **Montag, 12. November,** terminiert werden.

Sachverhalt 2

In der Gemeinde G wurde im Gemeinderat am 8.1.2019 eine neue Haushaltssatzung mit Haushaltsplan für das Jahr 2019 öffentlich beraten und beschlossen. Am 9.1.2019 wurde diese der Rechtsaufsicht zur Vorlage zugeleitet. Der Bescheid über die Bestätigung der Gesetzmäßigkeit mit den entsprechenden Genehmigungen ging am 6.2.2019 bei der Gemeinde ein. Am 8.2.2019 wurde die Satzung öffentlich bekanntgegeben und darauf hingewiesen, dass die Haushaltssatzung mit Haushaltsplan vom 11. bis zum 17.2.2019 öffentlich ausgelegt wird und das Rathaus dafür durchgehend geöffnet ist.

Aufgabe:
Beurteilen Sie den Zeitpunkt des Zustandekommens der Haushaltssatzung 2019. Wann ist die Haushaltssatzung mit Haushaltsplan 2019 erlassen und wann tritt sie in Kraft?

Lösung:
Die Haushaltssatzung für das Jahr 2019 wurde am 8.1.2019 vom Gemeinderat der Gemeinde G öffentlich beschlossen und am 9.1.2019 der Rechtsaufsichtbehörde zugeleitet. Dies ist ein Verstoß gegen den Grundsatz der Vorherigkeit, der besagt, dass die Haushalts-satzung mit Haushaltsplan spätestens einen Monat vor Beginn des Haushaltsjahres der Rechtsaufsichtsbehörde vorliegen soll (§ 81 Abs. 2 GemO). Das führt dazu, dass sich die Gemeinde in der Interimszeit nach § 83 GemO befindet und somit nur eingeschränkt handlungsfähig ist.

Die Haushaltssatzung ist erlassen, wenn die Vollzugschritte nach § 81 GemO erfüllt sind. Nach dem Sachverhalt wurde die Haushaltssatzung mit dem Haushaltsplan öffentlich beraten und beschlossen, so dass § 81 Abs. 1 GemO erfüllt ist.

Auch die Vorlage an die Rechtsaufsichtsbehörde, die nach § 81 Abs. 2 GemO gefordert ist, wurde durchgeführt. Dass diese nicht einen Monat vor Beginn des Haushaltsjahres erfolgt ist, hat zunächst keine rechtliche Auswirkung, da es sich lediglich um eine „Soll-Vorschrift" handelt. Wie bereits ausgeführt hat dies die Konsequenz, dass sich die Gemeinde dann in der Interimszeit befindet.

Die Rechtsaufsichtsbehörde hat bis zum 6.2.2019 die Gesetzmäßigkeit der Haushaltssatzung bestätigt und die erforderlichen Genehmigungen erteilt. Damit kann die Gemeinde die Haushaltssatzung öffentlich bekanntmachen, was am 8.2.2019 erfolgt ist. Gleichzeitig muss sie die Haushaltssatzung mit Haushaltsplan an sieben Tagen öffentlich auslegen und in der öffentlichen Bekanntmachung darauf hinweisen. Die Einwohner von G müssen jeden Tag der Auslegungsfrist die Gelegenheit haben, die Haushaltssatzung mit Haushaltsplan einzusehen. Da lt. Sachverhalt das Rathaus in der Auslegungsfrist durchgehend, also auch Samstag und Sonntag, geöffnet ist, wird die vom Gesetzgeber geforderte Auslegungsfrist von sieben Tagen eingehalten. Die Haushaltssatzung mit Haushaltsplan wird damit am 18.2.2019 erlassen, zugleich wirksam und tritt gem. § 79 Abs. 3 GemO rückwirkend zum 1.1.2019 in Kraft.

19. Die Ausführung des Haushalts

19.1 Erhebung von Einzahlungen

19.1.1 Rechtzeitige Einziehung der Einzahlungen

Die Haushaltswirtschaft ist gemäß § 77 Abs. 2 GemO sparsam und wirtschaftlich zu führen. Ein Aspekt dieses Grundsatzes ist es, die Einzahlungen rechtzeitig einzuziehen. Die Gemeinde muss darauf bedacht sein, dass die Einzahlungen bei Fälligkeit auch auf den Konten der Gemeinde eingehen. Dies dient der Liquidität und bringt auf der einen Seite Zinsgewinne durch Guthaben auf den Girokonten bzw. durch angelegte Festgelder. Auf der anderen Seite werden die Zinsaufwendungen für Liquiditätskredite vermieden bzw. verringert. Siehe dazu auch § 22 GemHVO, der eine angemessene Liquiditätsplanung fordert.

Die Aufgabe der Einziehung der Finanzmittel erledigt primär die Gemeindekasse, wobei konkret der Bereich der Zahlungsabwicklung angesprochen ist. Hier muss ein leistungsfähiges Mahn- und Vollstreckungsverfahren[1] angesiedelt werden (§ 26 GemHVO), das notfalls die Einzahlungen per Zwang zu bewirken hat. Die Voraussetzungen dazu müssen aber vorangehende Buchungen in der Finanzbuchführung (im Wesentlichen in der Debitorenbuchhaltung) sein, denn ohne diese Buchungen verfügt der Bereich der Zahlbarmachung nicht über die notwendigen Fälligkeitsinformationen. Jedoch haben dazu vorab die mittelbewirtschaftenden Fachbereiche bzw. Ämter die notwendigen Voraussetzungen zum Einzug der Einzahlungen zu treffen. Ohne Veranlagungsbescheide im Steuer-, Gebühren- und Beitragsbereich, ohne Abrufung von Zuweisungsmitteln, ohne Vertragsabschlüsse bei Verkäufen oder Mieten, ohne Erhebung von Bußgeldern bei Ordnungswidrigkeiten, ohne Vereinbarungen über Kreditlinien usw. kann auch die leistungsfähigste Gemeindekasse die Einzahlungen nicht realisieren. Insofern liegen die Grundlagen der Einzahlungseinziehung bereits in den Fachbereichen bzw. Ämtern und der Kämmerei.

19.1.2 Kleinbeträge

Im privaten Rechtsverkehr ist es üblich, auf die Einziehung von geringfügigen Beträgen zu verzichten, vor allem dann, wenn die Kosten der Einziehung größer sind als die Forderung selbst. Diese Überlegungen gibt es auch auf Gemeindeebene, wo das Prinzip der Wirtschaftlichkeit gemäß § 77 Abs. 2 GemO konkret anzuwenden ist. Beim Verzicht auf den Einzug von Forderungen bedeutet dies, dass die Fachbereiche bzw. Ämter erst gar keine Kassenanordnung fertigen, sondern in den Akten (Büroverfügung) den Verzicht begründen. In diesen Fällen wird keine Forderung gebucht. Die Gemeindekasse erhält von solchen Entscheidungen keine Kenntnis.

---

1 Wobei das Vollstreckungsverfahren nicht zwingend der Gemeindekasse als Aufgabe übertragen werden muss.

Für den Fall, dass eine Forderung gebucht ist und die Gemeindekasse die Unwirtschaftlichkeit des Einzuges feststellt, muss eine förmliche Niederschlagung des Anspruchs erfolgen. Dies wird in Kap. 19.4.4 behandelt.

Nach § 33 GemHVO kann die Gemeinde davon absehen, Ansprüche unter 10 € geltend zu machen, sofern dies nicht aus grundsätzlichen Erwägungen geboten ist. Allerdings ist festzustellen, dass es für bestimmte Forderungen vorrangige bundes- und landesrechtlich Vorschriften gibt, die praktisch für die meisten öffentlich-rechtlichen Forderungen gelten. Einzelheiten können der nachstehenden Übersicht entnommen werden.

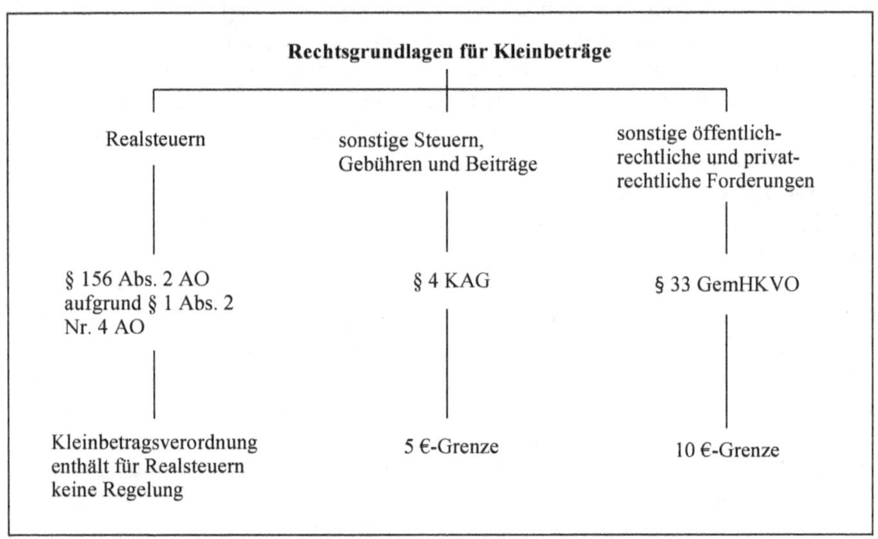

Gemäß § 1 Abs. 2 Nr. 4 AO sind die Bestimmungen des § 156 AO auch für die Grund- und Gewerbesteuern der Gemeinde (Realsteuern) anwendbar. Als Bundesrecht geht diese Bestimmung sowohl dem Kommunalabgabengesetz als auch dem kommunalen Haushaltsrecht (§ 33 GemHVO) vor. § 156 Abs. 1 AO gibt dem Bundesfinanzminister die Ermächtigung, eine konkrete Eurogrenze für Kleinbeträge festzusetzen, allerdings höchstens bis zu 10 €. Die Bestimmungen des § 1 der Kleinbetragsverordnung vom 18.7.2016 (BGBl. I S. 1679) in der derzeit geltenden Fassung sehen zwar für eine Reihe von Steuerarten Kleinbetragsregelungen vor, nicht aber für die Grund- und Gewerbesteuer. Insofern besteht für die Realsteuern keine Kleinbetragsregelung, sodass das Landesrecht (hier: KAG) Anwendung findet, da die AO zur konkurrierenden Gesetzgebung des Bundes gehört und dort haben die Länder die Befugnis zur Gesetzgebung, solange und soweit der Bund von seiner Gesetzgebungszuständigkeit nicht durch Gesetz Gebrauch gemacht hat (Art. 105 Abs. 2 GG). Bei den Realsteuern ist also die Kleinbetragsregelung nach §§ 1 und 4 KAG anzuwenden. In der Praxis werden hier jedoch kaum Kleinbeträge anfallen.

Das Kommunalabgabengesetz ist die Rechtsgrundlage für alle gemeindlichen Abgaben, soweit spezielle bundes- oder landesrechtliche Regelungen dieses nicht einschränken (§ 1 KAG). Für die Kleinbeträge der Realsteuern und der übrigen kommunalen Abgaben (Steuern, Gebühren und Beiträge) ist § 4 KAG anwendbar und liegen für diese Ertrags- und Einzahlungsarten bis zu einem Betrag unter 5 € vor.

Beim § 4 KAG handelt es sich um eine „Kann-Vorschrift". Es liegt (wie auch bei den sonstigen Forderungen) demnach im pflichtgemäßen Ermessen der Gemeinde, ob auf die Einziehung verzichtet wird. Allerdings verengt sich der Ermessensspielraum bei einmal erfolgten positiven Entscheidungen durch den Gleichbehandlungsgrundsatz. Sofern die Einziehung von Kleinbeträgen aus grundsätzlichen Erwägungen geboten ist (z. B. bei Buß- oder Verwarnungsgeldern sowie bei Verwaltungsgebühren und Eintrittsentgelten, aber auch bei Säumniszuschlägen und Vollstreckungskosten – ein Verzicht würde hier dem Sinn der Einnahme widersprechen), sind die Gemeinden verpflichtet, auch Kleinbeträge einzuziehen.

Die 5-Euro-Grenze orientiert sich an den Kosten der Einziehung von Finanzmitteln. Erst ab einer bestimmten Größenordnung ist die Festsetzung und Einziehung von Beträgen wirtschaftlich sinnvoll. Insofern empfiehlt es sich auch, bei privatrechtlichen Forderungen unter Anwendung des § 33 GemHVO diese Grenze als Mindestmaßstab zu verwenden. Es sollte allerdings geprüft werden, ob die 5-Euro-Grenze noch sachgerecht ist. Die Autoren schlagen eine Kleinbetragsregelung von 10 € in einer Dienstanweisung vor.

19.1.3 Rundungen

In früheren Zeiten des überwiegenden Bargeldverkehrs gab es bei den Einzahlungen oft Engpässe, vor allem wenn Pfennige – heute Cent – als Wechselgeld benötigt wurden. Es bestand somit ein Bedarf, die Forderungen der Gemeinden abrunden zu können (Rundung nach unten zugunsten des Schuldners). Heute – im Zeitalter des bargeldlosen Verkehrs – erübrigt sich eigentlich eine solche Möglichkeit, weil es für die Beteiligten rechtlich und praktisch ohne Bedeutung ist, ob die Überweisung einer Forderung nun z. B. mit 141,28 € oder 141,20 € erfolgt. Auch bei der DV-Bearbeitung ist dies ohne Belang.

Gemäß § 33 Satz 2 GemHVO gibt es die Möglichkeit, Abrundungsmöglichkeiten bei Forderungen vorzusehen. Allerdings sind sowohl in der Abgabenordnung als auch im Kommunalabgabengesetz Vorschriften über Rundungen enthalten, was aus den oben geschilderten Gründen jedoch unverständlich ist.

Der nachstehende Überblick reicht wegen der geringen praktischen Bedeutung für die Gesamtdarstellung aus.

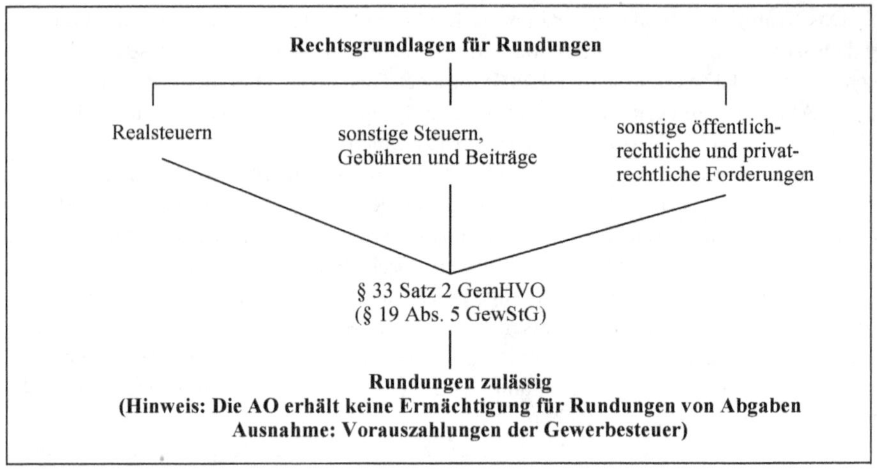

19.1.4 Übung

Sachverhalt Nr. 1

Die zuständigen Fachbereiche der Gemeinde G möchten auf die Erhebung der nachstehenden Forderungen aus Kostengründen (Einziehungskosten sind größer als die Forderungsbeträge) verzichten:

a)	Abwassergebühr	4,38 €
b)	Gewerbesteuer	10,24 €
c)	Mietrestforderung	5,93 €
d)	Restforderung aus Erschließungsbeitrag	3,31 €

Aufgaben:

1.1 Ist der jeweilige Verzicht auf die Erhebung zulässig?

1.2 Können die im Sachverhalt genannten Forderungen auch auf volle Eurobeträge abgerundet werden?

Lösung:

Bei den Forderungen des Sachverhaltes handelt es sich um unterschiedliche Forderungsarten, sodass jeder Finanzvorfall für sich zu betrachten ist. Entscheidend für die Lösung ist das Auffinden der entsprechenden Rechtsgrundlage. Dabei besteht dieselbe Normengruppe sowohl für die Erhebung von Kleinbeträgen als auch für die Problematik der Rundungen. Aus diesem Grund ist es angebracht, die Aufgaben 1.1 und 1.2 im Zusammenhang zu lösen.

a) Abwassergebühr

Es handelt sich um eine öffentlich-rechtliche Benutzungsgebühr i. S. d. § 13 Abs. 1 KAG. Bundes- und landesrechtliche Spezialvorschriften bestehen für diesen Bereich nicht, sodass zunächst das Kommunalabgabengesetz anzuwenden ist. Als formelles und spezielles Landesgesetz geht es den haushaltsrechtlichen Vorschriften vor. Da im KAG keine Regelung über Kleinbeträge bei Forderungen getroffen wurde, sind haushaltsrechtliche Vorschriften heranzuziehen. Gemäß § 33 Satz 1 GemHVO kann auf Forderungen unter 10 € verzichtet werden, sofern die Einziehung aus grundsätzlichen Erwägungen nicht geboten ist. Gerade bei Gebühren, die oftmals unter 10 € liegen, können solche grundsätzlichen Erwägungen durchaus begründet werden, sodass die Gemeinde die Kanalbenutzungsgebühr von 4,38 € erheben sollte. Eine Abrundung der Forderung gemäß § 33 Satz 2 auf volle Eurobeträge und damit auf 4,00 € könnte dann auch nicht erfolgen.

b) Gewerbesteuer

Gemäß § 1 Abs. 2 Nr. 4 AO sind die Bestimmungen der Abgabenordnung über die Durchführung der Besteuerung auch auf die Realsteuern, zu denen die Gewerbesteuer gemäß § 3 Abs. 2 AO zählt, anzuwenden. § 156 Abs. 1 AO beinhaltet dann auch konkrete Regelungen über Kleinbeträge sofern dies durch Rechtsverordnung geregelt ist. Die nach § 156 Abs. 1 AO erlassene Kleinbetragsverordnung vom 19.12.2000 (BGBl. I S. 1790, 1805) enthält lediglich Ermächtigungen zum Erhebungsverzicht bei Änderungen oder Berichtigungen von Steuerfestsetzungen. Sie trifft keine Aussage über die grundsätzliche Erhebung, sodass Landesrecht (hier: § 33 Satz 1 GemHVO) Anwendung findet. Allerdings übersteigen die 10,24 € die „10-Euro-Grenze", sodass der Betrag eingezogen werden muss. Die nach § 33 Satz 2 GemHVO vorgesehene Abrundung ist bei der Festsetzung von kommunalen Abgaben möglich, sodass der Betrag auf volle Euro abgerundet werden kann. Ob dies allerdings im Rahmen der DV-Verarbeitung von Steuerbescheiden notwendig bzw. zweckmäßig ist, wird angezweifelt.

c) Mietrestforderung

Es handelt sich um eine privatrechtliche Forderung, sodass weder die Abgabenordnung noch das Kommunalabgabengesetz anwendbar sind. Beide gelten nur bei öffentlich-rechtlichen Forderungen. Es verbleibt somit die allgemeine Regelung des § 33 GemHVO. Danach kann auf die Festsetzung von Forderungen verzichtet werden, da diese unter 10 € liegt und die Erhebung unwirtschaftlich ist. Dies ist hier laut Sachverhalt gegeben, weil die Kosten der Einziehung höher sind als die Forderung selbst. Falls die Gemeinde aus grundsätzlichen Erwägungen dennoch die Mietrestforderung einziehen will, ist eine Abrundung auf 5 € nach § 33 Satz 2 GemHVO zulässig

d) Restforderung aus Erschließungsbeitrag

Gemäß § 1 Abs. 1 KAG zählen auch die Beiträge zu den Abgaben. Soweit bundes- und landesrechtliche Gesetze nichts anderes regeln, ist das Kommunalabgabengesetz anwendbar. Erschließungsbeiträge werden aber auf Grund der § 20 Abs. 2 und 3 KAG erhoben, sodass zunächst die Vorschriften dieses Gesetzes zu prüfen sind. Im KAG sind jedoch keine Ermächtigungen für den Verzicht von Forderungen bzw. Runden enthalten. Wie bei der Lösung zu a) dargestellt, kann gemäß § 33 GemHVO sowohl auf die Festsetzung von Beträgen bis 10 € verzichtet werden als auch eine Abrundung auf volle Euro erfolgen. Der Erschließungsbeitrag von 3,31 € braucht somit nicht festgesetzt und eingezogen zu werden. Im Falle einer Festsetzung aus grundsätzlichen Erwägungen darf die Forderung auf 3 € abgerundet werden.[2]

19.2 Zuweisung von Haushaltsmitteln und Verpflichtungsermächtigungen sowie deren Bewirtschaftung und Überwachung

19.2.1 Zuweisung von Haushaltsmitteln und Verpflichtungsermächtigungen

Rechtsgrundlage für die spezielle gemeindliche Finanzwirtschaft ist die Haushaltssatzung. Der Haushaltsplan als Bestandteil des § 1 der Haushaltssatzung[3] regelt die Mittelverteilung durch die sachliche Zuordnung der Gesamterträge/Gesamteinzahlungen und Gesamtaufwendungen/Gesamtauszahlungen zu den einzelnen Positionen in den Teilergebnis- und Teilfinanzhaushalten, wobei im Teilfinanzhaushalt lediglich der Investitionsbereich und die bereit gestellten Finanzierungsmittel detaillierter auszuweisen sind. Das Gleiche gilt für die Verpflichtungsermächtigungen, die durch § 3 der Haushaltssatzung festgesetzt werden und in den Teilfinanzhaushalten konkreten Maßnahmen bzw. Finanzmittelpositionen zugeordnet sind. Da die Haushaltssatzung gemäß § 79 Abs. 3 GemO mit Beginn des Haushaltsjahres rechtswirksam wird (in Kraft tritt) und für das gesamte Haushaltsjahr gilt, erfolgt die Zuweisung der Haushaltsmittel und Verpflichtungsermächtigungen – für jedes Haushaltsjahr neu – aufgrund des Haushaltsplans. Die dort vorhandenen Planansätze stellen die Ermächtigung für die Fachbereiche dar, Aufwendungen zu begründen, Auszahlungen zu leisten bzw. Verpflichtungen mit Auszahlungen in späteren Rechnungsperioden einzugehen, soweit nicht z. B. durch Dienstanweisung oder Budgetregelungen die Ermächtigung auf die „Planungskonten" heruntergebrochen wird. Gleichzeitig beauftragen sie die zuständigen Fachbereiche, die entweder durch den Haushaltsplan selbst oder durch besondere Dienstanweisung bestimmt sind, die veranschlagten Erträge und Einzahlungen zu erwirtschaften. Eine

2 Wenn aus grundsätzlichen Erwägungen die Abgabe festgesetzt und erhoben werden soll, dann macht die Abrundung u. E. keinen Sinn, weil beim heutigen DV-Einsatz keine Verwaltungsvereinfachung zu erkennen ist.

3 Siehe auch § 80 Abs. 1 GemO.

förmliche Zuweisung durch den Bürgermeister oder die Kämmerei (Fachbereich Finanzen) erfolgt nicht.

Allerdings können der Rat der Gemeinde oder der Bürgermeister die Mittelbewirtschaftung beschränken. So werden z. B. in der Praxis bestimmte Buchungsstellen (Planpositionen) oder Teile davon gesperrt. Sie werden erst mit Zeitablauf (z. B. jeweils ein Zwölftel der Ansätze zu Beginn eines jeden Monats) oder aufgrund besonderer Entscheidungen freigegeben. Solche „Sperren" können aus der Sicht der Gesamtfinanzverwaltung erforderlich sein, um eine möglichst gleichmäßige Mittelverteilung über das gesamte Jahr zu erreichen, um die Liquiditätssituation zu verbessern bzw. oder den Haushaltsausgleich von vornherein zentral beeinflussen zu können. Solche Regelungen stellen keine haushaltswirtschaftlichen Sperren i. S. d. § 29 GemHVO dar, weil diese nur bei konkreten Gefährdungen des Haushaltsausgleichs während der Haushaltsausführung auszusprechen sind und dafür ein besonderes Verfahren erforderlich ist (für Näheres dazu siehe Kap. 19.3.1). Man bezeichnet solche Beschränkungen vielmehr als „Mittelbewirtschaftungspläne".

Für den Fall, dass solche Sperrvermerke oder sonstige Bewirtschaftungsbestimmungen bereits bei der Aufstellung des Haushaltsplans vorgesehen sind, ist dies im Haushaltsplan oder der Haushaltssatzung auszuweisen.

Oft wird im Zusammenhang mit diesem Gliederungspunkt die Zuweisung von Planstellen angesprochen. Zwar ist gemäß § 1 Abs. 1 Nr. 3 GemHVO der Stellenplan Bestandteil des Haushaltsplanes der Gemeinde und enthält in § 5 GemHVO nähere Regelungen über die Ausgestaltung des Stellenplanes, der dann auch die Planstellen der Verwaltung ausweist, jedoch sind die Probleme der Stellenbewirtschaftung primär Fragen der Betriebswirtschaftslehre – insbesondere der Verwaltungsorganisation – und des Dienstrechts, sodass dieses Buch den Themenkreis der Planstellenzuweisung bewusst ausspart.

19.2.2 Bewirtschaftung der Haushaltsmittel und Verpflichtungsermächtigungen

19.2.2.1 Grundsätze für den Gesamthaushalt

Die durch den Haushaltsplan erfolgte Zuweisung der Haushaltsmittel bewirkt keine Ermächtigung, ohne Rücksicht auf andere haushaltsrechtliche Erwägungen über die Mittel zu verfügen, denn durch den Haushaltsplan werden Ansprüche und Verbindlichkeiten Dritter weder begründet noch aufgehoben (§ 80 Abs. 4 Satz 2 GemO. Insofern ist darauf zu achten, dass die im Haushaltsplan enthaltenen Ermächtigungen so umgesetzt werden, dass die ausgewiesenen Ziele eingehalten und voraussichtlich erreicht werden können.

Unter anderem gehört auch dazu, dass dafür Sorge zu tragen ist, dass die Planermächtigungen für das gesamte Haushaltsjahr ausreichen. Der Begriff „Inanspruchnahme von Haushaltsmitteln" umfasst dabei bereits die Auftragsvergaben und sonstige Bindungen, weil hierdurch spätere Aufwendungen und Auszahlungen begründet werden. Bewirtschaftung von Haushaltsplanmitteln bedeutet somit konkret die Verfügung über die Planansätze, sei es durch vertragliche oder sonstige Bindungen (z. B. durch Bewilligungsbescheide für Zuweisungen in Form eines Verwaltungsakts) oder durch direkte Aufwendungen und Auszahlungen.

Ein weiterer Aspekt der Mittelbewirtschaftung ist in § 27 Abs. 1 Halbs. 2 GemHVO angesprochen, wonach die Haushaltsermächtigungen erst in Anspruch genommen werden dürfen, wenn die Aufgabenerfüllung es erfordert. Dieses Prinzip stellt auf die Sparsamkeit und Wirtschaftlichkeit gemäß § 77 Abs. 2 GemO ab, denn solange eine Auszahlung nicht geleistet ist, können für die nicht eingesetzten Finanzierungsmittel Zinsgewinne erzielt bzw. bei Liquiditätsengpässen Zinsen für Liquiditätskredite erspart werden. Dieser Grundsatz bedarf einer konkreten Auslegung. Es kann nämlich im Einzelfall aus sachlichen oder haushaltsrechtlichen Gründen notwendig sein, eine Auszahlung früher zu leisten als nach der Aufgabenerfüllung notwendig ist. Beispiele dafür sind, wenn eine bestimmte Ware nur zu einem feststehenden Termin im Handel zu erhalten ist (Vorratslagerung) oder wenn Preisnachlässe Termin gebunden gewährt werden. In diesen Fällen steht der Termin der Warenverwendung hinter dem der Warenbeschaffung zurück. In der Regel ist allerdings der letztmögliche Beschaffungs- bzw. Zahlungstermin als wirtschaftlichste Lösung auszunutzen, so z. B. bei der Zahlung von Schuldendienstleistungen, Personalauszahlungen oder bei Mieten.

Der Grundsatz der Mittelbewirtschaftung bedeutet aber auch, dass nur das Notwendigste aufzuwenden bzw. auszuzahlen ist. Dagegen wird in der Praxis vor allem am Jahresende verstoßen. Sobald die Mittel bewirtschaftenden Stellen bemerken, dass noch Haushaltsmittel zur Verfügung stehen, versuchen sie regelmäßig die Haushaltsermächtigungen noch auszuschöpfen, obwohl vielleicht kein konkreter Bedarf besteht. Im Umgangssprachgebrauch wird dies als „Dezemberfieber“ der Verwaltung bezeichnet. Dieses verstößt eindeutig gegen den Grundsatz der Sparsamkeit und Wirtschaftlichkeit und damit gegen § 77 Abs. 2 GemO sowie auch gegen § 27 Abs. 1 GemHVO. Allerdings muss den Kämmereien (Fachbereiche Finanzen) eine gewisse „Mitschuld“ an diesen Handhabungen gegeben werden, weil in der Praxis oft festzustellen ist, dass in einem Haushaltsjahr nicht ausgeschöpfte Ermächtigungen nicht nur entfallen, sondern im nächsten Jahr durch die Kämmerei (Fachbereich Finanzen) gekürzt werden, weil ständig wiederkehrende Einsparungen unterstellt werden. Hier wäre es sicherlich besser, im Einzelfall mit der mittelbewirtschaftenden Stelle die Ursache der doch an sich erfreulichen Einsparung festzustellen und auf diese Erkenntnisse die Planansätze der nächsten Haushaltsjahre aufzubauen. Die mittelbewirtschaftenden Stellen werden andernfalls für ihre Einsparungen sogar noch bestraft. Die Bewirtschaftung von Haushaltsmitteln in Form von Budgets soll diese Problemstellung vermeiden. Für Näheres dazu siehe Kap. 14.2.

Für die Verpflichtungsermächtigungen gelten die Bewirtschaftungsgrundsätze ebenso.

19.2.2.2 Besondere Grundsätze für Investitionen und Investitionsförderungsmaßnahmen

Für Investitionsermächtigungen enthält § 27 Abs. 2 GemHVO zusätzliche Bewirtschaftungsgrundsätze. Während bei der Inanspruchnahme der sonstigen Ermächtigungen die Deckung (Finanzierung) der Aufwendungen und/oder der Auszahlung nicht zu beachten ist,[4] dürfen Auszahlungsermächtigungen für Investitionen und Investitionsförderungsmaßnahmen erst in Anspruch genommen werden, wenn die rechtzeitige Bereitstellung der Deckungsmittel gesichert werden kann. Die Finanzierung anderer, bereits begonnener Maßnahmen darf nicht gefährdet werden. Bei den Deckungsmitteln ist zwischen den speziellen Einzahlungen für die Maßnahme und den allgemeinen Deckungsmitteln zu unterscheiden. Die Sicherung der speziellen Einzahlungen, die im Teilfinanzhaushalt im entsprechenden Investitionsbereich ausgewiesen sind (z. B. zweckgebundene Zuweisungen und mit der Maßnahme zusammenhängende Verkaufserlöse bzw. Beiträge), kann in der Regel von den zuständigen Fachämtern (Fachbereiche) beurteilt werden. Über die allgemeinen Deckungsmittel wie z. B. allgemeine Zuweisungen, Steuern, Kredite sowie nicht Maßnahme gebundene Verkaufserlöse und damit über die Gesamtfinanzsituation kann nur die Kämmerei (Fachbereich Finanzen) Kenntnisse besitzen. Die mittelbewirtschaftende Stelle kann somit gar nicht vollständig selbst darüber entscheiden, ob die Deckungsmittel im Einzelfall gesichert sind. In der Praxis bestehen deshalb regelmäßig Dienstanweisungen, nach denen der Beginn einer (größeren) Investitionsmaßnahme, also bereits die Auftragsvergabe, von der Zustimmung der Kämmerei (Fachbereich Finanzen) abhängig ist; es sei denn, dass vorab die Finanzverwaltung in Bezug auf die allgemeinen Deckungsmittel Freigaben erteilt hat.

Der Begriff „rechtzeitige Bereitstellung" i. S. d. § 27 Abs. 2 Satz 1 GemHVO ist jedoch weit auszulegen. Einmal bedeutet dies die Sicherstellung der Deckungsmittel bis zum Ende des Haushaltsjahres. Die vorherige Deckung ist ja auch z. B. vor allem bei Zuweisungen kaum möglich, weil die Zahlungen nach dem jeweiligen Baufortschritt, also nachträglich, geleistet werden. Zum anderen brauchen die Deckungsmittel nicht unbedingt rechtlich abgesichert zu sein. Die Gemeinde muss lediglich damit rechnen können, dass die erforderlichen Mittel im Laufe des Haushaltsjahres verfügbar sind. So z. B. reichen bei Zuweisungen und Krediten Zusicherungen der bewilligenden Institutionen (Landesbehörden, Banken).

19.2.3 Überwachung der Haushaltsermächtigungen

Die Inanspruchnahme von Aufwendungs-, Auszahlungs- und Verpflichtungsermächtigungen ist nur mithilfe einer laufenden Überwachung möglich. § 27 Abs. 3 Satz 1 GemHVO sieht dann auch für die Ermächtigungen des Haushaltsplans (Aufwendungs-, Auszahlungs- und Verpflichtungsermächtigungen) die Pflicht der Mittelüberwachung vor. Die Inanspruchnahme von Aufwendungs- und Auszahlungsermächtigungen kann

4 Die Liquidität der Gemeinde ist sicherzustellen (§ 22 Abs. 1 GemHVO).

in den doppischen Buchungsverbund eingegliedert werden, indem ein Abgleich der Aufwendung bzw. Auszahlung mit den noch verfügbaren Planermächtigungen stattfindet. Das bedeutet aber auch, dass bereits die Inanspruchnahmen der Ermächtigungen durch vertragliche Bindungen (Auftragsvergabe, Bestellungen usw.) zu erfassen sind. Da die Verpflichtungsermächtigungen nicht im doppischen Buchungsverbund enthalten sind, müssen hierzu besondere Überwachungssysteme installiert werden. Dabei wird es in der Praxis unterschiedliche DV-Verfahren geben, die jedoch immer die Vorgaben des § 27 Abs. 3 Satz 1 GemHVO zu realisieren haben. Die mittelbewirtschaftende Stelle der Gemeinde muss jederzeit einen Überblick über die verfügbaren Haushaltsmittel haben. Dabei kann die Gemeinde selbst entscheiden, ob sie diese „Arbeitsvorgänge" zentral oder dezentral abwickeln will.

Das eigentliche Überwachungsverfahren sollte von jedem Mitarbeiter der Gemeindeverwaltung mit finanziellen Bezügen beherrscht werden, denn nur mit dieser Kenntnis können Informationen über den Stand der Planermächtigungen gewonnen werden. Ein Beispiel für die konkrete Haushaltsüberwachung auf der Ebene einer einzelnen Aufwandermächtigung enthält der Sachverhalt Nr. 4 zu diesem Kapitel. Die Lösung des Falles beinhaltet dann auch ausführliche Erläuterungen der Bearbeitungsvorgänge.

Ergänzend zu diesem praktischen Fall sei darauf verwiesen, dass die am Jahresende noch nicht in Aufwendungen oder Zahlungen umgewandelten Vormerkungen in die Überwachung des nächsten Haushaltsjahres übertragen werden müssen, soweit nicht entsprechende Verbindlichkeiten oder Rückstellungen im Rahmen des Jahresabschlusses zu buchen sind. Dies wird in der Regel dann auch mit einer Ermächtigungsübertragung nach § 21 GemHVO verbunden sein.

Für durchlaufende Zahlungen und fremde Finanzmittel (haushaltsunwirksame Ein- und Auszahlungen) nach § 15 GemHVO sehen die Regelungen keine förmlichen Überwachungspflichten vor. Dies ist auch nachzuvollziehen, weil es für diese Bereiche keine Planermächtigungen gibt (Abwicklung außerhalb des Haushaltsplans). Allerdings werden auch hier die zuständigen Fachbereiche oder die Gemeindekasse, falls die Zahlungen über die Gemeinde abgewickelt werden, geeignete Nachweise führen.

19.2.4 Übungen

Sachverhalt Nr. 2

Zum 1.12.2024 soll die neue Grundschule in der Gemeinde G in Betrieb genommen werden. Die Firma F bietet an, die notwendige Erstausstattung an Kreide, Schwämme usw. in der letzten Novemberwoche zu einem Gesamtpreis von 8.000 € zu liefern. Gleichzeitig teilt sie mit, dass bei Abnahme bis zum 30.9.2024 noch ein 10 % niedriger Verkaufspreis angeboten werden könne. Die Sachbearbeiterin im Schulverwaltungsamt der Gemeinde G bedauert gegenüber der Firma F, dieses preisgünstige Angebot aufgrund der Vorschrift des § 27 Abs. 1 Halbs. 2 GemHVO nicht annehmen zu dürfen.

Aufgabe:
Beurteilen Sie die Entscheidung der Sachbearbeiterin.

Lösung:
Konkrete Regelungen über die Bewirtschaftung von Haushaltsmitteln enthält § 27 Abs. 1 GemHVO. Danach darf erst dann, wenn der Aufgabenzweck es erfordert, über Haushaltsermächtigungen verfügt werden. Da die neue Grundschule erst zum 1.12.2024 in Betrieb genommen werden soll, braucht auch erst zu diesem Zeitpunkt die notwendige Erstausstattung an Kreide, Schwämmen u. ä. vorhanden zu sein. Eine Lieferung im November des Jahres würde dafür durchaus reichen. Da der Sachverhalt Besonderheiten wie z. B. längere Lieferfristen nicht enthält, dürfte die Bestellung etwa Anfang November 2024 erforderlich werden.

Dem gegenüber steht das Angebot der Lieferfirma, bei einer Lieferung bis zum 30.9.2024 einen 10%igen Preisnachlass zu gewähren. Die Gemeinde würde somit bei der vorzeitigen Abnahme 800 € sparen, was nach dem Grundsatz der Sparsamkeit und Wirtschaftlichkeit gemäß § 77 Abs. 2 GemO zu beachten ist, zumal der Sachverhalt keine Anhaltspunkte über evtl. Lagerschwierigkeiten bei vorzeitiger Lieferung enthält.

Es fragt sich somit, in welchem Verhältnis die konkrete Regelung des § 27 Abs. 1 GemHVO zum Grundsatz der Sparsamkeit und Wirtschaftlichkeit steht. Gesetzessystematisch ist festzustellen, dass die GemO als formelles Gesetz der GemHVO als rein materielles Recht vorgeht. Somit wäre der Grundsatz der Sparsamkeit und Wirtschaftlichkeit nach § 77 Abs. 2 GemO vorzuziehen. § 27 Abs. 1 GemHVO schließt dies entgegen der Ansicht der Sachbearbeiterin auch nicht aus, denn die dort angesprochene „Aufgabenerfüllung" bedeutet ja auch immer eine sparsame und wirtschaftliche Aufgabenerfüllung, denn jedes Handeln der Gemeinde unterliegt diesen Erwägungen. Insofern bedingt eine wirtschaftlich sinnvolle Aufgabenerfüllung die Beschaffung der Ausrüstungsgegenstände bis zum 30.9.2024, um den niedrigen Kaufpreis zu erhalten. Eine 10%ige Einsparung kann ja auch nicht durch Zinsgewinne auf dem Girokonto ausgeglichen werden.

Mit ihrer Entscheidung verstößt die Sachbearbeiterin sowohl unmittelbar gegen § 27 Abs. 1 GemHVO als auch gegen § 77 Abs. 2 GemO durch Nichtbeachtung des Grundsatzes der Sparsamkeit und Wirtschaftlichkeit.

Sachverhalt Nr. 3

Im Teilfinanzhaushalt der Gemeinde G ist in 2024 u. a. in der Einzelübersicht der Investitionsmaßnahmen Folgendes aufgeführt (vereinfachte Darstellung):

Übersicht Investitionsmaßnahmen	Ansatz 2024	VE 2024	Planung 2025	Planung 2026	Planung 2027
Maßnahmen oberhalb der Wertgrenze					
Einzahlung: Bundeszuweisung Schule Nord	1.000.000		0	0	0
Einzahlung: Landeszuweisung Schule Nord	500.000		0	0	0
Auszahlung: Baumaßnahme Schule Nord	4.000.000	0	0	0	0
Saldo Investitionsmaßnahme Schule Nord	–2.500.000	0	0	0	0

Der Sachstand im Februar 2024 lautet:

Im Zuweisungsbescheid des Bundes ist die Auszahlung der 1.000.000 € für den 10. Dezember 2024 zugesichert, falls bis dahin der Rohbau planmäßig erstellt ist. Die Bewilligungsbehörde des Landes hat noch keinen formellen Bewilligungsbescheid ausgestellt, jedoch bereits schriftlich zugesagt, mindestens 500.000 € in 2024 auszuzahlen.

Der ausgeglichene Haushalt der Gemeinde G enthält als allgemeine Deckungsmittel lediglich die Veräußerung von Finanzanlagen und Kreditaufnahmen (für Übungszwecke vereinfacht). Die Finanzanlagen werden veräußert und spätestens am 30.12.2024 kassenwirksam zur Verfügung stehen. Über den Kredit besteht ein Vertrag mit einer Auszahlungszusicherung für 2024.

Aufgabe:
Prüfen Sie, ob bereits im Februar 2024 der Bauauftrag für die Schule Nord vergeben werden kann.

Lösung:
Im Teilfinanzhaushalt der Gemeinde G für 2024 sind für die Baumaßnahme Nord als Auszahlungsermächtigungen 4.000.000 € veranschlagt. Aus dem Sachverhalt ist eine Verfügungsbeschränkung für diese Auszahlungsermächtigung nicht ersichtlich. Gemäß § 27 Abs. 2 GemHVO dürfen jedoch Investitionsermächtigungen erst in Anspruch genommen werden, wenn die rechtzeitige Bereitstellung der Deckungsmittel gesichert ist. Aus diesem Grunde ist die Finanzierung der Maßnahme näher zu untersuchen.

- *Zuweisung des Bundes*
  Der Zuweisungsbescheid (Verwaltungsakt im Sinne der Zweistufentheorie im allgemeinen Verwaltungsrecht) sichert die Auszahlung zum 10.12.2024 zu. Die Haushaltswirtschaft wird vom Prinzip der Jährlichkeit beherrscht, sodass der Begriff „rechtzeitig" im § 27 Abs. 2 GemHVO auf den Zahlungseingang im Laufe des Haushaltsjahres abstellt, was hier gegeben ist. Die Zuweisungsleistung und damit der Deckungsanteil von 1.000.000 € sind gesichert. Die Rohbauerstellung als weitere Bedingung für die Zuweisungszahlung liegt im Bereich der Gemeinde und soll ja gerade durch die Auftragsvergabe im Februar 2024 sichergestellt werden.
- *Zuweisung des Landes*
  Es liegt zwar noch kein formeller Bewilligungsbescheid vor, aber die Zusage für einen später zu erlassenden Verwaltungsakt besteht. Dabei ist ausdrücklich versichert worden, dass mindestens 500.000 € in 2024 zur Auszahlung gelangen. Die Zusicherung einer Stelle der öffentlichen Hand erfüllt die Anforderungen der Deckungssicherung i. S. d. § 27 Abs. 2 GemHVO durchaus, denn eine rechtliche Verpflichtung wird nicht verlangt. Es erübrigt sich demnach auch die Prüfung, ob bereits die Zusage der Landesbewilligungsbehörde ein verbindlicher Verwaltungsakt ist.
- *Veräußerung der Finanzanlagen*
  Neben den speziellen Deckungsmitteln sind die allgemeinen Deckungsmittelmittel zu prüfen. Da die genauen Anteile dieser Deckungsmittel für die Schule Nord wegen der Gesamtdeckung nach § 18 GemHVO nicht präzisiert werden können, müssen

alle allgemeinen Finanzierungsmittel in Erwägung gezogen werden. Wie bei der Bundeszuweisung dargestellt, reicht die Verfügbarkeit der Mittel bis 31.12.2024 aus, was hier mit dem spätesten Termin des 30.12.2024 gegeben ist.

- *Kreditaufnahme*
  Bei der Auszahlungszusicherung in 2024 für den Kredit handelt es sich um eine vertragliche Regelung, sodass diese Deckungsmittel sowohl rechtlich als auch tatsächlich gesichert sind.

Die Bereitstellung der Deckungsmittel i. S. d. § 27 Abs. 2 Satz 1 GemHVO ist somit gesichert, sodass der Auftrag erteilt werden kann.

Sachverhalt Nr. 4

Bei der Gemeinde G sind für die Unterhaltung des Bauhofgebäudes Aufwendungsermächtigungen in Höhe von 104.000 € im Haushalt 2020 bereitgestellt. Außerdem steht bei dieser Planposition noch eine nach § 21 Abs. 2 GemHVO übertragene Aufwendungsermächtigung aus dem Jahr 2023 in Höhe von 16.000 € zur Verfügung. In 2024 fallen folgende Finanzvorfälle an:

(Nr. 1 und 2 sind für die Ermächtigungsvortragungen vorgesehen.)

3.	6.1.	Auftrag Fa. Walter Neudeckung des Daches	68.000 €
4.	6.1.	Rechnung der Fa. Meier Fensterreparatur (ohne schriftlichen Auftrag)	200 €
5.	10.1.	Auftrag Fa. Riese Erneuerung der Türen	10.000 €
6.	20.1.	Erster Abschlag Fa. Walter	20.000 €
7.	30.1.	Auftrag Fa. Weinreich Anstreicherarbeiten	800 €
8.	30.1.	Zweiter Abschlag Fa. Walter	20.000 €
9.	8.2.	Erster Abschlag Fa. Riese	6.000 €
10.	11.2.	Gesamtrechnung Fa. Weinreich	900 €
11.	13.2.	Schlussrechnung Fa. Walter	70.200 €
12.	14.2.	Deckungsfähigkeit innerhalb des Budgets	+2.000 €
13.	14.2.	Auftrag Fa. Haak Erneuerung des Fußbodens	40.000 €
14.	28.2.	Schlussrechnung Fa. Riese	9.300 €
15.	9.3.	Berechtigte Nachforderung der Fa. Walter	600 €
16.	9.3.	Gesamtrechnung Fa. Haak	39.900 €

Aufgabe:
Erfassen Sie die Finanzvorfälle nach einem System, das den Anforderungen des § 27 Abs. 3 GemHVO entspricht und erläutern Sie die Bearbeitungsvorgänge ausführlich. Unterstellen Sie dabei, dass für diese konkrete Aufwendungsposition eine Überwa-

chung durchgeführt wird. Die Buchungen auf dem entsprechenden Auszahlungskonto sind nicht darzustellen.

Lösung:[5]
Die im Sachverhalt enthaltenen Aufwendungen werden auf den entsprechenden Konten im Rahmen der Gemeindekasse gebucht. Das System sollte so erweitern werden, dass auch die Aufträge (vertragliche Verpflichtungen) erfasst werden können, weil bereits durch die Auftragsvergaben die Planermächtigungen in Anspruch genommen werden. Die konkrete Darstellung in der Praxis erfolgt unterschiedlich nach den einzelnen DV-Verfahren. In der Lösung wird deshalb ein Verfahren gewählt, aus dem die einzelnen Buchungen und Inanspruchnahmen erkennbar sind. Das Überwachungsblatt ist auf der nächsten Seite dargestellt:

Erläuterungen:

- *Ermächtigungsvortragungen (Lfd. Nrn. 1 und 2)*
  Bevor die eigentlichen Bewegungen gebucht werden, sind zunächst die Aufwendungsermächtigungen vorzutragen. Geht man davon aus, dass die Haushaltssatzung für das Haushaltsjahr 2024 bereits am Jahresanfang rechtswirksam ist, kann als Datum der 2.1.2024 eingesetzt werden. In der Spalte „lfd. Nr." wird jede Buchung einzeln durchnummeriert.
  Die Aufwendungsermächtigung besteht laut Sachverhalt zunächst aus der Ermächtigung des Haushaltsplans in Höhe von 104.000 €, die in Spalte 5 einzusetzen ist. In Spalte 4 empfiehlt es sich, den Hinweis auf die Art der Aufwendungsermächtigung zu geben. Die aus 2023 übertragene Aufwendungsermächtigung in Höhe von 16.000 € erhöht die Planposition gemäß § 21 Abs. 2 GemHVO entsprechend, sodass nach erfolgter Vortragung eine Gesamtaufwendungsermächtigung von 120.000 € besteht (siehe Spalte 10).
- *Finanzvorfall 3*
  Die Neudeckung des Daches wird nach Abschluss der Arbeiten Aufwendungen von ca. 68.000 € verursachen. Bereits bei der Auftragserteilung an die Fa. Walter muss dieser Betrag eingeplant, d. h. beim verfügbaren Betrag abgesetzt werden, weil dieser Teil der Aufwendungsermächtigung nun nicht mehr für andere Zwecke einsetzbar ist. Die 68.000 € sind darum in Spalte 6 zu erfassen, die für Aufträge vorgesehen ist. In Spalte 8 erscheint der Betrag ein zweites Mal, weil hier die Zahlen der Spalte 6 aufgerechnet werden. Der vorgenannte Betrag ist dann vom verfügbaren Betrag in Spalte 10 abzuziehen, sodass jetzt nur noch 52.000 € verfügbar sind.

5 Die Lösung berücksichtigt entsprechend der Aufgabenstellung die Überwachung bei der konkreten Aufwandposition, die nach dem Produktbereichs- und Kontenrahmen festgelegt wurde. Dabei wurden die Produktnummer und Unterkontierungen willkürlich gewählt. In der Praxis sind natürlich auch andere Überwachungsverfahren im Rahmen des Controllings zulässig und sinnvoll (z. B. Überwachung von Planvorgaben in den Teilhaushalten durch Vorgabe anteiliger Jahresteilermächtigungen).

Budgetüberwachung für Aufwendungen nach § 27 Abs. 3 GemHVO

Ermächtigungen aus Vorjahren:	16.000 €	**Deckung nach § 20 Abs. 2 GemHVO:**	0 €	**Haushaltsjahr:**
Ermächtigungsansatz lfd. Jahr:	104.000 €	**Üpl. und apl. Bewilligungen:**	0 €	2023
Änderungen durch Nachträge:	0 €	**abzüglich Sperren:**	0 €	**Buchungsstelle:**
Änderungen nach Budgetregeln:	2.000 €	**Ermächtigung insgesamt:**	122.000 €	PGr. 547 Kto. 4211

Lfd. Nr.	**Datum**	**Hinweis Nr.**	**Text**	**Aufwendungsermächtigung €**	**Vormerkungen Aufträge €**	**ausgelöste Aufwendungen €**	**Aufrechnung**		**verfügbar €**
							Vormerkungen €	**Aufwendungen €**	
1	2	3	4	5	6	7	8	9	10
1	2.1.	–	Haushaltsermächtigung	104.000	–	–	–	–	104.000
2	2.1.	–	Ermächtigung a. V.	16.000	–	–	–	–	120.000
3	6.1.	–	Fa. Walter	–	68.000	–	68.000	-	52.000
4	6.1.	–	Fa. Meier	–	–	200	68.000	200	51.800
5	10.1.	–	Fa. Riese	–	10.000	–	78.000	200	41.800
6	20.1.	3	Fa. Walter	–	–20.000	20.000	58.000	20.200	41.800
7	30.1.	–	Fa. Weinreich	–	800	-	58.800	20.200	41.000
8	30.1.	3	Fa. Walter	–	–20.000	20.000	38.800	40.200	41.000
9	8.2.	5	Fa. Riese	–	–6.000	6.000	32.800	46.200	41.000
10	10.2.	7	Fa. Weinreich	–	–800	900	32.000	47.100	40.900
11	13.2.	3	Fa. Walter	–	–28.000	30.200	4.000	77.300	38.700
12	14.2.	–	Budgetbereitstellung	2.000	–	–	4.000	77.300	40.700
13	14.2.	–	Fa. Haak	–	40.000	–	44.000	77.300	700
14	28.2.	5	Fa. Riese	–	–4.000	3.300	40.000	80.600	1.400
15	9.3.	–	Fa. Walter	–	-	600	40.000	81.200	800
16	9.3.	13	Fa. Haak	–	–40.000	39.900	–	121.100	900

- *Finanzvorfall 4*
  Für die Aufwendungen von 200 € an die Fa. Meier war kein Auftrag vorgemerkt. Der Betrag ist somit unmittelbar in Spalte 7 zu übernehmen und erscheint dann entsprechend als Aufrechnungsbetrag in Spalte 9. Er vermindert den verfügbaren Betrag auf 51.800 €. In der Aufrechnungsspalte 8 für Aufträge muss wieder der Betrag von 68.000 € erscheinen, weil hier stets der neueste Stand ausgewiesen wird.
- *Finanzvorfall 5*
  Der Auftrag an die Fa. Riese führt zu einer Erfassung in Spalte 6 und somit zu einer Erhöhung der Gesamtaufträge in Spalte 8 auf 78.000 €. In Spalte 9 müssen wiederum 200 € erscheinen, weil der Stand der Aufwendungen am 10.1.2024 200 € beträgt. Der verfügbare Betrag in Spalte 10 verringert sich um 10.000 € auf 41.800 €.
- *Finanzvorfall 6*
  Die Fa. Walter erhält einen Abschlag auf den Auftrag vom 6.1.2024. Da es sich um eine Aufwendung handelt, erfolgt die Buchung des Betrages zunächst in den Spalten 7 und 9. Der verfügbare Betrag (Spalte 10) ändert sich jedoch nicht, weil diese Finanzmittel bereits am 6.1.2024 durch Vormerkung des Gesamtauftrages von 68.000 € eingeplant und vom verfügbaren Betrag abgesetzt wurden. Aus dem Auftrag wird nun teilweise eine Aufwendung. Es findet somit nur eine Verschiebung von 20.000 € von den Aufträgen (Vormerkungen) zu den Aufwendungen statt. Die Aufwendungen erhöhen sich um 20.000 €, während sich die Vormerkungen um diesen Betrag verringern. Die 20.000 € sind darum auch in Spalte 6 abzusetzen. In Spalte 8 verringert sich ebenfalls der Aufrechnungsbetrag um 20.000 € auf nunmehr 58.000 €.
  Die Richtigkeit der Rechnung kann jeweils nach folgender Formel geprüft werden:

  Aufwendungsermächtigung
  minus Aufrechnung Aufträge
  minus Aufrechnung Aufwendungen
  = verfügbare Ermächtigung am Buchungstag

  Gegenrechnung am 20.1.2024:

	120.000 €
	–58.000 €
	–20.200 €
noch verfügbar:	41.800 €

  Da hier eine Aufwendung zu einem bereits vorgemerkten Betrag gebucht wurde, ist auf die Buchung des Ursprungsbetrages hinzuweisen, damit jederzeit festzustellen ist, wie viel noch für den Auftrag vorgemerkt ist. In Spalte 3 ist darum die Nummer des Auftrags anzugeben, also die Ziffer 3.
- *Finanzvorfall 7*
  Siehe dazu die Erläuterungen zu den Finanzvorfällen 3 und 5.

- *Finanzvorfälle 8 und 9*
  Siehe dazu die Erläuterungen zum Finanzvorfall 6.
- *Finanzvorfall 10*
  Es wird zunächst auf den Finanzvorfall 6 verwiesen. Neu hieran ist jedoch, dass erstmals eine Gesamtrechnung vorliegt. Die Aufwendung in Höhe von 900 € wird in Spalte 7 gebucht und in Spalte 9 addiert. Vorgemerkt waren für den Auftrag 800 €, sodass eine Mehrbelastung von 100 € vorliegt. In der Spalte 6 wird der bei Nr. 7 erfasste Betrag wieder abgesetzt. Zwischen den Spalten 6 und 7 besteht nun ein Unterschied von 100 €, der die Gemeinde entgegen der Planung aufwendungsmäßig mehr belastet und darum beim verfügbaren Betrag in Abzug zu bringen ist, sodass nur noch 40.900 € zur Verfügung stehen.
  Die Kontrollrechnung beweist wiederum die Richtigkeit:

	120.000 €
	–32.000 €
	–47.100 €
noch verfügbar:	40.900 €

- *Finanzvorfall 11*
  Von der Schlussrechnung der Fa. Walter in Höhe von 70.200 € müssen die bisherigen Aufwendungen = 2 × 20.000 € abgesetzt werden, sodass nunmehr Aufwendungen über 30.200 € in Spalte 7 aufzunehmen ist. Vorgemerkt sind jedoch nur noch 28.000 €, weil bei den Nummern 6 und 8 bereits insgesamt 40.000 € vom Auftrag abgesetzt wurden. Eine nicht eingeplante zusätzliche Aufwendung von 2.200 € (Spalte 6 minus Spalte 7) verringert den verfügbaren Betrag auf 38.700 €.
- *Finanzvorfall 12*
  Am 14.2.2024 wird eine zusätzliche Aufwendungsermächtigung in Höhe von 2.000 € im Rahmen des Budgets bereitgestellt (§ 20 GemHVO: echte Deckungsfähigkeit). Diese wird erforderlich, weil der verfügbare Betrag für weitere Buchungen nicht mehr ausreicht. Der Buchungsvorfall Nr. 13 zeigt bereits, dass noch ein Auftrag über 40.000 € erteilt werden soll, jedoch am 13.2.2024 nur noch 38.700 € verfügbar sind. Durch die zusätzliche Ermächtigungsbereitstellung bedingt erhöht sich die Aufwendungsermächtigung um 2.000 €, sodass dieser Betrag in Spalte 5 zu buchen ist. Der verfügbare Gesamtbetrag beträgt nunmehr 122.000 €. Demnach stehen nach Abzug der Aufträge und gebuchten Aufwendungen am 14.2.2024 noch 40.700 € zur Verfügung.
- *Finanzvorfall 13*
  Siehe dazu die Erläuterungen zu den Finanzvorfällen 3 und 5.
- *Finanzvorfall 14*
  Siehe dazu zunächst die Erläuterung zum Finanzvorfall 11. Die noch als Aufwendungen zu erfassende Summe von 3.300 € liegt um 700 € unter dem geschätzten Betrag, sodass der verfügbare Betrag in Spalte 10 eine Verbesserung auf 1.400 € erfährt.

Die Kontrollrechnung beweist die Richtigkeit dieser Aussage:

	122.000 €
	–40.000 €
	–80.600 €
noch verfügbar:	1.400 €

- *Finanzvorfall 15*
  Es handelt sich um eine Aufwendung, die nicht mehr vorgemerkt ist, weil der Ursprungsauftrag an die Firma Walter bereits endgültig bei Nummer 11 ausgebucht wurde. In Spalte 3 erfolgt somit kein Hinweis mehr auf die Ursprungsbuchung. Ansonsten kann auf die Erläuterungen zu Finanzvorfall 4 verwiesen werden.
- *Finanzvorfall 16*
  Siehe dazu die Erläuterungen zu Finanzvorfall 14.

Am 9.3.20204 stehen somit noch 900 € zur Verfügung.

19.3 Haushaltswirtschaftliche Sperre und Unterrichtungspflichten gegenüber dem Rat

19.3.1 Haushaltswirtschaftliche Sperre

Bereits in Kap. 14.3 wurde festgestellt, dass die im Haushaltsplan enthaltenen Ermächtigungen (Planansätze) nicht uneingeschränkt zur Verfügung stehen. Eine besondere Form der Verfügungsbeschränkung beinhalten § 29 GemHVO, nämlich die haushaltswirtschaftliche Sperre.

Nach dieser Vorschrift kann der Hauptverwaltungsbeamte[6] die Inanspruchnahme im Haushaltsplan enthaltenen Aufwendungs-, Auszahlungs- und Verpflichtungsermächtigungen sperren, sofern die Entwicklung der Erträge und Aufwendungen oder die Erhaltung der Liquidität dies erfordert. Mit der „Entwicklung der Erträge und Aufwendungen sowie Erhaltung der Liquidität" können nur negative Tendenzen angesprochen sein. Falls sich die Haushalts- und Liquiditätsentwicklung gegenüber der Planung verbessert, erübrigt sich zwangsläufig die Notwendigkeit einer haushaltswirtschaftlichen Sperre.

Die Möglichkeit, Einfluss auf das Ausschöpfen der Aufwendungs- und Auszahlungsermächtigungen im Haushaltsjahr bzw. bei Verpflichtungsermächtigungen auf die Entwicklung der mittelfristigen Planung zu nehmen, ist im Spannungsfeld zwischen Haushaltsplanung und Haushaltsausführung begründet. Der Haushaltsplan eines Jahres wird bereits im Vorjahr erstellt, sodass Vorausberechnungen und Schätzungen etwa einen Zeitraum von eineinhalb Jahren umfassen und deshalb in vielen Bereichen sehr schwierig sind. Dazu kommt, dass konjunkturelle Veränderungen auf die gemeindlichen Haus-

6 Hauptverwaltungsbeamter: Oberbürgermeister, Bürgermeister, Landrat, Dezernent u. a.

haltspläne sehr kurzfristig einwirken können. Im laufenden Jahr können zwar die Haushaltspläne durch Nachtragspläne so geändert werden, dass Problemfelder beseitigt werden können. Jedoch bedingt das Instrument der Nachtragsplanung ein schwerfälliges und zeitraubendes Verfahren aufgrund der Formvorschriften des § 82 Abs. 1 Satz 2 i. V. m. § 81 GemO.

Das Instrument der haushaltswirtschaftlichen Sperre muss die Verwaltung der Gemeinde besitzen, weil der Rat nicht unmittelbar über die notwendigen Finanzinformationen verfügt und auch die Herbeiführung eines Ratsbeschlusses einen gewissen Zeitaufwand erfordert. Dem Hauptverwaltungsbeamten als für die Verwaltung insgesamt und auch für das Finanzwesen verantwortlicher wird deshalb gemäß § 29 GemHVO das Recht zum Erlass einer haushaltswirtschaftlichen Sperre zugesprochen.

Der Hauptverwaltungsbeamte hat somit die Möglichkeit, die Ausführung von Ratsbeschlüssen zu verhindern, weil der Haushaltsplan ja im Rahmen der Haushaltssatzung vom Rat erlassen wurde. Er befindet sich demnach in einer sehr starken Position und Verantwortung. Der Rat ist gemäß § 28 GemHVO unverzüglich über den Erlass einer haushaltswirtschaftlichen Sperre zu unterrichten, wenn sich das Planergebnis von Ergebnishaushalt oder Finanzhaushalt wesentlich verschlechtern würde.

Der Erlass einer haushaltswirtschaftlichen Sperre liegt im pflichtgemäßen Ermessen des Hauptverwaltungsbeamten. Der Ermessensspielraum wird jedoch dann „auf null" reduziert, wenn der Haushaltsausgleich bzw. die Liquiditätssicherung nur durch eine haushaltswirtschaftliche Sperre erreicht werden kann. Form und Umfang der Sperre sind nicht vorgegeben. In der Praxis erfolgen regelmäßig prozentuale Kürzungen von Planpositionen für den Gesamthaushalt, wobei einzelne Ermächtigungspositionen oder Gruppen von Ermächtigungspositionen ausgenommen werden können. Daneben gibt es natürlich die Möglichkeit, gezielt Planpositionen ganz oder anteilig zu sperren, vor allem bei freiwilligen Aufgaben und nicht begonnenen Investitionsmaßnahmen. Im Einzelfall ist die Entscheidung nach ihrem Wirkungsgrad und den tatsächlichen Möglichkeiten zu treffen.

Der Hauptverwaltungsbeamte kann die von ihm verhängte haushaltswirtschaftliche Sperre nach einer Verbesserung der Entwicklung auch selbst wieder aufheben. Darüber ist ebenfalls der Rat zu unterrichten.

19.3.2 Berichtspflichten gegenüber dem Gemeinderat

Wie bereits oben dargestellt, bestimmt der Rat durch den Haushaltsplan die finanzpolitischen Richtlinien für die Verwaltung. Wenn also im Laufe eines Haushaltsjahres gewichtige Verschiebungen des Finanzrahmens eintreten, müssen die zuständigen Gemeindeorgane darüber informiert sein. Über die Veränderung durch über- und außerplanmäßige Aufwendungen bzw. Auszahlungen ist der gemäß § 84 GemO insofern unterrichtet, als er bei erheblichen Mehraufwendungen und Mehrauszahlungen selbst zu entscheiden hat und die nicht geringfügigen vom Hauptverwaltungsbeamten genehmigten Mehrbeträge ihm zur Kenntnisnahme vorgelegt werden. Über sonstige wichtige Veränderungen sind die zuständigen Gemeindeorgane unverzüglich, also ohne schuldhafte Verzögerung, gemäß § 28 GemHVO zu unterrichten, wenn sich abzeichnet, dass sich

- das Ergebnis des Ergebnishaushalts oder des Finanzhaushalts wesentlich verschlechtern wird, also der Haushaltsausgleich gefährdet ist bzw. sich wesentlich verschlechtert, oder
- die Gesamtauszahlungen für eine Maßnahme des Finanzhaushalts wesentlich erhöhen wird.

Der für das Finanzwesen zuständige Beamte (Bedienstete) hat den Bürgermeister zu unterrichten. Dieser unterrichtet dann den Verwaltungsausschuss bzw. den Gemeinderat.

Der Begriff „wesentlich verschlechtern bzw. wesentlich erhöhen" ist von jeder Gemeinde auszulegen. In der Praxis werden konkrete Regelungen entweder in die Haushaltssatzung aufgenommen bzw. im Rahmen eines einfachen Ratsbeschlusses festgelegt. Denkbar ist auch eine Festsetzung in der Hauptsatzung.

19.4 Stundung, Niederschlagung und Erlass[7]

19.4.1 Generelle Begriffsabgrenzungen

Bevor die Materie im Einzelnen dargestellt wird, sind zum Grundverständnis die einzelnen Begriffe zumindest grob zu definieren und voneinander abzugrenzen.

„Stundung":	Gewährung eines Zahlungsaufschubes oder Leistungsaufschubes
„Niederschlagung":	befristete oder unbefristete Zurückstellung der Weiterverfolgung (Vollstreckung) eines fälligen Anspruchs ohne Verzicht auf den Anspruch selbst. Hierbei muss die Zahlungsverjährung beachtet werden.
„Erlass":	Verzicht auf einen Anspruch

19.4.2 Rechtsgrundlagen

Bei der Bewirtschaftung von Forderungen kommt es auf die Art der Forderung an, um die zutreffende Rechtsgrundlage zu finden. Dies wurde bereits beim Problem der Kleinbeträge und Rundungen deutlich (siehe Kap. 19.1.2 und 19.1.3), sodass an dieser Stelle nicht noch einmal die Begründungen für die unterschiedlichen Rechtsgrundlagen zu wiederholen sind. Es reicht deshalb der nachstehende Überblick, wobei die in einigen Gesetzen enthaltenen Spezialregelungen (z. B. §§ 32 und 33 GrStG, § 42 SGB I für soziale Leistungen) der Behandlung der Specialliteratur vorbehalten bleiben (§ 32 Abs. 4 GemHVO).

7 Die Besonderheit der Aussetzung der Vollstreckung wird als Exkurs in Kap. 19.4.3.4 behandelt.

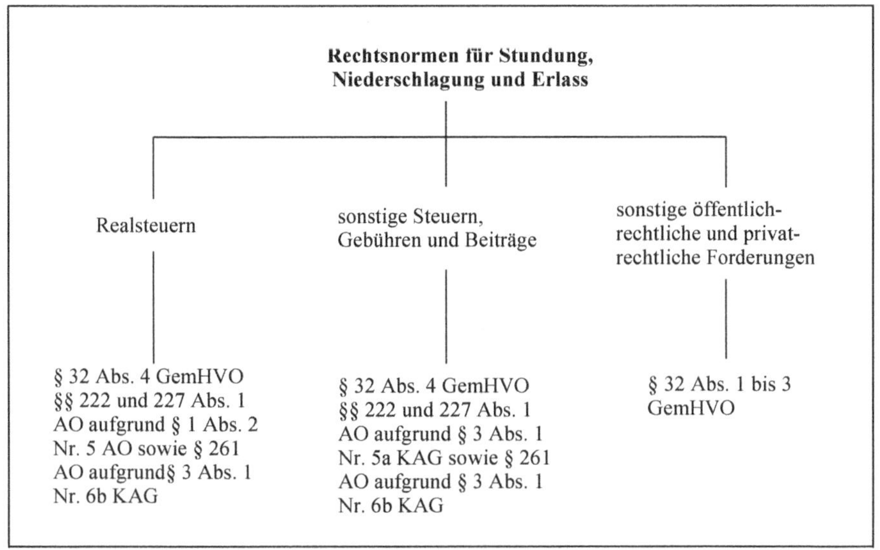

Für Übungen im Auffinden der zuständigen Rechtsnorm bieten sich sinngemäß die Fälle des Sachverhalts Nr. 1 in Kap. 19.1.4 an, bei denen ähnliche Probleme für Kleinbeträge und Rundungen bestehen.

19.4.3 Stundung

19.4.3.1 Voraussetzungen

Die Vorschriften über die Stundung in den §§ 222 AO und 32 Abs. 1 GemHVO stimmen textlich weitgehend überein. § 222 AO enthält lediglich noch folgenden zusätzlichen Text: *„Die Stundung soll in der Regel auf Antrag und gegen Sicherheitsleistung erfolgen."* Dazu kommt noch § 234 AO mit der Regelung der Verzinsungspflicht gestundeter Beträge, während diese Bestimmung unmittelbar in den § 32 Abs. 1 GemHVO eingearbeitet ist. Wegen der weitgehenden Gleichheit der Vorschriften kann die Materie gemeinsam für alle Anspruchsarten behandelt werden, zumal auch bei Stundungen nach § 32 Abs. 1 GemHVO von den Gemeinden im Bedarfsfall Sicherheiten verlangt werden.

Wie bereits bei der generellen Definition angesprochen, bedeutet eine Stundung die Gewährung eines Zahlungs- oder Leistungsaufschubs, somit die Hinausschiebung eines Fälligkeitstermins. Ob nun der Fälligkeitstermin für die Gesamtforderung verschoben oder ob Ratenzahlung gewährt wird, richtet sich nach der Notwendigkeit des Einzelfalles. In der Praxis werden überwiegend Ratenzahlungen gewährt, weil die Schuldner die Zahlungen wegen ihrer Höhe nicht auf einmal leisten können. Denkbar wäre aber auch ein Gesamtaufschub, z. B. wenn ein Schuldner erst zu einem bestimmten Termin über die notwendigen Zahlungsmittel verfügt.

Beispiel:
Der Erschließungsbeitrag von 15.600 € wird am 3.3.2024 fällig. Nach schriftlicher Mitteilung wird der fällige Bausparvertrag bis zum 30.6.2024 ausgezahlt. Sofern die übrigen Voraussetzungen für eine Stundung erfüllt sind, könnte der gesamte Erschließungsbeitrag von 15.000 € bis zum 30.6.2024 gestundet werden.

Die Stundung wird regelmäßig vom Zahlungspflichtigen beantragt, weil dieser Interesse am Zahlungsaufschub hat. Die Stundungsbewilligung erfolgt überwiegend in der Form des Verwaltungsakts als Stundungsbescheid, auch wenn nach den Vorschriften des § 32 Abs. 1 GemHVO bei privatrechtlichen Forderungen entschieden wird.

Eine Stundung ist nur zulässig, wenn die Einziehung von Ansprüchen eine erhebliche Härte für den Schuldner bedeuten würde und der Anspruch durch die Stundung nicht gefährdet erscheint. Die „erhebliche Härte für den Schuldner" ist im konkreten Einzelfall zu beurteilen. Sie kann z. B. dann vorliegen, wenn aufgrund ungünstiger wirtschaftlicher Verhältnisse der Schuldner sich vorübergehend in ernsthaften Zahlungsschwierigkeiten befindet oder eine fristgerechte Einziehung der Forderung diese bewirken würden. Das ist sicherlich z. B. immer dann gegeben, wenn die Existenz eines Unternehmens dadurch gefährdet würde. Zahlungsunwillige sowie notorische Nichtzahler erfüllen die Voraussetzungen dagegen nicht.

Wie bereits erwähnt, darf als weitere Voraussetzung der Anspruch nicht gefährdet erscheinen. Es dürfen also keine Anzeichen dafür vorhanden sein, dass z. B. der Schuldner durch die Stundung freiwerdende Mittel oder Vermögensgegenstände anderweitig einsetzt. Auch darf der Schuldner die Stundung nicht dazu benutzen, sich durch Wohnsitzwechsel oder wegen des Fehlens eines festen Wohnsitzes seinen Verpflichtungen und damit dem Zugriff der Gemeinde zu entziehen. Eine Entscheidung kann nur im pflichtgemäßen Ermessen in jedem Einzelfall getroffen werden.

Regelmäßig hat der Schuldner eine entsprechende Sicherheitsleistung zu erbringen, so z. B. durch Bürgschaften, Abtretungen, Sicherheitsübereignungen oder gar durch Hypotheken und Grundschulden. Dadurch wird das Stundungsrisiko für die Gemeinde verringert.

19.4.3.2 Verzinsung der gestundeten Forderungen

Sowohl § 234 AO als auch § 32 Abs. 1 Satz 2 GemHVO sehen vor, dass die gestundeten Beträge zu verzinsen sind. Damit soll die Gemeinde vor allem für den Zinsverlust, verursacht durch die erst später erfolgenden Einzahlungen, entschädigt werden. Die Verzinsung hat aber auch den Sinn, dass der Schuldner sich genau überlegen soll, ob er eine Stundung beantragt, weil diese mit zusätzlichen Kosten verbunden ist. Die Stundung soll nämlich keine kostengünstige Alternative zu einem Kapitalmarktkredit sein.

§ 238 AO sieht eine Verzinsung von 0,5 % für jeden vollen Monat vor, wobei bei der Berechnung jede Forderung auf volle 50 € abzurunden ist. Dagegen spricht § 32 Abs. 1 Satz 2 GemHVO nur von einer angemessenen Verzinsung, ohne konkrete Prozentsätze zu nennen. In der Praxis lehnen sich die Gemeinden aber auch in den Fällen des § 32 Abs. 1 Satz 2 GemHVO vielfach an die konkrete Regelung des § 238 AO an, so dass für alle Zahlungsaufschübe dieselbe Zinshöhe verlangt wird. Es gibt allerdings auch Gemeinden, die in den Fällen des § 32 Abs. 1 Satz 2 GemHVO die Zinsen an den jeweiligen Basiszinssatz des Bürgerlichen Gesetzbuches[8] zu koppeln, so z. B. jahresbezogen mit 5 % über dem jeweiligen Basiszinssatz der Deutschen Bundesbank.

Auf die Verzinsung kann ausnahmsweise verzichtet werden, wenn die Erhebung der Zinsen eine unbillige Härte bedeuten würde, so dass in diesen Fällen auf die wirtschaftliche Situation des Schuldners abgestellt wird. Stundungszinsen nach der AO werden nach § 238 Abs. 2 AO nur dann festgesetzt, wenn sie mindestens 10 € betragen.

19.4.3.3 Bewilligungsverfahren

Über die Stundungsbewilligung sollte in der Regel nur der Fachbereich entscheiden, der den Anspruch festgesetzt hat. Nur er verfügt über den Sachbezug. Da der Gemeindekasse jedoch die Einziehung der Forderung obliegt und diese vielleicht sogar schon Maßnahmen der Beitreibung (Vollstreckung) eingeleitet hat, kann die Entscheidung nur in Absprache mit der Gemeindekasse erfolgen. Die Stundung bedingt die Abänderung der Kassenanordnung (hier: Fälligkeit der Forderung). Da die Beschäftigten der Gemeindekasse nach § 7 Abs. 2 Satz 4 GemKVO keine Kassenanordnung erteilen dürfen, können sie auch keine Kassenanordnungen abändern und sind somit nicht für die Entscheidung über eine Stundung zuständig. Eine Ausnahme kann für Forderungen gelten, die von der Gemeindekasse selber festgesetzt werden z. B. Säumniszuschläge, Mahn- und Vollstreckungsgebühren. Hier sollte die Gemeindekasse in Zusammenarbeit mit dem Fachbereich (Amt) für die Änderung von Ansprüchen zuständig sein.

Die Stundungsentscheidung wird dem Antragsteller i. d. R. schriftlich mitgeteilt. Eine Ausfertigung dieser Stundungsmitteilung stellt dann die entsprechende Kassenanordnung dar, die der Gemeindekasse unverzüglich zugeleitet wird, falls sie nicht selbst die Stundung ausspricht. Durch diese Mitteilung wird die Ursprungsbuchung für die jetzt gestundete Forderung in Bezug auf die darin enthaltenen Zahlungstermine geändert.

Auch wenn die Stundung sich über das Ende des Haushaltsjahres erstreckt, bleiben Forderungs- und Ertragsbuchungen hinsichtlich der Beträge bestehen. Es ändert sich nur der Zahlungstermin. Sofern die Stundung zinslos oder erheblich unter einer marktüblichen Verzinsung bzw. unter der Verzinsung nach § 238 AO über das Haushaltsjahr hinaus gewährt wird, verringert sich der Wert der Forderung zum Abschlusstag, sodass

8 Die Deutsche Bundesbank ist gemäß § 247 Abs. 2 BGB verpflichtet, den jeweils aktuellen Stand des Basiszinssatzes des Bürgerlichen Gesetzbuches zu veröffentlichen. Er dient u. a. als Grundlage für die Berechnung von Verzugszinsen. Zum 1.7.2019 wurde der Basiszinssatz auf –0,88 % festgestellt (Bundesanzeiger vom 25.6.2019).

im Rahmen des Jahresabschlusses bei diesen gestundeten Forderungen bilanziell eine Abzinsung des Forderungswertes zu erfolgen hat (§ 46 Abs. 3 GemHVO). Den Prozentsatz für die Abzinsung legt die Gemeinde fest. Dabei bietet es sich an, die Zinssätze zu verwenden, die ansonsten bei der Festsetzung von Stundungszinsen Anwendung finden. Der Abzinsungsbetrag stellt Aufwand dar. Eine Abzinsung ist bei geringfügigen Forderungen oder kurzfristigen Stundungen über das Haushaltsjahr hinaus entbehrlich (Grundsatz der Relevanz).

Die einzelnen Zuständigkeiten zwischen Rat und Verwaltung sowie innerhalb der Verwaltung sollten in einer Dienstanweisung geregelt werden, wobei zumindest die Zuständigkeitsregelung zwischen Rat und Verwaltung eines Ratsbeschlusses bedarf. Die Zuständigkeitsregelungen werden regelmäßig nach der Höhe der Einzelforderungen festgesetzt, z. B. bis 5.000 € der Amtsleiter (Fachbereichsleiter), über 5.000 € bis 20.000 € der Dezernent, über 20.000 € bis 50.000 € der Bürgermeister und über 50.000 € der Verwaltungsausschuss.

Die Dienstanweisung sollte aber nicht nur die Zuständigkeiten abgrenzen, sondern das gesamte Verfahren regeln, um eine Vereinheitlichung innerhalb der Verwaltung herbeizuführen. Ein Beispiel für eine solche Dienstanweisung findet sich in Kap. 19.4.6.

19.4.3.4 Exkurs: Aussetzung der Vollziehung

Die Aussetzung der Vollziehung ist in den haushaltsrechtlichen Vorschriften nicht geregelt. Es handelt sich nämlich um eine Maßnahme im Rahmen des Vollstreckungsrechts, insbesondere bei öffentlich-rechtlichen Forderungen. Gemäß § 80 Abs. 2 Nr. 1 VwGO haben Widerspruch und Anfechtungsklage gegen einen Abgabebescheid (Steuer-, Gebühren- oder Beitragsbescheid) keine aufschiebende Wirkung. Das bedeutet, dass der Abgabenpflichtige trotz Einlegung des Rechtsbehelfs bzw. Rechtsmittels die ihm aufgegebene Zahlung termingerecht leisten muss. Wenn vor allem ernsthafte Zweifel an der Rechtmäßigkeit des als Verwaltungsakt erlassenen Bescheides bestehen, kann die Gemeinde auf Antrag des Zahlungspflichtigen die Vollziehung solange aussetzen, bis über (den Widerspruch bzw.) die Anfechtungsklage entschieden ist (§ 80 Abs. 4 VwGO). Das gleiche Recht steht den Gerichten nach § 80 Abs. 5 VwGO innerhalb eines Klageverfahrens zu. Die Aussetzung soll bei öffentlichen Abgaben und Kosten erfolgen, wenn ernstliche Zweifel an der Rechtmäßigkeit des angegriffenen Verwaltungsakts bestehen oder wenn die Vollziehung für den Abgabenpflichtigen eine unbillige, nicht durch überwiegende öffentliche Interessen gebotene Härte zur Folge hätte. Ein Antrag beim Verwaltungsgericht kann nur gestellt werden, wenn die Gemeinde einen Antrag auf Aussetzung der Vollziehung ganz oder zum Teil abgelehnt hat (§ 80 Abs. 6 VwGO).

Wirtschaftlich gesehen kommt demnach die Aussetzung der Vollziehung in ihrer Wirkung einer Stundung gleich. Insofern sind entsprechende Zinsen für die geschuldete Forderung festzusetzen, wenn der eingelegte Rechtsbehelf erfolglos ist (siehe dazu auch § 237 AO).

Buchungstechnisch ist der bei Aussetzung der Forderung nichts zu veranlassen, weil die Forderung weiter bestehen bleibt. Die Aussetzungsentscheidung ist lediglich in den Datenbestand aufnehmen, damit während der Aussetzungszeit weitere Mahn- und Vollstreckungsmaßnahmen unterbleiben.

19.4.4 Niederschlagung

19.4.4.1 Voraussetzungen für eine Niederschlagung (Einzelwertberichtigung)

Bei den Steuern, Gebühren und Beiträgen sind aufgrund der Verweisungsregelung des § 3 Abs. 1 Nr. 6 Buchst. b KAG die Vorschriften des § 261 AO anzuwenden. Sonstige Niederschlagungen von Forderungen der Gemeinde und damit im Wesentlichen privatrechtliche Forderungen sind nach § 32 Abs. 2 GemHVO zu entscheiden. Beide Vorschriften stimmen jedoch inhaltlich überein, sodass sich eine einheitliche Besprechung anbietet.

Bei einer Niederschlagung handelt es sich um die Rückstellung der Weiterverfolgung (Vollstreckung) eines fälligen Anspruchs ohne Verzicht auf den Anspruch selbst. Die Niederschlagung ist somit nicht mit der Problematik der Kleinbeträge (siehe Kap. 19.1.2) oder eines Erlasses (siehe Kap. 19.4.5) zu verwechseln, weil in diesen Fällen auf die Festsetzung oder Einziehung der Forderung endgültig verzichtet wird.

Ansprüche dürfen nur niedergeschlagen werden, wenn feststeht, dass die Einziehung keinen Erfolg haben wird oder die Kosten der Einziehung außer Verhältnis zur Höhe des Anspruchs stehen. Die Schaffung dieser Voraussetzungen ist nach Zweckmäßigkeits- und Wirtschaftlichkeitsgesichtspunkten erfolgt. Die Gemeinde soll bei der Einziehung des Anspruchs nicht zu aussichtslosen oder unverhältnismäßig kostspieligen Schritten veranlasst werden.

Die genannten Voraussetzungen richten sich nach objektiven auf den Erfolg der Einziehung bezogene Kriterien, d. h. wenn die Beitreibung fruchtlos verlaufen ist und auch in absehbarer Zeit keinen Erfolg haben wird oder wenn die Beitreibung nicht möglich ist, weil der Schuldner nicht erreicht werden kann (unbekannter Aufenthaltsort, Firma wurde aufgelöst). Bei der Niederschlagung bleibt die subjektive Lage des Schuldners (erhebliche Härte o. Ä.) außer Betracht. Insofern erfolgt die Niederschlagung im konkreten Einzelfall (Einzelwertberichtigung).

Um einen Anspruch niederzuschlagen, muss das Vorliegen einer der beiden genannten Voraussetzungen feststehen; die bloße Möglichkeit genügt nicht. Besonders die Erfolglosigkeit der Beitreibung muss durch Tatsachen begründet werden und darf nicht auf Vermutungen fußen.

In Abgrenzung zur Stundung ist noch darauf zu verweisen, dass der Fälligkeitstermin für die Forderung bei einer Niederschlagung bestehen bleibt und nicht wie bei einer Stundung verschoben wird. Die weitere Rechtsverfolgung wird somit nicht aufgehoben, sondern lediglich aufgeschoben.

19.4.4.2 Arten der Niederschlagung (Einzelwertberichtigung)

Zu unterscheiden ist zwischen einer befristeten und einer unbefristeten Niederschlagung.

Bei der **befristeten Niederschlagung** kann von einer Weiterverfolgung des Anspruchs vorläufig abgesehen werden, wenn die Beitreibung **vorübergehend** keinen Erfolg haben würde und die Voraussetzungen für eine Stundung nach § 32 Abs. 1 GemHVO bzw. § 222 AO nicht vorliegen. Eine Kontrolle über die Fälle der befristeten Niederschlagungen ist wegen der Vorläufigkeit der Maßnahmen notwendig und soll im Rahmen der Buchführung erreicht werden. Bei befristeten Niederschlagungen ist die Führung von Niederschlagungslisten nicht zwingend, wenn über die Finanzbuchhaltung die Weiterverfolgung durch den Fachbereich (das Fachamt) möglich ist. Anhand der OP-Liste[9] ist die Zahlungsbereitschaft bzw. Zahlungsfähigkeit des Schuldners in angemessenen Zeitabständen zu überprüfen. Dies sollte zumindest einmal im Haushaltsjahr erfolgen. Gegebenenfalls ist die Verjährung rechtzeitig zu unterbrechen.

Eine **unbefristete Niederschlagung** kommt nur in Frage, wenn die Einziehung wegen der wirtschaftlichen Verhältnisse des Schuldners (z. B. mehrmalige erfolglose Vollstreckungsversuche mit nicht zu erwartender Besserungsaussicht) oder aus anderen Gründen (z. B. Tod, Auflösung der Firma) **dauernd** ohne Erfolg bleiben wird. Die unbefristete Niederschlagung ist außerdem zulässig, wenn die Kosten der Beitreibung im Verhältnis zur Höhe des Anspruches zu hoch sind. Zu den Kosten der Beitreibung zählt auch der anteilige sonstige Verwaltungsaufwand. Bei einer unbefristeten Niederschlagung wird von einer weiteren Verfolgung des Anspruches abgesehen, sodass sich hier die Führung von „Niederschlagungslisten" erübrigt. Allerdings muss die Verjährungsfrist überwacht werden, damit nach Eintritt der Verjährung, die Forderung ausgebucht wird.

Sowohl bei der befristeten als auch bei der unbefristeten Niederschlagung ist die Beitreibung der Forderungen innerhalb der Verjährungsfrist erneut zu versuchen, wenn sich Anhaltspunkte dafür ergeben, dass sie Erfolg haben könnte. Da aber bei den unbefristeten Niederschlagungen keine besonderen Niederschlagungslisten geführt werden, dürfte eine erneute Verfolgung dieser Ansprüche in der Praxis allerdings wohl in der Regel ausscheiden.

19.4.4.3 Praktisches Verfahren bei einer Niederschlagung (Einzelwertberichtigung)

Da die Niederschlagung ausschließlich aus der Sicht der Gemeinde erfolgt, geht ihr kein Antrag des Schuldners voraus. Bei dieser verwaltungsinternen Maßnahme ergeht deshalb auch kein Niederschlagungsbescheid. Das zuständige Fachamt, welches die Forderung veranlasst hat, sollte über die Niederschlagung entscheiden. Dies muss natürlich in Zusammenarbeit mit der Gemeindekasse geschehen, weil diese über die

9 OP-Liste = Offene-Posten-Liste.

Informationen der Einziehungsproblematik verfügt. Häufig wird die Gemeindekasse nach erfolglosen Vollstreckungshandlungen beim Fachamt die Niederschlagung beantragen.

Buchungstechnisch wird der niedergeschlagene Betrag weiter als Ertrag im Haushaltsjahr ausgewiesen. Die Forderung bleibt in der Debitorenbuchhaltung bestehen und kann über die OP-Liste weiterhin überwacht werden. Mit der Bruttobuchung „Abschreibung von Forderungen an Einzelwertberichtigung“ wird die Wertberichtigung als Aufwand gebucht und bilanziell ausgewiesen.

Wie bei der Stundung sollte das Verfahren in einer Dienstanweisung geregelt werden, die auch die Entscheidungsbefugnisse genau festsetzt. Ein solches Beispiel ist in Kap. 19.4.6 enthalten.

19.4.4.4 Pauschalwertberichtigung

Bei den vorangehenden Gliederungsziffern wurde beschrieben, wann und unter welchen Voraussetzungen wie eine einzelne Forderung niederzuschlagen ist. Insofern wurde dafür der Begriff „Einzelwertberichtigung“ verwendet.

In der kommunalen Praxis werden jedoch auch pauschale Wertberichtungen durchgeführt. Die Notwendigkeit ergibt sich daraus, einen Jahresabschluss zu erstellen, der ein den tatsächlichen Verhältnissen entsprechendes Bild der Lage am Ende eines Haushaltsjahres entspricht (Bilanzerfordernis gemäß § 95 Abs. 1 Satz 2 GemO). Probleme bestehen dadurch, dass der Ertrag ergebniswirksam den Jahresabschluss positiv beeinflusst. Der tatsächliche Zahlungseingang bleibt somit unberücksichtigt. Kann eine größere Zahl von Erträgen erfahrungsgemäß nicht realisiert und können Einzelwertberichtigungen z. B. in Form von Niederschlagungen aus rechtlichen Gründen noch nicht ausgesprochen werden, würden die Erträge das Jahresergebnis zu positiv darstellen. Die notwendigen Wertberichtigungen würden dann erst spätere Perioden ungerechtfertigt belasten, wenn die Niederschlagungen ausgesprochen werden können.

Das widerspricht der Periodengerechtigkeit im doppischen Buchungssystem. Vor allem bei der Gewerbesteuer weiß die Gemeinde aus Erfahrung, dass ein gewisser Prozentsatz der festgesetzten Forderungen nicht eingezogen werden kann, ohne schon konkret zu wissen, bei welchem Debitor dies der Fall sein wird (allgemeines Ausfallrisiko). Deshalb wird der aufgrund dieser Erfahrung zu ermittelnde voraussichtliche Einzahlungsausfall pauschal auf der Grundlage von Erfahrungswerten je Ertragsart geschätzt und mit einer Pauschalwertberichtigung bereinigt. Damit wird das Jahresergebnis realitätsnäher dargestellt. In den nachfolgenden Haushaltsjahren kann dann eine Verrechnung mit den tatsächlichen Einzelwertberichtungen (konkrete Niederschlagungen) erfolgen.

Die Pauschalwertberichtigung wird ebenfalls als Aufwand gebucht (Bruttobuchung). Dabei ist zu empfehlen, ein eigenes Unterkonto bei der Wertberichtigung zu bilden, um eine Trennung von der Einzelwertberichtigung zu erreichen. Eine weitergehende Darstellung der Abwicklung bleibt den Erläuterungen zum Jahresabschluss in Kap. 22 vorbehalten.

19.4.5 Erlass

19.4.5.1 Voraussetzungen

Der Erlass einer Forderung bedeutet den endgültigen Verzicht auf den Anspruch. Rechtsgrundlagen können die § 227 AO und § 32 Abs. 3 GemHVO sein, je nachdem um welche Forderungsart es sich handelt (siehe Kap. 19.4.2). § 32 Abs. 3 GemHVO stellt als Voraussetzung für einen Erlass darauf ab, dass die Einziehung der Forderung eine besondere Härte für den Schuldner bedeuten muss. § 227 AO geht dagegen weiter, in dem er den Erlass nur zulässt, wenn die Einziehung einer Forderung unbillig wäre.

Darunter fallen zunächst einmal die persönlichen Billigkeitsgründe des Schuldners, wie sie in § 32 Abs. 3 GemHVO umschrieben sind. Zum Beispiel wäre der Erlass eines Anspruchs zulässig, wenn eine Steuereinziehung die Fortführung eines Gewerbebetriebes erheblich gefährden oder die Lebensexistenz eines Einzelnen derart beeinträchtigt würden, dass er Sozialhilfe beantragen müsste. Vorrangig sind jedoch immer Stundung und Niederschlagung zu prüfen, weil ein einmal ausgesprochener Erlass einer Forderung dauerhaft ist. Daraus ergibt sich, dass ein Erlass nur im äußersten Ausnahmefall ausgesprochen werden kann.

Neben den persönlichen Billigkeitsgründen sind nach der Abgabenordnung auch sachliche Billigkeitsgründe möglich. Sie müssen objektiv gegeben sein, also unabhängig von der wirtschaftlichen Situation des Schuldners vorliegen. Dies ist dann gegeben, wenn eine Besteuerung im Einzelfall der Gesetzesabsicht zuwiderlaufen würde, weil der Gesetzgeber diesen besonderen Fall nicht bedacht hat. Das ist natürlich äußerst selten der Fall. An dem nachstehenden Beispiel soll es erläutert werden.

Beispiel:
A erbt von seinem Vater einige Kunstgegenstände, die sich als Leihgabe in einem staatlichen Museum befinden. A will die Leihgabe weiter auf Dauer dem Museum belassen. Da er juristisch der Erbe ist, würde für diese Kunstgegenstände Erbschaftsteuer anfallen. Aus sachlichen Gründen wäre aber eine Besteuerung durch den Staat, der ja die Leihgabe nutzt, nicht gerechtfertigt, sodass ein Steuererlass ausgesprochen werden kann.

19.4.5.2 Praktisches Verfahren

Dem Erlass hat ein Antrag des Schuldners vorauszugehen, über den der zuständige Fachbereich entscheidet. Zwar erfolgt die Entscheidung regelmäßig in Form eines Verwaltungsaktes, jedoch bei privatrechtlichen Forderungen gemäß § 397 BGB durch einen privatrechtlichen Vertrag und nicht durch eine einseitige Willenserklärung. Die Forderung wird nunmehr ausgebucht.

Sofern noch keine Wertberichtigung durchgeführt wurde, lautet der Buchungssatz „Abschreibung von Forderungen an Debitor“. Nach einer Wertberichtigung lautet der Buchungssatz „Wertberichtigung an Debitor“.

19.4.6 Beispiel einer Dienstanweisung

Die nachstehende Dienstanweisung ist an die Regelungen in der kommunalen Praxis angelehnt:

Dienstanweisung über Stundungen, Niederschlagungen und Erlasse von privatrechtlichen und öffentlich-rechtlichen Ansprüchen der Gemeinde G sowie über die Aussetzung der Vollziehung und die einstweilige Einstellung von Vollstreckungsmaßnahmen bei der Anforderung von öffentlich-rechtlichen Abgaben und Kosten

Dienstanweisung

Aufgrund des Gemeinderatsbeschlusses vom ...... und §§ 24 Abs. 1 i. V. m. § 39 Abs. 2 Nr. 3 GemO ergeht folgende Dienstanweisung über Stundungen, Niederschlagungen und Erlasse von Ansprüchen der Gemeinde G. Sie gilt nach § 32 GemHVO für alle privatrechtlichen Ansprüche und für solche öffentlich-rechtliche, auf Gesetz, Verordnung oder Satzung beruhende Ansprüche, die keine Abgabenansprüche sind. Für Abgabeansprüche ist sie im Rahmen der Vorschriften der AO und des KAG anzuwenden.

1. Stundung

1.1 Begriff

Die Fälligkeit eines Anspruches wird für eine bestimmte Zeit hinausgeschoben.

1.2 Voraussetzungen

Die gegenwärtige Einziehung eines Anspruchs ist mit einer erheblichen Härte für den Schuldner verbunden. Seine Zahlungsfähigkeit ist eingeschränkt durch das Zusammentreffen mehrerer Leistungen, geschäftlicher Schwierigkeiten, Krankheit und anderer persönliche Notstände.

Der Schuldner, der Stundung beantragt, muss zahlungswillig sein. Wer seine mangelnde Leistungsfähigkeit selbst verschuldet hat, ist nicht stundungswürdig. Die Verwirklichung des Anspruchs darf durch die Stundung nicht gefährdet werden. Der Schuldner muss in der Lage sein, zu den späteren Fälligkeitsterminen die volle Leistung zu erbringen.

1.3 Verfahren

Bevor eine Stundung ausgesprochen wird, ist bei der Gemeindekasse nachzufragen, welche Rückstände bestehen, welche Zahlungsmoral der Schuldner hat und ob bereits Beitreibungsmaßnahmen eingeleitet worden sind. Sind bereits Beitreibungsmaßnahmen eingeleitet, ist zu entscheiden, ob die Gemeindekasse Vollstreckungsschutz nach den gesetzlichen Vorschriften oder das Fachamt Stundung gewähren soll.

Die Stundungsdauer richtet sich nach dem Einzelfall. Sie soll möglichst kurz bemessen sein.

Eine Sicherheitsleistung ist zu fordern, wenn zweifelhaft ist, ob der Schuldner am Fälligkeitstag seiner Zahlungspflicht auch nachkommen wird. Wegen der Art und Form der Sicherheitsleistung wird auf §§ 241 ff. AO verwiesen.
Stundungszinsen sind grundsätzlich zu erheben, sofern dies nicht durch Gesetz ausgeschlossen ist. Stundungszinsen, die im Einzelfall für die Laufzeit der Stundung den Betrag von 10 € unterschreiten, sind nicht anzufordern.
Stundungen sind schriftlich unter Vorbehalt des jederzeitigen Widerrufs auszusprechen. Außerdem ist eine auflösende Bedingung beizufügen für den Fall, dass der Schuldner mehr als einer Rate im Rückstand ist.

1.4 Zuständigkeit

Die Fachämter – für das Steueramt gilt Absatz 3 – können im Einzelfall bis zu 10.000 € stunden. Die Stundungsverfügung ist bei den Fachämtern vom Amtsleiter, seinem Vertreter oder dem Dienstleiter zu unterzeichnen. In besonderen Fällen kann der Bürgermeister auf Antrag weitere Delegationen vornehmen.
Für Stundungen über 10.000 € haben die Fachämter begründete Anträge, die vom Amtsleiter, seinem Vertreter oder dem Dienststellenleiter zu unterzeichnen sind, der Kämmerei nach Vordruck in doppelter Ausfertigung vorzulegen. Der Amtsleiter der Kämmerei oder sein Vertreter entscheidet sodann über Stundungen bis zu 40.000 €. Bei Stundungen bis 100.000 € entscheidet der Bürgermeister. Bei Stundungsanträgen über 100.000 € bzw. über 18 Monate entscheidet der Gemeinderat/Ausschuss.
Das Steueramt kann in Einzelfällen bis 40.000 € stunden. Beim Steueramt unterzeichnen die Abteilungsleiter oder ihre Vertreter Stundungsverfügungen bis 500 € und der Amtsleiter oder sein Vertreter bis 40.000 €. Bei Beträgen über 40.000 € legt das Steueramt begründete Stundungsanträge dem Bürgermeister vor, der hierüber entscheidet. Bei Stundungsanträgen über 100.000 € bzw. über 18 Monate entscheidet der Gemeinderat/Ausschuss.

2. Niederschlagung

2.1 Begriff

Die Weiterverfolgung eines fälligen Anspruchs wird ohne Verzicht auf den Anspruch selbst befristet oder unbefristet zurückgestellt.

2.2 Voraussetzungen

Ein Anspruch ist befristet niederzuschlagen, wenn die Einziehung vorübergehend keinen Erfolg haben wird. Ein Anspruch ist unbefristet niederzuschlagen, wenn die Einziehung dauernd keinen Erfolg haben wird oder bei Beträgen bis zu 50 € fruchtlos verlaufen ist.

2.3 Verfahren

Bevor über die Niederschlagung entschieden werden kann, sind Nachweise über die Erfolglosigkeit der Beitreibung zu erbringen (z. B. Niederschrift der Gemeindekasse, Unpfändbarkeitsprotokolle des Gerichtsvollziehers).

Die Niederschlagung ist eine verwaltungsinterne Maßnahme, die dem Schuldner nur bekannt gegeben wird, wenn er dies beantragt hat. In der Mitteilung ist klarzustellen, dass die Niederschlagung weder eine Stundung noch einen Erlass darstellt, die Forderung weiterhin fällig bleibt und jederzeit vollstreckt werden kann. Nach erfolgter befristeter Niederschlagung sind die wirtschaftlichen Verhältnisse des Schuldners noch fünf Jahre durch mindestens eine Ermittlung im Jahr zu überwachen.
Die Einziehung unbefristet niedergeschlagener Ansprüche ist erneut zu versuchen, wenn sich Anhaltspunkte dafür ergeben, dass sie Erfolg haben könnte und der Anspruch nicht verjährt ist.
Die Niederschlagungen sind von den Fachämtern zu überwachen. Die über die unbefristet niedergeschlagenen Ansprüche geführten Akten sind von den Fachämtern bis zur Verjährung des Anspruchs weiterzuführen.

2.4 Zuständigkeit

Die Fachämter – für das Steueramt gelten bei Beträgen bis 40.000 € und für die Gemeindekasse bei Säumniszuschlägen und sonstigen Nebenleistungen bis 2.000 € die Sonderregelungen in Absatz 2 und 3 – reichen die begründeten Anträge, die vom Amtsleiter, seinem Vertreter oder dem Dienstleiter zu unterzeichnen sind, der Kämmerei nach Vordruck in doppelter Ausfertigung ein.
Es entscheiden bei Beträgen

a) bis 2.000 € der zuständige Sachgruppenleiter der Kämmerei,
b) bis 40.000 € der Amtsleiter der Kämmerei oder sein Vertreter,
c) bis 150.000 € der Bürgermeister,
d) über 150.000 der Gemeinderat/Ausschuss.

Über die Niederschlagung von Säumniszuschlägen und sonstigen Nebenleistungen entscheidet bei Beträgen bis zu 2.000 € der Verantwortliche für die Gemeindekasse oder sein Vertreter. Die befristet und unbefristet niedergeschlagenen Beträge sind listenmäßig nachzuweisen und jährlich bis zum 31 März für das abgelaufene Haushaltsjahr der Kämmerei bekanntzugeben. Bei Beträgen über 2.000 € verbleibt es bei der Regelung des Absatzes 1.
Über Niederschlagungen beim Steueramt entscheidet bis 40.000 € der Amtsleiter oder sein Vertreter. Bei Beträgen über 40.000 € verbleibt es bei der Regelung des Absatzes 1. Die befristet und unbefristet niedergeschlagenen Beträge sind nachzuweisen und jährlich bis zum 31. März, für das abgelaufene Haushaltsjahr der Kämmerei bekanntzugeben. In besonderen Fällen kann der Hauptverwaltungsbeamte auf Antrag weitere Delegationen vornehmen.
Sind Stundungszinsen berechnet worden, so sind diese dem Hauptanspruch, für den die Niederschlagung beantragt wird, hinzuzurechnen.
Vor einer befristeten Niederschlagung ist bei Beträgen über 4.000 € und vor einer unbefristeten Niederschlagung bei Beträgen über 2.000 € von der Kämmerei bzw. dem Steueramt eine Stellungnahme durch das Rechnungsprüfungsamt einzuholen.

3. Erlass

3.1 Begriff

Auf den Anspruch wird endgültig verzichtet. Der Verzicht auf die Geltendmachung eines entstandenen Anspruchs kommt einem Erlass gleich.

3.2 Voraussetzungen

Ansprüche sind in folgenden Fällen zu erlassen:

Die Einziehung des Anspruchs ist unbillig. Dabei kann die Härte in der Sache liegen und durch Anwendung des Gesetzes, der Satzung oder des Vertrages im Einzelfall verursacht werden. Der Erlass aus persönlichen Gründen setzt eine lange oder dauernde wirtschaftliche Notlage voraus. Dabei darf der Notstand nicht selbst verschuldet worden sein.

3.3 Verfahren

Bei Erlassen ist ausführlich darzustellen, dass die sachlichen oder persönlichen Voraussetzungen gegeben sind.

Die gegenwärtige Leistungsunfähigkeit des Schuldners rechtfertigt allein nicht den Erlass, sondern erst der Nachweis der dauernden Zahlungsunfähigkeit.

Dem Schuldner, der einen Erlass beantragt hat, ist ein schriftlicher Bescheid zu erteilen.

Über die Erlasse ist von den Fachämtern eine Liste nach Vordruck zu führen, die jährlich bis zum 31. März für das abgelaufene Haushaltsjahr der Kämmerei vorzulegen ist.

3.4 Zuständigkeit

Die Fachämter – für das Steueramt gelten bei Beträgen bis 10.000 € und für die Gemeindekasse bei Säumniszuschlägen und sonstigen Nebenleistungen bis 2.000 € die Sonderregelungen in Absatz 2 und 3 – reichen die begründeten Anträge, die vom Amtsleiter, seinem Vertreter oder dem Dienstleiter zu unterzeichnen sind, der Kämmerei nach Vordruck in doppelter Ausfertigung ein.

Es entscheiden bei Beträgen

a) bis 2.000 € der zuständige Sachgruppenleiter der Kämmerei,
b) bis 10.000 € der Amtsleiter der Kämmerei oder sein Vertreter,
c) bis 40.000 € der Bürgermeister,
d) über 40.000 € der Gemeinderat/Ausschuss

Über die Gewährung oder Ablehnung des Erlasses von Säumniszuschlägen und sonstigen Nebenleistungen entscheidet bei Beträgen bis zu 2.000 € der Verantwortliche für die Gemeindekasse oder sein Vertreter. Die erlassenen Beträge sind listenmäßig nachzuweisen und jährlich bis zum 31. März für das abgelaufene Haushaltsjahr der Kämmerei bekannt zu geben. Bei Beträgen über 2.000 € verbleibt es bei der Regelung des Absatzes 1.

Über die Gewährung oder Ablehnung des Erlasses beim Steueramt entscheidet bis 10.000 € der Amtsleiter oder sein Vertreter. Die erlassenen Beträge sind listenmäßig nachzuweisen und jährlich bis zum 31. März, für das abgelaufene Haushaltsjahr der Kämmerei bekanntzugeben. Bei Beträgen über 10.000 € verbleibt es bei den Regelungen des Absatzes 1.

In besonderen Fällen kann der Bürgermeister auf Antrag weitere Delegationen vornehmen.
Sind Stundungszinsen berechnet worden, so sind diese dem Hauptanspruch, für den der Erlass beantragt wird, hinzuzurechnen.
Bei Beträgen über 2.000 € ist vor Gewährung des Erlasses von der Kämmerei bzw. dem Steueramt eine Stellungnahme durch das Rechnungsprüfungsamt einzuholen.

4. Aussetzung der Vollziehung

4.1 Begriff

Die Aussetzung der Vollziehung kommt in ihrer Wirkung der Stundung gleich.

4.2 Voraussetzung

Nach Einlegung des Widerspruchs bzw. der Erhebung der Anfechtungsklage kann die Vollziehung nach Maßgabe des § 80 Abs. 4 VwGO ganz oder teilweise ausgesetzt werden, wenn ernstliche Zweifel an der Rechtmäßigkeit des angefochtenen Verwaltungsakts (Abgabenbescheids) vorliegen. Das ist der Fall, wenn die summarische Prüfung ergibt, dass der Erfolg des Rechtsmittels im Hauptverfahren mindestens ebenso wahrscheinlich ist wie der Misserfolg.
Das Fachamt hat der Gemeindekasse innerhalb einer Woche mitzuteilen, ob die Aussetzung der Vollziehung gewährt wird oder die Beitreibung eingeleitet werden kann.

4.3 Verfahren

Über die Aussetzung der Vollziehung entscheiden bis zur Klageerhebung das Fachamt und danach das Rechtsamt. Dem Antragsteller ist hierüber ein schriftlicher Bescheid zu erteilen.

4.4 Verzinsung

Soweit Rechtsbehelfe im Vorverfahren und Rechtsmittel im Hauptverfahren gegen den angefochtenen Verwaltungsakt erfolglos bleiben, ist der geschuldete Betrag hinsichtlich dessen die Vollziehung des angefochtenen Verwaltungsakts ausgesetzt wurde, nach den gesetzlichen Vorschriften zu verzinsen.

5. Einstweilige Einstellung von Vollstreckungsmaßnahmen

5.1 Begriff

Im Gegensatz zu Stundung und Aussetzung der Vollziehung berührt die einstweilige Einstellung von Vollstreckungsmaßnahmen die Fälligkeit des Anspruchs nicht.

5.2 Voraussetzungen

Solange die Gemeinde oder ein Gericht über einen Antrag auf Aussetzung der Vollziehung nicht entschieden hat, sollen Vollstreckungsmaßnahmen unterbleiben. Dies gilt nicht, wenn der Antrag völlig aussichtslos ist, offensichtlich nur ein Hinausschieben der Vollstreckung bezweckt oder wenn Gefahr im Verzug ist.

5.3 Verfahren
Wird der Antrag auf Aussetzung der Vollziehung bei der Gemeinde gestellt, so entscheidet das zuständige Fachamt über die einstweilige Einstellung von Vollstreckungsmaßnahmen; im gerichtlichen Verfahren trifft diese Entscheidung das Rechtsamt. Die Entscheidung über die einstweilige Einstellung von Vollstreckungsmaßnahmen ist der Gemeindekasse unverzüglich mitzuteilen.

5.4 Erhebung von Säumniszuschlägen
Die einstweilige Einstellung von Vollstreckungsmaßnahmen ist eine verwaltungsinterne Maßnahme; sie lässt die Fälligkeit des Anspruchs unberührt. Das hat zur Folge, dass durch Nichtzahlung Säumniszuschläge verwirkt werden, die aber nur bei erfolglosem Aussetzungsverfahren zu erheben sind.

Gemeinde G, Datum Unterschrift Bürgermeister

19.4.7 Übungen

Sachverhalt Nr. 5

Die Gemeinde G beabsichtigt, aufgrund der folgenden Sachverhalte Stundungen auszusprechen:

a) Der Gastwirt W bittet, die fällige Gewerbesteuer drei Monate später zahlen zu dürfen, weil er zu diesem Zeitpunkt eine Einkommensteuererstattung erwartet. Ansonsten müsste er erhebliche Zinsverluste für vorzeitig in Anspruch genommene Spargelder hinnehmen.
b) Der Schreinermeister S bittet um die Stundung einer Gewerbesteuerforderung bis zur in drei Monaten fälligen Einkommensteuererstattung des Finanzamtes. Er weist darauf hin, dass sein Kreditkontingent vollständig ausgeschöpft sei und auch dringende Lohnforderungen gegen ihn anstehen. Verwertbares Sach- und Finanzvermögen steht nicht zur Verfügung. Gewinne werde sein Betrieb erst wieder in einem halben Jahr abwerfen.
c) Der Gewerbetreibende G bittet um die Stundung seiner Gewerbesteuerzahlung. Er begründet den Antrag damit, dass er noch erhebliche Handwerkerrechnungen zu begleichen habe. Vom Finanzamt kommt die Auskunft, dass sich ein Insolvenzverfahren anbahnt.

Aufgabe:
Prüfen Sie die rechtliche Zulässigkeit der vorgenannten Stundungen.

Lösung:
Bei der in allen Teilsachverhalten angesprochenen Gewerbesteuer handelt es sich um eine Realsteuer, sodass gemäß § 1 Abs. 2 Nr. 5 AO über die Stundung nach den Vorschriften des § 222 AO zu entscheiden ist. Voraussetzung für eine Stundung ist, dass

die Einziehung der Gewerbesteuer zum Fälligkeitstermin eine erhebliche Härte für den Schuldner darstellen würde und der Anspruch durch die Stundung nicht gefährdet erscheint. In Bezug auf die Voraussetzungen sind die Teilfälle wie folgt zu beurteilen:

a) Die vom Gastwirt geltend gemachte Härte liegt darin, dass er die zur Gewerbesteuerzahlung notwendigen Mittel unter Zinsverlust vom Sparbuch abheben muss. Das Argument des Zinsverlustes ist jedoch nicht zu beachten, weil bei jeder Zahlung ein Zinsverlust für den Zahlenden eintritt, indem eine mögliche Geldanlage mit der Zahlung entfällt. Dazu kommt, dass die zu erzielenden Zinsgewinne auf dem Sparbuch sicherlich geringer sind, als die gemäß § 234 AO festzusetzenden Stundungszinsen, sodass die sofortige Zahlung dem Gastwirt sogar wirtschaftliche Vorteile bringen würde. Es liegt somit keine Härte für den Gastwirt vor, da er zurzeit durchaus zahlungsfähig ist. Auch das Argument der sich abzeichnenden Einkommensteuererstattung ist nicht triftig, weil jede Steuer unabhängig voneinander zu sehen ist. Die Stundung ist nach alldem unzulässig.
b) Der Schreinermeister S verfügt zurzeit über keine Mittel zur Begleichung der Forderung, zumal auch eine Finanzierung über den Kreditmarkt nicht möglich ist. Die Zahlung kann somit zu dem Fälligkeitstermin objektiv nicht erfolgen. Insofern verfügt S erst wieder mit der Einkommensteuererstattung über entsprechende Zahlungsmittel, sodass bis zu diesem Zeitpunkt gestundet werden kann. Aus dem Sachverhalt sind Gefährdungen der Zahlung nicht ersichtlich. Zudem kann durch eine Abtretung der Einkommensteuererstattung des Finanzamtes auf einem amtlichen Vordruck des Finanzamtes an die Gemeinde die gestundete Gewerbesteuerzahlung gesichert werden.
c) Wie im Fall b) verfügt der Gewerbetreibende zurzeit über keine ausreichenden Mittel, sodass die Einziehung der Gewerbesteuer bei Fälligkeit eine besondere Härte für ihn darstellen würde. Allerdings wäre der Anspruch bei einer Stundung gefährdet, weil damit zu rechnen ist, dass G später zahlungsunfähig sein wird, zumal sich ein Insolvenzverfahren anbahnt. Wegen der Gefährdung des Zahlungseinganges ist die Stundung gemäß § 222 AO unzulässig. Die Gemeinde muss versuchen, die Forderung schnellstens zu verwirklichen.

Sachverhalt Nr. 6

Die Gemeinde G stundet zulässigerweise eine zum 25.10.2023 fällige Forderung von 4.530 €. Dabei handelt es sich um einen Anspruch aus Abfallbeseitigungsgebühren. Es werden Monatsraten von je 900 €, erstmals fällig zum 25.01.2024 festgesetzt.

Aufgabe:
Ermitteln Sie die festzusetzenden Stundungszinsen.

Lösung:
Es handelt sich um ein öffentlich-rechtliches Entgelt (Benutzungsgebühr), somit um eine Abgabe nach § 1 Abs. 1 KAG. Gemäß § 3 Abs. 1 Nr. 5 Buchst. b KAG ist für die Berechnung der Stundungszinsen § 234 AO anzuwenden. Danach sind Zinsen zu erheben, zumal der Sachverhalt keinen Anhaltspunkt für einen Zinsverzicht enthält. Ge-

mäß § 238 Abs. 1 AO betragen die Zinsen für jeden vollen Monat 0,5 %. Die Forderung ist dabei auf volle 50 €, also auf 4.500 €, abzurunden.

In der Praxis gibt es zwei Berechnungsverfahren, die nachstehend Anwendung finden.

a) Konventionelles Berechnungsverfahren

Zahlungs-termine	Betrag €	Stundungs-dauer	Restbetrag €	gerundeter Betrag €	Zinsen €
–	–	25.10.–25.1.	4.530,00	4.500,00	67,50
25.1.24	900,00	26. 1.–25.2.	3.630,00	3.600,00	18,00
25.2.24	900,00	26. 2.–25.3.	2.730,00	2.700,00	13,50
25.3.24	900,00	26. 3.–25.4.	1.830,00	1.800,00	9,00
25.4.24	900,00	26. 4.–25.5.	930,00	900,00	4,50
25.5.24	900,00	26. 5.–25.6.	30,00	–	–
25.6.24	30,00	–	–	–	–
				Stundungszinsen	**112,50**

b) Vereinfachtes Berechnungsverfahren

Ausgangsbasis sind die Raten, wobei zu überlegen ist, wie lange eine einzelne Rate zu verzinsen ist, bis sie gezahlt wird. Auf dieser Grundlage ergibt sich nachstehende Berechnung:

Rate vom 25.5.2024 = 7 Monate
Rate vom 25.4.2024 = 6 Monate
Rate vom 25.3.2024 = 5 Monate
Rate vom 25.2.2024 = 4 Monate
Rate vom 25.1.2024 = 3 Monate
25 Monate × 0,5 % × 900,00 €
= **112,50 €**

Sachverhalt Nr. 7

Der ledige Schulhausmeister H ist Ende September 2024 verstorben. Angehörige und finanzielle Mittel einschließlich Vermögen sind nicht vorhanden. Nach dem Tod des Hausmeisters wird festgestellt, dass lediglich die Miete für Januar 2024 in Höhe von 300 € überwiesen wurde.

Aufgaben:

a) Prüfen Sie, was bezüglich der geschuldeten Miete für die Zeit vom 1.2. bis 30.9.2024 zu veranlassen ist.
b) Wie würde sich die Lösung ändern, wenn der Hausmeister stattdessen unbekannt verzogen wäre?

Lösung:

a) Es handelt sich bei der ausstehenden Miete um eine privatrechtliche Forderung, sodass § 32 Abs. 2 GemHVO heranzuziehen ist. Es fragt sich, ob in diesem Fall eine Niederschlagung der Mietforderung zulässig ist. Voraussetzung dazu ist gemäß § 32 Abs. 2 GemHVO, dass die Einziehung des Anspruches keine Aussicht auf Erfolg hat. Dies ist gegeben, weil der Zahlungspflichtige verstorben ist und Angehörige, auf die im Rahmen des Erbrechtes evtl. zurückgegriffen werden könnte, nicht vorhanden sind. Finanzielle Mittel einschließlich Vermögen sind laut Sachverhalt nicht vorhanden. Eine Einziehung ist somit praktisch nicht realisierbar. Da sie auch zum späteren Zeitpunkt nicht möglich sein wird, erfolgt deshalb eine unbefristete Niederschlagung. Eine Eintragung in die Niederschlagungsliste erübrigt sich bei einer unbefristeten Niederschlagung.
   Es ist zu unterstellen, dass die Jahresmiete von 3.600 € als Forderung gebucht wurde. Da die Wohnung ab Oktober 2024 nicht mehr bewohnt wird, sind die Mieten für die Monate Oktober bis Dezember 2024 in Höhe von 3 × 300 € = 900 € wieder als Forderung auszubuchen und der Mietertrag ist zu berichtigen (Soll-Buchung auf dem Mietertragskonto). Die niedergeschlagenen Beträge für die Monate Februar bis September 2020 von 8 × 300 € = 2.400 € sind als Einzelwertberichtigung zu buchen (Bruttobuchung: Abschreibung von privatrechtlichen Forderungen an Einzelwertberichtigung). Es ist allerdings der Gemeindekasse ein Vorwurf zu machen, weil diese nicht in der Lage war, die Mieten für die Monate Februar bis September 2024 einzuziehen. Dies wäre sicherlich ohne größeren Verwaltungsaufwand über eine Aufrechnung mit dem Hausmeistergehalt möglich gewesen.

b) Auch in diesem Fall erfolgt eine Niederschlagung, weil die Forderung nicht realisiert werden kann. Dies geschieht wegen einer möglichen späteren Verwirklichung jedoch in Form einer befristeten Niederschlagung, sodass die bestehende Forderung von 2.400 € als Einzelwertberichtigung gebucht wird. Von Zeit zu Zeit haben das zuständige Fachamt oder die Gemeindekasse zu prüfen, ob der Aufenthaltsort des ehemaligen Hausmeisters bekannt ist, um dann gegebenenfalls erneute Beitreibungsaktivitäten zu veranlassen. Es empfiehlt sich zudem, einen Vermerk in die Einwohnermeldedatei aufnehmen zu lassen, damit von dort unverzüglich Informationen über den neuen Wohnort dem zuständigen Fachamt bzw. der Gemeindekasse übergeben werden können.

19.5 Auftragsvergaben

19.5.1 Verfahren und Voraussetzungen

Bei Auftragsvergaben handelt es sich um Verwaltungshandlungen im Rahmen des bürgerlichen Rechts. Ein Vertrag kommt durch ein Angebot und die Annahme des Angebots zustande. Die Annahme eines Angebots wird in der Verwaltung regelmäßig als „Auftragsvergabe“ bezeichnet.

Gemäß § 77 Abs. 2 GemO muss die Gemeinde das wirtschaftlichste Angebot ermitteln und annehmen, wobei natürlich primär die sachlichen und technischen Anforderungen erfüllt sein müssen. Dazu ist es zunächst erforderlich, über eine gewisse Zahl von Angeboten zu verfügen. Dies wird dadurch erreicht, dass jeder in Frage kommende Lieferant die Möglichkeit der Angebotsabgabe erhält. Die allgemeine Zugänglichkeit wird durch eine öffentliche Ausschreibung über die zu erbringende Lieferung oder Leistung erreicht.

Aus dem Haushaltsgrundsatz der Wirtschaftlichkeit und Sparsamkeit ergibt sich, dass einer Auftragsvergabe grundsätzlich eine öffentliche Ausschreibung voranzugehen hat.[10] Dadurch findet am Markt ein Leistungswettbewerb der entsprechenden Unternehmen mit dem Ergebnis des günstigsten Angebots für die Gemeinde statt. Außerdem werden Nachfragemonopole verhindert, zumal in vielen Bereichen die öffentliche Hand Alleinabnehmer ist; man denke dabei nur an den Bau von Straßen, Sporthallen oder Kläranlagen. Dies kommt dem Wettbewerb am Markt aus der Sicht der Unternehmen zugute. Bei den Ausschreibungen darf allerdings das Problem der Unternehmensabsprachen (Frühstückskartelle) und der möglichen Korruptionen nicht übersehen werden.

Das Verfahren der öffentlichen Ausschreibung bis hin zur Auftragsvergabe ist im Überblick darzustellen. Die beabsichtigte Leistung (Bau einer Straße, Errichtung einer Schule, Kauf von Schreibtischen) wird öffentlich angeboten. Dies geschieht unter grober Beschreibung des Leistungsumfanges in Anzeigen der Tagespresse oder in Fachzeitschriften. Für Bauleistungen gibt es einen einheitlichen Bundesanzeiger. Nachstehend ist ein Beispiel einer solchen Anzeige abgedruckt:

Öffentliche Ausschreibung der Gemeinde G

1. Zimmerarbeiten. Erweiterung der Weiltorschule, 17 m³ Nadelholz liefern, 1.000 lfdm Bauholz verzimmern, 4,7 m³ Brettschichtholz liefern, 60 lfdm Brettschichtholz verzimmern, 425 m² Rauspundschalung verlegen.
Eröffnungstermin: 22.6.2024, Gebühr 14 €.

2. Klempnerarbeiten. Erweiterung Weiltorschule, 410 m² Dachflächen mit Titanzinkblechen in Doppelstehfalzdeckung, 54 lfdm Dachrinnen.
Eröffnungstermin: 22.6.2024, Gebühr 22 €.

3. Markierungsarbeiten. B 51, 2.000 Schmalstrich 12 cm, 300 m Randlinien 25 cm, 150 m Haltebalken 5 cm, 300 St. Fußwegkästchen 12/50, 85 St. Pfeile, 20 m² Demarkierung.
Eröffnungstermin: 17.6.2024, Gebühr 10 €.

Angebotsabgabe ab sofort in 99999 G, Rathausplatz 3, Zimmer 22, Postversand oder Direktabholung nur gegen Verrechnungsscheck mit Angabe der Buchungsstelle 27192644 bzw. Barzahlung.

G, den 24.5.2024 **Der Bürgermeister**
Unterschrift

10 Siehe § 31 GemHVO.

Auf Anfrage der Unternehmen werden gegen Verwaltungsgebühr bzw. Ersatz der Kosten die Einzelunterlagen über den Umfang und die Ausführung der gewünschten Leistung bzw. Lieferung diesen zugesandt. Bis zu einem bestimmten Termin müssen die Angebote der Unternehmen bei der Gemeinde eingehen. An diesem Termin erfolgt die sogenannte „Submission", die Öffnung der bis dahin verschlossenen Angebote. Bei Baumaßnahmen erfolgt die Submission öffentlich, wovon die anbietenden Baufirmen Gebrauch machen. Der Eröffnungstermin und -ort wird bereits in den Ausschreibungsunterlagen genannt.

Die Submissionsunterlagen erhält dann der zuständige Sachbearbeiter zur rechnerischen, technischen und wirtschaftlichen Prüfung. Verhandlungen über die Preise der Angebote sind nicht zulässig, lediglich klärende Nachfragen sind erlaubt.

Die Auftragsvergabe erfolgt jetzt nicht unbedingt nach dem billigsten Angebot, sondern nach den Grundsätzen der Sparsamkeit, Wirtschaftlichkeit und Effizienz. Dabei sind zumindest folgende Aspekte zu berücksichtigen:

- erforderliche Sachkenntnis des Bieters einschließlich dessen Leistungsfähigkeit,
- Zuverlässigkeit des Bieters,
- technische und wirtschaftliche Mittel des Bieters,
- Angebotspreis.

Durch den Zuschlag, der schriftlich zu erfolgen hat, kommt der Vertrag zwischen der Gemeinde und dem günstigsten Bieter zustande.

Nicht in jedem Fall ist es sinnvoll, eine öffentliche Ausschreibung durchzuführen, denn als weitere Möglichkeiten kommen die beschränkte Ausschreibung und die freihändige Vergabe in Frage. Die Notwendigkeit ergibt sich aus der Natur des Geschäftes oder durch besondere Umstände, jeweils im Einzelfall. Bei einer beschränkten Ausschreibung fordert die Gemeinde spezielle Unternehmen schriftlich zur Angebotsabgabe auf. Bei der freihändigen Vergabe wird der Auftrag ohne vorherige Ausschreibung unmittelbar an ein Unternehmen vergeben, aber es sollten wenigstens drei Angebote eingeholt worden sein. Wie bereits angedeutet, müssen für den Verzicht auf eine öffentliche Ausschreibung nach § 3 Abs. 3 und 4 VOB/A besondere Gründe vorliegen; die wichtigsten sind nachstehend im Überblick enthalten:

- wenn die Leistung nur von einem beschränkten Kreis von Unternehmen ordnungsgemäß erbracht werden kann, z. B. wegen besonderer technischer Einrichtungen oder fachkundiger Arbeitskräfte;
- wenn die öffentliche Ausschreibung einen Aufwand verursachen würde, der zum erreichbaren Vorteil oder im Hinblick auf den Wert der Leistung unvertretbar wäre;
- wenn eine öffentliche Ausschreibung kein annehmbares Ergebnis gebracht hat;
- wenn die öffentliche Ausschreibung aus anderen Gründen unzweckmäßig ist, z. B. wegen Geheimhaltung oder Dringlichkeit, auch aus konjunkturpolitischen Gründen (schnelle Vergabe).

Voraussetzungen für eine freihändige Vergabe können nach § 3 Abs. 5 VOB/A sein:

- wenn für die Leistung nur ein bestimmter Unternehmer in Frage kommt, z. B. Inhaber eines patentierten Verfahrens;

- wenn die Leistung nach Art und Umfang nicht von vornherein eindeutig festgelegt werden kann (z. B. schwierige Ermittlung von Fehlerquellen bei Reparaturen);
- wenn eine kleinere Leistung sich von einer bereits vergebenen größeren Leistung nicht ohne Nachteile trennen lässt;
- wenn wegen besonderer Dringlichkeit der Leistung keine beschränkte Ausschreibung möglich ist;
- wenn bereits durchgeführte öffentliche oder beschränkte Ausschreibungen ohne Erfolg waren und eine erneute Ausschreibung kein annehmbares Ergebnis erwarten lässt;
- wenn es aus Gründen der Geheimhaltung erforderlich ist.

Da das kommunale Haushaltsrecht unmittelbar keine Regelungen zur Vergabe von Aufträgen enthält, finden die Vergabeverordnung (VgV vom 9.6.2021) und das Gesetz gegen Wettbewerbsbeschränkungen (GWB) vom 26.6.2013 in den jeweils gültigen Fassungen Anwendung.

Bezüglich einer europaweiten Ausschreibung sind die Schwellenwerte zu beachten. Diese werden durch EU-Verordnung alle zwei Jahre angepasst. Es gelten derzeit folgende Schwellenwerte (immer ohne Umsatzsteuer):
- für Bauaufträge: 5.382.000 €,
- für Verträge über Lieferung und Leistung: 215.000 €,
- für Sektorenauftraggeber bei Verträgen über Lieferung und Leistungen: 431.000 €,
- Aufträge oberster oder oberer Bundesbehörden: 140.000 €.[11]

Der Deutsche Verdingungsausschuss e. V. mit Sitz in Köln, an dem private und öffentliche Stellen beteiligt sind, hat umfangreiche Regelungen für das gesamte Verfahren entwickelt. Für die Bauleistungen besteht eine „Verdingungsordnung für Bauleistungen (VOB)“; für die sonstigen Leistungen wurde die „Verdingungsordnung für Leistungen (VOL)“ geschaffen. Zudem besteht die Verdingungsordnung für freiberufliche Leistungen (VOF), die z. B. für Architektenleistungen anzuwenden ist.

Auf Ortsebene können die Gemeinden regelmäßig ergänzende Vorschriften zu VOL und VOB in Form von Vergabeordnungen erlassen. Darin sind u. a. die Entscheidungs- und Prüfungsbefugnisse sowie die konkreten Auslegungen (betragsbezogen) für die beschränkte Ausschreibung bzw. freihändige Vergabe enthalten.

Die Vergabeordnungen einschließlich der örtlichen Ergänzungen stellen Richtlinien für das Verhalten der Gemeinden bei Vertragsabschlüssen dar. Sie sind deshalb keine vertragsbegründende Willensentscheidung für Angebot und Annahme. Dies wird durch einen förmlichen Auftrag der Gemeinde erreicht (Auftragsschreiben), wobei die Gemeinden im Rahmen des Auftrages regelmäßig die Bestimmungen der VOB bzw. VOL zum Vertragsinhalt machen.

11 EU-Verordnung Nr. 2021/1950-1951 der Kommission vom 10.11.2021.

Eine gemeindliche Vergabeordnung könnte zum Beispiel folgenden Inhalt haben:

Vergabeordnung der Gemeinde G

1. **Geltungsbereich**
   Die Vergabeordnung gilt für alle Ämter und angegliederten Einrichtungen mit Ausnahme der Stadtwerke. Die Vergabeordnung regelt die Deckung des gemeindlichen Bedarfs an Lieferungen und Leistungen einschließlich Bauleistungen, ausgenommen Architekten- und Ingenieurleistungen.

2. **Verbindliche Vergabevorschriften**
   Verbindliche Vergabevorschriften sind die Vergabeverordnung, das Gesetz gegen Wettbewerbsbeschränkungen (GWB), die Verdingungsordnung für Leistungen (VOL) und die Verdingungsordnung für Bauleistungen (VOB).

3. **Rechtscharakter**
   Durch diese Vergabeordnung entsteht kein Vertragsrecht; sie gilt innerdienstlich.

4. **Bedarfs- und Vergabestelle**
   An der Bedarfsdeckung sind Bedarfsstellen und Vergabestellen beteiligt. Bedarfsstellen sind die Ämter, die Lieferungen oder Leistungen zur Erfüllung ihrer Aufgaben benötigen. Vergabestellen sind die Ämter, die die Planansätze bewirtschaften. Die Zuständigkeiten und Aufgaben sind durch Dienstanweisungen zu regeln.

5. **Vergabeentscheidungen und Verpflichtungserklärungen**
   Die Befugnis über Vergabeentscheidungen und zur Unterzeichnung von Verpflichtungserklärungen regeln Hauptsatzung und Unterschriftsordnung.

6. **Vergabearten**
   Für die Wahl der Vergabeart gelten grundsätzlich die Teile A und B der VOL und VOB.
   Aufträge bis zu einem Wert von 1.500 € dürfen ohne Ausschreibung vergeben werden (freihändige Vergabe). Aufträge bis zu einem Wert von 50.000 € dürfen nach beschränkter Ausschreibung ohne öffentlichen Teilnahmewettbewerb vergeben werden.
   Erfolgt eine beschränkte Ausschreibung, so sind bei Aufträgen bis zu einem Wert von 25.000 € mindestens fünf Firmen, bei Aufträgen über 25.000 € mindestens acht Firmen, unter denen sich mindestens drei auswärtige Firmen befinden müssen, zur Angebotsabgabe aufzufordern.

Aufträge dürfen nicht in mehrere kleinere Aufträge geteilt werden, um die Wertgrenze zu unterschreiten. Zur Ermittlung der Wertgrenze ist der Kalkulationsbetrag maßgebend.

7. **Vergabegrundsätze**
Nach öffentlicher Ausschreibung ist dem Angebot der Zuschlag zu erteilen, das unter Wahrung der gemeindlichen Interessen und unter Beachtung aller technischen und wirtschaftlichen Gesichtspunkte als das annehmbarste erscheint. Nach beschränkter Ausschreibung ist in der Regel das niedrigste Angebot zu berücksichtigen. Auswärtige Bieter sind im Auswahlverfahren den ortsansässigen Bietern gleichgestellt.
Alle Lieferungen und Leistungen sind nach Möglichkeit unter dem Gesichtspunkt einer weitgehenden Typenbeschränkung zu vergeben. Norm- und Gütebestimmungen sind zu beachten.
Der Markt ist laufend zu beobachten. Der Zeitpunkt der Vergabe soll nach Möglichkeit der Markt- und Konjunkturlage angepasst werden. Zur Deckung des laufenden Bedarfs sind in der Regel Rahmenverträge für einen wirtschaftlich vertretbaren Zeitraum abzuschließen, die einen Abruf der Leistung nach Bedarf ermöglichen. In den Aufforderungen zur Abgabe eines Angebotes ist darauf hinzuweisen, dass Unbedenklichkeitsbescheinigungen gefordert werden können.

8. **Schriftform der Vergaben**
Mündliche und fernmündliche Vergaben dürfen nur in begründeten Ausnahmefällen erteilt werden. Die schriftliche Bestätigung ist sofort nachzuholen.

9. **Mitwirkung des Rechnungsprüfungsamtes und der Kämmerei**
Vergaben ab 20.000 € sind dem Rechnungsprüfungsamt zur Vorprüfung vorzulegen. Vorlagen an die Ratsgremien über Vergaben sind dem Rechnungsprüfungsamt und der Kämmerei vorzulegen. Vergaben ab 15.000 € sind von der Gemeindekasse vorzumerken.

10. **Sicherheitsleistung**
Bei Vergaben im VOB-Bereich ab 30.000 € ist vom Auftragnehmer eine Sicherheitsleistung in Höhe von 5 v. H. der Abrechnungssumme für die Dauer der Gewährleistung zu erbringen.

Eine weitergehende ausführliche Behandlung der Auftragsvergabe ist der Betriebswirtschaftslehre, dem Privatrecht und dem Baurecht vorbehalten. Aus haushaltsrechtlicher Sicht reicht der vorstehende Überblick, der durch die nachfolgenden Übungen ergänzt wird.

19.5.2 Übungen

Sachverhalt Nr. 8

Bei der Gemeinde G stehen folgende Beschaffungen bzw. Bauleistungen an:
a) Es sollen Spezialschreibstifte im Wert von insgesamt 40 € einmalig beschafft werden.
b) Lieferung einer Straßenkehrmaschine im Wert von rd. 100.000 €.
c) Auftrag an eine Baufirma, die gerade das Schulzentrum errichtet, eine bisher nicht ausgeschriebene Zwischenwand dort einzubauen (Auftragsvolumen 10.000 €).
d) Auf eine öffentliche Ausschreibung hat sich nur ein Bieter gemeldet.
e) Nach einem Unwetter ist das Rathausdach neu einzudecken.

Aufgabe:
Prüfen Sie, ob in den vorstehenden Fällen öffentlich bzw. beschränkt auszuschreiben oder eine freihändige Vergabe zulässig ist.

Lösung:
a) Es handelt sich um eine einmalige Beschaffung mit sehr geringem Auftragsvolumen. Bereits bei einer beschränkten Ausschreibung würden die dafür entstehenden Kosten (Arbeit des Sachbearbeiters, Schreibarbeit, Material, Porto und Durchführung einer Submission) sicherlich weit höher als das Beschaffungsvolumen von 40 € sein. Aus Gründen der Sparsamkeit und Wirtschaftlichkeit (§ 77 Abs. 2 GemO) ist eine freihändige Vergabe deshalb angebracht.
b) Die Auftragssumme von 100.000 € ist unzweifelhaft als erheblich anzusehen. Allerdings wird mit der Beschaffung einer Straßenkehrmaschine eine spezielle Leistung verlangt, die nur von wenigen Firmen erbracht werden kann. Es ist kostengünstiger, die möglichen Lieferfirmen unmittelbar um die Abgabe eines Angebotes zu bitten (beschränkte Ausschreibung), als öffentlich auszuschreiben. Außerdem geht die Gemeinde bei einer beschränkten Ausschreibung sicher, dass alle infrage kommenden Unternehmen die Nachfrageinformation erhalten.
c) Eine Baufirma errichtet zurzeit ein Schulzentrum, was sicherlich ein Kostenvolumen von mehreren Mio. € bedeutet. Diese Investition wurde natürlich öffentlich ausgeschrieben, sodass das bauausführende Unternehmen das günstigste Angebot vorweisen konnte. Insofern bestehen auch keine Bedenken, den zusätzlichen Einbau einer Zwischenwand freihändig an dies Unternehmen zu vergeben, zumal es doch zum Gesamtauftrag in einem untergeordneten Verhältnis steht. Dazu kommt die Überlegung, dass es wahrscheinlich technisch gar nicht möglich ist, eine andere Firma mitten in den Bauarbeiten die Zwischenwand einziehen zu lassen, weil dies in einem Arbeitsgang in Zusammenhang mit den übrigen Rohbauarbeiten abzuwickeln ist. Aus alledem ergibt sich die Zulässigkeit einer freihändigen Vergabe an die bauausführende Firma.
d) Wenn sich bei einer öffentlichen Ausschreibung nur ein Bieter meldet, ist es wenig sinnvoll, die öffentliche Ausschreibung zu wiederholen. Es ist anzunehmen, dass der-

selbe Kreis von Unternehmen wiederum die Anzeige zur Kenntnis nimmt und die Angebotssituation sich nicht ändert. Es bietet sich deshalb vielmehr eine beschränkte Ausschreibung an, in der bestimmte Unternehmen zum Angebot aufgefordert werden. In der Regel werden die angeschriebenen Unternehmen ein Angebot abgeben, denn bei Nichtabgabe laufen sie in Gefahr, bei zukünftigen beschränkten Ausschreibungen nicht mehr zur Angebotsabgabe aufgefordert zu werden.

e) Zur Erfüllung der öffentlichen Aufgaben ist ein betriebsbereites Verwaltungsgebäude unbedingt notwendig. Wenn nun das Rathausdach neu einzudecken ist, sind die Unwetterschäden doch erheblich, sodass sich durch Umwelteinflüsse negative Auswirkungen auf die Diensträume ergeben. Dies könnte zur Nichtbenutzung der Räumlichkeiten führen. Eine umgehende Dachreparatur ist somit angebracht. Öffentliche und beschränkte Ausschreibungen erfordern einen mehrwöchigen Arbeitsaufwand. Wegen der besonderen Dringlichkeit kann deshalb unabhängig vom Auftragsvolumen eine freihändige Vergabe erfolgen.

19.6 Bewegliche Haushaltsführung

19.6.1 Einführung

Bei der Ausführung des Haushaltsplans kommt es in der Praxis immer wieder vor, dass einzelne Planansätze vorzeitig erschöpft bzw. für bestimmte Positionen keine Ermächtigungen im Haushaltsplan enthalten sind. Dies lässt sich weder bei den Aufwendungsermächtigungen im Ergebnishaushalt noch bei den Auszahlungsermächtigungen bzw. Verpflichtungsermächtigungen im Finanzhaushalt vermeiden. Aufwendungs- bzw. Auszahlungserhöhungen sowie unvorhergesehene Finanzvorfälle treten selbst bei einer äußerst gewissenhaften Planung aufgrund der doch recht langen Planungsvorlaufzeit und einer zwölfmonatigen Bindungsperiode – bei zweijähriger Haushaltsplanung sogar mit einer vierundzwanzigmonatigen Bindung – regelmäßig auf. Insofern werden haushaltsrechtliche Regelungen benötigt, um diesen Erfordernissen Rechnung zu tragen und Abweichungen vom gemäß § 80 Abs. 4 Satz 1 GemO verbindlichen Haushaltsplan zuzulassen. Solche Regelungen und die sich daraus ergebenden haushaltswirtschaftlichen Möglichkeiten werden unter dem Schlagwort **„bewegliche Haushaltsführung"** zusammengefasst. Zugelassen sind dabei folgende Verfahren:

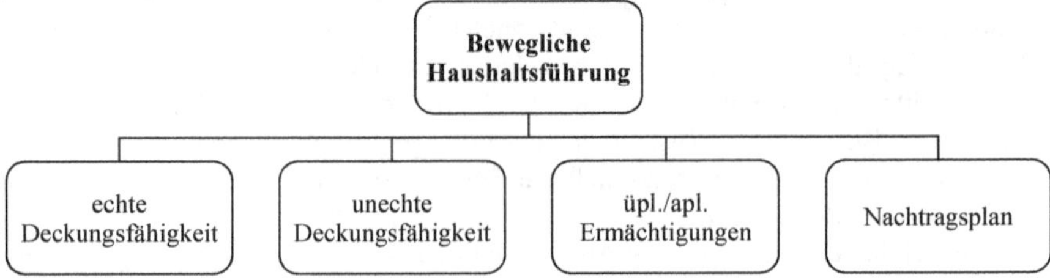

Die ersten beiden Möglichkeiten sind bereits bei den Haushaltsgrundsätzen besprochen, weil sie aufgrund im Haushaltplan enthaltener Bewirtschaftungsvermerke bzw. Kraft Gesetz angewendet werden können. Insofern wird hierzu grundlegend auf Kap. 14 verwiesen. Der Nachtragsplan bietet die Möglichkeit, alle ursprünglichen Plandaten fortzuschreiben und dient somit auch der Beweglichkeit, auch wenn er nur in einem sehr umfangreichen Verfahren nach § 82 Abs. 1 GemO i. V. m. § 80 GemO zu realisieren ist. Einzelheiten dazu sind in Kap. 21 enthalten. Insofern beschäftigt sich das jetzige Unterkapitel primär mit den über- und außerplanmäßigen Ermächtigungen, wobei jedoch auch das Zusammenwirken der einzelnen Verfahren zu besprechen sein wird.

19.6.2 Begriff der über- und außerplanmäßigen Aufwendungen und Auszahlungen

Rechtsgrundlage für die Bereitstellung von Mehraufwendungen und Mehrauszahlungen ist § 84 GemO, wobei dieser die Begriffe über- und außerplanmäßig einführt. Da diese Begrifflichkeiten auch durchaus unterschiedliche Rechtsfolgen auslösen können,[12] bedarf es an dieser Stelle einer entsprechenden Definition.

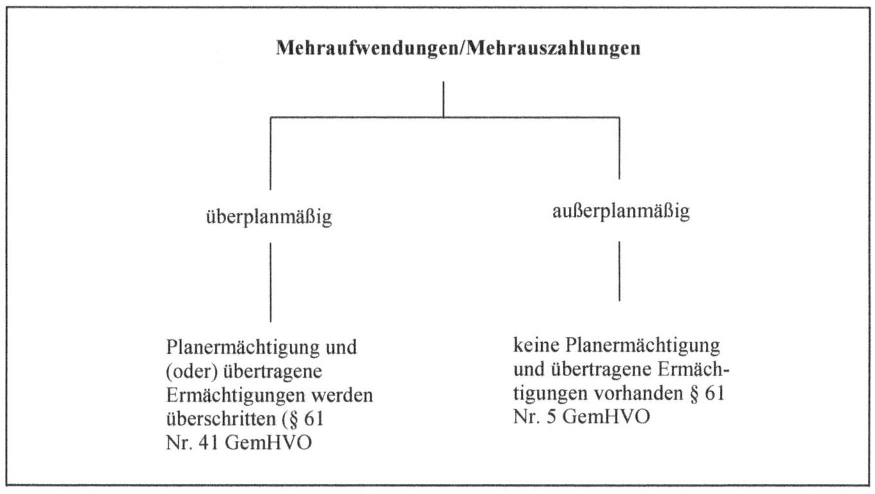

Sowohl der Begriff „überplanmäßig“ als auch der Begriff „außerplanmäßig“ haben den „Plan“, also den Haushaltsplan, als Wortbestandteil. Sie drücken damit gewisse Abweichungen von den Ansätzen des Haushaltsplans (Planermächtigungen) aus. Überplanmäßige Aufwendungen sind demnach Aufwendungen, die den Aufwendungsan-

12 Siehe z. B. § 84 Abs. 2 GemO, der nur für überplanmäßige Auszahlungen, nicht aber für außerplanmäßige Auszahlungen gilt.

satz im Haushaltsplan überschreiten. Dies bezieht sich somit auf die Teilergebnishaushalte, in denen die Aufwendungsermächtigungen enthalten sind. Entscheidet sich eine Gemeinde für die Mindestgliederung ihrer Organisation der Verwaltung, steht eine über- bzw. außerplanmäßige Aufwendung immer im Bezug zu den dort ausgewiesenen Aufwendungspositionen. Dies wird anhand des nachstehenden Beispiels deutlich:[13]

Teilergebnishaushalt 03 Produktbereich 21; Schule	Ansatz 2024	Planung 2025	Planung 2026	Planung 2027
Personalaufwendungen	1.000.000	1.020.000	1.030.000	1.050.000
Versorgungsaufwendungen	200.000	200.000	200.000	200.000
Aufwendungen für Sach- und Dienstleistungen	2.000.000	2.000.000	2.000.000	2.000.000
Bilanzielle Abschreibungen	100.000	100.000	110.000	110.000
Summe der ordentlichen Aufwendungen	**3.300.000**	**3.320.000**	**3.340.000**	**3.360.000**
Außerordentlicher Ertrag	50.000	0	50.000	0
Außerordentliche Aufwendungen	0	0	0	0
Außerordentliches Ergebnis	**50.000**	**0**	**50.000**	**0**

Werden z. B. innerhalb der Position „Aufwendungen für Sach- und Dienstleistungen" 50.000 € nicht eingeplante Aufwendungen für den Verbrauch von Energie benötigt und werden gleichzeitig im Schulbereich entsprechende Mittel bei den Aufwendungen für die Gebäudeunterhaltung eingespart, entstehen keine überplanmäßige Aufwendungen, weil die Position „Aufwendungsermächtigung für Sach- und Dienstleistungen" insgesamt nicht überschritten wird. Die Formulierung in den § 61 Nr. 5 GemHVO ist unglücklich ausgefallen. Gemeint sind die Ansätze bei den einzelnen Buchungsstellen, denn bei den politischen Beratungen über den Haushaltsplan kann die Politik Informationen bis zur einzelnen Buchungsstelle verlangen und auch festschreiben. Im Haushaltsplan werden die Ansätze der einzelnen Buchungsstellen zu den Haushaltsansätzen zusammengefasst. §§ 2 und 3 GemHVO enthalten für den Ergebnis- bzw. für den Finanzhaushalt die Mindestgliederung. Eine weitere Untergliederung wäre zulässig. Allerdings sollen im Haushaltsplan nicht mehr die einzelnen Buchungsstellen abgebildet werden. Insofern haben unterhalb der Haushaltsplanung festgelegte Höchstgrenzen bei einzelnen Aufwendungsarten Außenwirkung. Nach § 20 Abs. 1 GemHVO sind die Aufwendungen innerhalb eines Budgets (§ 4 Abs. 2 Satz 1 GemHVO) gegenseitig deckungsfähig. Erst wenn den 50.000 € zusätzlichen Aufwendungen keine Einsparungen bei den anderen Aufwendungen im Budget gegenüberstehen, liegt eine überplanmäßige Aufwendung vor. Besteht kein Budget, so wären die 50.000 € eine überplanmäßige Aufwendung.

Sind bei den Aufwendungen für Sach- und Dienstleistungen keine konkreten Mittel für Gebäudeunterhaltung in 2024 eingeplant und muss nun die Heizung mit Aufwendungen von 50.000 € repariert werden, entstehen außerplanmäßige Aufwendungen, weil im Teilergebnishaushalt keine Buchungsstelle entsprechend beplant wurde. Auch stehen Haushaltsreste aus Vorjahren nicht zur Verfügung.

13 Der Teilergebnishaushalt ist nur auszugsweise dargestellt.

Ist eine Gebäudereparatur mit Aufwendungsvolumen von 1.000.000 € aufgrund eines Orkanschadens erforderlich, handelt es sich um außerplanmäßige Aufwendungen. Dies liegt darin begründet, dass es sich um außerordentliche Aufwendungen handelt, für die im Teilergebnishaushalt 2024 keine Buchungsstelle (Planansatz) vorhanden ist. Dabei wird unterstellt, dass auch aus dem Vorjahr keine außerordentlichen Aufwendungsermächtigungen übertragen wurden.

Für den Teilfinanzhaushalt gelten die Ausführungen entsprechend, wobei dann lediglich auf Auszahlungspositionen abzustellen ist. Dies kann an nachstehendem Beispiel erläutert werden:

Teilfinanzhaushalt 03 Schule Investitionstätigkeit	**Ansatz 2024**	**VE 2024**	**Planung 2025**	**Planung 2026**	**Planung 2027**
Einzahlungen					
aus Zuwendungen für Investitionsmaßnahmen	200.000		300.000	0	0
aus der Veräußerung von Sachanlagen	10.000		40.000	0	0
aus Investitionsförderungsmaßnahmen	0		0	100.000	0
Summe der investiven Einzahlungen	**210.000**		**340.000**	**100.000**	**0**
Auszahlungen					
für Erwerb von Grundstücken u. Gebäuden	200.000	100.000	100.000	0	0
für Baumaßnahmen	780.000	800.000	600.000	300.000	0
für Erwerb von beweglichem Anlagevermögen	0	50.000	200.000	80.000	10.000
sonstige Investitionsauszahlungen	0		0	0	0
Summe der investiven Auszahlungen	**980.000**	**950.000**	**900.000**	**380.000**	**10.000**
Saldo Investitionstätigkeit PB Schulträgeraufgaben	**–770.000**		**–560.000**	**–280.000**	**–10.000**

Übersicht Investitionsmaßnahmen	**Ansatz 2024**	**VE 2024**	**Planung 2025**	**Planung 2026**	**Planung 2027**
Maßnahmen oberhalb der Wertgrenze					
Einzahlung: Landeszuweisung Schule Nord	50.000	0	50.000	0	0
Auszahlung: für Grunderwerb Schule Nord	100.000	300.000	0	0	0
Auszahlung: Baumaßnahme Schule Nord	400.000		300.000	0	0
Saldo Investitionsmaßnahme Schule Nord	**–450.000**	**100.000**	**–250.000**	**0**	**0**
Einzahlung: Landeszuweisung Schule Süd	150.000		280.000	0	0
Auszahlung: für Grunderwerb Schule Süd	100.000	50.000	100.000	0	0
Auszahlung: Baumaßnahme Schule Süd	380.000	500.000	310.000	300.000	0
Auszahlung: bewegl. Vermögen Schule Süd	0	40.000	190.000	70.000	0
Saldo Investitionsmaßnahme Schule Süd	**–330.000**	**–540.000**	**–320.000**	**–370.000**	**0**
Saldo	**–780.000**	**–940.000**	**–570.000**	**–370.000**	**0**
Maßnahmen unterhalb der Wertgrenzen					
Summe der investiven Einzahlungen	**10.000**	**0**	**20.000**	**100.000**	**0**
Summe der investiven Auszahlungen	**0**	**10.000**	**10.000**	**10.000**	**10.000**
Saldo	**10.000**	**–10.000**	**10.000**	**90.000**	**–10.000**

Dabei ist festzustellen, dass die Übersicht der (Einzel-)Investitionsmaßnahmen Teil des Haushaltsplans ist und demnach verbindliche Planansätze enthält. Steigen z. B. die Auszahlungen für die Baumaßnahme Schule Nord in 2024 von 400.000 € auf 420.000 €, entsteht bereits eine überplanmäßige Auszahlung in Höhe von 20.000 €. Falls die Gemeinde eine flexible Haushaltsführung mit Vermeidung von überplanmäßigen Auszahlungen bei den einzelnen Investitionsmaßnahmen erreichen will, sollte sie die Buchungsstellen (Planansätze) der Einzelmaßnahmen in ein gemeinsames Budget nach § 4 Abs. 2 GemHVO einstellen, sodass dann die gegenseitige Deckungsfähigkeit herbeigeführt wird.[14]

19.6.3 Verhältnis zur Nachtragssatzung und zu anderen Bereitstellungsmöglichkeiten für Mehraufwendungen und Mehrauszahlungen

Über- und außerplanmäßige Mehraufwendungen und Mehrauszahlungen stellen Abweichungen von der betraglichen Bindung des Haushaltsplans dar. Diese zusätzlichen Mittelbedarfe kommen in der Praxis immer wieder vor, weil bei Aufstellung des Haushaltsplans eine Reihe von Ansätzen nur geschätzt werden kann. Auch bei weitgehend vorausberechenbaren Ansätzen entstehen Mehraufwendungen und Mehrauszahlungen, weil immerhin der Haushaltsplan bereits etwa Mitte des Vorjahres aufgestellt wird und bei einem Zeitraum von 18 Monaten auch bei diesen Ansätzen unvorhergesehene Veränderungen eintreten können. Diesen Tatsachen hat auch die Gemeindeordnung Rechnung getragen, indem sie ein formelles Verfahren zur Bereitstellung von über- und außerplanmäßigen Aufwendungen bzw. Auszahlungen vorsieht, welches weiter unten noch ausführlich darzustellen ist.

In Kap. 21 wird dargestellt, dass bestimmte Mehraufwendungen bzw. Mehrauszahlungen nicht nach dem oben angedeuteten Verfahren, sondern nur durch Nachtragssatzung bereitgestellt werden können. In Kap. 14 wurden als unechte und echte Deckungsfähigkeiten zwei einfache Bereitstellungsverfahren aufgrund von Haushaltsvermerken bzw. als Auswirkung der Budgetierung vorgestellt. Aus dieser Vielzahl von Deckungsmöglichkeiten für Mehraufwendungen und Mehrauszahlungen ergibt sich die Notwendigkeit, eine gewisse Reihenfolge zu schaffen, um die Prüfung zur Bereitstellung der zusätzlichen Ermächtigungen durchführen zu können.

14 Auf die eventuelle Notwendigkeit eines vorrangigen Pflichtnachtrages gemäß § 82 Abs. 2 GemO wird bei allen Beispielen nicht eingegangen.

Die Frage nach der Reihenfolge des Einsatzes der Bereitstellungsverfahren wird nach dem Verwaltungsaufwand und dem Sinn der Vorschriften entschieden. Es ist natürlich wirtschaftlicher, ein Verfahren ohne großen Verwaltungsaufwand zu wählen, als evtl. sogar den Rat der Gemeinde einzuschalten, damit dieser die Mittel bewilligt. Für die Prüfung der Frage „Wie können die Mehraufwendungen bzw. Mehrauszahlungen bei der Buchungsstelle (Planposition) bereitgestellt werden?" bietet sich deshalb die nachstehend aufgeführte und begründete Reihenfolge der Bereitstellungsarten an. Dabei ist die Reihenfolge der Arbeitsphasen a) und b) nicht zwingend. Beide Verfahren können gleichermaßen vom Budget- oder Haushaltsverantwortlichen ohne Einschaltung der Kämmerei angewendet werden, sodass je nach den Deckungsmöglichkeiten der Verfahrenseinsatz gewählt wird. Insofern kann die echte Deckungsfähigkeit (b) auch vor der unechten Deckungsfähigkeit (a) in Anspruch genommen werden.

a) Mittelbereitstellung auf Grund eines Zweckbindungsvermerks gemäß § 19 GemHVO (unechte Deckungsfähigkeit)

Erträge sind auf die Verwendung für bestimmte Aufwendungen beschränkt, soweit dafür eine rechtliche Verpflichtung z. B. aus Vertrag, Verwaltungsakt, Gesetz oder anderen Gründen besteht. Eines Haushaltsvermerks bedarf es dafür nicht. Außerdem kann durch Haushaltsvermerk bestimmt werden, dass Mehrerträge Aufwendungsermächtigungen bzw. Mehreinzahlungen Auszahlungsermächtigungen erhöhen. Ein formelles Bereitstellungsverfahren und damit ein besonderer Verwaltungsaufwand sind in diesen Fällen nicht erforderlich, sodass diese Art der Bereitstellung von zusätzlichen Ermächtigungen gleichrangig mit der echten Deckungsfähigkeit zu prüfen ist. Voraussetzungen für die Anwendung sind die Zweckbindung kraft Gesetzes bzw. der genannte Vermerk im Haushaltsplan und den Plansatz bei der Buchungsstelle übersteigende Erträge bzw. Einzahlungen.

b) Echte Deckungsfähigkeit aufgrund von § 20 GemHVO

Einsparungen bei deckungspflichtigen Aufwendungspositionen können für Mehraufwendungen bei deckungsberechtigten Aufwendungspositionen verwendet werden. Voraussetzung dafür ist, dass die in Frage kommenden Buchungsstellen (Planposition) sich in einem gemeinsamen Budget befinden bzw. ein Deckungsvermerk im Haushaltsplan ausgewiesen wurde und kein die Deckungsfähigkeit ausschließender Vermerk vorhanden ist. Dieses Verfahren ist gleichrangig mit der unechten Deckungsfähigkeit anwendbar. Die Bearbeitung bleibt aber immer bis zur Entscheidungsfindung beim Fachamt bzw. Fachbereich, sodass die echte Deckungsfähigkeit – wie gleich näher festzustellen ist – weniger aufwändig ist als die nachstehenden Verfahren. Das gleiche Verfahren ist bei der Deckungsfähigkeit von Auszahlungen anzuwenden.

Das folgende Schaubild zeigt die Struktur der Deckungsfähigkeiten:

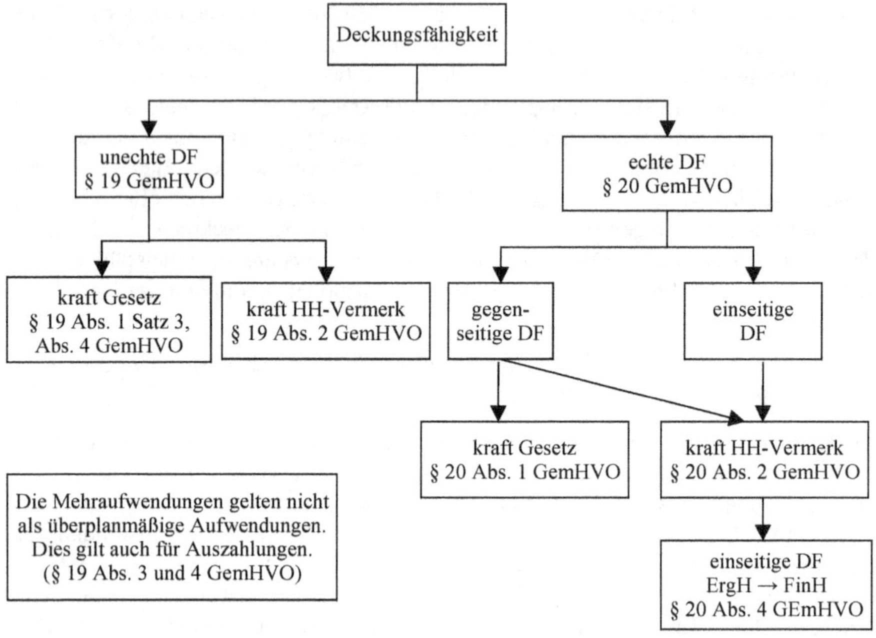

c) Bewilligung einer überplanmäßigen Aufwendungen bzw. Auszahlungen (§ 84 GemO) bzw. Pflichtnachtragssatzung (§ 82 Abs. 2 GemO)

An der Überschrift wird erstmals deutlich, dass außerplanmäßige Aufwendungen bzw. Auszahlungen nicht in diesem Schema abgehandelt werden können. Solche zusätzlichen Ermächtigungen können nämlich nicht in den Verfahren zu a) und b) bereitgestellt werden. Sie erfordern eine ausschließliche Bearbeitung nach § 84 oder § 82 Abs. 2 GemO, weil die vorgenannten Verfahren immer eine Buchungsstelle (Haushaltsposition) mit entsprechenden Haushaltsvermerken bzw. eine Budgetierung ohne einschränkenden Haushaltsvermerk voraussetzen.

Können die unechte oder echte Deckungsfähigkeit nicht ausgenutzt werden, verbleibt nur die Bereitstellung als überplanmäßige Aufwendung bzw. Auszahlung. Dazu – und das wird noch ausführlich zu erläutern sein – hat das mittelbewirtschaftende Fachamt (der Fachbereich) in der Regel einen Bewilligungsantrag an die Kämmerei zu richten. Die Entscheidung über die Bewilligung trifft entweder der Bürgermeister oder der Rat der Gemeinde. Nach §§ 82 Abs. 2 i. V. m. 84 Abs. 1 Satz 4 GemO kann bei bestimmten Aufwendungen bzw. Auszahlungen sogar vorrangig die Pflicht zur Nachtragssatzung bestehen. Gegenüber der echten und unechten Deckungsfähigkeit tritt somit der Bearbeitungsvorgang erstmals aus dem Bereich des Fachamtes (Fachbereich) heraus und kompliziert sich, sodass dieses Verfahren nachrangig zu prüfen ist.

Diese Nachrangigkeit gilt auch, wenn die Entscheidungskompetenz für Fälle von unerheblicher Bedeutung vom Bürgermeister auf einen Bediensteten des Fachamtes (z. B. Fachbereichsleiter oder Budgetbeauftragter) übertragen ist. Es ist nämlich auch dann ein formelles Verfahren mit Prüfung bestimmter Tatbestandsmerkmale und förmlicher Ermächtigungsbereitstellung notwendig, das gegenüber der Ausnutzung von Haushaltsvermerken bzw. der Deckungsfähigkeit innerhalb eines Budgets wesentlich aufwändiger ist. Zudem ist der Rat über die Bereitstellung gemäß § 84 Abs. 1 Satz 3 GemO zu informieren.

d) Freiwillige Nachtragssatzung (§ 82 Abs. 1 GemO)

Die aufwändigste Bereitstellungsmöglichkeit für Mehraufwendungen bzw. Mehrauszahlungen ist der freiwillige Nachtragshaushaltsplan, weil hierfür gemäß § 82 Abs. 1 Satz 2 GemO das gesamte formelle Verfahren des § 81 GemO durchzuführen ist. Deshalb wird in der Praxis zur Bereitstellung einer einzelnen Mehraufwendung bzw. Mehrauszahlung wohl kaum eine solche Nachtragssatzung mit Nachtragsplan erlassen werden. Wenn die Gemeinde jedoch aus anderen Gründen zeitgleich einen Nachtragshaushaltsplan vorbereitet, kann eine einzelne Mehraufwendung bzw. Mehrauszahlung natürlich eingebaut werden, was dann wiederum effizienter als das Verfahren zu c) wäre.

19.6.4 Bewilligung von über- und außerplanmäßigen Aufwendungen und Auszahlungen

19.6.4.1 Ermittlung der Höhe der benötigten zusätzlichen Ermächtigung

Der Ausgangspunkt für das Bewilligungsverfahren einer Mehraufwendung bzw. Mehrauszahlung nach § 84 GemO ist die Feststellung der Höhe des über- bzw. außerplanmäßigen Bedarfs. Grundlage ist zunächst der Aufwendungs- bzw. Auszahlungsbedarf bis zum Ende des Haushaltsjahres. Weiß die Verwaltung z. B. im August des Haushaltsjahres bereits, dass die Haushaltsmittel erschöpft sind und noch eine Handwerkerrechnung über 20.000 € vorliegt sowie eine weitere Rechnung über 10.000 € im Dezember zu begleichen sein wird, so ist der zusätzliche Aufwendungsbedarf auf 30.000 € festzusetzen. Der augenblickliche Bedarf ist nicht maßgebend. Dies ergibt sich allein schon aus dem Prinzip der Jährlichkeit (Haushaltswirtschaft für ein Jahr), welches dem gesamten Haushaltsrecht zu Grunde liegt.

§ 84 Abs. 3 GemO bestätigt für die über- und außerplanmäßigen Aufwendungen und Auszahlungen diesen Grundsatz aus spezieller Sicht, weil danach sogar Maßnahmen, die später über- oder außerplanmäßige Aufwendungen bzw. Auszahlungen verursachen könnten, einer Bewilligung nach § 84 GemO bedürfen. Aufträge usw. dürfen also erst erteilt werden, wenn die haushaltsrechtliche Ermächtigung vorliegt. Somit muss bei über- bzw. außerplanmäßigen Bedarf die Zustimmung vor der Auftragserteilung usw. vorliegen. Das zuweilen in der Praxis geübte Verfahren, in Teilbeträgen Mehraufwendungen bzw. Mehrauszahlungen bereitzustellen, obwohl zumindest in etwa der Gesamtbedarf feststeht, ist somit unzulässig.

Bei außerplanmäßigen Finanzvorfällen entspricht der Bereitstellungsbedarf zwangsläufig dem Volumen des Finanzvorfalles. Bei einer überplanmäßigen Aufwendung oder Auszahlung berechnet sich der Bereitstellungsbedarf aufgrund des nachstehenden Berechnungsschemas für Aufwendungen, wobei natürlich auf die einzelne Buchungsstelle (Haushaltsposition) abzustellen ist. Die konkreten Werte sind anhand der Haushaltsüberwachung zu ermitteln (siehe dazu Kap. 19.2.3).

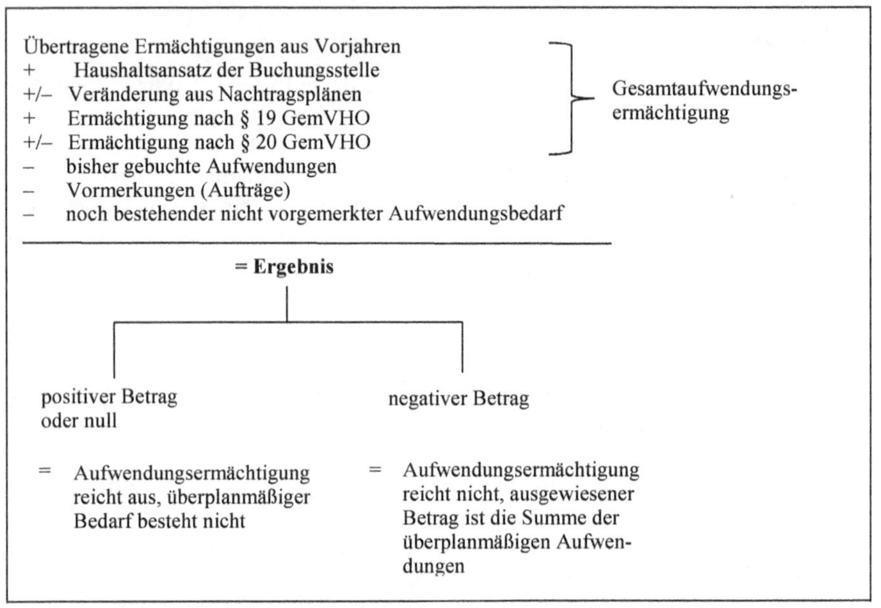

Dieses Berechnungsschema kann im gleichen Maße für den Auszahlungsbereich eingesetzt werden.

19.6.4.2 Voraussetzungen für die Bewilligung

a) Pflichtnachtragssatzung

Eine Pflichtnachtragssatzung ist bei bisher nicht veranschlagten oder zusätzlichen Aufwendungen oder Auszahlungen in den Fällen des § 82 Abs. 2 Nr. 1 und 2 GemO erforderlich (siehe auch Verweis in § 84 Abs. 1 Satz 4 GemO). Liegen die Tatbestandsmerkmale dieser Bestimmungen vor, kann das Verfahren nach § 84 GemO nicht angewandt werden. Insofern ist § 82 Abs. 2 GemO gegenüber § 84 GemO vorrangig anzuwenden. Zur Erläuterung der Pflichtnachtragssatzung siehe Kap. 21.

b) Nicht überschreitbare Haushaltspositionen

Bei Verfügungsmitteln sind überplanmäßige Aufwendungen bzw. Auszahlungen gemäß § 13 GemHVO unzulässig. Der Gesetzgeber will die zweckfreien Verfügungsmittel in ihrer Höhe möglichst geringhalten, um die Einzelveranschlagung zu betonen. Deshalb darf die einmal geschaffene Haushaltsermächtigung (Planposition) nicht überschritten werden. Außerdem sind die „persönlichen Mittel“ des Bürgermeisters besonders zu überwachen und können deshalb nicht im einfachen Verfahren nach § 84 GemO bereitgestellt werden, wo in Einzelfällen – siehe weiter unten – nicht einmal der Rat der Gemeinde einzuschalten ist, sondern die Verwaltung durch den Bürgermeister entscheiden kann. Entsprechendes gilt für die Deckungsreserve.

c) Über- und Außerplanmäßigkeit

Erst wenn die bei a) und b) zu prüfenden Tatbestände nicht vorliegen, wird der Weg zum eigentlichen Bewilligungsverfahren der über- und außerplanmäßigen Bereitstellung frei. Der Grundsatz der sachlichen Bindung nach § 80 Abs. 4 GemO besagt auch, dass die Aufwands-, Auszahlungs- und Verpflichtungsermächtigungsansätze des Haushaltsplanes in ihrer Höhe verbindlich sind. Die Gemeinde ist somit verpflichtet, diese Mittel so zu bewirtschaften, dass sie zur Deckung der anfallenden Aufwendungen und Auszahlungen ausreichen. Sie dürfen erst in Anspruch genommen werden, wenn die Erfüllung der Aufgabe es erfordert (§ 27 Abs. 1 GemHVO). Da der Haushaltsplan bereits im Herbst des Vorjahres aufgestellt wird und viele Positionen nur geschätzt werden können, ergeben sich große Unsicherheitsfaktoren, die zu Überschreitungen von Ansätzen führen können. Daher sind unter bestimmten Voraussetzungen Haushaltsüberschreitungen möglich. Man unterscheidet hierbei in überplanmäßige und außerplanmäßige Aufwendungen oder Auszahlungen.

Überplanmäßige Aufwendungen oder Auszahlungen überschreiten die im Haushaltsplan veranschlagten Beträge und die aus den Vorjahren übertragenen Haushaltsausgabereste (§ 61 Nr. 40 GemHVO).

Für **außerplanmäßige Aufwendungen oder Auszahlungen** sind keine Ermächtigungen veranschlagt und keine Haushaltsausgabereste aus den Vorjahren verfügbar (§ 61 Nr. 5 GemHVO).

Zu beachten ist hierbei, dass die Deckungsfähigkeit innerhalb eines Budgets der Über- und Außerplanmäßigkeit vorgeht. Somit tritt diese erst ein, wenn die Mittel innerhalb des Budgets nicht mehr ausreichen, die gegenseitige Deckung zu gewährleisten.

Die Zulässigkeit von über- und außerplanmäßigen Aufwendungen bemisst sich nach **§ 84 Abs. 1 Satz 1 GemO.** Danach ergeben sich folgende Tatbestandsvoraussetzungen:

ca) Über- und außerplanmäßige Aufwendungen

→ **Variante 1:**
Es besteht ein dringendes Bedürfnis und die Deckung ist gewährleistet.
Ein dringendes Bedürfnis muss aus zeitlicher und sachlicher Sicht geprüft werden. Eine zeitliche Dringlichkeit besteht, wenn die Maßnahme nicht ohne Nachteil für die Gemeinde in das kommende Jahr verschoben werden kann. Ein Aufwand ist sachlich dringend, wenn bei der Aufstellung des Haushaltsplans die Mittel für die Maßnahme unbedingt eingestellt worden wären, falls man von der notwendigen Maßnahme bereits bei der Planung gewusst hätte.
Die über- bzw. außerplanmäßige Mehraufwendung darf nur geleistet werden, wenn der Haushalt diese zusätzlichen Aufwendungen tragen kann. An einer anderen Stelle im Haushalt müssen somit Deckungsmittel vorhanden sein, die für den über- und außerplanmäßigen Bedarf einsetzbar sind. Dies kann sich wegen des Grundsatzes der Jährlichkeit nur auf das laufende Haushaltsjahr beziehen und nicht darüber hinausgehen. Da die Deckung im selben Haushaltsjahr gewährleistet sein muss, kann auf der anderen Seite z. B. eine Mehraufwendung im März des Jahres durch eine zu erwartende Deckung gegen Ende des Haushaltsjahres finanziert werden. Die Bereitstellung entsprechender Deckungsmittel muss unabhängig von der Höhe der Mehraufwendungen erfolgen.
Es bestehen unterschiedliche Rechtsauffassungen, ob Mehraufwendungen bei einem insgesamt unausgeglichenen Haushalt zulässig sind. Soweit dies verneint wird, stellt man auf die nicht bestehende Möglichkeit ab, eine Deckung aus dem Haushalt wegen der Unterdeckung insgesamt zu erzielen. Nach Auffassung der Verfasser besteht die Möglichkeit der Deckung doch sehr wohl auch bei unausgeglichenen Haushaltsplänen, sofern eine konkrete Einsparung oder ein Mehrertrag bzw. eine Mehreinzahlung bei anderen Planpositionen gegeben ist. Die Gemeinde muss sich ja innerhalb ihres, wenn auch unausgeglichenen Haushaltsplanes bewegen können. Dies gilt selbst bei Gemeinden mit Haushaltssicherungskonzepten.
Die Regelung stellt auf den Grundsatz des Haushaltsausgleichs ab (§ 80 Abs. 2 Satz 2 GemO). Zusätzliche Ermächtigungen dürfen somit nicht die Salden der Ergebnisrechnung ändern. Dies kann durch die nachstehend erläuterten Maßnahmen erreicht werden, wobei immer zu beachten ist, dass in der Regel eine zusätzliche Ermächtigung von Aufwendungen zusätzliche Auszahlungsermächtigungen bedingt, weil diese in den meisten Fällen eine nachgehende Zahlung zur Folge haben.[15]
Die erste Deckungsmöglichkeit stellen die **Minderaufwendungen** im Ergebnishaushalt bei anderen Buchungsstellen (Planpositionen) dar. Diese Einsparungen können für Mehraufwendungen an anderer Stelle verwendet werden. Dies gilt unabhängig von der Zuordnung zu den Teilergebnishaushalten gemäß § 18 GemHVO (Grundsatz der Gesamtdeckung). Auch wenn die Gemeinde Budgets gebildet hat, können Einsparungen aus anderen Budgets aus haushaltsrechtlicher Sicht herange-

15 Dies ist allerdings bei einzelnen Aufwendungen wie z. B. Abschreibungen, Aufwendungen mit Gegenbuchung zu Rückstellungen oder Aufwendungen mit Zahlung in späteren Jahren nicht der Fall.

zogen werden. Allerdings ist dies in der Praxis nicht budgetkonform. Aus Gründen der Budgetierungsakzeptanz sollte zunächst einmal die Deckung im eigenen Budget gesucht werden; nur im Ausnahmefall ist budgetübergreifend zu finanzieren, wenn ein gesamtgemeindliches Interesse übergewichtig ist.

Werden aus dem Vorjahr übertragene Ermächtigungen (sog. Haushaltsübertragungen) ganz oder teilweise für ihren eigentlichen Zweck nicht mehr benötigt, können diese als Aufwand- oder Auszahlungseinsparungen eingesetzt werden. Auch diese stehen in der Gesamtdeckung nach § 18 GemHVO. Dies ist auch darin begründet, dass aufgrund der im Vorjahr nicht ausgeschöpften Aufwendungsermächtigungen eine Verbesserung der Salden im Vorjahr herbeigeführt wurde (Verbesserung des Haushaltsausgleichs), die zwar zunächst zu einer Verschlechterung der Salden im neuen Jahr führt. Bezieht man beide Jahre ein, erfolgt jedoch ein entsprechender Saldenausgleich.

Die Einsparungen müssen auf das Jahresende ausgerichtet sein. Das bedeutet, dass die Beträge nicht nur zur Zeit des über- bzw. außerplanmäßigen Bedarfs „frei" sind, sondern auch bis zum Jahresende nicht benötigt werden. Dazu zählt auch, dass sie nicht im kommenden Haushaltsjahr benötigt werden und somit keine Ermächtigungsübertragung erfolgen soll. Die Inanspruchnahmen sind vom Fachamt nachzuhalten und entsprechend im Rahmen der Haushaltsüberwachung zu berücksichtigen, damit eine weitere Verwendung ausgeschlossen wird.

Die zweite Deckungsmöglichkeit stellen **Mehrerträge** im Ergebnishaushalt dar. Im Rahmen der Gesamtdeckung können solche Erträge bzw. Einzahlungen, die bisher nicht eingeplant worden sind, zusätzlich für nicht vorgesehene Mehraufwendungen verwendet werden. Zweckgebundene Mehrerträge, die für entsprechende Mehraufwendungen zu verwenden sind, können zwangsläufig nicht im Rahmen der Gesamtdeckung nach § 18 Abs. 1 GemHVO eingesetzt werden.

Das doppische Haushaltsrecht sieht als zusätzliche Möglichkeit zur Deckung über- und außerplanmäßiger Aufwendungen und entsprechender Auszahlungen die Inanspruchnahme einer **Deckungsreserve** vor. Da die Gemeinden bereits bei Aufstellung der Haushaltspläne aus Erfahrung wissen, dass im Laufe des Jahres nicht veranschlagte Mehrbeträge anfallen werden, aber die Ansätze dafür noch nicht im Voraus bekannt sind, könnte für solche Fälle vorsorglich ein Betrag als Deckungsreserve in den Haushalt eingestellt werden (§ 13 GemHVO). Diese Deckungsreserve wäre dann ein zweckfreier Planansatz im Ergebnishaushalt und kann demnach für alle Mehrbelastungen im Ergebnishaushalt herangezogen werden. Insofern wäre eine solche Veranschlagung auch im kommunalen Finanzmanagement bei der Kämmerei beim Produktbereich 61 denkbar.

Die Deckungsmöglichkeiten stehen rechtlich gleichrangig nebeneinander. Aus Gründen der Sparsamkeit (§ 77 Abs. 2 GemO) sollten jedoch zunächst Aufwendungseinsparungen herangezogen werden.

→ **Variante 2:**

Die Aufwendung ist unabweisbar und es entsteht kein erheblicher Fehlbetrag.

Ein Aufwand ist unabweisbar, wenn er nicht ohne Schaden für die Gemeinde verschoben werden kann. Dabei sind die Anforderungen an die Unabweisbarkeit hö-

her als an die Dringlichkeit. Unabweisbar ist ein Aufwand zudem, wenn die Gemeinde gesetzlich oder vertraglich hierzu verpflichtet ist.
Eine Aufwendung ist unabweisbar, wenn sie sich aus der Aufgabenerfüllung der Gemeinde zwingend ergibt, also ein Rechtsanspruch besteht, ein dringendes sachliches Bedürfnis zur Erfüllung der Aufgabe besteht und eine Verschiebung der Aufwendungen bzw. Auszahlungen auf einen Zeitpunkt, zu dem Haushaltsmittel hierfür zur Verfügung stehen, nicht möglich ist oder wirtschaftlich unzweckmäßig wäre. Diese Definition ist im Wortlaut so eindeutig, dass sie ohne größeren Kommentar verwendet werden kann. Sie wird außerdem in der praktischen Anwendung bei den Übungen zu diesem Kapitel im Einzelnen umgesetzt.
Lediglich der Begriff „wirtschaftlich“ ist näher zu betrachten, weil er auch gesamtwirtschaftliche Aspekte beinhalten kann, denn die Gemeinde hat auf das gesamtwirtschaftliche Gleichgewicht Rücksicht zu nehmen. So wäre z. B. eine Mehraufwendung oder Mehrauszahlung auch dann unabweisbar, wenn eine Kanalbaumaßnahme aus konjunkturellen Gründen zeitlich vorgezogen würde, obwohl nach dem Zustand des Kanalnetzes diese Investition erst im kommenden Jahr erforderlich wäre. Bei der angespannten Finanzlage der Gemeinden und der Vorrangigkeit der zeitlich anstehenden Maßnahmen wird ein solches Verhalten sicherlich die Ausnahme sein, es sei denn, dass der Staat sich an den Aufwendungen bzw. Auszahlungen durch Zuwendungen beteiligt.
Zur weiteren praktischen Auslegung des Begriffes „Unabweisbarkeit“ sei es erlaubt, zu bemerken, dass diese Bewilligungsvoraussetzung in der Praxis zum Teil sehr weit ausgelegt wird. Dies gilt vor allem im Bereich der freiwilligen Aufgaben, wo die Unabweisbarkeit als Folge der politischen Vorgaben (Ratsbeschlüsse u. ä.) entsteht. Entscheidungen ohne Alternativen gibt es dagegen vor allem bei gesetzlichen oder vertraglichen Bindungen (z. B. Personalaufwendungen, Leistung der Sozialhilfe, Begleichung von Energiekosten).
Sofern kein erheblicher Fehlbetrag besteht, kann ein über- und/oder außerplanmäßiger Aufwand getätigt werden. Sollte diese Erheblichkeitsgrenze überschritten werden, so ist eine Nachtragsatzung nach § 82 Abs. 2 Nr. 1 GemO zu erlassen.
Ein Fehlbetrag im Ergebnishaushalt entsteht, wenn die ordentlichen und außerordentlichen Erträge nicht mehr ausreichen, die ordentliche und außerordentlichen Aufwendungen zu decken (§ 61 Nr. 14 GemHVO). Ob dieser erheblich ist, lässt sich im Einzelfall anhand der Finanzsituation der betreffenden Gemeinden prüfen. Als grober Richtwert für einen erheblichen Fehlbetrag wird in der Praxis oftmals ein Anteil von 3 % der gesamten Haushaltsaufwendungen festgelegt. Je größer die Gemeinde ist, desto geringer sollte dieser Prozentsatz sein. Alternativ dazu könnte auch eine andere Erheblichkeitsgrenze in der Hauptsatzung festgelegt werden.
Eine andere Deckungsmöglichkeit besteht darin, die Durchführung von nicht dringenden Auszahlungen im investiven oder konsumtiven Bereich in die Zukunft zu verschieben oder einzusparen.

→ **Variante 3:**
Die Aufwendung ist unabweisbar und ein geplanter Fehlbetrag sich nur unerheblich erhöht.
Im **Ergebnishaushalt** ist es möglich einen geplanter Fehlbetrag nach § 80 Abs. 2 Satz 2 GemO innerhalb des Zeitraums der Finanzplanung (drei Jahre, § 80 Abs. 3 GemO, § 24 Abs. 3 GemHVO) vorzutragen. Ab wann von einer erheblichen Erhöhung des Fehlbetrags auszugehen ist, wurde auch hier gesetzlich nicht geregelt. Dies muss aufgrund der finanziellen Lage der Gemeinde im Einzelfall geprüft werden. Unabhängig von der möglichen Deckung ist die Beteiligung des Gemeinderates erforderlich, wenn die überplanmäßigen- bzw. außerplanmäßigen Aufwendungen nach Umfang und Bedeutung erheblich sind (§ 84 Abs. 1 Satz 3 GemO).

cb) Über- und außerplanmäßige Auszahlungen

→ **Variante 1:**
Es besteht ein dringendes Bedürfnis und die Finanzierung ist gewährleistet.
Ein dringendes Bedürfnis muss aus zeitlicher und sachlicher Sicht geprüft werden. Eine zeitliche Dringlichkeit besteht, wenn die Maßnahme nicht ohne Nachteil für die Gemeinde in das kommende Jahr verschoben werden kann. Eine Auszahlung ist sachlich dringend, wenn bei der Aufstellung des Haushaltsplans die Mittel für die Maßnahme unbedingt eingestellt worden wären, falls man von der notwendigen Maßnahme bereits bei der Planung gewusst hätte.
Die Finanzierung kann über Mehreinzahlungen und/oder Wenigerauszahlungen erfolgen. Sie muss im gleichen Jahr der Mittelüberschreitung gewährleistet sein. Zudem kann kurzfristig über einen Kassenkredit finanziert werden, wenn die Liquiditätslücke langfristig gedeckt ist

→ **Variante 2:**
Die Auszahlung ist unabweisbar.
Eine Auszahlung ist unabweisbar, wenn sie nicht ohne Schaden für die Gemeinde verschoben werden kann. Dabei sind die Anforderungen an die Unabweisbarkeit höher als an die Dringlichkeit. Unabweisbar ist eine Auszahlung zudem, wenn die Gemeinde gesetzlich oder vertraglich hierzu verpflichtet ist.

> Zu beachten ist hierbei § 84 Abs. 1 Satz 4 GemO, wonach § 82 Abs. 2 GemO unberührt bleibt. Dies bedeutet, dass vor der Prüfung der über- und außerplanmäßigen Aufwendungen bzw. Auszahlungen nach § 84 Abs. 1 GemO die Erforderlichkeit einer Nachtragssatzung zu untersuchen ist.

→ **Erleichterung für Investitionen nach § 84 Abs. 2 GemO**
Für Investitionen (§ 61 Nr. 21 GemHVO) des Finanzhaushalts, die im folgenden Jahr fortgesetzt werden, sind überplanmäßige Auszahlungen auch dann zulässig, wenn ihre Finanzierung im folgenden Jahr gewährleistet ist (§ 84 Abs. 2 GemO). Die Finanzierung der Investition ist aus der mittelfristigen Finanzplanung ersicht-

lich. Danach ist diese überplanmäßige Auszahlung von der Voraussetzung des § 84 Abs. 1 GemO, wonach die Deckung im gleichen Jahr stattfinden muss, befreit. Sie bedarf jedoch der Zustimmung des Gemeinderats.

cc) Über- und außerplanmäßige Verpflichtungsermächtigungen

Verpflichtungen dürfen überplanmäßig oder außerplanmäßig eingegangen werden, wenn ein dringendes Bedürfnis besteht und der in der Haushaltssatzung festgesetzte Gesamtbetrag der Verpflichtungsermächtigungen nicht überschritten wird (§ 86 Abs. 5 GemO). Sollte diese Grenze nicht eingehalten werden, ist eine Nachtragssatzung erforderlich.

Das folgende Schaubild zeigt die Prüfungsreihenfolge der Über- und Außerplanmäßigkeit:

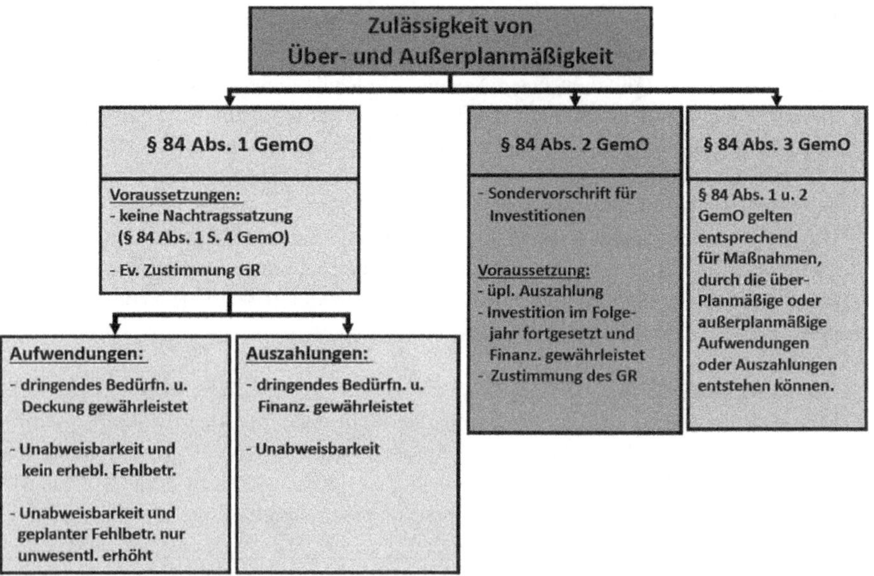

19.6.4.3 Entscheidungsgremien

Wie in Kap. 19.6.4.2 festgestellt, muss die Zulässigkeit über- und außerplanmäßiger Aufwendungen bzw. Auszahlungen beurteilt werden. Dies kann natürlich nur innerhalb der Gemeindeverwaltung geschehen und stellt – rechtlich gesehen – eine Entscheidung dar. In der Praxis wird von Bewilligung bzw. Zustimmung zur Leistung der Mehraufwendungen bzw. Mehrauszahlungen gesprochen. Dass diese Begriffe nicht immer den rechtlichen Anforderungen entsprechen, wird damit deutlich.

Die Bewilligungsentscheidungen sind ausnahmslos **vor** Leistung der über- bzw. außerplanmäßigen Aufwendungen oder Auszahlungen bzw. **vor** den diese Aufwendungen bzw. Auszahlungen verursachenden Verpflichtungen (§ 84 Abs. 3 GemO) zu treffen, also z. B. vor der Auftragsvergabe bzw. dem Vertragsabschluss.

Der Rat ist das Hauptorgan der Gemeinde (§ 24 Abs. 1 Satz 1 GemO). Daneben haben der Verwaltungsausschuss und der Bürgermeister Entscheidungsbefugnisse, entweder kraft Gesetzes oder per Übertragung durch den Rat. Es stellt sich nun die Frage, welches Organ der Gemeinde für die Bewilligung der Mehraufwendungen bzw. Mehrauszahlungen zuständig ist.

§ 84 Abs. 1 GemO unterscheidet zwischen Fällen von erheblicher Bedeutung, bei denen der Rat grundsätzlich zuzustimmen hat, und Fällen von unerheblicher Bedeutung, über die der Bürgermeister allein zu entscheiden hat. Der Bürgermeister kann seine Zuständigkeit auf andere Bedienstete übertragen. Dies soll die dezentrale Ressourcenverantwortung in den Budgets stärken. Insofern werden in der Praxis die Entscheidungskompetenzen für unerhebliche Beträge auch an Budgetverantwortliche, Fachbereichsleiter usw. übertragen, soweit eine Deckung der Mehrbeträge innerhalb ihres Zuständigkeitsbereiches bzw. innerhalb des Budgets erreicht werden kann.

Die Fälle von unerheblicher Bedeutung von über- und außerplanmäßigen Aufwendungen und Auszahlungen, die der Rat nicht selbst zu entscheiden hat, sind ihm ausnahmslos zur Kenntnisnahme vorzulegen (§ 89 Abs. 1 Satz 4 und Abs. 2 GemO), somit selbst bei geringfügigen Beträgen.

Festzustellen ist, dass auch bei erheblichen Mehraufwendungen und Mehrauszahlungen der Bürgermeister ein Mitentscheidungsrecht hat, da er nach § 42 Abs. 1 GemO dem Gemeinderat kraft Amtes angehört und somit Stimmrecht im Rat hat. Er entscheidet zunächst über die über- bzw. außerplanmäßige Bereitstellung der Ermächtigungen. Der Rat muss dann dieser Entscheidung noch zustimmen. In dringenden Fällen ist die Zustimmung des Rates im Verfahren der Dringlichkeitsentscheidung nach § 43 Abs. 4 GemO herbeizuführen.

Der unbestimmte Rechtsbegriff „nach Umfang und Bedeutung **erheblich**" ist von der Gemeinde auszufüllen und richtet sich vor allen nach der Größe der Gemeinde und deren Haushaltsvolumen. Nach dem Sinn des Begriffes im Rahmen des § 84 Abs. 1 GemO muss er unter den Festsetzungen des Begriffes „erheblich" im Rahmen des § 82 Abs. 2 Nr. 2 GemO liegen. Es empfiehlt sich, eine konkrete Abgrenzung in der Haupt- oder Haushaltssatzung oder durch Ratsbeschluss vorzunehmen. In der Praxis haben sich dabei Festbeträge bewährt, in einigen Fällen auch in Kombination mit Prozentsätzen bezogen auf die Ansätze pro Buchungsstelle. Alleinige Prozentsätze sind unzweckmäßig, weil die als Basiszahlen zu berücksichtigenden Ansätze auf den Buchungsstellen recht unterschiedlich und bei außerplanmäßigen Beträgen Planermächtigungen überhaupt nicht vorhanden sind.

Beispiel für eine solche Regelung könnte sein:

Über unerhebliche über- und außerplanmäßige Aufwendungen und Auszahlungen bis 20.000 € entscheidet der Bürgermeister.

19.6.4.4 Praktisches Beantragungs- und Bewilligungsverfahren

Der überplanmäßige bzw. außerplanmäßige Betrag wird vom mittelbewirtschaftenden Fachamt bzw. Fachbereich festgestellt. Sobald der Bedarf ermittelt ist, also bereits vor der Auftragsvergabe auch für Folgekosten der Maßnahme im selben Haushaltsjahr (§ 84 Abs. 3 GemO), muss eine über- bzw. außerplanmäßige Bewilligung beantragt werden. Dies geschieht in der Regel mittels Antragsvordruck an die Kämmerei (Fachbereich Finanzen) als sachbearbeitende Stelle bzw. bei übertragenden Zuständigkeiten für unerhebliche Ermächtigungen an den zuständigen Bediensteten (z. B. an den Budgetverantwortlichen). Dort werden die Voraussetzungen überprüft und die Entscheidung des Bürgermeisters eingeholt bzw. der erforderliche Rats- oder Verwaltungsausschussbeschluss herbeigeführt. Bei einer Delegation der Zuständigkeit auf einen anderen Bediensteten entschiedet dieser. Die Entscheidung wird dem Antrag stellenden Fachamt bzw. Fachbereich, der Gemeindekasse und evtl. dem Rechnungsprüfungsamt mitgeteilt. Erst dann kann der benötigte Betrag in Anspruch genommen bzw. in vertragliche Bindung gegeben werden. Das Verfahren führt – wie bereits mehrfach angedeutet – zur Möglichkeit einer Überschreitung der Aufwendungs- oder Auszahlungsplanermächtigung mit entsprechender Mittelfreigabe in der Haushaltsüberwachung in Höhe der bewilligten über- bzw. außerplanmäßigen Aufwendung bzw. Auszahlung. Eine Veränderung des Ansatzes auf der Buchungsstelle und damit im Haushaltsplan erfolgt nicht.

Gemäß § 84 Abs. 1 GemO sind die nicht vom Gemeinderat bewilligten über- und außerplanmäßigen Aufwendungen und Auszahlungen diesem Gremium zur Kenntnis zu bringen, damit dieser über die gesamte Abwicklung des von ihm beschlossenen Haushaltsplans unterrichtet ist. Es empfiehlt sich, die Mehraufwendungen und Mehrauszahlungen i. d. R. vierteljährlich dem Gemeinderat zur Kenntnis zu bringen, spätestens jedoch mit der Vorlage des Jahresabschlusses. Dies geschieht regelmäßig in der Form einer Liste, in der auch die Bedarfs- und Bewilligungsgründe dargestellt werden. In vielen Gemeinden erfolgen diese Informationen monatlich oder aber in jeder Ratssitzung im Rahmen eines feststehenden Tagesordnungspunktes. Es empfiehlt sich auch, die Informationen in das standardisierte Berichtswesen zu integrieren.

Das Verfahren einschließlich Beispiele für Anträge, Bewilligungsverfügungen und Entscheidungsgründe ist ausführlich in den Übungen zu diesem Kapitel dargestellt.

19.6.5 Deckung von überplanmäßigen Auszahlungen im folgenden Haushaltsjahr (unechter Haushaltsvorgriff) nach § 84 Abs. 2 GemO

Beim vorangehenden Gliederungspunkt wurde festgestellt, dass die Bewilligung von über- und außerplanmäßigen Auszahlungen nur dann zulässig ist, wenn beide Alternativen des § 84 Abs. 1 Satz 2 GemO (dringendes Bedürfnis **und** Finanzierung der Mehrauszahlung sowie Unabweisbarkeit) vorliegen. Im Investitionsbereich gibt es dazu in Bezug auf die Finanzierung zwar keine Ausnahme, jedoch eine Besonderheit gemäß

§ 84 Abs. 2 GemO. Unter bestimmten Voraussetzungen ist nämlich eine Finanzierung nicht im selben Haushaltsjahr, sondern auch im kommenden Jahr zulässig. Auf die Finanzierung im laufenden Jahr wird in diesen Fällen gänzlich verzichtet. Diese Bewilligung stellt also einen „Vorgriff" auf das nächste Haushaltsjahr dar.

Die Voraussetzungen des § 84 Abs. 2 GemO sind, bevor sie im Einzelnen näher besprochen werden, zusammengefasst dargestellt:

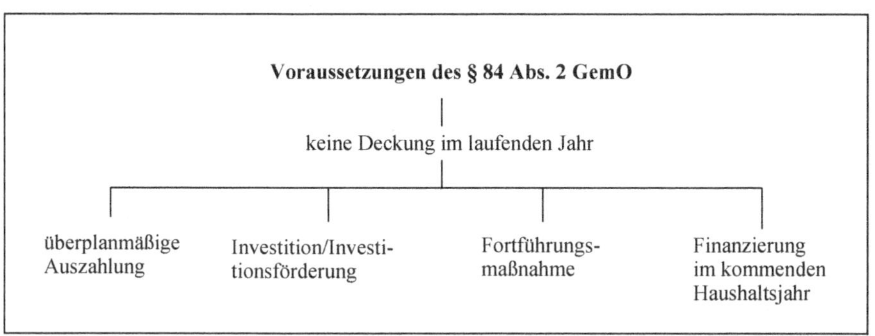

Aus der Vielzahl und der Strenge der Voraussetzungen wird ersichtlich, dass die Möglichkeit, die Finanzierung von Mehrauszahlungen ins nächste Haushaltsjahr zu verschieben, nur die Ausnahme sein kann. Sie dient praktisch dazu, die Gemeinde auch in angespannten Finanzsituationen nicht zur Einstellung begonnener Investitionen, vor allem im Bausektor, zu zwingen, wenn im kommenden Jahr die Mittel ohnehin zur Verfügung stehen. Da ausschließlich auf die Mittel der nächsten Periode abgestellt wird, bezeichnet man dieses Verfahren auch als „Haushaltsvorgriff".

Der Sinn des § 84 Abs. 2 GemO wird besonders bei den nachstehenden Erläuterungen der Bewilligungsvoraussetzungen deutlich.

a) Keine Deckung im laufenden Jahr

§ 84 Abs. 2 GemO kann bezüglich der Deckung nur als Ausnahme zu § 84 Abs. 1 Satz 2 GemO gewertet werden. Allein aus dem Grundsatz der Jährlichkeit des Haushaltsplanes ist ersichtlich, dass zunächst eine Deckung im laufenden Jahr herbeigeführt werden soll. Die Nachrangigkeit des Haushaltsvorgriffs gegenüber einer Finanzierung im laufenden Haushaltsjahr ergibt sich aber auch aus der Formulierung in § 84 Abs. 2 GemO „**auch dann** zulässig". Insofern ist bei der praktischen Anwendung vor einer Deckung im kommenden Jahr immer erst der Versuch einer Deckung im laufenden Haushaltsjahr zu unternehmen.

b) Überplanmäßige Auszahlungen

Es muss sich um eine überplanmäßige Auszahlung handeln[16] (zum Begriff siehe Kap. 19.6.1). Außerplanmäßige Auszahlungen sind somit von diesem Verfahren ausgeschlossen.

c) Investition bzw. Investitionsförderungsmaßnahme

Die Mehrauszahlung muss bei einer Investition bzw. Investitionsförderungsmaßnahme anfallen. Investitionen sind nach § 61 Nr. 21 GemHVO die Verwendung von Finanzmitteln für die Veränderung des Bestandes längerfristig dienender Sachvermögen und Finanzvermögen außer für geringwertige bewegliche Vermögensgegenstände und Anlage von Kassenmittel (z. B. Erwerb von Grundstücken, Baumaßnahmen, aktivierte Eigenleistung, Erwerb von beweglichem Vermögen über 1.000 € nach § 38 Abs. 4 GemHVO). Investitionsförderungsmaßnahmen liegen nach § 61 Nr. 22 GemHVO vor, wenn die Gemeinde Zuweisungen, Zuschüsse und Darlehen für Investitionen Dritter und für Investitionen bei den Sondervermögen mit Sonderrechnung gewährt.

d) Fortsetzungsmaßnahme

Die Investition bzw. Investitionsförderungsmaßnahme muss im kommenden Jahr fortgesetzt werden. Fortsetzungsmaßnahmen fallen in der Praxis regelmäßig bei Baumaßnahmen an. Vor allem größere Projekte ziehen sich über das Ende des Haushaltsjahres hinweg, vielfach sogar über mehrere Jahre. Die Veranschlagung und Deckung der Auszahlungen (kassenwirksame Beträge) ist im Rahmen des Bauzeitenplanes oft sehr schwierig. Der Baufortschritt hängt von vielen Faktoren ab, von denen vor allem das Wetter schwer zu kalkulieren ist. Erfolgt z. B. der Baufortschritt langsamer als geplant, sind am Jahresende noch Mittel des Planansatzes verfügbar. Diese werden dann erst im kommenden Haushaltsjahr benötigt. Gemäß § 21 Abs. 1 GemHVO bleiben sie durch eine Ermächtigungsübertragung (Bildung eines Haushaltsrests) auch der Haushaltswirtschaft des nächsten Jahres erhalten.

Geschieht die Abwicklung der Baumaßnahme zügiger als geplant, sind im Haushaltsjahr zur Begleichung der jetzt zusätzlich anfallenden Rechnungen überplanmäßige Auszahlungen erforderlich, die jedoch im Rahmen der Planung erst für das kommende Jahr vorgesehen sind. Damit solche, insgesamt finanzierten Investitionen wegen fehlender Deckung im einzelnen Haushaltsjahr nicht gestoppt werden müssen, was wirtschaftliche Nachteile für die Gemeinde bedeuten würde (Forderungen des Unternehmens bei Baustillstand, erneute Rüstkosten für die Baufortsetzung im kommenden Jahr usw.), hat der Gesetzgeber mit § 84 Abs. 2 GemO den Vorgriff auf Deckungsmittel des kommenden Jahres geschaffen. Der Haushaltsvorgriff ist praktisch das Gegenstück zur Ermächtigungsübertragung (Bildung von Haushaltsresten) nach § 21 GemHVO.

16 Siehe § 61 Nr. 40 GemHVO.

Aus der Darstellung dieser Voraussetzung wird die Intention des Gesetzgebers für die Schaffung des § 84 Abs. 2 GemO sehr deutlich, die in den besonderen Fällen der Investitionsfortsetzungen den Grundsatz der Jährlichkeit zu Gunsten einer flexiblen Haushaltsführung zurücktreten lässt.

e) Finanzierung im kommenden Haushaltsjahr

Wie bereits in der Eingangsphase dargestellt, entfällt zwar die Finanzierung im laufenden Haushaltsjahr, sie wird jedoch durch eine Finanzierung im kommenden Jahr ersetzt, sodass der Grundsatz „Mehrauszahlungen dürfen nur bei einer vorhandenen Deckung geleistet werden" insgesamt erhalten bleibt.

Der in § 84 Abs. 2 GemO verwendete Begriff der „Finanzierung" ist mit dem in Absatz 1 Satz 2 derselben Vorschrift angeführten Finanzierungsbegriff identisch. Da Investitionen bzw. Investitionsförderungsmaßnahmen dem Finanzhaushalt zuzuordnen sind, verbleiben als mögliche Finanzierung Mehreinzahlungen und Minderauszahlungen dies Teilhaushalts (siehe die grundsätzliche Darstellung der Deckungsmöglichkeiten in Kap. 19.6.3). Der typische Fall der Deckung im Rahmen des § 84 Abs. 2 GemO ist die Einsparung bei derselben Planposition im kommenden Haushaltsjahr. Es findet dann ein „konkreter Haushaltsvorgriff" statt, weil die Investitionsauszahlungen sich insgesamt nicht erhöhen, sondern sich nur im Zeitablauf der Maßnahme verschieben. Die vorgesehenen Jahresbeträge sind aus der mittelfristigen Planung zu entnehmen.

Beispiel sei eine Baumaßnahme für die Grundschulen, die wegen der günstigen Witterungsbedingungen schneller als geplant abgewickelt werden kann:

Haushaltsjahr	**Ansatz laut Haushaltsplan** **€**	**tatsächliche Auszahlungsabwicklung** **€**
2024	4.000.000	4.200.000
2025	3.000.000	2.800.000
2026	1.000.000	1.000.000
Insgesamt	**8.000.000**	**8.000.000**

Der Gesamtbedarf bleibt erhalten; es verschieben sich lediglich die Teilbeträge, sodass innerhalb der Maßnahme die Deckung erfolgen kann (Einsparungen in 2025 decken Mehrauszahlungen in 2024). Kostenerhöhungen werden durch § 84 Abs. 2 GemO nicht aufgefangen. Der Gesamtbedarf darf nicht überschritten werden.

Wichtig ist noch einmal der deutliche Hinweis, dass die Finanzierung der Mehrauszahlung nach § 84 Abs. 2 GemO ausschließlich im **nächsten** Haushaltsjahr und nicht in anderen Jahren der Finanzplanung zu erfolgen hat.

Das praktische Bewilligungsverfahren stimmt mit dem nach § 84 Abs. 1 GemO vollständig überein. Lediglich ist die Finanzierung vom Fachamt (Fachbereich) besonders sorgfältig zu begründen und von der Kämmerei (Fachbereich Finanzen) bzw. bei Delegation vom zuständigen Bediensteten unter Einbeziehung der Gemeindekasse entsprechend zu überprüfen sowie nachzuhalten. Festzustellen ist jedoch, dass bei dieser Art der Finanzierung im laufenden Jahr eine Verschlechterung des Finanzsaldos eintreten wird, sodass eventuelle Liquiditätskredite zur Zwischenfinanzierung aufgenommen werden müssen, die jedoch im nächsten Jahr durch die dann erfolgende Finanzierung der Zahlung wieder beseitigt wird. Für diese überplanmäßige Auszahlung ist nach § 84 Abs. 2 Halbs. 2 GemO die Zustimmung des Gemeinderates erforderlich.

19.6.6 Exkurs: Praxisgerechtes Gesamtprüfungsverfahren für die Bereitstellung von Mehraufwendungen und Mehrauszahlungen

Wie bereits bei den vorangegangenen Unterkapiteln deutlich geworden ist, können Mehraufwendungen bzw. Mehrauszahlungen nach verschiedenen Verfahren bereitgestellt werden. Diese Verfahren sind jeweils für sich ausführlich vorgestellt und diskutiert worden. Für die Praxis und auch für die Klausuranfertigung im Ausbildungsbereich soll an dieser Stelle eine schematische Gesamtdarstellung eines lückenlosen Subsumtions- bzw. Prüfungsschemas angeboten werden, mit dem die Frage „Wie können Mehraufwendungen bzw. Mehrauszahlungen bereitgestellt werden?“ abschließend zu prüfen ist.

Verfahren zur Bereitstellung von Mehraufwendungen/Mehrauszahlungen

1. Vorliegen eines Bedarfs

2. Ermittlung der sachlich zuständigen Buchungsstelle (Haushaltsposition)

3. Ermittlung des Mehrbedarfs

Haushaltsansatz bei der Buchungsstelle
\+ Ermächtigungsübertragungen aus Vorjahren (Haushaltsreste)
+/– Veränderungen aus Nachtragshaushaltsplänen
+/– bisherige Veränderungen der Aufwendungs- bzw. Auszahlungsermächtigungen
– bisherige Inanspruchnahme durch Aufwendungen bzw. Auszahlungen
– Vormerkungen (Aufträge)
– noch bestehender nicht vorgemerkter Bedarf
= **Betrag der benötigten Mehraufwendungen bzw. Mehrauszahlungen (falls negativ)**

4. Bereitstellung nach § 19 GemHVO (Zweckbindung, unechte Deckungsfähigkeit)[17]

a) Besteht eine Zweckbindung kraft Gesetz?
b) Besteht ein zulässiger Haushaltsvermerk?

---

17 Die Arbeitsphasen 4 und 5 sind gleichrangig anwendbar und demnach austauschbar (siehe dazu Kap. 19.6.3).

c) Ist der Haushaltsvermerk uneingeschränkt (keine Einschränkung der unechten Deckungsfähigkeit)?
d) Sind Mehrerträge bzw. Mehreinzahlungen vorhanden (notfalls Berechnung durchführen)?
e) Rechtsfolge bei Vorliegen aller Voraussetzungen:
In Höhe der Mehrerträge bzw. Mehreinzahlungen kann der Ansatz für Aufwendungen bzw. Auszahlungen überschritten werden.

5. Bereitstellung nach § 20 GemHVO (echte Deckungsfähigkeit)

a) Befinden sich die deckungsberechtigten und deckungspflichtigen Positionen innerhalb eines gemeinsamen Budgets?
b) Ist die Deckungsfähigkeit nicht durch einen Haushaltsvermerk eingeschränkt?
c) Tritt eine Einsparung bis zum Jahresende bei der deckungspflichtigen Planposition ein?
d) Rechtsfolge bei Vorliegen aller Voraussetzungen:
In Höhe der Einsparung bei der deckungspflichtigen Planposition kann eine Mehraufwendung bzw. Mehrauszahlung bei der deckungsberechtigten Haushaltsposition erfolgen.

6. Überprüfung der Notwendigkeit einer Pflichtnachtragssatzung nach § 82 Abs. 2 GemO i. V. m. § 84 Abs. 1 Satz 4 GemO

Scheidet eine Pflichtnachtragssatzung aus?

7. Bewilligung einer über- bzw. außerplanmäßigen Aufwendung nach § 84 Abs. 1 Satz 1 GemO

a) Besteht ein dringendes Bedürfnis und ist die Deckung im laufenden Haushaltsjahr gewährleistet?
b) Ist die Mehraufwendung unabweisbar (sachlich und zeitlich) und besteht kein erheblicher Fehlbetrag?
c) Ist die Mehraufwendung unabweisbar (sachlich und zeitlich) und erhöht sich ein geplanter Fehlbetrag nur unerheblich?
d) Wer entscheidet in welchem Verfahren (evtl. Eilentscheidung durch den Verwaltungsausschuss) über die Bewilligung?
e) Rechtsfolge bei Vorliegen der Voraussetzungen:
Die überplanmäßige bzw. außerplanmäßige Aufwendung darf geleistet werden.

8. Bewilligung einer über- bzw. außerplanmäßigen Auszahlung nach § 84 Abs. 1 Satz 2 GemO

a) Besteht ein dringendes Bedürfnis und ist die Finanzierung im laufenden Haushaltsjahr gewährleistet?
b) Ist die Mehrauszahlung unabweisbar (sachlich und zeitlich)?
c) Falls a) verneint wurde: Ist eine Finanzierung der Mehrauszahlung gemäß § 84 Abs. 2 GemO zulässig?

d) Wer entscheidet in welchem Verfahren (evtl. Eilentscheidung durch den Verwaltungsausschuss) über die Bewilligung?
e) Rechtsfolge bei Vorliegen der Voraussetzungen:
Die überplanmäßige bzw. außerplanmäßige. Auszahlung darf geleistet werden.

9. Freiwillige Nachtragssatzung mit Nachtragsplan nach § 87 Abs. 1 GemO

19.6.7 Über- und außerplanmäßige Verpflichtungsermächtigungen

Gemäß § 86 Abs. 5 GemO sind auch über- und außerplanmäßige Verpflichtungsermächtigungen[18] zugelassen. Dies ist notwendig, weil auch gegenüber der Haushaltsplanung im Laufe eines Haushaltsjahres zusätzliche Verpflichtungen mit Zahlungen in den nächsten Jahren notwendig sein können.

> ***Beispiel:***
> *Im Haushaltsplan 2024 der Gemeinde G ist für die Beschaffung eines neuen Dienstfahrzeugs eine Verpflichtungsermächtigung in Höhe von 60.000 € veranschlagt. Die Bestellung soll in 2024, die Lieferung und die Zahlung sollen in 2025 erfolgen. Die durchgeführte beschränkte Ausschreibung hat ergeben, dass der wirtschaftlichste Bieter bei 61.000 € liegt. Zur Abwicklung der Bestellung wird somit eine überplanmäßige Verpflichtungsermächtigung in Höhe von 1.000 € notwendig.*

Bei der Bewilligung der zusätzlichen Ermächtigung lehnt sich der Gesetzgeber an die Regelungen für über- und außerplanmäßige Aufwendungen bzw. Auszahlungen des § 84 GemO an. Über- und außerplanmäßige Verpflichtungsermächtigungen gemäß § 86 Abs. 5 GemO sind demnach zulässig, wenn ein dringendes Bedürfnis besteht und die der in der Haushaltssatzung festgesetzte Gesamtbetrag der Verpflichtungsermächtigungen nicht überschritten wird. Das bedeutet, dass bei anderen Verpflichtungsermächtigungen „Einsparungen" erzielt werden müssen. Die „Deckungsverpflichtung" gilt unabhängig von der Höhe der über- oder außerplanmäßigen Verpflichtungsermächtigung. Auch geringfügige zusätzliche Verpflichtungsermächtigungen sind konkret durch „Einsparungen" bei anderen Verpflichtungsermächtigungen zu „decken". Außerdem ist festzustellen, dass über- und außerplanmäßige Verpflichtungsermächtigungen unabhängig von ihrer Höhe im Rahmen von § 86 Abs. 5 GemO bereitgestellt werden können. Eine Pflicht zum Erlass einer Nachtragssatzung besteht auch bei erheblichen Beträgen nicht.

Die Deckungsregelung in § 86 Abs. 5 GemO stellt eine problematische Lösung dar. Wenn man das obige Beispiel mit dem Mehrbedarf von 1.000 € betrachtet, dann ist die überplanmäßige Verpflichtungsermächtigung nur zulässig, wenn Einsparungen bei anderen Verpflichtungsermächtigungen zu erzielen sind. Kann dies nicht erreicht

18 Zum Begriff und zur Abwicklung der Verpflichtungsermächtigungen siehe Kap. 15.

werden, müsste die Gemeinde eine Nachtragssatzung erlassen, um die 1.000 € bereitzustellen. Dieser Weg ist wenig praktikabel. Ansonsten werden die Gemeinden – wie bisher auch schon üblich – die zusätzlichen Verpflichtungen mithilfe von „unzulässigen Buchungstricks" bewirtschaften oder aber erhöhte Ansätze bei Verpflichtungsermächtigungen in den Haushalt einstellen. Bedacht werden muss allerdings, dass der Gesamtbetrag der Verpflichtungsermächtigungen im Rahmen der Haushaltssatzung bedingt genehmigungspflichtig ist (§ 86 Abs. 4 GemO). Somit muss die Kommunalaufsicht prüfen können, ob die zusätzlichen Verpflichtungsermächtigungen unter die Genehmigungspflicht fallen.

19.6.8 Übungen

Sachverhalt Nr. 9

Die Gemeinde Neuingen hat im Dezember des Haushaltsjahres folgende überplanmäßige und außerplanmäßige Aufwendungen bzw. Auszahlungen:

a) Nach einem heftigen Unwetter wurde das Rathausdach erheblich beschädigt. Der Schaden ist so groß, dass sämtliche Ziegel ausgetauscht und auch die Hälfte der Deckenbalken ausgewechselt werden müssten. Regen könnte derzeit ungehindert in das Rathausgebäude eindringen.
   Bezogen auf den Gesamthaushalt wäre die Reparatur des Rathausdaches nur von untergeordneter Bedeutung.
b) Der Bürgermeister will einen neuen Schreibtisch kaufen, was jedoch nicht im Haushaltsplan vorgesehen ist.
   Der derzeitige Schreibtisch ist bereits 20 Jahre alt und droht zusammenzubrechen. Zwar könnte der Bauhof ihn nochmal reparieren, doch weil Weihnachten bevorsteht, will sich der Bürgermeister einen neuen Schreibtisch „gönnen".
c) Im Januar des folgenden Jahres ist vorgesehen, die Heizöllager in den Gebäuden zu füllen. Die entsprechenden Haushaltsmittel werden im Haushaltsplan des Folgejahres eingeplant.
   Da man jedoch im kommenden Jahr mit einer erheblichen Erhöhung der Ölpreise rechnet, soll schon im Dezember das benötigte Heizöl gekauft und bezahlt werden. Aufgrund der derzeit günstigen Preise würde man ca. ein Drittel der Kosten sparen, was sich auf ca. 20.000 € belaufen würde.

Aufgabe:
Prüfen Sie, ob die überplanmäßigen und außerplanmäßigen Aufwendungen bzw. Auszahlungen im Dezember rechtmäßig sind.

Lösung:
Die einzelnen Sachverhalte werden nach § 84 Abs. 1 Satz 1 bzw. 2 GemO geprüft. Von einem Erlass der Nachtragssatzung mit Nachtragsplan ist nicht mehr auszugehen, da man sich bereits im Dezember befindet.

Es sind somit im Einzelnen folgende Tatbestände zu prüfen:

Über- oder außerplanmäßige Aufwendung:
1. Alternative: Dringendes Bedürfnis und die Deckung gewährleistet,
2. Alternative: Unabweisbarkeit und kein erheblicher Fehlbetrag,
3. Alternative: Unabweisbarkeit und unerhebliche Erhöhung eines geplanten Fehlbetrags.

Über- oder außerplanmäßige Auszahlung:
1. Alternative: Dringendes Bedürfnis und die Finanzierung gewährleistet,
2. Alternative: Unabweisbarkeit.

Zu a)
Bei der Reparatur des Rathausdaches handelt es sich um einen Unterhaltungsaufwand, da lediglich der Zustand vor dem Sturm hergestellt werden soll. Nach dem Sachverhalt sind keine zusätzlichen vermögenserhöhenden Maßnahmen geplant. Es handelt sich somit um einen Aufwand im Ergebnishaushalt, der auch zu einer Auszahlung im Finanzhaushalt führt. Zu prüfen ist somit sowohl der außerplanmäßige Aufwand als auch die außerplanmäßige Auszahlung.

Außerplanmäßiger Aufwand:
Das Rathausdach wurde bei einem Unwetter erheblich beschädigt. Sollte das Dach nicht unverzüglich repariert werden, drohen weitere große Schäden am Gebäude. Auch ist die unmittelbare Beseitigung der Schäden zur Weiterführung der öffentlichen Aufgaben unaufschiebbar. Die Erfüllung öffentlicher Aufgaben erfordert Verwaltungsarbeit, die in den Diensträumen des Rathauses zu erledigen ist. Bei einem beschädigten Dach besteht die konkrete Gefahr, dass die Räumlichkeiten auf Grund der Witterungseinflüsse zumindest im Obergeschoss nicht mehr nutzbar sind.

Hierbei ist auch die Fürsorgepflicht des Dienstherrn gegenüber den Bediensteten zu bedachten, die im Landesbeamtengesetz bzw. Tarifvertragsrecht verankert ist. Zur Fürsorgepflicht gehört auch die Bereitstellung arbeits- und menschengerechter Räumlichkeiten. Folgen der Dachbeschädigung könnten gesundheitliche Schäden der Bediensteten bedeuten, weil die Witterungseinflüsse nicht mehr von den Diensträumen abgehalten werden könnten. Insofern gibt es eine – wenn auch nur indirekte – gesetzliche Pflicht zur Beseitigung der Dachschäden aus beamten- bzw. tarifrechtlichen Erwägungen.

Außerdem verlangt der Grundsatz der Sparsamkeit und Wirtschaftlichkeit nach § 77 Abs. 2 GemO die sofortige Beseitigung der Schäden. Ein beschädigtes Dach führt durch die äußeren Witterungsbedingungen zu weiteren Gebäudeschäden, die wiederum zusätzliche Instandhaltungsaufwendungen und -auszahlungen verursachen, was der Sparsamkeit und Wirtschaftlichkeit widerspricht. Ein sofortiges Handeln ist daher unbedingt erforderlich.

Die Unabweisbarkeit nach § 84 Abs. 1 Satz 1 2. Alt. GemO ist somit gegeben.

Da nach dem Sachverhalt die Reparatur bezogen auf den Gesamthaushalt nur von untergeordneter Bedeutung wäre, würde kein erheblicher Fehlbetrag entstehen, so dass ein außerplanmäßiger Aufwand zulässig wäre.

Außerplanmäßige Auszahlung:
Auch bei der mit dem außerplanmäßigen Aufwand verbundenen außerplanmäßigen Auszahlung ist die Unabweisbarkeit gegeben (siehe oben). Ein Fehlbetrag, der nach § 84 Abs. 1 Satz 1 GemO im Ergebnishaushalt bei einem zahlungswirksamen Aufwand entsteht, führt unmittelbar im Finanzhaushalt zu einem Finanzierungsdefizit, da auch hier kein Ansatz vorhanden ist. Da es sich um eine außerplanmäßige laufende Auszahlung nach § 84 Abs. 1 Satz 2 GemO handelt, kommen zur Finanzierung in letzter Konsequenz (nach Prüfung der Ausschöpfung von Einzahlungen und Einsparungen von Auszahlungen) nur Kassenkredite in Frage, um einen vorübergehenden Liquiditätsengpass auszugleichen. Sollte der in der Haushaltssatzung festgesetzte Höchstbetrag der Kassenkredite nicht überschritten werden, so wäre eine Finanzierung kurzfristig gewährleistet. Mittel- und langfristig ist jedoch eine Finanzierung durch Mehreinzahlungen oder Einsparungen bei den Auszahlungen (z. B. durch Leistungsreduzierung) zu erreichen. Ist die Finanzierung kurzfristig durch Kassenkredite oder durch andere Einsparungsmaßnahmen nicht gesichert, so müsste die Gemeinde eine Nachtragsatzung erlassen, um die Finanzlage neu zu ordnen. Wie bereits anfangs erwähnt, macht dies keinen Sinn, da sich die Gemeinde bereits im Dezember befindet.

Die Reparatur des Rathausdaches kann vorgenommen werden, wenn die Bereitstellung er liquiden Mittel gesichert ist.

Zu b)
Sollte veraltetes Mobiliar, das auch abgeschrieben ist, ersetzt werden, so müssen im Haushaltsplan entsprechende Beträge im Haushaltsplan eingestellt werden. Dies ist laut Sachverhalt nicht der Fall, so dass eine außerplanmäßige Auszahlung im Finanzhaushalt entstehen würde (Anschaffung von Anlagevermögen). Fraglich ist jedoch, ob ein dringendes Bedürfnis nach § 84 Abs. 1 Satz 2 Alt. 1 GemO gegeben ist. Danach müsste der Gemeinde ein Nachteil entstehen, wenn die Auszahlung nicht getätigt wird.

Gemeindeeigenes Mobiliar ist zur Erfüllung der gemeindlichen Aufgaben unbedingt erforderlich. Der anstehende Kauf des Schreibtischs im Dezember des Haushaltsjahres wäre jedoch durchaus auf das kommende Haushaltsjahr verschiebbar. Nach dem Sachverhalt könnte der Bauhof den Tisch nochmal reparieren, so dass für die Gemeinde kein Nachteil entstehen würde, wenn man die Investition auf das Folgejahr verschiebt.

Es liegt somit kein dringendes Bedürfnis vor, so dass eine außerplanmäßige Auszahlung nicht zulässig wäre.

Zu c)
Im Dezember soll das Heizöl für das kommende Jahr gekauft und bezahlt werden. Dies würde nicht zu einer überplanmäßigen Aufwendung führen, da diese periodengerecht dem Folgejahr zugeordnet werden könnte (§ 10 Abs. 1 GemHVO). Lediglich die Aus-

zahlung wäre im laufenden Jahr und würde eine Überplanmäßigkeit nach § 84 GemHVO hervorrufen. Es handelt sich hierbei um eine transitorische Rechnungsabgrenzung.

Die überplanmäßige Auszahlung wäre nach § 84 Abs. 2 GemO zulässig, wenn es sich um eine Investition, die im folgenden Jahr fortgesetzt wird, handeln würde und ihre Finanzierung im Folgejahr gewährleistet wäre. Dies trifft aber nicht zu, da es sich bei dem Kauf von Heizöl nicht um eine Investition handelt.

Eine Verschiebung der Auszahlung in das kommende Jahr ist unwirtschaftlich, weil sich im neuen Haushaltsjahr die Beschaffung erheblich verteuern würde. Das Prinzip der Wirtschaftlichkeit bedeutet, dass ein vorgegebenes Ziel (Kauf des Treibstoffs) mit dem geringsten Mitteleinsatz erreicht werden soll. Gemäß § 77 Abs. 2 GemO sind aber Wirtschaftlichkeit und Sparsamkeit oberste Grundsätze der gemeindlichen Haushaltsführung. Falls die Gemeinde das Heizöl nicht im Dezember kauft, so droht ein finanzieller Nachteil. Ein dringendes Bedürfnis nach § 84 Abs. 1 Satz 2 1.Alt. GemHVO wäre somit gegeben.

Als weiteres Kriterium muss jedoch die Finanzierung der überplanmäßigen Auszahlung gewährleistet sein. Da diese im Januar des Folgejahres (also einen Monat später) sowieso vorgesehen war, stellt sich die Frage, ob dies für die Gewährleistung der Deckung ausreicht. Die Deckung im Finanzhaushalt kann über vorhandene Liquiditätsreserven oder kurzfristig im Rahmen der Grenzen in der Haushaltssatzung über Kassenkredite erfolgen. Sollte dies möglich sein, so wäre eine Finanzierung der überplanmäßigen Auszahlung gewährleistet. Andernfalls könnte das Heizöl nicht mehr im laufenden Jahr bestellt werden.

Die überplanmäßige Auszahlung wäre nach § 84 Abs. 1 Satz 2 Alt. 1 GemO somit rechtmäßig, wenn die Finanzierung im gleichen Jahr gewährleistet ist.

Sachverhalt Nr. 10

Der Teilfinanzplan Produktbereichs 21 „Schulträgeraufgaben" des Haushaltsjahres 2020 in der Gemeinde Neuingen ist ein Budget und stellt sich Mitte Oktober 2020 auszugsweise wie folgt dar. Die Maßnahmen werden im laufenden Jahr abgeschlossen:

Teilfinanzplan 21 Schulträgeraufgaben Übersicht Investitionsmaßnahmen	**Ansatz 2024**	**Stand der Zahlungen 15.10.2024**	**Bereits beauftragt, jedoch noch nicht zahlungswirksam 15.10.2024**
Einzahlungen			
Landeszuwendung Hauptschule A	200.000	250.000	
Verkauf Grundstück Hauptschule B	10.000	100.000	
Summe der investiven Einzahlungen	**210.000**	**350.000**	
Auszahlungen			
Grunderwerb Hauptschule A	500.000	480.000	0
Baukosten Schule A	1.800.000	1.600.000	150.000
Einrichtungskosten Schule A	200.000	120.000	70.000
Summe der investiven Auszahlungen/Vorm.	**2.500.000**	**2.200.000**	**220.000**

Haushaltsvermerke
Die Minderauszahlungen beim Erwerb von Grundstücken erhöhen ausschließlich die Planermächtigung der Baukosten des Produktbereichs 21 entsprechend.

Folgende Auszahlungsentwicklungen zeichnen sich ab:

a) Eine bisher nicht vorhergesehene vermögenswirksame Mobiliarbeschaffung für die Hauptschule A mit Auszahlungen in Höhe von 15.000 € soll noch in 2024 erfolgen.
b) Bei der Baumaßnahme der Hauptschule A entsteht auf Grund nicht absehbarer Bodensicherungsarbeiten ein dringender Mehrauszahlungsbedarf in 2024 in Höhe von 200.000 €.

Bei allen anderen Positionen im Produktbereich 21 erfolgt keine Veränderung mehr. Der sonstige Finanzplan der Gemeinde Neuingen wird planmäßig abgewickelt.

Aufgabe:
Beurteilen Sie, ob und in welcher Form die Mehrauszahlungen bei den Einrichtungskosten und der Baumaßnahme bereitgestellt werden können. Die Zulässigkeit der Haushaltsvermerke bzw. der Budgetierung ist zu unterstellen.

Bearbeitungshinweise:
→ Die Erheblichkeitsgrenze nach § 82 Abs. 2 Nr. 1 GemO beträgt 250.000 €
→ Die Erheblichkeitsgrenze nach § 82 Abs. 2 Nr. 2 GemO beträgt 2.000.000 €

Lösungen:
Zu a) Mehrauszahlung bei den Einrichtungskosten
Laut Sachverhalt soll noch im Jahr 2024 Mobiliar in Höhe von 15.000 € für die Hauptschule A beschafft werden. Bei einem Planansatz von 200.000 € sind bereits 120.000 € im Haushaltsjahr ausgezahlt, so dass noch 80.000 € zur Verfügung stehen. Zu berücksichtigen sind jedoch noch laut Sachverhalt 70.000 €, für die bereits Aufträge vergeben wurden und die noch in 2024 entsprechende Auszahlungen bewirken. Insofern stehen lediglich noch 10.000 € zur Verfügung, so dass eine zusätzliche Auszahlungsermächtigung in Höhe von 5.000 € benötigt wird.

Diese Planabweichung stellt ein Verstoß gegen den Grundsatz der sachlichen Bindung des Haushaltsplans (§ 80 Abs. 4 Satz 1 GemO) dar. Es fragt sich somit zunächst, ob die Überschreitung des Planansatzes durch eine Ermächtigung im Wege der Deckungsfähigkeit möglich ist.

Möglich wäre im Wege der unechten Deckungsfähigkeit nach § 19 GemHVO oder der echten Deckungsfähigkeit nach § 20 GemHVO eine Finanzierung herbeizuführen. Die Reihenfolge bleibt jedem selbst überlassen. Aufgrund der Gesetzessystematik wir mit der unechten Deckungsfähigkeit begonnen.

Nach § 19 Abs. 1 Satz 3 und Abs. 4 GemHVO können zweckgebundene Mehreinzahlungen für entsprechende Mehrauszahlungen verwendet werden. Diese unechte Deckungsfähigkeit berechtigen Mehreinzahlungen aus zweckgebundenen Zuwendungen für Investitionsmaßnahmen des Produktbereichs 21 zu Mehrauszahlungen desselben

Produktbereichs. Da Mehreinzahlungen von 50.000 € zu verzeichnen sind, kann grundsätzlich der Erwerb des beweglichen Anlagevermögens bis zu 50.000 € überschritten werden. Da lediglich 5.000 € benötigt werden, stehen die für die erforderlichen Mehrausgaben entsprechende Deckungsmittel bereit.

Da nach § 19 Abs. 3 und 4 GemHVO diese Mehrauszahlungen nicht als überplanmäßige Auszahlungen gelten, erübrigt sich die Überprüfung eines dringenden Bedürfnisses und der Unabweisbarkeit nach § 84 Abs. 1 Satz 1 GemO.

Zu b) Mehrauszahlungen bei der Baumaßnahme
Aufgrund von unabsehbaren Bodensicherungsmaßnahmen entstehen dringende Mehrauszahlungen von 200.000 €. Bei einem Planansatz von 1.800.000 € sind bereits 1.600.000 € im Haushaltsjahr ausgezahlt, so dass noch 200.000 € zur Verfügung stehen. Zu berücksichtigen sind jedoch die bereits erteilten Aufträge in Höhe von 150.000 €, die noch im Jahr 2024 zur Auszahlung kommen. Insofern stehen lediglich noch 50.000 € an Auszahlungsermächtigung zur Verfügung, so dass eine zusätzliche Auszahlungsermächtigung in Höhe von 150.000 € benötigt wird.

Auch hier ist zunächst zu prüfen, ob im Wege der Deckungsfähigkeit die zusätzliche Auszahlungsermächtigung möglich ist. Aufgrund der oben genannten Rechtvorschrift werden Mehreinzahlungen im Wege der unechten Deckungsfähigkeit nach § 19 Abs. 1 Satz 3 und Abs. 4 GemHVO für Mehrauszahlungen zur Verfügung gestellt. Von den Mehreinzahlungen in Höhe von 50.000 € sind bereits 5.000 € für den Erwerb des beweglichen Anlagevermögens verwendet worden (siehe oben). Dadurch kann der Planansatz für die Baumaßnahme im Rahmen der unechten Deckungsfähigkeit nur mit 45.000 € überschritten werden. Da nach § 19 Abs. 3 und 4 GemHVO diese Mehrauszahlung nicht als überplanmäßige Auszahlung gilt, erübrigt sich die Überprüfung eines dringenden Bedürfnisses und der Unabweisbarkeit.

Benötigt werden jedoch 150.000 €, so dass noch eine Bereitstellung der restlichen 105.000 € erforderlich ist. Es ist nun zu prüfen, ob dieser Mehrbedarf im Rahmen der echten Deckungsfähigkeit nach § 20 Abs. 1 und 3 GemHVO bereitgestellt werden kann. Voraussetzung hierfür ist, dass sich sowohl die deckungspflichtige als auch die deckungsberechtigte Planposition in einem gemeinsamen Budget befindet. Außerdem darf kein eingeschränkter Haushaltsvermerk vorhanden sein. Laut Sachverhalt befinden sich alle Positionen des Produktbereichs 21 in einem gemeinsamen Budget. Der einschränkende Haushaltsvermerk, dass die Minderauszahlungen beim Erwerb von Grundstücken ausschließlich die Planermächtigung der Baukosten erhöht tangiert die Problemstellung nicht, weil gerade Mehrauszahlungen bei den Baumaßnahmen gedeckt werden sollen. Die Einsparungen im Grunderwerb in Höhe von 20.000 € können somit zur echten Deckung verwendet werden. Insofern reduziert sich die noch benötigte Auszahlungsermächtigung von 105.000 € auf 85.000 €.

Eine weitere Deckungsfähigkeit ist im Sachverhalt nicht erkennbar.

Es ist nun zu prüfen, ob die restliche Auszahlungsermächtigung überplanmäßig bzw. außerplanmäßig bewilligt werden kann. Da ein Haushaltsansatz für die Gesamtmaßnahme vorhanden ist, handelt es sich um eine überplanmäßige Auszahlung (§ 61 Nr. 40 GemHVO).

Da der Bau der Schule keine Investition ist, die im Folgejahr fortgesetzt wird, trifft § 84 Abs. 2 GemO nicht zu.

Nach § 84 Abs. 1 Satz 4 GemO ist zunächst zu prüfen, ob die Notwendigkeit einer Nachtragsatzung nach § 82 Abs. 2 GemO vorliegt. Dabei sind folgende Fälle zu überprüfen:

- Nach § 82 Abs. 2 Nr. 1 GemO wäre eine Nachtragsatzung notwendig, wenn ein erheblicher Fehlbetrag im Ergebnishaushalt entsteht. Zum einen handelt es sich in der Aufgabe um den Finanzhaushalt, und zum anderen würde die Erheblichkeitsgrenze von 250.000 € durch die noch zu deckende Mehrauszahlung in Höhe von 85.000 € nicht überschritten werden.
- Eine erhebliche Mehrauszahlung nach § 82 Abs. 2 Nr. 2 GemO liegt ebenfalls nicht vor, da die im Sachverhalt genannte Erheblichkeitsgrenze von 2.000.000 € weit unterschritten ist.
- Bei § 82 Abs. 2 Nr. 3 GemO muss es sich um eine bisher nicht veranschlagte Investition handeln. Es handelt sich hier jedoch um Kostensteigerungen durch eine zusätzliche Teilmaßnahme im Rahmen einer bereits begonnenen Investition.

Eine Nachtragsatzung ist daher nicht erforderlich.

Letztendlich ist zu prüfen, ob die überplanmäßige Auszahlung nach § 84 Abs. 1 Satz 2 GemO möglich ist. Die Voraussetzung für die Dringlichkeit nach § 84 Abs. 1 Satz 2 Alt. 1 GemO ist laut Sachverhalt gegeben. Zur Finanzierung stehen Mehreinzahlungen bei der Veräußerung eines Grundstücks aus dem Bereich der Hauptschule B in Höhe von 90.000 € zur Verfügung. Die Entscheidung über die Verwendung dieser allgemeinen Deckungsmittel trifft grundsätzlich der Gemeinderat oder im Rahmen der Hauptsatzung ein beschließender Ausschuss bzw. der Bürgermeister. Dadurch ist die überplanmäßige Ausgabe gedeckt.

Somit ist der gesamte Auszahlungsbedarf von 150.000 € bereitgestellt.

Sachverhalt Nr. 11

Die Auszahlungen für den Neubau eines Freibades sind wie folgt im Teilfinanzhaushalt 08 „Sportförderung“ als einzige Investitionsmaßnahme veranschlagt bzw. in der mittelfristigen Planung der Gemeinde G enthalten:

2024 3.000.000 €
2025 2.000.000 €

Die Witterungsbedingungen begünstigen den Baufortschritt, sodass in 2024 bereits 3,5 Mio. € verbaut werden müssen. Mitte November 2024 stellt deshalb das Hochbauamt den Antrag auf Bewilligung einer überplanmäßigen Auszahlung in Höhe von 500.000 €. Aufgrund der angespannten Haushaltslage besteht jedoch in 2024 keine Finanzierungsmöglichkeit für diese Mehrauszahlungen.

Aufgabe:
Prüfen Sie die Zulässigkeit der überplanmäßigen Auszahlung. Unterstellen Sie dabei, dass ein Pflichtnachtrag nicht erforderlich ist.

Lösung:
Die Bereitstellungsverfahren der echten und unechten Deckungsfähigkeit sind nicht zu prüfen, weil der Sachverhalt keine Hinweise auf dazu notwendige Haushaltsvermerke bzw. die Budgetierung beinhaltet. Ein Pflichtnachtrag scheidet laut Aufgabenstellung aus.

Nach dem Sachverhalt gibt es im laufenden Jahr keine Finanzierungsmöglichkeit, sodass die Tatbestandsmerkmale nach § 84 Abs. 1 Satz 2 GemO nicht geprüft werden müssen. Es greift die Spezialvorschrift nach § 84 Abs. 2 GemO.

Es fragt sich aber, ob die erforderliche Finanzierung im laufenden Haushaltsjahr durch eine Finanzierung im kommenden Haushaltsjahr 2025 gemäß § 84 Abs. 2 GemO ersetzt werden kann, weil laut Sachverhalt im nächsten Haushaltsjahr Mittel für die Fortsetzung der Maßnahme vorgesehen sind. Die Voraussetzungen des § 84 Abs. 2 GemO, die sämtlich vorliegen müssen, sind wie folgt zu prüfen:

- *Überplanmäßige Auszahlung*
  Der Mehrbedarf von 500.000 € übersteigt den Auszahlungsansatz 2024 von 3.000.000 €. Dabei handelt es sich bei Mehrauszahlungen, die die Ermächtigungen aus dem Haushaltsplan übersteigen, um überplanmäßige Auszahlungen (§ 61 Nr. 40 GemHVO).
- *Keine Finanzierung im laufenden Jahr*
  Dies ist laut Sachverhalt gegeben.
- *Investition*
  Investitionen liegen bei der Verwendung von Finanzmitteln für die Veränderung des Bestandes längerfristig dienender Güter (außer für geringwertige Vermögensgegenstände) nach § 61 Nr. 21 GemHVO vor. Die Mehrauszahlung wird laut Sachverhalt für den Bau eines Freibades benötigt. Damit wird das Grundstücksvermögen der Gemeinde G erhöht (Aufbauten sind Grundstücksbestandteile laut § 94 BGB). Das Grundvermögen zählt zu den Vermögensgegenständen der Gemeinde, sodass die Auszahlungen für den Bau des Freibades der Veränderung des Bestandes längerfristiger Güter (Erhöhung bzw. Vermehrung) dienen, keine Auszahlungen für geringwertige Vermögensgegenstände vorliegen und somit Investitionen darstellen.
- *Fortführungsmaßnahme*
  Die Investition muss im folgenden Jahr fortgeführt werden. In der mittelfristigen Planung für das kommende Jahr 2025 sind für den Bau des Freibades weitere 2.000.000 € vorgesehen. Daraus ist ersichtlich, dass die Baumaßnahme nicht in 2024 beendet werden kann, sondern im nächsten Haushaltsjahr fortzusetzen ist.
- *Finanzierung im kommenden Jahr möglich*
  Die in 2024 nicht vorhandene Finanzierung muss aber im Haushaltsjahr 2025 möglich sein. Laut Sachverhalt sind für den Freibadbau in 2025 weitere 2.000.000 € vorgesehen. Wird die Baumaßnahme in 2024 nun zügiger als geplant abgewickelt und sind deshalb Haushaltsmittel, die erst für 2025 vorgesehen waren, bereits in

2024 einzusetzen, werden diese zwangsläufig in 2025 nicht benötigt. Es tritt somit in 2025 praktisch eine Ersparnis von 500.000 € für den Bau des Freibades ein. Minderauszahlungen zählen zu den Finanzierungsmitteln für Mehrauszahlungen, sodass die überplanmäßige Auszahlung von 500.000 € in 2024 aus der Einsparung bei der für 2025 vorgesehenen Auszahlungsposition für das Freibad gedeckt werden kann. Hinweise, dass die Mehrauszahlungen durch Kostensteigerungen verursacht wurden, enthält der Sachverhalt nicht.

Damit sind sämtliche Voraussetzungen des § 84 Abs. 2 GemO gegeben, sodass die an sich in 2024 erforderliche Deckung durch Deckungsmittel des Haushaltsjahres 2025 ersetzt wird. Die überplanmäßige Auszahlung für den Bau des Freibades in Höhe von 500.000 € ist somit gemäß § 84 Abs. 2 GemO zulässig.

Zu beachten ist hierbei immer § 22 Abs. 1 GemHVO, wonach die liquiden Mittel zur Verfügung den Zweck stehen müssen. Dies bedeutet, dass die Finanzierbarkeit (evtl. über Kassenkredite) gewährleistet sein muss.

Sachverhalt Nr. 12

Bei den Aufwendungen für Sach- und Dienstleistungen im Teilfinanzhaushalt 01 („Innere Verwaltung") sind erhebliche unabweisbare überplanmäßige Aufwendungen am 7. Dezember des Jahres zu leisten, was erst am 5. Dezember festgestellt wird. Eine Einberufung des Rates ist in diesem Jahr aus terminlichen Gründen nicht mehr möglich.

Aufgabe:
Bestimmen Sie, wer in welchem Verfahren über die Bewilligung der überplanmäßigen Aufwendungen entscheidet.

Lösung:
Gemäß § 89 Abs. 1 Satz 3 GemO bedarf die Bewilligung einer erheblichen Mehraufwendung der Zustimmung des Rates. Eine solche erhebliche überplanmäßige Aufwendung liegt laut Sachverhalt vor, sodass keine alleinige Entscheidungsbefugnis des Bürgermeisters gegeben ist. Für die Fälle, in denen die Herbeiführung eines Ratsbeschlusses, auch unter Verkürzung der Ladungsfrist bzw. Erweiterung der Tagesordnung einer bereits anberaumten Ratssitzung, nicht möglich ist, hat die Gemeindeordnung Ersatzentscheidungen vorgesehen. Diese werden allgemein als „Eilentscheidungen" bezeichnet. Der Rat kann für die notwendigen Entscheidungen nicht mehr rechtzeitig – auch nicht unter Verkürzung der Landungsfrist – einberufen werden.

In dringenden Fällen, in denen die vorherige Entscheidung des Gemeinderates nicht eingeholt werden kann, entscheidet nach § 44 Abs. 4 GemO der Bürgermeister bzw. ein zuständiger beschließender Ausschuss. Der Bürgermeister hat den Gemeinderat unverzüglich zu unterrichten.

Sachverhalt Nr. 13

Bei den Auszahlungen für Baumaßnahmen im Teilfinanzhaushalt 02 („PGr. 126 Brandschutz") sind in 2024 ein Auszahlungsansatz von 100.000 € und eine Verpflichtungsermächtigung von 200.000 € für einen Anbau an der Feuerwache Mitte veranschlagt. Im September 2024 will das Hochbauamt nach durchgeführter ordnungsgemäßer Ausschreibung den Gesamtauftrag für den geplanten Anbau (Maßnahme ist unabweisbar) in Höhe von 310.000 € vergeben. Nach dem Bauzeitenplan wird damit gerechnet, dass die Bauauszahlungen mit 100.000 € in 2024 und 210.000 € in 2025 anfallen werden. Die im Teilfinanzhaushalt 12 („Öffentliche Verkehrsflächen") veranschlagten Verpflichtungsermächtigungen von 400.000 € werden nicht in Anspruch genommen.

Aufgabe:
Beurteilen Sie die Zulässigkeit der Auftragsvergabe.

Lösung:
Die Auftragsvergabe wäre zulässig, wenn der Haushaltsplan 2024 entsprechende Ermächtigungen enthalten würde. Der Auszahlungsansatz 2024 ermächtigt zum Vertragsabschluss mit Auszahlungen in 2024 in Höhe von 100.000 €. Insofern kann der Auftragsanteil für 2024444 von 100.000 € vergeben werden. Für die vertragliche Bindung von 210.000 € zulasten des Haushaltsjahres 2021 werden gemäß § 86 Abs. 1 GemO Verpflichtungsermächtigungen in dieser Höhe benötigt. Vorhanden ist jedoch nur eine Verpflichtungsermächtigung von 200.000 €.

Es ist nun zu prüfen, ob die noch benötigten Verpflichtungsermächtigungen von 10.000 € überplanmäßig bereitgestellt werden können. Zulässig sind überplanmäßige Verpflichtungsermächtigungen gemäß § 86 Abs. 5 GemO, wenn ein dringendes Bedürfnis besteht und der innerhalb der Haushaltssatzung festgesetzte Gesamtbetrag der Verpflichtungsermächtigungen nicht überschritten wird. Gemäß Sachverhalt handelt es sich um eine unabweisbare Maßnahme, so dass auch das dringende Bedürfnis vorliegt. Da im Teilfinanzhaushalt 12 Verpflichtungsermächtigungen in Höhe von 400.000 € nicht benötigt werden, kann die im Teilfinanzhaushalt 02 zusätzlich benötigte Summe durch diese Einsparung aufgefangen werden. Die Gesamtsumme der Verpflichtungsermächtigungen laut § 3 der Haushaltssatzung der Gemeinde G wird demnach nicht überschritten.

Die Bewilligung der überplanmäßigen Verpflichtungsermächtigung ist demnach zulässig, sodass die Auftragsvergabe erfolgen kann, sobald die Zustimmung vorliegt.

20. Vermögenswirtschaft und Anlagenbuchhaltung

20.1 Struktur des kommunalen Vermögens

Im Rahmen der Vermögenswirtschaft stellt sich die grundsätzliche Frage einer gemeindlichen Verpflichtung zum Vermögenserhalt. Das Ziel, das bestehende Gemeindevermögen u. a. pfleglich zu verwalten, kommt in § 91 Abs. 2 Satz 1 GemO zum Ausdruck. Dementsprechend steht als oberster Grundsatz der Haushaltswirtschaft gemäß § 77 Abs. 1 GemO die stetige Aufgabenerfüllung. In diesem Sinne stellt das Vermögen nur ein Umsetzungsinstrument der stetigen Aufgabenerfüllung dar. Eine generelle Pflicht zum Einsatz gemeindeeigenen Vermögens besteht nicht. Aufwand aus Abschreibungen eines Rathausgebäudes könnte also auch durch Aufwand aus Miete eines Rathausgebäudes ersetzt werden. Vielmehr liegt im kommunalen Haushaltsrecht der Schwerpunkt im Bereich der Frage, wie das Vermögen finanziert ist, und hier wiederum bei dem grundsätzlichen Ziel, das Eigenkapital (insbesondere das hierin enthaltene Basiskapital) zu erhalten. Das Basiskapital stellt wiederum vereinfacht eine Saldogröße zwischen Vermögenswerten auf der einen Seite sowie Rücklagen, Sonderposten, Rückstellungen und Verbindlichkeiten auf der anderen Seite dar (§ 61 Nr. 6 GemHVO).

Hinsichtlich der Vermögensdefinition gibt es im Gemeindewirtschaftsrecht keine übergreifende allumfassende Definition. Es ist daher auf die allgemeinen zivilrechtlichen und kaufmännischen Definitionen zurückzugreifen. So sind gemäß Ziff. 3 der VwV Produkt- und Kontenrahmen in Verbindung mit Ziff. 2.1.1.1 des Bilanzierungsleitfadens Baden-Württemberg in der Bilanz alle selbständig verwertbaren und bewertbaren Güter zu aktivieren, die sich im wirtschaftlichen Eigentum einer Kommune befinden (Aktivierungsgrundsatz). Hiernach findet der kaufmännische Vermögensbegriff Anwendung, wonach ein Vermögensgegenstand grundsätzlich in die Bilanz aufzunehmen ist, wenn die Gemeinde das wirtschaftliche Eigentum daran innehat und dieser selbstständig verwertbar ist.

Leider lehnt sich die kommunale Bilanz in Baden-Württemberg nicht an das bedeutsame handelsrechtliche Unterscheidungskriterium von Anlagevermögen und Umlaufvermögen an, sondern unterscheidet in § 52 Abs. 3 GemHVO das Vermögen in Immaterielle Vermögensgegenstände, Sachvermögen und Finanzvermögen. Erst über den Investitionsbegriff des § 61 Nr. 21 GemHVO, welcher insbesondere für die Frage der Kreditfinanzierung von Bedeutung ist, hält der Begriff des Anlagevermögens Einzug in die baden-württembergische kommunale Doppik. Hiernach sind Investitionen diejenigen Auszahlungen, die das langfristige Vermögen der Gemeinde verändern. Gemeint ist damit das Anlagevermögen, welches dazu bestimmt ist, dauernd der Aufgabenerfüllung der Gemeinde zu dienen. Im Umkehrschluss ist das Vermögen, das nicht dauernd zur Aufgabenerfüllung bestimmt ist, dem Umlaufvermögen zugehörig (und darf auch nicht über Kredite finanziert werden – § 87 Abs. 1 GemO).

Für die gemeindliche Vermögenswirtschaft ist insbesondere von Bedeutung, in welcher Form die Planung, Bewirtschaftung und der Abschluss der Vermögensfortschreibung bei den unterschiedlichen Vermögensformen zu erfolgen hat und wo das gemeindliche Vermögen zu bilanzieren ist. Die Vermögenswirtschaft strukturiert sich anhand dieser Kriterien wie folgt:

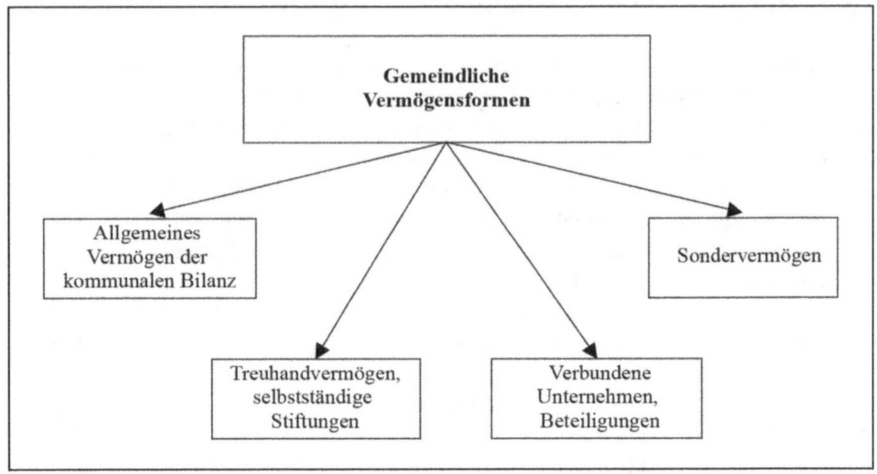

Gemäß der §§ 79 und 80 GemO erfolgt die Investitionsplanung und -bewirtschaftung sowie deren Berücksichtigung im Jahresabschluss innerhalb der Komponenten Finanzhaushalt/-rechnung (Investitionsplanung und Abwicklung der investiven Maßnahmen) und Ergebnishaushalt/-rechnung (z. B. Berücksichtigung des Vermögensverzehrs, Aktivierung von Eigenleistungen) – vgl. §§ 1 bis 4 GemHVO. Zur Bilanzierung ist für das gemeindliche Vermögen nach § 37 Abs. 1 GemHVO ein Vermögensverzeichnis zu erstellen, wobei der Wert der einzelnen im wirtschaftlichen Eigentum stehenden Vermögensgegenstände anzugeben ist (Inventar). Dies bedeutet, dass im Rahmen des Grundsatzes der Vollständigkeit grundsätzlich sämtliches Vermögen der Gemeinde zu erfassen und zu bewerten ist, es sei denn, dass dieser Grundsatz durch speziellere Regelungen eingeschränkt wird. Das Vermögensverzeichnis wird in der Praxis durch eine Anlagenbuchhaltung erstellt, in welcher sämtliche Vermögensgegenstände einzeln erfasst und bewertet werden.

Aufgrund der allgemeinen Systematik des doppischen Rechnungswesens ist nach § 37 Abs. 1 GemHVO das erstellte Inventar die Grundlage für die Bilanzerstellung. Die Bilanz ist nach § 95 Abs. 2 GemO pflichtiger Bestandteil des Jahresabschlusses. Die einzelnen Bestandskonten der Bilanz sind aufgrund der allgemeinen Systematik des doppischen Rechnungswesens Grundlage der Vermögensbewirtschaftung.

Das allgemeine Vermögen der kommunalen Bilanz ist in dem speziellen Kap. 10 dargestellt und wird an dieser Stelle daher nicht weiter betrachtet.

20.2 Sondervermögen, Treuhandvermögen und rechtlich selbstständige örtliche Stiftungen

20.2.1 Inhaltliche Abgrenzung

Abweichend vom allgemeinen Vermögen bestehen für die besonderen Vermögensformen „Sondervermögen" und „Treuhandvermögen" eigenständige Vorschriften in den §§ 96 bis 101 GemO. Diese eigenständigen Vorschriften begründen sich im Sinn und Zweck dieser Vermögensformen.

Der Charakter der Sondervermögen nach § 96 Abs. 1 GemO wird dadurch bestimmt, dass es sich um Vermögen der Gemeinde handelt, das für die Erfüllung bestimmter Zwecke vom Haushalt der Gemeinde abgesondert oder von einem Dritten an die Gemeinde für einen bestimmten Zweck übereignet oder durch sonstige Rechtsakte unter Zweckbindung auf die Gemeinde übergegangen ist. Aus seiner besonderen Zwecksetzung oder Zweckbindung folgt, dass Sondervermögen vom allgemeinen Vermögen des kommunalen Haushaltes zu trennen und besonders zu behandeln ist, also kein Bestandteil des „Kernhaushalts" der Gemeinde sind. Aufgrund ihrer Verschiedenheiten und unterschiedlichen öffentlichen Zwecksetzungen sind die einzelnen in § 96 Abs. 1 GemO benannten Gruppen von Sondervermögen haushaltsmäßig unterschiedlich zu behandeln.

Unter dem Begriff „Treuhandvermögen" werden die rechtlich selbstständigen örtlichen Stiftungen der Gemeinden und das sonstige treuhänderisch zu verwaltende Vermögen zusammengefasst. Es handelt sich hierbei um eigenständige Vermögensmassen, die nach besonderem Recht bestehen und deren Planung, Bewirtschaftung und Rechnungslegung eine in sich abgeschlossene Darstellung erfordern. Dabei ist ausschlaggebend, dass das Treuhandvermögen zivilrechtlich nicht im Eigentum der Gemeinde steht, ihr aber zur eigenverantwortlichen Verwaltung gesetzlich anvertraut ist und durch eine besondere Zwecksetzung die Vermögensverwaltung im Interesse von Dritten der Gemeinde als Pflicht auferlegt wird.

Damit ergibt sich für die besonderen Vermögensformen „Sondervermögen", „Treuhandvermögen" und rechtlich selbstständige örtliche Stiftungen je nach Art entweder eine grundsätzliche Trennung *innerhalb* der gemeindlichen Haushaltspläne (z. B. durch einen gesonderten Teilhaushalt) oder *von* den gemeindlichen Haushaltsplänen.

Abzugrenzen sind die besonderen Vermögensformen „Sondervermögen", „Treuhandvermögen" und rechtlich selbstständige örtliche Stiftungen von den rechtlich selbständigen Unternehmen und Beteiligungen, die nicht direkt, sondern nur indirekt über die Vorschriften der §§ 103 ff. GemO den Bestimmungen der Haushaltswirtschaft unterliegen. In Kap. 20.6 erfolgt eine eigene Darstellung zu diesen Vermögensformen.

20.2.2 Gemeindegliedervermögen

Nach § 96 Abs. 1 Nr. 1 GemO gehört das Gemeindegliedervermögen zum Sondervermögen. Das Gemeindegliedervermögen unterliegt gemäß § 96 Abs. 2 GemO den Vorschriften über die Haushaltswirtschaft. Allerdings ist die Bewirtschaftung dieses Sondervermögens im Haushaltsplan der Gemeinde gesondert nachzuweisen. Rechtlich gesehen steht das Gemeindegliedervermögen nach § 100 Abs. 1 GemO nicht der Gemeinde, sondern sonstigen Berechtigten zu, ohne allerdings deren Privatvermögen zu sein. Diese besondere rechtliche Konstruktion ergibt sich aus alten Rechtsvorschriften oder Gewohnheitsrecht. Das Nutzungsrecht steht damit im Unterschied zur öffentlichen Einrichtung nicht allen Einwohnern, sondern nur bestimmten Gruppen zu. Diese Art Sondervermögen ist aus der geschichtlichen Entwicklung zu betrachten und kommt heute nur noch selten vor. Beispiel dafür können auf Grundeigentum lastende Nutzungsberechtigungen wie Wald- und Weiderechte (Bürgergenuss, Allmenderechte) sein, die aufgrund alter Ortsstatuten oder sonstigen Vereinbarungen noch bestehen. Nach § 100 Abs. 2 Satz 2 GemO bleiben die Rechte der Nutzungsberechtigten erhalten; auf diese Rechte ist das bisherige Recht weiter anzuwenden. Durch diese Regelung ist die Gemeinde zur Weiterführung und Verwaltung des Gemeindegliedervermögens gezwungen.

Entsprechend § 100 Abs. 2 Satz 1 GemO findet jedoch eine Aufnahme in das Nutzbürgerrecht und eine Zulassung zur Teilnahme an den Gemeindenutzungen nicht mehr statt. Freiwerdende Lose (z. B. durch Tod des Nutzungsberechtigten) fallen der Gemeinde zu, so dass das Gemeindegliedervermögen langsam komplett abgebaut und aus Sondervermögen wieder freies Gemeindevermögen wird.

Gemeindegliedervermögen darf gem. § 100 Abs. 1 Satz 1 GemO nicht in das Privatvermögen der Nutzungsberechtigen übergehen. Jedoch kann der Nutzungsberechtigte bei aufgeteilten Nutzungsrechten, die mit dem Eigentum an bestimmten Grundstücken verbunden sind, gegen angemessenes Entgelt die Übereignung der mit dem Nutzungsrecht belasteten landwirtschaftlichen Grundstücke verlangen.

Wenn es dem Wohl der Allgemeinheit dient, insbesondere zur Erfüllung von Aufgaben der Gemeinde oder zur Verbesserung der Agrarstruktur, kann Gemeindegliedervermögen auf Bestreben der Gemeinde in freies Gemeindevermögen umgewandelt werden Die bisher Berechtigten sind hierbei angemessen in Geld zu entschädigen. Von dieser Möglichkeit sollten die Gemeinden verstärkt Gebrauch machen, zumal die Bewirtschaftungsform des Gemeindegliedervermögens in der heutigen Zeit wohl kaum noch zu rechtfertigen ist. Deshalb erklärt § 100 Abs. 1 GemO ausdrücklich den umgekehrten Fall der Umwandlung von Gemeindevermögen in Gemeindegliedervermögen für unzulässig.

20.2.3 Vermögen der rechtlich unselbstständigen örtlichen Stiftungen

§ 101 GemO enthält Regelungen zu den sog. „örtlichen Stiftungen“. Diese gelten sowohl für die rechtlich unselbstständigen als auch für die rechtlich selbstständigen Stiftungen. Zunächst gründen sich örtliche Stiftungen auf Privatrecht. Von Privatstiftungen unterscheiden sich diese dadurch, dass diese nach dem Willen des Stifters

- von der Gemeinde verwaltet werden und
- überwiegend örtlichen Zwecken dienen.

Für die örtlichen Stiftungen ist außerdem das Stiftungsgesetz für das Land Baden-Württemberg (StiftG BW) vom 4.10.1977 (GBl. BW. S. 708 in der derzeit geltenden Fassung) zu beachten, welches das Stiftungsverfahren näher beschreibt.

Sofern eine Stiftung hiernach eine örtliche Stiftung ist, legt § 101 Abs. 1 Satz 1 GemO fest, dass diese Stiftung grundsätzlich nach den Regelungen der GemO zu verwalten ist, soweit nicht durch Gesetz oder Stifter etwas anderes bestimmt ist. Im Rahmen der Übernahme der Stiftungsverwaltung sollte daher auf derartige besondere Bestimmungen des Stifters geachtet werden. Sollte dieser beispielsweise bestimmt haben, dass sein Stiftungsvermögen nach den Grundsätzen der Kameralistik zu führen ist, benötigt die Gemeinde für die Rechnungsführung ein abweichendes eigenständiges Rechnungswesen.

Die Regelungen der GemO gehen generell davon aus, dass es sich um Stiftungen Dritter handelt, die von der Gemeinde verwaltet werden. Will die Gemeinde aus ihren Mitteln oder ihrem Vermögen selbst Stiftungen einrichten oder sich an Stiftungen beteiligen, darf dies gemäß § 101 Abs. 4 GemO nur im Rahmen der Aufgabenerfüllung der Gemeinde erfolgen und auch nur dann, wenn der mit der Stiftung verfolgte Zweck nicht auf andere Weise erreicht werden kann. Insofern kann die Aufgabenerledigung in Form einer Stiftung nur eine Ausnahme sein, obwohl sich dies in der Praxis gelegentlich – auch als Alternative zu einem Unternehmen in Privatrechtsform – anbieten würde. Der Hintergrund dieses „Stiftungsverbots“ aus eigenem Vermögen der Gemeinde kann darin gesehen werden, dass der Gesetzgeber vermeiden möchte, dass zu viele Vermögensteile der Gemeinde der Verfügungsgewalt des Hauptorgans (Gemeinderat) langfristig entzogen werden, ohne dass hierfür eine Notwendigkeit besteht.

Das Vermögen der rechtlich unselbstständigen örtlichen Stiftungen ist gemäß § 96 Abs. 1 Nr. 2 GemO Sondervermögen, welches gemäß § 96 Abs. 2 GemO immer im gemeindlichen Haushaltsplan gesondert, z. B. als eigener Teilhaushalt, nachzuweisen ist. Die unselbständigen örtlichen Stiftungen unterliegen in vollem Umfang den Vorschriften über die Haushaltswirtschaft (Dritter Teil, §§ 77 bis 117 GemO).

Ergeben sich im Rahmen der Bewirtschaftung der rechtlich unselbstständigen örtlichen Stiftung durch die Gemeinde grundlegende Änderungserfordernisse wie die Umwandlung des Stiftungszwecks und Zusammenlegungs- oder Aufhebungserfordernisse, liegt gem. § 101 Abs. 2 GemO dieses Gestaltungsrecht bei der Gemeinde. Die Gemeinde kann hiernach unter den Voraussetzungen des § 87 Abs. 1 BGB den Stiftungszweck ändern, die Stiftung mit einer anderen nichtrechtsfähigen örtlichen Stiftung zusammenlegen oder sie aufheben, wenn der Stifter nichts anderes bestimmt hat.

Enthält das Stiftungsgeschäft keine Bestimmung über den Vermögensanfall, fällt das Vermögen nichtrechtsfähiger Stiftungen an die Gemeinde (§ 101 Abs. 3 GemO). Das Stiftungsvermögen der rechtlich unselbständigen Stiftungen ist in diesem Fall also sowohl wirtschaftlich als auch zivilrechtlich Eigentum der Gemeinde.

Bilanziell ist dieses Sondervermögen auf der Aktivseite bei der Vermögensposition nachzuweisen, wo es gegenständlich zuzuordnen ist. Stiftungen in Geld gehören damit zur aktiven Bestandsposition „Finanzvermögen" (§ 52 Abs. 3 Nr. 1.3 GemHVO) und hierunter zur entsprechenden Vermögensposition, in welche das Geld umgewandelt wurde (z. B. Wertpapiere). Zum Nachweis des Sondervermögens sollte dieses auf der Passiv-Seite nicht direkt dem Basiskapital zugeordnet werden, sondern einer zweckgebundenen Rücklage entsprechend § 52 Abs. 4 Nr. 1.2.3 GemHVO.[1]

20.2.4 Eigenbetriebe

Gemäß § 1 EigBG können die Gemeinden Unternehmen, Einrichtungen und Hilfsbetriebe im Sinne des § 102 Abs. 1 und Abs. 4 Satz 1 Nr. 1 bis 3 der Gemeindeordnung als Eigenbetriebe führen, wenn deren Art und Umfang eine selbstständige Wirtschaftsführung rechtfertigen.

Eigenbetriebe sind dabei Unternehmen ohne eigene Rechtspersönlichkeit, unabhängig davon ob diese wirtschaftliche oder nichtwirtschaftliche Betätigungsfelder zum Inhalt haben. Auf diese findet das Eigenbetriebsgesetz (EigBG) und – in Abhängigkeit davon, ob nach § 12 Abs. 3 EigBG die Wirtschaftsführung und das Rechnungswesen auf der Grundlage der Vorschriften des Handelsgesetzbuchs oder auf der Grundlage der für die Haushaltswirtschaft der Gemeinden geltenden Vorschriften für die Kommunale Doppik erfolgen – die Eigenbetriebsverordnung-HGB (EigBVO-HGB) oder die Eigenbetriebsverordnung-Doppik (EigBVO-Doppik) Anwendung.

Das im Eigenbetrieb eingesetzte Vermögen ist im Haushalt der Gemeinde Sondervermögen (§ 96 Abs. 1 Nr. 3 GemO), soweit es im Eigenbetrieb dem Stammkapital bzw. den von der Gemeinde gewährten Kapitalrücklagen entspricht.

Planung, Bewirtschaftung und Abschluss der Vermögensfortschreibung erfolgen jedoch innerhalb des Eigenbetriebs im Rahmen eines eigenständigen Rechnungswesens nach dem Eigenbetriebsgesetz bzw. einer der beiden Eigenbetriebsverordnungen. Gemäß § 12 Abs. 1 EigBG ist der Eigenbetrieb finanzwirtschaftlich als Sondervermögen der Gemeinde gesondert zu verwalten und nachzuweisen. Dabei sind die Belange der gesamten Gemeindewirtschaft zu berücksichtigen.

Allerdings unterliegen die rechtlich unselbständigen, aber organisatorisch selbstständigen Eigenbetriebe nach § 3 EigBG auch der Gemeindeordnung, soweit nicht im Eigenbetriebsgesetz oder der Eigenbetriebsverordnung etwas anderes bestimmt ist. Für

1 Ausführlich hierzu: *Aker/Hafner/Notheis*, Gemeindeordnung/Gemeindehaushaltsverordnung Baden-Württemberg, Kommentar zu § 96 GemO, RNrn. 9–17, 2. Aufl., Stuttgart 2019. Vgl. hierzu auch Bilanzierungsleitfaden Baden-Württemberg, Ziff. 3.3.3.1.2.

die Vermögensverwaltung des Eigenbetriebs verweist § 12 Abs. 4 EigBG im Speziellen auf einige Vorschriften über die Haushaltswirtschaft nach der GemO. Entsprechend sind danach anzuwenden:

- Sicherung der stetigen Aufgabenerfüllung (§ 77 Abs. 1 Satz 1 GemO).
- Einbindung in die Erfordernisse des gesamtwirtschaftlichen Gleichgewichts (§ 77 Abs. 1 Satz 2 GemO).
- Wirtschaftlichkeit und Sparsamkeit (§ 77 Abs. 2 GemO).
- Grundsätze der Erzielung von Erträgen und Einzahlungen (§ 78 GemO).
- Vorlagepflicht für den Wirtschaftsplan (§ 81 Abs. 2 GemO).
- Vorläufige Haushaltsführung (§ 83 GemO).
- Eingehen von Verpflichtungen zur Leistung von Auszahlungen (§ 86 GemO).
- Kreditaufnahmen, mit der Maßgabe, dass Kredite auch für die Rückführung von Eigenkapital an die Gemeinde aufgenommen werden dürfen (§ 87 GemO).
- Bestellung von Sicherheiten und Übernahme von Gewährleistung für Dritte (§ 88 GemO).
- Sicherstellung der Liquidität einschließlich Kassenkredite (§ 89 GemO).
- Umgang mit Vermögensgegenständen (§§ 91, 92 GemO).

Die Gemeinde ist nach § 12 Abs. 2 EigBG verpflichtet, den Eigenbetrieb mit den zur Aufgabenerledigung notwendigen Finanz- und Sachmitteln auszustatten und für die Dauer seines Bestehens funktionsfähig zu erhalten. Eigenkapital und Fremdkapital sollen in einem angemessenen Verhältnis zueinander stehen. Bei Unternehmen, Einrichtungen und Hilfsbetrieben im Sinne des § 102 Abs. 4 Satz 1 Nr. 1 bis 3 der Gemeindeordnung kann von der Ausstattung mit Eigenkapital abgesehen werden. Die Eigenkapitalausstattung kann entweder über Stammkapital (= gezeichnetes Kapital) erfolgen, dessen Höhe dann nach § 12 Abs. 2 Satz 5 EigBG in der Betriebssatzung festzusetzen ist. Alternativ kann die Gemeinde auch Kapitalrücklagen gewähren, die dem Eigenbetrieb langfristig und ohne Bindung an spezielle Zwecke zur Verfügung gestellt werden.

Das Stammkapital bzw. die von der Gemeinde gewährten Kapitalrücklagen entsprechen dem Sondervermögen, welches in der kommunalen Bilanz entsprechend § 52 Abs. 3 Nr. 1.3.3 GemHVO auszuweisen ist. Grundsätzlich werden diese Vermögenswerte im Rahmen der Gründung des Eigenbetriebs einmalig in die Bilanz eingestellt. Die Fortschreibung erfolgt in der Bilanz des Eigenbetriebs. Das Finanzvermögen in der kommunalen Bilanz wird nur fortgeschrieben, wenn dies nach gemeindehaushaltsrechtlichen Grundsätzen erforderlich ist. Denkbar wäre zum Beispiel eine außerordentliche Abschreibung für den Fall, dass das im Eigenbetrieb gehaltene Stammkapital oder die Kapitalrücklagen nicht mehr entsprechend werthaltig sind. Zuschreibungen, z. B. zur Abbildung von thesaurierten Gewinnen des Eigenbetriebs, können jedoch nicht erfolgen, weil diese gegen das Realisierungsgebot aus § 43 Abs. 1 Nr. 3 GemHVO verstoßen würden. Hiernach sind Gewinne nur zu berücksichtigen, wenn sie am Abschlussstichtag realisiert sind. Dies ist beim Eigenbetrieb nur der Fall, wenn der Gemeinderat die Ausschüttung der Gewinne an den Gemeindehaushalt oder aber aus diesen

Mitteln eine Erhöhung des Stammkapitals beschließt (mit entsprechender Änderung der Betriebssatzung).

Typische Beispiele für Eigenbetriebe sind kommunale Stadtwerke, Wasserversorgungsbetriebe oder Abwasserbeseitigungsbetriebe.

20.2.5 Rechtlich unselbstständige Versorgungs- und Versicherungseinrichtungen

Rechtlich unselbstständige Versicherungs- und Versorgungseinrichtungen im Eigentum der Gemeinde sind gemäß § 96 Abs. 1 Nr. 4 GemO als Sondervermögen zu behandeln. Beispiele für solche rechtlich unselbstständigen Versorgungs- und Versicherungseinrichtungen sind Zusatzversorgungskassen oder Eigenunfallversicherungen.

Nach § 96 Abs. 3 GemO steht der Gemeinde ein Wahlrecht zu, diese Art Sondervermögen über einen besonderen Haushaltsplan abzuwickeln oder einen Wirtschaftsplan aufzustellen und die für die Wirtschaftsführung und das Rechnungswesen der Eigenbetriebe geltenden Vorschriften entsprechend anzuwenden.

Bei der Aufstellung eines Sonderhaushaltsplans gelten gem. § 96 Abs. 3 Satz 2 GemO die Vorschriften über die Haushaltswirtschaft entsprechend mit der Maßgabe, dass an die Stelle der Haushaltssatzung der Beschluss über den Haushaltsplan tritt und von der ortsüblichen Bekanntgabe und Auslegung abgesehen werden kann. Entscheidet sich die Gemeinde für einen Wirtschaftsplan entsprechend Eigenbetriebsrecht, gelten in diesem Fall §§ 77 Abs. 1 und 2, §§ 78, 81 Abs. 3 sowie §§ 85 bis 89, 91 und 92 GemO entsprechend. Dieser Verweis ist nicht erforderlich, da bereits § 12 Abs. 4 EigBG auf diese Vorschriften verweist.

20.2.6 Sondervermögen für die Kameradschaftspflege nach § 18 des Feuerwehrgesetzes (FwG)

Die Gemeinden können durch Satzung für die Gemeindefeuerwehr, für deren Einsatzabteilungen und für die Jugendfeuerwehr Sondervermögen für die Kameradschaftspflege und die Durchführung von Veranstaltungen bilden. Gemäß § 18 Abs. 1 FwG sind die Vorschriften über die Gemeindewirtschaft auf diese Sondervermögen nicht anzuwenden.

§ 18 Abs. 2 FwG regelt die grundlegenden Anforderungen für die haushaltsrechtliche Darstellung dieses Sondervermögens. Hiernach ist für jedes Sondervermögen vom Feuerwehrausschuss oder vom Abteilungsausschuss mit Zustimmung des Bürgermeisters ein Wirtschaftsplan aufzustellen, der alle im Haushaltsjahr für die Erfüllung der Aufgaben des Sondervermögens voraussichtlich eingehenden Einnahmen und zu leistenden Ausgaben enthält. Außerdem ist eine Sonderkasse einzurichten und eine Sonderrechnung zu führen.

Darüber hinaus wird das Nähere über den Inhalt und die Ausführung des Wirtschaftsplans, die Führung und Beaufsichtigung der Sonderkasse und die Führung der Sonderrechnung durch Satzung geregelt.

20.2.7 Treuhandvermögen und rechtlich selbstständige örtliche Stiftungen

Beim Treuhandvermögen sowie bei rechtlich selbstständigen örtlichen Stiftungen hat die Gemeinde eine Vermögensmasse nach besonderem Recht treuhänderisch zu verwalten. „Treuhänderisch" bedeutet, dass die Gemeinde die treuhänderisch verwaltete Vermögensmasse eigenständig ausweisen muss, sie in der Verwaltung bzw. Verfügung des Vermögens eingeschränkt ist und sie nach außen insbesondere dokumentieren muss, dass sie nur „Treuhänderin" und nicht zivilrechtliche Eigentümerin der Vermögensmasse ist.

Dementsprechend hat die Gemeinde nach § 97 Abs. 1 Satz 1 GemO besondere Haushaltspläne aufzustellen und Sonderrechnungen zu führen. § 97 Abs. 1 Satz 2 GemO verweist auf den § 96 Abs. 3 Sätze 2 und 3 GemO, wodurch die Vorschriften des dritten Teils der GemO (Haushaltswirtschaft) anzuwenden sind. Allerdings tritt an die Stelle der Haushaltssatzung der Beschluss über den Haushaltsplan; des Weiteren kann von der ortsüblichen Bekanntgabe und Auslegung abgesehen werden (vgl. § 96 Abs. 3 Satz 2 GemO).

Als Ausnahme hiervon kann nach § 97 Abs. 2 GemO unbedeutendes Treuhandvermögen auch im Haushalt der Gemeinde gesondert nachgewiesen werden, z. B. in einem eigenen Teilhaushalt (§ 4 GemHVO).

Als Treuhandvermögen kommt insbesondere das Mündelvermögen in Betracht, das Gemeinden als Träger der öffentlichen Jugendhilfe zu verwalten haben. Zum Treuhandvermögen zählen nicht Vermögensgegenstände, die der Gemeinde im Rahmen übertragener Aufgaben zur Verfügung gestellt werden. Auch wenn die Gemeinde einem Dritten treuhänderisch Vermögensteile überlässt, z. B. einem Sanierungsträger, ist dies nicht dem Treuhandvermögen der Gemeinde zuzurechnen. Es werden durch diese Vorschrift nur die Fälle erfasst, in denen die Gemeinde selbst Treuhänder ist.

Ein Beispiel für selbstständige rechtliche Stiftungen sind Bürgerstiftungen.

20.2.8 Zusammenfassung

Zusammenfassend ist festzustellen, dass für Sondervermögen, Treuhandvermögen und rechtlich selbstständige Stiftungen zur Abbildung des Ressourcenverbrauchs grundsätzlich der dritte Teil der GemO (Haushaltswirtschaft, §§ 77 bis 117 GemO) gelten kann, wobei einschränkend anzumerken ist, dass für die Eigenbetriebe nach § 12 Abs. 3 EigBG Bücher nach den Grundsätzen ordnungsmäßiger Buchführung zu führen sind, in denen die Geschäftsvorfälle und die Vermögens-, Ertrags- und Finanzlage in der

Form der doppelten Buchführung ersichtlich zu machen sind. Dabei ist in der Betriebssatzung des Eigenbetriebs festzulegen, ob die Wirtschaftsführung und das Rechnungswesen auf der Grundlage der Vorschriften des Handelsgesetzbuchs oder auf der Grundlage der für die Haushaltswirtschaft der Gemeinden geltenden Vorschriften für die Kommunale Doppik erfolgen.

In den Übergangs- und Schlussbestimmungen unter § 60 Abs. 1 GemHVO ist ergänzend für Sondervermögen und Treuhandvermögen, auf die die Vorschriften über die Wirtschaftsführung und das Rechnungswesen des Eigenbetriebs nicht angewendet werden, klargestellt, dass die GemHVO entsprechend gilt, soweit nicht durch Gesetz oder aufgrund eines Gesetzes etwas anderes bestimmt ist. Darüber hinaus regelt § 60 Abs. 2 GemHVO, dass die Sondervermögen und Treuhandvermögen von der Pflicht zur Finanzplanung (§ 85 GemO) freigestellt werden. Die Vorschriften über die Wirtschaftsführung und das Rechnungswesen des Eigenbetriebs, welche wiederum eine Finanzplanung fordern, bleiben jedoch unberührt.

Die Bilanzierung der Sondervermögen und Treuhandvermögen sowie der rechtlich selbständigen örtlichen Stiftungen ist jeweils unterschiedlich zu handhaben. Für das Gemeindegliedervermögen und die rechtlich unselbstständigen örtlichen Stiftungen, die Teil des gemeindlichen Haushalts sind, müssen die diesen Sondervermögen zuzurechnenden Vermögensgegenstände unter den im Einzelnen zutreffenden Bilanzposten der Kommune angesetzt werden. Die Erhaltung des Zwecks bei diesen beiden Arten von Sondervermögen erfordert von der Gemeinde keinen gesonderten Nachweis durch einen zusammengefassten Ansatz in der gemeindlichen Bilanz, sondern ist von der Gemeinde intern zu belegen. Im Anhang zum Jahresabschluss gemäß § 95 Abs. 2 Satz 2 GemO sollten zu diesen beiden Arten von Sondervermögen der Gemeinde Angaben und Erläuterungen aufgenommen werden.

Sondervermögen und Treuhandvermögen, für die besondere Haushaltspläne oder Sonderrechnungen geführt werden müssen (z. B. Eigenbetriebe, rechtlich unselbstständige Versorgungs- und Versicherungseinrichtungen), sind bilanziell unter dem Finanzvermögen anzusetzen.

Einen zusammenfassenden Überblick zu den einzelnen Formen des Sondervermögens sowie des Treuhandvermögens und der rechtlich selbstständigen örtlichen Stiftungen einschließlich der speziellen Regelungen zur Abbildung im gemeindlichen Rechnungswesen gibt das nachfolgende Schaubild:

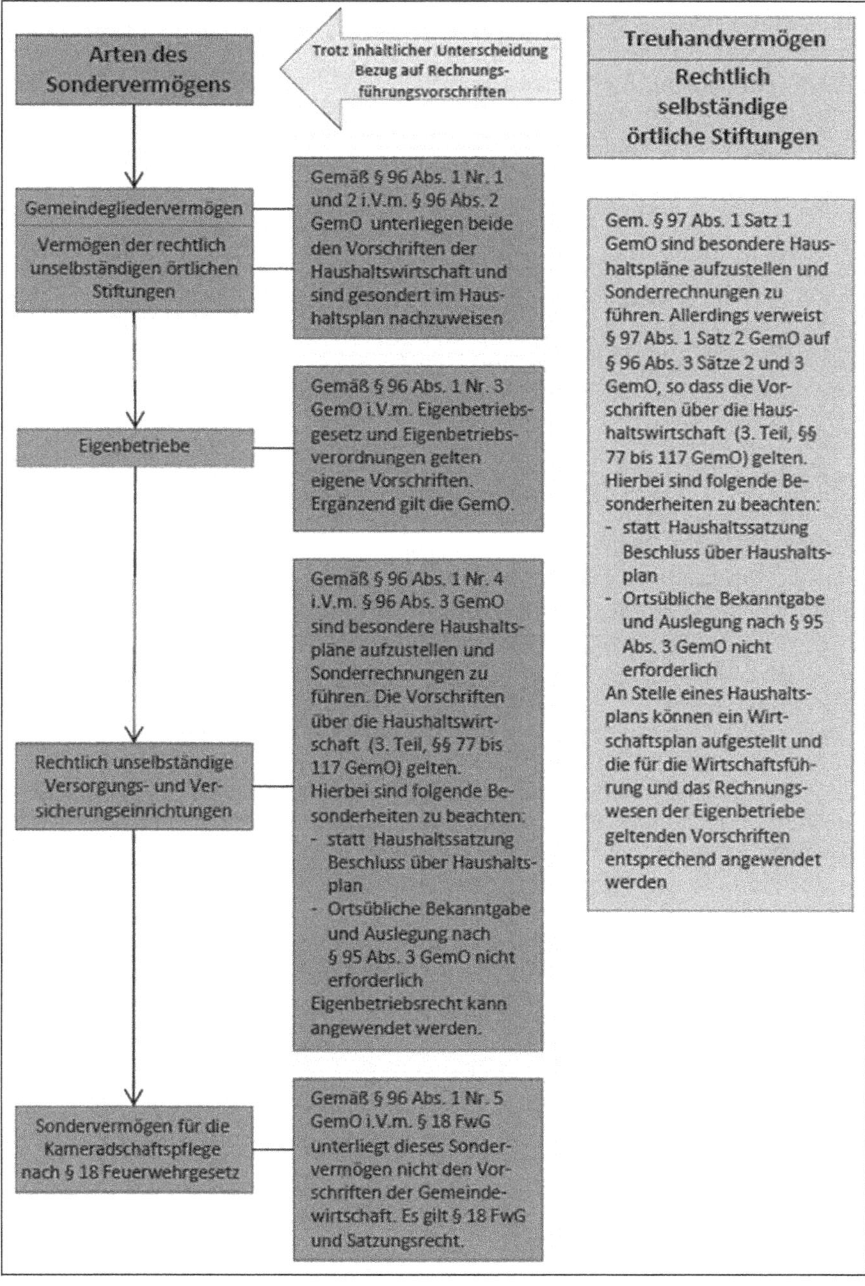
Arten des Sondervermögens
Trotz inhaltlicher Unterscheidung Bezug auf Rechnungsführungsvorschriften
Treuhandvermögen
Rechtlich selbständige örtliche Stiftungen
Gemeindegliedervermögen
Vermögen der rechtlich unselbständigen örtlichen Stiftungen
Gemäß § 96 Abs. 1 Nr. 1 und 2 i.V.m. § 96 Abs. 2 GemO unterliegen beide den Vorschriften der Haushaltswirtschaft und sind gesondert im Haushaltsplan nachzuweisen
Gem. § 97 Abs. 1 Satz 1 GemO sind besondere Haushaltspläne aufzustellen und Sonderrechnungen zu führen. Allerdings verweist § 97 Abs. 1 Satz 2 GemO auf § 96 Abs. 3 Sätze 2 und 3 GemO, so dass die Vorschriften über die Haushaltswirtschaft (3. Teil, §§ 77 bis 117 GemO) gelten. Hierbei sind folgende Besonderheiten zu beachten:
- statt Haushaltssatzung Beschluss über Haushaltsplan
- Ortsübliche Bekanntgabe und Auslegung nach § 95 Abs. 3 GemO nicht erforderlich
An Stelle eines Haushaltsplans können ein Wirtschaftsplan aufgestellt und die für die Wirtschaftsführung und das Rechnungswesen der Eigenbetriebe geltenden Vorschriften entsprechend angewendet werden
Eigenbetriebe
Gemäß § 96 Abs. 1 Nr. 3 GemO i.V.m. Eigenbetriebsgesetz und Eigenbetriebsverordnungen gelten eigene Vorschriften. Ergänzend gilt die GemO.
Rechtlich unselbständige Versorgungs- und Versicherungseinrichtungen
Gemäß § 96 Abs. 1 Nr. 4 i.V.m. § 96 Abs. 3 GemO sind besondere Haushaltspläne aufzustellen und Sonderrechnungen zu führen. Die Vorschriften über die Haushaltswirtschaft (3. Teil, §§ 77 bis 117 GemO) gelten. Hierbei sind folgende Besonderheiten zu beachten:
- statt Haushaltssatzung Beschluss über Haushaltsplan
- Ortsübliche Bekanntgabe und Auslegung nach § 95 Abs. 3 GemO nicht erforderlich
Eigenbetriebsrecht kann angewendet werden.
Sondervermögen für die Kameradschaftspflege nach § 18 Feuerwehrgesetz
Gemäß § 96 Abs. 1 Nr. 5 GemO i.V.m. § 18 FwG unterliegt dieses Sondervermögen nicht den Vorschriften der Gemeindewirtschaft. Es gilt § 18 FwG und Satzungsrecht.

20.3 Erwerb und Veräußerung von Vermögen

20.3.1 Abbildung im Rechnungswesen

Die Abbildung von Vorgängen der Vermögenswirtschaft beschränkt sich nicht auf den Finanzhaushalt bzw. die Finanzrechnung, sondern berührt alle drei Komponenten des kommunalen Rechnungswesens. Dies wird besonders deutlich im Rahmen der Vermögensveräußerung. Die Veräußerung zum Buchwert des Vermögensgegenstandes stellt eine Ausnahme dar. Vielmehr wird es bei der Veräußerung von Vermögen Erträge (bei einem Verkaufspreis über Buchwert) oder Aufwendungen (bei Veräußerung unter Buchwert) geben. Die Erträge bzw. Aufwendungen fließen als außerordentliche Vorgänge (§ 2 Abs. 2 GemHVO) in den Ergebnishaushalt bzw. die Ergebnisrechnung und beeinflussen somit auch den Haushaltsausgleich.

20.3.2 Erwerb von Vermögen

Gemäß § 91 Abs. 1 GemO soll die Gemeinde Vermögensgegenstände nur erwerben, wenn dies zur Erfüllung ihrer Aufgaben erforderlich ist oder wird. Durch diese Regelung wird die Vorrangigkeit des Grundsatzes der Aufgabenerfüllung konkret betont, der gemäß § 77 Abs. 1 GemO das gesamte Haushaltsrecht durchzieht.

Erwerb ist dabei nicht immer gleichzusetzen mit Kauf. Unter „Erwerb" ist lediglich die sachenrechtliche Übereignung des Vermögensgegenstandes zu sehen, also das Verfügungsgeschäft (sachenrechtlicher Vertrag), mit welchem die Gemeinde das Eigentum an dem Gegenstand erwirbt. Dies erfolgt bei einer beweglichen Sache durch Einigung und Übergabe, bei Grundstücken und Häusern durch Einigung und Eintragung ins Grundbuch. Das dem Verfügungsgeschäft zugrundeliegende schuldrechtliche Verpflichtungsgeschäft, mit dem sich eine Vertragspartei zur Übertragung des Eigentums verpflichtet, kann unterschiedlicher Natur sein. In der Regel wird hier wohl der Kauf (durch Kaufvertrag) vorherrschen; denkbar ist aber auch die Schenkung oder ein sonstiger unentgeltlicher Erwerb (z. B. Tausch). Auch bei einem unentgeltlichen Erwerb ist die Voraussetzung des § 91 Abs. 1 GemO zu erfüllen, da die Unterhaltung des erworbenen Vermögensgegenstandes auch Kosten verursacht, die nur durch dessen sinnvollen Einsatz zur gemeindlichen Aufgabenerfüllung zu rechtfertigen sind. Die Nutzungsüberlassung eines Vermögensgegenstandes stellt keinen Erwerb im Sinne des § 91 Abs. 1 GemO dar (z. B. Miete, Pacht, Leihe). Nach den Grundsätzen einer sparsamen und wirtschaftlichen Haushaltsführung sind jedoch auf die Nutzungsüberlassung dieselben Grundsätze anzuwenden wie auf den Erwerb.

Die typischen Vermögenserwerbe sind der unmittelbaren bzw. sofortigen Aufgabenerfüllung zuzuordnen. So kauft die Gemeinde z. B. ein Feuerwehrfahrzeug zur Sicherstellung des Brandschutzes oder erwirbt Aktien, um die Elektrizitätsversorgung für das Gemeindegebiet mitzugestalten. Im Rahmen der zeitlichen Komponente müssen Vermögenserwerb und Aufgabenerfüllung jedoch nicht immer übereinstimmen. So ist es durchaus zulässig, bereits jetzt ein Grundstück zu erwerben, um darauf in etwa zehn Jahren eine Schule zu errichten. Insofern tritt der Grundsatz der Wirtschaftlichkeit und Sparsamkeit nach § 77 Abs. 2 GemO hinzu, der solche gezielten Vorratskäufe rechtfertigt.

Aber auch der Vermögenserwerb für einen derzeit nicht absehbaren direkten Verwendungszweck kann durchaus nach § 91 Abs. 1 GemO vertretbar sein. Dazu gehören u. a. Grundstückskäufe ohne direkte Aufgabenzuordnung, z. B. die Bodenbevorratung für spätere Bauten oder gar zur Verwendung als Tauschgrundstück, um andere Grundstücksflächen später leichter erwerben zu können. Auch diese Vermögenserwerbe dienen der Aufgabenerfüllung der Gemeinde, so dass daran die Breite des Begriffes recht deutlich wird. Kriterium für die Verwendung ist die Absehbarkeit des Vermögenseinsatzes im Rahmen der Erfüllung gemeindlicher Aufgaben.

Hinzu kommt, dass öffentliche Aufgaben außerhalb der Pflichtaufgaben von den Gemeinden selbst bestimmt werden, so dass die Erwerbsgründe recht unterschiedlich sind und somit die Erwerbsarten nicht normiert werden können. Hat sich eine Gemeinde z. B. zur Aufnahme des Betriebs eines Museums entschlossen, gehört der Erwerb von kostspieligen Gemälden zu den gemeindlichen Aufgaben. Bei einer Gemeinde ohne diese Aufgabenart wäre die Anschaffung solcher Gemälde gemäß § 91 Abs. 1 GemO nicht vertretbar, erst recht nicht zur Ausschmückung von Diensträumen.

Wenn auch der § 91 Abs. 1 GemO eine „Soll-Vorschrift" darstellt, findet hier doch eine kaum zu überbietende Verdichtung zu einer „Muss-Regelung" statt, weil ein Vermögenserwerb außerhalb der Aufgabenerfüllung der Gemeinde zwar als begründeter Ausnahmefall möglich wäre, jedoch am Grundsatz der Wirtschaftlichkeit und Sparsamkeit scheitern würde. Eine weite Auslegung der Normierung des § 91 Abs. 1 GemO bietet sich deshalb nur insoweit an, als die Aufgabenerfüllung selbst einen dehnbaren Begriff darstellt.

Beim Erwerb von Vermögen im Rahmen von Investitionen (Anschaffung oder Herstellung von Vermögen, das langfristig der Aufgabenerfüllung dient), die erhebliche finanzielle Bedeutung haben, soll gemäß § 12 Abs. 1 GemHVO im Vorfeld des Beschlusses unter mehreren in Betracht kommenden Möglichkeiten durch einen Wirtschaftlichkeitsvergleich die für die Gemeinde wirtschaftlichste Lösung ermittelt werden. Zumindest hat ein Vergleich der Investitionsalternativen anhand der Anschaffungs- oder Herstellungskosten unter Einbeziehung der Folgekosten zu erfolgen. Für den Bereich der Baumaßnahmen (§ 61 Nr. 7 GemHVO) müssen gem. § 12 Abs. 2 GemHVO zunächst Pläne, Kostenberechnungen und Erläuterungen vorliegen, aus denen die Art der Ausführung, einschließlich der Einrichtungskosten sowie der Folgekosten ersichtlich sind. Außerdem ist ein Bauzeitplan beizufügen. Des Weiteren müssen die Unterlagen auch die voraussichtlichen Jahresauszahlungen unter Angabe der Kostenbeteiligung Dritter, und die für die Dauer der Nutzung entstehenden jährlichen Haushaltsbelastungen ausweisen. Bei unbedeutenden Baumaßnahmen sind gemäß § 12 Abs. 3 GemHVO Ausnahmen zulässig. Es muss jedoch in jedem Fall eine Kostenberechnung vorliegen. Wann eine Maßnahme unbedeutend oder von erheblicher finanzieller Bedeutung ist, lässt sich den haushaltsrechtlichen Vorschriften nicht entnehmen. Hier bietet es sich an, dass innerhalb der Grenzen dieser unbestimmten Rechtsbegriffe eine Festlegung durch die Gemeinde selbst erfolgt. Eine entsprechende Regelung könnte z. B. in die Hauptsatzung aufgenommen werden. Denkbar ist auch eine Bestimmung in der Haushaltssatzung, jedoch mit dem Nachteil, dass diese dann jährlich Gegenstand des Satzungsbeschlusses wäre.

Die Entscheidung über den Erwerb von Vermögensgegenständen richtet sich nach der allgemeinen kommunalverfassungsrechtlichen Organzuständigkeitsverteilung entsprechend § 24 GemO. Hiernach ist grundsätzlich der Gemeinderat zuständig, sofern nicht der Bürgermeister kraft Gesetzes oder durch Aufgabenübertragung (in der Hauptsatzung oder per Einzelbeschluss) zuständig ist. Der Gemeinderat kann seine Zuständigkeit auch einem Ausschuss übertragen. Kraft Gesetzes ist der Bürgermeister zum Beispiel dann zuständig, wenn es sich beim Erwerb von Vermögen um ein Geschäft der laufenden Verwaltung handelt. Diese Entscheidungen unterliegen gemäß § 44 Abs. 2 GemO der Zuständigkeit des Bürgermeisters.

Bei der Übertragung von Zuständigkeiten des Gemeinderats auf einen Ausschuss oder den Bürgermeister ist zu beachten, dass die Verfügung über Gemeindevermögen, die für die Gemeinde von erheblicher wirtschaftlicher Bedeutung ist, gemäß § 39 Abs. 2 Nr. 10 GemO zu dem Katalog von Aufgaben gehört, die der Gemeinderat nicht übertragen kann. Zur „Verfügung" über Gemeindevermögen zählt auch der „Erwerb" von Vermögen. Ab wann der Erwerb von erheblicher wirtschaftlicher Bedeutung ist, kann nicht allgemein bestimmt werden. Die Erheblichkeit ist insbesondere abhängig von Größe sowie finanzieller Struktur der Gemeinde und sollte im Rahmen des unbestimmten Rechtsbegriffs durch die Festlegung entsprechender Wertgrenzen innerhalb der Hauptsatzung geregelt werden.

Im Außenverhältnis werden die für den Erwerb von Vermögen notwendigen vertraglichen Vereinbarungen in gesetzlicher Vertretung der Gemeinde gemäß § 42 Abs. 1 Satz 2 GemO vom Bürgermeister geschlossen. Handelt der Bürgermeister entgegen dem Beschluss des für die Entscheidung im Innenverhältnis zuständigen Gemeinderats oder Ausschusses oder entscheidet er über den Vermögenserwerb im Innenverhältnis ohne Zuständigkeit selbst, so sind seine Rechtshandlungen nach außen für die Gemeinde gültig; sie berechtigen und verpflichten die Gemeinde unmittelbar. Im internen Verhältnis könnten jedoch Regressansprüche oder disziplinarrechtliche Maßnahmen auf den rechtswidrig handelnden Bürgermeister zukommen.

Beim Abschluss von Verträgen über den Erwerb von Vermögen ist neben den hierfür – wie in jedem anderen privatrechtlichen Rechtsverhältnis – geltenden Vorschriften des bürgerlichen Rechts (BGB) in jedem Falle § 54 GemO zu beachten. Nach § 54 Abs. 1 GemO bedürfen Erklärungen, durch die die Gemeinde verpflichtet werden soll, der Schriftform. Sie sind vom Bürgermeister handschriftlich zu unterzeichnen. Da mit jedem Vermögenserwerb i. d. R. eine Verpflichtung der Gemeinde verbunden ist (z. B. Kauf: Zahlung des Kaufpreises nach § 433 BGB) bedürfen die Willenserklärungen des Bürgermeisters zum Abschluss der notwendigen Verträge – unabhängig von eventuellen Vorschriften des BGB – der Form des § 54 Abs. 1 GemO. Dies gilt gemäß § 54 Abs. 4 GemO nicht für Erklärungen in Geschäften der laufenden Verwaltung. Ist gegen das Schriftformerfordernis des § 54 Abs. 1 GemO verstoßen worden, so führt dies nicht zur Nichtigkeit des privatrechtlichen Rechtsgeschäftes.

Bei privatrechtlichen Rechtsgeschäften hat § 54 GemO aus Gründen der Kompetenzen des Landesgesetzgebers nur die Bedeutung von Regelungen über die Vertretungsmacht zur rechtswirksamen Vertretung der Gemeinde. Verstöße führen deshalb nicht zur Nichtigkeit des Rechtsgeschäfts nach § 125 BGB, sondern zur Anwendung der Vorschriften der §§ 177 ff. BGB über die Vertretung ohne Vertretungsmacht. Die Wirksamkeit des Vertrags hängt von der Genehmigung des ohne Vertretungsmacht Vertretenen, also von der Gemeinde ab; die Genehmigung nach außen erteilt wieder der Bürgermeister im Rahmen seiner Vertretungsmacht, diesmal unter Berücksichtigung des § 54 Abs. 1 GemO, da der Vertrag ja mit der Genehmigung wirksam wird, also mit dieser Erklärung die Gemeinde verpflichtet wird. Die Entscheidung, ob die Genehmigung erteilt wird, ist wieder der Organzuständigkeitsregelungen im Innenverhältnis der Gemeinde vorbehalten. Dabei ist hier an die Zuständigkeit für die Entscheidung über die Vornahme des nachträglich zu genehmigenden Rechtsgeschäftes anzuknüpfen. Hat der Bürgermeister bspw. entgegen der Entscheidung des Gemeinderates gehandelt und das Rechtsgeschäft doch – allerdings unter Verletzung des § 54 Abs. 1 GemO – abgeschlossen, so können für ihn bei nachträglicher Versagung der Genehmigung durch den Gemeinderat Haftungsfolgen aus § 179 BGB entstehen.

20.3.3 Veräußerung von Vermögen

In Anlehnung an die Regelungen für den Erwerb von Vermögen, welcher nur zur Aufgabenerfüllung erfolgen darf, bestimmt § 92 Abs. 1 Satz 1 GemO, dass nur solches Vermögen veräußert werden darf, das für die Aufgabenerfüllung nicht mehr benötigt wird.

Veräußerung von Gemeindevermögen ist dabei nicht immer gleichzusetzen mit dem Verkauf von Vermögen. Unter „Veräußerung" ist – wie beim Erwerb – vielmehr die sachenrechtliche Übereignung des Vermögensgegenstandes zu sehen, also das Verfügungsgeschäft (sachenrechtlicher Vertrag), mit welchem die Gemeinde das Eigentum an dem Vermögensgegenstand an einen Dritten abgibt. Ein Veräußerungsvorgang liegt also nur vor, wenn die Gemeinde danach nicht mehr juristische Eigentümerin ist, sondern das Eigentumsrecht an einen Dritten übertragen hat. Dies erfolgt bei einer beweglichen Sache durch Einigung und Übergabe, bei Grundstücken und Häusern durch Einigung und Eintragung ins Grundbuch. Das dem Verfügungsgeschäft zugrundeliegende schuldrechtliche Verpflichtungsgeschäft, mit dem sich eine Vertragspartei zur Übertragung des Eigentums verpflichtet, kann unterschiedlicher Natur sein. In der Regel wird hier wohl der Verkauf (durch Kaufvertrag) vorherrschen; denkbar ist aber auch eine Schenkung der Gemeinde oder eine sonstige unentgeltliche Übereignung (z. B. Tausch). Ebenso gehört hierzu auch das Einbringen des Vermögensgegenstandes in eine Eigengesellschaft der Gemeinde (rechtlich verselbstständigtes wirtschaftliches Unternehmen), in eine Beteiligungsgesellschaft, in einen Zweckverband, dem die Gemeinde angeschlossen ist, oder in eine rechtlich selbstständige Stiftung (Treuhandvermögen der Gemeinde). Hier geht jeweils das Eigentum auf die rechtsfähigen juristischen Personen des öffentlichen oder privaten Rechts über. Nicht zu den Veräußerungsgeschäften gehört dagegen die Umwandlung von freiem Gemeindevermögen in Sondervermögen der Gemeinde, da die Gemeinde hier weiterhin juristische Eigentümerin bleibt und sich nur die Nutzungsverhältnisse und der Einsatz des Vermögens ändert. Hierzu gehört bspw. das Einbringen von Vermögen in einen Eigenbetrieb oder eine rechtliche unselbstständige örtliche Stiftung der Gemeinde.

Ebenso ist unter Veräußerung auch nicht die Belastung eines Vermögensgegenstandes (z. B. mit Reallasten: Hypothek, Grundschuld usw.) oder die Begründung eines Rechts an einem Vermögensgegenstand zugunsten eines Dritten (z. B. Miete, Pacht, Nießbrauchrecht usw.) zu sehen. Zu beachten ist aber, dass für die Überlassung der Nutzung eines Vermögensgegenstandes gemäß § 92 Abs. 2 GemO dieselben Voraussetzungen gelten wie für dessen Veräußerung.

Die Vermögenssubstanz der Gemeinde wird abgebaut, sodass § 92 Abs. 1 GemO die Veräußerung nur zulässt, wenn der Vermögensgegenstand in absehbarer Zeit nicht benötigt wird. Wenn die Gemeinde nicht mit einer äußerst hohen Gewissheit ausschließen kann, dass der Vermögensgegenstand nicht noch einmal zur Aufgabenerfüllung benötigt wird, darf sie ihn nicht veräußern. Wenn z. B. eine Gemeinde beabsichtigt, evtl. in zehn Jahren auf einem Grundstück eine Schule zu errichten, darf sie das Grundstück nicht verkaufen. Dies entspricht wiederum der bereits beim Vermögenserwerb festgestellten absoluten Vorrangigkeit der Aufgabenerfüllung.

Andererseits ergibt sich aus § 92 Abs. 1 Satz 1 GemO für die Gemeinde keine Veräußerungsverpflichtung, wenn der Vermögensgegenstand nicht mehr benötigt wird. Die Gemeinde kann die einmal erworbenen Vermögensgegenstände auch ohne konkreten Aufgabenbezug vorhalten. Eine Veräußerungspflicht kann sich allerdings durch den Grundsatz der Sparsamkeit und Wirtschaftlichkeit (§ 77 Abs. 2 GemO) ergeben. So könnte sich beispielsweise bei einem nicht mehr benötigten Gebäude, dessen Unterhaltungs- und Betriebskosten die Erträge aus dem Gebäude übersteigen, unter dem Gesichtspunkt der Sparsamkeit und Wirtschaftlichkeit eine Veräußerungspflicht ergeben.

Vermögensgegenstände dürfen gemäß § 92 Abs. 1 Satz 2 GemO in der Regel nur zu ihrem vollen Wert veräußert werden. Der volle Wert entspricht i. d. R. dem Verkehrswert des Vermögensgegenstandes. Der Verkehrswert wird dabei im Allgemeinen durch den Preis bestimmt, der in dem Zeitpunkt, auf den sich die Ermittlung bezieht, im gewöhnlichen Geschäftsverkehr nach den rechtlichen Gegebenheiten und tatsächlichen Eigenschaften und der sonstigen Beschaffenheit des Vermögensgegenstandes ohne Rücksicht auf ungewöhnliche oder persönliche Verhältnisse zu erzielen wäre (§ 194 BauGB). Die Veräußerung zum vollen Wert erfordert also, dass die Gemeinde alle auf dem Markt zur Verfügung stehenden Möglichkeiten mit erlössteigernder Wirkung einsetzt, um damit den höchsten Preis zu erzielen, der für den Gegenstand im wirtschaftlichen Verkehr zu erhalten ist. Selbst wenn ein Vermögensgegenstand nicht mehr zur Aufgabenerfüllung benötigt wird und seine Veräußerung nun erfolgen sollte, erfordert dies u. U. auch einmal ein Zuwarten beim Verkauf, falls sich die Absatzlage vorübergehend schlecht gestaltet und nur ein Preis unter dem vollen Wert zu erzielen wäre. § 92 Abs. 1 Satz 2 GemO ist insoweit auch ein Ausdruck des geltenden Wirtschaftlichkeitsgrundsatzes. Anhaltspunkte für den vollen Wert eines Vermögensgegenstandes bieten der Schätzwert des nach § 192 ff. BauGB fungierenden Gutachterausschusses sowie die von diesem geführte Kaufpreissammlung für Bodenrichtwerte (§ 195 BauGB).

Der mögliche Verkaufserlös ergibt sich somit immer am Markt aus dem Verhältnis zwischen Angebot und Nachfrage.

Allerdings wird die Veräußerung zum vollen Wert durch § 92 Abs. 1 Satz 2 GemO nur zur Regel erhoben. Damit trägt das Gesetz der Tatsache Rechnung, dass der Markt nicht immer einen Verkaufserlös des Gegenstandes zum Verkehrswert zulässt. So könnte sich beispielsweise für die Gemeinde beim Verkauf eines gebrauchten Abfallbeseitigungsfahrzeugs als erzielbarer Ertrag nur ein geringerer Wert ergeben, weil am Markt nur eine geringe Bereitschaft zur Abnahme dieser Fahrzeugart besteht und im Rahmen der Marktmechanismen die wenigen Nachfrager den Preis senken können.

Andererseits kann die Wahrnehmung einer öffentlichen Aufgabe bewusst die Veräußerung eines Vermögensgegenstandes unterhalb des Zeitwertes erfordern, dies evtl. sogar durch eine unentgeltliche Vermögensübertragung.

Beispiel:
Innerhalb der Grenzen eines Bebauungsplanes für Ein- und Zweifamilienhäuser besitzt die Stadt S mehrere entsprechend bebaubare Grundstücke. Aufgrund der bereits vorhandenen Bebauung wird die Errichtung eines Kindergartens erforderlich. Die örtliche Kirchengemeinde ist bereit, den Kindergarten zu betreiben. Hierzu will sie das Grundstück für den Kindergarten von der Stadt S erwerben. Nach der Bodenrichtwertkarte beträgt innerhalb der Grenzen des Bebauungsplanes der Verkehrswert der Grundstücke je qm 250 €. Die Kirchengemeinde ist nur bereit, den üblichen Preis für Gemeinbedarfsflächen zu 50 € je qm zahlen. Die Stadt S veräußert das Grundstück zu einem Preis von 50 € je qm, obwohl sie auch bei der Veräußerung als Baugrundstück von einem privaten Dritten 250 € je qm hätte erzielen können.

In Ausnahmefällen darf also auch eine Veräußerung des Vermögensgegenstandes unter seinem vollen Wert erfolgen.[2] Hierzu gehört vor allen Dingen die Veräußerung von Gegenständen im Rahmen von Förderungsmaßnahmen der Gemeinde, wie z. B. die Überlassung eines Grundstücks unter Wert an eine Kirchengemeinde für den Bau eines Kindergartens wie im obigen Beispiel, oder aber zum Zwecke der Förderung des sozialen Wohnungsbaues oder der Gewerbeansiedlung (Wirtschaftsförderung), zusammengefasst: für aufgabenfördernde, gemeinnützige Zwecke. Da es sich hier aber lediglich um ein Regel-Ausnahme-Verhältnis handelt und im Grunde genommen immer der Grundsatz der Wirtschaftlichkeit und Sparsamkeit tangiert ist, wird die Gemeinde stets prüfen müssen, ob sie den mit der Unterwertveräußerung verfolgten Zweck nicht auch durch andere Maßnahmen erreichen kann. Hierzu gehört bspw.

---

2 *Aker/Hafner/Notheis*, Gemeindeordnung/Gemeindehaushaltsverordnung Baden-Württemberg, Kommentar zu § 92 GemO, RNr. 12, 2. Aufl., Stuttgart 2019.

die Stundung von fälligen Forderungen der Gemeinde oder die Gewährung von zinsgünstigen Darlehen. Schließlich sollte die Gemeinde bei Unterwertveräußerungen mit subventionierender Wirkung das Bruttoprinzip anwenden. Veräußert die Gemeinde nämlich unter Wert, so stellt der nicht erhobene Differenzbetrag zum vollen Wert immer auch einen Zuschuss der Gemeinde für Dritte dar. Diese Zuschüsse sind in voller Höhe als Aufwand bzw. Auszahlung im entsprechenden Teilhaushalt zu veranschlagen, während dann der Veräußerungserlös für den Vermögensgegenstand in Höhe seines vollen Wertes als Ertrag bzw. Einzahlung veranschlagt wird. Dies ist zwar nur eine Verrechnung, die am Haushaltsergebnis nichts ändert, damit wird aber die Subventionstätigkeit der Gemeinde deutlicher im Haushaltsplan herausgestellt.

Eine unentgeltliche Vermögensübertragung einer Gemeinde an Dritte ist im sozialen Bereich denkbar, die jeweils in der konkreten Aufgabenerfüllung begründet sind.

Beispiel:
Ein karitativer Verband übernimmt für die Gemeinde G zu Beginn eines Haushaltsjahres den Behindertenfahrdienst. Zu dessen Wahrnehmung wird dem karitativen Verband von der Gemeinde G aus deren Vermögensbestand ein spezielles Fahrzeug im Werte von 30.000 € geschenkt. Damit bei frühzeitiger Aufgabe des Behindertenfahrdienstes die Schenkung nicht unwirtschaftlich wird, ist vertraglich eine unentgeltliche Rückübertragung des Fahrzeuges an die Gemeinde G vereinbart worden. Durch ihre Schenkung fördert die Gemeinde G eine Aufgabe, die sie sonst selbst wahrgenommen hätte, so dass sie sich Personal- und Sachkosten erspart und somit wirtschaftlich entschieden hat.

Da das Fahrzeug in diesem Fall zur längerfristigen Aufgabenerfüllung bestimmt ist, stellt die Schenkung eine Investitionsförderungsmaßnahme dar – § 61 Nr. 22 GemHVO. Für die buchhalterische Abbildung des Sachverhaltes gilt § 40 Abs. 4 GemHVO. Hiernach sollen von der Gemeinde geleistete Investitionszuschüsse als Sonderposten in der Bilanz ausgewiesen und entsprechend dem Zuwendungsverhältnis aufgelöst werden. Es erfolgt damit eine Aufteilung des Aufwands entsprechend dem Periodisierungsprinzip des kaufmännischen Rechnungswesens auf mehrere Haushaltsjahre. Dies geschieht in Form einer aktivischen Rechnungsabgrenzung. Bei dieser wird der Aufwand von 30.000 € orientiert am Zuwendungsverhältnis (z. B. an der voraussichtlichen Nutzungsdauer des Fahrzeugs) auf mehrere Haushaltsjahre abgegrenzt. Bei einer angenommenen Nutzungsdauer von beispielsweise sechs Jahren bedeutet dies, dass sich die Anschaffungskosten des geschenkten Fahrzeugs in Höhe von 30.000 € auf das laufende und die fünf folgenden Haushaltsjahre jeweils als Aufwand in Höhe von 5.000 € verteilen.

Erfolgt eine Schenkung ohne jegliche rechtliche Bedingungen oder Auflagen gegenüber dem Dritten, ist fraglich, ob es sich insoweit überhaupt um eine Investitionsförderungsmaßnahme handeln kann. Unabhängig davon, ob eine „Veräußerung“ in einem solchen Fall überhaupt zulässig ist (Stichwort: Aufgabenerfüllung), würde eine solche Schenkung einen einmaligen Transferaufwand (Zuwendungsaufwand) im Haushaltsjahr darstellen.

Für die Überlassung der Nutzung eines Gegenstandes – z. B. durch Miete oder Pacht (Eigentum verbleibt bei der Gemeinde) – gelten gemäß § 92 Abs. 2 GemO die vorstehend beschriebenen Grundsätze sinngemäß. Hieraus folgt, dass die Überlassung von Vermögensgegenständen regelmäßig gegen ein marktübliches Entgelt zu erfolgen hat. Eine Nutzungsüberlassung kann durch schuldrechtlich begründete Rechte wie z. B. durch Miete (§ 535 ff. BGB), Pacht (§ 595 ff. BGB) oder Leihe (§ 598 ff. BGB) oder durch sachenrechtlich begründete Rechte (dingliche Rechte, die nicht an eine Person [relative Rechte], sondern an eine Sache, i. d. R. ein Grundstück durch Eintragung ins Grundbuch, gebunden sind) erfolgen. Hierzu gehören insbesondere die Grunddienstbarkeit (§ 1018 ff. BGB), der Nießbrauch (§ 1030 ff. BGB), die beschränkte persönliche Dienstbarkeit (§ 1090 ff. BGB), Dauerwohnrechte oder das Erbbaurecht.

Nachlässe bzw. unentgeltliche Überlassungen (Leihe/kostenlose Grundstücksnutzung) sind wiederum aus den bei der Veräußerung von Vermögensgegenständen näher beschriebenen Gründen zulässig.

Die Veräußerung eines Vermögensgegenstandes ist für die Gemeinde regelmäßig mit dem Risiko verbunden, dass sich nach einem gewissen Zeitablauf herausstellt, dass der veräußerte Gegenstand doch noch benötigt wird. Dies ist vor allem bei Grundstücken zu beachten, weil Grundvermögen nicht beliebig vermehrbar und deshalb nicht ohne weiteres am Markt ersetzbar ist.

Bei Gemeindevermögen mit besonderem Wert für die Allgemeinheit (wie z. B. bei Kunstgegenständen oder geschichtlichen Dokumenten) muss die Gemeinde neben ihrer eigentlichen Aufgabenerfüllung weitergehende Belange für die Gesamtgesellschaft berücksichtigen.

Eine Genehmigungspflicht durch die Aufsichtsbehörde bei Vermögensveräußerungen sieht die Gemeindeordnung nicht mehr vor. Will die Gemeinde jedoch einen Vermögensgegenstand unter seinem vollen Wert veräußern, hat sie den Beschluss gemäß § 92 Abs. 3 GemO der Rechtsaufsichtsbehörde vorzulegen. Die Vorlagepflicht gilt jedoch nur für Veräußerungsvorgänge, nicht für Nutzungsüberlassungen. Dies ergibt sich aus der Gesetzessystematik, wonach § 92 Abs. 2 GemO ausdrücklich auf Absatz 1, nicht jedoch auf Absatz 3 verweist.

Das Innenministerium kann von der Vorlagepflicht allgemein freistellen, wenn die Rechtsgeschäfte zur Erfüllung bestimmter Aufgaben dienen, ihrer Natur nach regelmäßig wiederkehren oder bestimmte Wertgrenzen oder Grundstücksgrößen nicht überschritten werden. Dies hat das Innenministerium in Ziff. B der Verwaltungsvorschrift über allgemeine Genehmigungen und die Freistellung von der Vorlagepflicht nach dem Gemeindewirtschaftsrecht (VwV-Freigrenzen) getan.

Beschlüsse über die Veräußerung von Vermögensgegenständen unter ihrem vollen Wert müssen hiernach der Rechtsaufsichtsbehörde nicht vorgelegt werden, wenn

1. bewegliche Sachen veräußert werden sollen oder
2. ein Grundstück oder grundstücksgleiches Recht
2.1 aufgrund gesetzlicher Veräußerungspflichten veräußert werden soll,
2.2 in den vorangegangenen fünf Jahren erworben worden ist, um den Wert eines der Gemeinde zustehenden Grundpfandrechts zu erhalten,

2.3 zur Förderung des Wohnungsbaus veräußert werden soll und die Gemeinde allgemeine Richtlinien über die verbilligte Abgabe von Grundstücken beschlossen hat oder

2.4 aufgrund geänderter Verkehrs-, Versorgungs- und Entsorgungsflächen sowie Fluss- und Bachläufe entbehrlich geworden ist.

Die Freistellung gilt nicht für Rechtsgeschäfte zwischen einer Gemeinde und Mitgliedern ihrer Organe (z. B. Gemeinderäte) sowie nicht zwischen einer Gemeinde und einer von ihr verwalteten kommunalen Stiftung.

Eine besondere Form der Vermögensveräußerung nach § 92 Abs. 1 GemO stellen die sogenannten „Sale-and-lease-back-Geschäfte" dar. Hierbei wird kommunales Vermögen an einen Investor veräußert und dann von diesem zurückgeleast. Die Wahrnehmung der öffentlichen Aufgabe wird durch das „Rückleasing" des Objekts gesichert. Der Vorteil liegt in einem Liquiditätszufluss aus Veräußerung, der ansonsten durch eine Kreditaufnahme erfolgen müsste. Dies ist allerdings nur dann zulässig, wenn die Nutzung des Vermögensgegenstandes zur Aufgabenerledigung der Gemeinde langfristig gesichert ist und die Aufgabenerledigung dadurch wirtschaftlicher wird. Die stetige Aufgabenerledigung ist in der Regel dann gesichert, wenn das Sale-and-lease-Back-Geschäft zur Werterhaltung bzw. Wertsteigerung des Objekts bestimmt ist und der Gemeinde daran zur Aufgabenerfüllung ein langfristiges Nutzungsrecht sowie eine Rückkaufoption eingeräumt wird. Weiterhin ist durch einen Wirtschaftlichkeitsvergleich zu belegen, dass das „Sale-and-lease-back-Geschäft" gegenüber einer anderen Finanzierungsform die wirtschaftlichere Variante darstellt.

Eine ähnliche Konstellation ist das sog. „Cross-Border-Leasing". Aufgrund der vor allem in den USA gegebenen steuerlichen Möglichkeiten wurden in der Vergangenheit Vermögensteile (z. B. Kanalsysteme und Kläranlagen, Gebäudekomplexe) langfristig an amerikanische Investoren vermietet und sofort zur gemeindlichen Nutzung zurückgeleast. An dem steuerlichen Vorteil, den der amerikanische Investor erlangte, wurde die Gemeinde beteiligt. Da dieser kommunale Anteil am Steuervorteil sofort nach Inkrafttreten des Leasingvertrags abgezinst in einer Summe der Gemeinde ausgezahlt wurde, erhielt die Gemeinde einen erheblichen Liquiditätszufluss, der ertragsmäßig periodengerecht im Rahmen der Bewertungsgrundsätze des § 43 Abs. 1 Nr. 4 und § 48 Abs. 2 GemHVO über die Vertragslaufzeit abzugrenzen war. Die Gemeinde blieb jedoch nach deutschem Recht weiterhin Eigentümerin des Vermögens, sodass keine Veräußerung im Sinne von § 92 Abs. 1 Satz 1 GemO vorlag.

Allerdings muss auf die Risiken dieser Geschäfte hingewiesen werden, zumal diese Geschäfte das amerikanische Recht berücksichtigten – u. a. bilanziert auch der amerikanische Leasinggeber das Vermögen des Leasinggeschäfts – und langfristige Bindungen für die Gemeinde bedeuten. Als kreditähnliches Rechtsgeschäft bedürfen sie nach § 87 Abs. 5 GemO der Genehmigung der Rechtsaufsichtsbehörde.

Die Zuständigkeit für die Veräußerung von Vermögensgegenständen richtet sich wiederum nach der normalen Zuständigkeitsverteilung unterhalb der Gemeindeorgane. Auf die Ausführungen in Kap. 20.3.2 wird entsprechend verwiesen.

20.3.4 Übungen

Sachverhalt Nr. 1

Die Gemeinde G will folgende Vermögenserwerbe durchführen:

a) Kauf verschiedener Wohngrundstücke, um später diese Grundstücke bei konkreten Objekten als Tauschgrundstücke anbieten zu können.
b) Kauf verschiedener unbebauter Grundstücke, um vorübergehend freie Liquidität „gut" anzulegen.
c) Kauf eines alten Fabrikgebäudes, weil in etwa zehn Jahren auf diesem Gelände eine Eissporthalle durch die Gemeinde errichtet werden soll.
d) Kauf eines alten Fabrikgebäudes, um im Rahmen der Wirtschaftsförderung das bisherige Eigentümerunternehmen von den erheblichen Unterhaltungskosten für diese Gebäude zu entlasten.

Aufgabe:
Prüfen Sie die Zulässigkeit der beabsichtigten Vermögenserwerbe.

Lösung:
Gemäß § 91 Abs. 1 GemO soll ein Vermögenserwerb nur erfolgen, wenn dies zur Erfüllung gemeindlicher Aufgaben erforderlich ist oder wird. Unter diesem Aspekt sind die einzelnen Fälle des Sachverhaltes zu beurteilen.

a) Die zu erwerbenden Wohngrundstücke dienen zwar nicht unmittelbar der direkten Aufgabenerfüllung, weil sie nicht konkret einer Aufgabe der Gemeinde zugeordnet werden können. Dies wäre z. B. gegeben, wenn die Grundstücke für den Bau einer Schule oder die Errichtung einer Kindertagesstätte eingesetzt würden. Die Gemeinde benötigt die Grundstücke aber im Laufe der Zeit mittelbar zur Erfüllung ihrer Aufgaben. Wegen der Knappheit von Baugrundstücken können heute in vielen Fällen Kaufverträge nur noch abgeschlossen werden, wenn gleichzeitig Ersatzgrundstücke angeboten werden. Insofern dient die Beschaffung der Wohngrundstücke letztlich der zukünftigen Aufgabenerledigung, sodass der Erwerb zulässig ist.
b) Die öffentlichen Aufgaben einer Gemeinde werden im Wesentlichen in der Schaffung und im Betrieb öffentlicher Einrichtungen konkretisiert. Geld anzulegen ist für sich genommen keine gemeindliche Aufgabe. Insofern sind die im Sachverhalt angesprochenen Grundstückskäufe nicht zur Aufgabenerfüllung erforderlich. Eine Ausnahme zur Soll-Vorschrift des § 91 Abs. 1 GemO ist nicht erkennbar. Bei einer Geldanlage in Grundstücken bestehen hinsichtlich der Voraussetzungen des § 91 Abs. 2 Satz 2 GemO einer ausreichenden Sicherheit und eines angemessenen Ertrags erhebliche Bedenken. Des Weiteren ist fraglich, ob eine „Rückumwandlung" in Liquidität stets zeitnah erfolgen kann.
c) Die Gemeinde will in etwa zehn Jahren als öffentliche Einrichtung eine Eissporthalle schaffen. Insofern handelt es sich um die Erledigung einer öffentlichen Aufgabe im Sinne des § 91 Abs. 1 GemO, auch wenn diese freiwillig ist. Das Grundstück wird zur Erreichung dieser Aufgabe benötigt, wobei der zeitliche Aspekt unerheb-

lich ist. Eine spezielle Vorratswirtschaft, der dieser Grundstückskauf dient, ist durch § 91 Abs. 1 GemO zugelassen.

d) Der Kauf des Fabrikgrundstückes erfolgt im Rahmen der Wirtschaftsförderung. Um ein privates Unternehmen von unrentablen Kosten zu entlasten, erwirbt die Gemeinde das Gebäude. Wirtschaftsförderung ist zwar zweifellos eine gemeindliche Aufgabe, jedoch muss bei der Erledigung auch der Aspekt der Wirtschaftlichkeit beachtet werden. Die Wirtschaftsförderung für diesen speziellen Betrieb hätte auch in anderer Form, z. B. durch Zuschüsse oder Darlehen erreicht werden können, die nicht so hohe Folgekosten der Grundstücksunterhaltung nach sich ziehen würden. Das Unternehmen selbst müsste versuchen, das Grundstück am Markt zu veräußern. Der Grunderwerb ist somit nicht unbedingt zur gemeindlichen Aufgabenerfüllung erforderlich, so dass er gemäß § 91 Abs. 1 GemO unzulässig ist.

Sachverhalt Nr. 2

Die Gemeinde G, 70.000 Einwohner, will einem Wohlfahrtsverband das Nutzungsrecht an einem Grundstück (Verkehrswert: 300.000 €) kostenlos einräumen, damit der soziale Träger darauf ein Altenheim errichten kann.

Aufgaben:

a) Prüfen Sie die Zulässigkeit der kostenlosen Überlassung des Grundstücks.

b) Wie ändert sich die Lösung zu a), wenn das Grundstück zu einem Preis von 30.000 € an den Wohlfahrtsverband veräußert würde?

Lösung:

a) Für Bedenken, dass das Grundstück für die Aufgabenerfüllung der Gemeinde noch benötigt wird, bietet der Sachverhalt keine Anhaltspunkte. § 92 Abs. 1 Satz 1 GemO ist hinsichtlich dieses Aspekts nicht näher zu prüfen.

b) Die kostenlose Verpachtung des Grundstückes stellt eine unentgeltliche Überlassung eines Vermögensgegenstandes im Sinne des § 92 Abs. 2 GemO dar, so dass § 92 Abs. 1 Satz 2 GemO sinngemäß anzuwenden ist. Danach ist in der Regel eine unentgeltliche Überlassung ausgeschlossen. Allerdings erfüllt die Gemeinde hier einen öffentlichen Zweck, nämlich die Unterstützung der Bereitstellung von sozialen Einrichtungen für die Bevölkerung. Durch die Schaffung des Altenheimes durch einen freien Träger wird die Gemeinde außerdem von der Aufgabe entbunden, selbst ein Altenheim zu bauen und zu betreiben. Insofern hat sie sich durch die kostenlose Verpachtung auch wirtschaftlich verhalten. Die unentgeltliche Überlassung ist somit aufgrund einer sachlich fundierten Entscheidung erfolgt, so dass sie als Ausnahme zu § 92 Abs. 2 GemO i. V. m. § 92 Abs. 1 Satz 2 GemO als zulässig anzusehen ist.
Eine Vorlagepflicht besteht für den Beschluss zur Ausführung dieses Rechtsgeschäfts nicht, da diese nach § 92 Abs. 3 GemO nur für Veräußerungsvorgänge, nicht aber für Nutzungsüberlassungen in Frage kommt.

c) Grundsätzlich ist der Verkauf unter Verkehrswert nach § 92 Abs. 1 Satz 2 GemO analog zu der kostenlosen Überlassung zu beurteilen. Er ist jedoch im Hinblick

auf die Wirtschaftlichkeit einer Vermögensübertragung differenzierter zu betrachten. Bei der kostenlosen Überlassung verbleibt das Eigentum bei der Gemeinde G, so dass ein Risiko hinsichtlich der Wirtschaftlichkeit (z. B. bei frühzeitiger Aufgabe des Altenheimbetriebs) grundsätzlich nicht besteht. Bei einem Verkauf geht das Eigentum jedoch auf den Erwerber über. Bei frühzeitiger Aufgabe des Altenheimbetriebs durch den Wohlfahrtsverband wäre die Wirtschaftlichkeit bei 30.000 € Veräußerungsbetrag anstatt 300.000 € Verkehrswert sicherlich nicht mehr gegeben, wenn seitens der Gemeinde G keinerlei diesbezügliche Auflagen oder Bedingungen (grundbuchrechtliche Sicherung, Vertragsstrafe, ...) im Kaufvertrag festgelegt wurden. Dementsprechend ist bei ausreichender Sicherung der Wirtschaftlichkeit nach § 92 Abs. 1 Satz 2 GemO auch ein Verkauf weit unter dem Verkehrswert des Grundstückes zur Erfüllung der vorliegenden öffentlichen Aufgabe zulässig.
Im Gegensatz zur Lösung zu Aufgabe a) besteht jedoch im vorliegenden Fall eine Vorlagepflicht für den Beschluss zur Ausführung dieses Rechtsgeschäfts bei der Rechtsaufsichtsbehörde. Die VwV-Freigrenzen enthalten keinen diesbezüglichen Befreiungstatbestand. Dies bedeutet, dass das Rechtsgeschäft erst vollzogen werden kann, wenn die Rechtsaufsichtsbehörde die Gesetzmäßigkeit des Beschlusses bestätigt oder entsprechend § 121 Abs. 2 GemO den Beschluss nicht innerhalb eines Monats beanstandet hat.

Sachverhalt Nr. 3

Die Gemeinde G will einige historisch wertvolle Ritterrüstungen an den Gastwirt W zum Zeitwert verkaufen, die dieser in den Räumen seines Hotels aufstellen will. Als der örtliche Heimatverein gegen diesen Verkauf öffentlich protestiert, kommen der zuständigen Sachbearbeiterin Bedenken.

Aufgabe:
Beurteilen Sie, inwieweit die Bedenken der Sachbearbeiterin gerechtfertigt sind.

Lösung:
Gemäß § 92 Abs. 1 GemO darf die Gemeinde Vermögensgegenstände veräußern, soweit diese für die Aufgabenerfüllung der Gemeinde nicht mehr benötigt werden. Aus dem Sachverhalt ist nicht ersichtlich, ob die Ritterrüstungen für einen konkreten Aufgabenbereich benötigt werden (z. B. für ein Museum). Da die Vorhaltung solcher Gegenstände sicher nicht zu den Pflichtaufgaben einer Gemeinde gehört, kann unterstellt werden, dass die Gegenstände nicht für die Aufgabenerfüllung der Gemeinde G benötigt werden. Ohnehin ist festzustellen, dass im Bereich der freiwilligen Gemeindeaufgaben jede Gemeinde selbst entscheiden kann, ob sie eine Aufgabe weiterführt oder sie aufgibt. Die Entscheidung hierüber obliegt dem Gemeinderat als Vertretung der Bürgerinnen und Bürger. Dadurch werden Vermögensgegenstände aus diesem Bereich im Ermessen der Gemeinde frei. Da der Verkauf auch zum vollen Wert (Verkehrswert) erfolgt, bestehen nach § 92 Abs. 1 GemO keine rechtlichen Bedenken.

Allerdings ist zu überlegen, ob die Gemeinde wegen des geschichtlichen Wertes des Vermögensgegenstandes politisch gut beraten ist, diesen zu veräußern. Es bietet sich an, den Erwerber zu verpflichten, diesen Gegenstand entsprechend seinem geschichtlichen Wert zu behandeln und evtl. weiter der Öffentlichkeit zugänglich zu machen.

Eine aufsichtsbehördliche Vorlagepflicht besteht nicht.

20.4 Bewirtschaftung von Vermögen

20.4.1 Grundsätze der Vermögensbewirtschaftung

Die Vermögensgegenstände sind pfleglich und wirtschaftlich zu verwalten und ordnungsgemäß nachzuweisen. Diese in § 91 Abs. 2 GemO enthaltenen Grundsätze greifen auf den allgemeinen Haushaltsgrundsatz der Sparsamkeit und Wirtschaftlichkeit in § 77 Abs. 2 GemO zurück und stellen eine besondere Ausprägung dieser Forderung dar.

„Pflegliche Verwaltung“ bedeutet, dass die Gemeinde verpflichtet ist, ihr Vermögen nach Möglichkeit zu erhalten. Dabei ist aber hier nicht die Erhaltung des Vermögens in seinem Bestand (Gesamtheit) gemeint, sondern die Pflege des einzelnen Vermögensgegenstandes in der Weise, dass dieser jederzeit für die mit ihm zu erledigenden Aufgaben mit den nach seiner Beschaffenheit vollen Nutzungsmöglichkeiten bereitsteht. Es soll also sorgsam mit den Vermögensgegenständen umgegangen werden – einerseits, um Schäden am Gegenstand selbst zu vermeiden, die wieder auszugleichen wären, damit dieser überhaupt zur Aufgabenerfüllung zur Verfügung steht, andererseits, um sämtliche Möglichkeiten des Vermögensgegenstandes im Interesse einer ökonomischen Verwaltung auszunutzen.

Zur pfleglichen Verwaltung der Vermögensgegenstände gehört in erster Linie eine funktionsgerechte Unterhaltung des einzelnen Vermögensgegenstandes, die sicherstellt, dass Schäden vermieden werden und der Vermögensgegenstand möglichst langfristig und in seinen Nutzungsmöglichkeiten unverändert zur Aufgabenerfüllung zur Verfügung steht. Der Vermögensgegenstand ist also in seinem ordnungsgemäßen Zustand für einen möglichst ununterbrochenen Einsatz zur Aufgabenerfüllung zu erhalten. Die hierfür notwendigen Unterhaltungskosten stellen grundsätzlich laufenden Aufwand des Ergebnishaushalts bzw. der Ergebnisrechnung dar. Streng zu unterscheiden vom für die Pflege des Vermögens notwendigen Erhaltungs- oder Unterhaltungsaufwand sind die Herstellungskosten, die eine Investition darstellen. Herstellungskosten liegen dann vor, wenn das Vermögen durch entsprechende Veränderungen (z. B. Baumaßnahmen) wesentlich in seiner Substanz vermehrt, in seinem Wesen erheblich verändert oder über seinen bisherigen Zustand hinaus deutlich verbessert wird. Der Vermögensgegenstand steht danach für eine quantitativ oder qualitativ bessere Aufgabenerfüllung zur Verfügung. Beim Erhaltungsaufwand dagegen bleibt das Vermögen in seiner

Funktion für die Aufgabenerfüllung unverändert; es wird lediglich für die Aufgabenerfüllung erhalten.

Die wirtschaftliche Verwaltung der Vermögensgegenstände erfordert nach dem allgemein geltenden Wirtschaftlichkeitsgrundsatz aus § 77 Abs. 2 GemO deren Einsatz nach dem ökonomischen Prinzip, also einen optimalen Einsatz zur Aufgabenerfüllung. Das Vermögen ist nutzbringend einzusetzen, also entweder zur Erfüllung einer öffentlichen Aufgabe oder zur Erwirtschaftung eines Ertrags für den Haushalt, der wiederum zur Erfüllung von öffentlichen Aufgaben zur Verfügung steht. Dies bedeutet, dass entweder mit der zur Verfügung stehenden Gesamtheit an sächlichen und finanziellen Mitteln (Gesamtvermögen) der Gemeinde die quantitativ und qualitativ bestmögliche Aufgabenerfüllung angestrebt wird (Maximalprinzip) oder aber eine bestimmte Aufgabe mit einem optimalen, kostengünstigsten Einsatz von Vermögensgegenständen erfüllt wird (Minimalprinzip). Angesichts des in der öffentlichen Verwaltung nur sehr eingeschränkt herrschenden Leistungsstrebens wird ein Einsatz des Vermögens nach dem Minimalprinzip den wohl größtmöglichen Nutzen in Relation zu den entstehenden Kosten versprechen. Dies bedeutet, dass die Verwendung von Vermögen auf ein Minimum beschränkt werden sollte, wobei aber zu berücksichtigen ist, dass hierdurch die Qualität und Quantität der Aufgabenerfüllung nicht leiden darf. Dies gilt insbesondere in dem Bereich, in dem die Gemeinde öffentliche Aufgaben erfüllt, ohne dass ihr für ihre Leistungen entsprechende Entgelte (spezielle Entgelte) zufließen. Hier sollte die Aufgabe mit dem geringstmöglichen Aufwand erfüllt werden, also mit so wenig Einsatz von Gemeindevermögen wie möglich. Das Vermögen, das ganz oder zum Teil mit seinem Ertrag zur Aufgabenerfüllung dient (i. d. R. nur das Geldvermögen), sollte dagegen nach dem Maximalprinzip verwaltet werden, d. h. es ist so nutzbringend wie möglich anzulegen, um den maximalen Ertrag zu erzielen – wobei hier zu beachten ist, dass der Ertragsabwurf bei der Geldanlage nicht unbedingt im Vordergrund steht (Sicherheit!). Zur wirtschaftlichen Verwaltung des Vermögens nach dem Maximalprinzip gehört weiterhin, dass die Gemeinde bei der Nutzung des Vermögens als Ertragsquelle marktübliche Kapital-, Miet- oder Pachtzinsen sowie marktübliche Erlöse für ihre Erzeugnisse (z. B. Holz aus dem Gemeindewald) erzielt. Hierbei spielen auch die Grundsätze der Einnahmebeschaffung aus § 78 Abs. 2 GemO eine Rolle (diese speziellen Entgelte für Leistungen der Gemeinde bzw. sonstige Einnahmen gehen der Erhebung von Steuern und der Aufnahme von Krediten vor und müssen dementsprechend auch ausgeschöpft werden).

Einige Vorschriften des Haushaltsrechts konkretisieren die wirtschaftliche Verwaltung des Vermögens. Dies ist insbesondere der § 12 Abs. 2 GemHVO, der bei Investitionen von erheblicher wirtschaftlicher Bedeutung verlangt, dass vor der Entscheidung über deren Durchführung zunächst unter mehreren in Betracht kommenden Möglichkeiten durch Vergleich der Anschaffungs- und Herstellungskosten und der Folgekosten die für die Gemeinde wirtschaftlichste Lösung ermittelt wird.

Aus der Vermögensbewirtschaftung dürfen somit nur die unabdingbar notwendigen Folgekosten entstehen, wie z. B. die Reparatur von Fahrzeugen oder der Anstrich von Gebäuden. Zu vermeiden sind dagegen außergewöhnliche Instandsetzungen, die dann anfallen, wenn die notwendige begleitende Betreuung der Vermögensgegenstände im

Haushaltsjahr unterbleibt. Wird die Vermögensbewirtschaftung vernachlässigt, führt dies zwangsläufig zu Wertverlusten. Um diese zu vermeiden, können Rückstellungen für unterlassene Instandhaltungen gebildet werden. Es handelt sich hierbei in Baden-Württemberg um eine Wahlrückstellung nach § 41 Abs. 2 GemHVO. Eine Verpflichtung zur Bildung dieser Rückstellung besteht nicht. Auf der anderen Seite kann diese aber auch nicht völlig willkürlich gebildet werden. Bereits der Grundsatz der Bewertungsmethodenkontinuität aus § 43 Abs. 1 Nr. 5 GemHVO verlangt, dass die Gemeinde bei ihrer Rückstellungspolitik langfristige Ziele verfolgt. Lediglich zum Zwecke der Vermeidung von großen Ergebnisüberschüssen darf dieses Instrument also nicht angewendet werden. Mit Hilfe der Instandhaltungsrückstellung wird aufwandsmäßig das Haushaltsjahr belastet, in dem die Instandhaltung unterlassen wurde. Macht die Gemeinde von der Wahlrückstellung keinen Gebrauch oder ist es z. B. aufgrund der schlechten haushaltswirtschaftlichen bzw. finanzwirtschaftlichen Lage verbunden mit mangelnder Liquidität nicht wahrscheinlich, dass die unterlassene Instandhaltung nachgeholt wird, hat die Gemeinde aufgrund der unterlassenen Instandhaltung im Rahmen der Bewertung gemäß § 46 Abs. 3 GemHVO eine Wertminderung am Vermögensgegenstand zu prüfen. Stellt die Gemeinde fest, dass eine voraussichtlich dauernde Wertminderung eingetreten ist, sind bei Vermögensgegenständen außerplanmäßige Abschreibungen vorzunehmen, um diese mit dem niedrigeren Wert anzusetzen, der ihnen am Abschlussstichtag beizulegen ist. Stellt sich in einem späteren Jahr heraus, dass die Gründe für die Abschreibung nicht mehr bestehen, ist der Betrag dieser Abschreibung im Umfang der Werterhöhung unter Berücksichtigung der Abschreibungen, die inzwischen vorzunehmen gewesen wären, zuzuschreiben. In beiden Fällen (unterlassene Instandhaltung oder außerplanmäßige Abschreibung) entsteht also ein Aufwand zu Lasten des Ergebnishaushalts. Die Rückstellung setzt den Willen der Gemeinde voraus, die Unterhaltungsmaßnahme in nächster Zeit auszuführen, was zu diesem Zeitpunkt dann entsprechende Liquidität erfordert. Die Abschreibung ist eine (endgültige) Maßnahme, die zunächst nicht direkt mit einem Liquiditätsabfluss verbunden ist. Die Rückstellung für eine unterlassene Instandhaltung ist auf der Aufwandsseite zweifellos dem ordentlichen Aufwand zuzuordnen. Bei außerplanmäßigen Abschreibungen kommt es auf den Verursachungsgrund an. Außerplanmäßige Abschreibungen, die die Gemeinde nicht zu vertreten hat, sind im außerordentlichen Ergebnis darzustellen (vgl. Erläuterungen zum Konto 5131 im Kontenrahmen mit Zuordnungshinweisen Baden-Württemberg – Anlage 31.2 der VwV Produkt- und Kontenrahmen). Nicht beeinflussbar und damit außerordentlich sind Naturkatastrophen, Brandereignisse, Unfälle, Deliktische Ereignisse (z. B. Diebstahl, Vandalismus), Aufgabenwegfall aufgrund Rechtsänderungen und der Rückbau von Infrastruktur aufgrund demografischen Wandels.

Außerplanmäßige Abschreibungen infolge von nachhaltig unterlassenen Instandhaltungsaufwendungen sind von der Gemeinde regelmäßig zu vertreten und gehören zum ordentlichen Aufwand im Ergebnishaushalt. Sie sind bei der Position Abschreibungen zu veranschlagen bzw. zu verbuchen.

In Kap. 10 zu Ansatz, Ausweis und Bewertung der einzelnen Posten der kommunalen Bilanz wurde bereits das bilanzielle Sach- und Finanzvermögen eingehend dargestellt. Besonderheit beim langfristigen Sach- bzw. Finanzvermögen (Anlagevermögen) ist, dass die Vermögensbewirtschaftung i. d. R. mittels einer Anlagenbuchhaltung erfolgt. Der diesbezügliche Jahresabschluss basiert somit auf dem Abschluss des Nebenbuches „Anlagenbuchhaltung".

20.4.2 Anlagenbuchhaltung

Die Anlagenbuchhaltung ist neben der Kreditoren- und Debitorenbuchhaltung eine der klassischen Nebenbuchhaltungen im doppischen Rechnungswesen. Es ist in den vorgeschlagenen Regelungstexten nicht vorgesehen, Nebenbuchhaltungen als verbindliche Komponenten des Rechnungswesens zu bestimmen. Grundsätzlich könnte somit die Vermögensbewirtschaftung mittels der Bestandskonten der Bilanz erfolgen. Aufgrund der Vielzahl an Vermögensgegenständen des Anlagevermögens bei den Gemeinden ist i. d. R. eine Anlagenbuchhaltung erforderlich, um den Grundsatz des § 34 Abs. 1 und 2 GemHVO – die Vermögenslage vollständig, richtig, zeitgerecht und geordnet zu erfassen und zu dokumentieren – gerecht zu werden. Die Anlagenbuchhaltung ist in diesem Sinne ein Inventurvereinfachungsverfahren entsprechend § 38 Abs. 2 GemHVO. Hiernach bedarf es bei der Aufstellung des Inventars für den Schluss eines Haushaltsjahres einer körperlichen Bestandsaufnahme der Vermögensgegenstände für diesen Zeitpunkt nicht, soweit durch Anwendung eines den Grundsätzen ordnungsmäßiger Buchführung entsprechenden anderen Verfahrens gesichert ist, dass der Bestand der Vermögensgegenstände nach Art, Menge und Wert auch ohne die körperliche Bestandsaufnahme für diesen Zeitpunkt festgestellt werden kann. Das kann eine funktionierende Anlagenbuchhaltung leisten.

Aufgrund der Vielzahl an Funktionen unterstützt die Anlagenbuchhaltung zudem eine transparente und an den dargestellten Wirtschaftlichkeitsgrundsatz des § 77 Abs. 2 GemO orientierte Vermögensbewirtschaftung. Mittels der Anlagenbuchhaltung werden Bestand und insbesondere Bewegungen des Anlagevermögens art-, mengen- und wertmäßig erfasst. Gegenüber der Bilanz werden in der Anlagenbuchhaltung für eine weitergehende Strukturierung des Anlagevermögens Anlagenklassenbereiche festgelegt. Innerhalb der Anlagenklassenbereiche werden gleichartige Vermögensgegenstände in Anlageklassen zusammengefasst. Grundsätzlich ist jede Gemeinde in der Strukturierung ihrer Anlagenbuchhaltung einschließlich der Anlagekonten frei.

Die Anlagenklassenbereiche können sich grundlegend an gemeinsamen Merkmalen ausrichten, die beispielsweise wie folgt gegliedert sein können:

- immaterielles Vermögen,
- Grund und Boden,
- Gebäude und Aufbauten,
- bewegliches Vermögen,
- Finanzanlagen.

Innerhalb dieser Strukturierung ist insbesondere bei größeren Städten noch eine tiefer gehende Strukturierung innerhalb des einzelnen Merkmals möglich (z. B. beim beweglichen Vermögen nach Kunstgegenstände, technischen Anlagen und Maschinen, Fuhrpark und Betriebs- und Geschäftsausstattung). In diesem Zusammenhang sei noch einmal auf die Definition des Begriffs „Anlagevermögen“ hingewiesen, da diese maßgeblich für den Umfang des in der Anlagenbuchhaltung erfassten Vermögens ist. Zum Anlagevermögen gehören alle Gegenstände, die dazu bestimmt sind, dauerhaft von der Gemeinde genutzt zu werden. Das Anlagevermögen setzt sich zusammen aus

- immateriellem Vermögen,
- Sachanlagevermögen,
- Finanzanlagevermögen.

Mehrung des Anlagevermögens bedeutet Investition (§ 61 Nr. 21 GemHVO). Eine Besonderheit stellt § 38 Abs. 4 GemHVO dar, worin als Ausnahme vom Grundsatz der Vollständigkeit bei der Erfassung des gemeindlichen Vermögens bestimmt ist, dass der Bürgermeister für immaterielle Vermögensgegenstände und bewegliche Vermögensgegenstände des Sachvermögens bis zu einem Wert von 1.000 € ohne Umsatzsteuer Befreiungen von der Inventarisierungspflicht nach § 37 Abs. 1 Sätze 1 und 3 GemHVO vorsehen kann. Damit fallen Vermögensgegenstände unterhalb der aus § 38 Abs. 4 GemHVO bestimmten Wertgrenze aus der Anlagenbuchhaltung heraus. Die Anschaffungs- oder Herstellungskosten für immaterielle Vermögensgegenstände und bewegliche Vermögensgegenstände des Sachvermögens, die nach § 38 Abs. 4 nicht erfasst werden, sind im Jahr der Anschaffung als ordentlicher Aufwand auszuweisen, soweit diese nicht im Zusammenhang mit einer investiven Baumaßnahme gesondert als notwendige Erstausstattung aktiviert werden (§ 46 Abs. 2 Satz 2 GemHVO). Eine Nachweispflicht in Form eines zusätzlichen Bestandsverzeichnisses außerhalb oder gegebenenfalls innerhalb der Anlagenbuchhaltung (z. B. mit einem Erinnerungswert) besteht nicht. Es könnte jedoch ratsam sein, auch Vermögensgegenstände unterhalb dieser Wertgrenze zu verzeichnen und deren Existenz nachzuweisen. Mit den heute zur Verfügung stehenden modernen und vernetzten EDV-Verfahren stellt dies kein großer Aufwand dar.

Die Aufgaben bzw. Funktionen der Anlagenbuchhaltung sind sehr umfangreich. Hierzu eine Zusammenstellung der wichtigsten Aufgaben:

- Entlastung der Bilanz in Form einer Nebenbuchhaltung,
- Erfassung der Anschaffungs- und Herstellungskosten je Vermögensgegenstand,
- Aufzeichnung der Bestände, Zu- und Abgänge sowie der Umbuchungen,
- Abbildung der Abschreibungen, Zuschreibungen und Restwerte für die einzelnen Anlagegüter,
- Vermögensnachweis,
- Unterstützung bei der Inventur,
- Aufstellung des Anlagespiegels,
- Unterstützung bei der Planung des kommunalen Haushalts,
- Unterstützung bei der Kostenrechnung und Gebührenkalkulation,
- Ermittlung der Werte für Feuer- und Maschinenversicherung.

Hierbei stellen neben der Funktion des Vermögensnachweises die art-, mengen- und wertmäßigen Bewegungen und Veränderungen des Anlagevermögens die wichtigste Aufgabe dar. Insbesondere liefert die Anlagenbuchhaltung die Abschreibungen des abnutzbaren Anlagevermögens für den Ergebnishaushalt bzw. die Ergebnisrechnung, welche entsprechend dem § 46 Abs. 1 GemHVO zum einen den bilanziellen Wert der Vermögensgegenstände reduziert und zum anderen diesen Vermögensverzehr als Aufwand abbildet. Daher erfordern die planmäßigen Abschreibungen in der Anlagenbuchhaltung unbedingt die Trennung zwischen abnutzbaren und nicht abnutzbaren Sachanlagen und – innerhalb der abnutzbaren Sachanlagen – nach verschiedenen, mit unterschiedlichen Nutzungszeiten zu bewertenden Anlageteilen.

Beispiel:
Bei einem bebauten Schulgrundstück sind der Grund und Boden als nicht abnutzbarer Vermögensgegenstand von dem Schulgebäude als abnutzbarer Vermögensgegenstand zu trennen. Nach Fertigstellung des Schulgebäudes wird in der Anlagenbuchhaltung im Rahmen des Grundsatzes der Stetigkeit ein Abschreibungsplan für das Gebäude hinterlegt, aus dem sich die Abschreibungen ermitteln.

Die Aufgaben der Abschreibung sind
- die Darstellung der Wertminderung durch Abnutzung,
- die Verteilung der Anschaffungs- und Herstellungskosten von Investitionen als Aufwand über die Nutzungsdauer und
- die Angabe eines ungefähren Zeitpunkts für die Ersatzinvestitionen.

Die Abschreibungsdeterminanten des abnutzbaren Anlagevermögens ergeben sich aus
- dem bilanziellen Vermögenswert (Anschaffungs- oder Herstellungskosten oder Restbuchwert),
- der Abschreibungsmethode und
- der Abschreibungsdauer (voraussichtliche Nutzungsdauer).

Nach § 46 Abs. 1 Satz 2 GemHVO ist die Standardmethode die lineare Abschreibung, wobei nach § 46 Abs. 1 Satz 3 GemHVO auch die degressive Abschreibung und Leistungsabschreibung als Sonderformen zulässig sind, wenn diese dem tatsächlichen Ressourcenverbrauch wesentlich besser entsprechen. Demnach können folgende Methoden zur Anwendung kommen, deren Ermittlungsmethode anschließend auch beschrieben wird.

Lineare Abschreibung

Bei der linearen Abschreibung werden die Anschaffungs- oder Herstellungskosten durch die voraussichtliche Nutzungsdauer des Vermögensgegenstandes dividiert. Die planmäßige Abschreibung erfolgt hierbei in gleichen Jahresraten über die Dauer, in der der Vermögensgegenstand voraussichtlich genutzt werden kann.

Beispiel:
Eine beschaffte Maschine hat eine Nutzungsdauer von voraussichtlich 5 Jahren. Die Anschaffungskosten betragen 10.000 €. Der jährliche Abschreibungsbetrag ergibt sich nach der linearen Abschreibungsmethode aus:

10.000 € : 5 Jahre = 2000 €/jährlich

Geometrisch-degressive Abschreibung

Die degressive Abschreibung ist eine Abschreibung mit fallenden Beträgen. Bei der geometrischen Methode ergibt sich der jährliche Abschreibungsbetrag aus einem festen Prozentsatz des Restbuchwerts. Die Abschreibungsdauer bei dieser Methode ist unendlich. Es ist daher ein Methodenwechsel zur linearen Abschreibung erforderlich. Der ideale Wechselzeitpunkt für eine frühestmögliche Darstellung von höheren Abschreibungsaufwendungen ergibt sich in dem Jahr, in dem die linearen Abschreibungswerte gleichhoch oder höher als die degressiven Abschreibungswerte sind.

Berechnungsformel für den Methodenwechsel der Abschreibungen:

W = n – 100/p + 1
W = Jahr des Wechsels **n** = Nutzungsdauer
p = %-Satz der degressiven Abschreibung

Beispiel:
Der Vermögensgegenstand mit Anschaffungskosten von 10.000 € hat eine Nutzungsdauer von fünf Jahren. Der aus Erfahrungswerten hergeleitete Prozentsatz des jährlichen Wertverlustes liegt bei 40 % des jeweiligen Buchwertes.

Buchwert am 1.1.		***Abschreibung***	***Buchwert am 31.12.***
1. Jahr	*10.000 €*	*4.000 € (40 % von 10.000 €)*	*6.000 €*
2. Jahr	*6.000 €*	*2.400 € (40 % von 6.000 €)*	*3.600 €*
3. Jahr	*3.600 €*	*1.440 € (40 % von 3.600 €)*	*2.160 €*
4. Jahr	*2.160 €*	*1.080 € (Wechsel auf lineare Abschreibung)*	*1.080 €*
5. Jahr	*1.080 €*	*1.080 € (lineare Abschreibung)*	*0 €*

(Als Zeitpunkt des Methodenwechsels wird hier das vierte Nutzungsjahr gewählt, da nach dem Vorsichtsprinzip nun die lineare Abschreibung höher als die degressive Abschreibung ist; diese läge bei 864 € [40 % von 2.160 €].)

Die Berechnung des Wechselzeitpunkts mittels Formel ergibt: W = 5 – 2,5 + 1 = 3,5, sodass im vierten Jahr der ideale Wechselzeitpunkt ist. Die lineare Abschreibungsberechnung zum jeweiligen Zeitpunkt für den Wechsel lautet: (Rest)-Buchwert / Restnutzungsdauer; denkbar wäre der Methodenwechsel im Rahmen der besseren Abbildung des Ressourcenverbrauchs auch im 5. Jahr.

Arithmetisch-degressive (digitale) Abschreibung

Die Anschaffungs- oder Herstellungskosten werden hier durch die Summe der einzelnen Restnutzungsjahre des Abschreibungsplans geteilt und für die Ermittlung der Abschreibungshöhe des einzelnen Haushaltjahres mit der zugehörigen Restnutzungsdauer multipliziert. Es ergibt sich ebenfalls eine Abschreibung in fallenden Raten.

Beispiel:
Der Vermögensgegenstand mit Anschaffungskosten von 15.000 € hat eine Nutzungsdauer von fünf Jahren.

Ermittlung der Summe der einzelnen Restnutzungsjahre: Bei fünf Jahren ergibt sich als Summe 5 + 4 + 3 + 2 + 1 = 15. Die Restnutzungsdauer im Anschaffungsjahr ist fünf Jahre, somit im ersten Jahr 5/15 (5.000 €), im zweiten Abschreibungsjahr 4/15 (4.000 €), im dritten Abschreibungsjahr (3.000 €), im vierten Abschreibungsjahr (2.000 €) und im fünften und letzten Jahr 1/15 (1000 €) der Anschaffungskosten. Am Ende des fünften Abschreibungsjahres beträgt der Restbuchwert somit 0 €.

Leistungsabschreibung

Bei der Leistungsabschreibung erfolgt die Wertminderung des Vermögensgegenstands nach Maßgabe der Leistungsabgabe. Die Anschaffungs- oder Herstellungskosten werden durch die erzielbaren Leistungseinheiten dividiert. Dieser Wert wird mit der tatsächlichen Abgabe an Leistungseinheiten multipliziert. Diese Methode der Abschreibung periodisiert zwar den Ressourcenverbrauch am genauesten, ist aber auch die aufwändigste Methode, da sie nur dort eingesetzt werden kann, wo auch Leistungsaufzeichnungen stattfinden. Des Weiteren beinhaltet die erforderliche Schätzung des Leistungsumfangs auch Risiken, da man selten genau weiß, wie hoch die Leistungsabgabe eines Vermögensgegenstands ist.

Beispiel:
Eine zu 10.000 € angeschaffte Maschine hat nach Herstellerangabe im Rahmen ihrer Nutzungsdauer eine Gesamtleistungsabgabe von 2.000 Maschinenstunden. Je tatsächlicher Abgabe von einer Maschinenstunde sind 5 € abzuschreiben.

Im ersten Nutzungsjahr wurden 500 Maschinenstunden, im zweiten Nutzungsjahr 900 Maschinenstunden und im dritten Nutzungsjahr 600 Maschinenstunden tatsächlich abgegeben.

Die Abschreibungen der drei Haushaltsjahre lauten somit:

1. Jahr	*2.500 € (500 Stunden × 5 €/Stunde)*
2. Jahr	*4.500 € (900 Stunden × 5 €/Stunde)*
3. Jahr	*3.000 € (600 Stunden × 5 €/Stunde)*

Der Restbuchwert liegt somit am Ende des 3. Abschreibungsjahres bei 0 €.

Die Abschreibung des Anlagevermögens erfolgt gem. § 46 Abs. 2 GemHVO im Jahr der Anschaffung oder Herstellung unter Berücksichtigung von vollen Monaten zwischen dem Zeitpunkt der Anschaffung oder Herstellung und dem Jahresende. Analog kann im Jahr der Veräußerung für die Abschreibungen nur der Zeitraum in vollen Monaten berücksichtigt werden, der zwischen dem Anfang des Jahres und dem Veräußerungszeitpunkt liegt.

Für die Abschreibungsdauer maßgeblich ist die betriebsgewöhnliche Nutzungsdauer, die auf der Grundlage von Erfahrungswerten und unter Berücksichtigung von Beschaffenheit und Nutzung des Vermögensgegenstands zu bestimmen ist.

Für die Festlegung der Nutzungsdauer bei der Erstellung des Abschreibungsplans gibt es in Baden-Württemberg keine gesetzlichen Vorgaben. Die Gemeinden können hier auf verschiedene Veröffentlichungen zurückgreifen, z. B. die Anlage 3 zum Bilanzierungsleitfaden (Abschreibungstabelle für Baden-Württemberg) oder den KGSt-Bericht 1/1999 und die hierin enthaltene umfangreiche Tabelle zu Abschreibungssätzen in der Kommunalverwaltung. Dem Grundsatz der Bilanzmethodenkontinuität entsprechend sind die Nutzungsdauern innerhalb der Gemeinde nach einheitlichen Grundsätzen festzulegen. Es ist ratsam, die Anlagenbuchhaltung von nur einer Organisationseinheit (je nach Größe der Gemeinde ggf. nur eine Person) auf der Grundlage einer Übersicht über örtlich festgelegte Nutzungsdauern der Vermögensgegenstände (gemeindespezifische Abschreibungstabelle) durchführen zu lassen.

20.4.3 Geschäftsvorfälle in einer Anlagenbuchhaltung

Nachfolgend erfolgt eine Darstellung der häufigsten in der Vermögensbewirtschaftung vorkommenden Geschäftsvorfälle in einer Anlagenbuchhaltung.

a) Zugänge von Anlagevermögen

Zugänge von Anlagevermögen sind stets zeitnah in der Anlagenbuchhaltung zu buchen bzw. zu aktivieren. Neben dem Grundsatz der ordnungsmäßigen Buchführung dient dies insbesondere bei verzögerter in Rechnung Stellung zur periodengerechten Abbildung des Ressourcenverbrauchs aus Abschreibungen. Fallen Vermögenszugang (z. B. im Haushaltsjahr 2023) und Rechnungszugang (z. B. im Haushaltsjahr 2024) periodenmäßig auseinander, so ist im Haushaltsjahr 2023 als Gegenposition für die Aktivierungsbuchung eine sonstige Verbindlichkeit zu buchen.

Im Rahmen der Aktivierung sind für den Vermögensgegenstand die relevanten Daten zur Führung in der Anlagenbuchhaltung zu erfassen. Aufgrund der Nebenbuchfunktion muss die Verknüpfung (Abstimmkonto) zum Hauptbuch festgelegt werden. Neben den Festlegungen für den Abschreibungsplan des Vermögensgegenstandes sind auch die Produktbereiche für die Teilergebnisrechnungen festzulegen, in die der Abschreibungsaufwand zu buchen ist.

b) Abgänge von Anlagevermögen

Vermögensabgänge sind wie die Vermögenszugänge zeitnah zu buchen. Ansonsten würde Aufwand aus Abschreibungen entstehen, welcher der Vermögensnutzung nicht entsprechen würde. Somit hat mit Übergabe des Vermögensgegenstandes an den Erwerber oder mit Verschrottung eines unbrauchbar gewordenen Vermögensgegenstandes die Ausbuchung zu erfolgen. Im Rahmen der Ausbuchung aus der Anlagenbuchhaltung hat stets ein Abgleich zwischen bestehendem Buchwert (auch Restbuchwert) und dem Verkaufserlös zu erfolgen. „Fixgröße" für den hieraus resultierenden Buchungssatz ist hierbei stets der (auszubuchende) Buchwert. Übersteigt der Verkaufserlös den Buchwert, ergibt sich ein (außerordentlicher) Ertrag aus Vermögensabgang. Unterschreitet der Verkaufserlös den Buchwert oder steht gar kein Verkaufserlös einem Buchwert gegenüber ergibt sich ein (außerordentlicher) Aufwand aus Vermögensabgang.

c) Änderung der Vermögenszuordnung

Ist ein Vermögensgegenstand durch einen Wechsel des Einsatzbereiches einem anderen Teilergebnishaushalt zuzuordnen (z. B. wechselt ein Radlader vom Produktbereich „Sicherheit und Ordnung" in den Produktbereich „Natur- und Landschaftspflege"), muss diese Änderung bei der Zuordnung des Vermögensgegenstandes in der Anlagenbuchhaltung nachvollzogen werden.

d) Anzahlungen

Geleistete Anzahlungen der Gemeinde für einen Vermögensgegenstand sind zunächst auf einem besonderen Konto zu buchen. Mit Zugang des Vermögensgegenstandes und Aktivierung in der Anlagenbuchhaltung erfolgt eine Umbuchung der Anzahlung auf das Anlagekonto des Vermögensgegenstandes. Das Anlagekonto wird in der der Vermögensart entsprechenden Anlagenklasse geführt.

e) Investitionszuwendungen

Die Förderung einzelner Investitionsmaßnahmen der Gemeinde durch Investitionszuwendungen Dritter sollte in der Anlagenbuchhaltung gleichfalls berücksichtigt werden. Die Investitionszuwendung (Sonderposten) wird mit Aktivierung des Vermögensgegenstandes diesem zugeordnet. Die Determinanten der Abschreibungsplanung werden für die ertragswirksame Auflösung der Investitionszuwendung übernommen. Bei den meisten Softwareanbietern von Anlagenbuchhaltungsprogrammen ist die Übernahme der Determinanten aus dem Abschreibungsplan bereits technisch vorgesehen.

f) Außerplanmäßige Abschreibungen und Zuschreibungen

Wird der Vermögenswert durch außergewöhnliche Sachverhalte außerhalb der planmäßigen Abschreibungen gemindert, hat gem. § 46 Abs. 3 Satz 1 GemHVO eine außerplanmäßige Abschreibung beim Vermögensgegenstand zu erfolgen, sofern hierdurch die Bedingung einer voraussichtlich dauerhaften Wertminderung erfüllt ist. Dies gilt auch für die Finanzanlagen, welche am Bilanzstichtag mit dem niedrigeren Wert in der Bilanz (z. B. Kurswert unter Buchwert) anzusetzen sind. Die außerplanmäßige Abschreibung ist wie die planmäßige Abschreibung ein Aufwand im Ergebnishaushalt, wobei dieser ordentlich oder außerordentlich sein kann (vgl. Kap. 20.4.1).

Entfallen gem. § 46 Abs. 3 Satz 2 GemHVO die Gründe für die außerplanmäßige Abschreibung, so hat eine Wertzuschreibung bis zu den fortgeschriebenen Anschaffungs- und Herstellungskosten des Vermögensgegenstandes aufgrund eines Wertaufholungsgebots zu erfolgen. Ausdrücklich in der Vorschrift enthalten ist hierbei die Berücksichtigung der Abschreibungen, die zwischen außerplanmäßiger Abschreibung und dem Zuschreibungszeitpunkt angefallen sind. Die Zuschreibung wirkt als Ertrag, welcher entsprechend der Zuordnung der außerplanmäßigen Abschreibung ordentlich oder außerordentlich verbucht wird.

Beispiel:
Aufgrund unterlassener Instandhaltung sind einige bauliche Mängel entstanden, die zu einer Wertminderung führen. Eine Nachholung dieser unterlassenen Instandhaltung zur Beseitigung der Mängel ist nicht wahrscheinlich (somit keine Rückstellungsbildung). Die Gemeinde hat im Umfang der Wertminderung des Vermögenswertes eine außerplanmäßige Abschreibung vorzunehmen. Ergibt sich in der Zukunft, dass die Ursache für die außerplanmäßige Abschreibung entfällt, hat eine Zuschreibung bis zum fortgeschriebenen Anschaffungs- oder Herstellungswert zu erfolgen.

Außerplanmäßige Abschreibungen (§ 46 Abs. 3 Satz 1 GemHVO) sowie Zuschreibungen (§ 46 Abs. 3 Satz 2 GemHVO) sind als außerordentliche Vorgänge im Anhang zu erläutern, soweit sie für die Beurteilung der Ertragslage nicht von untergeordneter Bedeutung sind (§ 49 Abs. 4 GemHVO). Es wird abzuwarten sein, in welchem Umfang die Gemeinden die Sachverhalte von unterlassener Instandhaltung in welcher Darstellungsform abbilden werden. Die Berücksichtigung kann entweder über die außerplanmäßige Abschreibung bei mangelnder Wahrscheinlichkeit der Nachholung oder über eine Wahlrückstellung erfolgen, wenn die Nachholung der Instandsetzung wahrscheinlich ist. In beiden Fällen wird richtigerweise die Periode mit dem Aufwand aus der Vermögenswertminderung belastet werden, in der dieser entstanden ist.

20.4.4 Übungen

Sachverhalt und Aufgabenstellung Nr. 4

Die Auslieferung und Nutzung eines bestellten Gerätes erfolgt am 29. November, die Rechnung wird voraussichtlich erst im nächsten Jahr erstellt werden. Wird die Anlagenbuchhaltung von diesem Sachverhalt berührt – und ggf. wie?

Lösung:
Das Gerät wird mit dem voraussichtlichen Preis in der Anlagenbuchhaltung gebucht, Abschreibungen werden gem. § 46 Abs. 2 GemHVO orientiert am Nutzungsbeginn für zwei volle Monate ermittelt und gebucht. Die Gegenbuchungsposition stellt eine sonstige Verbindlichkeit in gleicher Höhe dar. Für die Bezahlung der Rechnung im Folgejahr ist die im alten Jahr gebuchte sonstige Verbindlichkeit die Gegenbuchungsposition.

Sachverhalt und Aufgabenstellung Nr. 5

In der Anlagenbuchhaltung wird ein Dienstfahrzeug noch mit einem Buchwert von 2.000 € geführt. Im Rahmen der Erneuerung des Fahrzeugparks wird dieser an einen interessierten Mitarbeiter zu 2.500 € veräußert. Gegen Zahlung des Kaufpreises übernimmt dieser das Fahrzeug. Welche Auswirkungen hat dieser Sachverhalt auf die Anlagenbuchhaltung und andere Rechnungskomponenten?

Lösung:
Das Fahrzeug ist aus der Anlagenbuchhaltung auszubuchen (Aktivtausch: Liquide Mittel gegen Anlagevermögen); zusätzlich ist ein (außerordentlicher) Ertrag aus Veräußerung von Anlagevermögen über Restbuchwert in Höhe von 500 € zu buchen (§ 2 Abs. 2 GemHVO).

Sachverhalt und Aufgabenstellung Nr. 6

Ein weiteres Dienstfahrzeug wird am 22. September zum Buchwert veräußert und übergeben. Mit dem Mitarbeiter wurde vereinbart, dass dieser den Kaufpreis jeweils zur Hälfte am 1. November und 1. Dezember desselben Jahres bezahlt. Was ist wann in der Anlagenbuchhaltung zu veranlassen?

Lösung:
In der Anlagenbuchhaltung ist bereits bezogen auf den 22.9. der Abgang des Dienstfahrzeuges (Habenbuchung auf der Bilanzposition) in Höhe des Restbuchwertes gegen die Sollbuchungsposition „Forderungen aus Lieferung und Leistung“ zu buchen.

Sachverhalt und Aufgabenstellung Nr. 7

Ein bisher im Feuerwehrbereich eingesetztes Gerät wird künftig im Garten- und Landschaftsbau eingesetzt. Was ist in der Anlagenbuchhaltung zu veranlassen, und aus welchem Grund?

Lösung:
In der Anlagenbuchhaltung ist die Zuordnung des Vermögensgegenstandes zur Produktgruppe zu ändern. Dies ist erforderlich, damit der Ressourcenverbrauch aus Abschreibungen im Aufwand der Produktgruppe abgebildet wird, in der der Vermögensgegenstand eingesetzt wird.

Sachverhalt und Aufgabenstellung Nr. 8

Die Stadt hat eine Anzahlung für die Sonderausstattung eines noch zu lieferndes Feuerwehrfahrzeugs geleistet. Wie ist diese Anzahlung bis zur Inbetriebnahme des Fahrzeugs in der Anlagenbuchhaltung zu buchen? Wie wird die restliche Zahlungsverpflichtung buchhalterisch behandelt?

Lösung:
Die geleistete Anzahlung ist auf einem Anzahlungskonto zu buchen. Mit Lieferung des Fahrzeugs ist die Anzahlung auf ein dem Bilanzposten „Fahrzeuge" zugehöriges Konto umzubuchen. Die restliche Zahlungsverpflichtung wird im Rahmen der Aktivierung des Vermögensgegenstandes gegen eine Verbindlichkeit aus Lieferung und Leistung gebucht.

Sachverhalt und Aufgabenstellung Nr. 9

Für den Bau einer Kindertagesstätte mit einem Herstellungswert von 3 Mio. € erhält die Gemeinde eine Investitionszuwendung vom Land in Höhe von 1 Mio. €. Welche Buchungen sind in der Anlagenbuchhaltung nach Fertigstellung für die Kindertagesstätte und die Zuwendung vorzunehmen?

Lösung:
Die Kindertagesstätte ist nach der Fertigstellung auf ein Konto des Bilanzpostens „Bebaute Grundstücke und grundstücksgleiche Rechte" einzustellen; der zugehörige Sonderposten ist zu passivieren. Daher erfolgt eine Umbuchung von Anlagen im Bau auf den Posten der „Bebaute Grundstücke und grundstücksgleiche Rechte". Die Investitionszuwendung wird passiviert, wobei es unterschiedliche Gegenbuchungspositionen je nach Sachlage geben kann. Hat die Gemeinde bereits die Zahlung der Investitionszuwendung erhalten, erfolgt eine Buchung „Kasse an Sonderposten". Hat die Gemeinde die Zahlung der Investitionszuwendung noch nicht erhalten, stellt eine Forderung die Gegenbuchungsposition dar. Des Weiteren erfolgt auf der Grundlage

der Abschreibungsplanung die Abschreibungsbuchung und die Ertragsbuchung aus der Auflösung von Sonderposten.

Sachverhalt Nr. 10

Es ist nicht wahrscheinlich, dass die Gemeinde unterlassene Instandhaltungen an einem Verwaltungsgebäude nachholen wird. Daraufhin wird von der Hochbauverwaltung eine diesbezügliche Wertminderung von 200.000 € festgestellt. Wider Erwarten vergibt das Land ein Jahr später Fördermittel für die Instandsetzung von Bürogebäuden. Hierauf hin entschließt sich die Gemeinde, die Instandhaltung doch nachzuholen.

Aufgabe:
Was hat in der Anlagenbuchhaltung von der Feststellung der Wertminderung bis zur Nachholung der Instandhaltung zu geschehen?

Lösung:
Aufgrund der festgestellten Wertminderung, die voraussichtlich dauerhaft ist, hat die Gemeinde eine außerplanmäßige Abschreibung (als ordentliche Aufwendung) in Höhe von 200.000 € vorzunehmen. Aufgrund der Nachholung der Instandhaltung ein Jahr später entfällt der Grund für die außerplanmäßige Abschreibung, so dass eine Zuschreibung zu erfolgen hat. Die Höhe der Zuschreibung – die Gegenposition ist ein ordentlicher Ertrag – umfasst nicht vollständig die 200.000 €, sondern es sind die Abschreibungen zwischen den Zeitpunkten der außerplanmäßigen Abschreibung und der Zuschreibung zu berücksichtigen.

20.5 Kapitalanlagen und Liquiditätsmanagement

Neben den in § 91 Abs. 2 Satz 1 GemO enthaltenen Grundsätzen für die Verwaltung des Vermögens der Gemeinde gelten für einen bestimmten Teil des gemeindlichen Vermögens, nämlich für das liquide Geldvermögen, weitere Grundsätze.

Oberster Grundsatz in diesem Bereich ist entsprechend § 89 Abs. 1 GemO die Verpflichtung, dass die Gemeinde die rechtzeitige Leistung ihrer Auszahlungen sicherzustellen hat. Flankierend hierzu bestimmt § 22 Abs. 1 GemHVO, dass die liquiden Mittel für ihren Zweck rechtzeitig verfügbar sein müssen. Die Gemeinde erfüllt Aufgaben, die mit Auszahlungen verbunden sind. Die rechtzeitige Beschaffung der hierfür erforderlichen Einzahlungen ist die wichtigste Aufgabe eines aktiven Liquiditätsmanagements. Liquidität zu haben erfordert die Vorhaltung eines Kassenbestands als Sichteinlage auf dem Girokonto der Gemeinde. § 22 Abs. 2 GemHVO fordert, dass der planmäßige Bestand an liquiden Mitteln ohne Kassenkreditmittel sich in der Regel auf mindestens 2 v. H. der Summe der Auszahlungen aus laufender Verwaltungstätigkeit nach dem Durchschnitt der drei dem Haushaltsjahr vorangehenden Jahre belaufen soll.

Selbstverständlich wird es nicht gelingen, Einzahlungen und Auszahlungen so in Einklang zu bringen, dass diese immer übereinstimmen. Hat die Gemeinde hohe Auszahlungen, zeitgleich aber geringe Einzahlungen und einen nicht ausreichenden Kassenbestand, muss sie gegebenenfalls vorübergehend mit Kassenkrediten arbeiten. Entscheidet sie sich für einen Festbetragskassenkredit, bei dem die Bank die Kreditsumme auf das Girokonto der Gemeinde gutschreibt, verfügt die Gemeinde wiederum über einen Kassenbestand. Sie muss in diesem Fall aber bereits dafür Sorge tragen, dass die erforderliche Liquidität im Zeitpunkt der Fälligkeit des Kassenkredits vorhanden ist.

Verfügt die Gemeinde über Liquidität, erfordert der Wirtschaftlichkeitsgrundsatz aus § 77 Abs. 2 GemO und die Forderung nach einer wirtschaftlichen Verwaltung des Vermögens aus § 91 Abs. 2 Satz 1 GemO, dass diese Liquidität ebenfalls ertragsbringend eingesetzt wird. Als ergänzende Sondervorschrift hierzu bestimmt § 91 Abs. 2 Satz 2 GemO, dass bei Geldanlagen auf eine ausreichende Sicherheit und einen angemessenen Ertrag zu achten ist.

Weiterhin ergänzend enthält § 18 Abs. 1 GemKVO die Forderung an die Gemeindekasse darauf zu achten, dass die für die Auszahlungen erforderlichen Kassenmittel rechtzeitig verfügbar sind. Der Bestand an Bargeld und die Guthaben auf den für den Zahlungsverkehr bei Kreditinstituten errichteten Konten sind auf den für Zahlungen notwendigen Umfang zu beschränken. Vorübergehend nicht benötigte Kassenmittel sind so anzulegen, dass sie bei Bedarf verfügbar sind. Auch hieraus ergibt sich, dass die rechtzeitige Verfügbarkeit oberste Maxime ist. Auf der anderen Seite fordert § 18 Abs. 1 GemKVO die Gemeindekasse auf, „überschüssige" Kassenmittel außerhalb der Zahlungsmittelkonten anzulegen.

Demnach sind drei Kriterien bei der Verwaltung der Liquidität in Form von Geldanlagen zu beachten:

a) Sichere Anlegung

Sicherheit und Ertrag einer Geldanlage sind zwei Eigenschaften, die in einem Zielkonflikt zueinander stehen. Der Ertrag einer Anlage sinkt mit steigender Sicherheit und die Sicherheit einer Anlage fällt bei steigender Rentabilität. Da also zwischen den beiden Zielen des § 91 Abs. 2 Satz 2 GemO eine Zielinkongruenz besteht, muss diese gelöst werden. Der Gesetzgeber hat dies getan. Aus der Formulierung in § 91 Abs. 2 Satz 2 GemO ergibt sich eindeutig, dass bei der Auswahl der Geldanlagen die Sicherheit an die erste Stelle gesetzt wird. Erst danach sollen Geldanlagen einen angemessenen Ertrag abwerfen. Das heißt, die Sicherheit der Anlage hat jederzeit Vorrang; die Gemeinde darf nicht spekulieren, was bestimmte Anlagearten von vornherein ausschließt. Erst unter den sicheren Anlagearten ist auf einen angemessenen, größtmöglichen Ertrag Bedacht zu nehmen.

Der Gesetzgeber macht hiermit nochmals deutlich, dass die Gemeinde kein Bankunternehmen ist. Sie erzielt ihre Erträge und Einzahlungen von den Bürgern nicht zum Zweck, diese wieder als Geldanlage gewinnbringend anzulegen, sondern um damit öffentliche Aufgaben für die Bürger zu erfüllen. Die Geldanlagen der Gemeinden werden also nicht vorgenommen, um damit Gewinne zu erzielen, sondern um diese Mittel zu einem späteren Zeitpunkt für öffentliche Aufgaben einzusetzen bzw. die Liquidität hierfür zu sichern. Um die Aufgabenerfüllung nicht zu gefährden, müssen die Geldanlagen so vorgenommen werden, dass Risiken hinsichtlich der Rückzahlung der angelegten liquiden Mittel ausgeschlossen sind.

Aus diesem Gesichtspunkt wird die Anlegung von liquiden Mitteln beispielsweise in Aktien oder Fremdwährungen regelmäßig nicht in Frage kommen. Bei Aktien und Fremdwährungsanlagen wird das Fehlen einer gesicherten Anlage daran deutlich, dass diese erheblichen Kursrisiken ausgesetzt sind. Dagegen erfüllen die Bedingung der Sicherheit auf jeden Fall Festgelder, festverzinsliche Wertpapiere sowie Spareinlagen, da diese Anlagen bis zu einem von der Gemeinde abzufragenden Höchstbetrag über einen Sicherungsfonds abgesichert sind.

b) Ertragbringende Anlegung

Nach Erfüllung einer ausreichenden Sicherheit soll die Gemeinde mit ihrer freien Liquidität, also mit ihrem Geldvermögen, das sie nicht zur Leistung von Auszahlungen und zur Aufrechterhaltung der Kassenliquidität benötigt, einen angemessenen Ertrag erzielen. Dies fordern nicht nur § 91 Abs. 2 Satz 2 GemO sowie der allgemeine Wirtschaftlichkeitsgrundsatz aus § 77 Abs. 2 GemO, sondern auch die Grundsätze der Einnahmenbeschaffung aus § 78 GemO. Der Ertrag dieses freien Vermögens stellt ein sonstiger Ertrag bzw. eine sonstige Einzahlung i. S. d. § 78 Abs. 2 GemO dar, so dass allein hieraus schon das Erfordernis nach einer größtmöglichen Ausschöpfung der Zinserzielungsmöglichkeiten entsteht, will die Gemeinde spezielle Entgelte oder Steuern erheben oder sogar Kredite zur Deckung ihrer Auszahlungen aufnehmen. Aber auch das Maximalprinzip gebietet die Geldanlage und damit die Erzielung des größtmöglichen Nutzwerts unter Beachtung anderer haushaltsrechtlichen Notwendigkeiten.

Unter dem Aspekt der Wirtschaftlichkeit muss die Gemeinde die Anlageform so wählen, dass sie einen größtmöglichen Ertrag abwirft, wobei dies allerdings hinter den Aspekt der Sicherheit zurücktritt. Dabei muss die Zahlungsfähigkeit nach § 22 Abs. 1 GemHVO durch eine fundierte Liquiditätsplanung sichergestellt werden, da ansonsten Zinsaufwendungen für aufzunehmende Liquidität entstehen würde. Wie kurzfristig überschüssige Liquidität anzulegen ist, richtet sich nach der jeweiligen Liquiditätssituation jeder einzelnen Gemeinde.

Insofern verbietet sich eine reine Verwahrung in Form von Geld, z. B. im Tresor der Gemeinde. Im kurzfristigen Anlagebereich kommt eine Anlegung auf Girokonten wegen der niedrigen oder gar fehlenden Verzinsung in der Regel nicht in Betracht. Hier bietet sich ein beim gleichen Geldinstitut geführtes Tagesgeldkonto an, mit dem tagesbezogen Geldanlagen vorgenommen werden können. Der Vorteil liegt darin, dass bei außerplanmäßigem Liquiditätsbedarf auch tagesbezogen angelegte Beträge zur Stärkung des Girokontos zurückgebucht werden können.

Regelmäßig können Anlagen z. B. als Tages- und Festgelder erfolgen, wobei die unterschiedlichsten Bindungsfristen vereinbart werden können. Dabei ist allerdings zu bedenken, dass vor Ablauf der Bindungsfristen keine vorzeitige Verfügbarkeit der Finanzmittel möglich ist.

Die Anlageform „Sparbuch“ hat zwar den Vorteil einer vorzeitigen Kündigung unter Anrechnung von Vorschusszinsen, stellt jedoch regelmäßig wegen der äußerst niedrigen Verzinsung keine attraktive Geldanlage dar.

Wird überschüssige Liquidität nach der Liquiditätsplanung der Gemeinde erst in einigen Jahren benötigt, so kann sie selbstverständlich zur Steigerung der Zinserträge über das Haushaltsjahr hinaus angelegt werden. Diesbezügliche Anlageformen sind Sparverträge, Sparbriefe oder Obligationen. Auch die Anlageform der Bausparverträge wird von den Gemeinden genutzt. Zwar treten bei Bausparverträgen die Zinsgewinne etwas in den Hintergrund, jedoch schafft sich damit die Gemeinde die Möglichkeit, später zinsgünstige Kredite von den Bausparkassen zu erhalten. Die Wirtschaftlichkeit wird dann durch die Einsparung bei den späteren Kreditzinsen gewahrt. Die Zulässigkeit solcher Kompensationsgeschäfte wird deshalb allgemein anerkannt.

Liquide Mittel können auch als innere Darlehen zur Finanzierung von Investitionen verwendet werden, wenn die Liquidität aus dem liquiden Teil von Rückstellungen für die die Stilllegung und Nachsorge von Abfalldeponien nach § 41 Abs. 1 Nr. 3 GemHVO stammt (§ 61 Nr. 20 GemHVO). Die Gemeinde macht damit deutlich, dass die liquiden Mittel insoweit für andere Zwecke als vorgesehen vorübergehend verwendet werden und die Finanzierung der Investition damit nicht endgültig gesichert ist. In diesem Fall ist das innere Darlehen mindestens so zu verzinsen, wie Zinserträge zu erzielen gewesen wären für den Fall einer vergleichbaren Geldanlage. Die Zinsen sollten mindestens kalkulatorisch im betreffenden Teilergebnishaushalt zugunsten der Produktgruppe „Abfallwirtschaft“ verrechnet werden.

Liquide Mittel, die innerhalb des fünfjährigen Finanzplanungszeitraums (§ 85 GemO, § 9 GemHVO) zur Deckung von Auszahlungen des Finanzhaushalts nicht benötigt werden, können gemäß § 22 Abs. 3 GemHVO in Anteilen an Investmentfonds im Sinne des Investmentmodernisierungsgesetzes sowie in ausländischen Investmentanteilen, die nach dem Investmentmodernisierungsgesetz öffentlich vertrieben werden dürfen, angelegt werden. Die Investmentfonds dürfen

1. nur von Investmentgesellschaften mit Sitz in einem Mitgliedstaat der Europäischen Union verwaltet werden,

2. nur auf Euro lautende und von Emittenten mit Sitz in einem Mitgliedstaat der Europäischen Union ausgegebene Investmentanteile,
3. nur Standardwerte in angemessener Streuung und Mischung,
4. keine Wandel- und Optionsanleihen und
5. höchstens 30 % Anlagen in Aktien, Aktienfonds und offenen Immobilienfonds, bezogen auf den einzelnen Investmentfonds, enthalten.

Wählt die Gemeinde eine derartige Anlageform, hat sie entsprechende Anlagerichtlinien zu erlassen, die die Sicherheitsanforderungen, die Verwaltung der Geldanlagen durch die Gemeinde und regelmäßige Berichtspflichten regeln.

c) Rechtzeitige Verfügbarkeit

Die Aufrechterhaltung der an erster Stelle stehenden Zahlungsfähigkeit der Gemeinde (§ 89 Abs. 1 GemO, § 22 Abs. 1 GemHVO) erfordert eine angemessene Liquiditätsplanung. Dies bildet die grundlegende Rahmenbedingung für Geldanlagen, so dass dies bei der Zielsetzung eines möglichst hohen Ertrags stets zu berücksichtigen ist. Insofern steht also die rechtzeitige Verfügbarkeit der überschüssigen Liquidität an exponierter Stelle der Voraussetzungsskala, denn es kann nur eine Anlageform gewählt werden, welche die Verfügbarkeit zum Zeitpunkt des Finanzierungsbedarfs garantiert.

§ 18 Abs. 1 GemKVO weist die Aufgabe, die Liquidität sicherzustellen, auch der Gemeindekasse zu, indem diese darauf zu achten hat, dass die für die Auszahlungen erforderlichen Kassenmittel rechtzeitig verfügbar sind.

Für das Liquiditätsmanagement einer Gemeinde bedarf es eines organisierten Informationssystems, anhand dessen vorgesehene Auszahlungs- und Einzahlungstermine ermittelt werden.

Die notwendigen Informationen über die regelmäßigen großen Ein- und Auszahlungen (z. B. Ein- und Auszahlungen im Finanzausgleich oder Personalauszahlungen) liegen der Gemeinde in der Regel hinreichend genau vor. Nicht regelmäßige Ein- oder Auszahlungen (z. B. hohe Gewerbesteuernachzahlungen oder -erstattungen bzw. Investitionsauszahlungen) sind demgegenüber nicht ohne Weiteres bekannt. Die Liquiditätsplanung erfordert daher auch ein aktives Mitwirken der bewirtschaftenden Stellen. Gemäß § 18 Abs. 2 GemKVO haben diese die Gemeindekasse unverzüglich zu unterrichten, wenn mit größeren Ein- oder Auszahlungen zu rechnen ist.

Die Informationen der Einzahlungsseite können in der Regel nur anhand von Fälligkeitsterminen ermittelt werden. Hierbei stehen viele Fälligkeitstermine in Bereich der Steuern fest. So kann der Liquiditätszufluss der Gemeindeanteile an Gemeinschaftssteuern (z. B. Einkommenssteuer oder Umsatzsteuer) oder der Schlüsselzuweisungen in der Regel exakt bestimmt werden. Im Grundsteuer- und Gewerbesteuerbereich besteht zwar ein Fälligkeitstermin, der zur Bestimmung des Liquiditätszuflusses als Orientierungsgröße herangezogen werden kann; den Tag des Liquiditätszuflusses bestimmen aber letztendlich die Steuerschuldner, soweit diese der Gemeinde keine Einzugsermächtigung erteilt haben.

Beispiel 1:
Die Gemeinde G hat für Gewerbesteuer einen Liquiditätszufluss von 3 Mio. € für den 15. des Fälligkeitsmonats disponiert. Die Gewerbesteuerzahlung eines Unternehmens in Höhe von 500.000 € wird jedoch bereits am 10. des Fälligkeitsmonats auf dem Girokonto der Gemeinde wertgestellt.

Beispiel 2:
Zu dem gleichen Fälligkeitstermin der Gewerbesteuer nutzt ein anderes Unternehmen die ihm bekannte „Schonfrist" von fünf Tagen, so dass der Liquiditätszufluss auf dem Girokonto der Gemeinde erst am 20. des Fälligkeitsmonats gutgeschrieben wird.

Diese beiden Beispiele zeigen, wie schwierig es teilweise ist, den Liquiditätszufluss aus Einzahlungen taggenau zu ermitteln. Letztendlich ist es in diesen Fällen nur möglich, anhand von Erfahrungswerten zu disponieren und ggf. zusätzlich einen Vorsichtspuffer für die Liquiditätsdisposition zu berücksichtigen. Des Weiteren ist es erforderlich, die Liquiditätszuflüsse zu analysieren und die Liquiditätsplanung täglich zu modifizieren. Erkennt die disponierende Gemeinde z. B. nicht, dass – wie in Beispiel 1 – bereits 500.000 € der vorgesehenen drei Mio. € am 10. des Fälligkeitsmonats zugeflossen sind, entsteht zwangsläufig an einem oder mehreren der folgenden Tage der Liquiditätsdisposition ein zu geringer Liquiditätszufluss.

Doch selbst bei exakter Liquiditätsplanung kann es im Einzelfall auch wirtschaftlicher sein, einen kurzfristigen Kassenkredit zur Überbrückung eines Sollbestandes auf dem Girokonto der Gemeinde in Anspruch zu nehmen, als eine hochverzinsliche Geldanlage vorzeitig in Anspruch zu nehmen (was regelmäßig mit hohen Ertragsverlusten verbunden ist).

Beispiele für Geldanlagen

Zu den Anlagearten, die bezüglich der vorrangigen Sicherheit unter Berücksichtigung ihrer Greifbarkeit und eines unter ökonomischen Gesichtspunkten erzielbaren angemessenen Ertrages, die Voraussetzungen der §§ 77, 78, 91 Abs. 2 Satz 2 GemO und § 22 Abs. 1 GemHVO erfüllen, gehören vor allem die Einlagen bei den öffentlichen Sparkassen, den Genossenschaftsbanken (z. B. Volksbanken) und den Erwerbs- und Wirtschaftsgenossenschaften (z. B. Raiffeisenbanken) in der Form von Tagesgelder (für kurzfristige Geldanlagen unter 30 Tagen), Depositeneinlagen (Termingelder mit einer Laufzeit ab 30 Jahren als Festgelder oder Kündigungsgelder) und den üblichen Spareinlagen mit gesetzlicher Kündigungsfrist (für längerfristige Anlagen). Welche der drei möglichen Einlagearten die Gemeinde wählt, hängt von der jeweiligen Verfügbarkeit des zur Anlage bereitstehenden Geldvermögens ab. Je länger die feste Laufzeit einer Anlage ist, desto höher sind die hierfür zu erzielenden Zinsen, desto größer ist jedoch auch die Gefahr der nicht rechtzeitigen Greifbarkeit und damit der mangelnden Kassenliquidität. Bei Sparkassen ist die ausreichende Sicherheit der Geldanlage regelmäßig gegeben. Bei Volksbanken und Raiffeisenbanken ist ebenfalls von einer ausreichenden Sicherheit aufgrund bestehender Gewährschaften durch den Bundesverband der Deutschen Volks- und Raiffeisenbanken e. V. auszugehen. Bei Anlagen bei sonstigen Privatbanken (z. B. Deutsche Bank, Dresdner Bank) ist die Sicherheit vorrangig anhand der jeweiligen Einlagensicherungssysteme (z. B. Gewährschaften) zu überprüfen.

Eine weitere verbreitete Möglichkeit der Geldanlage sind Wertpapiere, die die Gemeinde zu diesem Zweck erwirbt. Bei der Geldanlage durch Erwerb von Wertpapieren ist unbedingt auf ausreichende Sicherheit der Anlage zu achten. Da die Gemeinde mit ihrem Geldvermögen nicht spekulieren, also keine unvorhergesehene (und daher nicht als Deckungsmittel zur Deckung von Auszahlungen veranschlagte) Gewinne erzielen soll, ist es i. d. R. verboten, Wertpapiere zu erwerben, die keinen festen Zinssatz haben oder nicht zum Verkehr an Börsen zugelassen sind. Vielmehr hat die Gemeinde beim Erwerb von Wertpapieren darauf zu achten, dass diese festverzinslich sind und an den Börsen gehandelt werden. So kann der zu erzielende Ertrag bereits beim Erwerb der Wertpapiere verlässlich errechnet und für die Haushaltswirtschaft eingesetzt werden. Aus diesem Grunde ist der Erwerb von Aktien und Anteilscheine an Investmentfonds (Gesellschaftsanteile), die keinen festen Zinssatz haben und ihren Ertrag (Gewinn) aus der spekulierten Kurssteigerung erhalten, zum Zwecke der Geldanlage nicht mit den Grundsätzen einer ausreichenden Sicherheit der Geldanlage vereinbar. Der Erwerb von Aktien zum Zwecke der Beteiligung (z. B. an Aktiengesellschaften) in Erfüllung einer gemeindlichen Aufgabe ist jedoch zulässig, da hier nicht aus dem Ertrag des angelegten Geldvermögens eine Aufgabe erfüllt werden soll, sondern das Geldvermögen selbst zur Aufgabenerfüllung eingesetzt ist. Es handelt sich hierbei um eine Investition (Aktivtausch: z. B. Anteile an verbundenen Unternehmen gegen Liquidität).

Festverzinsliche Wertpapiere, die zum Verkehr an den Börsen zugelassen sind und die die Gemeinde folglich erwerben darf, sind Kommunalobligationen, Staatsanleihen und Pfandbriefe. Kommunalobligationen werden direkt von Großstädten oder von kommunalen Banken ausgegeben. Die Sicherheit der Anlage liegt darin, dass sie entweder selbst die Gewährung von Darlehen an Gemeinden (bei städtischen Kommunalschuldverschreibungen) darstellen oder aber aus ihren Erlösen bei den kommunalen Banken nur Darlehen für inländische Körperschaften des öffentlichen Rechts gewährt werden dürfen. Staatsanleihen sind Anleihen der Bundesrepublik oder der Bundesländer. Sie sind gesichert durch das Vermögen dieser Institutionen aber auch durch die Steuerkraft des jeweiligen Ausstellers. Pfandbriefe werden i. d. R. von Hypothekenbanken ausgegeben. Diese sind dinglich gesichert durch Grundstücke. Bei Wertpapieren ist auf rechtzeitige Greifbarkeit zu achten. In der Regel eignet sich hier nur die Anlage von Geldvermögen, das längere Zeit der Haushaltswirtschaft entzogen werden kann, ohne die Aufgabenerfüllung oder die Kassenliquidität zu beeinträchtigen.

Eine weitere Form der Geldanlagen der Gemeinde ist die Gewährung von Darlehen an Private. Ähnlich wie bei den Wertpapieren sind hiervon auch die Forderungen aus Darlehen zu unterscheiden, die die Gemeinde in Erfüllung einer Aufgabe gewährt. Diese gehören als sog. „Förderungsdarlehen“ zum Finanzanlagevermögen und werden aus Mitteln des Haushalts gegeben, deren diesbezügliche Verwendung entsprechend geplant ist. Sie sind keine Geldanlagen, denn hier soll nicht der Ertrag des Darlehens (Zinsen), sondern die Hingabe des Darlehens selbst der Aufgabenerfüllung dienen. Auch hierbei handelt es sich um eine Investition (Aktivtausch: Ausleihung gegen Liquidität).

Für eine ausreichende Sicherheit kommt hier nur die dingliche Sicherung des Darlehens in Frage. Dies erfolgt durch die dingliche Beleihung in Form einer Hypothek, Grundschuld oder Rentenschuld, wobei eine ausreichende Sicherstellung dann vorliegt, wenn die Beleihung entsprechend den Beleihungsvorschriften der Sparkassen erfolgt. Beleihungsgegenstände werden in aller Regel Grundstücke sein. Es kommen aber auch Erbbaurechte, Wohnungseigentum und Teileigentum in Frage. Die tatsächliche Beleihung erfolgt dabei regelmäßig innerhalb einer bestimmten Beleihungsgrenze, die einen Bruchteil des zur Verfügung stehenden Beleihungswertes des Gegenstandes ausmacht. Die Befriedigung der bestehenden Forderung erfolgt im Falle der Leistungsunfähigkeit des Schuldners aus der Verwertung des Beleihungsgegenstandes.

Darlehen an Private werden durch die Ausstellung eines Schuldscheins vergeben. Beim Abschluss des dabei entstehenden Vertrages ist § 54 GemO zu beachten. Dieser enthält die Darlehensbedingungen, wie z. B. Zinssatz, Tilgungsraten, Tilgungsdauer, Darlehenslaufzeit oder Kündigungsbestimmungen.

Darlehen an Körperschaften und Anstalten des öffentlichen Rechts können durch einfachen Schuldschein ohne die dingliche oder sonstige Sicherung der Forderung ausgegeben werden. Die Sicherheit besteht hier in der Steuerkraft dieser Institutionen. Im Schuldschein müssen ebenso wie bei Darlehen an Private die Darlehensbedingungen enthalten sein, um hier eine ausreichende Sicherheit zu erhalten

Eine weitere Möglichkeit der Geldanlage ist der Abschluss eines Bausparvertrags für die Gemeinde. Dies ist jedoch eine besondere Form der Geldanlage, da diese hier nicht wegen des aus der Anlage zu erzielenden Zinsertrages erfolgt, sondern wegen der Möglichkeit, nach Zuteilung der Bausparsumme ein zinsgünstiges Darlehen zu erhalten. Die Wirtschaftlichkeit dieser Anlage ergibt sich also nicht aus der Verzinsung des anzusparenden Bausparguthabens, sondern aus den späteren Entlastungen beim Schuldendienst. Die Geldanlage in Form der Ansammlung von Bausparverträgen stellt aufgrund der Natur des Bausparvertrags immer eine längerfristige Anlage dar. Dabei lohnt sich die Anlage in Bausparverträgen in der Regel nur dann, wenn für die Investition auch die Aufnahme von Krediten – die dann günstig zu erhalten sind – vorgesehen ist. Voraussetzung ist hier, dass die Investitionen erst dann anstehen, wenn die Bauspareinlage greifbar ist und zumindest eine Zwischenfinanzierung des Bauspardarlehens erfolgen kann. Da dies zusätzliche Zinsen erfordert, wäre ein Zuwarten bis zur Zuteilung des Bausparvertrags die wirtschaftlichste Lösung, sofern dies die Aufgabenerfüllung der Gemeinde erlaubt.

20.6 Wirtschaftliche und nichtwirtschaftliche Betätigung der Gemeinden

20.6.1 Allgemeines

Die wirtschaftliche Betätigung der Gemeinden stellt eine besondere Art der Aufgabenerfüllung dar. Sie kann unmittelbar aus § 10 Abs. 2 GemO abgeleitet werden, wonach die Gemeinden innerhalb den Grenzen ihrer Leistungsfähigkeit die erforderlichen öffentlichen Einrichtungen zur wirtschaftlichen, sozialen und kulturellen Betreuung der Bevölkerung schaffen. Dabei kann die unternehmerische Tätigkeit zur Erfüllung einer Aufgabenart der Gemeinde erforderlich sein; allerdings handelt es sich nicht um die regelmäßige Form der Aufgabenerfüllung.

Bereits aus dieser Regelung wird deutlich, dass die wirtschaftliche Betätigung der Gemeinde primär Inhalt des allgemeinen Kommunalrechts ist. Dabei wird das Recht der wirtschaftlichen Unternehmen einer Gemeinde in §§ 102 ff GemO abgebildet.

Zur Abrundung der Gesamtthematik Vermögenswirtschaft soll dieses Thema vorliegend kurz angesprochen werden. Im Vordergrund stehen die unterschiedlichen Verbindungen zum Haushaltsrecht und Anforderungen im Rahmen der Abbildung im Haushaltsrecht.

20.6.2 Formen der wirtschaftlichen und nichtwirtschaftlichen Betätigung

Eine wirtschaftliche Betätigung der Gemeinde liegt bei Einrichtungen oder Anlagen vor, die auch von Privatunternehmen mit der Absicht der Gewinnerzielung betrieben werden können (unternehmerische Tätigkeit einer Gemeinde).

Einige kommunale Aktivitäten gelten gemäß § 102 Abs. 4 GemO kraft Gesetzes als nicht-wirtschaftliche Betätigung im Sinne der §§ 102 ff. GemO. Mit dieser Fiktion wird erreicht, dass für solche Einrichtungen die Voraussetzungen des § 102 Abs. 1 GemO und die Rechtsfolgen nicht anzuwenden sind. Im Einzelnen gehören hierzu:

- Unternehmen, zu deren Betrieb die Gemeinde gesetzlich verpflichtet ist (z. B. die Abwasserbeseitigung oder die Wasserversorgung),
- Einrichtungen des Unterrichts-, Erziehungs- und Bildungswesens, der Kunstpflege, der körperlichen Ertüchtigung, der Gesundheits- und Wohlfahrtspflege sowie öffentliche Einrichtungen ähnlicher Art und
- Hilfsbetriebe, die ausschließlich zur Deckung des Eigenbedarfs der Gemeinde dienen.

Die Gemeinden können ihre wirtschaftlichen und nichtwirtschaftlichen Tätigkeiten in drei Rechtsformen wahrnehmen.

a) Regiebetrieb

Als „Regiebetrieb" wird ein Unternehmen bzw. eine Einrichtung dann bezeichnet, wenn es bzw. sie vollständig im Haushalt der Gemeinde mitgeführt wird, also insbesondere rechnerisch, in der Regel aber auch organisatorisch nicht von der Gemeindeverwaltung getrennt ist. Für den Regiebetrieb sind sämtliche haushaltsrechtlichen und -wirtschaftlichen Anforderungen einzuhalten, die auch für alle anderen öffentlichen Einrichtungen der Gemeinde gelten. Um das Ergebnis des Betriebs gesondert auszuweisen, besteht für die Gemeinde die Möglichkeit, den Betrieb im Rahmen eines eigenen Teilhaushalts, oder – wenn dessen Größe dies nicht rechtfertigt – im Rahmen einer Produktgruppe oder als Schlüsselposition auszuweisen. Die Wechselwirkungen mit dem Gesamthaushalt können über kalkulatorische Kosten und innere Verrechnungen dargestellt werden.

Das Ergebnis des Regiebetriebs ergibt sich als Nettoressourcenbedarf oder Nettoressourcenüberschuss im jeweiligen Teilhaushalt/Produktgruppe/Produkt. Auf der Ebene des Gesamthaushalts geht das Ergebnis des Regiebetriebs jedoch automatisch in das Gesamtergebnis des Haushalts über. Ein formaler „Gewinnverwendungsbeschluss" des Gemeinderats, sofern sich ein Gewinn ergibt, ist nicht erforderlich.

b) Eigenbetrieb

Eigenbetriebe sind Unternehmen der Gemeinde ohne eigene Rechtspersönlichkeit. Die rechtliche Ausgestaltung erfolgt nicht in der Gemeindeordnung, sondern im Eigenbetriebsgesetz und der hierzu ergangenen Eigenbetriebsverordnung. Dabei kann die Rechtsform des Eigenbetriebs auch für nichtwirtschaftliche Unternehmen im Sinne von § 102 Abs. 4 GemO gewählt werden. Materielle Voraussetzung für die Errichtung eines Eigenbetriebs ist nach § 1 EigBG lediglich, dass Art und Umfang eine selbstständige Wirtschaftsführung rechtfertigen.

Neben dem Eigenbetriebsgesetz und der Eigenbetriebsverordnung unterliegen die rechtlich unselbständigen, aber gegebenenfalls organisatorisch und jedenfalls finanzwirtschaftlich selbstständigen Eigenbetriebe nach § 3 Eigenbetriebsgesetz den Vorschriften der Gemeindeordnung, soweit nicht das Eigenbetriebsgesetz oder die Eigenbetriebsverordnungen etwas anderes regeln. Auf verschiedene haushaltswirtschaftliche Regelungen wird in § 12 Abs. 4 Eigenbetriebsgesetz verwiesen. Hiernach gelten für den als Sondervermögen klassifizierten Eigenbetrieb § 77 Absätze 1 und 2, §§ 78, 81 Abs. 2, §§ 83, 86 und § 87 Abs. 1 mit der Maßgabe, dass Kredite auch für die Rückführung von Eigenkapital an die Gemeinde aufgenommen werden dürfen, § 87 Abs. 2 bis 6, §§ 88, 89, 91 und 92 der Gemeindeordnung entsprechend. Des Weiteren entscheiden die Gemeinden, ob die Wirtschaftsführung und das Rechnungswesen der Eigenbetriebe auf der Grundlage der Vorschriften des Handelsgesetzbuchs oder auf der Grundlage der für die Haushaltswirtschaft der Gemeinden geltenden Vorschriften für die Kommunale Doppik erfolgen soll. Entsprechend findet entweder die EigBVO-HGB oder die EigBVO-Doppik Anwendung.

Für Eigenbetriebe ist demnach zwingend eine Sonderrechnung zu führen. Darüber hinaus besteht in §§ 4 ff. EigBG die Möglichkeit, den Eigenbetrieb auch organisatorisch sehr weitgehend zu verselbständigen. Der Eigenbetrieb kann u. a. eine Betriebsleitung mit weiterem eigenem Personal haben. Des Weiteren kann ein eigener Ausschuss des Gemeinderats für die Zwecke des Eigenbetriebs gebildet werden. Insofern können die Zuständigkeiten des Gemeinderats und des Bürgermeisters ähnlich der einer privatrechtlichen Organisationsform beschränkt werden.

Diese organisatorische Loslösung ist für Eigenbetriebe dann sinnvoll, wenn die Eigenbetriebe eine vollständig andere Aufgabenerfüllung als die übrige Verwaltung besitzen, sodass dort eigenständige Maßstäbe und Entscheidungskriterien gelten. Obwohl rechtlich zur Gemeinde gehörend, bilden die Eigenbetriebe praktisch ausgegliederte Unternehmen der Gemeinde mit einer gewissen wirtschaftlichen Selbstständigkeit. Folgerichtig sieht das Eigenbetriebsgesetz für die Betriebsleitung auch eine weitgehende Entscheidungsbefugnis vor, die in der Regel erheblich über die Befugnisse der Amtsleiter der übrigen Verwaltung hinausgeht.

c) Rechtlich selbständige Organisationsformen

Zum Dritten kann die Gemeinde sich nach dem Gesetz über die kommunale Zusammenarbeit (Zweckverband), nach §§ 102a bis 102d GemO (Kommunalanstalt) bzw. nach § 103 ff. GemO (Unternehmen in Privatrechtsform) bei ihrer unternehmerischen Tätigkeit rechtlich selbständigen Organisationsformen bedienen. Diese können öffentlich-rechtlicher Natur (Zweckverband bzw. Kommunalanstalt) oder auch privatrechtlicher Natur (z. B. GmbH, AG) sein.

Dabei ist auch hier nicht entscheidend, ob das Unternehmen wirtschaftlich oder nichtwirtschaftlich tätig ist. So stellt zum Beispiel § 106a GemO selbst für Einrichtungen im Sinne des § 102 Abs. 4 Satz 1 Nr. 2 GemO, die keinen Unternehmenscharakter haben, klar, dass die Vorschriften der §§ 103 bis 106 GemO auch für diese gelten, wenn sie in einer Rechtsform des privaten Rechts betrieben werden. Jedoch können Hilfsbetriebe im Sinne von § 102 Abs. 4 Satz 1 Nr. 3 GemO nicht in rechtlich selbständigen Organisationsformen geführt werden.

Nach § 52 GemHVO differenziert die kommunale Bilanz zwischen Anteilen an verbundenen Unternehmen und sonstigen Beteiligungen bzw. kommunalen Zusammenschlüssen. Die Differenzierung ist in Kap. 10.3.2.4.1 und 10.3.2.4.2 dargestellt. Sofern die Gemeinde alleiniger Eigentümer eines Unternehmens ist (Eigengesellschaft), ist diese unter dem Bilanzposten Anteile an verbundenen Unternehmen auszuweisen.

Die Wahl einer privatrechtlichen Unternehmensform liegt weitgehend im Ermessen der Gemeinde, allerdings sollte diese wegen der Haftungsbeschränkung gemäß § 103 Abs. 1 Nr. 4 GemO nur in der Form von Kapitalgesellschaften oder entsprechend anderweitig haftungsbegrenzten Gesellschaftsformen erfolgen. Oft wird die Rechtsform einer Gesellschaft mit beschränkter Haftung gewählt. Häufig trifft man aber auch die GmbH & Co. KG, wo der Vollkomplementär eine GmbH als haftungsbegrenzte Organisationsform ist. Auch die Wahl einer (in der Haftung ebenfalls beschränkten) Aktiengesellschaft ist möglich. Der Subsidiaritätsgrundsatz in § 103 Abs. 2 GemO beschränkt die Errichtung, Übernahme oder Beteiligung an einem Unternehmen in der Rechtsform einer Aktiengesellschaft jedoch auf die Fälle, wo der öffentliche

Zweck des Unternehmens nicht ebenso gut in einer anderen Rechtsform erfüllt wird oder erfüllt werden kann (z. B. auch als Eigenbetrieb). Der Gesetzgeber möchte hiermit ein Ausufern der Aktiengesellschaften vermeiden, die insbesondere kraft der im Aktiengesetz sondergesetzlich geregelten Rechte des Vorstands sehr weit von der Gemeinde entfernt sind und daher ein sehr intensives und aufwändiges Beteiligungsmanagement erfordern.

Aufgrund des Handelsrechts bzw. des GmbH- bzw. Aktiengesetzes werden die Einrichtungen in Privatrechtsform nach kaufmännischen Gesichtspunkten geführt und abgerechnet, so dass in der Haushaltswirtschaft der Gemeinde lediglich Gewinnabführungen der Unternehmen als Erträge und Betriebszuschüsse an die Unternehmen als Aufwendungen im Ergebnishaushalt bzw. der Ergebnisrechnung sowie Kapitalausstattungen und Kapitalrückführung im Finanzhaushalt bzw. der Finanzrechnung erfasst werden.

Bei der Wahl der Gesellschaftsform finden auch steuerliche Aspekte Berücksichtigung.

20.6.3 Voraussetzungen einer wirtschaftlichen Betätigung

Wie bereits geschildert, muss sich die wirtschaftliche Tätigkeit der Gemeinde unmittelbar aus der Aufgabenerfüllung ergeben. Dazu kommt, dass der Privatwirtschaft im Rahmen der bestehenden Wirtschaftsordnung in der Bundesrepublik Deutschland der Vorzug zu geben ist. Insofern ist die Konkurrenz zur Privatwirtschaft zu beachten. Aus diesem Grunde ist die wirtschaftliche Betätigung der Gemeinden gemäß § 102 Abs. 1 GemO an einige Voraussetzungen geknüpft.

Danach darf die Gemeinde wirtschaftliche Unternehmen nur errichten, übernehmen, wesentlich erweitern oder sich daran beteiligen, wenn

- der öffentliche Zweck das Unternehmen rechtfertigt,
- das Unternehmen nach Art und Umfang in einem angemessenen Verhältnis zur Leistungsfähigkeit der Gemeinde und zum voraussichtlichen Bedarf steht (dies dient der Sicherheit der Gemeinde und soll eine Gefährdung der Finanzwirtschaft durch mögliche Betriebsverluste vermeiden) und
- bei einem Tätigwerden außerhalb der kommunalen Daseinsvorsorge der Zweck nicht ebenso gut und wirtschaftlich durch einen privaten Anbieter erfüllt wird oder erfüllt werden kann.

In § 102 Abs. 7 GemO sind Regelungen zur wirtschaftlichen Betätigung der Gemeinden außerhalb ihres Gemeindegebietes enthalten. Hier liegen allerdings gesteigerte Anforderungen für die Zulässigkeit vor. Die Betätigung außerhalb des Gemeindegebiets ist zulässig, wenn bei wirtschaftlicher Betätigung die Voraussetzungen von § 102 Abs. 1 GemO vorliegen und die berechtigten Interessen der betroffenen Gemeinden gewahrt sind. Bei der Versorgung mit Strom und Gas gelten nur die Interessen als berechtigt, die nach den maßgeblichen Vorschriften eine Einschränkung des Wettbewerbs zulassen. Somit ist es den Gemeinden ohne Weiteres erlaubt, sich an Energieversorgungsunternehmen zu beteiligen oder diese zu gründen und über diese auch Strom und Gas in der Nachbargemeinde zu verkaufen (oder aber im Rahmen der Konzessionierung dort das Netz zu erwerben und zu betreiben).

Zur kommunalen Daseinsvorsorge gehört zum Beispiel die Energieversorgung, der öffentliche Verkehr oder der Betrieb von Telekommunikationsnetzen. Will die Gemeinde ein wirtschaftliches Unternehmen außerhalb der kommunalen Daseinsvorsorge betreiben, hat die Gemeinde gemäß § 102 Abs. 2 GemO durch Anhörung der örtlichen Selbstverwaltungsorganisationen von Handwerk, Industrie und Handel sicherzustellen, dass sie den damit verfolgten Zweck besser erfüllen kann als ein privater Anbieter. Es genügt nicht, wenn der öffentliche Zweck gleichgut erfüllt wird. Den örtlichen Selbstverwaltungsorganisationen von Handwerk, Handel und Industrie (z. B. Handwerkskammer, Industrie- und Handelskammern) ist also vor der gemeindlichen Entscheidung Gelegenheit zur Stellungnahme zu geben. Ein Gemeinderatsbeschluss ohne Berücksichtigung dieser Voraussetzungen wäre demnach rechtswidrig.

Bankunternehmen darf die Gemeinde gemäß § 102 Abs. 5 GemO nicht betreiben, wobei allerdings der Erwerb von Genossenschaftsanteilen bei einer Volksbank oder als Voraussetzung zur Abwicklung einer Geschäftsverbindung nicht ausgeschlossen ist.

Wichtig ist noch der Hinweis auf § 102 Abs. 3 GemO, wonach die Unternehmenstätigkeit einen Ertrag für den Haushalt der Gemeinde abwerfen soll. Ertrag im Sinne von § 102 Abs. 3 GemO i. V. m. § 14 Abs. 1 Satz 2 KAG setzt in der Kostenrechnung zunächst Kostendeckung voraus, d. h. neben den Personal- und Sachkosten als Grundkosten hat das wirtschaftliche Unternehmen die Verzinsung des Eigenkapitals als Zusatzkosten mitzuberücksichtigen. Darüber hinaus sind weitere Anders- bzw. Zusatzkosten zur Substanzerhaltung erforderlich (z. B. Abschreibungen von Wiederbeschaffungszeitwerten, Berücksichtigung von kalkulatorischen Wagnissen). Ertrag im Sinne von § 102 Abs. 3 GemO i. V. m. § 14 Abs. 1 Satz 2 KAG wird erst durch die Berücksichtigung eines sog. „Gewinnzuschlags“ in der Entgeltkalkulation erreicht, wenn die erforderlichen Entgelte auch erwirtschaftet werden. Insofern besteht ein deutlicher Unterschied zur Kostendeckung in einem nichtwirtschaftlichen Gebührenhaushalt.

Traditionelle Fälle der wirtschaftlichen Unternehmen der Gemeinde sind im Bereich der Strom-, Gas- und Fernwärmeversorgung sowie beim öffentlichen Personennahverkehr zu finden. Zuweilen werden auch Steinbrüche, Kiesgruben und Ziegeleien als wirtschaftliche Unternehmen von den Gemeinden geführt. Allerdings erfolgt diese Art von Aufgabenwahrnehmung regelmäßig aufgrund alter Rechte und Pflichten, zumal diese Tätigkeit wohl kaum mit § 102 Abs. 1 GemO zu vereinbaren ist. Die konkrete Anwendung und Auslegung der Bestimmungen zu § 102 GemO ist aus der Lösung des Sachverhalts Nr. 11 in Kap. 20.6.5 zu entnehmen.

20.6.4 Sonstige Regelungen zu wirtschaftlichen Betätigungen

Das gemeindliche Wirtschaftsrecht ist in den §§ 102 bis 108 GemO noch in weitgehenden Einzelheiten normiert, die wegen des hier darzustellenden Überblicks nicht näher zu erläutern sind. Es sei lediglich noch auf das Vorlageerfordernis gemäß § 108 GemO hingewiesen. Beschlüsse der Gemeinde über Maßnahmen und Rechtsgeschäfte nach § 103 Abs. 1 und 2, §§ 103a, 105a Abs. 1, §§ 106, 106a und 107 GemO sind der Rechtsaufsichtsbehörde unter Nachweis der gesetzlichen Voraussetzungen vorzulegen. Hierunter fällt insbesondere die Errichtung eines Unternehmens in Privatrechtsform, dessen wesentliche Erweiterung oder eine Beteiligung an einem solchen. Nicht vorlagepflichtig ist die Entscheidung über eine wirtschaftliche Betätigung.

20.6.5 Übungen

Sachverhalt Nr. 11

Die Gemeinde G will sich wie folgt wirtschaftlich betätigen:

a) Die Abfallbeseitigung soll zukünftig in eigener Regie erfolgen. Die Abfallbeseitigung wurde bisher vom Unternehmen U im Auftrag der Gemeinde wahrgenommen. U weist unzweifelhaft nach, dass es die Leistung zum selben Preis erbringen kann wie der Gemeinde Selbstkosten entstehen.
b) Es ist eine wesentliche Erweiterung des bestehenden gemeindlichen Stromwerkes vorgesehen, damit die Strombelieferung kostengünstiger durchgeführt werden kann. Die Erweiterung des Stromwerkes steht im angemessenen Verhältnis zur Leistungsfähigkeit der Gemeinde.
c) Es ist die Errichtung einer Brauerei vorgesehen, um ein bisher am Markt nicht vorhandenes Spezialbier zu erzeugen, das typisch für den heimischen Raum werden soll. Die Gemeinde verspricht sich dadurch eine Belebung des Fremdenverkehrs. Die Errichtung der Brauerei steht im angemessenen Verhältnis zur Leistungsfähigkeit der Gemeinde.

Aufgabe:
Prüfen Sie, ob die beabsichtigten Maßnahmen zulässig sind.

Lösung:

a) Wirtschaftliche Unternehmen der Gemeinde sind Einrichtungen, die auch ein Privatunternehmen mit der Absicht der Gewinnerzielung betreiben kann. Im Rahmen dieser Definition kann auch die Abfallbeseitigung als ein wirtschaftliches Unternehmen der Gemeinde angesehen werden. Die beabsichtigte Übernahme der Abfallbeseitigung in eigener Regie wäre damit nur unter den Voraussetzungen des § 102 GemO möglich.
Voraussetzung gemäß § 102 Abs. 1 Nr. 1 GemO ist es zunächst, dass ein öffentlicher Zweck das Unternehmen erfordert. Dies ist bei der Abfallbeseitigung gegeben, weil diese nach dem Kreislaufwirtschafts- und Abfallgesetz zu den Pflichtaufgaben der Gemeinde gehört. Weitere Voraussetzung gem. § 102 Abs. 1 Nr. 3 GemO ist es, dass der Zweck nicht ebenso gut und wirtschaftlich durch einen privaten Anbieter erfüllt wird oder erfüllt werden kann. Hier liegt als Vergleich das

Angebot des Unternehmens U vor, das danach genauso wirtschaftlich arbeitet wie die Gemeinde selbst. Hieraus könnte sich eine Unzulässigkeit der wirtschaftlichen Betätigung der Gemeinde ergeben.
Allerdings braucht dieses Problem, ebenso wie die Voraussetzung nach § 102 Abs. 1 Nr. 2 GemO, nicht abschließend behandelt zu werden, weil gemäß § 102 Abs. 4 Nr. 1 GemO Einrichtungen der Abfallbeseitigung nicht als wirtschaftliche Unternehmen im Sinne der Vorschriften der Gemeindeordnung gelten, sodass die zunächst angesprochenen Voraussetzungen unbeachtlich sind. Die Darstellungen in den ersten beiden Absätzen der Lösung dienten somit lediglich zur Verdeutlichung der Gesamtproblematik.
Die Gemeinde G entscheidet somit allein unter dem allgemeinen Gesichtspunkt der Wirtschaftlichkeit, ob sie die Abfallbeseitigung in eigener Regie wahrnehmen will. Ein Ermessensfehler ist aus dem Sachverhalt nicht ersichtlich, weil das Unternehmen U auch nicht wirtschaftlicher als die Gemeinde arbeitet. Insofern bestehen keine rechtlichen Bedenken zur Übernahme der Abfallbeseitigung durch die Gemeinde G.

b) Das Stromwerk der Gemeinde G soll laut Sachverhalt wesentlich erweitert werden. Eine solche Tätigkeit ist nach allgemeinem Verständnis unzweifelhaft eine wirtschaftliche Betätigung der Gemeinde. Demnach ist die Erweiterung unter Beachtung der Voraussetzungen gemäß § 102 Abs. 1 GemO zu begutachten. Die Vorschrift enthält eine Reihe einschränkender Tatbestandsmerkmale für die Tätigkeit. Zunächst einmal muss ein öffentlicher Zweck die Betätigung erfordern. Die Versorgung mit Energie stellt eine lebensnotwendige Grundversorgung der Bevölkerung dar und trägt somit auch zur Aufrechterhaltung der öffentlichen Sicherheit und Ordnung bei. Insofern ist unzweifelhaft ein öffentlicher Zweck gegeben.
Die Erweiterung steht zudem laut Sachverhalt nicht im Widerspruch zur Leistungsfähigkeit der Gemeinde, sodass die Voraussetzung nach § 102 Abs. 1 Nr. 2 GemO ebenfalls vorliegt.
Die Voraussetzung des § 102 Abs. 1 Nr. 3 GemO, wonach andere Unternehmen die Aufgabe nicht ebenso gut und wirtschaftlich erledigen können, ist bei der Energieversorgung als Teil der Daseinsvorsorge nicht zu prüfen. Insofern liegen sämtliche Voraussetzungen für die wirtschaftliche Tätigkeit „Energieversorgung" vor, sodass die Erweiterung des Stromwerkes zulässig ist.

c) Brauereien sind typische wirtschaftliche Unternehmen, sodass die Gemeinde G diese Tätigkeit nur unter den Voraussetzungen des § 102 Abs. 1 GemO durchführen kann, zumal § 102 Abs. 4 GemO keine Ausnahme für diesen Bereich vorsieht. Grundvoraussetzung für diese Tätigkeit ist die Erfüllung eines öffentlichen Zwecks. Laut Sachverhalt soll letztlich Fremdenverkehrsförderung betrieben werden. Nur kann objektiv nicht unterstellt werden, dass gerade die Schaffung eines Spezialbieres einen Beitrag zur Erledigung dieser Aufgabe leistet. Somit ist festzustellen, dass die Errichtung der Brauerei durch die Gemeinde G gegen § 102 Abs. 1 GemO verstoßen würde und somit rechtswidrig wäre.

21. Nachtragshaushaltssatzung und Nachtragshaushaltsplan

21.1 Notwendigkeit der Nachtragshaushaltssatzung

Selbst bei noch so exakter Haushaltsplanung unter Berücksichtigung des Grundsatzes der sachlichen Vollständigkeit (§ 80 Abs. 1 GemO) und des Grundsatzes der Haushaltswahrheit (§ 10 Abs. 1 Satz 3 GemHVO) bleibt die Haushaltsplanung nur der gedankliche Versuch, die Haushaltswirklichkeit so gut wie möglich vorauszusehen. Wie jeder Planung wohnt auch der Haushaltsplanung ein natürlicher Grad der Ungenauigkeit inne. Die immer komplexer werdenden kommunalen Aufgaben- und Finanzierungsstrukturen machen die Vorausschau auf einen kommunalen Haushalt zunehmend schwieriger. Selbst die Zeitspanne von nur einem Jahr ist auch in finanzieller Hinsicht nicht immer genügend überschaubar, bei Doppelhaushalten (§ 79 Abs. 1 GemO, § 7 GemHVO) verschärft sich die Situation durch ein zweites Haushaltsplanjahr. Des Weiteren ist zu berücksichtigen, dass die Aufstellung eines Haushaltsplans regelmäßig bereits zur Mitte des Vorjahres beginnen muss, wenn die Haushaltssatzung rechtzeitig zu Beginn des Haushaltsjahres in Kraft treten soll (Grundsatz der Vorherigkeit (§ 81 Abs. 2 GemO).

Aus diesen Gründen ist es unvermeidbar, dass es während des Haushaltsjahres nicht selten zu Situationen kommt, die eine Abweichung vom Haushaltsplan und zuweilen auch von der diesem zugrundeliegenden Haushaltssatzung erforderlich machen. Nachdem die Haushaltssatzung eine Rechtsnorm darstellt und der Haushaltsplan als Teil dieser Rechtsnorm und gemäß § 80 Abs. 4 GemO für die Führung der Haushaltswirtschaft verbindlich ist, wirft jede Abweichung von Satzung und Plan die Frage nach deren Zulässigkeit auf. Schließlich ist in allen Abweichungsfällen das über allem stehende Etatrecht des Gemeinderats berührt, dem allein als Vertretung der Bürgerschaft das Recht zukommt, zu bestimmen, welche Aufgaben zur Förderung des gemeinsamen Wohls der Bürgerschaft erfüllt und welche Mittel hierfür eingesetzt werden sollen.

Trotz Etatrecht des Gemeinderats kann nicht jede Planabweichung eine Änderung des Haushaltsplans und damit auch eine Änderung der Haushaltssatzung zur Folge haben. Aus diesem Grund hat der Gesetz- und Verordnungsgeber verschiedene gesetzliche und planimmanente Möglichkeiten geschaffen, die eine Abweichung vom Haushaltsplan (zum Teil mit Zustimmung durch den Gemeinderat) zulassen (z. B. Planabweichungen nach § 84 GemO, Deckungsfähigkeit nach §§ 19 und 20 GemHVO, Haushaltsvermerke).[1]

Wesentliche Planabweichungen dagegen erfordern eine Korrektur bzw. Fortschreibung des Planwerks und die Änderung der diesem zugrundeliegende Haushaltssatzung. Eine Satzung kann nur durch eine erneute Satzung geändert werden, die im Bereich der Finanzwirtschaft den besonderen Namen „Nachtragshaushaltssatzung“ trägt (siehe

1 Vgl. Flexibilisierungssystem, *Aker/Hafner/Notheis*, Gemeindeordnung/Gemeindehaushaltsverordnung Baden-Württemberg, Kommentar zu § 82 GemO, RNrn. 1–2, 2. Aufl., Stuttgart 2019.

§ 82 Abs. 1 GemO und § 8 GemHVO). Durch die Nachtragshaushaltssatzung einschließlich Nachtragshaushaltsplan werden Haushaltssatzung und Haushaltsplan ergänzt, berichtigt oder geändert.

Dabei unterscheidet das Gesetz zwischen einer in das freie Ermessen der Gemeinde gestellten Nachtragshaushaltssatzung (sog. „freiwillige Nachtragssatzung") und einer Verpflichtung der Gemeinde, in verschiedenen Situationen zwingend eine Nachtragshaushaltssatzung zu erlassen (sog. „Pflichtnachtragssatzung"). Zu letzterer gehören insbesondere Situationen, die die Änderung von haushaltsrechtlichen Ermächtigungen der Haushaltssatzung selbst erfordern, sowie die Fälle des § 82 Abs. 2 GemO.

21.2 Freiwillige Nachtragshaushaltssatzung

Die Entscheidung, die Haushaltssatzung freiwillig durch den Erlass einer Nachtragshaushaltssatzung zu ändern, kann unterschiedliche Hintergründe haben.

Dabei ist es in manchen, häufig kleineren Gemeinden traditionsbedingt so, dass in der zweiten Jahreshälfte die bestehende Haushaltsplanung durch den Erlass einer Nachtragshaushaltssatzung an die sich bis zum Jahresende zu erwartende Haushaltswirklichkeit angepasst wird. Veränderungen, die sich bis zum Zeitpunkt des Erlasses der Nachtragshaushaltssatzung ergeben haben bzw. bis zum Jahresende abzeichnen, werden im Rahmen eines geordneten Planänderungsverfahrens zusammengestellt und mit dem Gemeinderat diskutiert. Vielfach geht es hierbei nicht um grundlegende haushaltspolitische Korrekturentscheidungen infolge wesentlicher Veränderungen auf der Aufgaben- bzw. Finanzierungsseite, sondern um eine grundlegende Information des Gemeinderats über wichtige finanzwirksame Entwicklungen, an welche dann auch im Rahmen der anstehenden Haushaltsplanung für das nächste Haushaltsjahr angeknüpft werden kann. Der Erlass einer Nachtragshaushaltssatzung ist in diesem Sinne Ausdruck der finanzpolitischen Zusammenarbeit zwischen Verwaltung und Gemeinderat und Teil der Erfüllung der Berichtspflichten entsprechend § 28 GemHVO.

Diese Vorgehensweise birgt auch den Vorteil, dass die im unmittelbar bevorstehenden nächsten Haushaltsplan enthaltenen Ansätze des Vorjahres eine hohe Aktualität haben und die Verlaufskette zwischen dem Rechnungsergebnis des Vorvorjahres, dem Ansatz des Vorjahres und dem Ansatz des laufenden Jahres in vielen Fällen plausibler und nachvollziehbarer erscheint. Des Weiteren besteht die Möglichkeit, den Gemeinderat und die Öffentlichkeit zu einem frühen Zeitpunkt auf haushaltswirksame Veränderungen (z. B. Steuereinbrüche, nicht geplante Tarifabschlüsse, Erhöhungen bei den Energieausgaben) einzustimmen und somit das Feld für einen leichteren Haushaltserstellungsprozess zu bereiten. Schließlich erleichtert die Korrektur der Haushaltsplanung durch einen Nachtragshaushaltsplan im „späten" Haushaltsjahr die Erstellung des Jahresabschlusses nach Ende des Haushaltsjahres. Viele Veränderungen sind dem gemeinderätlichen Gremium bereits bekannt und müssen nicht erneut im Rahmen des Jahresabschlusses diskutiert werden.

Daneben ergibt sich die Idee zum Erlass einer freiwilligen Nachtragssatzung häufig aus haushaltsstrukturellen Diskussionen, die unterhalb des Jahres geführt und dann öffentlichkeitswirksam im Rahmen einer Nachtragsplanung aufgearbeitet werden.

In Gemeinden, die Haushaltspläne für zwei Jahre erlassen (§ 79 Abs. 1 Satz 2 GemO, § 7 GemHVO), ergeben sich wegen des längeren Zeitraums häufiger Pflichttatbestände zum Erlass einer Nachtragssatzung (vgl. Kap. 21.3), insbesondere für das zweite Haushaltsjahr. Unabhängig hiervon werden aber in diesen Gemeinden oftmals „geplante" freiwillige Nachtragshaushalte erlassen, um insbesondere das zweite Planungsjahr an die zwischenzeitlich eingetretenen Veränderungen anzupassen. Auch die Verpflichtung zur jährlichen Fortschreibung der Finanzplanung aus § 85 Abs. 5 GemO veranlasst Doppelhaushalt-Gemeinden, diese Fortschreibung im Rahmen einer Nachtragsplanung vorzunehmen, soweit nicht von vorneherein mit vier Finanzplanungsjahren geplant und dies durch die Rechtsaufsichtsbehörde toleriert wurde.

Insgesamt ist der Erlass einer freiwilligen Nachtragshaushaltsplanung in das freie Ermessen der Gemeinde gestellt. Die Initiative hierzu kann sowohl von der Verwaltung als auch – unter Berücksichtigung der entsprechenden kommunalverfassungsrechtlichen Regeln – aus der Mitte des Gemeinderats erfolgen.

Neben allen damit verbundenen Vorteilen ist bei der Entscheidung für den Erlass einer freiwilligen Nachtragshaushaltssatzung zu berücksichtigen, dass die Nachtragsplanung einen nicht zu unterschätzenden Verwaltungsaufwand bedeutet, da für die Nachtragsplanung das gleiche Verfahren durchzuführen ist wie für die Haushaltsplanung selbst. Des Weiteren gilt es zu berücksichtigen, dass auch im Rahmen einer Nachtragsplanung die gesamte Haushaltsplanung der politischen Entscheidung des Gemeinderats von neuem unterworfen ist. Zwischenzeitlich veränderte Mehrheitsverhältnisse oder geänderte Auffassungen können gegebenenfalls zu Ergebnissen führen, die mit der ursprünglichen Intention der Nachtragsplanung nichts mehr zu tun haben. Vorteile und Nachteile einer freiwilligen Nachtragshaushaltssatzung müssen also sorgfältig gegeneinander abgewogen werden.

21.3 Pflicht zum Erlass einer Nachtragshaushaltssatzung

Neben der im Ermessen der Gemeinde stehenden Nachtragsmöglichkeit hat die Gemeinde in verschiedenen Situationen aufgrund gesetzlicher Regelungen zwingend eine Nachtragshaushaltssatzung zu erlassen. Diese besonderen Regelungen bedürfen einer detaillierten Betrachtung.

21.3.1 Überblick

Die einzelnen, zunächst schlagwortartig aufgeführten Pflichten bedürfen einer eingehenden Erläuterung.

21.3.2 Änderung von Ermächtigungen der Haushaltssatzung

Die Haushaltssatzung beinhaltet verschiedene haushaltsrechtliche Ermächtigungen, deren nachträgliche Änderung zwingend den Erlass einer Nachtragshaushaltssatzung erfordert.

Wenn die Gemeinde Festsetzungen ihrer Haushaltssatzung ändern will, bedarf es wegen des normativen Charakters grundsätzlich einer formellen Satzungsänderung, welche bei der Haushaltssatzung nur in der Form einer Nachtragshaushaltssatzung möglich ist. Dabei ist zwischen den einzelnen Festsetzungen der Haushaltssatzung wie folgt zu unterscheiden:

§ 79 Abs. 2 Nr. 1 und 2 GemO:
Änderung der festgesetzten Gesamtbeträge für den Ergebnishaushalt bzw. den Finanzhaushalt

Über § 79 Abs. 2 Nr. 1 und 2 GemO erhält der Haushaltsplan formell-rechtlichen Rechtscharakter. Der Haushaltsplan wird über diese Festsetzungen Teil der Haushaltssatzung (§ 80 Abs. 1 GemO). Aus diesem Grund bedarf jede Veränderung des Haushaltsplans durch einen Nachtragshaushaltsplan auch die Anpassung der Festsetzungen der in die Haushaltssatzung aufzunehmenden Gesamtbeträge entsprechend § 79 Abs. 2 Nr. 1 und 2 GemO.

Das bedeutet aber nicht, dass jede Veränderung dieser Gesamtbeträge während des Haushaltsjahres zwingend den Erlass einer Nachtragssatzung erfordert. Andernfalls wäre jede Veränderung beim ordentlichen Ergebnis oder jede Veränderung im Saldo des Finanzhaushalts Ursache für eine Nachtragshaushaltssatzung. Dieses würde dem Gesamtkonstrukt der zulässigen Planabweichungen in GemO und GemHVO widersprechen. Insbesondere sind Veränderungen von Erträgen/Einzahlungen bzw. Aufwendungen/Auszahlungen, die durch Planabweichungen nach § 84 GemO oder durch Nutzung von Möglichkeiten nach § 19 GemHVO (unechte Deckungsfähigkeit) sowie von Budgetbildungen und Deckungsvermerken i. S. v. § 20 GemHVO (echte Deckungsfähigkeit) zulässig sind, nicht nachtragssatzungspflichtig, auch wenn durch diese die Gesamtbeträge nach § 79 Abs. 2 Nr. 1 bzw. Nr. 2 GemO verändert werden. Ebenso sind nicht erhebliche Abweichungen beim Ergebnis des Ergebnishaushalts nicht nachtragspflichtig (vgl. § 82 Abs. 2 Nr. 1 GemO), sodass insoweit auch keine Veränderung der diesbezüglichen Festsetzung in der Haushaltssatzung erfolgen muss.

Die Festsetzungen des § 79 Abs. 2 Nr. 1 und 2 GemO haben insoweit keinen eigenständigen Ermächtigungsinhalt, sondern werden ausgefüllt über die Einzelermächtigungen des Haushaltsplans, welche bei gewichtigen Veränderungen entsprechend § 82 Abs. 2 GemO eine Nachtragssatzungspflicht hervorrufen können. Insoweit erfordert die Aufstellung eines Nachtragshaushaltsplans in jedem Falle die Änderung der Festsetzungen der Haushaltssatzung nach § 79 Abs. 2 Nr. 1 bzw. Nr. 2 GemO, aber nicht umgekehrt.

§ 79 Abs. 2 Nr. 3 Buchst. a GemO:
Erhöhung der Kreditermächtigung

Die Festsetzung der Kreditermächtigung in der Haushaltssatzung ist eine echte haushaltsrechtliche Ermächtigung und formell-rechtliche Voraussetzung für die Aufnahme von Krediten. Eine Erhöhung der Kreditermächtigung bedarf daher in jedem Falle des Erlasses einer Nachtragssatzung, unabhängig davon, ob das Erfordernis mit einem Pflichttatbestand des § 82 Abs. 2 GemO verbunden ist (z. B. nicht geplante Investitionen). Die Aufnahme von nicht geplanten Krediten für Umschuldungen bedarf dagegen keiner Nachtragssatzung, da Umschuldungskredite nicht in der nach § 79 Abs. 2 Nr. 3 Buchst. a GemO gesetzlich definierten Kreditermächtigung enthalten sind.

Werden Kreditermächtigungen nicht ausgeschöpft, bedarf es deswegen keiner zwingenden Änderung der Haushaltssatzung. Die nicht in Anspruch genommene Kreditmächtigung erlischt automatisch, sobald die Haushaltssatzung für das übernächste Jahr erlassen ist (§ 87 Abs. 3 GemO).

§ 79 Abs. 2 Nr. 3 Buchst. b GemO:
Erhöhung des Gesamtbetrags der Verpflichtungsermächtigungen

Auch die Festsetzung des Gesamtbetrags der Verpflichtungsermächtigungen stellt eine haushaltsrechtliche Ermächtigung dar, deren Überschreitung eine Nachtragshaushaltssatzung unabdingbar macht.

Die Nachtragspflicht gilt jedoch nur für die Überschreitung des Gesamtbetrags der Verpflichtungsermächtigungen als Summe aller maßnahmenbezogen veranschlagten Verpflichtungsermächtigungen in den Teilhaushalten (§ 11 GemHVO). Auf der Ebene der einzelnen Maßnahmen können über- und außerplanmäßige Verpflichtungsermächtigungen gemäß § 86 Abs. 5 GemO bewilligt werden. Über- und außerplanmäßige Verpflichtungsermächtigungen bei einzelnen Maßnahmen sind hiernach jedoch nur zulässig, wenn in gleicher Höhe Einsparungen bei Verpflichtungsermächtigungen anderer Maßnahmen vorhanden sind und ein dringendes Bedürfnis besteht. Die Gemeinde darf also den in der Haushaltssatzung festgesetzten Gesamtbetrag der Verpflichtungsermächtigungen nicht überschreiten. Den Gesamtbetrag überschreitende zusätzliche Verpflichtungsermächtigungen können nur über eine Nachtragshaushaltssatzung bereitgestellt werden. Das Nachtragsverfahren ist selbst bei geringfügigen Verpflichtungsermächtigungen, die den bisherigen Gesamtbetrag übersteigen, notwendig, und zwar auch dann, wenn hierfür ein dringendes Bedürfnis besteht.

Werden Verpflichtungsermächtigungen nicht ausgeschöpft, bedarf es deshalb keiner zwingenden Änderung der Haushaltssatzung. Die nicht in Anspruch genommene Verpflichtungsermächtigungen erlischt automatisch, sobald die Haushaltssatzung für das nächste Jahr erlassen ist (§ 86 Abs. 3 GemO). In einer Haushaltssatzung für zwei Haushaltsjahre kann bestimmt werden, dass nicht in Anspruch genommene Verpflichtungsermächtigungen des ersten Haushaltsjahres weiter bis zum Erlass der nächsten Haushaltssatzung gelten.

§ 79 Abs. 2 Nr. 4 GemO:
Erhöhung des Höchstbetrags der Kassenkredite

Die Überschreitung des Höchstbetrags der Kassenkredite bedarf ebenfalls in jedem Fall des Erlasses einer Nachtragshaushaltssatzung. Insoweit besteht auch hier eine satzungsrechtliche Ermächtigung, die nicht durch einfachen Realakt oder Beschluss des Gemeinderats geändert werden kann.

Aus diesem Grunde macht es Sinn, vorsorglich immer eine Kassenkreditermächtigung festzusetzen, die in Jahren hoher Liquidität knapp unterhalb des genehmigungspflichtigen Betrags (§ 89 Abs. 3 GemO) liegen sollte. Sofern die Haushaltssatzung gleichzeitig Kreditermächtigungen beinhaltet, sollten in jedem Fall auch korrespondierende Kassenkreditermächtigungen berücksichtigt werden, damit für die Liquiditätssteuerung ausreichend zeitlicher Spielraum besteht, bevor endgültige Fremdfinanzierungsmittel in Anspruch genommen werden müssen.

Im Falle der Änderung des Höchstbetrags der Kassenkredite ist denkbar, dass die Haushaltssatzung auch ohne Nachtragshaushaltsplan geändert wird. In der Regel zieht jedoch eine Änderung der Haushaltssatzung auch eine Änderung des Haushaltsplans nach sich – auch deshalb, weil auch für die Nachtragshaushaltssatzung die Vorschriften über die Haushaltssatzung entsprechend gelten und demzufolge der Nachtragshaushaltsplan Bestandteil der Nachtragshaushaltssatzung ist (§ 80 Abs. 1 Satz 1 GemO). Nachdem § 8 Abs. 1 GemHVO fordert, dass der Nachtragshaushaltsplan alle im Zeitpunkt seiner Aufstellung erheblichen Änderungen beinhalten muss, ergibt sich regelmäßig anlässlich einer Änderung der Haushaltssatzung auch die Notwendigkeit, den Haushaltsplan zu ändern und dementsprechend die Festsetzung des Ergebnis- bzw. des Finanzhaushalts (§ 79 Abs. 2 Nr. 1 GemO bzw. 79 Abs. 2 Nr. 2 GemO) in der Nachtragshaushaltssatzung anzupassen.

Werden Kassenkreditermächtigungen nicht ausgeschöpft, bedarf es deswegen keiner zwingenden Änderung der Haushaltssatzung. Die nicht in Anspruch genommene Kassenkreditermächtigung erlischt automatisch, sobald die Haushaltssatzung für das nächste Jahr erlassen ist (§ 89 Abs. 2 Satz 2 GemO).

§ 79 Abs. 2 Nr. 5 GemO:
Veränderung der Steuersätze

Soweit die Gemeinde die Steuersätze für die Grundsteuer und/oder die Gewerbesteuer entsprechend § 79 Abs. 2 Nr. 5 GemO in der Haushaltssatzung festgesetzt hat, bedarf eine nachträgliche Veränderung dieser Steuersätze der Änderung der Haushaltssatzung.

Dabei ist zu berücksichtigen, dass die Erhöhung der Hebesätze der Realsteuern gemäß § 50 Abs. 3 Landesgrundsteuergesetz (LGrStG) bzw. § 16 Abs. 3 GewStG durch den Gemeinderat nur bis zum 30. Juni des laufenden Haushaltsjahres beschlossen werden kann (für Näheres siehe Kap. 21.5).

21.3.3 Pflichtnachtragstatbestände nach § 82 Abs. 2 GemO

§ 82 Abs. 2 GemO enthält in Nr. 1 bis 4 insgesamt vier Tatbestände, bei deren Eintreten die Gemeinde verpflichtet ist, eine Nachtragssatzung zu erlassen. Dabei ist zu beachten, dass in bestimmten Fällen entsprechend § 82 Abs. 3 GemO Ausnahmen vom Erfordernis einer Nachtragssatzungspflicht gegeben sind.

Erheblicher Fehlbetrag beim ordentlichen Ergebnis oder beim Sonderergebnis (Nr. 1)

Eine Nachtragssatzung ist zwingend erforderlich, wenn sich zeigt, dass im Ergebnishaushalt beim ordentlichen Ergebnis oder beim Sonderergebnis ein erheblicher Fehlbetrag entsteht oder ein veranschlagter Fehlbetrag sich erheblich vergrößert und dies sich nicht durch andere Maßnahmen vermeiden lässt. Sinn und Zweck dieser Regelung ist die berechtigte Forderung, dass sich der Gemeinderat in diesen Fällen erneut im Rahmen eines öffentlichen, formellen Satzungsverfahrens mit den negativen Haushaltsveränderungen auseinandersetzt und die Deckung des entstehenden Fehlbetrags zumindest im Rahmen der gegebenenfalls zu aktualisierenden Finanzplanung herstellt.

Ein Fehlbetrag beim ordentlichen Ergebnis entsteht, wenn die Summe der ordentlichen Aufwendungen die Summe der ordentlichen Erträge überschreitet. Ein Fehlbetrag beim Sonderergebnis entsteht, wenn die Summe der außerordentlichen Aufwendungen über den außerordentlichen Erträgen liegt.

Nachtragssatzungspflicht besteht, wenn ein solcher Fehlbetrag erheblich ist. Da es entsprechend § 80 Abs. 2 und 3 GemO in Verbindung mit § 24 Abs. 3 GemHVO unter bestimmten Voraussetzungen auch zulässig ist, im Rahmen der Haushaltsplanung einen Fehlbetrag auszuweisen, sieht § 82 Abs. 2 Nr. 1 GemO für diesen Fall eine Nachtragssatzungspflicht dann vor, wenn sich dieser Fehlbetrag erheblich vergrößert. Wann ein Fehlbetrag im Sinne dieser Vorschrift erheblich ist, richtet sich nach Kriterien, die eine konkrete Aussage im Gesetz nicht zulassen. Hierzu findet sich auch nichts in der GemHVO oder hierzu erlassenen Verwaltungsvorschriften. Ein wichtiges Kriterium ist sicherlich die Größe der Gemeinde bzw. ihr Haushaltsvolumen, welches wiederum maßgeblich mit der Gemeindegröße zusammenhängt. Jedoch bezieht sich die Erheblichkeit nicht nur auf das „zufällige" Volumen, sondern auch auf die Finanzkraft der Gemeinde, die bei gleicher Gemeindegröße höchst unterschiedlich sein kann. Den Gemeinden ist zu empfehlen, im Wege der Selbstbindung eine örtliche Regelung durch Haupt-, Haushaltssatzung oder einfachen Gemeinderatsbeschluss herbeizuführen. In der Praxis eignen sich beim ordentlichen Ergebnis prozentuale Festsetzungen (etwa 2 bis 5 %) in Bezug auf das ordentliche Gesamthaushaltsvolumen des Ergebnishaushalts. Beim Sonderergebnis gestalten sich prozentuale Grenzen schwierig, weil das außerordentliche Haushaltsvolumen naturgemäß über die Jahre stark schwanken wird. Hier wäre eher die Bestimmung eines Festbetrages sachdienlich.

Eine Nachtragssatzungspflicht nach § 82 Abs. 2 Nr. 1 GemO ergibt sich nicht nur, wenn nennenswerte zusätzliche Aufwendungen entstehen, sondern auch wenn geplante Erträge in nennenswertem Umfang ausfallen. Der Zeitpunkt, in dem das Nachtragssatzungsverfahren begonnen werden muss, liegt dann vor, wenn auf der einen Seite zusätzliche Aufwendungen und/oder Ertragsausfälle entstehen bzw. deren Eintritt bis zum Jahresende hinreichend sicher ist und auf der anderen Seite nicht mehr zu erwarten ist, dass bis zum Jahresende andere Maßnahmen das Eintreten des erheblichen Fehlbetrags noch verhindern lassen. Solche anderen Maßnahmen können vielgestaltig sein. Hierzu zählen insbesondere Gegensteuerungsmaßnahmen im Rahmen von haushaltswirtschaftlichen Sperren (§ 29 GemHVO) und die Ausschöpfung weiterer Ertragsmöglichkeiten (z. B. die Erhöhung von Steuern oder Gebühren), soweit sich durch diese Maßnahmen die Entstehung eines erheblichen Fehlbetrags bis zum Jahresende ausschließen lässt.[2]

Unabhängig von § 82 Abs. 2 Nr. 1 ist der Gemeinderat entsprechend § 28 Abs. 2 Nr. 1 GemHVO unverzüglich zu unterrichten, wenn sich abzeichnet, dass sich das Planergebnis des Ergebnishaushalts wesentlich verschlechtert. Die Dimension einer

2 *Aker/Hafner/Notheis*, Gemeindeordnung/Gemeindehaushaltsverordnung Baden-Württemberg, Kommentar zu § 82 GemO, RNrn. 14, 2. Aufl., Stuttgart 2019.

wesentlichen Verschlechterung in diesem Sinne liegt für den Fall, dass ein Fehlbetrag entsteht, sicherlich unterhalb der Erheblichkeit im Sinne von § 82 Abs. 2 Nr. 1 GemO. Das heißt, dass der Gemeinderat regelmäßig bereits im Vorfeld einer Nachtragssatzung über die Verschlechterung der Haushaltssituation zu unterrichten ist.

Ausnahmen vom Erfordernis, eine Nachtragssatzung zu erlassen, wenn der Tatbestand des § 82 Abs. 2 Nr. 1 GemO vorliegt, sind nicht gegeben. § 82 Abs. 3 GemO bezieht sich lediglich auf die Tatbestände von § 82 Abs. 2 Nr. 2 bis 4 GemO. Das bedeutet insbesondere, dass es unerheblich ist, wenn zusätzliche Aufwendungen, die unabweisbar sind, Ursache für die Entstehung eines erheblichen Fehlbetrags sind bzw. dazu beigetragen haben.

Ein erheblicher Fehlbetrag kann nicht bei einer überplanmäßigen Mittelbereitstellung nach § 84 Abs. 2 GemO (Verfahren des Haushaltsvorgriffs, siehe dazu Kap. 19.6.5) entstehen. Hier handelt es sich um die Bereitstellung von Auszahlungsermächtigungen im Finanzhaushalt, die sich nicht unmittelbar auf den Fehlbetrag des Ergebnishaushalts auswirken.

Etwas unklar ist die gesetzgeberische Intention hinsichtlich der Verpflichtung zum Erlass einer Nachtragssatzung bei der Entstehung eines erheblichen Fehlbetrags beim Sonderergebnis. Zum einen besteht für das Sonderergebnis keine gesetzliche Ausgleichsverpflichtung (ein Fehlbetrag ist zu Lasten des Basiskapitals zu verrechnen – § 25 Abs. 4 GemHVO), zum anderen sind außerordentliche Aufwendungen vorwiegend auch deshalb außerordentlich, weil diese außerhalb der gewöhnlichen Verwaltungstätigkeit anfallen und eben nicht einer perioden- und generationsgerechten Ausgleichsverpflichtung unterliegen. So bleibt beispielsweise die Frage offen, was der Gemeinderat im Rahmen einer Nachtragssatzung im Haushaltsplan verändern soll, wenn beispielsweise geplante Buchwertgewinne nicht eintreten oder Aufwendungen aus Veräußerungen unterhalb des Restbuchwerts in nennenswertem Umfang entstehen und deswegen ein erheblicher Fehlbetrag beim Sonderergebnis entsteht, oder wenn sich ein geplanter Fehlbetrag in erheblichem Umfang erhöht.

Leistung einer erheblichen Mehraufwendung bzw. Mehrauszahlung (Nr. 2)

§ 82 Abs. 2 Nr. 2 GemO fordert eine Nachtragssatzung, wenn bisher nicht veranschlagte oder zusätzliche einzelne Aufwendungen oder Auszahlungen in einem im Verhältnis zu den Gesamtaufwendungen oder Gesamtauszahlungen des Haushaltsplans erheblichen Umfang geleistet werden müssen.

Entsprechend dem Grundsatz der sachlichen Bindung entfaltet der Haushaltsplan sowohl eine Bindung nach Zweck als auch nach Höhe der Veranschlagung. In Ausnahme hiervon regelt § 84 GemO grundsätzlich die Möglichkeit, Aufwendungs- und Auszahlungsansätze zu überschreiten. Überschreitungen entstehen, wenn die in Frage kommenden Haushaltspositionen nicht mehr der tatsächlichen Entwicklung der Haushaltswirtschaft entsprechen. Dies ist bei geringfügigen Veränderungen für den Gesamthaushalt unproblematisch, da durch Einsparungen bei anderen Haushaltspositionen oder vorhandenen Mehrerträgen bzw. Mehreinzahlungen immer ein gewisser Ausgleich geschaffen wird. Erhebliche Abweichungen von Haushaltspositionen wirken sich dagegen auf die Struktur des Gesamthaushalts aus, selbst dann, wenn diese durch positive Abweichungen auf der Ertrags- bzw. Einzahlungsseite gedeckt sein sollten. In diesem Falle ist das Budgetrecht des Gemeinderats tangiert, welches dieser im Rahmen des gesetzlich normierten Nachtragshaushaltsverfahrens auszuüben hat. Deshalb sieht der Gesetzgeber für erhebliche nicht veranschlagte oder zusätzliche einzelne Aufwendungen und Auszahlungen eine Pflichtnachtragssatzung vor. Damit wird klargestellt, dass solche Änderungen der Haushaltswirtschaft unabhängig von ihrer Deckung wegen ihrer Bedeutung nicht mehr im einfachen Verfahren nach § 84 GemO, sondern im öffentlichkeitswirksamen Verfahren des Nachtragssatzungsrechts abzuwickeln sind.

Der Gesetzgeber spricht in § 82 Abs. 2 Nr. 2 GemO zwar nicht ausdrücklich von „außerplanmäßigen“ oder „überplanmäßigen Aufwendungen bzw. Auszahlungen“, zielt aber auf den gleichen begrifflichen Inhalt. Auch der Verweis in § 84 Abs. 1 Satz 4 GemO, wonach § 82 Abs. 2 GemO bei der Prüfung von Planabweichungen nach § 84 Abs. 1 GemO unberührt bleibt, zeigt, dass mit „**bisher nicht veranschlagten** Aufwendungen bzw. Auszahlungen“ **außerplanmäßige** und mit **zusätzlichen** Aufwendungen bzw. Auszahlungen **überplanmäßige** Aufwendungen bzw. Auszahlungen gemeint sind.

Von daher ist der Tatbestand von § 82 Abs. 2 Nr. 2 GemO nur erfüllt, wenn außerplanmäßige bzw. überplanmäßige Aufwendungen bzw. Auszahlungen vorliegen, so dass sich die Auslegung an die haushaltsrechtlich klarer definierten Begriffe (§ 61 Nr. 5 und Nr. 40 GemHVO) anknüpfen lässt. Damit bedingen Mehraufwendungen bzw. Mehrauszahlungen, welche nach § 19 bzw. § 20 GemHVO im Rahmen der unechten bzw. echten Deckungsfähigkeit zulässig sind, keine Pflicht zum Erlass einer Nachtragssatzung. Zum einen gelten gemäß der gesetzlichen Fiktion in § 19 Abs. 3, 4 GemHVO Mehraufwendungen bzw. Mehrauszahlungen, die im Rahmen der unechten Deckungsfähigkeit gedeckt sind, nicht als überplanmäßige Aufwendungen bzw. Auszahlungen. Zum anderen werden bei echter Deckungsfähigkeit nach § 20 Abs. 5 GemHVO die deckungsberechtigten Ansätze für Aufwendungen und Auszahlungen zu Lasten der deckungspflichtigen Ansätze erhöht, so dass überplanmäßige Aufwendungen bzw. Auszahlungen also auch dort nicht entstehen. Der Ausschluss von § 82 Abs. 2 GemHVO gilt auch dann, wenn die Mehraufwendungen bzw. Mehrauszahlungen, deren Deckung im Rahmen der Deckungsfähigkeit gewährleistet ist, erheblich sein sollten. In der Praxis wird die Erheblichkeit im Rahmen der Deckungsfähigkeit jedoch keine große Rolle spielen (vgl. Kap. 14).[3]

Eine Konkurrenzsituation entsteht damit nur zu den Tatbeständen des § 84 GemO, welche außerplanmäßige und überplanmäßige Aufwendungen bzw. Auszahlungen unter bestimmten Umständen für zulässig erklären (vgl. Kap. 19). Dabei hat der Gesetzgeber eine klare Rangfolge definiert. Bei erheblichen außer- bzw. überplanmäßigen Aufwendungen bzw. Auszahlungen hat § 82 Abs. 2 GemO wegen der Regelung in § 84 Abs. 1 Satz 4 GemO (Unberührtheitsverweis) eindeutig Vorrang vor § 84 Abs. 1 GemO.

---

3 A. A. *Aker/Hafner/Notheis*, Gemeindeordnung/Gemeindehaushaltsverordnung Baden-Württemberg, Kommentar zu § 82 GemHVO, RNrn. 17, 2. Aufl., Stuttgart 2019.

Dies bedeutet unter anderem, dass selbst dann, wenn die Deckung gewährleistet sein sollte, Planabweichungen zu einer Nachtragssatzungspflicht führen, wenn diese im Einzelfall erheblich sind.

Aus dem Umstand, dass ein entsprechender Verweis in § 84 Abs. 2 GemO nicht enthalten ist, lässt sich im Rahmen der Auslegung schließen, dass der Gesetzgeber im Sonderfalle des Vorgriffs auf künftige Haushaltsjahre (§ 84 Abs. 2 GemO) gerade nicht wollte, dass eine Nachtragssatzungspflicht entsteht – auch dann nicht, wenn die betreffende überplanmäßige Auszahlung im Einzelfall erheblich sein sollte. Die vorgesehene Deckung im Folgejahr genügt, um die Planabweichung nach § 84 Abs. 2 GemO im einfachen Verfahren mit Zustimmung des Gemeinderats zu gewährleisten. In diesem Fall gilt der Grundsatz: „lex specialis derogat legi generali".

Wann eine einzelne Mehraufwendung bzw. Mehrauszahlung **erheblich** ist, ist gesetzlich nicht definiert. Wie beim § 82 Abs. 2 Nr. 1 GemO ist die Erheblichkeit ein unbestimmter Rechtsbegriff, der im Rahmen des pflichtgemäßen Ermessens der Gemeinde auszufüllen ist. In der Praxis haben sich dafür Prozentsätze bewährt, zum Teil gekoppelt mit Festbeträgen. Dabei ist darauf zu achten, dass gemäß § 82 Abs. 2 Nr. 2 GemO die Erheblichkeit der einzelnen Mehraufwendung bzw. Mehrauszahlung und damit auch der Prozentsatz sich auf das Verhältnis zu den Gesamtaufwendungen bzw. Gesamtauszahlungen des Haushaltes bezieht. Die Erheblichkeit entsteht dabei nicht in der Summe einzelner Aufwendungen bzw. Auszahlungen, welche nach § 2 bzw. § 3 GemHVO im Gesamtergebnis- bzw. Gesamtfinanzhaushalt dargestellt sind, sondern in der jeweiligen einzelnen Mehraufwendung bzw. Mehrauszahlung bei der hierfür vorgesehenen einzelnen Position des Teilergebnis- bzw. Teilfinanzhaushalts. Damit führen zum Beispiel allgemeine Energiekostensteigerungen, die in der Summe zwar einen erheblichen Betrag ausmachen, dann nicht zu einer Nachtragssatzungspflicht, wenn diese bei den einzelnen Haushaltspositionen der jeweiligen Teilhaushalte jeweils nur in nicht-erheblichem Umfang auftreten.

Ausnahmen vom Erlass einer Nachtragssatzungspflicht trotz Vorliegens des Tatbestands des § 82 Abs. 2 Nr. 2 GemO regeln § 82 Abs. 3 Nr. 1 und 2. Hiernach findet § 82 Abs. 2 Nr. 2 GemO keine Anwendung bei unabweisbaren Aufwendungen bzw. Auszahlungen (Nr. 1). Ebenso besteht keine Nachtragssatzungspflicht, wenn die außer- oder überplanmäßigen Auszahlungen aus der Umschuldung von Krediten stammen.

Für **unabweisbare** Aufwendungen bzw. Auszahlungen ist gemäß § 82 Abs. 3 Nr. 1 GemO unabhängig von ihrer Größenordnung in keinem Fall eine Nachtragshaushaltssatzung erforderlich. Dies ist darin begründet, dass solche Maßnahmen sowohl sachlich als auch zeitlich unaufschiebbar sind und die Gemeinde Gefahr läuft, weitere Schäden zu erleiden (z. B. Mehraufwendungen und Mehrauszahlungen für die Beseitigung von Unwetterschäden an Gebäuden). Hier wäre es aus wirtschaftlichen Gründen (Vermeidung weiterer Schäden) unvertretbar, die benötigten Mittel erst in einem zeitraubenden Nachtragsverfahren bereitzustellen. Unabhängig von der Höhe des Betrags kann in diesen Fällen somit eine Mehraufwendung und Mehrauszahlung nach § 84 Abs. 1 GemO bewilligt werden (vgl. Kap. 19).

Entsprechend § 82 Abs. 3 Nr. 2 GemO besteht eine Ausnahme von der Nachtragspflicht bei der Umschuldung von Krediten. Soll ein Kredit durch die Neuaufnahme eines anderen Kredites abgelöst werden (z. B. aufgrund günstigerer Konditionen), so kann es sich je nach Volumen der Umschuldung um erhebliche Mehrauszahlungen handeln, die grundsätzlich eine Nachtragspflicht bewirken würden. Dies entspricht jedoch nicht dem Sinn der Nachtragspflicht, da eine Umschuldung regelmäßig keine neuen Haushaltsbelastungen zur Folge hat. Eine Nachtragssatzungspflicht entsteht auch nicht wegen der nicht geplanten Aufnahme von Umschuldungskrediten, da diese Kredite kraft gesetzlicher Definition nicht in der Kreditermächtigung der Haushaltssatzung enthalten sind (vgl. Kap. 18).

Eine etwas versteckte Ausnahme liefert § 82 Abs. 3 Nr. 3, wonach auch die Leistung höherer Personalaufwendungen, die sich unmittelbar aus einer Änderung des Besoldungs- oder Tarifrechts ergeben, nicht zu einer Nachtragssatzungspflicht führt. Insoweit kommt es also bei Personalmehraufwendungen bzw. -auszahlungen aus Besoldungs- oder Tarifrechtsänderungen nicht auf die Erheblichkeit an. Fraglich ist, ob eine praktische Relevanz überhaupt vorliegt, weil sich § 82 Abs. 2 Nr. 2 GemO ausdrücklich auf **einzelne** Abweichungen bezieht, es also nicht auf die Summe der Abweichungen einer Kontengruppe ankommt. Von daher können Besoldungs- oder Tarifrechtsänderungen zwar sicherlich in der Summe aller Personalaufwendungen bzw. -auszahlungen erheblich sein, jedoch nicht auf der Ebene des einzelnen Ansatzes bei einer Produktgruppe bzw. einer sonstigen Gliederungseinheit eines Teilhaushalts.

Leistung von Auszahlungen für bisher nicht veranschlagte Investitionen und Investitionsförderungsmaßnahmen

Eine Nachtragssatzung ist nach § 82 Abs. 2 Nr. 3 GemO erforderlich, wenn Auszahlungen des Finanzhaushalts für bisher nicht veranschlagte Investitionen und Investitionsförderungsmaßnahmen geleistet werden sollen.

Stetige kommunale Aufgabenerfüllung erfordert in weiten Bereichen der gemeindlichen Selbstverwaltung die vorherige Anschaffung oder Herstellung von langfristigem Anlagevermögen. Die Gemeinde muss in der Regel ihr langfristiges Anlagevermögen verändern, wenn sie Aufgaben zur Förderung des gemeinsamen Wohls ihrer Einwohner neu übernimmt oder vorhandene Aufgaben quantitativ oder qualitativ ausweiten will. Damit rückt der Investitionsbegriff (§ 61 Nr. 21 GemHVO) in den Mittelpunkt kommunaler Entscheidungen und damit auch in den Mittelpunkt des Budgetrechts des Gemeinderats. Der Gemeinderat bestimmt, welche Aufgaben die Gemeinde im Rahmen ihrer Selbstverwaltung übernimmt und bestimmt damit auch in erster Linie über die Investitionstätigkeit. Aus diesem Grund ist es geradezu zwangsläufig, dass der Gesetzgeber in § 82 Abs. 2 Nr. 3 GemO bestimmt, dass die Leistung von Auszahlungen für bisher nicht veranschlagte Investitionen nur über eine Änderung des Haushaltsplans und der Haushaltssatzung erfolgen können. Die Wichtigkeit der Investitionen für die kommunale Aufgabenerfüllung erfordert also eine solche umfassende Behandlung. Die Finanzierung der Investitionen soll sich damit vollständig im öffentlichkeitswirksamen Haushaltsplan der Gemeinde widerspiegeln.

Voraussetzung einer Nachtragssatzungspflicht ist die Ausführung neuer, bisher nicht veranschlagter Investitionen. „Bisher nicht veranschlagt" in diesem Sinne meint zunächst die Außerplanmäßigkeit, umfasst also alle investiven Auszahlungen, für die im Haushaltsplan keine Ermächtigungen veranschlagt und keine aus den Vorjahren übertragenen Ermächtigungen (Haushaltsübertragungen) verfügbar sind. „Veranschlagt" im Sinne von § 82 Abs. 2 Nr. 3 GemO ist eine Maßnahme aber auch dann, wenn Verpflichtungsermächtigungen vorgesehen sind. Vorgezogene außerplanmäßige Auszahlungen aus Verpflichtungsermächtigungen sind somit nicht nach § 82 Abs. 2 Nr. 3 GemO, sondern – wenn sie erheblich sind – nach § 82 Abs. 2 Nr. 2 GemO zu beurteilen. In diesem Falle ist die Maßnahme ja bereits über die Verpflichtungsermächtigung „eingeplant", so dass dem Budgetrecht des Gemeinderats insoweit Rechnung getragen wurde.

Der Tatbestand des § 82 Abs. 2 Nr. 3 GemO ist weit gefasst, indem zunächst die Ausführung sämtlicher bisher nicht veranschlagter Investitionen und Investitionsförderungsmaßnahmen zu einer Nachtragssatzungspflicht führt. Diese Forderung wäre jedoch in der kommunalen Praxis zu weitgehend, würde doch auch jede noch so kleine nicht geplante Investitionsauszahlung zu einer Nachtragsatzungspflicht führen.

Aus diesem Grund enthält § 82 Abs. 3 Nr. 1 GemO eine Ausnahme für **unbedeutende** Investitionen und Investitionsförderungsmaßnahmen. Bereits der Grundsatz der Sparsamkeit und Wirtschaftlichkeit verbietet es, dass für kleinere neue Investitionen eine Nachtragshaushaltssatzung zu erlassen wäre. Bei solchen im Verhältnis zum Gesamthaushalt nicht erheblichen Veränderungen steht der Aufwand eines umfangreichen Nachtragsverfahrens in keinem Verhältnis zu den zu leistenden Beträgen. Was in diesem Sinne „unbedeutend" ist, bedarf einer Festlegung durch die Gemeinde. Insoweit handelt es sich auch hier um einen unbestimmten Rechtsbegriff, der nach pflichtgemäßem Ermessen durch die Gemeinde auszufüllen ist. Dabei haben sich in der Praxis Festbeträge durchgesetzt, welche in der Hauptsatzung festgelegt werden.

Ebenfalls ausgenommen von der Nachtragspflicht sind nicht geplante Investitionen oder Investitionsförderungsmaßnahmen, die **unabweisbar** sind – § 82 Abs. 3 Nr. 1 GemO (vgl. Kap. 19).

Abweichungen vom Stellenplan

Nach § 82 Abs. 2 Nr. 4 GemO bedarf es einer Nachtragssatzung mit entsprechend geändertem Stellenplan, wenn Gemeindebedienstete eingestellt, angestellt, befördert oder höher eingestuft werden sollen und der Stellenplan die entsprechenden Stellen nicht enthält.

Gemäß § 57 GemO bestimmt die Gemeinde im Stellenplan die Stellen ihrer Beamten sowie ihrer nicht nur vorübergehend beschäftigten Arbeitnehmer, die für die Erfüllung der Aufgaben im Haushaltsjahr erforderlich sind. Der Stellenplan ist nach § 80 Abs. 1 Satz 4 GemO ein Bestandteil des Haushaltsplans und erlangt damit über die Haushaltssatzung auch rechtsnormativen Charakter. Weitere Bestimmungen enthält § 5 GemHVO, wobei unter anderem in § 5 Abs. 3 GemHVO verschiedene Abweichungsmöglichkeiten normiert sind, denen aber allesamt gemein ist, dass diese für den Haushalt der Gemeinde keine negativen Auswirkungen haben.

Mit der Regelung in § 82 Abs. 2 Nr. 4 GemO verleiht der Gesetzgeber dem Stellenplan eine hohe Bindungskraft im Rahmen der beschlossenen Haushaltssatzung, indem grundsätzlich jede **negative** Abweichung vom Stellenplan einer Nachtragssatzung bedarf. Dabei ist zu beachten, dass § 82 Abs. 2 Nr. 4 GemHVO die Nachtragssatzungspflicht an eine Abweichung vom Stellenplan knüpft. Es kommt also nicht darauf an, ob die mit der Abweichung gegebenenfalls verbundenen Mehraufwendungen oder Mehrauszahlungen gedeckt oder erheblich sind. Diese Abweichungen bedürfen grundsätzlich einer gesonderten Betrachtung.

Um einen unangemessenen Aufwand zu vermeiden, sind in § 82 Abs. 3 Nr. 3 und 4 GemO zwei Ausnahmetatbestände geschaffen worden, unter deren Voraussetzungen trotz Abweichungen vom Stellenplan keine Nachtragssatzungspflicht besteht.

Nach § 82 Abs. 3 Nr. 3 GemO bedarf es keiner Nachtragssatzung, wenn sich Abweichungen vom Stellenplan und die Leistung höherer Personalaufwendungen unmittelbar aus einer Änderung des Besoldungs- oder Tarifrechts ergeben. Die insoweit gesetzlich oder tarifvertraglich bedingten Änderungen in der Einstufung und Eingruppierung von Personalstellen können ohne Erlass einer Nachtragssatzung vollzogen werden. Dies gilt auch für die mit Besoldungs- oder Tarifrechtsänderungen zusammenhängende Leistung höherer Personalaufwendungen, selbst wenn diese nach § 82 Abs. 2 Nr. 2 eine Nachtragssatzungspflicht hervorrufen würden (was in der Praxis selten der Fall sein dürfte).

§ 82 Abs. 3 Nr. 4 GemO enthält eine Ausnahme von der Nachtragssatzungspflicht, wenn eine Vermehrung oder Hebung von Stellen für Beamte und für Arbeitnehmer im Verhältnis zur Gesamtzahl der Stellen für diese Bediensteten unerheblich ist. Mit dem Gesetz zur Reform des Gemeindehaushaltsrechts wurde die bisherige Einschränkung, dass nur Vermehrungen oder Hebungen von Beamtenstellen der Besoldungsgruppen A 1 bis A 10 keine Nachtragssatzung auslösen, gestrichen, sodass künftig wegen Stellenänderungen bei Beamten wie schon bisher bei Angestellten und Arbeitern eine Nachtragssatzung entfallen kann, wenn die Änderung im Verhältnis zur Gesamtzahl der Stellen für diese Bediensteten unerheblich ist. Aus der Formulierung der Ausnahmevorschrift ergibt sich aber, dass nach wie vor zwischen Stellen für Beamte und Stellen für Arbeitnehmer zu unterscheiden ist. Die entsprechenden Erheblichkeitsgrenzen sind daher getrennt für Beamtenstellen im Verhältnis zur Gesamtzahl dieser Stellen und für Arbeitnehmerstellen im Verhältnis zur Gesamtzahl dieser Stellen festzulegen. Die Bestimmung der Erheblichkeitsgrenzen selbst sollte auch in diesem Fall möglichst durch eine satzungsmäßige Festlegung im Rahmen pflichtgemäßer Ermessensausübung erfolgen.

Praktische Anwendung der unbestimmten Rechtsbegriffe des § 82 GemO

§ 82 GemO enthält unbestimmte Rechtsbegriffe, die mit Beträgen auszufüllen sind. Wie schon mehrfach betont, liegt die konkrete Festsetzung im Ermessen der Gemeinde. Die Gemeinde kann also nicht willkürlich handeln und unterliegt in ihren

Festsetzungen der Kommunalaufsicht im Rahmen der Rechtskontrolle. Es empfiehlt sich, genaue Regelungen in der Hauptsatzung oder in der Haushaltssatzung zu treffen. Auch Festlegungen durch einfache Ratsbeschlüsse sind zulässig. Nachstehend ist ein Beispiel für eine solche Regelung abgedruckt:

Beispiel:

1. *Als „erheblich" im Sinne des § 82 Abs. 2 Nr. 1 GemO gilt ein Fehlbetrag oder die Erhöhung eines geplanten Fehlbetrags beim ordentlichen Ergebnis, wenn dieser 3 v. H. der Gesamtaufwendungen des Ergebnishaushalts des laufenden Haushaltsjahres übersteigt. Ein Fehlbetrag oder die Erhöhung eines geplanten Fehlbetrags beim Sonderergebnis ist erheblich, wenn dieser einen Betrag von xxxx € übersteigt.*
2. *Als „erheblich" gelten Mehraufwendungen im Sinne des § 82 Abs. 2 Nr. 2 GemO, wenn sie im Einzelfall 1 v. H. der Gesamtaufwendungen des Ergebnishaushalts des laufenden Haushaltsjahres übersteigen. Das Gleiche gilt für Mehrauszahlungen in Bezug auf die Gesamtauszahlungen des Finanzhaushalts.*

21.3.4 Änderung von Haushaltsvermerken einschließlich der Budgetbildung

Haushaltsvermerke sind gemäß § 61 Nr. 19 GemHVO einschränkende oder erweiternde Bestimmungen zu Ansätzen des Haushaltsplans. Hierunter fallen insbesondere Deckungsvermerke, also Bestimmungen über die Auswirkungen von Mehrerträgen und Mindererträgen auf Aufwandsermächtigungen bzw. Mehreinzahlungen und Mindereinzahlungen auf Auszahlungsermächtigungen (unechte Deckungsfähigkeit nach § 19 Abs. 2 GemHVO) und Bestimmungen zur echten Deckungsfähigkeit im Sinne von § 20 Abs. 2 GemHVO sowie Budgetänderungsvermerke im Sinne von § 20 Abs. 1 GemHVO. Weitere typische Haushaltsvermerke findet man im Bereich der Zweckbindung (§ 19 Abs. 1 GemHVO) sowie für die Übertragbarkeit von Ansätzen des Ergebnishaushalts (§ 21 Abs. 2 GemHVO). Ebenfalls hierzu gehört der Sperrvermerk, mit dem die Bewirtschaftung von Haushaltsansätzen vom Eintritt bestimmter Bedingungen abhängig gemacht wird.

Der Gemeinderat steuert mit den Vermerken Rechte und Pflichten der Verwaltung im Zusammenhang mit der Bewirtschaftung des Haushaltsplans. Aus diesem Grund kann die Änderung, Löschung oder Neuausweisung von Haushaltsvermerken nicht ohne Veränderung des Haushaltsplans im Rahmen eines Nachtragssatzungsverfahrens durch den Gemeinderat erfolgen.[4] In der Praxis ist natürlich zu überlegen, ob allein eine gewünschte Vermerkänderung den Aufwand einer Nachtragssatzung rechtfertigt.

---

4 A. A. *Aker/Hafner/Notheis*, Gemeindeordnung/Gemeindehaushaltsverordnung Baden-Württemberg, Kommentar zu § 82 GemO, RNrn. 19, 2. Aufl., Stuttgart 2019.

21.3.5 Erhöhung der Ansätze für Verfügungsmittel und Deckungsreserven

Gemäß § 13 Satz 2 GemHVO dürfen die Ansätze für Verfügungsmittel (zum Begriff siehe Kap. 9.3.6.2, Abschnitt b) und für die Deckungsreserve (siehe Kap. 9.3.6.2, Abschnitt c) nicht überschritten werden.

Aufwendungen bzw. Auszahlungen über den Ansatz hinaus sind somit unzulässig. Benötigt die Gemeinde bei diesen Haushaltspositionen zusätzliche Haushaltsmittel, verbleibt ihr nur die Änderung des Haushaltsplans mit Erhöhung des entsprechenden Ansatzes. In einem Nachtragshaushaltsplan kann die Gemeinde natürlich alle Ansätze ändern, also auch die der Verfügungsmittel und der Deckungsreserve. Ein Nachtragshaushaltsplan bedingt aber wegen der Verbindung zu § 1 der Haushaltssatzung eine Nachtragshaushaltssatzung.

21.4 Inhalt des Nachtragshaushaltsplans

In der Regel zieht eine Änderung der Haushaltssatzung auch eine Änderung des Haushaltsplans nach sich – auch deshalb, weil auch für die Nachtragshaushaltssatzung die Vorschriften über die Haushaltssatzung entsprechend gelten und demzufolge der Nachtragshaushaltsplan Bestandteil der Nachtragshaushaltssatzung ist (§ 80 Abs. 1 Satz 1 GemO).

Wenn sich aus den in Kap. 21.3 dargestellten Gründen eine Pflicht zum Erlass einer Nachtragshaushaltssatzung mit Nachtragshaushaltsplan ergibt oder die Gemeinde freiwillig eine Nachtragssatzung aufstellt, ist es sinnvoll, den Nachtragshaushaltsplan so auszugestalten, dass der Ursprungsplan in allen Bereichen auf den neuesten Stand der Haushaltswirtschaft gebracht wird. Damit wird der Haushalt umfassend fortgeschrieben und bleibt übersichtlich als verbindlicher Rahmen für die Haushaltsausführung.

Es wäre allerdings viel zu aufwändig, jede auch noch so kleine Änderung in den Nachtragshaushaltsplan aufzunehmen. Entsprechend § 8 Abs. 2 GemHVO muss der Nachtragshaushaltsplan deshalb nur alle **erheblichen** Änderungen der Erträge und Einzahlungen sowie Aufwendungen und Auszahlungen, die im Zeitpunkt seiner Aufstellung bereits geleistet, angeordnet oder absehbar sind, sowie die damit zusammenhängenden Änderungen der Ziele und Kennzahlen enthalten.

Damit wird eine ganz deutliche Vereinfachung erreicht, wenn es dadurch auch insgesamt zu einer (allerdings nur formalen) Durchbrechung des Grundsatzes der Vollständigkeit (§ 80 Abs. 1 GemO) kommt.

Aufgrund der Regelung des § 4 Abs. 2 GemHVO sollen die Ziele sowie Kennzahlen zur Messung der Zielerreichung in den produktorientierten Teilergebnishaushalten enthalten sein. Damit sind diese Informationen bzw. Daten Teil des Haushaltsplans. Sollen nun die Ziele oder Kennzahlen im laufenden Jahr geändert werden, bedarf dies grundsätzlich einer förmlichen Haushaltsplanänderung. Da der Haushaltsplan durch die Festsetzung der Gesamtbeträge in § 1 der Haushaltssatzung Bestandteil der Haushaltssatzung ist, diese aber gemäß § 82 Abs. 1 GemO nur durch eine Nachtragshaushaltssatzung geändert werden kann, führt die förmliche Änderung von Zielen und Kennzahlen zu einer Nachtragshaushaltssatzung. Dennoch ist es in der Praxis nicht vorstellbar, dass die Änderung von Zielen und Kennzahlen während des Haushaltsjahres den alleinigen Grund für ein Nachtragsverfahren darstellt. Unabhängig vom Anlass sind jedoch im Rahmen eines Nachtragsverfahrens die im Zusammenhang mit den Änderungen von Erträgen und Aufwendungen sowie Einzahlungen und Auszahlungen stehenden Änderungen von Zielen und Kennzahlen mit in den Nachtragshaushaltsplan aufzunehmen.

Auch die bereits entstandenen über- und außerplanmäßigen Aufwendungen sowie die bereits über- und außerplanmäßig geleisteten Auszahlungen müssen im Rahmen von § 8 Abs. 1 GemHVO in den Nachtragshaushaltsplan aufgenommen werden. Der Nachtragshaushaltsplan muss also auch über bereits verfügte Finanzpositionen Auskunft geben. Insofern gibt der Nachtragsplan die laufende Entwicklung des Haushaltsjahres vollständig wieder. Allerdings haben diese Änderungen nur rein deklaratorische Bedeutung, weil das zuständige Organ bereits über die über- oder außerplanmäßigen Bewilligungen entschieden hat und über die Mittel bereits verfügt wurde.

Insbesondere wichtig ist die Aufnahme bereits über- und außerplanmäßig entstandener Aufwendungen sowie über- und außerplanmäßig geleisteter Auszahlungen in den Nachtragshaushaltsplan dann, wenn Mehrerträge bzw. Mehreinzahlungen oder Kürzungen von Aufwendungen oder Auszahlungen veranschlagt werden, die zur Deckung dieser über- und außerplanmäßigen Beträge verwendet wurden. Durch die Aufnahme dieser Positionen wird verhindert, dass die Mehrerträge bzw. Mehreinzahlungen oder Minderaufwendungen bzw. Minderauszahlungen als Haushaltsverbesserungen ein zweites Mal als Deckungsmittel herangezogen werden.[5]

Werden neue Verpflichtungsermächtigungen im Nachtragshaushaltsplan veranschlagt, sind deren Auswirkungen auf die mittelfristige Finanzplanung anzugeben (§ 8 Abs. 2 GemHVO). In diesen Fällen ist dem Nachtragshaushaltsplan auch eine ergänzte Übersicht der Verpflichtungsermächtigungen (§ 1 Abs. 3 Nr. 4 GemHVO) beizufügen.

21.5 Zustandekommen der Nachtragshaushaltssatzung

Besteht die Pflicht zum Erlass einer Nachtragshaushaltssatzung, so ist diese unverzüglich zu erlassen. Die Verwaltung der Gemeinde muss also ohne schuldhaftes Zögern nach Bekanntwerden des begründenden Tatbestands das Satzungsverfahren beginnen und schnellstens einen abschließenden Gemeinderatsbeschluss herbeiführen.

Die Haushaltssatzung kann nach § 82 Abs. 1 Satz 1 GemO nur bis zum Ablauf des Haushaltsjahres – gemäß § 79 Abs. 4 GemO ist das Haushaltsjahr mit dem Kalenderjahr identisch – durch Nachtragshaushaltssatzung geändert werden. Dies bedeutet, dass das Satzungsverfahren zur Nachtragshaushaltssatzung bis zum 31. Dezember mit der

5 *Aker/Hafner/Notheis*, Gemeindeordnung/Gemeindehaushaltsverordnung Baden-Württemberg, Kommentar zu § 8 GemHVO, RNrn. 2, 2. Aufl., Stuttgart 2019.

öffentlichen Bekanntmachung und Auslegung des Nachtragshaushaltsplans abgeschlossen sein muss. Würde die Nachtragshaushaltssatzung erst nach Beendigung des zu beplanenden Haushaltsjahres rechtswirksam werden, wäre der Sinn eines Nachtrages zu hinterfragen.

In Kap. 18 („Haushaltssatzung") wurde als weitere zeitliche Begrenzung erläutert, dass eine Erhöhung der Realsteuerhebesätze in der Haushaltssatzung gemäß § 50 Abs. 3 LGrStG und § 16 Abs. 3 GewStG bis zum 30. Juni für das laufende Jahr beschlossen sein muss. Dies entspricht dem Gedanken der Voraussehbarkeit bei Steuererhöhungen (Vertrauensschutz). Da § 50 Abs. 2 LGrStG und § 16 Abs. 2 GewStG die Realsteuern als Jahressteuern (Hebesatz ist mindestens für ein Kalenderjahr festzusetzen) beschreibt, können im Laufe des Haushaltsjahres durch eine Nachtragshaushaltssatzung die Hebesätze der Haushaltssatzung nur rückwirkend zum Beginn des Haushaltsjahres erhöht werden. Deshalb kommt es bei der Nachtragshaushaltssatzung zur selben zeitlichen Begrenzung wie bei der Haushaltssatzung, wenn die Steuersätze in der Haushaltssatzung erhöht werden sollen. Eine solche Nachtragshaushaltssatzung muss vom Gemeinderat bis zum 30. Juni eines Jahres beschlossen sein.

Gemäß § 82 Abs. 1 Satz 2 GemO gelten für die Nachtragshaushaltssatzung die Vorschriften der Haushaltssatzung entsprechend. Insofern sind auch die Vorschriften der § 79 ff. GemO auf die Nachtragshaushaltssatzung in vollem Umfang anzuwenden (siehe dazu Kap. 18).

21.6 Muster einer Nachtragshaushaltssatzung

Entsprechend Anlage 2 der Verwaltungsvorschrift des Innenministeriums Baden-Württemberg über den Produktrahmen für die Gliederung der Haushalte, den Kontenrahmen und weitere Muster für die Haushaltswirtschaft der Gemeinden (VwV Produkt- und Kontenrahmen) sieht das Muster einer Nachtragssatzung wie folgt aus:

1. Nachtragshaushaltssatzung der Gemeinde[6] ......
für das Haushaltsjahr ......

Auf Grund der §§ 79 und 82 der Gemeindeordnung für Baden-Württemberg hat der Gemeinderat am ...... die folgende Nachtragshaushaltssatzung für das Haushaltsjahr ...... beschlossen:

§ 1 Ergebnishaushalt und Finanzhaushalt

Mit dem Nachtragshaushaltsplan werden die voraussichtlich anfallenden Erträge und entstehenden Aufwendungen sowie die eingehenden Einzahlungen und zu leistenden Auszahlungen wie folgt festgesetzt:

6 Gilt entsprechend auch für Landkreise und Zweckverbände mit der Maßgabe, dass die Rechtsgrundlagen und Bezeichnungen anzupassen sind.

		Bisher festgesetzte (Gesamt-) Beträge[7] EUR	Änderung um (+/–) EUR	Neue festgesetzte (Gesamt-) Beträge[8] EUR
1. Ergebnishaushalt				
1.1	Ordentliche Erträge			
1.2	Ordentliche Aufwendungen			
1.3	**Veranschlagtes ordentliches Ergebnis** (Saldo aus 1.1 und 1.2)			
1.4	Außerordentliche Erträge			
1.5	Außerordentliche Aufwendungen			
1.6	**Veranschlagtes Sonderergebnis** (Saldo aus 1.4 und 1.5)			
1.7	**Veranschlagtes Gesamtergebnis** (Summe aus 1.3 und 1.6)			
2. Finanzhaushalt				
2.1	Einzahlungen aus laufender Verwaltungstätigkeit			
2.2	Auszahlungen aus laufender Verwaltungstätigkeit			
2.3	**Zahlungsmittelüberschuss/-bedarf des Ergebnishaushalts** (Saldo aus 2.1 und 2.2)			
2.4	Einzahlungen aus Investitionstätigkeit			
2.5	Auszahlungen aus Investitionstätigkeit			
2.6	**Veranschlagter Finanzierungsmittelüberschuss/-bedarf aus Investitionstätigkeit** (Saldo aus 2.4 und 2.5)			
2.7	**Veranschlagter Finanzierungsmittelüberschuss/-bedarf** (Saldo aus 2.3 und 2.6)			
2.8	Einzahlungen aus Finanzierungstätigkeit			
2.9	Auszahlungen aus Finanzierungstätigkeit			
2.10	**Veranschlagter Finanzierungsmittelüberschuss/-bedarf aus Finanzierungstätigkeit** (Saldo aus 2.8 und 2.9)			
2.11	**Veranschlagte Änderung des Finanzierungsmittelbestands, Saldo des Finanzhaushalts** (Saldo aus 2.7 und 2.10)			

(Alternativ: Die Erträge, Aufwendungen, Einzahlungen und Auszahlungen des Ergebnishaushaltes und des Finanzhaushaltes werden nicht geändert.)

7 Bisheriger Ansatz (ohne Übertragungen).

8 Fortgeschriebener Ansatz.

§ 2 Kreditermächtigung

Der Gesamtbetrag der vorgesehenen Kreditaufnahmen für Investitionen und Investitionsförderungsmaßnahmen [sowie für die Ablösung von inneren Darlehen aus Mitteln, die für Rückstellungen für die Stilllegung und Nachsorge von Abfalldeponien erwirtschaftet wurden,] (Kreditermächtigung)
wird von bisher EUR
auf EUR
festgesetzt[, davon für die Ablösung von inneren Darlehen von bisher EUR
auf EUR].

(alternativ: Der festgesetzte Gesamtbetrag der vorgesehenen Kredite für Investitionen und Investitionsförderungsmaßnahmen [sowie für die Ablösung von inneren Darlehen aus Mitteln, die für Rückstellungen für die Stilllegung und Nachsorge von Abfalldeponien erwirtschaftet wurden,] (Kreditermächtigung) wird nicht verändert.)

§ 3 Verpflichtungsermächtigungen

Der Gesamtbetrag der vorgesehenen Ermächtigungen zum Eingehen von Verpflichtungen, die künftige Haushaltsjahre mit Auszahlungen für Investitionen und Investitionsförderungsmaßnahmen belasten (Verpflichtungsermächtigungen), wird von bisher EUR
auf EUR
festgesetzt.

(alternativ: Der festgesetzte Gesamtbetrag der Verpflichtungsermächtigungen wird nicht verändert.)

§ 4 Kassenkredite

Der festgesetzte Höchstbetrag der Kassenkredite wird von bisher EUR
auf EUR
festgesetzt.

(alternativ: Der festgesetzte Höchstbetrag der Kassenkredite wird nicht verändert.)

§ 5 Steuersätze

Die Steuersätze (Hebesätze) werden neu festgesetzt

1. für die Grundsteuer
   a) für die land- und forstwirtschaftlichen Betriebe (Grundsteuer A) von bisher ...... v. H. auf ...... v. H.
   b) für die Grundstücke (Grundsteuer B) der Steuermessbeträge; von bisher ...... v. H. auf ...... v. H.
2. für die Gewerbesteuer der Steuermessbeträge. von bisher ...... v. H. auf ...... v. H.

(alternativ: Die Steuersätze werden nicht geändert.)

§ 6 Weitere Bestimmungen

(Für etwaige weitere Bestimmungen nach § 79 Abs. 2 Satz 2 GemO)

Ort/Datum

Anmerkungen:

1. Wird nur der Stellenplan geändert, ist § 1 wie folgt zu fassen: „Der Stellenplan wird in der Fassung der Anlage neu festgesetzt."
2. Falls in § 2 für die Ablösung innerer Darlehen keine Kreditaufnahmen veranschlagt werden, entfallen die Einfügungen in eckigen Klammern. Falls die Steuersätze (Hebesätze) für die Grundsteuer und für die Gewerbesteuer in einer Steuersatz-Satzung festgesetzt wurden, ist die Festsetzung in § 5 des Musters zu streichen. Die Steuersätze können in die nachrichtlichen Angaben am Ende der Haushaltssatzung miteinbezogen werden.
3. Gemeinden, die Träger eines Krankenhauses bzw. einer Pflegeeinrichtung (weder Eigenbetrieb, selbständige Kommunalanstalt, gemeinsame selbständige Kommunalanstalt noch Privatgesellschaft) sind und nicht von der Anwendung der Krankenhaus- bzw. Pflege-Buchführungsverordnung befreit sind, haben die Nachtragshaushaltssatzung, soweit erforderlich, wie folgt zu ergänzen:

§ 7 Wirtschaftsplan Krankenhaus beziehungsweise Pflegeeinrichtung

Der Wirtschaftsplan des Krankenhauses beziehungsweise der Pflegeeinrichtung wird festgesetzt

1. im **Erfolgsplan** mit den folgenden Beträgen EUR

1.1	Summe Erträge	
1.2	Summe Aufwendungen	
1.3	**Veranschlagter Jahresüberschuss/Jahresfehlbetrag** (Saldo aus 1.1 und 1.2)	
	nachrichtlich:	
	Vorauszahlungen der Gemeinde auf die spätere Fehlbetragsabdeckung	
	Vorauszahlungen an die Gemeinde auf die spätere Überschussabführung	

2. im **Liquiditätsplan** mit den folgenden Beträgen EUR

2.1	**Zahlungsmittelüberschuss/-bedarf aus laufender Geschäftstätigkeit**	
2.2	**Veranschlagter Finanzierungsmittelüberschuss/-bedarf aus Investitionstätigkeit**	
2.3	**Veranschlagter Finanzierungsmittelüberschuss/-bedarf** (Saldo aus 2.1 und 2.2)	
2.4	**Veranschlagter Finanzierungsmittelüberschuss/-bedarf aus Finanzierungstätigkeit**	
2.5	**Veranschlagte Änderung des Finanzierungsmittelbestands zum Ende des Wirtschaftsjahres** (Saldo aus 2.3 und 2.4)	

3.	**mit dem Gesamtbetrag der vorgesehenen Kreditaufnahmen für Investitionen und Investitionsförderungsmaßnahmen (Kreditermächtigung) von**	
4.	**mit dem Gesamtbetrag der Verpflichtungsermächtigungen von**	
5.	**mit dem Höchstbetrag der Kassenkredite von**	

2. Bekanntmachung der Nachtragshaushaltssatzung nach den geltenden Vorschriften

Die vorstehende Nachtragshaushaltssatzung mit ihren Anlagen für das Haushaltsjahr … wird hiermit öffentlich bekannt gemacht. Die vom Gemeinderat beschlossene Nachtragshaushaltssatzung mit ihren Anlagen wurde gemäß § 82 Abs. 1 i. V. m. § 81 Abs. 2 GemO der Rechtsaufsichtsbehörde am… vorgelegt. Die genehmigungspflichtigen Bestandteile der Nachtragshaushaltssatzung wurden vom … am … genehmigt.[9]

Der Nachtragshaushaltsplan liegt zur Einsichtnahme vom … bis … im … öffentlich aus.

…, den …

……………
(Unterschrift)

21.7 Übungen

Sachverhalt Nr. 1

Bei der Gemeinde G (Gesamtsumme der Aufwendungen im Ergebnishaushalt: 70.000.000 €, Gesamtsumme der Auszahlungen im Finanzhaushalt: 80.000.000 €, Gesamtsumme der Investitionsauszahlungen 10.000.000 €) fallen im Laufe des Haushaltsjahres folgende Sachverhalte an:

a) Durch ein Unwetter wird das Rathaus der Gemeinde G stark beschädigt. Die nicht veranschlagten Instandsetzungsaufwendungen (vor allem Dach- und Fenstererneuerung) werden auf 800.000 € geschätzt. Im einschlägigen Teilergebnishaushalt werden die veranschlagten Aufwendungen für Sach- und Dienstleistungen ansonsten planmäßig abgewickelt.
b) Es soll eine Kindertagesstätte gebaut werden. Im entsprechenden Teilfinanzhaushalt ist trotz der im Vorjahresplan enthaltenen Finanzierungsrate von 100.000 € der benötigte Betrag von 600.000 € für die Baufortsetzung irrtümlich nicht veranschlagt.
c) Durch das bereits bei a) beschriebene Unwetter ist auch eine Werkhalle einer Firma im Gemeindegebiet unbenutzbar geworden. Die Firma will eine neue Werk-

9 Satz entfällt, wenn die Nachtragshaushaltssatzung keine genehmigungspflichtigen Bestandteile enthält.

halle errichten, an deren Baukosten sich die Gemeinde mit Zuwendungen in Höhe von 100.000 € beteiligen will. Mittel sind dafür im betreffenden Teilhaushalt nicht vorgesehen.

In der Hauptsatzung der Gemeinde G sind Wertgrenzen zur Bestimmung der Erheblichkeit gem. § 82 GemO wie folgt festgesetzt:

1. Als „erheblich" i. S. d. § 82 Abs. 2 Nr. 1 GemO gilt ein Fehlbetrag, der 2 v. H. der Gesamtsumme der Aufwendungen des laufenden Haushaltsjahres im Ergebnishaushalt übersteigt.
2. Als „erheblich" sind Mehraufwendungen i. S. d. § 82 Abs. 2 Nr. 2 GemO dann anzusehen, wenn sie im Einzelfall 1 v. H. der Gesamtsumme der Aufwendungen des laufenden Haushaltsjahres im Ergebnishaushalt übersteigen. Das Gleiche gilt für Mehrauszahlungen im Finanzhaushalt.
3. Als „bedeutend" sind Investitionen und Investitionsförderungsmaßnahmen i. S. d. § 82 Abs. 3 Nr. 1 GemO dann anzusehen, wenn sie im Einzelfall 2 v. H. der Gesamtsumme der Investitionsauszahlungen im Finanzhaushalt übersteigen.

Aufgabe:
Prüfen Sie, ob die im Sachverhalt enthaltenen Tatbestände eine Pflicht zur Nachtragssatzung begründen.

Lösung:
Zu a)
Eine Pflicht zur Nachtragshaushaltssatzung könnte sich zunächst aus § 82 Abs. 2 Nr. 2 GemO ergeben, weil die Aufwendungen für die Instandsetzung des Rathauses die veranschlagten Aufwendungen für Sach- und Dienstleistungen übersteigen (die veranschlagten Haushaltsmittel werden planmäßig benötigt). Voraussetzung dazu ist, dass die Mehraufwendungen von 800.000 € als „erheblich" im Verhältnis zur Gesamtsumme der Aufwendungen zu werten ist. Aufgrund der Hauptsatzung der Gemeinde G sind Mehraufwendungen i. S. dieser Vorschrift dann erheblich, wenn sie 1 v. H. der Gesamtsumme der Aufwendungen im Ergebnishaushalt übersteigen. Die Gesamtsumme der Aufwendungen im Ergebnishaushalt der Gemeinde G beträgt 70.000.000 €, so dass die Grenze bei 700.000 € liegt. Die Mehraufwendungen für die in der Rathausreparatur bedingten Sach- und Dienstleistungen übersteigen diesen Betrag um 100.000 €. Sie stellen somit erhebliche Mehraufwendungen i. S. d. § 82 Abs. 2 Nr. 1 GemO dar und müssen grundsätzlich durch eine Nachtragshaushaltssatzung bereitgestellt werden.

Es fragt sich aber, ob § 82 Abs. 3 Nr. 1 GemO diesen Fall nicht als Ausnahme behandelt. In der Tat sind auch sachlich und zeitlich unabweisbare Instandsetzungen von der Nachtragspflicht befreit. Laut Sachverhalt handelt es sich um die Beseitigung von Unwetterschäden. Das Aufwandvolumen von 800.000 € belegt, dass erhebliche Schäden vorliegen. Die Funktionsfähigkeit des Rathauses ist für die praktische Verwaltungsarbeit unerlässlich. Werden die Reparaturarbeiten nicht sofort in Angriff genommen, besteht die Gefahr, dass sich die Schäden vergrößern. Insofern sind die zusätzlichen Instandsetzungsaufwendungen sachlich und zeitlich unaufschiebbar und demnach unabweisbar. Obwohl es sich also um erhebliche Mehraufwendungen i. S. d. § 82 Abs. 2 Nr. 2 GemO handelt, ist gemäß § 82 Abs. 3 Nr. 1 GemO eine Nachtragshaushaltssatzung nicht erforderlich.

§ 82 Abs. 2 Nr. 1 GemO trifft nicht zu, weil hier die Erheblichkeitsgrenze laut Sachverhalt unterschritten wäre.

Der Mehraufwand ist nach § 84 GemO zu behandeln. Danach wird ein Deckungsvorschlag notwendig sein.

Zu b)
Es ist ebenso zu prüfen, ob sich eine Verpflichtung zur Nachtragssatzung aus § 82 Abs. 2 Nr. 1 GemO ergibt. In der Lösung zu a) wurde bereits festgestellt, dass eine Wertgrenze durch Hauptsatzung festgesetzt ist. In diesem Fall allerdings ist auf den Finanzhaushalt abzustellen, weil es sich um eine Auszahlung für Investitionen (Baumaßnahme) handelt. Insofern beträgt die Grenze 1 % von 80.000.000 €, demnach 800.000 €. Der für den Neubau der Kindertagesstätte benötigte Jahresbetrag von 600.000 € liegt somit unterhalb dieser Grenze, sodass nach dieser Norm keine Pflichtnachtragssatzung zu erlassen ist. Weiter zu prüfen ist, ob § 82 Abs. 2 Nr. 3 GemO eine Nachtragssatzungspflicht begründet. Hiernach verursachen Auszahlungen des Finanzhaushalts für bisher nicht veranschlagte Investitionen und Investitionsförderungsmaßnahmen das Erfordernis einer Nachtragssatzung, soweit diese nicht unabweisbar oder unbedeutend sind (§ 82 Abs. 3 Nr. 1 GemO). Im vorliegenden Fall handelt es sich jedoch nicht um eine „bisher nicht veranschlagte“ Investition, da im Vorjahr bereits eine Finanzierungsrate veranschlagt war und die Maßnahme auf dieser Grundlage bereits begonnen wurde. § 82 Abs. 2 Nr. 1 GemO trifft nicht zu, weil durch diese Maßnahme kein Fehlbetrag entstehen kann. Es handelt sich nicht um Aufwendungen.

Somit bedarf es insgesamt keiner Nachtragssatzung. Allerdings ist die Mehrauszahlung nach § 84 GemO zu behandeln, sodass eine Deckung notwendig wird. Ist eine zusätzliche Kreditaufnahme erforderlich, wird eine Nachtragssatzung zur Änderung der Haushaltssatzung notwendig.

Zu c)
Die Gemeinde will einen Zuschuss in Höhe von 100.000 € zur Investition eines Dritten leisten, sodass es sich um eine Investitionsförderungsmaßnahme im Finanzhaushalt handelt. Es gilt die Wertgrenze von 800.000 € (siehe Lösung zu b). Die Prüfung des § 82 Abs. 2 Nr. 2 GemO ergibt deshalb, dass wegen Unterschreitens der Erheblichkeitsgrenze der Erlass einer Nachtragssatzung nicht erforderlich ist. Zu § 82 Abs. 2 Nr. 1 GemO gelten die Ausführungen zu Buchstabe b). In diesem Falle trifft jedoch § 82 Abs. 2 Nr. 3 GemO tatbestandsmäßig zu. Es handelt sich vorliegend um eine bisher nicht veranschlagte Investitionsförderungsmaßnahme. Diese liegt aber mit 100.000 € unter der Grenze nach § 82 Abs. 3 Nr. 1 GemO, wonach bedeutende Investitionen bzw. Investitionsförderungsmaßnahmen nur solche sind, die im Einzelfall 2 v. H. der Gesamtsumme der Investitionsauszahlungen im Finanzhaushalt (= 200.000 €) übersteigen.

Hinsichtlich einer Behandlung gem. § 84 GemO gelten die entsprechenden Ausführungen zu Buchstabe b).

Sachverhalt Nr. 2

Die Gemeinde G stellt im August 2024 die erste Nachtragshaushaltssatzung mit Nachtragshaushaltsplan für dieses Haushaltsjahr auf. Unter anderem ergibt sich im Teilhaushalt „Sportförderung" folgendes:

a) Erhöhung der Baukosten für das Schwimmbad

Der Bau des Schwimmbades ist im Haushalt 2024 mit 4.000.000 € eingeplant, die je zur Hälfte als Auszahlungen für 2024 und 2025 vorgesehen sind. Nunmehr erhöhen sich die Auszahlungen für das Jahr 2024 um 300.000 € wegen bisher nicht eingeplanter zusätzlicher Bodensicherungsarbeiten. Die Einrichtungsauszahlungen in Höhe von 500.000 € waren bisher im vollen Umfang für 2025 vorgesehen. Nunmehr sollen bereits im Haushaltjahr 2024 Einrichtungen im Wert von 50.000 € gekauft werden. Die Verträge für die Baumaßnahme und die Einrichtungen werden bzw. wurden wie geplant insgesamt in 2024 abgeschlossen.

Bisher war eine Landeszuweisung in Höhe von 10 % der kassenwirksamen Auszahlungen für den Bau und die Einrichtung veranschlagt. Nunmehr hat das Land angekündigt, die Zuweisungsquote auf 20 % der jeweiligen kassenwirksamen Auszahlungen zu erhöhen.

b) Neubau eines bisher nicht veranschlagten Stadions

Die Grundstückssituation für das geplante Stadion stellt sich recht günstig dar. Es kann im Wesentlichen auf ein Grundstück des Grünflächenbereichs im Wert von 200.000 € zurückgegriffen werden, welches bisher bei den Parkanlagen geführt wird. Lediglich ein ca. 1.000 qm großes Grundstück muss zum Kaufpreis von 50.000 € erworben werden. Mit dem Abschluss des Kaufvertrags ist für September 2024 zu rechnen; die Zahlung erfolgt je zur Hälfte in 2024 und 2025. Der Verkäufer wird sich mit dem Baubeginn in 2024 bereiterklären. Dazu hat die Gemeinde G die Notar- und Grundbuchkosten von rund 5.000 € in 2024 zu tragen. Die auf dem Grundstück befindlichen Bäume werden gefällt, wobei noch in 2024 mit einem Verkaufserlös für das Holz in Höhe von 1.000 € gerechnet werden kann.

Die Baukosten belaufen sich auf insgesamt 20.000.000 €. Nach dem Bauzeitenplan werden in 2024 lediglich noch 1.000.000 € verbaut werden können. Der Restbetrag wird je zur Hälfte in 2025 und 2026 anfallen. Eine Spezialfirma soll den Gesamtauftrag vor Baubeginn in 2024 erhalten.

Die für die Pflege der Rasenfläche im Stadion benötigte Spezialmaschine wird eine Auszahlung in Höhe von 100.000 € verursachen. Wegen der langen Lieferzeit soll sie bereits in 2024 bestellt werden; die Auslieferung und Rechnungsstellung sind für 2026 vorgesehen. Neben den Anschaffungskosten hat die Gemeinde G auch die Transportkosten für die Maschine in Höhe von 1.000 € dem Hersteller nach Lieferung zu erstatten.

Das Land wird sich an den Bau- und Grunderwerbskosten mit 10 % entsprechend der Auszahlungsveranschlagung beteiligen.

Aufgabe:
Erstellen Sie einen Auszug aus dem Teilfinanznachtragshaushalt 2020 für den Teilhaushalt „Sportförderung“. Unterstellen Sie dabei, dass alle Änderungsbeträge die in der Gemeinde G geltende örtliche Wertgrenze im Sinne von § 4 Abs. 4 GemHVO übersteigen. Auf die Darstellung der Jahre der mittelfristigen Ergebnis- und Finanzplanung ist zu verzichten. Die Verpflichtungsermächtigungen sind in ihrer endgültigen Summe darzustellen.

Lösung:

Sportförderung Teilfinanzhaushalt Investitionstätigkeit	**neuer Ansatz 2024**	**alter Ansatz 2024**	**Veränderung 2024**	**Neue VE 2025**
Einzahlungen				
aus Zuwendungen für Investitionsmaßnahmen	573.000	200.000	373.000	
aus der Veräußerung von Sachanlagen	1.000	0	1.000	
Summe der investiven Einzahlungen	**574.000**	**200.000**	**374.000**	
Auszahlungen				
für Erwerb von Grundstücken u. Gebäuden	30.000	0	30.000	25.000
für Baumaßnahmen	3.300.000	2.000.000	1.300.000	21.000.000
für Erwerb von beweglichem Anlagevermögen	50.000	0	50.000	551.000
Summe der investiven Ausgaben	**3.380.000**	**2.000.000**	**1.380.000**	**21.576.000**
Saldo Investitionstätigkeit Sportförderung	**–2.806.000**	**–1.800.000**	**–1.006.000**	

Übersicht Investitionsmaßnahmen	**neuer Ansatz 2024**	**alter Ansatz 2024**	**Veränderung 2024**	**Neue VE 2025**
Maßnahmen oberhalb der Wertgrenze				
Einzahlung: Landeszuweisung Stadion	103.000	0	103.000	
Einzahlung: Veräußerung v. Sachanlagen Stadion	1.000	0	1.000	
Auszahlung: Grunderwerb Stadion	30.000	0	30.000	25.000
Auszahlung: Baumaßnahme Stadion	1.000.000	0	1.000.000	19.000.000
Auszahlung: bewegliches Vermögen Stadion	0	0	0	101.000
Saldo Investitionsmaßnahme Stadion	–926.000		–926.000	19.126.000

Übersicht Investitionsmaßnahmen	**neuer Ansatz 2024**	**alter Ansatz 2024**	**Verände-rung 2024**	**Neue VE 2025**
Einzahlung: Landeszuweisung Schwimmbad	470.000	200.000	270.000	
Auszahlung: Baumaßnahme Schwimmbad	2.300.000	2.000.000	300.000	2.000.000
Auszahlung: bewegliches Vermögen Schwimmbad	50.000	0	50.000	450.000
Saldo Investitionsmaßnahme Schwimmbad	–1.880.000	–1.800.000	–80.000	2.450.000
Saldo	**–2.806.000**	**–1.880.000**	**–1.006.000**	**21.576.000**

22. Der Jahresabschluss[1]

22.1 Gestaltung des Jahresabschlusses

22.1.1 Allgemeines

Der kommunale Jahresabschluss stellt vergleichbar mit dem kaufmännischen Abschluss das Ziel der Rechenschaft in den Vordergrund. Nach § 95 Abs. 1 Satz 1 GemO ist daher im Jahresabschluss das Ergebnis der Haushaltswirtschaft des Haushaltsjahres nachzuweisen. Als Aufstellungsgrundsatz legt § 95 Abs. 1 GemO fest, dass der Jahresabschluss ein den tatsächlichen Verhältnissen entsprechendes Bild der Lage der Gemeinde vermitteln muss. Hierbei hat die Gemeinde neben der Beachtung der Grundsätze ordnungsmäßiger Buchführung unter Berücksichtigung der besonderen gemeindehaushaltsrechtlichen Bestimmungen (Grundsätze ordnungsmäßiger kommunaler Buchführung) zum Schluss eines jeden Haushaltsjahres im Jahresabschluss sämtliche Vermögensgegenstände, Schulden, Rückstellungen, Rechnungsabgrenzungsposten, Erträge, Aufwendungen, Einzahlungen und Auszahlungen aufzuführen, soweit nichts anderes bestimmt ist. Des Weiteren sind sämtliche in der GemHVO enthaltenen Maßgaben aus §§ 47 ff. zu berücksichtigen. Das den tatsächlichen Verhältnissen entsprechende Bild soll darüber informieren, wie „reich" oder „arm" die Gemeinde ist und wie sich ihre Ertragskraft gestaltet. In der Praxis dürfte dieser Regelungsteil kaum relevant sein, da die anderen haushaltsrechtlichen Vorschriften, insbesondere die Grundsätze ordnungsmäßiger kommunaler Buchführung kaum eine Abweichung zulassen.

Für den Jahresabschluss von besonderer Bedeutung sind die im Rahmen der Rechenschaftspflicht geltenden Grundsätze der Recht- und Ordnungsmäßigkeit der Haushaltswirtschaft. Im Vorfeld des Jahresabschlusses sollte daher bereits im Rahmen der Bewirtschaftung, zwecks Vermeidung zusätzlicher zeitraubender Prüfarbeiten während des Jahresabschlusses, bei den einzelnen Rechnungskomponenten periodisch (z. B. monatlich) der Buchungsstoff geprüft werden. Hierzu gehört auch ein Abgleich der Nebenbuchhaltungen mit dem Hauptbuch. Unklare Buchungen sollten bis zum Jahresabschluss geklärt und fehlerhafte Buchungen berichtigt werden.

Der Jahresabschluss besteht nach § 95 Abs. 2 GemO aus dem Abschluss der drei Rechnungskomponenten

- Ergebnisrechnung,
- Finanzrechnung und
- Bilanz.

1 Vgl. zum Gesamtthema: Leitfaden zum Jahresabschluss nach den Grundlagen des Neuen Kommunalen Haushalts- und Rechnungswesens (NKHR) in Baden-Württemberg, 2. Aufl., Dezember 2018, veröffentlicht unter https://im.baden-wuerttemberg.de/de/land-kommunen/starke-kommunen/nkhr/sonstige-leitfaeden-und-arbeitshilfen/.

Des Weiteren sind nach dieser Regelung mittels eines Anhangs (§ 53 GemHVO) Angaben und Erläuterungen zu relevanten Inhalten bezüglich des Jahresabschlusses zu treffen. Dem Jahresabschluss ist nach § 95 Abs. 2 GemO außerdem ein Rechenschaftsbericht entsprechend den Festlegungen in § 54 GemHVO beizufügen. Aus § 51 GemHVO ergibt sich, dass außerdem für die Teilhaushalte

- Teilergebnisrechnungen und
- Teilfinanzrechnungen

aufzustellen sind.

Dem Anhang sind gem. § 95 Abs. 3 GemO eine Vermögensübersicht (§ 55 Abs. 1 GemHVO), eine Schuldenübersicht (§ 55 Abs. 2 GemHVO) und eine Übersicht über die in das folgende Jahr zu übertragenden Haushaltsermächtigungen (§ 61 Nr. 18 GemHVO) beizufügen.

Das nachstehende Schaubild verdeutlicht den Zusammenhang der auf unterschiedliche Regelungen verteilten Elemente des Jahresabschlusses:

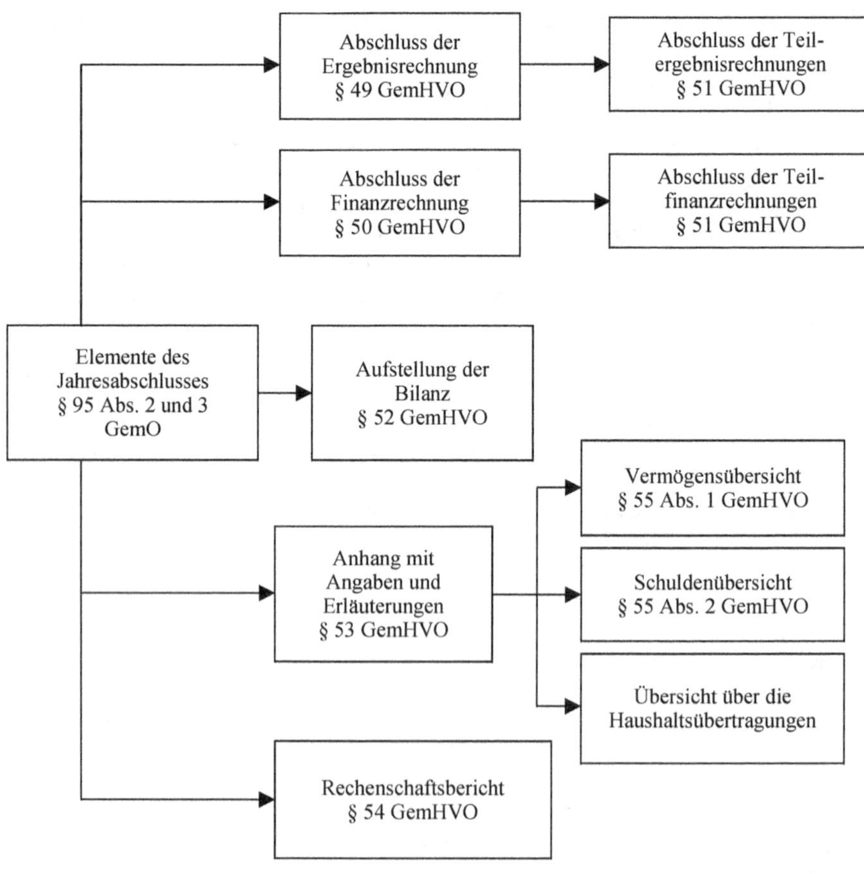

22.1.2 Schritte zum Jahresabschluss

Die Jahresabschlussarbeiten gliedern sich methodisch in folgende Schritte:

A. Vorbereitende Abschlussarbeiten

1. Buchungsabschluss Ein- und Ausgangsrechnungen des abzuschließenden Jahres
2. Inventurvorbereitung und -durchführung
3. Buchung Inventurdifferenzen
4. Dokumentation Inventur
5. Prüfung der Vollständigkeit von Zu- und Abgängen im Anlagenbuch
6. Prüfung der Plausibilität von Abschreibungsbuchungen
7. Abschreibungen aktivierter GWG
8. Abrechnung fertig gestellter Anlagen im Bau
9. Wertberichtigungen auf Anlagenbestand
10. Überprüfung der Sonderposten (Zuführung, Auflösung)
11. Überprüfung „Offene Posten“ Kreditoren und Debitoren (Saldenlisten)
12. Ermittlung von Umbuchungen bei kreditorischen Debitoren oder debitorischen Kreditoren
13. Einholung von Saldenbestätigungen
14. Wertberichtigungen auf Forderungsbestand
15. Wertberichtigungen auf Schuldenbestand
16. Fortschreibung der Rückstellungen (Zuführung, Inanspruchnahme, Auflösung)
17. Periodenabgrenzung/Auflösung und Bildung von Rechnungsabgrenzungsposten
18. Erfassung und Zuordnung der antizipativen Posten (Sonstige Forderungen und Verbindlichkeiten
19. Erfassung der Ist-Kennzahlen für die Teilrechnungen
20. Abschluss Kostenrechnung und Interne Leistungsverrechnung
21. Feststellung Gebührenüberschuss/-fehlbetrag und ggf. Fortschreibung in den Rückstellungen (siehe Pos. 16)
22. Abschluss der Betriebe gewerblicher Art (Steuerlicher Abschluss)
23. Übertragung von Ermächtigungen/Budgetresten

B. Jahresabschlussarbeiten

1. Letzte Tagesabstimmung
2. Abschluss der Nebenbücher
3. Abstimmung Nebenbücher mit Grund- und Hauptbuch
   - Abstimmung Kreditoren mit Verbindlichkeiten
   - Abstimmung Debitoren mit Forderungen
   - Ordnung der Forderungen/Verbindlichkeiten nach Fristigkeit
   - Abstimmung Anlagenrestbuchwerte des Anlagenbuchs mit Bilanzkonten
4. Abschluss des Grundbuchs (Journal)

5. Abschluss des Hauptbuchs
   Umbuchungen im Eigenkapital (Bildung und Auflösung von Rücklagen)
6. Aufstellung Bilanz, Ergebnisrechnung und Teilergebnisrechnung, Finanzrechnung und Teilfinanzrechnung
7. Erstellung der Forderungsübersicht
8. Erstellung der Verbindlichkeitenübersicht
9. Erstellung Anhang und Lagebericht
10. Ausdruck Jahresabschluss im Entwurf
11. Vorbereitungen auf das nächste (Haushalts-)Buchungsjahr
    – Öffnen der Bücher für das Folgejahr
    – Obligovortrag
    – Bereitstellung der Konten für Buchungen zu Gunsten/Lasten des Folgejahres
    – Saldovortrag

Die Darstellung der Schritte im Einzelnen würde den Umfang dieses Lehrbuchs sprengen. Die Erläuterungen beschränken sich daher auf die nachfolgenden wesentlichen Elemente des Jahresabschlusses.

22.2 Die einzelnen Elemente des Jahresabschlusses

22.2.1 Ergebnisrechnung

In der Ergebnisrechnung sind nach § 49 Abs. 1 Satz 1 GemHVO die Erträge und Aufwendungen gegenüberzustellen. Entsprechend § 43 Abs. 1 Nr. 4 GemHVO sind hierbei Aufwendungen und Erträge des Haushaltsjahres unabhängig von den Zeitpunkten der entsprechenden Zahlungen zu berücksichtigen (Periodisierungsgrundsatz). Mit Hilfe von § 48 GemHVO werden Erträge und Aufwendungen, die in das Folgejahr fallen, abgegrenzt. Die Abgrenzung der dem Haushaltsjahr zuzurechnenden Aufwendungen und Erträge findet jedoch in den einzelnen Teilergebnisrechnungen statt, da dort die produktorientierte Zuordnung der Aufwendungen und Erträge erfolgt. Die Ergebnisrechnung stellt dagegen eine zusammenfassende Aufstellung aller Aufwendungen und Erträge aus den einzelnen produktorientierten Teilergebnisrechnungen einer Gemeinde dar. Im Rahmen der ordnungsmäßigen Aufstellung der Ergebnisrechnung ist es somit Grundvoraussetzung, dass die Abschlussbuchungen für die dem Haushaltsjahr zuzurechnenden Erträge und Aufwendungen in den Teilrechnungen vorgenommen werden.

Dies sind die Buchungen, die im Verlauf des Haushaltsjahres noch nicht vorgenommen wurden (bzw. werden konnten). Hierzu gehören:

- transitorische Rechnungsabgrenzung (Einnahmen bzw. Ausgaben des abzuschließenden Haushaltsjahres, die erst einen bestimmten Zeitpunkt nach dem Bilanzstichtag als Erträge oder Aufwendungen zuzurechnen sind; für deren Ausweis bestehen im Jahresabschluss zwei eigene Bilanzpositionen),

- antizipative Rechnungsabgrenzung (Aufwendungen und Erträge des abzuschließenden Haushaltsjahres, die erst nach dem Bilanzstichtag zu Ausgaben bzw. Einnahmen führen; analog zum kaufmännischen Rechnungswesen sind diese Posten unter den Bilanzpositionen „sonstige Verbindlichkeiten" bzw. „sonstige Forderungen" [konkret unter „übrige öffentlich-rechtliche Forderungen" bzw. „übrige privatrechtliche Forderungen"] zu bilanzieren),
- Wertberichtigungen und
- Rückstellungsbildungen bzw. -auflösungen (der Themenbereich Rückstellungen ist in Kap. 10.3.3.3 ausführlich beschrieben, sodass auf weitergehende Ausführungen in diesem Kapitel verzichtet wird).

Die Unterscheidung der transitorischen und antizipativen Periodenabgrenzung wird anhand des nachfolgenden Schaubilds deutlich:

<table>
<tr><th colspan="2">Geschäftsvorfall ergibt im</th><th></th><th></th></tr>
<tr><th>abzuschließenden Haushaltsjahr</th><th>Folgehaushaltsjahr oder später</th><th>Form der Periodenabgrenzung</th><th>Bilanzielle Darstellung</th></tr>
<tr><td>Aufwand</td><td>Auszahlung</td><td rowspan="2">Antizipative Periodenabgrenzung</td><td>Sonstige Verbindlichkeiten</td></tr>
<tr><td>Ertrag</td><td>Einzahlung</td><td>Sonstige Forderungen</td></tr>
<tr><td>Auszahlung</td><td>Aufwand</td><td rowspan="2">Transitorische Periodenabgrenzung</td><td>Aktive Rechnungsabgrenzung</td></tr>
<tr><td>Einzahlung</td><td>Ertrag</td><td>Passive Rechnungsabgrenzung</td></tr>
</table>

Transitorische Periodenabgrenzung

Die transitorische Periodenabgrenzung wird in § 48 GemHVO geregelt. Sie gliedert sich aus Sicht der Ergebnisrechnung in Aufwand und Ertrag und aus bilanzieller Sicht in aktive und passive Rechnungsabgrenzungsposten.

Nach § 48 Abs. 1 GemHVO sind Auszahlungen im laufenden Haushaltsjahr, die erst einen Aufwand nach dem Abschlussstichtag darstellen, unter den aktiven Rechnungsabgrenzungsposten anzusetzen. Aus Sicht der Bilanz ist insoweit eine Forderung an einen Dritten auf eine von diesem noch nicht erbrachte Leistung ausgewiesen.

Nach § 48 Abs. 2 GemHVO sind Einzahlungen im laufenden Haushaltsjahr, die erst einen Ertrag nach dem Abschlussstichtag darstellen, unter den passiven Rechnungsabgrenzungsposten anzusetzen. Aus Sicht der Bilanz ist insoweit eine Verbindlichkeit an einen Dritten auf eine von der Gemeinde noch zu erbringende Leistung ausgewiesen.

Für Disagio (Unterschiedsbetrag, der durch einen höheren Rückzahlungsbetrag einer Verbindlichkeit gegenüber dem Kreditauszahlungsbetrag entsteht – siehe hierzu auch Kap. 16.2.4.3) besteht nach § 48 Abs. 3 GemHVO analog den handelsrechtlichen Bestimmungen ein Wahlrecht hinsichtlich der transitorischen Rechnungsabgrenzung. Wird dieser Betrag nicht in der Bilanz gesondert als aktiver Rechnungsabgrenzungsposten ausgewiesen, so sollte dies gem. § 53 Abs. 2 GemHVO im Anhang zur Verdeutlichung dieser Wahlrechtsausübung und der Bilanzierungs- bzw. Bewertungsmethode angegeben und erläutert werden.

Antizipative Periodenabgrenzung

Die antizipative Periodenabgrenzung ist in den allgemeinen Bewertungsanforderungen des § 43 GemHVO enthalten. Nach § 43 Abs. 1 Nr. 4 GemHVO sind im Haushaltsjahr entstandene Aufwendungen und erzielte Erträge unabhängig von den Zeitpunkten der entsprechenden Zahlungen im Jahresabschluss zu berücksichtigen. Sofern beispielsweise die Kommune Mietnutzungen wahrgenommen hat, die Aufwand des laufenden Haushaltsjahres darstellen, aber die Zahlung erst im folgenden Haushaltsjahr zu erfolgen hat, muss dieser aufwandsverursachende Sachverhalt im Rahmen der antizipativen Periodenabgrenzung abgebildet werden. Die Gegenbuchung zum Aufwand erfolgt als sonstige Verbindlichkeiten in der Höhe, die dem laufenden Haushaltsjahr zuzurechnen ist.

Beispiel:
Die Gemeinde hat am 31.3.2024 eine Mietzahlung von 30.000 € für die Monate 1.10.2023 bis 31.3.2024 zu leisten. Für die ergebnisgerechte Abbildung des Aufwands muss im Haushaltsjahr 2023 eine Aufwandsbuchung i. H. v. 15.000 € (anteilige Ermittlung für das Haushaltsjahr 2019, 3 von 6 Monaten = 50 %) an „Sonstige Verbindlichkeiten" erfolgen.

Bei Erträgen ist analog zu verfahren. Sofern beispielsweise eine Kommune nunmehr Mietnutzungen gewährt, die einen Ertrag des laufenden Haushaltsjahres darstellen, aber der Zahlungszufluss erst im folgenden Haushaltsjahr stattfinden wird, muss der Ertrag des laufenden Haushaltsjahres im Rahmen der antizipativen Periodenabgrenzung abgebildet werden. Die Gegenbuchung zum Ertrag erfolgt als sonstige Forderungen in der Höhe, die dem laufenden Haushaltsjahr zuzurechnen ist.[2]

Wertberichtigungen

Im Rahmen der periodengerechten Zuordnung von Aufwendungen ist es für den Forderungsbereich erforderlich, die Werthaltigkeit von Forderungen zu überprüfen und gegebenenfalls Wertberichtigungen durchzuführen. Dieses Erfordernis ergibt sich aus der grundsätzlichen Verpflichtung nach § 95 Abs. 1 GemO, wonach im Jahresabschluss alle dem Haushaltsjahr zuzurechnenden Aufwendungen in der jeweiligen Ergebnisrechnung nachzuweisen sind. Des Weiteren regelt § 43 Abs. 1 Nr. 2 und 3 GemHVO, dass alle Vermögensgegenstände, soweit nichts anderes bestimmt ist, zum Abschlussstichtag einzeln zu bewerten sind und vorhersehbare Risiken und Verluste, die bis zum Abschlussstichtag entstanden sind, zu berücksichtigen sind.

2 Vgl. auch *Aker/Hafner/Notheis*, Gemeindeordnung/Gemeindehaushaltsverordnung Baden-Württemberg, Kommentar zu § 48 GemHVO, RNrn. 19–22, 2. Aufl., Stuttgart 2019.

Das kaufmännische Rechnungswesen sieht für die Wertberichtigungen zwei Verfahren vor. Diese sind

- die Einzelwertberichtigung und
- die Pauschalwertberichtigung.

Das Verhältnis dieser kaufmännischen Wertberichtigungsformen zur öffentlich-rechtlichen Wertberichtigungsform der Niederschlagung (§ 32 Abs. 2 GemHVO) ist nicht klar geregelt. Im Wesentlichen ist der Unterscheid darin zu finden, dass die Niederschlagung der strukturiert geregelte Entscheidungsprozess darstellt, mit welchem eine Gemeinde von der Einziehung einer Forderung befristet oder endgültig Abstand nimmt und aus welchem sich aufgrund zivilrechtlicher oder abgabenrechtlicher Regelungen Auswirkungen auf den Bestand der Forderung ergeben (z. B. Verjährung bei unbefristeter Niederschlagung). Parallel zum internen Entscheidungsprozess (Niederschlagung) erfolgt (häufig bereits im Vorfeld) eine entsprechende Einzelwertberichtigung der Forderung. Der Niederschlagung geht somit ein Verfahren der Prüfung der Werthaltigkeit einer Forderung voraus. Es erfolgt ein öffentlich-rechtliches Mahnverfahren und die Gemeinde nimmt auch in eigener Zuständigkeit Vollstreckungsversuche vor. Auf der Grundlage der Ergebnisse der Einzelprüfung erfolgt die Entscheidung, ob eine einzelne Forderung niedergeschlagen wird oder nicht. Grundsätzlich erfolgt dieses strukturierte Verfahren der Einzelprüfung auch für privatrechtliche Forderungen, wobei jedoch ein privatrechtliches Mahnverfahren vorgeschaltet ist.

Die kaufmännische Vorgehensweise untergliedert zwei Sachverhaltsvarianten. Diese sind

- zweifelhafte Forderungen und
- uneinbringliche Forderungen.

Die inhaltlichen Voraussetzungen einer uneinbringlichen Forderung decken sich grundsätzlich mit denen einer unbefristeten Niederschlagung. Hier ist davon auszugehen, dass die Forderung zukünftig nicht realisiert werden kann. Uneinbringliche Forderungen sind vollständig abzuschreiben. Die Abschreibung erfolgt direkt gegenüber dem Forderungskonto. Eine Einzelwertberichtigung findet nicht mehr statt.

Anders ist dies bei zweifelhaften Forderungen. Eine Forderung ist zweifelhaft, wenn der Zahlungseingang bei bestehendem Zahlungsverzug als ungewiss erachtet wird (z. B. Schuldner hat ein Vergleichs- oder Insolvenzverfahren beantragt). Grundsätzlich kommen als zweifelhafte Forderungen die befristeten Niederschlagungen in Betracht, da die Gemeinde bei einer befristeten Niederschlagung davon ausgeht, zukünftig die Forderung noch realisieren zu können. Maßstab für die buchhalterische Vorgehensweise ist die Uneinbringlichkeit bzw. die Zweifelhaftigkeit der Forderung. Hier findet die Einzelwertberichtigung statt. Die Einzelwertberichtigung ist eine Vorstufe der Abschreibung der entsprechenden Forderung und stellt einen Aufwandsposten in der Ergebnisrechnung dar. Im Gegensatz zur Abschreibung bleibt die Forderung in den Büchern als offen stehen, wird aber in der Bilanz um den Wertberichtigungsbetrag vermindert.

Weder die GemO noch die GemHVO verlangt konkret die Umbuchung von zweifelhaft gewordenen Forderungen auf spezielle Konten. Der baden-württembergische Kontenrahmen sieht jedoch im Rahmen der Grundsätze ordnungsmäßiger Buchführung vor, dass je Forderungsart für Zwecke der Wertberichtigung Unterkonten für zweifelhafte Forderungen und wertberichtigte Forderungen gebildet werden können, auf die im Falle der Wertberichtigung entsprechend umgebucht wird. Hierdurch wird auch die Haushaltswahrheit und -klarheit erhöht.

Zweifelhafte Forderungen sind mit ihrem wahrscheinlichen Wert entsprechend § 43 Abs. 1 Nr. 3 GemHVO wirklichkeitsgetreu anzusetzen, so dass hieran orientiert die Wertberichtigung offen erfolgt. Somit erscheint in der Jahresabschlussbilanz als Forderungsbestand ein um die Wertberichtigungen geminderter Wert (= Betrag der werthaltigen Forderungen).

Neben der Einzelwertberichtigung ist jedoch auch eine Pauschalwertberichtigung oder auch ein verbundenes Verfahren von Einzelwert- und Pauschalwertberichtigung zulässig.

Ausgehend vom Prinzip der wirklichkeitsgetreuen Bewertung und den Bilanzgrundsätzen der Wahrheit und Klarheit sind Pauschalwertberichtigungen von Forderungen geboten, soweit dies zur Darstellung der tatsächlichen Vermögenslage der Kommune erforderlich ist.

Für eine Vielzahl wirtschaftlich gleichartiger Forderungen besteht deshalb anstelle der Einzelwertberichtigung die Möglichkeit, eine Pauschalwertberichtigung vorzunehmen. Die Wertberichtigung erfolgt anhand eines gemeindeindividuellen prozentualen Erfahrungssatzes von Ausfällen bei wirtschaftlich gleichartigen Forderungen, durch den der Gesamtbestand an Forderungen wertberichtigt wird. Die Herleitung des prozentualen Erfahrungssatzes muss den Grundsätzen ordnungsmäßiger Buchführung entsprechen, so dass die Quote an pauschalierten Forderungsausfällen sorgfältig beurteilt werden muss. Im Rahmen der Pauschalwertberichtigung erfolgt wie bei der Einzelwertberichtigung die Buchung eines Aufwands gegen ein Wertberichtigungskonto, das mit den entsprechenden Forderungskonten auf der Aktivseite abgeschlossen wird und diese auf den Betrag vermindert, der dem zwar noch nicht bekannten, jedoch mit einer gewissen Wahrscheinlichkeit auftretenden Ausfallrisiko entspricht.

Somit erscheint in der Bilanz als Forderungsbestand ein um die pauschalierten Wertberichtigungen geminderter Wert (= Betrag der pauschaliert ermittelten werthaltigen Forderungen).

Gliederungsstruktur

Für die Ergebnisrechnung ist nach § 49 Abs. 2 GemHVO die Gliederungsstruktur des Ergebnishaushalts nach § 2 GemHVO maßgeblich. Den in der Ergebnisrechnung nachzuweisenden Ist-Ergebnissen des Haushaltsjahres sind nach § 51 Abs. 2 GemHVO die fortgeschriebenen Planansätze des Haushaltsjahres gegenüberzustellen. Des Weiteren ist gemäß § 47 Abs. 2 GemHVO in der Ergebnisrechnung zu jedem Posten der entsprechende Betrag des vorhergehenden Haushaltsjahres anzugeben. Sind die Beträge nicht vergleichbar, so ist dies im Anhang anzugeben und zu erläutern. Wird der Vorjahresbetrag angepasst, so ist auch dies im Anhang anzugeben und zu erläutern. Darüber hinaus sieht das Muster für die Gesamtergebnisrechnung in Anlage 19 der VwV Produkt- und Kontenrahmen folgende weitere Angaben vor:

- Vergleich Ansatz/Ergebnis,
- Ergänzende Festlegungen zum Haushaltsvollzug,
- Ermächtigungsübertragung aus dem Vorjahr,
- Verfügbare Mittel abzüglich Ergebnis,
- Ermächtigungsübertragung ins Folgejahr.

Die Fortschreibung der Haushaltsansätze ergibt sich durch Nachtragshaushalte. Ergänzende Festlegungen zum Haushaltsvollzug sind über- und außerplanmäßige Aufwendungen, haushaltswirtschaftliche Sperren und Inanspruchnahme von Deckungsfähigkeiten.

Des Weiteren gilt das Bruttoprinzip, sodass nach § 40 Abs. 2 GemHVO Aufwendungen grundsätzlich nicht mit Erträgen verrechnet werden dürfen, soweit durch Gesetz oder Verordnung nichts Anderes zugelassen wird. Eine Ausnahme hierzu stellt beispielsweise § 16 Abs. 3 GemHVO dar, wonach Abgaben, abgabenähnliche Entgelte und allgemeine Zuweisungen, welche die Gemeinde zurückzuzahlen hat, bei den Erträgen abzusetzen sind.

22.2.2 Teilergebnisrechnungen

In den Teilergebnisrechnungen sind anhand der Gliederungsstruktur des § 2 i. V. m. § 4 Abs. 3 GemHVO die

- dem Haushaltsjahr und
- den jeweiligen Teilergebnisrechnungen

zuzurechnenden Erträge und Aufwendungen nachzuweisen. Wie bei der Ergebnisrechnung festgestellt, sind demnach in den Teilergebnisrechnungen sämtliche Vorschriften hinsichtlich der erfolgsmäßigen Abgrenzung des Haushaltsjahres zu beachten und dort die entsprechenden „vorbereitenden" Abschlussbuchungen vorzunehmen.

Den in den Teilergebnisrechnungen nachzuweisenden Ist-Ergebnissen sind analog zur Ergebnisrechnung die Ergebnisse der Rechnung des Vorjahres und die fortgeschriebenen Planansätze des Haushaltsjahres voranzustellen und ein Plan-/Ist-Vergleich anzufügen.

Das Muster für die Teilergebnisrechnungen in Anlage 23 der VwV Produkt- und Kontenrahmen entspricht in der Spaltenstruktur dem der Gesamtergebnisrechnung.

Da mit der Aufstellung der Ergebnisrechnung in Form der Anlagen 19 und 23 der VwV Produkt- und Kontenrahmen auch der nach § 51 GemHVO geforderte Planvergleich durchgeführt wird, sollte die Gliederungstiefe der Gesamtergebnisrechnung und der Teilergebnisrechnungen auch der Gliederungstiefe des Gesamtergebnishaushaltes bzw. der Teilergebnishaushalte entsprechen.[3]

22.2.3 Finanzrechnung

In der Finanzrechnung sind nach § 50 GemHVO die im Haushaltsjahr eingegangenen Einzahlungen und geleisteten Auszahlungen getrennt nachzuweisen.

Wie bei der Ergebnisrechnung findet zunächst ein Verweis auf die Struktur des Finanzhaushalts in § 3 Nr. 1 bis 36 GemHVO statt. § 50 GemHVO enthält für die Struktur der Finanzrechnung weitere Ein- und Auszahlungsarten. Insgesamt besteht die Finanzrechnung hiernach aus fünf Teilen, in welchen die Ein- und Auszahlungen wie folgt strukturiert dargestellt bzw. saldiert werden:

- Ein- und Auszahlungen aus laufender Verwaltungstätigkeit,
- Ein- und Auszahlungen aus Investitionstätigkeit,
- Ein- und Auszahlungen aus Finanzierungstätigkeit,
- Haushaltsunwirksame Zahlungsvorgänge,
- Zahlungsmittelbestand.

In der Finanzrechnung sind demnach gem. § 50 GemHVO in Abweichung zu den Posten des Finanzhaushalts ferner die haushaltsunwirksamen Zahlungsvorgänge (z. B. Zahlungen aus der Aufnahme und der Tilgung von Kassenkrediten, Zahlungen aus durchlaufenden Finanzmitteln [§ 15 GemHVO], Zahlungen aus der Anlegung von Kassenmitteln) sowie der Anfangsbestand, die Veränderung und der Endbestand an Zahlungsmitteln auszuweisen.

Den in der Finanzrechnung nachzuweisenden Ist-Zahlungen sind nach § 47 Abs. 2 GemHVO die Zahlungen der Rechnung des Vorjahres und gemäß § 51 Abs. 2 GemHVO die fortgeschriebenen Planansätze des Haushaltsjahres voranzustellen und ein Plan-/ Ist-Vergleich anzufügen.

Das für die Gesamtfinanzrechnung vorgesehene Muster in Anlage 21 zur VwV Produkt- und Kontenrahmen sieht eine der Gesamtergebnisrechnung entsprechende Spaltenstruktur vor.

Des Weiteren gilt analog zur Ergebnisrechnung das Bruttoprinzip, sodass nach § 40 Abs. 2 GemHVO Auszahlungen grundsätzlich nicht mit Einzahlungen verrechnet werden dürfen, soweit durch Gesetz oder Verordnung nichts Anderes zugelassen wird.

3 Vgl. Leitfaden zum Jahresabschluss nach den Grundlagen des Neuen Kommunalen Haushalts- und Rechnungswesens (NKHR) in Baden-Württemberg, 2. Aufl., Dezember 2018, Kap. 2.4.: „Planvergleich (§ 51 GemHVO)“.

22.2.4 Teilfinanzrechnungen

Die Teilfinanzrechnungen haben hauptsächlich die Funktion einer Investitionsrechnung, wodurch eine Übersicht über durchgeführte Investitionsmaßnahmen gegeben wird. Diesbezüglich sind entsprechend der in § 4 Abs. 4 GemHVO vorgesehenen Gliederungsstruktur die Summe der zahlungswirksamen ordentlichen und außerordentlichen Erträge und Aufwendungen sowie die investiven Einzahlungen und Auszahlungen mit verschiedenen Salden anzugeben. Das für die Teilfinanzrechnung mit Planvergleich vorgesehene Muster in Anlage 24.1 zur VwV Produkt- und Kontenrahmen sieht eine der Teilergebnisrechnung entsprechende Spaltenstruktur vor. Hat sich die Gemeinde entsprechend § 4 Abs. 4 Satz 3 GemHVO entschieden, die Teilfinanzhaushalte auf die Darstellung der Investitionstätigkeit zu beschränken, so gilt dies entsprechend auch für die Teilfinanzrechnungen.

In Anlehnung an § 4 Abs. 4 Satz 4 GemHVO sieht das Muster in Anlage 24.2 zur VwV Produkt- und Kontenrahmen vor, dass zusätzlich für einzelne Investitionsmaßnahmen – oberhalb örtlich festgelegter Wertgrenzen – Finanzrechnungen entsprechend der Spaltenstruktur der Teilfinanzrechnungen aufgestellt werden können. Das Muster ist jedoch nicht verbindlich.

22.2.5 Bilanz

Die Darstellung zur Bilanz beschränkt sich in diesem Kapitel auf das Verfahren des Jahresabschlusses. Kap. 10 beschäftigt sich ausführlich mit den Bilanzinhalten.

Im Rahmen des Jahresabschlusses bildet die Bilanz das zentrale Element der drei Rechnungskomponenten. Sämtliche anderen Rechnungskomponenten sind vor der Bilanz abzuschließen.

Für den Jahresabschluss sind weitere Aufgaben durchzuführen und teilweise auch frühzeitig vorzubereiten. Beispielsweise ist für den Abschluss der Anlagenbuchhaltung bzw. der Bilanz gem. § 37 ff. GemHVO eine Inventur erforderlich oder für die Bildung von Rückstellungen, bzw. der Fortschreibung der Rückstellungswerte gem. § 41 GemHVO, sind die erforderlichen Daten und Werte zu ermitteln. Dies sind insbesondere:

- die Aufbereitung der Personaldaten für die Ermittlung von Rückstellungen für Lohn- und Gehaltszahlungen,
- die Erhebung der Daten für die Berechnung von Finanzausgleichsrückstellungen oder
- die Entscheidung über die Bildung von Rückstellungen für unterlassene Instandhaltung oder die Prüfung von außerplanmäßigen Abschreibungen.

Sofern eine Gemeinde Nebenbuchhaltungen wie Anlagenbuchhaltung, Kreditoren- und Debitorenbuchhaltung nutzt, muss der Jahresabschluss mit dem Abschluss dieser

Rechnungskomponenten beginnen. Nach deren Abschluss sind die Teilrechnungen, die Ergebnisrechnung und die Finanzrechnung abzuschließen.

Das in der Ergebnisrechnung ermittelte Rechnungsergebnis der Gemeinde wird getrennt nach ordentlichem Ergebnis und Sonderergebnis im Rahmen der Abschlussbuchungen in den Bilanzposten „Eigenkapital" gebucht. Maßgabe sind hierbei die Vorschriften des Haushaltsausgleichs in § 80 Abs. 2, 3 GemO bzw. § 49 Abs. 3 und § 25 GemHVO. Ein positives ordentliches Ergebnis wird beispielsweise in die Rücklagen aus Überschüssen des ordentlichen Ergebnisses gebucht, während ein negatives Sonderergebnis gegebenenfalls direkt auf das Basiskapital verrechnet wird.

Bei einem positiven Ergebnis ergibt sich eine Erhöhung des Eigenkapitals, bei einem negativen Ergebnis eine Minderung des Eigenkapitals.

Der in der Finanzrechnung ermittelte Zahlungsbestand stellt den Bestand an liquiden Mitteln in der Bilanz dar. Hierbei sind zum Bilanzstichtag den drei Rechnungskomponenten nicht zugeordnete Einzahlungen (durch fehlende Buchung eines Ertrages, eines durchlaufenden Postens, ...) in der Bilanz als sonstige Verbindlichkeiten auszuweisen. Im Rahmen der Grundsätze der Bilanzwahrheit bzw. Bilanzklarheit sollten die Gemeinden bemüht sein, unklare Einzahlungen bis zum Bilanzstichtag zuzuordnen, um den Bilanzausweis der sonstigen Verbindlichkeiten möglichst geringzuhalten.

In der Bilanz ist nach § 47 Abs. 2 GemHVO zu jedem Posten der entsprechende Betrag des vorhergehenden Haushaltsjahres anzugeben. Das entsprechende Muster zur Bilanz ergibt sich aus Anlage 25 zur VwV Produkt- und Kontenrahmen.

22.2.6 Anhang

Der Jahresabschluss ist gem. § 95 Abs. 2 Satz 2 GemO um einen Anhang zu erweitern, der mit der Ergebnis- und Finanzrechnung sowie der Bilanz eine Einheit bildet, und durch einen Rechenschaftsbericht zu erläutern.[4]

Die Funktion des Anhangs besteht darin, die im Rahmen des Jahresabschlusses in den drei Rechnungskomponenten dargestellten Informationen durch Erläuterungen zu ergänzen und hierdurch zusätzliche haushaltswirtschaftlich wichtige Informationen im Rahmen der Rechenschaft mitzuteilen.

Im Anhang sind daher nach § 53 Abs. 1 GemHVO diejenigen Angaben aufzunehmen, die zu den einzelnen Posten der Ergebnisrechnung, der Finanzrechnung und der Bilanz vorgeschrieben sind. Dies sind:

- § 47 Abs. 1 GemHVO: Abweichungen von der Form der Darstellung, insbesondere die Gliederung der aufeinanderfolgenden Ergebnisrechnungen, Bilanzen und Finanzrechnungen,
- § 47 Abs. 2 GemHVO: Erläuterungen zur Vergleichbarkeit und Anpassung von Vorjahresbeträgen,

4 Vgl. Leitfaden zum Jahresabschluss nach den Grundlagen des Neuen Kommunalen Haushalts- und Rechnungswesens (NKHR) in Baden-Württemberg, 2. Aufl., Dezember 2018, Kap. 3.4: „Anhang".

- § 47 Abs. 3 GemHVO: Erläuterungen zu Vermögensgegenstanden oder Schulden, die unter mehrere Posten der Bilanz fallen,
- § 47 Abs. 4 GemHVO: Erläuterungen zu weiteren Untergliederungen und neuen Posten,
- § 49 Abs. 4 GemHVO: Erläuterung von außerordentlichen Erträgen und Aufwendungen hinsichtlich ihres Betrags und ihrer Art,
- § 63 Abs. 2 GemHVO: Erläuterungen zur Berichtigung der erstmaligen Erfassung und Bewertung.

Darüber hinaus enthält § 53 Abs. 2 GemHVO einen abgeschlossenen Katalog von Erläuterungen. Hiernach ist konkret die Darstellung und Erläuterung folgender Inhalte erforderlich:

- die auf die Posten der Ergebnisrechnung und der Bilanz angewandten Bilanzierungs- und Bewertungsmethoden,
- Abweichungen von Bilanzierungs- und Bewertungsmethoden samt Begründung; deren Einfluss auf die Vermögens-, Finanz- und Ertragslage ist gesondert darzustellen,
- Angaben über die Einbeziehung von Zinsen für Fremdkapital in die Herstellungskosten,
- der auf die Gemeinde entfallende Anteil an den beim Kommunalen Versorgungsverband Baden-Württemberg aufgrund von § 27 Abs. 5 GKV gebildeten Pensionsrückstellungen,
- die Entwicklung der Liquidität im Haushaltsjahr (unter Verwendung des Musters der Anlage 22 zur VwV Produkt- und Kontenrahmen),
- die in das folgende Haushaltsjahr übertragenen Ermächtigungen (Haushaltsübertragungen) sowie die nicht in Anspruch genommenen Kreditermächtigungen,
- die unter der Bilanz aufzuführenden Vorbelastungen künftiger Haushaltsjahre (§ 42 GemHVO),
- der Bürgermeister, die Mitglieder des Gemeinderats und die Beigeordneten, auch wenn sie im Haushaltsjahr ausgeschieden sind, mit dem Familiennamen und mindestens einem ausgeschriebenen Vornamen.

Des Weiteren sollte zur Erhöhung der Aussagefähigkeit vorgesehen werden, dass in Anspruch genommene Verpflichtungsermächtigungen erläutert werden.

22.2.7 Vermögensübersicht

Nach § 95 Abs. 3 Nr. 1 GemO ist dem Anhang eine Vermögensübersicht beizufügen. Anlage 26 zur VwV Produkt- und Kontenrahmen enthält ein entsprechendes Muster.

Entsprechend § 55 Abs. 1 GemHVO sind in der Vermögensübersicht der Stand des Vermögens zu Beginn und zum Ende des Haushaltsjahres, die Zu- und Abgänge sowie die Zuschreibungen und Abschreibungen darzustellen. Die Gliederung dieser Übersicht richtet sich nach dem Aktivposten 1 der Bilanz (§ 52 Abs. 3 GemHVO).

Für die darzustellenden Posten sind jeweils

- der Stand der im Bestand befindlichen Vermögensgegenstände des Anlagevermögens zum 1. Januar des Haushaltsjahres,
- ihre Veränderungen im Haushaltsjahr, in Form von
  - Vermögenszugängen,
  - Vermögensabgängen,
  - Umbuchungen,
  - Zuschreibungen sowie
  - Abschreibungen und
- der Stand der im Bestand befindlichen Vermögensgegenstände des Anlagevermögens zum 31. Dezember des Haushaltsjahres

anzugeben.

Erstmalig entsteht die Basis für die Vermögensübersicht im Rahmen der Eröffnungsbilanzierung. Diese bildet die Grundlage für die Fortschreibung des Anlagevermögens bei den Folgebilanzierungen.

22.2.8 Schuldenübersicht

Nach § 95 Abs. 3 Nr. 2 GemO ist dem Anhang eine Schuldenübersicht beizufügen.

Die Schuldenübersicht weist nach § 55 Abs. 2 GemHVO die Schulden der Gemeinde nach. Diese ist wie der Passivposten 4 der Bilanz (§ 52 Abs. 4 Nr. 4.1 bis 4.3 GemHVO) zu gliedern. Anlage 28 zur VwV Produkt- und Kontenrahmen enthält das entsprechende Muster.

Anzugeben sind der Gesamtbetrag zu Beginn und Ende des Haushaltsjahres, die Restlaufzeit (unterteilt in Laufzeiten bis zu einem Jahr, von einem Jahr bis zu fünf Jahren und von mehr als fünf Jahren) sowie der Zuwachs oder die Abnahme bei den einzelnen Schuldenpositionen.

Nachrichtlich sind die Schulden der Sondervermögen mit Sonderrechnungen, getrennt je Sondervermögen, aufzuführen (z. B. für Eigenbetrieb). Schließlich bedarf es der Angabe der Gesamtschulden (Haushalt + Sondervermögen), getrennt nach Anleihen, Verbindlichkeiten aus Krediten für Investitionen, Kassenkrediten und kreditähnlichen Rechtsgeschäften.

22.2.9 Übersicht über die in das folgende Jahr zu übertragende Haushaltsermächtigungen

Dem Anhang ist gem. § 95 Abs. 3 Nr. 3 GemO eine Übersicht über die in das folgende Jahr zu übertragenden Haushaltsermächtigungen beizufügen, welche gegebenenfalls im Anhang gemäß § 53 Abs. 2 Nr. 5 GemHVO näher zu erläutern sind.

Hierbei handelt es sich um die Haushaltsübertragungen gemäß § 61 Nr. 18 GemHVO, also die Ansätze für Aufwendungen und Auszahlungen, die gemäß § 21

GemHVO in das folgende Jahr übertragen werden. Auf die Ausführungen in Kap. 14.2.6 und Kap. 22.4 wird verwiesen.

Ein verbindliches Muster für die Übersicht über die Haushaltsübertragungen enthält die VwV Produkt- und Kontenrahmen nicht.

22.2.10 Rechenschaftsbericht

Der Jahresabschluss ist gem. § 95 Abs. 2 Satz 2 GemO durch einen Rechenschaftsbericht zu erläutern.[5] Im Rechenschaftsbericht sind gemäß § 54 Abs. 1 GemHVO der Verlauf der Haushaltswirtschaft und die wirtschaftliche Lage der Gemeinde unter dem Gesichtspunkt der Sicherung der stetigen Erfüllung der Aufgaben so darzustellen, dass ein den tatsächlichen Verhältnissen entsprechendes Bild vermittelt wird. Dazu ist in einem Überblick über die wichtigen Ergebnisse des Jahresabschlusses und über die Haushaltswirtschaft im abgelaufenen Jahr Rechenschaft abzugeben. Hierzu sollte der Lagebericht wesentliche Geschehnisse des zurückliegenden Haushaltsjahres berücksichtigen und auch die Fakten darstellen, durch die das Ergebnis positiv oder negativ beeinflusst wurde. Dabei sind die wichtigsten Ergebnisse des Jahresabschlusses und erhebliche Abweichungen der Jahresergebnisse von den Haushaltsansätzen zu erläutern und eine Bewertung der Abschlussrechnungen vorzunehmen.

Diesbezüglich sollten auch Ziele, Strategien und Kennzahlen nach § 4 Abs. 2 GemHVO einbezogen werden, soweit diese für das Bild der Lage der Gemeinde bedeutsam sind. Mit Blick auf die zukünftige Entwicklung hat die Gemeinde über Vorgänge von besonderer Bedeutung, die nach Schluss des Haushaltsjahres eingetreten sind, zu berichten. Auch ist auf die voraussichtlichen positiven Entwicklungen und die möglichen Risiken im Hinblick auf die dauernde Leistungsfähigkeit der Gemeinde einzugehen. In diesem Zusammenhang sollten auch Angaben zum Stand der kommunalen Aufgabenerfüllung erfolgen sowie auf die Entwicklung und Deckung von Fehlbeträgen eingegangen werden. Außerdem soll auf die Entwicklung der nach § 6 Satz 3 Nr. 2 GemHVO in Verbindung mit der VwV Produkt- und Kontenrahmen verbindlich vorgegebenen Kennzahlen einzugehen. Zu Letzterem enthält die VwV Produkt- und Kontenrahmen in Anlage 29 ein verbindliches Muster.

22.3 Aufstellung und Prüfung des Jahresabschlusses

a) Aufstellung

Durch den Jahresabschluss werden die Ergebnisse der Haushaltswirtschaft eines Haushaltsjahres nachgewiesen.

5 Vgl. Leitfaden zum Jahresabschluss nach den Grundlagen des Neuen Kommunalen Haushalts- und Rechnungswesens (NKHR) in Baden-Württemberg, 2. Aufl., Dezember 2018, Kap. 3.6: „Rechenschaftsbericht".

Der Jahresabschluss ist nach § 95b Abs. 1 GemO innerhalb von sechs Monaten nach Ende des Haushaltsjahres aufzustellen und vom Bürgermeister unter Angabe des Datums zu unterzeichnen. Zuständig für die Aufstellung des Jahresabschlusses ist gem. § 116 Abs. 1 GemO der Fachbedienstete für das Finanzwesen.

Der Jahresabschluss ist vom Gemeinderat innerhalb eines Jahres nach Ende des Haushaltsjahres durch Beschluss festzustellen. Diese Zuständigkeit kann vom Gemeinderat gem. § 39 Abs. 2 Nr. 14 GemO nicht auf einen Ausschuss oder den Bürgermeister übertragen werden.

Der Beschluss des Gemeinderats über die Feststellung des Jahresabschlusses ist der Rechtsaufsichtsbehörde sowie der Prüfungsbehörde (§ 113 GemO) unverzüglich mitzuteilen und ortsüblich bekanntzugeben.

Gleichzeitig ist der Jahresabschluss mit dem Rechenschaftsbericht an sieben Tagen öffentlich auszulegen. Entsprechend der Auslegung des Haushaltsplanes nach der öffentlichen Bekanntmachung der Haushaltssatzung, muss an den Auslegungstagen Gelegenheit bestehen, zu den üblichen Dienststunden Einsicht zu nehmen. Die Form der ortsüblichen Bekanntgabe kann sich von der öffentlichen Bekanntmachung unterscheiden. Letztere richtet sich nach der Satzung über die öffentliche Bekanntmachung. Die ortsübliche Bekanntgabe richtet sich nach der langjährig geübten Praxis innerhalb der Gemeinde, welche in der Bürgerschaft hinreichend bekannt ist.

Eine Vorlage- oder Genehmigungspflicht des Jahresabschlusses oder von Teilen des Jahresabschlusses bei der Rechtsaufsichtsbehörde besteht nicht.

b) Prüfung

In Gemeinden mit Prüfungseinrichtungen nach § 109 Abs. 1 GemO findet entsprechend § 110 Abs. 1 GemO eine örtliche Prüfung des Jahresabschlusses statt.

In Stadtkreisen und in Großen Kreisstädten ist als Prüfungseinrichtung ein besonderes Amt, das Rechnungsprüfungsamt, einzurichten. Andere Gemeinden können ein Rechnungsprüfungsamt einrichten oder sich eines anderen kommunalen Rechnungsprüfungsamts bedienen. Zum Beispiel könnten kreisangehörige Gemeinden mit dem Kreis eine öffentlich-rechtliche Vereinbarung mit dem Inhalt abschließen, dass das Rechnungsprüfungsamt des Kreises die Aufgaben der örtlichen Rechnungsprüfung in einer Gemeinde gegen Kostenerstattung wahrnimmt. Gemeinden ohne Rechnungsprüfungsamt können einen geeigneten Bediensteten als Rechnungsprüfer bestellen oder sich eines anderen kommunalen Rechnungsprüfers bedienen.

Existiert eine derartige Prüfungseinrichtung hat diese eine örtliche Prüfung des Jahresabschlusses innerhalb eines Zeitraums von vier Monaten nach dessen Aufstellung und vor der Feststellung durch den Gemeinderat vorzunehmen.

Bei der örtlichen Prüfung der Jahresrechnung durch die Prüfungseinrichtung der Gemeinde wird geprüft, ob

- bei den Erträgen, Aufwendungen, Einzahlungen und Auszahlungen sowie bei der Vermögens- und Schuldenverwaltung nach dem Gesetz und den bestehenden Vorschriften verfahren worden ist,

- die einzelnen Rechnungsbeträge sachlich und rechnerisch in vorschriftsmäßiger Weise begründet und belegt sind,
- der Haushaltsplan eingehalten worden ist und
- das Vermögen sowie die Schulden und Rückstellungen richtig nachgewiesen worden sind.

Neben der örtlichen Prüfung besteht zusätzlich eine überörtliche Prüfung durch die Prüfungsbehörde (§ 113 GemO). Diese stellt sich als Teil der allgemeinen Aufsicht des Landes über die Gemeinden dar. Die Aufgaben der Prüfungsbehörde werden daher auch durch Landesbehörden wahrgenommen. Gemäß § 113 Abs. 1 GemO ist die Prüfungsbehörde die Rechtsaufsichtsbehörde, bei Gemeinden mit mehr als 4.000 Einwohnern die Gemeindeprüfungsanstalt. Die Gemeindeprüfungsanstalt handelt dabei im Auftrag der Rechtsaufsichtsbehörde unter eigener Verantwortung.

Gemäß § 114 Abs. 3 GemO soll die überörtliche Prüfung innerhalb von vier Jahren nach Ende des Haushaltsjahres unter Einbeziehung sämtlicher vorliegender Jahresabschlüsse vorgenommen werden.

Die überörtliche Prüfung erstreckt sich gem. § 114 Abs. 1 GemO darauf, ob bei der Haushalts-, Kassen- und Rechnungsführung, der Wirtschaftsführung und dem Rechnungswesen sowie der Vermögensverwaltung der Gemeinde sowie ihrer Sonder- und Treuhandvermögen die gesetzlichen Vorschriften eingehalten worden sind. Bei der Prüfung sind vorhandene Ergebnisse einer erfolgten örtlichen Prüfung zu berücksichtigen.

22.4 Übertragung von Ermächtigungen

Das Prinzip der Jährlichkeit bzw. der zeitlichen Beschränkung einer Ermächtigung für das Haushaltsjahr besteht weiterhin, da sich die Gemeinden mittels Haushaltssatzung und Haushaltplan i. d. R. für ein Haushaltsjahr binden. Als Ausnahme dieses Grundsatzes können

- gemäß § 21 Abs. 1 GemHVO kraft Gesetzes
  - Ermächtigungen der Teilfinanzhaushalte für investive Maßnahmen (mit Wertgröße Auszahlungen) sowie
  - die Ansätze für zweckgebundene investive Einzahlungen nach § 3 Nr. 18 und 19 GemHVO (Investitionszuwendungen, Investitionsbeiträge und ähnliche Entgelte für Investitionstätigkeit), deren Eingang sicher ist (mit Wertgröße Einzahlungen),
- gemäß § 21 Abs. 2 GemHVO kraft Haushaltsvermerk
  - Ermächtigungen für Aufwendungen und Auszahlungen innerhalb eines Budgets

übertragen werden.

Der Bildung von Ermächtigungsübertragungen sollte als Voraussetzung jedoch die Förderung einer wirtschaftlichen Aufgabenerledigung zugrunde liegen.

Speziell für die Auszahlungsermächtigungen für Investitionen sowie für die Einzahlungsansätze für Investitionszuwendungen, Investitionsbeiträge und ähnliche Entgelte für Investitionstätigkeit ist geregelt, dass diese nach den Regelungen des § 21 Abs. 1 GemHVO bis zur Fälligkeit der letzten Zahlung für ihren Zweck verfügbar bleiben. Sofern es sich jedoch um Baumaßnahmen und Beschaffungen handelt, begrenzt sich diese inhaltliche Befristung auf längstens zwei Jahre nach Abschluss des Haushaltsjahres, in dem der Gegenstand oder der Bau in seinen wesentlichen Teilen in Benutzung genommen werden kann.

Ansätze für Aufwendungen und Auszahlungen eines Budgets können gemäß § 21 Abs. 2 GemHVO ganz oder teilweise für übertragbar erklärt werden. Es bedarf also einer „Erklärung" im Haushaltsplan, welche durch einen entsprechenden Haushaltsvermerk (§ 61 Nr. 19 GemHVO: Übertragbarkeitsvermerk) erfolgt. Die nicht verbrauchten Ansätze bleiben bis längstens zwei Jahre nach Schluss des Haushaltsjahres verfügbar. Die Reste können also über einen Zeitraum von zwei Jahren jeweils jährlich übertragen werden.

Die Ansätze für Aufwendungen und Auszahlungen, die in das folgende Jahr übertragen werden (Haushaltsübertragungen, § 61 Nr. 18 GemHVO) erhöhen sodann die entsprechenden Planungspositionen in den Teilergebnis- bzw. Teilfinanzhaushalten der folgenden Haushaltsjahre. Kraft Definition in § 61 Nr. 5 bzw. Nr. 41 GemHVO handelt es sich bei der Inanspruchnahme von übertragenen Ermächtigungen aus dem Vorjahr nicht um außer- bzw. überplanmäßige Vorgänge des Planjahres, obwohl ein Ansatz im aktuellen Haushaltsplan nicht oder nicht mehr in erforderlicher Höhe vorhanden ist.

Die Übertragbarkeit gilt auch entsprechend für überplanmäßige und außerplanmäßige Aufwendungen und Auszahlungen, wenn diese bis zum Ende des Haushaltsjahres in Anspruch genommen, jedoch noch nicht geleistet worden sind (§ 21 Abs. 3 GemHVO).

Eine förmliche Übertragung von Kreditermächtigungen in Form der früheren Haushaltseinnahmereste sehen die neuen Regelungen zum NKHR nicht mehr vor. Da aber Kreditermächtigungen kraft § 87 Abs. 3 GemO weitergelten bis die Haushaltssatzung für das übernächste Jahr erlassen wurde, sieht § 53 Abs. 2 Nr. 6 GemHVO vor, dass die nicht in Anspruch genommenen Kreditermächtigungen im Anhang anzugeben sind.

Um dem Gemeinderat das Volumen der Haushaltsübertragungen darzustellen, ist dem Jahresabschluss eine entsprechende Übersicht beizufügen (§ 95 Abs. 3 Nr. 3 GemO i. V. m. § 53 Abs. 2 Nr. 6 GemHVO).

Übertragene Ermächtigungen werden nicht dem Haushaltsjahr des Jahresabschlusses, sondern im Rahmen einer Planfortschreibung dem Haushaltsjahr der Inanspruchnahme dieser Ermächtigung zugerechnet. Bei der Übertragung von Ermächtigungen für Aufwendungen wird somit analog zu § 10 Abs. 1 GemHVO das Ergebnis des Haushaltsjahres belastet, in dem der Ressourcenverbrauch erfolgt. Bei der Übertragung von Ermächtigungen für Auszahlungen werden die Auszahlungen dem Haushaltsjahr zugerechnet, in dem der Liquiditätsabfluss stattfindet.

Bei der nachrichtlichen Darstellung der voraussichtlichen Liquidität nach § 3 Nr. 37 GemHVO (im Haushaltsplan) bzw. der tatsächlichen Liquidität nach § 50 Nr. 42 GemHVO (im Jahresabschluss) sind die liquiden Eigenmittel um die übertragenen Ermächtigungen für Auszahlungen (negativ) sowie um die nicht in Anspruch genommenen Kreditermächtigungen und die übertragenen Ermächtigungen für Investitionszuwendungen, Investitionsbeiträge und ähnliche Entgelte für Investitionstätigkeit (positiv) zu bereinigen (vgl. hierzu Anlagen 5 und 22 der VwV Produkt- und Kontenrahmen).

22.5 Vorbelastung künftiger Haushaltsjahre

In Anlehnung an § 251 HGB sind gemäß § 42 GemHVO unter der Bilanz die Vorbelastungen künftiger Haushaltsjahre zu vermerken. Dies sind insbesondere Bürgschaften, Gewährleistungen, eingegangene Verpflichtungen und in Anspruch genommene Verpflichtungsermächtigungen.

Soweit eine Belastung bereits auf der Passivseite auszuweisen ist, entfällt die Verpflichtung zur Angabe unter der Bilanz. Dies sind insbesondere die bilanziell auszuweisenden

- Rückstellungen,
- Schulden,
- Verbindlichkeiten aus Lieferungen und Leistungen sowie aus Transferleistungen,
- Sonstige Verbindlichkeiten, einschließlich der antizipativen Rechnungsabgrenzung,
- Leistungsverbindlichkeiten aus transitorischer Rechnungsabgrenzung.

Bei Verbindlichkeiten ist die Verpflichtung vor dem Bilanzstichtag wirtschaftlich verursacht bzw. rechtlich entstanden; ihre Höhe ist bestimmt, der Vermögensabfluss ist sicher. Rückstellungen sind für ungewisse Verbindlichkeiten und unbestimmte Aufwendungen zu bilden; die Verpflichtung ist ebenfalls vor dem Bilanzstichtag wirtschaftlich verursacht bzw. rechtlich entstanden, ihre genaue Höhe ist jedoch unbekannt, der Vermögensabfluss ist wahrscheinlich.

Treffen vorstehende Kriterien für „Verbindlichkeiten" und „Rückstellungen" zu, geht die Passivierungspflicht der Vermerkpflicht voraus.

Jede Art der nicht passivierungspflichtigen Vorbelastung darf in einem Betrag angegeben werden. Haftungsverhältnisse (z. B. Gewährvertragsverpflichtungen) sind auch anzugeben, wenn ihnen gleichwertige Rückgriffsforderungen (z. B. Versicherungsersätze) gegenüberstehen.

Zu den Vorbelastungen im Sinne von § 42 GemHVO zählen deutlich mehr vermerkpflichtige Belastungen als diese in § 251 HGB gefordert sind. Handelsrechtlich besteht eine Vermerkpflicht nur bei Haftungsverhältnissen:

- die eine einseitige vertragliche Verpflichtung gegenüber Dritten darstellen,
- die keine unmittelbare Gegenleistung des Dritten zur Folge haben,

- die durch den Verpflichteten hinsichtlich der das die Verpflichtung auslösende zukünftige Ereignis nicht mehr beeinflusst werden können und
- bei denen zum Bilanzstichtag mit dem Eintritt der Verpflichtung nicht zu rechnen ist.

Neben den Belastungen aus Bürgschaften und Gewährleistungen, welche regelmäßig unter die o. g. Haftungsverhältnisse fallen, sind nach § 42 GemHVO jedoch noch alle (nicht passivierungspflichtigen) eingegangenen Verpflichtungen und die in Anspruch genommenen Verpflichtungsermächtigungen aufzuführen. Diese Formulierung ist sehr weit gefasst und muss, um diese überhaupt praktikabel ausüben zu können, nach dem Sinn und Zweck der Vorschrift eingegrenzt werden.

Geht man vom in der Verordnung genannten Begriff „Vorbelastung“ aus, so sind damit die Belastungen gemeint, welche nicht bereits bestehen und zum regelmäßigen Ressourcen- bzw. Liquiditätsverbrauch zu zählen sind. Hierunter zählen beispielsweise die Verpflichtungen aus bestehenden Dienstverträgen, welche ja grundsätzlich dauerhaft (bei Beamten auf Lebenszeit) wirkende Verpflichtungen sind, oder Verpflichtungen aus Stromlieferungs- oder Wartungsverträgen. Als Vorbelastung sind vielmehr solche Belastungen zu verstehen, die noch nicht in der laufenden Haushaltswirtschaft eingeplant und berücksichtigt sind, sondern künftige Jahre über das bisherige Maß hinaus belasten und damit entweder die Liquidität oder das Eigenkapital negativ beeinflussen können.

Hierzu gehören insbesondere
- Verpflichtungen aus der Inanspruchnahme von Verpflichtungsermächtigungen über die Ausführung von Investitionen und Investitionsförderungsmaßnahmen, welche künftig zu einem Abfluss an Liquidität führen,
- Verpflichtungen aus übertragenen Haushaltsermächtigungen, welche zu künftigen Ressourcenverbräuchen und/oder Liquiditätsabflüssen führen.

Inwieweit auch die noch nicht durch Verpflichtungen belegten Haushaltsübertragungen (sog. „Verfügungsreserve“) als Vorbelastung künftiger Haushaltsjahre auf der Grundlage von § 42 GemHVO unterhalb der Bilanz anzugeben sind, ist nicht hinreichend geklärt. Nach dem Sinn und Zweck der Übertragung, welche die haushaltsrechtliche Ermächtigung zum Zwecke der späteren Inanspruchnahme sichern soll, kann man auch in diesem Fall von einer Vorbelastung künftiger Jahre sprechen, so dass zu empfehlen ist, dass auch dieser Teil der Haushaltsübertragungen unterhalb der Bilanz vermerkt wird.

Stichwortverzeichnis

A

B

C

D

E

F

G

H

I

J

K

L

M

N

O

P

R

S

T

U

V

W

Z